中 国 国 家 标 准 汇 编

2009 年修订-4

中国标准出版社　编

中 国 标 准 出 版 社
北　京

图书在版编目（CIP）数据

中国国家标准汇编：2009年修订．4/中国标准出版社编．—北京：中国标准出版社，2010

ISBN 978-7-5066-6046-4

Ⅰ．①中…　Ⅱ．①中…　Ⅲ．①国家标准-汇编-中国-2009　Ⅳ．①T-652.1

中国版本图书馆CIP数据核字（2010）第170559号

中国标准出版社出版发行
北京复兴门外三里河北街16号
邮政编码：100045

网址 www.spc.net.cn
电话：68523946　68517548
中国标准出版社秦皇岛印刷厂印刷
各地新华书店经销

*

开本 880×1230　1/16　印张 39.5　字数 1 154 千字
2010年9月第一版　2010年9月第一次印刷

*

定价 220.00 元

出 版 说 明

1.《中国国家标准汇编》是一部大型综合性国家标准全集。自1983年起，按国家标准顺序号以精装本、平装本两种装帧形式陆续分册汇编出版。它在一定程度上反映了我国建国以来标准化事业发展的基本情况和主要成就，是各级标准化管理机构，工矿企事业单位，农林牧副渔系统，科研、设计、教学等部门必不可少的工具书。

2.《中国国家标准汇编》收入我国每年正式发布的全部国家标准，分为"制定"卷和"修订"卷两种编辑版本。

"制定"卷收入上一年度我国发布的、新制定的国家标准，顺延前年度标准编号分成若干分册，封面和书脊上注明"20××年制定"字样及分册号，分册号一直连续。各分册中的标准是按照标准编号顺序连续排列的，如有标准顺序号缺号的，除特殊情况注明外，暂为空号。

"修订"卷收入上一年度我国发布的、修订的国家标准，视篇幅分设若干分册，但与"制定"卷分册号无关联，仅在封面和书脊上注明"20××年修订-1，-2，-3，……"字样。"修订"卷各分册中的标准，仍按标准编号顺序排列（但不连续）；如有遗漏的，均在当年最后一分册中补齐。需提请读者注意的是，个别非顺延前年度标准编号的新制定的国家标准没有收入在"制定"卷中，而是收入在"修订"卷中。

读者配套购买《中国国家标准汇编》"制定"卷和"修订"卷则可收齐上一年度我国制定和修订的全部国家标准。

3. 由于读者需求的变化，自1996年起，《中国国家标准汇编》仅出版精装本。

4. 2009年我国制修订国家标准共3158项。本分册为"2009年修订-4"，收入新制修订的国家标准51项。

中国标准出版社

2010年8月

目　　录

ICS 01.040.07;07.020
K 04

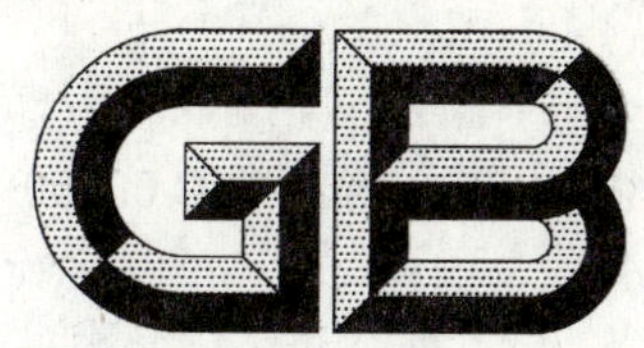

中华人民共和国国家标准

GB/T 2900.85—2009/IEC 60050-102:2007

电工术语
数学 一般概念和线性代数

Electrotechnical terminology—
Mathematics—General concepts and linear algebra

(IEC 60050-102:2007, International Electrotechnical Vocabulary—
Part 102: Mathematics—General concepts and linear algebra, IDT)

2009-03-13 发布 2009-11-01 实施

中华人民共和国国家质量监督检验检疫总局
中国国家标准化管理委员会 发布

前 言

本部分为 GB/T 2900 的第 85 部分。

本部分等同采用 IEC 60050-102:2007《国际电工词汇 数学 一般概念和线性代数》。

本部分中术语条目编号与 IEC 60050-102:2007 保持一致。

本部分由全国电工术语标准化技术委员会(SAC/TC 232)提出并归口。

本部分起草单位:全国电工术语标准化技术委员会、机械科学研究总院中机生产力促进中心、清华大学、中国科学院数学研究所。

本部分主要起草人:杨芙、郑志勇、陆柱家。

电工术语
数学 一般概念和线性代数

1 范围

本部分规定了电工、电子和电信等领域的数学术语和线性代数的基本概念，清晰区别了数学概念和物理概念的不同，即使某些术语在这两个学科里都用，另一部分是关于函数的术语。

用于电工术语的很多数学术语，并不都是不解自明或者只有一种解释。因此这里的任务是搜集这样的数学概念，根据它们的相互关联，以合乎逻辑顺序的方式编排术语并加以描述。从术语学的观点看，描述就是给出定义，但不都是数学意义上的全面的定义。这里的主要目的是能和特殊概念区别开。因此，不要把本部分看作数学课本，而应看作一组专门术语。

本部分所列术语与 IEC 60050 国际电工词汇系列标准(IEV)其他部分现有的术语相协调。

本部分适用于电工、电子和电信等技术领域。

2 规范性引用文件

下列文件中的条款通过 GB/T 2900 的本部分的引用而成为本部分的条款。凡是注日期的引用文件，其随后所有的修改单(不包括勘误的内容)或修订版均不适用于本部分，然而，鼓励根据本部分达成协议的各方研究是否可使用这些文件的最新版本。凡是不注日期的引用文件，其最新版本适用于本部分。

GB/T 2900.61—2008 电工术语 物理和化学(IEC 60050-111:1996,MOD)

3 术语和定义

3.1 集合与运算

102-01-01

相等 equality

两个客体 a、b 之间具有下列性质的关系：

- 自反性：$a=a$；
- 对称性：如果 $a=b$，则 $b=a$；
- 传递性：如果 $a=b$，且 $b=c$，则 $a=c$，其中 c 为第三个客体；
- 如果 $a=b$，且 $R\{u\}$ 为关于 u 的任何一个陈述，则 $R\{a\}$ 是真的当且仅当 $R\{b\}$ 是真的。

注：两个客体 a 与 b 相等记为 $a=b$，称为 a 与 b 相等。

102-01-02

集合 set

一些不同客体的全体，对于任何一个客体，都明确地要么属于这个全体，要么不属于这个全体。

注 1：集合是数学中的一个基本概念。

注 2：关于集合的术语和符号参阅 GB 3102.11—1993 的 2.4。

102-01-03

集合的元素 element of a set

元素 element

给定集合中的客体。

注：记号 $x\in A$ 表示客体 x 为集合 A 的一个元素，称为 x 属于 A。

记号 $x\notin A$ 表示客体 x 不是集合 A 的一个元素，称为 x 不属于 A。

102-01-04

子集　subset

所有元素都属于给定集合的一个集合。

注：记号 $A \subseteq B$ 表示集合 A 为集合 B 的一个子集，称为 A 包含于 B。

符号 $\subset$ 有时代替 $\subseteq$ 被使用，但这种用法不提倡。

102-01-05

真子集　proper subset

一个集合的与之不同的子集。

注：记号 $A \subset B$ 表示集合 A 为集合 B 的一个真子集，称为 A 真包含于 B。

符号 $\subsetneq$ 有时代替 $\subset$ 被使用，但这种用法不提倡。

当表示 B 的任何一个子集时，必须用 $\subset$。

102-01-06

笛卡儿积　Cartesian product

所有 $(a_1, a_2, \cdots, a_n)$ 的全体所组成的集合，其中 $A_1, A_2, \cdots, A_n$ 为给定的 n 个集合，$a_1 \in A_1, a_2 \in A_2, \cdots, a_n \in A_n$。

注：集合 $A_1, A_2, \cdots, A_n$ 的笛卡儿积记为 $A_1 \times A_2 \times \cdots \times A_n$

对于集合 A，n 次笛卡儿积 $A \times A \times \cdots \times A$，简记为 A^n。

102-01-07

二元关系　binary relation

给定集合中任意两元素间的一个关系，它对某些特定的序对是成立，而对其余的序对是不成立的。

注 1：二元关系的成立与否是根据这个序对是否属于给定集合自身的笛卡儿积的一个特定的子集，二元关系与给定集合自身的笛卡儿积的子集是一一对应的。

注 2：元素 a 与 b 之间的一个二元关系记为 aRb。

102-01-08

等价关系　equivalence relation

等价　equivalence

给定集合的两个元素 a 与 b 之间满足下列性质的二元关系 R：

- 自反性：aRa；
- 对称性：如果 aRb，则 bRa；
- 传递性：如果 aRb，且 bRc，则 aRc，其中 a、b、c 为给定集合中的任意元素。

注：例如集合中元素的相等，点空间直线的平行，整数的奇偶性。

102-01-09

序关系　order relation

序　order

给定集合的两个元素 a 与 b 之间满足下列性质的二元关系 R：

- 自反性：aRa；
- 反对称性：如果 aRb，且 bRa，则 $a=b$；
- 传递性：如果 aRb，且 bRc，则 aRc，其中 a、b、c 为给定集合中的任意元素。

注 1：给定的集合称为由关系 R 给出了一个序关系。

注 2：若对任何两个元素 a 与 b，aRb 和 bRa 至少有一个成立，则称 R 为全序关系。实数的通常的序关系是全序关系，这是由于 $a \leqslant b$ 或 $b \leqslant a$。

注 3：若至少有两个元素 a 与 b，aRb 和 bRa 都不成立，则称序关系 R 为偏序关系，例如自然数的整除关系，至少有两个元素的集合的子集包含关系。

102-01-10

函数　function

运算　operation

对任何一个客体 a，存在一个确定的客体 b，使得 b 和 a 相关的关系 f。

注 1：如果在函数 f 下 a 与 b 相关，则有：

- 称 f 由 a 定义；
- a 为函数 f 的一个自变量；
- b 为函数 f 的一个值，通常记作 $f(a)$。

自变量 a 也可以是一个含有若干客体的有序集合。

注 2：如果 A 是函数 f 的自变量之全体，B 为值的全体，则：

- f 称为由 A 到 B 的一个映射；
- A 为函数的定义域；
- B 为函数的值域。

注 3：当函数为加法、减法、乘法、除法时，一般称其为运算。

102-01-11

加法　addition

作用于一个集合内的、通常用加号"＋"表示的运算：对集合内任意元素 a 和 b，该运算指定集合内的唯一元素 $a+b$，具有下列性质：

- 结合律：$a+(b+c)=(a+b)+c$，其中 a、b、c 为集合中的元素；
- 交换律：$a+b=b+a$。

注 1：自然数的加法可以扩展到其他类型的数以及数学对象，例如向量和矩阵，以及同种量。加法也可以在有限集上定义，例如在二元集合{0,1}定义模 2 的加法，即 $1+1=0$。

注 2：客体 a 和 b 的加法称为"a 加 b"，符号$\sum$用来表示连续的加法，例如 $a_2+a_3+\cdots+a_7$ 记为 $\sum_{i=2}^{7} a_i$ 。

102-01-12

零元素（加法的）　**neutral element** (for addition)

在一个定义了加法的集合中的一个唯一元素 n（若存在），使得对任何元素 a，都有 $a+n=a$。

注：对数字，加法的零元素就是数字零，记为 0；

对向量，加法的零元素就是零向量，记为 0 或 $\vec{0}$；

对矩阵，加法的零元素就是零矩阵(102-06-07)；

对同种量，加法的零元素就是具有相同数值的量，它的每一个数值是零。

102-01-13

减法　subtraction

定义了加法的一个集合上的运算，通常记为减号"－"，对集合中的元素 a 和 b，$a-b$ 为该集合中唯一元素，如果它存在于这个集合当中，则有 $b+(a-b)=a$。

注 1：整数上有减法，而且可以扩展到其他类型的数和数学对象，例如向量、矩阵以及同种量。

注 2：可以用 $a-b=a+(-b)$ 来定义客体 a 与 b 的减法，其中 $-b$ 为 b 的相反数。

注 3：客体 a 与 b 的减法称为"a 减 b"。

102-01-14

负　negative

反　opposite

对定义了有零元素的加法的一个集合中的任何一个元素，在集合中的唯一的元素，如果它存在，则这两个元素的和为零元素。

注1：在英语中，术语“negative”特别地用在数字和矩阵中，而术语“opposite”用在向量和张量中。

注2：元素 a 的负记为 $-a$，相反的也是。

102-01-15

和　sum

加法或连续加法的结果。

注：术语“和”也用来描述一个加法。

102-01-16

代数和　algebraic sum

连续加法和减法的结果。

注：术语“代数和”也用来表达描述连续的加法和减法。

102-01-17

差　difference

减法的结果。

注1：表述“a 与 b 的差”意味着 $a-b$。

注2：术语“差”也用来描述一个减法。

102-01-18

乘法　multiplication

在一个集合上，对于任意该集合中的有序元素对 a、b，决定了唯一元素，且满足下列性质的运算：

结合律：$a \cdot (b \cdot c) = (a \cdot b) \cdot c$，其中 c 也为该集合中的一个元素。

如果该集合上有加法，分配律：$a \cdot (b+c) = a \cdot b + a \cdot c$，以及 $(a+b) \cdot c = a \cdot c + b \cdot c$。

注1：自然数上有乘法，而且可以扩展到其他类型的数和数学对象，例如多项式和矩阵，也可以在数量和单位上定义乘法，即使它们是不同类型的，而加法则不能定义。

注2：乘法一般没有交换律，例如矩阵的乘法。

注3：两个或多个元素的乘法中的每个元素称为因子，术语“因子”也用来表示两个同类型数量的商(见 GB/T 2900.61—2008，111-12-04)。在两个元素的乘法中，第一个称为“被乘数”，第二个称为“乘数”。

注4：客体 a 与 b 的乘法称为“a 乘以 b”或“a 被 b 乘”，记作 $a \cdot b$，$a \times b$ 或 ab。符号 Π 用来记连续的乘法，例如 $a_2 \cdot a_3 \cdot a_4 \cdot a_5 \cdot a_6 \cdot a_7$ 记为 $\prod_{i=2}^{7} a_i$。

102-01-19

单位元(乘法的)　**neutral element** (for multiplication)

在定义了乘法的一个集合中的唯一元素 u，如果它存在，则对任何元素 a，有 $a \cdot u = u \cdot a = a$。

注：对于数而言，乘法的单位元是数字一，记为1；

对方阵而言，乘法的单位元是同阶的单位矩阵；

对量而言，乘法的单位元是量纲为1的一个量(或无量纲量)，其数值为数1；

对量的量纲而言(GB/T 2900.61—2008，111-11-06)，乘法的单位元是量纲为1的量的量纲，以符号1表示。

102-01-20

积　product

乘法或连续乘法的结果。

注1：术语“积”也用来描述乘法。

注2：术语“积”也用来表示数字与其他数学对象结合的运算，例如标量乘以一个向量，标量乘以一个矩阵，用来表示集合(笛卡儿积)，以及用来表示结合向量、张量或两者的各种运算。

102-01-21

除法　division

定义在有可交换的乘法定义的集合上的运算，对集合的元素 a 与 b，结果是唯一的元素 q(若存在)，

使得 $b \cdot q = a$。

注 1：有理数有除法，并且可以扩展到其他类型的数，但不包括除以零，包括数学对象例如多项式、数量和单位。

注 2：在除法 a/b 中，第一个元素 a 称为"被除数"，第二个元素 b 称为"除数"。

注 3：客体 a 与 b 的除法称为"a 除以 b"或"a 被 b 除"，记为 $\frac{a}{b}$，a/b，或 ab^{-1}。

102-01-22

商 quotient

除法的结果。（GB/T 2900.61—2008，111-12-01）

注 1：术语"商"也用来描述除法。

注 2：商 a/b 称为"a 除以 b 的商"或简称"b 分之 a"。

102-01-23

比 ratio

同种量的两个数或两个数量的商。

注 1：概念"同种量"的定义见 GB/T 2900.61—2008(注 2 见 GB/T 2900.61—2008，111-11-01)

注 2：比 a/b 称为"a 与 b 的比"。

102-01-24

逆 inverse

倒数 reciprocal

对一个有单位元 u 的乘法定义的集合中的任何一个元素 a，在集合中唯一的元素 a^{-1}，如果它存在，则有 $a \cdot a^{-1} = a^{-1} \cdot a = u$。

注 1：在英语中，术语"reciprocal"优先用于数。

注 2：元素 a 的逆记作 a^{-1}，对一个非零的数，或一个数量或单位，逆也记作 $1/a$ 或 $\frac{1}{a}$。

102-01-25

方程 equation

含有一个或多个表示给定集合的未知量的符号的数学等式。

注 1：未知量可以是数、函数、向量、数量等。

注 2：在一般的英语中，术语"方程"也用来表示任何数学等式。

102-01-26

解 solution

实体的集合，当未知量用它们代替时，方程就变成一个真的等式。

102-01-27

恒等 identity

用来表示一个恒成立等式的数学记号。

注：恒等有时候记作符号≡(三条横线)以代替符号＝。

102-01-28

线性代数 linear algebra

处理向量空间、矩阵、张量等的数学分支。

3.2 数

102-02-01

自然数 natural number

无限序列{0，1，2，3，…}的元素。

注 1：对任何两个自然数有加法和乘法的定义。

注 2：在自然数集上有一个全序。

注 3：自然数集记作ℕ（N 的斜的线双写）或 **N**，或有时候左边竖线双写的 **IN**，非 0 的自然数集则在记号上加一个星号，例如 **IN***。

102-02-02

整数　integer

无限全序集合{…，−2，−1，0，1，2，…}的元素。

注 1：整数集合是包含自然数集合且可以在任何两客体之间定义减法的最小的集合。也可对任意两个整数定义加法和乘法；任一整数有一负数。

注 2：整数集记作ℤ（Z 斜线为双线），或 **Z**。非 0 的整数集则在记号上加一个星号，例如ℤ*。

102-02-03

有理数　rational number

一个数学对象中的元素，这个数学对象包括所有整数以及可以写成两个整数的商的且除数不为零的数。

注 1：任何的有序对 2/1，4/2，6/3，…，−2/(−1)，−4/(−2)，…表示与整数 2 相等的有理数；任何的有序对 2/3，4/6，6/9，…，−2/(−3)，−4/(−6)，…表示与整数 2 除以整数 3 所得的商的有理数。也记作“0.6666…”。

注 2：任何两个有理数，有加法、减法、乘法、除法，只要不除以零；任何有理数都有负数；任何非零有理数都有倒数。

注 3：有理数集上有一个全序。

注 4：把一个不是整数的有理数表示成小数，则在小数点后要么是有限位，要么从某一位置开始循环。

注 5：有理数集合记为ℚ（Q 的左右弧内侧有竖线），或 **Q**，或有时候在 Q 的左弧内侧加一竖线，非零有理数集合记为符号再加一个星号，例如 ℚ*。

102-02-04

分数　fraction

表示一个有理数的有序整数对。

注 1：一个有理数可以有无限多种分数表示。

注 2：对有序对（p，q），分数记为 p/q 或 $\frac{p}{q}$。

注 3：在一个分数 $\frac{p}{q}$ 中，第一个元素 p 称为“分子”，第二个元素 q 称为“分母”。

102-02-05

实数　real number

包含有理数和所有无限有理数序列极限的唯一的全序集合的元素，其上有与有理数相同的运算。

注 1：有理数也是实数。无理数，即不是有理数的实数，例如 $\sqrt{2}=1.414\,2\cdots$，$\pi=3.141\,5\cdots$，$\mathrm{e}=2.718\,2\cdots$，对于这种数，小数点后的数字列是无限的且不循环的。

注 2：实数集记为ℝ（R 的左侧竖线和右侧部分分别双写）或 **R**，或有时候 R 的左侧竖线双写，非零的实数集的记号为符号加上一个星号，例如ℝ*。

102-02-06

绝对值　absolute value

一个非负的数。对一个实数 a，当 $a\geqslant 0$ 时它等于 a，当 $a<0$ 时等于 $-a$。

注 1：a 的绝对值记为 $|a|$；也用 abs a。

注 2：绝对值的概念也可用在实标量上。

102-02-07

指数运算　exponentiation

对任何正实数 a 和实数 b，指定一个正实数记为 a^b 的函数，使得 $a^0=1$，$a^1=a$，对任何实数 b 和 c 有 $a^{b+c}=a^b\cdot a^c$。

注 1：从任何实数 x 得到 a^x 的函数是以 a 为底的指数函数。从任何正实数 x 得到 x^b 的函数是幂函数。

注 2：指数运算可以扩展到负实数 a 和整数 b，以及其他数学对象，例如复数，矩阵和标量。

102-02-08

幂 power

指数运算的结果。

注1：术语“幂”也用来表示描述一个指数运算。

注2：在幂 a^b 中，a 为底数，b 为指数，这个幂称作“a 的 b 次幂”或“a 的 b 次方”。

注3：指数为2的幂为平方，$a^2=a\cdot a$，指数为3的幂为立方，$a^3=a\cdot a\cdot a$，指数为－1的幂为逆，$a^{-1}=\frac{1}{a}$，指数为 $\frac{1}{2}$ 的幂为平方根 $a^{1/2}=\sqrt{a}$。

102-02-09

复数 complex number

包含实数以及可以用有序实数对(a,b)表示且满足下列性质的集合的元素：

- 对$(a,0)$表示实数 a；
- 加法定义为$(a_1,b_1)+(a_2,b_2)=(a_1+a_2,b_1+b_2)$；
- 乘法定义为$(a_1,b_1)\times(a_2,b_2)=(a_1a_2-b_1b_2,a_1b_2+a_2b_1)$。

注1：除序关系以外，实数的所有性质(运算和极限)可以扩展到复数。

注2：由对(a,b)定义的复数记为 $c=a+\mathrm{j}b$，其中 j 为虚数单位(102-02-10)，用对(0,1)表示，a 为实部，b 为虚部，一个复数也可以表示为 $c=|c|(\cos\varphi+\mathrm{j}\sin\varphi)=|c|\ \mathrm{e}^{\mathrm{j}\varphi}$，其中$|c|$为非负实数称为模，$\varphi$ 为实数，称为辐角。

注3：在电工技术中，复数通常在字母符号下加一划线，例如$\underline{c}$。

注4：复数集记ℂ(C 的左侧弧内有一竖线)或 **C**，非零复数的集合记为符号加一个星号，例如ℂ*。

102-02-10

虚数单位 imaginary unit

符号：j，i

实数对(0，1)表示的复数 j。

注1：对(a,b)表示的复数也能表示为 $a+\mathrm{j}b$。

注2：虚数单位 j 和它的相反数－j 为－1 的两个平方根。

注3：在电工技术中，符号 j 比符号 i 更常用，i 常用在数学和其他领域。

102-02-11

实部 real part

复数 $c=a+\mathrm{j}b$ 的 a 部分(全体)，其中 a,b 为实数。

注1：复数 c 的实部记为 Re c，或有时候在电工技术中记为 c'。

注2：实部的概念也可用在复标量、向量或张量量或复矩阵中。

102-02-12

虚部 imaginary part

复数 $c=a+\mathrm{j}b$ 的部分 b，其中 a,b 为实数。

注1：复数 c 的虚部记为 Im c(其中 I 为 i 的大写)或有时候在电工技术中记为 c''。

注2：虚部的概念也可用在复标量、向量或张量量或复矩阵中。

102-02-13

虚数 imaginary number

实部等于零的复数。

注：虚数可以表示为 $\mathrm{j}b$，其中 j 为虚数单位，b 为实数。

102-02-14

共轭 conjugate

将给定复数的虚部用其相反数代替的复数。

注1：对于复数 $c=a+\mathrm{j}b=|c|\mathrm{e}^{\mathrm{j}\varphi}$ 的共轭为 $c^*=a-\mathrm{j}b=|c|\mathrm{e}^{-\mathrm{j}\varphi}$，在数学中，$c$ 的共轭常常记作 $\bar{c}$。

注2：共轭的概念也可以用在复标量，向量或张量量或复矩阵中。

102-02-15

平方根　square root

任何的实数或复数,它乘以自身等于给定的实数或复数。

注 1:每个非零的实数或复数有两个平方根,互为相反数,对非负实数 a,非负的平方根记为 $a^{1/2}$ 或 $\sqrt{a}$,对负实数 a,数 $-a$ 为正的,且两个平方根为虚数,互为共轭,记为 $\mathrm{j}\sqrt{-a}$ 和 $-\mathrm{j}\sqrt{-a}$。对复数 $c=|c|\mathrm{e}^{\mathrm{j}\varphi}$,两个平方根为 $\sqrt{|c|}\mathrm{e}^{\mathrm{j}\frac{\varphi}{2}}$ 和 $\sqrt{|c|}\mathrm{e}^{\mathrm{j}\left(\frac{\varphi}{2}+\pi\right)}$。

注 2:平方根的概念可以用在标量上。

102-02-16

模(复数的)　modulus (of a complex number)

非负实数 $|c|$,它的平方等于复数 $c=a+\mathrm{j}b$ 与其共轭的乘积:$|c|=\sqrt{c\cdot c^{*}}=\sqrt{a^2+b^2}$。

注:模的概念可以用在复标量上。

102-02-17

辐角(复数的)　argument (of a complex number)

对于非零复数 c,使得 $c=|c|\mathrm{e}^{\mathrm{j}\phi}$ 的满足 $-\pi<\phi\leqslant\pi$ 的实数 ϕ。

注 1:复数 $c=a+\mathrm{j}b=|c|\mathrm{e}^{\mathrm{j}\phi}$ 的辐角 $\arg c$ 等于 $\arccos\left(\frac{a}{\sqrt{a^2+b^2}}\right)$,若 $b\geqslant 0$ 和 $-\arccos\left(\frac{a}{\sqrt{a^2+b^2}}\right)$,若 $b<0$,其中 $0\leqslant\arccos x\leqslant\pi$,若 $a=b=0$,没有定义。

注 2:辐角的概念可以用在复标量上。

102-02-18

标量(1)　scalar (1)

实数或复数。

注 1:标量可以扩展到定义了加法和可交换乘法的集合的元素,且该集合有零元素,使得每个元素都有相反数,并且除了加法零元外的所有元素有逆。

注 2:标量的集合,包括注 1 的扩展,在数学中通常称为域。实数集和复数集都为无限域。有限域的例子是布尔代数中的两个元素 0 和 1 的集合(其中 $1+1=0$)。

102-02-19

标量量　scalar quantity

标量(2)　scalar (2)

由单个标量(1)表示的量,依赖于测量单位的选取或测量方法的坐标。

注 1:"量"的概念 GB/T 2900.61—2008 和国际计量学基本词汇(VIM)中给出定义。

注 2:在通常的三维空间中,标量同方向(1020312)和坐标系的选取无关。例如:质量,电荷,热力学温度,罗克韦尔硬度,变压器油的粘滞度。

注 3:绝对值的概念可应在实标量量上,实部、虚部、模和辐角可以用在复标量量上,并且平方根的概念都可以用。

3.3 向量和张量

102-03-01

向量空间　vector space

线性空间　linear space

某些元素的集合,对其中任何两个元素 $\boldsymbol{U}$ 和 $\boldsymbol{V}$ 的和及其中任何一个元素与某个给定的标量(1)集合中的标量 α 的积都在该集合中,且具有下列性质:

- $\boldsymbol{U}+\boldsymbol{V}=\boldsymbol{V}+\boldsymbol{U}$;
- $(\boldsymbol{U}+\boldsymbol{V})+\boldsymbol{W}=\boldsymbol{U}+(\boldsymbol{V}+\boldsymbol{W})$,其中 $\boldsymbol{W}$ 也为该集合的一个元素;
- 存在一个逆元 $(-\boldsymbol{U})$,使得 $\boldsymbol{U}+(-\boldsymbol{U})=0$;
- $(\alpha+\beta)\boldsymbol{U}=\alpha\boldsymbol{U}+\beta\boldsymbol{U}$,其中 β 也为一个标量;

- $\alpha(\boldsymbol{U}+\boldsymbol{V})=\alpha\boldsymbol{U}+\alpha\boldsymbol{V}$；
- $\alpha(\beta\boldsymbol{U})=(\alpha\beta)\boldsymbol{U}$；
- $1\boldsymbol{U}=\boldsymbol{U}$。

注：在通常的三维空间中，规定的起点的有向线段形成一个实数上向量空间的例子。另一个例子，根据标量概念的扩展（见 102-02-18 注 1），是由数字 0 和 1 组成的 n 数组在模 2 下构成的，而标量的集合则是布尔代数中的两个元素 0 和 1。

102-03-02

点空间　point space

仿射空间　affine space

- 对给定的向量空间，一些点的集合，该集合中向量空间的与任何有序点对 A 和 B 相关的元素 U_{AB}，具有下列性质：
- 对任何两点 A 和 B，$\boldsymbol{U}_{BA}=-\boldsymbol{U}_{AB}$；
- 对任何三点 A，B 和 C，$\boldsymbol{U}_{AB}+\boldsymbol{U}_{BC}=\boldsymbol{U}_{AC}$；
- 对给定点 O 和一个给定向量 $\boldsymbol{r}$，存在唯一的点 P，使得 $\boldsymbol{U}_{OP}=\boldsymbol{r}$。

注：点空间与与其相关的向量空间有相同的维数，由三维欧氏向量空间所导出的点空间为通常几何三维空间模型。

102-03-03

子空间　subspace

向量空间或点空间的子集，对相同的标量集而言仍各自为一个向量空间或点空间。

注：n 维向量空间或点空间的真子空间的维数严格小于 n。

102-03-04

向量（1）　vector（1）

a）　向量空间的元素；

b）　点空间中的有向线段。

注 1：一个 n 维向量由 n 个有序的标量表示，通常为实数或复数，与基的选取有关，用矩阵的记号，这些标量通常表示成矩阵：

$$\boldsymbol{U}=\begin{pmatrix}U_1\\U_2\\\vdots\\U_n\end{pmatrix}。$$

注 2：欧氏空间中的向量由它的长度（102-03-23）和（若为非零向量）方向来表征。

注 3：复向量 $\boldsymbol{U}$ 由实部和虚部来定义，$\boldsymbol{U}=\boldsymbol{A}+\mathrm{j}\boldsymbol{B}$，其中 $\boldsymbol{A}$ 和 $\boldsymbol{B}$ 为实向量。

注 4：一个向量用斜粗体的字母或斜细体的字母加上一个箭头来表示：$\boldsymbol{U}$ 或 $\vec{U}$。分量为 U_i 的向量 $\boldsymbol{U}$ 记为 (U_i)。

注 5：术语“向量”也用于向量量（102-03-21）。

102-03-05

线性无关的　linear independent

描述 n 个向量 $\boldsymbol{U}_1$，$\boldsymbol{U}_2$，…，$\boldsymbol{U}_n$，它们的形如 $\alpha_1\boldsymbol{U}_1+\alpha_2\boldsymbol{U}_2+\cdots+\alpha_n\boldsymbol{U}_n$ 线性组合不等于零，除非所有系数标量 α_1，α_2，…，α_n 都等于零。

102-03-06

线性相关的　linear dependent

描述 n 个向量 $\boldsymbol{U}_1$，$\boldsymbol{U}_2$，…，$\boldsymbol{U}_n$，它们的形如 $\alpha_1\boldsymbol{U}_1+\alpha_2\boldsymbol{U}_2+\cdots+\alpha_n\boldsymbol{U}_n$ 的线性组合能够等于零，即使所有系数标量 α_1，α_2，…，α_n 不全为零。

102-03-07

***n* 维向量空间　*n*-dimensional vector space**

有 n 个线性无关向量，但没有 $(n+1)$ 个线性无关向量的向量空间。

102-03-08

基 base;basis

n 维向量空间中 n 个线性无关的向量 $\boldsymbol{a}_1,\boldsymbol{a}_2,\cdots,\boldsymbol{a}_n$,对任何一个向量 $\boldsymbol{U}$ 可以唯一地表示成这 n 个向量的线性组合:$\boldsymbol{U}=U_1\boldsymbol{a}_1+U_2\boldsymbol{a}_2+\cdots+U_n\boldsymbol{a}_n$,其中 $U_1,U_2,\cdots,U_n$ 为标量。

注 1:在欧氏空间或埃尔米特向量空间中,一般选取规范(全文)正交基,在由 n 位数组构成的向量空间中(见"向量空间"的注),只有一个分量不为零的 n 位数组的集合为一组基。

注 2:基中的任意一个向量称为"基向量"。

102-03-09

坐标(向量的) **coordinate** (of a vector)

将向量 $\boldsymbol{U}$ 表示成线性组合 $U_1\boldsymbol{a}_1+U_2\boldsymbol{a}_2+\cdots+U_n\boldsymbol{a}_n$ 的 n 个标量 $U_1,U_2,\cdots,U_n$,其中 $\boldsymbol{a}_1,\boldsymbol{a}_2,\cdots,\boldsymbol{a}_n$ 为基向量。

注 1:术语"坐标"也用来表示一个位置向量的分量(见 102-03-22)。

注 2:在英语中,术语"分量"有时候也是这个意思。

102-03-10

分量(向量的) **component** (of a vector)

一组线性无关向量中的一个,它们的和是一个给定的向量。

注 1:例子

- 对于一个给定向量 $\boldsymbol{U}=U_1\boldsymbol{a}_1+U_2\boldsymbol{a}_2+\cdots+U_n\boldsymbol{a}_n$,其中,$U_1,U_2,\cdots,U_n$ 为 $\boldsymbol{U}$ 的坐标,$\boldsymbol{a}_1,\boldsymbol{a}_2,\cdots,\boldsymbol{a}_n$ 为基向量,$U_1\boldsymbol{a}_1,U_2\boldsymbol{a}_2,\cdots,U_n\boldsymbol{a}_n$ 中任何一个向量。
- 一个向量向一个曲面的垂直和相切的投影(法分量和切分量)。

注 2:在英语中,如果术语"分量"用来表示"坐标",可以用术语"分量向量"。

102-03-11

维数(空间的) **dimension** (of a space)

与基向量个数相等的用来表征一个向量空间或一个点空间的正整数。

注:点空间和与其相关的向量空间有相同的维数。

102-03-12

方向 direction

在一个实的点空间中,所有有序点对的共同性质,与其相关的向量形如 $\alpha\boldsymbol{U}$,其中 $\boldsymbol{U}$ 为一个给定的非零向量,α 为一个标量。

注:方向相同的向量称为平行的。

102-03-13

笛卡儿坐标(点的) **Cartesian coordinates** (of a point)

在一个给定原点 O 的点空间中刻画一点 P 的向量 $\boldsymbol{U}_{OP}$ 的坐标。

注:一个点可以用其他类型的坐标,例如柱面坐标或球面坐标来定位(见 GB 3102.11—1993)。

102-03-14

笛卡儿坐标系 Cartesian coordinate system

在一个点空间中,原点和相关向量空间的一个基的结合。

注:这个基常常选的是规范正交基。

102-03-15

位置向量 position vector

在一个给定原点 O 的点空间中表征一个点 P 的向量 $\boldsymbol{U}_{OP}=\boldsymbol{r}_P$。

注 1:在通常的三维几何空间中,位置向量是具有长度量纲的量。

注 2:位置向量常记为 r。

102-03-16

双线性型　bilinear form

函数 f，它对于给定向量空间中任意一对向量 $\boldsymbol{U}$ 和 $\boldsymbol{V}$ 指定一个标量 $f(\boldsymbol{U},\boldsymbol{V})$，并具有下列性质。

- $f(\alpha\boldsymbol{U},\boldsymbol{V})=\alpha f(\boldsymbol{U},\boldsymbol{V})$，且有 $f(\boldsymbol{U},\beta\boldsymbol{V})=\beta f(\boldsymbol{U},\boldsymbol{V})$，其中 α,β 为标量。
- 对这个向量空间中的任何一个向量 $\boldsymbol{W}$，有 $f(\boldsymbol{U}+\boldsymbol{V},\boldsymbol{W})=f(\boldsymbol{U},\boldsymbol{W})+f(\boldsymbol{V},\boldsymbol{W})$ 和 $f(\boldsymbol{W},\boldsymbol{U}+\boldsymbol{V})=f(\boldsymbol{W},\boldsymbol{U})+f(\boldsymbol{W},\boldsymbol{V})$。

注1：n 维向量空间的双线性型可以用一个方阵(k_{ij})和标量表示为 $f(\boldsymbol{U},\boldsymbol{V})=\sum_{ij}k_{ij}U_iV_j$。

注2：给定的 n 维向量空间中的全体双线性型构成一个 n^2 维向量空间。

注3：对于一个向量的情形，双线性型的概念可以扩展到“线性型”。
对于 m 个向量的有序集合的情形，双线性型的概念可以扩展到“乘法线性型”（或 m-线性型）。

102-03-17

标量积　scalar product

点积　dot product

对一个向量空间中的一对向量 $\boldsymbol{U}$ 和 $\boldsymbol{V}$，由给定的双线性型得到的满足下列性质的标量，记为 $\boldsymbol{U}\cdot\boldsymbol{V}$。

- 对称性：$\boldsymbol{U}\cdot\boldsymbol{V}=\boldsymbol{V}\cdot\boldsymbol{U}$；
- 对 $\boldsymbol{U}\neq 0$ 有 $\boldsymbol{U}\cdot\boldsymbol{U}>0$。

注1：在规范正交基向量的 n 维空间中，两个向量 $\boldsymbol{U}$ 和 $\boldsymbol{V}$ 的标量积是向量 $\boldsymbol{U}$ 的每个坐标 U_i 与向量 $\boldsymbol{V}$ 的对应坐标 V_i 乘积的和：$\boldsymbol{U}\cdot\boldsymbol{V}=\sum_i U_iV_i$。

注2：取决于应用场合，对两个复向量 $\boldsymbol{U}$ 和 $\boldsymbol{V}$，有标量积 $\boldsymbol{U}\cdot\boldsymbol{V}$ 或埃尔米特积 $\boldsymbol{U}\cdot\boldsymbol{V}^*$。

注3：标量积能相似地定义在由一个极向量和一个轴向量组成的对上，则为一个伪标量；或者在轴向量对上，则是一个标量。

注4：两个向量量的标量积是相伴的单位向量的标量积再乘以标量量的乘积。

注5：标量积记作一个半高的点（·），置于表示两个向量的符号之间。

102-03-18

埃尔米特积　Hermitian product

对一个复向量空间中的任意一对向量 $\boldsymbol{U}$ 和 $\boldsymbol{V}$，由给定的函数得到的具有下列性质的复标量，用 $\boldsymbol{U}\cdot\boldsymbol{V}^*$ 表示，其中星号表示共轭：

- $\boldsymbol{V}\cdot\boldsymbol{U}^*=(\boldsymbol{U}\cdot\boldsymbol{V}^*)^*$；
- $(\alpha\boldsymbol{U})\cdot\boldsymbol{V}^*=\alpha(\boldsymbol{U}\cdot\boldsymbol{V}^*)$，以及 $\boldsymbol{U}\cdot(\beta\boldsymbol{V})^*=\beta^*(\boldsymbol{U}\cdot\boldsymbol{V}^*)$，其中 α,β 为复标量；
- 对该向量空间中的每个向量 $\boldsymbol{W}$，有 $(\boldsymbol{U}+\boldsymbol{V})\cdot\boldsymbol{W}^*=\boldsymbol{U}\cdot\boldsymbol{W}^*+\boldsymbol{V}\cdot\boldsymbol{W}^*$；
- 对 $\boldsymbol{U}\neq 0$，有 $\boldsymbol{U}\cdot\boldsymbol{U}^*>0$。

注1：在有正交基向量的 n 维空间中，两个向量 $\boldsymbol{U}$ 和 $\boldsymbol{V}$ 的埃尔米特乘积是向量 $\boldsymbol{U}$ 的每个坐标 U_i 与向量 $\boldsymbol{V}$ 的对应分量 V_i 的共轭乘积的和：$\boldsymbol{U}\cdot\boldsymbol{V}^*=\sum_i U_iV_i^*$。

注2：取决于应用，对于两个复向量或两个复的向量量 $\boldsymbol{U}$ 和 $\boldsymbol{V}$，有埃尔米特积 $\boldsymbol{U}\cdot\boldsymbol{V}^*$ 和共轭埃尔米特积 $\boldsymbol{U}^*\cdot\boldsymbol{V}$，埃尔米特积 $\boldsymbol{U}\cdot\boldsymbol{U}^*$ 或 $\boldsymbol{U}^*\cdot\boldsymbol{U}$ 分别是一个实标量或一个实标量量。

注3：埃尔米特积记作半高点（·），置于表示一个向量和另一个的共轭的符号之间。

102-03-19

欧几里得空间　Euclidean space

对任何两个向量定义了标量积的实向量空间或实点空间。

注：通常的三维几何空间是一个欧几里得点空间，在特殊相对论里应用的四维向量是非欧几里得点空间的元素，因为一个向量和其自身的标量积可能是负的。另一个非欧几里得向量空间的例子是由模2加法下的数字0和1构成的 n 数组的集合，因为对一个非零向量，它与自身的标量积能够为0。

102-03-20

埃尔米特空间 **Hermitian space**

酉空间 **unitary space**

对任何两个向量定义了埃尔米特积的复向量空间或复点空间。

102-03-21

向量量 **vector quantity**

向量(2) **vector** (2)

能够用向量(1)乘以一个标量量表示的量。

注1：概念“量”在GB/T 2900.61—2008和国际计量学基本词汇(VIM)中给出定义。

注2：在通常的二或三维几何空间中，对向量量定义的向量一般地定义在一个单位向量上，一个向量量可以表示为一个用作用点、方向和长度来表征的一条定向线段，其中长度为一个非负数乘以一个度量单位。它的分量也是数值和单位的乘积。向量量的例子有：速度、力、电场强度。

注3：向量量可以认为是固定于一个作用点(局部化向量或约束向量)，或者是在沿着与它平行的一条直线上任意的作用点(滑动向量)，或者是空间中任意作用点(自由向量)。

注4：对向量所定义的各种运算都适用于向量量。例如标量量 p 和向量量 $\boldsymbol{Q}=q\boldsymbol{e}$ 的乘积为向量量 $p\boldsymbol{Q}=pq\boldsymbol{e}$，其中 $\boldsymbol{e}$ 为单位向量。

102-03-22

分量(向量量的) **component** (of a vector quantity)

坐标(向量量的) **coordinate** (of a vector quantity)

一个向量量 $\boldsymbol{Q}$ 在基向量 $\boldsymbol{a}_1,\boldsymbol{a}_2,\cdots,\boldsymbol{a}_n$ 上的线性表示 $Q_1\boldsymbol{a}_1+Q_2\boldsymbol{a}_2+\cdots+Q_n\boldsymbol{a}_n$ 中的 n 个标量量 Q_1，$Q_2,\cdots,Q_n$ 的任何一个。

注1：不把向量量的每一个分量都视为一个量(即一个数值和一个度量单位的乘积)，而把向量量 $\boldsymbol{Q}$ 表示为一个数值乘以一个单位得到的向量：

$$\boldsymbol{Q}=\{Q_1\}[Q]\boldsymbol{e}_1+\{Q_2\}[Q]\boldsymbol{e}_2+\{Q_3\}[Q]\boldsymbol{e}_3=(\{Q_1\}\boldsymbol{e}_1+\{Q_2\}\boldsymbol{e}_2+\{Q_3\}\boldsymbol{e}_3)[Q]$$

其中 $\{Q_1\}$，$\{Q_2\}$，$\{Q_3\}$ 为数值，$[Q]$ 为单位，并且 $\boldsymbol{e}_1,\boldsymbol{e}_2,\boldsymbol{e}_3$ 为单位向量，对张量量可类似地考虑。

注2：像位置向量的坐标一样，向量量的分量是由坐标变换得到的。

注3：当向量量为一个位置向量时，一般使用术语“坐标”，这个用法符合数学中向量坐标的定义(102-03-09)。

102-03-23

长度(向量的) **magnitude** (of a vector)

范数(向量的) **norm** (of a vector)

对任何向量 $\boldsymbol{U}$，等于这个向量与自身的标量积的非负平方根，或如是一个复向量，则是它与自身的埃尔米特乘积的非负平方根，这样的非负标量，通常记作 $|\boldsymbol{U}|$。

注1：向量 $\boldsymbol{U}$ 的长度有下列性质：

- $\boldsymbol{U}=0$ 当且仅当 $|\boldsymbol{U}|=0$；
- $|\alpha\boldsymbol{U}|=|\alpha|\cdot|\boldsymbol{U}|$ 其中 α 为一个标量；
- $|\boldsymbol{U}+\boldsymbol{V}|\leqslant|\boldsymbol{U}|+|\boldsymbol{V}|$ 其中 $\boldsymbol{V}$ 为另一个向量。

注2：对规范正交基的三维欧几里得或埃尔米特空间中的一个向量 $\boldsymbol{U}$，长度为 $|\boldsymbol{U}|=\sqrt{|U_1|^2+|U_2|^2+|U_3|^2}$。

注3：在实的或复的情形，分别用术语“欧几里得范数”和“埃尔米特范数”。

注4：向量 $\boldsymbol{U}$ 的长度记作 $|\boldsymbol{U}|$ 或 U，也可以用 $\|\boldsymbol{U}\|$ 来表示。

102-03-24

欧几里得距离 **Euclidean distance**

距离 **distance**

对一个欧几里得点空间中的两点 A，B，向量 $\boldsymbol{r}_B-\boldsymbol{r}_A$ 的长度，其中 $\boldsymbol{r}_A,\boldsymbol{r}_B$ 分别为点 A 和 B 的位置向量。

注：在通常的三维几何空间中，欧几里得距离是一个具有长度量纲的数量。

102-03-25

单位向量　unit vector

大小为1的向量。

注1：单位向量可以有任何方向。

注2：单位向量经常用符号 $\boldsymbol{e}$ 来记。

102-03-26

正交的　orthogonal，adj

应用于两个向量或向量量上，它们的标量积，如果是复向量则是埃尔米特积，等于0。

注1：在一个实二维或三维空间中，正交向量也称作垂直向量。

注2：0向量与任何向量正交。

102-03-27

规范正交的　orthonormal，adj

应用于两两正交的实单位向量的集合。

102-03-28

规范正交基　orthonormal base

用标准正交向量构成的一个基。

注：规范正交基的向量通常记作 $\boldsymbol{e}_1,\boldsymbol{e}_2,\cdots,\boldsymbol{e}_n$；对三维笛卡儿坐标系，它们经常记作 $\boldsymbol{e}_x,\boldsymbol{e}_y,\boldsymbol{e}_z$ 或 $\boldsymbol{i},\boldsymbol{j},\boldsymbol{k}$。

102-03-29

夹角（两个向量的）　**angle** (between two vectors)

满足 $0\leqslant\theta\leqslant\pi$ 的实数 θ，它的余弦是给定的两个实向量 $\boldsymbol{U}$ 和 $\boldsymbol{V}$ 的标量积与它们长度乘积的比：$\theta=\arccos\dfrac{\boldsymbol{U}\cdot\boldsymbol{V}}{|\boldsymbol{U}|\cdot|\boldsymbol{V}|}$。

注：两个向量的夹角总是有定义的，因为不等式 $|\boldsymbol{U}\cdot\boldsymbol{V}|\leqslant|\boldsymbol{U}|\cdot|\boldsymbol{V}|$ 对标量积成立。

102-03-30

右手三面系　right-handed trihedron

在三维欧几里得空间中，三个线性无关向量 $\boldsymbol{U},\boldsymbol{V},\boldsymbol{W}$ 的有序集，使得观察者从 $\boldsymbol{W}$ 的方向来观察，从 $\vec{U}$ 到 $\vec{V}$ 沿较小的夹角的旋转为顺时针方向。

注：右手三面系是定向的：当右手食指($\boldsymbol{V}$)伸直，中指($\boldsymbol{W}$)垂直于拇指($\boldsymbol{U}$)和食指时，拇指、食指和中指的方向。

102-03-31

左手三面系　left-handed trihedron

在三维欧几里得空间中，三个线性无关向量 $\boldsymbol{U},\boldsymbol{V},\boldsymbol{W}$ 的有序集，使得观察者从 $\boldsymbol{W}$ 的方向来看，观察从 $\boldsymbol{U}$ 到 $\boldsymbol{V}$ 较小的夹角的旋转为逆时针方向。

注：左手三面系是定向的：当左手食指($\boldsymbol{V}$)伸直，中指($\boldsymbol{W}$)垂直于拇指($\boldsymbol{U}$)和食指时，拇指、食指和中指的方向。

102-03-32

空间定向　space orientation

三维欧几里得空间的性质，决定于基的选取是右手三面系或者是左手三面系。

注1：一般是选择右手基，除非为特殊目的使用左手基，这时要加以说明以避免正负符号的错误。

注2：对任何 n 维向量空间，根据基向量行列式(相对于被选定为空间定向的基向量的行列式)的符号，基可以分为两类。

102-03-33

轴向量　axial vector

定向空间向量　space-oriented vector

三维欧几里得空间中，对于给定空间定向能够用一个向量表示，而对于另一个空间定向，就用其反向量表示的数学对象。

注：轴向量的例子是两个极向量的向量积和极向量场的旋度，而轴向量量的例子是角速度和磁流密度。

102-03-34

极向量 polar vector

在三维欧几里得空间中，能够表示成一个与空间定向无关的向量的数学对象。

注1：术语“极向量”只在区别术语“轴向量”时用来代替术语“向量”。

注2：极向量的例子为几何位移和标量场的梯度，极向量量的例子为速率与电场强度。

102-03-35

伪标量 pseudo-scalar

三维欧几里得空间中，对于给定空间定向能够用一个标量表示，而对于另一个空间定向，就用其负标量表示的数学对象。

注：伪标量的例子是一个极向量和一个轴向量的标量积，以及三个极向量的标量三重积。

102-03-36

向量积 vector product

轴向量$\boldsymbol{U}\times\boldsymbol{V}$，与给定的两个向量$\boldsymbol{U}$和$\boldsymbol{V}$正交，使得三个向量$\boldsymbol{U}$,$\boldsymbol{V}$和$\boldsymbol{U}\times\boldsymbol{V}$根据空间定向成为一个右手三面体或左手三面系。它的大小等于两个给定向量的大小与其夹角的正弦的乘积：$|\boldsymbol{U}\times\boldsymbol{V}|=|\boldsymbol{U}|\cdot|\boldsymbol{V}|\cdot\sin\theta$

注1：在给定空间定向的三维欧几里得空间中，两个向量$\boldsymbol{U}$和$\boldsymbol{V}$的向量积是唯一的轴向量$\boldsymbol{U}\times\boldsymbol{V}$，使得在这个向量空间中的任何向量$\boldsymbol{W}$，标量三重积$(\boldsymbol{U},\boldsymbol{V},\boldsymbol{W})$等于标量积$(\boldsymbol{U}\times\boldsymbol{V})\cdot\boldsymbol{W}$。

注2：对于两个向量$\boldsymbol{U}=U_x\boldsymbol{e}_x+U_y\boldsymbol{e}_y+U_z\boldsymbol{e}_z$和$\boldsymbol{V}=V_x\boldsymbol{e}_x+V_y\boldsymbol{e}_y+V_z\boldsymbol{e}_z$，其中$\boldsymbol{e}_x$,$\boldsymbol{e}_y$,$\boldsymbol{e}_z$为规范正交基，向量乘积表示为$\boldsymbol{U}\times\boldsymbol{V}=(U_yV_z-U_zV_y)\boldsymbol{e}_x+(U_zV_x-U_xV_z)\boldsymbol{e}_y+(U_xV_y-U_yV_x)\boldsymbol{e}_z$。利用用于求得矩阵行列式的和的一个类似的和，向量积也可以表达为$\boldsymbol{U}\times\boldsymbol{V}=\begin{vmatrix}\boldsymbol{e}_x & \boldsymbol{e}_y & \boldsymbol{e}_z\\ U_x & U_y & U_z\\ V_x & V_y & V_z\end{vmatrix}$。因此向量积是与反对称张量$\boldsymbol{U}\otimes\boldsymbol{V}-\boldsymbol{V}\otimes\boldsymbol{U}$相关的轴向量(见102-03-43)。

注3：对两个复向量$\boldsymbol{U}$和$\boldsymbol{V}$，依赖于应用场合，可以用向量积$\boldsymbol{U}\times\boldsymbol{V}$,$\boldsymbol{U}^*\times\boldsymbol{V}$或者$\boldsymbol{U}\times\boldsymbol{V}^*$。

注4：类似的，向量积能够对一个极向量和一个轴向量定义，其结果为一个极向量，或者在一对轴向量上定义，结果为一个轴向量。

注5：在通常的三维空间中，两个向量量的向量乘积为由相关单位向量与标量量乘积所乘得到的向量乘积。

注6：向量乘积运算记作叉号(×)，置于表示两个向量的符号之间，不要用符号∧。

102-03-37

行列式(n个向量的) **determinant** (of n vectors)

对于一个给定基的n维空间中的n个向量所成的有序集合，当这些向量线性相关时为0，当它们为基向量时为1的唯一的由多重线性型得到的标量。

注1：当n个向量的分量为一个$n\times n$矩阵的行或列时，这些向量的行列式等于这个矩阵的行列式：

$$\det(\boldsymbol{U}_1,\boldsymbol{U}_2,\cdots,\boldsymbol{U}_n)=\begin{vmatrix}U_{11} & U_{12} & \cdots & U_{1n}\\ U_{21} & U_{22} & \cdots & U_{2n}\\ \vdots & \vdots & \ddots & \vdots\\ U_{n1} & U_{n2} & \cdots & U_{nn}\end{vmatrix}$$

注2：根据行列式的符号，这些向量与给定的基有相同或相反的定向。

注3：对三维欧几里得空间，三个向量的行列式为这些向量的标量三重积。

102-03-38

标量三重积 scalar triple product

三重积 triple product

一个伪标量，记为(**U**,**V**,**W**)，对三维欧几里得空间的三个向量**U**,**V**,**W**的有序集合，等于标量积**U**·(**V**×**W**)。

注1：三个向量**U**,**V**,**W**的标量三重积是这组向量在一组给定的正交基上的行列式：

$$(\boldsymbol{U},\boldsymbol{V},\boldsymbol{W})=\begin{vmatrix}U_1 & U_2 & U_3\\ V_1 & V_2 & V_3\\ W_1 & W_2 & W_3\end{vmatrix}$$

注2：三个位置向量的标量三重积是由这组向量构成的平行六面体的体积，加上一个由空间定向决定的正负号。

102-03-39

二阶张量 tensor of the second order

张量 tensor

n维欧几里得向量空间中对任意一对向量都有定义的双线性型。

注1：给定一组规范正交基，二阶张量**T**可由n^2个分量T_{ij}表出，通常写成方阵的形式，使得**T**对一对向量**U**和**V**赋予一个标量$\sum_{i,j=1}^{n}T_{ij}U_iV_j$，其中$U_i$,$V_j$分别是**U**和**V**的坐标。

注2：二阶张量可以由两个向量的双线性型定义(共变张量)，由两个线性型的双线性型定义(反变张量)，或由一个向量与一个线性型的双线性型定义(混合张量)。对欧几里得空间来说，不必作出这些区分。我们可以更一般地由n线性型定义n阶张量，对应的分量有n个指标。一阶张量被看作向量。零阶张量被看作标量。

注3：张量用一个粗黑体的字母符号或在一个字母符号上加两个箭头表示：**T**或$\vec{\vec{T}}$。分量为T_{ij}的张量**T**也可记为(T_{ij})。

注4：复张量**T**定义为一个实部与一个虚部的和：**T**=**A**+j**B**，其中**A**和**B**都是实张量。

102-03-40

张量量 tensor quantity

一个二阶张量**T**乘上一个标量量q得到的量**Q**，**Q**=q**T**。

注1：张量量常用来描述从一个向量量**U**到另一个向量量**V**的线性变换，$V_i=\sum_j Q_{ij}U_j$。

注2：用分量表示的张量量的表达式，与向量量的表达式类似(见102-03-22的注1)。张量量的例子有：各向异性介质的介电常数和渗透系数，见GB/T 2900.60—2002。

注3：张量上定义的运算可以用到张量量上去。

102-03-41

并向量积 dyadic product

张量积(两个向量的) **tensor product** (of two vectors)

对n维欧几里得空间的两个向量**U**和**V**，由双线性型$f(\boldsymbol{X},\boldsymbol{Y})=(\boldsymbol{U}\cdot\boldsymbol{X})(\boldsymbol{V}\cdot\boldsymbol{Y})$定义的二阶张量，其中**X**、**Y**为该空间中的任意向量。

注1：利用向量的坐标，双线性型可以表示为$f(\boldsymbol{X},\boldsymbol{Y})=(\sum_i U_iX_i)(\sum_j V_jY_j)=\sum_{ij}U_iV_jX_iY_j$，并向量积就是分量为$T_{ij}=U_iV_j$的张量。

注2：两个向量的并向量积记为**U**⊗**V**或**UV**。

102-03-42

对称张量 symmetric tensor

由对称双线性型$f(\boldsymbol{U},\boldsymbol{V})=f(\boldsymbol{V},\boldsymbol{U})$定义的二阶张量。

注：对称张量的分量满足$T_{ij}=T_{ji}$，例如一个向量与它自身的张量积为对称张量。

102-03-43

反对称张量　antisymmetric tensor

由满足 $f(\boldsymbol{U},\boldsymbol{V})=-f(\boldsymbol{V},\boldsymbol{U})$ 的双线性型定义的二阶张量。

注 1：反对称张量的分量满足 $T_{ij}=-T_{ji}$，特别地 $T_{ii}=0$。

注 2：定义在三维空间中的反对称张量的三个严格分量可以视为一个轴向量 $\begin{pmatrix} 0 & W_3 & -W_2 \\ -W_3 & 0 & W_1 \\ W_2 & -W_1 & 0 \end{pmatrix}$ 的坐标 W_1，W_2，W_3。与反对称张量 $\boldsymbol{U}\otimes\boldsymbol{V}-\boldsymbol{V}\otimes\boldsymbol{U}$ 对应的轴向量是两个向量的向量乘积。

102-03-44

张量积(两个张量的)　**tensor product** (of two tensors)

由一个四线性型定义的四阶张量，等价于定义同一个欧几里得空间中两个二阶张量的两个双线性型的乘积。

注 1：张量 $\boldsymbol{T}$ 和 $\boldsymbol{S}$ 的张量积的分量为：$(\boldsymbol{T}\otimes\boldsymbol{S})_{ijkl}=T_{ij}S_{kl}$。

注 2：两个张量的张量积记为 $\boldsymbol{T}\otimes\boldsymbol{S}$。

102-03-45

内积(两个张量的)　**inner product** (of two tensors)

收缩积(两个张量的)　**contracted product** (of two tensors)

对于两个二阶张量 $\boldsymbol{T}=(T_{ij})$ 和 $\boldsymbol{S}=(S_{kl})$，它们的内积仍为一个二阶张量，分量为 $(\boldsymbol{T}\cdot\boldsymbol{S})_{il}=\sum_m T_{im}S_{ml}$。

注：内积记为一个中高的点(·)，置于两个表示张量的符号之间。

102-03-46

张量积(一个张量和一个向量的)　**tensor product** (of a tensor and a vector)

由一个三线性型定义的三阶张量，等价于给定的欧几里得空间中定义一个二阶张量的双线性型与等同于同一空间中一个向量的线性型的乘积。

注 1：张量 $\boldsymbol{T}$ 和向量 $\boldsymbol{U}$ 的张量积的分量为 $(\boldsymbol{T}\otimes\boldsymbol{U})_{ijk}=T_{ij}U_k$。

注 2：一个张量与一个向量的张量积记为 $\boldsymbol{T}\otimes\boldsymbol{U}$。

102-03-47

内积(一个张量和一个向量的)　**inner product** (of a tensor and a vector)

收缩积(一个张量和一个向量的)　**contracted product** (of a tensor and a vector)

对于一个二阶张量 $\boldsymbol{T}=(T_{ij})$ 和一个向量 $\boldsymbol{U}=(U_k)$，它们的内积是一个向量，其分量为 $(\boldsymbol{T}\cdot\boldsymbol{U})_i=\sum_m T_{im}U_m$。

注 1：因为一阶张量被视为向量，所以两个向量的内积就是它们的标量积。

注 2：一个例子：电场强度 $\boldsymbol{E}$ 与电通量密度 $\boldsymbol{D}$ 之间的关系满足 $\boldsymbol{D}=\overset{\rightrightarrows}{\varepsilon}\cdot\boldsymbol{E}$，其中 $\overset{\rightrightarrows}{\varepsilon}$ 为一个各向异性介质的绝对介电常数。

注 3：张量与向量的内积记为一个中高的点(·)，置于两个符号之间。

102-03-48

标量积(两个张量的)　**scalar product** (of two tensors)

对于两个二阶张量 $\boldsymbol{T}=(T_{ij})$ 和 $\boldsymbol{S}=(S_{kl})$，由 $\boldsymbol{T}:\boldsymbol{S}=\sum_{mn}T_{mn}S_{nm}$ 定义的标量。

注：两个张量的标量积记为冒号(:)，置于两个张量符号之间。

102-03-49

克罗内克张量　Kronecker tensor

分量为 $T_{ij}=\delta_{ij}$ 的二阶张量，其中 δ_{ij} 为克罗内克 δ，当 $i=j$ 时为 1，$i\neq j$ 时为 0。

注 1：克罗内克张量的分量与使用的基无关，任一张量或向量与克罗内克张量的内积仍为原张量或向量。

注 2：一个各向异性的介质在每一点处的性质用一个二阶张量量表示。而在一个各向同性的介质中，这个量只需用克罗内克张量与一个标量量的积表示。在实际应用中，这个量被看作是一个标量量。

3.4 几何

102-04-01

点 point

点空间的元素。

102-04-02

直线 straight line

线 line

点空间的一维子空间。

注：一条过点 O 的直线是位置向量 $\boldsymbol{r}_P$ 满足 $\boldsymbol{r}_P=\alpha\boldsymbol{V}$ 的点 P 的集合，其中 α 为一个标量，$\boldsymbol{V}$ 是一个由点空间对应的向量空间中的非 0 向量。

102-04-03

直线段 straight-line segment

一条直线上两点间的部分。

注：若 $\boldsymbol{r}_A$，$\boldsymbol{r}_B$ 是 A，B 两点的位置向量，则直线段 AB 是由满足 $\boldsymbol{r}_P=u\boldsymbol{r}_A+(1-u)\boldsymbol{r}_B$，$0\leqslant u\leqslant 1$ 的点 P 构成的集合，其中 $\boldsymbol{r}_A$ 为 P 的位置向量。

102-04-04

轴 axis

在实的点空间中，含有原点的定向直线。

注：一条轴定义了一个方向。

102-04-05

平面 plane

点空间的二维子空间。

102-04-06

共线的 collinear

在同一条直线上。

注：三个点，一个点与一条直线段，或两条直线段都有可能共线。

102-04-07

共面的 coplanar

在同一个平面内。

注：四个点或两条直线段都有可能共面。

102-04-08

平行的 parallel，adj

形容在一个点空间中，

- 当一条直线与另一条共面直线没有公共点或它们重合；
- 当一个平面内包含一条与已知直线平行的直线；
- 当一个平面内的任一条直线都能在另一平面内找到与之平行的直线；

注 1：两条直线或两个平面的平行关系是等价关系。

注 2：直线平行的通常说法有："直线 A 平行于直线 B"或"直线 A 与 B 平行"或"A，B 是平行直线"。对于其他情形，也有类似的说法。

102-04-09

垂直的 perpendicular，adj

形容在一个欧几里得空间中，

- 一条直线与另一条直线垂直，如果它们对应的向量是正交的。

- 一条直线与一个平面垂直，如果这条直线与该平面内任意直线都垂直。
- 一个平面与另一个平面垂直，如果它包含一条垂直于另一平面内所有直线的直线。

注：直线垂直的通常说法有“直线 A 垂直于直线 B”，“直线 A 与 B 垂直”或“A，B 是互相垂直的直线”。对于其他情形，也有类似的说法。

102-04-10

投影(平面上的)　**projection** (upon a plane)

一个三维点空间中，对任意一点 A，一个给定的平面 P 和一条不平行于 P 的直线 d，过 A 点且平行于 d 的直线 d' 与平面 P 的唯一交点 A'，称为 A 在平面 P 上的投影。

注：见图 1。

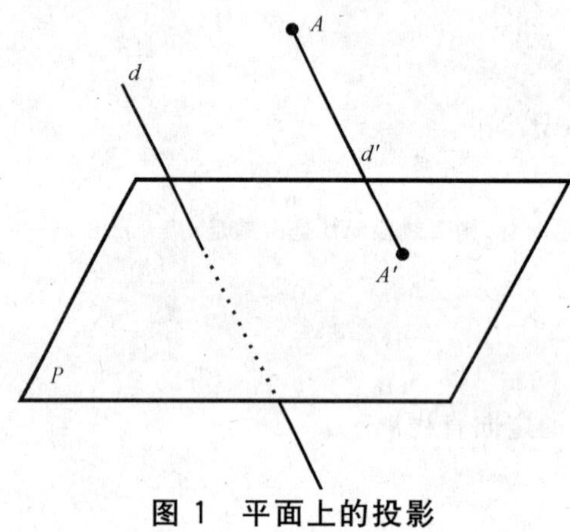

图 1　平面上的投影

102-04-11

投影(直线上的)　**projection**(upon a line)

在一个平面内，对任意点 A 和两条给定的不平行的直线 d 和 p，过 A 点且平行于直线 d 的直线 d' 与 p 的唯一交点 A'，称为 A 在直线 p 上的投影。

注：见图 2。

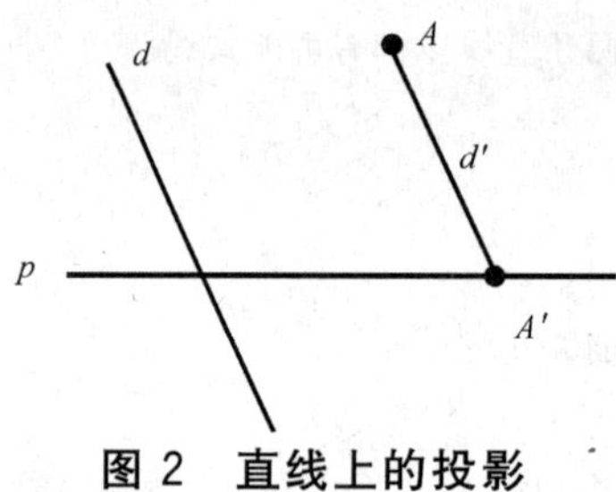

图 2　直线上的投影

102-04-12

正交投影(平面上的)　**orthogonal projection**(upon a plane)

在平面上且与一条垂直于该平面的直线平行的投影。

102-04-13

正交投影(直线上的)　**orthogonal projection**(upon a line)

在直线 p 上且与垂直于该直线的直线 d 平行的投影。

102-04-14

角(几何中的)　**angle**(in geometry)

平面角　plane angle

- 对两条直线，它们分别对应的向量之间的角。
- 对一条直线和一个平面，这条直线和它在这个平面上的正交投影所成的角。

- 对两个平面，分别与这两个平面垂直的两条直线所成的角。

注 1：角的国际单位制单位是弧度(记为 rad)。其他的单位有度(记为°)，分(记为′)和秒(记为″)，$1° = (\pi/180)\text{rad}$，$1' = (1/60)°$，$1'' = (1/60)'$。

注 2：仅在区分“立体角”时，我们才用“平面角”代替术语“角”。

102-04-15

曲线　curve

在点空间中或在平面上，位置向量构成一个连续函数 $r = f(u)$ 的点的集合，其中参数 u 是一个给定区间中的实数。

注：平面曲线也可以从代数角度用方程 $f(x,y) = 0$ 来定义。

102-04-16

闭曲线　closed curve

参数区间的两个端点的值对应的曲线上的点重合的曲线。

102-04-17

折线　polygonal line

对 n 个点 $A_1, A_2, \cdots, A_n$ 的有序集合，连续的 $n-1$ 个直线段 $A_1A_2, A_2A_3, \cdots, A_{n-1}A_n$。

102-04-18

长度(曲线的)　**length**(of a curve)

由一条曲线上相应于其参数区间端点值的两个点之间相继的点所确定的任意折线长度的最小上界，如果它存在的话。

注 1：由位置向量 $r = f(u)$(其中参数 u 在区间 $[a,b]$ 上取值，$a \leqslant b$)定义的从 A 到 B 的曲线的长度是线积分

$$\int_A^B |\,\mathrm{d}r\,| = \int_a^b \left|\frac{\mathrm{d}f}{\mathrm{d}u}\right| \mathrm{d}u。$$

注 2：在通常的几何空间中，曲线的长度是一个具有长度量纲的量。

102-04-19

定向(曲线的)　**orientation**(of a curve)

由位置向量 $r(u)$ 描述的曲线的性质，与参数 u 的值的增大或减小相关。

102-04-20

定向曲线　oriented curve

在两个定向中选定了一个的曲线。

102-04-21

闭路　closed path

定向闭曲线。

102-04-22

坐标(沿曲线的)　**abscissa**(along a curve)

对于一条有始点的定向曲线上给定的一点，它的横坐标是一个实数，其绝对值等于从始点到这点之间的曲线的长度，正负号取决于从始点到这点的路径与曲线的定向是否一致。

注 1：对于由位置向量 $r = f(u)$(参数 u 的函数)定义的一条曲线，如果当 $u = 0$ 时对应于始点 O，则 $u = u_M$ 对应的点 M 的横坐标就是线积分：

$$\int_O^M |\,\mathrm{d}r\,| = \int_0^{u_M} \left|\frac{\mathrm{d}f}{\mathrm{d}u}\right| \mathrm{d}u。$$

注 2：在通常的几何空间中，沿一条曲线的横坐标是一个一维的长度度量的量。

102-04-23

切线(曲线的)　**tangent**(to a curve)，noun

给定曲线上一点 M，连接 M 与曲线上另一点 N 得到一条直线，当 M 与 N 之间的欧几里得距离趋

于 0 时，若直线的极限存在，则定义为曲线在 M 处的切线。

102-04-24

密切(平)面(曲线的)　**osculating plane**(of a curve)

给定曲线上一点 M，M 处的切线与曲线上另一点 N 确定一个平面，当 M 与 N 之间的欧几里得距离趋于 0 时，若平面的极限存在，则定义为曲线在 M 处的密切平面。

102-04-25

法线(曲线的)　**normal**(to a curve)，noun

对曲线上一个给定的点 M，过 M 点且与 M 处的切线垂直的任意直线。

102-04-26

主法线(曲线的)　**main normal**(to a curve)

对曲线上一个给定的点 M，在 M 处的密切平面内的法线。

102-04-27

副法线(曲线的)　**binormal**(to a curve)

对曲线上一个给定的点 M，与 M 处的密切平面垂直的法线。

102-04-28

圆　circle

在通常的几何空间中，平面内到一个定点的欧几里得距离等于定长的所有点构成的曲线。

102-04-29

圆盘　disk

圆(在此意义下拒用)　circle (deprecated in this sense)

在通常的几何空间中，平面内到一个定点的欧几里得距离小于或等于定长的所有点构成的集合。

102-04-30

弧度　radian

rad

在圆上截取的弧的长度等于半径长的两条半径对应的向量之间的角。

注：弧度是角的国际单位制的单位。

102-04-31

曲面　surface

在三维点空间中，位置向量是一个定义在某区域 U 中的实数对 u 和 v 的二元连续函数 $r=f(u,v)$，$(u,v)\in U\subseteq \boldsymbol{R}^2$ 的点的集合。

注：曲面也可以由一族依赖于一个参数的曲线生成，或在一个三维空间中，由方程 $f(x,y,z)=0$ 代数地定义。

102-04-32

闭曲面　closed surface

一个连成一块的曲面。它将空间中所有不在曲面上的点分为两部分：有界的内部区域和无界的外部区域，并且任一连接内部区域的点和外部区域的点的直线段至少与该曲面交于一点。

102-04-33

面积　area

与三维欧几里得空间的曲面的子集相联系的唯一正数(若存在)，具有以下性质：

- 对于一个矩形，这个值为两边的长度之积。
- 对于一些不相交子集的并，这个值是所有子集的值之和。
- 对于更复杂的子集，这个值是被一些和所逼近，由一个积分给出。

注 1：由直线 $x=a$，$y=b$，$y=0$ 和曲线 $y=f(x)$ 对应的弧围成的平面部分的面积为 $\int_a^b f(x)\mathrm{d}x$，其中 $a<b$，$f(x)\geqslant 0$。

注 2：由 $r=f(u,v)$，$(u,v)\in U\subseteq \boldsymbol{R}^2$ 定义的曲面的面积为 $\iint_U \left|\frac{\partial f}{\partial u}\cdot\frac{\partial f}{\partial v}\right|\cdot \mathrm{d}u\mathrm{d}v$。

注 3：由方程 $z=f(x,y)$ 定义的曲面的面积为 $\iint_S \sqrt{1+\left(\frac{\partial f}{\partial x}\right)^2+\left(\frac{\partial f}{\partial y}\right)^2}\mathrm{d}x\mathrm{d}y$。

注 4：在通常的几何空间中，曲面的面积是一个具有长度平方量纲的量。

102-04-34

切平面　tangent plane

对于曲面上的一点，使得曲面上任意一条过该点的曲线在这点处的切线都位于其中的平面(若存在)。

注：对于由 $r=f(u,v)$，$(u,v)\in U\subseteq \boldsymbol{R}^2$ 定义的曲面，点 $r(u_0,v_0)$ 处的切平面由向量 $\left(\frac{\partial f}{\partial u}\right)_{\substack{u=u_0\\v=v_0}}$ 和 $\left(\frac{\partial f}{\partial v}\right)_{\substack{u=u_0\\v=v_0}}$ 确定，若它们线性无关的话。

102-04-35

法线(曲面的)　**normal**(to a surface)，noun

对于曲面上的一点，过该点且垂直于这点的切平面的直线。

102-04-36

定向(曲面的)　**orientation**(of a surface)

对于一个在任意点处都存在切平面的曲面，由在各个点处选定的连续变化的两个单位法向量之一决定确定的性质。

注：一个闭曲面的定向是向内的或向外的。对一些曲面，例如默比乌斯带，只能定义局部的定向。

102-04-37

定向曲面　oriented surface

在两个可能的定向中选定了一个定向的曲面。

注：曲面在一定处的定向由这点处的向量曲面元素的方向给出。

102-04-38

柱面　cylindrical surface

与一条给定的直线平行，且与一条给定的曲线相交的所有直线构成的曲面。

102-04-39

三维区域　three-dimensional domain；3-D domain

一个三维点空间中，由一个或几个曲面围成的，连成一体的所有的点构成的集合。

102-04-40

体积　volume

V

一个三维区域的体积如果存在，则是一个唯一确定的正数，且具有以下性质：

- 对于一个长方体，这个值等于三边长的乘积。
- 对于一些互不相交区域的并，这个值是与这些区域相关的值的和。
- 对于更复杂的区域，这个值可以被一些和所逼近，由一个积分给出。

注 1：三维区域 D 的体积 V 由一个体积积分 $\iiint_D \mathrm{d}V$ 给出，其中 $\mathrm{d}V$ 是体积元素(102-05-10)。

注 2：在通常的几何空间中，体积是一个具有长度立方量纲的量。

102-04-41

柱体　cylinder

由柱面和两个不平行于柱面母线的平行平面所围成的三维区域。

注：垂直于柱面母线的平面与柱面的交集可以是任何形状，不一定是圆。

102-04-42

圆柱体　circular cylinder

垂直于柱面母线的平面与柱面的交集是圆的柱体。

102-04-43

球面　sphere

在通常的几何空间中，到定点的欧几里得距离是定长的所有的点组成的闭曲面。

102-04-44

球　ball;sphere (deprecated in this sense)

在通常的几何空间中，到定点的欧几里得距离小于或等于定长的所有的点组成的三维区域。

102-04-45

锥体　cone

以一个公共点为出发点的射线围成的三维区域，这个公共点称为顶点。

注：通常用一个平面或一个中心在锥体顶点的球与锥体的交集来描述一个锥体。

102-04-46

立体角　solid angle

以锥体的顶点为球心的球面被锥体所截部分的面积与球半径平方的比。

注：立体角的国际单位制单位是球面度。

102-04-47

球面度　steradian

一个锥体的立体角，若以该锥体的顶点为球心的球面被锥体所截部分的面积等于球半径的平方。

注：球面度是国际单位制的立体角的单位。

102-04-48

对称　symmetry

欧几里得空间到它自身的映射(不包括恒等映射)，保持任意两点间的欧几里得距离不变，且与自身的复合为恒等映射。

102-04-49

对称的　symmetric, adj

适用于三维欧几里得空间中由点组成的一个构形，如果该构形在空间到其自身的给定的保欧几里得距离的映射下保持不变。

注：例

- 周期的构形按平移对称。
- 按旋转$\frac{2\pi}{n}$(n 为整数)对称或按任意旋转对称。
- 按镜像对称。
- 以上情况的复合。

102-04-50

关于点的对称　symmetry with respect to a point

对于一个给定的点 O，称点 M 与 M' 对称，若直线段 MM' 的中点为 O。

102-04-51

对称中心　centre of symmetry

使得给定的空间的一部分关于这个点的对称保持不变的点。

102-04-52

关于直线的对称　symmetry with respect to a line

对于一条给定的直线，称点 M 与 M' 关于这条直线对称，若直线段 MM' 与该直线垂直，且中点在该直线上。

102-04-53

对称轴　axis of symmetry

使得给定的空间的一部分关于这条直线的对称保持不变的直线。

102-04-54

关于平面的对称　symmetry with respect to a plane

镜对称　mirror symmetry

对于一个给定的平面,点 M 与 M' 关于这个平面对称,若直线段 MM' 与该平面垂直,且中点在该平面内。

102-04-55

对称平面　plane of symmetry

使得给定空间的一部分关于这个平面的对称保持不变的平面。

3.5　标量场和向量场

102-05-01

标量线元素　scalar line element

对一条给定定向曲线上的一个定点,该点横坐标的微分。

注:对一条由位置向量 $\vec{r}$ 定义的曲线,其中 $\vec{r}$ 为参数 u 的函数,它的标量线元素为 $\left|\frac{\mathrm{d}r}{\mathrm{d}u}\right|\mathrm{d}u$。

102-05-02

向量线元素　vector line element

向量路径元素　vector path element

在一条给定定向的曲线的一个定点处与曲线相切的实向量,其大小等于该点的标量线元素的绝对值,方向与曲线的定向相一致。

注:向量线元素可以记成 $e_t\mathrm{d}s$ 或 $\mathrm{d}r$,有时记为 $t\mathrm{d}s$,其中 $e_t=t$ 是曲线的单位切向量,$\mathrm{d}s$ 是标量线元素,$\mathrm{d}r$ 是描述有原点的曲线的位置向量的微分。

102-05-03

线积分　line integral

沿着一条定向曲线的一部分进行的积分,其微分元是标量、向量或张量同标量线元素或向量线元素的任意类型的积。

注:线积分可能是标量、向量或张量,取决于乘积的类型。

102-05-04

标量的定向线积分　scalar line integral oriented

微分元是一个向量和一个向量线元素的标量积的线积分。

注:向量 V 沿着定向曲线 Γ 的标量线积分记为 $\int_{\Gamma} V\cdot\mathrm{d}r$。

102-05-05

环路积分　circulation

沿着一条闭曲线的线积分,其微分元为一个向量和一个向量线元素的标量积。

注:向量 V 沿着一条定向的闭曲线 Γ 的标量线积分记为 $\oint_{\Gamma} V\cdot\mathrm{d}r$。

102-05-06

标量曲面元素　scalar surface element

在一个给定曲面上的一个定点处,包含这个点且被包含在一个半径无穷小的球面内的曲面元素的面积

注1:由 $r=f(u,v)$ 定义的曲面的标量曲面元素由 $\left|\frac{\partial f}{\partial u}\times\frac{\partial f}{\partial v}\right|\cdot\mathrm{d}u\mathrm{d}v$ 给出,其中 $(u,v)\in U\subseteq \boldsymbol{R}^2$。

注2:由方程 $z=f(x,y)$ 定义的曲面的标量曲面元素由 $\sqrt{1+\left(\frac{\partial f}{\partial x}\right)^2+\left(\frac{\partial f}{\partial y}\right)^2}\,\mathrm{d}x\mathrm{d}y$ 给出。

102-05-07

向量曲面元素　vector surface element

对于一个三维欧几里得空间中给定平面上的一个定点，该点处曲面的一个法向量，其大小等于该点处的标量曲面元素。

注1：当空间定向为一个右手三面体时，向量曲面元素的方向定义了那一点的曲面的定向为逆时针方向，若观察者沿着该向量的反方向观察的话。

注2：对于一个由 $r=f(u,v)$，$(u,v)\in U\subseteq \boldsymbol{R}^2$ 定义的曲面，向量曲面元素由 $\frac{\partial f}{\partial u}\times\frac{\partial f}{\partial v}\cdot \mathrm{d}u\mathrm{d}v$ 给出。

注3：向量曲面元素最好用 $\boldsymbol{e}_n\mathrm{d}A$ 表示，有时用 $n\mathrm{d}A$，其中 $\boldsymbol{e}_n=n$ 为曲面的单位法向量，$\mathrm{d}A$ 为标量曲面元素。

102-05-08

曲面积分　surface integral

在曲面的一部分上的积分，其微分元是一个标量、向量或张量与标量曲面元素或向量曲面元素的任意类型的积。

注：这个积分可能是标量、向量或张量，取决于积的类型。

102-05-09

通量（向量的）　**flux**(of a vector)

微分元为一个向量和向量曲面元素的标量积的曲面积分。

注：向量 V 通过曲面 S 的通量记为 $\iint_S V\cdot e_n\mathrm{d}A$，若 S 是闭曲面，通量记为 $\oint\!\!\oint_S V\cdot e_n\mathrm{d}A$。

102-05-10

体积元素　volume element

与一个给定点相关的标量，等于一个包含该点且被包含在一个半径无穷小的球面内三维元素的体积。

注：若有一个正交的笛卡儿坐标系，体积元素为 $\mathrm{d}V=\mathrm{d}x\mathrm{d}y\mathrm{d}z$。

102-05-11

体积积分　volume integral

在一个给定的三维区域上的积分，其微分元为一个标量、向量或张量与体积元素的积。

注：这个积分可能为一个标量、向量或张量，取决于积的类型。

102-05-12

场　field

在三维欧几里得空间的一个给定区域，在每一个点上赋予一个标量、向量、张量或这类元素构成的相互关联的集合的函数。

注1：一个场可以表示一种物理现象，诸如声强场、重力场、地球磁场、电磁场。

注2：在英语中，术语“field”在数学中还有另外一个意思“域”，见102-02-18，注2。

102-05-13

标量场　scalar field

在三维欧几里得空间的一个给定区域内，在每一个点处赋予一个标量的场。

102-05-14

向量场　vector field

在三维欧几里得空间的一个给定区域内，在每一个点处赋予一个向量的场。

102-05-15

场线　field line

在一个向量场中的一条路径，在其上每个点处的切线方向与向量场在该点确定的向量方向一致。

102-05-16

张量场　tensor field

在三维欧几里得空间的一个给定区域内，在每一个赋予引出一个张量的场。

102-05-17

场量　field quantity

在一个有定义的空间区域内的每个点处都存在，与点的位置相关的标量量、向量量或张量量。

注 1：场量可能是时间或任何其他参数的函数。

注 2：在英语中术语“field quantity”，在法语中“grandeur de champ”，在 IEC 60027-3 中被用来记诸如电压、电流、声压、电场强度等量，它们在线性系统中的平方与功率成正比，与功率成比例的量被称为“功率量”，不管这些量是否与点的位置有关。

102-05-18

纳布拉算子　nabla operator，nabla

形式上表示为一个向量的符号，用来表示一个给定的空间区域内的每一点处的作用在标量或向量上的微分算子。在规范正交的笛卡儿坐标系中，表示成$\nabla=\boldsymbol{e}_x\frac{\partial}{\partial x}+\boldsymbol{e}_y\frac{\partial}{\partial y}+\boldsymbol{e}_z\frac{\partial}{\partial z}$，其中，$\boldsymbol{e}_x$，$\boldsymbol{e}_y$，$\boldsymbol{e}_z$ 为沿 x，y，z 轴的单位向量。

注：推荐用粗体的印刷符号▽记。

102-05-19

梯度　gradient

与一个给定空间区域每个点处的标量 f 相关联的一个向量 $\mathbf{grad}\ f$，其方向为标量场等值面的法方向，且为 f 值增加的方向，其大小等于 f 在该方向上关于距离的导数的绝对值。

注 1：梯度表示标量场量 f 从一个定点到在一个给定的单位向量 $\boldsymbol{e}$ 方向上与它的距离为一个无穷小量 $\mathrm{d}s$ 的一个点的改变量，由标量积 $\mathrm{d}f=\mathbf{grad}\ f\cdot\boldsymbol{e}\mathrm{d}s$ 给出。

注 2：在规范正交的笛卡儿坐标系中，沿三个坐标轴方向的梯度为$\frac{\partial f}{\partial x}$，$\frac{\partial f}{\partial y}$，$\frac{\partial f}{\partial z}$。

注 3：标量场 f 的梯度记为 $\mathbf{grad}f$ 或 ∇f。

102-05-20

散度　divergence

与一个给定空间区域每个点处的向量 $\boldsymbol{U}$ 相关联的一个标量 $\mathbf{div}\ \boldsymbol{U}$，等于通过一个闭曲面 S 的向量 U 的通量与该曲面内部的体积 V 的比在 V 的所有方向的大小都变为无穷小时的极限：

$$\mathbf{div}\boldsymbol{U}=\lim_{V\to 0}\frac{1}{V}\oint\!\!\!\oint_S \boldsymbol{U}\cdot\boldsymbol{e}_n\mathrm{d}A,$$

其中 $\boldsymbol{e}_n\mathrm{d}A$ 为定向向外的向量曲面元素。

注 1：在规范正交的笛卡儿坐标系中，散度为 $\mathrm{div}\boldsymbol{U}=\frac{\partial U_x}{\partial x}+\frac{\partial U_y}{\partial y}+\frac{\partial U_z}{\partial z}$。

注 2：向量场 $\boldsymbol{U}$ 的散度记为 $\mathrm{div}\ \boldsymbol{U}$ 或 $\nabla\cdot\boldsymbol{U}$。

102-05-21

无散场　solenoidal field

零散度场　zero-divergence field

散度为零的向量构成的向量场。

102-05-22

旋度　rotation；curl

与一个给定空间区域每个点处的向量 $\boldsymbol{U}$ 相关联的一个向量 $\mathbf{rot}\ \boldsymbol{U}$，等于向量曲面元素与向量 U 的向量积在一个闭曲面 S 上的积分与该曲面内部的体积 V 的比在包含这个曲面的球的半径趋于 0 时的极限：$\mathrm{rot}U=\lim\limits_{V\to 0}\frac{1}{V}\oiint\limits_{S} e_n\times U\mathrm{d}A$。

其中 $e_n\mathrm{d}A$ 为定向向外的向量曲面元素，V 为体积。

注 1：在规范正交的笛卡儿坐标系中，旋度的三个坐标为：$\frac{\partial U_z}{\partial y}-\frac{\partial U_y}{\partial z},\frac{\partial U_x}{\partial z}-\frac{\partial U_z}{\partial x},\frac{\partial U_y}{\partial x}-\frac{\partial U_x}{\partial y}$。

注 2：极向量的旋度为轴向量，轴向量的旋度为极向量。

注 3：向量场 U 的旋度记为 **rot** $\boldsymbol{U}$ 或 $\nabla\times\boldsymbol{U}$，在一些英文的教科书中，旋度也记为 **curl** $\boldsymbol{U}$。

102-05-23

无旋场　irrotational field

旋度为零的向量场。

注：我们也称一个静态的无旋场为保守场，意思是能量守恒。

102-05-24

位势　potential

标量位势　scalar potential

在一个给定的空间区域的每个点处的标量 φ，其梯度的相反数为一个给定的无旋场的向量 $\boldsymbol{U}$：$\boldsymbol{U}=-\mathbf{grad}\varphi$。

注 1：给定的向量场 $\boldsymbol{U}$ 称为由标量位势 φ 导出的场。

注 2：标量位势不是唯一的，其实在一个给定的标量位势上加上任意的一个标量常值都不改变它的梯度。

注 3：标量位势的一个例子是电势，它的梯度的相反数为电场强度。

注 4：只在为了区别“向量位势”时，我们才用“标量位势”代替“位势”。

102-05-25

等势的　equipotential，adj

形容一个集合中的所有点都有相同的标量位势。

102-05-26

向量位势　vector potential

在一个给定的空间区域的每个点处的向量 $\boldsymbol{U}$，它的旋度是一个给定的无散矢场的向量 $\boldsymbol{V}$：$\boldsymbol{V}=\mathbf{rot}\,\boldsymbol{U}$。

注 1：给定的向量场称为由向量位势导出的场。

注 2：向量位势不是唯一的，其实在一个给定的向量位势上加上任意一个无旋场都不改变它的旋度。我们经常选定散度为 0 的向量位势。

注 3：如向量位势被用来表示磁向量位势(A)，它的旋度为磁通量密度(B)。

102-05-27

拉普拉斯算子　Laplacian operator；Laplacian

作用于一个给定的空间区域上每一点处的标量或向量上的运算，在规范正交的笛卡儿坐标系中，用符号 Δ 表示，$\Delta=\frac{\partial^2}{\partial x^2}+\frac{\partial^2}{\partial y^2}+\frac{\partial^2}{\partial z^2}$。

注：拉普拉斯算子记为 Δ，∇^2 或 $\nabla\cdot\nabla$。

102-05-28

拉普拉斯算子(标量场的)　**Laplacian**(of a scalar field)

在一个给定的空间区域的每个点处与标量 f 相关联的标量 Δf，等于这个标量场的梯度的散度：$\Delta f=\mathbf{div}\ \mathbf{grad}\ f$。

注 1：在正交笛卡尔坐标系中，标量场量的拉普拉斯运算为：$\Delta f=\frac{\partial^2 f}{\partial x^2}+\frac{\partial^2 f}{\partial y^2}+\frac{\partial^2 f}{\partial z^2}$。

注 2：标量场 f 的拉普拉斯运算记为 Δf 或 $\nabla^2 f$，其中 Δ 为拉普拉斯算子。

102-05-29

拉普拉斯算子(向量场的)　Laplacian(of a vector field)

在一个给定空间区域的每个点处,与向量 $\boldsymbol{U}$ 相关的向量 $\Delta\boldsymbol{U}$,等于这个向量空间的散度的梯度减去这个向量空间的旋度的旋度:$\Delta\boldsymbol{U}=\mathbf{grad}\ \mathrm{div}\ \boldsymbol{U}-\mathbf{rot}\ \mathbf{rot}\ \boldsymbol{U}$。

注 1:在正交笛卡儿坐标系中,一个向量场的拉普拉斯运算的三个分量为:$\frac{\partial^2 U_x}{\partial x^2}+\frac{\partial^2 U_x}{\partial y^2}+\frac{\partial^2 U_x}{\partial z^2}$,$\frac{\partial^2 U_y}{\partial x^2}+\frac{\partial^2 U_y}{\partial y^2}+\frac{\partial^2 U_y}{\partial z^2}$,$\frac{\partial^2 U_z}{\partial x^2}+\frac{\partial^2 U_z}{\partial y^2}+\frac{\partial^2 U_z}{\partial z^2}$。

注 2:向量场 $\boldsymbol{U}$ 的拉普拉斯运算记为 $\Delta\boldsymbol{U}$ 或 $\nabla^2\boldsymbol{U}$,其中 Δ 为拉普拉斯算子。

102-05-30

散度定理　divergence theorem

高斯定理　Gauss theorem

场论中的一个定理:对于一个定向向外的闭曲面 S 围成的三维区域 V 及其上的向量场 $\boldsymbol{U}$,$\boldsymbol{U}$ 的散度在 V 上的体积积分等于这个场通过曲面 S 的通量:$\iiint_V \mathrm{div}\ \boldsymbol{U}\mathrm{d}V=\oiint_S \boldsymbol{U}\cdot \boldsymbol{e}_n\mathrm{d}A$,其中 $\mathrm{d}V$ 为体积元素,$\boldsymbol{e}_n\mathrm{d}A$ 为向量曲面元素。

注 1:散度定理可以推广到 n 维欧几里得空间中。

注 2:在静电学中,散度定理被用来表示通过一个闭曲面的电通量等于曲面内的区域内所有的电荷总量,被称为"高斯定理"。

注 3:在英文中,散度定理有时被称为奥斯楚格莱第斯基定理。

102-05-31

斯托克斯定理　Stokes theorem; circulation theorem

场论中的一个定理:对于一条闭曲线 C 限定的一块曲面 S 及其上一个给定的向量场 $\boldsymbol{U}$,$\boldsymbol{U}$ 的旋度在 S 上的曲面积分等于这个场沿曲线 C 的环路积分:$\iint_S \mathbf{rot}\ \boldsymbol{U}\cdot\boldsymbol{e}_n\mathrm{d}A=\oint_C \boldsymbol{U}\cdot\mathrm{d}\boldsymbol{r}$,其中 $\boldsymbol{e}_n\mathrm{d}A$ 是向量曲面元素,$\mathrm{d}\boldsymbol{r}$ 为向量线元素。

注 1:曲面 S 的由曲线 C 诱导的定向的选取满足:在 C 上的任意一点的向量线元素,定义了 S 的定向的单位法向量和与这两个向量垂直,且指向曲线外部的单位向量构成了一个右手系或左手系,取决于空间的定向。

注 2:斯托克斯定理可以推广到 n 维欧几里得空间。

注 3:在静磁学中,斯托克斯定理被用来表示通过曲面 S 的磁通量等于磁向量位势在 C 上的环路积分,这个环路积分定义了磁通链,见 GB/T 2900.60—2002,121-11-24。

102-05-32

格林第一公式　first Green formula

相当于对向量场 $f_1\mathbf{grad}f_2$ 应用散度定理,其中 f_1 与 f_2 为由闭曲面 S 围成的三维区域 V 上的两个标量场:$\iiint_V(\mathbf{grad}f_1\cdot\mathbf{grad}f_2+f_1\Delta f_2)\mathrm{d}V=\oiint_S f_1\mathbf{grad}f_2\cdot\boldsymbol{e}_n\mathrm{d}A$,其中 $\mathrm{d}V$ 为体积元素,$\boldsymbol{e}_n\mathrm{d}A$ 为向量曲面元素,Δ 为拉普拉斯算子。

注:格林第一公式有时被称为格林第一定理或格林第一恒等式。

102-05-33

格林第二公式　second Green formula

相当于对向量场 $f_1\mathbf{grad}f_2-f_2\mathbf{grad}f_1$ 应用散度定理的结果,其中 f_1 与 f_2 为由闭曲面 S 围成的三维区域 V 上的两个标量场:$\iiint_V(f_1\Delta f_2-f_2\Delta f_1)\mathrm{d}V=\oiint_S(f_1\mathbf{grad}f_2-f_2\mathbf{grad}f_1)\cdot\boldsymbol{e}_n\mathrm{d}A$,其中 $\mathrm{d}V$ 为体积元素,$\boldsymbol{e}_n\mathrm{d}A$ 为向量面元素,Δ 为拉普拉斯算子。

注 1:格林第二公式有时被称为格林第二定理或格林第二恒等式。

注 2:格林第二公式中 f_1 与 f_2 是完全对称的。

3.6 矩阵

102-06-01

矩阵 matrix

排成 m 行，n 列的 mn 个标量的排列。

注 1：排列中的标量被称为矩阵的元素。

注 2：矩阵符号也用在标量量上，这些量并不需要类型相同，例如阻抗矩阵和 H-矩阵（见 IEC 60027-2）。矩阵符号有时用来表示算子，在每一种情况中都是合理的。

注 3：矩阵用一个斜体的黑体字母表示或将元素的排列表格放在一个圆括号内：$\boldsymbol{A}$ 或 $\begin{pmatrix} A_{11} & \cdots & A_{1n} \\ \vdots & \ddots & \vdots \\ A_{m1} & \cdots & A_{mn} \end{pmatrix}$，记号 (A_{ij}) 也被使用，如为了区别矩阵 $\boldsymbol{A}$ 与向量 $\boldsymbol{A}$ 时，也可以用方括号代替圆括号。对一个矩阵 $\boldsymbol{A}$，第 i 行，第 j 列的元素可以记为 $(A)_{ij}$ 或 A_{ij}，如果没有歧义的话。

注 4：如果元素是复数或复量，则称矩阵为复的。一个复矩阵可以记为 $\underline{A}$，其元素记为 $(\underline{A}_{ij})$ 或 $\underline{A}_{ij}$。

102-06-02

型（矩阵的） type (of a matrix)

给定矩阵的行数 m 和列数 n 的有序整数对。

注：m 行，n 列的矩阵记为 $A_{m\times n}$，读为"$m\times n$ 型矩阵"，或简称"$m\times n$ 矩阵"。

102-06-03

行矩阵 row matrix

行向量（拒用） row vector (deprecated)

只有一行的矩阵。

注：有 n 列的行矩阵的类型为 $1\times n$。

102-06-04

列矩阵 column matrix

列向量（拒用） column vector (deprecated)

只有一列的矩阵。

注 1：有 m 行的列矩阵类型为 $m\times 1$。

注 2：列矩阵通常用来表示一个向量的构成。

注 3：在电路理论中，列矩阵被用来表示网络端口的电压或电流的集合。

102-06-05

矩阵与标量的积 product of a matrix by a scalar

对一个元素为 A_{ij} 的矩阵 $\boldsymbol{A}$ 和标量 α，具有元素 $(\alpha A)_{ij}=\alpha A_{ij}$ 的矩阵 $\alpha\boldsymbol{A}$。

102-06-06

两个矩阵的和 sum of two matrices

对两个分别具有元素 A_{ij} 和 B_{ij} 的同型矩阵 $\boldsymbol{A}$ 和 $\boldsymbol{B}$，具有元素 $(A+B)_{ij}=A_{ij}+B_{ij}$ 的矩阵 $A+B$。

102-06-07

零矩阵 zero matrix

所有元素都等于 0 的给定型的矩阵。

注 1：零矩阵是矩阵加法的零元素。

注 2：如果一个矩阵有至少一个非零元素，则称为非零矩阵。

102-06-08

两个矩阵的积 product of two matrices

对于具有元素分别为 A_{ik} 和 B_{kj} 的 $m\times p$ 型矩阵 $\boldsymbol{A}$ 和 $p\times n$ 型矩阵 $\boldsymbol{B}$，具有元素 $(AB)_{ij}=\sum_{k=1}^{p}A_{ik}B_{kj}$

的 $m\times n$ 型矩阵 $\boldsymbol{AB}$。

注：只有当第一个矩阵的列数等于第二个矩阵的行数时才有乘积存在。

102-06-09

方阵　square matrix

行数与列数相等的矩阵。

注：方阵常被用来表示一个二阶张量的构成。

102-06-10

阶(方阵的)　**order** (of a square matrix)

一个方阵的行数或列数。

102-06-11

乘法(方阵的)　**multiplication** (of square matrices)

在一个给定的阶的方阵集合上定义的运算，它将任意一对有序的方阵($\boldsymbol{A}$,$\boldsymbol{B}$)对应到它们的积 $\boldsymbol{AB}$。

注：方阵的乘法满足结合律：$(\boldsymbol{AB})\boldsymbol{C}=\boldsymbol{A}(\boldsymbol{BC})$，但不满足交换律，一般地，$\boldsymbol{AB}\neq\boldsymbol{BA}$。

102-06-12

克罗内克 δ　Kronecker delta

克罗内克符号　Kronecker symbol (deprecated)

任意一对自然数 i，j 对应的一个自然数，若 $i=j$ 等于 1，若 $i\neq j$ 等于 0。

注：克罗内克 δ，记为 δ_{ij}。

102-06-13

单位矩阵　unit matrix

元素为克罗内克 δ：$E_{ij}=\delta_{ij}$ 的方阵 $\boldsymbol{E}$。

注 1：单位矩阵是乘法单位元素，$\boldsymbol{AE}=\boldsymbol{EA}=\boldsymbol{A}$，对任意给定阶的方阵 $\boldsymbol{A}$ 成立。

注 2：n 阶方阵记为 $\boldsymbol{E}_n$ 或 $\boldsymbol{I}_n$。

102-06-14

正则矩阵　regular matrix

对元素为 A_{ij} 的 n 阶方阵，以它的第 i 行元素即 A_{i1}，A_{i2}，…，A_{in} 为坐标的向量记为 $\boldsymbol{V}_i$，n 个这样的向量线性无关的方阵。

102-06-15

奇异矩阵　singular matrix

对元素为 A_{ij} 的 n 阶方阵，以它的第 i 行元素，即 A_{i1}，A_{i2}，…，A_{in} 为坐标的向量记为 $\boldsymbol{V}_i$，n 个这样的向量线性相关的方阵。

102-06-16

方阵的逆　inverse of a square matrix

对一个正则方阵 $\boldsymbol{A}$，使得 $\boldsymbol{AA}^{-1}=\boldsymbol{A}^{-1}\boldsymbol{A}=\boldsymbol{E}$ 的方阵 $\boldsymbol{A}^{-1}$，其中 $\boldsymbol{E}$ 为单位矩阵。

注：方阵 $\boldsymbol{A}=(A_{ij})$ 的逆记为 $\boldsymbol{A}^{-1}=(A_{ij})^{-1}$，其元素记为 $(A^{-1})_{ij}$，不能用 $(A_{ij}{}^{-1})$ 来记，因为它表示由 $\boldsymbol{A}$ 的元素的逆构成的方阵。

102-06-17

转置矩阵　transpose matrix; transpose of a matrix

对一个元素为 A_{ij} 的 $m\times n$ 型矩阵 $\boldsymbol{A}$，一个记为 A^{T} 的 $n\times m$ 型矩阵，其元素 $(A^{\mathrm{T}})_{ij}=A_{ji}$。

注：矩阵 $\boldsymbol{A}$ 的转置矩阵记为 $\boldsymbol{A}^{\mathrm{T}}$，有时记为 $\widetilde{\boldsymbol{A}}$，在数学中也记为 ${}^{t}\boldsymbol{A}$。

102-06-18

复共轭矩阵　complex conjugate matrix

对一个元素为 A_{ij} 的复矩阵 $\boldsymbol{A}$，一个记为 $\boldsymbol{A}^{*}$ 的复矩阵，其元素 $(A^{*})_{ij}$ 为 $\boldsymbol{A}$ 的相应元素的共轭：

$(A^*)_{ij} = A_{ij}{}^*$。

注：矩阵 **A** 的复共轭矩阵记为 $\boldsymbol{A}^*$，在数学中也记为 $\bar{\boldsymbol{A}}$。

102-06-19

埃尔米特共轭矩阵　Hermitian conjugate matrix

对一个元素为 A_{ij} 的复矩阵 **A**，一个记为 $\boldsymbol{A}^{\mathrm{H}}$ 的复矩阵，等于 **A** 的转置矩阵的复共轭矩阵 $\boldsymbol{A}^{\mathrm{H}} = (\boldsymbol{A}^{\mathrm{T}})^*$，即元素 $(A^{\mathrm{H}})_{ij} = A_{ji}^*$。

注 1：若矩阵 **A** 为实的，则它的埃尔米特共轭矩阵就是共轭矩阵。

注 2：矩阵 **A** 的埃尔米特共轭矩阵记为 $\boldsymbol{A}^{\mathrm{H}}$，有时记为 $\boldsymbol{A}^{+}$，在数学中也用 $\boldsymbol{A}^{*}$ 记。

102-06-20

行列式(矩阵的)　**determinant** (of a matrix)

对于一个元素为 A_{ij} 的 n 阶方阵 **A**，用 det **A** 表示的标量，等于一些乘积的代数和，在每一行和每一列取且仅取一个元素，以所有这样的可能方式作为这些乘积的因子，每个乘积具有正号或负号取决于两个下标的逆序总数是偶数还是奇数：

$$\det\boldsymbol{A} = \sum_{\sigma}(-1)^{\varepsilon(\sigma)}A_{1\sigma(1)}A_{2\sigma(2)}\cdots A_{n\sigma(n)}$$

其中 $\sigma=(\sigma(1),\sigma(2),\cdots,\sigma(n))$ 是下标 $(1,2,\cdots,n)$ 的一个置换，$\varepsilon(\sigma)$ 为置换 σ 的逆序数，由 $\sum$ 表示的和是对所有置换而取的。

注 1：矩阵的行列式与以矩阵的行或列的元素为坐标的 n 个向量的行列式相等。

注 2：矩阵 $\boldsymbol{A}=\begin{pmatrix} A_{11} & \cdots & A_{1n} \\ \vdots & \ddots & \vdots \\ A_{n1} & \cdots & A_{nn} \end{pmatrix}$ 的行列式记为 det **A** 或 $\begin{vmatrix} A_{11} & \cdots & A_{1n} \\ \vdots & \ddots & \vdots \\ A_{n1} & \cdots & A_{nn} \end{vmatrix}$。

102-06-21

迹　trace

对一个 n 阶方阵 A，主对角线元素之和：

$\mathrm{tr}A = \sum_{i=1}^{n} A_{ii}$。

102-06-22

矩阵的范　norm of a matrix

对于一个具有实或复元素 A_{ij} 的 n 阶矩阵 **A**，非负数

$$\|\boldsymbol{A}\| = \sqrt{\mathrm{tr}(\boldsymbol{A}\boldsymbol{A}^{\mathrm{H}})} = \sqrt{\sum_{i,j=1}^{n} |A_{ij}|^2}。$$

注：所描述的范数分别是实和复情形中的"欧几里得范数"或"埃尔米特范数"。还可以定义矩阵的一些别的范数。矩阵的任何范数都有类似于向量长度的性质(见 102-03-23 的注 1)。

102-06-23

本征值　eigenvalue

对于一个方阵 **A**，存在一个非零列矩阵 **U**，使得等式 $\boldsymbol{AU}=\lambda\boldsymbol{U}$ 成立的标量 λ。

102-06-24

本征向量　eigenvector

对于方阵 **A** 的一个本征值 λ，使得等式 $\boldsymbol{AU}=\lambda\boldsymbol{U}$ 成立的非零列矩阵 **U**。

注：我们用术语"本征向量"，因为一个方阵经常表示把一个向量变为另一个向量的一个张量量。在这个情形矩阵的本征向量是向量。

102-06-25

对称矩阵　symmetric matrix

其元素 A_{ij} 具有性质 $A_{ij} = A_{ji}$ 的方阵 **A**。

注 1：对称矩阵等于它的转置。

注 2：具有实元素的对称矩阵的所有本征值是实的。

102-06-26

正交矩阵　orthogonal matrix

其逆 $\mathbf{A}^{-1}$ 等于其转置 $\mathbf{A}^{\mathrm{T}}$ 的正则方阵 $\mathbf{A}$。

注：对于一个具有元素 A_{ij} 的正交矩阵 $\mathbf{A}$，有：

$$\sum_i A_{ij}A_{ik} = \delta_{jk} \text{ 和 } \sum_k A_{ik}A_{jk} = \delta_{ij},$$

其中 δ_{jk} 和 δ_{ij} 为克罗内克符号。

102-06-27

埃尔米特矩阵　Hermitian matrix

其元素 A_{ij} 具有性质 $A_{ji}=A_{ji}^*$ 的复方阵 $\mathbf{A}$。

注 1：埃尔米特矩阵 $\mathbf{A}$ 相等它的埃尔米特共轭矩阵 $\mathbf{A}^{\mathrm{H}}$。

注 2：埃尔米特矩阵的所有本征值是实的。

注 3：具有实元素的任何对称矩阵都是埃米尔特矩阵。

102-06-28

酉矩阵　unitary matrix

其逆 $\mathbf{A}^{-1}$ 等于其埃米尔特共轭矩阵 $\mathbf{A}^{\mathrm{H}}$ 的复元素正则方阵 $\mathbf{A}$。

注 1：对于一个具有元素 A_{ij} 的酉矩阵 $\mathbf{A}$，有：

$$\sum_i A_{ij}A_{ik}^* = \delta_{jk} \text{ 和 } \sum_k A_{ik}A_{jk}^* = \delta_{ij},$$

其中 δ_{jk} 和 δ_{ij} 为克罗内克符号。

注 2：具有实元素的任何正交矩阵都是酉矩阵。

102-06-29

正定矩阵　positive definite matrix

使得对任意复元素非零列矩阵 $\boldsymbol{U}$，1×1 矩阵 $\boldsymbol{U}^{\mathrm{H}}\boldsymbol{A}\boldsymbol{U}$ 唯一的元素为正 $(\boldsymbol{U}^{\mathrm{H}}\boldsymbol{A}\boldsymbol{U})_{11}>0$ 的埃尔米特矩阵 $\mathbf{A}$。

注 1：一个具有实元素的对称矩阵 $\mathbf{A}$ 是正定矩阵，如果对任意实元素非零列矩阵 $\boldsymbol{U}$，有 $\boldsymbol{U}^{\mathrm{T}}\boldsymbol{A}\boldsymbol{U}>0$。

注 2：正定矩阵的所有本征值都是正的。

参 考 文 献

[1] GB/T 2900.60—2002 电工术语 电磁学(eqv IEC 60050-121:1998)

[2] GB 3102.11—1993 物理科学和技术中使用的数学符号(eqv ISO 31-11:1992)

索　引

汉语拼音索引

英文对应词索引

A

B

C

D

E

F

G

H

I

K

L

M

N

O

P

Q

R

S

Z

ICS 01.040.17
K 04

中华人民共和国国家标准

GB/T 2900.86—2009/IEC 60050-801:1994

电工术语　声学和电声学

Electrotechnical terminology—Acoustics and electroacoustics

(IEC 60050-801:1994, International Electrotechnical Vocabulary—
Part 801: Acoustics and electroacoustics, IDT)

2009-03-13 发布　　　　2009-11-01 实施

中华人民共和国国家质量监督检验检疫总局
中国国家标准化管理委员会　发布

前 言

本部分为GB/T 2900的第86部分。

本部分等同采用IEC 60050-801:1994《国际电工词汇　第801部分:声学和电声学》。

本部分中术语的条目编号与IEC 60050-801:1994保持一致。

本部分由全国电工术语标准化技术委员会(SAC/TC 232)提出。

本部分由全国电工术语标准化技术委员会、全国声学标准化技术委员会、全国电声学标准化技术委员会共同归口。

本部分负责起草单位:机械科学研究总院中机生产力促进中心、中国科学院声学研究所、中国电子科技集团公司第三研究所。

本部分主要起草人:高永梅、牛凤岐、翁泰来、杨芙。

本部分为首次发布。

电工术语　声学和电声学

1　范围

GB/T 2900 的本部分规定了电工术语中所用的声学和电声学术语。

2　术语和定义

2.1　一般术语

801-21-01

声振荡　acoustic oscillation

声振动　acoustic vibration

声[波]　sound

弹性媒质中质点在平衡位置附近的运动。

注：严格意义上，声波是机械振动在媒质中的传播。

801-21-02

可听声　audible sound

a)　能够引起听觉的声振荡。

b)　由声振荡引起的听觉。

801-21-03

次声[波]　infrasound

频率低于可听声频率下限(约为 16 Hz)的声振荡。

801-21-04

超声[波]　ultrasound

频率高于可听声频率上限(约 16 kHz)的声振荡。

801-21-05

纯音　pure sound; pure tone

正弦式的声振荡。

801-21-06

复声　complex sound

复音

非正弦式的声振荡。

801-21-07

啭声　warble tone

频率在平均值上下作周期变化的声振荡。

801-21-08

噪声　noise

a)　紊乱不定的或统计上随机的声振荡。

b)　不需要、不希望有的声音或其他干扰。

801-21-09

随机噪声　random noise

无规噪声

由在时间上随机出现的大量扰动集合而成的声振荡。

801-21-10

白噪声 white noise

功率谱密度与频率无关的噪声。

801-21-11

粉红噪声 pink noise

功率谱密度与频率成反比的噪声。

801-21-12

环境噪声 ambient noise

在某一给定位置,由远近不等的多个噪声源产生的声音组合。

801-21-13

背景噪声 background noise

产生、传输、检测、测量或记录信号的系统中,各种源产生的总干扰。

801-21-14

混响 reverberation

声源停止发声后,因多次反射或散射而延续的声振荡。

801-21-15

声谱 sound spectrum

复音各分量的振幅(或相位)作为频率函数的分布图。

801-21-16

线谱 line spectrum

只包含离散频率分量的声谱。

801-21-17

连续谱 continuous spectrum

某一频率范围内频率分量呈连续分布的声谱。

801-21-18

静压 static pressure

媒质中某一点在没有声波时呈现的压强。

801-21-19

瞬时声压 instantaneous sound pressure

在所考虑的瞬间,媒质中某一点有声波时压强与静压的差值。

801-21-20

声压 sound pressure

一般指给定时间间隔内瞬时声压的方均根值,除非另有规定。

801-21-21

峰值声压 peak sound pressure

在给定时间间隔内瞬时声压的最大绝对值。

801-21-22

基准声压 reference sound pressure

按照惯例选定的声压,对气体为 20 μPa,对液体和固体为 1 μPa。

801-21-23

声曝露 sound exposure

在给定时间间隔内或事件(如飞机飞过)所在时段内,瞬时 A 计权二次方声压对时间的积分。如另有规定,频率计权也可能不是 A 计权。

注 1:积分的持续时间隐含在积分中,不必表达为显形式。

注 2：声曝露的单位，在时间以秒(s)为单位时，为二次方帕斯卡秒 $Pa^2 \cdot s$；在时间以千秒(ks)为单位时，为二次方帕斯卡千秒，$Pa^2 \cdot ks$；在时间以小时(h)为单位时，为二次方帕斯卡小时 $Pa^2 \cdot h$。

801-21-24

质点　particle

其尺寸小于声波波长的媒质体元。

801-21-25

瞬时质点位移　instantaneous particle displacement

在弹性媒质中，其末端在给定瞬间的质点位置，且其原点在质点的平衡位置的矢量。

801-21-26

质点位移　particle displacement

在给定时间间隔内瞬时质点位移的方均根值，除非另有规定。

801-21-27

峰值质点位移　peak particle displacement

在给定时间间隔内的最大瞬时质点位移。

801-21-28

瞬时质点速度　instantaneous particle velocity

瞬时质点位移对时间的导数。

801-21-29

质点速度　particle velocity

在给定时间间隔内瞬时质点速度的方均根值，除非另有规定。

801-21-30

峰值质点速度　peak particle velocity

在给定时间间隔内的最大瞬时质点速度。

801-21-31

体积速度　volume velocity

垂直于振动表面的质点速度分量与表面面元的乘积在该振动表面上的积分。

801-21-32

瞬时质点加速度　instantaneous particle acceleration

瞬时质点速度对时间的导数。

801-21-33

简单声源　simple sound source

单极子[声源]　monopole

在自由场中向所有方向作同等辐射的声源。

801-21-34

点声源　point sound source

如同从单一点向外辐射声波的声源。

801-21-35

简单声源强度　strength of a simple sound source；strength of a monopole

所发射的声波随时间作正弦变化且尺寸小于波长的简单声源产生的最大瞬时体积速度。

801-21-36

声源声功率　sound power of a source

在一定时间间隔和规定频带内，声源辐射的总声能除以该时间间隔的商。

801-21-37

声能通量 sound energy flux

面元声功率 sound power through a surface element

瞬时声压同相分量与通过所考虑的表面面元的体积速度同相分量的时间平均乘积。

801-21-38

声功率密度 sound power density

声强 sound intensity

声能通量密度 sound energy flux density

在规定方向上,通过垂直于该方向的一个面积的声功率除以该面积的商。

801-21-39

瞬时声位能密度 instantaneous potential sound energy density

瞬时二次方声压除以媒质的弹性模量的商的一半。

801-21-40

瞬时声动能密度 instantaneous kinetic sound energy density

媒质的密度与该媒质中二次方质点速度乘积的一半。

801-21-41

声能密度 sound energy density;total energy density

瞬时声位能密度与瞬时声动能密度之和。

801-21-42

声辐射压力 acoustic radiation pressure

声振荡作用在某一表面上的单向稳定压力。

801-21-43

谱密度 spectral density;spectrum density

当带宽趋于零时,场量的方均值除以带宽所得商的极限值。应指明场量的种类,如声压、质点速度、质点加速度等。

801-21-44

功率谱密度 power spectral density;power spectrum density

当带宽趋于零时,声功率除以带宽所得商的极限值。

801-21-45

时间常数 time constant

场量分量的振幅随时间呈指数衰减至 $1/e=0.3679$ 所需要的时间。

801-21-46

激励 stimulus;excitation

施加于系统的外力或其他输入。

801-21-47

响应 response

在规定条件下,器件或系统由于受到激励而产生的动作或其他输出量。必须指明所用输入量和输出量的种类。

801-21-48

失真 distortion

不希望有的波形变化。

注:失真可能由下列原因产生:

a) 输入输出之间的非线性关系。

b) 不同频率下的不均匀传输。

c) 相移与频率不成正比。

2.2 声学量的级

801-22-01

级 level

给定量与同类基准量之比的对数。必须说明对数的底、基准量和级的类别。

注1：级的类别用复合术语表示，如声功率级、声压级。

注2：无论选定的量是峰值、方均根值还是其他值，基准量的值都保持不变。

注3：对数底的单位与该底相应级的量的单位一致。

801-22-02

贝[尔] bel

当对数以10为底时，功率类量的级的单位；当对数以$\sqrt{10}$为底时，场量的级的单位。

注：功率类的量的例子如声功率、声能；场量的例子如声压、电压。

801-22-03

分贝 decibel

贝尔的十分之一。

注1：用分贝作为级的单位，比用贝尔更常用。

注2：分贝也可以定义为，当对数的底为10的10次方根时，功率类的量的级的单位；当对数的底为10的20次方根时，场量的级的单位。

801-22-04

奈培 neper

对数的底为$e=2.718\cdots$时，场量的级的单位；也是对数的底为$e^2=7.389\cdots$时，功率类量的级的单位。

注1：分奈培为十分之一奈培。

注2：1奈培(Nb)等于8.686分贝(dB)。

801-22-05

声功率级 sound power level

给定声功率与基准声功率之比的常用对数。以分贝(dB)为单位表示的声功率级是该值的10倍。

注：除另有规定外，基准声功率均为1 pW。

801-22-06

声强级 sound intensity level

声能通量密度级 sound-energy flux density level

规定方向上的给定声强与基准声强之比的对数。以分贝(dB)为单位表示的声强级是该比值常用对数值的10倍。

注：除另有规定外，基准声强均为1 pW/m²。

801-22-07

声压级 sound pressure level

给定声压与基准声压之比的对数。以分贝(dB)为单位表示的声压级是该比值常用对数值的20倍。

注1：除另有规定外，空气中的基准声压均为20 μPa，其他媒质中的基准声压均为1 μPa。

注2：除另有规定外，声压一律用方均根值表示。

801-22-08

质点速度级 particle velocity level

给定速度与基准速度之比的对数。以分贝(dB)为单位表示的速度级是该比值常用对数值的20倍。

注1：除另有规定外，基准速度为1 nm/s。

注2：除另有规定外，速度一律用方均根值表示。

801-22-09

[振动]加速度级　(vibratory) acceleration level

给定振动加速度与基准加速度之比的对数。以分贝(dB)为单位表示的加速度级是该比值常用对数值的20倍。

注1：除另有规定者外，基准加速度均为1 μm/s²。

注2：除另有规定者外，加速度一律用方均根值表示。

801-22-10

峰值级　peak level

在规定时间间隔内出现的所指类型量的最大瞬时值的级。

801-22-11

时间平均声压级　time average sound pressure level

等效连续声压级　equivalent continuous sound pressure level

在规定的时间间隔内，给定声压的方均根值与基准声压之比的对数。以分贝(dB)为单位表示的平均声压级是该比值常用对数值的20倍。

注：除另有规定者外，空气中的基准声压均为20 μPa。

801-22-12

频带声压级　band sound pressure level

在规定频带内声压的级。

注：频带可由其上下截止频率或其几何中心频率和带宽规定。带宽可用一个限定词表示，如一倍频带(声压)级，二分之一倍频带级，三分之一倍频带级。

801-22-13

谱密度级　spectrum density level

频谱级　spectrum level

当带宽趋于零时，分布于频带内的某一规定量与带宽之比的极限值的级。

注1：必须规定量的类别，如(二次方)声压谱级。

注2：由于滤波器都仅有有限的带宽，与频带中心频率对应的声压谱级 L_{ps}[以分贝(dB)为单位]实际上是通过下式求得：

$$L_{ps} = 10\lg\frac{(p^2/B)}{(p_0^2/B_0)}\text{dB}$$

式中：

p 和 p_0 分别为给定的场量和基准量；

B 和 B_0 分别为滤波器的有效带宽和基准带宽(1 Hz)。

当 L_p 为通过该滤波器测得的频带声压级时，上式可简化为：

$$L_{ps} = L_p - \lg(B/B_0)\text{dB}$$

801-22-14

计权声压级　weighted sound pressure level

声级　sound level

在规定时间间隔内，以标准频率计权和标准指数时间计权所得到的给定声压与基准声压(20 μPa)之比的对数。以分贝(dB)数表示的声级是该比值常用对数值的20倍。

注1：标准频率计权A,B,C和标准指数时间计权F(快),S(慢),I(冲击)，见IEC 61672。

注2：应规定采用的时间和频率计权，否则认为均为F(快)指数时间计权和A频率计权。

801-22-15

峰值频率计权声压级　peak frequency-weighted sound pressure level

峰值声级　peak sound level

在规定的时间间隔内，标准频率计权声压级的最大瞬时值。

注：如未说明何种频率计权，则应认为是 A 频率计权。

801-22-16

时间平均声级　time-average sound level

等效连续声级　equivalent continuous sound level

在规定的时间间隔内，给定标准频率计权二次方声压的时间平均值与二次方基准声压(20 μPa)之比的对数。以分贝(dB)为单位表示的平均声级是该比值常用对数值的 10 倍。

注 1：如未说明何种计权，则应认为是 A 频率计权。

注 2：原则上不包含指数时间计权。

801-22-17

曝露声级　sound exposure level

在给定的时间间隔内或事件(如飞机飞越)所在时段内，A 频率计权二次方声压的一个给定时间积分，与二次方基准声压(20 μPa)和基准持续时间 1 s 的乘积的比的对数。以分贝(dB)为单位表示的曝露声级是该比值常用对数值的 10 倍。术语“曝露声级”如附有限定词，则可以采用与上述不同的基准声压和频率计权。

2.3　声振荡及其传播

801-23-01

波　wave

媒质中以确定速度传播的扰动，其传播的方式是：在媒质中任一点，用作扰动量度的量都是时间的函数，而在任何瞬间，在任一点上的这个量都是该点位置的函数。

801-23-02

波阵面　surface wavefront

波前

行波面上点的轨迹，在给定瞬间，该面上表征波的特征量的相位相同。

801-23-03

自由行波　free progressive wave

在没有边界影响的媒质中传播的波。

801-23-04

压缩波　compressional wave

在弹性媒质中传播的，使媒质单元改变体积而无转动的波。

注：在数学上，压缩波是速度场中旋度为零的波。

801-23-05

纵波　longitudinal wave

媒质中质点位移方向垂直于波阵面的波。

801-23-06

平面波　plane wave

波阵面为垂直于传播方向的平行平面的波。

801-23-07

球面波　spherical wave

波阵面为同心球面的波。

801-23-08

柱面波　cylindrical wave

波阵面为同轴圆柱面的波。

801-23-09

横波　transverse wave

媒质中质点位移方向都平行于波阵面的波。

801-23-10

旋转波　rotational wave

切变波　shear wave

在弹性媒质中传播的,使媒质各部分的形状改变而体积不变的波。

注:在数学上,切变波是速度场中散度为零的波。

801-23-11

弯曲波　bending wave;flexural wave

在板或棒中传播的,由压缩波和切变波组合而成的横波。

801-23-12

瑞利波　Rayleigh wave

固体自由边界上的一种表面波,其质点作椭圆运动,该椭圆的长轴垂直于固体表面,而圆心位于初始无扰动的表面上。

注1:当相对于开始时未受扰动的表面的质点位移为最大时,质点的运动方向与波的传播方向相反。

注2:瑞利波的传播速度稍小于切变波在固体中的传播速度,瑞利波的振幅随进入固体的深度按指数减小。

801-23-13

干涉 interference

由频率相同但相位或传播方向不同的两列或两列以上的波叠加所产生的现象。

801-23-14

拍　beat

节拍

同类且频率相近的两列或两列以上的波线性或非线性叠加所产生的现象。

801-23-15

驻波　standing wave

由频率相同的同类行波相互干涉产生的,空间分布固定的周期波。

注:驻波的特点是具有空间位置固定的波节或次节和波腹。

801-23-16

[波]节　node

驻波中某种声场特征的幅值基本为零的点、线和面。

注1:实际上幅值通常不为零,仅是最小值。此时的"节"应称为"次节"。

注2:在"节"字之前应加上适当的修饰语以说明节的类型,如:位移节、质点速度节、声压节。

801-23-17

[波]腹　antinode

驻波中某种声场特征的幅值为最大值处的点、线或面。

注:在"腹"字之前应加上适当的修饰语以说明腹的类型,如位移腹、质点速度腹、声压腹。

801-23-18

声速　speed of sound

自由行波相速度的大小。

801-23-19

波速　sound wave velocity

表示声波传播的速度和方向的矢量。

801-23-20

相速　phase velocity

恒定相位面沿传播方向的速度。

801-23-21

群速　group velocity

具有某种特征的非正弦扰动的包络面的传播速度。

注 1：只有在频散媒质中群速才不同于相速。

注 2：群速通常是与扰动所连带的能量的传播速度。

801-23-22

频散　dispersion

因声速随频率变化导致行进中的声波各正弦分量分离的现象。

801-23-23

折射　refraction

因媒质中声速的空间变化而引起的声传播方向改变的现象。

801-23-24

镜面反射　specular reflection

声波以与入射角相等的角度从两种媒质的分界面折回的现象。

801-23-25

衍射 diffraction

绕射

由于媒质中的障碍物或其他杂质使声波改变方向的现象。

801-23-26

散射　scattering

声波向许多方向作不规则衍射和反射的现象。

801-23-27

声场　sound field

弹性媒质中有声波存在的区域。

801-23-28

自由[声]场　free sound field

各向同性均匀媒质中边界影响可以忽略不计的声场。

801-23-29

近[声]场　near sound field

在自由声场中，声源附近区段瞬时声压和瞬时质点速度基本上不同相的声场。

801-23-30

远[声]场　far sound field

在自由场中，远离声源区段瞬时声压和瞬时质点速度基本上同相的声场。

801-23-31

扩散[声]场　diffuse sound field

在一给定区域内，能量密度在统计上均匀，在所有各点上传播方向呈无规分布的声场。

801-23-32

混响[声]场　reverberant sound field

所有声波在媒质边界上经多次反射的声场。

801-23-33

[声]传播线性指数　linear exponent of sound propagation

[声]传播系数　sound propagation coefficient

在一个均匀系统中两个连续的相隔单位距离的点上，测得的质点速度(或声压)的复数比的自然对数。该系统假定为无限长。

801-23-34

[声]单元传播指数　elementary exponent of sound propagation

在具有周期性重复结构的系统中两个连续结构的对应点上，测得的质点速度(或声压)的复数比的自然对数。该系统假定为无限长。

801-23-35

[声]衰减系数　attenuation coefficient

线性传播指数的实数部分。

注：衰减系数的单位为奈培每米，Np/m。

801-23-36

[声]单元传播衰减　elementary attenuation of propagation

单元传播指数的实数部分。

801-23-37

[声]相位系数　acoustic phase coefficient

线性传播指数的虚数部分。

注：单位为弧度每米，rad/m。

801-23-38

[声]单元传播相移　elementary dephasing of sound propagation

单元传播指数的虚数部分。

801-23-39

传声损失　transmission loss

传播损失　propagation loss

传声系统中两个指定点之间声压级的降低。其中一点经常取在离声源为参考距离处。

801-23-40

吸收损失　absorption loss

在媒质内部或在反射时，由于声能的耗散或转换所导致的那部分传声损失。

801-23-41

发散损失　divergence loss

扩散损失　spreading loss

由于声波依照系统外形发散(即扩展)引起的那部分传声损失。

注：例如，由点源发出的球面波即有发散损失。

801-23-42

折射损失　refraction loss

由于媒质不均匀引起折射而导致的那部分传声损失。

801-23-43

声冲流　acoustic streaming

由声波引起的流体的单向流动。

2.4 振动和冲击

801-24-01

受迫振动 forced oscillation

因外部激励产生的振动。

801-24-02

自由振动 free oscillation

除去外部激励后仍继续进行的振动。

801-24-03

瞬态振动 transient oscillation

因外部激励的变化产生的振动。

801-24-04

自激振动 self-induced oscillation;self-excited oscillation

系统因非振荡性激励引起的连续振动。

801-24-05

共振 resonance

谐振

处于受迫振动状态的系统,激励频率的即使微小变化都会使其响应减弱的现象。

注:应说明响应的量,如:速度共振。

801-24-06

共振频率 resonance frequency

存在共振现象时的频率。

注:在可能混淆的情况下,必须说明共振的类别,如:速度共振频率。

801-24-07

反共振 anti-resonance

处于受迫振动状态的系统,激励频率的微小变化都会使其响应加强的现象。

注:应说明响应的量,如:速度反共振。

801-24-08

固有频率 natural frequency

系统的自由振动频率。对于多自由度系统,固有频率是其简正频率。

801-24-09

无阻尼固有频率 undamped natural frequency

仅由系统的弹性力和惯性力产生的自由振动的频率。

801-24-10

有阻尼固有频率 damped natural frequency

有阻尼线性系统的自由振动频率。

801-24-11

基频 fundamental frequency

a) 一个周期量中与该量周期相同的正弦分量的频率。

b) 振动系统的最低固有频率。

801-24-12

品质因数 quality factor

系统共振锐度的度量,是一个周期内储存的最大能量与耗损的能量之比的 2π 倍。

注:历史上,字母 Q 是为标志一个电路元件的电抗与电阻之比随意选择的一个符号。“品质因数 (quality factor)”这一名称是后来引入的。

801-24-13

振动模式　mode of oscillation

一振动系统所呈现的特有形态,其中每一质点的运动都是具有同一频率的简谐运动。

注:在多自由度系统中可能同时存在两种或两种以上振动模式。

801-24-14

简正振动模式　normal mode of oscillation

无阻尼系统的自由振动模式。

注:一般说来,系统的任何运动均可分解为彼此完全独立进行的若干个简正振动的加合。

801-24-15

模数　modal numbers

系统的各个简正振动模式按其频率排序的一组整数。

801-24-16

振动的基模　fundamental mode of oscillation

具有最低固有频率的系统振动模式。

801-24-17

耦合模式　coupled modes

相互不独立,而是受到能量从一种模式向另一种模式转移的影响的那些振动模式。

801-24-18

非耦合模式　uncoupled mode

独立于其他振动模式的简正振动模式。

801-24-19

阻尼　damping

振动系统的能量随时间或距离的耗散。

801-24-20

临界阻尼　critical damping

使已经发生位移的系统回归无振动时初始状态所需时间最短的阻尼。

801-24-21

阻尼比　damping ratio

实际阻尼与临界阻尼的比值。

801-24-22

粘滞阻尼　viscous damping

当振动系统中的质点受到大小与质点速度成正比,方向与质点速度方向相反的阻力时所发生的阻尼。

801-24-23

对数减缩　logarithmic decrement

在单频振动的衰减中,任意两个相邻的同侧最大幅度之比的自然对数。

801-24-24

稳态振动　steady-state oscillation

持续不变的振动。

801-24-25

分谐波响应　subharmonic response

系统在激励频率的某一约数频率上的周期响应。

801-24-26

冲量　impulse

作用力在作用时间内对时间的积分。

801-24-27

冲击脉冲　shock pulse

上升和下降的时间间隔甚短于系统的任何振荡模式的半周期的一种系统激励形式。

801-24-28

冲击脉冲持续时间　duration of shock pulse

激励的瞬时值从最大值的某一指定分数上升，然后再下降到同一分数所需的时间。

801-24-29

脉冲上升时间　pulse rise time

脉冲前沿从最大值的某一较小规定分数值上升至某一较大规定分数值所需的时间。

2.5　换能器参数

801-25-01

声[学]系统　acoustical system

能够接收、传送或产生声信号的系统。

801-25-02

力学系统　mechanical system

能够接收、传送或产生力信号的系统。

801-25-03

复变参数　complex parameter

表示随时间作正弦式变化的实数量(如声压、振动速度、电压等)的复数量，或频率相同的两个这种复数量相除之商的复数量，可以表示为包括实部 a 和虚部 b 的 $(a+\mathrm{j}b)$ 形式，也可表示为模为 A，幅角为 θ 的相量 $A\mathrm{e}^{\mathrm{j}\theta}$ 形式。

注 1：除非另有说明，2.5 中的所有参数(力学的、声学的或电学的)均被视为复数。

注 2：2.5 用的是 +j 的习惯用法，即正向正弦波表示为 $\mathrm{Re}[\mathrm{e}^{\mathrm{j}(\omega t-kx)}]$，质量抗用 $+\mathrm{j}\omega M$ 表示，而劲抗用 $-\mathrm{j}S/\omega$ 表示。波数 $k=\omega/c$ 是角频率 ω 除以声速 c 所得之商；M 是质量；S 是劲度。

801-25-04

换能器　transducer

接收某给定种类的输入信号，并给出与之不同种类的输出信号，而且在输出信号中呈现所希望的输入信号特性的器件。

801-25-05

无源换能器　passive transducer

输出信号的能量全部来自输入信号的换能器。

801-25-06

有源换能器　active transducer

输出信号的能量至少部分地来自输入信号之外的能源的换能器。

801-25-07

可逆换能器　reversible transducer

能够将电信号转换为声信号或力信号并可逆向转换的换能器。

801-25-08

互易换能器　reciprocal transducer

线性、无源、可逆，而且在任一换能方向上耦合系数都相等的机电或电声换能器。

801-25-09

传递函数　transfer function

线性系统中，在所有初始条件均为零的情况下，输出信号的傅立叶变换或拉普拉斯变换除以输入信号的同种变换的商。

801-25-10

[换能器]灵敏度　sensitivity (of a transducer)

描述换能器输出信号的规定量除以描述对应输入信号的另一规定量的商。

801-25-11

[换能器]相对灵敏度　relative sensitivity (of a transducer)

特定条件下的换能器灵敏度与同种换能器的指定参考灵敏度的比值。

801-25-12

[换能器]灵敏度级　sensitivity level (of a transducer)

指定种类的输出级减去引起该输出级的指定种类输入级的差值。

注：输入级和输出级的参考值决定着参考灵敏度，故应作对应选择。

801-25-13

阻抗　impedance

在给定频率下，动力学场量(如力、声压等)除以运动学场量(如振动速度、质点速度等)的商，或电压除以电流的商。

注1：术语“阻抗”一般用于线性系统和稳态正弦信号。

注2：在瞬态情况下，阻抗作为频率的函数是二者分别作傅立叶变换或拉普拉斯变换后相除的商。

注3：阻抗是其乘积具有功率或单位面积功率量纲的两个量相除的商。

801-25-14

共轭阻抗　conjugate impedances

其实部(阻)相等，虚部(抗)大小相等但符号相反的两个阻抗。

注：共轭阻抗用共轭复数量表示。

801-25-15

导纳　admittance

所指种类阻抗的倒数。

801-25-16

导抗　immittance

阻抗或导纳的总称。

801-25-17

驱动点阻抗　driving-point impedance

系统中某点的动力学场量除以在该点产生的运动学场量的商。

801-25-18

转移阻抗　transfer impedance

系统中某点的动力学场量除以同一系统中另一点的对应运动学场量的商。

801-25-19

短路阻抗　short-circuit impedance

对于将力信号或声信号转换为电信号的换能器，当输出端连接于零阻抗负载时，所指种类(力或声)的输入阻抗。

801-25-20

自由阻抗　free impedance

对于将电信号转化为力信号或声信号的换能器，当输出端连接于零阻抗负载时的输入阻抗。

801-25-21

有载阻抗　loaded impedance

当将换能器的输出端连接于所指负载时，所指种类（电、力或声）的输入阻抗。

801-25-22

开路阻抗　open-circuit impedance

对于将力信号或声信号转化为电信号的换能器，当其输出端连接于无限大阻抗负载时的（力或声）输入阻抗。

801-25-23

受挡阻抗　blocked impedance

对于将电信号转化为力信号或声信号的换能器，当其输出端连接于无限大阻抗负载时的输入阻抗。

801-25-24

动生阻抗　motional impedance

换能器的有载电阻抗减去力学受挡时的电阻抗的差值。

注：该定义最适用于采用回转器耦合换能器。

801-25-25

动生导纳　motional admittance

换能器的有载电导纳减去力学受挡时的电导纳的差值。

注：该定义最适用于采用变压器耦合换能器。

801-25-26

[某点]力阻抗　mechanical impedance (at a point)

在线性力系统中，施加于某点的力除以在该力的方向上产生的速度分量的商。

注：对于扭转力阻抗，上文中“力”和“速度”需替换为“扭矩”和“角速度”。

801-25-27

力阻　mechanical resistance

力阻抗的实数部分。

801-25-28

力抗　mechanical reactance

力阻抗的虚数部分。

801-25-29

视在质量　apparent mass

表观质量

在正弦式运动过程中，力除以所产生的同相加速度的商。

注：该术语最适用于惯性起主导作用的那些频率。

801-25-30

劲度　stiffness

在摩擦和惯性可以忽略不计的系统中，正弦式运动期间某点处的力除以该力在该点引起的同相位移的商。

注：对于扭转劲度，上文中的“力”和“位移”需替换为“扭矩”和“角位移”。

801-25-31

顺性　compliance

劲度的倒数。

801-25-32

机电[式]换能器　electromechanical transducer

为接收电输入信号并提供力输出信号（或相反）而设计的换能器。

801-25-33

机电耦合系数(1)　electromechanical coupling coefficient (1)

以下两种商中的一种：

a) 对于由电信号转换为力信号的情况，受挡的力系统中产生的力除以电系统中的激励电流的商；

b) 对于由力信号转换为电信号的情况，电系统中产生的开路电压除以力系统中的激励速度的商。

注：这两种定义最适用于采用回转器耦合的互易式机电换能器(如电磁换能器)，此时两种商的大小相等。

801-25-34

机电耦合系数(2)　electromechanical coupling coefficient (2)

以下两种商中的一种：

a) 对于由电信号转换为力信号的情况，受挡的力系统中产生的力除以电系统中的激励电压的商；

b) 对于由力信号转换为电信号的情况，电系统中产生的短路电流除以力系统中的激励速度的商。

注：这两种定义最适用于采用变压器耦合的互易机电式换能器(如静电或压电换能器)，此时两种商的大小相等。

801-25-35

声阻抗率　specific acoustic impedance

声场中某点的声压除以该点的质点速度的商。

801-25-36

声阻率　specific acoustic resistance

声阻抗率的实数部分。

801-25-37

声抗率　specific acoustic reactance

声阻抗率的虚数部分。

801-25-38

声导纳率　specific acoustic admittance

声阻抗率的倒数。

注：实数部分为声导率，虚数部分为声纳率。

801-25-39

媒质的特性阻抗　characteristic impedance of a medium

媒质的平衡密度与其中声速的乘积。

注：对于在无损耗媒质中传播的平面波，与该声波对应的声阻抗率等于该媒质的特性阻抗。

801-25-40

声阻抗　acoustic impedance

指定面上的声压除以通过该面的体积速度的商。

801-25-41

声阻　acoustic resistance

声阻抗的实数部分。

801-25-42

声抗　acoustic reactance

声阻抗的虚数部分。

801-25-43

声质量　acoustic mass; inertance

在惯性控制的频率点上，声压除以由正弦式运动产生的同相体积加速度的商。

注：声质量的量纲为质量除以面积的平方。

801-25-44

声劲 acoustic stiffness

在摩擦和惯性可以忽略不计的系统中，声压除以由正弦式运动产生的同相体积加速度的商。

801-25-45

声顺 acoustic compliance

声劲的倒数。

801-25-46

声导纳 acoustic admittance

声阻抗的倒数。

801-25-47

电声换能器 electroacoustic transducer

接收电输入信号并提供声输出信号（或相反）的换能器。

801-25-48

电声耦合系数(1) electroacoustic coupling coefficient (1)

以下两种商中的一种：

a) 对于由电信号转换为声信号的情况，受挡的声系统中产生的声压除以电系统中的激励电流的商；

b) 对于由声信号转换为电信号的情况，电系统中产生的开路电压除以声系统中的激励体积速度的商。

注：这两种定义最适用于采用回转器耦合的互易电声转换器（如电磁换能器），此时两种商的大小相等。

801-25-49

电声耦合系数(2) electroacoustic coupling coefficient (2)

以下两种商中的一种：

a) 对于由电信号转换为声信号的情况，受挡的声系统中产生的声压除以电系统中的激励电压的商；

b) 对于由声信号转换为电信号的情况，电系统中产生的短路电流除以声系统中的激励体积速度的商。

注：这两种定义最适用于采用变压器耦合的互易式电声换能器（如静电和压电换能器），此时两种商的大小相等。

801-25-50

参考点 reference point

其位置依据换能器的几何结构规定（最好取在主轴的极坐标原点上），作为换能器电声特性参考的点。

801-25-51

主轴 principal axis

参考轴 reference axis

穿过参考点，用以规定描述电声换能器方向特性的极坐标的轴。

注：通常将几何对称轴取为主轴。

801-25-52

有效声中心 effective acoustic centre

虚拟声中心 virtual acoustic centre

对于在规定方向、规定频率和距离范围内发射声波的电声换能器，虚拟点声源所在的点，从该点起声压随距离成反比变化。

注：对互易换能器，用于声波接收和声波发射时的有效声中心是重合的。

801-25-53

声压灵敏度　pressure sensitivity;voltage sensitivity

用于规定频率下声波接收的电声换能器,其输出端的开路电压除以作用在该换能器接收面上的声压的商。

注:如负载阻抗不是开路阻抗,应予以指明。

801-25-54

自由场灵敏度　free-field sensitivity

用于规定频率和规定声入射方向条件下接收声波的电声换能器,其输出端的开路电压除以无扰动自由平面行波场中的声压的商。

注:如负载阻抗不是开路阻抗,应予以规定。

801-25-55

衍射因数　diffraction factor

在规定频率和规定声入射方向的条件下,作用在换能器接收面上的声压与没有该换能器时该处声压之比。

801-25-56

自由场电流灵敏度　free-field current sensitivity

用于规定频率和规定声入射方向条件下接收声波的电声换能器,其输出端的短路电流除以无扰动自由平面行波场中的声压的商。

801-25-57

电压灵敏度　sensitivity to voltage

用于规定频率下发射声波的电声换能器,其在离有效声中心为规定距离处自由场中沿规定方向的声压除以施加于输入端的信号电压的商。

注:当电声换能器的有效声中心不易确定时,测量离换能器参考点的距离。

801-25-58

电流灵敏度　sensitivity to current

用于规定频率下发射声波的电声换能器,其在离有效声中心为规定距离处自由场中沿规定方向的声压除以电输入端电流的商。

注:当换能器的有效声中心不易确定时,测量离换能器参考点的距离。

801-25-59

电功率灵敏度　sensitivity to electric power

用于规定频率下发射声波的电声换能器,其在离有效声中心为规定距离处自由场中沿规定方向的声压方均值除以输入电功率的商。

注:当有效声中心不易确定时,测量离换能器参考点的距离。

801-25-60

互易原理　reciprocity principle

对于线性、无源、可逆的电声换能器,下列两种关系仅依赖于其几何形状、频率和媒质的物理特性的原理:

a) 用作声接收器(如传声器)时换能器的电压灵敏度与用作声发射器时换能器的对电流灵敏度之间的关系;

b) 用作声接收器(如传声器)时换能器的电流灵敏度与用作声发射器时换能器的对电压灵敏度之间的关系。

801-25-61

互易系数 reciprocity coefficient

对于互易电声换能器,在规定频率下:

a) 用作声接收器(如传声器)时换能器的电压灵敏度除以用作声发射器时换能器的电流灵敏度的商,或者

b) 用作声接收器(如传声器)时换能器的电流灵敏度除以用作声发射器时换能器的电压灵敏度的商。

801-25-62

近讲灵敏度 close-talking sensitivity

在规定频率下,传声器输出端的开路电压除以人的头和口或模拟人的头和口声学特性的声源所产生的无扰动声场中传声器参考点原先所占位置的声压的商。

注 1:如负载阻抗不是开路阻抗,则应予以规定。

注 2:这一定义只与离嘴近的扬声器有关。

801-25-63

轴向灵敏度 axial sensitivity

在规定频率下,传声器对于沿主轴朝参考点方向传播的平面行波的自由场灵敏度。

801-25-64

无规入射灵敏度 random-incidence sensitivity

对于接收声波的电声换能器,在某一规定位置和规定频率下所有方向等概率入射的一连串同样声波所引起的方均根开路输出电压,除以在未放置该电声换能器的情况下由单个自由声波在该位置引起的声压的商。

801-25-65

扩散声场灵敏度 diffuse-field sensitivity

对于接收声波的电声换能器,在某一规定位置和规定频率下所有方向以同等概率、几乎同时到达的多个声波引起的方均根开路电压,除以在未放置该换能器的情况下由同样的声波在该位置引起的方均根声压的商。

801-25-66

指向性图 directional pattern

在规定平面内和规定频率下,电声换能器的灵敏度级作为辐射或入射声波传播方向的函数的图线表达形式,通常画在极坐标上。

801-25-67

指向性因数 directivity factor

a) 对于发射声波的电声换能器,在某一规定频率下,主轴上某一固定点处的自由场二次方声压,与和该换能器的有效声中心同心并通过该固定点的球面上的方均声压的比值。

b) 对于接收声波的电声换能器,在某一规定频率下,沿其主轴到达的各声波二次方自由场灵敏度,与所有方向等概率到达该换能器的一连串声波的方均灵敏度的比值。

801-25-68

指向性增益 directional gain

指向性指数 directivity index

换能器指向性因数的常用对数的 10 倍,单位为分贝(dB)。

注:如规定方向,也可给出主轴之外的其他方向的指向性增益。

801-25-69

角偏移损失 angular deviation loss

主轴上的换能器灵敏度级减去规定方向上的换能器灵敏度级的差值。

2.6 传声器

801-26-01

传声器 microphone

能够将声振荡转换为电信号的电声换能器。

801-26-02

标准传声器 standard microphone

其响应经原级校准法准确测定的传声器。

801-26-03

压强传声器 pressure microphone

实质上对声压产生响应的传声器。

801-26-04

压差传声器 pressure-gradient microphone

实质上对声压梯度产生响应的传声器。

801-26-05

全向传声器 omnidirectional microphone

其响应与声波入射方向无关的传声器。

801-26-06

指向传声器 directional microphone

其响应随声波入射方向而异的传声器。

801-26-07

单向传声器 unidirectional microphone

对某个方向的入射声波具有突出的极大值响应的指向传声器。

801-26-08

线列传声器 line microphone

由多个换能元件排成直线阵列或声学上等效直线阵列结构的指向传声器。

801-26-09

组合传声器 multiple microphone

为了获得指向性效果,由两个或两个以上相关联的传声器组成的装置。

801-26-10

探管传声器 probe microphone

对声场无显著干扰,适用于探测声场的传声器。

801-26-11

抗噪声传声器 anti-noise microphone;noise-cancelling microphone

能够抑制来自某些方向或距离的环境噪声的传声器。

801-26-12

碳粒传声器 carbon microphone

利用碳粒间接触电阻的变化工作的传声器。

801-26-13

静电传声器 electrostatic microphone

电容传声器 capacitor microphone;condenser microphone

利用电容的变化工作的传声器。

801-26-14

驻极体传声器 electret microphone

其中的静电场产生于电容器一个电极上的内部永久电荷的静电传声器。

801-26-15

压电传声器 piezoelectric microphone

利用材料的压电特性工作的传声器。

801-26-16

电磁传声器 electromagnetic microphone

利用磁路磁阻的变化工作的传声器。

801-26-17

动导体传声器 moving-conductor microphone

电动传声器 electrodynamic microphone

利用导体在磁场中的运动所产生的电动势工作的传声器。

801-26-18

带式传声器 ribbon microphone

其导体为一薄带,由声波直接驱动的一种动导体传声器。

801-26-19

动圈传声器 moving-coil microphone

其导体为线圈形式的动导体传声器。

801-26-20

磁致伸缩传声器 magnetostriction microphone

利用材料的磁致伸缩特性工作的传声器。

801-26-21

电子传声器 electronic microphone

利用电子管或晶体管一个电极的运动引起的电子通量变化工作的传声器。

801-26-22

离子传声器 ionic microphone

利用等离子体与其周围空气之间的相互作用工作的传声器。

801-26-23

热传声器 thermal microphone

热线传声器 hot-wire microphone

利用声波的冷却或加热作用使热线的电阻发生变化工作的传声器。

801-26-24

近讲传声器 close-talking microphone

专为发音者放在口旁使用而设计的传声器。

801-26-25

唇式传声器 lip microphone

使用时与发音者嘴唇接触的传声器。

801-26-26

佩戴式传声器 lapel microphone

佩戴在使用者衣服上的传声器。

801-26-27

面罩式传声器 mask microphone

安放在呼吸面罩内使用的传声器。

801-26-28

喉式传声器 throat microphone

与发音者喉头紧密接触实现激励的传声器。

801-26-29

骨导传声器　bone-conduction microphone

与发音者的颅骨接触实现激励的传声器。

801-26-30

[电话]传声器　telephone microphone;capsule telephone microphone

电话机中使用的传声器。

2.7　扬声器和耳机

801-27-01

扬声器　loudspeaker

能够将电振荡转化为声波并向周围媒质中辐射的换能器。

注：术语“扬声器”适用于扬声器单元,也适用于音箱。

801-27-02

扬声器单元　loudspeaker unit

用于向周围媒质辐射声能的电声换能器,不包括任何箱体、障板等辅助部件。

801-27-03

静电扬声器　electrostatic loudspeaker

利用静电力工作的扬声器。

801-27-04

压电扬声器　piezoelectric loudspeaker

利用压电材料的形变工作的扬声器。

801-27-05

电磁扬声器　electromagnetic loudspeaker

利用磁路的磁阻的变化工作的扬声器。

801-27-06

动导体扬声器　moving-conductor loudspeaker

动圈扬声器　moving-coil loudspeaker

电动扬声器　electrodynamic loudspeaker

利用载有可变电流的导体或线圈在恒定磁场中的运动工作的扬声器。

801-27-07

磁致伸缩扬声器　magnetostriction loudspeaker

利用材料的磁致伸缩特性工作的扬声器。

801-27-08

离子扬声器　ionic loudspeaker

利用等离子体与其周围空气之间的相互作用工作的扬声器。

801-27-09

气动扬声器　pneumatic loudspeaker

利用气流的受控变化工作的扬声器。

801-27-10

锥形扬声器　cone loudspeaker

辐射部分呈锥形的扬声器。

801-27-11

球顶形扬声器　dome loudspeaker

辐射部分呈球冠形的扬声器。

801-27-12

[声]喇叭　(acoustic) horn

[声]号筒

为实现声阻抗匹配并可能产生指向效果而制作的一端大、一端小的变截面管。

801-27-13

号筒扬声器　horn loudspeaker

借助于号筒使发声元件与媒质耦合的扬声器。

801-27-14

多管扬声器　multicellular loudspeaker

多格扬声器

借助于两个或多个并列喇叭使发声元件与媒质耦合的号筒扬声器。

801-27-15

多路扬声器　multichannel loudspeaker

组合扬声器　composite loudspeaker

通常带有分频网络,用于在多个特定频带内同时发声的两个或多个扬声器的组合。

801-27-16

声障板　acoustic baffle

与扬声器组装成一体,用以加大扬声器前后之间有效声程的屏蔽装置。

801-27-17

音箱　acoustic enclosure

由箱体、一个或多个扬声器单元以及像滤波器、变压器或其他无源装置等辅助部件构成的组合。

801-27-18

耳机　earphone

能够将电信号转换为声振荡,并与人耳密切声耦合的电声换能器。

801-27-19

电话耳机　telephone earphone

电话系统中使用的耳机。

801-27-20

头戴式耳机　headphone

将一个或两个耳机装在头带上形成的组合。

801-27-21

头戴式送受话器　headset

由一个传声器、一个或两个耳机装在头带上形成的组合。

801-27-22

插入式耳机　insert earphone

插在外耳内,或直接抵在连接元件(如插进耳道中的耳模)上的小型耳机。

801-27-23

压耳式耳机　supra-aural earphone

压在外耳上使用的耳机。

801-27-24

耳罩式耳机　circumaural earphone

带有一个足以将包括耳朵在内,头的部分区域罩起来的大空腔的耳机。

801-27-25

换能器芯　transducer cartridge

供耳机、传声器或拾音器头用的换能器元件。

801-27-26

骨导耳机　bone-conduction vibrator

骨振器

能够将电振荡转换为机械振动，与人体头部的骨结构(一般为乳突部)耦合的机电换能器。

2.8　声学仪器

801-28-01

声级计　sound level meter

具有标准频率计权和指数时间计权，用于测量声级的仪器。

801-28-02

听力计　audiometer

用于测量某种听觉特性(特别是听阈级)的仪器。

801-28-03

声耦合器　acoustic coupler

具有预定的形状和需用容积，与针对测量空腔内声压级而校准过的传声器结合起来，用于校准耳机或传声器等目的的空腔。

801-28-04

机械耦合器　mechanical coupler

设计成能对施加静态力的骨导耳机提供规定的机械阻抗，并配有机电换能器，使之能够确定骨导耳机与机械耦合器之间接触面上的振动力级，用于校准骨导耳机的装置。

801-28-05

仿真耳　artificial ear

耳模拟器　ear simulator

装有用于测量声压的校准过的传声器和在给定频带内总声阻抗接近于正常人耳声阻抗的声耦合器，用于校准耳机的装置。

801-28-06

仿真口　artificial mouth

口模拟器　mouth simulator

由安装在障板或箱体中的扬声器单元构成，其形状使所发声的辐射形式与平均口形的辐射形式相似的装置。

801-28-07

仿真口声　artificial voice；voice simulator

通常由仿真口发出，其频谱与平均人声频谱相应的复声。

801-28-08

仿真乳突　artificial mastoid

乳突模拟器　mastoid simulator

模拟平均人乳突部的力阻抗，可以在其上施加骨导耳机以校准该耳机的装置。

801-28-09

热致发声器　thermophone

利用温度随输入电流而变化的导体，使相邻的空气膨胀和收缩从而产生可控声波的电声换能器。

801-28-10

静电激振器　electrostatic actuator

装有一个可在传声器的金属或金属化薄膜上施加静电力的辅助电极，以便校准传声器的装置。

801-28-11

活塞发声器　pistonphone

装有一个刚性活塞，可作已知频率和振幅的往复运动，从而在小尺寸的封闭空腔内产生已知声压的装置。

801-28-12

瑞利盘　Rayleigh disk

以扭力吊丝悬吊，用于测量流体中声波质点速度的圆盘。

801-28-13

声辐射计　acoustic radiometer

用于测量声辐射压的仪器。

801-28-14

声波分析仪　sound analyser

用于测定声谱的仪器。

801-28-15

振动计　vibration meter

用于测量振动体的位移、速度和加速度的仪器。

801-28-16

声定位仪　sound locator

用于定位声源的电声仪器。

801-28-17

立体声系统　stereophonic sound system

将多个传声器、传声通道和扬声器或耳机作适当安排，重放时能使听者获得声源空间分布感的声系统。

801-28-18

声码器　vocoder

对语言信号进行特种类型的分析，随即进行相应合成的装置。

注：英文名称 vocoder 来自 voice 和 coder 两词。有各种类型的声码器，如通道式声码器、共振峰式声码器等。

801-28-19

可视语声仪　visible speech apparatus

语图仪　sound spectrograph

显示和描绘语言频谱随时间变化的仪器。该仪器可用于语言的可视描述，因而有助于语声的识别。

801-28-20

助听器　hearing aid

通常由传声器、放大器和耳机或骨振器组成，用于听力受损者听觉辅助的便携式仪器。

801-28-21

护听器　hearing protector

护耳器　ear protector; ear defender

置于外耳道中、耳廓内面，罩在耳上，或罩在人头的相当大的部分上，用于保护听觉器官免受噪声伤害的装置。

2.9 生理声学

801-29-01

音调 pitch

音高

可用以将声音按由低到高排序的听觉属性。

注1：复声的音调主要取决于激励的频率成分，但还与声压和波形有关。

注2：声音的音调，可以由受试者判断为产生相同音调、具有规定声压级的那种纯音的频率描述。

801-29-02

美 mel

音调的单位。来自正前方，频率为1 000 Hz，声压级(基准声压为20 μPa)为40 dB的纯音所产生的音调为1 000美(mels)。

注：一个声音的音调，如果被听者判断为1 000美纯音的n倍，则其音调即为n千美。

801-29-03

响度 loudness

用于将声音按由弱到强排序的听觉属性。

注：响度主要取决于激励的声压，但还与频率、波形和持续时间有关。

801-29-04

宋 sone

响度的单位，其大小等于来自正前方，频率为1 000 Hz，声压级为40 dB(以20 μPa为基准声压)的平面波纯音的响度。

注：一声音的响度，如果被听者判断为1宋的n倍，则其响度即为n宋。

801-29-05

响度级 loudness level

声音的响度参数，其数值等于根据听力正常的听者、面向声源，在规定次数的试验中，听者判断为等响的、频率为1 000 Hz的自由行波中值声压级(单位为分贝，以20 μPa为基准)，单位为方。

注：必须说明未知声音的呈现方式(如来自耳机还是放在扩散声场中)，而其呈现方式又成为该声音的特征之一。

801-29-06

计算响度级 calculated loudness level

按规定方法计算的响度级。

注：该计算方法见ISO 532:1975。

801-29-07

方 phon

按照"响度级"定义或"计算响度级"定义中的规定，判断或计算的响度级单位。

801-29-08

等响线 equal-loudness contour

对于具有正常听力的听者，表示产生某一给定响度所需要的声压级与频率关系的曲线。

801-29-09

音色 timbre

音品

使听者能够分辨出具有相同响度和音调的两个声音之间差异的听觉属性。

注：音色主要取决于声音的波形，但也与其声压和时间特性有关。

801-29-10

判断感觉噪声级 judged perceived noise level

被主观判断为与某一声音同样嘈杂的，来自正前方，中心频率为1 000 Hz，一倍频程带宽的、持续时间为2 s的、粉红噪声的声压级。单位为分贝(dB)。

801-29-11

感觉噪声级 perceived noise level

通过规定方法得到的频率计权声压级,单位为分贝(dB)。规定方法为:将中心频率为 50 Hz～10 kHz的 24 个三分之一倍频带组合起来。

注:感觉噪声级是用作近似的判断感觉噪声级的。

801-29-12

噪度 noisiness

中心频率为 50 Hz～10 kHz 的 24 个三分之一倍频带中声压级的一个规定函数,用于计算感觉噪声级。

801-29-13

呐 noy

噪度的单位,其大小等于中心频率为 1 kHz,声压级为 40 dB 的噪声三分之一倍频带的噪度。

801-29-14

纯音校正感觉噪声级 tone-corrected perceived noise level

感觉噪声级加上校正部分得出的声压级,单位为分贝(dB)。其中的校正部分与飞机噪声中相邻接的三分之一倍频带声压级中可能发生的不规则程度有关。

注:校正的目的是计入(如螺旋桨、压缩机、气轮机或机翼等可能产生的)某些强烈的可听纯音引起的额外主观噪度。

801-29-15

有效感觉噪声级 effective perceived noise level

纯音校正感觉噪声级的十分之一的反对数,在飞机一次航程持续时间内的时间积分的级,单位为分贝(dB),基准持续时间取为 10 s。

注 1:该积分的值通常近似为,在飞机一次航程中最高的 10 dB 期间,一连串 0.5 s 间隔中纯音校正感觉噪声级十分之一的反对数之和的一半。

注 2:有效感觉噪声级用来反映主观噪度。

注 3:飞机一次航程的有效感觉噪声级往往比 A 计权曝露声级高 2 dB 或 3 dB。

801-29-16

气导 air conduction

声音经由外耳和中耳进到内耳的传送。

801-29-17

骨导 bone conduction

声音依靠颅骨和软组织的机械振动进到内耳的传送。

801-29-18

听阈 threshold of hearing;threshold of audibility

在假定由其他声源传到耳朵的声音可以忽略不计的前提下,对于给定的听者,能够引起听觉的某一规定声音的最低声压级。

注:应指明测量的情况,如:用一只耳朵还是两只耳朵收听,是否在自由场中,是否使用耳机,恒定激励还是间断发声,试验次数等。

801-29-19

被掩蔽阈 masked threshold

在另一个掩蔽声音存在时,某一规定声音的最低听阈。

801-29-20

正常听阈 normal threshold of hearing

对年龄在 18～30 岁之间,具有耳科学正常耳的大量听者听阈的统计值。

801-29-21

标准听阈 standard threshold of hearing

被作为标准采纳的正常听阈。

注：标准听阈见 GB/T 4854。

801-29-22

痛阈(电声学中的) **threshold of pain** (in electroacoustics)

对于给定的听者，刺激其耳朵产生明确痛感的某一规定声音的最低声压级。

注：对其测量的情况的指明与听阈的相似。

801-29-23

正常痛阈 normal threshold of pain

对年龄在 18～30 岁之间，具有耳科学正常耳的大量听者痛阈的统计值。

801-29-24

听阈级 hearing threshold level

听力损失(此意义上拒用) **hearing loss** (deprecated in this sense)

对于给定的信号及其展现方法，听者用一只或两只耳朵收听，其听阈超过规定的标准听阈的分贝(dB)数。

801-29-25

听力级 hearing level

对于规定的信号、耳机类型和应用方式，一规定耦合器或仿真耳中耳机产生的声压级，减去该耳机中产生的与规定的标准听阈对应的声压级的差。

801-29-26

纯音听力图 pure tone audiogram

表示听力级与频率关系的图。

801-29-27

听觉区域 auditory sensation area

界定听阈和痛阈与频率关系的曲线所包围的区域。

801-29-28

正常听觉区域 normal auditory sensation area

界定正常听阈和正常痛阈与频率关系的曲线所包围的区域。

801-29-29

感觉级 sensation level

超阈级 level above threshold

对于某一听者和某一规定声音，该声音的声压级超过听阈部分的量值。

801-29-30

声响高敏 recruitment

对某些听力受损(如耳蜗原因)的情况，响度随刺激量增长的速率快于正常耳的现象。

801-29-31

掩蔽 masking

a) 一个声音的听阈由于另一个(掩蔽)声音的存在而升高的现象。

b) 一个声音的听阈由于另一个(掩蔽)声音的存在而升高的分贝(dB)数。

801-29-32

声屏蔽听力图 masking audiogram

显示因说到的掩蔽声的存在而使一纯音或窄带噪声的听阈升高的量(单位为分贝，dB)与该纯音或窄带噪声频率之间关系的图。

801-29-33

听觉临界频带　auditory critical band

a) 频带内声压级恒定连续分布条件下的响度与带宽无关时的频带。

b) 与覆盖很宽频带的连续谱噪声中某一部分对应的噪声频带，该噪声包含的声压级与中心频率在临界频带中，在该宽带噪声存在时刚好可以听见的某一连续纯音的声压级相等。

注："刚好可以听见"的意思是，在所作实验的某一规定比例的次数中，采用规定收听方式的情况下可以听见。

801-29-34

检出(声学中的)　**detection** (in acoustics)

确定声信号的存在。

801-29-35

检出差　detection differential

识别差　recognition differential

对于一定的听觉检出系统，按照所称的检出概率，提供给耳朵的信号级超过噪声级的量值。

注：必须指明展现和测量信号及噪声的系统带宽。

801-29-36

响度差阈　difference limen for loudness

对于某一听者和某一规定频率的声音，在规定的试验条件下刚好觉察到有响度变化时的最小声压级变化。

801-29-37

音调差阈　difference limen for pitch

对于某一听者和某一规定频率的声音，在规定的试验条件下刚好觉察到有音调变化时的最小频率变化。

801-29-38

相对频率差阈　relative differential limen of frequency

对于一指定的听者，两个相继出现的正弦式纯音的最小可感频率差与测量该差阈时所在频率的比值。

801-29-39

听觉谐音　aural harmonic

由一给定激励产生和在听觉机能中听到的谐音。

801-29-40

电响效应　electrophonic effect

一来自外电源的适当频率和适当大小的交变电流通过人体时引起的听觉。

801-29-41

瞬时语音功率　instantaneous speech power

语音源在任一给定时刻辐射声能的速率。

801-29-42

峰值语音功率　peak speech power

瞬时语音功率在指定的时间间隔内的最大值。

801-29-43

平均语音功率　average speech power

瞬时语音功率在指定时间间隔内的算术平均值。

801-29-44

共振峰　formant

复声频谱中存在局部最大值的频段。

注：最大值所在的频率称为共振峰频率。

801-29-45

清晰度　articulation

可懂度　intelligibility

传送的语言单元中被正确接收的百分率。

注1：用于语言素材的单元是无意义的字节或片断时，用“清晰度”一词；当语言素材的单元是完整的、有意义的词、词组或句子时，用“可懂度”一词。

注2：必须规定语言素材的类型，如：音素、音节、字节、词、句子等。所用语言素材的种类用适当的限定词区别，如：字节清晰度、元音（或辅音）清晰度、单字节词可懂度、单独词可懂度、句子可懂度。

801-29-46

语音可懂度阈　threshold of speech intelligibility

采用快速时间指数计权，在指定频带内测得的，对相对容易的单词能够听清其中50%的语音声压级。

注：参见 IEC 61672:2002 中 F exponential time weighting。

2.10　音乐声学

801-30-01

基音　fundamental tone;fundamental

与周期波具有相同频率的周期声中的正弦分量。

801-30-02

分音　partial

复音中的正弦分量。

801-30-03

谐音　harmonic

复音中频率为基频整数倍的正弦分量。

801-30-04

谐音系列　harmonic series of sounds

其中每一个的基频都是最低基频整数倍的一系列声音。

801-30-05

颤音　vibrato

音乐中依靠声波的一种或多种特性（如频率、相位和幅度）以6 Hz左右的速率作周期变化所达到的音调效果。

注：颤音主要是幅度的变化。

801-30-06

音符　note

a)　用以图示乐音的音调或频率、持续时间及在音阶中位置的约定符号。

b)　声觉或引起声觉的物理振荡。

801-30-07

频程　frequency interval

两个频率之比。

801-30-08

对数频程　logarithmic frequency interval;interval

两个频率之比的对数。

801-30-09

倍频程　octave

其基频之比为 2 的两个声音之间的对数频程。

注：倍频程用作对数频程的单位。

801-30-10

全音　tempered whole tone;whole step

基频之比为 2 的六次方根的两个声音之间的对数频程。

注 1：一个倍频程等于 6 个全音。

注 2：全音用作对数频程的单位。

801-30-11

半音　tempered semitone;half-step

其基频之比为 2 的 12 次方根的两个声音之间的对数频程。

注 1：一个倍频程等于 12 个半音。

注 2：半音用作对数频程的单位。

801-30-12

萨瓦特　savart

其基频之比为 10 的 1 000 次方根的两个声音之间的对数频程。

注 1：一个倍频程约等于 300 萨瓦特。

注 2：萨瓦特用作对数频程的单位。

801-30-13

音分　cent

其基频之比为 2 的 1 200 次方根的两个声音之间的对数频程。

注 1：一个倍频程等于 1 200 音分。

注 2：音分用作对数频程的单位。

801-30-14

音阶　musical scale

按照规定的频程种类以频率升高或降低顺序排列的固定的声音系列。

801-30-15

毕达哥拉斯音阶　Pythagorean scale

频程由 3 和 2 的整数幂之比表示的音阶。

801-30-16

自然音阶　just scale

选用的频程使大、小三和弦的频率比分别为 4∶5∶6 和 10∶12∶15 的音阶。

801-30-17

等程音阶　equally tempered scale

将倍频程分成 12 个相等的频程所构成的音阶。

801-30-18

标准调音频率　standard tuning frequency

标准音调　standard musical pitch

高音倍频程中音符 LA(拉)的频率，即 440 Hz(见 ISO 16:1975)。

2.11 建筑声学

801-31-01

声吸收 sound absorption

材料或物体将在媒质中传播的或投射于两种媒质分界面上的声能转化为热的过程、现象或特性。

801-31-02

吸声系数 sound (power) absorption coefficient

在给定频率和规定条件下,入射到某一表面的总声能中未被反射的声能所占的比例。

注:除非另有规定,均指扩散声场。

801-31-03

统计吸声系数 statistical sound (power) absorption coefficient

平面波的入射角随机分布时测量或计算得出的吸声系数。

801-31-04

声功率反射系数 sound (power) reflection coefficient

在给定频率和规定条件下,被某一表面反射的无规入射声功率与入射到该表面的全部功率之比。

注:除另有规定者外,均指无规入射。

801-31-05

声压反射系数 sound pressure reflection coefficient

在给定频率和给定入射角下,平面反射波的声压幅值与入射波声压幅值之比。

801-31-06

物体或表面的吸声量 equivalent absorption area of an object or of a surface

物体或表面的等效吸声面积

声能吸收系数为1的一个表面的面积,该表面在具有扩散场的混响室中吸收的声能与所考虑的物体或表面所吸收的声能等量。考虑的是表面时,其吸声量等于该表面的面积与其吸声系数的乘积。

801-31-07

混响时间 reverberation time

在一封闭的区域或空间内,声源停止发声后给定频率或频带的声波声压级降低60分贝(dB)所需要的时间。

801-31-08

衰变率 decay rate

在给定频率下,声压级随时间降低的速率(例如在混响室内)。

注:衰变速率的单位为分贝每秒(dB/s)。

801-31-09

艾润吸声系数 Eyring absorption coefficient

按照艾润混响时间公式计算出来的表面的吸声系数。

注:艾润混响时间公式为:

$$T=\frac{(24\ln 10)\ V}{-cS\ln(1-\bar{\alpha})}$$

式中:

T——混响时间;

V——房间容积;

c——房间内空气中声速;

$S=\sum S_i$——房间各表面的总面积;

$\bar{\alpha}=\sum S_i\alpha_i/S$——房间所有表面的面积计权平均艾润系数;

S_i——第 i 个表面的面积;

α_i——第 i 个表面的艾润吸声系数；

$S_i\alpha_i$——第 i 个表面的等效吸声面积。

801-31-10

赛宾吸声量 Sabine absorption

按照赛宾混响时间公式算出的吸声量。

注 1：赛宾混响时间公式为：

$$T=\frac{(24\ln 10)V}{cA}=\frac{55.3}{cA}V$$

式中：

T——混响时间，单位为秒(s)；

V——房间容积，单位为立方米(m^3)；

c——房间内空气中声速，单位为米每秒(m/s)；

A——房间内赛宾吸声量的总和，单位为分贝平方厘米($dB\cdot cm^2$)。

注 2：赛宾吸声量的单位为分贝平方米($dB\cdot m^2$)(有时称米制赛宾)。

801-31-11

房间吸声量 room absorption

因房间内物体和房间表面引起的以及因房间内媒质中的声能损耗引起的赛宾吸声量的总和。

注 1：如 A_i 是房间内第 i 个表面、物体或媒质的赛宾吸声量，则房间吸声量为 $A=\Sigma A_i$。

注 2：在容积为 V 的房间内，因媒质中声能损耗引起的赛宾吸声量为：

$$A_m=\frac{4}{10\lg e}\alpha V=0.921\alpha V$$

式中：

α——媒质的声衰减系数，其单位为每单位长度的分贝(dB)数。

801-31-12

赛宾吸声系数 Sabine absorption coefficient

吸声系数 sound absorption coefficient

表面的赛宾吸声量除以该表面的面积之商。

注：若 α_i 为面积为 S_i 的第 i 个表面的赛宾吸声系数，则该表面产生的赛宾吸声量为 $A_i=S_i\alpha_i$。

801-31-13

混响室 reverberation room

专门设计成具有较长混响时间，以便让声场尽量扩散的房间。

注：混响室专用于测量材料的吸声系数和声源的声功率。

801-31-14

活跃室 live room

以吸声量甚小为特点的房间。

801-31-15

平均自由程 mean free path

在一封闭的空间中，声波在两次相继的反射之间所经过的距离，是对大量反射和一切初始传播方向所取的平均值。

801-31-16

无规入射 random incidence

来自所有方向的声波以等概率入射。

801-31-17

扩散场距离 diffuse-field distance

离声源声中心的距离，在此距离处，沿某一规定方向直达声的方均声压等于包含该声源的房间内混响声的方均声压。

801-31-18

消声室 free-field room;anechoic room

入射到其各界面的所有声波基本上都被吸收,能够提供自由场状况的房间。

801-31-19

沉寂室 dead room

以吸声量甚大为特点的房间。

801-31-20

听力测试室 audiometric room

隔绝外界噪声并具有一定吸声能力,用于听力测试的房间。

801-31-21

回声 echo

回波

经过反射而在直达声之后到达,由其大小和时间间隔可以辨别出是直达声的重复的声波。

801-31-22

多重回声 multiple echo

单一声源产生,彼此分开的一系列回声。

801-31-23

颤动回声 flutter echo

由同一声源产生,快速且几乎连贯的一系列回声。

801-31-24

壁阻抗率 specific wall impedance

作用于墙壁或墙壁覆盖物上的声压除以垂直于墙壁的质点速度的商。

801-31-25

壁导纳率 specific wall admittance

垂直于墙壁的质点速度除以作用于墙壁的声压的商。

801-31-26

辐射因数 radiation factor

两个声功率的比值。前者是由具有给定面积,并以该面积上给定的方均根速度振动的板辐射的声功率,后者是由具有相同面积,并以相同相位和振速振动的板辐射的平面波的声功率。

801-31-27

辐射指数 radiation index

辐射因数的常用对数的10倍,单位为分贝(dB)。

801-31-28

赫姆霍兹共鸣器 Helmholtz resonator

由一个相当大的空腔和一个小孔构成的共鸣器。

801-31-29

耗散 dissipation

声能转换为热能。

801-31-30

耗散因数 dissipation factor

耗散为热的声能量与入射声能量之比。

801-31-31

多孔吸声体 porous absorber

具有互相连通的孔隙,对流经其中的气体或液体形成阻力的材料。

801-31-32

孔隙率　porosity

多孔吸声材料内的气孔容积与该材料总体积的比值。

801-31-33

流阻　flow resistance

一片多孔材料两边气压的差值除以流过该片材料的气流体积速度所得的商。

801-31-34

流阻率　specific flow resistance

一片多孔材料两边气压的差值除以流过该片材料的气流质点速度的商。

801-31-35

流阻系数　flow resistivity

流阻率除以多孔材料片的厚度的商。

801-31-36

房间平均声压级　average sound pressure level in a room

房间内二次方声压的空间和时间平均值与二次方基准声压之比的常用对数的10倍,单位为分贝(dB)。空间平均在整个房间内去除任何声源直接辐射或房间界面近场有显著影响的那些部分求取。

801-31-37

声级差　level difference

室间隔声　sound isolation between rooms

两个房间的一间中有一个或多个声源时,两个房间的空间和时间平均声压级的差,单位为分贝(dB)。

801-31-38

规范化声级差　normalized level difference

房间之间的声级差加上接收房间中混响时间与参考混响时间之比的常用对数的10倍之和,单位为分贝(dB)。

注:对居室,参考混响时间取为0.5 s。

801-31-39

隔声量　sound reduction index;sound insulation

传声损失　transmission loss

对于规定频带,混响声源室和接收室中平均声压级之间的差值(dB),加上隔墙面积与接收室中总赛宾吸声量之比常用对数的10倍,单位为分贝(dB)。

801-31-40

侧向传声　flanking transmission

声波不经过共用间壁而从声源室向相邻接收室的传输。

801-31-41

撞击声压级　impact sound pressure level

当被试地板受到标准撞击声源激励时,接收室中在规定频带内的平均声压级。

注:标准撞击声源是ISO 140-6中规定的一种撞击机,它能使有效质量为0.5 kg的撞锤每次落下高度40 mm,每秒发生撞击10次。

801-31-42

规范化撞击声压级　normalized impact sound pressure level

在标准撞击声源的作用下,接收室中处于规定频带内的平均声压级(dB),加上接收室内塞宾吸声量与基准吸声量(10 dB·m^2)之比的常用对数的10倍,单位分贝(dB)。

801-31-43

场所规范化撞击声压级　field normalized impact sound pressure level

在指定频带内，撞击声压级(分贝)减去接收室内混响时间与基准混响时间(0.5 s)之比的常用对数的10倍所得差值。

801-31-44

吸声材料　sound absorbing material

以甚高吸声能力为特点的材料。

801-31-45

隔声材料　acoustical insulation material

用以阻隔声波传输的材料。

801-31-46

撞击声衰减材料　impact-sound reducing material

当受到撞击或振动时产生低噪声，并能使撞击声或振动的传播发生衰减的材料。

2.12　水声学

801-32-01

声呐　sonar

利用水下声波获取海中目标信息的技术或设备。

注："sonar"一词是由 sound 中的 so、navigation 中的 na 和 ranging 中的 r 组合而成的组合词。

801-32-02

主动声呐　active sonar

通过估测远距离目标对于由设备发出的声波的影响以获得有关该目标的信息的技术或设备。

801-32-03

被动声呐　passive sonar

通过分析远距离目标所发声波以获得有关该目标的信息的技术或设备。

801-32-04

声呐背景噪声　sonar background noise

呈现给最终接收单元(如记录器或测听者的耳朵)，干扰有用信号接收的噪声总和。

801-32-05

声呐自噪声　sonar self-noise

由声呐、机器以及装载该声呐的船只或平台的运动引起的那部分声呐背景噪声。

注：自噪声通常用自最大响应方向到达换能器的等效平面波描述。

801-32-06

辐射噪声　radiated noise

由船舶、水面舰艇、潜艇或固定设施辐射到水中的声波。

801-32-07

海洋噪声　sea noise

由自然声源如热扰动、风、波浪、海流和降雨等发射到海洋中的声波。

801-32-08

相对混响级　relative reverberation level

在声源基准轴的一点上，混响引起的声压级与直达波引起的声压级之差。

801-32-09

混响限制状态　reverberation-limited condition

主动声呐的探测受到声呐背景噪声中的混响部分所限制的状态。

801-32-10

噪声限制状态 noise-limited condition

探测受到除混响之外其他声呐背景噪声所限制的状态。

801-32-11

主动声呐优值因数 figure of merit of an active sonar

发射的脉冲在离声源 1 m 距离处,声压级超过给定条件下最弱可检出回声声压级的量。

801-32-12

异常传播损失 propagation anomaly

在给定距离内,实际传播损失与在相同路径上按球面发散规律(或按任何其他传播假定)计算的传播损失之差。

801-32-13

交叠范围 cross-over range

由发散引起的传播损失等于因吸收引起的传播损失的距离范围。

801-32-14

海水温度深度图 bathythermogram

海水温度随深度变化的曲线图。

801-32-15

温跃层 thermocline

海面附近温度随深度快速变化的海水层。

801-32-16

等温层 isothermal layer

海洋中温度基本上恒定(不随深度变化)的海水层。

801-32-17

极限声线 limiting ray

与传播速度为最大值的水平面相切的声线。

801-32-18

会聚区 convergence zone

海面附近一个区域,从位于很大范围内的声源传来的声线由于深海的折射作用在该区域内集中。

801-32-19

声影区 shadow zone

海洋中由于折射作用而使声线不能透入的区域。

801-32-20

声道 sound channel

海洋中声速随深度变化曲线上声速为最小值的区域。

801-32-21

深水散射层 deep scattering layer

位于某一深度,可产生回声的散射体层。

801-32-22

泡沫水 quenching water

浅海中或船身附近,尤其是在波浪汹涌的海区,水中存在大量气泡的情况。

801-32-23

声呐导流罩 sonar dome

通过减弱在水中行进时产生的湍流和空化以降低噪声的流线型透声罩。

801-32-24

声呐导流罩插入损失　sonar dome insertion loss

由于声呐导流罩的插入引起的损失。其值等于在规定的换能器的电端子与接收或发射声波的外场点之间的传输损失因插入声呐导流罩而增加部分。

801-32-25

声呐导流罩损失的指向性图　sonar dome loss directivity-pattern

表示声呐导流罩插入损失与声传输方向关系的图。

801-32-26

水听器　hydrophone

接收水中声信号并将其转换成电信号的电声换能器。

801-32-27

束控换能器　shaded transducer

通过控制敏感表面上的相位和振幅分布已修改了其指向性响应的换能器。

801-32-28

水下声发射器　underwater sound projector

在水中将电信号转换成声信号的电声换能器。

801-32-29

声呐声源级　sonar source level

轴向声源级　axial source level

在声发射器的轴上，至发射器有效声中心为参考距离 1 m 处的声压级，除非另有规定。参考量为参考距离处的基准声压。

801-32-30

目标或体积散射截面　scattering cross-section of an object or volume

在一束平面行波上截取的一个横截面的面积，该面积上的声功率与所指目标向所有方向散射的声功率或该体积中的散射体散射的声功率相等。

801-32-31

目标或体积背向散射截面　backscattering cross-section of an object or a volume

4 π 与背向散射的二次方声压及至散射体声中心距离的平方三者的乘积，除以入射于所指体积中散射体的二次方声压的商。如不是背向，则需注明入射角和散射角。

801-32-32

表面或底面散射截面　scattering cross-section of a surface or a bottom

在一束平面行波上截取的一个横截面的面积，该面积上的声功率与一半球的指定表面或底面上散射的声功率相等。

801-32-33

表面或底面背向散射截面　backscattering cross-section of a surface or a bottom

在一半球上各向同性地散射声波，且回波与实际散射体的回波相等的表面或底面的散射截面。

801-32-34

体积散射系数　volume scattering coefficient

所考虑体积的散射截面除以该体积的商。

801-32-35

表面或底面散射系数　surface or bottom scattering coefficient

表面或底面的散射截面与该表面或底面的面积的比。

801-32-36

目标背向散射差　object backscattering differential

目标强度　target strength

以分贝为单位的声级,其值等于目标的背向散射截面与球的参考面积 $4\pi r_0^2$ 的比值的常用对数的10倍,其中 r_0 为参考距离,常取为1 m。采用何种参考面积,应予规定。

注1:对于非背向的某一指定方向的目标散射微分,可采取类似方式予以定义。

注2:还有另一种描述方式,即目标背向散射微分是,离散射目标声中心为参考距离 r_0 处可存在的背向散射声压级减去入射于该目标上的平面波声压级的差。

注3:也可用字母符号表示,其定义为:

$$N_{ts} = L_{SC} - L_i = 10\lg \frac{A_{ob}}{4\pi r_0^2} dB$$

式中:

N_{ts}——目标背向散射微分或目标强度;

L_{SC}——参考距离处的背向散射声压级;

L_i——入射声压级;

A_{ob}——目标背向散射截面;

r_0——参考距离;

$4\pi r_0^2$——目标背向散射微分的参考面积。

801-32-37

体积背向散射差　volume backscattering differential

体积散射强度　volume scattering strength

以分贝为单位的声级,其值等于某一体积的背向散射系数与参考体积背向散射系数 $4\pi/r_0$ 比值的常用对数的10倍。其中 r_0 为参考距离,常取为1 m。采用何种参考系数,应予规定。

注1:对于非背向的某一指定方向的目标背向散射微分,可采用类似方式定义。

注2:还有另外一种表述方式,即体背向散射微分为:离含有散射体的立体的声中心为参考距离 r_0 处的背向散射声压级,减去入射于所含散射体上的平面波声压级所得之差值。

注3:用字母符号表示,其定义为:

$$N_V = L_{SC} - L_i = 10\lg \frac{A_V/V}{4\pi r_0^2/V_0} dB = 10\lg \frac{m}{4\pi/r_0} dB$$

式中:

N_V——体积背向散射微分或体积散射强度;

L_{SC}——参考距离处的背向散射声压级;

L_i——入射声压级;

A_V——体积中散射体的背向散射截面;

r_0——参考距离;

$V_0 = r_0^3$——参考体积;

$m = A_V/V$——体积背向散射系数;

$4\pi/r_0 = 4\pi r_0^2/V$——参考体积背向散射系数。

801-32-38

表面或底面背向散射差　surface or bottom backscattering differential

表面或底散射强度　surface or bottom scattering strength

离散射表面或底面声中心为一单位距离处可能的背向散射声压级,减去入射于散射表面或底面的平面波的声压级的差。

索　引

汉语拼音索引

J

K

L

M

N

O

P

Q

R

S

T

W

英文对应词索引

A

B

C

D

E

F

G

H

I

N

O

P

Q

R

S

T

U

ICS 59.080.01
W 04

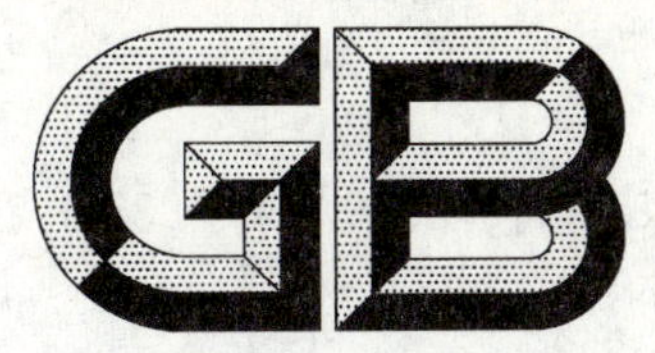

中华人民共和国国家标准

GB/T 2910.1—2009/ISO 1833-1:2006
部分代替 GB/T 2910—1997

纺织品　定量化学分析　第1部分:试验通则

Textiles—Quantitative chemical analysis—Part 1:General principles of testing

(ISO 1833-1:2006,IDT)

2009-06-15 发布　　2010-01-01 实施

中华人民共和国国家质量监督检验检疫总局
中国国家标准化管理委员会　发布

前　言

GB/T 2910《纺织品　定量化学分析》包括以下部分：

——第1部分：试验通则；

——第2部分：三组分纤维混合物；

——第3部分：醋酯纤维与某些其他纤维的混合物(丙酮法)；

——第4部分：某些蛋白质纤维与某些其他纤维的混合物(次氯酸盐法)；

——第5部分：粘胶纤维、铜氨纤维或莫代尔纤维与棉的混合物(锌酸钠法)；

——第6部分：粘胶纤维、某些铜氨纤维、莫代尔纤维或莱赛尔纤维与棉的混合物(甲酸/氯化锌法)；

——第7部分：聚酰胺纤维与某些其他纤维的混合物(甲酸法)；

——第8部分：醋酯纤维与三醋酯纤维的混合物(丙酮法)；

——第9部分：醋酯纤维与三醋酯纤维的混合物(苯甲醇法)；

——第10部分：三醋酯纤维或聚乳酸纤维与某些其他纤维的混合物(二氯甲烷法)；

——第11部分：纤维素纤维与聚酯纤维的混合物(硫酸法)；

——第12部分：聚丙烯腈纤维、某些改性聚丙烯腈纤维、某些含氯纤维或某些弹性纤维与某些其他纤维的混合物(二甲基甲酰胺法)；

——第13部分：某些含氯纤维与某些其他纤维的混合物(二硫化碳/丙酮法)；

——第14部分：醋酯纤维与某些含氯纤维的混合物(冰乙酸法)；

——第15部分：黄麻与某些动物纤维的混合物(含氮量法)；

——第16部分：聚丙烯纤维与某些其他纤维的混合物(二甲苯法)；

——第17部分：含氯纤维(氯乙烯均聚物)与某些其他纤维的混合物(硫酸法)；

——第18部分：蚕丝与羊毛或其他动物毛纤维的混合物(硫酸法)；

——第19部分：纤维素纤维与石棉的混合物(加热法)；

——第20部分：聚氨酯弹性纤维与某些其他纤维的混合物(二甲基乙酰胺法)；

——第21部分：含氯纤维、某些改性聚丙烯腈纤维、某些弹性纤维、醋酯纤维、三醋酯纤维与某些其他纤维的混合物(环己酮法)；

——第22部分：粘胶纤维、某些铜氨纤维、莫代尔纤维或莱赛尔纤维与亚麻、苎麻的混合物(甲酸/氯化锌法)；

——第23部分：聚乙烯纤维与聚丙烯纤维的混合物(环己酮法)；

——第24部分：聚酯纤维与某些其他纤维的混合物(苯酚/四氯乙烷法)；

——第101部分：大豆蛋白复合纤维与某些其他纤维的混合物。

本部分为GB/T 2910的第1部分。

GB/T 2910—1997由以下标准代替：GB/T 2910.1，GB/T 2910.3，GB/T 2910.4，GB/T 2910.6，GB/T 2910.7，GB/T 2910.8，GB/T 2910.9，GB/T 2910.10，GB/T 2910.11，GB/T 2910.12，GB/T 2910.13，GB/T 2910.14，GB/T 2910.15，GB/T 2910.16，GB/T 2910.17，GB/T 2910.18，GB/T 2910.19和GB/T 2910.22。

本部分等同采用ISO 1833-1:2006《纺织品　定量化学分析　第1部分：试验通则》。本部分与ISO 1833-1:2006相比有如下编辑性修改：

——规范性引用文件中的国际标准替换为与其技术内容相同的我国标准；

——删除了国际标准的前言和参考文献。

本部分代替GB/T 2910—1997《纺织品　二组分纤维混纺产品定量化学分析方法》中的第4章。本部分与GB/T 2910—1997第4章的主要差异为：

——增加了术语“非纤维物质”及其定义(见第3章)；

——增加了“调湿和试验大气”(见第7章)；

——取消了“试验结果”一章，内容包括在引言中；

——删除原附录A“各种纺织材料的公定回潮率表”，增加附录A“非纤维物质的去除方法”；

——增加了附录B。

本部分的附录A和附录B是资料性附录。

本部分由中国纺织工业协会提出。

本部分由全国纺织标准化技术委员会基础标准分会(SAC/TC 209/SC 1)归口。

本部分主要起草单位：国家纺织制品质量监督检测中心、纺织工业标准化研究所。

本部分主要起草人：闫春红。

GB/T 2910的历次版本发布情况为：

——GB/T 2910—1982；

——GB/T 2910—1997。

引　言

一般,GB/T 2910 各部分描述的试验方法建立在选择性溶解一种组分的基础上。溶解掉一种组分后,将不溶的残留物称重,通过质量损失计算出溶解组分的比例。GB/T 2910 的本部分对各种纤维混合物(不论其组成如何)的分析方法作了一般说明。此部分与其余各部分,包括适用于特殊纤维混合物的分析步骤结合起来应用。当某分析法的分析原理不是基于选择性溶解时,则在适当的的部分里列出有关这个方法的全部细节。

经过加工或整理的纤维混合物中,可能含有油脂、蜡质或整理剂,这些物质可能是纤维本身带有的,也可能是添加的。混合物中还可能存在盐类和其他水溶性物质。在分析过程中,这些物质中的某些物质或全部物质可能会溶解掉,并作为可溶纤维组分的质量而计算在内。为避免此误差,在分析之前宜去除这些非纤维物质,GB/T 2910 本部分的附录 A 中给出了去除油类、脂肪、蜡质和水溶性物质的预处理方法。

此外,纺织品上还可能含有为增加纤维的抱合力,或者为了赋予纺织品防水、抗折皱等性能而添加的树脂或其他添加物。这类添加物,包括特殊情况下的染料在内,可能会影响试剂对可溶组分的作用,它本身也可能部分地或全部地被试剂溶解掉。因此这类添加物也会引起分析误差,故在分析样品之前最好去除。如果这类物质不能去除,则本分析方法不再适用。一般认为染色纤维里的染料是纤维的一部分而不必去除。

大多数纺织纤维含有水分,含水量取决于纤维的种类和周围空气的相对湿度。以纤维的干重作为分析基础,GB/T 2910 的本部分给出了测定试样和不溶性残留物干重的测定方法。因此,可获得基于净干纤维的结果。

规定在下列基础上对结果进行修正:

a)　公定回潮率;

b)　公定回潮率和预处理过程中的纤维物质和可能被认为是纤维一部分的非纤维物质(例如,油脂,或浆料)。

在某些分析方法里,混合物里的不溶组分可能会部分地溶解在用来溶解可溶组分的试剂中。所以要尽可能地选用对不溶纤维没有影响或影响很小的试剂。如果在分析过程里,已知的不溶纤维质量有损失,则修正结果,为此给出了修正系数。这些修正系数是在几个实验室里,采用本分析方法所规定的适当试剂,对预处理过的纤维进行溶解处理而确定的。这些修正系数仅适用于未降解纤维,如果在处理过程中纤维已经降解,则需要用不同的修正系数。

给出的分析步骤适用于单次测定;对单个试样至少要进行两次测定,如果需要还可以进行多次测定。用任何方法分析之前,首先确定混合物的纤维组分。

如果用手工分离混合物的纤维组分可行,则优先采用 GB/T 2910 本部分的附录 B 中给出的方法。

纺织品 定量化学分析
第1部分:试验通则

1 范围

GB/T 2910 的本部分规定了各种二组分纤维混合物的定量化学分析方法。

本部分的方法和 GB/T 2910 其他部分的方法一般适用于任何形式纺织品的纤维,除了列在适当部分范围中的某些纺织品。

2 规范性引用文件

下列文件中的条款通过 GB/T 2910 本部分的引用而成为本部分的条款。凡是注明日期的引用文件,其随后所有的修改单(不包括勘误的内容)或修订版本不适用于本部分,然而,鼓励根据本部分达成协议的各方研究是否可以使用这些文件的最新版本。凡是不注日期的引用文件,其最新版本适用于本部分。

GB/T 10629 纺织品 用于化学试验的实验室样品和试样的准备(GB/T 10629—2009,ISO 5089:1997,MOD)

3 术语和定义

下列术语和定义适用于 GB/T 2910 的本部分。

3.1

非纤维物质 non-fibrous matter

加工助剂,(如润滑剂和浆料,但不包括黄麻油)和天然的非纤维物质。

4 原理

混合物的组分经鉴别后,选择适当的试剂去除一种组分,将残留物称重,根据质量损失计算出可溶组分的比例。通常,先去除含量较大的纤维组分。

5 试剂

所用的全部试剂为分析纯。

5.1 石油醚,馏程为 40 ℃～60 ℃。

5.2 蒸馏水或去离子水。

6 设备

6.1 玻璃砂芯坩埚:容量为 30 mL～40 mL,微孔直径为 90 μm～150 μm 的烧结式圆形过滤坩埚。坩埚应带有一个磨砂玻璃瓶塞或表面玻璃皿。

注:也可用其他能获得相同结果的仪器代替玻璃坩埚。

6.2 抽滤装置。

6.3 干燥器:装有变色硅胶。

6.4 干燥烘箱:能保持温度为(105±3)℃。

6.5 分析天平:精度 0.000 2 g 或以上。

6.6 索氏萃取器:其容积(mL)是试样质量(g)的20倍,或其他能获得相同结果的仪器。

7 调湿和试验大气

因为是测定试样干重,所以试样不需要调湿。在普通的室内条件下进行分析。

8 取样和样品的预处理

8.1 取样

按GB/T 10629规定取实验室样品,使其具有代表性,并足以提供全部所需试样,每个试样至少1 g。织物样品中可能包括不同组分的纱,在取样时需考虑到这一点。按8.2所述处理样品。

8.2 实验室样品预处理

将样品放在索氏萃取器内,用石油醚萃取1 h,每小时至少循环6次。待样品中的石油醚挥发后,把样品浸入冷水中浸泡1 h,再在(65±5)℃的水中浸泡1 h。两种情况下浴比均为1∶100,不时地搅拌溶液,挤干,抽滤,或离心脱水,以除去样品中的多余水分,然后自然干燥样品。

如果用石油醚和水不能萃取掉非纤维物质,则需用适当方法去除,而且要求纤维组分无实质性改变。对某些未漂白的天然植物纤维(如黄麻、椰壳纤维),石油醚和水的常规预处理,并不能除去全部的天然非纤维物质;但即便如此也不再采用附加预处理,除非该样品含有不溶于石油醚和水的整理剂。

9 试验步骤

9.1 通用程序

9.1.1 烘干

全部烘干操作在密闭的通风烘箱内进行,温度为(105±3)℃,时间一般不少于4 h,但不超过16 h。

注:试样烘至恒重。

9.1.2 试样的烘干

将称量瓶和试样,连同放在旁边的瓶盖一起烘干。烘干后,盖好瓶盖,再从烘箱内取出并迅速移入干燥器内。

9.1.3 坩埚与残留物的烘干

将过滤坩埚,连同放在旁边的瓶盖一起在烘箱内烘干。烘干后拧紧坩埚磨口瓶塞并迅速移入干燥器内。

9.1.4 冷却

进行整个冷却操作直至完全冷却,任何情况下冷却时间不得少于2 h,将干燥器放在天平旁边。

9.1.5 称重

冷却后,从干燥器中取出称量瓶或坩埚,并在2 min内称出质量,精确到0.000 2 g。

注:在干燥、冷却和称重操作中,不要用手直接接触坩埚、试样或残留物。

9.2 步骤

从预处理过的实验室样品中取样,每个试样约1 g。将纱线或者分散的布样切成10 mm左右长。把称量瓶里的试样烘干,在干燥器内冷却,然后称重。再将此试样移到本标准有关条款所规定的玻璃器具中,立即将称量瓶再次称重,从差值中求出该试样的干燥质量。

按照本标准适当部分的规定完成试验步骤,并用显微镜观察残留物,检查是否已将可溶纤维完全去除。

10 结果的计算和表示

10.1 概述

混合物中不溶组分的含量,以其占混合物质量分数来表示。

a) 以净干质量为基础(按照10.2),或者

b) 以净干质量为基础结合公定回潮率计算结果(按照10.3),或者

c) 以净干质量为基础结合公定回潮率和预处理中纤维物质的损失率计算结果(按照10.4),和

d) 以净干质量为基础结合公定回潮率和预处理中非纤维物质的去除率计算结果(按照10.4)。

从差值中求出可溶纤维的质量百分率。注明选用了哪种计算方法,在b),c)和d)中注明附加的百分率值。

10.2 以净干质量为基础的计算方法见式(1)。

$$P = \frac{100 m_1 d}{m_0} \quad \cdots\cdots (1)$$

式中:

P——不溶组分净干质量分数,%;

m_0——试样的干燥质量,单位为克(g);

m_1——残留物的干燥质量,单位为克(g);

d——不溶组分的质量变化修正系数。各种纤维适用的 d 值,在本标准的相应部分中给出。

10.3 以净干质量为基础结合公定回潮率的计算方法见式(2)。

$$P_M = \frac{100P(1+0.01a_2)}{P(1+0.01a_2)+(100-P)(1+0.01a_1)} \quad \cdots\cdots (2)$$

式中:

P_M——结合公定回潮率的不溶组分百分率,%;

P——净干不溶组分百分率,%;

a_1——可溶组分的公定回潮率,%;

a_2——不溶组分的公定回潮率,%。

10.4 以净干质量为基础,结合公定回潮率以及预处理中非纤维物质和纤维物质的损失率的计算方法见式(3)。

$$P_A = \frac{100P[1+0.01(a_2+b_2)]}{P[1+0.01(a_2+b_2)]+(100-P)[1+0.01(a_1+b_1)]} \quad \cdots\cdots (3)$$

式中:

P_A——混合物中净干不溶组分结合公定回潮率及非纤维物质去处率的百分率,%;

P——净干不溶组分百分率,%;

a_1——可溶组分的公定回潮率,%;

a_2——不溶组分的公定回潮率,%;

b_1——预处理中可溶纤维物质的损失率,和/或可溶组分中非纤维物质的去除率,%;

b_2——预处理中不溶纤维物质的损失率,和/或不溶组分中非纤维物质的去除率,%。

第二种组分的百分率(P_{2A})等于 $100-P_A$。

采用某种特殊预处理时,则要测出两种组分在这种特殊预处理中的 b_1 和 b_2 值。如若可能,可以通过提供每一种组分的纯净纤维进行特殊预处理来测得。除含有的天然伴生物质或制造过程产生的物质外,纯净纤维不应有非纤维物质,这些物质通常是以漂白的或未经漂白的状态存在的,这些物质在待分析材料中可以找到。

11 精密度

各种分析方法的精确度,与重现性有关。重现性指的是可靠性,即由操作人员在不同的实验室或不同的时间,采用同一种方法对相同混合物的试样进行分析,其测定值之间的相同程度。

重现性用置信度为95%时的置信界限来表示,即,在不同的实验室里,应用本标准方法,对相同混合物的试样进行一系列分析时,在100次试验中仅有5次超出范围。

12 试验报告

试验报告应包括下列内容：

a) 采用本部分方法；

b) 混合物的全部组分或某单一组分的测得结果；

c) 如采用特殊预处理去除浆料或整理剂则要详细说明；

d) 每一个单值及其平均值，均精确至0.1；

e) 注明上述结果是基于：

  1) 净干质量百分率；

  2) 结合公定回潮率的百分率；

  3) 包括公定回潮率和预处理中纤维损失率的百分率；

  4) 包括公定回潮率和非纤维物质除去率的百分率。

附 录 A
（资料性附录）
非纤维物质的去除方法

A.1 概述

确定种类的非纤维物质的去除，应使用相应的化学试剂，尤其是两种及两种以上非纤维物质存在时，要去除非纤维物质的每一种材料应作为单一问题考虑。本目录所推荐的方法并不完全，且它对相关纺织材料的物理性质和化学性质也有影响。此外，这些方法仅适用于非纤维物质已知的或可以鉴别非纤维物质的纺织材料。

本目录的目的，染料不作为非纤维物质但是作为纺织品的一个完整部分，因此，不必去除。一些由树脂结合颜料制成的涂料，不作为纤维的一部分。与染料相比，它们增加了纤维质量，因此尽可能去除，但是去除不净。类似地，某些整理剂去除不掉。以目前的检测水平，进行定量分析不能完全达到GB 2910不同部分所描述的测试方法的精密度。

在本目录描述的条件下进行索氏萃取能充分去除油脂、脂肪和蜡脂。对于其他的非纤维物质，检查是否去除完全是必要的。

如果执行了A.5.1所述的石油醚萃取操作，就不必重复8.2所述的操作。

警告：下列方法中所使用的试剂和溶剂会产生某种危害性，这些方法必须由熟悉危害性的人使用，并且采取一定的防护措施。

A.2 范围

本目录描述了去除纤维中一些常见非纤维物质的方法。适用于本方法的纤维、不适用于本方法的纤维以及要去除的非纤维物质列于表A.1中。这些纤维的名称定义于GB/T 4146和GB/T 11951中。本目录不包括非纤维物质和纤维的鉴别。

在某些情况下，去除所有添加物是不可能的。一方面，残存的量不影响定量分析；另一方面，要尽量减少纤维的化学降解。

A.3 原理

如果可能，使用适当的试剂去除非纤维物质。

注：许多情况下，某些整理剂的去除包括它们的化学改性。此外，纤维物质的化学降解是不可避免的。

A.4 设备

使用的设备是化学实验室常规设备的一部分。

表 A.1 非纤维物质的去除方法

去除的非纤维物质	适合于该方法的纤维	方法		不适合于该方法的纤维
		款项	试剂	
油脂，脂肪和蜡脂	大部分纤维	A.5.1	石油醚，索氏萃取	弹性纤维
泡丝油脂	生丝	A.5.2	甲苯/甲醇，索氏萃取	—
淀粉	棉[a]，亚麻[b]，粘胶，绢丝，黄麻[c] 和大部分其他纤维	A.5.3	淀粉酶，沸水	—
树脂和淀粉	棉[a]，粘胶，绢丝	A.5.4	沸水然后同A.5.3	—

表 A.1（续）

去除的非纤维物质	适合于该方法的纤维	方法		不适合于该方法的纤维
		款项	试剂	
罗望子种子浆料	棉[a]，粘胶	A.5.5	沸水两次	—
丙稀酸（上浆或后整理）	大部分纤维[d]	A.5.6	2 g/L 皂片、2 g/L 氢氧化钠，70 ℃～75 ℃，水洗	蛋白质、脱乙酰醋酯、二醋酯、三醋酯、腈纶、改性腈纶
胶质和聚乙烯醇	大部分纤维	A.5.7	1 g/L 非离子表面活性剂、1 g/L 阴离子表面活性剂、1 g/L 碳酸钠	蛋白质、脱乙酰醋酯、二醋酯、三醋酯
淀粉和聚乙烯醇	棉、聚酯	A.5.8	先执行 A.5.3 然后执行 A.5.7	蛋白质、脱乙酰醋酯、二醋酯、三醋酯
聚乙烯醋酯	大部分纤维	A.5.9	丙酮，索氏萃取	脱乙酰醋酯、二醋酯、三醋酯、含氯纤维
亚麻子油浆料	粘胶绉纱	A.5.10	先执行 A.5.1 然后执行 A.5.7	蛋白质、脱乙酰醋酯、二醋酯、三醋酯
氨基-甲醛树脂	棉、铜氨、粘胶、莫代尔、脱乙酰醋酯、二醋酯、三醋酯、聚酯、聚酰胺（尼龙）	A.5.11	正磷酸/尿素，80 ℃，10 min，水洗，然后碳酸氢钠冲洗	石棉
沥青，木馏油和焦油	大部分纤维	A.5.12	二氯甲烷（亚甲基氯化物），索氏萃取	脱乙酰醋酯、二醋酯、三醋酯、改性腈纶、含氯纤维
纤维素醚	大部分纤维	A.5.13.1	冷水浸泡	—
	棉	A.5.13.2	10 ℃，175 g/L 氢氧化钠溶液浸泡，0.1 mol/L 醋酸中和	粘胶、脱乙酰醋酯、三醋酯、改性腈纶、腈纶
硝酸纤维素	大部分纤维	A.5.14	丙酮中浸泡，1 h	脱乙酰醋酯、二醋酯、三醋酯
聚氯乙烯	大部分纤维	A.5.15	四氢呋喃中浸泡（不要被蒸馏水覆盖）	蛋白质、脱乙酰醋酯、二醋酯、三醋酯、含氯纤维
油酸酯	大部分纤维	A.5.16	0.2 mol/L 盐酸，二氯甲烷中索氏萃取	脱乙酰醋酯、二醋酯、三醋酯、改性腈纶、含氯纤维、聚酰胺（尼龙）、石棉
铬，铁和铜的氧化物	铜氨、粘胶、莫代尔、脱乙酰醋酯、二醋酯、三醋酯	A.5.17	80 ℃，14 g/L 草酸溶液浸泡，氨水中和	—
五氯苯酚月桂酸脂	大部分纤维	A.5.18	甲苯，索氏萃取	聚乙烯、聚丙烯
聚乙烯	大部分纤维	A.5.19	煮沸的甲苯中萃取	聚丙烯
聚氨酯树脂	聚酰胺（尼龙）、铜氨、粘胶、莫代尔、脱乙酰醋酯、二醋酯、三醋酯	A.5.20	二甲基亚砜或二氯甲烷，如果可能用 50 ℃下 50 g/L 氢氧化钠，乙醇	脱乙酰醋酯、二醋酯、三醋酯、聚酯、腈纶、改性腈纶

表 A.1（续）

去除的非纤维物质	适合于该方法的纤维	方法		不适合于该方法的纤维
		款项	试剂	
天然橡胶和丁苯橡胶、氯丁（二烯）橡胶、腈橡胶	铜氨、粘胶、莫代尔、脱乙酰醋酯、二醋酯、三醋酯、玻璃纤维	A.5.21	在苯中胀大，刮擦，在熔化的 *p*-二氯苯加热，每 4 份 *p*-二氯加苯叔丁基过氧化氢，冷却到 60 ℃，加入苯	所有合成纤维
硅氧树脂	大部分纤维	A.5.22	氢氟酸，50 mL/L～60 mL/L，65 ℃	聚酰胺（尼龙）、玻璃纤维
锡增量	蚕丝	A.5.23	0.5 N 氢氟酸	—
蜡基防水整理剂	棉、蛋白质、聚酯、聚酰胺（尼龙）	A.5.24	二氯甲烷，索氏萃取，如果是金属络合物：10 g/L 甲酸和 5 g/L 酸稳定剂	脱乙酰醋酯、二醋酯、三醋酯、改性腈纶、含氯纤维

[a] 用本方法处理时，灰色棉会损失质量。损失的质量大约是干燥质量的 3%。

[b] 用本方法处理时，亚麻会损失质量。损失的质量与织物中纱线的种类有关。损失的质量如下：漂白纱大约 2%，煮练纱大约 3%，灰色纱大约 4%。

[c] 用本方法处理时，黄麻损失的质量大约是 0.5%。

[d] 用本方法处理时，聚酰氨 66(尼龙 66)损失的质量为 1%。聚酰氨 6(尼龙 6)损失的质量在 1%～3%内变化。

A.5 方法

A.5.1 泡丝油脂-石油醚法

在索氏萃取器或相似的仪器中用石油醚（馏程为 40 ℃～60 ℃）萃取样品 1 h，每小时至少循环 6 次。与第 1 部分中 8.2 预处理要求相同。

A.5.2 泡丝油脂-甲苯和甲醇的混合物法

用甲苯和甲醇的混合物（1 体积甲苯与 3 体积甲醇）作为溶剂，在索氏萃取器或相似的仪器中萃取，至少萃取 2 h，每小时循环 6 次。

注：公认的一种方法，使用苯可去除蚕丝中的泡丝油脂，但是由于苯有毒，建议使用上述方法。

A.5.3 淀粉

将样品浸泡在含有 0.1%（质量分数）非离子润湿剂和适量淀粉酶的溶液中，浴比为 1∶100。淀粉酶的浓度、pH、温度和处理时间由厂商提供。将样品转移到沸水中煮沸 15 min。用稀释的碘酒水溶液测试淀粉是否完全去除。待淀粉完全去除后，用水彻底冲洗，挤干，干燥。

A.5.4 刺槐豆胶和淀粉

在水中煮沸样品 5 min，浴比为 1∶100。用干净的水重复此操作。然后按 A.5.3 所述操作。

A.5.5 罗望子种子浆料

在水中煮沸样品 5 min，浴比为 1∶100。用干净的水重复此操作。

注：使用本方法不能完全去除粗糙表面未剥去外壳的罗望子种子浆料。

A.5.6 丙稀酸浆料

在 70 ℃～75 ℃下，将样品浸泡在含有 2 g/L 皂片或其他合适的洗涤剂和 2 g/L 氢氧化钠的溶液中，浴比为 1∶100，搅拌 30 min。用 85 ℃去离子水冲洗 3 次，每次洗 5 min，拧干，干燥。

A.5.7 胶质和聚乙烯醇

在含有 1 g/L 非离子表面活性剂、1 g/L 阴离子表面活性剂和 1 g/L 无水碳酸钠的溶液（使用最小浴比为 1∶100）中处理样品，在 50 ℃下保持 90 min，然后在同样的溶液中 70 ℃～75 ℃保持 90 min。

拧干，干燥。

A.5.8 淀粉和聚乙烯醇

先按照A.5.3所述方法操作，干燥，然后按照A.5.7所述方法操作。

A.5.9 聚乙烯醋酯

用丙酮在索氏萃取器中萃取样品至少3 h，每小时至少循环6次。

A.5.10 亚麻子油浆料

先按照A.5.1所述方法操作，然后按照A.5.7所述方法操作。

A.5.11 氨基-甲醛树脂

80 ℃下，在含有25 g/L 50%正磷酸和50 g/L尿素的溶液中萃取样品，浴比为1∶100，萃取10 min。用水冲洗样品，拧干，再用0.1%碳酸氢钠溶液冲洗，最后用水彻底冲洗。

注：该方法对铜氨、粘胶、莫代尔、脱乙酰基醋酯、二醋酯和三醋酯纤维有损伤。

A.5.12 沥青，木馏油和焦油

在索氏萃取器中用二氯甲烷（亚甲基氯化物）萃取样品。萃取时间由非纤维物质的量决定，需要更换试剂。

注：黄麻中含油脂5%以上，用二氯甲烷萃取会去除一定量油脂。

A.5.13 纤维素醚

A.5.13.1 溶于冷水的纤维素甲醚

在冷水中浸泡样品2 h。在冷水中重复冲洗样品，拧干。

A.5.13.2 不溶于水但溶于碱的纤维素醚

将样品浸泡在含有175 g/L氢氧化钠，温度冷却至5 ℃～10 ℃的水溶液中30 min。然后再在新配制的试剂中充分浸泡，水洗，用0.1 mol/L醋酸中和，再用水冲洗，干燥。

A.5.14 硝酸纤维素

室温下将样品浸泡在丙酮中1 h，浴比为1∶100。拧干，用三分干净的丙酮冲洗，最后使溶剂蒸发。

A.5.15 氯乙烯

室温下将样品浸泡在四氢呋喃中1 h，浴比为1∶100。如果有必要，刮掉软化的聚氯乙烯。挤干，用三份干净的四氢呋喃冲洗样品，拧干，使试剂蒸发。

警告：四氢呋喃有爆炸的危险，不宜用蒸馏法重新获得。

A.5.16 油酸酯

室温下将样品浸泡在0.2 mol/L的盐酸中，完全润湿。然后冲洗，干燥。再在索氏萃取器中用二氯甲烷（亚甲基氯化物）萃取1 h，每小时至少循环6次。

A.5.17 铬、铁和铜的氧化物

注：本方法不适用于含氧化铬染料染色的材料。

80 ℃下，将样品浸泡在含有14 g/L草酸的水溶液中，浴比为1∶100，浸泡15 min。彻底冲洗（铜的存在会生成草酸盐，在40 ℃，1%的醋酸中保持15 min去除草酸盐，然后冲洗）。用氨水中和，水洗。拧干，干燥。

A.5.18 五氯苯基月桂酸酯（PCPL）

在索氏萃取器中用甲苯萃取样品4 h，每小时至少循环6次。

A.5.19 聚乙烯

在煮沸的甲苯中萃取样品。

样品完全浸没于煮沸的试剂中。

A.5.20 聚氨酯树脂

完全满意的方法不易获得，但是以下方法是可行的。

将含有某些聚氨酯树脂的样品浸泡在二甲基亚砜或二氯甲烷（亚甲基氯化物）中，用干净的试剂多次冲洗。不影响纤维组分的情况下，某些聚亚安酯可以在含有 50 g/L 氢氧化钠沸水溶液中水解去除。也可以用 50 ℃以上含有 50 g/L 氢氧化钠和 100 g/L 乙醇水溶液代替。

警告：二甲基亚砜有毒。

A.5.21 天然橡胶和丁苯橡胶、氯丁（二烯）橡胶、腈橡胶以及大部分其他合成橡胶

完全满意的方法不易获得，但是以下方法是可行的。

将样品浸泡在使其膨胀的热挥发性试剂（例如苯）中，当它完全膨胀时，通过刮擦尽可能多地去除橡胶。在纺织纤维外露的情况下，仅润湿其表面，即可将橡胶与织物层分离。然后在熔化的 *p*-二氯苯中继续加热残留样品，连续搅拌，样品与 *p*-二氯苯质量比为 1∶50；加热搅拌装置为一个带有敞口冷凝器（允许足够的空气进入）的平底烧瓶、磁力搅拌器和加热盘。

45 min 后，每 4 份 *p*-二氯苯中加入 1 份 70% 叔丁基过氧化氢。煮沸直至橡胶完全分解（平均时间 2 h）。冷却烧瓶至 60 ℃，加入等体积的苯。过滤，在热苯中重复冲洗纺织纤维。

腈橡胶（例如：丁腈橡胶）中加入与叔丁基过氧化氢同体积的硝基苯，加速溶解过程。

注 1：在有空气流通的条件下，天然橡胶在 *p*-二氯苯中沸煮几个小时后会溶解。溶解会因在 150 ℃～160 ℃的联苯醚中加热 2 h 而受到影响，然后在苯中冲洗样品。

注 2：上述处理发生剧烈的氧化，纺织材料的性质会略微受到影响。

A.5.22 硅氧树脂

将样品在盛有 65 ℃，50 mL/L～60mL/L 40% 氢氟酸溶液的聚乙烯容器中洗涤 45 min。彻底冲洗，中和，然后在 60 ℃，2 g/L 的皂片溶液中漂洗 1 h。

警告：氢氟酸属危险品。

A.5.23 锡增量

将样品浸泡在盛有 55 ℃，0.5 mol/L 氢氟酸的聚乙烯容器中 20 min，间隔搅拌。用温水冲洗。然后浸泡在 55 ℃，2% 的碳酸钠溶液中 20 min。温水冲洗，挤干，熨平，干燥。

警告：氢氟酸属危险品。

A.5.24 蜡基防水整理剂

在索氏萃取器中用二氯甲烷（氯甲烷）萃取样品 3 h，每小时至少循环 6 次。然后，在 80 ℃，10 g/L 甲酸和 5 g/L 酸稳定表面活性剂的溶液中冲洗 15 min，去除金属络合物。用水彻底冲洗直至酸完全洗净。

附　录　B
（资料性附录）
定量分析方法　手工分解法

B.1　范围

本方法适用于通过手工分解方法可以分离不同种类纤维的各种纺织品。

B.2　原理

鉴别出纤维组分的纺织品，通过适当的方法去除非纤维物质后，用手工分解法分解纺织品中不同种类纤维，干燥、称重，计算每一种纤维的质量百分率。

B.3　设备

B.3.1　称量瓶，或者能获得相同结果的其他设备。
B.3.2　干燥器。
B.3.3　干燥烘箱：能保持温度为(105±3)℃。
B.3.4　分析天平：精度 0.000 2 g 或以上。
B.3.5　索氏萃取器。
B.3.6　挑针。
B.3.7　捻度仪。

B.4　试剂

B.4.1　石油醚，馏程为 40 ℃～60 ℃。
B.4.2　蒸馏水或去离子水。

B.5　调湿和试验大气

见第 7 章。

B.6　实验室试样

见 8.1。

B.7　实验室试样的预处理

见 8.2。

B.8　步骤

B.8.1　纱线的分析

取预处理的试样不少于 1 g。对于比较细的纱线，取最小长度为 30 m。将纱线剪成合适的长度，用挑针分解纤维(必要时，使用捻度仪)，将分解后的纤维放入已知质量的称量瓶内，在(105±3)℃烘箱里烘至恒重，见第 9 章。

B.8.2　织物的分析

远离布边，取预处理的试样不少于 1 g。对于机织物，小心修剪试样边缘，防止散开，平行地沿经纱或纬纱裁剪，或沿针织物的横列和纵行裁剪。分解的不同纤维，放入已知质量的称量瓶中，按照 B.8.1 操作。

B.9 结果的计算和表示

B.9.1 概述

每一组分纤维的含量以其占混合物纤维质量的百分率表示。计算结果以净干质量为基础,结合以下数值进行修正:

a) 公定回潮率;

b) 修正系数,及预处理过程中的质量损失。

B.9.2 净干质量分数的计算

不考虑预处理过程中纤维质量的损失,纤维净干质量分数计算如式(B.1):

$$P_1 = \frac{100m_1}{m_1 + m_2} = \frac{100}{1 + \frac{m_2}{m_1}} \qquad \text{(B.1)}$$

式中:

P_1——第一组分净干质量分数,%;

m_1——第一组分净干质量,单位为克(g);

m_2——第二组分净干质量,单位为克(g)。

B.9.3 每一组分纤维百分率的计算

对于每一组分纤维百分率的计算通过公定回潮率和预处理过程中纤维质量损失的修正系数来调整,见10.4。

B.10 精密度

各种分析方法的精密度,与重现性有关。

重现性指的是可靠性,即由操作人员在不同的实验室或不同的时间,采用同一种方法对相同混合物的试样进行分析,其测定值之间的相同程度。

重现性用置信度为95%时的置信界限来表示。即在不同的实验室里,应用本方法,对相同混合物的试样进行一系列分析时,在100次试验中仅有5次超出范围。

B.11 试验报告

a) 说明试验是按照本方法进行的;

b) 预处理方法的详细说明(见8.2);

c) 每一个单值及其平均值,均精确至0.1。

参 考 文 献

[1] GB/T 4146.1 纺织品 化学纤维 第1部分:属名(GB/T 4146.1—2009,ISO 2076:1999,MOD)

[2] GB/T 11951 纺织品 天然纤维 术语(GB/T 11951—1989,neq ISO 6938:1984)

ICS 59.080.01
W 04

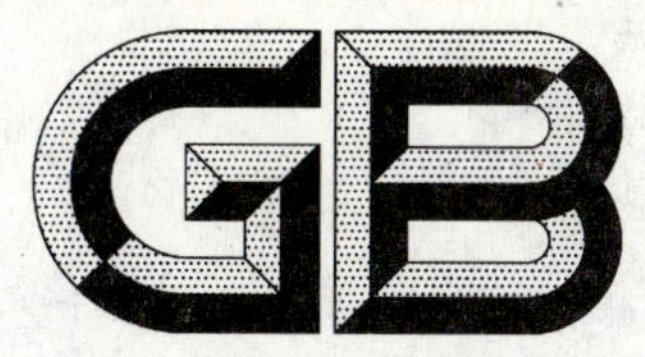

中华人民共和国国家标准

GB/T 2910.2—2009/ISO 1833-2:2006
代替 GB/T 2911—1997

纺织品 定量化学分析 第2部分:三组分纤维混合物

Textiles—Quantitative chemical analysis—Part 2:Ternary fibre mixture

(ISO 1833-2:2006,IDT)

2009-06-15 发布 2010-01-01 实施

中华人民共和国国家质量监督检验检疫总局
中国国家标准化管理委员会 发布

前　言

GB/T 2910《纺织品　定量化学分析》包括以下部分：

——第1部分：试验通则

——第2部分：三组分纤维混合物

——第3部分：醋酯纤维与某些其他纤维的混合物(丙酮法)

——第4部分：某些蛋白质纤维与某些其他纤维的混合物(次氯酸盐法)

——第5部分：粘胶纤维、铜氨纤维或莫代尔纤维与棉的混合物(锌酸钠法)

——第6部分：粘胶纤维、某些铜氨纤维、莫代尔纤维或莱赛尔纤维与棉的混合物(甲酸/氯化锌法)

——第7部分：聚酰胺纤维与某些其他纤维的混合物(甲酸法)

——第8部分：醋酯纤维与三醋酯纤维的混合物(丙酮法)

——第9部分：醋酯纤维与三醋酯纤维的混合物(苯甲醇法)

——第10部分：三醋酯纤维或聚乳酸纤维与某些其他纤维的混合物(二氯甲烷法)

——第11部分：纤维素纤维与聚酯纤维的混合物(硫酸法)

——第12部分：聚丙烯腈纤维、某些改性聚丙烯腈纤维、某些含氯纤维或某些弹性纤维与某些其他纤维的混合物(二甲基甲酰胺法)

——第13部分：某些含氯纤维与某些其他纤维的混合物(二硫化碳/丙酮法)

——第14部分：醋酯纤维与某些含氯纤维的混合物(冰乙酸法)

——第15部分：黄麻与某些动物纤维的混合物(含氮量法)

——第16部分：聚丙烯纤维与某些其他纤维的混合物(二甲苯法)

——第17部分：含氯纤维(氯乙烯均聚物)与某些其他纤维的混合物(硫酸法)

——第18部分：蚕丝与羊毛或其他动物毛纤维的混合物(硫酸法)

——第19部分：纤维素纤维与石棉的混合物(加热法)

——第20部分：聚氨酯弹性纤维与某些其他纤维的混合物(二甲基乙酰胺法)

——第21部分：含氯纤维、某些改性聚丙烯腈纤维、弹性纤维、醋酯纤维、三醋酯纤维与某些其他纤维的混合物(环己酮法)

——第22部分：粘胶纤维、某些铜氨纤维、莫代尔纤维或莱赛尔纤维与亚麻、苎麻的混合物(甲酸/氯化锌法)

——第23部分：聚乙烯纤维与聚丙烯纤维的混合物(环己酮法)

——第24部分：聚酯纤维与某些其他纤维的混合物(苯酚四氯乙烷法)

——第101部分：大豆蛋白复合纤维与某些其他纤维的混合物

本部分为GB/T 2910的第2部分。

GB/T 2910—1997由以下标准代替：GB/T 2910.1，GB/T 2910.3，GB/T 2910.4，GB/T 2910.6，GB/T 2910.7，GB/T 2910.8，GB/T 2910.9，GB/T 2910.10，GB/T 2910.11，GB/T 2910.12，GB/T 2910.13，GB/T 2910.14，GB/T 2910.15，GB/T 2910.16，GB/T 2910.17，GB/T 2910.18，GB/T 2910.19和GB/T 2910.22。

本部分等同采用ISO 1833-2:2006《纺织品　定量化学分析　第2部分：三组分纤维混合物》。本部分与ISO 1833-2:2006相比有如下编辑性修改：

——规范性引用文件中由我国标准替代了国际标准；

——删除了国际标准的前言。

本部分代替 GB/T 2911—1997《纺织品　三组分纤维混纺产品定量化学分析方法》，与 GB/T 2911—1997 的主要变化如下：

——增加了引言；

——取消了原标准中的 4、5、6 章节；

——增加了手工分解法计算（章节 8.4）；

——增加了手工分解和化学分析综合分析法（章节 9）；

——修改了原标准的附录，改为现在的附录 A 和附录 B。

本部分的附录 A 和附录 B 是资料性附录。

本部分由中国纺织工业协会提出。

本部分由全国纺织标准化技术委员会基础标准分会（SAC/TC 209/SC 1）归口。

本部分主要起草单位：上海市毛麻纺织科学技术研究所，纺织工业标准化研究所。

本部分主要起草人：朱婕，沈美华，颜燕屏，朱庆芳，邹晓冬。

GB/T 2911 的历次版本发布情况为：

——GB/T 2911—1982；

——GB/T 2911—1997。

引　言

纺织纤维混合物的定量分析方法有两种:手工分解法和化学分析法。

宜尽量使用手工分解法,因为通常它给出的结果比化学分析法更准确。它可以被用于所有纺织品中各纤维组分不是混纺的混合物,如由几种单组分纤维纱线构成的织物,或者经纱的纤维成分和纬纱不同的机织物,或者是可以被拆成不同类型纤维的纱线组成的针织物。

通常,根据选择溶解混合物中不同的纤维成分确定三组分纤维混合物定量化学分析方法,有四种方案是可行的。

——方案一:取两个试样,第一个试样将组分(a)溶解,第二个试样将组分(b)溶解。分别对不溶残留物称重,分别根据溶解失重,算出每一个溶解组分的质量百分率。组分(c)的含量百分率可从差值中求得。

——方案二:取两个试样,第一个试样将组分(a)溶解,第二个试样将组分(a和b)两种纤维溶解,对第一个试样的不溶残留物称重,根据其溶解失重,可以计算出组分(a)的含量百分率。对第二个试样不溶残留物称重,相当于组分(c)。第三个组分(b)含量百分率从差值中求得。

——方案三:取两个试样,将第一个试样中的组分(a和b)溶解,将第二个试样中的组分(b和c)溶解。各不溶残留物相当于组分(c)和组分(a),第三个组分(b)的含量百分率可以从差值中计算求得。

——方案四:只取一个试样,将其中一个组分溶解去除,然后将另外两种组分纤维组成的不溶残留物称重,从溶解失重计算出溶解组分的含量百分数。再将两种纤维的残留物中的一种去除,称出不溶的组分,根据溶解失重,可计算出第二种溶解组分的含量百分率。

如果可以选择,建议采用前三种方案中的一种。当采用化学分析方法时,应注意选择试剂,要求试剂仅能将要溶解的纤维去除,而保留下其他纤维。

在附录B中,例举了许多三组分混合物,以及从原理上说,用于分析这些三组分混合物的结合了二组分混合物分析的方法。

为了使误差概率降到最小,建议在上述四种方案中,如果可能的话,选用至少两种化学分析方法。

纤维混合物加工过程和纺织品后整理中,会带来少量非纤维的物质,如脂、蜡、整理剂或水溶性物质。这些物质有的是天然存在的,有的是加工过程中加入的。在分析之前,这些非纤维物质须去除。预处理去掉油、脂、蜡和水溶性物质的方法见GB/T 2910.1—2009的附录A。

此外,纺织品上可能还会有树脂或者其他赋予其特殊性能的添加剂,包括染料。有些情况这些物质会影响试剂对可溶组分的溶解作用,并能部分或全部被试剂去除。

因此,这种添加的物质可能会引起误差,宜在样品分析以前去掉,如这些添加物质不能去掉,则附录B中介绍的定量化学分析方法将不能应用。

染色纤维上的染料可认为是纤维的一部分,不必去除。

分析的方法基于干重,并介绍其测定方法。

分析结果用干重表示,或者结合公定回潮率表示。

在进行分析以前,混合物中存在的纤维要进行定性鉴别。在有些化学分析方法中,混合物中的不溶组分可能会部分溶解在用于溶解可溶组分的试剂中。所以选择试剂时,尽量选择对不溶纤维没有影响或者很小影响的试剂,如果在分析中有溶解质量损失,则须修正结果,修正系数给出就是这个目的。这些修正系数是在几个实验室里,采用本分析方法所规定适当溶剂,对预处理后的纤维进行溶解测定出来的。这些修正系数,只能用于纤维未发生降解的情况,如果纤维在加工前或者加工中发生降解,则须用不同的修正系数。在方法四中,纺织纤维要经过两种不同溶剂的作用,则修正系数,也要根据纤维在两种溶剂处理下溶解的质量损失而定。

无论是手工分解法还是化学分析法,测定工作至少是两次。

纺织品　定量化学分析
第2部分:三组分纤维混合物

1　范围

GB/T 2910的本部分规定了各种三组分纤维混合物的定量化学分析方法。

二组分混合物分析方法的应用范围,在GB/T 2910中的各部分已有规定,它指出了对各种纤维的适用方法。

2　规范性引用文件

下列文件中的条款通过GB/T 2910本部分的引用而成为本部分的条款。凡是注明日期的引用文件,其随后所有的修改单(不包括勘误的内容)或修订版均不适用于本部分,然而,鼓励根据本部分达成协议的各方研究是否可以使用这些文件的最新版本。凡是不注日期的引用文件,其最新版本适用于本部分。

GB/T 2910.1—2009　纺织品　定量化学分析　第1部分:试验通则(ISO 1833-1:2006,IDT)

3　原理

混合物的组分经过定性鉴别后,用适当的预处理方法去除非纤维物质,然后使用一个或一个以上引言中提到的四种选择性的溶解方案。

除非在技术上有困难,最好去除含量较多的纤维组分而使含量较少的纤维组分成为最后的不溶残留物。

4　试剂和设备

使用GB/T 2910.1—2009中规定的设备和试剂。

5　调湿和实验大气

见GB/T 2910.1—2009。

6　取样和预处理

见GB/T 2910.1—2009。

7　试验步骤

见GB/T 2910.1—2009。

8　结果的计算和表示

8.1　概述

混合物中各组分的含量,以其占混合物总质量的质量百分率来表示,计算结果以纤维净干质量为基础,首先结合公定回潮率计算,其次结合预处理中和分析中的质量损失计算。

8.2　纤维净干质量百分率计算,不考虑预处理中纤维的质量损失

注:附录A中给出了一些计算实例。

8.2.1 方案1

公式(1)、(2)、(3)适用于混合物试样,第一块试样去除一个组分,第二块试样去除另一个组分:

$$P_1=\left[\frac{d_2}{d_1}-d_2\frac{r_1}{m_1}+\frac{r_2}{m_2}\left(1-\frac{d_2}{d_1}\right)\right]\times 100 \quad\cdots\cdots(1)$$

$$P_2=\left[\frac{d_4}{d_3}-d_4\frac{r_2}{m_2}+\frac{r_1}{m_1}\left(1-\frac{d_4}{d_3}\right)\right]\times 100 \quad\cdots\cdots(2)$$

$$P_3=100-(P_1+P_2) \quad\cdots\cdots(3)$$

式中:

P_1——第一组分净干质量百分率(第一个试样溶解在第一种试剂中的组分),%;

P_2——第二组分净干质量百分率(第二个试样溶解在第二种试剂中的组分),%;

P_3——第三组分净干质量百分率(在两种试剂中都不溶解的组分),%;

m_1——第一个试样经预处理后的干重,单位为克(g);

m_2——第二个试样经预处理后的干重,单位为克(g);

r_1——第一个试样经第一种试剂溶解去除第一个组分后,残留物的干重,单位为克(g);

r_2——第二个试样经第二种试剂溶解去除第二个组分后,残留物的干重,单位为克(g);

d_1——质量损失修正系数,第一个试样中不溶的第二组分在第一种试剂中的质量损失;[1)]

d_2——质量损失修正系数,第一个试样中不溶的第三组分在第一种试剂中的质量损失;[1)]

d_3——质量损失修正系数,第二个试样中不溶的第一组分在第二种试剂中的质量损失;[1)]

d_4——质量损失修正系数,第二个试样中不溶的第三组分在第二种试剂中的质量损失。[1)]

8.2.2 方案2

公式(4)、(5)、(6)适用于从第一个试样中去除组分(a),留下残留物为其他两种组分(b+c),第二个试样中去除组分(a+b),留下残留物为第三个组分(c):

$$P_1=100-(P_2+P_3) \quad\cdots\cdots(4)$$

$$P_2=100\times\frac{d_1r_1}{m_1}-\frac{d_1}{d_2}\times P_3 \quad\cdots\cdots(5)$$

$$P_3=\frac{d_4r_2}{m_2}\times 100 \quad\cdots\cdots(6)$$

式中:

P_1——第一组分净干质量百分率(第一个试样溶解在第一种试剂中的组分),%;

P_2——第二组分净干质量百分率(第二个试样在第二种试剂中和第一个组分同时溶解的组分),%;

P_3——第三组分净干质量百分率(在两种试剂中都不溶解的组分),%;

m_1——第一个试样经预处理后的干重,单位为克(g);

m_2——第二个试样经预处理后的干重,单位为克(g);

r_1——第一个试样经第一种试剂溶解去除第一个组分后,残留物的干重,单位为克(g);

r_2——第二个试样经第二种试剂溶解去除第一、二组分后,残留物的干重,单位为克(g);

d_1——质量损失修正系数,第一个试样中不溶的第二组分在第一种试剂中的质量损失;[1)]

d_2——质量损失修正系数,第一个试样中不溶的第三组分在第一种试剂中的质量损失;[1)]

d_4——质量损失修正系数,第二个试样中不溶的第三组分在第二种试剂中的质量损失。[1)]

8.2.3 方案3

公式(7)、(8)、(9)适用于从一个试样中去除两个组分(a+b),留下残留物为第三个组分(c),然后从另一个试样中去除组分(b+c),留下残留物为第一个组分(a):

1) d 值见 GB/T 2910 各部分。

$$P_1 = \frac{d_3 r_2}{m_2} \times 100 \qquad \cdots\cdots (7)$$

$$P_2 = 100 - (P_1 + P_3') \qquad \cdots\cdots (8)$$

$$P_3 = \frac{d_2 r_1}{m_1} \times 100 \qquad \cdots\cdots (9)$$

式中：

P_1——第一组分净干质量百分率(第一个试样溶解在第一种试剂中的组分)，%；

P_2——第二组分净干质量百分率(第一个试样溶解在第一种试剂中的组分和第二个试样溶解在第二种试剂中的组分)，%；

P_3——第三组分净干质量百分率(第二个试样在第二种试剂中溶解的组分)，%；

m_1——第一个试样经预处理后的干重，单位为克(g)；

m_2——第二个试样经预处理后的干重，单位为克(g)；

r_1——第一个试样经第一种试剂溶解去除第一、二组分后，残留物的干重，单位为克(g)；

r_2——第二个试样经第二种试剂溶解去除第二、三组分后，残留物的干重，单位为克(g)；

d_2——质量损失修正系数，第一个试样中不溶的第三组分在第一种试剂中的质量损失；[1)]

d_3——质量损失修正系数，第二个试样中不溶的第一组分在第二种试剂中的质量损失。[1)]

8.2.4　方案 4

公式(10)、(11)、(12)适用于同一个试样，从混合物中连续溶解去除两种纤维组分。

$$P_1 = 100 - (P_2 + P_3) \qquad \cdots\cdots (10)$$

$$P_2 = \frac{d_1 r_1}{m} \times 100 - \frac{d_1}{d_2} \times P_3 \qquad \cdots\cdots (11)$$

$$P_3 = \frac{d_3 r_2}{m} \times 100 \qquad \cdots\cdots (12)$$

式中：

P_1——第一组分净干质量百分率(第一个溶解的组分)，%；

P_2——第二组分净干质量百分率(第二个溶解的组分)，%；

P_3——第三组分净干质量百分率(不溶解的组分)，%；

m——试样预处理后的干重，单位为克(g)；

r_1——经第一种试剂溶解去除第一组分后，残留物的干重，单位为克(g)；

r_2——经第一、二种试剂溶解去除第一、二组分后，残留物的干重，单位为克(g)；

d_1——质量损失修正系数，第二组分在第一种试剂中的质量损失；[1)]

d_2——质量损失修正系数，第三组分在第一种试剂中的质量损失；[1)]

d_3——质量损失修正系数，第三组分在第一、二种试剂中的质量损失。[2)]

8.3　各组分结合公定回潮率修正和在预处理中质量损失修正系数的百分率计算[式(13)～(18)]

$$A = 1 + \frac{a_1 + b_1}{100} \qquad \cdots\cdots (13)$$

$$B = 1 + \frac{a_2 + b_2}{100} \qquad \cdots\cdots (14)$$

$$C = 1 + \frac{a_3 + b_3}{100} \qquad \cdots\cdots (15)$$

$$P_{1A} = \frac{P_1 A}{P_1 A + P_2 B + P_3 C} \times 100 \qquad \cdots\cdots (16)$$

$$P_{2A} = \frac{P_2 A}{P_1 A + P_2 B + P_3 C} \times 100 \qquad \cdots\cdots (17)$$

2)　如果可能的话，d_3 宜通过进一步的实验方法得出。

$$P_{3A} = \frac{P_3 A}{P_1 A + P_2 B + P_3 C} \times 100 \quad \cdots\cdots (18)$$

式中：

P_{1A}——第一净干组分结合公定回潮率和预处理中质量损失的百分率，%；

P_{2A}——第二净干组分结合公定回潮率和预处理中质量损失的百分率，%；

P_{3A}——第三净干组分结合公定回潮率和预处理中质量损失的百分率，%；

P_1——根据 8.2 给出的公式计算出的第一组分净干百分率，%；

P_2——根据 8.2 给出的公式计算出的第二组分净干百分率，%；

P_3——根据 8.2 给出的公式计算出的第三组分净干百分率，%；

a_1——第一组分的公定回潮率，%；

a_2——第二组分的公定回潮率，%；

a_3——第三组分的公定回潮率，%；

b_1——第一组分在预处理中质量损失百分率，%；

b_2——第二组分在预处理中质量损失百分率，%；

b_3——第三组分在预处理中质量损失百分率，%。

当采用特殊预处理时，如可能，宜提供每一种组分的纯净纤维进行特殊预处理测的 b_1、b_2、b_3 的值。纯净纤维不含非纤维物质，除去正常含有的天然伴生物质或加工过程中带来的物质，这些漂白或未漂白状态存在的物质在待分析材料中可以找到。

待分析的加工材料不是用干净独立的纤维组成的，则宜使用相似的干净的纤维混合物测定得到 b_1、b_2、b_3 的平均值。一般预处理使用石油醚和水萃取，则预处理中质量损失修正系数 b_1、b_2、b_3 除了未漂白的棉、未漂白的苎麻、未漂白的大麻为 4%和聚丙烯为 1%外通常可以忽略的。

就其他纤维来说，按惯例，一般预处理在计算中不考虑质量损失。

8.4 手工分解法计算

8.4.1 概述

混合物中各组分的含量。以其占混合物总质量的百分率来表示，计算结果基于净干质量结合公定回潮率和预处理过程中要考虑的质量损失修正系数。

8.4.2 纤维净干质量百分率计算，不考虑预处理中纤维的质量损失[式(19)～(21)]

$$P_1 = \frac{100 m_1}{m_1 + m_2 + m_3} = \frac{100}{1 + \frac{m_2 + m_3}{m_1}} \quad \cdots\cdots (19)$$

$$P_2 = \frac{100 m_2}{m_1 + m_2 + m_3} = \frac{100}{1 + \frac{m_1 + m_3}{m_2}} \quad \cdots\cdots (20)$$

$$P_3 = 100 - (P_1 + P_2) \quad \cdots\cdots (21)$$

式中：

P_1——第一组分纤维的净干质量百分率，%；

P_2——第二组分纤维的净干质量百分率，%；

P_3——第三组分纤维的净干质量百分率，%；

m_1——第一个组分净干质量，单位为克(g)；

m_2——第二个组分净干质量，单位为克(g)；

m_3——第三个组分净干质量，单位为克(g)。

8.4.3 各组分结合公定回潮率修正和在预处理中质量损失修正系数的百分率计算

见 8.3。

9 手工分解和化学分析综合分析法

在可能的情况下，手工分解法(GB/T 2910.1—2009 附录B中说明)宜在使用任何一种化学分析方法分离各组分之前用来计算各组分的比例。

10 方法的精密度

各种二组分纤维混合物分析方法重现性(见 GB/T 2910.1—2009 的第11章)的精密度也适用于三组分纤维混合物。这指的是可靠性，即由操作人员在不同实验室或者不同时间，采用同一种方法对相同混合物的试样进行分析，其测定值之间的相同程度。重现性用置信度95%时的置信界限来表示。

也就是说，在不同的实验室内，当采用同样正确的实验方法，对一个相同的均匀混合物试样进行一系列的分析时，在100次试验中仅有5次结果超出范围。

使用二组分混合物分析方法来分析三组分混合物，其精密度决定了三组分混合物分析方法的精密度。

这四种定量化学分析三组分纤维混合物的方案中，其精密度是由二次溶解所决定的(前三种方法分别用二个试样，而第四种方法仅使用一个试样)，假定 E_1 和 E_2 分别代表分析二组分纤维混合物所用的二种方法的精密度，则各组分结果的精密度如表1所示。

表 1

纤维组分	溶解方案		
	1	2或3	4
a	E_1	E_1	E_1
b	E_2	E_1+E_2	E_1+E_2
c	E_1+E_2	E_2	E_1+E_2

如果使用第四种方法，其精密度可能低于按前几种方法计算的结果，因为经第一种试剂溶解处理可能会影响残留物中的组分(b)和(c)，而影响的情况难以估算。

11 试验报告

试验报告按照 GB/T 2910.1—2009 中第12章执行。

附 录 A
（资料性附录）
应用8.2介绍的几种三组分混合物各组分百分率计算实例

A.1 方案1

A.1.1 概述

现已经过定性分析，已知由精梳羊毛、聚酰胺纤维、未漂白的棉组成的纤维混合物为例。

假设采用此方案，如取两个不同的试样，第一个试样溶解去除一个组分(a＝羊毛)，第二个试样去除第二个组分(b＝聚酰胺纤维)，则得如下结果：

1） 第一个试样预处理后干重：$m_1=1.600\ 0$ g。

2） 经碱性次氯酸钠溶液溶解处理，剩余残留物(聚酰胺纤维＋棉)：$r_1=1.416\ 6$ g。

3） 第二个试样预处理后干重 $m_2=1.800\ 0$ g。

4） 经甲酸溶液溶解处理，剩余残留物(羊毛＋棉) $r_2=0.900\ 0$ g。

碱性次氯酸钠溶液对聚酰胺纤维不会引起任何质量损失，而漂白对棉损失3%，所以 $d_1=1.00$，$d_2=1.03$。

甲酸溶液的处理对羊毛或未漂白棉不会引起任何质量损失，所以 $d_3=1.00$，$d_4=1.00$。

A.1.2 净干质量

将化学分析得到的数值和修正系数代入8.2.1中的公式，则可以得到以下结果：

$$P_1(\text{羊毛})=\left[\frac{1.03}{1.00}-1.03\times\frac{1.416\ 6}{1.600\ 0}+\frac{0.900\ 0}{1.800\ 0}\times\left(1-\frac{1.03}{1.00}\right)\right]\times 100=10.30(\%)$$

$$P_2(\text{聚酰胺纤维})=\left[\frac{1.00}{1.00}-1.00\times\frac{0.900\ 0}{1.800\ 0}+\frac{1.416\ 6}{1.600\ 0}\times\left(1-\frac{1.00}{1.00}\right)\right]\times 100=50.00(\%)$$

$$P_3(\text{棉})=100-(10.3+50.0)=39.70(\%)$$

混合物中各纤维的净干百分率如下：

聚酰胺纤维	50.00%
棉	39.70%
羊毛	10.30%

A.1.3 结合公定回潮率的质量

考虑结合公定回潮率和预处理质量损失修正系数，采用8.3中的公式计算百分率。

假定漂白棉在石油醚和水预处理中质量损失4%，羊毛的公定回潮率为17%，聚酰胺纤维为6.25%，棉为8.5%，则：

$$P_{1A}(\text{羊毛})=\frac{10.30\times\left(1+\frac{17.0+0.0}{100}\right)}{10.30\times\left(1+\frac{17.0+0.0}{100}\right)+50.00\times\left(1+\frac{6.25+0.0}{100}\right)+39.70\times\left(1+\frac{8.5+4.0}{100}\right)}\times 100$$
$$=10.97(\%)$$

$$P_{2A}(\text{聚酰胺纤维})=\frac{50.00\times\left(1+\frac{6.25+0.00}{100}\right)}{109.838\ 5}\times 100=48.37(\%)$$

$$P_{3A}(\text{棉})=100-(10.97+48.37)=40.66(\%)$$

则混合物组成如下：

聚酰胺纤维	48.4%
棉	40.6%

羊毛　　　　11.0%

　　　　　　100.0%

A.2　方案 4

A.2.1　概述

现经过定性分析，已知由精梳羊毛、粘胶纤维、未漂白棉组成的纤维混合物为例。

采用方案 4，一个混合物试样中连续去除二种组分，得到结果如下：

1)　试样经预处理后干重：$m=1.600\,0$ g。

2)　试样经碱性次氯酸钠第一次处理后干重(粘胶纤维＋棉)：$r_1=1.416\,6$ g。

3)　上述残留物 r_1 用甲酸/氯化锌做第二次处理后残留物(棉)的干重：$r_2=0.663\,0$ g。

碱性次氯酸钠对粘胶没有质量损失，而漂白对棉损失 3%，所以 $d_1=1.00$，而棉 $d_2=1.03$。

经甲酸/氯化锌处理，棉质量减少 2%，所以 $d_3=1.03\times1.02=1.050\,6$ 可约为 1.05(d_3 是第三组分经第一、二两种试剂处理后质量减少或增加的修正系数)。

A.2.2　净干质量

应用 8.2.4 的公式，将化学分析得到的数值和修正系数代入公式，则可以得到以下结果：

$$P_2(\text{粘胶纤维})=\frac{1.0\times1.416\,6}{1.600\,0}\times100-\frac{1.00}{1.03}\times43.51=46.32(\%)$$

$$P_3(\text{棉})=\frac{1.05\times0.663\,0}{1.600\,0}\times100=43.51(\%)$$

$$P_1(\text{羊毛})=100-(46.32+43.51)=10.17(\%)$$

A.2.3　结合公定回潮率后的质量

和方案 1 一样，以同样的修正系数代入 8.3 的公式，可得结果如下：

棉在石油醚和水预处理中重量损失 4%，羊毛的公定回潮率为 15%，粘胶为 13%，棉为 8.0%，则：

$$P_{1A}(\text{羊毛})=\frac{10.17\times\left(1+\frac{17.0+0.0}{100}\right)}{10.17\times\left(1+\frac{17.0+0.0}{100}\right)+46.32\times\left(1+\frac{13.0+0.0}{100}\right)+43.51\times\left(1+\frac{8.5+4.0}{100}\right)}\times100$$

$$=10.51(\%)$$

$$P_{2A}(\text{粘胶纤维})=\frac{46.32\times\left(1+\frac{13.0+0.00}{100}\right)}{113.21}\times100=46.24(\%)$$

$$P_{3A}(\text{棉})=100-(10.51+46.24)=43.25(\%)$$

则混合物组成如下：

羊毛　　　10.5%

粘胶纤维　46.2%

棉　　　　43.3%

　　　　　100.0%

附 录 B
（资料性附录）
使用GB/T 2910各部分规定的二组分混合物分析法来分析的有代表性的三组分混合物方法表

表 B.1

混合物	纤维组成			采用方案	相当于GB/T 2910各部分 （按次序溶解使用的溶解试剂）
	第一组分	第二组分	第三组分		
1	羊毛或者其他动物毛纤维	粘胶、铜氨或者某些莫代尔纤维	棉	1和/或4	第4部分（碱性次氯酸钠） 和第6部分（甲酸/氯化锌）
2	羊毛或者其他动物毛纤维	聚酰胺纤维	棉、粘胶、铜氨、莫代尔纤维	1和/或4	第4部分（碱性次氯酸钠） 和第7部分（80%质量分数甲酸）
3	羊毛、其他动物毛纤维或者蚕丝	某些含氯纤维	棉、粘胶、铜氨、莫代尔纤维	1和/或4	第4部分（碱性次氯酸钠） 和第13部分（二硫化碳/丙酮 体积比为55.5/44.5）
4	羊毛或者其他动物毛纤维	聚酰胺纤维	聚酯、聚丙烯、聚丙烯腈或者玻璃纤维	1和/或4	第4部分（碱性次氯酸钠） 和第7部分（80%质量分数甲酸）
5	羊毛、其他动物毛纤维或丝	某些含氯纤维	聚酯、聚丙烯腈、聚酰胺或者玻璃纤维	1和/或4	第4部分（碱性次氯酸钠） 和第13部分（二硫化碳/丙酮 体积比为55.5/44.5）
6	蚕丝	羊毛或者其他动物毛纤维	聚酯纤维	2	第18部分（75%质量分数的硫酸） 和第4部分（碱性次氯酸钠）
7	聚酰胺纤维	聚丙烯腈纤维	棉、粘胶、铜氨或者莫代尔纤维	1和/或4	第7部分（80%质量分数甲酸） 和第12部分（二甲基甲酰胺法）
8	某些含氯纤维	聚酰胺纤维	棉、粘胶、铜氨或者莫代尔纤维	1和/或4	第12部分（二甲基甲酰胺） 和第7部分（80%质量分数甲酸） 或 第13部分（二硫化碳/丙酮 体积比为55.5/44.5） 和第7部分（80%质量分数甲酸）
9	聚丙烯腈纤维	聚酰胺纤维	聚酯	1和/或4	第12部分（二甲基甲酰胺） 和第7部分（80%质量分数甲酸）
10	醋酯纤维	聚酰胺纤维	棉、粘胶、铜氨或者莫代尔纤维	4	第3部分（丙酮法） 和第7部分（80%质量分数甲酸）
11	某些含氯纤维	聚丙烯腈纤维	聚酰胺纤维	2和/或4	第13部分（二硫化碳/丙酮 体积比为55.5/44.5） 和第12部分（二甲基甲酰胺）
12	某些含氯纤维	聚酰胺纤维	聚丙烯腈纤维	1和/或4	第13部分（二硫化碳/丙酮 体积比为55.5/44.5） 和第7部分（80%质量分数甲酸）
13	聚酰胺纤维	棉、粘胶、铜氨或莫代尔纤维	聚酯	4	第7部分（80%质量分数甲酸） 和第11部分（75%质量分数硫酸）

表 B.1(续)

混合物	纤维组成			采用方案	相当于 GB/T 2910 各部分 (按次序溶解使用的溶解试剂)
	第一组分	第二组分	第三组分		
14	醋酯纤维	棉、粘胶、铜氨、莫代尔纤维	聚酯	4	第 3 部分(丙酮法) 和第 11 部分(75%质量分数硫酸)
15	聚丙烯腈纤维	棉、粘胶、铜氨、莫代尔纤维	聚酯	4	第 12 部分(二甲基甲酰胺) 和第 11 部分(75%质量分数硫酸)
16	醋酯纤维	羊毛、其他动物毛纤维或者蚕丝	棉、粘胶、铜氨、莫代尔、聚酰胺、聚酯、聚丙烯腈纤维	4	第 3 部分(丙酮法) 和第 4 部分(碱性次氯酸钠)
17	三醋酯纤维	羊毛、其他动物毛纤维或者蚕丝	棉、粘胶、铜氨、莫代尔、聚酰胺、聚酯、聚丙烯腈纤维	4	第 10 部分(二氯甲烷) 和第 4 部分(碱性次氯酸钠)
18	聚丙烯腈纤维	羊毛、其他动物毛纤维或者蚕丝	聚酯	1 和/或 4	第 12 部分(二甲基甲酰胺) 和第 4 部分(碱性次氯酸钠)
19	聚丙烯腈纤维	蚕丝	羊毛或其他动物毛纤维	4	第 12 部分(二甲基甲酰胺) 和第 18 部分(75%质量分数的硫酸)
20	聚丙烯腈纤维	羊毛、其他动物毛纤维或者蚕丝	棉、粘胶、铜氨、莫代尔纤维	1 和/或 4	第 12 部分(二甲基甲酰胺) 和第 4 部分(碱性次氯酸钠)
21	羊毛、其他动物毛纤维或者蚕丝	棉、粘胶、铜氨、莫代尔纤维	聚酯	4	第 4 部分(碱性次氯酸钠) 和第 11 部分(75%质量分数硫酸)
22	粘胶、铜氨或者某些莫代尔纤维	棉	聚酯	2 和/或 4	第 6 部分(甲酸/氯化锌) 和第 11 部分(75%质量分数硫酸)
23	聚丙烯腈纤维	粘胶、铜氨或某些莫代尔纤维	棉	4	第 12 部分(二甲基甲酰胺) 和第 6 部分(甲酸/氯化锌)
24	某些含氯纤维	粘胶、铜氨、莫代尔纤维	棉	1 和/或 4	第 13 部分(二硫化碳/丙酮 体积比为 55.5/44.5) 和第 6 部分(甲酸/氯化锌) 或 第 12 部分(二甲基甲酰胺) 和第 6 部分(甲酸/氯化锌)
25	醋酯纤维	粘胶、铜氨、某些莫代尔纤维	棉	4	第 3 部分(丙酮法) 和第 6 部分(甲酸/氯化锌)
26	三醋酯纤维	粘胶、铜氨、某些莫代尔纤维	棉	4	第 10 部分(二氯甲烷) 和第 6 部分(甲酸/氯化锌)
27	醋酯纤维	蚕丝	羊毛、其他动物毛纤维	4	第 8 部分(70%体积比丙酮) 和第 18 部分(75%质量分数的硫酸)

表 B.1(续)

混合物	纤维组成			采用方案	相当于 GB/T 2910 各部分(按次序溶解使用的溶解试剂)
	第一组分	第二组分	第三组分		
28	三醋酯纤维	蚕丝	羊毛、其他动物毛纤维	4	第10部分(二氯甲烷) 和第18部分(75%质量分数的硫酸)
29	醋酯纤维	聚丙烯腈纤维	棉、粘胶、铜氨、莫代尔纤维	4	第3部分(丙酮法) 和第12部分(二甲基甲酰胺)
30	三醋酯纤维	聚丙烯腈纤维	棉、粘胶、铜氨、莫代尔纤维	4	第10部分(二氯甲烷) 和第12部分(二甲基甲酰胺)
31	三醋酯纤维	聚酰胺纤维	棉、粘胶、铜氨、莫代尔纤维	4	第10部分(二氯甲烷) 和第7部分(80%质量分数甲酸)
32	三醋酯纤维	棉、粘胶、铜氨、莫代尔纤维	聚酯	4	第10部分(二氯甲烷) 和第11部分(75%质量分数的硫酸)
33	醋酯纤维	聚酰胺纤维	聚酯或聚丙烯腈纤维	4	第3部分(丙酮法) 和第7部分(80%质量分数甲酸)
34	醋酯纤维	聚丙烯腈纤维	聚酯	4	第3部分(丙酮法) 和第12部分(二甲基甲酰胺)
35	某些含氯纤维	棉、粘胶、铜氨、莫代尔纤维	聚酯	4	第12部分(二甲基甲酰胺) 和第11部分(75%质量分数的硫酸) 或 第13部分(二硫化碳/丙酮　体积比为55.5/44.5) 和第11部分(75%质量分数的硫酸)

参 考 文 献

[1] GB/T 2910.3 纺织品 定量化学分析 第3部分:醋酯纤维与某些其他纤维的混合物(丙酮法)(GB/T 2910.3—2009,ISO 1833-3:2006,IDT)

[2] GB/T 2910.4 纺织品 定量化学分析 第4部分:某些蛋白质纤维与某些其他纤维的混合物(次氯酸盐法)(GB/T 2910.4—2009,ISO 1833-4:2006,IDT)

[3] GB/T 2910.6 纺织品 定量化学分析 第6部分:粘胶纤维、某些铜氨纤维、莫代尔纤维或莱赛尔纤维与棉的混合物(甲酸/氯化锌法)(GB/T 2910.6—2009,ISO 1833-6:2007,IDT)

[4] GB/T 2910.7 纺织品 定量化学分析 第7部分:聚酰胺纤维和某些其他纤维混合物(甲酸法)(GB/T 2910.7—2009,ISO 1833-7:2006,IDT)

[5] GB/T 2910.8 纺织品 定量化学分析 第8部分:醋酯纤维与三醋酯纤维混合物(丙酮法)(GB/T 2910.8—2009,ISO 1833-8:2006,IDT)

[6] GB/T 2910.10 纺织品 定量化学分析 第10部分:三醋酯纤维或聚乳酸纤维与某些其他纤维的混合物(二氯甲烷法)(GB/T 2910.10—2009,ISO 1833-10:2006,IDT)

[7] GB/T 2910.11 纺织品 定量化学分析 第11部分:纤维素纤维与聚酯纤维的混合物(硫酸法)(GB/T 2910.11—2009,ISO 1833-11:2006,IDT)

[8] GB/T 2910.12 纺织品 定量化学分析 第12部分:聚丙烯腈纤维、某些改性聚丙烯腈纤维、某些含氯纤维或某些弹性纤维与某些其他纤维的混合物(二甲基甲酰胺法)(GB/T 2910.12—2009,ISO 1833-12:2006,IDT)

[9] GB/T 2910.13 纺织品 定量化学分析 第13部分:某些含氯纤维与某些其他纤维的混合物(二硫化碳/丙酮法)(GB/T 2910.13—2009,ISO 1833-13:2006,IDT)

[10] GB/T 2910.18 纺织品 定量化学分析 第18部分:蚕丝与羊毛或其他动物毛纤维的混合物(硫酸法)(GB/T 2910.18—2009,ISO 1833-18:2006,IDT)

[11] GB/T 4146.1 纺织品 化学纤维 第1部分:属名(GB/T 4146.1—2009,ISO 2076:1999,MOD)

[12] GB/T 11951 纺织品 天然纤维 术语(GB/T 11951—1989,neq ISO 6938:1984)

ICS 59.080.01
W 04

中华人民共和国国家标准

GB/T 2910.3—2009/ISO 1833-3:2006
部分代替 GB/T 2910—1997

纺织品　定量化学分析
第3部分:醋酯纤维与某些其他纤维的混合物(丙酮法)

Textiles—Quantitative chemical analysis—Part 3:Mixtures of acetate and certain other fibres(method using acetone)

(ISO 1833-3:2006,IDT)

2009-06-15 发布　　　　2010-01-01 实施

中华人民共和国国家质量监督检验检疫总局
中国国家标准化管理委员会　发布

前　言

GB/T 2910《纺织品　定量化学分析》包括以下部分：

——第1部分：试验通则；

——第2部分：三组分纤维混合物；

——第3部分：醋酯纤维与某些其他纤维的混合物(丙酮法)；

——第4部分：某些蛋白质纤维与某些其他纤维的混合物(次氯酸盐法)；

——第5部分：粘胶纤维、铜氨纤维或莫代尔纤维与棉的混合物(锌酸钠法)；

——第6部分：粘胶纤维、某些铜氨纤维、莫代尔纤维或莱赛尔纤维与棉的混合物(甲酸/氯化锌法)；

——第7部分：聚酰胺纤维与某些其他纤维的混合物(甲酸法)；

——第8部分：醋酯纤维与三醋酯纤维的混合物(丙酮法)；

——第9部分：醋酯纤维与三醋酯纤维的混合物(苯甲醇法)；

——第10部分：三醋酯纤维或聚乳酸纤维与其他纤维的混合物(二氯甲烷法)；

——第11部分：纤维素纤维与聚酯纤维的混合物(硫酸法)；

——第12部分：聚丙烯腈纤维、某些改性聚丙烯腈纤维、某些含氯纤维或某些弹性纤维与某些其他纤维的混合物(二甲基甲酰胺法)；

——第13部分：某些含氯纤维与某些其他纤维的混合物(二硫化碳/丙酮法)；

——第14部分：醋酯纤维与某些含氯纤维的混合物(冰乙酸法)；

——第15部分：黄麻与某些动物纤维的混合物(氮含量法)；

——第16部分：聚丙烯纤维与某些其他纤维的混合物(二甲苯法)；

——第17部分：含氯纤维(氯乙烯均聚物)与某些其他纤维的混合物(硫酸法)；

——第18部分：蚕丝与羊毛或其他动物毛纤维的混合物(硫酸法)；

——第19部分：纤维素纤维与石棉的混合物(加热法)；

——第20部分：聚氨酯弹性纤维与某些其他纤维的混合物(二甲基乙酰胺法)；

——第21部分：含氯纤维、某些改性聚丙烯腈纤维、某些弹性纤维、醋酯纤维、三醋酯纤维与某些其他纤维的混合物(环己酮法)；

——第22部分：粘胶纤维、某些铜氨纤维、莫代尔纤维或莱赛尔纤维与亚麻、苎麻的混合物(甲酸/氯化锌法)；

——第23部分：聚乙烯纤维与聚丙烯纤维的混合物(环己酮法)；

——第24部分：聚酯纤维与其他纤维的混合物(苯酚/四氯乙烷法)；

——第101部分：大豆蛋白复合纤维与某些其他纤维的混合物。

本部分为GB/T 2910的第3部分。

GB/T 2910—1997由以下标准代替：GB/T 2910.1，GB/T 2910.3，GB/T 2910.4，GB/T 2910.6，GB/T 2910.7，GB/T 2910.8，GB/T 2910.9，GB/T 2910.10，GB/T 2910.11，GB/T 2910.12，GB/T 2910.13，GB/T 2910.14，GB/T 2910.15，GB/T 2910.16，GB/T 2910.17，GB/T 2910.18，GB/T 2910.19和GB/T 2910.22。

本部分等同采用ISO 1833-3:2006《纺织品　定量化学分析法　第3部分：醋酯纤维与某些其他纤维的混合物(丙酮法)》。本部分与ISO 1833-3:2006相比有如下编辑性修改：

——规范性引用文件中由我国标准替代了国际标准；

——删除了国际标准的前言。

本部分代替GB/T 2910—1997《纺织品　二组分纤维混纺产品定量化学分析方法》中的第5章。本部分与GB/T 2910—1997的第5章相比没有技术性差异，但范围增加了“动物毛发、亚麻、大麻、苎麻、莫代尔纤维”。

本部分由中国纺织工业协会提出。

本部分由全国纺织标准化技术委员会基础标准分会(SAC/TC 209/SC 1)归口。

本部分主要起草单位：汕头出入境检验检疫局、广东出入境检验检疫局技术中心、国家纺织制品质量监督检验中心、上海市毛麻纺织科学技术研究所。

本部分主要起草人：任春华、漆志民、郑跃君、周玮琪、李淳。

GB/T 2910的历次版本发布情况为：

——GB/T 2910—1982；

——GB/T 2910—1997。

纺织品　定量化学分析
第3部分:醋酯纤维与某些其他纤维的混合物(丙酮法)

1　范围

GB/T 2910的本部分规定了采用丙酮法测定去除非纤维物质后的由以下纤维组成的二组分混合物中醋酯纤维含量的方法:

醋酯纤维与羊毛、动物毛发、蚕丝、再生蛋白纤维、棉(精梳、漂煮,或漂白)、亚麻、大麻、苎麻、黄麻、蕉麻、针茅麻、椰壳纤维、金雀花麻、铜氨纤维、粘胶纤维、莫代尔纤维、聚酰胺纤维、聚酯纤维、聚丙烯腈纤维和玻璃纤维。

本方法不适用于含改性聚丙烯腈纤维的混合物,也不适用表面已脱去乙酰基的醋酯纤维的混合物。

2　规范性引用文件

下列文件中的条款通过GB/T 2910本部分的引用而成为本部分的条款。凡是注日期的引用文件,其随后所有的修改单(不包括勘误的内容)或修订版均不适用于本部分,然而,鼓励根据本部分达成协议的各方研究是否可使用这些文件的最新版本。凡是不注日期的引用文件,其最新版本适用于本部分。

GB/T 2910.1　纺织品　定量化学分析　第1部分:试验通则(GB/T 2910.1—2009,ISO 1833-1:2006,IDT)

3　原理

用丙酮试剂将醋酯纤维从已知干燥质量的混合物中溶解去除,收集残留物,清洗、烘干和称重;用修正后的质量计算其占混合物干燥质量的百分率。由差值得出醋酯纤维的质量百分率。

4　试剂

使用GB/T 2910.1和本部分4.1规定的试剂。

4.1　丙酮,馏程为55 ℃~57 ℃。

5　设备

使用GB/T 2910.1和本部分5.1规定的设备。

5.1　具塞三角烧瓶,容量不小于200 mL。

6　试验步骤

按照GB/T 2910.1规定的通用程序进行,然后按以下步骤操作。

把试样放进具塞三角烧瓶中,每克试样加入100 mL丙酮(4.1),摇动烧瓶(浸透试样),在室温下静置30 min,每隔10 min摇动一次,然后轻轻倒出溶液(残留物留在烧瓶中),用已知干燥质量的玻璃砂芯坩埚过滤。

试样再重复上述处理2次(总共处理3次),但每次只需15 min,处理总时间为1 h。用丙酮将残留物洗进玻璃砂芯坩埚,用抽吸装置排液。

再往玻璃砂芯坩埚里倒满丙酮(4.1),靠重力排液。最后,用抽吸装置排液,将玻璃砂芯坩埚和残留物一并烘干、冷却并称重。

7 结果的计算和表示

结果的计算和表示按 GB/T 2910.1 规定执行。

d 值为 1.00。

8 精密度

对均匀的纺织材料混合物，在 95%的置信水平下，本方法测试结果的置信界限不超过±1。

ICS 59.080.01
W 04

中华人民共和国国家标准

GB/T 2910.4—2009/ISO 1833-4:2006
部分代替 GB/T 2910—1997

纺织品　定量化学分析 第4部分:某些蛋白质纤维与某些其他纤维的混合物(次氯酸盐法)

Textiles—Quantitative chemical analysis—Part 4:Mixtures of certain protein and certain other fibers (method using hypochlorite)

(ISO 1833-4:2006,IDT)

2009-06-15 发布　　2010-01-01 实施

中华人民共和国国家质量监督检验检疫总局
中国国家标准化管理委员会　发布

前　　言

GB/T 2910《纺织品　定量化学分析》包括以下部分：

——第1部分：试验通则；

——第2部分：三组分纤维混合物；

——第3部分：醋酯纤维与某些其他纤维的混合物(丙酮法)；

——第4部分：某些蛋白质纤维与某些其他纤维的混合物(次氯酸盐法)；

——第5部分：粘胶纤维、铜氨纤维或莫代尔纤维与棉的混合物(锌酸钠法)；

——第6部分：粘胶纤维、某些铜氨纤维、莫代尔纤维或莱赛尔纤维与棉的混合物(甲酸/氯化锌法)；

——第7部分：聚酰胺纤维与某些其他纤维的混合物(甲酸法)；

——第8部分：醋酯纤维与三醋酯纤维的混合物(丙酮法)；

——第9部分：醋酯纤维与三醋酯纤维的混合物(苯甲醇法)；

——第10部分：三醋酯纤维或聚乳酸纤维与某些其他纤维的混合物(二氯甲烷法)；

——第11部分：纤维素纤维与聚酯纤维的混合物(硫酸法)；

——第12部分：聚丙烯腈纤维、某些改性聚丙烯腈纤维、某些含氯纤维或某些弹性纤维与某些其他纤维的混合物(二甲基甲酰胺法)；

——第13部分：某些含氯纤维与某些其他纤维的混合物(二硫化碳/丙酮法)；

——第14部分：醋酯纤维与某些含氯纤维的混合物(冰乙酸法)；

——第15部分：黄麻与某些动物纤维的混合物(含氮量法)；

——第16部分：聚丙烯纤维与某些其他纤维的混合物(二甲苯法)；

——第17部分：含氯纤维(氯乙烯均聚物)与某些其他纤维的混合物(硫酸法)；

——第18部分：蚕丝与羊毛或其他动物毛纤维的混合物(硫酸法)；

——第19部分：纤维素纤维与石棉的混合物(加热法)；

——第20部分：聚氨酯弹性纤维与某些其他纤维的混合物(二甲基乙酰胺法)；

——第21部分：含氯纤维、某些改性聚丙烯腈纤维、弹性纤维、醋酯纤维、三醋酯纤维与某些其他纤维的混合物(环己酮法)；

——第22部分：粘胶纤维、某些铜氨纤维、莫代尔纤维或莱赛尔纤维与亚麻、苎麻的混合物(甲酸/氯化锌法)；

——第23部分：聚乙烯纤维与聚丙烯纤维的混合物(环己酮法)；

——第24部分：聚酯纤维与某些其他纤维的混合物(苯酚四氯乙烷法)；

——第101部分：大豆蛋白复合纤维与某些其他纤维的混合物。

本部分为GB/T 2910的第4部分。

GB/T 2910—1997由以下标准代替：GB/T 2910.1，GB/T 2910.3，GB/T 2910.4，GB/T 2910.6，GB/T 2910.7，GB/T 2910.8，GB/T 2910.9，GB/T 2910.10，GB/T 2910.11，GB/T 2910.12，GB/T 2910.13，GB/T 2910.14，GB/T 2910.15，GB/T 2910.16，GB/T 2910.17，GB/T 2910.18，GB/T 2910.19和GB/T 2910.22。

本部分等同采用ISO 1833-4:2006《纺织品　定量化学分析　第4部分：某些蛋白质纤维与某些其他纤维的混合物(次氯酸盐法)》。本部分与ISO 1833-4:2006相比有如下编辑性修改：

——规范性引用文件中由我国标准替代了国际标准；

——删除了国际标准的前言。

本部分代替 GB/T 2910—1997《纺织品　二组分纤维混纺产品定量化学分析方法》中的第 6 章。本部分与 GB/T 2910—1997 的第 6 章相比有如下差异：

——试剂中增加了次氯酸锂；

——溶解温度由 25 ℃改为 20 ℃，溶解时间由 30 min 改为 40 min；

——改变了部分不溶纤维的修正系数。

本部分由中国纺织工业协会提出。

本部分由全国纺织标准化技术委员会基础标准分会(SAC/TC 209/SC 1)归口。

本部分主要起草单位：上海市毛麻纺织科学技术研究所、纺织工业标准化研究所。

本部分主要起草人：朱庆芳、陈杰、沈美华、张怡、那晶。

GB/T 2910 的历次版本发布情况为：

——GB/T 2910—1982；

——GB/T 2910—1997。

纺织品　定量化学分析
第4部分:某些蛋白质纤维与某些其他纤维的混合物(次氯酸盐法)

1　范围

GB/T 2910的本部分规定了采用次氯酸盐法测定去除非纤维物质后由以下纤维组成的某些蛋白质纤维和某些非蛋白质纤维二组分混合物中蛋白质纤维含量的方法:

——羊毛、化学处理过的羊毛、其他动物纤维、蚕丝、酪朊再生蛋白纤维

和

——棉、铜氨纤维、粘胶纤维、莫代尔纤维、聚丙烯腈纤维、含氯纤维、聚酰胺纤维、聚酯纤维、聚丙烯纤维、玻璃纤维和弹性纤维。

如果织物中几种蛋白质纤维同时存在,此方法只能求出它们的总量而不能得到各自的量。

2　规范性引用文件

下列文件中的条款通过GB/T 2910本部分的引用而成为本部分的条款。凡是注明日期的引用文件,其随后所有的修改单(不包括勘误的内容)或修订版均不适用于本部分,然而,鼓励根据本部分达成协议的各方研究是否可以使用这些文件的最新版本。凡是不注日期的引用文件,其最新版本适用于本部分。

GB/T 2910.1　纺织品　定量化学分析　第1部分:试验通则(GB/T 2910.1—2009,ISO 1833-1:2006,IDT)

3　原理

用次氯酸盐溶液把蛋白质纤维从已知干燥质量的混合物中溶解去除,收集残留物,清洗、烘干和称重;用修正后的质量计算其占混合物干燥质量的百分率。由差值得出蛋白质纤维的质量百分率。

4　试剂

使用GB/T 2910.1和本部分4.1、4.2和4.3规定的试剂。

4.1　次氯酸钠溶液:在1 mol/L的次氯酸钠溶液中加入氢氧化钠,使其含量为5 g/L。此溶液可用碘量法滴定,使其浓度在0.9 mol/L～1.1 mol/L。

4.2　次氯酸锂溶液:有效氯浓度为35 g/L±2 g/L(约1 mol/L)的次氯酸锂溶液(氢氧化钠浓度为5 g/L±0.5 g/L)可以替代次氯酸钠溶液。将100 g含有35%有效氯(或115 g含有30%有效氯)的次氯酸锂溶于约700 mL水中,加入5 g氢氧化钠溶于200 mL水中,最后加水至1 L。

4.3　稀乙酸溶液:将5 mL冰乙酸加水稀释至1 L。

5　设备

使用GB/T 2910.1和本部分5.1和5.2规定的设备。

5.1　具塞三角烧瓶,容量为250 mL。

5.2　水浴,保持温度为20 ℃±2 ℃。

6 试验步骤

按照 GB/T 2910.1 规定的通用程序进行，然后按以下步骤操作。

把准备好的试样放入三角烧瓶中，每克试样加入 100 mL 次氯酸盐溶液(4.1 或 4.2)，经充分润湿后，在水浴 (5.2)上剧烈振荡 40 min。

用已知干重的玻璃砂芯坩埚过滤，用少量次氯酸盐溶液将残留物清洗到玻璃坩埚中。真空抽吸排液，再依次用水清洗、稀乙酸溶液(4.3)中和，最后用水连续清洗残留物，每次洗后先用重力排液，再用真空抽吸排液。

最后将坩埚和残留物真空抽吸排液，烘干，冷却，称重。

7 结果的计算和表示

结果的计算和表示按 GB/T 2910.1 规定。

原棉的 d 值为 1.03，棉、粘胶纤维、莫代尔纤维的 d 值为 1.01，其余为 1.00。

8 精密度

对均匀的纺织材料混合物，在 95%的置信水平下，本方法测试结果的置信界限不超过±1。

ICS 59.080.01
W 04

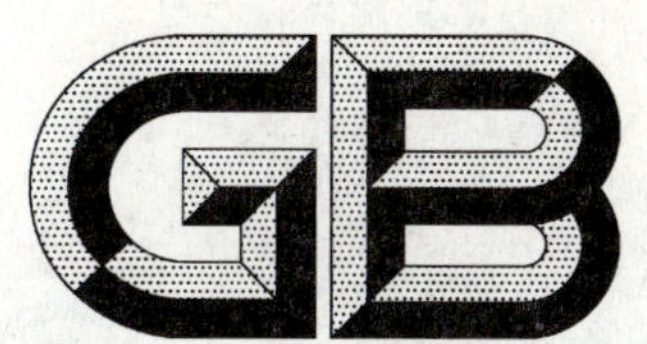

中华人民共和国国家标准

GB/T 2910.5—2009/ISO 1833-5:2006

纺织品　定量化学分析
第5部分:粘胶纤维、铜氨纤维或莫代尔纤维与棉的混合物(锌酸钠法)

Textiles—Quantitative chemical analysis—
Part 5:Mixtures of viscose,cupro or modal and cotton fibres
(method using sodium zincate)

(ISO 1833-5:2006,IDT)

2009-06-15 发布　　　　2010-01-01 实施

中华人民共和国国家质量监督检验检疫总局
中国国家标准化管理委员会　发布

前　言

GB/T 2910《纺织品　定量化学分析》包括以下部分：

——第1部分：试验通则；

——第2部分：三组分纤维混合物；

——第3部分：醋酯纤维与某些其他纤维的混合物(丙酮法)；

——第4部分：某些蛋白质纤维与某些其他纤维的混合物(次氯酸盐法)；

——第5部分：粘胶纤维、铜氨纤维或莫代尔纤维与棉的混合物(锌酸钠法)；

——第6部分：粘胶纤维、某些铜氨纤维、莫代尔纤维或莱赛尔纤维与棉的混合物(甲酸/氯化锌法)；

——第7部分：聚酰胺纤维与某些其他纤维的混合物(甲酸法)；

——第8部分：醋酯纤维与三醋酯纤维的混合物(丙酮法)；

——第9部分：醋酯纤维与三醋酯纤维的混合物(苯甲醇法)；

——第10部分：三醋酯纤维或聚乳酸纤维与某些其他纤维的混合物(二氯甲烷法)；

——第11部分：纤维素纤维与聚酯纤维的混合物(硫酸法)；

——第12部分：聚丙烯腈纤维、某些改性聚丙烯腈纤维、某些含氯纤维或某些弹性纤维与某些其他纤维的混合物(二甲基甲酰胺法)；

——第13部分：某些含氯纤维与某些其他纤维的混合物(二硫化碳/丙酮法)；

——第14部分：醋酯纤维与某些含氯纤维的混合物(冰乙酸法)；

——第15部分：黄麻与某些动物纤维的混合物(含氮量法)；

——第16部分：聚丙烯纤维与某些其他纤维的混合物(二甲苯法)；

——第17部分：含氯纤维(氯乙烯均聚物)与某些其他纤维的混合物(硫酸法)；

——第18部分：蚕丝与羊毛或其他动物毛纤维的混合物(硫酸法)；

——第19部分：纤维素纤维与石棉的混合物(加热法)；

——第20部分：聚氨酯弹性纤维与某些其他纤维的混合物(二甲基乙酰胺法)；

——第21部分：含氯纤维、某些改性聚丙烯腈纤维、某些弹性纤维、醋酯纤维、三醋酯纤维与某些其他纤维的混合物(环己酮法)；

——第22部分：粘胶纤维、某些铜氨纤维或莫代尔纤维或莱赛尔纤维与苎麻、亚麻的混合物(甲酸/氯化锌法)；

——第23部分：聚乙烯纤维与聚丙烯纤维的混合物(环己酮法)；

——第24部分：聚酯纤维与某些其他纤维的混合物(苯酚/四氯乙烷法)；

——第101部分：大豆蛋白复合纤维与某些其他纤维的混合物。

本部分为GB/T 2910的第5部分。

GB/T 2910—1997由以下标准代替：GB/T 2910.1，GB/T 2910.3，GB/T 2910.4，GB/T 2910.6，GB/T 2910.7，GB/T 2910.8，GB/T 2910.9，GB/T 2910.10，GB/T 2910.11，GB/T 2910.12，GB/T 2910.13，GB/T 2910.14，GB/T 2910.15，GB/T 2910.16，GB/T 2910.17，GB/T 2910.18，GB/T 2910.19和GB/T 2910.22。

本部分等同采用ISO 1833-5:2006《纺织品　定量化学分析　第5部分：粘胶、铜氨纤维或莫代尔纤维与棉纤维的混合物(锌酸钠法)》。本部分与ISO 1833-5:2006相比有如下编辑性修改：

——规范性引用文件中由我国标准替代了国际标准；

——删除了国际标准的前言。

本部分由中国纺织工业协会提出。

本部分由全国纺织标准化技术委员会基础标准分会(SAC/TC 209/SC 1)归口。

本部分主要起草单位:国家纺织制品质量监督检测中心、中国纺织科学研究院深圳测试中心、上海毛麻纺织科学技术研究所。

本部分主要起草人:闫春红、陈沛。

纺织品　定量化学分析
第5部分:粘胶纤维、铜氨纤维或莫代尔纤维与棉的混合物(锌酸钠法)

1　范围

GB/T 2910的本部分规定了采用锌酸钠法测定去除非纤维物质后的粘胶纤维,或大多数现有的铜氨纤维或莫代尔纤维与原棉、煮练棉或漂白棉纤维两组分混合物含量的方法。如试样中有铜氨纤维或莫代尔纤维存在时,则应预先试验是否溶于试剂。

本部分不适用于混合物中的棉纤维已经受到严重的化学降解,也不适用于粘胶纤维,铜氨纤维或莫代尔纤维中存在不能完全去除的耐久性整理剂或活性染料,致使其不能完全溶解。

2　规范性引用文件

下列文件中的条款通过GB/T 2910本部分的引用而成为本部分的条款。凡是注明日期的引用文件,其随后所有的修改单(不包括勘误的内容)或修订版本不适用于本部分,然而,鼓励根据本部分达成协议的各方研究是否可以使用这些文件的最新版本。凡是不注日期的引用文件,其最新版本适用于本部分。

GB/T 2910.1　纺织品　定量化学分析　第1部分:试验通则(GB/T 2910.1—2009,ISO 1833-1:2006,IDT)

3　原理

用锌酸钠试剂把粘胶纤维、铜氨纤维或莫代尔纤维,从已知干燥质量的混合物中溶解去除,收集残留物,清洗、烘干和称重;用修正后的质量计算其占混合物干燥质量的百分率。由差值得出第二种组分质量百分率。

4　试剂

使用GB/T 2910.1和本部分4.1、4.2、4.3、4.4规定的试剂。

4.1　锌酸钠(贮备溶液)

测定氢氧化钠颗粒中氢氧化钠的含量,把相当于180 g氢氧化钠的颗粒溶解在180 mL～200 mL水中。不断地用机械搅拌器搅动溶液并逐渐加入80 g分析纯的氧化锌,同时慢慢地加热溶液,当所有氧化锌加入后,加热溶液至微沸腾,继续加热直到溶液变澄清或略有混浊,冷却,加入20 mL水,充分搅拌冷却至室温,在容量瓶中加水配置至500 mL。使用溶液前,用孔径40 μm～90 μm的烧结玻璃过滤器过滤溶液。

4.2　锌酸钠稀溶液(工作溶液)

精确量取1体积的锌酸钠贮备液,在搅拌下加入2体积的水。充分混合,并在24 h内使用。

4.3　稀氨水溶液

取200 mL浓氨水(密度0.880 g/mL),用水稀释至1 L。

4.4　稀乙酸溶液

取50 mL的冰乙酸,用水稀释至1 L。

5 设备

使用 GB/T 2910.1 和本部分 5.1、5.2、5.3 规定的设备。

5.1 机械振荡器。

5.2 机械搅拌器。

5.3 具塞三角烧瓶，容量不小于 500 mL，具玻璃塞。

6 试验步骤

按照 GB/T 2910.1 规定的通用程序进行。然后按以下步骤操作。

把试样放入具塞三角烧瓶中，每克试样加入 150 mL 新配制的锌酸钠稀溶液(4.2)，盖上瓶塞，在机械振荡器上振荡(20±1)min，用已知重量的玻璃砂芯坩埚过滤溶液，抽吸三角烧瓶去除过量的液体，用镊子把残留物放回具塞三角烧瓶中，加入 100 mL 稀氨水(4.3)，在机械振荡器上振荡 5 min。再用同一个已知重量的玻璃砂芯坩锅过滤溶液，用水清洗烧瓶中的纤维倒入坩锅中，用 100 mL 稀乙酸溶液(4.4)清洗坩埚和残留物，并用水彻底冲洗，每次洗液靠重力排液后，再用真空抽吸排液，最后将玻璃砂芯坩埚及残留物烘干、冷却、称重。

7 结果的计算和表示

结果的计算和表示按照 GB/T 2910.1 的规定，原棉，煮练棉，或漂白棉的 d 值为 1.02。

ICS 59.080.01
W 04

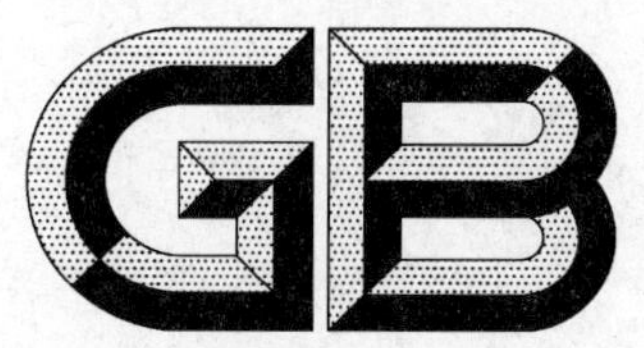

中华人民共和国国家标准

GB/T 2910.6—2009/ISO 1833-6:2007
部分代替 GB/T 2910—1997

纺织品　定量化学分析
第6部分:粘胶纤维、某些铜氨纤维、莫代尔纤维或莱赛尔纤维与棉的混合物（甲酸/氯化锌法）

**Textiles—Quantitative chemical analysis—
Part 6:Mixtures of viscose or certain types of cupro or modal or lyocell and cotton fibres (method using formic acid and zinc chloride)**

(ISO 1833-6:2007,IDT)

2009-06-15 发布　　2010-01-01 实施

中华人民共和国国家质量监督检验检疫总局
中国国家标准化管理委员会　发布

前 言

GB/T 2910《纺织品 定量化学分析》包括以下部分:

——第1部分:试验通则;

——第2部分:三组分纤维混合物;

——第3部分:醋酯纤维与某些其他纤维的混合物(丙酮法);

——第4部分:某些蛋白质纤维与某些其他纤维的混合物(次氯酸盐法);

——第5部分:粘胶纤维、铜氨纤维或莫代尔纤维与棉的混合物(锌酸钠法);

——第6部分:粘胶纤维、某些铜氨纤维、莫代尔纤维或莱赛尔纤维与棉的混合物(甲酸/氯化锌法);

——第7部分:聚酰胺纤维与某些其他纤维的混合物(甲酸法);

——第8部分:醋酯纤维与三醋酯纤维的混合物(丙酮法);

——第9部分:醋酯纤维与三醋酯纤维的混合物(苯甲醇法);

——第10部分:三醋酯纤维或聚乳酸纤维与某些其他纤维的混合物(二氯甲烷法);

——第11部分:纤维素纤维与聚酯纤维的混合物(硫酸法);

——第12部分:聚丙烯腈纤维、某些改性聚丙烯腈纤维、某些含氯纤维或某些弹性纤维与某些其他纤维的混合物(二甲基甲酰胺法);

——第13部分:某些含氯纤维与某些其他纤维的混合物(二硫化碳/丙酮法);

——第14部分:醋酯纤维与某些含氯纤维的混合物(冰乙酸法);

——第15部分:黄麻与某些动物纤维的混合物(含氮量法);

——第16部分:聚丙烯纤维与某些其他纤维的混合物(二甲苯法);

——第17部分:含氯纤维(氯乙烯均聚物)与某些其他纤维的混合物(硫酸法);

——第18部分:蚕丝与羊毛或其他动物毛纤维的混合物(硫酸法);

——第19部分:纤维素纤维与石棉的混合物(加热法);

——第20部分:聚氨酯弹性纤维与某些其他纤维的混合物(二甲基乙酰胺法);

——第21部分:含氯纤维、某些改性聚丙烯腈纤维、某些弹性纤维、醋酯纤维、三醋酯纤维与某些其他纤维的混合物(环己酮法);

——第22部分:粘胶纤维、某些铜氨纤维或莫代尔纤维或莱赛尔纤维与苎麻、亚麻的混合物(甲酸/氯化锌法);

——第23部分:聚乙烯纤维与聚丙烯纤维的混合物(环己酮法);

——第24部分:聚酯纤维与某些其他纤维的混合物(苯酚/四氯乙烷法);

——第101部分:大豆蛋白复合纤维与某些其他纤维的混合物。

本部分为GB/T 2910的第6部分。

GB/T 2910—1997由以下标准代替:GB/T 2910.1,GB/T 2910.3,GB/T 2910.4,GB/T 2910.6,GB/T 2910.7,GB/T 2910.8,GB/T 2910.9,GB/T 2910.10,GB/T 2910.11,GB/T 2910.12,GB/T 2910.13,GB/T 2910.14,GB/T 2910.15,GB/T 2910.16,GB/T 2910.17,GB/T 2910.18,GB/T 2910.19和GB/T 2910.22。

本部分等同采用ISO 1833-6:2007《纺织品 定量化学分析 第6部分:粘胶或铜氨纤维或莫代尔纤维或莱赛尔纤维和棉纤维的混合物(甲酸/氯化锌法)》,与ISO 1833-6:2007相比有如下编辑性修改:

——规范性引用文件中由我国标准替代了国际标准;

——删除了国际标准的前言。

本部分与 GB/T 2910.22 共同代替 GB/T 2910—1997《纺织品　二组分纤维混纺产品定量化学分析方法》中的第 7 章。与 GB/T 2910—1997 的第 7 章相比有如下差异：

——范围中去掉了苎麻和亚麻；

——“结果的计算和表示”一章中分别对给出 40 ℃下 d 值为 1.02,70 ℃下的 d 值为 1.03。

本部分由中国纺织工业协会提出。

本部分由全国纺织标准化技术委员会基础标准分会(SAC/TC 209/SC 1)归口。

本部分主要起草单位:国家纺织制品质量监督检测中心、深圳市贝利爽实业有限公司、上海毛麻纺织科学技术研究所。

本部分主要起草人:闫春红、马浩然。

GB/T 2910 的历次版本发布情况为：

——GB/T 2910—1982；

——GB/T 2910—1997。

纺织品　定量化学分析
第6部分:粘胶纤维、某些铜氨纤维、莫代尔纤维或莱赛尔纤维与棉的混合物（甲酸/氯化锌法）

1　范围

GB/T 2910的本部分规定了采用甲酸/氯化锌法测定去除非纤维物质后的粘胶纤维、某些铜氨纤维、莫代尔纤维或莱赛尔纤维与棉纤维两组分混合物含量的方法。如试样中有铜氨纤维、莫代尔纤维或莱赛尔纤维存在时,则应预先试验是否溶于试剂。

本部分不适用于混合物中的棉纤维已经受到严重的化学降解,也不适用于粘胶纤维、铜氨纤维、莫代尔纤维或莱赛尔纤维中存在不能完全去除的耐久性整理剂或活性染料,致使其不能完全溶解。

警告:使用GB/T 2910本部分的人员应有正规实验室工作的实践经验。本部分并未指出所有可能的安全问题,使用者有责任采取适当安全和健康措施,并保证符合国家有关法规的条件。

2　规范性引用文件

下列文件中的条款通过GB/T 2910本部分的引用而成为本部分的条款。凡是注明日期的引用文件,其随后所有的修改单(不包括勘误的内容)或修订版本不适用于本部分,然而,鼓励根据本部分达成协议的各方研究是否可以使用这些文件的最新版本。凡是不注日期的引用文件,其最新版本适用于本部分。

GB/T 2910.1　纺织品　定量化学分析　第1部分:试验通则(GB/T 2910.1—2009,ISO 1833-1:2006,IDT)

3　原理

用甲酸/氯化锌试剂把粘胶纤维、铜氨纤维、莫代尔纤维或莱赛尔纤维,从已知干燥质量的混合物中溶解去除,收集残留物,清洗、烘干和称重;用修正后的质量计算其占混合物干燥质量的百分率。由差值得出第二种组分质量分数。

4　试剂

使用GB/T 2910.1和本部分4.1、4.2规定的试剂。

4.1　甲酸/氯化锌试剂:20 g无水氯化锌(质量分数>98%)和68 g无水甲酸加水至100 g。

注:此试剂有害,使用时宜采取妥善的防护措施。

4.2　稀氨水溶液

取20 mL浓氨水(密度为0.880 g/mL),用水稀释至1 L。

5　设备

使用GB/T 2910.1和本部分5.1、5.2规定的设备。

5.1　具塞三角烧瓶:容量不小于200 mL,具玻璃塞。

5.2　加热装置:保持三角烧瓶温度为(40±2)℃或(70±2)℃。

6 试验步骤

按照GB/T 2910.1规定的通用程序进行。然后按以下步骤操作。

将试样迅速放入盛有已预热温度达40 ℃的甲酸/氯化锌溶液的具塞三角烧瓶中，每克试样加100 mL溶液(4.1)，盖紧瓶塞，摇动烧瓶，在40 ℃下保温2.5 h，每隔45 min摇动1次，共摇动2次。

对于某些在40 ℃下难溶解的化学纤维，在70 ℃下进行试验。

用试液把烧瓶中的残留物洗到已知质量的玻璃砂芯坩埚中，用20 mL 40 ℃溶液清洗，再用40 ℃水清洗(或使用70 ℃水)，然后用100 mL稀氨溶液(4.2)中和清洗并使残留物浸没于溶液中10 min，再用冷水冲洗，每次清洗液靠重力排液后，再用真空抽吸排液，最后烘干、冷却、称重。

7 结果的计算和表示

40 ℃下，棉的 d 值为1.02；70 ℃下，棉的 d 值为1.03。

8 精密度

对于均匀的纺织材料混合物，在95%的置信水平下，本方法测试结果的置信界限不超过±2。

ICS 59.080.01
W 04

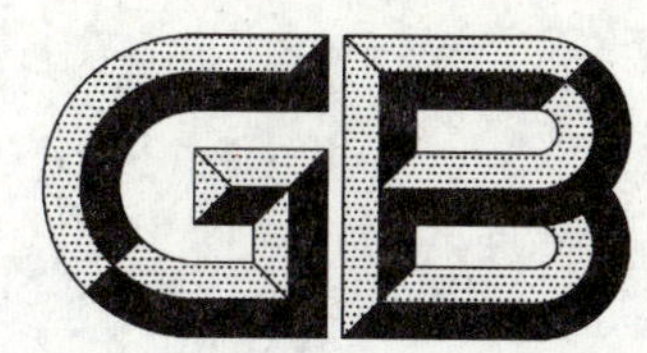

中华人民共和国国家标准

GB/T 2910.7—2009/ISO 1833-7:2006
部分代替 GB/T 2910—1997

纺织品 定量化学分析 第7部分:聚酰胺纤维与某些其他纤维混合物(甲酸法)

Textiles—Quantitative chemical analysis—Part 7:Mixtures of polyamide and certain other fibres(method using formic acid)

(ISO 1833-7:2006,IDT)

2009-06-15 发布 2010-01-01 实施

中华人民共和国国家质量监督检验检疫总局
中国国家标准化管理委员会 发布

前 言

GB/T 2910《纺织品　定量化学分析》包括以下部分：

——第1部分：试验通则；

——第2部分：三组分纤维混合物；

——第3部分：醋酯纤维与某些其他纤维的混合物（丙酮法）；

——第4部分：某些蛋白质纤维与某些其他纤维的混合物（次氯酸盐法）；

——第5部分：粘胶纤维、某些铜氨纤维或莫代尔纤维与棉的混合物（锌酸钠法）；

——第6部分：粘胶纤维、某些铜氨纤维、莫代尔纤维或莱赛尔纤维与棉的混合物（甲酸/氯化锌法）；

——第7部分：聚酰胺纤维与某些其他纤维的混合物（甲酸法）；

——第8部分：醋酯纤维与三醋酯纤维的混合物（丙酮法）；

——第9部分：醋酯纤维与三醋酯纤维的混合物（苯甲醇法）；

——第10部分：三醋酯纤维或聚乳酸纤维与某些其他纤维的混合物（二氯甲烷法）；

——第11部分：纤维素纤维与聚酯纤维的混合物（硫酸法）；

——第12部分：聚丙烯腈纤维、某些改性聚丙烯腈纤维、某些含氯纤维或某些弹性纤维与某些其他纤维的混合物（二甲基甲酰胺法）；

——第13部分：某些含氯纤维与某些其他纤维的混合物（二硫化碳/丙酮法）；

——第14部分：醋酯纤维与某些含氯纤维的混合物（冰乙酸法）；

——第15部分：黄麻与某些动物纤维的混合物（含氮量法）；

——第16部分：聚丙烯纤维与某些其他纤维的混合物（二甲苯法）；

——第17部分：含氯纤维（氯乙烯均聚物）与某些其他纤维的混合物（硫酸法）；

——第18部分：蚕丝与羊毛或其他动物毛纤维的混合物（硫酸法）；

——第19部分：纤维素纤维与石棉的混合物（加热法）；

——第20部分：聚氨酯弹性纤维与某些其他纤维的混合物（二甲基乙酰胺法）；

——第21部分：含氯纤维、某些改性聚丙烯腈纤维、某些弹性纤维、醋酯纤维、三醋酯纤维与某些其他纤维的混合物（环己酮法）；

——第22部分：粘胶纤维、某些铜氨纤维、莫代尔纤维或莱赛尔纤维与亚麻、苎麻的混合物（甲酸/氯化锌法）；

——第23部分：聚乙烯纤维与聚丙烯纤维的混合物（环己酮法）；

——第24部分：聚酯纤维与某些其他纤维的混合物（苯酚/四氯乙烷法）；

——第101部分：大豆蛋白复合纤维与某些其他纤维的混合物。

本部分为GB/T 2910的第7部分。

GB/T 2910—1997由以下标准代替：GB/T 2910.1，GB/T 2910.3，GB/T 2910.4，GB/T 2910.6，GB/T 2910.7，GB/T 2910.8，GB/T 2910.9，GB/T 2910.10，GB/T 2910.11，GB/T 2910.12，GB/T 2910.13，GB/T 2910.14，GB/T 2910.15，GB/T 2910.16，GB/T 2910.17，GB/T 2910.18，GB/T 2910.19和GB/T 2910.22。

本部分等同采用ISO 1833-7:2006《纺织品　定量化学分析　第7部分：聚酰胺纤维和某些其他纤维的混合物（甲酸法）》。本部分与ISO 1833-7:2006相比有以下编辑性修改：

——规范性引用文件中由我国标准替代了国际标准；

——删除了国际标准的前言。

本部分代替 GB/T 2910—1997《纺织品　二组分纤维混纺产品定量化学分析方法》中的第 8 章。本部分与 GB/T 2910—1997 的第 8 章相比无技术性差异。

本部分由中国纺织工业协会提出。

本部分由全国纺织标准化技术委员会基础标准分会(SAC/TC 209/SC 1)归口。

本部分主要起草单位:国家纺织制品质量监督检测中心、中国纺织科学研究院深圳测试中心、上海毛麻纺织科学技术研究所。

本部分主要起草人:王颖、安立、李纯、王茜、陈沛。

GB/T 2910 的历次版本发布情况为:

——GB/T 2910—1982;

——GB/T 2910—1997。

纺织品　定量化学分析
第7部分:聚酰胺纤维与某些其他纤维混合物(甲酸法)

1　范围

GB/T 2910的本部分规定了采用甲酸法测定去除非纤维物质后的聚酰胺纤维和棉、粘胶纤维、铜氨纤维、莫代尔纤维、聚酯纤维、聚丙烯纤维、含氯纤维、聚丙烯腈纤维或玻璃纤维等二组分混合物中纤维含量的方法。

本部分也适用于羊毛或其他动物毛发的混合物。但当羊毛含量超过25%时,宜采用GB/T 2910.4规定的方法。

2　规范性引用文件

下列文件中的条款通过GB/T 2910的本部分的引用而成为本部分的条款。凡是注日期的引用文件,其随后所有的修改单(不包括勘误的内容)或修订版均不适用于本部分,然而,鼓励根据本部分达成协议的各方研究是否可使用这些文件的最新版本。凡是不注日期的引用文件,其最新版本适用于本部分。

GB/T 2910.1　纺织品　定量化学分析　第1部分:试验通则(GB/T 2910.1—2009,ISO 1833-1:2006,IDT)

3　原理

用甲酸试剂将聚酰胺纤维从已知干燥质量的混合物中溶解去除,收集残留物、清洗、烘干和称重;用修正后的质量计算其占混合物干燥质量分数。由差值得出第二种纤维的质量分数。

4　试剂

使用GB/T 2910.1和本部分4.1和4.2规定的试剂。

4.1　80%(质量分数)甲酸溶液(密度 ρ=1.19 g/mL)

将880 mL的90%(质量分数)甲酸(密度 ρ=1.20 g/mL)用水稀释至1 L;

也可用780 mL的98%~100%(质量分数)甲酸(密度 ρ=1.22 g/mL)用水稀释至1 L。

甲酸溶液的浓度应在77%~83%(质量分数)范围内。

注:80%(质量分数)甲酸溶液密度 ρ=1.186 g/mL。

4.2　稀氨水溶液

将80 mL氨水(密度 ρ=0.88 g/mL)用水稀释至1 L。

5　设备

使用GB/T 2910.1和本部分5.1规定的设备。

具塞三角烧瓶,容量不小于200 mL。

6　试验步骤

按照GB/T 2910.1规定的通用程序进行。然后按以下步骤操作。

将试样放入三角烧瓶中，每克试样加入 100 mL 甲酸溶液(4.1)，盖上瓶塞，摇动三角烧瓶使试样浸湿，放置 15 min，并不时摇动。

用少量甲酸溶液清洗已知质量的过滤坩埚，过滤三角烧瓶中的纤维，把残留物移入到过滤坩埚中。用抽滤装置抽吸排液，依次用甲酸溶液、热水清洗残留物，再经稀氨水溶液中和，最后用冷水洗净残留物。每次清洗要先靠重力排液，然后用抽滤装置抽吸排液。

烘干过滤坩埚和残留物，冷却，称重。

7 结果计算和表示

结果计算和表示按 GB/T 2910.1 规定。

d 值为 1.00。

8 精密度

对于混纺均匀的纺织材料混合物，在 95% 置信水平下，本方法置信界限不超过 ±1。

参 考 文 献

[1] GB/T 2910.4 纺织品 定量化学分析 第4部分:某些蛋白质纤维与某些其他纤维的混合物(次氯酸盐法)(GB/T 2910.4—2009,ISO 1833-4:2006,IDT)

ICS 59.080.01
W 04

中华人民共和国国家标准

GB/T 2910.8—2009/ISO 1833-8:2006
部分代替 GB/T 2910—1997

纺织品　定量化学分析
第8部分:醋酯纤维与三醋酯纤维混合物(丙酮法)

Textiles—Quantitative chemical analysis—
Part 8: Mixtures of acetate and triacetate fibres (method using acetone)

(ISO 1833-8:2006, IDT)

2009-06-15 发布　　2010-01-01 实施

中华人民共和国国家质量监督检验检疫总局
中国国家标准化管理委员会　发布

前言

GB/T 2910《纺织品　定量化学分析》包括以下部分：

——第1部分：试验通则；

——第2部分：三组分纤维混合物；

——第3部分：醋酯纤维与某些其他纤维的混合物(丙酮法)；

——第4部分：某些蛋白质纤维与某些其他纤维的混合物(次氯酸盐法)；

——第5部分：粘胶纤维、铜氨纤维或莫代尔纤维与棉的混合物(锌酸钠法)；

——第6部分：粘胶纤维、某些铜氨纤维、莫代尔纤维或莱赛尔纤维与棉的混合物(甲酸/氯化锌法)；

——第7部分：聚酰胺纤维与某些其他纤维的混合物(甲酸法)；

——第8部分：醋酯纤维与三醋酯纤维的混合物(丙酮法)；

——第9部分：醋酯纤维与三醋酯纤维的混合物(苯甲醇法)；

——第10部分：三醋酯纤维或聚乳酸纤维与某些其他纤维的混合物(二氯甲烷法)；

——第11部分：纤维素纤维与聚酯纤维的混合物(硫酸法)；

——第12部分：聚丙烯腈纤维、某些改性聚丙烯腈纤维、某些含氯纤维或某些弹性纤维与某些其他纤维的混合物(二甲基甲酰胺法)；

——第13部分：某些含氯纤维与某些其他纤维的混合物(二硫化碳/丙酮法)；

——第14部分：醋酯纤维与某些含氯纤维的混合物(冰乙酸法)；

——第15部分：黄麻与某些动物纤维的混合物(含氮量测定法)；

——第16部分：聚丙烯纤维与某些其他纤维的混合物(二甲苯法)；

——第17部分：含氯纤维(氯乙烯均聚物)与某些其他纤维的混合物(硫酸法)；

——第18部分：蚕丝与羊毛或其他动物毛纤维的混合物(硫酸法)；

——第19部分：纤维素纤维与石棉的混合物(加热法)；

——第20部分：聚氨酯弹性纤维与某些其他纤维的混合物(二甲基乙酰胺法)；

——第21部分：含氯纤维、某些改性聚丙烯腈纤维、弹性纤维、醋酯纤维、三醋酯纤维与某些其他纤维的混合物(环已酮法)；

——第22部分：粘胶纤维、某些铜氨纤维、莫代尔纤维或莱赛尔纤维与亚麻、苎麻的混合物(甲酸/氯化锌法)；

——第23部分：聚乙烯纤维与聚丙烯纤维的混合物(环已酮法)；

——第24部分：聚酯纤维与某些其他纤维的混合物(苯酚/四氯乙烷法)；

——第101部分：大豆蛋白复合纤维与某些其他纤维的混合物。

本部分为GB/T 2910的第8部分。

GB/T 2910—1997由以下标准代替：GB/T 2910.1，GB/T 2910.3，GB/T 2910.4，GB/T 2910.6，GB/T 2910.7，GB/T 2910.8，GB/T 2910.9，GB/T 2910.10，GB/T 2910.11，GB/T 2910.12，GB/T 2910.13，GB/T 2910.14，GB/T 2910.15，GB/T 2910.16，GB/T 2910.17，GB/T 2910.18和GB/T 2910.19，GB/T 2910.22。

本部分等同采用ISO 1833-8:2006《纺织品　定量化学分析　第8部分：醋酯纤维与三醋酯纤维混纺产品(丙酮法)》。本部分与ISO 1833-8:2006相比有如下编辑性修改：

——规范性引用文件中由我国标准替代了国际标准；

——删除了国际标准的前言。

本部分代替 GB/T 2910—1997《纺织品　二组分纤维混纺产品定量化学分析方法》中的第9章。本部分与 GB/T 2910—1997 第9章相比的主要差异为：

——修改了试剂浓度的表示方法，用“体积分数”代替了“V/V”。

本部分由中国纺织工业协会提出。

本部分由全国纺织品标准化技术委员会基础标准分会(SAC/TC 209/SC 1)归口。

本部分起草单位：宁波市纤维检验所、纺织工业标准化研究所、上海毛麻纺织科学技术研究所。

本部分主要起草人：阮勇、秦军英、叶凌、石东亮。

GB/T 2910 的历次版本发布情况为：

——GB/T 2910—1982；

——GB/T 2910—1997。

纺织品　定量化学分析
第8部分:醋酯纤维与三醋酯纤维混合物(丙酮法)

1　范围

GB/T 2910中的本部分,规定了采用丙酮法,测定除去非纤维物质后的醋酯纤维和三醋酯纤维混合物中醋酯纤维含量的方法。

2　规范性引用文件

下列文件中的条款通过GB/T 2910本部分的引用而成为本部分的条款。凡是注日期的引用文件,其随后所有的修改单(不包括勘误的内容)或修订版均不适用于本部分,然而,鼓励根据本部分达成协议的各方研究是否可使用这些文件的最新版本。凡是不注日期的引用文件,其最新版本适用于本部分。

GB/T 2910.1　纺织品　定量化学分析　第1部分:试验通则(GB/T 2910.1—2009,ISO 1833-1:2006,IDT)

3　原理

用丙酮试剂把醋酯纤维从已知干燥质量的混合物中去除。收集残留物,清洗、烘干和称重;用修正后的质量计算其占混合物干燥质量的百分率,由差值得出醋酯纤维的质量百分率。

4　试剂

用GB/T 2910.1和本部分4.1中所规定的试剂。

4.1　丙酮溶液(体积分数为70%):取700 mL丙酮用水稀释至1 L。

5　设备

使用GB/T 2910.1及本部分5.1和5.2中所描述的设备。

5.1　具塞三角烧瓶:容量不少于200 mL。

5.2　机械振荡器。

6　试验步骤

按照GB/T 2910.1规定的通用程序进行,然后按以下步骤操作。

把试样放入三角烧瓶中,每克试样加80 mL丙酮溶液(4.1),塞上瓶塞在机械振荡器中振荡1 h,用已知干重的玻璃砂芯坩埚过滤溶液。

在含有残留物的烧瓶中加入60 mL丙酮溶液,用手摇动后将溶液倒出,并用玻璃砂芯坩埚过滤。

将前一步骤重复两次,最后一次把不溶纤维转移到坩埚中,用丙酮溶液洗涤不溶纤维,并用真空抽吸排液。在坩埚中再次装满丙酮溶液,靠重力排液。

最后再用真空抽吸排液,将玻璃砂芯坩埚及不溶纤维烘干,然后冷却、称重。

7 结果的计算及表示

结果的计算及表示按 GB/T 2910.1 中的规定，三醋酯纤维 d 值为 1.01。

ICS 59.080.01
W 04

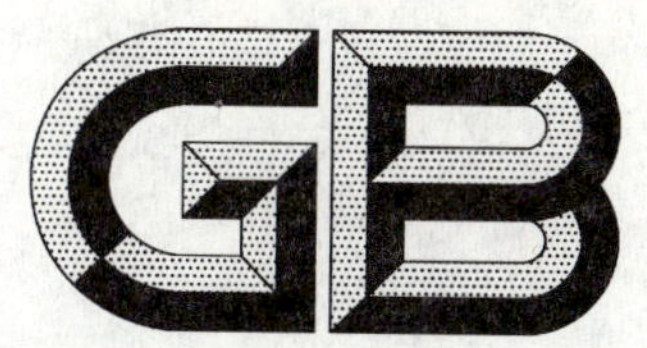

中华人民共和国国家标准

GB/T 2910.9—2009/ISO 1833-9:2006
部分代替 GB/T 2910—1997

纺织品 定量化学分析 第9部分:醋酯纤维与三醋酯纤维混合物（苯甲醇法）

**Textiles—Quantitative chemical analysis—
Part 9: Mixtures of acetate and triacetate fibres
(method using benzyl alcohol)**

(ISO 1833-9:2006,IDT)

2009-06-15 发布 2010-01-01 实施

中华人民共和国国家质量监督检验检疫总局
中国国家标准化管理委员会 发布

前　言

GB/T 2910《纺织品　定量化学分析》包括以下部分:

——第1部分:试验通则;

——第2部分:三组分纤维混合物;

——第3部分:醋酯纤维与某些其他纤维的混合物(丙酮法);

——第4部分:某些蛋白质纤维与某些其他纤维的混合物(次氯酸盐法);

——第5部分:粘胶纤维、铜氨纤维或莫代尔纤维与棉的混合物(锌酸钠法);

——第6部分:粘胶纤维、某些铜氨纤维、莫代尔纤维或莱赛尔纤维与棉的混合物(甲酸/氯化锌法);

——第7部分:聚酰胺纤维与某些其他纤维的混合物(甲酸法);

——第8部分:醋酯纤维与三醋酯纤维的混合物(丙酮法);

——第9部分:醋酯纤维与三醋酯纤维的混合物(苯甲醇法);

——第10部分:三醋酯纤维或聚乳酸纤维与某些其他纤维的混合物(二氯甲烷法);

——第11部分:纤维素纤维与聚酯纤维的混合物(硫酸法);

——第12部分:聚丙烯腈纤维、某些改性聚丙烯腈纤维、某些含氯纤维或某些弹性纤维与某些其他纤维的混合物(二甲基甲酰胺法);

——第13部分:某些含氯纤维与某些其他纤维的混合物(二硫化碳/丙酮法);

——第14部分:醋酯纤维与某些含氯纤维的混合物(冰乙酸法);

——第15部分:黄麻与某些动物纤维的混合物(含氮量测定法);

——第16部分:聚丙烯纤维与某些其他纤维的混合物(二甲苯法);

——第17部分:含氯纤维(氯乙烯均聚物)与某些其他纤维的混合物(硫酸法);

——第18部分:蚕丝与羊毛或其他动物毛纤维的混合物(硫酸法);

——第19部分:纤维素纤维与石棉的混合物(加热法);

——第20部分:聚氨酯弹性纤维与某些其他纤维的混合物(二甲基乙酰胺法);

——第21部分:含氯纤维、某些改性聚丙烯腈纤维、弹性纤维、醋酯纤维、三醋酯纤维与某些其他纤维的混合物(环己酮法);

——第22部分:粘胶纤维、某些铜氨纤维、莫代尔纤维或莱赛尔纤维与亚麻、苎麻的混合物(甲酸/氯化锌法);

——第23部分:聚乙烯纤维与聚丙烯纤维的混合物(环己酮法);

——第24部分:聚酯纤维与某些其他纤维的混合物(苯酚/四氯乙烷法);

——第101部分:大豆蛋白复合纤维与某些其他纤维的混合物。

本部分为GB/T 2910的第9部分。

GB/T 2910—1997由以下标准代替:GB/T 2910.1,GB/T 2910.3,GB/T 2910.4,GB/T 2910.6,GB/T 2910.7,GB/T 2910.8,GB/T 2910.9,GB/T 2910.10,GB/T 2910.11,GB/T 2910.12,GB/T 2910.13,GB/T 2910.14,GB/T 2910.15,GB/T 2910.16,GB/T 2910.17,GB/T 2910.18和GB/T 2910.19,GB/T 2910.22。

本部分等同采用ISO 1833-9:2006《纺织品　定量化学分析　第9部分:醋酯纤维与三醋酯纤维混纺产品(苯甲醇法)》。与ISO 1833-9:2006相比有如下编辑性修改:

——规范性引用文件中由我国标准替代了国际标准;

——删除了国际标准的前言。

本部分代替 GB/T 2910—1997《纺织品　二组分纤维混纺产品定量化学分析方法》中的第 10 章。本部分与 GB/T 2910—1997 第 10 章相比无技术性差异。

本部分由中国纺织工业协会提出。

本部分由全国纺织品标准化技术委员会基础分会(SAC/TC 209/SC 1)归口。

本部分起草单位:宁波市纤维检验所、纺织工业标准化研究所、上海毛麻纺织科学技术研究所。

本部分主要起草人:石东亮、秦军英、刘优娜、钱微君。

GB/T 2910 的历次版本发布情况为:

——GB/T 2910—1982;

——GB/T 2910—1997。

纺织品　定量化学分析
第9部分:醋酯纤维与三醋酯纤维混合物
(苯甲醇法)

1　范围

GB/T 2910中的本部分,规定了采用苯甲醇法,测定除去非纤维物质后的醋酯纤维和三醋酯纤维混合物中醋酯纤维含量的方法。

2　规范性引用文件

下列文件中的条款通过GB/T 2910本部分的引用而成为本部分的条款。凡是注日期的引用文件,其随后所有的修改单(不包括勘误的内容)或修订版均不适用于本部分,然而,鼓励根据本部分达成协议的各方研究是否可使用这些文件的最新版本。凡是不注日期的引用文件,其最新版本适用于本部分。

GB/T 2910.1　纺织品　定量化学分析方法　第1部分:试验通则(ISO 1833-1:2006,IDT)

3　原理

用苯甲醇试剂把醋酯纤维从已知干燥质量的混合物中去除。收集残留物,清洗、烘干和称重;用修正后的质量计算其占混合物干燥质量的百分率,由差值得出醋酯纤维的质量百分率。

4　试剂

使用GB/T 2910.1和本部分4.1,4.2所规定的试剂。

4.1　苯甲醇。

4.2　乙醇。

5　设备

使用GB/T 2910.1和本部分5.1,5.2,5.3所描述的设备。

5.1　具塞三角烧瓶:容量不少于200 mL。

5.2　机械振荡器。

5.3　加热装置。

保持三角烧瓶温度为(52±2)℃(如恒温水浴锅)。

6　试验步骤

按照GB/T 2910.1规定的通用程序进行,然后按以下步骤操作。

把试样放入三角烧瓶中,每克试样加入100 mL苯甲醇(4.1)。塞上瓶塞,将三角烧瓶置于机械振荡器的水浴中剧烈振荡(20±1)min,水浴温度保持在(52±2)℃。

用已知干重的玻璃砂芯坩埚过滤溶液。

用镊子把残留物移回烧瓶中,再重新加入一份苯甲醇于烧瓶中,在(52±2)℃水浴中振荡(20±1)min。

用同一玻璃砂芯坩埚过滤溶液,用一份苯甲醇再次重复前一步骤。

把溶液和残留物倒入同一玻璃砂芯坩埚中;用一定量的(52±2)℃苯甲醇溶液将烧瓶中的任何不溶

纤维转移至该玻璃砂芯坩埚中,真空抽吸排液。

再把不溶纤维移转到三角烧瓶中,用乙醇重复洗涤,手工摇动后用同一玻璃砂芯坩埚排液。

重复洗涤三次,将不溶纤维转移至同一玻璃砂芯坩埚中。

最后,真空抽吸排液,将玻璃砂芯坩埚及不溶纤维烘干、冷却并称重。

7 计算和表达结果

结果按 GB/T 2910.1 中的规定计算,三醋酯纤维的 d 值为 1.00。

8 精密度

对于混合均匀的纺织材料混合物,在 95%的置信水平下,本方法测试结果的置信界限不超过±1。

ICS 59.080.01
W 04

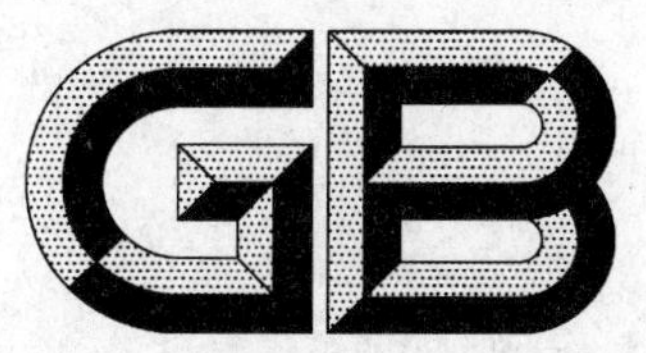

中华人民共和国国家标准

GB/T 2910.10—2009/ISO 1833-10:2006
部分代替 GB/T 2910—1997

纺织品 定量化学分析 第10部分:三醋酯纤维或聚乳酸纤维与某些其他纤维的混合物(二氯甲烷法)

Textiles—Quantitative chemical analysis—Part 10: Mixtures of triacetate or polylactide and certain other fibres (method using dichloromethane)

(ISO 1833-10:2006, IDT)

2009-06-15 发布　　2010-01-01 实施

中华人民共和国国家质量监督检验检疫总局
中国国家标准化管理委员会　发布

前　言

GB/T 2910《纺织品　定量化学分析》包括以下部分：

——第1部分：试验通则；

——第2部分：三组分纤维混合物；

——第3部分：醋酯纤维与某些其他纤维的混合物（丙酮法）；

——第4部分：某些蛋白质纤维与某些其他纤维的混合物（次氯酸盐法）；

——第5部分：粘胶纤维、铜氨纤维或莫代尔纤维与棉的混合物（锌酸钠法）；

——第6部分：粘胶纤维、某些铜氨纤维、莫代尔纤维或莱赛尔纤维与棉的混合物（甲酸/氯化锌法）；

——第7部分：聚酰胺纤维与某些其他纤维的混合物（甲酸法）；

——第8部分：醋酯纤维与三醋酯纤维的混合物（丙酮法）；

——第9部分：醋酯纤维与三醋酯纤维的混合物（苯甲醇法）；

——第10部分：三醋酯纤维或聚乳酸纤维与某些其他纤维的混合物（二氯甲烷法）；

——第11部分：纤维素纤维与聚酯纤维的混合物（硫酸法）；

——第12部分：聚丙烯腈纤维、某些改性聚丙烯腈纤维、某些含氯纤维或某些弹性纤维与某些其他纤维的混合物（二甲基甲酰胺法）；

——第13部分：某些含氯纤维与某些其他纤维的混合物（二硫化碳/丙酮法）；

——第14部分：醋酯纤维与某些含氯纤维的混合物（冰乙酸法）；

——第15部分：黄麻与某些动物纤维的混合物（含氮量法）；

——第16部分：聚丙烯纤维与某些其他纤维的混合物（二甲苯法）；

——第17部分：含氯纤维（氯乙烯均聚物）与某些其他纤维的混合物（硫酸法）；

——第18部分：蚕丝与羊毛或其他动物毛纤维的混合物（硫酸法）；

——第19部分：纤维素纤维与石棉的混合物（加热法）；

——第20部分：聚氨酯弹性纤维与某些其他纤维的混合物（二甲基乙酰胺法）；

——第21部分：含氯纤维、某些改性聚丙烯腈纤维、弹性纤维、醋酯纤维、三醋酯纤维与某些其他纤维的混合物（环己酮法）；

——第22部分：粘胶纤维、某些铜氨纤维、莫代尔纤维或莱赛尔纤维与亚麻、苎麻的混合物（甲酸/氯化锌法）；

——第23部分：聚乙烯纤维与聚丙烯纤维的混合物（环己酮法）；

——第24部分：聚酯纤维与某些其他纤维的混合物（苯酚四氯乙烷法）；

——第101部分：大豆蛋白复合纤维与某些其他纤维的混合物。

本部分为GB/T 2910的第10部分。

GB/T 2910—1997由以下标准代替：GB/T 2910.1，GB/T 2910.3，GB/T 2910.4，GB/T 2910.6，GB/T 2910.7，GB/T 2910.8，GB/T 2910.9，GB/T 2910.10，GB/T 2910.11，GB/T 2910.12，GB/T 2910.13，GB/T 2910.14，GB/T 2910.15，GB/T 2910.16，GB/T 2910.17，GB/T 2910.18，GB/T 2910.19和GB/T 2910.22。

本部分使用翻译法等同采用ISO 1833-10:2006《纺织品　定量化学分析　三醋酯或聚乳酸纤维与其他纤维的混合物（二氯甲烷法）》。本部分与ISO 1833-10:2006相比有如下编辑性修改：

——规范性引用文件中由我国标准替代了国际标准；

——删除了国际标准的前言。

本部分代替GB/T 2910—1997《纺织品　二组分纤维混纺产品定量化学分析方法》中的第11章。本部分与GB/T 2910—1997的第11章相比有如下差异：

——适用范围增加了聚乳酸。

本部分由中国纺织工业协会提出。

本部分由全国纺织标准化技术委员会基础标准分会(SAC/TC 209/SC 1)归口。

本部分主要起草单位：上海市毛麻纺织科学技术研究所，纺织工业标准化研究所。

本部分主要起草人：朱庆芳，张怡，沈美华，龚萍，张勤斌。

GB/T 2910的历次版本发布情况为：

——GB/T 2910—1982；

——GB/T 2910—1997。

纺织品　定量化学分析
第10部分:三醋酯纤维或聚乳酸纤维与某些其他纤维的混合物(二氯甲烷法)

1　范围

GB/T 2910的本部分规定了采用二氯甲烷法测定去除非纤维物质后由以下纤维组成的二组分混合物中三醋酯纤维或聚乳酸纤维含量的方法:

——三醋酯纤维或聚乳酸纤维;

和

——羊毛、再生蛋白质纤维、棉(原棉、漂白棉或染色棉)、粘胶纤维、铜氨纤维、莫代尔纤维、聚酰胺纤维、聚酯纤维、聚丙烯腈纤维和玻璃纤维。

经过整理而导致部分水解的三醋酯纤维,在此试剂中不能完全溶解,本方法不适用。

2　规范性引用文件

下列文件中的条款通过GB/T 2910本部分的引用而成为本部分的条款。凡是注明日期的引用文件,其随后所有的修改单(不包括勘误的内容)或修订版均不适用于本部分,然而,鼓励根据本部分达成协议的各方研究是否可以使用这些文件的最新版本。凡是不注日期的引用文件,其最新版本适用于本部分。

GB/T 2910.1　纺织品　定量化学分析　第1部分:试验通则(GB/T 2910.1—2009,ISO 1833-1:2006,IDT)

3　原理

用二氯甲烷把三醋酯纤维或聚乳酸纤维从已知干燥质量的混合物中溶解去除,收集残留物,清洗、烘干和称重;用修正后的质量计算其占混合物干燥质量的百分率。由差值得出三醋酯纤维或聚乳酸纤维的质量百分率。

4　试剂

使用GB/T 2910.1和本部分4.1规定的试剂。

4.1　二氯甲烷(CH_2Cl_2)

警告:该试剂对人体有危害,使用时应采取完善的保护措施。

5　设备

使用GB/T 2910.1和本部分5.1和5.2规定的设备。

5.1　具塞三角烧瓶,容量不少于200 mL。

6　试验步骤

按照GB/T 2910.1规定的通用程序进行,然后按以下步骤操作。

把准备好的试样放入三角烧瓶中,每克试样加入100 mL二氯甲烷(4.1),塞上玻璃塞,摇动烧瓶将试样充分润湿后,放置30 min,每隔10 min摇动一次。

将液体用玻璃砂芯坩埚过滤。再加 60 mL 二氯甲烷至三角烧瓶中的残留物，用手摇动，将其过滤到坩埚中，用少量二氯甲烷将残留物清洗到坩埚中。真空抽吸排液，再用二氯甲烷注满坩埚，重力排液。

最后真空抽吸，用热水清洗，将坩埚和残留物烘干，冷却，称重。

7 结果的计算和表示

结果的计算和表示按 GB/T 2910.1 规定。

聚酯纤维 d 值为 1.01，其余为 1.00。

如果三醋酯不完全溶解，则三醋酯的百分含量用 d 值为 1.02 修正，按照总量为 100 计算得出其他纤维的百分含量。

8 精密度

对均匀的纺织材料混合物，在 95% 的置信水平下，本方法测试结果的置信界限不超过 ±1。

ICS 59.080.01
W 04

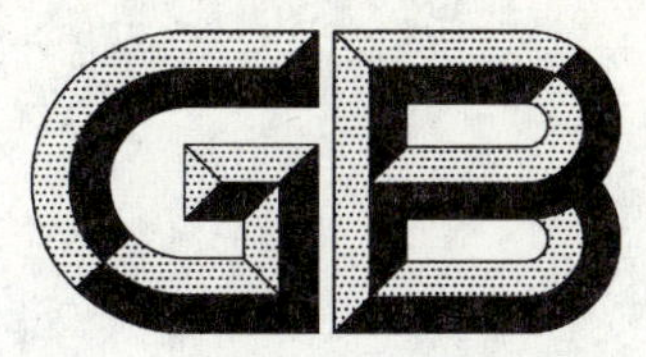

中华人民共和国国家标准

GB/T 2910.11—2009/ISO 1833-11:2006
部分代替 GB/T 2910—1997

纺织品　定量化学分析 第11部分:纤维素纤维与聚酯纤维的混合物(硫酸法)

Textiles—Quantitative chemical analysis—Part 11: Mixtures of cellulose and polyester fibres (method using sulfuric acid)

(ISO 1833-11:2006, IDT)

2009-06-15 发布　　2010-01-01 实施

中华人民共和国国家质量监督检验检疫总局
中国国家标准化管理委员会　发布

前　言

GB/T 2910《纺织品　定量化学分析》包括以下部分：

——第1部分：试验通则；

——第2部分：三组分纤维混合物；

——第3部分：醋酯纤维与某些其他纤维的混合物(丙酮法)；

——第4部分：某些蛋白质纤维与某些其他纤维的混合物(次氯酸盐法)；

——第5部分：粘胶纤维、铜氨纤维或莫代尔纤维与棉的混合物(锌酸钠法)；

——第6部分：粘胶纤维、某些铜氨纤维、莫代尔纤维或莱赛尔纤维与棉的混合物(甲酸/氯化锌法)；

——第7部分：聚酰胺纤维与某些其他纤维的混合物(甲酸法)；

——第8部分：醋酯纤维与三醋酯纤维的混合物(丙酮法)；

——第9部分：醋酯纤维与三醋酯纤维的混合物(苯甲醇法)；

——第10部分：三醋酯纤维或聚乳酸纤维与某些其他纤维的混合物(二氯甲烷法)；

——第11部分：纤维素纤维与聚酯纤维的混合物(硫酸法)；

——第12部分：聚丙烯腈纤维、某些改性聚丙烯腈纤维、某些含氯纤维或某些弹性纤维与某些其他纤维的混合物(二甲基甲酰胺法)；

——第13部分：某些含氯纤维与某些其他纤维的混合物(二硫化碳/丙酮法)；

——第14部分：醋酯纤维与某些含氯纤维的混合物(冰乙酸法)；

——第15部分：黄麻与某些动物纤维的混合物(含氮量法)；

——第16部分：聚丙烯纤维与某些其他纤维的混合物(二甲苯法)；

——第17部分：含氯纤维(氯乙烯均聚物)与某些其他纤维的混合物(硫酸法)；

——第18部分：蚕丝与羊毛或其他动物毛纤维的混合物(硫酸法)；

——第19部分：纤维素纤维与石棉的混合物(加热法)；

——第20部分：聚氨酯弹性纤维与某些其他纤维的混合物(二甲基乙酰胺法)；

——第21部分：含氯纤维、某些改性聚丙烯腈纤维、弹性纤维、醋酯纤维、三醋酯纤维与某些其他纤维的混合物(环己酮法)；

——第22部分：粘胶纤维、某些铜氨纤维、莫代尔纤维或莱赛尔纤维与亚麻、苎麻的混合物(甲酸/氯化锌法)；

——第23部分：聚乙烯纤维与聚丙烯纤维的混合物(环己酮法)；

——第24部分：聚酯纤维与某些其他纤维的混合物(苯酚四氯乙烷法)；

——第101部分：大豆蛋白复合纤维与某些其他纤维的混合物。

本部分为GB/T 2910的第11部分。

GB/T 2910—1997由以下标准代替：GB/T 2910.1，GB/T 2910.3，GB/T 2910.4，GB/T 2910.6，GB/T 2910.7，GB/T 2910.8，GB/T 2910.9，GB/T 2910.10，GB/T 2910.11，GB/T 2910.12，GB/T 2910.13，GB/T 2910.14，GB/T 2910.15，GB/T 2910.16，GB/T 2910.17，GB/T 2910.18，GB/T 2910.19和GB/T 2910.22。

本部分等同采用ISO 1833-11:2006《纺织品　定量化学分析　纤维素纤维与聚酯纤维的混合物(硫酸法)》。本部分与ISO 1833-11:2006相比有如下编辑性修改：

——规范性引用文件中由我国标准替代了国际标准；

——删除了国际标准的前言。

本部分代替 GB/T 2910—1997《纺织品　二组分纤维混纺产品定量化学分析方法》中的第 12 章。本部分与 GB/T 2910—1997 的第 12 章相比有如下差异：

——改变了硫酸的配制方法。

本部分由中国纺织工业协会提出。

本部分由全国纺织标准化技术委员会基础标准分会(SAC/TC 209/SC 1)归口。

本部分主要起草单位：上海市毛麻纺织科学技术研究所，纺织工业标准化研究所。

本部分主要起草人：朱庆芳，张怡，沈美华，李智华，陈洁。

GB/T 2910 的历次版本发布情况为：

——GB/T 2910—1982；

——GB/T 2910—1997。

纺织品　定量化学分析
第11部分:纤维素纤维与聚酯纤维的混合物(硫酸法)

1　范围

GB/T 2910的本部分规定了采用硫酸法测定去除非纤维物质后的天然或再生纤维素纤维和聚酯纤维的二组分混合物中纤维素纤维含量的方法。

2　规范性引用文件

下列文件中的条款通过GB/T 2910本部分的引用而成为本部分的条款。凡是注明日期的引用文件,其随后所有的修改单(不包括勘误的内容)或修订版均不适用于本部分,然而,鼓励根据本部分达成协议的各方研究是否可以使用这些文件的最新版本。凡是不注日期的引用文件,其最新版本适用于本部分。

GB/T 2910.1　纺织品　定量化学分析　第1部分:试验通则(GB/T 2910.1—2009,ISO 1833-1:2006,IDT)

3　原理

用硫酸把纤维素纤维从已知干燥质量的混合物中溶解去除,收集残留物,清洗、烘干和称重;用修正后的质量计算其占混合物干燥质量的百分率。由差值得出纤维素纤维的百分含量。

4　试剂

使用GB/T 2910.1和本部分4.1、4.2规定的试剂。

4.1　硫酸(质量分数为75%):将700 mL浓硫酸(ρ=1.84 g/mL)小心地加入到350 mL水中,溶液冷却至室温后,再加水至1 L。硫酸溶液浓度范围允许在73%~77%(质量分数)之间。

4.2　稀氨水溶液:将80 mL浓氨水(ρ=0.880 g/mL)加水稀释至1 L。

5　仪器

使用GB/T 2910.1和本部分5.1和5.2规定的设备。

5.1　具塞三角烧瓶,容量不少于500 mL。

5.2　加热设备,可以保持温度在50 ℃±5 ℃。

6　试验步骤

按照GB/T 2910.1规定的通用程序进行,然后按以下步骤操作。

把准备好的试样放入三角烧瓶中,每克试样加入200 mL硫酸溶液(4.1),塞上玻璃塞,摇动烧瓶将试样充分润湿后,将烧瓶保持50 ℃±5 ℃放置1 h,每隔10 min摇动一次。

将残留物过滤到玻璃砂芯坩埚,真空抽吸排液,再加少量硫酸清洗烧瓶。真空抽吸排液,加入新的硫酸溶液至坩埚中清洗残留物,重力排液至少1 min后再用真空抽吸。

冷水连续洗涤若干次,稀氨水(4.2)中和两次,再用冷水洗涤。每次洗涤先重力排液再抽吸排液。

最后将坩埚和残留物烘干,冷却,称重。

7 结果的计算和表示

结果的计算和表示按 GB/T 2910.1 规定。

d 值为 1.00。

8 精密度

对均匀的纺织材料混合物，在 95％的置信水平下，本方法测试结果的置信界限不超过±1。

ICS 59.080.01
W 04

中华人民共和国国家标准

GB/T 2910.12—2009/ISO 1833-12:2006
部分代替 GB/T 2910—1997

纺织品　定量化学分析
第12部分:聚丙烯腈纤维、某些改性聚丙烯腈纤维、某些含氯纤维或某些弹性纤维与某些其他纤维的混合物(二甲基甲酰胺法)

Textiles—Quantitative chemical analysis—
Part 12:Mixtures of acrylic,certain modacrylic,certain chlorofibres,certain elastanes and certain other fibres(method using dimethylformamide)

(ISO 1833-12:2006,IDT)

2009-06-15 发布　　2010-01-01 实施

中华人民共和国国家质量监督检验检疫总局
中国国家标准化管理委员会　发布

前　言

GB/T 2910《纺织品　定量化学分析》包括以下部分:

——第1部分:试验通则;

——第2部分:三组分纤维混合物;

——第3部分:醋酯纤维与某些其他纤维的混合物(丙酮法);

——第4部分:某些蛋白质纤维与某些其他纤维的混合物(次氯酸盐法);

——第5部分:粘胶纤维、铜氨纤维或莫代尔纤维与棉的混合物(锌酸钠法);

——第6部分:粘胶纤维、某些铜氨纤维、莫代尔纤维或莱赛尔纤维与棉的混合物(甲酸/氯化锌法);

——第7部分:聚酰胺纤维与某些其他纤维的混合物(甲酸法);

——第8部分:醋酯纤维与三醋酯纤维的混合物(丙酮法);

——第9部分:醋酯纤维与三醋酯纤维的混合物(苯甲醇法);

——第10部分:三醋酯纤维或聚乳酸纤维与某些其他纤维的混合物(二氯甲烷法);

——第11部分:纤维素纤维与聚酯纤维的混合物(硫酸法);

——第12部分:聚丙烯腈纤维、某些改性聚丙烯腈纤维、某些含氯纤维或某些弹性纤维与某些其他纤维的混合物(二甲基甲酰胺法);

——第13部分:某些含氯纤维与某些其他纤维的混合物(二硫化碳/丙酮法);

——第14部分:醋酯纤维与某些含氯纤维的混合物(冰乙酸法);

——第15部分:黄麻与某些动物纤维的混合物(含氮量法);

——第16部分:聚丙烯纤维与某些其他纤维的混合物(二甲苯法);

——第17部分:含氯纤维(氯乙烯均聚物)与某些其他纤维的混合物(硫酸法);

——第18部分:蚕丝与羊毛或其他动物毛纤维的混合物(硫酸法);

——第19部分:纤维素纤维与石棉的混合物(加热法);

——第20部分:聚氨酯弹性纤维与某些其他纤维的混合物(二甲基乙酰胺法);

——第21部分:含氯纤维、某些改性聚丙烯腈纤维、弹性纤维、醋酯纤维、三醋酯纤维与某些其他纤维的混合物(环已酮法);

——第22部分:粘胶纤维、某些铜氨纤维、莫代尔纤维或莱赛尔纤维与亚麻、苎麻的混合物(甲酸/氯化锌法);

——第23部分:聚乙烯纤维与聚丙烯纤维的混合物(环已酮法);

——第24部分:聚酯纤维与某些其他纤维的混合物(苯酚四氯乙烷法);

——第101部分:大豆蛋白复合纤维与某些其他纤维的混合物。

本部分为GB/T 2910的第12部分。

GB/T 2910—1997由以下标准代替:GB/T 2910.1,GB/T 2910.3,GB/T 2910.4,GB/T 2910.6,GB/T 2910.7,GB/T 2910.8,GB/T 2910.9,GB/T 2910.10,GB/T 2910.11,GB/T 2910.12,GB/T 2910.13,GB/T 2910.14,GB/T 2910.15,GB/T 2910.16,GB/T 2910.17,GB/T 2910.18,GB/T 2910.19和GB/T 2910.22。

本部分等同采用ISO 1833-12:2006《纺织品　定量化学分析　聚丙烯腈纤维、某些改性聚丙烯腈纤维、某些含氯纤维或某些弹性纤维与某些其他纤维的混合物(二甲基甲酰胺法)》。本部分与ISO 1833-12:2006相比有如下编辑性修改:

——规范性引用文件中由我国标准替代了国际标准；

——删除了国际标准的前言。

本部分代替 GB/T 2910—1997《纺织品　二组分纤维混纺产品定量化学分析方法》中的第 13 章。本部分与 GB/T 2910—1997 的第 13 章相比有如下差异：

——适用范围增加了某些弹性纤维；

——由“每克试样加 80 mL 二甲基甲酰胺”改为“每克试样加 150 mL 二甲基甲酰胺”，并且增加“如果纤维中的聚丙烯腈难于溶解，可以多加 50 mL 二甲基甲酰胺”；

——改变了部分不溶纤维的修正系数。

本部分由中国纺织工业协会提出。

本部分由全国纺织标准化技术委员会基础标准分会(SAC/TC 209/SC 1)归口。

本部分主要起草单位：上海市毛麻纺织科学技术研究所，纺织工业标准化研究所。

本部分主要起草人：朱庆芳，沈美华，颜燕屏，李智华，沈文佳。

GB/T 2910 的历次版本发布情况为：

——GB/T 2910—1982；

——GB/T 2910—1997。

纺织品　定量化学分析
第12部分:聚丙烯腈纤维、某些改性聚丙烯腈纤维、某些含氯纤维或某些弹性纤维与某些其他纤维的混合物
(二甲基甲酰胺法)

1　范围

GB/T 2910的本部分规定了采用二甲基甲酰胺法测定去除非纤维物质后的由以下纤维组成的聚丙烯腈纤维、某些改性聚丙烯腈纤维、某些含氯纤维或某些弹性纤维与某些其他纤维的二组分混合物中聚丙烯腈纤维、某些改性聚丙烯腈纤维、某些含氯纤维或某些弹性纤维含量的方法:

——聚丙烯腈纤维、某些改性聚丙烯腈纤维、某些含氯纤维、某些弹性纤维;

和

——动物纤维、棉(原棉、漂白棉、染色棉)、粘胶纤维、铜氨纤维、莫代尔纤维、聚酰胺纤维、聚酯纤维和玻璃纤维。

本方法同样可用于前金属络合染色的动物纤维、羊毛和蚕丝,对于后金属络合染色的则不适用。

2　规范性引用文件

下列文件中的条款通过GB/T 2910本部分的引用而成为本部分的条款。凡是注明日期的引用文件,其随后所有的修改单(不包括勘误的内容)或修订版本不适用于本部分,然而,鼓励根据本部分达成协议的各方研究是否可以使用这些文件的最新版本。凡是不注日期的引用文件,其最新版本适用于本部分。

GB/T 2910.1　纺织品　定量化学分析　第1部分:试验通则(GB/T 2910.1—2009,ISO 1833-1:2006,IDT)

3　原理

用二甲基甲酰胺把聚丙烯腈纤维、改性聚丙烯腈纤维、某些含氯纤维或某些弹性纤维从已知干燥质量的混合物中溶解去除,收集残留物,清洗、烘干和称重;用修正后的质量计算其占混合物干燥质量的百分率。由差值得出聚丙烯腈纤维、改性聚丙烯腈纤维、含氯纤维或弹性纤维的百分含量。

4　试剂

使用GB/T 2910.1和本部分4.1规定的试剂。

4.1　二甲基甲酰胺,沸点152 ℃～154 ℃。

警告:该试剂对人体有危害,使用时应采取完善的保护措施。

5　设备

使用GB/T 2910.1和本部分5.1和5.2规定的设备。

5.1　具塞三角烧瓶,容量不少于200 mL。

5.2　加热设备,可以保持温度在90 ℃～95 ℃。

6 试验步骤

按照 GB/T 2910.1 规定的通用程序进行，然后按以下步骤操作。

把准备好的试样放入三角烧瓶中，每克试样加入 150 mL 二甲基甲酰胺，塞上玻璃塞，摇动烧瓶将试样充分润湿后，让烧瓶保持 90 ℃～95 ℃放置 1 h。如果试样中的聚丙烯腈难于溶解，可以多加 50 mL 二甲基甲酰胺，在此期间用手轻轻摇动 5 次。

用玻璃砂芯坩埚过滤，残留物留在烧瓶中，另加 60 mL 二甲基甲酰胺，保持 90 ℃～95 ℃放置 30 min，用手轻轻摇动 2 次。把残留物过滤到玻璃砂芯坩埚，真空抽吸排液，并用水将残留物洗至坩埚中，真空抽吸排液。

热水加满坩埚洗涤残留物两次，每次重力排液后再用真空抽吸。如果不溶纤维是聚酰胺纤维或聚酯纤维，可把玻璃砂芯坩埚和残留物烘干、冷却、称重。如果不溶纤维是动物纤维、棉、粘胶纤维、莫代尔纤维或铜氨纤维，将残留物转移到烧瓶中，加入 160 mL 水，在室温下保持 5 min，不时地剧烈摇动。

将液体过滤到坩埚排液，重复水洗三次以上，最后一次清洗将残留物过滤到坩埚中，真空抽吸排液。用水清洗烧瓶中的残留物全部转移到坩埚中。

最后真空抽吸，将坩埚和残留物烘干，冷却，称重。

7 结果的计算和表示

结果的计算和表示按 GB/T 2910.1 规定。

除了下列纤维，其余 d 值均为 1.00。

聚酰胺纤维	1.01
棉(原棉、漂白棉、染色棉)	1.01
羊毛	1.01
粘胶纤维、铜氨纤维、莫代尔纤维	1.01
聚酯纤维	1.01

8 精密度

对均匀的纺织材料混合物，在 95％的置信水平下，本方法测试结果的置信界限不超过±1。

ICS 59.080.01
W 04

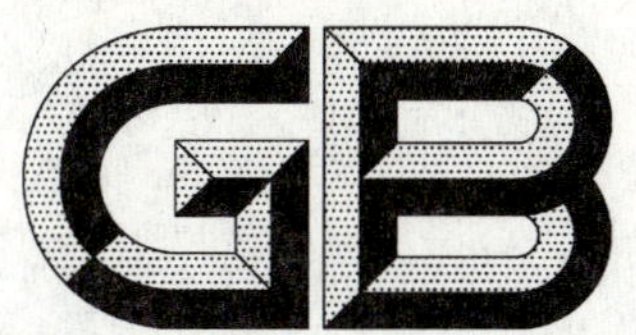

中华人民共和国国家标准

GB/T 2910.13—2009/ISO 1833-13:2006
部分代替 GB/T 2910—1997

纺织品　定量化学分析 第13部分:某些含氯纤维与某些其他纤维的混合物(二硫化碳/丙酮法)

**Textiles—Quantitative chemical analysis—
Part 13: Mixtures of certain chlorofibers and certain other fibers
(method using carbon disulfide/acetone)**

(ISO 1833-13:2006, IDT)

2009-06-15 发布　　2010-01-01 实施

中华人民共和国国家质量监督检验检疫总局
中国国家标准化管理委员会　发布

前言

GB/T 2910《纺织品　定量化学分析》包括以下部分：

——第1部分:试验通则；

——第2部分:三组分纤维混合物；

——第3部分:醋酯纤维与某些其他纤维的混合物(丙酮法)；

——第4部分:某些蛋白质纤维与某些其他纤维的混合物(次氯酸盐法)；

——第5部分:粘胶纤维、铜氨纤维或莫代尔纤维与棉纤维的混合物(锌酸钠法)；

——第6部分:粘胶纤维、某些铜氨纤维、莫代尔纤维或莱赛尔纤维与棉纤维的混合物(甲酸/氯化锌法)；

——第7部分:聚酰胺纤维与某些其他纤维的混合物(甲酸法)；

——第8部分:醋酯纤维与三醋酯纤维的混合物(丙酮法)；

——第9部分:醋酯纤维与三醋酯纤维的混合物(苯甲醇法)；

——第10部分:三醋酯纤维或聚乳酸纤维与某些其他纤维的混合物(二氯甲烷法)；

——第11部分:纤维素纤维与聚酯纤维的混合物(硫酸法)；

——第12部分:聚丙烯腈纤维、某些改性聚丙烯腈纤维、某些含氯纤维或某些弹性纤维与某些其他纤维的混合物(二甲基甲酰胺法)；

——第13部分:某些含氯纤维与某些其他纤维的混合物(二硫化碳/丙酮法)；

——第14部分:醋酯纤维与某些含氯纤维的混合物(冰乙酸法)；

——第15部分:黄麻与某些动物纤维的混合物(含氮量法)；

——第16部分:聚丙烯纤维与某些其他纤维的混合物(二甲苯法)；

——第17部分:含氯纤维(氯乙烯均聚物)与某些其他纤维的混合物(硫酸法)；

——第18部分:蚕丝与羊毛或其他动物毛纤维的混合物(硫酸法)；

——第19部分:纤维素纤维与石棉的混合物(加热法)；

——第20部分:聚氨酯弹性纤维与某些其他纤维的混合物(二甲基乙酰胺法)；

——第21部分:含氯纤维、某些改性聚丙烯腈纤维、某些弹性纤维、醋酯纤维、三醋酯纤维与某些其他纤维的混合物(环己酮法)；

——第22部分:粘胶纤维、某些铜氨纤维或莫代尔纤维或莱赛尔纤维与亚麻、苎麻的混合物(甲酸/氯化锌法)；

——第23部分:聚乙烯纤维与聚丙烯纤维的混合物(环己酮法)；

——第24部分:聚酯纤维与某些其他纤维的混合物(苯酚四氯乙烷法)；

——第101部分:大豆蛋白复合纤维与某些其他纤维的混合物。

本部分为GB/T 2910的第13部分。

GB/T 2910—1997由以下标准代替:GB/T 2910.1,GB/T 2910.3,GB/T 2910.4,GB/T 2910.6,GB/T 2910.7,GB/T 2910.8,GB/T 2910.9,GB/T 2910.10,GB/T 2910.11,GB/T 2910.12,GB/T 2910.13,GB/T 2910.14,GB/T 2910.15,GB/T 2910.16,GB/T 2910.17,GB/T 2910.18,GB/T 2910.19和GB/T 2910.22。

本部分等同采用ISO 1833-13:2006《纺织品　定量化学分析　第13部分:某些含氯纤维与某些其他纤维的混合物(二硫化碳/丙酮法)》。本部分与ISO 1833-13:2006相比有如下编辑性修改：

——规范性引用文件中由我国标准替代了国际标准；

——删除了国际标准的前言；

——参考文献中由我国标准替代了国际标准。

本部分代替 GB/T 2910—1997《纺织品 二组分纤维混纺产品定量化学分析方法》中的第 14 章。与 GB/T 2910—1997 的第 14 章相比有如下差异：

——范围增加了动物毛发，缩小了丝的范围，仅指蚕丝；

——删除了 4.2 的甲醇，取消了乙醇的浓度要求。

本部分由中国纺织工业协会提出。

本部分由全国纺织标准化技术委员会基础标准分会(SAC/TC 209/SC 1)归口。

本部分主要起草单位：中山出入境检验检疫局、纺织工业标准化研究所、上海市毛麻纺织科学技术研究所。

本部分主要起草人：王京力、姜开明、朱卫红、朱军燕。

GB/T 2910 的历次版本发布情况为：

——GB/T 2910—1982；

——GB/T 2910—1997。

纺织品 定量化学分析 第13部分:某些含氯纤维与某些其他纤维的混合物(二硫化碳/丙酮法)

1 范围

GB/T 2910的本部分规定了采用二硫化碳/丙酮法测定去除非纤维物质后的由以下纤维组成的二组分混合物中含氯纤维含量的方法:

——某些含氯纤维,无论是否后氯化的;

和

——羊毛、动物毛发、蚕丝、棉、粘胶纤维、铜氨纤维、莫代尔纤维、聚酰胺纤维、聚酯纤维、聚丙烯腈纤维和玻璃纤维。

混合物中羊毛或蚕丝的含量超过25%时,宜使用GB/T 2910.4的方法。

混合物中锦纶的含量超过25%时,宜使用GB/T 2910.7的方法。

2 规范性引用文件

下列文件中的条款通过GB/T 2910本部分的引用而成为本部分的条款。凡是注日期的引用文件,其随后所有的修改单(不包括勘误的内容)或修订版均不适用于本部分,然而,鼓励根据本部分达成协议的各方研究是否可使用这些文件的最新版本。凡是不注日期的引用文件,其最新版本适用于本部分。

GB/T 2910.1 纺织品 定量化学分析 第1部分:试验通则(GB/T 2910.1—2009,ISO 1833-1:2006,IDT)

3 原理

用二硫化碳/丙酮共沸混合物试剂把含氯纤维从已知干燥质量的混合物中溶解去除,收集残留物,清洗、烘干和称重;用修正后的质量计算其占混合物干燥质量的百分率,由差值得出含氯纤维的质量百分率。

4 试剂

使用GB/T 2910.1和本部分4.1和4.2规定试剂。

4.1 二硫化碳/丙酮的共沸混合物。

555 mL二硫化碳和445 mL丙酮混合。

安全警示:试剂有毒,使用时采取完善的防护措施。

4.2 乙醇。

5 设备

使用GB/T 2910.1和本部分5.1、5.2和5.3规定设备。

5.1 具塞三角烧瓶,容量不小于200 mL。

5.2 机械振荡器。

5.3 表面皿。

6 试验步骤

按 GB/T 2910.1 规定的通用程序进行,然后按如下步骤操作:

将试样放入具塞三角烧瓶中,每克试样加入 100 mL 二硫化碳/丙酮混合溶液(4.1)。盖紧瓶塞,在机械振荡器上振荡 20 min,振荡初期可松开瓶塞一两次释放过多的压力。

用已知干燥质量的玻璃砂芯坩埚过滤溶液。

再用 100 mL 溶液(4.1)重复上述操作。

多次重复上述操作,直至取一滴溶液在表面皿上蒸发后没有残留含氯纤维的痕迹为止。

用更多一些的溶液(4.1)将残留物从具塞三角烧瓶中洗入玻璃砂芯坩埚内,真空抽吸。先用 20 mL 乙醇(4.2)清洗坩埚和残留物三次,再用水清洗三次。每次洗液先重力排液再真空抽吸。将坩锅和残留物烘干、冷却和称重。

注:对某些含氯纤维含量较高的混合物,试样烘干过程中可能产生大的收缩,导致含氯纤维的溶解延缓,但不影响含氯纤维的最终溶解。

7 结果的计算和表示

结果的计算和表示按照 GB/T 2910.1 规定,d 值为 1.00。

8 精密度

对于均匀的纺织材料混合物,在 95%的置信水平下,本方法测试结果的置信界限不超过±1。

参 考 文 献

[1] GB/T 2910.4 纺织品 定量化学分析 第4部分:某些蛋白质纤维与某些其他纤维的混合物(次氯酸盐法)(GB/T 2910.4—2009,ISO 1833-4:2006,IDT)

[2] GB/T 2910.7 纺织品 定量化学分析 第7部分:聚酰胺纤维与某些其他纤维的混合物(甲酸法)(GB/T 2910.7—2009,ISO 1833-7:2006,IDT)

ICS 59.080.01
W 04

中华人民共和国国家标准

GB/T 2910.14—2009/ISO 1833-14:2006
部分代替 GB/T 2910—1997

纺织品　定量化学分析
第14部分：醋酯纤维与某些含氯纤维的混合物（冰乙酸法）

Textiles—Quantitative chemical analysis—Part 14: Mixtures of acetate and certain chlorofibres (method using acetic acid)

(ISO 1833-14:2006, IDT)

2009-06-15 发布　　2010-01-01 实施

中华人民共和国国家质量监督检验检疫总局
中国国家标准化管理委员会　发布

前　言

GB/T 2910《纺织品　定量化学分析》包括以下部分：

——第1部分：试验通则；

——第2部分：三组分纤维混合物；

——第3部分：醋酯纤维与某些其他纤维的混合物(丙酮法)；

——第4部分：某些蛋白质纤维与某些其他纤维的混合物(次氯酸盐法)；

——第5部分：粘胶纤维、铜氨纤维或莫代尔纤维与棉的混合物(锌酸钠法)；

——第6部分：粘胶纤维、某些铜氨纤维、莫代尔纤维或莱赛尔纤维与棉的混合物(甲酸/氯化锌法)；

——第7部分：聚酰胺纤维与某些其他纤维的混合物(甲酸法)；

——第8部分：醋酯纤维与三醋酯纤维的混合物(丙酮法)；

——第9部分：醋酯纤维与三醋酯纤维的混合物(苯甲醇法)；

——第10部分：三醋酯纤维或聚乳酸纤维与其他纤维的混合物(二氯甲烷法)；

——第11部分：纤维素纤维与聚酯纤维的混合物(硫酸法)；

——第12部分：聚丙烯腈纤维、某些改性聚丙烯腈纤维、某些含氯纤维或某些弹性纤维与某些其他纤维的混合物(二甲基甲酰胺法)；

——第13部分：某些含氯纤维与某些其他纤维的混合物(二硫化碳/丙酮法)；

——第14部分：醋酯纤维与某些含氯纤维的混合物(冰乙酸法)；

——第15部分：黄麻与某些动物纤维的混合物(氮含量法)；

——第16部分：聚丙烯纤维与某些其他纤维的混合物(二甲苯法)；

——第17部分：含氯纤维(氯乙烯均聚物)与某些其他纤维的混合物(硫酸法)；

——第18部分：蚕丝与羊毛或其他动物毛纤维的混合物(硫酸法)；

——第19部分：纤维素纤维与石棉的混合物(加热法)；

——第20部分：聚氨酯弹性纤维与某些其他纤维的混合物(二甲基乙酰胺法)；

——第21部分：含氯纤维、某些改性聚丙烯腈纤维、某些弹性纤维、醋酯纤维、三醋酯纤维与某些其他纤维的混合物(环己酮法)；

——第22部分：粘胶纤维、某些铜氨纤维、莫代尔纤维或莱赛尔纤维与亚麻、苎麻的混合物(甲酸/氯化锌法)；

——第23部分：聚乙烯纤维与聚丙烯纤维的混合物(环己酮法)；

——第24部分：聚酯纤维与其他纤维的混合物(苯酚/四氯乙烷法)；

——第101部分：大豆蛋白复合纤维与某些其他纤维的混合物。

本部分为GB/T 2910的第14部分。

GB/T 2910—1997由以下标准代替：GB/T 2910.1，GB/T 2910.3，GB/T 2910.4，GB/T 2910.6，GB/T 2910.7，GB/T 2910.8，GB/T 2910.9，GB/T 2910.10，GB/T 2910.11，GB/T 2910.12，GB/T 2910.13，GB/T 2910.14，GB/T 2910.15，GB/T 2910.16，GB/T 2910.17，GB/T 2910.18，GB/T 2910.19和GB/T 2910.22。

本部分等同采用ISO 1833-14:2006《纺织品　定量化学分析法　第14部分：醋酯纤维与某些含氯纤维混纺(冰乙酸法)》。本部分与ISO 1833-14:2006相比有如下编辑性修改：

——规范性引用文件中由我国标准替代了国际标准；

——删除了国际标准的前言。

本部分代替 GB/T 2910—1997《纺织品　二组分纤维混纺产品定量化学分析方法》中的第 15 章。本部分与 GB/T 2910—1997 的第 15 章相比没有技术性差异。

本部分由中国纺织工业协会提出。

本部分由全国纺织标准化技术委员会基础标准分会(SAC/TC 209/SC 1)归口。

本部分主要起草单位:汕头出入境检验检疫局、国家纺织制品质量监督检验中心、上海市毛麻纺织科学技术研究所。

本部分主要起草人:任春华、郑跃君、周玮琪、漆志民、林雄。

GB/T 2910 的历次版本发布情况为:

——GB/T 2910—1982;

——GB/T 2910—1997。

纺织品 定量化学分析 第14部分:醋酯纤维与某些含氯纤维的混合物(冰乙酸法)

1 范围

GB/T 2910 的本部分规定了采用冰乙酸法测定去除非纤维物质后的醋酯纤维和某些含氯纤维或后氯化的含氯纤维组成的二组分混合物中醋酯纤维含量的方法。

2 规范性引用文件

下列文件中的条款通过 GB/T 2910 本部分的引用而成为本部分的条款。凡是注日期的引用文件，其随后所有的修改单(不包括勘误的内容)或修订版均不适用于本部分，然而，鼓励根据本部分达成协议的各方研究是否可使用这些文件的最新版本。凡是不注日期的引用文件，其最新版本适用于本部分。

GB/T 2910.1 纺织品 定量化学分析 第1部分:试验通则(GB/T 2910.1—2009,ISO 1833-1:2006,IDT)

3 原理

用冰乙酸试剂将醋酯纤维从已知干燥质量的混合物中溶解去除,收集残留物,清洗、烘干和称重;用修正后的质量计算其占混合物干燥质量分数。由差值得出醋酯纤维的质量分数。

4 试剂

使用 GB/T 2910.1 和本部分 4.1 规定的试剂。

4.1 冰乙酸,馏程为 117 ℃～119 ℃。

安全警告:试剂有毒,使用时应注意采取完善的保护措施。

5 设备

使用 GB/T 2910.1 和本部分 5.1 和 5.2 规定的设备。

5.1 具塞三角烧瓶,容量不小于 200 mL。

5.2 机械振荡器。

6 试验步骤

按照 GB/T 2910.1 规定的通用程序进行,然后按以下步骤操作。

把试样放进具塞三角烧瓶中,每克试样加入 100 mL 冰乙酸(4.1),盖上瓶塞,在室温下用振荡器振荡 20 min。

轻轻倒出溶液(残留物留在烧瓶中),用已知干燥质量的玻璃砂芯坩埚过滤。

使用 100 mL 冰乙酸(4.1)重复上述处理 2 次,总共处理 3 次。用试剂将残留物移入玻璃砂芯坩埚里,用 100 mL 冰乙酸(4.1)淋洗坩埚和残留物,再用清水淋洗 3 次。每次靠重力排液 2 min,再用抽吸装置排液。最后,将坩埚和残留物一并烘干、冷却并称重。

7 结果的计算和表示

结果的计算和表示按 GB/T 2910.1 规定执行。

d 值为 1.00。

8 精密度

对均匀的纺织材料混合物，在 95% 的置信水平下，本方法测试结果的置信界限不超过 ±1。

ICS 59.080.01
W 04

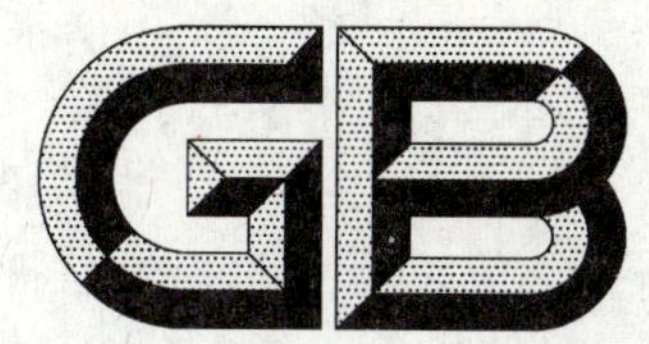

中华人民共和国国家标准

GB/T 2910.15—2009
部分代替 GB/T 2910—1997

纺织品 定量化学分析 第15部分：黄麻与某些动物纤维的混合物（含氮量法）

Textiles—Quantitative chemical analysis—Part 15: Mixtures of jute and certain animal fibres (method by determining nitrogen content)

(ISO 1833-15:2006, MOD)

2009-06-15 发布　　2010-01-01 实施

中华人民共和国国家质量监督检验检疫总局
中国国家标准化管理委员会　发布

前　言

GB/T 2910《纺织品　定量化学分析》包括以下部分：

——第1部分：试验通则；
——第2部分：三组分纤维混合物；
——第3部分：醋酯纤维与某些其他纤维的混合物(丙酮法)；
——第4部分：某些蛋白质纤维与某些其他纤维的混合物(次氯酸盐法)；
——第5部分：粘胶纤维、铜氨纤维或莫代尔纤维与棉的混合物(锌酸钠法)；
——第6部分：粘胶纤维、某些铜氨纤维、莫代尔纤维或莱赛尔纤维与棉的混合物(甲酸/氯化锌法)；
——第7部分：聚酰胺纤维与某些其他纤维的混合物(甲酸法)；
——第8部分：醋酯纤维与三醋酯纤维的混合物(丙酮法)；
——第9部分：醋酯纤维与三醋酯纤维的混合物(苯甲醇法)；
——第10部分：三醋酯纤维或聚乳酸纤维与某些其他纤维的混合物(二氯甲烷法)；
——第11部分：纤维素纤维与聚酯纤维的混合物(硫酸法)；
——第12部分：聚丙烯腈纤维、某些改性聚丙烯腈纤维、某些含氯纤维或某些弹性纤维与某些其他纤维的混合物(二甲基甲酰胺法)；
——第13部分：某些含氯纤维与某些其他纤维的混合物(二硫化碳/丙酮法)；
——第14部分：醋酯纤维与某些含氯纤维的混合物(冰乙酸法)；
——第15部分：黄麻与某些动物纤维的混合物(含氮量法)；
——第16部分：聚丙烯纤维与某些其他纤维的混合物(二甲苯法)；
——第17部分：含氯纤维(氯乙烯均聚物)与某些其他纤维的混合物(硫酸法)；
——第18部分：蚕丝与羊毛或其他动物毛纤维的混合物(硫酸法)；
——第19部分：纤维素纤维与石棉的混合物(加热法)；
——第20部分：聚氨酯弹性纤维与某些其他纤维的混合物(二甲基乙酰胺法)；
——第21部分：含氯纤维、某些改性聚丙烯腈纤维、弹性纤维、醋酯纤维、三醋酯纤维与某些其他纤维的混合物(环己酮法)；
——第22部分：粘胶纤维、某些铜氨纤维、莫代尔纤维或莱赛尔纤维与亚麻、苎麻的混合物(甲酸/氯化锌法)；
——第23部分：聚乙烯纤维与聚丙烯纤维的混合物(环己酮法)；
——第24部分：聚酯纤维与某些其他纤维的混合物(苯酚四氯乙烷法)；
——第101部分：大豆蛋白复合纤维与某些其他纤维的混合物。

本部分为GB/T 2910的第15部分。

GB/T 2910—1997由以下标准代替：GB/T 2910.1，GB/T 2910.3，GB/T 2910.4，GB/T 2910.6，GB/T 2910.7，GB/T 2910.8，GB/T 2910.9，GB/T 2910.10，GB/T 2910.11，GB/T 2910.12，GB/T 2910.13，GB/T 2910.14，GB/T 2910.15，GB/T 2910.16，GB/T 2910.17，GB/T 2910.18，GB/T 2910.19和GB/T 2910.22。

本部分修改采用ISO 1833-15:2006《纺织品　定量化学分析　黄麻与某些动物纤维的混合物(含氮量法)》。本部分与ISO 1833-15:2006相比有如下差异：

——规范性引用文件中由我国标准替代了国际标准；
——删除了国际标准的前言；

——含氮量计算公式由 $A=\frac{14(V_1-V_2)c}{m_0}$ 改为 $A=\frac{0.04(V_1-V_2)c\times 14}{m_0}\times 100$。

本部分代替 GB/T 2910—1997《纺织品　二组分纤维混纺产品定量化学分析方法》中的第 16 章。本部分与 GB/T 2910—1997 的第 16 章相比有如下差异：

——硫酸(4.9)浓度表示方法由 $c(1/2H_2SO_4)=0.2$ mol/L 改为 $c(H_2SO_4)=0.1$ mol/L；

——含氮量计算公式由 $A=\frac{2.8(V_1-V_2)c}{m}$ 改为 $A=\frac{0.04(V_1-V_2)c\times 14}{m_0}\times 100$。

本部分由中国纺织工业协会提出。

本部分由全国纺织标准化技术委员会基础标准分会(SAC/TC 209/SC 1)归口。

本部分主要起草单位：上海市毛麻纺织科学技术研究所、纺织工业标准化研究所。

本部分主要起草人：朱庆芳、陈杰、朱婕、沈美华、郁振强。

GB/T 2910 的历次版本发布情况为：

——GB/T 2910—1982；

——GB/T 2910—1997。

纺织品 定量化学分析
第15部分:黄麻与某些动物纤维的混合物(含氮量法)

1 范围

GB/T 2910的本部分规定了用含氮量法测定去除非纤维物质后的黄麻和某种动物纤维的二组分混合物中的各组分含量的方法。其中动物纤维可以是羊毛或其他动物纤维的一种,也可以是二者的混合。

本部分不适于染料或整理剂上含有氮的混纺产品。

注:由于本法在原理上与其他部分选择性溶解的原理不同,因此格式与GB/T 2910其他部分不同。

2 规范性引用文件

下列文件中的条款通过GB/T 2910本部分的引用而成为本部分的条款。凡是注明日期的引用文件,其随后所有的修改单(不包括勘误的内容)或修订版本不适用于本部分,然而,鼓励根据本部分达成协议的各方研究是否可以使用这些文件的最新版本。凡是不注日期的引用文件,其最新版本适用于本部分。

GB/T 2910.1 纺织品 定量化学分析 第1部分:试验通则(GB/T 2910.1—2009,ISO 1833-1:2006,IDT)

3 原理

通过测定混合物的含氮量,以及已知两个单一组分的理论含氮量,计算得出各组分的质量分数。

4 试剂

所用的全部试剂为分析纯。

4.1 甲苯(C_7H_8)。

4.2 甲醇(CH_3OH)。

4.3 硫酸(H_2SO_4),$\rho=1.84$ g/mL[1)]。

4.4 硫酸钾(K_2SO_4)[1)]。

4.5 二氧化硒(SeO_2)[1)]。

4.6 氢氧化钠(NaOH),400 g/L:取400 g氢氧化钠溶于400 mL～500 mL水中,用水稀释至1 L。

4.7 混合指示剂:0.1 g甲基红溶于95 mL乙醇和5 mL水中,另取0.5 g溴甲酚绿溶解于475 mL乙醇和25 mL水中,然后将两种溶液混合。

4.8 硼酸溶液(H_3BO_3):20 g硼酸溶于1 L水中。

4.9 硫酸(H_2SO_4),0.01 mol/L标准容量溶液。

5 设备

使用GB/T 2910.1和本部分5.1、5.2和5.3规定的设备。

---

1) 这些试剂中均不含氮。

5.1　凯氏分解烧瓶，容量为 200 mL～300 mL。

5.2　凯氏蒸馏设备，有蒸汽喷射。

5.3　滴定仪器，精确度为 0.05 mL。

6　取样及实验室样品预处理

6.1　取样

取一份实验室试验样品，使其具有代表性，并足以提供全部所需试样，每个试样至少重 1 g。然后按照 6.2 处理试样。

6.2　实验室样品预处理

将空气干燥样品放在索氏萃取器中，用体积比为 1∶3 的甲苯和甲醇混合溶剂萃取 4 h，每小时至少循环 5 次。待样品中的溶剂挥发后，在烘箱 105 ℃±3 ℃中去除残余的微量溶剂。然后用沸水萃取（每克试样 50 mL 水），回流 30 min，取出样品，过滤。将样品重新放入三角形瓶中，用水重复萃取、过滤、挤出、抽吸或者离心脱水，晾干。

警告：甲苯和甲醇会对人体产生危害，使用时应采取完善的保护措施。

7　试验步骤

关于取样、干燥和称重按照 GB/T 2910.1 规定，然后按如下步骤进行操作。

取 1 g 左右预处理的试样，放在称量瓶中烘干，干燥器中冷却、称重，将试样转移到干燥的凯氏分解烧瓶中，立即再称称量瓶，由其差值得到试样的干燥质量。

将下列试剂依次放入到装有试样的凯氏分解烧瓶中：2.5 g 硫酸钾（4.4）、0.1 g～0.2 g 二氧化硒（4.5）和 10 mL 硫酸（4.3）溶液。微火慢慢加热烧瓶，待纤维全部被破坏后，再猛烈加热直至溶液变成澄清，几乎无色时，继续加热 15 min。烧瓶冷却，小心加入 10 mL～20 mL 水，冷却，将溶液全部转入 200 mL 带刻度烧瓶中，加水稀释到刻度形成消化液。

在 100 mL 三角烧瓶中，加入 20 mL 硼酸溶液，将其放在凯氏蒸馏设备的冷凝器下，使接收管插于硼酸液面下。精确吸取 10 mL 消化液到蒸馏瓶中，取 5 mL 以上的氢氧化钠溶液加入分液漏斗，轻轻打开塞子，使溶液慢慢流入蒸馏瓶内。如果消化液和氢氧化钠溶液分离为两层，轻轻摇动使其充分混合。轻轻加热蒸馏瓶，并通入来自蒸汽发生器的蒸汽。

收集蒸馏液约 20 mL 后，放低接收瓶，使冷凝管下端离开液面 20 mm，再蒸馏 1 min。用水冲洗管端，淋洗液也进接收瓶。移去接收瓶，把第 2 只内装有 10 mL 硼酸溶液的接收瓶放好，收集约 10 mL 蒸馏液。

用硫酸（4.9）和混合指示剂（4.7）分别滴定两个蒸馏液，记录滴定液的总量。如果第 2 只蒸馏液的滴定量超过 0.2 mL，舍去这个结果，再取新的消化液重新蒸馏。

同时做空白试验，消化和蒸馏时仅吸取试剂。

8　结果计算和表示

8.1　氮占试样中的质量分数计算如式(1)：

$$A=\frac{0.04(V_1-V_2)c\times 14}{m_0}\times 100 \qquad\cdots\cdots(1)$$

式中：

A——净干试样中的氮含量，%；

V_1——所用硫酸（4.9）总体积，单位为毫升（mL）；

V_2——空白样所用硫酸（4.9）总体积，单位为毫升（mL）；

c——硫酸（4.9）浓度，单位为摩尔每升（mol/L）；

14——氮(N)的摩尔质量,单位为克每摩尔(g/mol);

m_0——试样的质量,单位为克(g)。

8.2 黄麻和动物纤维的含氮量分别采用0.22%和16.2%,均是以纤维的干燥质量百分率计算。则混合物中各组分质量百分率按式(2)计算:

$$P_A = \frac{A - 0.22}{16.2 - 0.22} \times 100 \qquad \cdots\cdots(2)$$

式中:

P_A——动物纤维在试样中的净干质量分数,%。

9 精密度

对均匀的纺织材料混合物,在95%的置信水平下,本方法测试结果的置信界限不超过±1。

ICS 59.080.01
W 04

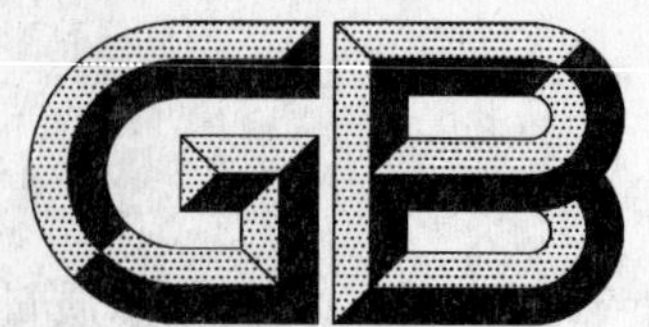

中华人民共和国国家标准

GB/T 2910.16—2009/ISO 1833-16:2006
部分代替 GB/T 2910—1997

纺织品 定量化学分析 第16部分:聚丙烯纤维与某些其他纤维的混合物(二甲苯法)

Textiles—Quantitative chemical analysis—Part 16: Mixtures of polypropylene and certain other fibres (method using xylene)

(ISO 1833-16:2006, IDT)

2009-06-15 发布 2010-01-01 实施

中华人民共和国国家质量监督检验检疫总局
中国国家标准化管理委员会 发布

前　言

GB/T 2910《纺织品　定量化学分析》包括以下部分：

——第1部分：试验通则；

——第2部分：三组分纤维混合物；

——第3部分：醋酯纤维与某些其他纤维的混合物（丙酮法）；

——第4部分：某些蛋白质纤维与某些其他纤维的混合物（次氯酸盐法）；

——第5部分：粘胶纤维、铜氨纤维或莫代尔纤维与棉的混合物（锌酸钠法）；

——第6部分：粘胶纤维、某些铜氨纤维、莫代尔纤维或莱赛尔纤维与棉的混合物（甲酸/氯化锌法）；

——第7部分：聚酰胺纤维与某些其他纤维的混合物（甲酸法）；

——第8部分：醋酯纤维与三醋酯纤维的混合物（丙酮法）；

——第9部分：醋酯纤维与三醋酯纤维的混合物（苯甲醇法）；

——第10部分：三醋酯纤维或聚乳酸纤维与某些其他纤维的混合物（二氯甲烷法）；

——第11部分：纤维素纤维与聚酯纤维的混合物（硫酸法）；

——第12部分：聚丙烯腈纤维、某些改性聚丙烯腈纤维、某些含氯纤维或某些弹性纤维与某些其他纤维的混合物（二甲基甲酰胺法）；

——第13部分：某些含氯纤维与某些其他纤维的混合物（二硫化碳/丙酮法）；

——第14部分：醋酯纤维与某些含氯纤维的混合物（冰乙酸法）；

——第15部分：黄麻与某些动物纤维的混合物（含氮量法）；

——第16部分：聚丙烯纤维与某些其他纤维的混合物（二甲苯法）；

——第17部分：含氯纤维（氯乙烯均聚物）与某些其他纤维的混合物（硫酸法）；

——第18部分：蚕丝与羊毛或其他动物毛纤维的混合物（硫酸法）；

——第19部分：纤维素纤维与石棉的混合物（加热法）；

——第20部分：聚氨酯弹性纤维与某些其他纤维的混合物（二甲基乙酰胺法）；

——第21部分：含氯纤维、某些改性聚丙烯腈纤维、弹性纤维、醋酯纤维、三醋酯纤维与某些其他纤维的混合物（环己酮法）；

——第22部分：粘胶纤维、某些铜氨纤维、莫代尔纤维或莱赛尔纤维与亚麻、苎麻的混合物（甲酸/氯化锌法）；

——第23部分：聚乙烯纤维与聚丙烯纤维的混合物（环己酮法）；

——第24部分：聚酯纤维与某些其他纤维的混合物（苯酚四氯乙烷法）；

——第101部分：大豆蛋白复合纤维与某些其他纤维的混合物。

本部分为GB/T 2910的第16部分。

GB/T 2910—1997由以下标准代替：GB/T 2910.1，GB/T 2910.3，GB/T 2910.4，GB/T 2910.6，GB/T 2910.7，GB/T 2910.8，GB/T 2910.9，GB/T 2910.10，GB/T 2910.11，GB/T 2910.12，GB/T 2910.13，GB/T 2910.14，GB/T 2910.15，GB/T 2910.16，GB/T 2910.17，GB/T 2910.18，GB/T 2910.19和GB/T 2910.22。

本部分等同采用ISO 1833-16:2006《纺织品　定量化学分析　聚丙烯纤维与某些其他纤维的混合物（二甲苯法）》。本部分与ISO 1833-16:2006相比有如下编辑性修改：

——规范性引用文件中由我国标准替代了国际标准；

——删除了国际标准的前言；

——删除了6试验步骤中注的脚注。

本部分代替GB/T 2910—1997《纺织品　二组分纤维混纺产品定量化学分析方法》中的第17章。本部分与GB/T 2910—1997的第17章相比有如下差异：

——二甲苯馏程从“137 ℃～139 ℃”改为137 ℃～142 ℃。

本部分由中国纺织工业协会提出。

本部分由全国纺织标准化技术委员会基础标准分会(SAC/TC 209/SC 1)归口。

本部分主要起草单位：上海市毛麻纺织科学技术研究所，纺织工业标准化研究所。

本部分主要起草人：朱庆芳，沈美华，颜燕屏，龚萍，陈扬。

GB/T 2910的历次版本发布情况为：

——GB/T 2910—1982；

——GB/T 2910—1997。

纺织品　定量化学分析
第16部分:聚丙烯纤维与某些其他纤维的混合物(二甲苯法)

1　范围

GB/T 2910的本部分规定了采用二甲苯法测定去除非纤维物质后的由以下纤维组成的二组分混合物中聚丙烯纤维含量的方法:

——聚丙烯纤维

和

——羊毛、动物纤维、蚕丝、棉、粘胶纤维、铜氨纤维、莫代尔纤维、醋酯纤维、三醋酯纤维、聚酰胺纤维、聚酯纤维、聚丙烯腈纤维和玻璃纤维的混纺产品。

2　规范性引用文件

下列文件中的条款通过GB/T 2910本部分的引用而成为本部分的条款。凡是注明日期的引用文件,其随后所有的修改单(不包括勘误的内容)或修订版均不适用于本部分,然而,鼓励根据本部分达成协议的各方研究是否可以使用这些文件的最新版本。凡是不注日期的引用文件,其最新版本适用于本部分。

GB/T 2910.1　纺织品　定量化学分析　第1部分:试验通则(GB/T 2910.1—2009,ISO 1833-1:2006,IDT)

3　原理

用沸的二甲苯把聚丙烯纤维从已知干燥质量的混合物中溶解去除,收集残留物,清洗、烘干和称重;用修正后的质量计算其占混合物干燥质量分数。由差值得出聚丙烯纤维分数。

4　试剂

使用GB/T 2910.1和本部分4.1规定的试剂。

4.1　二甲苯,137 ℃～142 ℃的馏分。

警告:该试剂对人体有危害,使用时应采取完善的保护措施。

5　设备

使用GB/T 2910.1和本部分5.1和5.2规定的设备。

5.1　具塞三角烧瓶,容量不小于200 mL。

5.2　回流冷凝器,适于高沸点的液体,并连接三角烧瓶。

6　试验步骤

按照GB/T 2910.1规定的通用程序进行,然后按以下步骤操作。

对要过滤二甲苯的玻璃坩埚先进行预热。把准备好的试样放入三角烧瓶中,每克试样加100 mL二甲苯,接上冷凝器,煮沸3 min,用已知干重的玻璃砂芯坩埚过滤。

重复上述操作两次(每次用50 mL溶剂),连续两次用30 mL沸的二甲苯洗涤烧瓶中残留物,烧瓶和残留物冷却后，分别用 75 mL 石油醚洗涤两次，第二次石油醚洗涤时，将残留物转移到玻璃砂芯坩埚中，重力排液。

最后，将坩埚和残留物烘干、冷却、称重。

注：也可使用具有类似效果的热萃取器。

7 结果的计算和表示

结果的计算和表示按 GB/T 2910.1 规定。

d 值为 1.00。

8 精密度

对均匀的纺织材料混合物，在 95% 的置信水平下，本方法测试结果的置信界限不超过 ±1。

ICS 59.080.01
W 04

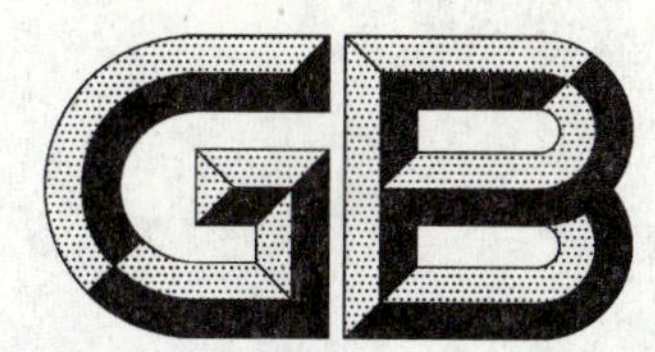

中华人民共和国国家标准

GB/T 2910.17—2009/ISO 1833-17:2006
部分代替 GB/T 2910—1997

纺织品 定量化学分析
第17部分:含氯纤维(氯乙烯均聚物)与某些其他纤维的混合物(硫酸法)

**Textiles—Quantitative chemical analysis—
Part 17:Mixtures of chlorofibers(homopolymers of vinyl chloride) and certain other fibers(method using sulfuric acid)**

(ISO 1833-17:2006,IDT)

2009-06-15 发布 2010-01-01 实施

中华人民共和国国家质量监督检验检疫总局
中国国家标准化管理委员会 发布

前　言

GB/T 2910《纺织品　定量化学分析》包括以下部分：

——第1部分：试验通则；

——第2部分：三组分纤维混合物；

——第3部分：醋酯纤维与某些其他纤维的混合物(丙酮法)；

——第4部分：某些蛋白质纤维与某些其他纤维的混合物(次氯酸盐法)；

——第5部分：粘胶纤维、铜氨纤维或莫代尔纤维与棉纤维的混合物(锌酸钠法)；

——第6部分：粘胶纤维、某些铜氨纤维、莫代尔纤维或莱赛尔纤维与棉纤维的混合物(甲酸/氯化锌法)；

——第7部分：聚酰胺纤维与某些其他纤维的混合物(甲酸法)；

——第8部分：醋酯纤维与三醋酯纤维的混合物(丙酮法)；

——第9部分：醋酯纤维与三醋酯纤维的混合物(苯甲醇法)；

——第10部分：三醋酯纤维或聚乳酸纤维与某些其他纤维的混合物(二氯甲烷法)；

——第11部分：纤维素纤维与聚酯纤维的混合物(硫酸法)；

——第12部分：聚丙烯腈纤维、某些改性聚丙烯腈纤维、某些含氯纤维或某些弹性纤维与某些其他纤维的混合物(二甲基甲酰胺法)；

——第13部分：某些含氯纤维与某些其他纤维的混合物(二硫化碳/丙酮法)；

——第14部分：醋酯纤维与某些含氯纤维的混合物(冰乙酸法)；

——第15部分：黄麻与某些动物纤维的混合物(含氮量法)；

——第16部分：聚丙烯纤维与某些其他纤维的混合物(二甲苯法)；

——第17部分：含氯纤维(氯乙烯均聚物)与某些其他纤维的混合物(硫酸法)；

——第18部分：蚕丝与羊毛或其他动物毛纤维的混合物(硫酸法)；

——第19部分：纤维素纤维与石棉的混合物(加热法)；

——第20部分：聚氨酯弹性纤维与某些其他纤维的混合物(二甲基乙酰胺法)；

——第21部分：含氯纤维、某些改性聚丙烯腈纤维、某些弹性纤维、醋酯纤维、三醋酯纤维与某些其他纤维的混合物(环己酮法)；

——第22部分：粘胶纤维、某些铜氨纤维或莫代尔纤维或莱赛尔纤维与亚麻、苎麻的混合物(甲酸/氯化锌法)；

——第23部分：聚乙烯纤维与聚丙烯纤维的混合物(环己酮法)；

——第24部分：聚酯纤维与某些其他纤维的混合物(苯酚四氯乙烷法)；

——第101部分：大豆蛋白复合纤维与某些其他纤维的混合物。

本部分为GB/T 2910的第17部分。

GB/T 2910—1997由以下标准代替：GB/T 2910.1，GB/T 2910.3，GB/T 2910.4，GB/T 2910.6，GB/T 2910.7，GB/T 2910.8，GB/T 2910.9，GB/T 2910.10，GB/T 2910.11，GB/T 2910.12，GB/T 2910.13，GB/T 2910.14，GB/T 2910.15，GB/T 2910.16，GB/T 2910.17，GB/T 2910.18，GB/T 2910.19和GB/T 2910.22。

本部分等同采用ISO 1833-17:2006《纺织品　定量化学分析　第17部分：含氯纤维(氯乙烯均聚物)和某些其他纤维的混合物(硫酸法)》。本部分与ISO 1833-17:2006相比有如下编辑性修改：

——规范性引用文件中由我国标准替代了国际标准；

——删除了国际标准的前言；

——参考文献中由我国标准替代了国际标准。

本部分代替GB/T 2910—1997《纺织品　二组分纤维混纺产品定量化学分析方法》中的第18章。与GB/T 2910—1997的第18章相比有如下差异：

——范围减少了苎麻纤维和亚麻纤维，同时对聚丙烯腈纤维的范围进行了限定，仅指某些聚丙烯腈纤维。

本部分由中国纺织工业协会提出。

本部分由全国纺织标准化技术委员会基础标准分会(SAC/TC 209/SC 1)归口。

本部分主要起草单位：中山出入境检验检疫局、广东出入境检验检疫局、纺织工业标准化研究所、上海市毛麻纺织科学技术研究所。

本部分主要起草人：姜开明、叶湖水、王宏、吴铨洪。

GB/T 2910的历次版本发布情况为：

——GB/T 2910—1982；

——GB/T 2910—1997。

纺织品 定量化学分析 第17部分:含氯纤维(氯乙烯均聚物)与某些其他纤维的混合物(硫酸法)

1 范围

GB/T 2910的本部分规定了采用硫酸法测定去除非纤维物质后的由以下纤维组成的混合物中含氯纤维含量的方法:

——基于氯乙烯均聚物的含氯纤维(不论是否后氯化);

和

——棉、粘胶纤维、铜氨纤维、莫代尔纤维、醋酯纤维、三醋酯纤维、聚酰胺纤维、聚酯纤维、某些聚丙烯腈纤维和某些改性聚丙烯腈纤维。[本处改性聚丙烯腈纤维指那些放入浓硫酸(ρ=1.84 g/mL)时溶解的纤维]。

预先试验显示含氯纤维在二甲基甲酰胺或二硫化碳/丙酮共沸混合物中不能完全溶解时,本方法可代替GB/T 2910.12和GB/T 2910.13使用。

2 规范性引用文件

下列文件中的条款通过GB/T 2910本部分的引用而成为本部分的条款。凡是注日期的引用文件,其随后所有的修改单(不包括勘误的内容)或修订版均不适用于本部分,然而,鼓励根据本部分达成协议的各方研究是否可使用这些文件的最新版本。凡是不注日期的引用文件,其最新版本适用于本部分。

GB/T 2910.1 纺织品 定量化学分析 第1部分:试验通则(GB/T 2910.1—2009,ISO 1833-1:2006,IDT)

3 原理

用浓硫酸(ρ=1.84 g/mL)试剂将非含氯纤维组分从已知干燥质量的混合物中溶解去除,收集含氯纤维的残留物,清洗、烘干和称重;用修正后的质量计算其占混合物干燥质量分数,由差值得出第二种组分的质量分数。

4 试剂

使用GB/T 2910.1和本部分4.1、4.2和4.3规定试剂。

4.1 浓硫酸,ρ=1.84 g/mL。

4.2 硫酸溶液,浓度50%(质量分数):将400 mL浓硫酸(4.1)慢慢加入500 mL蒸馏水中,边加边冷却,待溶液冷却至室温后,用水稀释至1 L。

4.3 稀氨水溶液:60 mL浓氨水(ρ=0.880 g/mL)用蒸馏水稀释至1 L。

5 设备

使用GB/T 2910.1和本部分5.1和5.2规定设备。

5.1 具塞三角烧瓶,容量不小于200 mL。

5.2 平头玻璃棒。

6 试验步骤

按 GB/T 2910.1 规定的通用程序进行，然后按如下步骤操作：

将试样放入具塞三角烧瓶中，每克试样加入 100 mL 浓硫酸(4.1)，在室温下放置 10 min，期间用玻璃棒不时搅动试样。溶解机织物或针织物时，用玻璃棒将轻压其在瓶壁上去除溶解物。

用已知干燥质量的玻璃砂芯坩埚过滤溶液。

在具塞三角烧瓶中再加入 100 mL 浓硫酸(4.1)，重复以上操作。

将具塞三角烧瓶中的内容物倒入玻璃砂芯坩埚内，转移纤维残留物时用玻璃棒辅助。如有必要，加少量浓硫酸(4.1)洗掉附着在瓶壁上的纤维。

真空抽吸过滤。倒空或换掉抽滤瓶后，依次用 50% 的硫酸溶液(4.2)、蒸馏水或去离子水、稀氨水溶液(4.3)，最后用蒸馏水或去离子水清洗坩埚中的残留物。每次加溶液清洗时不要抽吸坩埚，待液体排干后再抽吸，直至坩埚内排出的液体呈中性。

最后将残留物和坩埚烘干、冷却和称重。

7 结果的计算和表示

结果的计算和表示按照 GB/T 2910.1 规定，d 值为 1.00。

8 精密度

对于均匀的纺织材料混合物，在 95% 的置信水平下，本方法测试结果的置信界限不超过±1。

参 考 文 献

[1] GB/T 2910.12 纺织品 定量化学分析 第12部分:聚丙烯腈纤维、某些改性聚丙烯腈纤维、某些含氯纤维或某些弹性纤维与某些其他纤维的混合物(二甲基甲酰胺法)(GB/T 2910.12—2009,ISO 1833-12:2006,IDT)

[2] GB/T 2910.13 纺织品 定量化学分析 第13部分:某些含氯纤维与某些其他纤维的混合物(二硫化碳/丙酮法)(GB/T 2910.13—2009,ISO 1833-13:2006,IDT)

ICS 59.080.01
W 04

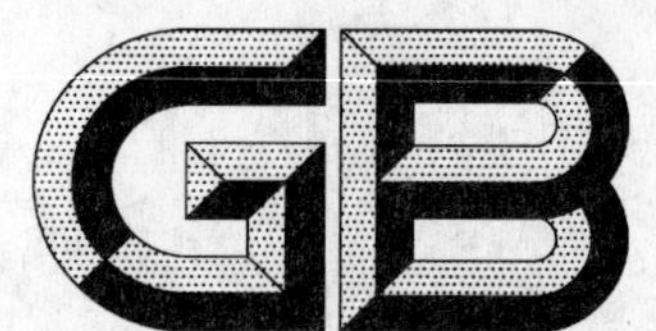

中华人民共和国国家标准

GB/T 2910.18—2009/ISO 1833-18:2006
部分代替 GB/T 2910—1997

纺织品 定量化学分析 第18部分:蚕丝与羊毛或其他动物毛纤维的混合物(硫酸法)

Textiles—Quantitative chemical analysis—
Part 18:Mixtures of silk and wool or hair (method using sulfuric acid)

(ISO 1833-18:2006,IDT)

2009-06-15 发布 2010-01-01 实施

中华人民共和国国家质量监督检验检疫总局
中国国家标准化管理委员会 发布

前　言

GB/T 2910《纺织品　定量化学分析》包括以下部分：

——第 1 部分：试验通则；

——第 2 部分：三组分纤维混合物；

——第 3 部分：醋酯纤维与某些其他纤维的混合物(丙酮法)；

——第 4 部分：某些蛋白质纤维与某些其他纤维的混合物(次氯酸盐法)；

——第 5 部分：粘胶纤维、某些铜氨纤维或莫代尔纤维与棉的混合物(锌酸钠法)；

——第 6 部分：粘胶纤维、某些铜氨纤维、莫代尔纤维或莱赛尔纤维与棉的混合物(甲酸/氯化锌法)；

——第 7 部分：聚酰胺纤维与某些其他纤维的混合物(甲酸法)；

——第 8 部分：醋酯纤维与三醋酯纤维的混合物(丙酮法)；

——第 9 部分：醋酯纤维与三醋酯纤维的混合物(苯甲醇法)；

——第 10 部分：三醋酯纤维或聚乳酸纤维与某些其他纤维的混合物(二氯甲烷法)；

——第 11 部分：纤维素纤维与聚酯纤维的混合物(硫酸法)；

——第 12 部分：聚丙烯腈纤维、某些改性聚丙烯腈纤维、某些含氯纤维或某些弹性纤维与某些其他纤维的混合物(二甲基甲酰胺法)；

——第 13 部分：某些含氯纤维与某些其他纤维的混合物(二硫化碳/丙酮法)；

——第 14 部分：醋酯纤维与某些含氯纤维的混合物(冰乙酸法)；

——第 15 部分：黄麻与某些动物毛纤维的混合物(含氮量法)；

——第 16 部分：聚丙烯纤维与某些其他纤维的混合物(二甲苯法)；

——第 17 部分：含氯纤维(氯乙烯均聚物)与某些其他纤维的混合物(硫酸法)；

——第 18 部分：蚕丝与羊毛或其他动物毛纤维的混合物(硫酸法)；

——第 19 部分：纤维素纤维与石棉的混合物(加热法)；

——第 20 部分：聚氨酯弹性纤维与某些其他纤维的混合物(二甲基乙酰胺法)；

——第 21 部分：含氯纤维、某些改性聚丙烯腈纤维、某些弹性纤维、醋酯纤维、三醋酯纤维与某些其他纤维的混合物(环己酮法)；

——第 22 部分：粘胶纤维、某些铜氨纤维、莫代尔纤维或莱赛尔纤维与亚麻、苎麻的混合物(甲酸/氯化锌法)；

——第 23 部分：聚乙烯纤维与聚丙烯纤维的混合物(环己酮法)；

——第 24 部分：聚酯纤维与某些其他纤维的混合物(苯酚/四氯乙烷法)；

——第 101 部分：大豆蛋白复合纤维与某些其他纤维的混合物。

本部分为 GB/T 2910 的第 18 部分。

GB/T 2910—1997 由以下标准代替：GB/T 2910.1，GB/T 2910.3，GB/T 2910.4，GB/T 2910.6，GB/T 2910.7，GB/T 2910.8，GB/T 2910.9，GB/T 2910.10，GB/T 2910.11，GB/T 2910.12，GB/T 2910.13，GB/T 2910.14，GB/T 2910.15，GB/T 2910.16，GB/T 2910.17，GB/T 2910.18，GB/T 2910.19和 GB/T 2910.22。

本部分等同采用 ISO 1833.18:2006《纺织品　定量化学分析　第 18 部分：蚕丝和羊毛或其他动物毛纤维的混合物(硫酸法)》。本部分与 ISO 1833.18:2006 相比有以下编辑性修改：

——规范性引用文件中由我国标准替代了国际标准；

——删除了国际标准的前言。

本部分代替 GB/T 2910—1997《纺织品　二组分纤维混纺产品定量化学分析方法》中的第 19 章。本部分与 GB/T 2910—1997 的第 19 章相比无技术性差异。

本部分由中国纺织工业协会提出。

本部分由全国纺织标准化技术委员会基础标准分会(SAC/TC 209/SC 1)归口。

本部分主要起草单位:国家纺织制品质量监督检测中心、中国纺织科学研究院深圳测试中心。

本部分主要起草人:王颖、李纯、王茜、安立。

GB/T 2910 的历次版本发布情况为:

——GB/T 2910—1982;

——GB/T 2910—1997。

纺织品　定量化学分析
第18部分:蚕丝与羊毛或其他动物毛纤维的混合物(硫酸法)

1　范围

GB/T 2910的本部分规定了采用硫酸法测定去除非纤维物质后的蚕丝和羊毛或其他动物毛纤维二组分混合物中纤维含量的方法。

2　规范性引用文件

下列文件中的条款通过GB/T 2910的本部分的引用而成为本部分的条款。凡是注日期的引用文件,其随后所有的修改单(不包括勘误的内容)或修订版均不适用于本部分,然而,鼓励根据本部分达成协议的各方研究是否可使用这些文件的最新版本。凡是不注日期的引用文件,其最新版本适用于本部分。

GB/T 2910.1　纺织品　定量化学分析　第1部分:试验通则(GB/T 2910.1—2009,ISO 1833-1:2006,IDT)

3　原理

用75%(质量分数)硫酸试剂将蚕丝从已知干燥质量的混合物中溶解去除,收集残留物、清洗、烘干和称重;用修正后的质量计算其占混合物干燥质量分数。由差值得出羊毛的质量分数。

注:野生蚕丝,如野生柞蚕丝,不完全溶解于75%(质量分数)硫酸。

4　试剂

使用GB/T 2910.1和本部分4.1、4.2和4.3规定的试剂。

4.1　75%(质量分数)硫酸溶液

在冷却条件下,慢慢地将700 mL浓硫酸(密度ρ=1.84 g/mL)加入到350 mL水中。待溶液冷却至室温,再用水稀释至1 L。

硫酸溶液浓度应在73%～77%(质量分数)范围内。

4.2　稀硫酸溶液

将100 mL浓硫酸(密度1.84 g/mL)慢慢加入到1 900 mL水中。

4.3　稀氨水溶液

将200 mL氨水(密度为0.880 g/mL)用水稀释至1 L。

5　设备

使用GB/T 2910.1和本部分5.1规定的设备。

5.1　具塞三角烧瓶,容量不小于200 mL。

6　试验步骤

按照GB/T 2910.1规定的通用程序进行。然后按以下步骤操作。

将试样放入三角烧瓶中,每克试样加入100 mL硫酸溶液(4.1),盖上瓶塞,用力振荡三角烧瓶(最好采取机械振荡)，室温下放置 30 min；

再次振荡烧瓶后，室温下放置 30 min。

振荡最后一次。用已知干燥质量的过滤坩埚过滤三角烧瓶中的残留物。再用少量硫酸溶液(4.1)清洗三角烧瓶中的残留物。

用抽滤装置抽吸排液，依次用 50 mL 的稀硫酸溶液(4.2)、50 mL 水和 50 mL 稀氨水溶液(4.3)清洗过滤坩埚中的残留物。每一次在抽滤装置抽吸排液前，要保证残留物与液体充分接触至少 10 min。每次清洗要先靠重力排液，然后用抽滤装置抽吸排液。

再用水冲洗，保证残留物与水充分接触约 30 min，后用抽滤装置抽吸排液。

烘干过滤坩埚和残留物，冷却，称重。

7 结果计算和表示

结果计算和表示按 GB/T 2910.1 规定。

d 值为 0.985。

8 精密度

对于均匀的纺织材料混合物，在 95% 置信水平下，本方法置信界限不超过±1。

ICS 59.080.01
W 04

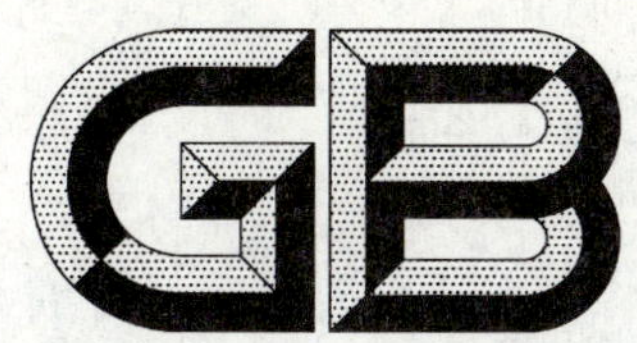

中华人民共和国国家标准

GB/T 2910.19—2009/ISO 1833-19:2006
部分代替 GB/T 2910—1997

纺织品　定量化学分析 第19部分:纤维素纤维与石棉的混合物 (加热法)

Textiles—Quantitative chemical analysis—
Part 19: Mixtures of cellulose fibres and asbestos (method by heating)

(ISO 1833-19:2006,IDT)

2009-06-15 发布　　2010-01-01 实施

中华人民共和国国家质量监督检验检疫总局
中国国家标准化管理委员会　发布

前　言

GB/T 2910《纺织品　定量化学分析》包括以下部分：

——第1部分：试验通则；

——第2部分：三组分纤维混合物；

——第3部分：醋酯纤维与某些其他纤维的混合物(丙酮法)；

——第4部分：某些蛋白质纤维与某些其他纤维的混合物(次氯酸盐法)；

——第5部分：粘胶纤维、铜氨纤维或莫代尔纤维与棉的混合物(锌酸钠法)；

——第6部分：粘胶纤维、某些铜氨纤维、莫代尔纤维或莱赛尔纤维与棉的混合物(甲酸/氯化锌法)；

——第7部分：聚酰胺纤维与某些其他纤维的混合物(甲酸法)；

——第8部分：醋酯纤维与三醋酯纤维的混合物(丙酮法)；

——第9部分：醋酯纤维与三醋酯纤维的混合物(苯甲醇法)；

——第10部分：三醋酯纤维或聚乳酸纤维与某些其他纤维的混合物(二氯甲烷法)；

——第11部分：纤维素纤维与聚酯纤维的混合物(硫酸法)；

——第12部分：聚丙烯腈纤维、某些改性聚丙烯腈纤维、某些含氯纤维或某些弹性纤维与某些其他纤维的混合物(二甲基甲酰胺法)；

——第13部分：某些含氯纤维与某些其他纤维的混合物(二硫化碳/丙酮法)；

——第14部分：醋酯纤维与某些含氯纤维的混合物(冰乙酸法)；

——第15部分：黄麻与某些动物纤维的混合物(含氮量法)；

——第16部分：聚丙烯纤维与某些其他纤维的混合物(二甲苯法)；

——第17部分：含氯纤维(氯乙烯均聚物)与某些其他纤维的混合物(硫酸法)；

——第18部分：蚕丝与羊毛或其他动物毛纤维的混合物(硫酸法)；

——第19部分：纤维素纤维与石棉的混合物(加热法)；

——第20部分：聚氨酯弹性纤维与某些其他纤维的混合物(二甲基乙酰胺法)；

——第21部分：含氯纤维、某些改性聚丙烯腈纤维、某些弹性纤维、醋酯纤维、三醋酯纤维与某些其他纤维的混合物(环己酮法)；

——第22部分：粘胶纤维、某些铜氨纤维或莫代尔纤维或莱赛尔纤维与亚麻、苎麻的混合物(甲酸/氯化锌法)；

——第23部分：聚乙烯纤维与聚丙烯纤维的混合物(环己酮法)；

——第24部分：聚酯纤维与某些其他纤维的混合物(苯酚四氯乙烷法)；

——第101部分：大豆蛋白复合纤维与某些其他纤维的混合物。

本部分为GB/T 2910的第19部分。

GB/T 2910—1997由以下标准代替：GB/T 2910.1，GB/T 2910.3，GB/T 2910.4，GB/T 2910.6，GB/T 2910.7，GB/T 2910.8，GB/T 2910.9，GB/T 2910.10，GB/T 2910.11，GB/T 2910.12，GB/T 2910.13，GB/T 2910.14，GB/T 2910.15，GB/T 2910.16，GB/T 2910.17，GB/T 2910.18。GB/T 2910.19和GB/T 2910.22。

本部分等同采用ISO 1833-19:2006《纺织品　定量化学分析　第19部分：纤维素纤维与石棉的混合物(加热法)》。本部分与ISO 1833.19:2006相比有如下编辑性修改：

——规范性引用文件中由我国标准替代了国际标准；

——删除了国际标准的前言。

本部分代替 GB/T 2910—1997《纺织品 二组分纤维混纺产品定量化学分析方法》中的第 20 章。与 GB/T 2910—1997 的第 20 章相比没有技术性差异。

本部分由中国纺织工业协会提出。

本部分由全国纺织标准化技术委员会基础标准分会(SAC/TC 209/SC 1)归口。

本部分主要起草单位:中山出入境检验检疫局、广东出入境检验检疫局、纺织工业标准化研究所、上海市毛麻纺织科学技术研究所。

本部分主要起草人:王京力、邓志光、林晓杨、朱卫红。

GB/T 2910 的历次版本发布情况为:

——GB/T 2910—1982;

——GB/T 2910—1997。

纺织品　定量化学分析
第19部分:纤维素纤维与石棉的混合物
(加热法)

安全防范:切割含石棉的纱或织物时,应采取安全防范措施避免吸入石棉粉尘。

1　范围

GB/T 2910的本部分规定了采用加热法测定由以下纤维组成的二组分混合物中纤维素纤维含量的方法:

——棉或再生纤维素纤维

和

——温石棉和青石棉。

如果各利益相关方同意,本部分亦适用于其他类型的石棉。

注:本方法在原理上与GB/T 2910.1的选择性溶解不同。

2　规范性引用文件

下列文件中的条款通过GB/T 2910本部分的引用而成为本部分的条款。凡是注日期的引用文件,其随后所有的修改单(不包括勘误的内容)或修订版均不适用于本部分,然而,鼓励根据本部分达成协议的各方研究是否可使用这些文件的最新版本。凡是不注日期的引用文件,其最新版本适用于本部分。

GB/T 2910.1　纺织品　定量化学分析　第1部分:试验通则(GB/T 2910.1—2009,ISO 1833-1:2006,IDT)

3　原理

用(450±10)℃加热1 h的方法从已知干燥质量的混合物中去除纤维素纤维。残留物称重,用修正后的质量计算其占混合物干燥质量分数,由差值得出纤维素纤维的质量分数。

注:不必预先去除非纤维物质。

4　试剂

使用GB/T 2910.1规定试剂。

5　设备

使用GB/T 2910.1和本部分5.1、5.2和5.3规定设备。

5.1　称量瓶。

5.2　坩埚。

5.3　电炉,能自动控制温度(450±10)℃。

6　取样

从整批样品中取代表性试样,每个至少5 g。

注:GB/T 2910.1规定的样品的预处理不适用于此混合物的分析。

7 试验步骤

按 GB/T 2910.1 规定的通用程序进行，然后按如下步骤操作：

从实验室样品中取约 5 g 试样。

准确称量试样干燥质量，将试样放入已知质量的敞口坩埚内，在电炉中以(450±10)℃的温度加热保持 1 h。在干燥器中冷却坩埚及残留物至室温，拿出后 2 min 内称出坩埚及残留物干燥质量。

8 结果的计算和表示

结果的计算和表示按照 GB/T 2910.1 规定，*d* 值为 1.02。

ICS 59.080.01
W 04

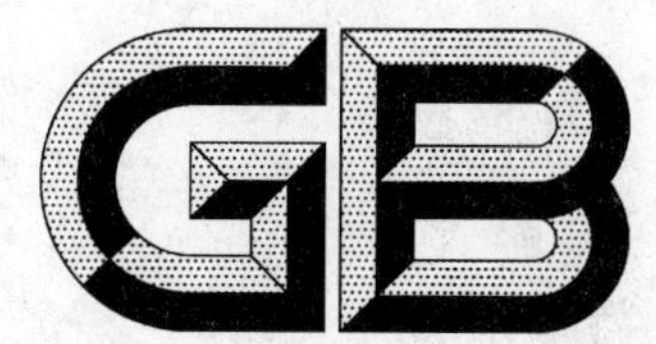

中华人民共和国国家标准

GB/T 2910.20—2009

纺织品 定量化学分析 第20部分：聚氨酯弹性纤维与某些其他纤维的混合物(二甲基乙酰胺法)

Textiles—Quantitative chemical analysis—Part 20: Mixtures of elastane and some other fibers (method of using dimethylacetamide)

2009-06-15 发布 2010-01-01 实施

中华人民共和国国家质量监督检验检疫总局
中国国家标准化管理委员会 发布

前　言

GB/T 2910《纺织品　定量化学分析》包括以下部分：

——第1部分：试验通则；

——第2部分：三组分纤维混合物；

——第3部分：醋酯纤维与某些其他纤维的混合物(丙酮法)；

——第4部分：某些蛋白质纤维与某些其他纤维的混合物(次氯酸盐法)；

——第5部分：粘胶纤维、铜氨纤维或莫代尔纤维与棉的混合物(锌酸钠法)；

——第6部分：粘胶纤维、某些铜氨纤维、莫代尔纤维或莱赛尔纤维与棉的混合物(甲酸/氯化锌法)；

——第7部分：聚酰胺纤维与某些其他纤维的混合物(甲酸法)；

——第8部分：醋酯纤维与三醋酯纤维的混合物(丙酮法)；

——第9部分：醋酯纤维与三醋酯纤维的混合物(苯甲醇法)；

——第10部分：三醋酯纤维或聚乳酸纤维与某些其他纤维的混合物(二氯甲烷法)；

——第11部分：纤维素纤维与聚酯纤维的混合物(硫酸法)；

——第12部分：聚丙烯腈纤维、某些改性聚丙烯腈纤维、某些含氯纤维或某些弹性纤维与某些其他纤维的混合物(二甲基甲酰胺法)；

——第13部分：某些含氯纤维与某些其他纤维的混合物(二硫化碳/丙酮法)；

——第14部分：醋酯纤维与某些含氯纤维的混合物(冰乙酸法)；

——第15部分：黄麻与某些动物纤维的混合物(含氮量法)；

——第16部分：聚丙烯纤维与某些其他纤维的混合物(二甲苯法)；

——第17部分：含氯纤维(氯乙烯均聚物)与某些其他纤维的混合物(硫酸法)；

——第18部分：蚕丝与羊毛或其他动物毛纤维的混合物(硫酸法)；

——第19部分：纤维素纤维与石棉的混合物(加热法)；

——第20部分：聚氨酯弹性纤维与某些其他纤维的混合物(二甲基乙酰胺法)；

——第21部分：含氯纤维、某些改性聚丙烯腈纤维、某些弹性纤维、醋酯纤维、三醋酯纤维与其他某些纤维的混合物(环己酮法)；

——第22部分：粘胶纤维、某些铜氨纤维、莫代尔纤维或莱赛尔纤维与亚麻、苎麻的混合物(甲酸/氯化锌法)；

——第23部分：聚乙烯纤维与聚丙烯纤维的混合物(环己酮法)；

——第24部分：聚酯纤维与某些其他纤维的混合物(苯酚/四氯乙烷法)；

——第101部分：大豆蛋白复合纤维与某些其他纤维的混合物。

本部分为GB/T 2910的第20部分。

GB/T 2910—1997由以下标准代替：GB/T 2910.1，GB/T 2910.3，GB/T 2910.4，GB/T 2910.6，GB/T 2910.7，GB/T 2910.8，GB/T 2910.9，GB/T 2910.10，GB/T 2910.11，GB/T 2910.12，GB/T 2910.13，GB/T 2910.14，GB/T 2910.15，GB/T 2910.16，GB/T 2910.17，GB/T 2910.18、GB/T 2910.19和GB/T 2910.22。

本部分参照ISO/CD 1833-20:2006《纺织品　定量化学分析　第20部分：弹性纤维与某些其他纤维的混合物(二甲基乙酰胺法)》。

本部分由中国纺织工业协会提出。

本部分由全国纺织标准化技术委员会基础标准分会(SAC/TC 209/SC 1)归口。

本部分主要起草单位:国家纺织制品质量监督检验中心,纺织工业标准化研究所。

本部分主要起草人:朱缨。

纺织品　定量化学分析
第20部分:聚氨酯弹性纤维与某些其他纤维的混合物(二甲基乙酰胺法)

1　范围

GB/T 2910的本部分规定了采用二甲基乙酰胺法测定去除非纤维的物质后以下两组分混合物中聚氨酯弹性纤维含量的方法。

——聚氨酯弹性纤维

和

——棉、粘胶纤维、铜氨纤维、莫代尔纤维、莱塞尔纤维、聚酰胺纤维、聚酯纤维、丝和羊毛纤维。

本部分不适用于聚丙烯腈纤维同时存在的情况。

2　规范性引用文件

下列文件中的条款通过GB/T 2910的本部分的引用而成为本部分的条款。凡是注日期的引用文件,其随后所有的修改单(不包括勘误的内容)或修订版均不适用于本部分,然而,鼓励根据本部分达成协议的各方研究是否可使用这些文件的最新版本。凡是不注日期的引用文件,其最新版本适用于本部分。

GB/T 2910.1　纺织品　定量化学分析　第1部分:试验通则(GB/T 2910.1—2009,ISO 1833-1:2006,IDT)

3　原理

用二甲基乙酰胺把聚氨酯弹性纤维从已知干重的混合物中溶解去除,收集残留物,清洗、烘干和称重;由修正后的质量计算其占混合物干燥质量分数。由差值得出聚氨酯弹性纤维的质量分数。

4　试剂

使用GB/T 2910.1和本部分规定的试剂。

4.1　二甲基乙酰胺

安全警示:二甲基乙酰胺有毒,使用时请注意防护。

5　设备

使用GB/T 2910.1和本部分5.1及5.2中规定的设备。

5.1　具塞三角烧瓶:最小容积250 mL。

5.2　加热装置:能保持三角烧瓶温度在(60±2)℃(例如带有温控装置的水浴锅)。

6　试验步骤

按GB/T 2910.1中规定的通用程序进行。然后按以下步骤操作。

将试样放入具塞三角烧瓶(5.1)中。加入150 mL二甲基乙酰胺(4.1)并振荡将试样浸湿。置于60 ℃的加热装置(5.2)中震荡20 min。

将三角烧瓶里的物质通过已称重的过滤坩埚过滤,然后将残留物用同温度的二甲基乙酰胺冲洗转移到坩埚上。

让液体在重力作用下排净后用泵抽干。用水冲洗并用抽滤装置将坩埚抽干。

烘干坩埚和残留物,冷却并称重。

7 计算和结果表达

按照 GB/T 2910.1 所示计算结果。

除涤纶纤维 d 值为 1.01 外,其他纤维 d 值均为 1.00。

8 精密度

对于均匀的纺织材料混合物,在 95%置信水平下,本方法测试结果的置信界限不超过±1。

ICS 59.080.01
W 04

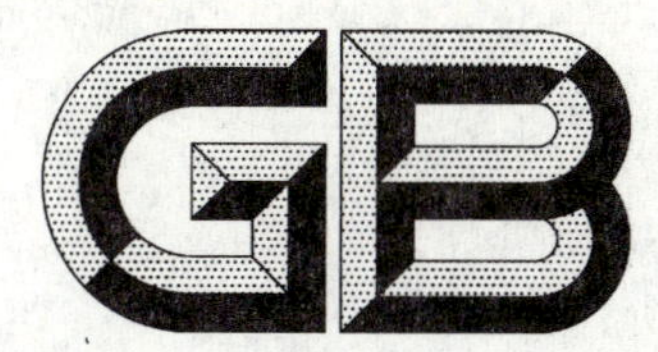

中华人民共和国国家标准

GB/T 2910.21—2009/ISO 1833-21:2006

纺织品　定量化学分析 第21部分:含氯纤维、某些改性聚丙烯腈纤维、某些弹性纤维、醋酯纤维、三醋酯纤维与某些其他纤维的混合物(环已酮法)

Textiles—Quantitative chemical analysis—
Part 21:Mixtures of chlorofibers,certain modacrylics,
certain elastanes,acetates,triacetates and
certain other fibers (method using cyclohexanone)

(ISO 1833-21:2006,IDT)

2009-06-15 发布　　　　2010-01-01 实施

中华人民共和国国家质量监督检验检疫总局
中国国家标准化管理委员会　发布

前　言

GB/T 2910《纺织品　定量化学分析》包括以下部分：

——第1部分：试验通则；

——第2部分：三组分纤维混合物；

——第3部分：醋酯纤维与某些其他纤维的混合物(丙酮法)；

——第4部分：某些蛋白质纤维与某些其他纤维的混合物(次氯酸盐法)；

——第5部分：粘胶纤维、铜氨纤维或莫代尔纤维与棉的混合物(锌酸钠法)；

——第6部分：粘胶纤维、某些铜氨纤维、莫代尔纤维或莱赛尔纤维与棉的混合物(甲酸/氯化锌法)；

——第7部分：聚酰胺纤维与某些其他纤维的混合物(甲酸法)；

——第8部分：醋酯纤维与三醋酯纤维的混合物(丙酮法)；

——第9部分：醋酯纤维与三醋酯纤维的混合物(苯甲醇法)；

——第10部分：三醋酯纤维或聚乳酸纤维与某些其他纤维的混合物(二氯甲烷法)；

——第11部分：纤维素纤维与聚酯纤维的混合物(硫酸法)；

——第12部分：聚丙烯腈纤维、某些改性聚丙烯腈纤维、某些含氯纤维或某些弹性纤维与某些其他纤维的混合物(二甲基甲酰胺法)；

——第13部分：某些含氯纤维与某些其他纤维的混合物(二硫化碳/丙酮法)；

——第14部分：醋酯纤维与某些含氯纤维的混合物(冰乙酸法)；

——第15部分：黄麻与某些动物纤维的混合物(含氮量法)；

——第16部分：聚丙烯纤维与某些其他纤维的混合物(二甲苯法)；

——第17部分：含氯纤维(氯乙烯均聚物)与某些其他纤维的混合物(硫酸法)；

——第18部分：蚕丝与羊毛或其他动物毛纤维的混合物(硫酸法)；

——第19部分：纤维素纤维与石棉的混合物(加热法)；

——第20部分：聚氨酯弹性纤维与某些其他纤维的混合物(二甲基乙酰胺法)；

——第21部分：含氯纤维、某些改性聚丙烯腈纤维、某些弹性纤维、醋酯纤维、三醋酯纤维与某些其他纤维的混合物(环己酮法)；

——第22部分：粘胶纤维、某些铜氨纤维或莫代尔纤维或莱赛尔纤维与亚麻、苎麻的混合物(甲酸/氯化锌法)；

——第23部分：聚乙烯纤维与聚丙烯纤维的混合物(环己酮法)；

——第24部分：聚酯纤维与某些其他纤维的混合物(苯酚四氯乙烷法)；

——第101部分：大豆蛋白复合纤维与某些其他纤维的混合物。

本部分为GB/T 2910的第21部分。

GB/T 2910—1997由以下标准代替：GB/T 2910.1，GB/T 2910.3，GB/T 2910.4，GB/T 2910.6，GB/T 2910.7，GB/T 2910.8，GB/T 2910.9，GB/T 2910.10，GB/T 2910.11，GB/T 2910.12，GB/T 2910.13，GB/T 2910.14，GB/T 2910.15，GB/T 2910.16，GB/T 2910.17，GB/T 2910.18，GB/T 2910.19和GB/T 2910.22。

本部分等同采用ISO 1833-21:2006《纺织品　定量化学分析　第21部分：含氯纤维、某些改性聚丙烯腈纤维、某些弹性纤维、醋酯纤维、三醋酸纤维和某些其他纤维的混合物(环己酮法)》。本部分与ISO 1833.21:2006相比有如下编辑性修改：

——规范性引用文件中由我国标准替代了国际标准；

——删除了国际标准的前言；

——参考文献中由我国标准替代了国际标准，并取消了对 ISO 2076、ISO 6938 的引用；

——增加了资料性附录 NA“使用索式萃取器的试验步骤”。

本部分的附录 A、附录 NA 均为资料性附录。

本部分由中国纺织工业协会提出。

本部分由全国纺织标准化技术委员会基础标准分会(SAC/TC 209/SC 1)归口。

本部分主要起草单位：中山出入境检验检疫局、纺织工业标准化研究所、上海市毛麻纺织科学技术研究所。

本部分主要起草人：王京力、姜开明、郑雷青、陈素琴、彭志民。

纺织品　定量化学分析 第21部分:含氯纤维、某些改性聚丙烯腈纤维、某些弹性纤维、醋酯纤维、三醋酯纤维与某些其他纤维的混合物(环己酮法)

1　范围

GB/T 2910的本部分规定了采用环己酮法测定去除非纤维物质后的由以下纤维组成的混合物中含氯纤维、改性聚丙烯腈纤维、弹性纤维、醋酯纤维和三醋酯纤维含量的方法:

——醋酯纤维、三醋酯纤维、含氯纤维、某些改性聚丙烯腈纤维、某些弹性纤维

和

——羊毛、动物毛发、蚕丝、棉、铜氨纤维、莫代尔纤维、粘胶纤维、聚酰胺纤维、聚丙烯腈纤维和玻璃纤维。

当含有改性聚丙烯腈纤维或弹性纤维时,须预先试验以确定纤维是否完全溶于试剂。

也可使用GB/T 2910.13或GB/T 2910.17规定方法分析含有含氯纤维的混合物。

2　规范性引用文件

下列文件中的条款通过GB/T 2910本部分的引用而成为本部分的条款。凡是注日期的引用文件,其随后所有的修改单(不包括勘误的内容)或修订版均不适用于本部分,然而,鼓励根据本部分达成协议的各方研究是否可使用这些文件的最新版本。凡是不注日期的引用文件,其最新版本适用于本部分。

GB/T 2910.1　纺织品　定量化学分析　第1部分:试验通则(GB/T 2910.1—2009,ISO 1833-1:2006,IDT)

3　原理

用近沸点的环己酮试剂把醋酯纤维、三醋酯纤维、含氯纤维、某些改性聚丙烯腈纤维、某些弹性纤维从已知干燥质量的混合物中溶解去除。收集残留物,清洗、烘干和称重,用修正后的质量计算其占混合物干燥质量的百分率,由差值得出含氯纤维、改性聚丙烯腈纤维、弹性纤维、醋酯纤维和三醋酯纤维的质量百分率。

4　试剂

使用GB/T 2910.1和本部分4.1和4.2规定试剂。

4.1　环己酮,沸点156 ℃。

4.2　50%乙醇溶液(体积分数)。

安全警示:环己酮易燃有毒,使用时采取适当防护措施。

5　设备

使用GB/T 2910.1和本部分5.1至5.5规定设备。

5.1　热萃取装置(见附录A)。

注:此为参考文献[3]中介绍的装置的变体。

5.2　玻璃砂芯坩埚，盛装试样。

5.3　多孔挡板(孔隙率 1 级)，扁平圆形玻璃塞，中间为玻璃过滤料。

多孔挡板放在玻璃砂芯坩埚之上。

5.4　回流冷凝器，能与蒸馏烧瓶配套使用。

5.5　加热装置。

6　试验步骤

按 GB/T 2910.1 规定的通用程序进行，然后按如下步骤操作：

按每克试样 100 mL 的比例将环己酮(4.1)加入蒸馏烧瓶。

装上萃取容器，萃取容器内要先放入已装好试样和多孔挡板并稍微倾斜的玻璃砂芯坩埚。接好回流冷凝器，加热至溶液沸腾，萃取 60 min，每小时至少循环 12 次。

萃取结束冷却后拿出萃取容器，取出玻璃砂芯坩埚并拿开多孔挡板。

用已预热至 60 ℃的 50%乙醇(4.2)清洗坩埚中的余物 3 或 4 次，随后用 60 ℃的 1 L 水清洗。

清洗操作时不要抽吸，让液体靠重力排净后再抽吸。

最后，烘干坩埚和残留物，冷却并称重。

注：使用索式萃取器的试验步骤可参见附录 NA。

7　结果的计算和表示

结果的计算和表示按照 GB/T 2910.1 规定，除以下纤维外，其余纤维 d 值为 1.00。

——蚕丝 1.01；

——聚丙烯腈纤维 0.98。

8　精密度

对于均匀的纺织材料混合物，在 95%的置信水平下，本方法测试结果的置信界限不超过±1。

附　录　A
（资料性附录）
热萃取装置

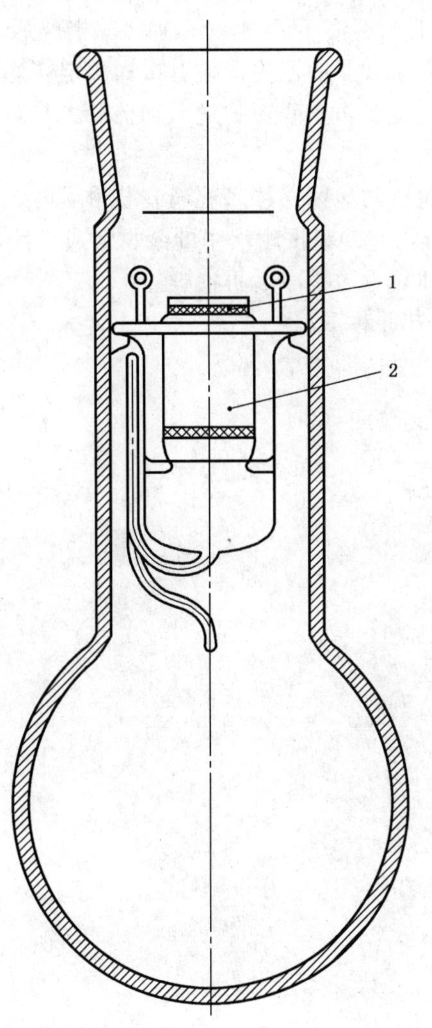

1——多孔挡板；
2——砂芯坩埚。

图 A.1　热萃取装置

附 录 NA
（资料性附录）
使用索式萃取器的试验步骤

按 GB/T 2910.1 规定的通用程序进行，然后按如下步骤操作：

按每克试样不少于 100 mL 的比例将环己酮(4.1)加入蒸馏烧瓶。

将试样用定性滤纸包好，放入索式萃取器内。包有试样的定性滤纸不要高于回流管的高度，其底部要保证溶解的组分顺利流出，同时也要防止残留物进入回流管。接好回流冷凝器，加热至溶液沸腾，萃取 60 min，每小时至少循环 12 次。

萃取结束后拿出滤纸，将其包裹的残留物移入玻璃砂芯坩埚内。

用已预热至 60 ℃的 50%乙醇(4.2)清洗坩埚中的余物 3 或 4 次，随后用 60 ℃的 1 L 水清洗。

清洗操作时不要抽吸，让液体靠重力排净后再抽吸。

最后，烘干坩埚和残留物，冷却并称重。

参 考 文 献

[1] GB/T 2910.13 纺织品 定量化学分析 第13部分:某些含氯纤维与某些其他纤维的混合物(二硫化碳/丙酮法)(GB/T 2910.13—2009,ISO 1833-13:2006,IDT)

[2] GB/T 2910.17 纺织品 定量化学分析 第17部分:含氯纤维(氯乙烯均聚物)与某些其他纤维的混合物(硫酸法)(GB/T 2910.17—2009,ISO 1833-17:2006,IDT)

[3] Melliand Textilberichte,56,1975,pp. 643-645

ICS 59.080.01
W 04

中华人民共和国国家标准

GB/T 2910.22—2009
部分代替 GB/T 2910—1997

纺织品 定量化学分析 第22部分：粘胶纤维、某些铜氨纤维、莫代尔纤维或莱赛尔纤维与亚麻、苎麻的混合物（甲酸/氯化锌法）

Textiles—Quantitative chemical analysis—
Part 22: Mixtures of viscose or certain types of cupro or modal or lyocell and flax of ramie fibres
(method using formic acid and zinc chloride)

2009-06-15 发布 2010-01-01 实施

中华人民共和国国家质量监督检验检疫总局
中国国家标准化管理委员会 发布

前　言

GB/T 2910《纺织品　定量化学分析》包括以下部分：

——第1部分：试验通则；

——第2部分：三组分纤维混合物；

——第3部分：醋酯纤维与某些其他纤维的混合物（丙酮法）；

——第4部分：某些蛋白质纤维与某些其他纤维的混合物（次氯酸盐法）；

——第5部分：粘胶纤维、某些铜氨纤维或莫代尔纤维与棉的混合物（锌酸钠法）；

——第6部分：粘胶纤维、某些铜氨纤维、莫代尔纤维或莱赛尔纤维与棉的混合物（甲酸/氯化锌法）；

——第7部分：聚酰胺纤维与某些其他纤维的混合物（甲酸法）；

——第8部分：醋酯纤维与三醋酯纤维的混合物（丙酮法）；

——第9部分：醋酯纤维与三醋酯纤维的混合物（苯甲醇法）；

——第10部分：三醋酯纤维或聚乳酸纤维与某些其他纤维的混合物（二氯甲烷法）；

——第11部分：纤维素纤维与聚酯纤维的混合物（硫酸法）；

——第12部分：聚丙烯腈纤维、某些改性聚丙烯腈纤维、某些含氯纤维或某些弹性纤维与某些其他纤维的混合物（二甲基甲酰胺法）；

——第13部分：某些含氯纤维与某些其他纤维的混合物（二硫化碳/丙酮法）；

——第14部分：醋酯纤维与某些含氯纤维的混合物（冰乙酸法）；

——第15部分：黄麻与某些动物纤维的混合物（含氮量法）；

——第16部分：聚丙烯纤维与某些其他纤维的混合物（二甲苯法）；

——第17部分：含氯纤维（氯乙烯均聚物）与某些其他纤维的混合物（硫酸法）；

——第18部分：蚕丝与羊毛或其他动物毛纤维的混合物（硫酸法）；

——第19部分：纤维素纤维与石棉的混合物（加热法）；

——第20部分：聚氨酯弹性纤维与某些其他纤维的混合物（二甲基乙酰胺法）；

——第21部分：含氯纤维、某些改性聚丙烯腈纤维、某些弹性纤维、醋酯纤维、三醋酯纤维与某些其他纤维的混合物（环己酮法）；

——第22部分：粘胶纤维、某些铜氨纤维、莫代尔纤维或莱赛尔纤维与亚麻、苎麻的混合物（甲酸/氯化锌法）；

——第23部分：聚乙烯纤维与聚丙烯纤维的混合物（环己酮法）；

——第24部分：聚酯纤维与某些其他纤维的混合物（苯酚/四氯乙烷法）；

——第101部分：大豆蛋白复合纤维与某些其他纤维的混合物。

本部分为GB/T 2910的第22部分。

GB/T 2910—1997由以下标准代替：GB/T 2910.1，GB/T 2910.3，GB/T 2910.4，GB/T 2910.6，GB/T 2910.7，GB/T 2910.8，GB/T 2910.9，GB/T 2910.10，GB/T 2910.11，GB/T 2910.12，GB/T 2910.13，GB/T 2910.14，GB/T 2910.15，GB/T 2910.16，GB/T 2910.17，GB/T 2910.18，GB/T 2910.19和GB/T 2910.22。

本部分与GB/T 2910.6共同代替GB/T 2910—1997《纺织品　二组分纤维混纺产品定量化学分析》第7章，与GB/T 2910—1997的第7章相比，有如下差异：

——范围中去除了棉。

本部分由中国纺织工业协会提出。

本部分由全国纺织品标准化技术委员会基础分会(SAC/TC 209/SC 1)归口。

本标部分起草单位:国家纺织制品质量监督检验中心、中国纺织科学研究院深圳测试中心。

本部分主要起草人:王颖、陈沛、李纯、安立。

GB/T 2910 的历次版本发布情况为:

——GB/T 2910—1982;

——GB/T 2910—1997。

纺织品　定量化学分析 第22部分:粘胶纤维、某些铜氨纤维、莫代尔纤维或莱赛尔纤维与亚麻、苎麻的混合物(甲酸/氯化锌法)

1　范围

GB/T 2910的本部分规定了采用甲酸/氯化锌法测定去除非纤维物质后的粘胶纤维、某些铜氨纤维、莫代尔纤维或莱赛尔纤维和亚麻、苎麻二组分混合物中纤维含量的方法。

本部分不适用于因粘胶纤维、某些铜氨纤维、莫代尔纤维、莱赛尔纤维中存在不能完全去除的耐久性整理剂或活性染料,致使其不能完全溶解的混合物。

安全警示:本部分所使用的物质或方法在使用不当的情况下,可能对人体健康和环境有害。

2　规范性引用文件

下列文件中的条款通过GB/T 2910的本部分的引用而成为本部分的条款。凡是注日期的引用文件,其随后所有的修改单(不包括勘误的内容)或修订版均不适用于本部分,然而,鼓励根据本部分达成协议的各方研究是否可使用这些文件的最新版本。凡是不注日期的引用文件,其最新版本适用于本部分。

GB/T 2910.1　纺织品　定量化学分析　第1部分:试验通则(GB/T 2910.1—2009,ISO 1833-1:2006,IDT)

3　原理

用甲酸/氯化锌试剂将粘胶纤维、某些铜氨纤维、莫代尔纤维、莱赛尔纤维从已知干燥质量的混合物中溶解去除,收集残留物、清洗、烘干和称重;用修正后的质量计算其占混合物干燥质量的百分率。由差值得出第二种纤维的质量百分率。

4　试剂

使用GB/T 2910.1和本部分4.1和4.2规定的试剂。

4.1　甲酸/氯化锌溶液

将20 g无水氯化锌和68 g无水甲酸加水配制100 g甲酸/氯化锌溶液。

安全警示:此试剂对人体有危害,使用时应采取妥善的防护措施。

4.2　稀氨水溶液

将20 mL氨水(密度 ρ=0.880 g/mL)用水稀释至1 L。

5　设备

使用GB/T 2910.1和本部分5.1规定的设备。

5.1　具塞三角烧瓶,容量不小于200 mL。

5.2　恒温水浴装置,恒温为40 ℃±2 ℃或70 ℃±2 ℃。

6　试验步骤

按照GB/T 2910.1中规定的程序进行。根据需要选择40 ℃法和70 ℃法。

6.1 40 ℃法

将试样迅速放入盛有已预热温度为 40 ℃±2 ℃的甲酸/氯化锌溶液的三角烧瓶中，每克试样加 100 mL甲酸/氯化锌溶液(4.1)，盖紧瓶盖。摇动三角烧瓶，浸湿试样，在 40 ℃±2 ℃下放置 2.5 h，每隔 45 min 振荡 1 次，共振荡 2 次。

振荡最后一次，用已知干燥质量的过滤坩埚过滤三角烧瓶中的残留物，用 20 mL 40 ℃的甲酸/氯化锌溶液(4.1)清洗三角烧瓶中的残留物。用 40 ℃水把残留物全部移入过滤坩埚中，用抽滤装置抽吸排液，再用 40 ℃水充分清洗，用 100 mL 稀氨水溶液(4.2)中和，并使残留物与溶液充分接触 10 min，用抽滤装置抽吸排液，用冷水清洗至中性。每次清洗先靠重力排液后，再用抽滤装置抽吸排液。

烘干过滤坩埚和残留物，冷却，称重。

注：对于 40 ℃法难以完全溶解的混合物，可采用 70 ℃法。

6.2 70 ℃法

将试样迅速放入盛有已预热温度为 70 ℃±2 ℃的甲酸/氯化锌溶液的三角烧瓶中，每克试样加 100 mL甲酸/氯化锌溶液(4.1)，盖紧瓶盖。摇动三角烧瓶，浸湿试样，在 70 ℃±2 ℃下放置 20 min±1 min，期间振荡 2 次。

振荡最后一次，用已知干燥质量的过滤坩埚过滤三角烧瓶中的残留物，用 10 mL 70 ℃的甲酸/氯化锌溶液(4.1)清洗三角烧瓶中的残留物。用 70 ℃水把残留物全部移入过滤坩埚中，用抽滤装置抽吸排液，再用 70 ℃水充分清洗，用 100 mL 稀氨水溶液(4.2)中和，并使残留物与溶液充分接触 10 min，用抽滤装置抽吸排液，用冷水清洗至中性。每次清洗先靠重力排液后，再用抽滤装置抽吸排液。

烘干过滤坩埚和残留物，冷却，称重。

注：对于某些难以溶解的高湿模量纤维与麻纤维的混合物，在 70 ℃±2 ℃条件下可适当延长时间。

7 结果计算和表示

结果计算和表示按 GB/T 2910.1 规定。

亚麻 d 值为 1.07，苎麻 d 值为 1.00。

8 精密度

对于均匀的纺织材料混合物，在 95%置信水平下，本方法置信界限不超过±1。

ICS 59.080.01
W 04

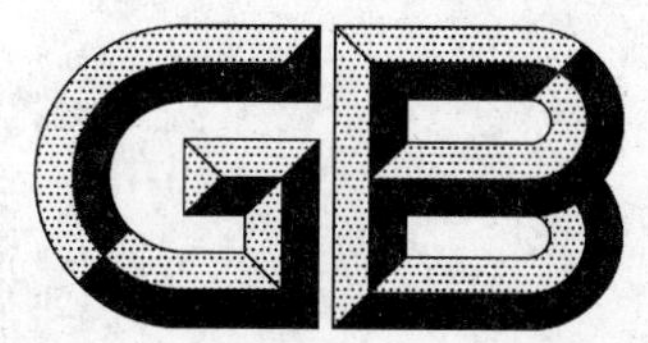

中华人民共和国国家标准

GB/T 2910.23—2009

纺织品　定量化学分析 第23部分：聚乙烯纤维与聚丙烯纤维的混合物（环己酮法）

Textiles—Quantitative chemical analysis—
Part 23: Mixtures of polyethylene and polypropylene
(method using cyclohexanone)

2009-06-15 发布　　2010-01-01 实施

中华人民共和国国家质量监督检验检疫总局
中国国家标准化管理委员会　发布

前　言

GB/T 2910《纺织品　定量化学分析》包括以下部分：

——第1部分：试验通则；

——第2部分：三组分纤维混合物；

——第3部分：醋酯纤维与某些其他纤维的混合物(丙酮法)；

——第4部分：某些蛋白质纤维与某些其他纤维的混合物(次氯酸盐法)；

——第5部分：粘胶纤维、铜氨纤维或莫代尔纤维与棉的混合物(锌酸钠法)；

——第6部分：粘胶纤维、某些铜氨纤维、莫代尔纤维或莱赛尔纤维与棉的混合物(甲酸/氯化锌法)；

——第7部分：聚酰胺纤维与某些其他纤维的混合物(甲酸法)；

——第8部分：醋酯纤维与三醋酯纤维的混合物(丙酮法)；

——第9部分：醋酯纤维与三醋酯纤维的混合物(苯甲醇法)；

——第10部分：三醋酯纤维或聚乳酸纤维与某些其他纤维的混合物(二氯甲烷法)；

——第11部分：纤维素纤维与聚酯纤维的混合物(硫酸法)；

——第12部分：聚丙烯腈纤维、某些改性聚丙烯腈纤维、某些含氯纤维或某些弹性纤维与某些其他纤维的混合物(二甲基甲酰胺法)；

——第13部分：某些含氯纤维与某些其他纤维的混合物(二硫化碳/丙酮法)；

——第14部分：醋酯纤维与某些含氯纤维的混合物(冰乙酸法)；

——第15部分：黄麻与某些动物纤维的混合物(含氮量法)；

——第16部分：聚丙烯纤维与某些其他纤维的混合物(二甲苯法)；

——第17部分：含氯纤维(氯乙烯均聚物)与某些其他纤维的混合物(硫酸法)；

——第18部分：蚕丝与羊毛或其他动物毛纤维的混合物(硫酸法)；

——第19部分：纤维素纤维与石棉的混合物(加热法)；

——第20部分：聚氨酯弹性纤维与某些其他纤维的混合物(二甲基乙酰胺法)；

——第21部分：含氯纤维、某些改性聚丙烯腈纤维、某些弹性纤维、醋酯纤维、三醋酯纤维与其他某些纤维的混合物(环己酮法)；

——第22部分：粘胶纤维、某些铜氨纤维、莫代尔纤维或莱赛尔纤维与亚麻、苎麻的混合物(甲酸/氯化锌法)；

——第23部分：聚乙烯纤维与聚丙烯纤维的混合物(环己酮法)；

——第24部分：聚酯纤维与某些其他纤维的混合物(苯酚/四氯乙烷法)；

——第101部分：大豆蛋白复合纤维与某些其他纤维的混合物。

本部分为GB/T 2910的第23部分。

GB/T 2910—1997由以下标准代替：GB/T 2910.1，GB/T 2910.3，GB/T 2910.4，GB/T 2910.6，GB/T 2910.7，GB/T 2910.8，GB/T 2910.9，GB/T 2910.10，GB/T 2910.11，GB/T 2910.12，GB/T 2910.13，GB/T 2910.14，GB/T 2910.15，GB/T 2910.16，GB/T 2910.17，GB/T 2910.18，GB/T 2910.19和GB/T 2910.22。

本部分参照ISO/CD 1833-23:2006《纺织品　定量化学分析　第23部分：聚乙烯纤维和聚丙烯纤维的混合物(环己酮法)》。

本部分由中国纺织工业协会提出。

本部分由全国纺织标准化技术委员会基础标准分会(SAC/TC 209/SC 1)归口。

本部分主要起草单位:国家纺织制品质量监督检验中心,纺织工业标准化研究所。

本部分主要起草人:朱缨。

纺织品 定量化学分析 第23部分:聚乙烯纤维与聚丙烯纤维的混合物(环己酮法)

1 范围

GB/T 2910的本部分规定了采用环己酮法测定去除非纤维的物质后聚乙烯纤维的含量的方法。

本部分仅适用聚乙烯纤维和聚丙烯纤维混纺的混合物。

2 规范性引用文件

下列文件中的条款通过GB/T 2910的本部分的引用而成为本部分的条款。凡是注日期的引用文件,其随后所有的修改单(不包括勘误的内容)或修订版均不适用于本部分,然而,鼓励根据本部分达成协议的各方研究是否可使用这些文件的最新版本。凡是不注日期的引用文件,其最新版本适用于本部分。

GB/T 2910.1 纺织品 定量化学分析 第1部分:试验通则(GB/T 2910.1—2009,ISO 1833-1:2006,IDT)

3 原理

用环己酮把聚丙烯纤维从已知干燥重量的混合物中溶解去除。收集残留物,清洗、烘干和称重;由修正后的质量计算其占混合物干燥质量分数。由差值得出聚丙烯纤维的质量分数。

4 试剂

使用GB/T 2910.1和本部分中规定的试剂。

4.1 环己酮:沸点156 ℃。

安全警示:环己酮易燃有毒,使用时注意。

4.2 丙酮。

5 设备

使用GB/T 2910.1和本部分5.1及5.2中规定的设备。

5.1 平底烧瓶或三角烧瓶:最小容积500 mL,带有冷凝装置。

5.2 油浴装置:能高于150 ℃操作。

6 试验步骤

按GB/T 2910.1中规定的通用程序进行。然后按以下步骤操作。

将试样放入平底烧瓶或三角烧瓶(5.1)中。加入100 mL环己酮(4.1)。振荡烧瓶。将烧瓶放到电热套(5.2)中,接上冷凝装置,让试样在50 ℃~60 ℃之间保持5 min,然后将温度缓慢升到(145±2)℃。在这个条件下大约放置10 min,直到聚丙烯纤维完全溶解。

在室温放置30 min,然后用已称重的坩埚过滤,用丙酮将残留物冲洗到坩埚上,然后用抽滤装置抽干。再倒满加热到60 ℃的环己酮,让它在重力的作用下排净,然后用抽滤装置抽干。

烘干坩埚和残留物,冷却并称重。

7 结果计算和表示

按照 GB/T 2910.1 所示计算结果。

d 值为 1.00。

8 精密度

对于均匀的纺织材料混合物，在 95％置信水平下，本方法测试结果的置信界限不超过±1。

ICS 59.080.01
W 04

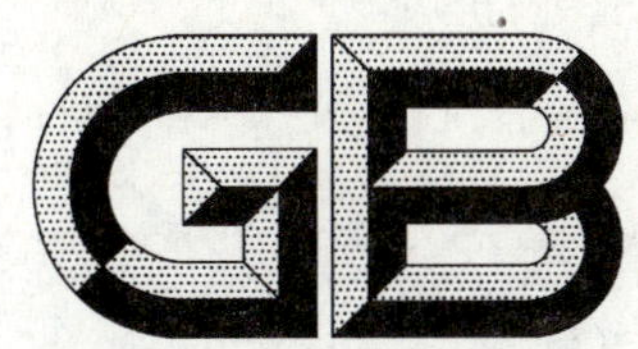

中华人民共和国国家标准

GB/T 2910.24—2009

纺织品　定量化学分析
第24部分：聚酯纤维与某些其他纤维的混合物（苯酚/四氯乙烷法）

**Textiles—Quantitative chemical analysis—
Part 24: Mixtures of polyester and some other fibers
(method using phenol and tetrachloroethane)**

2009-06-15 发布　　　　2010-01-01 实施

中华人民共和国国家质量监督检验检疫总局
中国国家标准化管理委员会　发布

前　言

GB/T 2910《纺织品　定量化学分析》包括以下部分：

——第1部分：试验通则；

——第2部分：三组分纤维混合物；

——第3部分：醋酯纤维与某些其他纤维的混合物(丙酮法)；

——第4部分：某些蛋白质纤维与某些其他纤维的混合物(次氯酸盐法)；

——第5部分：粘胶纤维、铜氨纤维或莫代尔纤维与棉的混合物(锌酸钠法)；

——第6部分：粘胶纤维、某些铜氨纤维、莫代尔纤维或莱赛尔纤维与棉的混合物(甲酸/氯化锌法)；

——第7部分：聚酰胺纤维与某些其他纤维的混合物(甲酸法)；

——第8部分：醋酯纤维与三醋酯纤维的混合物(丙酮法)；

——第9部分：醋酯纤维与三醋酯纤维的混合物(苯甲醇法)；

——第10部分：三醋酯纤维或聚乳酸纤维与某些其他纤维的混合物(二氯甲烷法)；

——第11部分：纤维素纤维与聚酯纤维的混合物(硫酸法)；

——第12部分：聚丙烯腈纤维、某些改性聚丙烯腈纤维、某些含氯纤维或某些弹性纤维与某些其他纤维的混合物(二甲基甲酰胺法)；

——第13部分：某些含氯纤维与某些其他纤维的混合物(二硫化碳/丙酮法)；

——第14部分：醋酯纤维与某些含氯纤维的混合物(冰乙酸法)；

——第15部分：黄麻与某些动物纤维的混合物(含氮量法)；

——第16部分：聚丙烯纤维与某些其他纤维的混合物(二甲苯法)；

——第17部分：含氯纤维(氯乙烯均聚物)与某些其他纤维的混合物(硫酸法)；

——第18部分：蚕丝与羊毛或其他动物毛纤维的混合物(硫酸法)；

——第19部分：纤维素纤维与石棉的混合物(加热法)；

——第20部分：聚氨酯弹性纤维与某些其他纤维的混合物(二甲基乙酰胺法)；

——第21部分：含氯纤维、某些改性聚丙烯腈纤维、某些弹性纤维、醋酯纤维、三醋酯纤维与其他某些纤维的混合物(环己酮法)；

——第22部分：粘胶纤维、某些铜氨纤维、莫代尔纤维或莱赛尔纤维与亚麻、苎麻的混合物(甲酸/氯化锌法)；

——第23部分：聚乙烯纤维与聚丙烯纤维的混合物(环己酮法)；

——第24部分：聚酯纤维与某些其他纤维的混合物(苯酚/四氯乙烷法)；

——第101部分：大豆蛋白复合纤维与某些其他纤维的混合物。

本部分为GB/T 2910的第24部分。

GB/T 2910—1997由以下标准代替：GB/T 2910.1，GB/T 2910.3，GB/T 2910.4，GB/T 2910.6，GB/T 2910.7，GB/T 2910.8，GB/T 2910.9，GB/T 2910.10，GB/T 2910.11，GB/T 2910.12，GB/T 2910.13，GB/T 2910.14，GB/T 2910.15，GB/T 2910.16，GB/T 2910.17，GB/T 2910.18，GB/T 2910.19和GB/T 2910.22。

本部分参考ISO/DIS 1833-24：2007《纺织品　定量化学分析　第24部分：聚酯纤维和其他纤维的混合物(苯酚和四氯乙烷法)》。

本部分由中国纺织工业协会提出。

本部分由全国纺织标准化技术委员会基础标准分会(SAC/TC 209/SC 1)归口。

本部分主要起草单位:国家纺织制品质量监督检验中心,纺织工业标准化研究所。

本部分主要起草人:朱缨。

纺织品 定量化学分析 第24部分:聚酯纤维与某些其他纤维的混合物(苯酚/四氯乙烷法)

警告:使用本标准的人员应有正规实验室工作的实践经验。本标准并未指出所有可能的安全问题。使用者有责任采取适当安全和健康措施,并保证符合国家有关法规规定的条件。

1 范围

GB/T 2910本部分规定了采用苯酚/四氯乙烷法测定去除非纤维的物质后以下两组分混合物中聚酯纤维含量的方法。

——聚酯纤维

和

——聚丙烯腈纤维、改性聚丙烯腈纤维、聚丙烯纤维或芳纶。

本部分不适用于涂层织物。

2 规范性引用文件

下列文件中的条款通过GB/T 2910的本部分的引用而成为本部分的条款。凡是注日期的引用文件,其随后所有的修改单(不包括勘误的内容)或修订版均不适用于本部分,然而,鼓励根据本部分达成协议的各方研究是否可使用这些文件的最新版本。凡是不注日期的引用文件,其最新版本适用于本部分。

GB/T 2910.1 纺织品 定量化学分析 第1部分:试验通则(GB/T 2910.1—2009,ISO 1833-1:2006,IDT)

3 原理

用苯酚和四氯乙烷混合试剂把聚酯纤维从已知干重的混合物中溶解去除。收集残留物,清洗、烘干和称重;由修正后的质量计算其占混合物干燥质量分数。由差值得出聚酯纤维的质量分数。

4 试剂

使用GB/T 2910.1和本部分中规定的试剂。

4.1 苯酚/四氯乙烷混合液:6∶4(质量分数)。

安全警告:此试剂具有一定毒性,使用者应采取完善的保护措施。

4.2 乙醇。

5 设备

使用GB/T 2910.1和5.1及5.2中所述的设备。

5.1 具塞三角烧瓶:最小容积250 mL。

5.2 加热装置:能保持锥形瓶温度在40 ℃～50 ℃(例如带有温控装置的水浴锅)。

6 试验步骤

按GB/T 2910.1中规定的通用程序进行。然后按以下步骤操作。

将试样放入三角烧瓶(5.1)中。每克试验中加入 100 mL 苯酚/四氯乙烷溶液(4.1)。在(40±5)℃的加热装置(5.2)中震荡三角烧瓶 10 min,然后将液体倒入已称重的坩埚用抽滤装置抽滤。

加入 100 mL 同温的苯酚/四氯乙烷溶液将锥形瓶里的残留物转移到已称重的过滤坩埚中,然后用乙醇(4.2)和水清洗锥形瓶中的残留物到过滤坩埚中。

用抽滤装置抽干再用水清洗残留物。让它在重力的作用下排净后再用抽滤装置抽干。

烘干坩埚和残留物,冷却并称重。

7 结果计算和表示

按照 GB/T 2910.1 所示计算结果。

除聚丙烯纤维 d 值为 1.01 外,其他纤维 d 值为 1.00。

8 精密度

对于均匀的纺织材料混合物,在 95%置信水平下,本方法测试结果的置信界限不超过±1。

ICS 59.080.01
W 04

中华人民共和国国家标准

GB/T 2910.101—2009

纺织品　定量化学分析
第101部分:大豆蛋白复合纤维与某些其他纤维的混合物

Textiles—Quantitative chemical analysis—Part 101: Mixtures of soybean protein composite fibre and certain other fibers

2009-06-15 发布　　2010-01-01 实施

中华人民共和国国家质量监督检验检疫总局
中国国家标准化管理委员会　发布

前　言

GB/T 2910《纺织品　定量化学分析》包括以下部分：

——第1部分：试验通则；

——第2部分：三组分纤维混合物；

——第3部分：醋酯纤维与某些其他纤维的混合物(丙酮法)；

——第4部分：某些蛋白质纤维与某些其他纤维的混合物(次氯酸盐法)；

——第5部分：粘胶纤维、铜氨纤维或莫代尔纤维与棉的混合物(锌酸钠法)；

——第6部分：粘胶纤维、某些铜氨纤维、莫代尔纤维或莱赛尔纤维与棉的混合物(甲酸/氯化锌法)；

——第7部分：聚酰胺纤维与某些其他纤维的混合物(甲酸法)；

——第8部分：醋酯纤维与三醋酯纤维的混合物(丙酮法)；

——第9部分：醋酯纤维与三醋酯纤维的混合物(苯甲醇法)；

——第10部分：三醋酯纤维或聚乳酸纤维与某些其他纤维的混合物(二氯甲烷法)；

——第11部分：纤维素纤维与聚酯纤维的混合物(硫酸法)；

——第12部分：聚丙烯腈纤维、某些改性聚丙烯腈纤维、某些含氯纤维或某些弹性纤维与某些其他纤维的混合物(二甲基甲酰胺法)；

——第13部分：某些含氯纤维与某些其他纤维的混合物(二硫化碳/丙酮法)；

——第14部分：醋酯纤维与某些含氯纤维的混合物(冰乙酸法)；

——第15部分：黄麻与某些动物纤维的混合物(含氮量法)；

——第16部分：聚丙烯纤维与某些其他纤维的混合物(二甲苯法)；

——第17部分：含氯纤维(氯乙烯均聚物)与某些其他纤维的混合物(硫酸法)；

——第18部分：蚕丝与羊毛或其他动物毛纤维的混合物(硫酸法)；

——第19部分：纤维素纤维与石棉的混合物(加热法)；

——第20部分：聚氨酯弹性纤维与某些其他纤维的混合物(二甲基乙酰胺法)；

——第21部分：含氯纤维、某些改性聚丙烯腈纤维、弹性纤维、醋酯纤维、三醋酯纤维与某些其他纤维的混合物(环己酮法)；

——第22部分：粘胶纤维、某些铜氨纤维、莫代尔纤维或莱赛尔纤维与亚麻、苎麻的混合物(甲酸/氯化锌法)；

——第23部分：聚乙烯纤维与聚丙烯纤维的混合物(环己酮法)；

——第24部分：聚酯纤维与某些其他纤维的混合物(苯酚四氯乙烷法)；

——第101部分：大豆蛋白复合纤维与某些其他纤维的混合物。

本部分为GB/T 2910的第101部分。

GB/T 2910—1997由以下标准代替：GB/T 2910.1，GB/T 2910.3，GB/T 2910.4，GB/T 2910.6，GB/T 2910.7，GB/T 2910.8，GB/T 2910.9，GB/T 2910.10，GB/T 2910.11，GB/T 2910.12，GB/T 2910.13，GB/T 2910.14，GB/T 2910.15，GB/T 2910.16，GB/T 2910.17，GB/T 2910.18，GB/T 2910.19和GB/T 2910.22。

本部分由中国纺织工业协会提出。

本部分由全国纺织品标准化技术委员会基础标准分会(SAC/TC 209/SC 1)归口。

本部分起草单位：上海市毛麻纺织科学技术研究所。

本部分主要起草人：张德良、沈美华、颜燕屏、陈杰、朱庆芳、李智华。

纺织品 定量化学分析 第101部分:大豆蛋白复合纤维与某些其他纤维的混合物

1 范围

GB/T 2910的本部分规定了大豆蛋白复合纤维(与聚乙烯醇复合)二组分混合物的化学分析方法。

本部分适用于大豆蛋白复合纤维(与聚乙烯醇复合)与某些其他纤维的二组分混合物。

2 规范性引用文件

下列文件中的条款通过GB/T 2910本部分的引用而成为本部分的条款。凡是注明日期的引用文件,其随后所有的修改单(不包括勘误的内容)或修订版均不适用于本部分,然而,鼓励根据本部分达成协议的各方研究是否可以使用这些文件的最新版本。凡是不注日期的引用文件,其最新版本适用于本部分。

GB/T 2910.1 纺织品 定量化学分析 第1部分:试验通则(GB/T 2910.1—2009,ISO 1833-1:2006,IDT)

3 大豆蛋白复合纤维与棉、粘胶纤维、莫代尔纤维、聚丙烯腈纤维或聚酯纤维的二组分混合物(次氯酸钠/盐酸法)

3.1 原理

用1 mol/L次氯酸钠溶液把大豆蛋白复合纤维中的大豆蛋白从已知干燥质量的试样中溶解去除,然后用20%盐酸溶液把大豆蛋白复合纤维中的剩余部分(聚乙烯醇缩甲醛)溶解去除,收集残留物,清洗、烘干和称重,用修正后的质量计算其占混合物干燥质量分数。由差值得出大豆蛋白复合纤维的质量分数。

3.2 试剂

使用GB/T 2910.1和本部分3.2.1、3.2.2、3.2.3和3.2.4规定的试剂。

3.2.1 1 mol/L次氯酸钠溶液

在1 mol/L的次氯酸钠溶液中加入氢氧化钠,使其含量为5 g/L。此溶液可用碘量法滴定,使其浓度在0.9 mol/L~1.1 mol/L。

3.2.2 (质量分数为20%)盐酸溶液

取浓盐酸1 000 mL(20 ℃时密度为1.19 g/mL)慢慢加入到800 mL水中,待冷却到20 ℃时再加水,修正其密度在1.095 g/mL~1.100 g/mL。浓度控制在19.5%~20.5%。

3.2.3 稀乙酸溶液

取5mL冰乙酸用水稀释至1 000 mL。

3.2.4 稀氨水溶液

取80 mL浓氨水(密度为0.880 g/mL),用水稀释至1 000 mL。

3.3 设备

使用GB/T 2910.1和本部分3.3.1和3.3.2规定的设备。

3.3.1 具塞三角烧瓶,容量为250 mL。

3.3.2 水浴,保持温度为20 ℃±2 ℃。

3.4 试验步骤

按照 GB/T 2910.1 规定的通用程序进行，然后按以下步骤操作。

把准备好的试样放入三角烧瓶中，每克试样加入 100 mL 次氯酸钠溶液(3.2.1)，在水浴(3.3.2)上剧烈振荡 40 min。用已知干重的玻璃砂芯坩埚过滤，用少量次氯酸钠溶液将残留物清洗到玻璃坩埚中，真空抽吸排液，再依次用水清洗、稀乙酸溶液(3.2.3)中和，最后用水连续清洗残留物，每次洗后先用重力排液，再用真空抽吸排液。最后将坩埚和残留物真空抽吸排液。

把真空抽吸后的残留物放入烧杯或有塞三角烧瓶中，每克试样加入 100 mL 20% 盐酸(3.2.2)溶液。在 25 ℃±2 ℃，搅拌或振荡 30 min，待聚乙烯醇缩甲醛完全溶解后用上述的玻璃砂芯坩埚过滤，用少量同温同浓度的盐酸溶液清洗残留物，再依次用水清洗、稀氨水溶液(3.2.4)中和，然后用水洗至用指示剂检查呈中性为止，每次洗后必须用真空抽吸排液。最后将坩埚和残留物烘干、冷却、称重。

3.5 结果的计算和表示

结果的计算和表示按 GB/T 2910.1 规定。棉的 d 值为 1.04，粘胶纤维、莫代尔纤维的 d 值为 1.01，聚丙烯腈纤维、聚酯纤维的 d 值为 1.00。

4 大豆蛋白复合纤维与聚丙烯腈纤维、聚氨酯纤维的二组分混合物(二甲基甲酰胺法)

4.1 原理

用二甲基甲酰胺把聚丙烯腈纤维或聚氨酯纤维从已知干燥质量的试样中溶解去除，收集残留物，清洗、烘干和称重，用修正后的质量计算其占混合物干燥质量分数。由差值得出聚丙烯腈纤维或聚氨酯纤维的质量分数。

4.2 试剂

使用 GB/T 2910.1 和本部分 4.2.1 规定的试剂。

4.2.1 二甲基甲酰胺，沸点 152 ℃～154 ℃。

警告：该试剂会对人体产生危害，使用者应采取完善的保护措施。

4.3 设备

使用 GB/T 2910.1 和本部分 4.3.1 和 4.3.2 规定的设备。

4.3.1 具塞三角烧瓶，容量不小于 200 mL。

4.3.2 加热设备，可以保持温度在 90 ℃～95 ℃。

4.4 试验步骤

按照 GB/T 2910.1 规定的通用程序进行，然后按以下步骤操作。

把准备好的试样放入三角烧瓶中，每克试样加入 100 mL 二甲基甲酰胺(4.2.1)，塞上玻璃塞，摇动烧瓶将试样充分润湿后，让烧瓶保持 90 ℃～95 ℃放置 1 h，在此期间用手轻轻摇动 5 次。用玻璃砂芯坩埚过滤，残留物留在烧瓶中。

另加 60 mL 二甲基甲酰胺，保持 90 ℃～95 ℃放置 30 min，用手轻轻摇动 2 次。把残留物过滤到玻璃砂芯坩埚，真空抽吸排液，并用水将残留物洗至坩埚中，真空抽吸排液。热水加满坩埚洗涤残留物两次，每次重力排液后再用真空抽吸。将残留物转移到烧瓶中，加入 160 mL 水，在室温下保持 5 min，不时地剧烈摇动。将液体过滤到坩埚排液，重复水洗三次以上，最后一次清洗将残留物全部过滤到坩埚中，并真空抽吸排液。用水清洗烧瓶，真空抽吸，最后将坩埚和残留物烘干，冷却，称重。

4.5 结果的计算和表示

结果的计算和表示按 GB/T 2910.1 规定，大豆蛋白复合纤维的 d 值为 1.01。

5 大豆蛋白复合纤维与聚酰胺纤维的混合物(冰乙酸法)

5.1 原理

用冰乙酸把聚酰胺纤维从已知干燥质量的试样中溶解去除，收集残留物，清洗、烘干和称重，用修正后的质量计算其占混合物干燥质量分数。由差值得出聚酰胺纤维的质量分数。

5.2 试剂

使用GB/T 2910.1和本部分5.2.1和5.2.2规定的试剂。

5.2.1 冰乙酸

警告：该试剂有强腐蚀性，使用者应采取完善的保护措施。

5.2.2 稀氨水溶液

取80 mL浓氨水（密度为0.880 g/mL），用水稀释至1 000 mL。

5.3 设备

使用GB/T 2910.1和本部分5.3.1和5.3.2规定的设备。

5.3.1 具塞三角烧瓶，容量不小于200 mL。

5.3.2 水浴，可保持沸腾。

5.4 试验步骤

按照GB/T 2910.1规定的通用程序进行，然后按以下步骤操作。

把准备好的试样放入具塞三角烧瓶中，每克试样加入100 mL已预热近100 ℃的冰乙酸（5.2.1），在沸腾的水浴中保持20 min，并不时摇动。待聚酰胺纤维完全溶解后，用已知质量的玻璃砂芯坩埚过滤，用同温度的冰乙酸清洗残留物，然后用同温度的水清洗、稀氨水溶液（5.2.2）中和，然后用水洗至用指示剂检查呈中性为止，每次洗后必须用真空抽吸排液。最后将残留物烘干、冷却、称重。

5.5 结果的计算和表示

结果的计算和表示按GB/T 2910.1规定，大豆蛋白复合纤维的 d 值为1.02。

6 大豆蛋白复合纤维与醋酯纤维的二组分混合物（丙酮法）

6.1 原理

用丙酮把醋酯纤维从已知干燥质量的试样中溶解去除，收集残留物，清洗、烘干和称重，用修正后的质量计算其占混合物干燥质量分数。由差值得出醋酯纤维的质量分数。

6.2 试剂

使用GB/T 2910.1和本部分6.2.1规定的试剂。

6.2.1 丙酮，馏程为55 ℃～57 ℃。

6.3 设备

使用GB/T 2910.1和本部分6.3.1规定的设备。

6.3.1 具塞三角烧瓶，容量不小于200 mL。

6.4 试验步骤

按照GB/T 2910.1规定的通用程序进行，然后按以下步骤操作。

把准备好的试样放进具塞三角烧瓶中，每克样品加入100 mL丙酮（6.2.1），摇动烧瓶，在室温下保持30 min，然后轻轻将液体用已知干重的玻璃砂芯坩埚过滤，残留物留在烧瓶中。再重复上述操作2次（共3次），每次15 min，处理总时间为1 h。用丙酮将残留物洗至坩埚中，真空抽吸排液。用新的丙酮注满坩埚，重力排液。最后，真空抽吸排液，将坩埚和残留物烘干、冷却和称重。

6.5 结果的计算和表示

结果的计算和表示按GB/T 2910.1规定，大豆蛋白复合纤维的 d 值为1.00。

7 大豆蛋白复合纤维与三醋酯纤维的二组分混合物（二氯甲烷法）

7.1 原理

用二氯甲烷把三醋酯纤维从已知干燥质量的试样中溶解去除，收集残留物，清洗、烘干和称重；用修正后的质量计算其占混合物干燥质量分数。由差值得出三醋酯纤维的质量分数。

7.2　试剂

使用 GB/T 2910.1 和本部分 7.2.1 规定的试剂。

7.2.1　二氯甲烷(CH_2Cl_2)

警告:该试剂会对人体产生危害,使用者应采取完善的保护措施。

7.3　设备

使用 GB/T 2910.1 和本部分 7.3.1 规定的设备。

7.3.1　具塞三角烧瓶,容量不小于 200 mL。

7.4　试验步骤

按照 GB/T 2910.1 规定的通用程序进行,然后按以下步骤操作。

把准备好的试样放入三角烧瓶中,每克试样加入 100 mL 二氯甲烷(7.2.1),塞上玻璃塞,摇动烧瓶将试样充分润湿后,放置 30 min,每隔 10 min 摇动一次。液体用玻璃砂芯坩埚过滤,再加 60 mL 二氯甲烷至三角烧瓶中的残留物,用手摇动,将其过滤到坩埚中,用少量二氯甲烷将残留物清洗到坩埚中。真空抽吸排液,再用二氯甲烷注满坩埚,重力排液后真空抽吸排液。用热水清洗,将坩埚和剩余纤维烘干,冷却,称重。

7.5　结果的计算和表示

结果的计算和表示按 GB/T 2910.1 规定,大豆蛋白复合纤维的 d 值为 1.00。

8　大豆蛋白复合纤维与羊毛、动物纤维或蚕丝的二组分混合物

8.1　次氯酸钠法

8.1.1　原理

用 1 mol/L 次氯酸钠溶液把羊毛、动物纤维或蚕丝和大豆蛋白复合纤维中的大豆蛋白组分从已知干燥质量的试样中溶解去除,收集残留物(聚乙烯醇缩甲醛),清洗、烘干和称重;根据大豆蛋白复合纤维中大豆蛋白的含量,计算其占混合物干燥质量分数。由差值得出羊毛、动物纤维或蚕丝的质量分数。

8.1.2　试剂

使用 GB/T 2910.1 和本部分 8.1.2.1 和 8.1.2.2 规定的试剂。

8.1.2.1　1 mol/L 次氯酸钠溶液

在 1 mol/L 的次氯酸钠溶液中加入氢氧化钠,使其含量为 5 g/L。此溶液可用碘量法滴定,使其浓度在 0.9 mol/L～1.1 mol/L。

8.1.2.2　稀乙酸溶液

取 5 mL 冰乙酸用水稀释至 1 000 mL。

8.1.3　设备

使用 GB/T 2910.1 和本部分 8.1.3.1 和 8.1.3.2 规定的设备。

8.1.3.1　具塞三角烧瓶,容量为 250 mL。

8.1.3.2　水浴,保持温度为 20 ℃±2 ℃。

8.1.4　试验步骤

按照 GB/T 2910.1 规定的通用程序进行,然后按以下步骤操作。

把准备好的试样放入三角烧瓶中,每克试样加入 100 mL 次氯酸钠溶液(8.1.2.1),在水浴(8.1.3.2)上剧烈振荡 40 min。用已知干重的玻璃砂芯坩埚过滤,用少量次氯酸钠溶液将残留物清洗到玻璃坩埚中,真空抽吸排液,再依次用水清洗、稀乙酸溶液(8.1.2.2)中和,最后用水连续清洗残留物,每次洗后先用重力排液,再用真空抽吸排液。最后将坩埚和残留物烘干、冷却、称重。

8.1.5　结果的计算和表示

结果的计算和表示见式(1)和式(2)。

$$p_2 = \frac{m_1 \times K}{m_0} \times 100 \qquad \cdots\cdots(1)$$

$$p_1 = 100 - p_2 \qquad \cdots\cdots(2)$$

式中：

p_1——溶解纤维的干燥质量分数，%；

p_2——大豆蛋白复合纤维的干燥质量分数，%；

m_0——试样干燥质量，单位为克(g)；

m_1——剩余纤维(聚乙烯醇缩甲醛)干燥质量，单位为克(g)。

K 值与大豆蛋白复合纤维中大豆蛋白的含量有关。测定方法：把已知干燥质量为 r_0 的大豆蛋白复合纤维，按本部分 8.1.4 进行溶解，得到残留物的干燥质量 r_1。K 值按式(3)计算。

$$K = \frac{r_0}{r_1} \qquad \cdots\cdots(3)$$

未漂白的大豆蛋白复合纤维中蛋白含量为 22.48%，K 值为 1.29；漂白的大豆蛋白复合纤维中蛋白含量为 21.56%，K 值为 1.27。

8.2 氢氧化钠法

8.2.1 原理

用 2.5% 氢氧化钠把羊毛、动物纤维或蚕丝从已知干燥质量的试样中溶解去除，收集残留物，清洗、烘干和称重；用修正后的质量计算其占混合物干燥质量分数。由差值得出羊毛、动物纤维或蚕丝的质量分数。

8.2.2 试剂

使用 GB/T 2910.1 和本部分 8.2.2.1 和 8.2.2.2 规定的试剂。

8.2.2.1 氢氧化钠溶液(质量分数为 2.5%)。

8.2.2.2 稀乙酸溶液：取 5 mL 冰乙酸用水稀释至 1 000 mL。

8.2.3 设备

使用 GB/T 2910.1 和本部分 8.2.3.1 和 8.2.3.2 规定的设备。

8.2.3.1 具塞三角烧瓶，容量不小于 200 mL。

8.2.3.2 水浴，可保持沸腾。

8.2.4 试验步骤

按照 GB/T 2910.1 规定的通用程序进行，然后按以下步骤操作。

把准备好的试样放入三角烧瓶中，每克试样加入 100 mL 已预热近 100 ℃的 2.5% 氢氧化钠溶液(8.2.2.1)。在沸腾的水浴中保持 20 min，并不时摇动，待羊毛等动物纤维充分溶解后用已知质量的玻璃砂芯坩埚过滤，用同温同浓度的氢氧化钠溶液清洗残留物若干次，再依次用 40 ℃～50 ℃水清洗、稀乙酸溶液(8.2.2.2)中和，然后用水洗至用指示剂检查呈中性为止，每次清洗必须用真空抽吸排液。最后将坩埚和残留物烘干、冷却、称重。

8.2.5 结果计算和表示

结果计算和表示按 GB/T 2910.1 规定，未经漂白的大豆蛋白复合纤维 d 值为 1.07，经漂白的大豆蛋白复合纤维 d 值为 1.12。

8.3 硝酸法

8.3.1 原理

用硝酸溶液把大豆蛋白复合纤维从已知干燥质量的试样中溶解去除，收集残留物，清洗、烘干和称重；用修正后的质量计算其占混合物干燥质量分数。由差值得出羊毛、动物纤维或蚕丝的质量分数。

此方法不适用于大豆蛋白复合纤维与蚕丝的二组分混合物。

8.3.2 试剂

使用 GB/T 2910.1 和本部分 8.3.2.1 和 8.3.2.2 规定的试剂。

8.3.2.1 5∶1(V/V)硝酸溶液

500 mL 浓硝酸(20 ℃密度为 1.40 g/mL)加入 100 mL 水。

警告:该试剂具有强氧化性、腐蚀性,使用者应采取完善的保护措施。

8.3.2.2 稀氨水溶液

取 80 mL 浓氨水(密度为 0.880 g/mL),用水稀释至 1 000 mL。

8.3.3 设备

使用 GB/T 2910.1 和本部分 8.3.3.1 和 8.3.3.2 规定的设备。

8.3.3.1 具塞三角烧瓶,容量不小于 200 mL。

8.3.3.2 水浴,可保持 23 ℃～25 ℃。

8.3.4 试验步骤

按照 GB/T 2910.1 规定的通用程序进行,然后按以下步骤操作。

把准备好的试样放入具塞三角烧瓶中,每克试样加入 100 mL 硝酸溶液(8.3.2.1)。保持 23 ℃～25 ℃振荡 20 min,待大豆蛋白复合纤维充分溶解后,用已知质量的玻璃砂芯坩埚过滤,用同温同浓度的硝酸溶液清洗残留物,再依次用同温度的水清洗、稀氨水溶液(8.3.2.2)中和,然后用水洗至用指示剂检查呈中性为止,每次洗后必须用真空抽吸排液。最后将残留物烘干、冷却、称重。

8.3.5 结果的计算和表示

结果的计算和表示按 GB/T 2910.1 规定,d 值为 1.04。

ICS 59.080.01
W 04

中华人民共和国国家标准

GB/T 2912.1—2009
代替 GB/T 2912.1—1998

纺织品 甲醛的测定 第1部分:游离和水解的甲醛(水萃取法)

Textiles—Determination of formaldehyde—
Part 1:Free and hydrolyzed formaldehyde(water extraction method)

(ISO 14184-1:1998, MOD)

2009-06-11 发布　　2010-01-01 实施

中华人民共和国国家质量监督检验检疫总局
中国国家标准化管理委员会 发布

前　言

GB/T 2912《纺织品　甲醛的测定》分为三个部分：

——第1部分：游离和水解的甲醛(水萃取法)；

——第2部分：释放的甲醛(蒸汽吸收法)；

——第3部分：高效液相色谱法。

本部分为GB/T 2912的第1部分。

本部分采用重新起草法修改采用ISO 14184-1:1998《纺织品　甲醛的测定　第1部分：游离和水解的甲醛(水萃取法)》(英文版)。

本部分与ISO 14184-1:1998相比有如下差异：

——规范性引用文件中由我国标准替代了国际标准；

——删除了国际标准的前言；

——原理部分增加详细说明；

——增加计算结果修约至整数位的要求；

——增加甲醛原液的标定　碘量法，作为附录B。

本部分代替GB/T 2912.1—1998《纺织品　甲醛的测定　第1部分：游离水解的甲醛(水萃取法)》。

本部分与GB/T 2912.1—1998相比主要变化如下：

——范围中增加了检出限；

——规范性引用文件中增加了GB/T 11415；

——原理部分增加详细说明；

——试样由3个修改为2个，增加计算结果修约至整数位的要求；

——第9章增加"如果结果小于20 mg/kg，试验结果报告"未检出'"；

——增加甲醛原液标定方法——碘量法，作为附录B。

本部分的附录A和附录B是规范性附录，附录C是资料性附录。

本部分由中国纺织工业协会提出。

本部分由全国纺织品标准化技术委员会基础标准分会(SAC/TC 209/SC 1)归口。

本部分起草单位：纺织工业南方科技测试中心、国家纺织制品质量监督检验中心。

本部分主要起草人：范瑛、朱缨、王仲昭、赵俪玥。

本部分所代替标准的历次版本发布情况为：

——GB/T 2912—1982、GB/T 2912.1—1998。

纺织品　甲醛的测定　第1部分：游离和水解的甲醛(水萃取法)

警告：使用GB/T 2912本部分的人员应有正规实验室工作的实践经验。本部分并未指出所有可能的安全问题。使用者有责任采取适当的安全和健康措施，并保证国家有关法规规定的条件。

1　范围

GB/T 2912的本部分规定了通过水萃取及部分水解作用的游离甲醛含量的测定方法。

本部分适用于任何形式的纺织品。

本部分适用于游离甲醛含量为20 mg/kg到3 500 mg/kg之间的纺织品。检出限为20 mg/kg。低于检出限的结果报告为"未检出"。

2　规范性引用文件

下列文件中的条款通过GB/T 2912的本部分的引用而成为本部分的条款。凡是注日期的引用文件，其随后所有的修改单(不包括勘误的内容)或修订版均不适用于本部分。然而，鼓励根据本部分达成协议的各方研究是否可使用这些文件的最新版本。凡是不注日期的引用文件，其最新版本适用于本部分。

GB/T 6529　纺织品　调湿和试验用标准大气(GB/T 6529—2008，ISO 139：2005，MOD)

GB/T 6682　分析实验室用水规格和试验方法(GB/T 6682—2008，ISO 3696：1987，MOD)

GB/T 11415　实验室烧结(多孔)过滤器　孔径、分级和牌号(GB/T 11415—1989，ISO 4793：1980，NEQ)

3　原理

试样在40 ℃的水浴中萃取一定时间，萃取液用乙酰丙酮显色后，在412 nm波长下，用分光光度计测定显色液中甲醛的吸光度，对照标准甲醛工作曲线，计算出样品中游离甲醛的含量。

4　试剂

所有试剂均为分析纯。

4.1　蒸馏水或三级水

符合GB/T 6682的规定。

4.2　乙酰丙酮试剂(纳氏试剂)

在1 000 mL容量瓶中加入150 g乙酸铵，用800 mL水溶解，然后加3 mL冰乙酸和2 mL乙酰丙酮，用水稀释至刻度，用棕色瓶储存。

注：储存开始12 h颜色逐渐变深，为此，用前必须储存12 h，有效期为6周。经长时期储存后其灵敏度会稍起变化，故每星期应作一校正曲线与标准曲线校对为妥。

4.3　甲醛溶液

浓度约37%(质量浓度)。

4.4　双甲酮的乙醇溶液

1 g双甲酮(二甲基-二羟基-间苯二酚或5，5-二甲基环己烷-1，3-二酮)用乙醇溶解并稀释至100 mL。现用现配。

5 设备和器具

5.1 50 mL,250 mL,500 mL,1 000 mL 容量瓶。

5.2 250 mL 碘量瓶或具塞三角烧瓶。

5.3 1 mL,5 mL,10 mL,25 mL 和 30 mL 单标移液管及 5 mL 刻度移液管。

注：可以使用与手动移液管同样精度的自动移液器。

5.4 10 mL,50 mL 量筒。

5.5 分光光度计(波长 412 nm)。

5.6 具塞试管及试管架。

5.7 恒温水浴锅,(40±2)℃。

5.8 2 号玻璃漏斗式滤器(符合 GB/T 11415 的规定)。

5.9 天平,精度为 0.1 mg。

6 甲醛标准溶液和标准曲线的制备

6.1 约 1 500 μg/mL 甲醛原液的制备

用水(4.1)稀释 3.8 mL 甲醛溶液(4.3)至 1 L,用标准方法测定甲醛原液浓度(见附录 A 或附录 B)。记录该标准原液的精确浓度。该原液用以制备标准稀释液,有效期为四周。

6.2 稀释

相当于 1 g 样品中加入 100 mL 水,样品中甲醛的含量等于标准曲线上对应的甲醛浓度的 100 倍。

6.2.1 标准溶液(S2)的制备

吸取 10 mL 甲醛溶液(6.1)放入容量瓶(5.1)中用水稀释至 200 mL,此溶液含甲醛 75 mg/L。

6.2.2 校正溶液的制备

根据标准溶液(S2)制备校正溶液。在 500 mL 容量瓶中用水稀释下列所示溶液中至少 5 种浓度:

1 mL S2 至 500 mL,含 0.15 μg 甲醛/mL=15 mg 甲醛/kg 织物

2 mL S2 至 500 mL,含 0.30 μg 甲醛/mL=30 mg 甲醛/kg 织物

5 mL S2 至 500 mL,含 0.75 μg 甲醛/mL=75 mg 甲醛/kg 织物

10 mL S2 至 500 mL,含 1.50 μg 甲醛/mL=150 mg 甲醛/kg 织物

15 mL S2 至 500 mL,含 2.25 μg 甲醛/mL=225 mg 甲醛/kg 织物

20 mL S2 至 500 mL,含 3.00 μg 甲醛/mL=300 mg 甲醛/kg 织物

30 mL S2 至 500 mL,含 4.50 μg 甲醛/mL=450 mg 甲醛/kg 织物

40 mL S2 至 500 mL,含 6.00 μg 甲醛/mL=600 mg 甲醛/kg 织物

计算工作曲线 $y=a+bx$,此曲线用于所有测量数值,如果试样中甲醛含量高于 500 mg/kg,稀释样品溶液。

注：若要使校正溶液中的甲醛浓度和织物试验溶液中的浓度相同,必须进行双重稀释。如果每千克织物中含有 20 mg 甲醛,用 100 mL 水萃取 1.00 g 样品溶液中含有 20 μg 甲醛,以此类推,则 1 mL 试验溶液中的甲醛含量为 0.2 μg。

7 试样制备

样品不进行调湿,预调湿可能影响样品中的甲醛含量。测试前样品密封保存。

注：可以把样品放入一聚乙烯袋里储藏,外包铝箔,其理由是这样储藏可预防甲醛通过袋子的气孔散发。此外,如果直接接触,催化剂及其他留在整理过的未清洗织物上的化合物和铝发生反应。

从样品上取两块试样剪碎,称取 1 g,精确至 10 mg。如果甲醛含量过低,增加试样量至 2.5 g,以获得满意的精度。

将每个试样放入 250 mL 的碘量瓶或具塞三角烧瓶(5.2)中,加 100 mL 水,盖紧盖子,放入(40±2)℃水浴中的振荡(60±5)min,用过滤器(5.8)过滤至另一碘量瓶或三角烧瓶中,供分析用。

若出现异议,采用调湿后的试样质量计算校正系数,校正试样的质量。

从样品上剪取试样后立即称量,按照 GB/T 6529 进行调湿后再称量,用二次称量值计算校正系数,然后用校正系数计算出试样校正质量。

8 步骤

8.1 用单标移液管(5.3)吸取 5 mL 过滤后的样品溶液放入一试管(5.6),及各吸取 5 mL 标准甲醛溶液(6.2.2)分别放入试管(5.6)中,分别加 5 mL 乙酰丙酮溶液(4.2),摇动。

8.2 首先把试管放在(40±2)℃水浴中显色(30±5)min,然后取出,常温下避光冷却(30±5)min,用 5 mL蒸馏水加等体积的乙酰丙酮作空白对照,用 10 mm 的吸收池在分光光度计 412 nm 波长处测定吸光度。

8.3 若预期从织物上萃取的甲醛含量超过 500 mg/kg,或试验采用 5∶5 比例,计算结果超过 500 mg/kg时,稀释萃取液使之吸光度在工作曲线的范围内(在计算结果时,要考虑稀释因素)。

8.4 如果样品的溶液颜色偏深,则取 5 mL 样品溶液放入另一试管,加 5 mL 水,按上述操作。用水作空白对照。

8.5 做两个平行试验。

注:将已显现出的黄色暴露于阳光下一定的时间会造成褪色,因此在测定过程中应避免在强烈阳光下操作。

8.6 如果怀疑吸光值不是来自甲醛而是由样品溶液的颜色产生的,用双甲酮进行一次确认试验(8.7)。

注:双甲酮与甲醛产生反应,使因甲醛反应产生的颜色消失。

8.7 双甲酮确认试验:取 5 mL 样品溶液放入一试管(必要时稀释),加入 1 mL 双甲酮乙醇溶液(4.4)并摇动,把溶液放入(40±2)℃水浴中显色(10±1)min,加入 5 mL 乙酰丙酮试剂(4.2)摇动,继续按 8.2 操作。对照溶液用水(4.1)而不是样品萃取液。来自样品中的甲醛在 412 nm 的吸光度将消失。

9 结果计算和表示

用式(1)来校正样品吸光度:

$$A = A_s - A_b - (A_d) \qquad \cdots\cdots(1)$$

式中:

A——校正吸光度;

A_s——试验样品中测得的吸光度;

A_b——空白试剂中测得的吸光度;

A_d——空白样品中测得的吸光度(仅用于变色或沾污的情况下)。

用校正后的吸光度数值,通过工作曲线查出甲醛含量,用 μg/mL 表示。

用式(2)计算从每一样品中萃取的甲醛量:

$$F = \frac{c \times 100}{m} \qquad \cdots\cdots(2)$$

式中:

F——从织物样品中萃取的甲醛含量,mg/kg;

c——读自工作曲线上的萃取液中的甲醛浓度,μg/mL;

m——试样的质量,g。

取两次检测结果的平均值作为试验结果,计算结果修约至整数位。

如果结果小于 20 mg/kg,试验结果报告“未检出”。

10 试验报告

试验报告应包括下列内容：

a) 使用的标准；

b) 来样日期、试验前的储存方法及试验日期；

c) 试验样品描述和包装方法；

d) 试样质量，质量校正系数(如果需要)；

e) 工作曲线的范围；

f) 从样品中萃取的甲醛含量，mg/kg；

g) 任何偏离本部分的说明。

附 录 A
（规范性附录）
甲醛原液的标定——亚硫酸钠法

A.1 总则

为了在比色分析中做一精确的工作曲线，含量约 1 500 μg/mL 的甲醛原液应进行精确的标定。

A.2 原理

甲醛原液与过量的亚硫酸钠反应，用标准酸液在百里酚酞指示下进行反滴定。

A.3 设备

A.3.1 10 mL 单标移液管。

A.3.2 50 mL 单标移液管。

A.3.3 50 mL 滴定管。

A.3.4 150 mL 三角烧瓶。

A.4 试剂

A.4.1 亚硫酸钠[$c(Na_2S_2O_3)=0.1$ mol/L]：称取 126 g 无水亚硫酸钠放入 1 L 的容量瓶，用水稀释至标记，摇匀。

A.4.2 百里酚酞指示剂：1 g 百里酚酞溶解于 100 mL 乙醇溶液中。

A.4.3 硫酸：$c(H_2SO_4)=0.01$ mol/L。

注：可以从化学品供应公司购得或用标准氢氧化钠溶液标定。

A.5 操作程序

移取 50 mL 亚硫酸钠(A.4.1)入三角烧杯(A.3.4)中，加百里酚酞指示剂(A.4.2)2 滴，如需要，加几滴硫酸(A.4.3)直至蓝色消失。

移 10 mL 甲醛原液至瓶中(蓝色将再出现)，用硫酸(A.4.3)滴定至蓝色消失，记录用酸体积。

注 1：硫酸溶液的体积约 25 mL。

注 2：可使用校正 pH 值来代替百里酚酞指示剂，在此情况下，最终点为 pH=9.5。

上述操作程序重复进行一次。

A.6 计算

用式(A.1)计算原液中甲醛浓度：

$$c=\frac{V_1\times 0.6\times 1\,000}{V_2} \qquad \cdots\cdots(A.1)$$

式中：

c——甲醛原液中的甲醛浓度，μg/mL；

V_1——硫酸溶液用量，mL；

V_2——甲醛溶液用量，mL；

0.6——与 1 mL 0.01 mol/L 硫酸相当的甲醛的质量，mg。

计算两次结果的平均值，并用根据式(A.1)得出的浓度绘制用于比色分析的工作曲线。

附　录　B
（规范性附录）
甲醛原液的标定——碘量法

B.1　总则

为了在比色分析中做一精确的工作曲线，含量约 1 500 μg/mL 的甲醛原液应进行精确的标定。

B.2　原理

甲醛原液与过量的碘溶液反应，用标准硫代硫酸钠溶液在淀粉指示剂下进行反滴定。

B.3　设备

B.3.1　5 mL，10 mL，20 mL，50 mL 单标移液管。

B.3.2　50 mL 滴定管。

B.3.3　250 mL 碘量瓶和有塞三角瓶。

B.3.4　500 mL，1 L 容量瓶。

B.4　试剂

B.4.1　碘液［$c(I_2)=0.1$ mol/L］：13 g 碘（I_2）及 30 g 碘化钾（KI）放入 1 L 棕色容量瓶中，用水稀释至标记，摇匀，储存在暗处。

B.4.2　氢氧化钠：$c(NaOH)=1$ mol/L。

B.4.3　硫酸：$c(H_2SO_4)=0.5$ mol/L。

B.4.4　淀粉指示剂：0.5 g 可溶性淀粉溶于 100 mL 水中，煮沸 2 min，使用前配制。

B.4.5　硫代硫酸钠溶液［$c(Na_2S_2O_3)=0.1$ mol/L］：称取 25 g $Na_2S_2O_3\cdot5H_2O$（或 16 g 无水 $Na_2S_2O_3$）溶于 1 L 新煮沸并冷却的、加有 0.1 g 无水碳酸钠的水中，搅拌、溶解，放入棕色瓶中保存。

注：硫代硫酸钠溶液的标定方法如下：

将重铬酸钾放在 120 ℃～125 ℃烘箱内烘 1 h，冷却后称 0.15 g，精确至 0.000 1 g，置于 250 mL 碘量瓶中，加水 25 mL，加 2 g KI 及 20 mL H_2SO_4 溶液（20%），充分摇动混合，塞住瓶塞，在暗处静置 10 min，使碘充分析出。加水 100 mL 稀释摇匀，用配好的 $Na_2S_2O_3$ 溶液［$c(Na_2S_2O_3)=0.1$ mol/L］滴定至溶液呈淡黄色时，加 0.5%淀粉溶液 3 mL；继续用 $Na_2S_2O_3$ 溶液滴定至蓝色变为绿色为止。

用下式计算硫代硫酸钠的浓度：

$$c_1=\frac{m\times1\,000}{V\times49.03}$$

式中：

c_1——硫代硫酸钠的浓度，mol/L；

m——校准剂（重铬酸钾）的质量，g；

V——所耗被校准液（硫代硫酸钠）的体积，mL；

49.03——校准剂（重铬酸钾）的摩尔质量［$M(1/6K_2Cr_2O_7)$］，g/mol。

B.5　操作程序

B.5.1　移取甲醛溶液（6.1）10 mL 加入到 250 mL 碘量瓶中，准确加入碘液（B.4.1）25 mL，加 NaOH 溶液（B.4.2）10 mL，盖上瓶盖于暗处放置 15 min，同时用蒸馏水作空白。

B.5.2　加入 H_2SO_4 溶液（B.4.3）15 mL，用 $Na_2S_2O_3$ 溶液（B.4.5）滴定成黄色，加入数滴淀粉指示剂，

继续滴定到蓝色褪去。上述操作程序重复一次。

B.5.3 计算:用式(B.1)计算原液中甲醛浓度:

$$c=\frac{(V_{\mathrm{B}}-V_{\mathrm{S}})\times c_1\times 0.015}{V}\times 10^6 \quad\cdots\cdots\text{(B.1)}$$

式中:

c——甲醛原液中的甲醛浓度,μg/mL;

V_{B}——空白 $Na_2S_2O_3$ 溶液用量,mL;

V_{S}——$Na_2S_2O_3$ 溶液用量,mL;

c_1——$Na_2S_2O_3$ 标准溶液浓度,mol/L;

0.015——与 1 mL $Na_2S_2O_3$(c=1.000 0 mol/L)标准溶液相当的甲醛的质量,g;

V——甲醛溶液用量,mL。

计算两次结果的平均值,并用根据式(B.1)得出的浓度绘制用于比色分析的工作曲线。

附 录 C
（资料性附录）
方法精确性参考资料

本部分试验方法基于一个芬兰的方法，以下的试验精确度取决于样品的甲醛含量并适用于均匀试样：

甲醛含量，mg/kg	精确度，%
1 000	0.5
100	2.5
20	15
10	80

由此可见，甲醛含量低于 20 mg/kg 时显示不出来。

注：本部分方法中的校正曲线与用上面提到的结果制成的曲线不同。

ICS 59.080.01
W 04

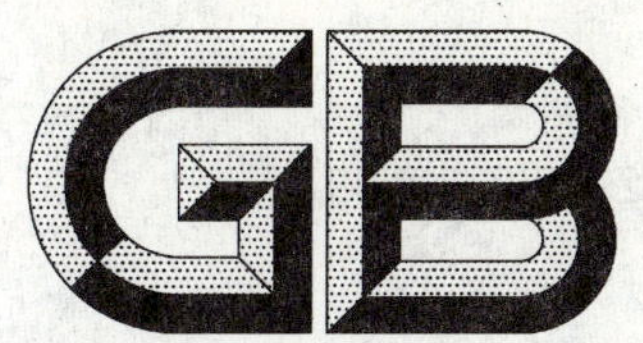

中华人民共和国国家标准

GB/T 2912.2—2009
代替 GB/T 2912.2—1998

纺织品　甲醛的测定
第2部分:释放的甲醛(蒸汽吸收法)

Textiles—Determination of formaldehyde—
Part 2:Released formaldehyde (vapour absorption method)

(ISO 14184-2:1998,MOD)

2009-06-11 发布　　2010-01-01 实施

中华人民共和国国家质量监督检验检疫总局
中国国家标准化管理委员会　发布

前　言

GB/T 2912《纺织品　甲醛的测定》分为三个部分：

——第1部分：游离和水解的甲醛(水萃取法)；

——第2部分：释放的甲醛(蒸汽吸收法)；

——第3部分：高效液相色谱法。

本部分为GB/T 2912的第2部分。

本部分采用重新起草法修改采用ISO 14184-2：1998《纺织品　甲醛的测定　第2部分：释放的甲醛(蒸汽吸收法)》(英文版)。

本部分与ISO 14184-2：1998相比有如下差异：

——规范性引用文件中由我国标准替代了国际标准；

——删除了国际标准的前言；

——原理部分增加详细说明；

——增加计算结果修约至整数位的要求；

——增加甲醛原液的标定——碘量法，作为附录B。

本部分代替GB/T 2912.2—1998《纺织品　甲醛的测定　第2部分：释放甲醛(蒸气吸收法)》。

本部分与GB/T 2912.2—1998相比主要变化如下：

——范围中增加了检出限；

——原理部分增加详细说明；

——增加取两次检测结果的平均值作为试验结果，计算结果修约至整数位；

——第9章增加"如果结果小于20 mg/kg，试验结果报告'未检出'"；

——增加甲醛原液标定方法——碘量法，作为附录B。

本部分的附录A和附录B是规范性附录，附录C和附录D是资料性附录。

本部分由中国纺织工业协会提出。

本部分由全国纺织品标准化技术委员会基础标准分会(SAC/TC 209/SC 1)归口。

本部分起草单位：纺织工业南方科技测试中心、国家纺织制品质量监督检验中心。

本部分主要起草人：范瑛、朱缨、王仲昭、赵俪玥。

本部分所代替标准的历次版本发布情况为：

——GB/T 2912—1982、GB/T 2912.2—1998。

纺织品 甲醛的测定 第2部分:释放的甲醛(蒸汽吸收法)

警告:使用GB/T 2912本部分的人员应有正规实验室工作的实践经验。本部分并未指出所有可能的安全问题。使用者有责任采取适当的安全和健康措施,并保证国家有关法规规定的条件。

1 范围

GB/T 2912 的本部分规定了任何状态的纺织品在加速储存条件下用蒸汽吸收法测定释放甲醛含量的方法。

本部分适用于释放甲醛含量为 20 mg/kg 到 3 500 mg/kg 之间的纺织品。检出限为 20 mg/kg。低于检出限的结果报告为“未检出”。

2 规范性引用文件

下列文件中的条款通过 GB/T 2912 的本部分的引用而成为本部分的条款。凡是注日期的引用文件,其随后所有的修改单(不包括勘误的内容)或修订版均不适用于本部分。然而,鼓励根据本部分达成协议的各方研究是否可使用这些文件的最新版本。凡是不注日期的引用文件,其最新版本适用于本部分。

GB/T 6529 纺织品 调湿和试验用标准大气(GB/T 6529—2008,ISO 139:2005,MOD)

GB/T 6682 分析实验室用水规格和试验方法(GB/T 6682—2008,ISO 3696:1987,MOD)

3 原理

一定质量的织物试样,悬挂于密封瓶中的水面上,置于恒定温度的烘箱内一定时间,释放的甲醛用水吸收,经乙酰丙酮显色后,用分光光度计比色法测定显色液中的吸光度。对照标准甲醛工作曲线,计算出样品中释放甲醛的含量。

4 试剂

所有试剂均为分析纯。

4.1 蒸馏水或三级水

符合 GB/T 6682 的规定。

4.2 乙酰丙酮试剂(纳氏试剂)

在 1 000 mL 容量瓶中加入 150 g 乙酸铵,用 800 mL 水溶解,然后加 3 mL 冰乙酸和 2 mL 乙酰丙酮,用水稀释至刻度,用棕色瓶储存。

注:储存开始 12 h 颜色逐渐变深,为此,用前必须储存 12 h,有效期为 6 周。经长时期储存后其灵敏度会稍起变化,故每星期应作一校正曲线与标准曲线校对为妥。

也可用铬变酸替代乙酰丙酮试剂,参见附录 C。

4.3 甲醛溶液

浓度约 37%(质量浓度)。

5 设备和器具

5.1 玻璃(或聚乙烯)广口瓶,1 L,有密封盖,如图 1b)[或瓶盖顶部带有小钩的密封盖,如图 1c)]。

5.2　小型金属丝网篮，如图1a)。(或用双股缝线将织物的两端分别系起来，挂于水面上，线头系于瓶盖顶部钩子上。)

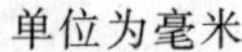

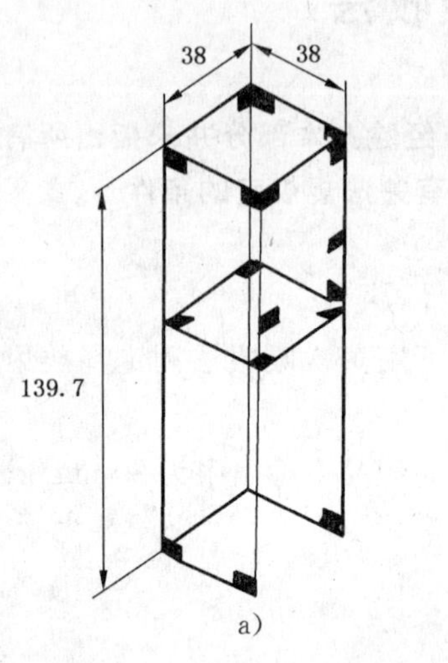

a)

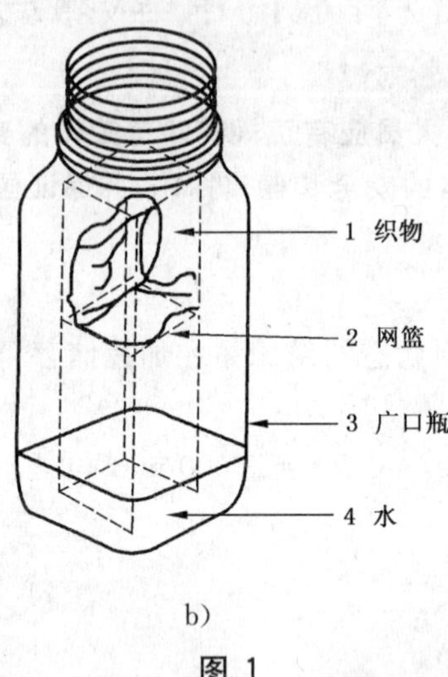

b)

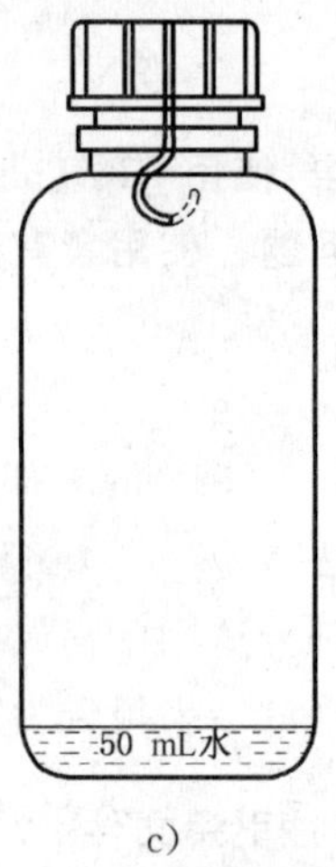

c)

图1

5.3　烘箱，温度控制在(49±2)℃。

5.4　50 mL，250 mL，500 mL和1 000 mL容量瓶。

5.5　1 mL，5 mL，10 mL，15 mL，20 mL，25 mL，30 mL和50 mL单标移液管及5 mL刻度移液管。

注：可以使用与手动移液管具有相同精确的自动移液器。

5.6　10 mL，50 mL量筒。

5.7　分光光度计(波长412 nm)。

5.8　试管或比色管或测色管。

5.9　恒温水浴锅，(40±2)℃。

5.10　天平，精度为0.1 mg。

6　甲醛标准溶液的配制和标定

6.1　约1 500 μg/mL甲醛原液的制备

用水(4.1)稀释3.8 mL甲醛溶液(4.3)至1 L，用标准方法测定甲醛原液浓度(见附录A或附录B)。记录该标准原液的精确浓度。该原液用于制备标准稀释液，有效期为四周。

6.2　稀释

相当于1 g样品中加入50 mL水，样品中甲醛的含量等于标准曲线上对应的甲醛浓度的50倍。

6.2.1　标准溶液(S2)的制备

吸取10 mL甲醛溶液(6.1)放入容量瓶(5.4)中用水稀释至200 mL，此溶液含甲醛75 mg/L。

6.2.2　校正溶液的制备

吸取不同体积的标准溶液(S2)用水稀释定容至500 mL容量瓶中，用以制备校准溶液。配制下列所示溶液中至少5种浓度：

1 mL S2至500 mL，含0.15 μg甲醛/mL=7.5 mg甲醛/kg织物

2 mL S2至500 mL，含0.30 μg甲醛/mL=15 mg甲醛/kg织物

5 mL S2至500 mL，含0.75 μg甲醛/mL=37.5 mg甲醛/kg织物

10 mL S2至500 mL，含1.50 μg甲醛/mL=75 mg甲醛/kg织物

15 mL S2至500 mL，含2.25 μg甲醛/mL=112.5 mg甲醛/kg织物

20 mL S2 至 500 mL，含 3.00 μg 甲醛/mL＝150 mg 甲醛/kg 织物

30 mL S2 至 500 mL，含 4.50 μg 甲醛/mL＝225 mg 甲醛/kg 织物

40 mL S2 至 500 mL，含 6.00 μg 甲醛/mL＝300 mg 甲醛/kg 织物

计算工作曲线 $y=a+bx$，此曲线用于所有测量数值。如果试样中甲醛含量高于 500 mg/kg，稀释样品溶液。

注：若要使校正溶液中的甲醛浓度和织物试验溶液中的浓度相同，必须进行双重稀释。如果每千克织物中含有 20 mg 甲醛，用 50 mL 水萃取 1.00 g 样品溶液中含有 20 μg 甲醛，以此类推，则 1 mL 试验溶液中的甲醛含量为 0.4 μg。

7 试样的制备

样品不进行调湿，样品的预调湿可能影响样品中的甲醛含量。测试前样品密封保存。

从样品上取至少两块试样剪成小块，称取 1 g，精确至 10 mg。

注：可以把样品放入一聚乙烯包袋里储藏，外包铝，其理由是这样储藏可预防甲醛通过包袋的气孔散发。此外，如果直接接触，催化剂及其他留在整理过的未清洗织物上的化合物和铝发生反应。

8 操作步骤

8.1 每只试验瓶(5.1)中加入 50 mL 水，试样放在金属丝网篮(5.2)上或用双股缝线将试样系起来，线头挂在瓶盖顶部钩子上(避免试样与水接触)，盖紧瓶盖，小心置于(49±2)℃烘箱中 20 h±15 min 后，取出试验瓶，冷却(30±5)min，然后从瓶中取出试样和网篮，再盖紧瓶盖，摇匀。

8.2 用单标移液管(5.5)吸取 5 mL 乙酰丙酮溶液(4.2)放入试管(5.8)中，加 5 mL 试验瓶中的试样溶液混匀，再吸取 5 mL 乙酰丙酮溶液(4.2)放入另一试管(5.8)中，加 5 mL 蒸馏水作空白试剂。

8.3 把试管放在(40±2)℃水浴中显色(30±5)min，然后取出，常温下避光冷却(30±5)min，用 10 mm 的吸收池在分光光度计 412 nm 波长处测定吸光度。通过甲醛标准工作曲线计算样品中的甲醛含量(μg/mL)。

8.4 若预期从织物上释放的甲醛含量超过 500 mg/kg，或试验采用 5∶5 比例，计算结果超过 500 mg/kg 时，稀释吸收液使之吸光度在工作曲线的范围内(在计算结果时，要考虑稀释因素)。

注：将已显现出的黄色暴露于阳光下一定的时间会造成褪色。若显色后预计需过一段时间后进行测试(如：1 h)，且阳光强烈的情况下，需采取措施保护试管，如用不含甲醛的遮盖物遮盖试管。否则，颜色需要很长时间(至少过夜)才能稳定，这样则会影响读数。

9 结果的计算和表示方式

用式(1)计算织物样品中的甲醛含量。

$$F=\frac{c\times 50}{m} \qquad \cdots\cdots(1)$$

式中：

F——织物样品中的甲醛含量，mg/kg；

c——读自工作曲线上的样品溶液中的甲醛含量，μg/mL；

m——试样的质量，g。

取两次平行试验的平均值作为检测结果，计算结果修约至整数位。

如果结果小于 20 mg/kg，试验结果报告“未检出”。

10 试验报告

试验报告应包括下列内容：

a） 使用的标准；

b） 来样日期、试验前的储存方法及试验日期；

c） 试验样品描述和包装方法；

d） 试样质量；

e） 工作曲线的范围；

f） 从样品中释放的甲醛含量，mg/kg；

g） 任何偏离本部分的说明。

附　录　A
（规范性附录）
甲醛原液的标定——亚硫酸钠法

A.1　总则

为了在比色分析中做一精确的工作曲线，含量约 1 500 μg/mL 的甲醛原液应进行精确的标定。

A.2　原理

甲醛原液与过量的亚硫酸钠反应，用标准酸液在百里酚酞指示下进行反滴定。

A.3　设备

A.3.1　10 mL 单标移液管。

A.3.2　50 mL 单标移液管。

A.3.3　50 mL 滴定管。

A.3.4　150 mL 三角烧瓶。

A.4　试剂

A.4.1　亚硫酸钠[$c(Na_2S_2O_3)=0.1$ mol/L]：称取 126 g 无水亚硫酸钠放入 1 L 的容量瓶，用水稀释至标记，摇匀。

A.4.2　百里酚酞指示剂：1 g 百里酚酞溶解于 100 mL 乙醇溶液中。

A.4.3　硫酸：$c(H_2SO_4)=0.01$ mol/L。

注：可以从化学品供应公司购得或用标准氢氧化钠溶液标定。

A.5　操作程序

移取 50 mL 亚硫酸钠（A.4.1）入三角烧杯（A.3.4）中，加百里酚酞指示剂（A.4.2）2 滴，如需要，加几滴硫酸（A.4.3）直至蓝色消失。

移 10 mL 甲醛原液至瓶中（蓝色将再出现），用硫酸（A.4.3）滴定至蓝色消失，记录用酸体积。

注 1：硫酸溶液的体积约 25 mL。

注 2：可使用校正 pH 值来代替百里酚酞指示剂，在此情况下，最终点为 pH=9.5。

上述操作程序重复进行一次。

A.6　计算

用式（A.1）计算原液中甲醛浓度：

$$c=\frac{V_1\times 0.6\times 1\,000}{V_2} \qquad \cdots\cdots\cdots\cdots(\text{A.1})$$

式中：

c——甲醛原液中的甲醛浓度，μg/mL；

V_1——硫酸溶液用量，mL；

V_2——甲醛溶液用量，mL；

0.6——与 1 mL 0.01 mol/L 硫酸相当的甲醛的质量，mg。

计算两次结果的平均值，并用根据式（A.1）得出的浓度绘制用于比色分析的工作曲线。

附 录 B
（规范性附录）
甲醛原液的标定——碘量法

B.1 总则

为了在比色分析中做一精确的工作曲线，含量约 1 500 μg/mL 的甲醛原液应进行精确的标定。

B.2 原理

甲醛原液与过量的碘溶液反应，用标准硫代硫酸钠溶液在淀粉指示剂下进行反滴定。

B.3 设备

B.3.1 5 mL，10 mL，20 mL，50 mL 单标移液管。
B.3.2 50 mL 滴定管。
B.3.3 250 mL 碘量瓶和有塞三角瓶。
B.3.4 500 mL ，1 L 容量瓶。

B.4 试剂

B.4.1 碘液[$c(I_2)$=0.1 mol/L]：13 g 碘(I_2)及 30 g 碘化钾(KI)放入 1 L 的棕色容量瓶中，用水稀释至标记，摇匀，储存在暗处。
B.4.2 氢氧化钠：$c(NaOH)$=1 mol/L。
B.4.3 硫酸：$c(H_2SO_4)$=0.5 mol/L。
B.4.4 淀粉指示剂：0.5 g 可溶性淀粉溶于 100 mL 水中，煮沸 2 min，使用前配制。
B.4.5 硫代硫酸钠溶液[$c(Na_2S_2O_3)$=0.1 mol/L]：称取 25 g $Na_2S_2O_3 \cdot 5H_2O$(或 16 g 无水 $Na_2S_2O_3$)溶于 1 L 新煮沸且冷却的、加有 0.1 g 无水碳酸钠的水中，搅拌、溶解，放入棕色瓶中保存。

注：硫代硫酸钠溶液的标定方法如下：

将重铬酸钾放在 120 ℃～125 ℃烘箱内烘 1 h，冷却后称 0.15 g，精确至 0.000 1 g，置于 250 mL 碘量瓶中，加水 25 mL，加 2 g KI 及 20 mL H_2SO_4 溶液(20%)，充分摇动混合，塞住瓶塞，在暗处静置 10 min，使碘充分析出。加水100 mL 稀释摇匀，用配好的 $Na_2S_2O_3$ 溶液[$c(Na_2S_2O_3)$=0.1 mol/L]滴定至溶液呈淡黄色时，加 0.5%淀粉溶液 3 mL；继续用 $Na_2S_2O_3$ 溶液滴定至蓝色变为绿色为止。

用下式计算硫代硫酸钠的浓度：

$$c_1 = \frac{m \times 1\,000}{V \times 49.03}$$

式中：

c_1——硫代硫酸钠的浓度，mol/L；

m——校准剂(重铬酸钾)的质量，g；

V——所耗被校准液(硫代硫酸钠)的体积，mL；

49.03——校准剂(重铬酸钾)的摩尔质量$\left[M\left(\frac{1}{6}K_2Cr_2O_7\right)\right]$，g/mol。

B.5 操作程序

B.5.1 移取甲醛溶液(6.1)10 mL 加入到 250 mL 碘量瓶中，准确加入碘液(B.4.1)25 mL，加 NaOH 溶液(B.4.2)10 mL，盖上瓶盖于暗处放置 15 min，同时用蒸馏水作空白。
B.5.2 加入 H_2SO_4 溶液(B.4.3)15 mL，用 $Na_2S_2O_3$ 溶液(B.4.5)滴定成黄色，加入数滴淀粉指示剂，

继续滴定到蓝色褪去。上述操作程序重复一次。

B.5.3 计算:用式(B.1)计算原液中甲醛浓度:

$$c=\frac{(V_{B}-V_{S})\times c_{1}\times 0.015}{V}\times 10^{6} \qquad \cdots\cdots(B.1)$$

式中:

c——甲醛原液中的甲醛浓度,μg/mL;

V_B——空白 $Na_2S_2O_3$ 溶液用量,mL;

V_S——$Na_2S_2O_3$ 溶液用量,mL;

c_1——$Na_2S_2O_3$ 标准溶液浓度,mol/L;

0.015——与 1 mL $Na_2S_2O_3$(c=1.000 0 mol/L)标准溶液相当的甲醛的质量,g;

V——甲醛溶液用量,mL。

计算两次结果的平均值,并用根据式(B.1)得出的浓度绘制用于比色分析的工作曲线。

附　录　C
（资料性附录）
用铬变酸替代乙酰丙酮试剂操作程序

C.1　试剂

C.1.1　铬变酸 50 g/L，新配的水溶液，如需要，用前过滤。

注：此试剂作为测定甲醛的钠盐，它很容易变质，每新购一批药品要做一新的校正曲线，溶液放置超过 12 h 需重配。

C.1.2　浓硫酸（密度 1.84 g/mL），分析纯。

C.1.3　硫酸[$c(H_2SO_4)=7.5$ mol/L]。将浓硫酸（C.1.2）（750 g，405 mL）小心地加入水中，冷却，用水稀释至 1 L，并在用前冷却。

C.2　操作程序

C.2.1　移取 1.0 mL 整数倍的溶液（8.1）至一试管中，分别加入 4.0 mL 7.5 mol/L 硫酸（C.1.3），1.0 mL 50 g/L 铬变酸溶液（C.1.1）和 5.0 mL 浓硫酸（C.1.2）。每加入一种试剂，充分混合试管中的溶液，至少 2 min 后，再加下一试剂。

C.2.2　将试管垂直放置于沸水浴中（水浴的液面应超过试管中溶液的液面）保持（30±1）min。冷却后，将溶液转移至 50 mL 容量瓶中，加蒸馏水至刻度，摇匀，至少放置 1 h，使其冷却至室温。如需要，加水至刻度线。

C.2.3　用分光光度计在 570 nm 下，把溶液放入 10 mm 吸收池中测吸光度，同时用 1.0 mL 水，4.0 mL 7.5 mol/L 硫酸，1.0 mL 50 g/L 铬变酸溶液与 5.0 mL 浓硫酸制成的空白溶液作对照。

如果吸光度超过 1.0，用可 0.5 mL 整数倍的原始溶液加 0.5 mL 水再重新进行比色测定。

注 1：在甲醛浓度过高时，吸光度与浓度之间的关系是非线性的，也可能会出现其他颜色，因此在测量吸光度超过 1.0 时，操作程序在溶液用水稀释后再重复一次。

注 2：显色后 4 h 内吸光度不变。

注 3：如果吸光度低于 0.1，可在溶液被稀释至 50 mL 之前测其吸光度来提高灵敏度，提供的溶液允许至少 1 h 冷却至室温，使用适当的低甲醛校正曲线。

注 4：在稀释显色的溶液过程中，容量瓶中的物质将被彻底的混合，否则溶液分层将出现错误的结果。

当使用此方法时，可以根据实际情况选取制备工作曲线的甲醛标准溶液的量，以及取自广口瓶中的样品溶液的量。

注：由于铬变酸方法中用到浓硫酸，操作人员要做好自我保护，同时要注意保护好分光光度计。

附　录　D
（资料性附录）
试验精确性的参考资料

D.1　精确性

此方法以美国纺织化学家和染色家学会（AATCC）方法 112 的实验室间研究（ILS）为基础，即 49 ℃，20 h 萃取时间及 5∶5 的样品与纳氏试剂比例，各实验室中的操作人员对每一织物做重复三次测定。在第一次 ILS 中，由九个实验室在三个低甲醛含量水平上（100 μg/g～400 μg/g），对同一织物进行测试，并对结果以方差方法进行分析，在第二次 ILS 中，由八个实验室测定十种 0 μg/g 的织物并分析结果。

关于零甲醛织物的主要差别详见表 D.1，关于低甲醛织物的主要差别见表 D.2。

若两个或两个以上的实验室要比较结果，则应在进行试验比较前先确定实验室的甲醛水平。

若实验室所进行的比较是关于单一织物的甲醛释放量，应使用表 D.2 中实验室间同一织物栏的主要差别。

若实验室所进行的比较是关于一系列织物的甲醛释放量范围，则应使用表 D.2 中实验室间多种织物栏中的主要差别。

表 D.1　零甲醛在置信度为 95%时平均值的主要差别　　单位为微克每克

测试次数	一个实验室	实验室间同一织物	实验室间多种织物
1	7.7	12.0	13.8
2	5.5	10.6	12.7
3	4.5	10.2	12.3

表 D.2　低甲醛在置信度为 95%时平均值的主要差别　　单位为微克每克

测试次数	一个实验室	实验室间同一织物	实验室间多种织物
1	21.6	80.3	116.0
2	15.2	78.9	115.0
3	12.4	78.4	114.7

实验室平均测试数量也会影响主要差别。

D.2　倾向性

织物的甲醛释放只能根据不同的方法分别定义，没有一种独立的方法来测定其真实数值，在此方法中，以此途径来估算加速储存条件下织物释放甲醛含量，目前尚无已知的倾向性。

ICS 59.080.01
W 04

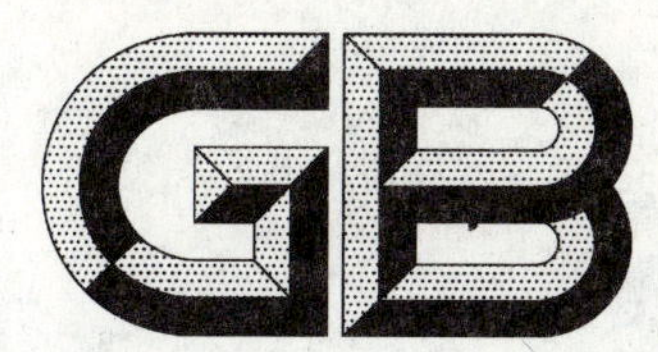

中华人民共和国国家标准

GB/T 2912.3—2009

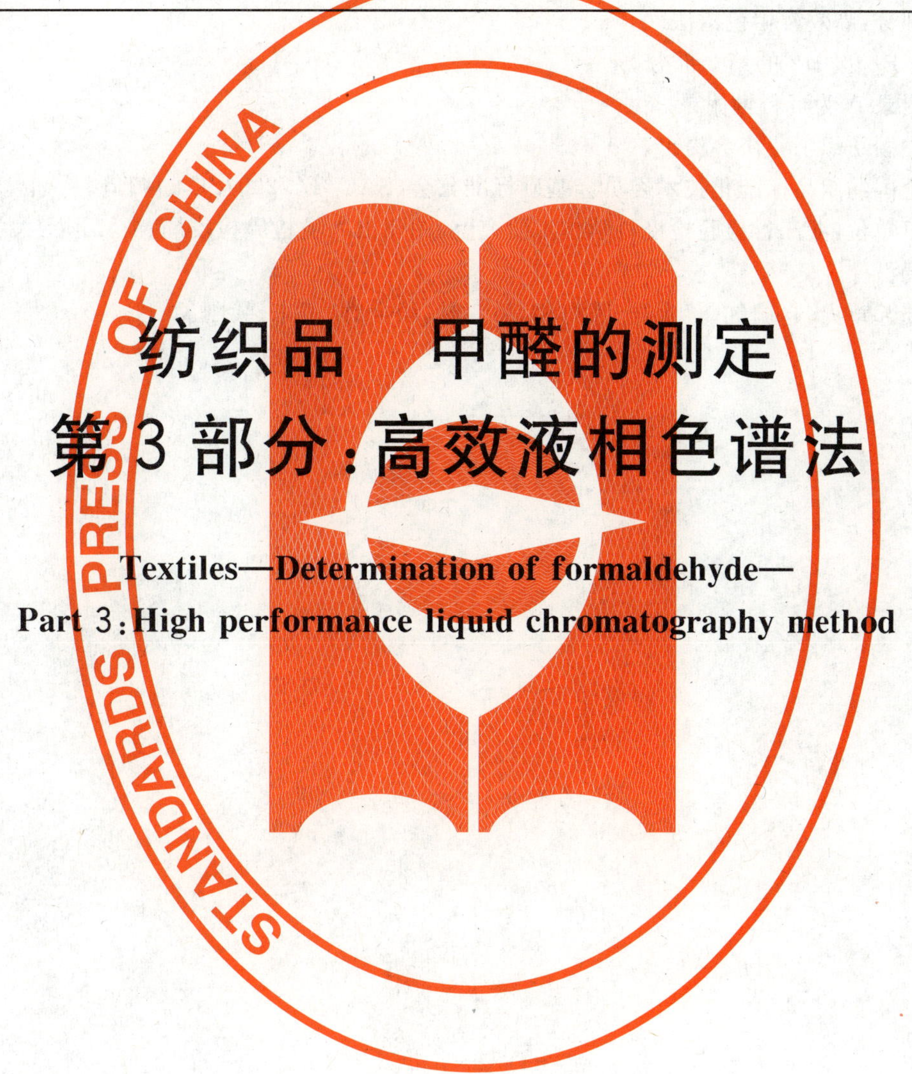

纺织品　甲醛的测定 第3部分:高效液相色谱法

Textiles—Determination of formaldehyde—
Part 3: High performance liquid chromatography method

2009-06-19 发布　　　　2010-02-01 实施

中华人民共和国国家质量监督检验检疫总局
中国国家标准化管理委员会　发布

前　言

GB/T 2912《纺织品　甲醛的测定》包括以下部分：

——第1部分：游离和水解的甲醛(水萃取法)；

——第2部分：释放的甲醛(蒸汽吸收法)；

——第3部分：高效液相色谱法。

本部分为GB/T 2912的第3部分。

本部分的附录A为资料性附录。

本部分由中国纺织工业协会提出。

本部分由全国纺织品标准化技术委员会基础标准分会(SAC/TC 209/SC 1)归口。

本部分起草单位：浙江省检验检疫科学技术研究院、湖州出入境检验检疫局、浙江理工大学、山东出入境检验检疫局。

本部分主要起草人：赵珊红、蒋永祥、陈海相、潘建君、谈金辉、王东、吴刚。

纺织品　甲醛的测定
第3部分:高效液相色谱法

警告:使用GB/T 2912本部分的人员应有正规实验室工作的实践经验。本部分并未指出所有可能的安全问题。使用者有责任采取适当的安全和健康措施,并保证国家有关法规规定的条件。

1　范围

GB/T 2912的本部分规定了采用高效液相色谱-紫外检测器(HPLC/UVD)或二极管阵列检测器(HPLC/DAD)测定纺织品中游离水解甲醛或释放甲醛含量的方法。

本部分适用于任何形式的纺织品。

本部分适用于甲醛含量为5 mg/kg到1 000 mg/kg之间的纺织品,特别适用于深色萃取液的样品。

2　规范性引用文件

下列文件中的条款通过GB/T 2912的本部分的引用而成为本部分的条款。凡是注日期的引用文件,其随后所有的修改单(不包括勘误的内容)或修订版均不适用于本部分。然而,鼓励根据本部分达成协议的各方研究是否可使用这些文件的最新版本。凡是不注日期的引用文件,其最新版本适用于本部分。

GB/T 2912.1—2009　纺织品　甲醛的测定　第1部分:游离和水解的甲醛(水萃取法)(ISO 14184-1:1998,MOD)

GB/T 2912.2—2009　纺织品　甲醛的测定　第2部分:释放的甲醛(蒸汽吸收法)(ISO 14184-2:1998,MOD)

GB/T 6682　分析实验室用水规格和试验方法(GB/T 6682—2008,ISO 3696:1987,MOD)

3　原理

试样经水萃取或蒸汽吸收处理后,以2,4-二硝基苯肼为衍生化试剂,生成2,4-二硝基苯腙,用高效液相色谱-紫外检测器(HPLC/UVD)或二极管阵列检测器(HPLC/DAD)测定,对照标准工作曲线,计算出样品的甲醛含量。

4　试剂和材料

除非另有说明,所用试剂均为分析纯。试验用水应符合GB/T 6682中规定的二级水。

4.1　乙腈:色谱纯。

4.2　甲醛溶液:浓度约37%(质量分数)。

4.3　衍生化试液:称取0.05 g 2,4-二硝基苯肼,用适量内含0.5%(体积分数)醋酸的乙腈溶解后置于100 mL棕色容量瓶中,用水稀释至刻度,摇匀。

注:此溶液不稳定,应现配现用。

4.4　甲醛标准贮备溶液:吸取3.8 mL甲醛溶液(4.2)于1 000 mL棕色容量瓶中,用水稀释至刻度(甲醛含量约1 500 μg/mL),按GB/T 2912.1—2009附录A的方法标定其准确浓度。

注:甲醛标准贮备溶液于4 ℃条件下避光保存,保存期为6周。

4.5　甲醛标准工作溶液:准确移取1.0 mL甲醛标准贮备溶液(4.4)于100 mL容量瓶中,用水稀释至刻度,摇匀。

注:此溶液不稳定,应现配现用。

5 设备和仪器

5.1 天平，称量精度为0.001 g。

5.2 恒温水浴锅，(60±2)℃。

5.3 高效液相色谱仪，配有紫外检测器(UVD)或二极管阵列检测器(DAD)。

5.4 0.45 μm 滤膜。

6 分析步骤

6.1 样品预处理

测定游离水解的甲醛：按 GB/T 2912.1—2009 中第7章的规定进行。

测定释放甲醛：按 GB/T 2912.2—2009 中第7章和8.1的规定进行。

6.2 衍生化

准确移取1.0 mL上述样液(6.1)和2.0 mL衍生化试液(4.3)于10 mL具塞试管中，混合均匀后在(60±2)℃水浴中静置反应30 min。此溶液冷却至室温后用0.45 μm的滤膜(5.4)过滤，供HPLC/UVD或HPLC/DAD分析。

6.3 测定

6.3.1 液相色谱分析条件

由于测试结果取决于所使用的仪器，因此不能给出色谱分析的普遍参数，用下列参数已被证明对测试是合适的。

a) 液相色谱柱：C_{18}，5 μm，4.6 mm×250 mm或相当者；

b) 流动相：乙腈＋水(65＋35)；

c) 流速：1.0 mL/min；

d) 柱温：30 ℃；

e) 检测波长：355 nm；

f) 进样量：20 μL。

6.3.2 标准工作曲线

6.3.2.1 分别准确移取1.0、2.0、5.0、10.0、20.0和50.0 mL甲醛标准工作液(4.5)于100 mL容量瓶中，用水稀释至刻度(甲醛浓度分别为0.15、0.30、0.75、1.5、3.0和7.5 μg/mL)。稀释后的甲醛标准系列溶液按6.2要求进行衍生化。

6.3.2.2 按6.3.1分析条件进样测定。以甲醛浓度为横坐标，2,4-二硝基苯腙的峰面积为纵坐标，绘制标准工作曲线。

6.3.3 定性、定量分析

经衍生化的样品溶液(6.2)，按6.3.1分析条件进样测定。以保留时间定性，以色谱峰面积定量。

7 结果计算

用6.3.3测得的2,4-二硝基苯腙峰面积，通过标准工作曲线(6.3.2)查出甲醛浓度，用μg/mL表示。按式(1)计算样品游离水解的甲醛含量，按式(2)计算样品释放甲醛含量：

$$F = \frac{c \times 100}{m} \quad \cdots\cdots(1)$$

$$F = \frac{c \times 50}{m} \quad \cdots\cdots(2)$$

式中：

F——样品的甲醛含量，单位为毫克每千克(mg/kg)；

c——自工作曲线上读取的甲醛浓度，单位为微克每毫升(μg/mL)；

m——试样的质量，单位为克(g)。

计算两次结果的平均值，计算结果修约至 0.1 mg/kg。若两次平行试验结果的差值与平均值之比大于 20%，则应重新测定。若结果小于 5.0 mg/kg，试验结果报告“<5.0 mg/kg”。

8 检出限和回收率

本方法的检出限为 5.0 mg/kg，在 7.5 mg/kg～75 mg/kg 的甲醛添加浓度下，回收率为 85%～105%。

9 试验报告

试验报告应包括下列内容：

a) 使用的标准；

b) 来样日期、试验前的储存方法及试验日期；

c) 试验样品描述和包装方法；

d) 试样质量，质量校正系数(如果需要)；

e) 样品中游离水解甲醛或释放甲醛含量，mg/kg；

f) 任何偏离本部分的说明。

附　录　A
（资料性附录）
2,4-二硝基苯腙的液相色谱保留时间及色谱图

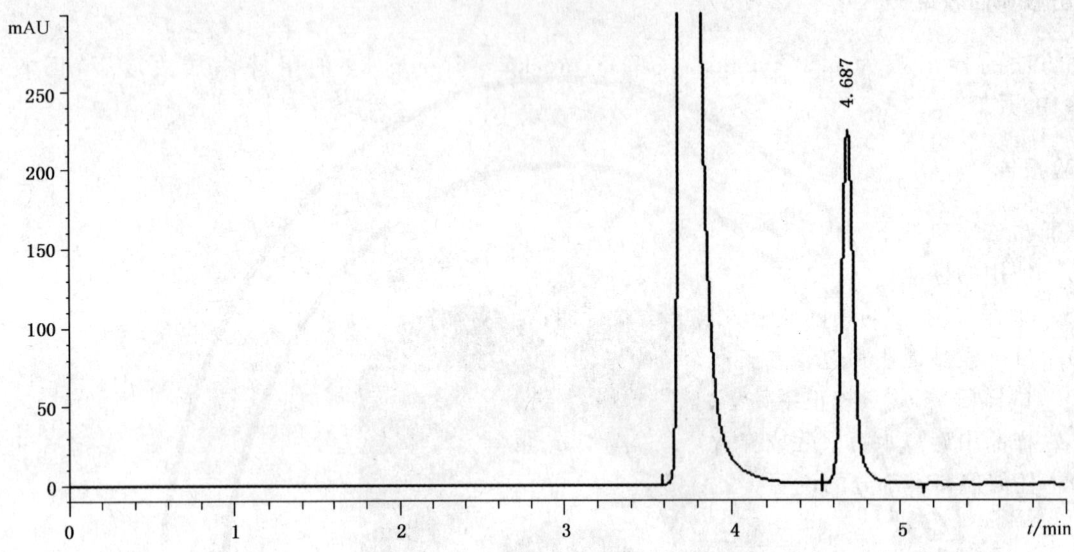

图 A.1　2,4-二硝基苯腙的液相色谱保留时间及色谱图

ICS 43.040.50
T 22

中华人民共和国国家标准

GB/T 2933—2009/ISO 3911:2004
代替 GB/T 2933—1995

充气轮胎用车轮和轮辋的术语、规格代号和标志

Wheels and rims for pneumatic tyres—Vocabulary, designation and marking

(ISO 3911:2004,IDT)

2009-10-30 发布　　2010-07-01 实施

中华人民共和国国家质量监督检验检疫总局
中国国家标准化管理委员会　发布

前　言

本标准等同采用 ISO 3911:2004《充气轮胎用车轮和轮辋的术语、规格代号和标志》(英文版)。

为便于使用，本标准还做了如下编辑性修改：

——用“本标准”代替“本国际标准”；

——删除国际标准的前言；

——删除国际标准中的法文文本(含附录 D、法文术语索引)；

——附录 C 增加汉语术语，名称改为“英汉法德术语对照表”；

——增加汉语拼音索引；

——修改国际标准中的印刷错误(图)；

——将国际标准中示例的国际标准改为国家标准(附录 A)。

本标准代替 GB/T 2933—1995《充气轮胎用车轮和轮辋的术语、规格代号和标志》。

本标准与 GB/T 2933—1995 相比，主要变化如下：

——修改了标准的编排结构(1995 版的第 3 章、第 4 章，本版的附录 A、附录 B)；

——对可拆轮辋式车轮术语进行了修改(1995 版的 2.2.4，本版的 2.2.4)；

——删除了轮辋体的术语和定义(1995 版的 2.3.6)；

——删除了挡圈的术语和定义(1995 版的 2.3.7)；

——删除了锁圈的术语和定义(1995 版的 2.3.8)；

——删除了座圈的术语和定义(1995 版的 2.3.9)；

——删除了斜座挡圈的术语和定义(1995 版的 2.3.10)；

——按国际标准原文修改了条文的表述；

——术语词汇对照表中增加了对应的法语和德语(1995 版的附录 A，本版的附录 C)；

——增加汉语拼音索引。

本标准的附录 A 和附录 B 为规范性附录，附录 C 为资料性附录。

本标准由国家发展和改革委员会提出。

本标准由全国汽车标准化技术委员会归口。

本标准起草单位：东风汽车车轮有限公司、浙江万丰奥威汽轮股份有限公司。

本标准主要起草人：雷娜、曹亚岚、朱训明、毛秋仙。

本标准所代替标准的历次版本发布情况为：

——GB 2933—1982、GB/T 2933—1995。

充气轮胎用车轮和轮辋的术语、规格代号和标志

1 范围

本标准规定了充气轮胎用车轮和轮辋的相关术语词汇和规格代号及标志系统，旨在定义车轮和轮辋的基础术语，而非提供车轮所有设计特征的详尽列表。本标准还规定了车轮和轮辋标志的内容、位置和最小尺寸，目的是确立全球统一的车轮和轮辋识别系统。

注1：除英语和法语(ISO三种官方语言中的两种)外，本国际标准还给出了与德语等效的术语，德语的出版由德国(DIN)的成员组织负责。但是，只有以官方语言给出的术语和定义才被认为是ISO术语和定义。参见附录C。

2 术语和定义

2.1

车轮 wheel

轮胎和车轴之间的旋转承载件。通常由轮辋和轮辐两个主要部件组成，轮辋和轮辐可是整体的、永久连接的或可拆卸的。

见图1～图8。

2.1.1

轮辋 rim

车轮上安装和支撑轮胎的部件。

2.1.2

轮辐 disc; wheel disc

车轮上车轴和轮辋之间的支撑部件。

2.1.3

单式车轮 single wheel

在车轴的一端支撑一个轮胎的车轮。

2.1.4

双式车轮 dual wheel

具有足够内偏距和结构的车轮，当两个这样的车轮彼此安装在一起时，在车轴的一端能支撑两个轮胎。

见图2。

2.1.5

内偏距车轮 inset wheel

结构为轮辋中心面位于轮辐安装面内侧的车轮。

见图1a)。

注：内偏距是轮辐安装面到轮辋中心面的距离。

2.1.6

零偏距车轮 zeroset wheel

结构为轮辋中心面和轮辐安装面重合的车轮。

见图1b)。

2.1.7

外偏距车轮 outset wheel

结构为轮辋中心面位于轮辐安装面外侧的车轮。

见图1c)。

注1：外偏距是轮辐安装面到轮辋中心面的距离。

注2：轮距——车轴上两个轮胎中心面之间的距离，随着车轮外偏距的增加而增加。

2.1.8

双轮中心距 dual spacing

轮辋中心面之间提供轮胎所需间隙的距离。

见图2、图5和图6。

2.2

车轮类型 wheel types

2.2.1

辐板式车轮 disc wheel

轮辋和轮辐永久连接的车轮。

见图1和图2。

2.2.2

对开式车轮 divided wheel

由两个主要部件构成的车轮。这两个主要部件的轮辋部分宽度可以相等，也可以不相等，当用紧固螺栓或等效的机械工具牢固连接在一起时，就形成一个具有两个固定轮缘的轮辋。

见图3。

2.2.3

辐条式车轮 wire wheel

轮辋由若干辐条连接到轮毂而构成的车轮。

见图4。

2.2.4

可拆卸式轮辋的车轮 wheels with demountable rims

2.2.4.1

28°安装斜面车轮 wheel with 28° mounting bevel

一个或两个可拆卸的轮辋固定到轮毂28°安装斜面上而构成的车轮，铸造车轮体同时作为制动鼓或盘式制动转子的轮毂支座。

见图5。

2.2.4.2

18°[15°]安装斜面车轮 wheel with 18° [15°] mounting bevel

一个或两个可拆卸的轮辋固定到同一个铸造车轮体18°[15°]安装斜面上而构成的车轮。

见图6。

2.2.5

可反装式车轮 reversible wheel

结构为轮辐可正反两面安装以提供内偏距(窄轮距)或外偏距(宽轮距)的车轮。

见图7。

2.2.6

可调式车轮 adjustable wheel

结构为轮辋可相对轮辐轴向改变位置的车轮。

注：再定位调整可以是手动调整，或通过车辆动力进行[分别见图8a)或图8b)]。

2.2.7

轮辋术语 rim nomenclature

2.2.7.1

轮缘 flange

轮辋上给轮胎提供轴向支撑的部分。

见图 9，a，b，g，r_2，r_3。

2.2.7.2

胎圈座 bead seat

轮辋上给轮胎提供径向支撑的部分。

见图 9，D，p，r_3，β。

2.2.7.3

轮辋槽 well

轮辋上设置的具有足够深度和宽度以使轮胎胎圈能越过安装侧的轮辋轮缘或胎圈座斜面进行安装或拆卸的部分。

见图 9，H，l，m，r_4，r_5，α。

2.2.7.4

气门嘴孔 valve aperture；valve hole

轮辋上供安装轮胎充气用的气门嘴的孔或槽。

见图 9，d 和 f。

2.2.7.5

锁圈槽 gutter

轮辋体上安放锁圈或弹性挡圈并以槽顶对其限位的沟槽。

见图 9，2 和 3。

2.2.8

轮辋型式 rim types

2.2.8.1

一件式轮辋 one-piece rim

深槽轮辋 drop-centre rim

由一个部件构成并带有轮辋槽的轮辋。

见图 11。

2.2.8.2

二件式轮辋 two-piece rim

由两个部件构成的轮辋。

见图 12。

2.2.8.3

三件式轮辋 three-piece rim

由三个部件构成的轮辋。

见图 13。

2.2.8.4

四件式轮辋 four-piece rim

由四个部件构成的轮辋。

见图 14。

2.2.8.5

五件式轮辋　five-piece rim

由五个部件构成的轮辋。

见图 15。

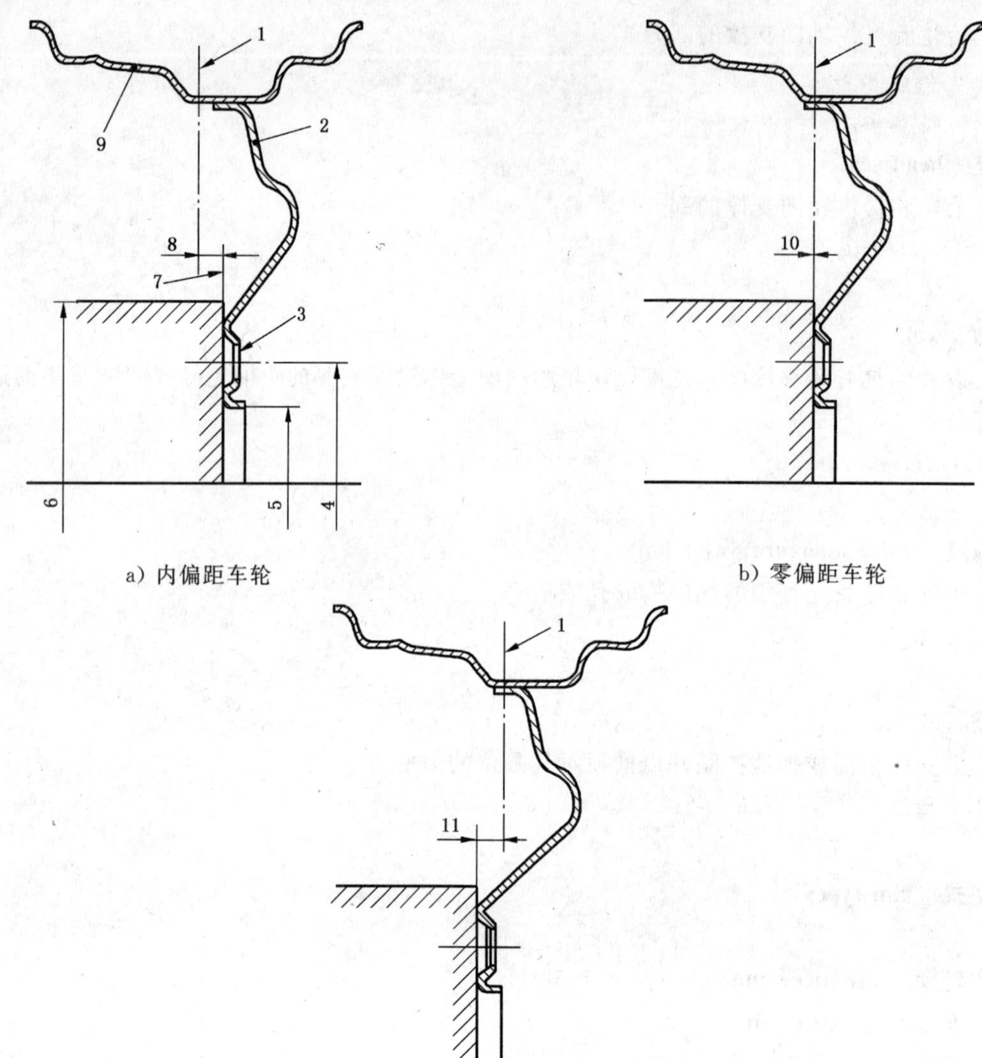

a) 内偏距车轮

b) 零偏距车轮

c) 外偏距车轮

1——轮辋中心面；
2——轮辐；
3——螺母座；
4——螺栓孔分度圆直径；
5——中心孔直径；
6——安装面直径；
7——安装面；
8——内偏距；
9——轮辋；
10——零偏距；
11——外偏距。

图 1　乘用车及轻型商用车辐板式车轮术语

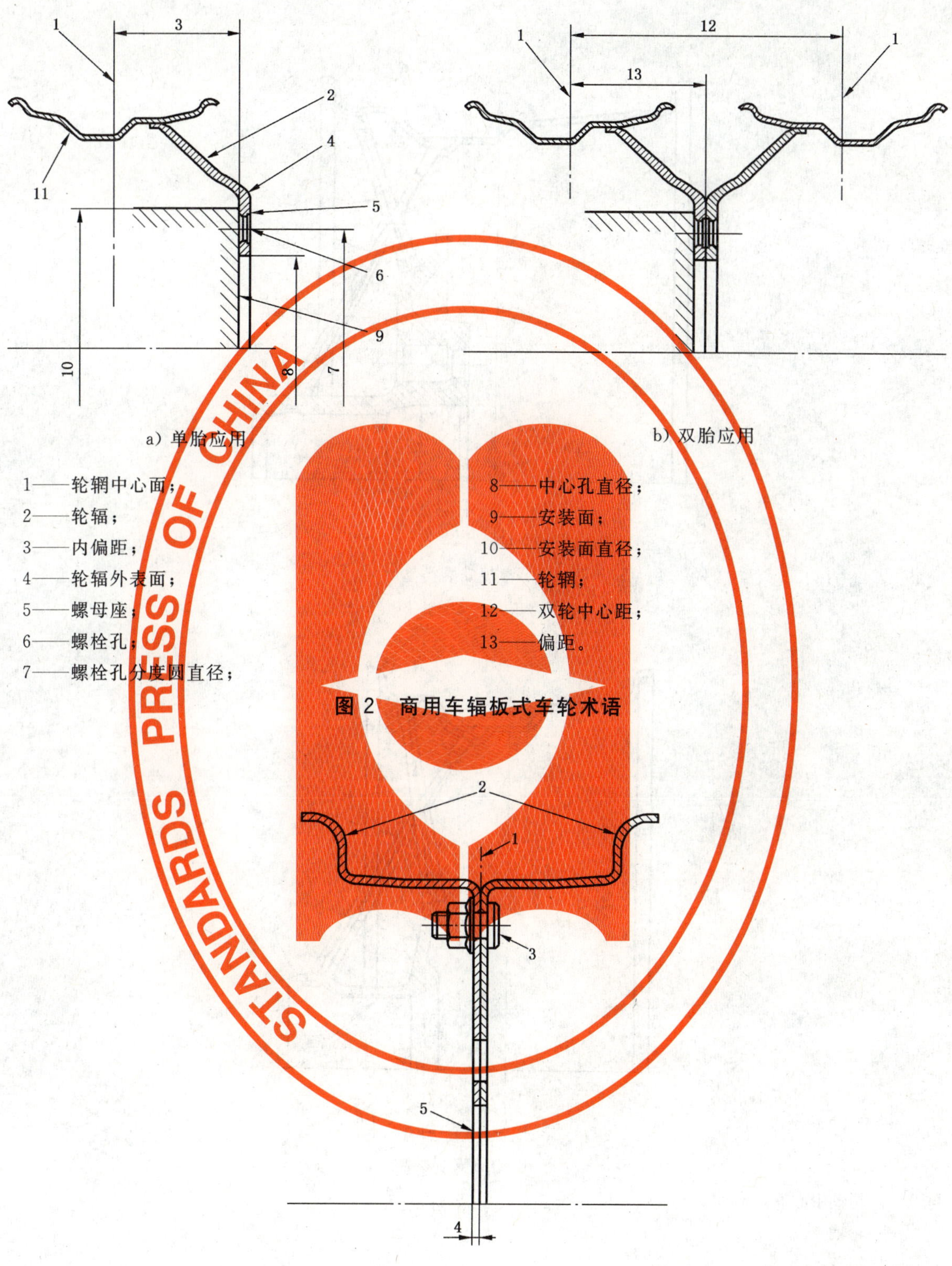

a) 单胎应用　　　　　　b) 双胎应用

1——轮辋中心面；
2——轮辐；
3——内偏距；
4——轮辐外表面；
5——螺母座；
6——螺栓孔；
7——螺栓孔分度圆直径；
8——中心孔直径；
9——安装面；
10——安装面直径；
11——轮辋；
12——双轮中心距；
13——偏距。

图 2　商用车辐板式车轮术语

1——轮辋中心面；
2——固定轮缘；
3——紧固螺栓或等效的机械工具；
4——外偏距；
5——安装面。

图 3　对开式车轮术语

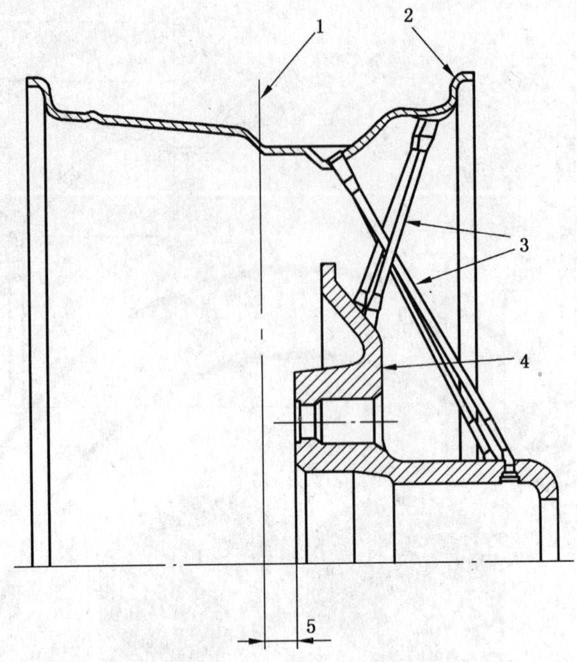

a）常规安装类型

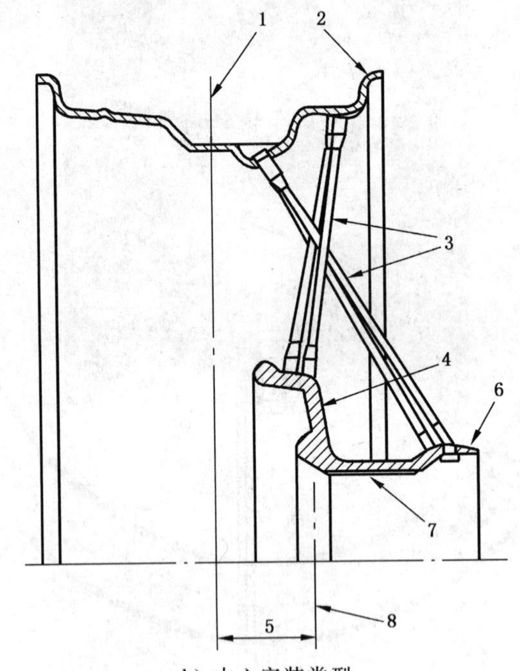

b）中心安装类型

1——轮辋中心面；

2——轮辋；

3——辐条；

4——轮毂；

5——内偏距；

6——锁紧螺母用锥形座；

7——花键；

8——轮毂座基准面。

图4　辐条式车轮术语

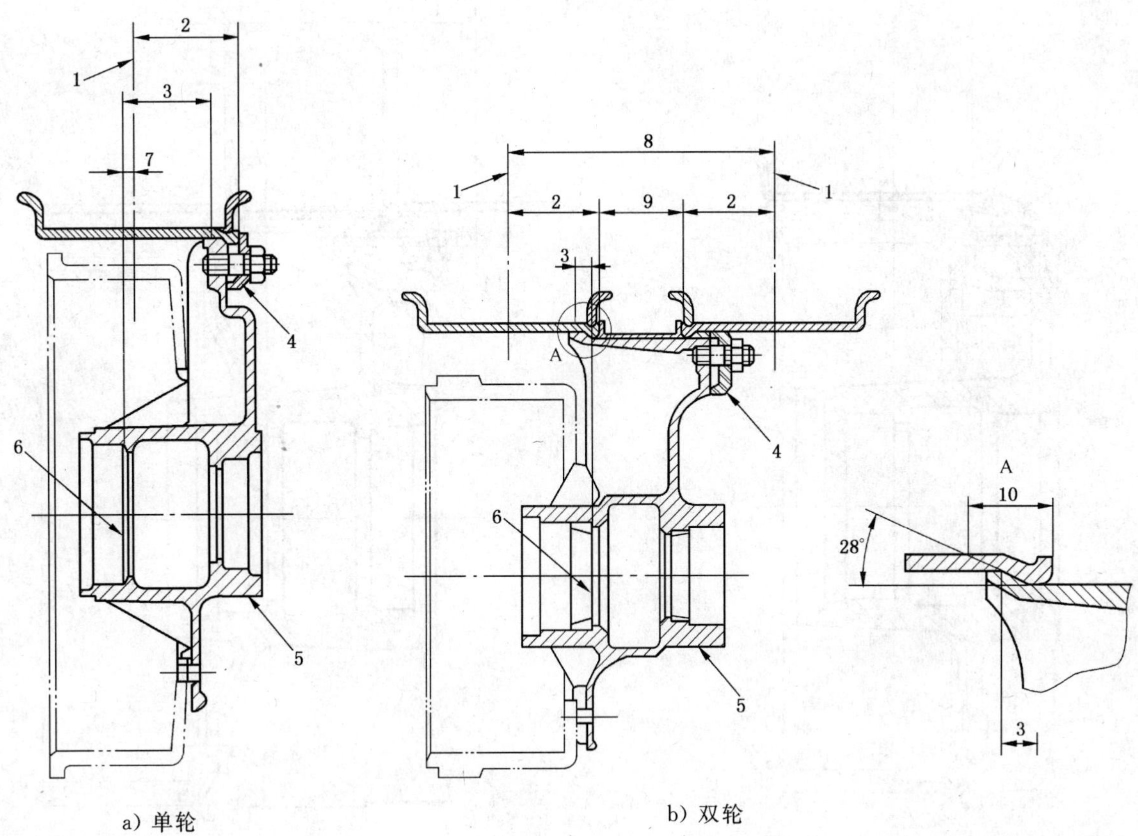

1——轮辋中心面；
2——轮辋体偏距；
3——车轮斜面偏距；
4——夹紧块；
5——铸造车轮体；
6——内轴承座肩(基准面)；
7——外偏距；
8——双轮中心矩；
9——隔圈宽度；
10——轮辋斜面位置。

图 5　28°安装斜面车轮术语

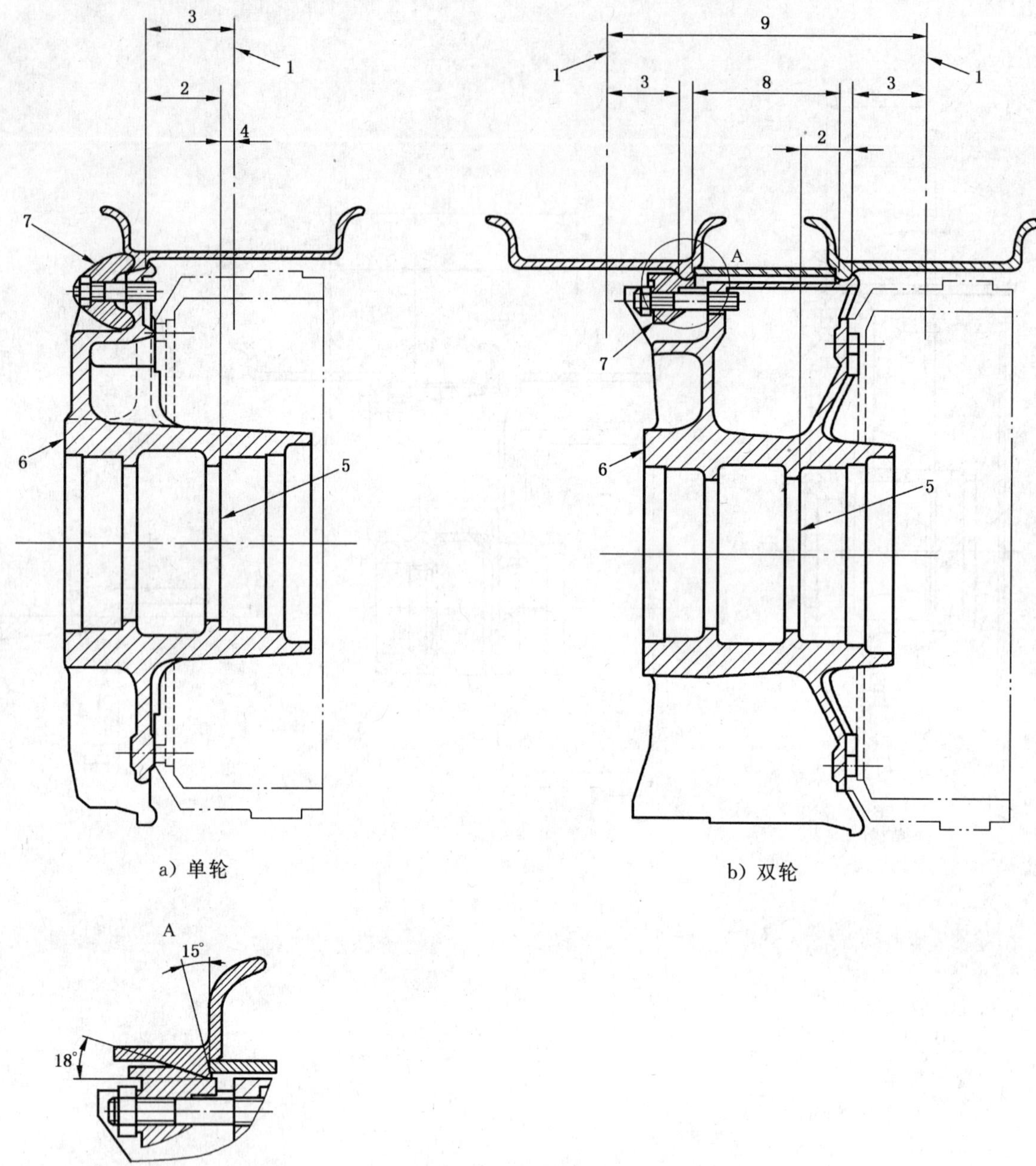

1——轮辋中心面；

2——车轮斜面偏距；

3——轮辋体偏距；

4——内偏距；

5——内轴承座肩(基准面)；

6——铸造车轮体；

7——夹紧块；

8——隔圈宽度；

9——双轮中心距。

图 6　18°[15°]安装斜面车轮术语

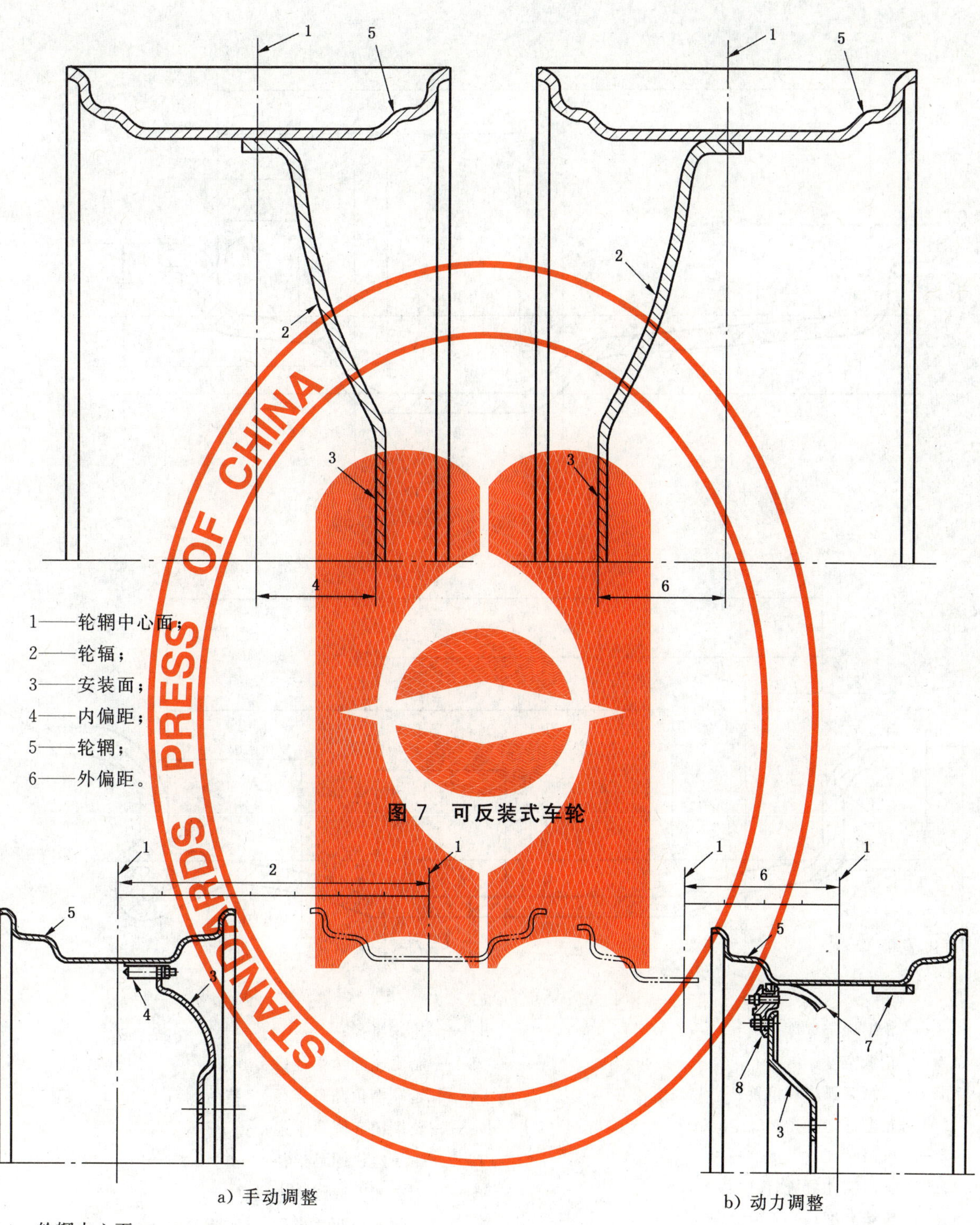

1——轮辋中心面；

2——轮辐；

3——安装面；

4——内偏距；

5——轮辋；

6——外偏距。

图7　可反装式车轮

a）手动调整

b）动力调整

1——轮辋中心面；

2——车轮反装的总调整量；

3——轮辐；

4——支架；

5——轮辋；

6——车轮不反装的总调整量；

7——导轨；

8——夹紧块。

图8　可调式车轮

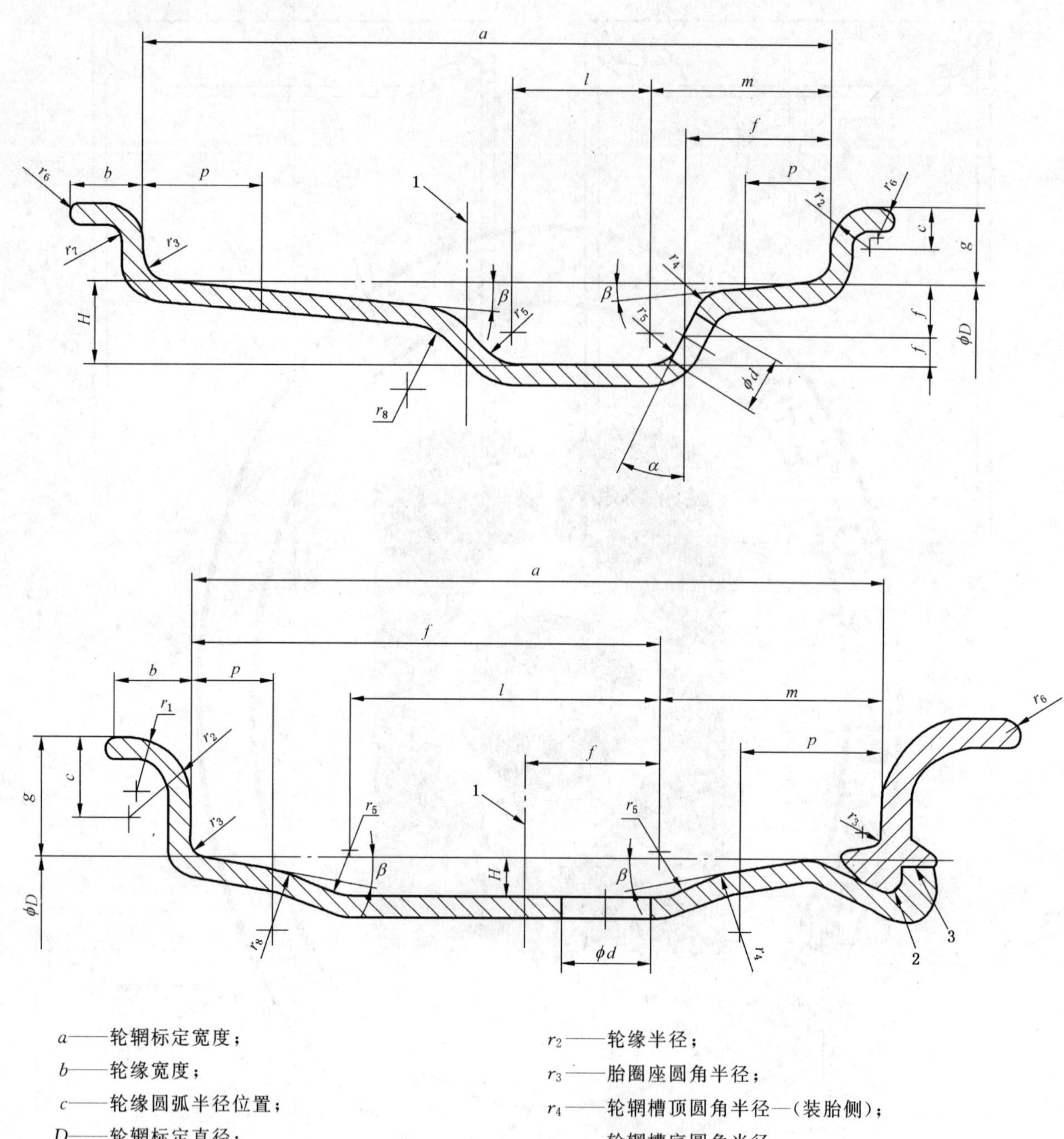

a——轮辋标定宽度；

b——轮缘宽度；

c——轮缘圆弧半径位置；

D——轮辋标定直径；

d——气门嘴孔；

f——气门嘴孔位置(仅供参考)；

g——轮缘高度；

H——轮辋槽深度；

l——轮辋槽宽度；

m——轮辋槽位置；

p——胎圈座宽度；

r_1——轮缘过渡圆弧半径；

r_2——轮缘半径；

r_3——胎圈座圆角半径；

r_4——轮辋槽顶圆角半径—(装胎侧)；

r_5——轮辋槽底圆角半径；

r_6——轮缘边缘圆角半径；

r_7——配重侧轮缘圆角半径；

r_8——轮辋槽顶圆角半径—(非装胎侧)；

α——轮辋槽角度；

β——胎圈座角度；

1——轮辋中心面；

2——锁圈槽沟；

3——锁圈槽顶。

注：座架深度 h,见图 10 和图 11。

图 9　装胎侧轮辋轮廓术语

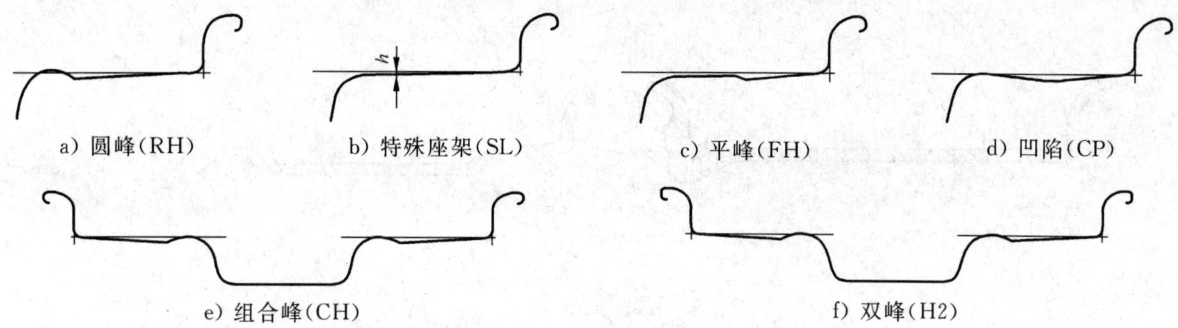

h——座架深度。

图 10 可选用的胎圈座轮廓

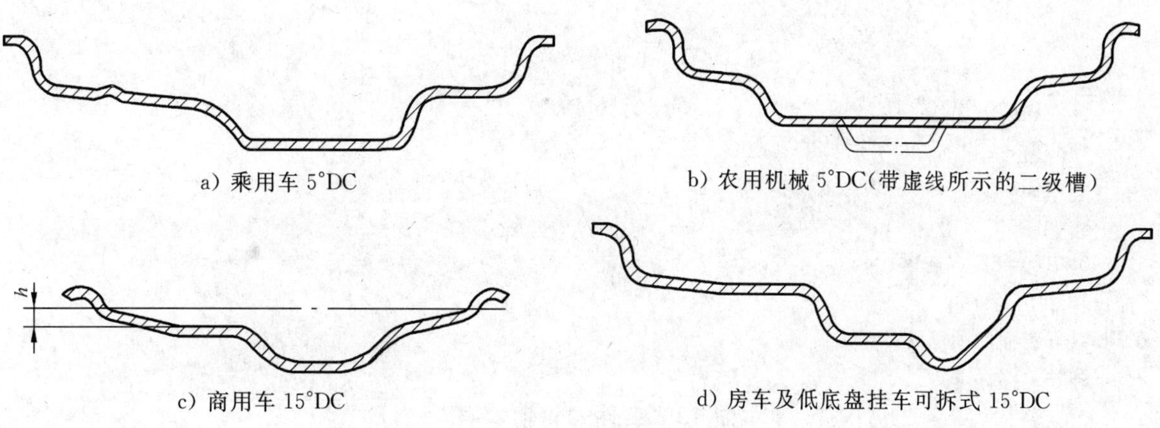

h——座架深度。

注：所示为典型用法。

图 11 一件式(深槽)轮辋术语

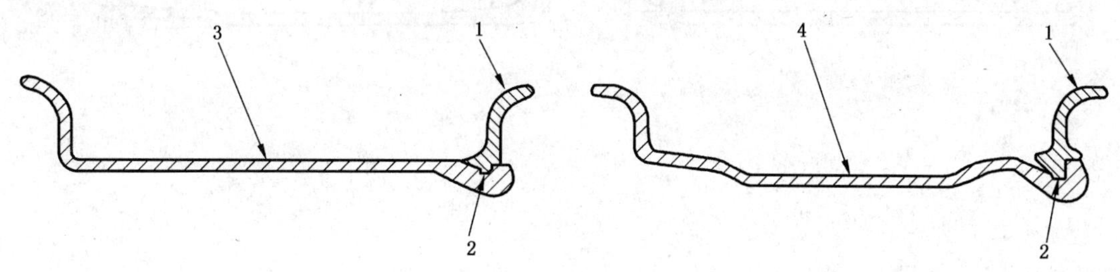

1——弹性挡圈；

2——锁圈槽；

3——轮辋体；

4——轮辋体(半深槽)。

图 12 二件式轮辋术语

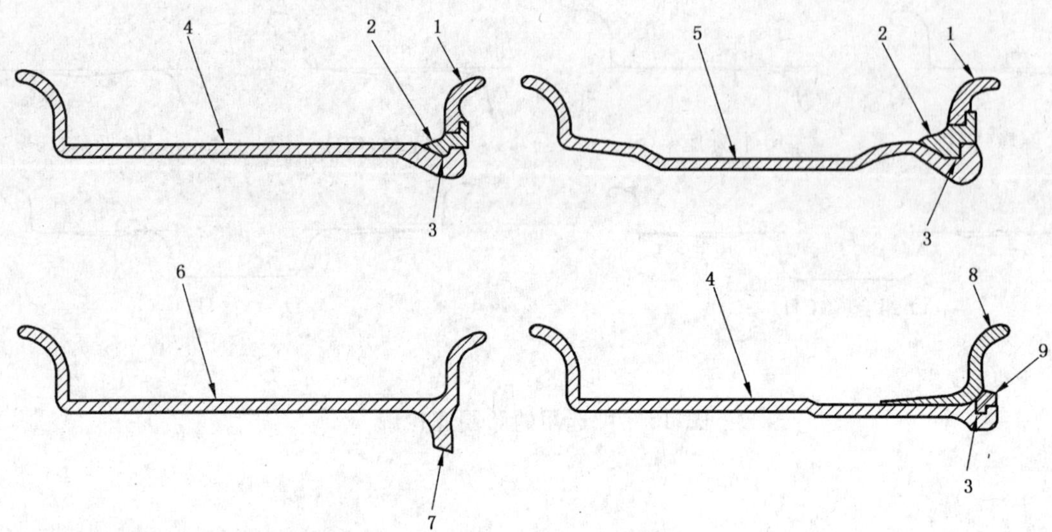

1——可拆式挡圈；
2——弹性锁圈；
3——锁圈槽；
4——轮辋体；
5——轮辋体(半深槽)；
6——3×120 分瓣式轮辋；
7——18°[15°]斜面；
8——具有锥形胎圈座的可拆式挡圈；
9——弹性锁圈。

图 13 三件式轮辋术语

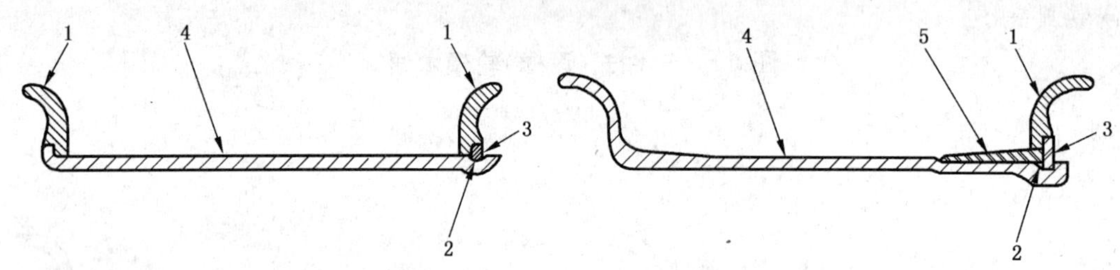

1——可拆式挡圈；
2——锁圈槽；
3——弹性锁圈；
4——轮辋体；
5——弹性锥形胎圈座圈。

图 14 四件式轮辋术语

1——可拆式挡圈；
2——弹性锁圈；
3——锁圈槽；
4——无内胎轮胎用O型密封圈槽；
5——轮辋体；
6——可拆式锥形胎圈座圈。

图15 五件式轮辋术语

附　录　A
（规范性附录）
车轮和轮辋的规格代号

A.1　规格代号

车轮和轮辋的规格代号应使用数字和字母按下面优先顺序表示：

a)　轮辋名义直径：

——现型轮辋的名义直径用尺寸代号[1]表示；

——与新型的轮胎一起使用的新型轮辋，其名义直径用毫米表示。

b)　轮辋型式(可选)：

——符号“×”表示一件式轮辋；

——符号“-”表示多件式轮辋。

c)　轮辋名义宽度：

——现型轮辋名义宽度用尺寸代号[1]表示；

——与新型的轮胎一起使用的新型轮辋，其名义宽度用毫米表示。

d)　轮辋轮廓：

用字母表示装胎侧的轮辋轮廓。

示例：GB/T 3487 中的 B、J 和 K，GB/T 3372 中的 C、D、E 和 F。

通常，轮廓标记位于轮辋名义宽度之后。然而，它也可位于轮辋名义宽度之前或分布于轮辋名义宽度的两侧，如 A.2 给出的示例中农业机械用轮辋的标志所示。

e)　轮缘高度：

对于非道路车辆用轮辋，尺寸代号[1]中斜线号“/”后的一个或几个数字(英寸)表示轮缘高度。这种表示对于多件式轮辋是可选的。

A.2　示例

以下是现型轮辋规格代号的示例。

乘用车：13×4.5B，16×6J。

轻型商用车：15×5 1/2J，15-5.50F SDC。

注：SDC 表示半深槽轮辋。

中型/重型商用车：20-7.5，22-8.0，22.5×8.25。

农用机械：28×W12，28×W10H，26×DW16，38×W18LA。

注：“DW”表示轮辋有二级槽，“L”表示低轮缘，“A”表示宽轮缘半径。

非道路车辆：25-13.00/2.5。

注：“/2.5”是轮缘高度规格代号。

---

1)　尺寸代号基于英制尺寸。

附 录 B
（规范性附录）
标 志

B.1 标志规范

B.1.1 辐板式车轮和可拆卸式轮辋的标志

辐板式车轮和可拆卸式轮辋的标志应标明下列信息：

a) 轮辋规格代号；

b) 车轮或轮辋制造商的识别标记(名称、符号或商标)；

c) 生产日期；

d) 车轮或轮辋制造商的零件号或代码。

B.1.2 挡圈和锁圈的标志

挡圈和锁圈[2]应标明下列信息：

a) 部件可配用轮辋的识别标志；

b) 制造商的识别标记；

c) 生产日期。

B.1.3 对开式车轮

对开式车轮的两个部件均应按照B.1.1标志。

B.2 标志显示

B.2.1 高度/易读性

标志应永久凹入或凸出且无锐边。罗马字母和阿拉伯数字高度应不小于3 mm，并且清晰可辨。

B.2.2 位置/可见性

车轮和可拆式轮辋的标志在轮胎装配和充气后应可见，对于辐板式车轮，标志可在轮辋或轮辐上出现。

B.3 补充标志

除了B.1.1规定的标志之外，还可标明其他信息，例如，法律或客户的要求。

偏距、内偏距或外偏距的标志场合，宜使用下列代号：

——偏距　OS(示例：OS175)；

——内偏距　IS (示例：IS30)；

——外偏距　IS-(示例：IS-15)。

2) 挡圈和锁圈可从轮辋体拆装，因设计和开发随制造商不同而不同，不宜认为是可互换的。

附 录 C
（资料性附录）
英汉法德术语对照表

英语	中文	法语	德语
A			
adjustable wheel	可调式车轮	roue à voie variable	Spurverstellrad
attachment face	安装面	face d'appui	Radanlagefläche
attachment face diameter	安装面直径	diamètre de la face d'appui	Durchmesser der Radan-lage-fläche
B			
bead seat	胎圈座	portée du talon	Felgenschulter
bead seat angle	胎圈座角度	angle de la portée du talon	Schulterwinkel
bead seat profile	胎圈座轮廓	profil de la portée du talon	Kontur der Felgenschul-ter
bead seat radius	胎圈座圆角半径	rayon de raccordement rebord/portée du talon	Hornfußradius
bead seat width	胎圈座宽度	largeur de la portée du talon	Schulterbreite
bolt hole	螺栓孔	trou d'attache	Bolzenloch
bracket	支架	patte de fixation	Böckchen
C			
cast wheel body	铸造车轮体	corps moulé de la roue	Guß-Radkörper
centre hole	中心孔	alésage central	Mittenloch
centre member, shell (wire wheel)	轮毂，壳（辐条式车轮）	partie centrale (《shell》) (roues à rayons métalliques)	Nabenteil (bei Drahts-peichenrad)
centreplane	中心面	plan médian	Mittelebene
clamp	夹紧块	fixation	Klemmstück
clamping bolt	紧固螺栓	vis de fixation	Befestigungsschraube
combination hump (CH)	组合峰(CH)	hump combiné (CH)	Kombinationshump (CH)
cone seat	锥形座	siège conique (pour l'écrou de serrage)	Konus für die Befesti-gungsmutter
contre-pente (CP)	凹陷(CP)	contre-pente (CP)	contre-pente (CP)
cross-divided rim	对开式轮辋	jante à bord oblique	quergeteilte Felge
D			
demountable rim	可拆卸式轮辋	jante amovible	abnehmbare Felge
detachable endless flange	可拆式挡圈	rebord amovible	abnehmbarer, geschlossener Seitenring
detachable endless flange with tapered bead seat	具有锥形胎圈座的可拆式挡圈	rebord amovible avec anneau conique	abnehmbarer, geschlossener Seiten-Schrägschulterring

英语	中文	法语	德语
detachable endless tapered bead seat ring	可拆式锥形胎圈座圈	anneau conique amovible	abnehmbarer,geschlossener Schrägschulterring
detachable spring flange	可拆式弹性挡圈	cercle de verrouillage amovible	abnehmbarer,geschlitzter Seitenring (Kombiring)
disc	轮辐	disque	Radscheibe, Radschüssel
disc wheel	辐板式车轮	roue à disque	Scheibenrad
divided wheel	对开式车轮	roue en deux parties	zweiteilige Felge mit geteilter Radscheibe
double hump (H2)	双峰(H2)	double hump (H2)	Doppelhump (H2)
drop-centre rim (DC)	深槽式轮辋(DC)	jante à base creuse (DC)	Tiefbettfelge (DC)
dual spacing	双轮中心距	entraxe entre jumelés	Mittenabstand
dual wheel	双式车轮	roue jumelée	Zwillingsrad
F			
five-piece rim	五件式轮辋	jante en cinq pièces	fünfteilige Felge
fixed flange	固定轮缘	rebord fixe	festes Felgenhorn
fixed taper bead seat	固定的锥形胎圈座	portée du talon conique fixe	feste Schrägschulter
flange compound radius	轮缘过渡圆弧半径	rayon de raccordement du rebord	Hornübergangsradius
flange edge radius	轮缘边缘圆角半径	rayon du retournement du rebord	Hornkantenradius
flange height	轮缘高度	hauteur du rebord	Hornhöhe
flange radius	轮缘半径	rayon du rebord	Horn radius
flange radius location	轮缘圆弧半径位置	emplacement du centre de l'arrondi du rebord	Lage des Hornradius
flange width	轮缘宽度	largeur du rebord	Hornbreite
flat hump (FH)	平峰(FH)	flat hump (FH)	Flachhump (FH)
four-piece rim	四件式轮辋	jante en quatre pièces	vierteilige Felge
G			
gutter	锁圈槽	crochet de jante	Nutpartie
gutter groove	锁圈槽沟	logement de l'anneau verrouilleur	Ringnut
gutter tip	锁圈槽顶	bord du crochet de jante	Ringnutsteg
H			
hub seat	轮毂座	siège du moyeu	Nabensitz
I			
inner bearing cup shoulder	内轴承座肩	épaulement de la cuvette du palier intérieur	Innenlagerschulter
inset	内偏距	déport interne	positive Einpreßtiefe
L			
lateral run-out	轴向跳动	voile	Planlaufabweichung

英语	中文	法语	德语
ledge depth	座架深	profondeur de la partie cylindrique	Ledge-Tiefe
lock ring, spring	锁圈	anneau verrouilleur	Verschlußring, geschlitzter
M			
marking	标记	marquage	Stempelung
N			
nut seat	螺母座	siège de l'écrou ou de la vis	Mutternsitz
O			
offset	偏距	demi-entraxe entre jumelés	halber Mittenabstand
one-piece rim	一件式轮辋	jante en une pièce	einteilige Felge
O-ring seal	"O"形密封圈	joint torique d'étanchéité	O-Dichtring
outset	外偏距	déport externe	negative Einpreßtiefe
P			
Pitch circle diameter of bolt holes	螺栓孔分布圆直径	diamètre d'implantation des trous d'attache	Lochkreisdurchmesser der Bolzenlöcher
R			
radial run-out	径向跳动	faux-rond	Rundlaufabweichung
rail	导轨	rail	Verstellschiene(-kurve)
reference plane	基准面	plan de référence	Bezugsfläche
retaining nut	紧固螺母	écrou de serrage	Haltemutter
reversible wheel	可反装式车轮	roue réversible	beidseitig montierbares Rad
rim	轮辋	jante	Felge
rim base	轮辋体	fond de jante	Grundfelge (Felgenbett)
rim base offset	轮辋体偏距	distance entre bord du crochet et plan médian de la jante	Abstand zwischen Ringnutsteg und Felgenmitte
rim bevel location	轮辋安装斜面位置	position du cône de centrage (jantes amovibles)	Lage des Felgentragsitzes
rim diameter	轮辋直径	diamètre de jante	Felgendurchmesser
rim size designation	轮辋规格代号	désignation dimensionnelle de la jante	Bezeichnung der Felgengröße
rim type	轮辋类型	type de jante	Felgentyp
rim width	轮辋宽度	largeur de jante	Maulweite (Breite zwischen den Felgenhörnern)
round hump (RH)	圆峰(RH)	hump rond (RH)	Rundhump (RH)
S			
semi-drop-centre rim (SDC)	半深槽轮辋(SDC)	jante à base semi-creuse (SDC)	Halbtiefbettfelge (SDC)
shell (wire wheels)	壳(辐条式车轮)	partie centrale (roues à rayons métalliques)	Nabenteil (bei Drahtspeichenrad)

英语	中文	法语	德语
single wheel	单式车轮	roue simple	Einzelrad
spacerband	隔圈	entretoise	Zwischenring
spacerband width	隔圈宽度	largeur de l'entretoise	Zwischenringbreite
special ledge (SL)	座架(SL)	special ledge (SL)	Spezialledge-Felge (SL)
specified rim diameter	轮辋标定直径	diamètre de jante spécifié	Eckpunktdurchmesser der Felge
specified rim width	轮辋标定宽度	largeur de jante spécifiée	festgelegte Maulweite
spline	花键	cannelure	Kerbverzahnung
spring lock ring	弹性锁圈	anneau verrouilleur	geschlitzter Verschlußring
spring tapered bead seat ring	弹性锥形胎圈座圈	anneau conique amovible a ressort	abnehmbarer, geschlitzter Schrägschulterring
T			
three-piece rim	三件式轮辋	jante en trois pièces	dreiteilige Felge
track	轮距	voie	Spur
two-piece rim	二件式轮辋	jante en deux pièces	zweiteilige Felge
V			
valve aperture	气门嘴孔	trou de jante pour la valve	Ventilloch/Ventilschlitz
valve aperture location	气门嘴孔位置	position du trou de jante pour la valve	Lage des Ventilloches/ Ventilschlitzes
W			
well	轮辋槽	gorge	Tiefbett
well angle	轮辋槽角度	angle de la gorge	Tiefbettflankenwinkel
well bottom radius	轮辋槽底圆角半径	rayon inférieur de la gorge	Tiefbettradius
well depth	轮辋槽深度	profondeur de la gorge	Tiefbettiefe
well position	轮辋槽位置	position de la gorge	Lage des Felgenbettes
well top radius	轮辋槽顶圆角半径	rayon supérieur de la gorge	Schulterradius
well width	轮辋槽宽度	largeur de la gorge	Tiefbettbreite
wheel	车轮	roue	Rad
wheel bevel offset	车轮安装斜面偏距	déport du cône de centrage (jantes amovibles)	Abstand zwischen Anlage Radlager und Felgentrag-sitz
wheel disc	轮辐	disque de roue	Radscheibe
wheel size designation	车轮规格代号	désignation dimensionnelle de la roue	Bezeichnung der Radgröße
wheel types	车轮类型	types de roue	Radtypen
wire spokes	辐条	rayon métallique	Radspeiche
wire wheel	辐条式车轮	roue à rayons métalliques	Drahtspeichenrad
Z			
zeroset	零偏距	déport nul	Einpreßtiefe null

参考文献

［1］ GB/T 3487 汽车轮辋规格系列.
［2］ GB/T 3372 拖拉机和农业、林业机械用轮辋系列.

汉语拼音索引

英 文 索 引

A

B

D

F

G

I

O

R

S

T

V

W

Z

ICS 83.060
G 40

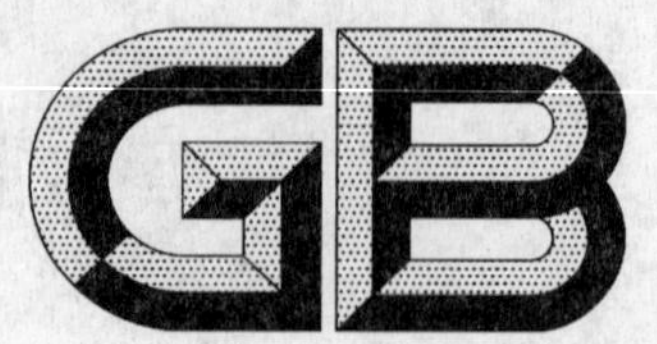

中华人民共和国国家标准

GB/T 2942—2009
代替 GB/T 2942—1991

硫化橡胶与纤维帘线静态粘合强度的测定 H抽出法

Rubber, vulcanized—Determination of static adhension to textile cord—H-pull test

(ISO 4647:1982,MOD)

2009-06-15 发布　　2010-02-01 实施

中华人民共和国国家质量监督检验检疫总局
中国国家标准化管理委员会　发布

前　　言

本标准修改采用 ISO 4647:1982《硫化橡胶与纤维帘线静态粘合强度的测定　H 抽出法》(英文版)。

本标准代替 GB/T 2942—1991《硫化橡胶与织物粘合强度的测定　H 抽出法》。

本标准与 ISO 4647:1982 相比,主要的技术差异及原因如下:

——在第 2 章规范性引用文件中增加了“ISO 5893　橡胶与塑料拉伸、曲挠及压缩试验机(恒速)技术性能”。使测试仪器符合该标准的技术要求。

——在 5.1 模具中,将“试样由厚度为 $Y/2$ 的胶条,放到间距为 Z,宽度为 C 的两个模腔中硫化制备。”改为“试样由厚度为 $Y/2$ 的胶条,放到间距为 Z,宽度为 X 的两个模腔中硫化制备。”以便和模具图中的标示保持一致。

——在 5.2 中“帘线张力可通过在每根帘线的一端悬挂 50 g±1 g 的重锤获得,并在把模具放到平板硫化机中加压硫化前去掉。”改为“帘线张力可通过在每根帘线的一端悬挂一定质量的重锤获得。重锤可以是钩型或设计成一个能夹住帘线的夹具,通常为 50 g±1 g。把模具放到平板硫化机中加压硫化,硫化结束后去掉重锤。”避免在加压硫化前去掉张力装置而导致帘线收缩跑偏和弯曲。

——将 5.3 中的“5.3 测试仪器,符合测试仪器检定的要求。在测试过程中提供准确的力值,夹持器应以规定的恒定速度 100 mm/min±10 mm/min 移动。”改为“仪器检定符合 ISO 5893 的要求。测量力值符合 ISO 5893 中规定的 2 级精度。夹持器应以规定的恒定速度 100 mm/min±10 mm/min 移动。”使测试仪器符合该当前的技术要求。

——删除了 5.4 中的图 5 所示的一种试样夹持器。因为国内未使用这种试样夹持器。

——在 6.1 试样尺寸中,考虑到国内多数使用帘线埋入宽度为 10.0 mm、厚度为 10.0 mm 或宽度为 5 mm、厚度为 3.2 mm 的测试试样,将“标准试样应是由一定长度的帘线埋在宽度为 6.4 mm、厚度为 3.2 mm 的胶条中而成。”更改为“试样应是由一定长度的帘线埋在宽度为 6.4 mm、厚度为 3.2 mm 的胶条中而成。也可选用帘线埋入宽度为 10.0 mm、厚度为 10.0 mm 或宽度为 5 mm、厚度为 3.2 mm 的胶料中。但是,不同埋入长度的试样所得到的试验结果没有可比性。”

——删除了 ISO 4647:1982 中 6.2.4 中关于使用预制模的规定;因为在硫化过程中,国内很少使用预制模。

——“将模具放到已预热到硫化温度的平板硫化机中,从帘线上去掉张力装置。调节压力使模具表面的压力达到最小压力 3.5 MPa 进行硫化。硫化到规定时间后,立即从模具中取出样品,并在室温下冷却。”改为“将模具放到已预热到硫化温度的平板硫化机中,调节压力,使模具表面最小压力达到 3.5 MPa 进行硫化。硫化到规定时间后,从帘线上去掉张力装置,立即从模具中取出样品,并在室温下冷却。”和 5.2 保持一致。

——增加了“硫化后的样品不应有缺胶、气泡、帘线压扁和损伤等缺陷”。避免样品的缺陷影响结果测试。

——第 11 章结果表示中增加“并计算结果的算术平均值,精确到小数点后一位。”

——第 12 章试验报告中删除了“夹持器类型”,和 5.4 保持一致。

——增加了附录 A,本标准与 ISO 4647:1982 章条编号对照表。

——原附录 A 改为附录 B“硅橡胶覆面隔条的制备”。

本标准与GB/T 2942—1991相比主要差异如下：

——修改了标准名称；

——增加了前言；

——第2章规范性引用文件删除了GB 527和GB 6038，增加了ISO 5893(见第2章)；

——增加了图2和图3的模具示意图及图3所示的两种试样制备方法(见5.1)；

——增加了夹持器示意图的注(1991年版的图2；本版的图4)；

——将“对于提供0.49±0.01 N帘线张力的装置，可在制备试样时，在每根帘线的一端悬挂50 g±1 g的重锤达到。并在把模具放到平板硫化机中进行硫化前再把重锤去掉。”改为“帘线张力可通过在每根帘线的一端悬挂一定质量的重锤获得。重锤可以是钩型或设计成一个能夹住帘线的夹具，通常为50 g±1 g。把模具放到平板硫化机中加压硫化，硫化结束后去掉重锤。”(见5.2)；

——将“标准试样应是由一定长度的帘线埋在宽度为6.4 mm、厚度为3.2 mm的胶条中而成。”更改为“试样应是由一定长度的帘线埋在宽度为6.4 mm、厚度为3.2 mm的胶条中而成。也可选用帘线埋入宽度为10.0 mm、厚度为10.0 mm或宽度为5 mm、厚度为3.2 mm的胶料中。但是，不同埋入长度的试样所得到的试验结果没有可比性。”(见6.1)；

——删除了“当试验中发生帘线尚未抽出而先断裂时，该试样作废”的规定(1991年版的11.2)；

——增加了附录A。

本标准的附录A和附录B为资料性附录。

本标准由中国石油和化学工业协会提出。

本标准由全国橡标委通用试验方法分技术委员会(SAC/TC 35/SC 2)归口。

本标准起草单位：贵州轮胎股份有限公司、北京橡胶工业研究设计院。

本标准主要起草人：冯萍、张燕。

本标准所代替标准的历次版本发布情况为：

——GB 2942—1982，GB/T 2942—1991。

硫化橡胶与纤维帘线静态粘合强度的测定 H抽出法

警告——使用本标准的人员应有正规实验室工作的实践经验。本标准并未指出所有可能的安全问题。使用者有责任采取适当的安全和健康措施，并保证符合国家有关法规规定的条件。

1 范围

本标准规定了轮胎用织物帘线与硫化橡胶静态粘合强度的测定方法。本标准适用于天然纤维或人造纤维制成的帘线。

用本方法所测定的粘合强度在很大程度上受帘线历史状况和胶料制备过程的影响，但是本方法所提供的数据可作为判断材料使用质量的依据。

本标准也适用于其他硫化橡胶制品中使用的线密度不超过 800 mg/m(tex)的类似帘线。

2 规范性引用文件

下列文件中的条款通过本标准的引用而成为本标准的条款。凡是注日期的引用文件，其随后所有的修改单(不包括勘误的内容)或修订版均不适合于本标准，然而，鼓励根据本标准达成协议的各方研究是否可使用这些文件的最新版本。凡是不注日期的引用文件，其最新版本适用于本标准。

GB/T 2941　橡胶物理试验方法试样制备和调节通用程序(GB/T 2941—2006，ISO 23529:2004，IDT)

ISO 5893　橡胶与塑料拉伸、曲挠及压缩试验机(恒速)技术性能

3 原理

通过测量将单根帘线从一个硫化橡胶块中抽出所需的力来评估橡胶与纤维帘线之间的粘合性能，此力沿帘线纵轴方向施加，包埋在橡胶中的帘线长度是固定的(见图1)。

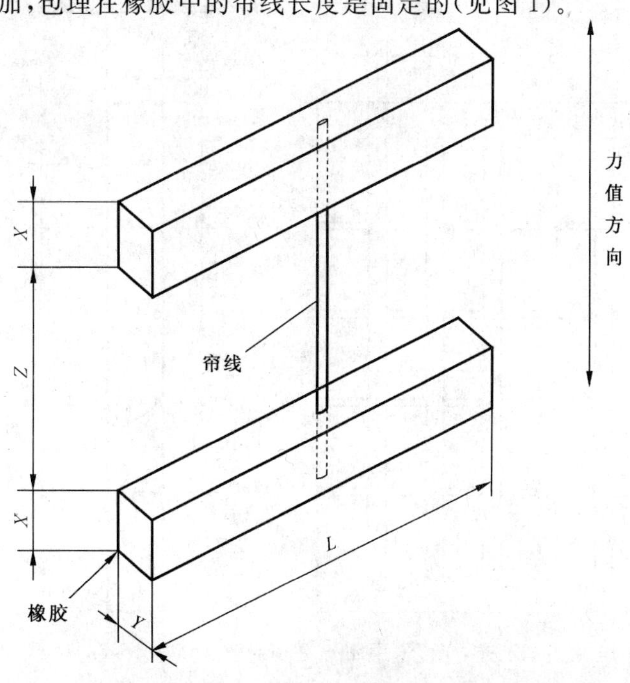

图1　试样

测量的粘合力是作用于帘线-橡胶界面上的剪切力值。两端的橡胶块与中间连接的帘线构成的试样形似字母“H”,试验方法由此命名。

4 材料

4.1 试样:由帘线的使用方和供应商达成一致的胶料、纤维帘线及粘合剂组合而成。应明确地规定试样硫化条件,包括时间和温度。

4.2 隔离衬垫:可选用正方形的机织物加强橡胶条,大约为 340 g/m^2 的棉平纹布或与之相当的材料。材料为原坯布,也可是单面擦胶的。此外,也可选择将制作试样的胶料通过压延的方法贴在棉织物的擦胶面上。

4.3 保护膜:与帘线接触的胶料表面应覆盖保护膜加以保护,如淀粉纸或聚乙烯薄膜。

4.4 充满模具所需的胶料厚度应由帘线使用方和供应商共同商定。

注:使用的胶料配方通常由帘线的使用方决定。

5 仪器

5.1 模具

试样的尺寸受模具的规格和公差所控制。试样由厚度为 $Y/2$ 的胶条,放到间距为 Z,宽度为 X 的两个模腔中硫化制备(见图 1)。

把拉直的帘线以垂直于胶条的方向放在胶条上,每两根帘线的间距是 L,然后在帘线上再覆盖两个胶条,合模,加压,硫化试样。

通常使用一次可产生多个相同试样的模具。

图 2 为一个适宜的模具示例。当帘线的线密度为 560 mg/m(tex)或以下时,建议帘线沟槽宽度为 0.8 mm;当线密度在 560 mg/m(tex)～800 mg/m(tex)之间时,建议沟槽宽度为 1.2 mm。虽然这种形式的模具使用简单,但对模具加压会使过量的橡胶流向橡胶条之间的沟槽,特别是在帘线比沟槽细得多的时候。为提高测试结果的重现性,在测试前应小心地裁剪除去帘线周围的余胶。使用图 3 所示的模具几乎能完全除去橡胶的余胶。该方法是在硫化时用一个可变形的硅橡胶覆面隔条使橡胶条之间的帘线保持在固定的位置,而不是使帘线固定在帘线沟槽中。因此可避免过量的橡胶流入空隙中。

单位为毫米

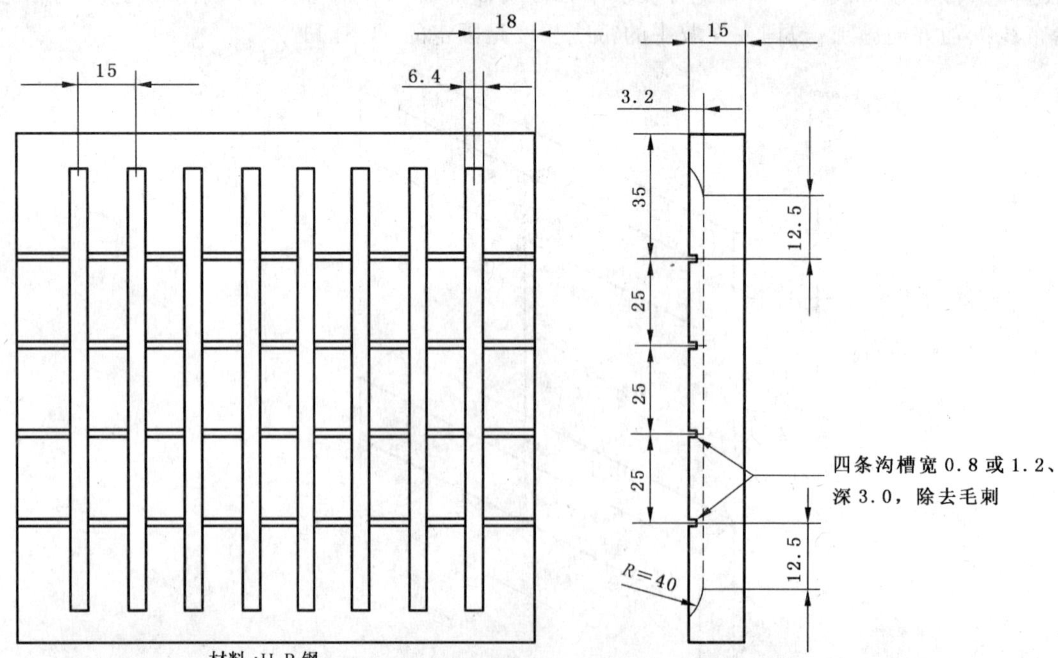

注:所示模具可制备 16 个测试试样,亦可采用制备更多或较少试样数量的模具,但控制试样大小的模具尺寸不应改变。

图 2 H 抽出试验模具(帘线埋入宽度为 6.4 mm,厚度为 3.2 mm)

图 3 所示有两种试样制备方法：

方法 A：橡胶条 R1 和 R2，R3 和 R4 之间的帘线是夹持在特殊制备的硅橡胶覆面隔条之间。在附录 B 中描述了这种覆面隔条的制备方法。

方法 B：上层橡胶条制成有充足的宽度覆盖整个 R5 到 R6(及 R7 到 R8)的距离，再用薄的玻璃纸条或聚酯薄膜条放在接触帘线的橡胶的中间部分。由于它们直接与帘线接触，因而避免了橡胶和帘线在这个区域的粘接。

单位为毫米

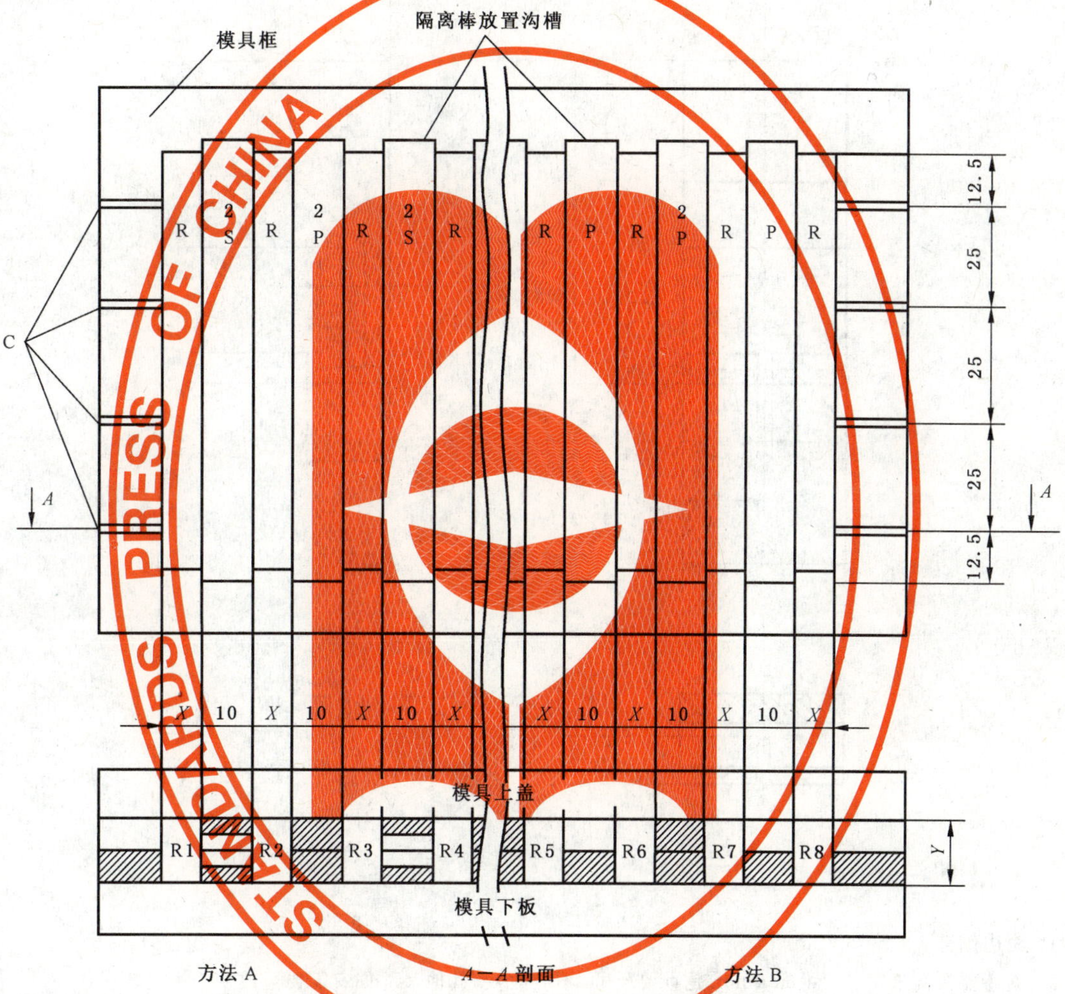

模具框
隔离棒放置沟槽
C
A
R 2S R 2P R 2S R R P R 2P R P R
12.5 25 25 25 12.5
X 10 X 10 X 10 X X 10 X 10 X 10 X
模具上盖
R1 R2 R3 R4 R5 R6 R7 R8
Y
模具下板
方法 A
A—A 剖面
方法 B

R——胶料模腔，宽度为 X，厚度为 Y(见 5.1 和 6.1)；

S——硅橡胶覆面隔条；

P——平板隔条；

C——帘线沟槽，宽度为 0.8 mm 或 1.2 mm(见 5.1)。

图 3 使用硅橡胶覆面隔条的模具

5.2 提供帘线张力的装置

帘线张力可通过在每根帘线的一端悬挂一定质量的重锤获得。重锤可以是钩型或设计成一个能夹住帘线的夹具，通常为 50 g±1 g。把模具放到平板硫化机中加压硫化，硫化结束后去掉重锤。

注：根据帘线规格的不同，可选用其他质量的重锤。

5.3 测试仪器

仪器检定符合 ISO 5893 的要求。测量力值符合 ISO 5893 中规定的 2 级精度。夹持器应以规定的恒定速度 100 mm/min±10 mm/min 移动。

注：惯性(摆锤)型拉力试验机由于摩擦和惯性的影响容易给出不同的试验结果。带有合适的记录仪的低惯性试验机得到的试验结果可避免这些因素的影响，因此应优先选用。

5.4 试样夹持器

试样夹持器的设计应如图 4 所示。试验时需要两个夹持器。

单位为毫米

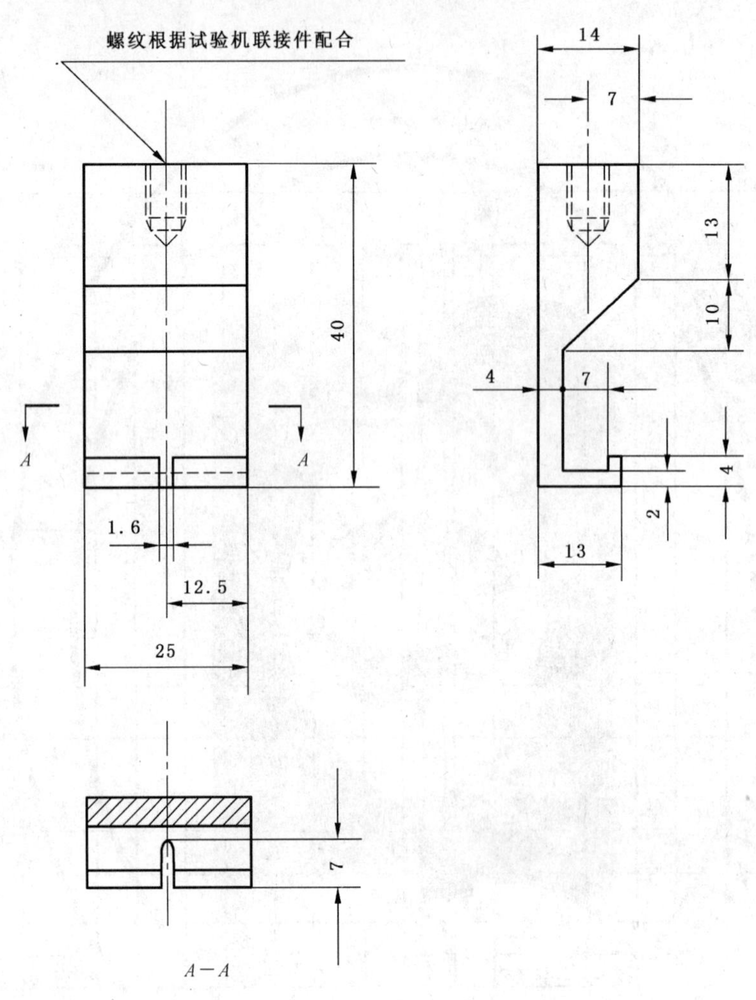

注 1：锐边倒钝；

注 2：夹持器帘线槽宽度尺寸 1.6 mm 是重要尺寸，不应改变，其他尺寸如有需要可改变。

图 4 试样夹持器

6 试样

6.1 尺寸

试样应是由一定长度的帘线埋在宽度为 6.4 mm、厚度为 3.2 mm 的胶条中而成。也可选用帘线埋入宽度为 10.0 mm、厚度为 10.0 mm 或宽度为 5 mm、厚度为 3.2 mm 的胶料中。但是，不同埋入长度的试样所得到的试验结果没有可比性。

6.2 试样制备

6.2.1 用剪刀或冲模将胶料裁切为宽 6.4 mm、长度适宜的条状，并让保护膜留在胶料上。

6.2.2 当使用隔离衬垫时，按照胶条的尺寸把隔离衬垫切成和胶条一样的尺寸(如果胶料已压延在织物上，取消这一步)。

6.2.3 如果使用硅橡胶覆面隔条，将底部覆面隔条放进模腔里(图 3 所示的模具)。

6.2.4 将橡胶条放置在模腔中，保护膜向上(如果胶料已压延在织物上，则织物面应朝模具底部)。

6.2.5 从橡胶条上除去保护膜，并立即把帘线放在垂直于胶条的帘线槽中，应注意对于埋入胶料中的那部分帘线，不能直接与裸露的手接触。将每根帘线的一端打结，使其牢牢固定在模具的一端。小心避免帘线退捻，然后在帘线另一端挂上张力装置。

6.2.6 如果使用硅橡胶覆面隔条，在模具中放置上面的覆面隔条(图 3 所示的方法 A)。

6.2.7 去掉另一部分橡胶条上的保护膜，将它们放置在模腔里的帘线上。去掉保护膜的一面应向下。

6.2.8 当使用隔离衬垫时，在橡胶条上放置织物垫(如果胶料已压延在织物上，省略这一步)。

6.2.9 标识模腔里的测试试样，如果上压板不光滑，用一个光滑的金属板覆盖模具。

6.2.10 将模具放到已预热到硫化温度的平板硫化机中，调节压力，使模具表面最小压力达到 3.5 MPa 进行硫化。硫化到规定时间后，从帘线上去掉张力装置，立即从模具中取出样品，并在室温下冷却。

6.2.11 硫化后的样品不应有缺胶、气泡、帘线压扁和损伤等缺陷。用剪刀或冲模切割样品，制成“H”试样，试样由单根帘线的两端分别埋入长度约为 25 mm 的两个橡胶块中间，必要时剪掉所有的橡胶余胶。

6.3 试样数量

至少应测试 8 个试样。

7 硫化与试验之间的时间间隔

除非另有规定，应按要求使用以下的时间间隔：

硫化和试验之间的最小时间间隔应是 16 h。硫化和试验之间的最大时间间隔应是 4 星期，比对试验应尽可能在相同的时间间隔下进行。

8 试样的调节

8.1 当试验在标准温湿度下进行时，按 GB/T 2941 的规定，试样在测试前应调节至少 16 h。

8.2 当试验在高温或低温下进行时，测试试样应在测试环境下保持一定时间，以使试样和测试环境达到充分平衡。或者依照材料或产品试验规定的要求调节一段时间，然后应立即试验。

9 试验温度和湿度

试验应按 GB/T 2941 的规定在标准的实验室温湿度下进行，当选用其他温度时，应选择 GB/T 2941 中给出的温度。

比对试验应使用相同的温度和湿度。

10 试验程序

测定帘线从橡胶中抽出的力值可在室温或高温下进行。

10.1 室温试验

将两个试样夹持器装到拉力试验机上，设置它们之间的距离为 1 mm。仔细定位，以保证夹持器的纵轴成一直线。调整拉力试验机夹持器的移动速度为 100 mm/min±10 mm/min。把试样装入夹持器中，开始试验。记录帘线从橡胶中抽出时的最大力，精确到 0.1 N。

10.2 高温试验

按 10.1 中描述的程序进行试验，试样夹持器封闭在高温箱中并连接到试验机上。对任何试样，其在保持试验温度的高温箱中的总加热时间不少于 15 min，也不超过 60 min。也可选择在靠近试验机的高温箱中加热试样，然后逐个取出，并于 15 s 内进行试验。加热试样和测试试样的技术条件应在供应商和购买商之间取得一致。

11 结果表示

11.1 记录帘线粘合力值，单位为N，并计算结果的算术平均值，精确到小数点后一位。

11.2 描述帘线的表面状况并注明帘线上是否有附胶。

12 试验报告

试验报告应包括下列各项：

a) 使用的本标准名称和编号；

b) 帘线的完整标识；

c) 对胶料的详细说明及硫化时间和温度；

d) 试样的制备方法；

e) 环境温度和相对湿度；

f) 试验温度；

g) 任何非标准化的程序；

h) 试验的试样数量；

i) 所有单个试验的结果及算术平均值；

j) 破坏类型；

k) 试验日期。

附 录 A
（资料性附录）
本标准与 ISO 4647:1982 章条编号对照

表 A.1 给出了本标准与 ISO 4647:1982 章条编号对照一览表。

表 A.1 本标准与 ISO 4647:1982 标准章条编号对照

本标准章条编号	对应的 ISO 4647:1982 章条编号
4	4
4.1	第 4 章第一段
4.2	第 4 章第二段
4.3	第 4 章第二段
4.4	第 4 章第三段
—	6.2.4
6.2.4	6.2.5
6.2.5	6.2.6
6.2.6	6.2.7
6.2.7	6.2.8
6.2.8	6.2.9
6.2.9	6.2.10
6.2.10	6.2.11
6.2.11	6.2.12
附录 A	—
附录 B	附录 A
注：表中的章条以外的本标准其他章条编号与 ISO 4647:1982 其他章条编号均相同且内容相对应。	

附 录 B
（资料性附录）
硅橡胶覆面隔条的制备

B.1 硅橡胶覆面隔条的使用

制备试样的模具也可采用其他两种方法，如图 3 所示。方法 B 是通常使用的试样模具。在方法 A 中，试样两端橡胶之间的帘线是夹在特制的、以硅橡胶覆面的棒条之间。这个方法是在试样硫化时把两端橡胶之间的帘线夹在能变形的表面中间，而不是夹在帘线的沟槽中。因此不会让多余的胶料流入空隙中。这对改善和消除余胶有一定的效果。

B.2 硅橡胶胶料的制备

B.2.1 所用的胶料应是硬度大约为 60IRHD 的自粘型橡胶；

B.2.2 按照既有模具盖板的尺寸，用两块平的模板在两片聚酯薄膜之间压制 50 g～60 g 胶片，使其厚度尽可能均匀地达到 1.5 mm。

最好在液压机中以很低的压力（应低于 175 kPa）压制。以用手泵压力机较适宜，必要时加压平板可加热至 50 ℃～70 ℃。

B.2.3 加压 2 min～3 min 后，检验硅橡胶是否已达到需要的厚度。若达不到 1.5 mm 的厚度，则 2.0 mm 也是允许的。

B.2.4 取下硅橡胶片，放在冷的平面上，仍用聚酯薄膜加以保护。

B.3 隔条的制备

B.3.1 用铲刀、金属丝刷或类似的方法，把隔条上的旧的硅橡胶刮掉。

B.3.2 隔条在三氯乙烯或过氯乙烯的蒸气浴中脱脂 30 min～60 min。

B.3.3 用细砂布打磨隔条的粘接面，也可用轻度喷砂或蒸汽冲刷的方法，但要小心，防止非粘结面不必要的粗糙化。

B.3.4 最后，用浸过石油溶剂的布揩干净隔条，待溶剂蒸发后，立即覆上硅橡胶条。

B.4 粘接程序

B.4.1 把带有聚酯薄保护膜的硅橡胶，根据隔条的粘接面切成条状，如果硅橡胶不可避免的较厚，则条宽可减少 1 mm～2 mm（通常条宽约 10 mm），以防过多的溢料。

B.4.2 剥去硅橡胶一面的聚酯保护膜，并把剥去的一面放在刚净化过的粘接面上，用手轻压，以使贴合。

避免同硅橡胶和隔条的粘接表面直接接触，以防因玷污而影响粘接。

B.4.3 一次制备两条。应成对使用，故最好打上容易识别的标记。

B.4.4 将胶面朝上的隔条并排地放在适当的模具中，如认为适当，这时可去掉上面的聚酯薄膜。为便于脱模，可另嵌一张足以覆盖模腔的聚酯薄膜，或者用模具隔离剂聚四氟乙烯气溶胶喷涂。

B.4.5 利用匹配孔和隔条槽定位合模后，把模具放入平板压力机中，当平板进行加温时，施加低的压力，使硅橡胶铺展开来。当硫化温度达到 160 ℃时，施加最大安全压力，硫化 15 min。

B.4.6 隔条最好在压力机中，受压的模具中冷却。如果不可能做到这一点，允许在压力机外让整套模具冷却。因为在这样热的时候，硅橡胶仍然是较脆弱的，易遭受损伤。

B.4.7 冷却后，小心地从模具中取出覆胶隔条，为此可把一个通过螺纹旋入模具的限位器拆去，以便把一个细的撬杆插在隔条下面，把隔条取出。

B.4.8 多余的硅橡胶溢边等可以修掉，或者经烘箱硫化后再修边。

B.4.9 当所有重新覆胶的隔条已完成平板硫化后，在200 ℃下调节18 h～24 h。如先前未进行修边，则现在去掉废边。

注：在正常使用条件下，隔条预计至少可以用于模制试样500次。

ICS 83.160.99
G 41

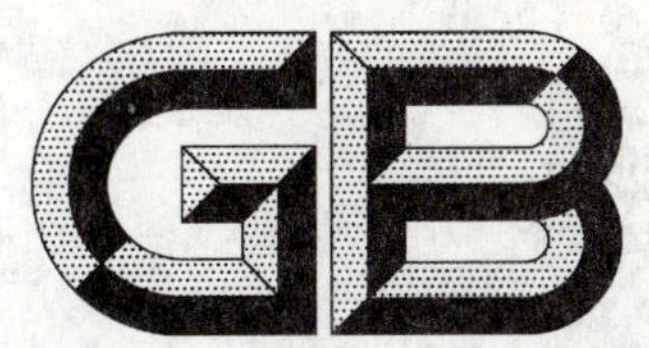

中华人民共和国国家标准

GB/T 2980—2009
代替 GB/T 2980—2001

工程机械轮胎规格、尺寸、气压与负荷

Size designation, dimensions, inflation pressure and load capacity for earth-mover tyres

(ISO 4250-1:2006, Earth-mover tyres and rims—Part 1:Tyre designation and dimensions; ISO 4250-2:2006, Earth-mover tyres and rims—Part 2:Loads and inflation pressure, NEQ)

2009-04-24 发布　　2009-12-01 实施

中华人民共和国国家质量监督检验检疫总局
中国国家标准化管理委员会　发布

前　言

本标准与国际标准 ISO 4250-1:2006《工程机械轮胎和轮辋—第 1 部分:轮胎规格与尺寸》和 ISO 4250-2:2006《工程机械轮胎和轮辋—第 2 部分:负荷与充气压力》的一致性程度为非等效。同时参考了《美国轮胎轮辋协会标准年鉴-2006(TRA-2006)》。

本标准代替 GB/T 2980—2001《工程机械轮胎规格、尺寸、气压与负荷》。

本标准与 GB/T 2980—2001 的主要差异如下:

——增加了加深花纹和超加深花纹新胎充气后外直径及胀大的最大外直径(本版的表 2～表 16);

——补充了子午线及斜交轮胎部分规格;增加沙地斜交轮胎规格;增加保留生产的轮胎规格(本版的表 2～表 17);

——增加了新胎充气后断面宽度和外直径偏差的规定(本版的 5.2、5.3);

——"测量轮辋"替代"测量轮辋宽度代号"(2001 年版的表 1～表 5;本版的表 2～表 17);

—— 增加了气门嘴型号的内容(本版的表 2～表 17);

——增加 70、80、90 系列设计花纹深度(见附录 B)。

本标准的附录 A 为规范性附录,附录 B 为资料性附录。

本标准由中国石油和化学工业协会提出。

本标准由全国轮胎轮辋标准化技术委员会(SAC/TC 19)归口。

本标准起草单位:贵州轮胎股份有限公司、天津国际联合轮胎橡胶有限公司、风神轮胎股份有限公司、徐州徐轮橡胶有限公司、杭州中策橡胶有限公司、双钱集团股份有限公司、三角轮胎股份有限公司、赛轮股份有限公司、山东玲珑橡胶有限公司、昊华南方(桂林)橡胶有限责任公司桂林轮胎厂。

本标准主要起草人:杨世春、赵巍、李豪、裴晓辉、陈国华、包静萍、郑乾、李振刚、陈少梅、唐莹、程红伟、张巨光。

本标准所代替标准的历次版本发布情况为:

——GB/T 2980—1974、GB/T 2980—1982、GB/T 2980—1991、GB/T 2980—2001。

工程机械轮胎规格、尺寸、气压与负荷

1 范围

本标准规定了工程机械轮胎用术语和定义、轮胎规格表示与最大负荷标记、轮胎规格、尺寸、气压与负荷、花纹分类及设计花纹深度。

本标准适用于重型自卸车、装载机、挖掘机、平地机、铲运机、推土机、起重机和压路机等工程机械用新的充气轮胎。

2 规范性引用文件

下列文件中的条款通过本标准的引用而成为本标准的条款。凡是注日期的引用文件，其随后所有的修改单(不包括勘误的内容)或修订版均不适用于本标准，然而，鼓励根据本标准达成协议的各方研究是否可使用这些文件的最新版本。凡是不注日期的引用文件，其最新版本适用于本标准。

GB/T 1190 工程机械轮胎技术要求

GB/T 2883 工程机械轮辋规格系列(GB/T 2883—2002, ISO 4250-3:1997, Earth-mover tyres and rims—Part 3:Rims, MOD)

GB/T 6326 轮胎术语及其定义(GB/T 6326—2005, ISO 4223-1:2002, Definitions of some terms used in tyre industry—Part 1:Pneumatic tyres, NEQ)

3 术语和定义

GB/T 6326 确立的以及下列术语和定义适用于本标准。

3.1

窄基轮胎 narrow base tyres

轮胎断面高宽比为 0.95 左右的工程机械轮胎。

3.2

宽基轮胎 wide base tyres

轮辋宽度与轮胎断面宽度比为 0.80 左右的工程机械轮胎。

3.3

低断面轮胎 low section tyres

轮胎断面高宽比为 0.65 左右(65 系列)或 0.70 左右(70 系列)的工程机械轮胎。

3.4

最高速度 maximum speed

车辆在工作过程中的任何阶段(重车或空车)所达到的峰值速度。

3.5

工业车辆作业 industrial vehicle service

工业车辆(包括平衡配重式叉车、集装箱装卸机、跨式运输机、飞机牵引车、移动式粉碎机等)使用工程机械轮胎完成的作业。其轮胎负荷变化率见表 1。

3.6

负荷符号 load symbol

在规定的使用条件下，工程机械子午线轮胎所能承受的最大负荷的强度标记符号，通常由 1、2 或 3 颗星(★)表示。

4 轮胎规格表示与最大负荷标记

4.1 轮胎规格表示示例

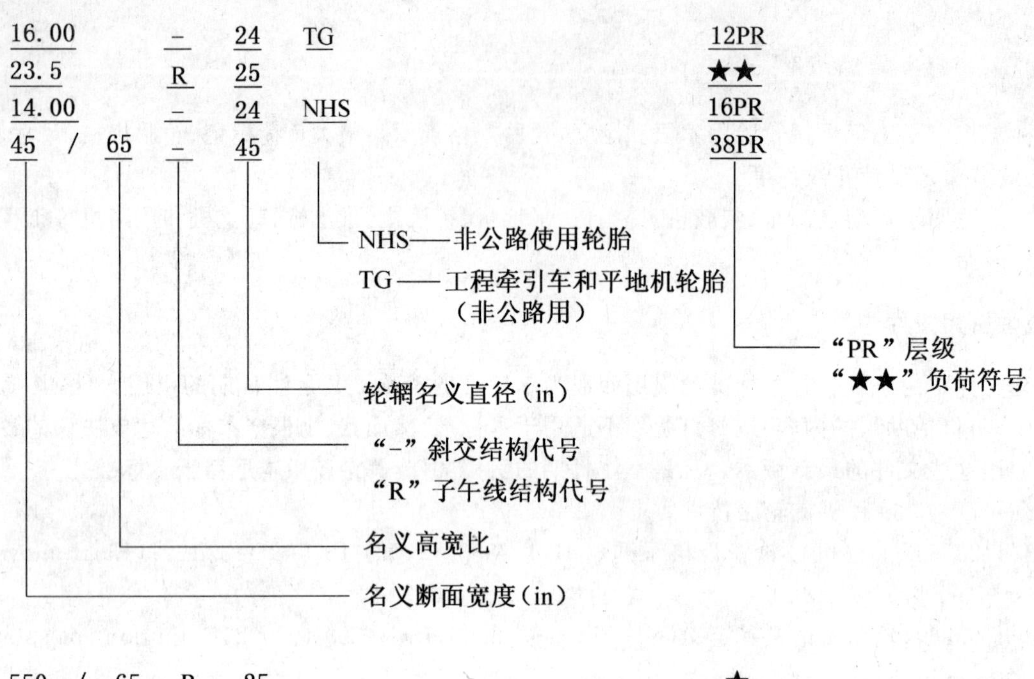

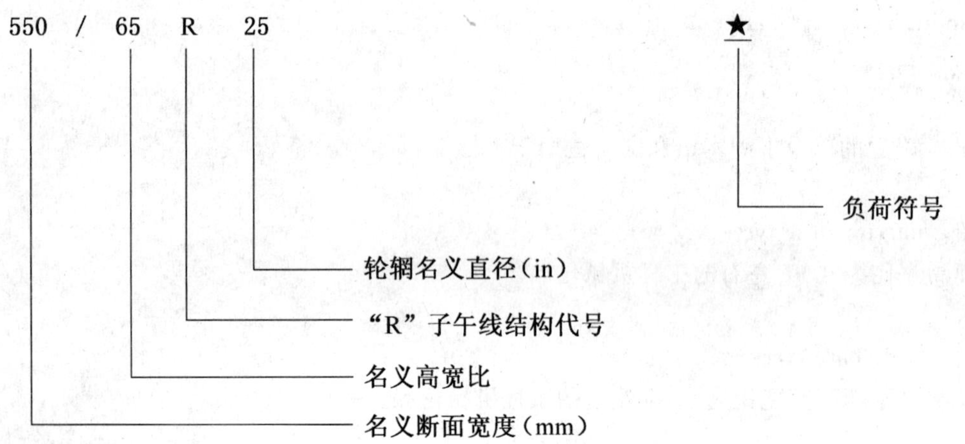

4.2 最大负荷标记

用轮胎强度来表示轮胎在规定使用条件下所能承受的最大推荐负荷。

斜交轮胎的强度用层级（或PR)表示，例如：16层级(或16PR)；子午线轮胎的强度用1,2或3颗星(★)表示。

5 轮胎规格、尺寸、气压与负荷

5.1 轮胎的规格、层级(或负荷符号)及其对应的负荷能力和充气压力、测量轮辋、新胎设计尺寸、最大使用尺寸应符合表2～表16的规定；凡是"允许使用轮辋"有2种及其以上的，有关轮辋设计及其轮廓尺寸和轮辋强度要求等问题，应咨询轮胎或轮辋制造商；气门嘴型号宜符合表2～表16的规定，若使用其他型号的气门嘴，使用方应与制造方协商。

5.2 新胎最大、最小总宽度

轮胎最大总宽度(mm) = 新胎设计断面宽度×a

斜交轮胎　　　　$a=1.06$

子午线轮胎　　新胎设计断面宽度＜380　　　$a=1.07$

　　　　　　　新胎设计断面宽度≥380　　　$a=1.09$

轮胎最小总宽度(mm)＝新胎设计断面宽度×0.97

5.3　新胎最大、最小外直径

轮胎最大外直径(mm)＝2×设计新胎断面高度×1.03＋轮辋名义直径

轮胎最小外直径(mm)＝2×设计新胎断面高度×0.97＋轮辋名义直径

5.4　充气压力

5.4.1　充气压力是指常温下充气轮胎按标准充入气(液)体的压力。需要充入液体使用的工程机械轮胎,充入液体的体积不宜超过该轮胎内腔体积的75%。

5.4.2　轮胎规格尺寸表中规定的充气压力是指轮胎在相应的速度和负荷下,确保轮胎行驶安全的标准气压。在实际使用中,可根据使用条件变化适当调整轮胎的使用气压。

5.4.3　轮胎规格尺寸表中规定的充气压力是指在常温下测定的轮胎气压。不包括车辆机具行驶后轮胎生热升温后增高的气压。

5.5　负荷能力

5.5.1　轮胎总负荷

包括车辆机具自身重量、附件重量、附加设备重量和载重量。

5.5.2　轮胎负荷能力

轮胎规格尺寸表中规定的负荷能力是指轮胎在相应充气压力和速度下所允许的最大负荷。在特殊情况下,允许适当增加负荷,并且充气压力也应相应增加,具体情况应咨询轮胎制造商。

选择轮胎规格以该机具车轴上最大车轮负荷为依据。

用于工业车辆上的工程机械轮胎,在相同气压不同路面上使用时,根据表1给出的变化率求得相应速度下的负荷值。

表1　用于工业车辆上的工程机械轮胎负荷变化率

负荷下最高速度	非道路[a]	硬质改良路面[b]
静态	+60%	+80%
蠕动[c]	+30%	+60%
5 km/h	+13%	+45%
10 km/h[d]	0	+35%

计算值修约规则:

负荷＜4 999 kg修约到最接近的25 kg的整数倍的数值。

负荷5 000 kg～9 999 kg修约到最接近的50 kg的整数倍的数值。

负荷≥10 000 kg修约到最接近的100 kg的整数倍的数值。

按以上规则处理后再同负荷指数与负荷能力对应表比较按相近的数据取值。

注:在中等速度下,允许更改。

[a] 非道路使用时的充气压力:采用10 km/h速度下的充气压力。

[b] 硬质改良路面下使用时的充气压力:采用10 km/h时气压 ×1.2。对于叉车上的转向轮,其负荷为“硬质改良路面”负荷×0.8。

[c] 指工业车辆运行速度不高于2 m/min。

[d] 速度大于10 km/h时,应向轮胎制造厂咨询。

6　花纹分类及设计花纹深度

6.1　工程机械轮胎花纹分类及使用条件宜符合附录A的规定。

6.2　工程机械轮胎设计花纹深度参见附录B。

表 2 窄基斜交轮胎

轮胎规格	层级	测量轮辋	新胎设计尺寸/mm			轮胎最大使用尺寸[a]/mm			不同速度下的负荷能力[b]/kg		不同速度下的充气压力/kPa		允许使用轮辋	气门嘴型号	
			断面宽度	外直径		总宽度	外直径		10 km/h	50 km/h	10 km/h	50 km/h		有内胎	无内胎
				普通花纹	深花纹和超深花纹		普通花纹	深花纹和超深花纹							
12.00-20NHS	14	8.5	315	1 145	1 175	340	1 185	1 215	5 000	2 800	600	425	8.50V 8.5V5°	DG09C	—
	16	8.5	315	1 145	1 175	340	1 185	1 215	5 450	—	700	—			
12.00-24NHS	8	8.5	315	1 245	1 275	340	1 285	1 315	4 000	2 180	325	225	8.50V 8.5V5°	DG09C	—
	14	8.5	315	1 245	1 275	340	1 285	1 315	5 600	3 000	575	375			
	16	8.5	315	1 245	1 275	340	1 285	1 315	6 150	3 250	675	450			
	18	8.5	315	1 245	1 275	340	1 285	1 315	6 500	3 550	750	500			
	20	8.5	315	1 245	1 275	340	1 285	1 315	6 900	3 750	825	550			
12.00-25NHS	8	8.50/1.3	315	1 245	1 275	340	1 285	1 315	4 000	2 180	325	225	—	DG09C	—
	14	8.50/1.3	315	1 245	1 275	340	1 285	1 315	5 600	3 000	575	375			
	16	8.50/1.3	315	1 245	1 275	340	1 285	1 315	6 150	3 250	675	450			
	18	8.50/1.3	315	1 245	1 275	340	1 285	1 315	6 500	3 550	750	500			
	20	8.50/1.3	315	1 245	1 275	340	1 285	1 315	6 900	3 750	825	550			
13.00-24NHS	8	10.0	350	1 300	1 350	380	1 340	1 395	4 375	2 360	300	200	10.00W	DG09C	—
	12	10.0	350	1 300	1 350	380	1 340	1 395	5 600	3 000	450	300			
	18	10.0	350	1 300	1 350	380	1 340	1 395	7 100	3 875	675	450			
	20	10.0	350	1 300	1 350	380	1 340	1 395	7 500	4 000	750	500			
	22	10.0	350	1 300	1 350	380	1 340	1 395	8 000	4 250	825	550			

表 2（续）

轮胎规格	层级	测量轮辋	新胎设计尺寸/mm			轮胎最大使用尺寸[a]/mm			不同速度下的负荷能力[b]/kg		不同速度下的充气压力/kPa		允许使用轮辋	气门嘴型号	
			断面宽度	外直径		总宽度	外直径								
				普通花纹	深花纹和超深花纹		普通花纹	深花纹和超深花纹	10 km/h	50 km/h	10 km/h	50 km/h		有内胎	无内胎
13.00-25NHS	8	10.00/1.5	350	1 300	1 350	380	1 340	1 395	4 375	2 360	300	200	—	DG09C	—
	12	10.00/1.5	350	1 300	1 350	380	1 340	1 395	5 600	3 000	450	300			
	18	10.00/1.5	350	1 300	1 350	380	1 340	1 395	7 100	3 875	675	450			
	20	10.00/1.5	350	1 300	1 350	380	1 340	1 395	7 500	4 000	750	500			
	22	10.00/1.5	350	1 300	1 350	380	1 340	1 395	8 000	4 250	825	550			
14.00-20NHS	16	10.0	375	1 265	1 315	405	1 310	1 365	6 500	3 750	550	425	10.00W	DG09C	—
	20	10.0	375	1 265	1 315	405	1 310	1 365	7 500	4 375	700	525			
14.00-24NHS	8	10.0	375	1 370	1 420	405	1 415	1 470	4 875	2 575	275	175	10.00W	DG09C	—
	10	10.0	375	1 370	1 420	405	1 415	1 470	5 600	3 000	350	225			
	12	10.0	375	1 370	1 420	405	1 415	1 470	6 300	3 350	425	275			
	16	10.0	375	1 370	1 420	405	1 415	1 470	7 300	4 000	550	375			
	20	10.0	375	1 370	1 420	405	1 415	1 470	8 500	4 625	700	475			
	24	10.0	375	1 370	1 420	405	1 415	1 470	9 500	5 150	850	575			
	28	10.0	375	1 370	1 420	405	1 415	1 470	10 000	5 600	925	650			
14.00-25NHS	8	10.00/1.5	375	1 370	1 420	405	1 415	1 470	4 875	2 575	275	175	—	DG09C	—
	10	10.00/1.5	375	1 370	1 420	405	1 415	1 470	5 600	3 000	350	225			
	12	10.00/1.5	375	1 370	1 420	405	1 415	1 470	6 300	3 350	425	275			
	16	10.00/1.5	375	1 370	1 420	405	1 415	1 470	7 300	4 000	550	375			
	20	10.00/1.5	375	1 370	1 420	405	1 415	1 470	8 500	4 625	700	475			
	24	10.00/1.5	375	1 370	1 420	405	1 415	1 470	9 500	5 150	850	575			
	28	10.00/1.5	375	1 370	1 420	405	1 415	1 470	10 000	5 600	925	650			

表 2（续）

轮胎规格	层级	测量轮辋	新胎设计尺寸/mm			轮胎最大使用尺寸[a]/mm			不同速度下的负荷能力[b]/kg		不同速度下的充气压力/kPa		允许使用轮辋	气门嘴型号	
			断面宽度	外直径		总宽度	外直径								
				普通花纹	深花纹和超深花纹		普通花纹	深花纹和超深花纹	10 km/h	50 km/h	10 km/h	50 km/h		有内胎	无内胎
16.00-20NHS	16	11.25/2.0	430	1 390	1 445	480	1 460	1 520	—	4 375	—	325	—	DG09C	—
	20	11.25/2.0	430	1 390	1 445	480	1 460	1 520	—	5 150	—	425			
16.00-21NHS	16	11.25/2.0	430	1 390	1 445	480	1 460	1 520	—	4 375	—	325	—	DG09C	—
	20	11.25/2.0	430	1 390	1 445	480	1 460	1 520	—	5 150	—	425			
16.00-24	12	11.25/2.0	430	1 495	1 550	480	1 565	1 625	7 100	3 875	325	225	—	DG09C	HZ01
	16	11.25/2.0	430	1 495	1 550	480	1 565	1 625	8 250	4 875	425	325			
	20	11.25/2.0	430	1 495	1 550	480	1 565	1 625	9 750	5 450	550	400			
	24	11.25/2.0	430	1 495	1 550	480	1 565	1 625	10 600	6 000	650	475			
	28	11.25/2.0	430	1 495	1 550	480	1 565	1 625	11 500	6 700	750	575			
	32	11.25/2.0	430	1 495	1 550	480	1 565	1 625	12 500	7 300	875	650			
16.00-25	12	11.25/2.0	430	1 495	1 550	480	1 565	1 625	7 100	3 875	325	225	—	DG09C	HZ01
	16	11.25/2.0	430	1 495	1 550	480	1 565	1 625	8 250	4 875	425	325			
	20	11.25/2.0	430	1 495	1 550	480	1 565	1 625	9 750	5 450	550	400			
	24	11.25/2.0	430	1 495	1 550	480	1 565	1 625	10 600	6 000	650	475			
	28	11.25/2.0	430	1 495	1 550	480	1 565	1 625	11 500	6 700	750	575			
	32	11.25/2.0	430	1 495	1 550	480	1 565	1 625	12 500	7 300	875	650			
	36	11.25/2.0	430	1 495	1 550	480	1 565	1 625	13 600	7 750	975	725			
	40	11.25/2.0	430	1 495	1 550	480	1 565	1 625	14 500	—	1 075	—			

表 2（续）

轮胎规格	层级	测量轮辋	新胎设计尺寸/mm			轮胎最大使用尺寸[a]/mm			不同速度下的负荷能力[b]/kg		不同速度下的充气压力/kPa		允许使用轮辋	气门嘴型号	
			断面宽度	外直径		总宽度	外直径								
				普通花纹	深花纹和超深花纹		普通花纹	深花纹和超深花纹	10 km/h	50 km/h	10 km/h	50 km/h		有内胎	无内胎
18.00-24	12	13.00/2.5	500	1 615	1 675	555	1 695	1 760	8 250	4 750	275	200	—	DG09C	—
	16	13.00/2.5	500	1 615	1 675	555	1 695	1 760	10 000	5 600	375	275			
	20	13.00/2.5	500	1 615	1 675	555	1 695	1 760	11 500	6 500	475	350			
	24	13.00/2.5	500	1 615	1 675	555	1 695	1 760	12 500	7 300	550	425			
	28	13.00/2.5	500	1 615	1 675	555	1 695	1 760	13 600	8 000	650	500			
	32	13.00/2.5	500	1 615	1 675	555	1 695	1 760	15 000	8 750	750	575			
	36	13.00/2.5	500	1 615	1 675	555	1 695	1 760	16 000	9 250	850	625			
	40	13.00/2.5	500	1 615	1 675	555	1 695	1 760	17 000	9 750	950	700			
18.00-25	12	13.00/2.5	500	1 615	1 675	555	1 695	1 760	8 250	4 750	275	200	—	DG09C	HZ01
	16	13.00/2.5	500	1 615	1 675	555	1 695	1 760	10 000	5 600	375	275			
	20	13.00/2.5	500	1 615	1 675	555	1 695	1 760	11 500	6 500	475	350			
	24	13.00/2.5	500	1 615	1 675	555	1 695	1 760	12 500	7 300	550	425			
	28	13.00/2.5	500	1 615	1 675	555	1 695	1 760	13 600	8 000	650	500			
	32	13.00/2.5	500	1 615	1 675	555	1 695	1 760	15 000	8 750	750	575			
	36	13.00/2.5	500	1 615	1 675	555	1 695	1 760	16 000	9 250	850	625			
	40	13.00/2.5	500	1 615	1 675	555	1 695	1 760	17 000	9 750	950	700			
	44	13.00/2.5	500	1 615	1 675	555	1 695	1 760	18 000	10 300	1 050	775			
18.00-33	28	13.00/2.5	500	1 820	1 875	555	1 895	1 960	16 000	9 250	650	500	—	—	HZ01
	32	13.00/2.5	500	1 820	1 875	555	1 895	1 960	17 500	10 000	750	575			
	36	13.00/2.5	500	1 820	1 875	555	1 895	1 960	18 500	10 600	850	625			

表 2（续）

轮胎规格	层级	测量轮辋	新胎设计尺寸/mm			轮胎最大使用尺寸[a]/mm			不同速度下的负荷能力[b]/kg		不同速度下的充气压力/kPa		允许使用轮辋	气门嘴型号	
			断面宽度	外直径		总宽度	外直径		10 km/h	50 km/h	10 km/h	50 km/h		有内胎	无内胎
				普通花纹	深花纹和超深花纹		普通花纹	深花纹和超深花纹							
18.00-49	24	13.00/2.75	500	2 225	2 285	555	2 305	2 370	18 500	—	550	—	—	—	HZ01
	28	13.00/2.75	500	2 225	2 285	555	2 305	2 370	20 000	—	650	—			
	32	13.00/2.75	500	2 225	2 285	555	2 305	2 370	21 800	—	750	—			
21.00-24	16	15.00/3.0	570	1 750	1 800	635	1 840	1 895	11 800	6 900	325	250	—	DG09C	—
	20	15.00/3.0	570	1 750	1 800	635	1 840	1 895	13 200	7 750	400	300			
	24	15.00/3.0	570	1 750	1 800	635	1 840	1 895	15 000	8 750	500	375			
	28	15.00/3.0	570	1 750	1 800	635	1 840	1 895	16 500	9 500	575	425			
21.00-25	16	15.00/3.0	570	1 750	1 800	635	1 840	1 895	11 800	6 900	325	250	—	—	HZ01
	20	15.00/3.0	570	1 750	1 800	635	1 840	1 895	13 200	7 750	400	300			
	24	15.00/3.0	570	1 750	1 800	635	1 840	1 895	15 000	8 750	500	375			
	28	15.00/3.0	570	1 750	1 800	635	1 840	1 895	16 500	9 500	575	425			
	32	15.00/3.0	570	1 750	1 800	635	1 840	1 895	17 500	10 300	650	500			
	36	15.00/3.0	570	1 750	1 800	635	1 840	1 895	19 500	10 900	750	550			
	40	15.00/3.0	570	1 750	1 800	635	1 840	1 895	20 600	11 800	825	625			
21.00-35	28	15.00/3.0	570	2 005	2 050	635	2 090	2 145	19 500	11 200	575	425	—	—	HZ01
	32	15.00/3.0	570	2 005	2 050	635	2 090	2 145	21 200	12 150	650	500			
	36	15.00/3.0	570	2 005	2 050	635	2 090	2 145	23 000	12 850	750	550			
	40	15.00/3.0	570	2 005	2 050	635	2 090	2 145	24 300	14 000	825	625			
	44	15.00/3.0	570	2 005	2 050	635	2 090	2 145	25 000	14 500	900	675			

表 2（续）

轮胎规格	层级	测量轮辋	新胎设计尺寸/mm			轮胎最大使用尺寸[a]/mm			不同速度下的负荷能力[b]/kg		不同速度下的充气压力/kPa		允许使用轮辋	气门嘴型号	
			断面宽度	外直径		总宽度	外直径		10 km/h	50 km/h	10 km/h	50 km/h		有内胎	无内胎
				普通花纹	深花纹和超深花纹		普通花纹	深花纹和超深花纹							
21.00-49	28	15.00/3.0	570	2 360	2 405	635	2 450	2 500	23 600	13 600	575	425	—	—	HZ01
	32	15.00/3.0	570	2 360	2 405	635	2 450	2 500	25 000	15 000	650	500			
	36	15.00/3.0	570	2 360	2 405	635	2 450	2 500	27 250	15 500	750	550			
	40	15.00/3.0	570	2 360	2 405	635	2 450	2 500	29 000	17 000	825	625			
	44	15.00/3.0	570	2 360	2 405	635	2 450	2 500	30 750	17 500	900	675			
24.00-25	24	17.00/3.5	655	1 875	1 920	725	1 975	2 025	18 000	10 300	425	325	—	—	HZ01
	30	17.00/3.5	655	1 875	1 920	725	1 975	2 025	20 000	11 800	525	400			
24.00-29	24	17.00/3.5	655	1 975	2 025	725	2 075	2 130	19 000	11 200	425	325	—	—	HZ01
	30	17.00/3.5	655	1 975	2 025	725	2 075	2 130	21 800	12 500	525	400			
24.00-35	36	17.00/3.5	655	2 125	2 175	725	2 225	2 280	26 500	15 500	650	475	—	—	HZ01
	42	17.00/3.5	655	2 125	2 175	725	2 225	2 280	29 000	16 500	750	550			
	48	17.00/3.5	655	2 125	2 175	725	2 225	2 280	31 500	18 500	850	650			
	54	17.00/3.5	655	2 125	2 175	725	2 225	2 280	34 500	19 500	975	725			
24.00-43	36	17.00/3.5	655	2 330	2 380	725	2 430	2 485	30 000	17 000	650	475	—	—	HZ01
	42	17.00/3.5	655	2 330	2 380	725	2 430	2 485	32 500	19 000	750	575			
	48	17.00/3.5	655	2 330	2 380	725	2 430	2 485	34 500	20 600	850	650			
24.00-49	36	17.00/3.5	655	2 485	2 530	725	2 585	2 635	32 500	18 500	650	475	—	—	HZ01
	42	17.00/3.5	655	2 485	2 530	725	2 585	2 635	34 500	20 000	750	500			
	48	17.00/3.5	655	2 485	2 530	725	2 585	2 635	37 500	21 800	850	650			

表 2（续）

轮胎规格	层级	测量轮辋	新胎设计尺寸/mm			轮胎最大使用尺寸[a]/mm			不同速度下的负荷能力[b]/kg		不同速度下的充气压力/kPa		允许使用轮辋	气门嘴型号	
			断面宽度	外直径		总宽度	外直径		10 km/h	50 km/h	10 km/h	50 km/h		有内胎	无内胎
				普通花纹	深花纹和超深花纹		普通花纹	深花纹和超深花纹							
27.00-33	24	22.00/4.0	760	2 240	2 295	845	2 355	2 410	—	13 200	—	275	—	—	HZ01
	30	22.00/4.0	760	2 240	2 295	845	2 355	2 410	—	15 500	—	350			
	36	22.00/4.0	760	2 240	2 295	845	2 355	2 410	—	16 500	—	400			
27.00-49	36	19.50/4.0	735	2 650	2 700	815	2 760	2 815	36 500	21 200	575	425	—	—	HZ01
	42	19.50/4.0	735	2 650	2 700	815	2 760	2 815	40 000	23 000	675	500			
	48	19.50/4.0	735	2 650	2 700	815	2 760	2 815	43 750	25 000	775	575			
	54	19.50/4.0	735	2 650	2 700	815	2 760	2 815	46 250	26 500	875	650			
30.00-33	28	22.00/4.5	825	2 390	2 445	915	2 515	2 575	—	16 000	—	275	—	—	HZ01
	34	22.00/4.5	825	2 390	2 445	915	2 515	2 575	—	18 500	—	350			
	40	22.00/4.5	825	2 390	2 445	915	2 515	2 575	—	21 200	—	425			
30.00-51	40	22.00/4.5	825	2 845	2 905	915	2 970	3 035	45 000	25 750	575	425	—	—	HZ01
	46	22.00/4.5	825	2 845	2 905	915	2 970	3 035	48 750	29 000	650	500			
	52	22.00/4.5	825	2 845	2 905	915	2 970	3 035	53 000	30 000	750	550			
33.00-51	42	24.00/5.0	895	2 995	3 060	990	3 130	3 200	51 500	30 000	550	425	—	—	LS01
	50	24.00/5.0	895	2 995	3 060	990	3 130	3 200	56 000	33 500	650	500			
	58	24.00/5.0	895	2 995	3 060	990	3 130	3 200	61 500	35 500	750	575			
	66	24.00/5.0	895	2 995	3 060	990	3 130	3 200	65 000	37 500	850	650			

表 2（续）

轮胎规格	层级	测量轮辋	新胎设计尺寸/mm			轮胎最大使用尺寸[a]/mm			不同速度下的负荷能力[b]/kg		不同速度下的充气压力/kPa		允许使用轮辋	气门嘴型号	
			断面宽度	外直径		总宽度	外直径		10 km/h	50 km/h	10 km/h	50 km/h		有内胎	无内胎
				普通花纹	深花纹和超深花纹		普通花纹	深花纹和超深花纹							
36.00-51	42	26.00/5.0	990	3 165	3 235	1 100	3 315	3 390	58 000	34 500	500	375	—	—	LS01
	50	26.00/5.0	990	3 165	3 235	1 100	3 315	3 390	65 000	37 500	600	450			
	58	26.00/5.0	990	3 165	3 235	1 100	3 315	3 390	71 000	41 250	675	525			
37.00-57	68	27.00/6.0	1 015	3 370	3 440	1 125	3 525	3 600	—	46 250	—	525	—	—	—
	76	27.00/6.0	1 015	3 370	3 440	1 125	3 525	3 600	—	50 000	—	600			
40.00-57	68	29.00/6.0	1 095	3 525	3 595	1 215	3 690	3 765	92 500	54 500	725	550	—	—	—
	76	29.00/6.0	1 095	3 525	3 595	1 215	3 690	3 765	97 500	58 000	800	625			

[a] 轮胎最大使用尺寸是指胀大的最大尺寸，用于工程机械制造设计轮胎间隙。

[b] 静态时的负荷调节：负荷(10 km/h的负荷)×1.60；
最高速度 65 km/h 的负荷调节：负荷(50 km/h 的负荷)×0.85；
最高速度 15 km/h 的负荷调节：负荷(50 km/h 的负荷)×1.12。

表 3　80、90 系列工程机械斜交轮胎

轮胎规格	层级	测量轮辋	新胎设计尺寸/mm			轮胎最大使用尺寸[a]/mm			不同速度下的负荷能力[b]/kg		不同速度下的充气压力/kPa		允许使用轮辋	气门嘴型号	
			断面宽度	外直径		总宽度	外直径		10 km/h	50 km/h	10 km/h	50 km/h		有内胎	无内胎
				普通花纹	深花纹和超深花纹		普通花纹	深花纹和超深花纹							
46/90-57	68	29.00/6.0	1 170	3 525	3 595	1 300	3 690	3 765	—	58 000	—	550	—	—	—
	76	29.00/6.0	1 170	3 525	3 595	1 300	3 690	3 765	—	63 000	—	625	—	—	—

表 3（续）

轮胎规格	层级	测量轮辋	新胎设计尺寸/mm			轮胎最大使用尺寸[a]/mm			不同速度下的负荷能力[b]/kg		不同速度下的充气压力/kPa		允许使用轮辋	气门嘴型号	
			断面宽度	外直径		总宽度	外直径		10 km/h	50 km/h	10 km/h	50 km/h		有内胎	无内胎
				普通花纹	深花纹和超深花纹		普通花纹	深花纹和超深花纹							
50/80-57	68	36.00/6.0	1 255	3 480	3 555	1 395	3 640	3 725	90 000	—	650	—	—	—	—
52/80-57	68	36.00/6.0	1 320	—	3 580	1 465	—	3 750	92 500	—	600	—	—	—	—
53/80-63	76	36.00/5.0	1 345	3 715	3 780	1 495	3 885	3 955	—	82 500	—	600	—	—	—
	84	36.00/5.0	1 345	3 715	3 780	1 495	3 885	3 955	—	87 500	—	675	—	—	—
59/80-63	84	44.00/5.0	1 500	4 000	4 070	1 665	4 190	4 270	—	100 000	—	600	—	—	—

[a] 轮胎最大使用尺寸是指胀大的最大尺寸，用于工程机械制造设计轮胎间隙。

[b] 静态时的负荷调节：负荷（10 km/h 的负荷）×1.60；

最高速度 65 km/h 的负荷调节：负荷（50 km/h 的负荷）×0.85；

最高速度 15 km/h 的负荷调节：负荷（50 km/h 的负荷）×1.12。

表 4　窄基子午线轮胎

轮胎规格	符号	测量轮辋	新胎设计尺寸/mm			轮胎最大使用尺寸[a]/mm			不同速度下的负荷能力[b]/kg		不同速度下的充气压力/kPa		允许使用轮辋	气门嘴型号	
			断面宽度	外直径		总宽度	外直径		10 km/h	50 km/h	10 km/h	50 km/h		有内胎	无内胎
				普通花纹	深花纹和超深花纹		普通花纹	深花纹和超深花纹							
12.00R24NHS	★	8.5	315	1 245	1 275	340	1 285	1 315	5 150	—	550	—	8.50V 8.5V5°	DG09C	—
	★★	8.5	315	1 245	1 275	340	1 285	1 315	6 900	4 000	800	650			
	★★★	8.5	315	1 245	1 275	340	1 285	1 315	7 300	4 250	950	700			

表 4（续）

轮胎规格	符号	测量轮辋	新胎设计尺寸/mm			轮胎最大使用尺寸[a]/mm			不同速度下的负荷能力[b]/kg		不同速度下的充气压力/kPa		允许使用轮辋	气门嘴型号	
			断面宽度	外直径		总宽度	外直径		10 km/h	50 km/h	10 km/h	50 km/h		有内胎	无内胎
				普通花纹	深花纹和超深花纹		普通花纹	深花纹和超深花纹							
12.00R25NHS	★	8.50/1.3	315	1 245	1 275	340	1 285	1 315	5 150	—	550	—	—	DG09C	—
	★★	8.50/1.3	315	1 245	1 275	340	1 285	1 315	6 900	4 000	800	650			
	★★★	8.50/1.3	315	1 245	1 275	340	1 285	1 315	7 300	4 250	950	700			
13.00R24NHS	★★	10.0	350	1 300	1 350	380	1 340	1 395	8 000	4 750	800	650	10.00W	DG09C	—
	★★★	10.0	350	1 300	1 350	380	1 340	1 395	8 500	4 875	950	700			
13.00R25NHS	★★	10.00/1.5	350	1 300	1 350	380	1 340	1 395	8 000	4 750	800	650	—	DG09C	—
	★★★	10.00/1.5	350	1 300	1 350	380	1 340	1 395	8 500	4 875	950	700			
14.00R20NHS	★	10.0	375	1 265	1 315	405	1 310	1 365	—	3 750	—	450	10.00W	DG09C	—
14.00R24NHS	★★	10.0	375	1 370	1 420	405	1 415	1 470	9 500	5 600	800	650	10.00W	DG09C	—
	★★★	10.0	375	1 370	1 420	405	1 415	1 470	10 000	5 800	950	700			
14.00R25NHS	★★	10.00/1.5	375	1 370	1 420	405	1 415	1 470	9 500	5 600	800	650	—	DG09C	—
	★★★	10.00/1.5	375	1 370	1 420	405	1 415	1 470	10 000	5 800	950	700			
16.00R20NHS	★	11.25/2.0	430	1 390	1 445	480	1 460	1 520	—	5 150	—	450	—	DG09C	—
	★★	11.25/2.0	430	1 390	1 445	480	1 460	1 520	—	6 900	—	650			
16.00R21NHS	★	11.25/2.0	430	1 390	1 445	480	1 460	1 520	—	5 150	—	450	—	DG09C	—
	★★	11.25/2.0	430	1 390	1 445	480	1 460	1 520	—	6 900	—	650			

表 4（续）

轮胎规格	符号	测量轮辋	新胎设计尺寸/mm			轮胎最大使用尺寸[a]/mm			不同速度下的负荷能力[b]/kg		不同速度下的充气压力/kPa		允许使用轮辋	气门嘴型号	
			断面宽度	外直径		总宽度	外直径		10 km/h	50 km/h	10 km/h	50 km/h		有内胎	无内胎
				普通花纹	深花纹和超深花纹		普通花纹	深花纹和超深花纹							
16.00R24	★	11.25/2.0	430	1 495	1 550	480	1 565	1 625	9 000	5 450	550	450	—	DG09C	HZ01
	★★	11.25/2.0	430	1 495	1 550	480	1 565	1 625	12 150	7 300	800	650			
16.00R25	★	11.25/2.0	430	1 495	1 550	480	1 565	1 625	9 000	5 450	550	450	—	DG09C	HZ01
	★★	11.25/2.0	430	1 495	1 550	480	1 565	1 625	12 150	7 300	800	650			
18.00R24	★	13.00/2.5	500	1 615	1 675	555	1 695	1 760	11 800	7 100	550	450	—	DG09C	—
	★★	13.00/2.5	500	1 615	1 675	555	1 695	1 760	16 000	9 250	800	650			
18.00R25	★	13.00/2.5	500	1 615	1 675	555	1 695	1 760	11 800	7 100	550	450	—	DG09C	HZ01
	★★	13.00/2.5	500	1 615	1 675	555	1 695	1 760	16 000	9 250	800	650			
18.00R33	★★	13.00/2.5	500	1 820	1 875	555	1 895	1 960	18 500	10 900	800	650	—	—	HZ01
18.00R49	★★	13.00/2.75	500	2 225	2 285	555	2 305	2 370	23 000	13 600	800	650	—	—	HZ01
21.00R24	★★	15.00/3.0	570	1 750	1 800	635	1 840	1 895	20 600	12 150	800	650	—	DG09C	—
21.00R25	★★	15.00/3.0	570	1 750	1 800	635	1 840	1 895	20 600	12 150	800	650	—	—	HZ01
21.00R33	★★	15.00/3.0	570	1 955	2 000	635	2 045	2 095	23 600	14 000	800	650	—	—	HZ01
21.00R35	★★	15.00/3.0	570	2 005	2 050	635	2 090	2 145	24 300	14 500	800	650	—	—	HZ01
21.00R49	★★	15.00/3.0	570	2 360	2 405	635	2 450	2 500	29 000	17 500	800	650	—	—	HZ01

表 4（续）

轮胎规格	符号	测量轮辋	新胎设计尺寸/mm			轮胎最大使用尺寸[a]/mm			不同速度下的负荷能力[b]/kg		不同速度下的充气压力/kPa		允许使用轮辋	气门嘴型号	
			断面宽度	外直径		总宽度	外直径		10 km/h	50 km/h	10 km/h	50 km/h		有内胎	无内胎
				普通花纹	深花纹和超深花纹		普通花纹	深花纹和超深花纹							
24.00R35	★★	17.00/3.5	655	2 125	2 175	725	2 225	2 280	30 750	18 500	800	650	—	—	HZ01
24.00R43	★★	17.00/3.5	655	2 330	2 380	725	2 430	2 485	34 500	20 600	800	650	—	—	HZ01
24.00R49	★★	17.00/3.5	655	2 485	2 530	725	2 585	2 635	37 500	21 800	800	650	—	—	HZ01
27.00R33	★★	22.00/4.0	760	2 240	2 295	845	2 355	2 410	37 500	21 800	800	650	—	—	HZ01
27.00R49	★★	19.50/4.0	735	2 650	2 700	815	2 760	2 815	45 000	27 250	800	650	—	—	HZ01
30.00R51	★★	22.00/4.5	825	2 845	2 905	915	2 970	3 035	56 000	33 500	800	650	—	—	HZ01
33.00R51	★★	24.00/5.0	895	2 995	3 060	990	3 130	3 200	65 000	38 750	800	650	—	—	LS01
36.00R51	★★	26.00/5.0	990	3 165	3 235	1 100	3 315	3 390	80 000	46 250	800	650	—	—	LS01
37.00R57	★	27.00/6.0	1 015	3 370	3 440	1 125	3 525	3 600	61 500	38 750	550	475	—	—	LS01
	★★	27.00/6.0	1 015	3 370	3 440	1 125	3 525	3 600	82 500	53 000	800	725	—	—	LS01
40.00R57	★	29.00/6.0	1 095	3 525	3 595	1 215	3 690	3 765	75 000	45 000	550	475	—	—	LS01
	★★	29.00/6.0	1 095	3 525	3 595	1 215	3 690	3 765	100 000	60 000	800	725	—	—	LS01

[a] 轮胎最大使用尺寸是指胀大的最大尺寸，用于工程机械制造设计轮胎间隙。

[b] 静态时的负荷调节：负荷(10 km/h 的负荷)×1.60；
最高速度 65 km/h 的负荷调节：负荷(50 km/h 的负荷)×0.88；
最高速度 15 km/h 的负荷调节：负荷(50 km/h 的负荷)×1.12。

表 5 80 系列工程机械子午线轮胎

轮胎规格	符号	测量轮辋	新胎设计尺寸/mm			轮胎最大使用尺寸[a]/mm			不同速度下的负荷能力[b]/kg		不同速度下的充气压力/kPa		允许使用轮辋	气门嘴型号	
			断面宽度	外直径		总宽度	外直径		10 km/h	50 km/h	10 km/h	50 km/h		有内胎	无内胎
				普通花纹	深花纹和超深花纹		普通花纹	深花纹和超深花纹							
53/80R63	★★	36.00/5.0	1 345	3 715	3 780	1 480	3 780	3 845	—	82 500	—	600	—	—	—
55/80R63	★★	41.00/5.0	1 395	3 835	3 905	1 535	3 905	3 975	—	92 500	—	600	—	—	—
58/80R63	★★	44.00/5.0	1 475	3 830	3 890	1 625	3 895	3 960	—	95 000	—	600	—	—	—
59/80R63	★★	44.00/5.0	1 500	4 000	4 070	1 650	4 070	4 145	—	100 000	—	600	—	—	—

a 轮胎最大使用尺寸是指胀大的最大尺寸，用于工程机械制造设计轮胎间隙。

b 静态时的负荷调节：负荷(10 km/h 的负荷)×1.60；
最高速度 65 km/h 的负荷调节：负荷(50 km/h 的负荷)×0.88；
最高速度 15 km/h 的负荷调节：负荷(50 km/h 的负荷)×1.12。

表 6 平地机斜交轮胎(速度 10 km/h)

轮胎规格	层级	测量轮辋	新胎设计尺寸/mm			轮胎最大使用尺寸[a]/mm			负荷能力/kg	充气压力/kPa	允许使用轮辋	气门嘴型号	
			断面宽度	外直径		总宽度	外直径					有内胎	无内胎
				普通花纹	深花纹和超深花纹		普通花纹	深花纹和超深花纹					
12.00-24TG	10	8.00TG	310	1 225	1 265	335	1 260	1 305	4 500	400	—	DG09C	—
	12	8.00TG	310	1 225	1 265	335	1 260	1 305	5 150	500			
13.00-24TG	8	8.00TG	335	1 280	1 315	360	1 320	1 355	4 375	300	10.00VA	DG09C	HZ01
	10	8.00TG	335	1 280	1 315	360	1 320	1 355	5 000	375			
	12	8.00TG	335	1 280	1 315	360	1 320	1 355	5 600	450			
	14	8.00TG	335	1 280	1 315	360	1 320	1 355	6 150	525			
	16	8.00TG	335	1 280	1 315	360	1 320	1 355	6 500	600			

表 6（续）

轮胎规格	层级	测量轮辋	新胎设计尺寸/mm			轮胎最大使用尺寸[a]/mm			负荷能力/kg	充气压力/kPa	允许使用轮辋	气门嘴型号	
			断面宽度	外直径		总宽度	外直径					有内胎	无内胎
				普通花纹	深花纹和超深花纹		普通花纹	深花纹和超深花纹					
14.00-24TG	8	8.00TG	360	1 350	1 390	390	1 395	1 435	4 875	275	10.00VA	DG09C	HZ01
	10	8.00TG	360	1 350	1 390	390	1 395	1 435	5 600	350			
	12	8.00TG	360	1 350	1 390	390	1 395	1 435	6 300	425			
	16	8.00TG	360	1 350	1 390	390	1 395	1 435	7 300	550			
16.00-24TG	12	10.00VA	425	1 460	1 505	470	1 530	1 575	7 100	325	—	DG09C	HZ01
	16	10.00VA	425	1 460	1 505	470	1 530	1 575	8 250	425			

[a] 轮胎最大使用尺寸是指胀大的最大尺寸，用于工程机械制造设计轮胎间隙。

表 7　平地机斜交轮胎（速度 40 km/h）

轮胎规格	层级	测量轮辋	新胎设计尺寸/mm			轮胎最大使用尺寸[a]/mm			负荷能力/kg	充气压力/kPa	允许使用轮辋	气门嘴型号	
			断面宽度	外直径		总宽度	外直径					有内胎	无内胎
				普通花纹	深花纹和超深花纹		普通花纹	深花纹和超深花纹					
10.00-24TG	8	8.00TG	285	1 150	—	310	1 180	—	1 700	250	—	DG09C	—
12.00-24TG	6	8.00TG	310	1 225	1 265	335	1 260	1 305	1 600	150	—	DG09C	—
	8	8.00TG	310	1 225	1 265	335	1 260	1 305	1 900	225			
	12	8.00TG	310	1 225	1 265	335	1 260	1 305	2 430	325			
13.00-24TG	8	8.00TG	335	1 280	1 315	360	1 320	1 355	2 060	200	10.00VA	DG09C	HZ01
	10	8.00TG	335	1 280	1 315	360	1 320	1 355	2 360	250			
	12	8.00TG	335	1 280	1 315	360	1 320	1 355	2 725	300			
	14	8.00TG	335	1 280	1 315	360	1 320	1 355	3 000	350			

表 7（续）

轮胎规格	层级	测量轮辋	新胎设计尺寸/mm			轮胎最大使用尺寸[a]/mm			负荷能力/kg	充气压力/kPa	允许使用轮辋	气门嘴型号	
			断面宽度	外直径		总宽度	外直径					有内胎	无内胎
				普通花纹	深花纹和超深花纹		普通花纹	深花纹和超深花纹					
14.00-24TG	8	8.00TG	360	1 350	1 390	390	1 395	1 435	2 500	175	10.00VA	DG09C	HZ01
	10	8.00TG	360	1 350	1 390	390	1 395	1 435	2 800	225			
	12	8.00TG	360	1 350	1 390	390	1 395	1 435	3 075	275			
	14	8.00TG	360	1 350	1 390	390	1 395	1 435	3 450	325			
	16	8.00TG	360	1 350	1 390	390	1 395	1 435	3 650	375			
16.00-24TG	12	10.00VA	425	1 460	1 505	470	1 530	1 575	3 650	225	—	DG09C	HZ01
	14	10.00VA	425	1 460	1 505	470	1 530	1 575	4 000	275			
	16	10.00VA	425	1 460	1 505	470	1 530	1 575	4 500	325			
18.00-25	12	13.00/2.5	500	1 615	1 675	555	1 695	1 760	4 125	200	—	DG09C	—
	16	13.00/2.5	500	1 615	1 675	555	1 695	1 760	5 000	275			
15.5-25	8	12.00/1.3	395	1 275	1 325	435	1 325	1 380	1 950	150	—	DG09C	JZ01
	10	12.00/1.3	395	1 275	1 325	435	1 325	1 380	2 180	175			
	12	12.00/1.3	395	1 275	1 325	435	1 325	1 380	2 650	225			
17.5-25	8	14.00/1.5	445	1 350	1 400	495	1 405	1 460	2 120	125	14.00/1.3	DG09C	JZ01
	12	14.00/1.5	445	1 350	1 400	495	1 405	1 460	2 900	200			
	14	14.00/1.5	445	1 350	1 400	495	1 405	1 460	3 000	225			
	16	14.00/1.5	445	1 350	1 400	495	1 405	1 460	3 350	275			
	20	14.00/1.5	445	1 350	1 400	495	1 405	1 460	3 650	325			

表 7（续）

轮胎规格	层级	测量轮辋	新胎设计尺寸/mm			轮胎最大使用尺寸[a]/mm			负荷能力/kg	充气压力/kPa	允许使用轮辋	气门嘴型号	
			断面宽度	外直径		总宽度	外直径					有内胎	无内胎
				普通花纹	深花纹和超深花纹		普通花纹	深花纹和超深花纹					
20.5-25	12	17.00/2.0	520	1 490	1 550	575	1 560	1 625	3 550	175	17.00/1.7	DG09C	JZ01
	16	17.00/2.0	520	1 490	1 550	575	1 560	1 625	4 000	225			
	20	17.00/2.0	520	1 490	1 550	575	1 560	1 625	4 500	275			
23.5-25	12	19.50/2.5	595	1 615	1 675	660	1 695	1 760	4 000	150	—	DG09C	JZ01
	16	19.50/2.5	595	1 615	1 675	660	1 695	1 760	4 750	200			
	20	19.50/2.5	595	1 615	1 675	660	1 695	1 760	5 450	250			
25/65-25	12	20.00/2.0	635	1 485	1 525	705	1 555	1 595	3 350	125	19.50/2.0	DG09C	JZ01
	16	20.00/2.0	635	1 485	1 525	705	1 555	1 595	4 125	175			

[a] 轮胎最大使用尺寸是指胀大的最大尺寸，用于工程机械制造设计轮胎间隙。

表 8　平地机子午线轮胎（速度 40 km/h）

轮胎规格	符号	测量轮辋	新胎设计尺寸/mm			轮胎最大使用尺寸[a]/mm			负荷能力/kg	充气压力/kPa	允许使用轮辋	气门嘴型号	
			断面宽度	外直径		总宽度	外直径					有内胎	无内胎
				普通花纹	深花纹和超深花纹		普通花纹	深花纹和超深花纹					
窄基子午线轮胎													
10.00R24TG	★	8.00TG	280	1 150	—	305	1 185	—	1 950	375	—	DG09C	—
12.00R24TG	★	8.00TG	310	1 225	1 265	335	1 260	1 305	2 575	375	—	DG09C	—
13.00R24TG	★	8.00TG	335	1 280	1 315	360	1 320	1 355	3 000	375	10.00VA	DG09C	HZ01

表 8（续）

轮胎规格	符号	测量轮辋	新胎设计尺寸/mm			轮胎最大使用尺寸[a]/mm			负荷能力/kg	充气压力/kPa	允许使用轮辋	气门嘴型号	
			断面宽度	外直径		总宽度	外直径					有内胎	无内胎
				普通花纹	深花纹和超深花纹		普通花纹	深花纹和超深花纹					
窄基子午线轮胎													
14.00R24TG	★	8.00TG	360	1 350	1 390	390	1 395	1 435	3 650	375	10.00VA	DG09C	HZ01
16.00R24TG	★	10.00VA	425	1 460	1 505	470	1 530	1 575	4 625	375	—	DG09C	HZ01
18.00R25	★	13.00/2.5	500	1 615	1 675	555	1 695	1 760	5 600	375	—	DG09C	—
宽基子午线轮胎													
15.5R25	★	12.00/1.3	395	1 275	1 325	435	1 325	1 380	3 000	300	—	DG09C	JZ01
17.5R25	★	14.00/1.5	445	1 350	1 400	495	1 405	1 460	3 650	300	14.00/1.3	DG09C	JZ01
20.5R25	★	17.00/2.0	520	1 490	1 550	575	1 560	1 625	4 625	300	17.00/1.7	DG09C	JZ01
23.5R25	★	19.50/2.5	595	1 615	1 675	660	1 695	1 760	6 000	300	—	DG09C	JZ01
65 系列子午线轮胎													
25/65 R25	★	20.00/2.0	635	1 485	1 525	705	1 555	1 595	5 000	300	19.50/2.0	DG09C	JZ01
550/65R25	★	17.00/2.0	545	1 350	1 400	605	1 405	1 460	4 250	325	17.00/1.7	—	—
650/65R25	★	19.50/2.5	640	1 480	1 535	710	1 550	1 605	5 800	325	—	—	—
750/65R25	★	24.00/3.0	755	1 610	1 665	840	1 690	1 745	7 500	325	22.00/3.0、25.00/3.0	—	—
850/65R25	★	27.00/3.5	850	1 740	1 790	945	1 830	1 880	8 750	325	25.00/3.5	—	—

[a] 轮胎最大使用尺寸是指胀大的最大尺寸，用于工程机械制造设计轮胎间隙。

表 9 压路机斜交轮胎(速度 10 km/h)

轮胎规格	层级	测量轮辋	新胎设计尺寸/mm		轮胎最大使用尺寸[a]/mm		负荷能力/kg	充气压力/kPa	允许使用轮辋	气门嘴型号	
			断面宽度	外直径	总宽度	外直径				有内胎	无内胎
7.50-15NHS	6	6.0	215	785	230	805	1 850	400	6.00GS,6.5	DG10	—
	12	6.0	215	785	230	805	2 650	750			
7.50-16NHS	6	6.0	215	810	230	830	1 900	400	6.00GS	DG05C	—
8.25-20NHS	10	6.5	235	970	255	1 000	3 250	600	6.0,7.0,6.50T	DG06C	—
	12	6.5	235	970	255	1 000	3 650	725			
	14	6.5	235	970	255	1 000	3 875	800			
9.00-20NHS	10	7.0	255	1 015	280	1 045	3 650	525	6.5,7.00T,7.5	DG07C	—
	12	7.0	255	1 015	280	1 045	4 000	625			
	14	7.0	255	1 015	280	1 045	4 375	725			
	16	7.0	255	1 015	280	1 045	4 750	825			
11.00-20NHS	12	8.0	290	1 080	315	1 115	4 750	550	7.5,8.00V,8.5,9.0	DG09C	—
	14	8.0	290	1 080	315	1 115	5 150	650			
	16	8.0	290	1 080	315	1 115	5 450	725			
	18	8.0	290	1 080	315	1 115	6 000	825			
	20	8.0	290	1 080	315	1 115	6 300	925			
	22	8.0	290	1 080	315	1 115	6 700	1 025			
12.00-16NHS	10	8.5	315	1 020	340	1 060	4 125	450	8.50V	DG09C	—
12.00-20NHS	14	8.5	315	1 120	340	1 160	5 600	600	8.50V	DG09C	—

表 9（续）

轮胎规格	层级	测量轮辋	新胎设计尺寸/mm		轮胎最大使用尺寸[a]/mm		负荷能力/kg	充气压力/kPa	允许使用轮辋	气门嘴型号	
			断面宽度	外直径	总宽度	外直径				有内胎	无内胎
13.00-24NHS	18	10.00W	350	1 275	380	1 315	8 000	700	9.0,9.00V	DG09C	—
18.00-24	12	13.00/2.5	500	1 615	555	1 695	8 250	275	—	DG09C	—
	14	13.00/2.5	500	1 615	555	1 695	9 000	325			
	16	13.00/2.5	500	1 615	555	1 695	10 000	375			
	20	13.00/2.5	500	1 615	555	1 695	11 500	475			
20.5-25	16	17.00/2.0	520	1 490	575	1 560	8 250	350	17.00/1.7	DG09C	JZ01
	18	17.00/2.0	520	1 490	575	1 560	9 000	400			

[a] 轮胎最大使用尺寸是指胀大的最大尺寸，用于工程机械制造设计轮胎间隙。

表 10　宽基斜交轮胎

轮胎规格	层级	测量轮辋	新胎设计尺寸/mm			轮胎最大使用尺寸[a]/mm			不同速度下的负荷能力[b]/kg		不同速度下的充气压力/kPa		允许使用轮辋	气门嘴型号	
			断面宽度	外直径		总宽度	外直径							有内胎	无内胎
				普通花纹	深花纹和超深花纹		普通花纹	深花纹和超深花纹	10 km/h	50 km/h	10 km/h	50 km/h			
15.5-25	8	12.00/1.3	395	1 275	1 325	435	1 325	1 380	4 250	2 575	250	175	—	DG09C	JZ01
	10	12.00/1.3	395	1 275	1 325	435	1 325	1 380	4 875	3 000	325	225			
	12	12.00/1.3	395	1 275	1 325	435	1 325	1 380	5 600	3 250	400	250			

表 10（续）

轮胎规格	层级	测量轮辋	新胎设计尺寸/mm			轮胎最大使用尺寸[a]/mm			不同速度下的负荷能力[b]/kg		不同速度下的充气压力/kPa		允许使用轮辋	气门嘴型号	
			断面宽度	外直径		总宽度	外直径							有内胎	无内胎
				普通花纹	深花纹和超深花纹		普通花纹	深花纹和超深花纹	10 km/h	50 km/h	10 km/h	50 km/h			
17.5-25	8	14.00/1.5	445	1 350	1 400	495	1 405	1 460	4 750	2 800	225	150	14.00/1.3	DG09C	JZ01
	12	14.00/1.5	445	1 350	1 400	495	1 405	1 460	6 150	3 650	350	225			
	16	14.00/1.5	445	1 350	1 400	495	1 405	1 460	7 300	4 250	475	300			
	20	14.00/1.5	445	1 350	1 400	495	1 405	1 460	8 250	5 000	575	400			
20.5-25	12	17.00/2.0	520	1 490	1 550	575	1 560	1 625	6 700	4 500	250	200	17.00/1.7	DG09C	JZ01
	16	17.00/2.0	520	1 490	1 550	575	1 560	1 625	8 250	5 450	350	275			
	20	17.00/2.0	520	1 490	1 550	575	1 560	1 625	9 500	6 000	450	325			
	24	17.00/2.0	520	1 490	1 550	575	1 560	1 625	10 300	6 700	525	400			
	28	17.00/2.0	520	1 490	1 550	575	1 560	1 625	11 500	7 500	625	475			
23.5-25	12	19.50/2.5	595	1 615	1 675	660	1 695	1 760	8 000	5 300	225	175	—	DG09C	JZ01
	16	19.50/2.5	595	1 615	1 675	660	1 695	1 760	9 500	6 150	300	225			
	20	19.50/2.5	595	1 615	1 675	660	1 695	1 760	10 900	7 300	375	300			
	24	19.50/2.5	595	1 615	1 675	660	1 695	1 760	12 500	8 000	475	350			
	28	19.50/2.5	595	1 615	1 675	660	1 695	1 760	13 600	8 750	550	400			
26.5-25	16	22.00/3.0	675	1 750	1 800	745	1 840	1 895	11 500	7 300	275	200	—	—	JZ01
	20	22.00/3.0	675	1 750	1 800	745	1 840	1 895	13 200	8 250	350	250			
	24	22.00/3.0	675	1 750	1 800	745	1 840	1 895	14 000	9 250	400	300			
	28	22.00/3.0	675	1 750	1 800	745	1 840	1 895	15 500	10 000	475	350			
	32	22.00/3.0	675	1 750	1 800	745	1 840	1 895	17 000	11 200	550	425			

表 10（续）

轮胎规格	层级	测量轮辋	新胎设计尺寸/mm			轮胎最大使用尺寸[a]/mm			不同速度下的负荷能力[b]/kg		不同速度下的充气压力/kPa		允许使用轮辋	气门嘴型号	
			断面宽度	外直径		总宽度	外直径							有内胎	无内胎
				普通花纹	深花纹和超深花纹		普通花纹	深花纹和超深花纹	10 km/h	50 km/h	10 km/h	50 km/h			
26.5-29	18	22.00/3.0	675	1 850	1 900	745	1 940	1 995	12 850	8 250	300	225	—	—	JZ01
	22	22.00/3.0	675	1 850	1 900	745	1 940	1 995	14 500	9 250	375	275			
	26	22.00/3.0	675	1 850	1 900	745	1 940	1 995	16 000	10 300	450	325			
	30	22.00/3.0	675	1 850	1 900	745	1 940	1 995	17 500	11 200	525	375			
29.5-25	16	25.00/3.5	750	1 875	1 920	830	1 970	2 025	12 850	8 000	250	175	—	—	JS01C
	22	25.00/3.5	750	1 875	1 920	830	1 970	2 025	15 000	10 000	325	250			
	28	25.00/3.5	750	1 875	1 920	830	1 970	2 025	17 500	11 500	425	325			
29.5-29	16	25.00/3.5	750	1 975	2 025	830	2 070	2 130	14 000	8 500	250	175	—	—	JS01C
	22	25.00/3.5	750	1 975	2 025	830	2 070	2 130	16 000	10 600	325	250			
	28	25.00/3.5	750	1 975	2 025	830	2 070	2 130	19 000	12 150	425	325			
	34	25.00/3.5	750	1 975	2 025	830	2 070	2 130	21 200	14 000	525	400			
	40	25.00/3.5	750	1 975	2 025	830	2 070	2 130	23 600	15 000	625	475			
29.5-35	22	25.00/3.5	750	2 125	2 175	830	2 225	2 280	17 500	11 500	325	250	—	—	JS01C
	28	25.00/3.5	750	2 125	2 175	830	2 225	2 280	20 600	13 600	425	325			
	34	25.00/3.5	750	2 125	2 175	830	2 225	2 280	23 000	15 000	525	400			
33.25-29	26	27.00/3.5	845	2 090	2 145	935	2 195	2 260	20 600	13 600	350	275	—	—	JS01C
	32	27.00/3.5	845	2 090	2 145	935	2 195	2 260	23 600	15 000	450	325			
	38	27.00/3.5	845	2 090	2 145	935	2 195	2 260	25 750	17 000	525	400			

表 10（续）

轮胎规格	层级	测量轮辋	新胎设计尺寸/mm			轮胎最大使用尺寸[a]/mm			不同速度下的负荷能力[b]/kg		不同速度下的充气压力/kPa		允许使用轮辋	气门嘴型号	
			断面宽度	外直径		总宽度	外直径		10 km/h	50 km/h	10 km/h	50 km/h		有内胎	无内胎
				普通花纹	深花纹和超深花纹		普通花纹	深花纹和超深花纹							
33.25-35	26	27.00/3.5	845	2 240	2 295	935	2 350	2 405	22 400	14 500	350	275	—	—	JS01C
	32	27.00/3.5	845	2 240	2 295	935	2 350	2 405	25 750	16 000	450	325			
	38	27.00/3.5	845	2 240	2 295	935	2 350	2 405	28 000	18 000	550	400			
33.5-33	26	28.00/4.0	850	2 240	2 295	940	2 350	2 410	22 400	15 000	350	275	—	—	JS01C
	32	28.00/4.0	850	2 240	2 295	940	2 350	2 410	25 750	16 500	425	325			
	38	28.00/4.0	850	2 240	2 295	940	2 350	2 410	29 000	18 500	525	400			
33.5-39	26	28.00/4.0	850	2 395	2 450	940	2 505	2 565	24 300	16 000	360	275	—	—	JS01C
	32	28.00/4.0	850	2 395	2 450	940	2 505	2 565	27 250	18 000	425	325			
	38	28.00/4.0	850	2 395	2 450	940	2 505	2 565	30 750	20 000	525	400			
37.25-35	30	31.00/4.0	945	2 390	2 445	1 050	2 510	2 570	28 000	17 500	375	275	—	ZK01	—
	36	31.00/4.0	945	2 390	2 445	1 050	2 510	2 570	30 750	19 500	450	325			
	42	31.00/4.0	945	2 390	2 445	1 050	2 510	2 570	33 500	21 800	525	400			
37.5-33	30	32.00/4.5	950	2 390	2 445	1 055	2 515	2 575	28 000	18 000	375	275	—	ZK01	—
	36	32.00/4.5	950	2 390	2 445	1 055	2 515	2 575	31 500	20 000	450	325			
	42	32.00/4.5	950	2 390	2 445	1 055	2 515	2 575	34 500	22 400	525	400			
37.5-39	28	32.00/4.5	950	2 540	2 600	1 055	2 665	2 730	29 000	19 500	350	250	—	ZK01	—
	36	32.00/4.5	950	2 540	2 600	1 055	2 665	2 730	33 500	21 200	450	325			
	44	32.00/4.5	950	2 540	2 600	1 055	2 665	2 730	37 500	24 300	550	400			
	52	32.00/4.5	950	2 540	2 600	1 055	2 665	2 730	—	26 500	—	475			

表 10（续）

轮胎规格	层级	测量轮辋	新胎设计尺寸/mm			轮胎最大使用尺寸[a]/mm			不同速度下的负荷能力[b]/kg		不同速度下的充气压力/kPa		允许使用轮辋	气门嘴型号	
			断面宽度	外直径		总宽度	外直径		10 km/h	50 km/h	10 km/h	50 km/h		有内胎	无内胎
				普通花纹	深花纹和超深花纹		普通花纹	深花纹和超深花纹							
37.5-51	28	32.00/4.5	950	2 845	2 905	1 055	2 970	3 035	33 500	20 600	350	250	—	ZK01	—
	36	32.00/4.5	950	2 845	2 905	1 055	2 970	3 035	38 750	24 300	450	325			
	44	32.00/4.5	950	2 845	2 905	1 055	2 970	3 035	42 500	27 250	525	400			
40.5/75-39	30	32.00/4.5	1 030	2 580	2 625	1 145	2 705	2 755	31 500	20 600	325	250	—	ZK01	—
	38	32.00/4.5	1 030	2 580	2 625	1 145	2 705	2 755	37 500	24 300	425	325			
	46	32.00/4.5	1 030	2 580	2 625	1 145	2 705	2 755	42 500	27 250	525	400			

[a] 轮胎最大使用尺寸是指胀大的最大尺寸，用于工程机械制造设计轮胎间隙。

[b] 静态时的负荷调节：负荷（10 km/h 的负荷）×1.60；

最高速度 65 km/h 的负荷调节：负荷（50 km/h 的负荷）×0.83；

最高速度 15 km/h 的负荷调节：负荷（50 km/h 的负荷）×1.12。

表 11 宽基子午线轮胎

轮胎规格	符号	测量轮辋	新胎设计尺寸/mm			轮胎最大使用尺寸[a]/mm			不同速度下的负荷能力[b]/kg		不同速度下的充气压力/kPa		允许使用轮辋	气门嘴型号	
			断面宽度	外直径		总宽度	外直径		10 km/h	50 km/h	10 km/h	50 km/h		有内胎	无内胎
				普通花纹	深花纹和超深花纹		普通花纹	深花纹和超深花纹							
15.5R25	★	12.00/1.3	395	1 275	1 325	435	1 325	1 380	5 800	3 550	475	350	—	DG09C	JZ01
	★★	12.00/1.3	395	1 275	1 325	435	1 325	1 380	7 100	4 500	600	475			
17.5R25	★	14.00/1.5	445	1 350	1 400	495	1 405	1 460	7 100	4 125	475	350	14.00/1.3	DG09C	JZ01
	★★	14.00/1.5	445	1 350	1 400	495	1 405	1 460	8 500	5 450	600	475			

表 11(续)

轮胎规格	符号	测量轮辋	新胎设计尺寸[a]/mm			轮胎最大使用尺寸[a]/mm			不同速度下的负荷能力[b]/kg		不同速度下的充气压力/kPa		允许使用轮辋	气门嘴型号	
			断面宽度	外直径		总宽度	外直径		10 km/h	50 km/h	10 km/h	50 km/h		有内胎	无内胎
				普通花纹	深花纹和超深花纹		普通花纹	深花纹和超深花纹							
20.5R25	★	17.00/2.0	520	1 490	1 550	575	1 560	1 625	9 500	5 600	475	350	17.00/1.7	DG09C	JZ01
	★★	17.00/2.0	520	1 490	1 550	575	1 560	1 625	11 500	7 300	600	475			
23.5R25	★	19.50/2.5	595	1 615	1 675	660	1 695	1 760	12 150	7 100	475	350	—	DG09C	JZ01
	★★	19.50/2.5	595	1 615	1 675	660	1 695	1 760	14 500	9 250	600	475			
26.5R25	★	22.00/3.0	675	1 750	1 800	745	1 840	1 895	15 000	9 000	475	350	—	—	JZ01
	★★	22.00/3.0	675	1 750	1 800	745	1 840	1 895	18 500	11 500	600	475			
26.5R29	★	22.00/3.0	675	1 850	1 900	745	1 940	1 995	16 000	9 500	475	350	—	—	JZ01
	★★	22.00/3.0	675	1 850	1 900	745	1 940	1 995	19 500	12 500	600	475			
29.5R25	★	25.00/3.5	750	1 875	1 920	830	1 970	2 025	18 000	10 900	475	350	—	—	JS01C
	★★	25.00/3.5	750	1 875	1 920	830	1 970	2 025	22 400	14 000	600	475			
29.5R29	★	25.00/3.5	750	1 975	2 025	830	2 070	2 130	19 500	11 500	475	350	—	—	JS01C
	★★	25.00/3.5	750	1 975	2 025	830	2 070	2 130	23 600	15 000	600	475			
29.5R35	★	25.00/3.5	750	2 125	2 175	830	2 225	2 280	21 200	12 500	475	350	—	—	JS01C
	★★	25.00/3.5	750	2 125	2 175	830	2 225	2 280	25 750	16 000	650	500			
33.25R29	★	27.00/3.5	845	2 090	2 145	935	2 195	2 260	23 600	14 000	475	350	—	—	JS01C
	★★	27.00/3.5	845	2 090	2 145	935	2 195	2 260	29 000	18 500	650	500			
33.25R35	★	27.00/3.5	845	2 240	2 295	935	2 350	2 405	25 750	15 500	475	350	—	—	JS01C
	★★	27.00/3.5	845	2 240	2 295	935	2 350	2 405	31 500	20 000	650	500			

表 11（续）

轮胎规格	符号	测量轮辋	新胎设计尺寸/mm			轮胎最大使用尺寸[a]/mm			不同速度下的负荷能力[b]/kg		不同速度下的充气压力/kPa		允许使用轮辋	气门嘴型号	
			断面宽度	外直径		总宽度	外直径							有内胎	无内胎
				普通花纹	深花纹和超深花纹		普通花纹	深花纹和超深花纹	10 km/h	50 km/h	10 km/h	50 km/h			
33.5R33	★	28.00/4.0	850	2 240	2 295	940	2 350	2 410	25 750	15 500	475	350	—	—	JS01C
	★★	28.00/4.0	850	2 240	2 295	940	2 350	2 410	31 500	20 000	650	500			
33.5R39	★	28.00/4.0	850	2 395	2 450	940	2 505	2 565	28 000	16 500	475	350	—	—	JS01C
	★★	28.00/4.0	850	2 395	2 450	940	2 505	2 565	34 500	21 800	650	500			
37.25R35	★	31.00/4.0	945	2 390	2 445	1 050	2 510	2 570	31 500	18 500	475	350	—	ZK01	—
	★★	31.00/4.0	945	2 390	2 445	1 050	2 510	2 570	37 500	23 600	650	500			
37.5R33	★	32.00/4.5	950	2 390	2 445	1 055	2 515	2 575	31 500	18 500	475	350	—	ZK01	—
	★★	32.00/4.5	950	2 390	2 445	1 055	2 515	2 575	37 500	24 300	650	500			
37.5R39	★	32.00/4.5	950	2 540	2 600	1 055	2 665	2 730	33 500	20 000	475	350	—	ZK01	—
	★★	32.00/4.5	950	2 540	2 600	1 055	2 665	2 730	41 250	25 750	650	500			
37.5R51	★	32.00/4.5	950	2 845	2 905	1 055	2 970	3 035	37 500	22 400	475	350	—	ZK01	—
	★★	32.00/4.5	950	2 845	2 905	1 055	2 970	3 035	46 250	29 000	650	500			
40.5/75R39	★	32.00/4.5	1 030	2 580	2 625	1 145	2 705	2 755	37 500	22 400	475	350	—	ZK01	—
	★★	32.00/4.5	1 030	2 580	2 625	1 145	2 705	2 755	46 250	29 000	650	500			

[a] 轮胎最大使用尺寸是指胀大的最大尺寸，用于工程机械制造设计轮胎间隙。

[b] 静态时的负荷调节：负荷（10 km/h 的负荷）×1.60；

最高速度 65 km/h 的负荷调节：负荷（50 km/h 的负荷）×0.88；

最高速度 15 km/h 的负荷调节：负荷（50 km/h 的负荷）×1.12。

表 12 压路机子午线轮胎(速度 10 km/h)

轮胎规格	符号	测量轮辋	新胎设计尺寸/mm		轮胎最大使用尺寸[a]/mm		负荷能力/kg	充气压力/kPa	允许使用轮辋	气门嘴型号	
			断面宽度	外直径	总宽度	外直径				有内胎	无内胎
7.50R15NHS	★	6.0	215	785	230	805	2 725	800	6.00GS,6.5	DG10	—
8.25R15NHS	★	6.5	235	845	255	875	3 000	800	6.0,7.0,6.50T	DG06C	—
10.00R20NHS	★★	7.5	275	1 050	300	1 080	5 300	950	7.0,8.0	DG08C	—
14.00R24NHS	★★★	10.0	375	1 340	405	1 380	10 300	900	10.00W	DG09C	—
11/80R20NHS	★★	8.00	280	920	305	980	4 625	1 000	—	DG09C	—
13/80R20NHS	★★	9.0	325	1 045	350	1 080	6 000	900	10.0	DG09C	—
17/80R24NHS	★★★	10.0	415	1 340	455	1 405	12 150	850	10.00W	DG09C	—

[a] 轮胎最大使用尺寸是指胀大的最大尺寸,用于工程机械制造设计轮胎间隙。

表 13 低断面斜交轮胎

轮胎规格	层级	测量轮辋	新胎设计尺寸/mm			轮胎最大使用尺寸[a]/mm			不同速度下的负荷能力/kg		不同速度下的充气压力/kPa		允许使用轮辋	气门嘴型号	
			断面宽度	外直径		总宽度	外直径							有内胎	无内胎
				普通花纹	深花纹和超深花纹		普通花纹	深花纹和超深花纹	10 km/h	50 km/h	10 km/h	50 km/h			
65 系列															
25/65-25	12	20.00/2.0	635	1 485	1 525	705	1 555	1 595	7 300	4 375	250	175	20.00/2.0	—	ZK01
	16	20.00/2.0	635	1 485	1 525	705	1 555	1 595	8 500	5 150	325	225			
	20	20.00/2.0	635	1 485	1 525	705	1 555	1 595	9 750	5 800	400	275			
30/65-25	16	24.00/3.0	760	1 655	1 700	845	1 735	1 785	10 900	6 700	275	200	—	—	ZK01
	20	24.00/3.0	760	1 655	1 700	845	1 735	1 785	12 500	7 500	350	250			
30/65-29	16	24.00/3.0	760	1 760	1 800	845	1 840	1 885	11 500	7 100	275	200	—	—	ZK01
	20	24.00/3.0	760	1 760	1 800	845	1 840	1 885	13 200	8 250	350	250			
	24	24.00/3.0	760	1 760	1 800	845	1 840	1 885	15 000	9 000	425	300			

表 13（续）

轮胎规格	层级	测量轮辋	新胎设计尺寸/mm			轮胎最大使用尺寸[a]/mm			不同速度下的负荷能力/kg		不同速度下的充气压力/kPa		允许使用轮辋	气门嘴型号	
			断面宽度	外直径		总宽度	外直径		10 km/h	50 km/h	10 km/h	50 km/h		有内胎	无内胎
				普通花纹	深花纹和超深花纹		普通花纹	深花纹和超深花纹							
35/65-33	24	28.00/3.5	890	2 030	2 075	990	2 125	2 175	19 000	11 500	350	250	—	—	ZK01
	30	28.00/3.5	890	2 030	2 075	990	2 125	2 175	21 200	12 500	425	300			
	36	28.00/3.5	890	2 030	2 075	990	2 125	2 175	23 600	14 500	525	375			
	42	28.00/3.5	890	2 030	2 075	990	2 125	2 175	26 500	16 000	625	450			
40/65-39	30	32.00/4.0	1 015	2 350	2 405	1 125	2 460	2 520	27 250	—	375	—	—	—	ZK01
	36	32.00/4.0	1 015	2 350	2 405	1 125	2 460	2 520	30 000	—	450	—			
45/65-45	38	36.00/4.5	1 145	2 675	2 735	1 270	2 800	2 860	38 750	—	425	—	—	—	ZK01
	46	36.00/4.5	1 140	2 675	2 735	1 270	2 800	2 860	43 750	—	525	—			
	50	36.00/4.5	1 140	2 675	2 735	1 270	2 800	2 860	46 250	—	575	—			
	58	36.00/4.5	1 140	2 675	2 735	1 270	2 800	2 860	50 000	—	675	—			
50/65-51	46	40.00/4.5	1 270	2 995	3 060	1 410	3 130	3 200	53 000	—	475	—	—	—	ZK01
	54	40.00/4.5	1 270	2 995	3 060	1 410	3 130	3 200	58 000	—	575	—			
70 系列															
16/70-20	10	13(SDC)	410	1 075	—	455	1 120	—	4 250	2 430	325	250	—	DG09C	—
	14	13(SDC)	410	1 075	—	455	1 120	—	5 150	2 900	450	350			
	18	13(SDC)	410	1 075	—	455	1 120	—	5 800	3 350	550	450			
16/70-24	10	13(SDC)	410	1 175	—	455	1 220	—	4 750	2 800	325	250	—	DG09C	—
	14	13(SDC)	410	1 175	—	455	1 220	—	5 600	3 350	450	350			

表 13（续）

轮胎规格	层级	测量轮辋	新胎设计尺寸/mm			轮胎最大使用尺寸[a]/mm			不同速度下的负荷能力/kg		不同速度下的充气压力/kPa		允许使用轮辋	气门嘴型号	
			断面宽度	外直径		总宽度	外直径								
				普通花纹	深花纹和超深花纹		普通花纹	深花纹和超深花纹	10 km/h	50 km/h	10 km/h	50 km/h		有内胎	无内胎
22/70-24	12	16.00T (SDC)	545	1 390	1 445	605	1 450	1 510	6 150	4 250	275	250	—	DG09C	—
	14	16.00T (SDC)	545	1 390	1 445	605	1 450	1 510	7 100	5 000	350	325			
41.25/70-39	42	32.00/4.5	1 050	2 450	2 510	1 165	2 565	2 630	37 500	—	475	—	—	—	ZK01

a 轮胎最大使用尺寸是指胀大的最大尺寸，用于工程机械制造设计轮胎间隙。

表 14 低断面子午线轮胎

轮胎规格	符号	测量轮辋	新胎设计尺寸/mm			轮胎最大使用尺寸[a]/mm			不同速度下的负荷能力[b]/kg		不同速度下的充气压力/kPa		允许使用轮辋	气门嘴型号	
			断面宽度	外直径		总宽度	外直径								
				普通花纹	深花纹和超深花纹		普通花纹	深花纹和超深花纹	10 km/h	50 km/h	10 km/h	50 km/h		有内胎	无内胎
20/65R25	★	16.00/1.5	510	1 315	1 350	565	1 370	1 405	7 100	3 875	475	325	—	—	—
	★★	16.00/1.5	510	1 315	1 350	565	1 370	1 405	8 750	5 150	625	425			
25/65R25	★	20.00/2.0	635	1 485	1 525	705	1 555	1 595	10 600	5 800	475	325	19.50/2.0	—	—
	★★	20.00/2.0	635	1 485	1 525	705	1 555	1 595	12 850	7 750	625	425			
30/65R29	★	24.00/3.0	760	1 760	1 800	845	1 840	1 885	16 000	8 500	475	325	22.00/3.0	—	—
	★★	24.00/3.0	760	1 760	1 800	845	1 840	1 885	19 000	11 500	625	425			

表 14（续）

轮胎规格	符号	测量轮辋	新胎设计尺寸/mm			轮胎最大使用尺寸[a]/mm			不同速度下的负荷能力[b]/kg		不同速度下的充气压力/kPa		允许使用轮辋	气门嘴型号	
			断面宽度	外直径		总宽度	外直径		10 km/h	50 km/h	10 km/h	50 km/h		有内胎	无内胎
				普通花纹	深花纹和超深花纹		普通花纹	深花纹和超深花纹							
35/65R33	★	28.00/3.5	890	2 030	2 075	990	2 125	2 175	23 000	13 600	500	350	—	—	—
	★★	28.00/3.5	890	2 030	2 075	990	2 125	2 175	27 250	17 500	650	475			
40/65R39	★	32.00/4.0	1 015	2 350	2 405	1 125	2 460	2 520	31 500	18 500	500	350	—	—	—
	★★	32.00/4.0	1 015	2 350	2 405	1 125	2 460	2 520	37 500	23 600	650	475			
45/65R45	★	36.00/4.5	1 145	2 675	2 735	1 270	2 800	2 860	42 500	25 000	500	350	—	—	ZK01
	★★	36.00/4.5	1 145	2 675	2 735	1 270	2 800	2 860	50 000	31 500	650	475			
50/65R51	★	40.00/4.5	1 270	2 995	3 060	1 410	3 130	3 200	54 500	31 500	500	350	—	—	ZK01
	★★	40.00/4.5	1 270	2 995	3 060	1 410	3 130	3 200	65 000	40 000	650	475			
55/65R51	★	44.00/5.0	1 395	3 165	3 235	1 550	3 315	3 390	65 000	37 500	500	350	—	—	—
	★★	44.00/5.0	1 395	3 165	3 235	1 550	3 315	3 390	77 500	48 750	650	475			
65/65R51	★	52.00/5.5	1 650	3 510	3 575	1 830	3 685	3 755	87 500	51 500	500	350	—	—	—
	★★	52.00/5.5	1 650	3 510	3 575	1 830	3 685	3 755	106 000	67 000	650	475			

[a] 轮胎最大使用尺寸是指胀大的最大尺寸，用于工程机械制造设计轮胎间隙。

[b] 静态时的负荷调节：负荷（10 km/h 的负荷）×1.60；
最高速度 65 km/h 的负荷调节：负荷（50 km/h 的负荷）×0.88；
最高速度 15 km/h 的负荷调节：负荷（50 km/h 的负荷）×1.12。

表 15 低断面公制子午线轮胎

轮胎规格	符号	测量轮辋	新胎设计尺寸/mm			轮胎最大使用尺寸[a]/mm			不同速度下的负荷能力[b]/kg		不同速度下的充气压力/kPa		允许使用轮辋	气门嘴型号	
			断面宽度	外直径		总宽度	外直径		10 km/h	50 km/h	10 km/h	50 km/h		有内胎	无内胎
				普通花纹	深花纹和超深花纹		普通花纹	深花纹和超深花纹							
550/65R25	★	17.00/2.0	545	1 350	1 400	605	1 405	1 460	8 500	—	475	—	17.00/1.7	—	—
600/65R25	★	19.50/2.5	605	1 415	1 470	670	1 475	1 535	9 750	—	475	—	17.00/2.0,17.00/1.7	—	—
	★★	19.50/2.5	605	1 415	1 470	670	1 475	1 535	—	7 500	—	425			
650/65R25	★	19.50/2.5	640	1 480	1 535	710	1 550	1 605	11 500	—	475	—	—	—	—
	★★	19.50/2.5	640	1 480	1 535	710	1 550	1 605	—	8 000	—	425			
750/65R25	★	24.00/3.0	755	1 610	1 665	840	1 690	1 745	15 000	—	475	—	22.00/3.0,25.00/3.0	—	—
	★★	24.00/3.0	755	1 610	1 665	840	1 690	1 745	—	10 600	—	425			
850/65R25	★	27.00/3.5	850	1 740	1 790	945	1 830	1 880	17 500	—	475	—	25.00/3.5	—	—
	★★	27.00/3.5	850	1 740	1 790	945	1 830	1 880	—	12 500	—	425			
575/65R29	★	18.00/2.5	575	1 485	1 540	640	1 545	1 605	10 000	—	475	—	—	—	—
675/65R29	★	22.00/3.0	685	1 615	1 670	760	1 685	1 745	13 200	—	475	—	—	—	—
	★★	22.00/3.0	685	1 615	1 670	760	1 685	1 745	—	10 000	—	425			
775/65R29	★	24.00/3.5	770	1 745	1 790	855	1 825	1 875	17 000	—	475	—	25.00/3.5	—	—
	★★	24.00/3.5	770	1 745	1 790	855	1 825	1 875	—	12 150	—	425			
875/65R29	★	28.00/3.5	880	1 875	1 920	975	1 965	2 015	21 200	—	475	—	27.00/3.5	—	—
	★★	28.00/3.5	880	1 875	1 920	975	1 965	2 015	—	15 500	—	425			

a 轮胎最大使用尺寸是指胀大的最大尺寸，用于工程机械制造设计轮胎间隙。

b 静态时的负荷调节：负荷(10 km/h 的负荷)×1.60；

最高速度 65 km/h 的负荷调节：负荷(50 km/h 的负荷)×0.88；

最高速度 15 km/h 的负荷调节：负荷(50 km/h 的负荷)×1.12。

表 16 沙地斜交轮胎

轮胎规格	层级	测量轮辋	新胎设计尺寸/mm		不同速度下的负荷能力/kg			不同速度下的充气压力/kPa			允许使用轮辋	气门嘴型号	
			断面宽度	外直径	8 km/h	50 km/h	65 km/h	8 km/h	50 km/h	65 km/h		有内胎	无内胎
9.00-15	8	5.50F	235	840	1 650	—	950	245	—	245	5½K，6LB	DG08C	—
9.00-16	8	6.50H	245	890	1 700	—	975	245	—	245	—	DG05C	—
14.00-20	18	10.00W	375	1 220	4 125	—	2 360	245	—	245	—	DG15	—
16.00-16	16	6.50H	355	1 100	4 000	—	2 360	245	—	245	—	DG11	—
16.00-20	16	10.00W	420	1 370	5 450	—	3 150	245	—	245	—	DG15	—
16.00-24	16	10.00W	460	1 460	7 500	—	4 250	245	—	245	—	DG15	—
18.00-24	16	10.00W	470	1 545	7 750	—	4 375	245	—	245	—	DG15	—
18.00-25	16	10.00/1.5	470	1 545	7 750	—	4 375	245	—	245	—	DG15	—
21.00-25	16	15.00/3.0	570	1 685	10 000	—	5 800	245	—	245	—	ZK01	—
18-20	8	14.00T	455	1 090	—	3 650	—	—	240	—	—	DG09C	—
	14	14.00T	455	1 090	—	4 625	—	—	360	—	—		—
	20	14.00T	455	1 090	—	5 300	—	—	460	—	—		—
20-20	16	14.00T	505	1 180	—	6 000	—	—	360	—	—	DG09C	—
22-20	14	17.0	555	1 075	—	4 125	—	—	280	—	—	—	JZ01
24-21	16	18.00/1.5	610	1 370	—	3 875	—	—	140	—	—	JZ25	JZ01
27.25-21	16	19.50/1.5	685	1 510	—	5 800	—	—	170	—	—	—	ZR01
29.5-25	28	25.00/3.5	750	1 830	—	10 000	—	—	240	—	—	—	JS01C
36.00-51	42	26.00/5.0	990	3 075	—	26 500	—	—	240	—	—	—	LS01

表 17 保留生产的工程机械轮胎[a]

轮胎规格	层级	测量轮辋	新胎设计尺寸/mm		充气压力/kPa	不同速度下的负荷能力/kg			允许使用轮辋	气门嘴型号	
			断面宽度	外直径		10 km/h	30 km/h	50 km/h		有内胎	无内胎
7.50-16	6	6.00G	215	815	400	1 650	—	—	5.50F 6.50H	DG04C	—
	8	6.00G	215	815	500	1 900					
	10	6.00G	215	815	600	2 180					
	12	6.00G	215	815	675	2 300					
7.50-20	8	6.0	215	950	500	2 240			6.5 6.50T	DG06C	
	10	6.0	215	950	600	2 500					
	12	6.0	215	950	700	2 725					
8.25-10	12	6.00F	230	710	550	1 800	—	—	—	DG05C	—
8.25-16	10	6.50H	235	865	550	1 800			6.00G 6.5	DG05C	
	12	6.50H	235	865	675	2 060					
	14	6.50H	235	865	800	2 300					
12.5-20	16	11.00	370	1 145	450	4 250	—	—	—	DG09C	—
	18	11.00	370	1 145	500	—	—	3 550			
13-20	16	11.00V	395	1 205	425	—	—	3 750	—	DG09C	—
13.00-20	16	10.00	340	1 200	700	5 600	—	—	—	DG09C	—
	20	9.0	340	1 200	525	4 125	—	3 650	—		
1300×530-533	10	17.5/2.0	560	1 300	400	—	—	5 600	—	DG09C	—
18-22.5	16	14.00	457	1 155	600	—	—	4 500	—	—	CR09
	18				700	—	—	5 000			
	20				800	—	—	5 450			
21.00-33	24	15.00/3.0	575	1 940	375	—	—	8 750	—	DG11C	—
	28				425	—	—	9 500			
	32				500	—	—	10 300			
	36				575	—	—	11 200			
23.1-26	8	DW20	595	1 500	140	4 000	—	—	—	DG01C	—
	12				200	5 150	—	—			
	14				230	5 600	—	—			
	16				260	6 150	—	—			

轮胎使用的胀大尺寸，即轮胎胀大的最大总宽度和最大外直径，用于机械制造设计轮胎间隙。

最大总宽度=[设计新轮胎断面宽(S.W.)]×$(l+d)$

d:当 S.W.<380 mm 时，为 0.08

≥380 mm 时，为 0.11

最大外直径=(设计新轮胎外直径－轮辋直径)×$(l+d)$+轮辋直径

d:当 S.W.<380 mm 时，为 0.06

≥380 mm 时，为 0.08

注：表中所列的新胎设计尺寸，仅适用于轮胎设计。

[a] 新设计的车辆不推荐使用这些规格的轮胎。

附 录 A
（规范性附录）
工程机械轮胎花纹分类及使用条件

工程机械轮胎花纹分类及使用条件见表 A.1。

表 A.1 工程机械轮胎的花纹分类及使用条件

花纹代号	胎面花纹形式	使用类型	最高速度[a]	最大单程距离[a]
C——压路机轮胎				
C-1	光面	压路机	10 km/h	不限
C-2	槽沟	压路机	10 km/h	不限
E——铲运机和重型自卸车轮胎				
E-1	普通条形	搬运	65 km/h	4 km
E-2	普通牵引型	搬运	65 km/h	4 km
E-3	普通块状	搬运	65 km/h	4 km
E-4	加深块状	搬运	65 km/h	4 km
E-7	浮力型	搬运	65 km/h	4 km
G——平地机轮胎				
G-1	普通条形	平地	40 km/h	不限
G-2	普通牵引型	平地	40 km/h	不限
G-3	普通块状	平地	40 km/h	不限
G-4	加深块状	平地	40 km/h	不限
L——装载机和推土机轮胎				
L-2	普通牵引型	装载、推土	10 km/h	75 m
L-3	普通块状	装载、推土	10 km/h	75 m
L-4	加深块状	装载、推土	10 km/h	75 m
L-5	超深块状	装载、推土	10 km/h	75 m
L-3S	普通光面	装载、推土	10 km/h	75 m
L-4S	加厚光面	装载、推土	10 km/h	75 m
L-5S	超厚光面	装载、推土	10 km/h	75 m
IND——工业车辆轮胎				
IND-3	普通花纹	—	30 km/h	不限
IND-4	加深花纹	—	30 km/h	不限
IND-5	超加深花纹	—	30 km/h	不限

[a] 关于载运或其他作业条件，请向轮胎制造厂查询。

附 录 B
（资料性附录）
工程机械轮胎设计花纹深度

工程机械轮胎设计花纹深度参见表 B.1 的规定。

表 B.1 工程机械轮胎设计花纹深度

名义断面宽度		花纹深度/mm		
窄基、80、90 系列	宽基	普通	加深	超加深
12.00	—	22.5	33.5	47.5
13.00	15.5	24.5	43.0	59.5
14.00	17.5	25.5	45.5	63.5
16.00	20.5	28.5	51.5	71.0
18.00	23.5	31.5	54.0	78.5
21.00	26.5	35.0	54.0	87.5
24.00	29.5	38.0	57.0	95.0
—	33.25	42.5	—	106.0
27.00	33.5	42.5	63.5	106.0
—	37.25	46.5	—	—
30.00	37.5	46.5	69.5	116.5
33.00	41.5	50.5	75.0	—
36.00	45.5	54.5	82.0	—
37.00	—	54.5	82.0	—
40.00	—	54.5	82.0	—
42/90	—	—	82.0	—
46/90	—	—	82.0	—
50/90	—	—	82.0	—
50/80	—	54.5	82.0	—
52/80	—	—	97.0	—
53/80	—	—	88.0	—
55/80	—	—	88.0	118.0
59/80	—	—	88.0	—
65、70 系列				
25		31.5	47.0	78.5
30		35.0	52.5	87.0
35		38.0	57.0	95.0
40		42.5	63.5	106.0
41.25		—	—	106.0
45		46.5	69.5	116.5
50		50.0	75.5	125.5
65		—	—	150.0

ICS 21.060.10
J 13

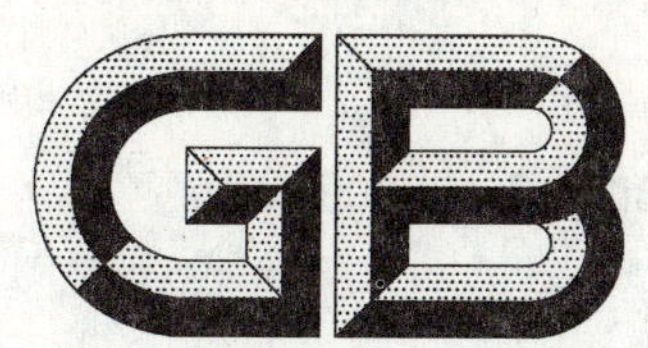

中华人民共和国国家标准

GB/T 3098.22—2009

紧固件机械性能 细晶非调质钢螺栓、螺钉和螺柱

Mechanical properties of fasteners made of the fine grain non-heat treatment steel—Bolts, screws and studs

2009-10-15 发布　　2010-03-01 实施

中华人民共和国国家质量监督检验检疫总局
中国国家标准化管理委员会　发布

前　言

GB/T 3098《紧固件机械性能》系列标准包括：

a) GB/T 3098.1—2000　紧固件机械性能　螺栓、螺钉和螺柱；
b) GB/T 3098.2—2000　紧固件机械性能　螺母　粗牙螺纹；
c) GB/T 3098.3—2000　紧固件机械性能　紧定螺钉；
d) GB/T 3098.4—2000　紧固件机械性能　螺母　细牙螺纹；
e) GB/T 3098.5—2000　紧固件机械性能　自攻螺钉；
f) GB/T 3098.6—2000　紧固件机械性能　不锈钢螺栓、螺钉和螺柱；
g) GB/T 3098.7—2000　紧固件机械性能　自挤螺钉；
h) GB/T 3098.8—1992　紧固件机械性能　耐热用螺纹连接副；
i) GB/T 3098.9—2002　紧固件机械性能　有效力矩型钢六角锁紧螺母；
j) GB/T 3098.10—1993　紧固件机械性能　有色金属制造的螺栓、螺钉、螺柱和螺母；
k) GB/T 3098.11—2002　紧固件机械性能　自钻自攻螺钉；
l) GB/T 3098.12—1996　紧固件机械性能　螺母锥形保证载荷试验；
m) GB/T 3098.13—1996　紧固件机械性能　螺栓与螺钉的扭矩试验和破坏扭矩　公称直径 1～10 mm；
n) GB/T 3098.14—2000　紧固件机械性能　螺母扩孔试验；
o) GB/T 3098.15—2000　紧固件机械性能　不锈钢螺母；
p) GB/T 3098.16—2000　紧固件机械性能　不锈钢紧定螺钉；
q) GB/T 3098.17—1996　紧固件机械性能　检查氢脆用预载荷试验　平行支承面法；
r) GB/T 3098.18—2004　紧固件机械性能　盲铆钉试验方法；
s) GB/T 3098.19—2004　紧固件机械性能　抽芯铆钉；
t) GB/T 3098.20—2004　紧固件机械性能　蝶形螺母　保证扭矩；
u) GB/T 3098.21—2008　紧固件机械性能　不锈钢自攻螺钉；
v) GB/T 3098.22—2009　紧固件机械性能　细晶非调质钢螺栓、螺钉和螺柱。

本部分是 GB/T 3098 的第 22 部分。

注意：GB/T 3098 的本部分可能涉及到专利权。SAC 不负责鉴别专利权。

本部分的附录 A 为规范性附录，附录 B 为资料性附录。

本部分由中国机械工业联合会提出。

本部分由全国紧固件标准化技术委员会(SAC/TC 85)归口。

本部分负责起草单位：中机生产力促进中心、马鞍山钢铁股份有限公司。

本部分参加起草单位：上海宝紧线材有限公司、钢铁研究总院、上海紧固件和焊接材料技术研究所、一汽集团技术中心、浙江乍浦实业股份有限公司、宁波东港紧固件制造有限公司、济南实达紧固件有限公司、山东高强紧固件有限公司。

紧固件机械性能
细晶非调质钢螺栓、螺钉和螺柱

1 范围

GB/T 3098的本部分规定了由细晶非调质钢制造的、在环境温度为10 ℃～35 ℃条件下进行测试时，螺栓、螺钉、螺柱和螺杆(以下简称紧固件)的机械性能。

在该环境温度条件下判定为符合本部分技术要求的紧固件，在较高或较低温度下，也可能达不到规定的机械和物理性能。

GB/T 3098的本部分适用的紧固件应符合：

——由热机械轧制工艺生产的细晶非调质钢；

——符合GB/T 192规定的普通螺纹；

——粗牙螺纹M6～M16；细牙螺纹M8×1～M16×1.5；

——符合GB/T 193规定的直径与螺距组合；

——符合GB/T 197或GB/T 22029规定的螺纹公差。

本部分不适用于紧定螺钉及类似的不受拉力的紧固件(见GB/T 3098.3)。

本部分未规定以下性能要求：

——可焊接性；

——耐腐蚀性；

——耐剪切应力；

——耐疲劳性。

2 规范性引用文件

下列文件中的条款通过GB/T 3098的本部分的引用而成为本部分的条款。凡是注日期的引用文件，其随后所有的修改单(不包括勘误的内容)或修订版均不适用于本部分，然而，鼓励根据本部分达成协议的各方研究是否可使用这些文件的最新版本。凡是不注日期的引用文件，其最新版本适用于本部分。

GB/T 192 普通螺纹 基本牙型(GB/T 192—2003，ISO 68-1:1998，ISO general purpose screw threads—Basic profile—Part 1:Metric screw threads，MOD)

GB/T 193 普通螺纹 直径与螺距系列(GB/T 193—2003，ISO 261:1998，ISO general purpose metric screw threads—General plan，MOD)

GB/T 196 普通螺纹 基本尺寸(GB/T 196—2003，ISO 724:1993，ISO general purpose metric screw threads—Basic dimensions，MOD)

GB/T 197 普通螺纹 公差(GB/T 197—2003，ISO 965-1:1998，ISO general purpose metric screw threads—Tolerances—Part 1:Principles basic data，MOD)

GB/T 222 钢的成品化学成分允许偏差

GB/T 223(所有部分) 钢铁及合金

GB/T 224 钢的脱碳层深度测定法(GB/T 224—2008，ISO 3887:2003，MOD)

GB/T 226 钢的低倍组织及缺陷酸蚀检验法(GB/T 226—1991，neq ISO 4969:1980)

GB/T 228 金属材料 室温拉伸试验方法(GB/T 228—2002，eqv ISO 6892:1998)

GB/T 229 金属材料 夏比摆锤冲击试验方法(GB/T 229—2007,ISO 148-1:2006,Metallic materials—Charpy pendulum impact test—Part 1:Test method,MOD)

GB/T 230.1 金属材料 洛氏硬度试验 第1部分:试验方法(A、B、C、D、E、F、G、H、K、N、T标尺)(GB/T 230.1—2009,ISO 6508-1:2005,MOD)

GB/T 231.1 金属材料 布氏硬度试验 第1部分:试验方法(GB/T 231.1—2009,ISO 6506-1:2005,MOD)

GB/T 1979 结构钢低倍组织缺陷评级图

GB/T 2101 型钢验收、包装、标志及质量证明书一般规定

GB/T 2975 钢及钢产品 力学性能试验取样位置及试样制备(GB/T 2975—1998,eqv ISO 377:1997)

GB/T 3098.1 紧固件机械性能 螺栓、螺钉和螺柱(GB/T 3098.1—2000,idt ISO 898-1:1999)

GB/T 3098.3 紧固件机械性能 紧定螺钉(GB/T 3098.3—2000,idt ISO 898-5:1998)

GB/T 3098.13 紧固件机械性能 螺栓与螺钉的扭矩试验和破坏扭矩公称直径1～10 mm(GB/T 3098.13—1996,idt ISO 898-7:1992)

GB/T 4336 碳素钢和中低合金钢 火花源原子发射光谱分析方法(常规法)

GB/T 4340.1 金属材料 维氏硬度试验 第1部分:试验方法(GB/T 4340.1—2009,ISO 6507-1:2005,MOD)

GB/T 5267.1 紧固件 电镀层(GB/T 5267.1—2002,ISO 4042:1999,IDT)

GB/T 5267.2 紧固件 非电解锌片涂层(GB/T 5267.2—2002,ISO 10683:2000,IDT)

GB/T 5267.3 紧固件 热浸镀锌层(GB/T 5267.3—2008,ISO 10684:2004,IDT)

GB/T 5276 紧固件 螺栓、螺钉、螺柱及螺母尺寸代号和标注(GB/T 5276—1985,eqv ISO 225:1983)

GB/T 5277 紧固件 螺栓和螺钉通孔(GB/T 5277—1985,eqv ISO 273:1979)

GB/T 5779.1 紧固件表面缺陷 螺栓、螺钉和螺柱 一般要求(GB/T 5779.1—2000,idt ISO 6157-1:1988)

GB/T 5779.3 紧固件表面缺陷 螺栓、螺钉和螺柱 特殊要求(GB/T 5779.3—2000,idt ISO 6157-3:1988)

GB/T 6394 金属平均晶粒度测定法(GB/T 6394—2002,ASTM E 112:1996,MOD)

GB/T 6478 冷镦和冷挤压用钢(GB/T 6478—2001,neq ISO 4954:1993)

GB/T 9145 普通螺纹 中等精度、优选系列的极限尺寸(GB/T 9145—2003,ISO 965-2:1998,ISO general purpose metric screw threads—Tolerances—Part 2:Limits of sizes for general purpose external and internal screw threads—Medium quality,MOD)

GB/T 10561 钢中非金属夹杂物含量的测定 标准评级图显微检验方法(GB/T 10561—2005,ISO 4967:1998,IDT)

GB/T 14981 热轧圆盘条尺寸、外形、重量及允许偏差(GB/T 14981—2009,ISO 16124:2004,MOD)

GB/T 16825.1—2002 静力单轴试验机的检验 第1部分:拉力和(或)压力试验机 测力系统的检验与校准(ISO 7500-1:2004,Metallic materials—Verification of static uniaxial testing machines—Part 1:Tension/compression testing machines—Verification and calibration of the force-measuring system,IDT)

GB/T 22029 热浸镀锌螺纹 在外螺纹上容纳镀锌层(GB/T 22029—2008,ISO 965-4:1998,ISO general purpose metric screw threads—Tolerances—Part 4:Limits of sizes for hot-dip galvanized external screw threads to mate with internal screw threads tapped with tolerance position H or G after galvanizing,MOD)

GB/T 20066 钢和铁 化学成分测定用试样的取样和制样方法(GB/T 20066—2006,ISO 14284:1996,MOD)

YB/T 5293—2006 金属材料顶锻试验方法

3 术语与定义

3.1

紧固件成品

已完成所有加工工序的,且未加工成机械加工试件的紧固件,它可以有或无表面处理,也可以具有全承载能力或降低承载能力。

3.2

机械加工试件

为评定材料性能由紧固件成品机械加工的试件。

3.3

紧固件实物

杆径 $d_s \approx d_2$ 或 $d_s > d_2$ 的紧固件成品,或全螺纹螺钉(螺栓),或全螺纹螺柱(螺杆)。

3.4

腰状杆紧固件

杆径 $d_s < d_2$ 的紧固件成品。

3.5

细晶

晶粒度可用晶粒的平均面积或平均直径表示,工业生产上采用晶粒度等级来表示晶粒大小。标准晶粒度共分 8 级,1~3 级为粗晶粒(直径 250 μm~125 μm),4~6 级为中等晶粒(直径 88 μm~44 μm),7~8 级为细晶粒(直径 31 μm~22 μm)。

本部分规定材料为铁素体加珠光体型或贝氏体型钢,平均铁素体晶粒尺寸为小于等于 8 μm。

3.6

热机械轧制

热机械轧制即控制轧制,是指在轧制过程中对金属的温度进行控制,从而得到普通轧制所不能得到的金属的一些宝贵特性,如细化的晶粒组织、良好的塑性和韧性及比较高的强度等。

4 代号与单位

下列代号和单位与 GB/T 5276、GB/T 197 和 GB/T 228 规定的一些代号都适用于本部分。

A 机械加工试件的断后伸长率,%

A_f 紧固件实物的断后伸长,%

$A_{s,公称}$ 螺纹公称应力截面积,mm^2

b 螺纹长度,mm

b_m 螺柱(拧入金属)端螺纹长度,mm

d 螺纹公称直径,mm

d_0 机械加工试件的直径,mm

d_1 外螺纹基本小径,mm

d_2 外螺纹基本中径,mm

d_3 外螺纹小径,mm

d_a 过渡圆直径(支承面的内径),mm

d_h　楔垫或垫片的孔径,mm

d_s　无螺纹杆径,mm

$F_{m,min}$　最小拉力载荷,N

F_p　保证载荷,N

k　头部高度,mm

KV　吸收能量,J

l　公称长度,mm

l_0　施加载荷前紧固件的总长度,mm

l_1　卸除第一次载荷后紧固件的总长度,mm

l_2　卸除第二次载荷后紧固件的总长度,mm

l_s　无螺纹杆部长度,mm

l_t　螺柱的总长度,mm

l_{th}　承受载荷又未旋合的螺纹长度,mm

L_c　机械加工试件直线段的长度,mm

L_0　机械加工试件的初始测量长度,mm

L_t　机械加工试件的总长度,mm

L_u　机械加工试件的最终测量长度,mm

ΔL_p　塑性变形量,mm

M_B　破坏扭矩,Nm

P　螺距,mm

r　圆角半径,mm

R_m　抗拉强度,MPa

$R_{P0.2}$　机械加工试件的规定非比例伸长 0.2%的应力,MPa

s　对边宽度,mm

S_0　(拉力试验前机械加工)试件的横截面积,mm^2

S_P　保证应力,MPa

S_u　机械加工试件的断后横截面积,mm^2

Z　机械加工试件的断面收缩率,%

α　楔负载拉力试验用楔垫角度,(°)

β　头部坚固性试验用试验模的角度,(°)

5　性能等级的标记制度

螺栓、螺钉、螺柱和螺杆性能等级的代号,由点隔开的两部分数字组成:

——点左边的一或二位数字表示公称抗拉强度($R_{m,nom}$)的 1/100,以 MPa 计(见表 3 中 7.1);

——点右边的数字表示规定非比例伸长 0.2%的应力($R_{P0.2,nom}$)(见表 3 中 7.2)与公称抗拉强度($R_{m,nom}$)的屈强比值(见表 1)的 10 倍。

表 1　规定非比例伸长 0.2%的应力与公称抗拉强度的屈强比值

点右边的数字	.8	.9
$\dfrac{\text{规定非比例伸长 0.2\%的应力 } R_{P0.2,nom}}{\text{公称抗拉强度 } R_{m,nom}}$	0.8	0.9

示例 1:紧固件的公称抗拉强度 $R_{m,nom}$ = 800 MPa 和屈强比为 0.8,其性能等级应标记为“8.8”。若紧固件有相同的材料性能,但降低承载能力,其性能等级应标记为“08.8”(见 10.4)。

由细晶非调质钢制造的紧固件，在性能等级代号点右边的数字之后应增加字母“F”。

示例 2：由细晶非调质钢制造的紧固件的公称抗拉强度 $R_{m,nom}=800$ MPa 和屈强比为 0.8 的性能等级应标记为："8.8F"。

公称抗拉强度和屈强比的乘积为规定非比例伸长 0.2%的应力，以 MPa 计。

由细晶非调质钢制造的紧固件的性能等级的标志，应按 10.3 的规定；对降低承载能力的紧固件应按 10.4 的规定。

6 材料

6.1 材料技术条件

材料牌号、化学成分、铁素体晶粒度和力学性能等材料技术条件，应符合附录 A 的规定。

6.2 适用的紧固件

细晶非调质钢线材适用的紧固件产品、规格和性能等级应符合表 2 的规定。

表 2 适用的紧固件产品、规格和性能等级

材料牌号	螺纹公称直径 mm	性能等级	适用的产品
MFT8	5～16	8.8F、08.8F	螺栓、螺钉、螺柱和螺杆
MFT9	5～16	9.8F、09.8F	
MFT10	5～16	10.9F、010.9F	螺柱和螺杆

6.3 推荐的工艺

为保证冷加工成形的螺栓、螺钉、螺柱和螺杆的性能，应进行稳定化处理。推荐的细晶非调质钢热轧盘条加工紧固件的使用准则，见附录 B。

7 机械和物理性能

在环境温度为 10 ℃～35 ℃(夏比摆锤冲击试验为－20 ℃)的条件下，按第 9 章规定的试验方法进行试验时，紧固件产品应符合表 3 的规定。

第 8 章规定了各种型式尺寸紧固件可适用的试验方法。

注：即使紧固件的材料性能符合表 2 和表 3 的规定，但由于尺寸原因，某些型式的紧固件也会降低承载能力(见 8.2 和 9.3)。

表 3 螺栓、螺钉和螺柱的机械和物理性能

分项条号	机械和物理性能		性能等级		
			8.8F	9.8F	10.9F
1	抗拉强度 R_m/MPa	公称[a]	800	900	1 000
		min	800	900	1 040
2	规定非比例伸长 0.2%的应力，$R_{P0.2}$/MPa	公称[a]	640	720	900
		min	640	720	940
3	保证应力 S_P[b]/MPa	公称	580	650	830
	保证应力比 $S_{P,公称}/R_{P0.2,min}$		0.91	0.90	0.88
4	机械加工试件的断后伸长率 A/%	min	12	10	9

表 3（续）

分项条号	机械和物理性能		性能等级		
			8.8F	9.8F	10.9F
5	机械加工试件的断面收缩率 $Z/\%$	min	52	48	48
6	头部坚固性		不得断裂		
7	维氏硬度 HV $F \geqslant 98$ N	min	250	290	320
		max	320	360	380
8	布氏硬度 HBW $F=30D^2$	min	238	276	304
		max	304	342	361
9	洛氏硬度 HRC	min	22	28	32
		max	32	37	39
10	破坏扭矩 M_B/Nm	min	见 GB/T 3098.13		
11	吸收能量 KV[c,d]/J	min	27		
12	表面缺陷		GB/T 5779.1[e]		

a 性能等级的标记制度仅要求规定公称值，见第 5 章。

b 表 5 和表 7 规定了保证载荷。

c 在－20 ℃试验温度下测定的数值。

d 适用于 d=16 mm。

e 如用 GB/T 5779.3 代替，应由供需双方协议。

表 4～表 7 规定了最小拉力载荷和保证载荷。

表 4 最小拉力载荷——粗牙螺纹

螺纹规格[a] d	公称应力截面积 $A_{s,公称}$[b]/mm^2	性能等级		
		8.8F	9.8F	10.9F
		最小拉力载荷，$F_{m,min}(A_{s,公称} \times R_{m,min})$/N		
M5	14.2	11 350	12 800	14 800
M6	20.1	16 100	18 100	20 900
M7	28.9	23 100	26 000	30 100
M8	36.6	29 200[c]	32 900	38 100[c]
M10	58	46 400[c]	52 200	60 300[c]
M12	84.3	67 400	75 900	87 700
M14	115	92 000	104 000	120 000
M16	157	125 000	141 000	163 000

a 在螺纹标记中不标记螺距者，应为粗牙螺距。

b $A_{s,公称}$ 的计算见 9.1.6.1。

c 用于热浸镀锌的 6az 螺纹紧固件，可按 GB/T 5267.3 附录 A 降低数值。

表 5 保证载荷——粗牙螺纹

螺纹规格[a] d	公称应力截面积 $A_{s,公称}$[b]/ mm^2	性能等级		
		8.8F	9.8F	10.9F
		保证载荷，F_P($A_{s,公称}\times S_P$)/N		
M5	14.2	8 230	9 230	11 800
M6	20.1	11 600	13 100	16 700
M7	28.9	16 800	18 800	24 000
M8	36.6	21 200[c]	23 800	30 400[c]
M10	58	33 700[c]	37 700	48 100[c]
M12	84.3	48 900	54 800	70 000
M14	115	66 700	74 800	95 500
M16	157	91 000	102 000	130 000

a 在螺纹标记中不标记螺距者，应为粗牙螺距。

b $A_{s,公称}$的计算见 9.1.6.1。

c 用于热浸镀锌的 6az 螺纹紧固件，可按 GB/T 5267.3 附录 A 降低数值。

表 6 最小拉力载荷——细牙螺纹

螺纹规格 $d\times P$	公称应力截面积 $A_{s,公称}$[a]/ mm^2	性能等级		
		8.8F	9.8F	10.9F
		最小拉力载荷，$F_{m,min}$($A_{s,公称}\times R_{m,min}$)/N		
M8×1	39.2	31 360	35 300	40 800
M10×1	64.5	51 600	58 100	67 100
M10×1.25	61.2	49 000	55 100	63 600
M12×1.25	92.1	73 700	82 900	95 800
M12×1.5	88.1	70 500	79 300	91 600
M14×1.5	125	100 000	112 000	130 000
M16×1.5	167	134 000	150 000	174 000

a $A_{s,公称}$的计算见 9.1.6.1。

表 7 保证载荷——细牙螺纹

螺纹规格 $d\times P$	公称应力截面积 $A_{s,公称}$[a]/ mm^2	性能等级		
		8.8F	9.8F	10.9F
		保证载荷，F_P($A_{s,公称}\times S_P$)/N		
M8×1	39.2	22 700	25 500	32 500
M10×1	64.5	37 400	41 900	53 500
M10×1.25	61.2	35 500	39 800	50 800
M12×1.25	92.1	53 400	59 900	76 400
M12×1.5	88.1	51 100	57 300	73 100
M14×1.5	125	72 500	81 200	104 000
M16×1.5	167	96 900	109 000	139 000

a $A_{s,公称}$的计算见 9.1.6.1。

8 试验方法的适用性

8.1 通则

有两个试验系列组合，可对表 3 规定的紧固件机械和物理性能进行试验。FF 组用于紧固件成品试验。而 MP 组用于紧固件材料性能试验。FF 和 MP 组又分为：FF1、FF2、FF3、FF4、MP1 和 MP2，适用于各种类型的紧固件。然而，由于规格大小和/或承载能力的影响，对所有型式或规格的紧固件，不可能都能按表 3 规定的全部项目进行试验。

8.2 紧固件的承载能力

8.2.1 全承载能力的紧固件

全承载能力的紧固件（标准化的或非标准化的）应按 FF1、FF2 或 MP2 试验系列对紧固件实物进行拉力试验：

a) 对 $d_s > d_2$ 的紧固件，断裂应发生在螺纹部分；

对 $d_s \approx d_2$ 的紧固件，断裂应发生在螺纹部分或无螺纹杆部；

b) 其最小拉力载荷 $F_{m,min}$ 应符合表 4 或表 6 的规定。

8.2.2 降低承载能力的紧固件

降低承载能力的紧固件（标准或非标准的），虽然材料性能符合 GB/T 3098 本部分的规定，但因几何尺寸的原因，如按 FF1、FF2 或 MP2 对其成品进行拉力试验时，则达不到承载能力的要求。

当按 FF3 或 FF4 进行拉力试验时，降低承载能力的紧固件通常不断在螺纹部分。

与螺纹的最小拉力载荷相比，因几何尺寸原因降低承载能力的紧固件有两种类型：

a) 螺栓或螺钉的头部设计：带或不带外扳拧的降低头部高度的螺栓，或带内扳拧的扁圆头、低圆柱头或某些沉头螺钉（见表 10）。FF3 试验系列适用于这些紧固件。

b) 杆部设计：适用于不要求，或不按 GB/T 3098 本部分规定的承载能力，如腰状杆螺栓。FF4 试验系列适用于这些紧固件（GB/T 3098 的本部分不适用于此类产品）。

8.3 制造者的选择

制造者可选择自己的工序控制和检验方法，使其生产的紧固件符合表 3 的规定。

有争议时，应采用第 9 章规定的试验方法。

8.4 供方的选择

供方可选择自己的试验方法，使其提供的紧固件符合表 3 的规定。

有争议时，应采用第 9 章规定的试验方法。

8.5 需方的选择

需方可按第 9 章的试验方法，从 8.6 中选择适当的试验系列控制接收的紧固件质量。

8.6 对紧固件或机械加工试件可实施的试验

8.6.1 通则

按第 9 章的试验方法，表 8～表 12 规定了 FF1～FF3、MP1 和 MP2 的适用性。

表 8～表 10 为紧固件成品的试验，提供了 FF1～FF3 试验系列。

——FF1 用于测定标准头部和标准杆或细杆（全承载能力的）即 $d_s > d_2$ 或 $d_s \approx d_2$ 的螺栓和螺钉成品性能，见表 8；

——FF2 用于测定标准杆或细杆（全承载能力的）即 $d_s > d_2$ 或 $d_s \approx d_2$ 的螺柱和螺杆成品性能，见表 9；

——FF3 用于测定 $d_s > d_2$ 或 $d_s \approx d_2$，并且降低承载能力的螺栓和螺钉成品性能，见表 10，其降低承载能力的原因为：

a) 低的头部高度或带或不带外扳拧结构；

b) 带内扳拧结构的扁圆头或低圆柱头；

c) 带内扳拧结构的某些沉头。

表 11、表 12 紧固件材料性能试验和/或改进工艺的试验，提供了 MP1 和 MP2 试验系列。FF1～FF3 也可用于这一目的。

——MP1 用于机械加工试件测定紧固件材料性能和/或改进工艺的试验，见表 11；

——MP2 用于紧固件成品测定全承载能力紧固件实物（$d_s > d_2$ 或 $d_s \approx d_2$）的材料性能和/或改进工艺的试验，见表 12。

8.6.2 可适用的试验方法

表 8～表 12 给出了适用于紧固件试件的试验方法，方格中内容的含义：

方格	含义
（空白方格）	可实施 能按第 9 章实施试验，但有争议时，必须按第 9 章实施。
（阴影方格）	可实施，但仅在有明确规定时 能按第 9 章实施试验： ——对指定的某一性能，作为可替换的试验（如，当拉力试验可实施时，而采用扭矩试验），或 ——在产品标准或需方在订货时，如有要求，作为特殊试验（如冲击试验）。
NF	不可实施 该试验不能实施： ——因紧固件的形状和/或尺寸影响（如，长度太短而不能试验、无头的）； ——因其仅适用于特殊类型的紧固件（如，高温螺纹紧固件）。

8.6.3 交付试验结果

当需方要求交付试验结果的专门订单时，他们应按第 9 章的规定，并从表 8～表 12 中选取试验方法。需方如有特殊试验要求，应在订货时由双方协议。

表 8 FF1 试验系列 全承载能力的螺栓和螺钉成品

性能 （见表 3）		试验方法			性能等级 8.8F、9.8F、10.9F $d<5$ mm 或 $l<2.5d$ 或 $b<2d$	性能等级 8.8F、9.8F、10.9F $d \geqslant 5$ mm 和 $l \geqslant 2.5d$ 和 $b \geqslant 2d$
1	最小抗拉强度 $R_{m,min}$	楔负载拉力试验		9.1	NF	[a]
		拉力试验（R_m）		9.2	NF	[a]
3	保证应力 $S_{P,公称}$	保证载荷试验		9.4	NF	
6	头部坚固性	头部坚固性试验 $d \leqslant 10$ mm	$1.5d \leqslant l < 3d$	9.6		
			$l \geqslant 3d$		（阴影）	（阴影）
7 或 8 或 9	硬度	硬度试验		9.7		
10	破坏扭矩 $M_{B,min}$	扭矩试验 1.6 mm$\leqslant d \leqslant$10 mm $b \geqslant 1d+2P$		9.8	（阴影）	（阴影）[b]
12	表面缺陷	表面缺陷检查		9.10		

a 对 $d \geqslant 5$ mm、$l \geqslant 2d$ 和 $b < 2d$ 的紧固件，还应满足 9.1.5 或 9.2.5 的要求。

b 可以代替拉力试验，有争议时应使用拉力试验。

表 9　FF2 试验系列　全承载能力的螺柱和螺杆成品

性能 (见表 3)		试验方法		性能等级 8.8F、9.8F、10.9F	
				$d<5$ mm 或 $l<3d$ 或 $b<2d$	$d\geqslant5$ mm 和 $l\geqslant3d$ 和 $b\geqslant2d$
1	最小抗拉强度 $R_{m,min}$	拉力试验(R_m)	9.2	NF	[a]
3	保证应力 $S_{P,min}$	保证载荷试验	9.4	NF	
7 或 8 或 9	硬度	硬度试验	9.7		
12	表面缺陷	表面缺陷检查	9.10		

[a] 如螺柱断裂在拧入金属端的螺纹长度 b_m 内，可以最小硬度代替 $R_{m,min}$，或者按 9.5 用机械加工试件测定抗拉强度 R_m。

表 10　FF3 试验系列　降低承载能力的螺栓和螺钉成品

性能 (见表 3)		试验方法		性能等级 8.8F、9.8F、10.9F	
				$d<5$ mm 或 $l<2.5d$ 或 $b<2d$	$d\geqslant5$ mm 和 $l\geqslant2.5d$ 和 $b\geqslant2d$
1	最小拉力载荷	因头部设计原因，拉力试验不断在未旋合螺纹的长度内	9.2	NF	[a]
7 或 8 或 9	硬度	硬度试验	9.7		
12	表面缺陷	表面缺陷检查	9.10		

[a] 最小拉力载荷，见相关产品标准。

表 11　MP1 试验系列　用机械加工试件测定材料性能

性能 (见表 3)		试验方法		性能等级 8.8F、9.8F、10.9F $5\leqslant d\leqslant16$ mm 和 $d_0\geqslant3$ mm 和 $b\geqslant d$ 和 $l\geqslant d+26$ mm [a,b,c]
1	最小抗拉强度 $R_{m,min}$	机械加工试件的拉力试验	9.2	
2	规定非比例伸长 0.2% 的最小应力 $R_{P0.2\,min}$			
4	机械加工试件的最小断后伸长率 A_{min}			
5	机械加工试件的最小断面收缩率 Z_{min}			
7 或 8 或 9	硬度	硬度试验	9.7	
11	最小吸收能量 KV_{min}	冲击试验 $d=16$ mm 和 l^{d} 或 $l_t\geqslant55$ mm	9.9	

表 11(续)

性能 (见表 3)		试验方法		性能等级 8.8F、9.8F、10.9F $5 \leqslant d \leqslant 16$ mm 和 $d_0 \geqslant 3$ mm 和 $b \geqslant d$ 和 $l \geqslant d+26$ mm [a,b,c]
12	表面缺陷[e]	表面缺陷检查	9.10	

a 如测定螺柱和螺杆,最小总长度应在公式中增加 $1d$。

b 对螺栓和螺钉,测定 Z_{min} 则 $l \geqslant d+20$ mm。

c 对螺柱和螺杆,测定 Z_{min} 则 $l_t \geqslant 2d+20$ mm。

d 头的实心部分可包括在内。

e 在机械加工之前实施。

表 12 MP2 试验系列 用全承载能力的螺栓、螺钉、螺柱和螺杆实物测定材料性能

性能 (见表 3)		试验方法		性能等级 8.8F、9.8F、10.9F $d \geqslant 5$ mm 和 $l \geqslant 2.7d$[a] 和 $b \geqslant 2.2d$
1	最小抗拉强度 $R_{m,min}$	紧固件实物拉力试验(R_m)	9.2	b
3	保证应力载荷 S_P	紧固件实物保证载荷试验	9.4	b
7 或 8 或 9	硬度	硬度试验	9.7	
12	表面缺陷	表面缺陷检查	9.10	

a 螺杆为:$l_t \geqslant 3.2d$。

b $l \geqslant 2.5d$ 和 $b \geqslant 2d$。

9 试验方法

9.1 螺栓和螺钉(不含螺柱和螺杆)成品楔负载拉力试验

9.1.1 通则

本拉力试验可同时测定:

——螺栓和螺钉实物的抗拉强度 R_m;

——头与无螺纹杆部或螺纹部分交接处的牢固性。

9.1.2 适用范围

本试验适用于带或不带法兰面,并符合以下特性的螺栓和螺钉:

——平的或锯齿形支承面;

——头部强度高于螺纹截面;

——头部强度高于无螺纹杆部;

——无螺纹杆径 $d_s \geqslant d_2$ 或 $d_s \approx d_2$;

——公称长度 $l \geqslant 2.5d$;

——螺纹长度 $b \geqslant 2d$;

——5 mm≤d≤16 mm；

——所有性能等级。

9.1.3 设备

拉力试验机应符合 GB/T 16825.1 的规定，并不应使用自定心夹具。

9.1.4 试验装置

夹具、楔垫和螺纹接头应符合：

——硬度：≥45 HRC；

——内螺纹卡具的螺纹公差：按表 13 的规定；

——通孔直径 d_h：按表 14 的规定；

——楔垫：按图 1、表 14 和表 15 的规定。

表 13 内螺纹卡具的螺纹公差

紧固件表面处理	螺纹公差等级	
	表面处理前紧固件的螺纹公差	内螺纹卡具的螺纹公差
不经表面处理	6h 或 6g	6H
按 GB/T 5267.1 电镀	6g 或 6e 或 6f	6H
按 GB/T 5267.2 非电解涂层	6g 或 6e 或 6f	6H
按 GB/T 5267.3 热浸镀锌螺母的螺纹公差： ——6H ——6AZ ——6AX	 6az 6g 或 6h 6g 或 6h	 6H 6AZ 6AX

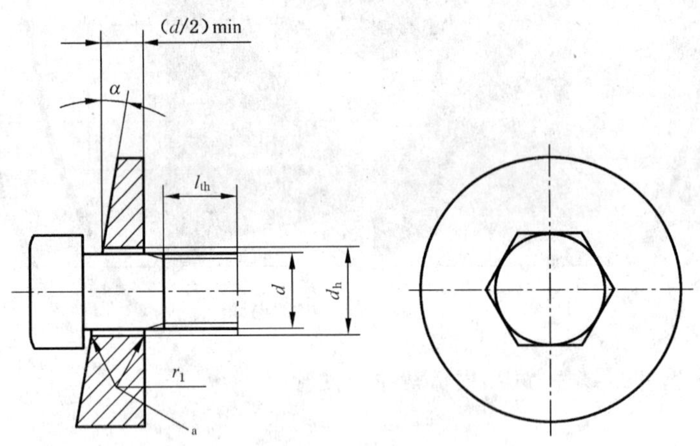

[a] 倒圆或 45°倒角。

图 1 螺栓和螺钉实物楔负载

表 14 楔垫孔径和圆角半径

单位为毫米

螺纹公称直径 d	d_h [a,b]		r_1 [c]
	min	max	
5	5.5	5.68	0.7
6	6.6	6.82	0.7
8	9	9.22	0.8
10	11	11.27	0.8

表 14（续）

单位为毫米

螺纹公称直径 d	d_h [a,b]		r_1 [c]
	min	max	
12	13.5	13.77	0.8
14	15.5	15.77	1.3
16	17.5	17.77	1.3

a 按 GB/T 5277 中等装配系列。

b 对方颈螺栓，该孔应能与方颈相配。

c C 级产品，圆角 r_1 按下式计算：

$$r_1 = r_{max} + 0.2$$

式中：$r_{max} = (d_{a,max} - d_{s,min})/2$

表 15　楔负载拉力试验用楔垫角度 α

螺纹公称直径 d	性能等级	
	螺栓与螺钉无螺纹杆部长度 $l_s \geqslant 2d$	全螺纹螺钉或螺栓与螺钉无螺纹杆部长度 $l_s < 2d$
	8.8F、9.8F、10.9F	
$5 \leqslant d \leqslant 16$	$10° \pm 30'$	$6° \pm 30'$

头部支承面直径超过 1.7d，而未通过楔负载试验的螺栓和螺钉实物，可将头部加工到 1.7d，并按表 15 规定的楔垫角度再次进行试验。

此外，对头部支承面直径超过 1.9d 的螺栓和螺钉实物，可将楔垫角度 10°减小为 6°。

9.1.5　试验程序

试件应为经尺寸等检验合格的螺栓或螺钉。

将符合 9.1.4 的楔垫按图 1 所示，置于螺栓或螺钉头下，承受载荷又未旋合的螺纹长度（l_{th}）至少应为 1d。

应按 GB/T 228 的规定进行楔负载拉力试验。试验时，夹头的移动速度，不应超过 25 mm/min。

拉力试验应持续进行，直至发生断裂。

测量极限拉力载荷（F_m）。

9.1.6　试验结果

9.1.6.1　测定抗拉强度，R_m

9.1.6.1.1　方法

根据公称应力截面积（$A_{s,公称}$）和试验中测量的极限拉力载荷（F_m）计算抗拉强度（R_m）：

$$R_m = F_m / A_{s,公称}$$

式中：

$$A_{s,公称} = (\pi/4) \times [(d_2 + d_3)/2]^2$$

式中：

d_2——外螺纹中径的基本尺寸（GB/T 196）；

d_3——外螺纹小径；

$$d_3 = d_1 - H/6$$

d_1——外螺纹小径的基本尺寸（GB/T 196）；

H——螺纹原始三角形高度（GB/T 192）。

公称应力截面积($A_{s,公称}$)的数值在表 4 和表 6 中给出。

9.1.6.1.2　技术要求

$d_s > d_2$ 的全螺纹螺栓和螺钉应断裂在螺纹部分。

$d_s \approx d_2$ 的紧固件应断裂在螺纹部分或无螺纹杆部。

抗拉强度(R_m)应符合表 3 的规定，最小拉力载荷($F_{m,min}$)应符合表 4 或表 6 的规定。

9.1.6.2　测定头与杆部或螺纹部分交接处的牢固性

不应断裂在头部。

带无螺纹杆部的螺栓和螺钉不应在头与杆部交接处断裂。

全螺纹的螺钉，如断裂始于螺纹部分，即使在拉断前已延伸或扩展到头部与螺纹交接处，甚至进入头部，仍应视为符合本试验要求。

9.2　为测定抗拉强度对紧固件成品的拉力试验

9.2.1　通则

本拉力试验适用于测定紧固件实物的抗拉强度(R_m)。

9.2.2　适用范围

本试验适用于符合以下特性的螺栓、螺钉、螺柱和螺杆：

——头部强于螺纹截面的螺栓和螺钉；

——头部强于无螺纹杆部的螺栓和螺钉；

——无螺纹杆径 $d_s > d_2$ 或 $d_s \approx d_2$；

——螺栓和螺钉的公称长度 $l \geqslant 2.5d$；

——螺纹长度 $b \geqslant 2d$；

——螺柱和螺杆的总长度 $l_t \geqslant 3d$；

——5 mm$\leqslant d \leqslant$16 mm；

——所有性能等级。

9.2.3　设备

拉力试验机应符合 GB/T 16825.1 的规定。装夹紧固件时，应避免斜拉，可使用自动定心装置。

9.2.4　试验装置

夹具和螺纹接头应符合：

——硬度：≥45 HRC；

——通孔直径 d_h：按表 14 的规定；

——内螺纹卡具的螺纹公差：按表 13 的规定。

9.2.5　试验程序

试件应为经尺寸等检验合格的螺栓或螺钉。

螺栓和螺钉试件应按图 2a)和图 2b)所示，拧入内螺纹接头；对螺柱和螺杆试件应拧入两个内螺纹接头，见图 2c)和图 2d)。螺纹有效旋合长度至少应为 $1d$。

对承受载荷又未旋合的螺纹长度：$l_{th} \geqslant 1d$。

应按 GB/T 228 的规定进行拉力试验。试验时，夹头的移动速度，不应超过 25 mm/min。

拉力试验应持续进行，直至发生断裂。

测量极限拉力载荷(F_m)。

9.2.6　试验结果

9.2.6.1　方法

计算方法见 9.1.6.1。

9.2.6.2　技术要求

$d_s > d_2$ 的紧固件应断裂在螺纹部分。

$d_s \approx d_2$ 的紧固件应断裂在螺纹部分或无螺纹杆部。

全螺纹的螺钉，如断裂始于螺纹部分，即使在拉断前已延伸或扩展到头部与螺纹交接处，甚至进入头部，仍应视为符合本试验要求。

抗拉强度(R_m)应符合表3的规定，最小拉力载荷($F_{m,min}$)，应符合表4或表6的规定。

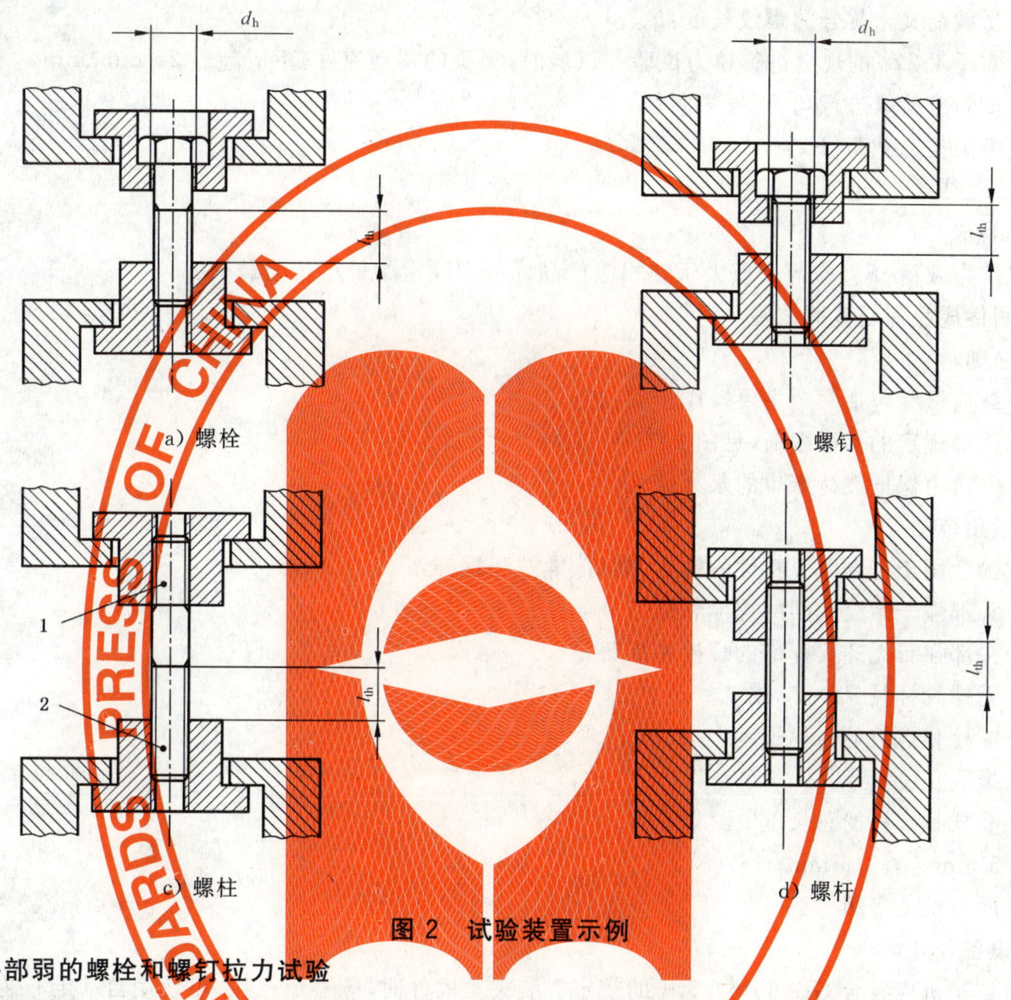

图2 试验装置示例

9.3 头部弱的螺栓和螺钉拉力试验

9.3.1 通则

本试验适用于测定头部较弱于螺纹部分，并不在螺纹部分断裂的螺栓和螺钉的拉力载荷(见8.2)。

9.3.2 适用范围

本试验适用于符合以下特性的螺栓和螺钉：

——无螺纹杆径 $d_s > d_2$ 或 $d_s \approx d_2$；

——公称长度 $l \geqslant 2.5d$；

——螺纹长度 $b \geqslant 2d$；

——5 mm $\leqslant d \leqslant$ 16 mm；

——所有性能等级。

9.3.3 设备

拉力试验机应符合GB/T 16825.1的规定。装夹紧固件时，应避免斜拉，可使用自动定心装置。

9.3.4 试验装置

夹具和螺纹接头应符合：

——硬度：≥45 HRC；

——通孔直径 d_h：按表14的规定；

——内螺纹卡具的螺纹公差:按表 13 的规定。

9.3.5 试验程序

试件应为经尺寸等检验合格的螺栓或螺钉。

紧固件试件应按图 2a)和图 2b)所示,拧入内螺纹接头;

对承受载荷又未旋合的螺纹长度:$l_{th} \geqslant 1d$。

应按 GB/T 228 的规定进行拉力试验。试验时,夹头的移动速度,不应超过 25 mm/min。

拉力试验应持续进行,直至发生断裂。

测量极限拉力载荷(F_m)。

9.3.6 试验结果

技术要求

极限拉力载荷(F_m)应等于或大于在相应产品标准中规定的最小拉力载荷。

9.4 紧固件成品保证载荷试验

9.4.1 通则

保证载荷试验包括两个主要操作步骤:

——施加规定的保证载荷(见图 3);

——测量由保证载荷产生的永久伸长。

9.4.2 适用范围

本试验适用于符合以下特性的螺栓、螺钉、螺柱和螺杆:

——头部强于螺纹截面的螺栓和螺钉;

——头部强于无螺纹杆部的螺栓和螺钉;

——无螺纹杆径 $d_s > d_2$ 或 $d_s \approx d_2$;

——螺栓和螺钉的公称长度 $l \geqslant 2.5d$;

——螺纹长度 $b \geqslant 2d$;

——螺柱和螺杆的总长度 $l_t \geqslant 3d$;

——5 mm$\leqslant d \leqslant$16 mm;

——所有性能等级。

9.4.3 设备

拉力试验机应符合 GB/T 16825.1 的规定。装夹紧固件时,应避免斜拉,可使用自动定心装置。

9.4.4 试验装置

夹具和螺纹接头应符合:

——硬度:≥45 HRC;

——通孔直径 d_h:按表 14 的规定;

——内螺纹卡具的螺纹公差:按表 13 的规定。

9.4.5 试验程序

试件应为经尺寸等检验合格的紧固件,每端应进行适当加工,如图 3 所示。为测量长度,应将紧固件置于带球面测头(或其他适当的方法)的台架式测量装置中。应使用手套或钳子,以使因温度影响的测量误差减少到最小。应测量施加载荷前紧固件的总长度(l_0)。

按图 3 所示将紧固件拧入内螺纹接头。对螺柱和螺杆应使用两个螺纹接头。螺纹有效旋合长度至少应为 $1d$。对承受载荷又未旋合的螺纹长度(l_{th})应为 $1d$。

注:为达到 $l_{th}=1d$ 的要求,建议采用以下实用的方法:

——把螺纹接头拧到螺纹收尾;

——按相当于 $l_{th}=1d$ 的扣数拧退接头。

对紧固件沿轴向施加表 5 或表 7 给出的保证载荷。

试验时，夹头的移动速度，不应超过 3 mm/min。该保证载荷应保持 15 s。

卸载后，测量紧固件总长度(l_1)。

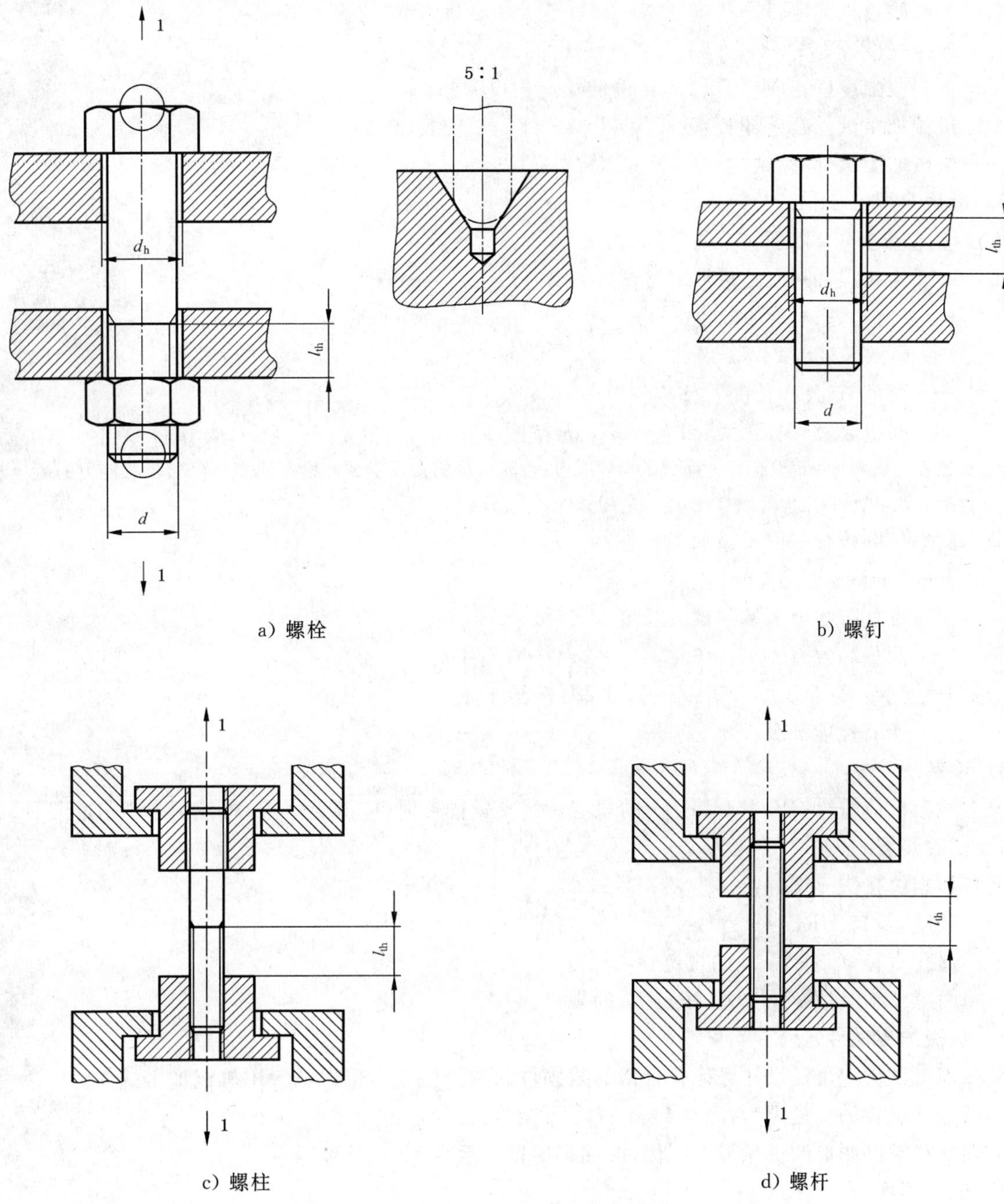

1——载荷。

示例：测头与紧固件末端中心孔应为“球-锥”接触，如局部放大图所示。其他适当的方法也可使用。

图 3 对紧固件实物施加保证载荷示例

9.4.6 试验结果 技术要求

施加载荷后紧固件的总长度(l_1)应与加载前的(l_0)相同，其公差±12.5 μm 为允许的测量误差。

某些不确定因素，如直线度、螺纹对中性和测量误差，在第一次施加保证载荷时，可能导致紧固件产生明显的伸长。在这种情况下，可使用比表 5 或表 7 规定值增大 3%的载荷，按 9.4.5 进行第二次试验。如果施加第二次载荷后的长度(l_2)与加载前的长度(l_1)相同，其公差±12.5 μm 为允许的测量误差，则应认为符合本试验要求。

9.5 机械加工试件拉力试验

9.5.1 通则

本拉力试验可以测定：

——抗拉强度(R_m)；

——下屈服强度(R_{eL})或 0.2%非比例伸长应力($R_{P0.2}$)；

——机械加工试件断后伸长率(A)；

——机械加工试件断后收缩率(Z)。

9.5.2 适用范围

本试验适用于符合以下特性的紧固件：

a) 由螺栓和螺钉制取的机械加工试件：

——5 mm$\leqslant d \leqslant$16 mm；

——螺纹长度 $b \geqslant 1d$；

——测量 A：公称长度 $l \geqslant 6d_0+2r+d$(按图 4 注)；

——测量 Z：公称长度 $l \geqslant 4d_0+2r+d$(按图 4 注)；

注：机械加工试件可由因几何尺寸降低了承载能力、头部承载能力强于试件横截面面积(S_0)承载能力的螺栓或螺钉上制取，也可以由无螺纹杆径 $d_s<d_2$ 的紧固件上制取。

b) 由螺柱和螺杆制取机械加工试件：

——5 mm$\leqslant d \leqslant$16 mm；

——螺柱拧入金属端的螺纹长度 $b_m \geqslant 1d$；

——测量 A：总长度 $l_t \geqslant 6d_0+2r+2d$(按图 4 注)；

——测定 Z：总长度 $l_t \geqslant 4d_0+2r+2d$(按图 4 注)。

——所有性能等级。

9.5.3 设备

拉力试验机应符合 GB/T 16825.1 的规定。装夹紧固件时，应避免斜拉，可使用自动定心装置。

9.5.4 试验装置

夹具和螺纹接头应符合：

——硬度：$\geqslant$45 HRC；

——通孔直径 d_h：按表 14 的规定；

——内螺纹卡具的螺纹公差：按表 13 的规定。

9.5.5 机械加工试件

机械加工试件应由经尺寸等检验合格的紧固件制取。图 4 为拉力试验用机械加工试件。

机械加工试件的直径应为：$d_0<d_{3\,min}$，并尽可能为：$d_0 \geqslant 3$ mm。

由螺柱和螺杆制取的机械加工试件，两端都应留下至少 $1d$ 的螺纹长度。

9.5.6 试验程序

应按 GB/T 228 的规定进行拉力试验。对 0.2%非比例伸长应力($R_{P0.2}$)试验时，夹头的移动速度，不应超过 10 mm/min，而对其他项目不应超过 25 mm/min。

拉力试验应持续进行，直至断裂。

9.5.7 试验结果

9.5.7.1 方法

应按 GB/T 228 的规定测定下列性能：

a) 抗拉强度(R_m)，$R_m=F_m/S_0$；

b) 0.2%非比例伸长应力($R_{P0.2}$)；

c) 机械加工试件断后伸长率，提供的 L_0 至少为 $5d_0$：

$A=(L_u-L_0)/L_0\times100\%$

d) 机械加工试件断后断面收缩率，提供的 L_0 至少为 $3d_0$：

$Z=(S_0-S_u)/S_0\times100\%$

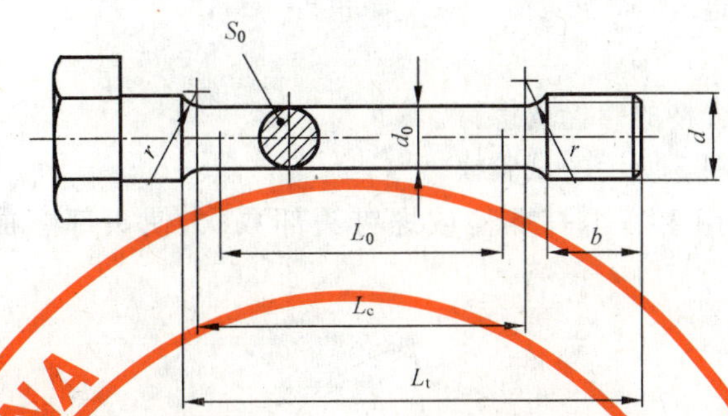

d——螺纹公称直径；

d_0——机械加工试件的直径（$d_0<d_{3\ min}$但尽可能：$d_0\geqslant3$ mm）；

b——螺纹长度（$b\geqslant d$）；

L_0——机械加工试件的初始测量长度：

对测定断后伸长率：$L_0=5d_0$ 或（$5.65\sqrt{S_0}$）；

对测定断面收缩率：$L_0\geqslant3d_0$；

L_c——机械加工试件直线段的长度（L_0+d_0）；

L_t——机械加工试件的总长度（L_c+2r+b）；

L_u——机械加工试件的最终测量长度（见 GB/T 228）；

S_0——拉力试验前机械加工试件的横截面积；

S_u——机械加工试件的断后横截面积；

r——圆角半径（$r\geqslant4$ mm）。

图 4 拉力试验的机械加工试件

9.5.7.2 技术要求

以下性能应符合表 3 的规定：

——最小抗拉强度（R_m）；

——0.2%非比例伸长应力（$R_{P0.2}$）；

——机械加工试件断后伸长率（A）或机械加工试件断后断面收缩率（Z）；

——如果预期的，或者由于长度 l 或紧固件成品的 l_t 太短，而不能测定机械加工试件断后伸长率（A）时，则可测定机械加工试件断后断面收缩率（Z）。

9.6 头部坚固性试验

9.6.1 通则

本试验适用于测定头部与无螺纹杆部或螺纹部分交接处的牢固性。即在有一定角度的试验模上，打击紧固件头部。

注：通常，本试验用于因紧固件太短，而不能实施楔负载试验的场合。

9.6.2 适用范围

本试验适用于符合以下特性的螺栓和螺钉：

——头部强于螺杆；

——公称长度 $l\geqslant1.5d$；

——$d\leqslant10$ mm；

——所有性能等级。

9.6.3 试验装置

图 5 所示的专用试验模应符合：

——硬度：≥45 HRC；

——通孔直径 d_h 和圆角半径 r_1：按表 14 的规定；

——厚度：≥$2d$；

——角度：按表 16 的规定。

9.6.4 试验程序

试件应为经尺寸等检验合格的螺栓或螺钉。

头部坚固性试验应使用图 5 所示的试验模。

试验模应牢固地固定。用手锤击打螺栓或螺钉头部数次，使头部弯曲 90°－β。β 值按表 16 的规定。

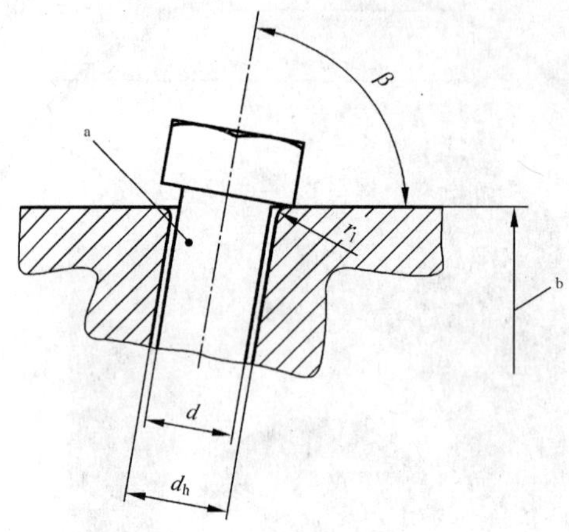

a l≥1.5d。

b 试验模厚度≥$2d$。

图 5 头部坚固性试验用试验模

表 16 头部坚固性试验用试验模 **β** 角

性能等级	8.8F、9.8F
β	80°

应放大 8～10 倍进行检查。

9.6.5 试验结果 技术要求

在头部与无螺纹杆部或螺纹部分交接处，不应发现裂缝。

全螺纹的螺钉，即使在第一扣螺纹上出现裂缝，只要头部未断掉，仍应视为符合本试验要求。

9.7 硬度试验

9.7.1 通则

硬度试验可以测定：

——对不能实施拉力试验的所有紧固件：测定紧固件的硬度；

——对能实施拉力试验的紧固件(见 9.1、9.2、9.4 和 9.6)：测定紧固件的最高硬度；

注：硬度与抗拉强度可能没有直接的换算关系。最大硬度值的规定，除考虑理论的最大抗拉强度外，还有其他因素(如，避免脆断)。

硬度的仲裁试验应在距末端一个螺纹直径的截面上、1/2 半径处进行测定。

验收时如有争议，应以维氏硬度为仲裁试验。

9.7.2 适用范围

本试验适用于符合以下特性的紧固件：

——所有规格；

——所有性能等级。

9.7.3 试验方法

可以采用维氏、布氏或洛氏硬度试验测定硬度。

a) 维氏硬度试验

维氏硬度试验应按 GB/T 4340.1 的规定。

b) 布氏硬度试验

布氏硬度试验应按 GB/T 231.1 的规定。

c) 洛氏硬度试验

洛氏硬度试验应按 GB/T 230.1 的规定。

9.7.4 试验程序

9.7.4.1 试件应为经尺寸等检验合格的紧固件。

9.7.4.2 在螺纹横截面测定硬度

在距螺纹末端 $1d$ 处取一横截面，并对表面进行适当处理。

在 1/2 半径与轴心线间的区域内读取硬度值。

9.7.4.3 在表面测定硬度

常规检查应去除试件的镀层或涂层，并经适当处理后，在头部平面、末端或无螺纹杆部测定硬度。

9.7.4.4 硬度测定的试验载荷

维氏硬度试验的试验载荷 $F \geqslant 98$ N。

布氏硬度试验的试验载荷 $F=30D^2$，以 N 计。

9.7.5 技术要求

对不能实施拉力试验的紧固件和带短螺纹的螺栓和螺钉，其硬度应在表 3 规定的范围内。

对能实施拉力试验的紧固件，以及机械加工试件，其硬度不应超过表 3 规定的最大值。

9.8 扭矩试验

9.8.1 通则

扭矩试验可以测定破坏扭矩 MB，适用于不能进行拉力试验的螺栓和螺钉。

9.8.2 适用范围

本试验适用于符合以下特性的紧固件：

——头部强于螺纹部分的螺栓和螺钉；

——无螺纹杆部直径 $d_s \geqslant d_2$ 或 $d_s \approx d_2$；

——螺纹长度 $b \geqslant 1d+2P$；

——$5\ \text{mm} \leqslant d \leqslant 10\ \text{mm}$；

——所有性能等级。

9.8.3 试验装置

扭矩试验的装置见 GB/T 3098.13。

9.8.4 试验程序

试件应为经尺寸等检验合格的螺栓或螺钉。

按 GB/T 3098.13 规定将螺栓或螺钉装入试验夹具内，应至少留出 $1d$ 螺纹长度。从头部到螺纹收尾，或无螺纹杆部到螺纹收尾的自由螺纹长度(l_{th})至少有 $2P$。连续施加扭矩。

9.8.5 试验结果

9.8.5.1 方法

见 GB/T 3098.13。

9.8.5.2 技术要求

见 GB/T 3098.13。

如有争议，应以下列试验为准：

——对不能进行拉力试验的螺栓和螺钉:按 9.7 规定的硬度试验为仲裁试验;

——对能进行拉力试验的螺栓和螺钉:拉力试验为仲裁试验。

9.9 机械加工试件冲击试验

9.9.1 通则

冲击试验用于检验在规定的低温条件下,紧固件材料的韧性。

9.9.2 适用范围

本试验适用于符合以下特性的紧固件:

——由螺栓、螺钉、螺柱和螺杆制取的机械加工试件;

——d=16 mm;

——螺栓和螺钉的总长(包括头部)≥55 mm;

——螺柱和螺杆的总长 l_t≥55 mm;

——所有性能等级。

9.9.3 试验设备和装置

试验设备和装置见 GB/T 229 的规定。

9.9.4 机械加工试件

应从经尺寸等检验合格的紧固件成品上制取试件。

机械加工试件应符合 GB/T 229(夏比 V 型缺口试样)的规定。该试件应沿螺杆纵向,尽量靠近紧固件表面,并尽可能远离螺纹部分。试件无刻槽的一边应靠近紧固件的表面。

9.9.5 试验程序

机械加工试件应置于温度稳定的保持在−20 ℃的条件下,按 GB/T 229 的规定进行冲击试验。

9.9.6 技术要求

试件在温度−20 ℃下的冲击能量吸收应符合表 3 的规定。

注:其他试验温度与冲击能量吸收值,可在有关产品标准中规定或由供需双方协议。

9.10 表面缺陷检验

紧固件表面缺陷应控制在能够接收的范围内。对性能等级 8.8F～10.9F 级的紧固件应按 GB/T 5779.1 的规定进行检验。经供需双方协议也可按 GB/T 5779.3 的规定进行检验。

当进行 MP1 试验系列时,表面缺陷的检验应在机械加工前实施。

10 标志

10.1 通则

全面符合 GB/T 3098 本部分规定的特性,紧固件才能按第 5 章规定的标记制度进行标记,并按 10.3 或 10.4 进行标志。

除非在产品标准中另有规定,否则在头部顶面凸起的标志高度,不应计入头部高度尺寸。

10.2 制造者的识别标志

标志性能等级的紧固件,在制造过程中,还应标志制造者的识别标志。不标志性能等级的紧固件,也推荐标志制造者的识别标志。

销售紧固件的经销者标志自己的识别标志,应视为制造者的识别标志。

10.3 全承载能力紧固件的标志

10.3.1 通则

按本部分规定的技术要求生产的全承载能力的紧固件,应按 10.3.2～10.3.4 中的规定进行标志。

在 10.3.2～10.3.4 中规定允许任意选择的标志,应由制造者确定。

10.3.2 性能等级的标志代号

性能等级的标志代号,应按表 17 的规定。

表 17 全承载能力紧固件的标志代号

性能等级	8.8F	9.8F	10.9F
标志代号[a]	8.8F	9.8F	10.9F
[a] 标志代号中的“.”可以省略。			

10.3.3 识别

10.3.3.1 六角和六角花形头螺栓和螺钉

六角和六角花形头螺栓和螺钉(包括法兰面紧固件)应标志制造者的识别标志和表 17 规定的性能等级的标志代号。

对所有性能等级和所有规格的紧固件均要求标志。

标志最好在头部顶面用凹字或凸字,或在头部侧面用凹字标志(见图 6)。对法兰面螺栓或螺钉,当制造工艺不允许在头部顶面标志时,可在法兰上标志。

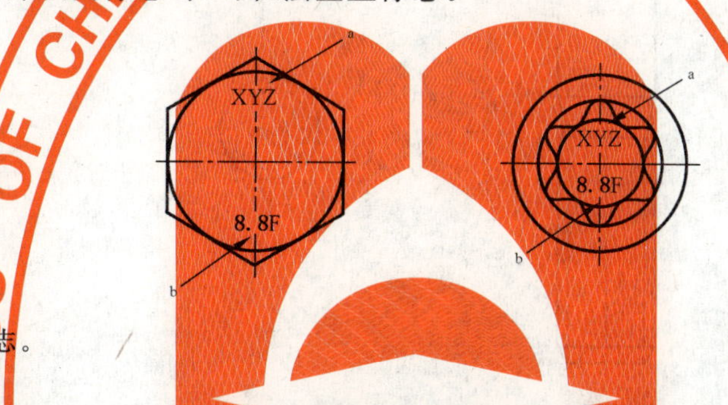

a 制造者的识别标志。

b 性能等级。

图 6 六角和六角花形头螺栓和螺钉标志示例

10.3.3.2 内六角和内六角花形圆柱头螺钉

内六角和内六角花形圆柱头螺钉应标志制造者的识别标志和表 17 规定的性能等级的标志代号。

对所有性能等级和所有规格的紧固件均要求标志。

标志最好在头部侧面用凹字或在头部顶面用凹字或凸字标志(见图 7)。

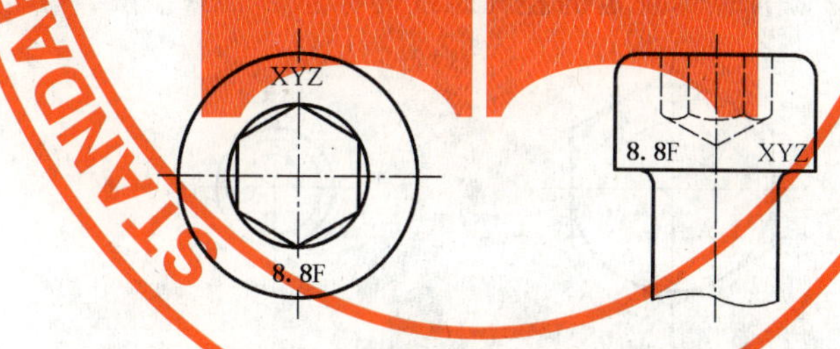

图 7 内六角圆柱头螺钉标志示例

10.3.3.3 圆头方颈螺栓

圆头方颈螺栓应标志制造者的识别标志和表 17 中规定的性能等级的标志代号。

对所有性能等级和所有规格的紧固件均要求标志。

在头部用凹字或凸字标志(见图 8)。

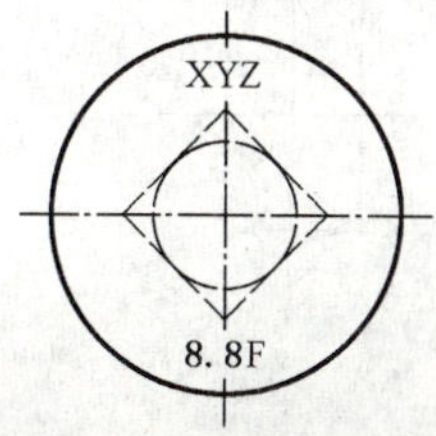

图 8 圆头方颈螺栓标志示例

10.3.3.4 螺柱

螺柱应标志制造者的识别标志和表 17(或符号)规定的性能等级的标志代号。

对所有性能等级和所有规格的螺柱均要求标志。

在螺柱无螺纹杆部进行标志,如不可能时,应在螺柱的拧入螺母端标志性能等级,并可省略标志制造者的识别标志(见图 9)。

对过盈配合的螺柱应在拧入螺母端标志性能等级,并可省略标志制造者的识别标志。

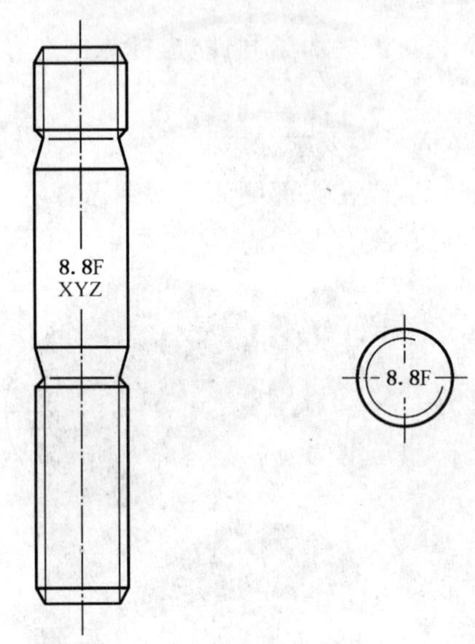

图 9 螺柱标志示例

10.3.4 左旋螺纹的螺栓和螺钉的标志

对所有规格的螺栓和螺钉均要求标志左旋螺纹,并按图 10 规定的符号,在头部顶面或末端进行标志。

对六角头螺栓和螺钉亦可选用图 11 规定的左旋螺纹的标志。

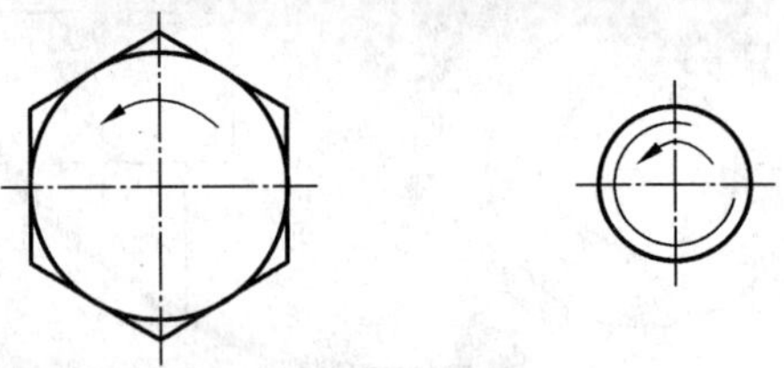

图 10 左旋螺纹的螺栓和螺钉的标志

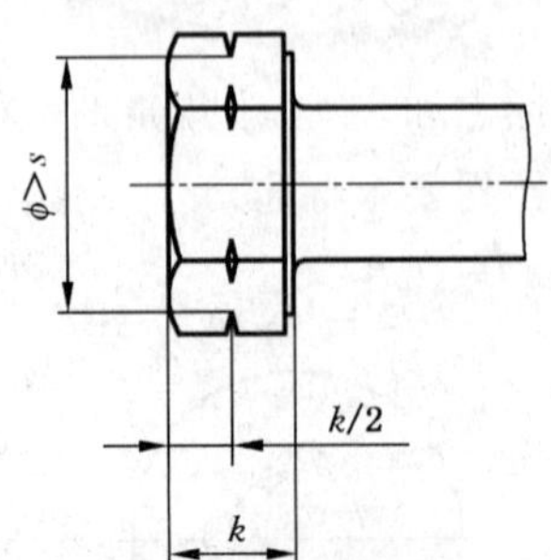

s——对边宽度;

k——头部高度。

图 11 可选用的左旋螺纹的螺栓和螺钉的标志

10.4 降低承载能力紧固件的标志

10.4.1 通则

按本技术要求生产的降低承载能力的紧固件，应按表18的规定在性能等级标志代号之前增加数字“0”标志，其余则按10.3.3和10.3.4中的规定进行标志。

按产品标准规定为降低承载能力的紧固件，即使某些规格能够达到全承载能力的特性，表18规定的标志代号亦应适用于该产品的所有规格。降低的最小拉力载荷值应在产品标准中给出。

10.4.2 降低承载能力的紧固件的标志代号

降低承载能力的紧固件的标志代号应按表18的规定。

表18 降低承载能力的紧固件的标志代号

性能等级	8.8F	9.8F	10.9F
标志代号[a]	08.8F	09.8F	010.9F

[a] 标志代号中的“.”可以省略。

10.5 包装标志

对所有规格的各类紧固件的所有包装上，均应有标志(或拴标签)。标志应包括制造者的和/或经销者的识别标志和按表17或表18规定的性能等级标志。

附 录 A
(规范性附录)
细晶非调质钢热轧盘条技术条件

A.1 范围

本技术条件规定了细晶非调质钢热轧盘条的尺寸、外形、重量及允许偏差、技术要求、试验方法、检验规则、包装、标志和质量证明书等。

A.2 订货内容

按本技术条件订货,在订货合同上应包含下列技术内容:

a) 产品名称;
b) 牌号;
c) 标准编号;
d) 规格;
e) 重量和/或数量;
f) 应由供需双方协商,并在合同中注明的项目或指标(如未注明时则由供方选择);
g) 需方提出的其他特殊要求。

A.3 尺寸、外形、重量及允许偏差

热轧盘条的尺寸、外形、重量、允许偏差及不圆度应符合 GB/T 14981 的规定。
若需方有要求,盘条的允许偏差及不圆度可经双方协商。

A.4 技术条件

A.4.1 材料牌号和化学成分

A.4.1.1 材料牌号和化学成分(熔炼分析)应符合表 A.1 的规定。

表 A.1 材料牌号和熔炼化学成分(质量分数) %

材料牌号	C	Si	Mn	P	S	V	Nb	其他元素
MFT8	0.16～0.26	≤0.30	1.20～1.60	≤0.025	≤0.015	或添加	添加	或添加
MFT9	0.18～0.26	≤0.30	1.25～1.60	≤0.025	≤0.015	或添加	添加	或添加
MFT10	0.10～0.28	≤0.60	1.30～2.20	≤0.025	≤0.015	或添加	或添加	或添加

A.4.1.2 在钢坯或盘条上取样进行化学分析时,其允许偏差应符合 GB/T 222 的规定。

A.4.2 冶炼方法

盘条用钢以氧气转炉或电炉冶炼+炉外精炼。

A.4.3 交货状态

盘条以热轧状态交货。

A.4.4 晶粒度

钢材的铁素体晶粒度按 GB/T 6394 评级,不应粗于 11 级。

A.4.5 力学性能

力学性能应符合表 A.2 规定。

表 A.2 力学性能

材料牌号	R_m/MPa	A/%	Z/%
MFT8	≥620	≥20	≥52
MFT9	≥680	≥18	≥48
MFT10	≥800	≥16	≥48

A.4.6 冷顶锻

A.4.6.1 细晶非调质钢热轧盘条每个批号应进行1/2冷顶锻试验，试样按下列要求进行冷顶锻。

$$X = h_1/h = 1/2$$

式中：

h——冷顶锻前试样高度(两倍盘条直径)；

h_1——冷顶锻后试样高度。

A.4.6.2 顶锻试验后检查试样侧面，根据是否有肉眼可分辨的裂口进行判断，若未出现裂口，或即使出现裂口，而裂口内表面无肉眼可见原始裂纹则判为合格，若裂口内表面出现肉眼可见原始裂纹则判为不合格。

A.4.6.3 根据需方要求，经供需双方协议，并在合同中注明，冷顶锻可按 $X=h_1/h=1/3$、1/4 检验，顶锻后试样应符合 A.4.6.2 的要求。

A.4.7 脱碳层

细晶非调质钢热轧盘条应进行脱碳层检验，执行 GB/T 6478 的有关规定。

A.4.8 非金属夹杂物

根据需方要求，经供需双方协议，并在合同中注明，钢材可进行非金属夹杂物检验，合格级别由供需双方协商确定。

A.4.9 表面质量

钢材表面不得有裂纹、结疤、折叠及夹杂，如有上述缺陷必须清除。允许有从实际尺寸算起不超过尺寸公差之半的个别细小划痕、压痕、麻点及不影响使用的小发纹存在。

A.5 试验方法

钢材的检验项目、取样方法和试验方法应符合表 A.3 的规定。

表 A.3

检验项目	取样数量	取 样 方 法	试验方法
化学成分(熔炼)	1个/炉	GB/T 20066	GB/T 223 GB/T 4336
拉伸	3个/批	GB/T 2975	GB/T 228
冷顶锻	每3盘取1个试样，每批少于10盘时，逐盘取样	切尽盘条头部和尾部有缺陷的部分及不冷锻部分后，任意盘的任意一端上切取1个试样，每盘只需切取1个试样，取样顺序：按轧制顺序，每3盘的第1盘作为取样盘(含最后不足3盘的第1盘)	YB/T 5293
非金属夹杂物	2个/批	不同根盘条	GB/T 10561
晶粒度	1个/批	任一根盘条	GB/T 6394
脱碳层	2个/批	不同根盘条	GB/T 224
表面质量	逐盘	—	目测
尺寸	逐盘	—	千分尺 游标卡尺

A.6 检验规则

A.6.1 检查与验收

盘条的质量检查验收由供方技术质量监督部门进行。

A.6.2 盘条应成批检验和验收,每批由同一炉号、同一牌号、同一尺寸组成。

A.6.3 复验与判定规则

冷顶锻检验项目,盘条的复验与判定规则:按 A.4.6 要求进行的冷顶锻试验合格,则该批号钢材合格。若有 1 个试样冷顶锻不合格,则在该卷盘条相邻盘卷上抽取双倍试样进行复验,若复验合格则该批号钢材合格,若复验不合格,则应逐盘取 1 个试样,进行冷顶锻试验,试验合格的盘卷可判定为合格。

其他检验项目,盘条的复验与判定规则应符合 GB/T 6478 的有关规定。

A.7 包装、标志和质量证明书

包装、标志和质量证明书按 GB/T 2101 的规定执行。

附 录 B
（资料性附录）
细晶非调质钢热轧盘条加工紧固件工艺料使用准则

B.1 本准则提供一种用非调质冷镦钢线材加工高强度紧固件的工艺方法。

B.2 工艺方案是：选用 MFT8、MFT9、MFT10 非调质冷镦钢线材，先进行酸洗、磷化、挂灰；再按 18%～35%线材减面率拉拔（其中最佳范围为：25%～30%，冷镦螺栓时变形抗力最小，模具损耗小）；然后冷镦紧固件、搓丝成型；最后进行稳定化处理、表面处理，即可获得满足标准规定的 8.8F、9.8F、10.9F 级紧固件产品。

B.3 稳定化处理工艺：为提高保证载荷性能，应对冷加工成形后的螺栓、螺钉和螺柱进行稳定化处理，并可与表面处理一并进行。稳定化处理可以在温度为 200 ℃～510 ℃、时间为 0.5 h～2.0 h 的范围内进行处理。推荐的稳定化处理工艺为：400 ℃×0.5 h。

ICS 17.040.01
J 04

中华人民共和国国家标准

GB/T 3177—2009
代替 GB/T 3177—1997

产品几何技术规范(GPS) 光滑工件尺寸的检验

Geometrical Product Specifications (GPS)—Inspection of plain workpiece sizes

2009-03-16 发布　　2009-11-01 实施

中华人民共和国国家质量监督检验检疫总局
中国国家标准化管理委员会　发布

前　言

本标准自1997年发布以来，得到了广泛的应用。本次修订主要是根据现行产品几何技术规范(GPS)标准体系及考虑与相关标准的协调进行修改。

本标准代替GB/T 3177—1997《光滑工件尺寸的检验》，主要修改如下：

——标准名称增加产品几何技术规范(GPS)的主标题；

——第1章"范围"中，"本标准适用于用普通计量器具如游标卡尺、千分尺及车间使用的比较仪等"改为"本标准适用于使用通用计量器具，如游标卡尺、千分尺及车间使用的比较仪、投影仪等量具量仪"；

——增加了"第3章　术语和定义"；

——"基本尺寸"改为"公称尺寸"；

——"最大实体极限"和"最小实体极限"改为"最大实体尺寸"和"最小实体尺寸"；

——第7章(原第6章)"仲裁"增加了"一般情况下按GB/T 18779.1进行合格或不合格判定"的内容；

——标准中测量不确定度的评定推荐采用GB/T 18779.2规定的方法；

——增加了"附录C　在GPS矩阵模式中的位置"。

本标准的附录A、附录B和附录C均为资料性附录。

本标准由全国产品尺寸和几何技术规范标准化技术委员会提出并归口。

本标准起草单位：机械科学研究院中机生产力促进中心、深圳市计量质量检测研究院、海克斯康测量技术(青岛)有限公司、上海大学、北京市计量检测科学研究院。

本标准主要起草人：李晓沛、于冀平、王晋、陈作民、颉赤鹰、李明、吴迅。

本标准所代替标准的历次版本发布情况为：

——GB 3177—1982、GB/T 3177—1997。

产品几何技术规范(GPS)
光滑工件尺寸的检验

1 范围

本标准规定了光滑工件尺寸检验的验收原则、验收极限、计量器具的测量不确定度允许值和计量器具选用原则。

本标准适用于使用通用计量器具,如游标卡尺、千分尺及车间使用的比较仪、投影仪等量具量仪,对图样上注出的公差等级为6级～18级(IT6～IT18)、公称尺寸至500 mm的光滑工件尺寸的检验。

本标准也适用于对一般公差尺寸的检验。

2 规范性引用文件

下列文件中的条款通过本标准的引用而成为本标准的条款。凡是注日期的引用文件,其随后所有的修改单(不包括勘误的内容)或修订版均不适用于本标准,然而,鼓励根据本标准达成协议的各方研究是否可使用这些文件的最新版本。凡是不注日期的引用文件,其最新版本适用于本标准。

GB/T 1800.1—2009 产品几何技术规范(GPS) 极限与配合 公差、偏差和配合的基础(ISO 286-1:1988,MOD)

GB/T 4249—2009 产品几何技术规范(GPS) 公差原则(ISO 8015:1985,MOD)

GB/T 18779.1—2002 产品几何量技术规范(GPS) 工件与测量设备的测量检验 第1部分:按规范检验合格或不合格的判定规则(eqv ISO 14253-1:1998)

GB/T 18779.2—2004 产品几何量技术规范(GPS) 工件与测量设备的测量检验 第2部分:测量设备校准和产品检验中GPS测量的不确定度评定指南(ISO/TS 14253-2:1999,IDT)

GB/T 18780.1—2002 产品几何量技术规范(GPS) 几何要素 第1部分 基本术语和定义(ISO 14660-1:1999,IDT)

GB/T 19765—2005 产品几何技术规范(GPS) 产品几何技术规范和检验的标准参考温度(ISO 1:2002,IDT)

GB/Z 20308—2006 产品几何技术规范(GPS) 总体规划(ISO/TR 14638:1995,MOD)

3 术语和定义

GB/T 1800.1、GB/T 4249、GB/T 18779.1和GB/T 18780.1确立的术语和定义适用于本标准。

4 总则

4.1 验收原则

所用验收方法应只接收位于规定的尺寸极限之内的工件。

4.2 验收方法的基础

由于计量器具和计量系统都存在内在误差,故任何测量都不能测出真值。另外,多数通用计量器具通常只用于测量尺寸,不测量工件上可能存在的形状误差。因此,对遵循包容要求的尺寸要素,工件的完善检验还应测量形状误差(如圆度、直线度等),并把这些形状误差的测量结果与尺寸的测量结果综合起来,以判定工件表面各部位是否超出最大实体边界。

在车间实际情况下,工件的形状误差通常取决于加工设备及工艺装备的精度。工件合格与否,只按一次测量来判断。对于温度、压陷效应等,以及计量器具和标准器的系统误差均不进行修正。因此,任何检验都存在误判,由测量误差引起的误判概率的计算参见附录A,工件形状误差引起的误收率参见附录B。为保证验收质量,本标准规定了验收极限、计量器具的测量不确定度允许值和计量器具选用原则。

4.3 标准温度

测量的标准温度为20 ℃,见GB/T 19765。

如果工件与计量器具的线膨胀系数相同,测量时只要计量器具与工件保持相同的温度,可以偏离20 ℃。

5 验收极限

验收极限是判断所检验工件尺寸合格与否的尺寸界限。

本标准规定按验收极限验收工件。

5.1 验收极限方式的确定

验收极限可以按照下列两种方式之一确定。

a) 验收极限是从规定的最大实体尺寸(MMS)和最小实体尺寸(LMS)分别向工件公差带内移动一个安全裕度(A)来确定,如图1所示。A值按工件公差(T)的1/10确定,其数值在表1中给出。

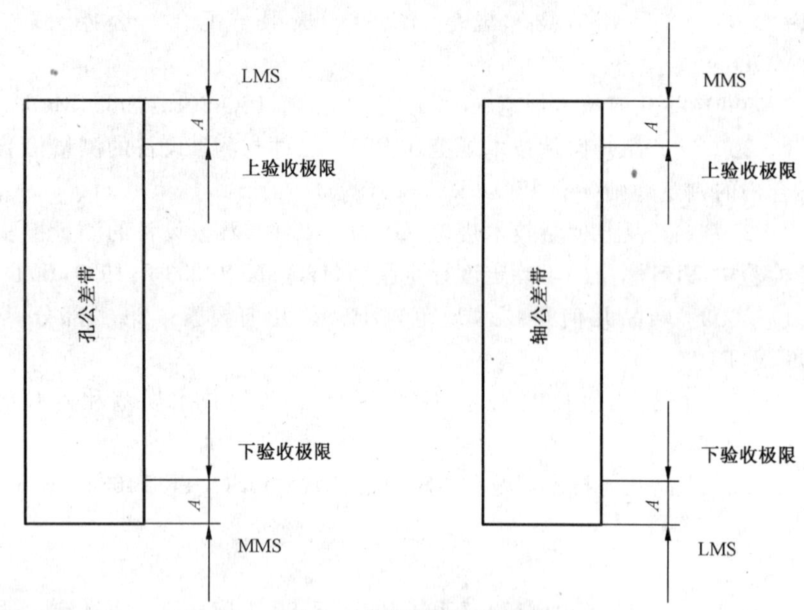

图1 验收极限示意图

孔尺寸的验收极限:

上验收极限 = 最小实体尺寸(LMS) − 安全裕度(A)

下验收极限 = 最大实体尺寸(MMS) + 安全裕度(A)

轴尺寸的验收极限:

上验收极限 = 最大实体尺寸(MMS) − 安全裕度(A)

下验收极限 = 最小实体尺寸(LMS) + 安全裕度(A)

b) 验收极限等于规定的最大实体尺寸(MMS)和最小实体尺寸(LMS),即A值等于零。

5.2 验收极限方式的选择

验收极限方式的选择要结合尺寸功能要求及其重要程度、尺寸公差等级、测量不确定度和过程能力等因素综合考虑。

a) 对遵循包容要求的尺寸、公差等级高的尺寸，其验收极限按5.1a)确定。

b) 当过程能力指数 $C_p \geqslant 1$ 时，其验收极限可以按5.1b)确定；但对遵循包容要求的尺寸，其最大实体尺寸一边的验收极限仍应按5.1a)确定。

c) 对偏态分布的尺寸，其验收极限可以仅对尺寸偏向的一边按5.1a)确定。

d) 对非配合和一般公差的尺寸，其验收极限按5.1b)确定。

6 计量器具的选择

6.1 计量器具选用原则

按照计量器具所导致的测量不确定度(简称计量器具的测量不确定度)的允许值(u_1)选择计量器具。选择时，应使所选用的计量器具的测量不确定度数值等于或小于选定的 u_1 值。

计量器具的测量不确定度允许值(u_1)按测量不确定度(u)与工件公差的比值分档；对IT6～IT11的分为Ⅰ、Ⅱ、Ⅲ三档；对IT12～IT18的分为Ⅰ、Ⅱ两档。测量不确定度(u)的Ⅰ、Ⅱ、Ⅲ三档值分别为工件件公差的1/10、1/6、1/4。计量器具的测量不确定度允许值(u_1)约为测量不确定度(u)的0.9倍，其三档数值列于表1中。

标准中测量不确定度的评定推荐采用GB/T 18779.2规定的方法，未作特别说明时，置信概率为95%。

6.2 计量器具的测量不确定度允许值(u_1)的选定

选用表1中计量器具的测量不确定度允许值(u_1)，一般情况下，优先选用Ⅰ档，其次选用Ⅱ档、Ⅲ档。

7 仲裁

对验收结果的争议，可以采用更精确的计量器具或按事先双方商定的方法解决。一般情况下按GB/T 18779.1进行合格或不合格判定。

表 1 安全裕度(A)与计量器具的测量不确定度允许值(u_1)

单位为微米

公差等级		6					7					8					9					10					11				
公称尺寸/mm		T	A	u_1			T	A	u_1			T	A	u_1			T	A	u_1			T	A	u_1			T	A	u_1		
大于	至			Ⅰ	Ⅱ	Ⅲ			Ⅰ	Ⅱ	Ⅲ			Ⅰ	Ⅱ	Ⅲ			Ⅰ	Ⅱ	Ⅲ			Ⅰ	Ⅱ	Ⅲ			Ⅰ	Ⅱ	Ⅲ
—	3	6	0.6	0.5	0.9	1.4	10	1.0	0.9	1.5	2.3	14	1.4	1.3	2.1	3.2	25	2.5	2.3	3.8	5.6	40	4.0	3.6	6.0	9.0	60	6.0	5.4	9.0	14
3	6	8	0.8	0.7	1.2	1.8	12	1.2	1.1	1.8	2.7	18	1.8	1.6	2.7	4.1	30	3.0	2.7	4.5	6.8	48	4.8	4.3	7.2	11	75	7.5	6.8	11	17
6	10	9	0.9	0.8	1.4	2.0	15	1.5	1.4	2.3	3.4	22	2.2	2.0	3.3	5.0	36	3.6	3.3	5.4	8.1	58	5.8	5.2	8.7	13	90	9.0	8.1	14	20
10	18	11	1.1	1.0	1.7	2.5	18	1.8	1.7	2.7	4.1	27	2.7	2.4	4.1	6.1	43	4.3	3.9	6.5	9.7	70	7.0	6.3	11	16	110	11	10	17	25
18	30	13	1.3	1.2	2.0	2.9	21	2.1	1.9	3.2	4.7	33	3.3	3.0	5.0	7.4	52	5.2	4.7	7.8	12	84	8.4	7.6	13	19	130	13	12	20	29
30	50	16	1.6	1.4	2.4	3.6	25	2.5	2.3	3.8	5.6	39	3.9	3.5	5.9	8.8	62	6.2	5.6	9.3	14	100	10	9.0	15	23	160	16	14	24	36
50	80	19	1.9	1.7	2.9	4.3	30	3.0	2.7	4.5	5.8	46	4.6	4.1	6.9	10	74	7.4	6.7	11	17	120	12	11	18	27	190	19	17	29	43
80	120	22	2.2	2.0	3.3	5.0	35	3.5	3.2	5.3	7.9	54	5.4	4.9	8.1	12	87	8.7	7.8	13	20	140	14	13	21	32	220	22	20	33	50
120	180	25	2.5	2.3	3.8	5.6	40	4.0	3.6	6.0	9.0	63	6.3	5.7	9.5	14	100	10	9.0	15	23	160	16	15	24	36	250	25	23	38	56
180	250	29	2.9	2.6	4.4	6.5	46	4.6	4.1	6.9	10	72	7.2	6.5	11	16	115	12	10	17	26	185	19	17	28	42	290	29	26	44	65
250	315	32	3.2	2.9	4.8	7.2	52	5.2	4.7	7.8	12	81	8.1	7.3	12	18	130	13	12	19	29	210	21	19	32	47	320	32	29	48	72
315	400	36	3.6	3.2	5.4	8.1	57	5.7	5.1	8.4	13	89	8.9	8.0	13	20	140	14	13	21	32	230	23	21	35	52	360	36	32	54	81
400	500	40	4.0	3.6	6.0	9.0	63	6.3	5.7	9.5	14	97	9.7	8.7	15	22	155	16	14	23	35	250	25	23	38	56	400	40	36	60	90

公差等级		12				13				14				15				16				17				18			
公称尺寸/mm		T	A	u_1		T	A	u_1		T	A	u_1		T	A	u_1		T	A	u_1		T	A	u_1		T	A	u_1	
大于	至			Ⅰ	Ⅱ			Ⅰ	Ⅱ			Ⅰ	Ⅱ			Ⅰ	Ⅱ			Ⅰ	Ⅱ			Ⅰ	Ⅱ			Ⅰ	Ⅱ
—	3	100	10	9.0	15	140	14	13	21	250	25	23	38	400	40	36	60	600	60	54	90	1 000	100	90	150	1 400	140	135	210
3	6	120	12	11	18	180	18	16	27	300	30	27	45	480	48	43	72	750	75	68	110	1 200	120	110	180	1 800	180	160	270
6	10	150	15	14	23	220	22	20	33	360	36	32	54	580	58	52	87	900	90	81	140	1 500	150	140	230	2 200	220	200	330
10	18	180	18	16	27	270	27	24	41	430	43	39	65	700	70	63	110	1 100	110	100	170	1 800	180	160	270	2 700	270	240	400
18	30	210	21	19	32	330	33	30	50	520	52	47	78	840	84	76	130	1 300	130	120	200	2 100	210	190	320	3 300	330	300	490
30	50	250	25	23	38	390	39	35	59	620	62	56	93	1 000	100	90	150	1 600	160	140	240	2 500	250	220	380	3 900	390	350	580
50	80	300	30	27	45	460	46	41	69	740	74	67	110	1 200	120	110	180	1 900	190	170	290	3 000	300	270	450	4 600	460	410	690
80	120	350	35	32	53	540	54	49	81	870	87	78	130	1 400	140	130	210	2 200	220	200	330	3 500	350	320	530	5400	540	480	810
120	180	400	40	36	60	630	63	57	95	1 000	100	90	150	1 600	160	150	240	2 500	250	230	380	4 000	400	360	600	6 300	630	570	940
180	250	460	46	41	69	720	72	65	110	1 150	115	100	170	1 800	180	170	280	2 900	290	260	440	4 600	460	410	690	7 200	720	650	1 080
250	315	520	52	47	78	810	81	73	120	1 300	130	120	190	2 100	210	190	320	3 200	320	290	480	5 200	520	470	780	8 100	810	730	1 210
315	400	570	57	51	86	890	89	80	130	1 400	140	130	210	2 300	230	210	350	3 600	360	320	540	5 700	570	510	850	8 900	890	800	1 330
400	500	630	63	57	95	970	97	87	150	1 500	150	140	230	2 500	250	230	380	4 000	400	360	600	6 300	630	570	950	9 700	970	870	1 450

附 录 A
（资料性附录）
误判概率与验收质量的评估

按验收原则规定，所用验收方法应只接收位于规定尺寸极限之内的工件。但是，由于计量器具和测量系统都存在误差，任何测量方法都可能发生一定的误判概率。本附录阐明由测量误差引起的误判概率的计算，并引用误判概率的大小来评估验收质量的高低。

A.1 误判概率的计算

A.1.1 基本概念

验收工件时发生的误判有两类：误收与误废。误收是指把尺寸超出规定尺寸极限的工件判为合格；误废是指把处在规定尺寸极限之内的工件判为废品。误收影响产品质量，误废造成经济损失。误收概率（以下简称误收率）或误废概率（以下简称误废率）统称误判概率。

A.1.2 计算公式

A.1.2.1 代号

见表 A.1。

表 A.1 计算公式的代号

代号	含　义	代号	含　义
m	误收率	s	测量误差分布标准差
n	误废率	T	工件公差
x	工件尺寸	A	安全裕度
y	测量误差	u	测量不确定度
$f(x)$	工件尺寸密度函数	C_p	过程能力指数
$g(y)$	测量误差密度函数	ν	测量误差比
σ	工件尺寸分布标准差	C	常数

A.1.2.2 公式

参看图 A.1。

$$m=\int_{\frac{T}{2}}^{(\frac{T}{2}+u-A)} f(x)\left[\int_{-u}^{(\frac{T}{2}-x-A)} g(y)\mathrm{d}y\right]\mathrm{d}x+\int_{-(\frac{T}{2}+u-A)}^{-\frac{T}{2}} f(x)\left[\int_{-(\frac{T}{2}+x-A)}^{u} g(y)\mathrm{d}y\right]\mathrm{d}x$$

（等号右端第 1 项 $x>\frac{T}{2}$，第 2 项 $x<-\frac{T}{2}$）

$$n=\int_{(\frac{T}{2}-u-A)}^{\frac{T}{2}} f(x)\left[\int_{(\frac{T}{2}-x-A)}^{u} g(y)\mathrm{d}y\right]\mathrm{d}x+\int_{-\frac{T}{2}}^{-(\frac{T}{2}-u-A)} f(x)\left[\int_{-u}^{-(\frac{T}{2}+x-A)} g(y)\mathrm{d}y\right]\mathrm{d}x\quad(-\frac{T}{2}<x<\frac{T}{2})$$

当 $f(x)$ 为对称型分布函数时，以上二式可以简化为：

$$m=2\int_{\frac{T}{2}}^{(\frac{T}{2}+u-A)} f(x)\left[\int_{-u}^{(\frac{T}{2}-x-A)} g(y)\mathrm{d}y\right]\mathrm{d}x\quad(x>\frac{T}{2})$$

$$n = 2\int_{(\frac{T}{2}-u-A)}^{\frac{T}{2}} f(x)\left[\int_{(\frac{T}{2}-x-A)}^{u} g(y)\mathrm{d}y\right]\mathrm{d}x \quad (-\frac{T}{2} < x < \frac{T}{2})$$

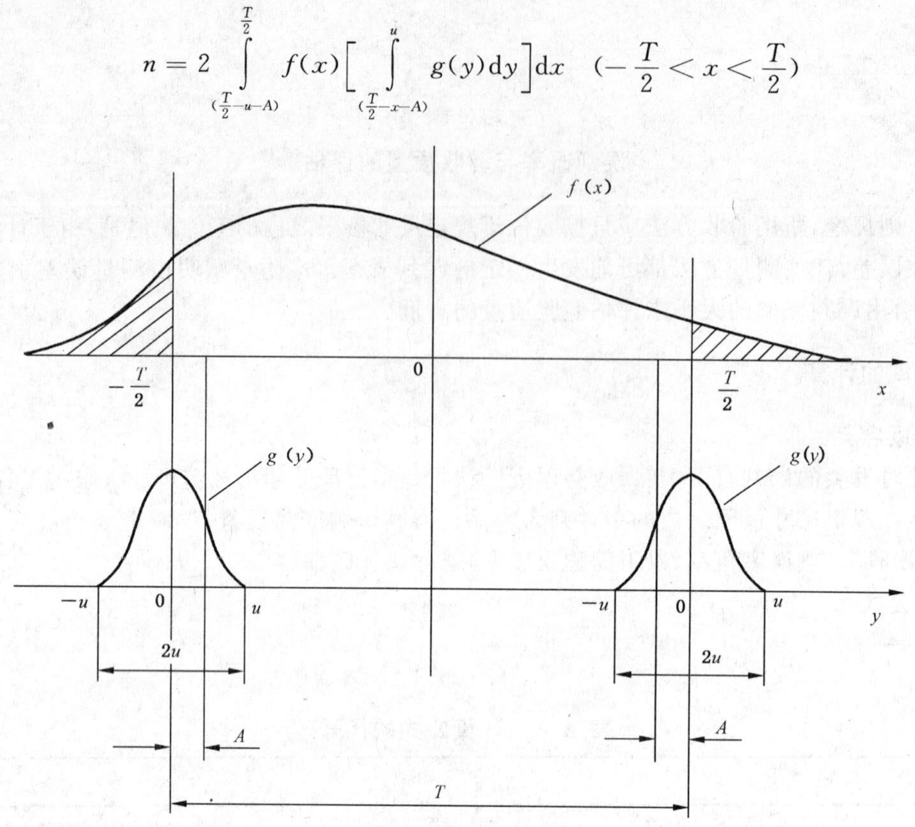

图 A.1　工件尺寸与测量误差

A.1.3　决定误判概率的条件

由计算公式可见，m 与 n 决定于 x 与 y 的分布形式及其积分界限。这里工件公差 T 以工件尺寸分布标准差 σ 为单位，测量不确定度 u 以测量误差分布标准差 s 为单位。引入过程能力指数 $C_p = T/C_\sigma$，测量误差比 $\nu=2u/T$，于是误收率 m 与误废率 n 值决定于：$f(x)$、C_p、$g(y)$、ν 及 A。其中 $f(x)$ 与 C_p 决定于过程条件，$g(y)$ 与 ν 决定于测量条件，A 决定验收极限。

A.2　按 5.1b）决定验收极限验收工件时的误判概率

A.2.1　工件尺寸遵循正态分布

验收极限按标准 5.1b）决定，即 $A=0$。工件尺寸遵循正态分布，$C_p=\frac{T}{6\sigma}$；测量误差遵循正态分布并取 $u=2\ s$。这时 m 与 n 值如图 A.2 及表 A.2。

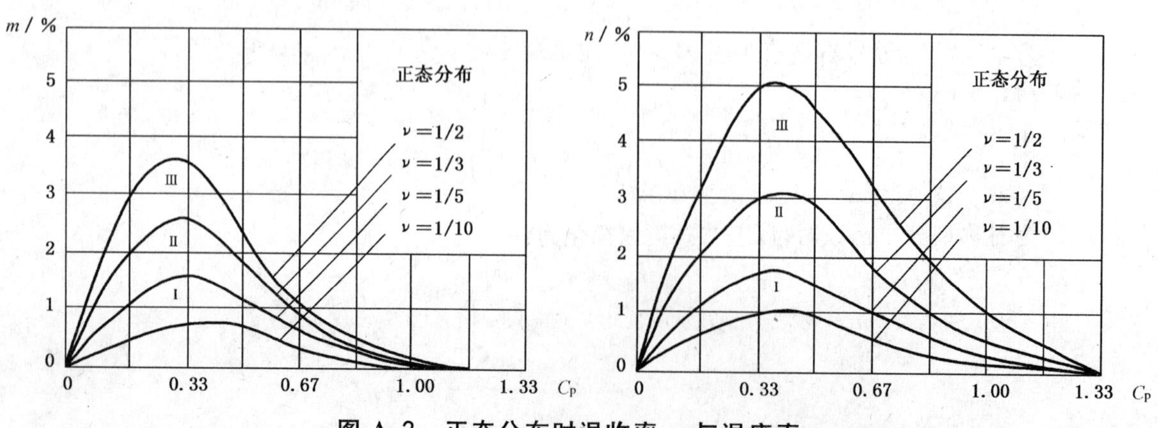

图 A.2　正态分布时误收率 m 与误废率 n

表 A.2　正态分布时误收率 *m* 与误废率 *n*

C_p		0.33	0.67	1.00	C_p		0.33	0.67	1.00
$m/\%$	Ⅰ	1.61	0.61	0.06	$n/\%$	Ⅰ	1.83	0.97	0.17
	Ⅱ	2.58	0.91	0.08		Ⅱ	3.15	1.89	0.42
	Ⅲ	3.68	1.16	0.10		Ⅲ	4.92	3.41	1.07

由图 A.2 或表 A.2 可见，工件尺寸与测量均遵循正态分布，通常 m 与 n 值都不大。例如 $C_p=0.67$，m 约为 1%，n 约为 2%；$C_p=1$，m 约为 0.08%，n 约为 0.4%。

工件尺寸遵循正态分布，而测量误差遵循均匀分布时，$u=1.73\,s$，这时 m 与 n 值均增加约 10%。

A.2.2　工件尺寸遵循偏态分布

A.2.2.1　偏态分布

在单件生产条件下，工件尺寸可能趋向偏态分布。本附录引用 β 分布描述偏态分布，其方程式为：

$$f(x)=\frac{1}{B(p,q)}x^{p-1}(1-x)^{q-1}\quad(0<x<1)。$$

令 $p=1.5$、$q=3$ 或反之 $p=3$、$q=1.5$，得偏向不同的两种偏态分布，如图 A.3。这时：

$$f(x)=6.562\,5x^{0.5}(1-x)^2\text{ 或 }f(x)=6.562\,5x^2(1-x)^{1.5}。$$

该分布数学期望 $E(x)$、标准差 σ、相对不对称系数 e、相对分布系数 K 分别为：

$$E(x)=\frac{bp+aq}{p+q}=0.33\text{ 或 }E(x)=0.67；$$

$$\sigma=\frac{(b-a)\sqrt{pq}}{(p+q)\sqrt{p+q+1}}=0.20；$$

$$e=\frac{p-q}{p+q}=\mp0.33；$$

$$K=\frac{6}{p+q}\sqrt{\frac{pq}{p+q+1}}=1.21。$$

此处，$a=0$，$b=1$。偏态分布及其参数如图 A.4。

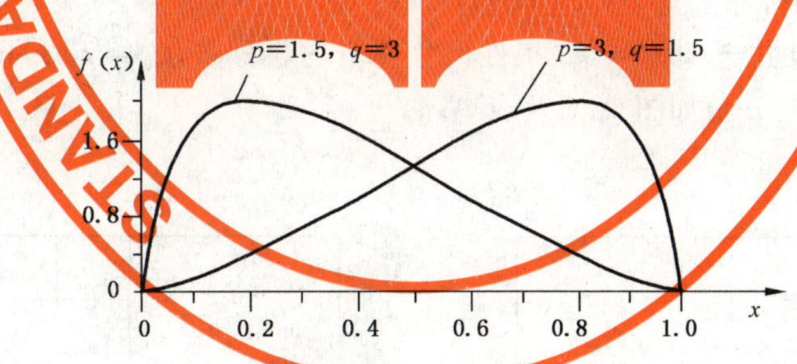

图 A.3　偏态分布

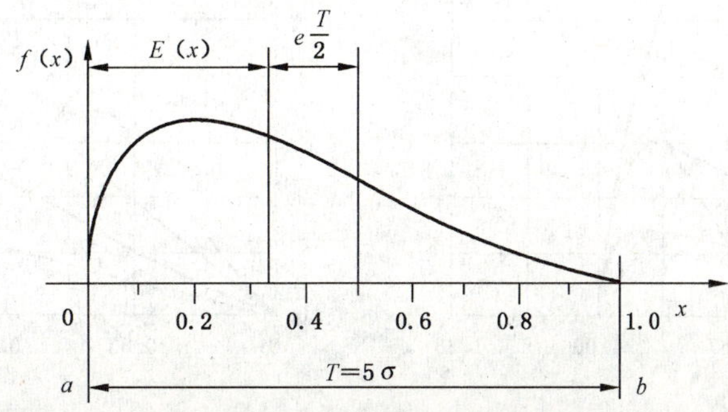

图 A.4　偏态分布及其参数

A.2.2.2 误判概率

验收极限按标准 5.1b)决定,即 $A=0$。工件尺寸遵循偏态分布,$C_P=\dfrac{T}{5\sigma}$;测量误差遵循正态分布并取 $u=2\ s$。这时 m 与 n 值如图 A.5 及表 A.3。

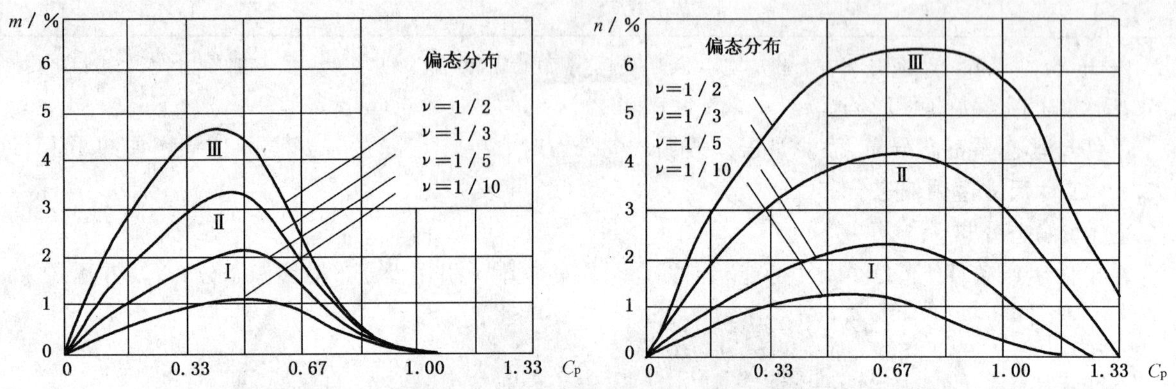

图 A.5 偏态分布时误收率 m 与误废率 n

表 A.3 偏态分布时误收率 m 与误废率 n

C_p		0.33	0.67	1.00	C_p		0.33	0.67	1.00
m/%	Ⅰ	1.77	1.65	0	n/%	Ⅰ	1.82	2.31	1.66
	Ⅱ	2.92	2.20	0		Ⅱ	3.06	4.07	3.44
	Ⅲ	4.30	2.63	0		Ⅲ	4.64	6.45	6.03

由图 A.5 或表 A.3 可见,工件尺寸遵循偏态分布时,m 与 n 值均比正态分布时增加 1 倍多。例如 $C_p=0.67$,m 约为 2%,n 约为 4%;$C_p=1$,$m=0$,n 约为 3%。

工件尺寸遵循偏态分布,而测量误差遵循均匀分布时,$u=1.73\ s$,这时 m 与 n 值均增加约 10%。

A.2.3 工件尺寸遵循均匀分布

验收极限按标准 5.1b)决定,即 $A=0$。工件尺寸遵循均匀分布,$C_p=T/3.46\sigma$;测量误差遵循正态分布并取 $u=2\ s$。这时 m 与 n 值如图 A.6 及表 A.4。

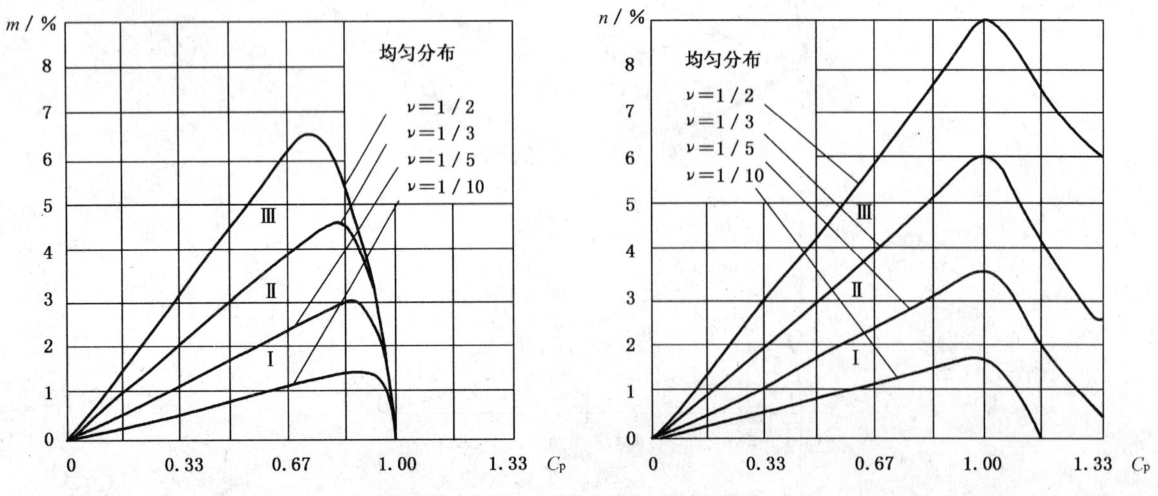

图 A.6 均匀分布时误收率 m 与误废率 n

表 A.4　均匀分布时误收率 m 与误废率 n

C_p		0.33	0.67	1.00	C_p		0.33	0.67	1.00
$m/\%$	Ⅰ	1.20	2.40	0	$n/\%$	Ⅰ	1.20	2.40	3.60
	Ⅱ	2.00	4.00	0		Ⅱ	2.00	4.00	6.00
	Ⅲ	3.00	6.00	0		Ⅲ	3.00	6.00	9.00

由图 A.6 或表 A.4 可见，工件尺寸遵循均匀分布时，m 与 n 值均比正态分布时增加了 1 倍到 2 倍。例如：$C_P=0.67$，m 与 n 值均为 4%；$C_p=1$，$m=0$，$n=6\%$。

工件尺寸遵循均匀分布，测量误差亦遵循均匀分布时，$u=1.73\ s$，这时 m 与 n 值均增加约 30%。

A.3　按 5.1a)决定验收极限验收工件时的误判概率

令 $A=0$、$\frac{1}{5}u$、$\frac{2}{5}u$、$\frac{3}{5}u$、$\frac{4}{5}u$、$\frac{5}{5}u$，得不同的验收极限。本章取 $C_p=0.67$ 时，工件尺寸在不同分布条件下，按不同验收极限验收工件时的误判概率。从图 A.7、图 A.8、图 A.9 可见，随 A 值增大，m 值迅速下降，n 值急剧上升。

本标准为使 m 值降到很小，n 值又不至过大，采用多种验收极限：当 $C_p\geqslant1$ 时，Ⅰ、Ⅱ、Ⅲ各档均取 $A=0$，即不内缩，以工件极限尺寸作为验收极限。当 $C_p<1$ 时，Ⅰ档 $A=\frac{5}{5}u$，即 100%内缩；Ⅱ档 $A=\frac{3}{5}u$，即 60%内缩；Ⅲ档 $A=\frac{2}{5}u$，即 40%内缩，按此决定各验收极限。

A.3.1　工件尺寸遵循正态分布

工件尺寸遵循正态分布时，不同验收极限得出的 m 与 n 值如图 A.7 及表 B.5。由图 A.7 或表 A.5 可见，$A=1\ u$ 时，误收率 m 值为零，但误废率 n 值过大，甚至高达 30%。按本标准规定各验收极限的 m 与 n 值如表 A.6。应当注意：配合尺寸只有当 $C_P\geqslant1$ 时，才允许用 $A=0$。因此表 A.6 中 m 或 n 第 1 项数值，取自表 A.2 中 $C_p=1$ 时的相应数值。

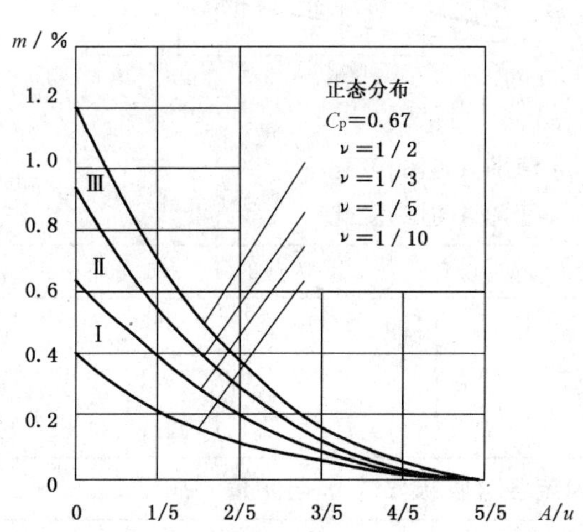

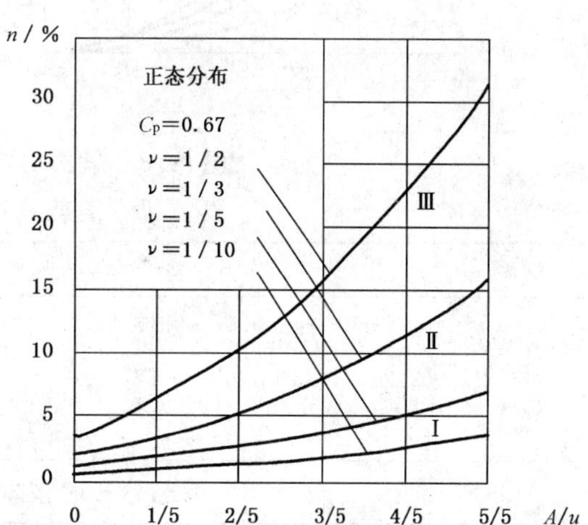

图 A.7　正态分布时 m、n 值随 A 值的变化

表 A.5 正态分布时 m、n 值随 A 值的变化

A/u		0	1/5	2/5	3/5	4/5	5/5	A/u		0	1/5	2/5	3/5	4/5	5/5
m/%	Ⅰ	0.61	0.35	0.18	0.07	0.01	0	n/%	Ⅰ	0.97	1.70	2.67	3.87	5.32	6.98
	Ⅱ	0.09	0.52	0.26	0.10	0.02	0		Ⅱ	1.88	3.41	5.51	8.23	11.6	15.6
	Ⅲ	1.16	0.70	0.36	0.14	0.03	0		Ⅲ	3.14	6.30	10.6	16.1	23.1	31.7

表 A.6 正态分布时按本标准规定各验收极限的 m 与 n 值

A/u		0	2/5	3/5	5/5	A/u		0	2/5	3/5	5/5
m/%	Ⅰ	0.06	—	—	0	n/%	Ⅰ	0.17	—	—	6.98
	Ⅱ	0.08	—	0.10	—		Ⅱ	0.42	—	8.23	—
	Ⅲ	0.10	0.36	—	—		Ⅲ	1.07	10.6	—	—

A.3.2 工件尺寸遵循偏态分布

工件尺寸遵循偏态分布时，不同验收极限得出的 m 与 n 值如图 A.8 及表 A.7。由图 A.8 或表A.7 可见，各 m 与 n 值均比正态分布时相应值大。按本标准规定验收极限的 m 与 n 值如表 A.8。表 A.8 中 m 或 n 第 1 项数值取自表 A.3 中 $C_p=1$ 时的相应数值。

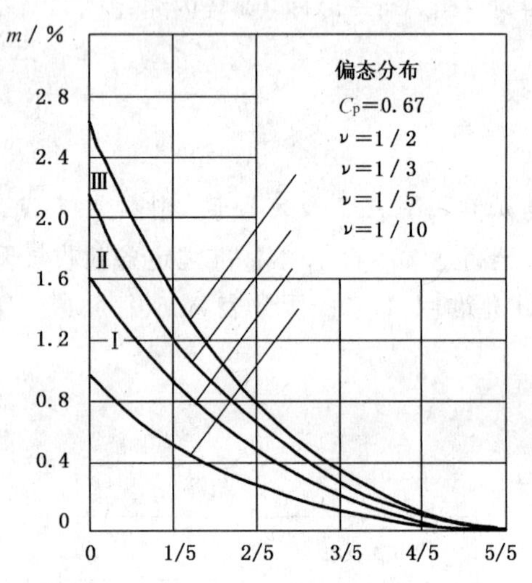

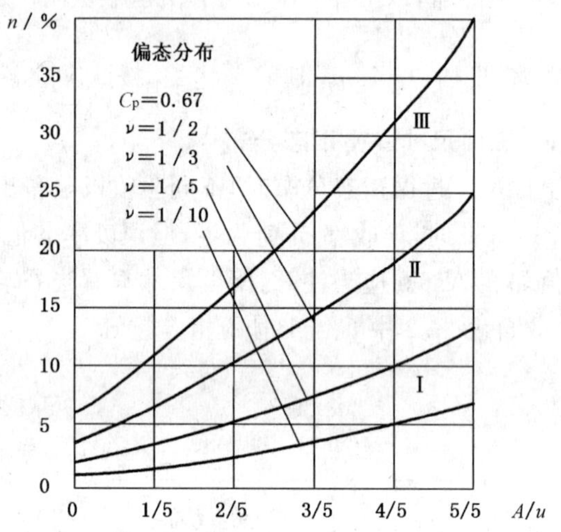

图 A.8 偏态分布时 m、n 值随 A 值的变化

表 A.7 偏态分布时 m、n 值随 A 值的变化

A/u		0	1/5	2/5	3/5	4/5	5/5	A/u		0	1/5	2/5	3/5	4/5	5/5
m/%	Ⅰ	1.65	0.95	0.47	0.18	0.04	0	n/%	Ⅰ	2.31	3.94	6.00	8.42	11.1	14.1
	Ⅱ	2.20	1.32	0.68	0.27	0.06	0		Ⅱ	4.07	6.99	10.7	15.1	20.1	25.5
	Ⅲ	2.63	1.61	0.85	0.35	0.08	0		Ⅲ	6.45	11.1	17.0	24.1	32.2	40.9

表 A.8 偏态分布时按本标准规定各验收极限的 m 与 n 值

A/u		0	2/5	3/5	5/5	A/u		0	2/5	3/5	5/5
m/%	Ⅰ	0	—	—	0	n/%	Ⅰ	1.66	—	—	14.1
	Ⅱ	0	—	0.27	—		Ⅱ	3.44	—	15.1	—
	Ⅲ	0	0.85	—	—		Ⅲ	6.03	17.0	—	—

A.3.3 工件尺寸遵循均匀分布

工件尺寸遵循均匀分布时，不同验收极限得出 m 与 n 值，如图 A.9 及表 A.9。由图 A.9 或表 A.9 可见，各 m 与 n 值均比正态分布时相应值大。按本标准规定验收极限的 m 与 n 值如表 A.10。表 A.10 中的 m 或 n 第 1 项数值，取自表 A.4 中 $C_p=1$ 时的相应数值。

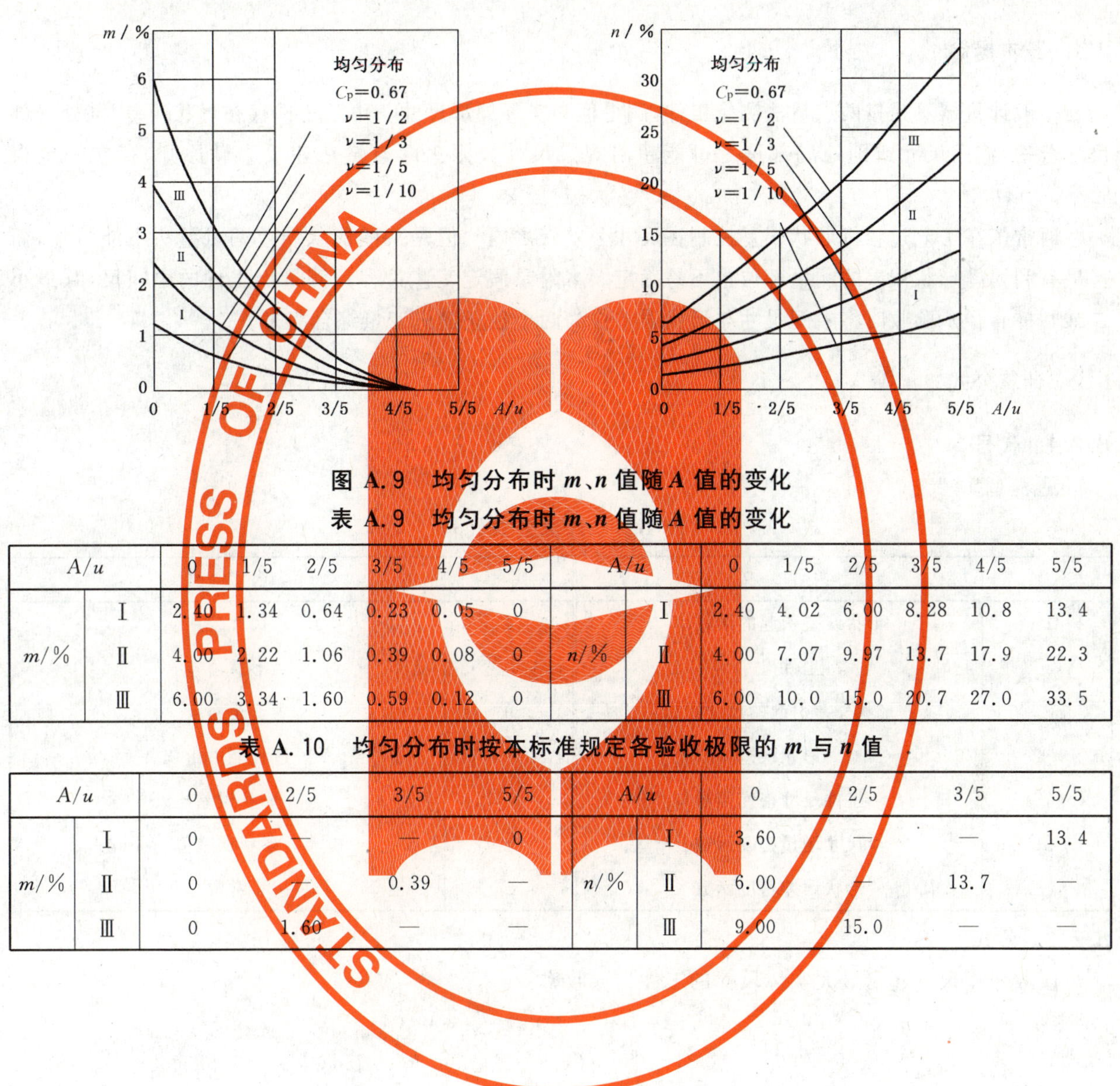

图 A.9 均匀分布时 m、n 值随 A 值的变化

表 A.9 均匀分布时 m、n 值随 A 值的变化

A/u		0	1/5	2/5	3/5	4/5	5/5	A/u		0	1/5	2/5	3/5	4/5	5/5
m/%	Ⅰ	2.40	1.34	0.64	0.23	0.05	0	n/%	Ⅰ	2.40	4.02	6.00	8.28	10.8	13.4
	Ⅱ	4.00	2.22	1.06	0.39	0.08	0		Ⅱ	4.00	7.07	9.97	13.7	17.9	22.3
	Ⅲ	6.00	3.34	1.60	0.59	0.12	0		Ⅲ	6.00	10.0	15.0	20.7	27.0	33.5

表 A.10 均匀分布时按本标准规定各验收极限的 m 与 n 值

A/u		0	2/5	3/5	5/5	A/u		0	2/5	3/5	5/5
m/%	Ⅰ	0	—	—	0	n/%	Ⅰ	3.60	—	—	13.4
	Ⅱ	0	—	0.39	—		Ⅱ	6.00	—	13.7	—
	Ⅲ	0	1.60	—	—		Ⅲ	9.00	15.0	—	—

附　录　B
（资料性附录）
工件形状误差引起的误收率

B.1　基本概念

一般计量器具是按两点量法测量工件，测得值为实际局部尺寸。由于工件存在形状误差，某处局部尺寸合格，作用尺寸或别处局部尺寸可能超出规定尺寸极限。两点量法违反泰勒原则，存在一定误收率。

通常依靠工艺过程将形状误差控制在尺寸公差带之内。但是某些形状误差两点量法不能测量，而且最有利揭露形状误差的测量部位也不易确定。本附录假定工艺过程只测量出工件的中间尺寸（最小二乘圆柱直径），验收时将中间尺寸与形状误差作为两个独立随机变量综合起来。

B.2　计算公式

B.2.1　代号

见表 B.1。

表 B.1　计算公式代号

代号	含　义	代号	含　义
P	形状误差引起的误收率	T	尺寸公差
x	工件尺寸	T_f	形状公差
y	形状公差引起的尺寸增量	A	安全裕度
z	形状误差	C_p	过程能力指数
$f(x)$	工件尺寸密度函数	r	形状误差比
$g(y)$	尺寸增量密度函数	f	形状误差值
$h(z)$	形状误差密度函数	C	常数

B.2.2　公式

误收作用尺寸超出最大实体尺寸的工件的误收率：

$$P=\int_{(\frac{T}{2}-Cf)}^{(\frac{T}{2}-A)} f(x)\left[\int_{-(1-C)f}^{(\frac{T}{2}-x-A)} g(y)\int_{0}^{(1-C)f+(\frac{T}{2}-x-A)} h(z)\mathrm{d}z\mathrm{d}y\right]\mathrm{d}x$$

B.3　按 5.1b)决定验收极限验收工件时的误收率

引入工序能力指数 $C_p=\dfrac{T}{6\sigma}$，形状误差比 $r=\dfrac{T_f}{T}$。设工件尺寸遵循正态分布、尺寸增量遵循反正弦分布（决定于形状误差类型）、形状误差遵循偏态分布，误收作用尺寸超出最大实体尺寸的工件的误收率如图 B.1。其中图 B.1a)为两点量法可以测量的形状误差（如凸形、凹形、偶数棱形等误差），图 B.1b)为两点量法不能测量的形状误差（如奇数棱形、轴线弯曲等误差）。

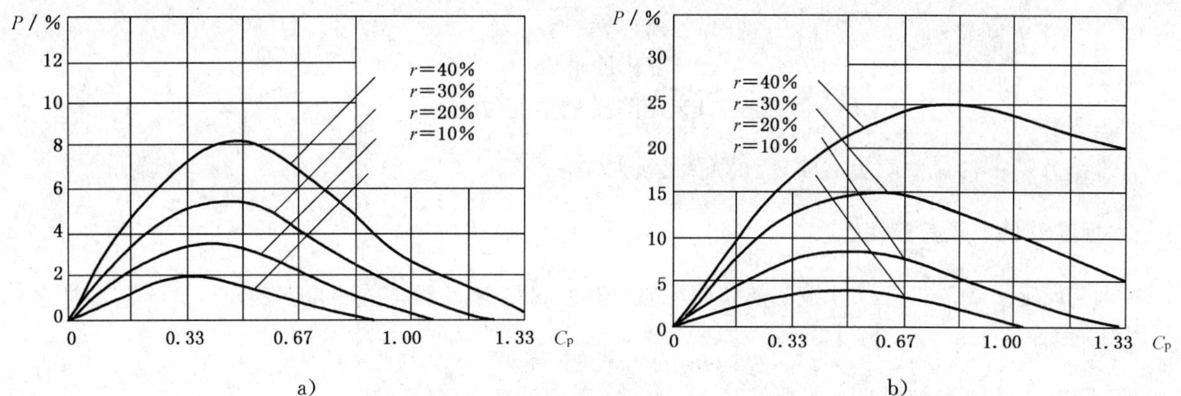

图 B.1 形状误差引起的误收率

可见,图 B.1b)的误收率远大于图 B.1a)。这说明具有奇数棱形或轴线弯曲等误差的工件,不宜用两点量法。

B.4 按 5.1a)决定验收极限验收工件时的误收率

为使 P 值减小,验收时适当缩小尺寸公差用于补偿形状误差,令 $A=0$、$\frac{1}{10}f$、$\frac{2}{10}f$、$\frac{3}{10}f$、$\frac{4}{10}f$、$\frac{5}{10}f$ 或 $A=0$、$\frac{1}{5}f$、$\frac{2}{5}f$、$\frac{3}{5}f$、$\frac{4}{5}f$、$\frac{5}{5}f$,并且 $f=T_f$。这时误收率如图 B.2。

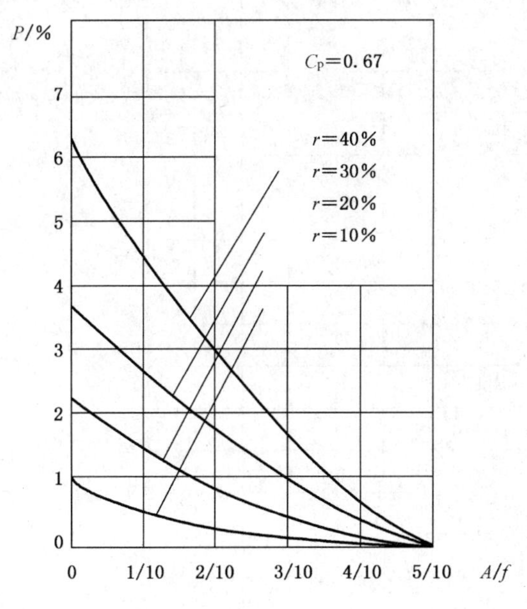

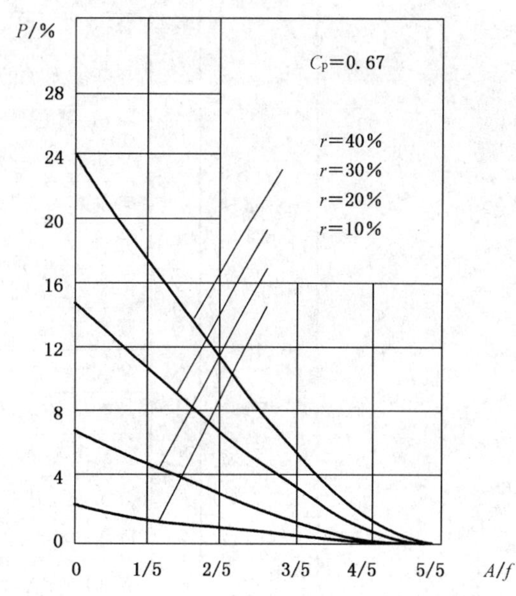

a) b)

图 B.2 误收率 *P* 随 *A* 值增大而下降

由图 B.2 可见,图 B.2a)中当 $A=\frac{5}{10}f$ 时,$P=0$;图 B.2b)中当 $A=\frac{5}{5}f$ 时,$P=0$,说明前者内缩 50%形状误差量即可避免误收;后者内缩 100%形状误差量才能避免误收。

附 录 C
（资料性附录）
在 GPS 矩阵模式中的位置

GPS 矩阵的全部详情参见 GB/Z 20308—2006。

C.1 本标准的信息及其应用

本标准规定了光滑工件尺寸检验的验收原则、验收极限、计量器具的测量不确定度允许值和计量器具选用原则。

C.2 在 GPS 矩阵中的位置

本标准是 GPS 通用标准，它影响 GPS 通用标准矩阵中尺寸标准链的链环 4 和链环 5，如图 C.1 所述。

GPS 基础标准	GPS 综合标准						
	GPS 通用标准						
	链环号	1	2	3	4	5	6
	尺寸				■	■	
	距离						
	半径						
	角度						
	与基准无关的线形状						
	与基准相关的线形状						
	与基准无关的面形状						
	与基准相关的面形状						
	方向						
	位置						
	圆跳动						
	全跳动						
	基准						
	粗糙度轮廓						
	波纹度轮廓						
	原始轮廓						
	表面缺陷						
	棱边						

图 C.1 本标准在矩阵中的位置

C.3 相关的标准

相关的标准为图 C.1 所示标准链涉及的标准。

ICS 01.140.20
A 14

中华人民共和国国家标准

GB/T 3179—2009
代替 GB/T 3179—1992

期刊编排格式

Presentation of periodicals

(ISO 8:1977, Documentation—Presentation of periodicals, MOD)

2009-09-30 发布 2010-02-01 实施

中华人民共和国国家质量监督检验检疫总局
中国国家标准化管理委员会 发布

前　言

本标准修改采用ISO 8:1977《文献　期刊编排格式》，与ISO 8:1977相比主要差异如下：

——刊名中增加了加注刊名汉语拼音的规定；

——将ISO 8:1977的第8章“编排”和第10章“编页码”合并为第8章“版面和页码编排”；

——将ISO 8:1977中的第9章“眉题”和第11章“文章编排格式”合并为第9章“文章编排”；

——根据我国实际补充了版权标志的有关规定；

——将ISO 8:1977中的第6章“卷”和第13章“索引”合并为第11章“总目次和索引”；

——对增刊的序号根据我国情况作了相应的修改。

本标准代替GB/T 3179—1992，与GB/T 3179—1992相比主要变化如下：

——标准名称由《科学技术期刊编排格式》改为《期刊编排格式》；

——为便于理解本标准和促进国际交流，增加了“术语和定义”；

——增加了期刊ISSN、CN号、条码等内容；

——删除或简化了GB/T 3179—1992中有关摘要、图表和参考文献的内容。

本标准由全国信息与文献标准化技术委员会(SAC/TC 4)提出并归口。

本标准起草单位：北京林业大学、清华大学出版社、中国农业科学院信息所、北京师范大学、中国科学技术信息研究所。

本标准主要起草人：颜帅、蔡鸿程、刘春燕、陈浩元、潘淑春、沈玉兰。

本标准所代替标准的历次版本发布情况为：

——GB/T 3179—1986；

——GB/T 3179—1992。

期 刊 编 排 格 式

1 范围

本标准规定了期刊的编排格式。

本标准适用于各种期刊的编排。

2 规范性引用文件

下列文件中的条款通过本标准的引用而成为本标准的条款。凡是注日期的引用文件,其随后所有的修改单(不包括勘误的内容)或修订版均不适用于本标准,然而,鼓励根据本标准达成协议的各方研究是否可使用这些文件的最新版本。凡是不注日期的引用文件,其最新版本适用于本标准。

GB/T 788 图书和杂志开本及其幅面尺寸(GB/T 788—1999,neq ISO 6716:1983)

GB/T 3259 中文书刊名称汉语拼音拼写法

GB/T 6447 文摘编写规则

GB/T 7714 文后参考文献著录规则(GB/T 7714—2005,ISO 690:1987;ISO 690-2:1997,NEQ)

GB/T 9999 中国标准连续出版物号(GB/T 9999—2001,eqv ISO 3297:1998)

GB/T 11668 图书和其它出版物的书脊规则(GB/T 11668—1989,neq ISO 6357:1985)

GB/T 13417 期刊目次表(GB/T 13417—2009,ISO 18:1981,MOD)

GB/T 16827 中国标准刊号(ISSN 部分)条码

GB/T 18358 中小学教科书幅面尺寸及版面通用标准

3 术语和定义

3.1

连续出版物 serial

通常载有卷期号或年月日顺序号、按一定周期计划无限期连续发行的印刷或非印刷形式的出版物。

3.2

期刊 periodical

一种载有卷期号的连续出版物,通常在其每期中都有不同的内容和著者(责任者)。

3.3

刊名 periodical title

期刊名称,置于期刊封一、目次页、页眉以及版权标志等重要位置,用于标志该期刊并区别于其他期刊的文字。

3.4

封面 cover

期刊的外表面,包括封一、封二、封三、封四和书脊。

4 刊名

4.1 刊名应当简明确切,能够准确界定该期刊所涉及的知识和活动领域,并便于引用。刊名应因其字体、字号或编排而易于识别,不和其他与之相伴的细节混淆,无歧义。广告、插图等不得对刊名构成干扰。封面中其他信息的字号应不大于刊名字号。

4.2 刊名如未能确切反映该期刊的特定主题,应当用一副刊名补充表达。副刊名应紧随刊名,其格式应有明显区别。

4.3 期刊可有与刊名同义的其他文种的并列刊名,且二者同等重要。并列刊名次序在各期之间不得改变。外文并列刊名如用缩写形式,应以直观和不引起误解为原则。

4.4 刊名在期刊中任何地方出现都应一致。

4.5 中文期刊应按 GB/T 3259 的要求,加注刊名的汉语拼音,可印刷在期刊的适当位置,例如封一,或目次页版头,或版权标志块内。

4.6 外文期刊应在封面同时刊印其中文刊名。

4.7 刊名不得随意变更。如确实需要,刊名变更应从新的一卷(年)开始。变更后原刊名应在显著位置出现至少 1 年。

5 封面

5.1 期刊的封一上应标明以下项目:

a) 刊名,包括可能有的副刊名和并列刊名;

b) 出版年、卷号、期号,或出版年、期号;

c) 主办者(刊名已表明主办单位者除外);

d) 出版者(必要时);

e) 中国标准连续出版物号(按 GB/T 9999 的规定);

f) 中国标准连续出版物号(ISSN 部分)条码(按 GB/T 16827 的规定,优先位置为封一的左下角,也可为封四的右下角)。

5.2 期刊的单册和合订本,其书脊厚度大于等于 5 mm 时,应按照 GB/T 11668 的规定,在书脊上排印刊名、卷号、期号和出版年份;若书脊厚度小于 5 mm 或由于其他原因不能排印上述信息时,可将其排印在封四上距订口不大于 15 mm 的范围内。

5.3 封面上标志项目中的数字应按规定采用阿拉伯数字。

6 卷、期

6.1 期刊一般依次分卷期出版。通常为每年出版 1 卷,也可以 1 年出版多卷或多年出版 1 卷,还可以不设卷。卷的编号应是连续的,用阿拉伯数字从第 1 卷开始。

6.2 期刊按卷装订时卷首应有刊名页。刊名页须有下列项目:

a) 刊名,包括可能有的副刊名、并列刊名和刊名的汉语拼音;

b) 出版年和卷号;

c) 主办者;

d) 出版者和出版地(必要时);

e) 中国标准连续出版物号。

6.3 构成期刊一卷的各期,应该按顺序连续编码。每卷的首期编码为第 1 期。在一卷的最后 1 期,应在适当位置,如封面,或目次页版头,或版权标志块等,注明“卷终”字样。

6.4 如果期刊的期次序码因故中断,应在下一期的显著位置标明中断期次和时间。在几期合并出刊时,如第 7、8 期合并出版,应编成第 7-8 期。

6.5 为期刊每卷或多卷编辑索引时,应在附有索引的该期封一或目次页上标明。

6.6 期刊开本及其幅面尺寸应执行 GB/T 788 的规定。同一种期刊各期的开本尺寸应该相同,如要改变,应从新一卷(年)的第 1 期开始。

7 目次页

7.1 期刊每期应编有目次页。目次页不宜编入期刊正文的连续页码。目次页包括目次页版头和目次表。目次页的版头应标明刊名、卷号、期号和出版年、月(半月刊、旬刊、周刊还应标明“日”)。目次表的表题为“目次”。在“目次”字样下方编排目次表。

7.2 期刊的目次页宜置于封二后的第1页,如需转页,应转到第2页。目次页也可以印在封一、封二、封三或封四。其所在位置在一种期刊中应各期相同。如有必要变更时,应从新一卷(年)的第1期开始。

7.3 目次表起始于封一时,如有必要转页,应转到封二或封四;目次表起始于封四时,如有必要转页,应转到封三。

7.4 目次表的编排应按照 GB/T 13417 的规定。目次表应列出本期的下列内容:

a) 各篇文章的完整题名和副题名(如有);

b) 著者姓名;

c) 各篇文章的起始页码或起止页码。

7.5 根据需要,目次页可用1种以上的语言给出。

7.6 广告宜单独编制广告目次。

8 版面和页码编排

8.1 一种期刊的各期,应力求将文章题名、层次标题、正文和如果有的摘要、脚注、图表、参考文献等,用不同的字体和字号以及在编排形式上区别开来,并保持各期排印格调统一。如需要变更,宜从新一卷(年)的第1期开始。

8.2 期刊文章的正文部分,其字号不宜小于汉字5号字;参照 GB/T 18358 的规定,供少年儿童阅读的期刊应不小于汉字5号字。

8.3 期刊的页码,应用阿拉伯数字将全卷(年)各期的正文部分依序连续编码,也可每期从第1页开始单独编码。

8.4 在正文部分如有图版和折页,应作为正文的一部分一起编排页码。广告或有不属于正文的其他内容,并能独立成张、可以在期刊合订成卷时剔除者,应另编页码,不得与正文页码混同。

8.5 封一、封二不应编入期刊的连续页码。封三和封四,如连续刊登正文,应编入期刊的连续页码;如系空白页或只刊载广告和其他非正文内容,则不编入期刊的连续页码。

8.6 期刊页码的标志,应置于各页的固定位置。若需变更,宜从新一卷(年)的第1期开始。

9 文章编排

9.1 期刊正文部分各篇文章的编排格式,力求统一。分栏目编排的期刊,同一栏目内各篇文章的编排格式,力求统一。

9.2 正文部分应根据需要在页眉或其他适当位置标志便于迅速识别的下列项目:

a) 刊名(外文并列刊名可缩写);

b) 出版年、卷号、期号;

c) 第一著者或全部著者和文章题名。

9.3 每篇文章应列出全部著者姓名及其所在单位、通信联络方式(必要时)。著者姓名一般列于文章题名下方,对于简讯、补白等短文可列于文末。

9.4 每篇文章一般应按其连续页码顺序排印。如确有必要转页,应在中断处注明“下转第×页”,在接续部分之前注明“上接第×页”。一般不应逆转。

9.5 凡分期连载的文章应在每期刊出部分的题名后加注续次号,如“续前”,或“续1”等,除最后一次外,每次刊出部分的文末注明“待续”,最后一次的文末注明“续完”。

9.6 期刊文章如附有摘要,应参照 GB/T 6447 的规定编排。

9.7 译文应注明译者姓名、翻译方式(如全译、节译、摘译、编译等)、原著者姓名、原文出处。如译文是转译自另一种译文,还应注明中间译文出处。

9.8 期刊文章如有参考文献,应按照GB/T 7714的规定著录。

10 版权标志

10.1 期刊每期在封四下方或其他固定位置登载版权标志,内容应包括:

a) 刊名;
b) 刊期;
c) 创刊年份;
d) 卷号(或年份)和期号;
e) 出版日期;
f) 主管者;
g) 主办者;
h) 承办者或协办者(必要时);
i) 总编辑(主编)姓名;
j) 编辑者及其地址;
k) 出版者及其地址;
l) 印刷者;
m) 发行者;
n) 中国标准连续出版物号;
o) 增刊批准号(必要时);
p) 广告经营许可证号和商标注册号(必要时);
q) 定价(必要时)。

10.2 用少数民族文字或外文出版发行的期刊,其版权标志应采用相应的文字。

11 总目次和索引

11.1 期刊可按需要在每卷(年)卷(年)终编印总目次,供全卷(或全年)合订成册时装订在卷首。

11.2 期刊可按需要在每卷(年)卷(年)终编印索引。索引可以有主题索引、著者索引和关键词索引等。

11.2.1 主题索引:以文献主题或主题因素为标目、提供内容检索途径的索引。索引款目一般按照主题标目的字顺排列,例如商品名索引、动植物索引、矿物索引等。主题索引的著录项目是:每篇文章的题名、全部著者姓名、期号、起始页码或起止页码。

11.2.2 著者索引:按文献著者姓名字顺排列的、提供著者检索途径的索引。著者索引包括个人著者索引和团体著者索引。著者索引的著录项目是:全部著者姓名、题名、期号、起始页码或起止页码。

11.2.3 关键词索引:以文献题名或文献中的关键词为标目的索引。关键词索引的著录项目是:词名、期号、所在页码。

11.3 期刊的总目次和索引另编页码,不与正文部分混同连续编页码,并应从单页起排。

12 增刊

12.1 期刊可出版增刊。增刊应单独编序号。一卷(年)内若只出版1期增刊,其序号为“增刊1”。增刊不应跨卷(年)编序号。

12.2 “增刊×”字样应排印在封一、目次页版头、页眉和版权标志块等位置。

12.3 增刊可编入总目次和索引。

13 特殊情形

13.1 如将一种期刊分开成多种期刊,且都不保留原有刊名,视为创办多种新刊,均应从第1卷开始;如原刊名为分刊后的其中一期刊所用,应延续原卷次。

13.2　如几种期刊合并成为一种期刊而不保留其中任何一种的原有刊名,视为创办新刊,应从第1卷开始;如保留其中某一刊名,应延续该刊的卷次。

13.3　13.1、13.2中提及的变更,以及刊名或刊期的变更,均应在变更前1期或若干期明确通告。

ICS 71.080.15
G 18

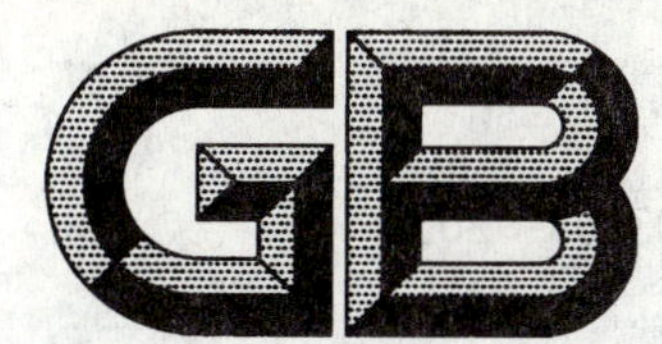

中华人民共和国国家标准

GB/T 3208—2009
代替 GB/T 3208—1982

苯类产品总硫含量的微库仑测定方法

Standard test method for the total sulfur content in benzene-type products by oxidative microcoulometry

2009-07-08 发布　　2010-04-01 实施

中华人民共和国国家质量监督检验检疫总局
中国国家标准化管理委员会　发布

前　言

本标准修改采用日本标准 JIS K 2541-2:2003《原油及石油产品——含硫量试样方法　第 2 部分:微电量滴定式氧化法》(日文版)。

本标准采用 JIS K 2541-2:2003 时作了一些修改,有关技术性差异已编入正文,以下给出了这些技术性差异。附录 A 中给出了结构性差异的一览表,以供参考。

——修改了适用范围的内容,并将备注转换成本标准的警告和正文(本标准的警告和 1.1、1.2、1.3);

——修改了硫标准试剂的品种(本标准 4.9);

——增加了单点校正的方法(本标准 5.2.6.1);

——修改了试样的提取与调制方法和结果的表示方法的内容。

本标准代替 GB/T 3208—1982《苯类产品总硫含量的微库仑测定方法》。

本标准与 GB/T 3208—1982 相比,主要变化如下:

——增加了前言、警告、规范性引用文件的内容;

——修改了适用范围;

——增加了试样的采取和制备的内容;

——修改了仪器设备和试验步骤;

——增加了市售有证全硫标准物质的内容;

——增加了多点校准线法;

——增加了检查试验的内容;

——增加了数值修约的内容;

——增加了试验结果报告的内容。

本标准附录 A 为资料性附录。

本标准由中国钢铁工业协会提出。

本标准由全国钢标准化技术委员会归口。

本标准起草单位:上海宝钢化工有限公司、冶金工业信息标准研究院。

本标准主要起草人:施淡淡、唐政、费建华、宋美香、孙伟。

本标准所代替标准的历次版本发布情况为:

——GB/T 3208—1982。

苯类产品总硫含量的微库仑测定方法

警告：在本标准所示测试方法中，需使用到部分危险试剂和试验仪器，部分操作过程也存在一定危险性，由于不可能对所有安全使用方法作出具体规定，使用者有责任采用适当的安全和健康措施，并保证符合国家有关法规规定的条件。

1 范围

1.1 本标准规定了苯类产品总硫含量测定的原理、试剂、仪器设备、试验步骤、结果计算、精密度等。

1.2 本标准适用于焦化苯、焦化甲苯和焦化二甲苯中硫含量的测定。测定范围：1 mg/kg～1 000 mg/kg。

1.3 对于每单位重量含氮量超过 0.1%或含氯量超过 1.0%的试样，使用本方法测定可能存在一定的误差，但只需要在滴定容器的电解液中添加适量叠氮化钠即可消除该误差。本标准不适用于每单位重量溴和有机金属化合物含量超过 500 mg/kg 的试样。

1.4 对于每单位重量含硫量超过 200 mg/kg 的试样，可用异辛烷或甲苯进行稀释至 50 mg/kg 左右后再进行测定。

2 规范性引用文件

下列文件中的条款通过本标准的引用而成为本标准的条款。凡是注日期的引用文件，其随后所有的修改单(不包括勘误的内容)或修订版均不适用于本标准，然而，鼓励根据本标准达成协议的各方研究是否可使用这些文件的最新版本。凡是不注日期的引用文件，其最新版本适用于本标准。

GB/T 1999 焦化油类产品取样方法

GB/T 8170 数值修约规则与极限数值的表示和判定

3 原理

试样在燃烧管内与氧气混合，燃烧，使样品中的硫转化为二氧化硫，并由载气带入滴定池内。二氧化硫与池内 I_3^- 发生如下反应：

$$I_3^- + SO_2 + H_2O \rightarrow SO_3 + 3I^- + 2H^+$$

当 I_3^- 被消耗后，指示-参比电极对指示出这一变化，并将讯号输送给微库仑计放大器，由后者输出一个相应的电流到电解阳极-电解阴极电极对，在电解阳极上发生如下反应：

$$3I - 2e \rightarrow I_3^-$$

以补充由 SO_2 所消耗的 I_3^-，直到电解产生的 I_3^- 使滴定池中 I_3^- 恢复到滴定前的浓度。电解产生 I_3^- 所消耗的电量为微库仑计的数字显示值与所选的电量量程之积，根据法拉第电解定律，通过标样的校正即可计算出试样中的硫含量。

4 试样的采取和制备

按 GB/T 1999 规定进行。

5 试剂

5.1 反应气体：氧气，纯度不低于 99.99%。

5.2 惰性气体：氩气或氦气，纯度不低于 99.99%。

5.3 电解液：根据表 1 中的要求将碘化钾(KI)和叠氮化钠溶解于 500 mL 蒸馏水中，再加冰醋酸(CH_3COOH)，用蒸馏水稀释溶液到 1 000 mL。

5.4 碘化钾(KI):分析纯。

5.5 冰醋酸(CH_3COOH):分析纯。

表1 电解液中的各种试剂含量

试剂名称	竖置式仪器	横置式仪器
碘化钾/g	0.5	0.5
叠氮化钠/g	0.5	0.6
冰醋酸/mL	6	5

5.6 稀释剂:甲苯、异辛烷(分析纯)。

5.7 蒸馏水:可用二次蒸馏水或去离子水。

5.8 噻吩:纯度≥98%。

5.9 硫的标准溶液:

5.9.1 采用噻吩配制硫的标准溶液:

在已知重量的100 mL容量瓶中准确称取0.26 g(精确至0.1 mg)噻吩,用异辛烷或甲苯稀释至标线,此标样硫含量约1 000 μg/mL,实际含量以式(1)计算为准:

$$\rho(S)(\mu g/mL)=\frac{m\times\frac{32}{84.14}\times10^{6}\times A}{100} \quad\cdots\cdots(1)$$

式中:

S——噻吩标准溶液硫含量,单位为微克每毫升(μg/mL);

A——噻吩的纯度,质量分数(%);

m——所称噻吩的质量,单位为克(g)。

根据所需标准溶液中硫含量的多少,可用移液管和容量瓶,将1 000 μg/mL的噻吩标准溶液稀释至500 μg/mL、100 μg/mL、50 μg/mL和5 μg/mL。该标准溶液有效期为二个月。

5.9.2 采用市售的符合国家标准(GBW系列)的全硫标准物质配制硫的标准溶液:

按证书实际含量换算。

6 仪器设备

试验仪器构成示例如图1所示。

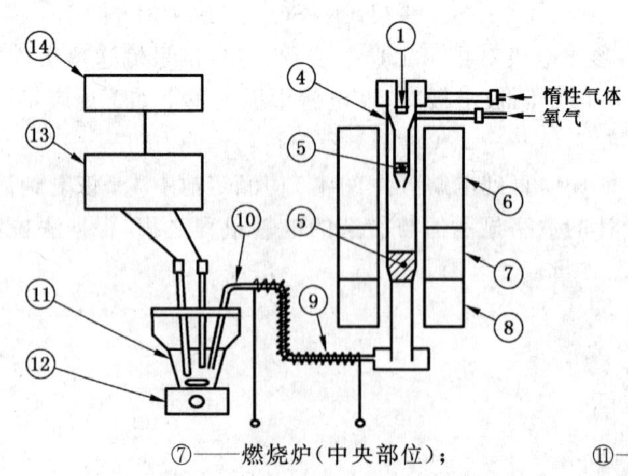

①——试样加注口;
④——燃烧管;
⑤——石英纤维;
⑥——燃烧炉(进口部位);
⑦——燃烧炉(中央部位);
⑧——燃烧炉(出口部位);
⑨——带状加热器;
⑩——气体导入管;
⑪——滴定池;
⑫——磁力搅拌器;
⑬——微库仑计;
⑭——硫含量记录器。

a) 竖置式试验仪器

图1 试验仪器的构成(示例)

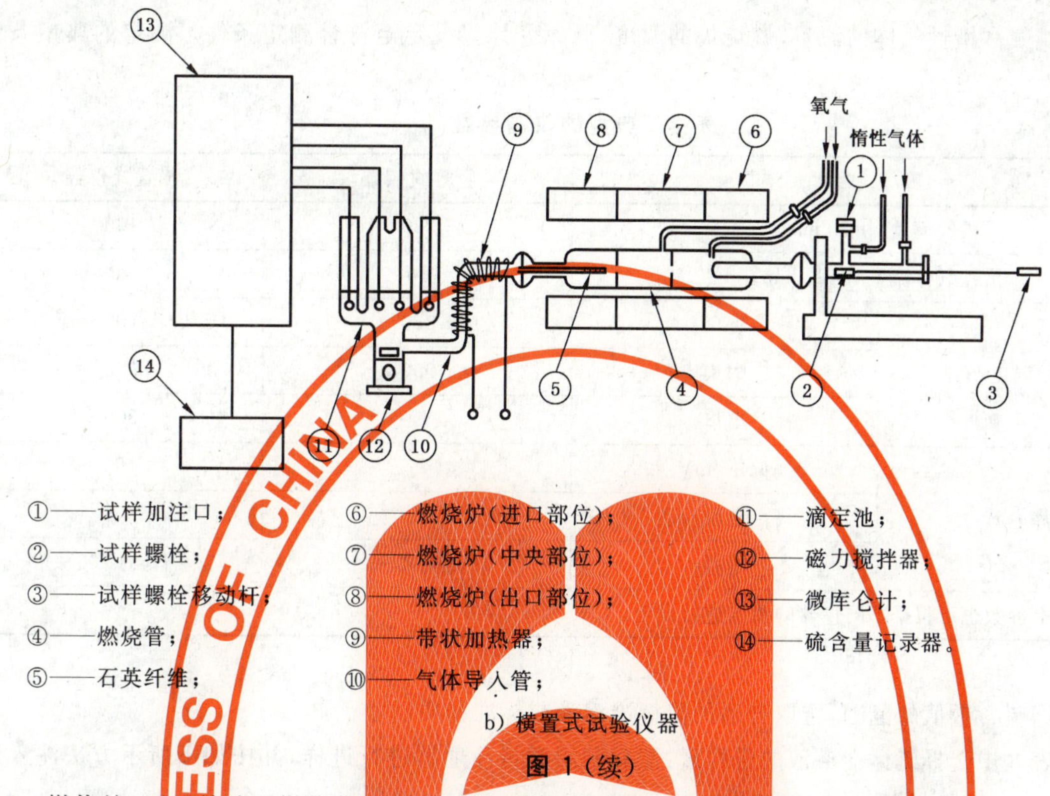

①——试样加注口；
②——试样螺栓；
③——试样螺栓移动杆；
④——燃烧管；
⑤——石英纤维；
⑥——燃烧炉(进口部位)；
⑦——燃烧炉(中央部位)；
⑧——燃烧炉(出口部位)；
⑨——带状加热器；
⑩——气体导入管；
⑪——滴定池；
⑫——磁力搅拌器；
⑬——微库仑计；
⑭——硫含量记录器。

b) 横置式试验仪器

图 1（续）

6.1 燃烧炉：可以单独对燃烧管的进口部位、中央部位和出口部位进行加热调节。

6.2 燃烧管：石英材质，可以在氧气和惰性气体环境下对试样进行燃烧。

6.3 滴定池：玻璃材质的电解液槽，带有磁力搅拌器，内置有指示-参比电极对，其作用是为了检定池中 I_3^- 的浓度；另一个电解阳极-电解阴极电极对，其作用是保持恒定的 I_3^- 的浓度。指示电极的铂片半电池，参比电极是在 I_3^- 饱和的电解液中的铂丝半电池。电解阳极由铂片制成，电解阴极由铂丝制成。参比电极和电解阴极均通过玻璃毛细管束与滴定池的中心室相通。

6.4 微库仑计：可测量指示-参比电极对的电位，然后将这一电位与所给偏压相比较，再将这一差值讯号放大为相应电流再加到电解阳极-电解阴极对上，使之电解产生 I_3^-。

6.5 硫含量记录器：提供发生电极的电量换算成硫含量的记录仪。

6.6 微量注射器：10 μL、20 μL、50 μL、100 μL。

6.7 试样螺栓：石英或白金材质。

7 试验步骤

7.1 试验仪器准备

7.1.1 在进行试验前，首先按如下所示对燃烧管和气体导管进行确认。

7.1.1.1 燃烧管：检查燃烧管和石英纤维是否存在石英老化和污垢，如果不是十分洁净则需进行清洁或更换后再进行充分的空烧。

7.1.1.2 气体导管：检查气体导管是否存在老化或污垢，并将其充分清洁。

7.1.2 利用电解液对滴定池内部进行清洁后，再向其中添加电解液直至完全浸没各个电极。

7.1.3 指示电极：将参比电极和发生电极的各个端子分别连接至微库仑计的回路之中。

注：如果使用的是竖置式试验仪器，则需在该阶段设定终点电位。

7.1.4 把滴定池的气体导管连接至燃烧管出口部的顶端位置，向带状加热器通电，使滴定池气体导管的温度保持在 100 ℃以上。

7.1.5 把氧气和惰性气体的流量、燃烧炉的温度、微库仑计等设定至符合测定条件。测定的典型条件表 2 所示。

表 2 典型的仪器参数

项 目		竖置式仪器	横置式仪器
氧气流量/(mL/min)		320	160
惰性气体流量/(mL/min)		80	40
燃烧炉温度/℃	进口	850	700
	中央	950	900
	出口	300	800
微库仑计	偏压/mV	—	160
	终点电位/mV	250	—
	增益	刻度 2～3	低(约 200)
注：以上参数也可根据不同仪器的要求进行设定。			

7.2 校正

7.2.1 根据硫含量值的范围，选取合适的硫标准溶液或标准物质。

7.2.2 从表 3 中选择硫标准溶液的进样量，然后利用微量注射器进行进样，并按如下所示方法注入燃烧管。

表 3 硫标准溶液的浓度级别与进样量

硫标准溶液(标准物质)浓度级别	进样量/μL	
	竖置式仪器	横置式仪器
每单位质量的含量为 5 mg/kg	50～100	10～30
每单位质量的含量为 50 mg/kg		5～10
每单位质量的含量为 250 mg/kg	20～50	2～5

7.2.2.1 使用竖置式仪器时：通过试样加注口把微量注射器的针尖插入仪器内直至燃烧管入口处，然后以 1.0 μL/s～1.2 μL/s 的速度向其中注入硫标准溶液，准确读取注入量或称取其质量(称准至 0.1 mg)。

7.2.2.2 使用横置式仪器时：通过试样加注口把微量注射器的针尖插入试验仪器内，然后向试样螺栓中注入硫标准溶液，准确读取注入量或称取其质量(称准至 0.1 mg)。移动试样螺栓至燃烧管入口处，保持 20 s～60 s 后，再将其推入燃烧管入口部。

注：(1) 为了以一定的速度加注试样，可以使用调合器或自动加注器。

(2) 在注入硫标准溶液的前后，需向微量注射器内吸入同等容量的空气，根据容积差计算出溶液原注入量，这样就可以避免由于溶液从针尖挥发而导致出现的误差，从而确保可以获取准确的数值。

(3) 如果在把试样螺栓推入燃烧管入口部之前不停止短暂时间，会导致试样得不到充分燃烧而无法获取正确的测定值。

(4) 如果使用横置式仪器，加注速度为 0.2 μL/s～0.3 μL/s。

7.2.3 检查硫峰值的形状。

7.2.3.1 必须保持正确的硫峰值(图 2B)。

7.2.3.2 如果峰值出现拖尾(图 2A)，则稍微提高增益或进行偏压控制，使峰值保持正确的形状。

7.2.3.3 如果峰值出现峰突(图2C)，则稍微降低增益或进行偏压控制，使峰值保持正确的形状。

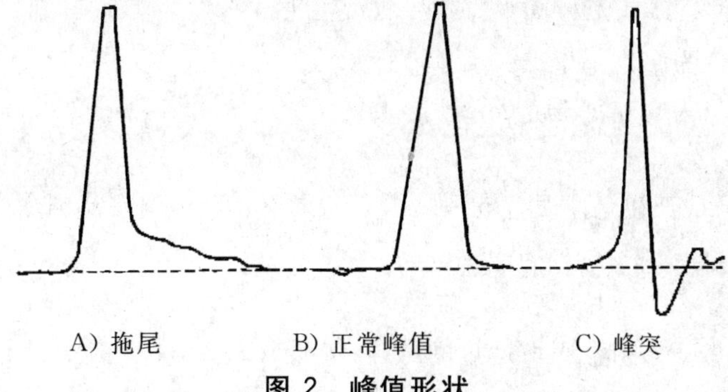

A) 拖尾　　B) 正常峰值　　C) 峰突

图2 峰值形状

7.2.4 根据如下所示计算式(2)计算回收系数。如果回收系数不在0.65～0.95范围之内，说明试验本身存在问题，此时需检查装置参数并重新配制硫标准溶液后再次进行测定。

$$F=\frac{10^3 m}{V\times\rho\times C_s} \quad \text{或} \quad F=\frac{10^3 m}{G\times C_s} \qquad \cdots\cdots(2)$$

式中：

F——回收系数；

m——检测硫含量，单位为微克(μg)；

V——硫标准溶液的进样量，单位为微升(μL)；

ρ——硫标准溶液的实际密度，单位为克每立方厘米(g/cm³)；

C_s——硫标准溶液的硫标准值，单位为毫克每千克(mg/kg)；

G——所称标准溶液的质量，单位为克(g)。

7.2.5 读取并记录硫含量记录器上所显示的硫标准溶液硫含量值。重复操作三次，计算出各硫标准溶液的平均硫含量值。

7.2.6 利用硫质量(μg)和通过硫含量记录器读取的各硫标准溶液的平均硫含量值，画出各硫标准溶液的曲线。

当试样硫含量和硫标样相近时可采用单点校准，但至少重复测定三次。

7.2.7 每天或每测定完10次试样后检查校准线，确认操作条件是否发生变化。

7.2.8 为了确认试验操作和试验仪器是否正常，按照试样测定步骤测定硫标准溶液(5.9)，确认与标准值偏差。

7.2.8.1 在第一次进行试验时，其试验结果与标准溶液的标准值之间的偏差必须确保在式(3)计算允许误差范围之内。

$$|x-\mu|\leqslant\frac{R}{\sqrt{2}} \qquad \cdots\cdots(3)$$

式中：

x——试验结果，单位为毫克每千克(mg/kg)；

μ——硫标准溶液的标准值，单位为毫克每千克(mg/kg)；

R——再现性，单位为毫克每千克(mg/kg)。

7.2.8.2 在进行第 n 次试验时，其试验结果的平均值与标准溶液的标准值之间的偏差必须确保在式(4)计算允许误差范围之内。

$$|x_{bar}-\mu|\leqslant\frac{R_1}{\sqrt{2}} \qquad \cdots\cdots(4)$$

式中：

x_{bar}——试验结果的平均值，单位为毫克每千克(mg/kg)；

μ——硫标准溶液的标准值，单位为毫克每千克(mg/kg)；

R_1——$\sqrt{R^2-r^2(1-1/n)}$，单位为毫克每千克(mg/kg)；

R——再现性，单位为毫克每千克(mg/kg)；

r——重复性，单位为毫克每千克(mg/kg)；

n——试验次数。

7.2.8.3 确认试验结果是否在允许误差范围之内。如果不在允许误差范围之内，则检查试验仪器并重新进行试验。

7.3 试样测定

7.3.1 直接测定时：用微量注射器吸取适量的试样，按照7.2.2操作将其注入燃烧管之后，读取最大面积值。重复测定两次，取平均值。

注：根据试样的估计浓度，吸取适量试样，使之大致处于校准线范围的中间位置。

7.3.2 稀释测定时：正确称取试样并精确至1 mg，用异辛烷或甲苯将其稀释至50 mg/kg，获得试验所需的稀释试样溶液。根据7.3.1的步骤测定稀释试验溶液的含硫量。

注：对于含硫量没有超过200 mg/kg的试样，可以进行直接测定，而对于含硫量超过200 mg/kg的试样则最好进行稀释测定。

8 结果计算

8.1 在对试样进行直接测定时，根据校准线读取硫含量，再根据式(5)计算出试样的硫含量，修约到小数点后两位。

$$w(\mathrm{S})=\frac{10^3 m}{V\times\rho} \qquad \cdots\cdots(5)$$

式中：

$w(\mathrm{S})$——试样的硫含量，单位为毫克每千克(mg/kg)；

m——根据校准线读取的硫含量，单位为微克(μg)；

V——试样注入量，单位为微升(μL)；

ρ——试样密度，单位为克每立方厘米(g/cm³)。

8.2 在对试样进行稀释测定时，根据校准线读取硫含量，再根据式(6)计算出试样的硫含量，修约到小数点后两位。

$$w(\mathrm{S})=\frac{10^3 m\times G}{V\times H} \qquad \cdots\cdots(6)$$

式中：

$w(\mathrm{S})$——试样的硫含量，单位为毫克每千克(mg/kg)；

m——根据校准线读取的硫含量，单位为微克(μg)；

G——稀释试样溶液的总容量，单位为毫升(mL)；

V——试样注入量，单位为微升(μL)；

H——试样称取量，单位为克(g)。

8.3 取二次平行测定结果的算术平均值为测定结果。如果二次平行测定结果超出允许误差范围，则重新进行试验。

8.4 数值的修约按GB/T 8170规定进行。

9 精密度

重复试验和再现试验的结果不得超过表4中规定的允许值。

表 4 重复性和再现性

硫含量/(mg/kg)	重复性 r	再现性 R
超过 1～不足 10	1	2
超过 10～不足 30	2	4
超过 30～不足 1 000	$0.067\bar{x}$	$0.133\bar{x}$
注：$\bar{x}$ 为试验结果的平均值。		

10 试验结果报告

试验结果报告应包括以下部分：

a) 试样名称、采取场所和采取日期。

b) 测定方法标准号。

c) 所测定的试验结果。

d) 在测定过程中任何异常情况和需特别记录的事项。

附 录 A
（资料性附录）
本标准与日本标准结构性差异一览表

表 A.1 本标准与日本标准 JIS K 2541-2:2003《原油及石油产品——含硫量试样方法 第 2 部分:微电量滴定式氧化法》结构性差异一览表

本标准		日本标准 JIS K 2541-2:2003	
章节	内容	章节	内容
前言	前言	前言	前言
1	范围	1	适用范围
2	规范性引用文件	2	引用规格
3	原理	3	试验原理
4	试样的采取和制备	—	—
5	试剂	4	试剂
6	仪器设备	5	试验仪器
7	试验步骤	—	—
7.1	试验仪器准备	6	试验仪器准备
7.2	校正	7	装置的检查与校准线的制作
—	—	8	试样的提取与调制方法
7.3	试样测定	9	试样测定
8	结果计算	10	计算方法
8.4	数值的修约	11	结果的表示方法
9	精密度	12	精度
10	试验结果报告	13	试验结果报告

ICS 71.080.15
G 17

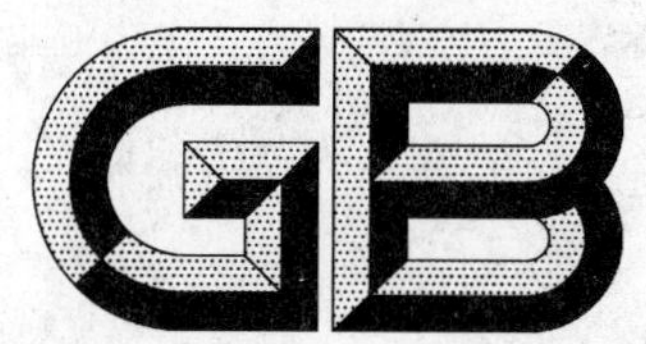

中华人民共和国国家标准

GB/T 3209—2009
代替 GB/T 3209—1982

苯类产品蒸发残留量的测定方法

Method for determination the amount of distillation residual of benzene-type product

2009-07-15 发布 2010-04-01 实施

中华人民共和国国家质量监督检验检疫总局
中国国家标准化管理委员会 发布

前　言

本标准代替 GB/T 3209—1982《苯类产品蒸发残留量的测定方法》。

本标准与 GB/T 3209—1982 相比主要差异如下：

——增加了“规范性引用文件”；

——修改了标准格式和单位表示；

——更新了引用文件。

本标准由中国钢铁工业协会提出。

本标准由全国钢标准化技术委员会归口。

本标准起草单位：武汉科技大学、冶金工业信息标准研究院。

本标准主要起草人：赵敏伦、何选明、陈晓霞、张少春、孙伟。

本标准所代替标准的历次版本发布情况为：

——GB/T 3209—1982。

苯类产品蒸发残留量的测定方法

1 范围

本标准规定了测定苯类产品蒸发残留量的试验原理,试样的采取、试剂、仪器、试验步骤、结果计算、精密度。

本标准适用于焦化苯、焦化甲苯、焦化二甲苯的蒸发残留量的测定。石油苯类产品也可参照使用。

2 规范性引用文件

下列文件中的条款通过本标准的引用而成为本标准的条款。凡是注日期的引用文件,其随后所有的修改单(不包括勘误的内容)或修订版均不适用于本标准,然而,鼓励根据本标准达成协议的各方研究是否可使用这些文件的最新版本。凡是不注日期的引用文件,其最新版本适用于本标准。

GB/T 686 化学试剂 丙酮

GB/T 1999 焦化油类产品取样方法

GB/T 3146 苯类产品馏程测定法

3 原理

将试样装入带冷凝器的蒸馏瓶中,蒸发 3/4 体积,将残留液注入已恒重的铝皿中,在空气流中加热蒸发至干,测定铝皿的增重,此增重即为试样的蒸发残留量。

4 试剂与材料

分析中除另有说明外,仅使用认可的分析纯试剂和蒸馏水或与其纯度相当的水。

4.1 丙酮:GB/T 686 分析纯。

4.2 空气:无尘粒和油雾。

5 仪器和设备

5.1 铝皿:平底,外径 80 mm~100 mm,高 25 mm~30 mm,重约 2 g。

5.2 电热恒温干燥箱:能保持温度 105 ℃±3 ℃。

5.3 分析天平:感量 0.0001 g。

5.4 蒸馏仪器:符合 GB/T 3146 的规定。

5.5 量筒:100 mL 的刻度量筒。

5.6 密封蒸发器:由蒸发罩和蒸发底盘组成,罩与底用螺丝连接,拧紧后不漏气。蒸发罩用有机玻璃或其他透明材料制成,蒸发罩的两侧上部相对处装有进气管和出气管。蒸发器底盘由紫铜板制成,盘的周边有孔,用螺栓把它与蒸发罩连接密封,蒸发器形状与尺寸如图 1 所示。

单位为毫米

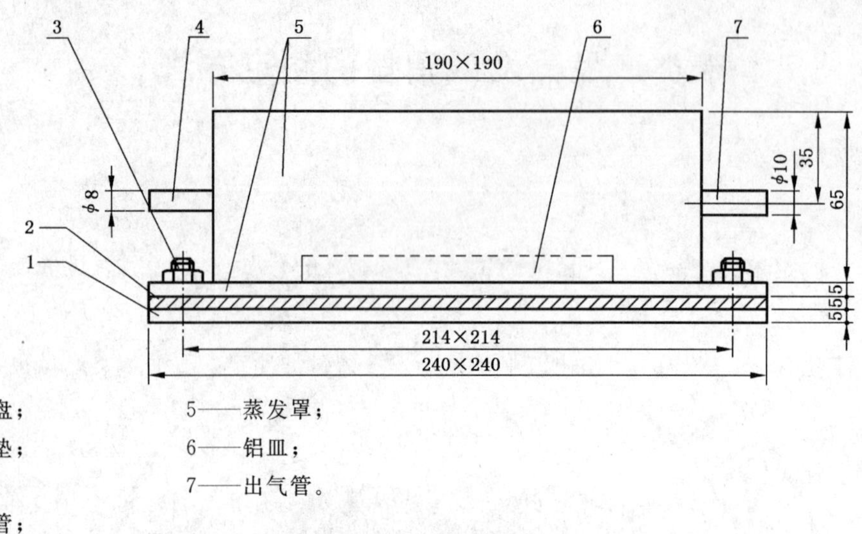

1——铜底盘；
2——橡胶垫；
3——螺栓；
4——进气管；
5——蒸发罩；
6——铝皿；
7——出气管。

图 1 密封蒸发器

5.7 加热装置：电热恒温水浴或其他加热装置。

5.8 流量计：流量上限为 0.5 m^3/h。

5.9 金属钳、漏斗、滤纸和干燥器等实验室用品。

6 采样

按 GB/T 1999 的规定，从大量物料中取出不少于 1 000 mL 的代表试样。

7 试验步骤

7.1 试验前先用丙酮(4.1)洗净铝皿，再用蒸馏水冲洗，最后再用丙酮洗一次，将铝皿放入电热恒温箱中，在 105 ℃±3 ℃下干燥 1 h，取出后放在密闭的干燥器中冷却 30 min。

用金属钳摄取铝皿到分析天平上称重，称准至 0.1 mg，再放入电热恒温箱中，在 105 ℃±3 ℃下烘干 30 min，冷却 30 min，称重，直到恒重(误差小于 0.002 g)。

7.2 用中速定性滤纸过滤试样，弃去最初 10 mL 滤液，量取 100 mL 滤过的试样，倒入蒸馏瓶中。连接单球分离管、水冷却管和牛角管。用煤气灯或者其他方法加热蒸馏瓶，进行蒸馏，蒸馏速度 4 mL/min～5 mL/min，直到量筒中达 75 mL 馏出物为止，立即撤去热源。

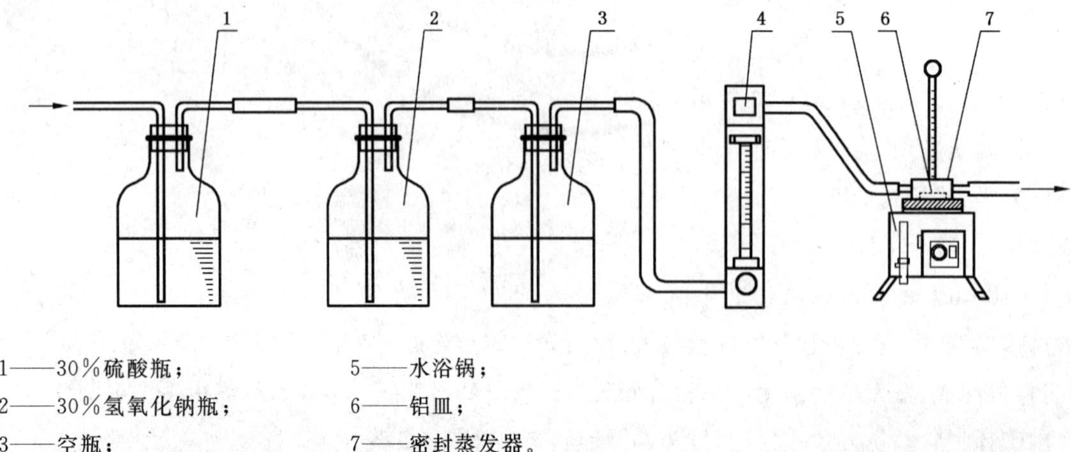

1——30%硫酸瓶；
2——30%氢氧化钠瓶；
3——空瓶；
4——转子流量计；
5——水浴锅；
6——铝皿；
7——密封蒸发器。

图 2 加热蒸发装置

7.3 将已经恒重的铝皿用金属钳摄取，置于洁净的蒸发器底盘上，把量筒里已经冷却的残液倒入铝皿中，将量筒倒立于铝皿上至少 15 s。

先将蒸发器移到水浴上加热，按图 2 连接流量计、空气净化装置，将出气口连接到排气口或室外。将铝皿放入蒸发器，倒入试样再将蒸发罩盖上，旋紧螺栓，通入净化过的空气，控制流速不超过 5 L/min，进行加热。空气从上方通过，蒸发试样至干，再继续通气 30 min。

注：如果用其他方法加热蒸发器，温度不超过 105 ℃。

7.4 移去蒸发罩，用金属钳取出铝皿放入 105 ℃±3 ℃的电热恒温干燥箱中，干燥 1 h，用金属钳取出铝皿放入干燥器中冷却 30 min，称量，称准至 0.1 mg，再放入 105 ℃±3 ℃的电热恒温干燥箱中烘干 30 min，称量，直至恒重(误差小于 0.002 g)。

8 结果计算

试样的蒸发残留量(m)按式(1)计算：

$$m = m_1 - m_0 \qquad (1)$$

式中：

m——试样蒸发残留量，单位为毫克每 100 毫升(mg/100 mL)；

m_1——铝皿和残留物质量，单位为毫克(mg)；

m_0——铝皿的质量，单位为毫克(mg)。

9 精密度

重复性(r)不得超过 0.4 mg/100 mL。

ICS 17.140
A 59

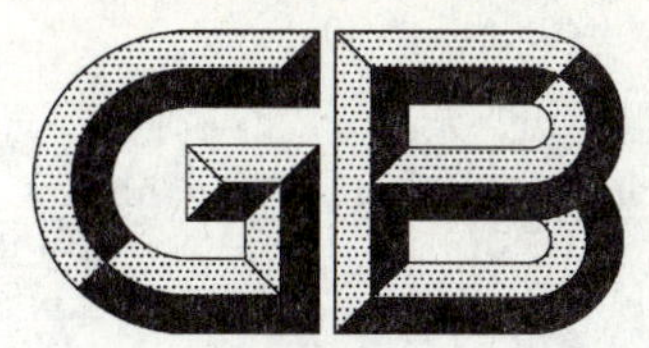

中华人民共和国国家标准

GB/T 3222.2—2009/ISO 1996-2:2007
代替 GB/T 3222—1994

声学 环境噪声的描述、测量与评价 第2部分:环境噪声级测定

Acoustics—Description, measurement and assessment of environmental noise—Part 2: Determination of environmental noise levels

(ISO 1996-2:2007, IDT)

2009-09-30 发布 2009-12-01 实施

中华人民共和国国家质量监督检验检疫总局
中国国家标准化管理委员会 发布

前　言

GB/T 3222《声学　环境噪声的描述、测量与评价》包含以下两个部分：

——第1部分：基本参量与评价方法；

——第2部分：环境噪声级测定。

本部分为GB/T 3222的第2部分，等同采用ISO 1996-2:2007(第2版)《声学　环境噪声的描述、测量与评价　第2部分：环境噪声级测定》。

本部分将ISO 1996-2:2007的规范性引用文件和参考文献中部分ISO标准替换成对应的有效的国家标准。

GB/T 3222.1—2006和本部分一起代替GB/T 3222—1994。

ISO/TC 43技术委员会对第1版的ISO 1996做了较大的修改。第2版的ISO 1996-1和ISO 1996-2删除和替代了第1版的ISO 1996-1:1982、ISO 1996-2:1987、ISO 1996-2/修订及ISO 1996-3。将第1版的标准名称《声学　环境噪声的描述和测量》改为《声学　环境噪声的描述、测量与评价》。增加了评价的内容。

GB/T 3222.2—2009和GB/T 3222—1994的主要差异是：GB/T 3222.2—2009是等同采用ISO 1996-2:2007(第2版)。而GB/T 3222—1994是参照采用ISO 1996-1:1982《声学　环境噪声的描述和测量　第1部分：基本量与测量方法》(第1版)和ISO 1996-2:1987《声学　环境噪声的描述和测量　第2部分：与土地使用有关的数据采集》(第1版)制定的。GB/T 3222—1994只适用于城市区域的环境噪声和城市交通噪声的测量与评价，因此仅采用了ISO 1996-1中等效连续A计权声级和累计百分率声级来评价噪声和ISO 1996-2:1987中的噪声等级划分方法来绘制城市噪声污染图，GB/T 3222.2—2009弥补了GB/T 3222—1994的不足，对道路交通、轨道交通、空中交通以及工业设备噪声、脉冲噪声、有调声等提供了明确的测量方法和有调声可听度的评估方法，并对气象条件和反射声对测量的影响提出了详细的估算及修正方法。GB/T 3222.2—2009提出了绘制噪声地图的原则，推荐了国际上目前广泛采用的一些噪声预测和计算软件。

本部分的附录A至附录E均为资料性附录。

本部分由中国科学院提出。

本部分由全国声学标准化技术委员会(SAC/TC 17)归口。

本部分起草单位：中国科学院声学研究所、同济大学声学研究所、浙江大学、合肥工业大学、西北工业大学、上海市环境科学研究院、长沙奥邦环保实业有限公司。

本部分主要起草人：程明昆、吕亚东、毛东兴、俞悟周、张邦俊、翟国庆、李志远、陈克安、周裕德、祝文英、莫建炎。

本标准所代替标准的历次版本发布情况为：

——GB/T 3222—1994。

声学　环境噪声的描述、测量与评价
第2部分:环境噪声级测定

1　范围

GB/T 3222的本部分规定了采用直接测量、通过计算将测量结果外推或完全由计算来确定声压级的方法,以作为评价环境噪声的基础。本部分推荐了尚未被其他规范采用的一些更好的测量或计算条件。GB/T 3222的本部分可以用于任何频率计权或任何频带下的测量,并给出了估算噪声评价结果不确定度的指南。

注1:鉴于GB/T 3222的本部分涉及实际工况下的测量,因此本部分与指定工况下规定噪声发射测量的其他ISO标准没有任何关系。

注2:为一般性起见,GB/T 3222的本部分省略了频率计权和时间计权的下标。

2　规范性引用文件

下列文件中的条款通过GB/T 3222的本部分的引用而成为本部分的条款。凡是注日期的引用文件,其随后所有的修改单(不包括勘误的内容)或修订版均不适用于本部分,然而,鼓励根据本部分达成协议的各方研究是否可使用这些文件的最新版本。凡是不注日期的引用文件,其最新版本适用于本部分。

GB/T 3222.1—2006　声学　环境噪声的描述、测量与评价　第1部分:基本参量与评价方法(ISO 1996-1:2003,IDT)

GB/T 3241—1998　倍频程和分数倍频程滤波器(eqv IEC 61260:1995)

ISO 7196　声学　次声测量的频率计权特性

IEC 60942:2003　电声学　声校准器

IEC 61672-1:2002　电声学　声级计　第1部分:规范

JJF 1059—1999　测量不确定度评定与表示(原则上等同GUM(Guide to the Expression of uncertainty in Measurement))

3　术语和定义

GB/T 3222.1:2006确立的以及下列术语和定义适用于本部分。

3.1

接收点位置　receiver location

对噪声做评价的位置。

3.2

计算方法　calculation method

由测量或预测的声发射及衰减数据来计算任一位置声压级的算法。

3.3

预测方法　prediction method

用来预测噪声级的算法。

3.4

测量时间段　measurement time interval

执行单一测量的时间间隔。

3.5

观察时间段　observation time interval

执行一系列测量的时间间隔。

3.6

气象窗　meteorological window

测量过程中,由于天气变化使测量结果足以产生有限和可知变化的一组天气条件。

3.7

声线曲率半径　sound path radius of curvature

R

与大气折射导致的声线弯曲相近似的半径。

注:R 的单位为千米(km)。

3.8

低频声　low-frequency sound

包含 16 Hz 到 200 Hz 的 1/3 倍频带测量频率的声音。

4　测量不确定度

按照 GB/T 3222 的本部分测定的声压级不确定度取决于声源和测量时间段、天气条件、与声源的距离、测量方法以及测量仪器。测量不确定度应根据 JJF 1059—1999 来确定。表 1 给出了估算测量不确定度的一些原则,其中测量不确定度用扩展不确定度表示。对 95%的置信度,扩展不确定度等于合成标准不确定度乘以包含因子 2。表 1 仅适用于等效连续 A 声级。对于噪声的最大声级、频带声级和有调声级,预计测量不确定度会更高。

注 1:由于起草 GB/T 3222 的本部分时缺少足够的资料,使得表 1 不够完整。在很多情况下,应适当增加影响不确定度的其他因素,如与传声器位置选择有关的不确定度因素。

注 2:主管当局可以设定其他置信度级别,如,包含因子为 1.3 时,置信度级别为 80%;包含因子为 1.65 时,置信度级别为 90%。

在测试报告中,置信度必须与扩展不确定度一并陈述。

表 1　L_{Aeq} 的测量不确定度一览表

标准不确定度				合成标准不确定度	扩展测量不确定度
仪器[a]	操作条件[b]	气候和地面条件[c]	残余声[d]	$\sigma_t=\sqrt{1.0^2+X^2+Y^2+Z^2}$	$\pm 2.0\sigma_t$
1.0 dB	X dB	Y dB	Z dB	dB	dB

[a] IEC 61672-1:2002 的 1 级仪器。如用其他仪器(IEC 61672-1:2002 的 2 级或 GB/T 3785、GB/T 17181 的 1 型声级计)或指向性传声器,其值将更大。

[b] 在重复性条件下(相同的测量过程、相同的仪器、相同的操作人员、相同的地点)及气象变化对结果几乎没影响的位置,至少要做 3 次、最好是 5 次测量来确定。对长期的测量,则需要更多次数的测量来确定重复性标准偏差。6.2 给出了确定道路交通噪声 X 值的一些说明。

[c] 其值会依据测量距离和主导气象条件而变化。附录 A 提供了应用简化气象窗的方法(这种情况下 $Y=\sigma_m$)。对长期测量,必须分别处理不同的天气类别,而后再将其综合;对短期测量,地面条件变化很小。但对长期测量,这些变化会大大增加测量不确定度。

[d] 其值会根据测量总值与残余声之差而变化。

5　仪器

5.1　仪器系统

包括传声器、风罩、导线和记录仪在内的仪器系统应符合 IEC 61672-1:2002 规定的 1 级或 2 级仪器。

主管部门可以要求仪器符合 IEC 61672-1:2002 的 1 级。

户外测量一定要使用风罩。

注 1：IEC 61672-1:2002 中规定 1 级仪器适用的空气温度范围为 −10 ℃到 50 ℃，2 级仪器为 0 ℃到 40 ℃。

注 2：满足 GB/T 3785 和 GB/T 17181 要求的大部分声级计同样也满足 IEC 61672-1 的要求。

对倍频带或 1/3 倍频带测量而言，1 级和 2 级仪器系统应分别满足 GB/T 3241 的 1 级和 2 级滤波器要求。

5.2 校准

在每次系列测量前后，应及时用符合 IEC 60942:2003 的 1 级声校准器加在传声器上，在一个或多个频率上对整个测量系统的校准进行校验。对于 2 级测量仪器，采用 1 级或 2 级声级校准器。

如果测量时间很长(如一天或一天以上)，则应按规定的时间间隔(比如每天一次或两次)，对系统进行声或电校准。

建议按 IEC 60942:2003 要求，每年对声校准器进行至少一次可溯源检验；每两年对仪器系统按 IEC 相关标准进行至少一次检验。

记录最后一次根据相关 IEC 标准校验的日期以及与 IEC 标准相符的信息。

6 声源的运行

6.1 概述

噪声测试时，声源的工况在统计意义上要具有代表性。为可靠估算等效连续声压级和最大声压级，测量时间段至少应包含所要求的最小数目的噪声事件。6.2 到 6.5 给出了最常见的噪声源类型的指南。

注：GB/T 3222 的本部分工况都是实际状况，因此，有别于噪声发射测量的国家标准中规定的工况。

通常，轨道和空中交通噪声的等效连续声压级 L_{eqT} 可以通过测量大量单次事件的暴露声级 L_E 来计算。当噪声是稳态的或时变的，如道路交通和工业设备噪声，可以直接测量等效连续声压级 L_{eqT}。道路车辆的单次暴露声级 L_E 只能在交通流量较小的道路上测量。

6.2 道路交通

6.2.1 L_{eq} 的测定

测量 L_{eq} 时，要对测量时间段内驶过的机动车数目进行统计，如果测量结果要转换到其他的交通条件，至少要将机动车分成“重型”和“轻型”两类。为了确定交通条件是否有代表性，应当测量平均车速，并注明路面类型。

注：一般将质量超过 3 500 kg 的车辆定义为重型车。重型车按照轮轴的数量又分成几个子类。

用于平均单个机动车噪声发射变化所需要的通过车辆数取决于要求的 L_{eq} 测量准确度，如果没有更好的资料可用，表 1 中标准不确定度 X 可按式(1)计算，单位为分贝(dB)：

$$X \simeq \frac{10}{\sqrt{n}} \qquad \cdots\cdots(1)$$

式中：

n——通过的车辆总数。

注：式(1)适用于混合道路交通。如果只有一种类型的机动车，则标准不确定度会更小。

当用单辆机动车的 L_E 和交通统计结果来计算参考时间段内的 L_{eq} 时，每种机动车的最小数目是 30。

6.2.2 L_{max} 的测量

GB/T 3222.1 中定义的最大声压级对不同类型的机动车有所不同，而每种类型的机动车，由于车辆的个体差异及行驶速度或驾驶方式的不同，最大声压级会有一定的离散。最大声压级应根据至少

30 辆同类型机动车驶过的声压级测量结果来确定。

6.3 轨道交通

6.3.1 L_{eq}的测量

测量至少要包含 20 次列车的通过噪声。对总 L_{eq}有明显影响的每种列车至少要测量 5 次，如有必要，测量可在第二天继续进行。

6.3.2 L_{max}的测量

为测量某一类型列车的最大声压级，至少要记录 20 次驶过的该类列车的最大声压级，如果不能获得那么多列车的数据，则在报告中应说明驶过列车的数量，并对不确定度的影响作出评估。

6.4 空中交通

6.4.1 L_{eq}的测定

测量应包含每种对声压级测定有明显影响的飞机中五架次或更多架次通过的噪声，并保证其飞行方式（跑道的使用，起降程序，机型组成，每天飞行时间分布等）与测量结果是相关的。

6.4.2 L_{max}的测定

在测定某个特定的居民区内空中交通的最大声压级时，应在最接近居民区的飞行航迹上，保证测量时间段内含有噪声发射最大的飞机类型。最大声压级的确定至少要测量五架，最好是 20 架或以上噪声级最大的飞行事件。为了估计最大声压级分布的百分数，至少要记录 20 个相关结果，如果不能获得这么多记录，则应在报告中说明飞过的飞机数量，并评估对不确定度的影响。

注：通过噪声可能由飞行中的飞机引起，也可由地面，如滑行引起。

6.5 工业设备

6.5.1 L_{eq}的测量

声源工况要进行分类。对每一类工况，设备声发射的时间变化特性要足够稳定，其变化要小于天气条件（见第 7 章）变化引起的传播途径衰减的变化。每种工况下设备声发射随时间的变化应根据 5 min～10 min 的 L_{eq}值来确定，测量的时间要长到足以包括所有主要声源的噪声贡献，同时应该足够短，使气象的影响最小（见第 7 章）。如果声源是周期变化的，测量时间应为循环周期的整数倍。如果不满足上述判据，应将工况重新分类。测量每一类工况的 L_{eq}并计算最终的 L_{eq}，同时应考虑每一类工况的频次及持续时间。

6.5.2 L_{max}的测量

测量工业设备噪声的最大声压级时，应保证在最靠近接收器位置上，测量周期中包含噪声发射最大的设备工况。最大声压级至少应根据最吵的相关工况的 5 个事件来确定。

注：工况根据设备运行方式及其位置来确定。

6.6 低频声源

直升机、桥梁振动、地铁、冲压设备、气动施工设施等都属于低频声源，GB/T 3222.1 的附录 C 对低频声作了进一步讨论。8.3.2 和 8.4.9 给出了低频噪声的测量方法。

7 天气条件

7.1 概述

天气条件应代表测量噪声暴露时的状况。

道路或轨道表面应干燥，地面没有冰雪覆盖，而且应当既没有冻结也没有过多的积水，除非是要专门研究这种条件。

测量时的声压级会随天气条件而变化。对于软地面来说，当式(2)条件满足时，这种变化不大。

$$\frac{h_s + h_r}{r} \geqslant 0.1 \qquad \cdots\cdots(2)$$

式中：

h_s——声源高度；

h_r——接收者高度；

r——声源与接收者之间的距离。

如果地面是硬表面，可允许较大声源与接收者之间的测量距离。

测量期间的气象条件要作描述，必要时要进行监测。当式(2)的条件不能满足时，天气条件会对测量结果产生严重影响。7.2 和 7.3 给出了一般说明，同时附录 A 给出了更详细的说明。声源上风方向的测量不确定度较大，通常不适合做短期环境噪声的测量。

7.2 有利于声传播的条件

为便于结果的比较，最好在根据标准要求确定的气象条件下进行测量，这样可保证测量结果的再现性。在相当稳定的声传播条件下即为这种情况。

在声线向下折射时(例如顺风时)满足这种条件。它意味着有较高的声压级及中等的声级变化。这种条件下声线的曲率半径 R 为正值，且取决于地面附近的风速和温度梯度，如式(A.1)所示。

当有一个主导声源时，要选择声线从该声源到接收器向下弯曲的气象条件，并且按照附录 A 所给条件，如 $R<10$ km 来选取测量时间段。

原则上，$R<10$ km 成立的条件如下：

——风是从主导声源刮向接收器(昼间角度在±60°之内，夜间在±90°之内)；

——地面上 3 m 到 11 m 高度测得的风速昼间在(2～5) m/s 内，或夜间大于 0.5 m/s；

——近地没有强的负温度梯度，如昼间没有强烈阳光的情况。

7.3 在某个天气条件范围内的平均声压级

要估算某个天气条件范围内的平均环境噪声级需要相当长的测量时间段，经常要几个月。变通的方法是，将代表不同天气条件的短期良好监测结果，通过考虑天气统计在内的计算，组合起来确定长期的平均环境噪声级。

要考虑将声源工况与天气相关的声传播相结合，以便测量结果中包含每个重要的声暴露分量。

为了确定长期的平均噪声级(如年平均噪声)，就必须考虑全年内声源发射和声传播的变化。

8 测量方法

8.1 原则

为了选择合适的观察和测量时间段，就可能需要在相对长的时间周期内进行调查测量。

8.2 测量时间段选择

选定的测量时间段要覆盖噪声发射及传播的所有重要变化。如果噪声呈现周期性，测量时间段至少要包含三个整周期。若在一个周期内不能进行连续测量，则要选择能够代表该周期一部分的测量时间段，这样联合起来就能够代表整个周期。

当测量单一事件噪声时(如飞机在飞越期间噪声都在变化，但是在相当一部分参考测量时间段内没有飞机飞越)，选择的测量时间段应保证能够进行单一事件暴露声级 L_E 的测定(见 8.4.3)。

8.3 传声器位置

8.3.1 户外

对某一指定位置情况进行评价时，要在该处设置传声器。

对于其他情况，要用下列位置之一：

a) 自由场位置(参考条件)

自由场可以是实际的自由场，也可以是理论上的自由场。对理论情况而言，作为地面上的假想自由场，建筑物外面的入射声场声压级是依据靠近建筑物所作的测量结果来计算的[见 8.3.1b)和 8.3.1c)]。这里所说的入射声场指的是排除了所有来自传声器后面任何建筑物的反射(如果有的话)。

起障板作用的房子背后的位置也可看作是入射场位置，只不过这种情况与8.3.1b)和8.3.1c)的位置无关，且包含了建筑物背面的反射。

b) 齐平安装在反射面上的传声器位置

这种情况下用来获得自由场入射声场的修正值是-6 dB，附录B给出了应满足的条件。对其他条件，必须选用不同的修正值。

注：安装在墙面上的传声器和自由场传声器之间的差值在理想状况下是+6 dB，实际情况和该值存在小的偏差。

c) 反射面前0.5 m~2 m处的传声器位置

这种情况下用来获得自由场入射声场的修正值是-3 dB，附录B给出了应满足的条件。对其他条件，必须选用不同的值。

注：在没有任何直立反射障碍物影响声波到接收器传播的理想状况下，置于墙面前方2 m的传声器与自由场传声器之间的声压级差接近3 dB。在复杂情况下，如高密度建筑群或峡谷式街道等，这种差值会更大。即使在理想状况下，也可能有一些局限。对于近乎掠入射，由于偏差可能较大，不推荐采用这种位置。进一步的说明见附录B。

理论上讲，本条所述的任何位置都可以使用，只要报告中注明选用的位置以及是否相对于参照条件作了任何修正。在某些具体情况，本条所述的位置受到进一步的限制。进一步的说明见附录B。

对一般的噪声地图绘制，在多层居民区内，传声器高度在(4.0±0.5) m。在单层居住区和娱乐场所内，传声器高度在(1.2±0.1)m或(1.5±0.1)m。

对于长期的噪声监测，可用其他的传声器高度。

用于绘制噪声地图的网格点上的噪声级通常由计算得到。如果在特殊情况要进行测量，那么在某个区域选择的网格点密度取决于相关研究要求的空间分辨率和噪声声压级的空间变化。这种变化在声源和大型障碍物附近最强烈，因此网格点密度在这些地方应更高。通常，在两个相邻网格点间的声压级差不应大于5 dB，如声级差明显较大，应在中间加网格点。

8.3.2 室内

在房间里受影响人员经常活动的区域内至少要均匀地布置三个测点，或者，对连续噪声可用一个旋转的传声器系统。

若认为低频噪声为主(见6.6)，三个测点中的一个应设在墙角，并且不允许用旋转传声器。墙角位置应距最重墙体角落所有界面0.5 m，并且在0.5 m内没有任何墙洞。

其他传声器的位置距离墙壁、天花板和地面至少0.5 m，距重要的传声单元如窗户、进气口至少要有1 m。相邻的传声器之间的距离至少0.7 m。如果使用连续移动传声器系统，其扫描半径至少为0.7 m。扫描的横向平面应倾斜以覆盖该房间许可空间的大部分，但与房间的任何一面的夹角不能小于10°。上述有关分散的传声器位置与墙、天花板、地板及传声单元之间的距离要求也适用于移动传声器的位置，移动周期的持续时间不应小于15 s。

注：在只测量A计权和低频对A声级影响很小的情况下，有时只需用一个传声器位置。

本章的方法主要用于体积小于300 m^3 的房间。对于更大的房间，可能要有更多的传声器位置。在这种情况下，对于低频噪声，额外传声器位置的三分之一应放在角落。

8.4 测量

8.4.1 概述

GB/T 3222.1定义了变量和评价声级，如年平均、白天等效声级 L_d、晚间等效声级 L_e、昼夜等效声级 L_{dn}、白天-晚间-夜间等效声级 L_{den}。

8.4.2 等效连续声压级 L_{eqT}

通常的 L_{eq} 测量：如果交通密度低或者残余声压级高，如有可能，L_{eq} 声级要用单独驶过的 L_E 测量来测定。通常轨道或空中交通是这种情况，分别见6.3.1和6.4.1。对于短期平均，为了平均天气引起的传播途径中的变化，如果式(2)条件满足，通常只需测量5 min；若式(2)的条件不满足，则至少要测量

10 min。为了得到声源工况的代表性样本,可能有必要增加最少的次数(见第6章)。

8.4.3 **暴露声级 L_E**

如果测量事件所需数量的 L_{eq} 不可行,则可以测量每一事件的 L_E。要按第6章规定的最小数量的声源运行事件进行测量。要在长到足以包括所有重要的噪声贡献的时间周期内,对每个事件进行测量。对一个驶过事件,要测量到声压级至少低于最大声级10 dB为止。

8.4.4 **累计百分数声级 $L_{N,T}$**

记录测量时间段内的短期 L_{eqT}($T \leqslant 1$ s),或记录采样时间小于所用时间计权的时间常数的声压级。记录结果的声级分档间隔应为1.0 dB或更小。所用的参数基础和记录期间的时间计权以及用以确定 $L_{N,T}$ 的声级分档间隔要在报告中说明,如"基于10 ms、按0.2 dB分档的 L_F 采样",或"基于 $L_{eq,1s}$、1.0 dB分档"。

8.4.5 **最大时间计权与频率计权声压级 L_{Fmax},L_{Sman}**

用规定的时间计权F(快档)或S(慢档),按第6章所述,测量最少数量的声源工况事件的 L_{Fmax} 或 L_{Sman},并记录每个结果。

注:时间计权F比时间计权S与人们的感觉更相近,但通常用时间计权S会改善再现性。

8.4.6 **峰值声压级 L_{peak}**

见ISO 10843的轰声,爆炸声等。

注:IEC 61672-1仅规定了峰值检波器的C-计权准确度。

8.4.7 **有调声**

如果在接收器位置的噪声特性含有可听到的有调声,则应当进行有调声显著性的客观测量,应选择有调声听得最清楚的传声器位置,并按照附录C所述的参考方法和按照附录D所述的简化方法进行分析。

注:由于室内有调声的模态特性,通常不推荐对室内噪声进行有调声分析。对有些频段,在外立面前的传声器也会遇到同样的问题。

8.4.8 **脉冲声**

还没有普遍承认的用客观测量去检出脉冲声的方法。如果脉冲声存在,要对声源进行识别并将它与GB/T 3222.1中的脉冲声源明细表进行比较。此外,要确认该脉冲声具有代表性并且在测量时段内存在。

8.4.9 **低频声**

室内,要在8.3.2规定的三个传声器位置上进行测量。室外,要在自由声场里或直接在墙面上进行测量;见附录B。GB/T 3222的本部分的方法对低到16 Hz的倍频带通常都是有效的。但对这些低频进行测量时,为了保证是自由场的测量,除地面外,传声器位置距最近的主要反射面至少要16 m。

注:8.3.1c)提到的反射面前的传声器位置对低频声测量还没有规定。

8.4.10 **残余声**

当测量环境噪声时,GB/T 3222.1定义的残余声也和指定研究的声源之外的所有噪声一样,通常是个问题。原因之一是规范常常要求不同类型声源的噪声要分开处理。例如要把交通噪声与工业噪声分开实际上常常很难做到。另一个原因是测量通常在室外进行。风直接作用在传声器上和间接作用在树木、建筑物等上面引起的噪声也会影响结果。鉴于这些噪声源的特点,很难甚至不可能对它们进行任何的修正。但是,如果必须测量残余声,则要按9.6去进行修正。

8.4.11 **测量的频率范围**

如果需要噪声的频率分析,那么除非另有规定,通常采用下列中心频率的倍频带滤波器进行倍频带声压级的测量:

63 Hz、125 Hz、250 Hz、500 Hz、1 000 Hz、2 000 Hz、4 000 Hz、8 000 Hz。

也可选择中心频率从50 Hz到10 000 Hz的1/3倍频带测量。

对A权计声压级没有显著影响(<0.5 dB)的频带可以排除不计,并在报告中说明。

对低频声,感兴趣的频率范围是从5 Hz到100 Hz。在20 Hz以下范围的声音,有些国家用符合ISO 7196的G-计权来评价。在15 Hz以上,有几个国家用16 Hz到100 Hz的倍频带或1/3倍频带来分析。对于低频声,GB/T 3222的本部分的扩展频率范围从12 Hz到200 Hz(16 Hz,31 Hz,63 Hz,125 Hz和160 Hz 1/3倍频带)并按ISO 7196进行评估。

9 测量结果的计算

9.1 概述

把所有的户外测量值修正到参考条件,即修正到除了地面之外所有反射都被排除的自由场声级。

9.2 时间积分声级 L_E 和 L_{eqT}

对每一传声器位置及每一种声源工况,确定 L_E 或 L_{eqT} 测量值的能量平均。

注:GB/T 3222.1给出了如何得到评价声级诸如 L_{Rdn} 和 L_{Rden} 的说明。

9.3 最大声级 L_{max}

对每个传声器位置及每种声源工况,确定最大声级的如下之值:

——最大值;

——算术平均值;

——能量平均值;

——标准偏差;

——L_{max}测量值的统计分布。

对具有正态分布的同类单一事件组合,用式(3)和图1来估算最大声压级的分布百分数:

$$L_{max,p} = \overline{L}_{max} + y \cdot s \qquad (3)$$

式中:

$L_{max,p}$——p%的事件超过的最大声压级;

$\overline{L}_{max}$——所有事件 L_{max} 的算术平均值;

s——事件最大声级的标准偏差(正态分布标准偏差估算值);

y——图1中给出的标准偏差因子。

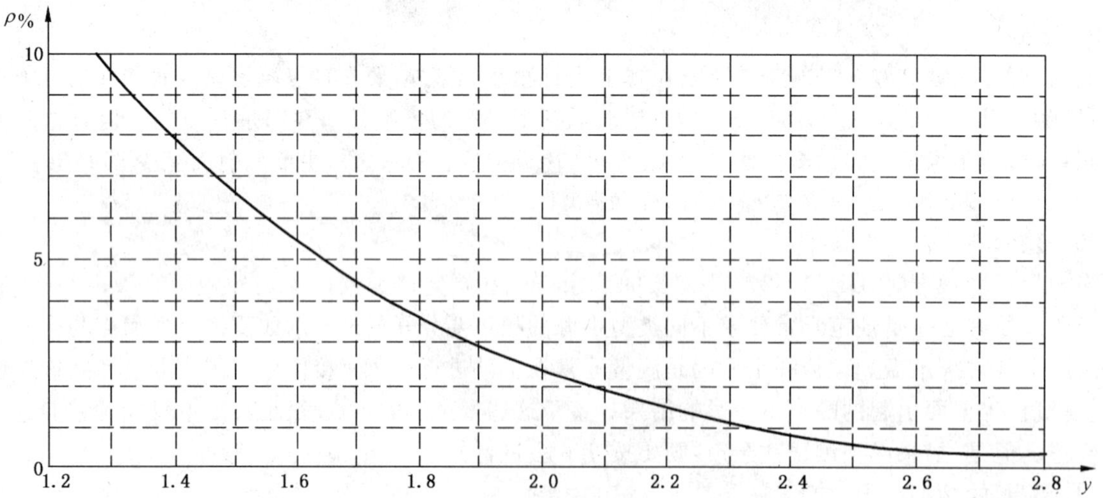

图1 超过某一最大声压级的单一事件百分数 p 与标准偏差因子 y 的关系曲线,最大声压级正态分布的(算数)平均值

示例:假如要得到500辆机动车辆驶过的第5个最大声压级,那么相应的百分数是(5/500)×100%=1%,从图1中

可得到式(3)的因子 y,它是 $y=2.33\approx2.3$,即

$$L_{\max(5)} = \overline{L}_{\max} + 2.3s$$

式中:

$L_{\max(5)}$——第5个最大声压级;

s——最大声级的标准偏差。

9.4 累计百分数声级 $L_{N,T}$

通过对采样数值进行统计分析得到 $N\%$ 的统计声级(即累计百分数声级)$L_{N,T}$。

9.5 室内测量

要用扫描传声器或离散点位置。如果使用了离散的传声器位置,要按照式(4)计算等效连续声压级的空间平均值(单位:dB):

$$L_{\text{eq}} = 10\ \lg \frac{1}{n}\sum_{j=1}^{n}10^{\frac{L_{\text{eq}j}}{10}} \qquad \cdots\cdots(4)$$

式中:

n——传声器测点数,大于等于3;

$L_{\text{eq}j}$——测点 j 的等效连续声压级,单位为分贝(dB)。

如果是在交通条件不同的不同测量时段进行测量,那么要用适当的计算方法将每个噪声级 $L_{\text{eq}j}$ 转换到相同的参考交通条件;见11.2。

如果测量房间装有家具或天花板做了声学处理,则不需对测量值进行修正。如果房间是空的而且没有做声学处理,则要从测量值中减去3 dB。

注:用3 dB来考虑有家具与没有家具房间的差别是一种简化处理,以免做混响时间的测量;另一方面,如果规范有要求,则可能有必要测量混响时间并要将所测声压级归一化到规范的参考状况。

9.6 残余声

如果残余声压级比所测声压级低10 dB或更大,则不需修正。测量值对被测声源有效。

如果残余声压级比所测声压级小3 dB或更小,则无法做修正。因此测量不确定度会很大。但其结果仍可写在报告上,它对确定被测声源声压级的上限可能有用。若这些数据写在报告中上报,则要在报告中以及结果的图表中清楚地说明,所报告的数据不可能修正去除残余声的影响。

对于残余声压级比所测声压级低3 dB至10 dB的情况,按式(5)修正,单位为分贝(dB):

$$L_{\text{corr}} = 10\ \lg(10^{L_{\text{meas}}/10} - 10^{L_{\text{resid}}/10}) \qquad \cdots\cdots(5)$$

式中:

L_{corr}——修正后的声压级;

L_{meas}——测量的声压级;

L_{resid}——残余声声压级。

10 外推到其他条件

10.1 位置

测量结果的外推常常用来估算其他位置的声压级。例如,当残余声妨碍了接收器位置的直接测量时,这种外推是有用的。

噪声测量要在严格规定的位置上进行,不能离与声源延伸有关的声源太近(不在声源某些部分的近场内),也不能太远(要求天气对声传播的影响较小)。计算从声源到测量位置传播的声衰减,可得到声源噪声发射的估算。然后将这个估算用来计算比中间测量位置距声源更远的位置的声压级。

计算声传播衰减的方法见第11章。中间位置的选择要便于可靠的测量和计算。例如在声源和传声器之间不应有遮挡障碍物,为了测量期间使天气条件的影响最小,最好提高传声器的高度。

10.2 其他时间和工况

通常测量时间都比参考时间段短，因而测量结果必须调整到其他时间或工况。用短期测量值计算长期平均时，要考虑诸如交通流量、机动车辆组合、天气条件分布等的影响。有时要对一天的不同时间进行不同的计权。这样的调整必须以某种计算方法为基础，见第 11 章。

11 计算

11.1 概述

很多情况下，计算能够替代或补充测量。当需要确定长期平均值以及鉴于过大的残余声压级使得测量不可能进行的情况下，计算要比单个短期测量更可靠。对后一种情况，有时在离声源较近的距离进行测量，然后用计算方法来计算更远距离的结果是比较方便的。

在计算而不是测量声压级时，必须有声源噪声发射的数据，如最好是声源声功率级（包括声源指向性），以及在环境中产生与真实声源相同声压级的点源位置。对交通噪声而言，常用特定条件下确定的声压级来替代声功率级，这些数据通常在建立的计算模型中给定，但在其他情况，它们必须在每个单个事件中测定。

使用一个从声源到接收器传播的适当模型，就能够计算评价点的声压级。必须把声传播与适当规定的气象和地面条件联系起来。大多数计算模型用的是中性或有利于声传播的条件。因为其他传播条件对预测太困难。地面的声阻抗也很重要，特别是在短距离和声源及接收器高度很低的情况下。大多数模型的区别仅在于是硬地面还是软地面。一般来说，声源和接收器位置高，更容易得到准确的计算。

不同的计算目的需要不同的准确度。作为绘制一个区域噪声级地图基础的网格点，其必须的密度取决于绘图的目的。在声源和大型障碍物附近，噪声级变化最强。因此在这些地方，网格点的密度应当更高。通常对总噪声暴露，图上相邻网格点声压级之差不应大于 5 dB，在选择是用噪声控制设备还是用经济补偿形式的减噪措施时，选择的网格点密度应当使相邻点的变化不超过 2 dB。

11.2 计算方法

11.2.1 概述

虽然有一些能够用于声功率已知的声源的声传播标准，诸如：GB/T 17247.1，GB/T 17247.2 和 ISO/TS 13474，但还没有国际上完全承认的计算方法。附录 E 列出了一些国家的计算方法。

11.2.2 特定方法

分别用于道路、轨道和空中交通噪声评价的计算方法已开发出来。许多方法只限于 A 计权声压级的计算和可用于指定的频谱。通常都是用 L_{eq} 来度量，有时附加 L_{max}，但也有例外。

12 资料记录和报告

要记录和报告下列相关的测量资料：

a) 时间、日期及测量位置；

b) 仪器及校准情况；

c) 测得的以及相关的修正后的声压级（L_{eqT}, L_{E}, L_{max}），A-计权（也可以选择 C-计权），也可选用它们的频带声压级；

d) 测得的累计百分数声级（$L_{N,T}$），包括其计算的基础数据（采样率及其他参数）；

e) 测量不确定度与置信概率的估算；

f) 测量期间残余声压级的资料；

g) 测量的时间段；

h) 测量地点的整个描述，包括地面覆盖物和地面条件，以及测量位置，包括传声器及声源距地面的高度；

i) 工况的描述,包括对每种相应类别规定的机动车/火车/飞机驶过的数量;

j) 气候条件的描述,包括风速、风向、云层覆盖情况、温度、气压、湿度和是否存在降雨降雪以及风和温度传感器的位置;

k) 把测量值外推到其他条件所用的方法。

为了计算,a)到 k)所列的相关资料,包括计算不确定度都要给出。

附　录　A
（资料性附录）
气象窗和由天气引起的测量不确定度

A.1　天气和测量不确定度

在测量期间噪声级变化受天气条件的影响。本附录中，天气条件用声线的曲率半径来表征。对于天气原因引起的声传播衰减变化的标准偏差 σ_m 所给出的测量不确定度值，对特定的声传播条件适用。但是对各种各样天气条件下声传播影响构成的长期平均噪声级，不能给出这样的不确定度值。本附录特别适用于测量时间段为 10 min 到数小时的情况。

A.2　天气特征

对于近乎水平的传播情况，与大气折射引起的声线曲率近似的半径 R 可以用式(A.1)确定。R 随距离地面的高度而变化。

$$R=\frac{c(\tau)}{\frac{k_{\mathrm{const}}}{\sqrt{\tau}}\frac{\partial\tau}{\partial z}+\frac{\partial u}{\partial z}} \qquad \cdots\cdots\cdots\cdots(\mathrm{A.1})$$

式中：

$c(\tau)$——空气中的声速，单位为米每秒(m/s)，$c(\tau)=c_0\sqrt{\tau}$，$c_0=20.05$，单位为$\frac{\mathrm{m}}{\mathrm{s}\sqrt{\mathrm{K}}}$；

u——传播方向的风速分量，单位为米每秒(m/s)；

k_{const}——常数，$k_{\mathrm{const}}=10$，单位为$\frac{\mathrm{m}}{\mathrm{s}\sqrt{\mathrm{K}}}$；

τ——空气的绝对温度，单位为开尔文(K)；

z——离地面的高度，单位为米(m)。

R 的数值可以根据离地面 10 m 和 0.5 m 处的温度及风速差，用式(A.2)来近似，单位为千米(km)：

$$R=\frac{3.2}{0.6\Delta\tau+\Delta u\cos\theta} \qquad \cdots\cdots\cdots\cdots(\mathrm{A.2})$$

式中：

$\Delta\tau$——离地面 10 m 高和 0.5 m 高之间的空气温度差值，单位为开尔文(K)；

Δu——离地面 10 m 高和 0.5 m 高之间的风速差值，单位为米每秒(m/s)；

θ——风向与声源到接收器方向之间的夹角。

在测量较小温度差时要仔细，因为这个差值通常比温度计校准时的不确定度要小。

A.3　有利的声传播条件

声线曲率半径 R 依赖于风速和温度的平均梯度，而且是确定声传播条件的最重要因素。正的 R 值对应于向下弯曲的声线(如顺风或逆温)。这样的声传播条件通常被认为是“有利的”，即声压级高。

注 1：例如云层覆盖小于 70%的夜晚，可以发生逆温的情况。

注 2：$R=\infty$对应于直线声传播(无风、均匀的大气)，而负的 R 值对应于向上的声线曲率(如逆风或平静的夏天白日)。

A.4　关于对声传播有利的曲率半径及相关的天气引起的不确定度的说明

为了保证能在任何天气条件下进行测量，式(2)要求在距离声源大约 50 m 到 100 m 时，传声器的高度要超过 5 m 或 10 m。对更典型的传声器高度上的测量，图 A.1 详述了对于“有利”声音传播条件的曲率半径，并指出了相关测量结果的标准偏差 σ_m，这一偏差被认为是由于在诸如草地的多孔性地形上传播时天气变化引起的。本图不适用于长期测量。

图 A.1 中，根据声源高度 h_s 和接收器高度 h_r，对所谓的“高”和“低”的情况作了区分。当声源和传声器离地面的高度都在 1.5 m 或以上时，是“高”的情况。当声源离地面低于 1.5 m 时，传声器要离地面 4 m 或更高才能看成是“高”的情况。如果声源离地面高度低于 1.5 m，而传声器的高度为 1.5 m 或者更低，这种情况称为“低”。在“低”的情况测量时对天气条件的要求比“高”时更苛刻。

——高的情况：$h_s \geq 1.5$ m 和 $h_r \geq 1.5$ m 或 $h_s < 1.5$ m 和 $h_r \geq 4$ m；

——低的情况：$h_s < 1.5$ m 和 $h_r \leq 1.5$ m。

当声源与测量位置之间的整个地形表面是硬的时，只要没有形成声影区，天气导致的标准偏差可以忽略，即在“低”的情况直到 25 m，“高”的情况直到 50 m 时，都有 $\sigma_m \cong 0.5$ dB。

注 1：A.3 的说明是基于测量数据。这些数据主要来源于 4 m 或更高的接收器而不是 1.5 m 或 2 m 高度的接收器。

注 2：图 A.1 中，在“高”情况下，传播距离小于 200 m 时，曲率半径可以为负值。

图 A.1 适用于无屏障的平整地形，对于有屏障的接收器位置或复杂地貌，还没有任何定量的资料。在这些资料可以应用之前，对有屏障的情况建议采用图 A.1 并且将有屏障的位置定义为“低”的情况。

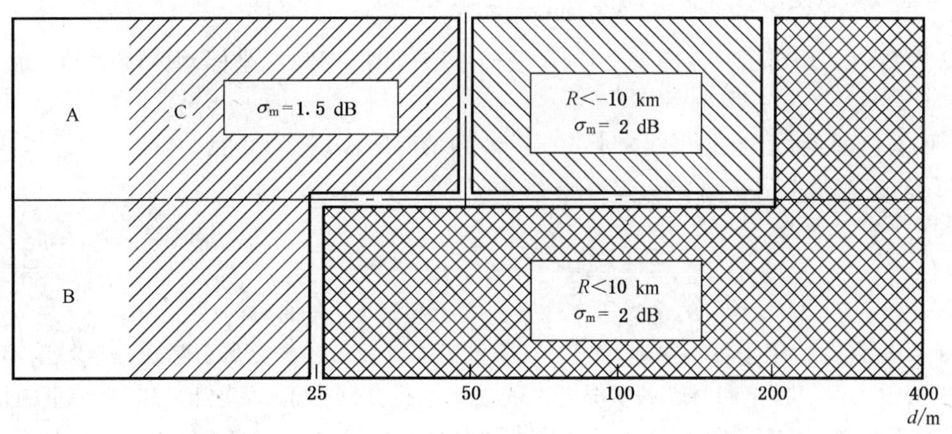

(A 高，B 低，C 无限制)

图 A.1　用相对于多孔性地面上各种声源/接收器高度组合(A 到 C)情况下天气影响产生的标准偏差 σ_m 来表述的声线曲率半径 R 以及相关的测量不确定度贡献

在图 A.1 中，在大于 400 m 的距离 d(m)处，曲率半径小于 10 km，因此标准偏差(测量不确定度) σ_m 等于 $\left(1+\frac{d}{400}\right)$ dB。

对于道路或其他延伸性声源，曲率要在一个通过传声器位置并垂直于道路中心线(如有可能，或垂直于声源的特征大尺度)的平面上来确定。平均风向要在传声器与道路垂线的 ±60° 范围内。声源到接收器间的有效距离要沿着平均风速矢量与道路到传声器的法向间夹角的一半来确定；见图 A.2。

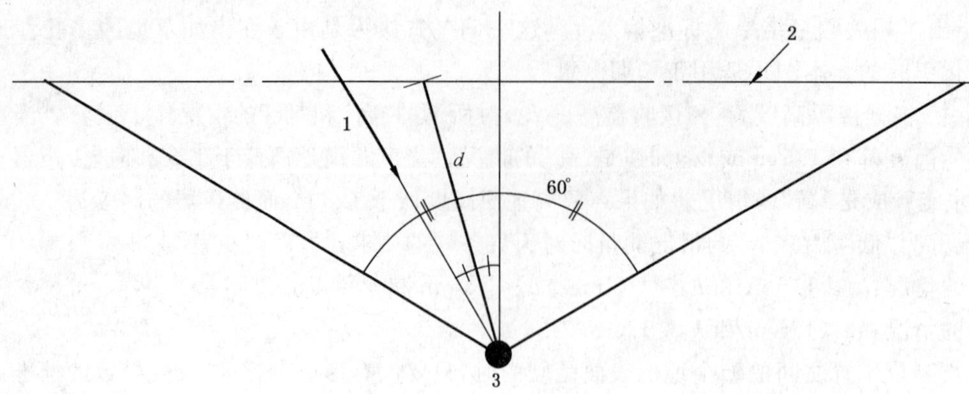

1——平均风向；
2——中心线；
3——测量位置。

图 A.2 根据道路与有效的声源-接收器之间距离 d 确定的有利传播条件

A.5 关于声线曲率满足图 A.1 要求的说明

图 A.3 和图 A.4 给出了一年的每个月(横坐标)每天的时间段(纵坐标)太阳的高度，也就是温度梯度的限制：

——A 区对应的是太阳在地平线之上 40°到 60°角的时间段；

——B 区对应的是太阳在地平线之上 25°到 40°角的时间段；

——C 区；

——D 区；

——AA 区(见图 A.4)对应的是太阳在地平线之上超过 60°角的时间段。

图 A.3 和图 A.4 适用于城市绿地，如草地、零星树木以及城市或郊区分散民居区域的声传播。

表 A.1 给出了保证“高”和“低”的状况下声线曲率半径分别小于－10 公里和 10 公里的最小可接受的顺风因素。对顺风因素的要求取决于云和要求的曲径半径 R。

表 A.1 影响曲率半径 R[a] 的特性

一天的时间周期	云层覆盖	离地面 10 m 处最小风速分量/(m/s)	
		R<－10 km (高，d>50 m)	R<10 km (低，d>25 m)
A	8/8 厚且密	0.4	1.3
	6/8 到 8/8	1.2	2.0
	<6/8	2.0	2.7
B	8/8 厚且密	0.2	1.2
	6/8 到 8/8	0.9	1.7
	<6/8	1.6	2.3
C	8/8 厚且密	0	0.9
	6/8	0.3	1.3
	<4/8	0.8	1.7
夜间	6/8 到 8/8	0.1	>0.5
	<6/8	风速>2 m/s 分量≥0.1	
D	只在声源附近测量		

[a] 对一天的不同时间和云层覆盖情况，该要求保证曲率半径 R 在“高”和“低”情况分别小于－10 km 和 10 km。

A 区对应于“夏天的正午”。对厚且密的云层,要求顺风分量为 1.3 m/s 才能满足判据 $R<10$ km。对薄云或晴朗天气,为了保证 $R<10$ km,顺风分量必须在 2.7 m/s 以上。这是在声源与接收器距离超过 25 m 的“低”状况下的要求。

B 区代表夏日的上下午及春秋的中午附近。例如,云层覆盖小于 6/8 时,顺风分量为 2.3 m/s 能够满足判据 $R<10$ km。

C 区由一天里 A 或 B 时间以外的小时构成。例如在 4/8 的薄云覆盖,顺风分量为 1.7 m/s 时,判据 $R<10$ km 可以满足。

D 区的小时是指太阳升起及之后 1.5 h 和太阳降落之前 1.5 h 直至降落的时间。在这些时间里温度可能会发生很大的局部变化,建议对天气敏感的测量不要在这一段时间进行,除非在特殊情况下这样的条件是非常关键性的。

在夜间(图 A.3 和 A.4 中用黑色表示),当云层覆盖大于 6/8 时,仅需要很小的顺风分量。如果夜间云层小于 6/8,可能出现很大的局部温度梯度,需要 2 m/s 或更高的风速来避免特殊的声传播影响,比如像逆温条件下的声聚焦。

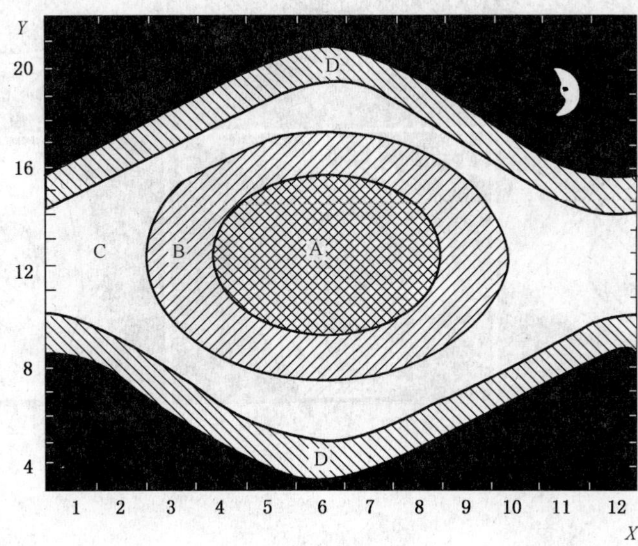

X——每年的月份(1 表示从一月开始);

Y——每天的时间(时)。

注 1:图 A.3 和表 A.1 中所使用的数据是在北纬大约 56°收集的。

注 2:其他纬度的数据见图 A.4。

图 A.3 当太阳高度即温度梯度处在北纬 56°一定界限内时的时间段

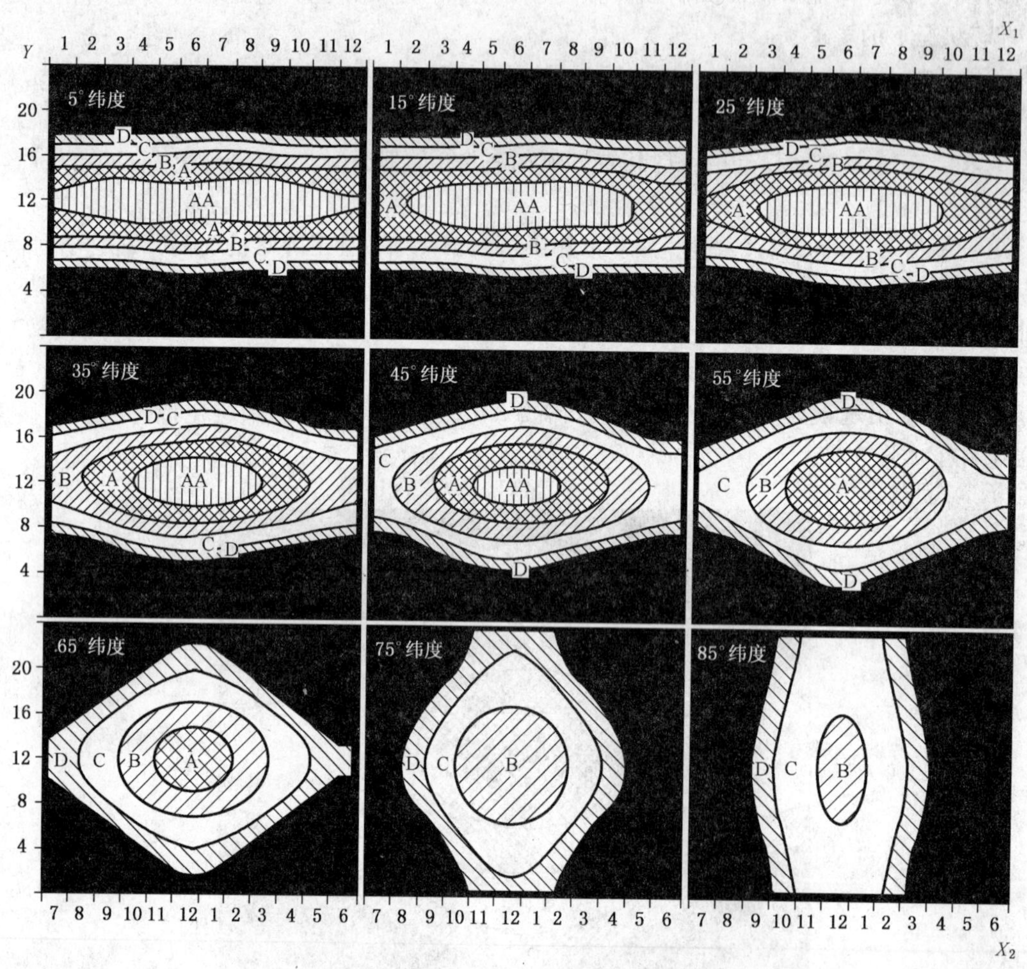

X_1——一年之中月份(从1即1月开始),赤道以北;

X_2——一年之中月份(从7即7月开始),赤道以南;

Y——每天的时间(时)。

注1:用来建立图A.4的数据是在北纬约56°收集得到的,可推广应用到其他纬度。AA区内关于顺风要求的数据不够充分。

注2:X_2对应的是南半球的情况。

图A.4 太阳高度即温度梯度在不同纬度一定范围内的时间段

附　录　B
（资料性附录）
相对于反射面的传声器位置

B.1　自由场位置

除地面外，没有近到足以影响声压级的任何反射面的位置。除地面之外，传声器到任何声反射面的距离应至少是传声器到声源最主要部分的距离的二倍。

注：对小的声反射面并且能够证明其反射的影响不大，则可以作为例外。这可以根据考虑反射面的主要尺寸和波长后的计算来判断。

B.2　直接安在表面上的传声器

在下面提到的限制和要求条件下，这个位置目的是要获得比入射声的声压级（自由场）正好高＋6 dB的增量。

此位置在反射面上，并且在某个频率 f 以下直达声和反射声是同相的。对声音由多个角度入射的宽带交通噪声而言，对一个安装在反射面上直径为 13 mm 的传声器，f 约为 4 kHz。如果声音主要是以掠入射到达，则这个位置应当回避。

距传声器 1 m 内的墙面应平整（±0.05 m 之内），传声器到墙面边缘的距离应大于 1 m，传声器可以按图 B.1 所示安装，或者传声器膜片与安装板表面齐平。安装板厚不应大于 25 mm，其尺寸不小于 0.5 m×0.7 m。传声器到安装板的边缘和对称轴的距离应大于 0.1 m，以减小板边缘的衍射影响。

为了避免测量的频率范围内的声吸收和共振，该板应在声学上是坚硬而厚实的材料，如厚度超过 19 mm 的胶合板或朝墙的一面最少有 3 mm 阻尼材料的 5 mm 铝板。

注：图 B.1 中的板架有柔性胶条以弥补墙面的不平整。

小心不要让板和粗糙墙面之间产生干扰性的空气动力噪声。

当墙是由混凝土、石头、玻璃、木材或类似的硬质材料做成时，传声器安装可以不用平板。这种情况下，在传声器 1 m 半径的距离内，墙表面平整度要在±0.01 m 之内。在倍频带测量时，应使用直径 13 mm或更小的传声器。如果频率范围扩大到 4 kHz 以上，应当使用 6 mm 传声器。

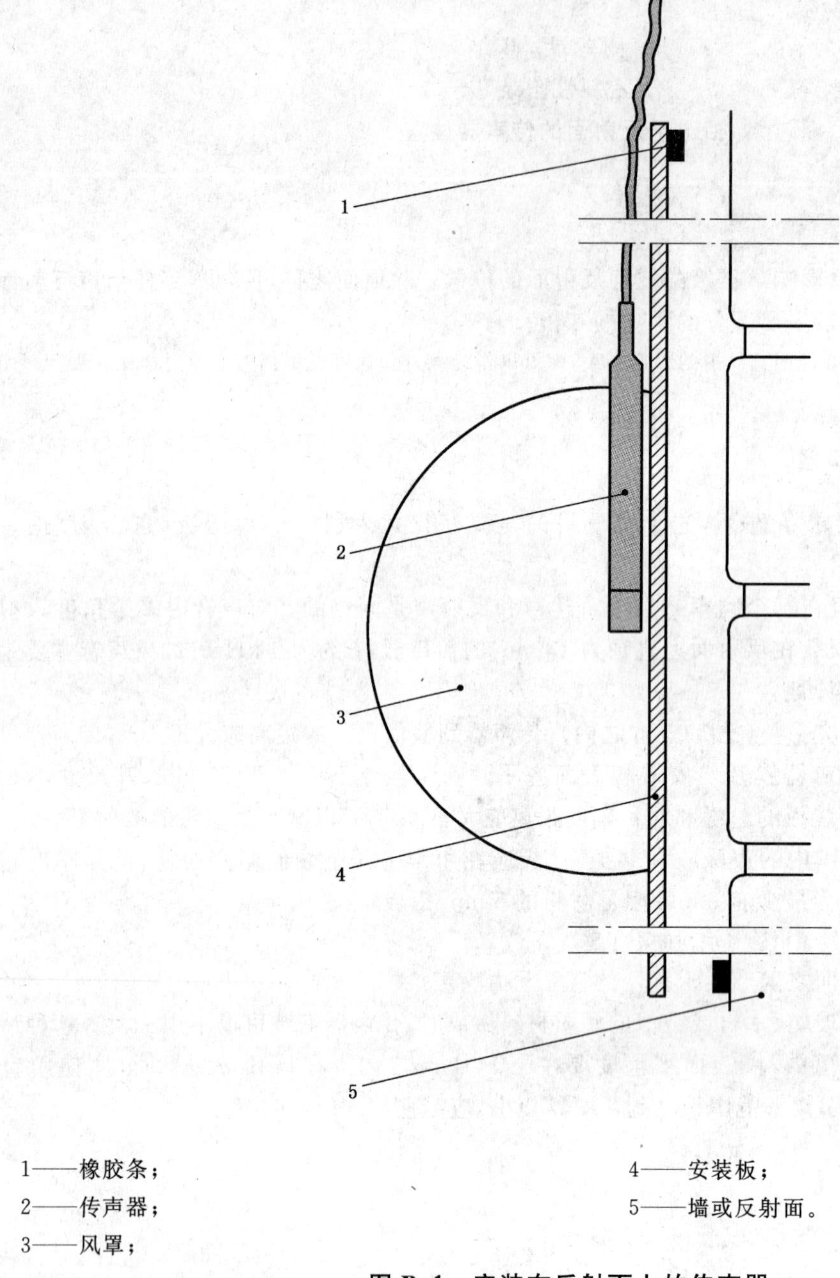

1——橡胶条；
2——传声器；
3——风罩；
4——安装板；
5——墙或反射面。

图 B.1 安装在反射面上的传声器

B.3 靠近反射面的传声器

在下面提到的限制和要求下，该位置目的在于获得比入射声的声压级(自由场声级)正好大+3 dB的增量。

当传声器距反射面的距离是直达声与反射声同样强的地方，并认为测量的频带足够宽时，反射引起直达声场的能量加倍，声压级增加了 3 dB。

墙面平整度应在±0.3 m之内，传声器不应放在声场受突出的建筑物表面之间多次声反射影响的地方。

窗户可以考虑为墙面的一部分。测量时应关闭，但允许为传声器电缆留个小开口。B.1 到 B.3 的判据保证了测得的整个等效声压级或最大声压级与入射声压级加 3 dB 之后的偏差小于 1 dB。两种情况被区分；见图 B.2：

a) 延伸性声源，即声源视角 α 为 60°或更大；

b) 点声源，即 α 小于 60°。

对于窄带声源或频带测量，建议用自由场或+6 dB 的位置。

从位于点 M 的传声器引垂线与反射面交与点 O，其垂直距离为 d；见图 B.2，当确定视角 α 时，点 O 被看成代表传声器位置。沿着角 α 的平分线来测量距离 a' 和 d'。点 M' 在平分线上，与反射面的垂直距离为 d。

从点 O 到反射面最近边缘的水平距离为 b，垂直距离为 c。为了避免 125 Hz 到 4 kHz 倍频带范围内的边缘效应，应当满足水平测量的判据式(B.1)和垂直测量的判据式(B.2)。

$$b \geqslant 4d \qquad \cdots\cdots(B.1)$$

$$c \geqslant 2d \qquad \cdots\cdots(B.2)$$

用于延伸性声源的式(B.3)和用于点声源的式(B.4)所给出的判据可保证入射声和反射声的强度相等。

$$d' \leqslant 0.1a' \qquad \cdots\cdots(B.3)$$

$$d' \leqslant 0.05a' \qquad \cdots\cdots(B.4)$$

式 B.5 到 B.8 所给出的判据可保证把传声器放在离墙面附近+6 dB 区域足够远的距离。

——延伸性声源 A 计权总声压级，按照式(B.5)：

$$d' \geqslant 0.5\ \text{m} \qquad \cdots\cdots(B.5)$$

——延伸性声源倍频带声压级，按照式(B.6)：

$$d' \geqslant 1.6\ \text{m} \qquad \cdots\cdots(B.6)$$

——点声源 A 计权总声压级，按照式(B.7)：

$$d' \geqslant 1.0\ \text{m} \qquad \cdots\cdots(B.7)$$

——点声源倍频带声压级，按照式(B.8)：

$$d' \geqslant 5.4\ \text{m} \qquad \cdots\cdots(B.8)$$

1——建筑物墙面或其他反射面；

2——延伸性声源；

M——传声器位置；

d——传声器位置到反射面 O 的垂直距离；

RO——角 α 的平分线。

图 B.2 靠近反射面的传声器

附 录 C
（资料性附录）
评价噪声中有调声可听度的客观方法——参考方法

C.1 引言

本附录提供了在有争议时，用来检验可听的有调声是否存在的测量方法。本方法根据有调声的显著程度，也提供了推荐的调整声级。客观方法的目的在于按听者通常的做法去评价有调声的显著性。本方法是基于临界频带的心理声学概念，临界频带被定义为在此频带之外的声音对频带内的有调声可听度没有明显的影响。

该方法包括用于稳态的和变化的有调声、窄带噪声、低频有调声的评价方法，并且从 0 dB 到 6 dB 对结果进行逐级调整。

C.2 客观方法

C.2.1 概述

本方法有三个步骤：

a） 窄带频率分析（最好是 FFT 分析）；

b） 有调声以及围绕有调声的临界频带内掩蔽噪声的平均声压级的测定；

c） 有调声可听度 ΔL_{ta} 和调整值 K_t 的计算。

C.2.2 频率分析

用至少 1 min 的线性平均（“长期平均”）来测量窄带 A 计权频谱。

有效的分析带宽要小于含有有调声的临界频带带宽的 5%。表 C.1 给出了临界频带的宽度。

建议包括频率分析仪在内的测量装置用以 20 μPa 为基准的 dB 值来校准，并且建议用汉宁计权作为窗函数。

注 1：根据推荐的汉宁时间窗，有效分析带宽（或有效噪声带宽）为频率分辨率的 1.5 倍。频率分辨率是谱线之间的距离。

注 2：临界频带宽的 5% 作为有效分析带宽，刚能听到的有调声通常作为局部极大出现，比平均谱中周围掩蔽噪声至少高出 8 dB。

注 3：在一个有很多彼此相隔很近的有调声分量的复杂有调声这种少见的情况下，可能必须要有一个更高的分辨率来正确测定掩蔽噪声级。

注 4：如果频谱中可听有调声频率变化在平均时间内大于临界频带频率范围的 10%，可能需要将长时间的平均（长期平均）分成许多短期的平均。

C.2.3 声压级的测定

C.2.3.1 有调声的声压级 L_{pt}

用目测观察方法从窄带频谱中可以分辨有调声。有调声的声压级根据频谱来测定。

所有下降 3 dB 对应的带宽小于实际临界频带宽 10% 的局部极大值均看成是一个有调声。

同一临界频带中，所有 i 个有调声的声级 L_{pti} 要按能量相加以给出该频带的总有调声声级 L_{pt}，如式（C.1）所给：

$$L_{pt} = 10\ \lg \sum 10^{\frac{L_{pti}}{10}} \qquad \cdots\cdots (C.1)$$

注：如果“有调声”是个窄带噪声，或者有调声频率变化，或者有调声频率与谱线频率不一致，则有调声在平均谱中显示出几条线。这种情况下，有调声声级 L_{pli} 是声级与局部最大声级相差 6 dB 之内的所有谱线的能量和，并要对所用的窗口函数的影响进行修正（对汉宁计权，这个是线谱能量之和减去 1.8 dB）。

在有调声表现为低频的情况下，建议研究有调声的总声级是否高于听阈(GB/T 4854.7)。如果在一个临界频带内的总有调声声级低于听阈，则在有调声可听度的评价中，应当不考虑这个临界频带。

C.2.3.2 临界频带的带宽和中心频率

表C.1给出了临界频带宽。

表C.1 临界频带宽

中心频率 f_c/Hz	50到500	500以上
带宽/Hz	100	f_c 的20%

临界频带的中心频率 f_c 应定位在有调声频率上。当一个临界频带范围内存在数个有调声时，临界频带要按照令有调声总声级 L_{pt} 和掩蔽噪声级 L_{pn}（见C.2.3.3）的差值最大的方法围绕最显著的有调声对称地定位。

对于一个临界频带中心频率的定义，只有那些比最大的有调声声级低10 dB或不到10 dB的有调声被认为是有意义的。

注：临界频带的中心频率 f_c 可以在测量频率范围内连续变化，最低临界频带为0～100 Hz。

C.2.3.3 临界频带内掩蔽噪声的声压级，L_{pn}

临界频带内的掩蔽平均噪声级 $L_{pn,avg}$ 可以通过对距中心频率 f_c 两边大约±0.5到±1的临界频带范围内窄带频谱中的“噪声谱线”声级的目测平均来得到。忽略该范围内所有由有调声及其两侧频带的最大值后，即可找到“噪声谱线”。

掩蔽噪声的总声压级 L_{pn} 可以用临界频带内的平均噪声级 $L_{pn,avg}$ 按式(C.2)计算得出(单位dB)：

$$L_{pn} = L_{pn,avg} + 10\lg\frac{B_{crit}}{B_{eff}} \qquad \cdots\cdots(C.2)$$

式中：

B_{crit}——临界频带宽，单位为赫兹(Hz)；

B_{eff}——有效分析带宽，单位为赫兹(Hz)。

C.2.4 有调声可听度 ΔL_{ta} 和调整值 K_t 的计算

有调声可听度 ΔL_{ta} 是用高于掩蔽阈MT的分贝数来表示；见图C.1。调整值 K_t 是为了得到一个时间段的有调声修正评价声级而加到该时间段的 L_{Aeq} 上的值。根据一临界频带的有调声声级和掩蔽噪声级之差 $L_{pt}-L_{pn}$，ΔL_{ta} 和 K_t 两者都能够用图C.1来确定。用给定的临界频带中心频率 f_c 和给定的声级差 $L_{pt}-L_{pn}$，则可在图C.1中确定一个点。有调声可听度 ΔL_{ta} 可表达为 $L_{pt}-L_{pn}$ 与图中所示的掩蔽阈之差。K_t 可以由图中标有不同值的 K_t 线间的插值得到。ΔL_{ta} 也可用式(C.3)计算，K_t 可以用式(C.4)计算。

$$\Delta L_{ta} = L_{pt} - L_{pn} + 2 + \lg\left[1+\left(\frac{f_c}{502}\right)^{2.5}\right] \qquad \cdots\cdots(C.3)$$

式中：

L_{pt}——临界频带内有调声总声压级，单位为分贝(dB)；

L_{pn}——临界频带内掩蔽噪声的总声压级，单位为分贝(dB)；

f_c——临界频带的中心频率，单位为赫兹(Hz)。

用分贝(dB)表示的调整值 K_t，按式(C.4)到式(C.6)来确定：

——对 10 dB$<\Delta L_{ta}$，按式(C.4)：

$$K_t = 6\ \text{dB} \qquad \cdots\cdots(C.4)$$

——对 4 dB$\leqslant\Delta L_{ta}\leqslant$10 dB，按式(C.5)：

$$K_t = \Delta L_{ta} - 4 \qquad \cdots\cdots(C.5)$$

——对 $\Delta L_{ta}<$4 dB，按式(C.6)：

$$K_t = 0\ \text{dB} \qquad \cdots\cdots(C.6)$$

注：K_t 不限于整数值。

当几个有调声(或几组有调声)在不同的临界频带同时出现,应对这些临界频带的每一个分别评价,含有最显著的有调声的临界频带(即给出最高 ΔL_{ta} 的有调声)对 ΔL_{ta} 和调整值 K_t 有决定性作用。

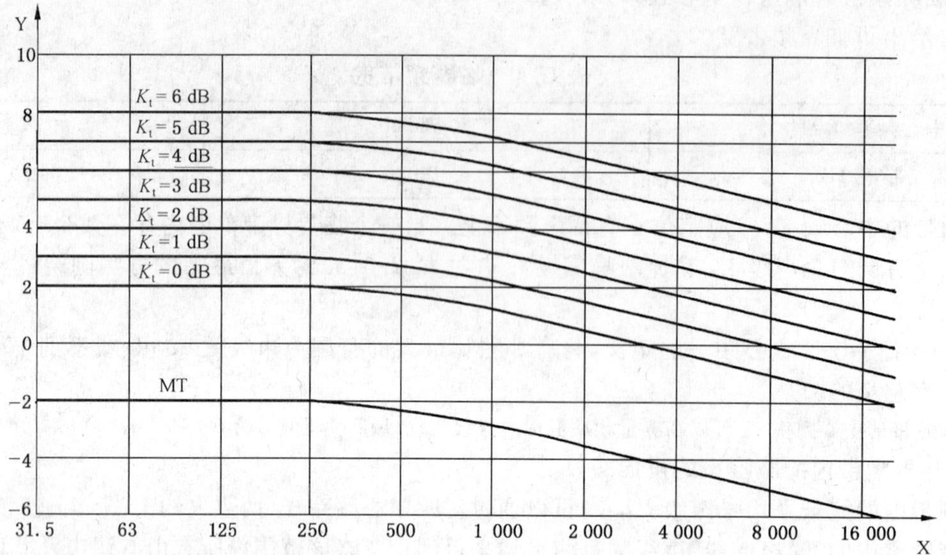

X——临界频带的中心频率,单位为赫兹(Hz);

Y——$L_{pt}-L_{pn}$,单位为分贝(dB)。

注:L_{pt}是临界频带内有调声的总声压级,L_{pn}是临界频带内掩蔽噪声的总声压级。

图 C.1 掩蔽阈 MT 及确定调整值 K_t 的曲线

C.3 文件

用于分析的文件,应给出以下资料:

a) 用于分析:

——被平均的谱数,测量时间周期和有效分析带宽;

——窗函数(如汉宁窗),时间计权(Lin)和频率计权(A);

——典型的频谱(至少一个),带有表示临界频带位置和该频带内的平均噪声级。

b) 用于决定性临界频带中的计算:

——说明结果是由目测观察还是自动计算获得;

——临界频带的频率范围和用于目测平均或线性回归的范围(见 C.4.3);

——有调声的频率和声级及总有调声声级(相对于基准声压 2×10^{-5} Pa 的 L_{pti} 和 L_{pt},单位 dB);

——在临界频带内的掩蔽噪声级(相对于基准声压 2×10^{-5} Pa 的 L_{pn},单位 dB);

——有调声可听度(高于掩蔽阈的 ΔL_{ta},单位 dB);

——调整值的大小(K_t,单位 dB)。

c) 其他会引起调整的临界频带的有调声应注明其频率。

C.4 有关有调声和掩蔽噪声级的详细定义

C.4.1 概述

为了用计算机执行本方法,C.4 给出了关于有调声和噪声更加全面的定义,参见图 C.2。

注:执行分析的技术人员对结果的正确性有最终的责任。因此,能实现对软件结果的直观检查是十分重要的。必须要有一个至少注明了有调声谱线、临界频带和回归线的频谱图。若能进一步用不同颜色表征噪声、噪声暂停和有调声的谱线将会很有帮助。

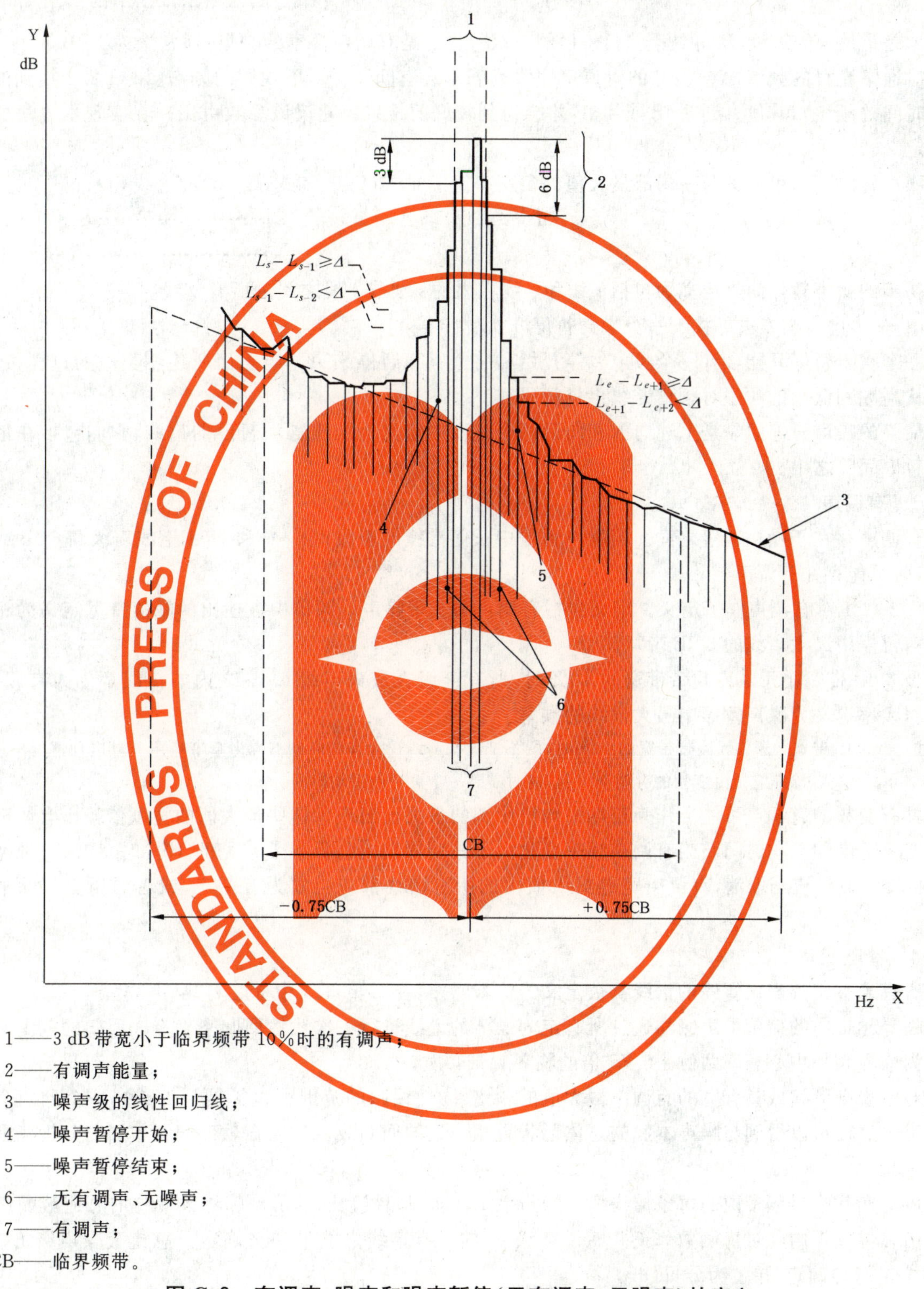

1——3 dB 带宽小于临界频带 10%时的有调声；

2——有调声能量；

3——噪声级的线性回归线；

4——噪声暂停开始；

5——噪声暂停结束；

6——无有调声、无噪声；

7——有调声；

CB——临界频带。

图 C.2 有调声、噪声和噪声暂停（无有调声、无噪声）的定义；

Δ 是有调声搜索的判据，且通常选择为 1 dB

C.4.2 噪声暂停

噪声暂停是指有可能存在有调声的局部最大值区域，噪声暂停根据以下原则定义和寻找。

一个噪声暂停的开始点在局部最大的正斜率上找出，它是满足式(C.7)和式(C.8)条件的谱线 s：

$$L_s - L_{s-1} \geqslant \Delta \quad \cdots\cdots (C.7)$$

$$L_{s-1} - L_{s-2} < \Delta \quad \cdots\cdots (C.8)$$

L_s是谱线 s 的声级，L_{s-1}是谱线($s-1$)的声级等。Δ 是有调声搜索的判据，通常选为 1 dB。

对通常光滑的频谱，Δ=1 dB 的有调声搜索判据不会有问题。对不规则的频谱(如 C.2.2 提到的短平均时间的频谱)，其值直到 3 dB 或 4 dB 才会得到较好的结果。建议该参数由用户在实现本方法的软件中定义。

噪声暂停的结束定义为一局部最大值的负斜率上满足式(C.9)和式(C.10)的谱线 e：

$$L_e - L_{e+1} \geqslant \Delta \quad \cdots\cdots (C.9)$$

$$L_{e+1} - L_{e+2} < \Delta \quad \cdots\cdots (C.10)$$

初步的噪声暂停间隔定义为包括 s 线和 e 线在内的 s 线与 e 线之间的所有谱线。

由 $e+1$ 谱线出发去寻找下一个噪声暂停开始。

一个噪声暂停只能含有一个噪声暂停开始和一个噪声暂停结束。与上面所述相类似的过程，还要按照从高频到低频的顺序对频谱谱线再进行研究。

最终的噪声暂停间隔是上述向前和向后两个过程中定义为初步噪声暂停的谱线，它们包括在最终噪声暂停间隔之中。

C.4.3 有调声

有调声存在于噪声暂停之间。当噪声暂停中任何谱线的声级比 $s-1$ 和 $e+1$ 谱线声级高 6 dB 或更多时，就可能存在有调声。

C.2.3.1 对有调声作了定义。定义包括有调声和窄带噪声。频谱中被检出的峰值带宽定义为相对于噪声暂停中最大谱线的 3 dB 带宽。

当 3 dB 带宽小于临界频带带宽的 10%时，所有声级在最大声级 6 dB 之内的谱线都划为有调声。有调声频率定义为噪声暂停中最大谱线的频率。

注：当 3 dB 带宽大于临界频带带宽的 10%时，既不把这些谱线视为有调声也不视为窄带噪声。对这种情况不用给出调整值，除非它是由变频的有调声引起，这时需要一个更短的平均时间。

具有变频的有调声可能会作为长期平均谱中宽的最大值出现。这些最大值的宽度依赖于有调声的频率变化范围和平均时间。当有调声频率变化大于平均周期内临界频带带宽的 10%时，10%的带宽判据(见 C.2.3.1)应当取消，有调声宽的最大值内的所有谱线都应当划为有调声，或者要用更短的平均时间。

C.4.4 掩蔽噪声

所有未被归到噪声暂停的谱线都被定义为掩蔽噪声，在 C.2.3.3 中称之为“噪声线”。

临界频带内的掩蔽噪声级靠通过所有定为噪声的谱线进行一次线性回归来确定。回归的范围通常应选为临界频带中心频率两侧±0.75 倍的临界频带带宽。

对不规则频谱或具有宽的有调声最大值的频谱，线性回归的范围可以扩展到加或减一个到两个临界频带。这样可以得到与噪声本底的总体形状更相一致的回归线。建议在软件编制中回归分析范围由用户定义。

应对实际临界频带内的每条谱线赋予噪声级 L_n，即回归线预测的值。临界频带内的总掩蔽噪声级 L_{pn}，由临界频带内经过窗函数修正并赋予声级 L_n的所有谱线之能量和来确定。总掩蔽噪声级 L_{pn}可以用式(C.11)确定，单位为分贝(dB)：

$$L_{pn} = 10\lg(\Sigma 10^{\frac{L_n}{10}}) + 10\lg\frac{\Delta f}{B_{eff}} \quad \cdots\cdots (C.11)$$

式中：

Δf——频率分辨率，单位为赫兹(Hz)；

B_{eff}——有效分析带宽，单位为赫兹(Hz)。

C.5 示例

本章的示例是用基于 350 条谱线的频谱和 2 min 测量时间的自动程序来分析的。

例 1　见图 C.3

——临界频带：	3.6 kHz—4.4 kHz；
——4 kHz 有调声：	46.7 dB；
——有调声声级 L_{pt}：	46.7 dB；
——3 dB 有调声带宽：	800 Hz 的 0.5%；
——临界频带中的 L_{pn}：	37.3 dB；
——相对于 MT 的有调声可听度 ΔL_{ta}：	13.7 dB；
——调整值 K_t：	6.0 dB。

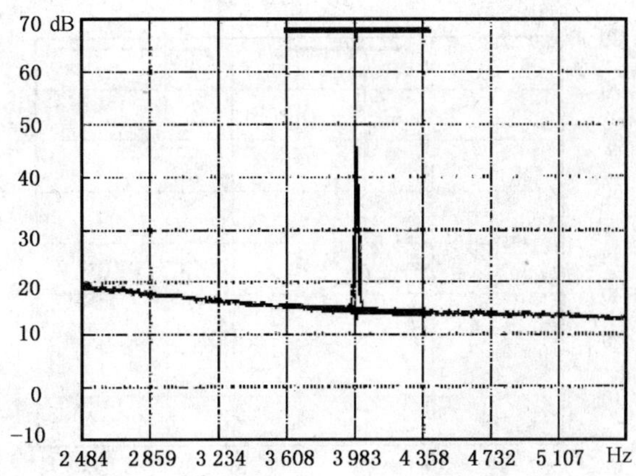

图 C.3

例 2　见图 C.4

——临界频带：	380 Hz—480 Hz；
——有调声：	395 Hz:53.1 dB；
	468 Hz:47.0 dB；
——有调声声级 L_{pt}：	54.1 dB；
——3 dB 有调声带宽：	100 Hz 的 3.1%；
——临界频带中的 L_{pn}：	45.2 dB；
——相对于 MT 的有调声可听度 ΔL_{ta}：	11.1 dB；
——调整值 K_t：	6.0 dB。

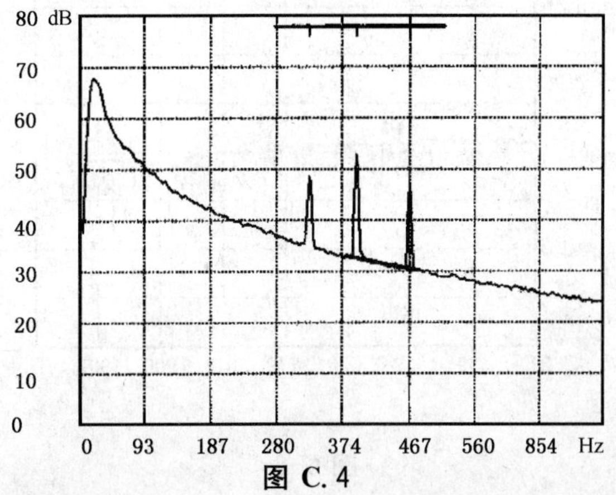

图 C.4

例 3　见图 C.5

——临界频带：　258 Hz—358 Hz；

——有调声：　278 Hz:33.3 dB；

299 Hz:38.4 dB；

319 Hz:54.3 dB；

334 Hz:37.1 dB；

——有调声声级 L_{pt}：　54.6 dB；

——3 dB 有调声带宽：　100 Hz 的 3.4%；

——临界频带中的 L_{pn}：　45.5 dB；

——相对于 MT 的有调声可听度 ΔL_{ta}：　10.6 dB；

——调整值 K_t：　6.0 dB。

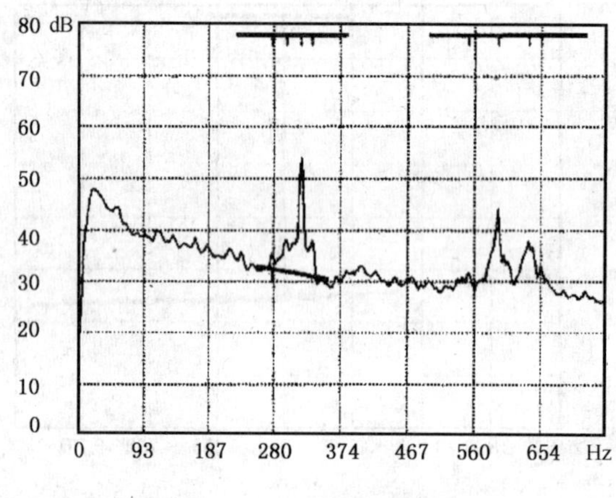

图 C.5

例 4　见图 C.6

——临界频带：　680 Hz—830 Hz；

——有调声：　在 680 Hz—758 Hz 之间变化

——有调声声级 L_{pt}：　53.6 dB；

——临界频带中的 L_{pn}：　45.5 dB；

——相对于 MT 的有调声可听度 ΔL_{ta}：　10.7 dB；

——调整值 K_t：　6.0 dB。

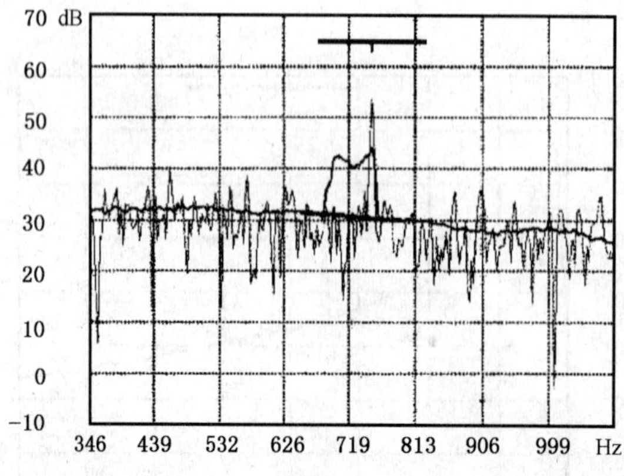

图 C.6

附 录 D
（资料性附录）
评价噪声中有调声可听度的客观方法——简化方法

测试离散频谱分量(有调声)显著性的典型做法是将某 1/3 倍频带的时间平均声压级与相邻两个 1/3 倍频带时间平均声压级进行比较。为了辨别一个突出的离散有调声是否存在，要求测量的 1/3 倍频带时间平均声压级要超过相邻两个 1/3 倍频带声压级某个恒定的声级差。

恒定的声级差会随频率而变。可能选择的声级差是：

——低频 1/3 倍频带(25 Hz～125 Hz)是 15 dB；

——中频段(160 Hz～400 Hz)是 8 dB；

——高频段(500 Hz～10 000 Hz)是 5 dB。

注：本附录的频带范围不完全与 8.4.11 规定的一样，因为后者涉及到人对声音的反应，而本附录的频带范围基于物理效应，即气象条件引起的起伏在很大程度上会受到滤波器带宽的影响。

附 录 E
（资料性附录）
各国规定的声源计算方法

E.1 道路噪声

奥地利　RVS 3.02　Lärmschtz,December 1997

丹麦、芬兰、冰岛、挪威、瑞典：

——Road Traffic Noise-Nordic Prediction Method,TemaNord 1996:525,ISBN 92 9120 836 1,ISSN 0908-6692.

Nord 2000. New Nordic Prediction Method for Road Traffic Noise.

Note:This document can be downloaded from www. delta. dk but it has not yet been officially adopted.

欧盟：Harmonoise model.

Note:This document can be downloaded from www. imagine-project. org but it has not yet been officially adopted.

法国：NMPB,1997.

Note:Partly based on ISO 9613-2 and yearly one-octave-band average weather statistics.

德国：RLS-90.

日本：ASJRIN-Model 2003.

荷兰：Reken-en Meetvoorschrift Wegverkeerslawaai 2002, specifying a basic method (Standard Rekenmethode Ⅰ) and an advanced method (Standard Rekenmethode Ⅱ).

瑞士：StL-86,Swiss road traffic noise model,1986。

Note:A new method,SonRoad,Swiss road traffic noise model 2004,is expected to be introduced shortly after the publication of this part of ISO 1996。

英国：CRTN-88.

Note:The 18 h day time,L_{10} is calculated,ISBN 0115508473.

美国：TNM 1998:Geometrical ray theory and diffraction theory—one-third-octave-band spectra.

E.2 轨道交通

奥地利：Berechnung der Schallimmission durch Schienenverkehr,Zugverkehr,Verschub-und Umschlagbetrieb.

丹麦、芬兰、冰岛、挪威、瑞典：

——Railway Traffic Noise-Nordic Prediction Method,TemaNord 1996:524. ISBN 92 9120 837 X,ISSN 0908-6692,

——Nord 2000 Road. New Nordic Prediction Method for Rail Traffic Noise.

Note:This document can be downloaded from www. vejdirektoratet. dk/dokument. asp? page =document&objno=89873. org but it has not yet been officially adopted.

欧盟：Harmnoise Propagation Model.

Note:This document can be downloaded from www. vejdirektoratet. dk/dokument. asp? page=document&objno=89873. org but it has not yet been officially adopted.

法国：NMPB-fer,French standard S 31-133

Note:Draft standard Pr S31-133,as of the publication date of this part of ISO 1996.

德国:Schall 03,Richtlinie zur Berechnung der Schallimmisionen von Schienenwegen.

日本:K. Nagakura & Y. Zenda, Prediction model of wayside noise level of Shinkansen, Wave 2002,237-244,BALKEMA PUBLISHERS.

荷兰:Reken-en Meetvoorschrift Railverkeeslawaai'96,Specifying a basic method(Standaard Rekenmethode Ⅰ)and an advanced method (Standaard Rekenmethode Ⅱ).

瑞士: Schweizersches Emissions-und Immssionsmodel Für die Berechnung von Eisenbahnlärm (SEMIBEL).

英国:Calculation of Railway Noise(CRN),ISBN 0115517545,ISBN 0115518738.

E.3 空中交通

加拿大:Transport Canada NEF 1.8.

丹麦:DANSIM based on ECAC doc 29.

欧盟:ECAC doc29: Standard Method of Computing Noise Contours Around Civil Airports.

瑞士:FLULA2,Swiss aircraft noise program.

美国:FAA INM 6.0 for Fixed Wing Civilian Aircraft;FAA HNM 2.2 for Civilian Helicopters. USAF-NOISEMAPfor Military Aircraft.

E.4 工业噪声

奥地利:ÖAL-Richtlinie 28 Schallabstrhlung und Schallausbreitung,1987.

丹麦、芬兰、冰岛、挪威、瑞典:

Environmental noise from industrial plants. General Prediction method.

Note:Industrial noise-Nordic Prediction method similar to ISO 9613-2.

德国:VDI-Richtlinie:VDI 2714 Schallausbreitung im Freien(Outdoor sound propagation),1988。

日本: Construction noise prediction model of ASJ CN-model 2002, Acoustical Society of Japen,2002.

荷兰:Handleiding Meten en rekenen industrielawaai 1999,specifying a basic method(Methode Ⅰ) and an advanced method(Methode Ⅱ).

参 考 文 献

[1] GB/T 4854.7:2008 声学 校准测听的基础零级 第7部分:自由场和扩散场测听的基准听阈

[2] ISO 6190 Acoustics—measurement of sound pressure level of gas turbing installations for evaluating environmental noise—Survey method

[3] ISO 5725(all parts) Accuracy (trueness and precision) of measurement method and results

[4] GB/T 17247.1—2000 声学 户外声传播衰减 第1部分:大气声吸收的计算

[5] GB/T 17247.2—1998 声学 户外声传播衰减 第2部分:一般计算方法

[6] ISO 10843:1997 Acoustics—Methods of the discription and physical measurement of single impulses or series of impulses

[7] ISO/TS 13474 Acoustics—Impulse sound propagation for environmental noise assessment

[8] IEC 60651:2001 Sound level miters

[9] IEC 60804:2000 Integrating—averaging sound level miters

[10] Storeheier,S. A.. Measurement of noise emmission from road traffic(in Norwegian),SINTEF Report No. STF44 A78025,Trondheim,1978

[11] Fisk,D. J.. Statistical sampling in community noise measurement. J. SVib,39(2)(1973)

[12] Danish Environmental Protection Agency,Guidelines for Measurements of Environmental Noise,6/1984(in Danish),Nov. 1984

[13] Zwicker,E. and Fastl,H.. Psycho-acoustics-Facts and models,Springer,Jan. 1999

[14] Sondergaard, M., Holm Pedersen, T. and Kragh, J.. Method for Assessing Tonality of Wind Turbine Noise,DELTA Acoustics & Vibration,Dec. 1999

ICS 25.140.10
J 48

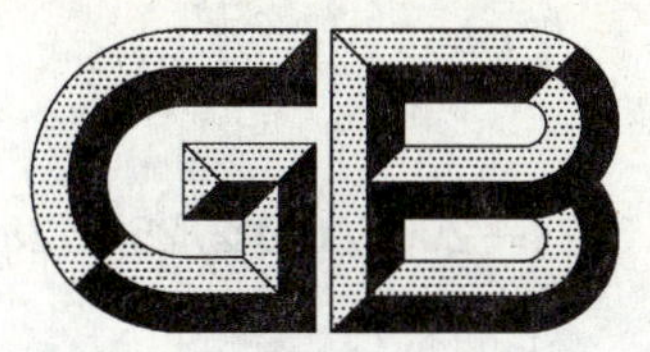

中华人民共和国国家标准

GB/T 3228—2009/ISO 2725-2:2007
代替 GB/T 3228—2000

螺栓螺母用装配工具 冲击式机动四方传动套筒的尺寸

Assembly tools for screws and nuts—Machine-operated square drive sockets ("impact")—Dimensions

(ISO 2725-2:2007, Assembly tools for screws and nuts—
Square drive sockets—
Part 2: Machine-operated sockets ("impact"), IDT)

2009-04-13 发布　　　　2010-01-01 实施

中华人民共和国国家质量监督检验检疫总局
中国国家标准化管理委员会　发布

前　言

本标准代替 GB/T 3228—2002《螺栓螺母用装配工具　冲击式机动四方传动套筒的尺寸》

本标准等同采用 ISO 2725-2:2007《螺栓螺母用装配工具　四方传动套筒　第 2 部分:冲击式机动套筒》。

本标准等同翻译 ISO 2725-2:2007。

为便于使用,本标准做了下列编辑性修改:

——将“国际标准的本部分”一词改为“本标准”;

——用小数点“.”代替作为小数点的逗号“,”;

——删除了国际标准的前言;

——为便于使用,将规范性引用文件 GB/T 4390 中的“冲击式机动套筒六角孔的对边宽度公差”列入了本标准的附录 A;

——为便于使用,将表 8、表 9 合并为本标准的表 8。

本标准是对 GB/T 3228—2000 进行的修订,与 GB/T 3228—2000 相比,主要变化如下:

——删除了“ISO 前言”;

——增加了本标准的第 5 章;

——将原标准的 3.3、4.1、4.2 改为本标准的第 3 章、第 6 章和第 7 章;

——将原标准的第 3 章改为本标准的第 4 章;

——删除了 3.2“表中尺寸带有‘★’的与 ISO 2725-2 相一致”;

——将原标准图 1～图 3 中的“120°”改为“α”,并增加了尺寸 d_3;

——表 1～表 5 中增加了加长型的尺寸;

——在表 1 中增加了 s 为“15”和“16”的两个规格;在表 2 中增加了 s 为“21”和“24”的两个规格;在表 3 中增加了 s 为“30”和“34”的两个规格;在表 5 中增加了 s 为“50”、“55”和“60”的三个规格;

——表 1～表 6 中删除了原标准中括号内的尺寸;

——将原标准的附录 B 修改为本标准的“参考文献”。

本标准的附录 A 为规范性附录。

本标准由中国机械工业联合会提出。

本标准由全国凿岩机械与气动工具标准化技术委员会(SAC/TC 173)归口。

本标准起草单位:天水凿岩机械气动工具研究所。

本标准主要起草人:马文瑾、朱洵慧、孙必武。

本标准所代替标准的历次版本发布情况为:

——GB/T 3228—1978、GB/T 3228—1982、GB/T 3228—1988、GB/T 3228—2000。

螺栓螺母用装配工具
冲击式机动四方传动套筒的尺寸

1 范围

本标准规定了工作端为六角形的冲击式机动四方传动套筒的尺寸、技术要求、标识和标志，与GB/T 3227 配套使用。

本标准适用于工作端为六角形的冲击式机动四方传动套筒。

本标准不适用于手动套筒，手动套筒的尺寸见 GB/T 3390.1。

注 1：冲击式机动四方传动套筒列于 GB/T 4625。

注 2：本标准中的图形只作为示例，并不影响制造厂的设计。

2 规范性引用文件

下列文件中的条款通过本标准的引用而成为本标准的条款。凡是注日期的引用文件，其随后所有的修改单(不包括勘误的内容)或修订版均不适用于本标准，然而，鼓励根据本标准达成协议的各方研究是否可使用这些文件的最新版本。凡是不注日期的引用文件，其最新版本适用于本标准。

GB/T 3104　紧固件　六角产品的对边宽度(GB/T 3104—1982，eqv ISO 272:1982)

GB/T 3227—2008　螺栓螺母用装配工具　机动套筒工具的传动四方(ISO 1174-2:1996，Assembly tools for screws and nuts—Driving squares—Part 2:Driving squares for power scoket tools，MOD)

GB/T 4390　公制扳手开口和扳手孔的常用公差(GB/T 4390—1995，eqv ISO 691:1983，Assembly tools for screws and nuts—Wrench and socket openings—Tolerances for general use)

GB/T 5782　六角头螺栓(GB/T 5782—2000，eqv ISO 4014:1999 Hexagon head bolts—Product grades A and B)

ISO 1711-2　螺栓螺母用装配工具　技术要求　第 2 部分：冲击式机动套筒

3 对边宽度公差

六角孔的对边宽度 s 的公差应与 GB/T 4390 规定的套筒孔公差(见附录 A)保持一致，生产者可自由选择偏差序列。

4 尺寸

图 1～图 3 所示的套筒，其方孔尺寸为 6.3 mm～40 mm 的套筒尺寸见表 1～表 7。方孔尺寸与GB/T 3227 保持一致。图 4 所示的定位销和相应胀圈的尺寸见表 8。

六角的对边宽度应符合 GB/T 3104 的规定。

当使用 GB/T 3227 规定的 E 型外传动四方时，导向槽合理的连接位置由制造厂自行确定。

5 技术要求

技术要求应符合 ISO 1711-2 的规定。

6 标识

符合本标准的机动四方传动套筒应以下列内容进行标识：

a) 六角冲击套筒；

b) 本标准的编号；

c) 传动四方的尺寸，单位为毫米(mm)；

d) 对边宽度，单位为毫米(mm)；

e) 型式。

示例：

传动四方的尺寸为 12.5 mm，六角对边宽度 s 为 10 mm 的六角冲击式机动四方传动套筒标识为：

六角冲击套筒 GB/T 3228—12.5×10

7 标志

冲击式机动四方传动套筒应打有永久性及清晰的标志，并至少有如下内容：

——制造厂(供应商)名称或商标；

——六角对边宽度。

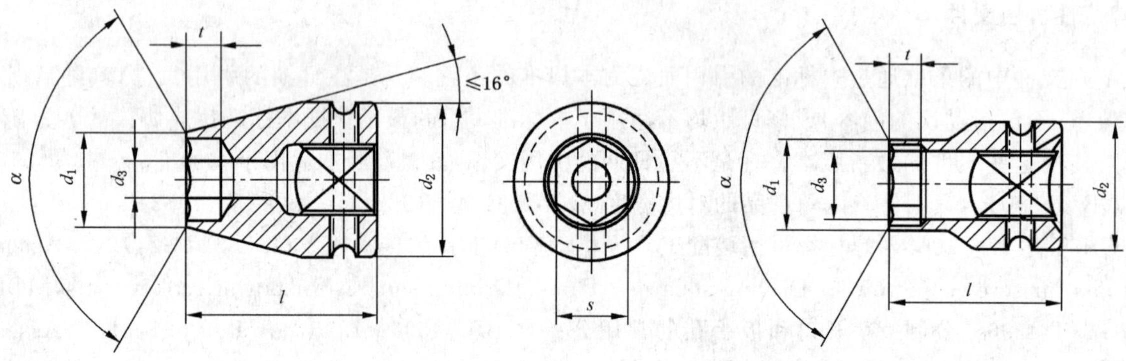

α——$115° \leqslant \alpha \leqslant 150°$。

图 1 $\boldsymbol{d_1} < \boldsymbol{d_2}$ 的套筒

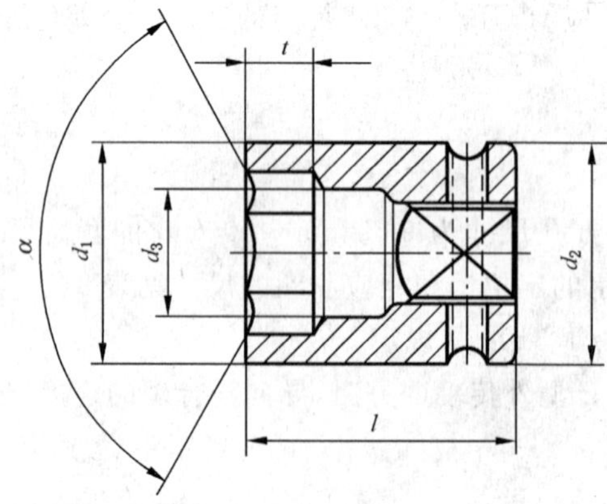

α——$115° \leqslant \alpha \leqslant 150°$。

图 2 $\boldsymbol{d_1} = \boldsymbol{d_2}$ 的套筒

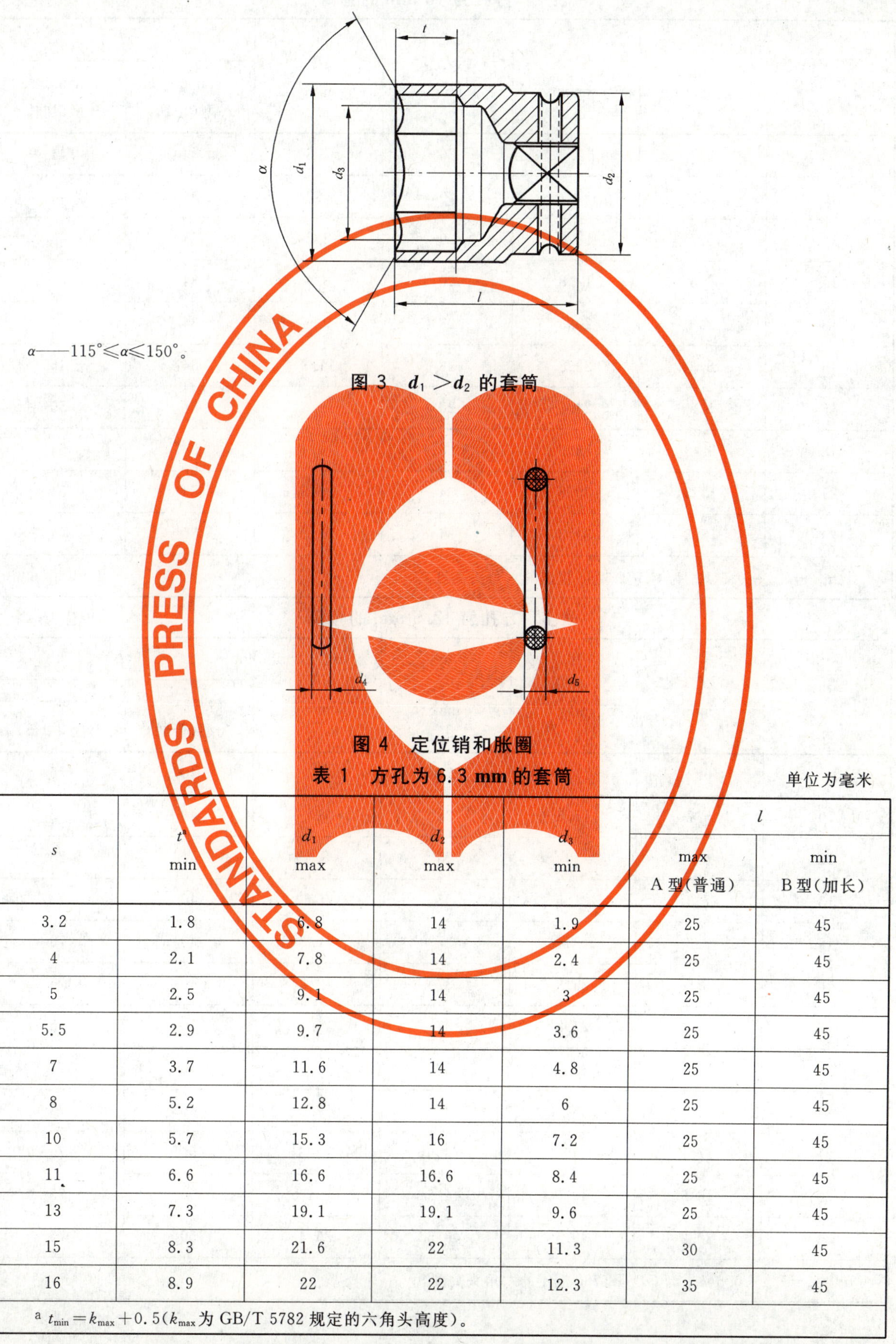

α——115°≤α≤150°。

图 3 $d_1>d_2$ 的套筒

图 4 定位销和胀圈

表 1 方孔为 6.3 mm 的套筒

单位为毫米

s	t[a] min	d_1 max	d_2 max	d_3 min	l max A 型(普通)	l min B 型(加长)
3.2	1.8	6.8	14	1.9	25	45
4	2.1	7.8	14	2.4	25	45
5	2.5	9.1	14	3	25	45
5.5	2.9	9.7	14	3.6	25	45
7	3.7	11.6	14	4.8	25	45
8	5.2	12.8	14	6	25	45
10	5.7	15.3	16	7.2	25	45
11	6.6	16.6	16.6	8.4	25	45
13	7.3	19.1	19.1	9.6	25	45
15	8.3	21.6	22	11.3	30	45
16	8.9	22	22	12.3	35	45

[a] $t_{min}=k_{max}+0.5$(k_{max}为 GB/T 5782 规定的六角头高度)。

表 2　方孔为 10 mm 的套筒

单位为毫米

s	t^{a} min	d_1 max	d_2 max	d_3 min	l max A 型(普通)	l min B 型(加长)
7	3.7	12.8	20	4.8	34	44
8	5.2	14.1	20	6	34	44
10	5.7	16.6	20	7.2	34	44
11	6.6	17.8	20	8.4	34	44
13	7.3	20.3	28	9.6	34	44
15	8.3	22.8	28	11.3	34	45
16	8.9	24.1	28	12.3	34	50
18	11.3	26.6	28	14.4	34	54
21	13.3	30.6	34	16.8	34	54
24	15.3	34.3	34	19.2	34	54

a $t_{min}=k_{max}+0.5$(k_{max}为 GB/T 5782 规定的六角头高度)。

表 3　方孔为 12.5 mm 的套筒

单位为毫米

s	t^{a} min	d_1 max	d_2 max	d_3 min	l max A 型(普通)	l min B 型(加长)
8	5.2	15.5	28	6	40	75
10	5.7	17.8	28	7.2	40	75
11	6.6	19	28	8.4	40	75
13	7.3	21.5	28	9.6	40	75
15	8.3	24	37	11.3	40	75
16	8.9	25.3	37	12.3	40	75
18	11.3	27.8	37	14.4	40	75
21	13.3	31.5	37	16.8	40	75
24	15.3	36	37	19.2	45	75
27	17.1	39	39	21.6	50	75
30	18.5	44.6	44.6	24	50	75
34	20.2	49.5	49.5	26.4	50	75

a $t_{min}=k_{max}+0.5$(k_{max}为 GB/T 5782 规定的六角头高度)。

表 4 方孔为 16 mm 的套筒

单位为毫米

s	t[a] min	d_1 max	d_2 max	d_3 min	l max A 型(普通)	l min B 型(加长)
15	8.3	26.3	35	11.3	48	85
16	8.9	27.5	35	12.3	48	85
18	11.3	30	35	14.4	48	85
21	13.3	33.8	35	16.8	48	85
24	15.3	37.5	37.5	19.2	51	85
27	17.1	41.3	41.3	21.6	51	85
30	18.5	45	45	24	51	85
34	20.2	50	50	26.4	55	85
36	22	52.5	52.5	28.8	55	85

[a] $t_{min}=k_{max}+0.5$(k_{max}为 GB/T 5782 规定的六角头高度)。

表 5 方孔为 20 mm 的套筒

单位为毫米

s	t[a] min	d_1 max	d_2 max	d_3 min	l max A 型(普通)	l min B 型(加长)
18	11.3	32.4	48	14.4	51	85
21	13.3	36.1	48	16.8	51	85
24	15.3	39.9	48	19.2	51	85
27	17.1	43.6	48	21.6	54	85
30	18.5	47.4	48	24	54	85
34	20.2	52.4	58	26.4	58	85
36	22	54.9	58	28.8	58	85
41	24.7	61.1	61.1	32.4	63	85
46	26.1	67.4	67.4	36	63	100
50	28.6	74	74	39.6	89	100
55	31.5	80	80	43.2	95	100
60	33.9	86	86	45.6	100	100

[a] $t_{min}=k_{max}+0.5$(k_{max}为 GB/T 5782 规定的六角头高度)。

表 6 方孔为 25 mm 的套筒

单位为毫米

s	t^{a} min	d_1 max	d_2 max	d_3 min	l max A 型(普通)
27	17.1	46.7	58	21.6	60
30	18.5	50.4	58	24	62
34	20.2	55.4	58	26.4	63
36	22	57.9	58	28.8	67
41	24.7	64.2	68	32.4	70
46	26.1	70.4	68	36	76
50	28.6	75.4	68	39.6	82
55	31.5	81.7	68	43.2	87
60	33.9	87.9	68	45.6	91
65	34.5	95.9	70.6	50.4	110
70	36.5	98	70.6	55.2	116

[a] $t_{min}=k_{max}+0.5$(k_{max}为 GB/T 5782 规定的六角头高度)。

表 7 方孔为 40 mm 的套筒

单位为毫米

s	t^{a} min	d_1 max	d_2 max	d_3 min	l max A 型(普通)
36	22	64.2	86	28.8	84
41	24.7	70.4	86	32.4	84
46	26.1	76.7	86	36	87
50	28.6	81.7	86	39.6	90
55	31.5	87.9	86	43.2	90
60	33.9	94.2	86	45.6	95

[a] $t_{min}=k_{max}+0.5$(k_{max}为 GB/T 5782 规定的六角头高度)。

表 8 定位销和胀圈

单位为毫米

传动四方	d_4		d_5
	min	max	
6.3	1.4	2.0	2.5
10	2.4	2.9	3.5
12.5	2.9	4	4
16	2.9	4	4.5
20	3.8	4.8	5
25	4.8	6.0	7
40	5.8	7.0	10

附　录　A
（规范性附录）
冲击式机动套筒六角孔的对边宽度公差

A.1　符合 GB/T 4390 要求的冲击式机动套筒六角孔对边宽度公差见表 A.1。

表 A.1　冲击式机动套筒六角孔的对边宽度公差　　单位为毫米

基本尺寸 s	经机加工(开口或闭口)		未经机加工(闭口)	
	下公差	上公差	下公差	上公差
2≤s<3	+0.02	+0.08	+0.02	+0.12
3≤s<4	+0.02	+0.10	+0.02	+0.14
4≤s<6	+0.02	+0.12	+0.02	+0.16
6≤s<10	+0.03	+0.15	+0.03	+0.19
10≤s<12	+0.04	+0.19	+0.04	+0.24
12≤s<14	+0.04	+0.24	+0.04	+0.30
14≤s<17	+0.05	+0.27	+0.05	+0.35
17≤s<19	+0.05	+0.30	+0.05	+0.40
19≤s<26	+0.06	+0.36	+0.06	+0.46
26≤s<33	+0.08	+0.48	+0.08	+0.58
33≤s<55	+0.10	+0.60	+0.10	+0.70
55≤s<75	+0.12	+0.72	+0.12	+0.92
75≤s<105	+0.15	+0.85	+0.15	+1.15
105≤s<150	+0.20	+1.00	+0.20	+1.40
150≤s≤210	+0.25	+1.25	—	—

参 考 文 献

[1] GB/T 3390.1—2004 手动套筒扳手 套筒(ISO 2725-1:1996,Assembly tools for screws and nuts—Square drive sockets—Part 1:Hand-operated sockets—Dimensions,MOD)

[2] GB/T 4625—1998 螺钉和螺母的装配工具术语(ISO 1703:1983,idt Assembly tools for screws and nuts—Designation and nomenclature

ICS 77.160
H 16

中华人民共和国国家标准

GB/T 3249—2009
代替 GB/T 3249—1982

金属及其化合物粉末费氏粒度的测定方法

Test method for Fisher number of metal powders and related compounds

2009-01-05 发布　　2009-11-01 实施

中华人民共和国国家质量监督检验检疫总局
中国国家标准化管理委员会　发布

前　言

本标准修改采用 ASTM B 330—2005《金属及其化合物粉末费氏粒度的测定方法》。

本标准与 ASTM B 330—2005 相比有如下变动：

——增加了费氏仪装置示意图；

——对第 9 章的内容及相关引用标准做了简化处理；

——做了部分格式及文字上的修改。

本标准代替 GB/T 3249—1982《难熔金属及其化合物粉末粒度的测定方法　费氏法》。

本标准与 GB/T 3249—1982 相比主要变化如下：

——标准名称变为《金属及其化合物粉末费氏粒度的测定方法》；

——标准管校准仪器时，要求读数板所示的费氏粒度值与红宝石标准管所示值相差不超过“3%”变为“±1%”；

——测定时的室温与校准仪器时的室温不得相差“3 ℃”变为“2 ℃”；

——新增费氏粒度的控制范围表；

——新增费氏粒度结果精密度和误差说明。

本标准由中国有色金属工业协会提出。

本标准由全国有色金属标准化技术委员会归口。

本标准起草单位：株洲硬质合金集团有限公司。

本标准主要起草人：罗龙、李惠芳、张卫东。

本标准所代替标准的历次版本发布情况为：

——GB/T 3249—1982。

金属及其化合物粉末费氏粒度的测定方法

1 范围

1.1 本方法是利用空气透过性原理来测定金属及其化合物粉末的外表面积以及与其相关的平均等效球粒径(范围 0.5 μm～50 μm)。粉末可在"供应态"下测试,或经试验室按照 ASTM B 859 的规定对粉末进行分散或研磨处理后测试。所测得的数值不一定完全反映粉末的实际状况,但作为粉末质量控制是十分有用的。

1.2 本标准并未提出相关的安全问题,使用者在使用之前应制定适当的安全和健康操作规范,并确定其适应范围。

2 规范性引用文件

下列文件中的条款通过本标准的引用而成为本标准的条款。凡是注日期的引用文件,其随后所有的修改单(不包括勘误的内容)或修订版均不适用于本标准,然而,鼓励根据本标准达成协议的各方研究是否可使用这些文件的最新版本。凡是不注日期的引用文件,其最新版本适用于本标准。

GB/T 3500 粉末冶金 术语(GB/T 3500—2008,ISO 3252:1999,IDT)

ISO 10070 金属粉末在稳态空气流动的情况下测量金属粉末层的空气透过性来确定金属粉末的外表面积。

ASTM B 859 难熔金属及其化合物粉末在粒度测定之前的分散处理规则

3 术语

3.1 本方法中所用的许多术语已在 GB/T 3500 中定义。

3.2 本标准的专用术语定义:

3.2.1

费氏粒度测定仪 Fisher sub-sieve sizer

利用空气透过性原理测量粉末颗粒外表面积的一种仪器。

3.2.2

外表面积 envelope-specific surface area

根据 ISO 10070 所述的测量方法测出的一种粉末的表面积。

3.2.3

空气透过性 air permeability

表示空气通过粉末试样层的压力降。

3.2.4

分散 de-agglomeration

分解团聚粉末颗粒的过程。

3.2.5

费氏粒度 Fisher number

在假定所有颗粒为球形且尺寸单一的前提下通过换算计算出来的平均粒径。

3.2.6

费氏仪校准管 Fisher calibrator tube

带有精确孔径的红宝石标准管,标准管的值经过精确标定。

3.2.7

粉末层的孔隙度　porosity of a bed of powder

粉末层孔隙体积与整个粉末层体积的比率。

3.2.8

团聚　agglomerate

几个颗粒粘附在一起所形成的团聚现象。

4　用途

4.1　本方法用于测量金属及其化合物粉末外表面积，根据外表面积，在假定粉末颗粒粒度均一，表面光滑且无内气孔的球状颗粒的前提下，通过换算计算得出粉末的平均粒径，俗称费氏粒度。本方法的测量结果能在一定程度上反映出粉末样品的质量。

4.2　本方法适用于所有金属粉末及其化合物，包括碳化物，氮化物和氧化物，要求粉末颗粒的粒径在0.5 μm～50 μm之间。本方法不适用于那些轴对称性差，不规则形状粉末颗粒，如薄片状和纤维状。如遇这类情况，需征得相关方的认可，才能使用本方法。本方法不适用于不同粉末的混合物，也不适用于含有粘接剂或润滑剂的粉末。如果粉末试样出现团聚现象，则测量结果因试样团聚势必受到影响，如果相关方认可，可根据1.1所述方法对团聚进行分散。

4.3　在费氏粒度测定仪测量粉末平均粒度时，通过测量粉末颗粒外表面积，经过换算才能得到，这个换算关系式只适用于粉末颗粒粒度均一且为球状粉末的颗粒。

5　实验仪器

5.1　费氏粒度测定仪

费氏粒度测定仪由一个空气泵，空气压力调节器（调压阀），精密试样管，标准双列空气流量计（针阀），粒度读数板等组成。同时包括一些附件设备：一个操作手柄（手轮），粉末漏斗，两个多孔塞，备用滤纸和一个试样管橡皮支承座。费氏粒度测定仪装置示意图见图1。

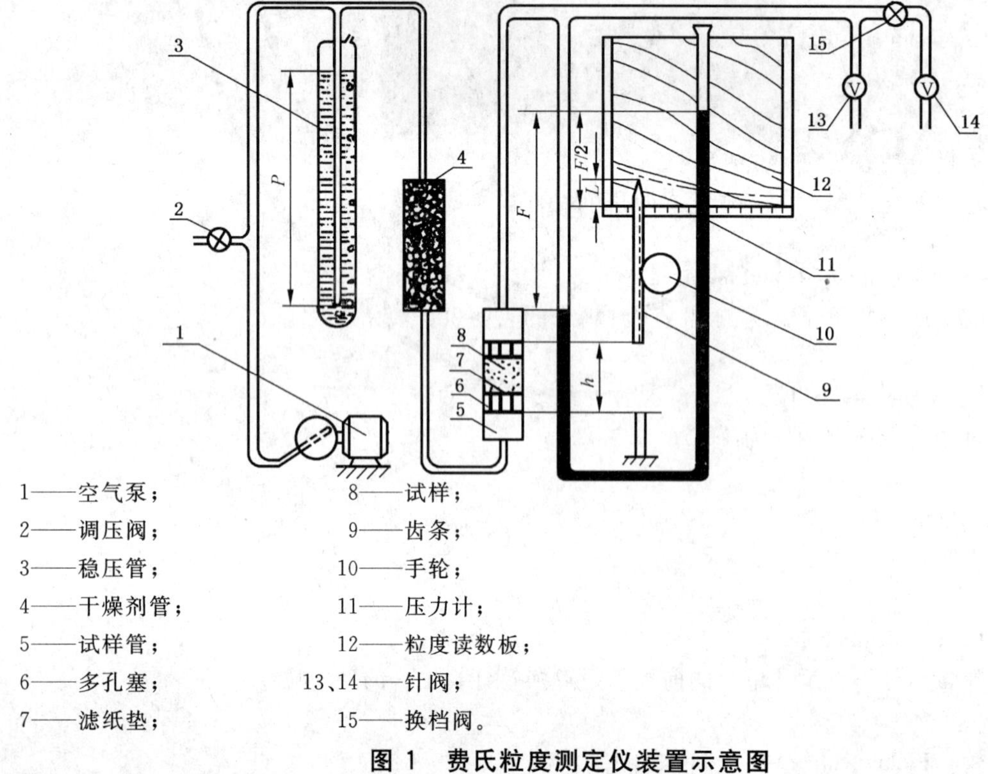

1——空气泵；
2——调压阀；
3——稳压管；
4——干燥剂管；
5——试样管；
6——多孔塞；
7——滤纸垫；
8——试样；
9——齿条；
10——手轮；
11——压力计；
12——粒度读数板；
13、14——针阀；
15——换档阀。

图1　费氏粒度测定仪装置示意图

注1：应从制造商处获得一些备用部件，尤其是精密压力计。

5.2 使用说明

在使用时应参照仪器使用说明书，严格按照仪器使用说明书的要求对仪器进行维护和保养，并做到以下三点：

a) 定期检查稳压管的水位线；

b) 在插入试样管前检查压力计水位线；

c) 定期检查样品填充装置。

5.3 红宝石标准管

用于平均粒度测量的标样，使不同的操作者测量数据具有可比性。标准管在出厂时经过了三次测试，测量结果及其相关孔隙度刻在标准管上。

注2：样品填充装置的调整：(1)依据仪器使用说明书进行调整。调整时，塞子和滤纸不要插入到试样管中，但要堆叠在一起并置于黄铜支承柱与支架底部之间。(2)可以使用一个特制基线计量器来代替塞子和滤纸进行调整。计量器的高度是19.30 mm±0.10 mm。在购买塞子的时候，应检查所有塞子的高度，此后也要定期检查，确保它们的高度一致。

5.4 天平

天平的称量范围至少是50 g，精确度为0.001 g。

6 仪器的校准

6.1 仪器校准之前应检查以下几点：

6.1.1 粒度指示针横梁应与读数板基线平行。

6.1.2 齿条上下移动时应与读数板基线垂直。

6.1.3 试样管和多孔塞不得有磨损。

6.1.4 压力计和调压阀应保持清洁。

6.1.5 夹持试样管的上、下橡皮垫应保证不漏气。

6.1.6 压试样的黄铜支承柱的位置要求适当。

6.1.7 干燥剂应保持有效。

6.1.8 检查压力计及稳压管的水位线。

6.1.9 压力计的调整应在仪器操作之前进行，调整完毕后，保持至少5 min。

6.2 费氏粒度测定仪首先需要用红宝石标准管进行校准，校准过程分两档进行。红宝石标准管至少一个月在显微镜下检查一次，确保标准管孔径清洁。如果孔径的清洁度不好，则按照费氏粒度测定仪使用说明书要求进行清洁。

6.3 在费氏粒度测定仪校准过程中，选择合适的档位，校准步骤如下：

6.3.1 将红宝石标准管装在黄铜支承柱右侧的橡皮垫之间，然后夹紧红宝石标准管两端，使其不漏气。

6.3.2 调整读数板，使孔隙度指针所指示的孔隙度值与红宝石标准管上所示的值一致。

6.3.3 接通电源，仪器预热20 min以上，调节调压阀，在面板左下方的起泡器观测窗口观察冒泡速度，控制稳压管中竖管冒泡速度为每秒2到3个气泡。这时压力计水位线上升且高于竖管上部的标志线，此类情况属于正常。

6.3.4 压力计管内的液面逐渐上升，至少保持5 min，升至一个最大值。此后不得触动读数板，转动手轮，使齿条上移直至粒度指示针横梁上沿与压力计水位弯月面底部对齐，读出粒度指示针指在读数板上的粒度值，记下测量时的环境温度，误差不超过1 ℃，然后缓慢松开试样管上方的夹子，使压力计水位缓慢归零。

6.3.5 该测量方法所得到的费氏粒度值与红宝石标准管所示值相差应不超过±1%。

6.3.6 如果读数板所示的费氏粒度值与红宝石标准管所示值相差超过±1%，则按如下操作调节费氏粒度测定仪：根据需要调节高值针阀或者低值针阀，使读数板上所示的费氏粒度值与红宝石标准管所示的值相符，调整完毕后，重复6.3.4操作。

注3：因为费氏粒度测定仪低档(0.5 μm～20 μm)校准只用到一个流量计，而高档(20 μm～50 μm)校准用到两个流量计，因此低档校准应先进行，然后再进行高档校准，校准时通过换档阀仅对一个流量计进行校准。

6.3.7 每次连续测量前后，或者在每次测量中，每隔四个小时，用红宝石标准管进行校准一次。测量完毕，仍保持仪器运转30 min以上。

7 测量过程

7.1 温度测量——测试时的室温与校准时的室温变化不超过2 ℃。如果室温变化超过2 ℃，则要重新校准仪器。

7.2 试样量——试样质量等于试样粉末真密度值，以克为单位，精确到0.01 g。

7.3 费氏粒度测定——费氏粒度测定和仪器校准应由同一个人进行操作，测量之前应先校准仪器，测量步骤如下：

7.3.1 仪器校准完毕后，调节换档阀，使其处于所需要的位置。

7.3.2 将一滤纸放在试样管的一端，用一多孔塞将带孔的一端接触滤纸压入试样管内，这将使滤纸周边卷起，并在塞子之前进入试样管，再将塞子压入试样管内，直到与试样管底部平齐，然后将试样管竖起放置于橡皮支承座上，保持滤纸在塞子的上方。

7.3.3 称量试样。

7.3.4 借助粉末漏斗，将已称好的试样注入试样管内，轻拍试样管和漏斗边沿2至3次，使粉末试样完全注入试样管内，然后将另一片滤纸放在试样管口上，压入另一个多孔黄铜塞，使其一起进入试样管内，直至完全没入，再将试样管放在齿条和齿轮下方的黄铜支承柱上，且下部塞子与黄铜支承柱上沿相接触。

7.3.5 落下齿条，直至齿条的底平面与试样管上方多孔塞接触，转动手轮，施加压力，压实样品，直至压力值升至222 N(50lbf)。之后，试样管不应与放置黄铜支承柱的垫座相接触，在施力时如果试样管沿支承柱滑向下部垫块，可手持试样管，或用撑杆支撑，直至施力至最大值后移去撑杆，重复三次施力至最大压力值，撤去压力，并在最后一次施加最大压力后，检查齿条，保证其撤力时不上移。至少每个月用样品压力校准器(或等效装置)检查手轮一次。

7.3.6 移动读数板，直至粒度指示针与试样高度线重合。此后不得触动读数板，直至测试完成，记录孔隙度指示针所指示的孔隙度。

7.3.7 移出试样管，小心勿将试样震散，将试样管夹在黄铜支承柱右边的橡皮垫之间，夹紧试样管，确保试样管两端密封不漏气。

注4：试样管因磨损可能导致错误结果。当出现此类情况时，可用未曾使用过的备用管代替试样管，重复测量。如果试样管有明显磨损或划伤，或者两种情况都有时，应立即弃用。

7.3.8 此时压力计管内的液面逐渐上升，至少保持5 min，升至一个最大值。读出粒度指示针指在读数板上的费氏粒度值，记下测量结果，同时记下测量时的粉末试样的孔隙度和环境温度。

注5：费氏粒度或等效球粒径可由试样的孔隙度和压力计液面上升高度计算得出，公式如下：

7.3.8.1 当粉末试样的质量(M)与所测材料的真密度值(D)相等时：

$$\text{孔隙度} = \frac{(LA-1)}{LA} \quad \cdots\cdots(1)$$

$$\text{费氏粒度}(\mu\text{m}) = CL\sqrt{\frac{F}{(P-F)(AL-1)^3}} \quad \cdots\cdots(2)$$

式中：

L——粉末试样层高度，单位为厘米(cm)；

A——粉末试样层的横断面积(1.267 cm^2)，单位为平方厘米(cm^2)；

C——仪器常数=3.80；

F——水柱压差,单位为厘米水柱(cmH_2O)(注:$F=2H$,此处 H=超过基线的水柱高度,cm);

P——空气的总压力(通过竖管所测值)=50 cm 水柱(cm H_2O);厘米水柱(cmH_2O)[=98.066 5 Pa]。

7.3.8.2 当粉末试样的质量不等于所测材料的真密度值时:

$$孔隙度=\frac{(LA-\frac{M}{D})}{LA} \tag{3}$$

$$费氏粒度(\mu m)=\frac{CLM}{D}\sqrt{\frac{F}{(P-F)(AL-\frac{M}{D})^3}} \tag{4}$$

式中:

M——粉末试样的质量,单位为克(g);

D——粉末试样的真密度,单位为克每立方厘米(g/cm^3)。

7.3.8.3 由于粉末试样颗粒均为球形且尺寸一致,则粒径 d 可由体积比表面积 S_v 求出:

$$d=\frac{6\times10^6}{S_v} \tag{5}$$

式中:

d——粒径,单位为微米(μm);

S_v——体积比表面积,单位为平方厘米每立方厘米(cm^2/cm^3)。

7.3.8.4 依据试样的孔隙度及粉末试样层的空气透过性来求出的粉末颗粒的等效球粒径,可由费氏粒度测定仪读数板直接读出。换句话说,费氏粒度测定仪所测的结果是粉末试样的比表面积,在用费氏粒度测定仪测量试样的等效球粒径时,这个等效球粒径源自对粉末比表面积的测量,这过程用到一个关系式,这关系式只适用于尺寸一致的球形颗粒,因此,术语"费氏粒度"描述的是测量结果,相当于"粒径"或"等效球直径"。

8 结果报告

8.1 试样分两次取样进行测量,以两次测量的费氏粒度和孔隙度值作为结果。供应态粉末试样的结果报告包括两次测量的结果,测量都是对同一试样进行,同时记录所测试样的孔隙度和费氏粒度,并在结果中标出供应态以示区分。

8.2 如果粉末在分析之前经过研磨,则只需报告一次测量的费氏粒度和孔隙度,并且标出"研磨态"。如果用其他的方法对试样进行处理,则结果报告应详细描述试样处理过程。

8.3 费氏粒度的控制范围见表1。

表 1

费氏粒度范围/μm	孔隙度范围/%	读数控制	仪器的分辨率/μm	结果报告精度/μm
0.5~1.0	0.55~0.80	直接读数	0.1	0.02
>1.0~4.0	0.45~0.80	直接读数	0.1	0.02
>4.0~8.0	0.40~0.80	直接读数	0.2	0.05
>8.0~15.0	0.40~0.65	直接读数	0.5	0.2
>15.0~20.0	0.40~0.75	两倍读数	1.0	0.5
>20.0~50.0	0.40~0.60	两倍读数	1.0	0.5

9 精密度和误差

9.1 费氏粒度的重复性限 r 应控制在2%到6%之间,同一实验室测量的结果在 r 限内均为有效。

9.2 实验室间的费氏粒度的再现性限 R,可由如下的公式估算出来:

$$R = 0.173F - 0.042 \quad \cdots\cdots(6)$$

式中：

R——再现性限；

F——费氏粒度的测量值。

实验室间的测量结果在 R 限内，均为有效。

9.3 误差：费氏粒度是粉末平均粒径的估算值。事实上不存在确定粉末粒度绝对精确的方法，也没有公认的标准或可供参考的标样，因此，讨论方法的结果误差是不现实的。

ICS 77.120.99
G 13

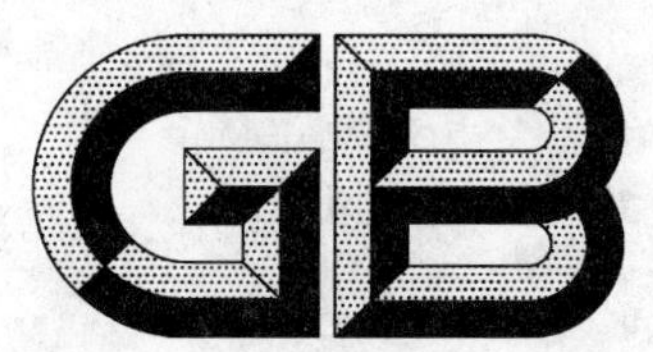

中华人民共和国国家标准

GB/T 3253.4—2009
代替 GB/T 3253.4—2001

锑及三氧化二锑化学分析方法
锑中硫量的测定
燃烧中和法

Methods for chemical analysis of antimony and antimony trioxide—Determination of sulfur content in antimony—Burning and Sodium hydroxide titration method

2009-04-08 发布 2010-02-01 实施

中华人民共和国国家质量监督检验检疫总局
中国国家标准化管理委员会 发布

前　言

GB/T 3253《锑及三氧化二锑化学分析方法》共有 11 个部分：

——GB/T 3253.1—2008　锑及三氧化二锑化学分析方法　砷量的测定　砷钼蓝分光光度法；

——GB/T 3253.2—2008　锑及三氧化二锑化学分析方法　铁量的测定　邻二氮杂菲分光光度法；

——GB/T 3253.3—2008　锑及三氧化二锑化学分析方法　铅量的测定　火焰原子吸收光谱法；

——GB/T 3253.4—2009　锑及三氧化二锑化学分析方法　锑中硫量的测定　燃烧中和法；

——GB/T 3253.5—2008　锑及三氧化二锑化学分析方法　铜量的测定　火焰原子吸收光谱法；

——GB/T 3253.6—2008　锑及三氧化二锑化学分析方法　硒量的测定　原子荧光光谱法；

——GB/T 3253.7—2009　锑及三氧化二锑化学分析方法　铋量的测定　原子荧光光谱法；

——GB/T 3253.8—2009　锑及三氧化二锑化学分析方法　三氧化二锑量的测定　碘量法；

——GB/T 3253.9—2009　锑及三氧化二锑化学分析方法　镉量的测定　火焰原子吸收光谱法；

——GB/T 3253.10—2009　锑及三氧化二锑化学分析方法　汞量的测定　原子荧光光谱法；

——GB/T 3253.11—2009　锑及三氧化二锑化学分析方法　铋量的测定　原子吸收光谱法。

本部分为第 4 部分。

本部分代替 GB/T 3253.4—2001《锑化学分析方法　硫量的测定》。与 GB/T 3253.4—2001 相比，本部分有如下变动：

——对文本格式进行了修改；

——补充了精密度与质量保证和控制条款。

本部分由中国有色金属工业协会提出。

本部分由全国有色金属标准化技术委员会归口。

本部分负责起草单位：锡矿山闪星锑业有限责任公司。

本部分参加起草单位：湖南辰州矿业股份有限公司、北京矿冶研究总院。

本部分主要起草人：崔德海、宋应球、阳柏树、宗屹、吴少波、徐晓燕。

本部分所代替标准的历次版本发布情况为：

——GB/T 3253.6—1982、GB/T 3253.4—2001。

锑及三氧化二锑化学分析方法
锑中硫量的测定
燃烧中和法

1 范围

GB/T 3253 的本部分规定了锑中硫量的测定方法。

本部分适用于锑中硫量的测定。测定范围:0.002 0%～0.10%。

2 方法提要

试料在高温氧气流中燃烧,使硫转化为二氧化硫,用过氧化氢吸收并转化成硫酸,以甲基红-次甲基蓝溶液为指示剂,用氢氧化钠标准滴定溶液滴定至溶液由紫红色变为亮绿色即为终点。

3 试剂

除非另有说明,本部分所用试剂和水均指分析纯试剂和三级水。

3.1 氢氧化钾。

3.2 无水氯化钙。

3.3 过氧化氢吸收溶液(2+98)。

3.4 甲基红-次甲基蓝混合指示剂:20 单位体积甲基红乙醇溶液(0.3 g/L)与 3 单位体积次甲基蓝溶液(1 g/L)混合。

3.5 氢氧化钠标准滴定溶液。

3.5.1 配制

称取 0.2 g 氢氧化钠,置于 250 mL 烧杯中,用煮沸冷却后的水溶解,稀释至 1 000 mL,混匀。储存于塑料瓶中。

3.5.2 标定

称取 5.000 0 g 预先经 100 ℃～105 ℃烘干 2 h 的邻苯二甲酸氢钾(基准试剂),置于 500 mL 烧杯中,加热煮沸冷却后的水溶解至清亮,移入 1 000 mL 容量瓶中,用煮沸冷却后的水稀释至刻度,混匀。此溶液 1 mL 含 0.005 0 g 邻苯二甲酸氢钾。

准确移取 5.00 mL 邻苯二甲酸氢钾标准溶液置于 300 mL 锥形瓶中,加 50 mL 煮沸冷却后的水,2 滴酚酞乙醇溶液(10 g/L),用氢氧化钠标准滴定溶液滴至微红色即为终点。

随同标定做空白试验。

按式(1)计算氢氧化钠标准滴定溶液的实际浓度:

$$c = \frac{V \times 0.005\,0}{(V_1 - V_0) \times 0.204\,2} \times 100 \qquad \cdots\cdots(1)$$

式中:

c——氢氧化钠标准滴定溶液的实际浓度,单位为摩尔每升(mol/L);

V——移取邻苯二甲酸氢钾标准溶液的体积,单位为毫升(mL);

V_1——标定时消耗氢氧化钠标准滴定溶液的体积,单位为毫升(mL);

V_0——标定时空白溶液所消耗的氢氧化钠标准滴定溶液的体积,单位为毫升(mL);

0.005 0——邻苯二甲酸氢钾标准溶液的浓度,单位为克每毫升(g/mL);

0.204 2——与 1.00 mL 氢氧化钠标准滴定溶液(c_{NaOH}=1.00 mol/L)相当的邻苯二甲酸氢钾的摩尔质量,单位为克每摩尔(g/mol)。

平行标定三份,取其平均值。所消耗的氢氧化钠标准滴定溶液体积的极差值应不超过 0.10 mL,否则,重新标定。

4 装置

所用装置如图 1。

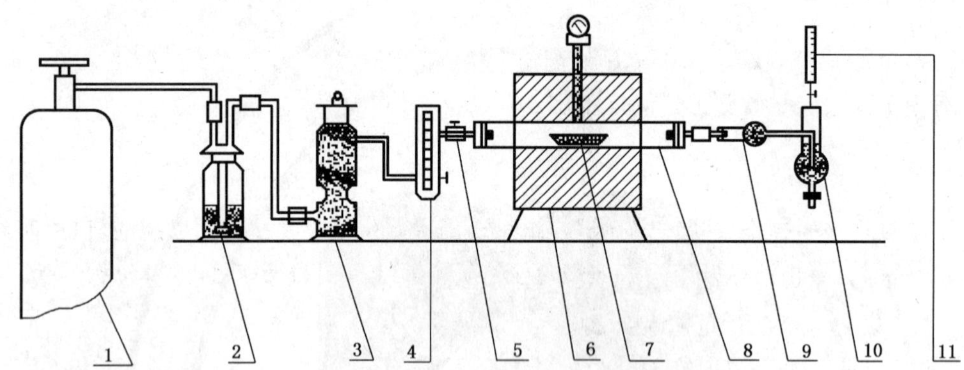

1——氧气瓶:附氧气表、减压阀;

2——洗气瓶:盛有用氢氧化钾溶液(400 g/L)配制的高锰酸钾溶液(40 g/L);

3——干燥塔:下部盛无水氯化钙,上部盛干燥的氢氧化钾,中隔玻璃棉,塔顶和塔底都铺有玻璃棉;

4——玻璃转子流量计(2 L/min);

5——三通活塞:辅助调节氧气流量;

6——管式电炉:装有硅碳棒的卧式电炉,附有调压器、电流计、电压计、铂铑热电偶和高温计;

7——无釉瓷舟:使用前应在约 1 000 ℃中通入氧气灼烧 30 min,冷却后,置于磨口处不涂凡士林之类物质的干燥器中备用;

8——无釉瓷管:新瓷管在使用前应于 1 000 ℃中通氧气灼烧 10 min;

9——除尘器:内装干燥脱脂棉;

10——圆筒形玻璃吸收器:盛过氧化氢吸收液;

11——2 mL～5 mL 微量滴定管。

图 1 装置图

5 分析步骤

5.1 按表 1 称取试样,精确至 0.000 1 g。

表 1 试料量

硫的质量分数/%	试料量/g
0.002 0～0.020	2.0
>0.020～0.040	1.0
>0.040	0.40

5.2 独立地进行两次测定,取其平均值。

5.3 接通电源,使炉温升至 900 ℃,并处于自动控制状态中。

5.4 加入 50 mL～60 mL 过氧化氢吸收溶液(3.3)和 1 mL 甲基红-次甲基蓝混合指示剂(3.4)于玻璃吸收器中。

5.5 按图 1 连续好装置,打开氧气瓶,调节流量至 2 L/min,检查定硫装置的密封性,然后调节氧气流量至 0.5 L/min，用氢氧化钠标准滴定溶液(3.5)滴定至溶液恰显亮绿色，不计读数。

5.6 将试料(5.1)均匀地置于瓷舟中，取下连接三通活塞与瓷管的橡皮塞，将盛有试料(5.1)的瓷舟推入燃烧瓷管的温度最高处，然后迅速塞紧连接三通活塞与燃烧瓷管的橡皮塞，以 0.5 L/min 的流量通入氧气燃烧试料，并用氢氧化钠标准滴定溶液(3.5)进行滴定，保持溶液显亮绿色。

5.7 燃烧 10 min 后，增大氧气流量至 2 L/min，继续用氢氧化钠标准滴定溶液(3.5)滴至溶液由紫红色变为亮绿色即为终点。

6 分析结果的计算

硫含量以硫的质量分数 $w(\mathrm{s})$ 计，数值以%表示，按公式(2)计算：

$$w(\mathrm{s}) = \frac{c \cdot V \times 0.01603}{m} \times 100 \qquad \cdots\cdots(2)$$

式中：

c——氢氧化钠标准滴定溶液(3.5)的实际浓度，单位为摩尔每升(mol/L)；

V——滴定试液所消耗氢氧化钠标准滴定溶液的体积，单位为毫升(mL)；

m——试料的质量，单位为克(g)；

0.016 03——与 1.00 mL[氢氧化钠标准滴定溶液(c_{NaOH}=1.00 mol/L)相当的硫的摩尔质量，单位为克每摩尔(g/mol)。

所得结果表示至两位有效数字。

7 精密度

7.1 重复性

在重复性条件下获得的两次独立测试结果的测定值，在以下给出的平均值范围内，这两个测试结果的绝对差值不超过重复性限(r)，超过重复性限(r)的情况不超过 5%，重复性限(r)按表 2 数据采用线性内插法求得：

表 2 重复性限

$w(\mathrm{s})$/%	0.001 7	0.009 0	0.028	0.099
r/%	0.000 5	0.000 9	0.002	0.007
重复性(r)为 2.83S_r，S_r 为重复性标准差。				

7.2 再现性

在再现性条件下获得的两次独立测试结果的测定值，在以下给出的平均值范围内，这两个测试结果的绝对差值不超过再现性限(R)，超过再现性限(R)的情况不超过 5%，再现性限(R)按表 3 数据采用线性内插法求得：

表 3 再现性限

$w(\mathrm{s})$/%	0.001 7	0.009 0	0.028	0.099
R/%	0.000 6	0.001 0	0.004	0.008
再现性(R)为 2.83S_R，S_R 为再现性标准差。				

8 质量保证和控制

应用国家级标准样品或行业级标准样品(当前两者没有时，也可用控制标样替代)，每周或每两周校核一次本分析方法标准的有效性。当过程失控时，应找出原因，纠正错误后，重新进行校核。

ICS 77.120.99
G 13

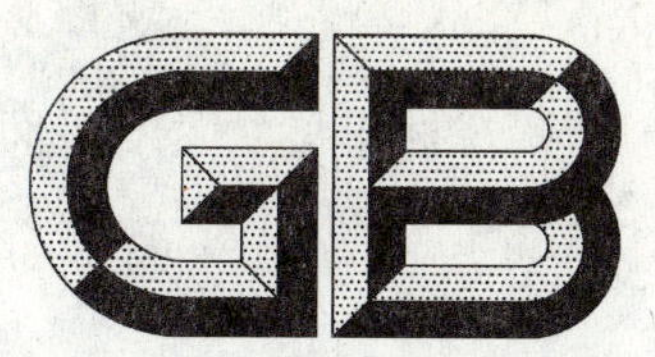

中华人民共和国国家标准

GB/T 3253.7—2009

锑及三氧化二锑化学分析方法
铋量的测定
原子荧光光谱法

Methods for chemical analysis of antimony and antimony trioxide—Determination of bismuth content—Atomic fluorescence spectrometric method

2009-04-08 发布　　2010-02-01 实施

中华人民共和国国家质量监督检验检疫总局
中国国家标准化管理委员会　发布

前　言

GB/T 3253《锑及三氧化二锑化学分析方法》共有11个部分：

——GB/T 3253.1—2008　锑及三氧化二锑化学分析方法　砷量的测定　砷钼蓝分光光度法；

——GB/T 3253.2—2008　锑及三氧化二锑化学分析方法　铁量的测定　邻二氮杂菲分光光度法；

——GB/T 3253.3—2008　锑及三氧化二锑化学分析方法　铅量的测定　火焰原子吸收光谱法；

——GB/T 3253.4—2009　锑及三氧化二锑化学分析方法　锑中硫量的测定　燃烧中和法；

——GB/T 3253.5—2008　锑及三氧化二锑化学分析方法　铜量的测定　火焰原子吸收光谱法；

——GB/T 3253.6—2008　锑及三氧化二锑化学分析方法　硒量的测定　原子荧光光谱法；

——GB/T 3253.7—2009　锑及三氧化二锑化学分析方法　铋量的测定　原子荧光光谱法；

——GB/T 3253.8—2009　锑及三氧化二锑化学分析方法　三氧化二锑量的测定　碘量法；

——GB/T 3253.9—2009　锑及三氧化二锑化学分析方法　镉量的测定　火焰原子吸收光谱法；

——GB/T 3253.10—2009　锑及三氧化二锑化学分析方法　汞量的测定　原子荧光光谱法；

——GB/T 3253.11—2009　锑及三氧化二锑化学分析方法　铋量的测定　原子吸收光谱法。

本部分为第7部分。

本部分由中国有色金属工业协会提出。

本部分由全国有色金属标准化技术委员会归口。

本部分负责起草单位：锡矿山闪星锑业有限责任公司。

本部分参加起草单位：北京矿冶研究总院、湖南出入境检验检疫局。

本部分主要起草人：吴东华、宋应球、毛晓红、袁玉霞、陈新焕、阴东霞。

锑及三氧化二锑化学分析方法 铋量的测定 原子荧光光谱法

1 范围

GB/T 3253 的本部分规定了锑及三氧化二锑中铋量的测定方法。

本部分适用于锑及三氧化二锑中铋量的测定。测定范围:0.000 1%～0.10%。

2 方法提要

试料用王水溶解,加酒石酸络合基体锑,在氢化物发生器中,铋与硼氢化钾生成氢化物,由氩气导入石英炉原子化器中,在原子荧光光谱仪上测量铋的荧光强度。

3 试剂及材料

除非另有说明,本部分所用试剂和水均指分析纯试剂和三级水。

3.1 硼氢化钾。

3.2 盐酸 (ρ1.19 g/mL)。

3.3 硝酸(ρ1.42 g/mL)。

3.4 王水(1+1)。

3.5 盐酸(1+1)。

3.6 硝酸(1+1)。

3.7 氢氧化钠溶液(100 g/L 用优级纯氢氧化钠配制)。

3.8 硼氢化钾溶液(15 g/L)。

称取 7.5 g 硼氢化钾(3.1),加 25 mL 氢氧化钠溶液(3.7),溶解完全,加水定容至 500 mL。用时现配。

3.9 酒石酸溶液(200 g/L)。

3.10 标准溶液。

3.10.1 铋标准贮存溶液(100 μg/mL)。

称取 0.100 0 g 纯铋(铋的质量分数≥99.99%)于 250 mL 烧杯中,加入 100 mL 硝酸(3.6),盖上表面皿,微热溶解清亮,冷却,用水洗涤表面皿及杯壁。移入 1 000 mL 容量瓶中,用水稀释至刻度,混匀。

3.10.2 铋标准溶液(10 μg/mL)。

移取 10.00 mL 铋标准贮存溶液(3.10.1)于 100 mL 容量瓶中,加入 10 mL 硝酸(3.6),用水稀释至刻度,混匀。

3.10.3 铋标准溶液(0.1 μg/mL)。

移取 1.00 mL 铋标准溶液(3.10.2)于 100 mL 容量瓶中,加入 10 mL 硝酸(3.6),用水稀释至刻度,混匀。

3.11 材料。

氩气(≥99.99%):屏蔽气和载气。

4 仪器

原子荧光光谱仪,附铋特种空心阴极灯。

在仪器最佳工作条件下，凡能达到下列指标者均可使用：

——检出限：不大于 1×10^{-9} g/mL。

——精密度：用 0.02 μg/mL 的铋标准溶液测量荧光强度 10 次，其标准偏差应不超过平均荧光强度的 5.0%。

——工作曲线线性：将工作曲线按浓度等分成五段，最高段的荧光强度差值与最低段的荧光强度差值之比，应不小于 0.8。

原子荧光光谱仪参考工作条件：

——灯电流：60 mA；

——负高压：300 V；

——载气流量：300 L/min；

——屏蔽气流量：900 L/min。

5 分析步骤

5.1 试料

按表 1 称取试样，精确至 0.000 1 g。

表 1 试样量及稀释、分取体积

铋的质量分数/%	试料量/g	定容体积/mL	分取试液体积/mL
0.000 1～0.002 0	0.30	50	2.00
>0.002 0～0.010	0.20	50	2.00
>0.010～0.020	0.10	100	2.00
>0.020～0.050	0.10	500	2.00
>0.050～0.10	0.10	500	1.00

5.2 测定次数

独立地进行两次测定，取其平均值。

5.3 空白试验

随同试料做空白试验。

5.4 测定

5.4.1 将试料(5.1)置于 100 mL 烧杯中，加入 10 mL 王水(3.4)，低温加热摇动烧杯使试样溶解清亮，并微沸驱除氮的氧化物，取下稍冷，加入 5 mL 酒石酸溶液(3.9)，补加 5 mL 盐酸(3.2)，冷却后按表 1 移入相应体积的容量瓶中，用水稀释至刻度，摇匀。

5.4.2 按表 1 分取试液于 50 mL 容量瓶中，加入 25 mL 盐酸(3.2)，以水定容，混匀。

5.4.3 在原子荧光光谱仪上，用盐酸(3.5)作载流，用硼氢化钾溶液(3.8)作还原剂，以铋特种空心阴极灯为激发光源，测量试料溶液的荧光强度，减去随同试料空白溶液的荧光强度，从工作曲线上查得相应的铋的浓度。

5.5 工作曲线的绘制

5.5.1 移取 0 mL、0.50 mL、1.00 mL、2.00 mL、4.00 mL、6.00 mL、8.00 mL 铋标准溶液(3.10.3)于一组 100 mL 容量瓶中，分别加入盐酸(3.2)5 mL，用水稀释至刻度，混匀。

5.5.2 在与试料测定相同条件下测量标准溶液的荧光强度，减去系列标准溶液中“零”浓度溶液的荧光强度。以铋浓度为横坐标，荧光强度为纵坐标，绘制工作曲线。

6 分析结果的计算

铋含量以铋的质量分数 $w(\mathrm{Bi})$ 计，数值以%表示，按公式(1)计算：

$$w(\mathrm{Bi}) = \frac{c \cdot V_0 \cdot V_2 \times 10^{-9}}{m_0 \cdot V_1} \times 100 \quad \cdots\cdots\cdots\cdots (1)$$

式中：

c——自工作曲线上查得铋的浓度，单位为纳克每毫升(ng/mL)；

V_0——试液定容体积，单位为毫升(mL)；

V_1——分取试液体积，单位为毫升(mL)；

V_2——待测试液定容体积，单位为毫升(mL)；

m_0——试料的质量，单位为克(g)。

当0.000 1%≤w(Bi)<0.010%时，所得结果表示至四位小数；当0.010%≤w(Bi)<0.10%时所得结果表示至三位小数。

7 精密度

7.1 重复性

在重复性条件下获得的两次独立测试结果的测定值，在以下给出的平均值范围内，这两个测试结果的绝对差值不超过重复性限(r)，超过重复性限(r)的情况不超过5%，重复性限(r)按表2数据采用线性内插法求得：

表2 重复性限

w(Bi)/%	0.000 1	0.001 2	0.006 3	0.024	0.053	0.098
r/%	0.000 1	0.000 3	0.000 8	0.002	0.003	0.005
重复性(r)为2.83S_r，S_r为重复性标准差。						

7.2 再现性

在再现性条件下获得的两次独立测试结果的测定值，在以下给出的平均值范围内，这两个测试结果的绝对差值不超过再现性限(R)，超过再现性限(R)的情况不超过5%，再现性限(R)按表3数据采用线性内插法求得：

表3 再现性限

w(Bi)/%	0.000 1	0.001 2	0.006 3	0.024	0.053	0.098
R/%	0.000 1	0.000 4	0.001 1	0.003	0.005	0.006
再现性(R)为2.83S_R，S_R为再现性标准差。						

8 质量保证和控制

应用国家级标准样品或行业级标准样品(当前两者没有时，也可用控制标样替代)，每周或每两周校核一次本分析方法标准的有效性。当过程失控时，应找出原因，纠正错误后，重新进行校核。

ICS 77.120.99
G 13

中华人民共和国国家标准

GB/T 3253.8—2009
代替 GB/T 3254.1—1998

锑及三氧化二锑化学分析方法 三氧化二锑量的测定 碘量法

Methods for chemical analysis of antimony and antimony trioxide—Determination of antimony trioxide content—Iodine titration method

2009-04-08 发布　　　　2010-02-01 实施

中华人民共和国国家质量监督检验检疫总局
中国国家标准化管理委员会　发布

前　言

GB/T 3253《锑及三氧化二锑化学分析方法》共有11个部分：

——GB/T 3253.1—2008　锑及三氧化二锑化学分析方法　砷量的测定　砷钼蓝分光光度法；

——GB/T 3253.2—2008　锑及三氧化二锑化学分析方法　铁量的测定　邻二氮杂菲分光光度法；

——GB/T 3253.3—2008　锑及三氧化二锑化学分析方法　铅量的测定　火焰原子吸收光谱法；

——GB/T 3253.4—2009　锑及三氧化二锑化学分析方法　锑中硫量的测定　燃烧中和法；

——GB/T 3253.5—2008　锑及三氧化二锑化学分析方法　铜量的测定　火焰原子吸收光谱法；

——GB/T 3253.6—2008　锑及三氧化二锑化学分析方法　硒量的测定　原子荧光光谱法；

——GB/T 3253.7—2009　锑及三氧化二锑化学分析方法　铋量的测定　原子荧光光谱法；

——GB/T 3253.8—2009　锑及三氧化二锑化学分析方法　三氧化二锑量的测定　碘量法；

——GB/T 3253.9—2009　锑及三氧化二锑化学分析方法　镉量的测定　火焰原子吸收光谱法；

——GB/T 3253.10—2009　锑及三氧化二锑化学分析方法　汞量的测定　原子荧光光谱法；

——GB/T 3253.11—2009　锑及三氧化二锑化学分析方法　铋量的测定　原子吸收光谱法。

本部分为第8部分。

本部分代替GB/T 3254.1—1998《三氧化二锑化学分析方法　三氧化二锑量的测定》。与GB/T 3254.1—1998相比，本部分有如下变动：

——对文本格式进行了修改；

——补充了精密度与质量保证和控制条款。

本部分由中国有色金属工业协会提出。

本部分由全国有色金属标准化技术委员会归口。

本部分负责起草单位：锡矿山闪星锑业有限责任公司。

本部分参加起草单位：湖南有色金属研究院、广西华锑化工有限公司。

本部分主要起草人：宗屹、宋应球、李文梅、崔德海、庞文林、马柳军。

本部分所代替标准的历次版本发布情况为：

——GB/T 3254.1—1982、GB/T 3254.1—1998。

锑及三氧化二锑化学分析方法 三氧化二锑量的测定 碘量法

1 范围

GB/T 3253的本部分规定了三氧化二锑中三氧化二锑量的测定方法。

本部分适用于三氧化二锑中三氧化二锑量的测定。测定范围:99.00%～99.95%。

2 规范性引用文件

下列文件中的条款通过GB/T 3253的本部分的引用而成为本部分的条款。凡是注日期的引用文件,其随后所有的修改单(不包括勘误的内容)或修订版均不适用于本部分,然而,鼓励根据本部分达成协议的各方研究是否可使用这些文件的最新版本。凡是不注日期的引用文件,其最新版本适用于本部分。

GB/T 3253.1—2008 锑及三氧化二锑化学分析方法 砷量的测定 砷钼蓝分光光度法

3 方法提要

试料用酒石酸溶解,在碳酸氢钠缓冲溶液中,以淀粉为指示剂,用碘标准溶液滴定至紫蓝色为终点,以准确称取消耗碘标准溶液的质量,来计算三氧化二锑的质量分数。

三氧化二砷定量干扰测定,应对其进行独立测定后校正结果。

4 试剂

除非另有说明,本部分所用试剂和水均指分析纯试剂和三级水。

4.1 碳酸氢钠。

4.2 酒石酸溶液(200 g/L)。

4.3 氢氧化钠溶液(230 g/L)。

4.4 碘标准滴定溶液

4.4.1 配制

称取10.45 g碘置于1 000 mL烧杯中,加入100 g碘化钾,加入200 mL水溶解,移入1 000 mL棕色容量瓶中,用水稀释至刻度,混匀。

4.4.2 标定

随同标定进行空白试验。

按7.1称取0.400 00 g±0.000 20 g三氧化二锑(质量分数99.99%以上),置于500 mL锥型瓶中,用少量水润湿,加入50 mL酒石酸溶液(4.2),以下按7.4.2进行。按式(1)计算碘标准滴定溶液的实际浓度:

$$c=\frac{m}{0.072\,88\times(m_1-m_2-m_3)} \qquad (1)$$

式中:

c——碘标准滴定溶液的实际浓度,单位为摩尔每千克(mol/kg);

m——三氧化二锑的质量,单位为克(g);

m_1——标定前,盛有碘标准滴定溶液(4.4)的称量滴定瓶的质量,单位为克(g);

m_2——标定后,盛有剩余碘标准滴定溶液(4.4)的称量滴定瓶的质量,单位为克(g);

m_3——随同标定的空白试验溶液所消耗碘标准滴定溶液(4.4)的质量,单位为克(g);

0.072 88——与1.000 0 g碘标准滴定溶液[$c(I_2/2)=1.000\ 0$ mol/kg]相当的三氧化二锑的质量,单位为摩尔每千克(mol/kg)。

平行标定三份,所计算的消耗碘标准滴定溶液(4.4)浓度差值不超过0.000 03 mol/kg时,取其平均值。否则,重新标定。

4.5 淀粉指示剂(10 g/L):称取1 g可溶性淀粉,置于250 mL烧杯中,加入少量水调成糊状,在不断搅拌下加入100 mL沸水,静置,冷却。使用清液。

5 仪器

5.1 称量滴定瓶(约100 mL),见图1。

单位为毫米

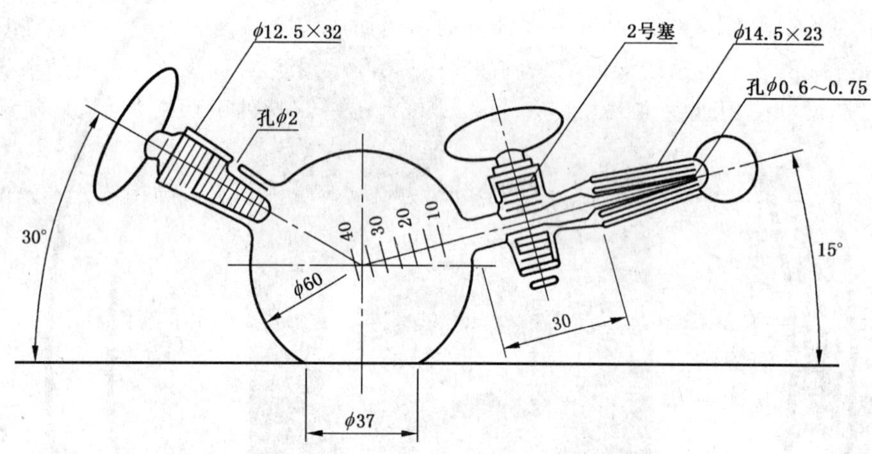

图1 称量滴定瓶

5.2 分析天平,感量十万分之一。

5.3 电磁搅拌器。

6 试样

试样应在100 ℃~105 ℃烘1 h后,置于干燥器中,冷却至室温。

7 分析步骤

7.1 试料

称取0.400 00 g±0.000 20 g试样,称样时,使用约2 mm厚的耐温塑料制成中间具有一尺寸为2 cm×4 cm的凹槽小皿,试样加在小皿上称量。

7.2 空白试验

随同试料做空白试验。

7.3 测定次数

独立地进行两次测定,取其平均值。

7.4 测定

7.4.1 试料(7.1)连同小皿一起移入500 mL锥形瓶中,用少量水润湿。在分析试料的同时,标定碘标准滴定溶液(4.4)。

7.4.2 加入50 mL酒石酸溶液(4.2),摇动试料,盖上表面皿,加热,在保持溶液微沸的状态下溶解0.5 h,在溶解过程中摇动锥形瓶2次~3次,取下,冷却至室温。

7.4.3 加入 20 mL 氢氧化钠溶液(4.3),中和大部分酒石酸,再加入碳酸氢钠(4.1)中和剩余的酒石酸至无明显的气体产生,并过量约 4 g,加入 40 mL 水,保持溶液温度在 15 ℃～40 ℃之间。加入 2 mL 淀粉指示剂(4.5)。

7.4.4 称量盛有碘标准滴定溶液(4.4)的称量滴定瓶的质量,装于盛有试料溶液的锥形瓶口上,在不断搅拌下,用碘标准滴定溶液(4.4)滴定至溶液呈稳定的紫蓝色为终点。再称量盛有剩余碘标准滴定溶液(4.4)的称量滴定瓶的质量,两次称量结果之差即为碘标准滴定溶液(4.4)的消耗量。

7.4.5 按照 GB/T 3253.1—2008 测定砷含量并校正结果。

8 分析结果的计算

三氧化二锑含量以三氧化二锑的质量分数 $w(Sb_2O_3)$ 计,数值以%表示,按公式(2)计算:

$$w(Sb_2O_3)=\frac{c\cdot(m_4-m_5-m_6)\times 0.072\,88}{m_0}\times 100-w(As)\times 1.945 \quad \cdots\cdots(2)$$

式中:

c——碘标准滴定溶液的实际浓度,单位为摩尔每千克(mol/kg);

m_0——三氧化二锑的质量,单位为克(g);

m_4——测定前盛有碘标准滴定溶液(4.4)的称量滴定瓶的质量,单位为克(g);

m_5——测定后盛有剩余碘标准滴定溶液(4.4)称量滴定瓶的质量,单位为克(g);

m_6——测定时,滴定随同试料的空白试验溶液所消耗的碘标准滴定溶液(4.4)的质量,单位为克(g);

0.072 88——与 1.000 0 g 碘标准滴定溶液[$c(I_2/2)=1.000\,0$ mol/kg]相当的三氧化二锑的质量,单位为摩尔每千克(mol/kg);

1.945——砷换算为三氧化二锑的系数;

$w(As)$——砷的质量分数,数值以%表示。

所得结果表示至二位小数。

9 精密度

9.1 重复性

在重复性条件下获得的两次独立测试结果的测定值,在以下给出的平均值范围内,这两个测试结果的绝对差值不超过重复性限(r),超过重复性限(r)的情况不超过 5%,重复性限(r)按表 1 数据采用线性内插法求得:

表 1 重复性限

$w(Sb_2O_3)$/%	99.02	99.52	99.92
r/%	0.15	0.10	0.08
重复性(r)为 2.83S_r,S_r 为重复性标准差。			

9.2 再现性

在再现性条件下获得的两次独立测试结果的测定值,在以下给出的平均值范围内,这两个测试结果的绝对差值不超过再现性限(R),超过再现性限(R)的情况不超过 5%,再现性限(R)按表 2 数据采用线性内插法求得:

表 2 再现性限

$w(Sb_2O_3)$/%	99.02	99.52	99.92
R/%	0.27	0.16	0.10
再现性(R)为 2.83S_R,S_R 为再现性标准差。			

10 质量保证和控制

应用国家级标准样品或行业级标准样品(当前两者没有时,也可用控制标样替代),每周或每两周校核一次本分析方法标准的有效性。当过程失控时,应找出原因,纠正错误后,重新进行校核。

ICS 77.120.99
G 13

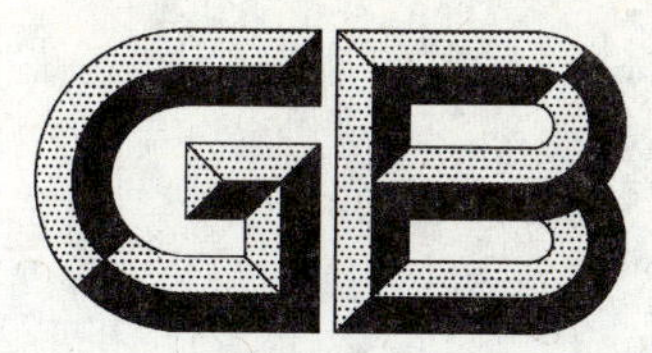

中华人民共和国国家标准

GB/T 3253.9—2009

锑及三氧化二锑化学分析方法 镉量的测定 火焰原子吸收光谱法

Methods for chemical analysis of antimony and antimony trioxide—Determination of cadmium content—Flame atomic absorption spectrometric method

2009-04-08 发布　　2010-02-01 实施

中华人民共和国国家质量监督检验检疫总局
中国国家标准化管理委员会　发布

前　言

GB/T 3253《锑及三氧化二锑化学分析方法》共有11个部分：

——GB/T 3253.1—2008　锑及三氧化二锑化学分析方法　砷量的测定　砷钼蓝分光光度法；

——GB/T 3253.2—2008　锑及三氧化二锑化学分析方法　铁量的测定　邻二氮杂菲分光光度法；

——GB/T 3253.3—2008　锑及三氧化二锑化学分析方法　铅量的测定　火焰原子吸收光谱法；

——GB/T 3253.4—2009　锑及三氧化二锑化学分析方法　锑中硫量的测定　燃烧中和法；

——GB/T 3253.5—2008　锑及三氧化二锑化学分析方法　铜量的测定　火焰原子吸收光谱法；

——GB/T 3253.6—2008　锑及三氧化二锑化学分析方法　硒量的测定　原子荧光光谱法；

——GB/T 3253.7—2009　锑及三氧化二锑化学分析方法　铋量的测定　原子荧光光谱法；

——GB/T 3253.8—2009　锑及三氧化二锑化学分析方法　三氧化二锑量的测定　碘量法；

——GB/T 3253.9—2009　锑及三氧化二锑化学分析方法　镉量的测定　火焰原子吸收光谱法；

——GB/T 3253.10—2009　锑及三氧化二锑化学分析方法　汞量的测定　原子荧光光谱法；

——GB/T 3253.11—2009　锑及三氧化二锑化学分析方法　铋量的测定　原子吸收光谱法。

本部分为第9部分。

本部分由中国有色金属工业协会提出。

本部分由全国有色金属标准化技术委员会归口。

本部分负责起草单位：锡矿山闪星锑业有限责任公司。

本部分参加起草单位：华锡集团有限责任公司、湖南辰州矿业股份有限公司。

本部分主要起草人：崔德海、宋应球、吴东华、宗屹、程辉、吴少波、陆振溢。

锑及三氧化二锑化学分析方法 镉量的测定 火焰原子吸收光谱法

1 范围

GB/T 3253 的本部分规定了锑及三氧化二锑中镉量的测定方法。

本部分适用于锑及三氧化二锑中镉量的测定。测定范围:0.000 1%~0.010 0%。

2 方法提要

试料用王水溶解(三氧化二锑试料用氢溴酸溶解),用盐酸-氢溴酸挥锑,盐酸溶解残渣,在盐酸介质中于原子吸收光谱仪波长 228.8 nm 处测定镉的吸光度。

3 试剂

除非另有说明,本部分所用试剂和水均指分析纯试剂和三级水。

3.1 盐酸(ρ 1.19 g/mL)。

3.2 硝酸(ρ 1.42 g/mL)。

3.3 氢溴酸(ρ 1.48 g/mL)。

3.4 王水。

3.5 硝酸(1+1)。

3.6 镉标准贮存溶液

3.6.1 镉贮存溶液:称取 0.100 0 g 纯镉(质量分数≥99.99%)于 100 mL 烧杯中,加入 20 mL 硝酸(3.5),加热到完全溶解,煮沸除去氮的氧化物,冷却至室温,移入 1 000 mL 容量瓶中,用水稀释至刻度,混匀。此溶液含镉量为 100 μg/mL。

3.6.2 镉标准溶液:移取 10 mL 镉贮存液(3.6.1)于 100 mL 容量瓶中加入 5 mL 盐酸(3.1),用水稀释至刻度,混匀。此溶液含镉量为 10 μg/mL。

4 仪器

原子吸收光谱仪,附镉空心阴极灯。在仪器最佳工作条件下,凡能达到下列指标者均可使用。

——灵敏度:在与测量基本相一致的溶液中,镉的特征浓度不应大于 0.014 μg/mL;

——精密度:用最高浓度标准溶液测量 10 次吸光度,其标准偏差应不超过平均吸光度的 1.00%,用最低浓度(不是零浓度)标准溶液测量 10 次吸光度,其标准偏差应不超过最高浓度标准溶液平均吸光度的 0.50%;

——工作曲线线性:将工作曲线等分成五段,最高段的吸光度差值与最低段的吸光度差值之比应不小于 0.8。

原子吸收光谱仪的参考工作条件:

——波长 228.8 nm;

——灯电流 2.0 mA;

——贫燃火焰。

5 分析步骤

5.1 试料

按表1称取试样,精确至0.000 1 g。

表1 试料量

镉的质量分数/%	试料量/g
0.000 1～0.002 0	1.0
>0.002 0～0.004 0	0.50
>0.004 0～0.010 0	0.20

5.2 测定次数

独立地进行两次测定,取其平均值。

5.3 空白试验

随同试料做空白试验。

5.4 测定

5.4.1 试料

5.4.1.1 锑试料

将试料(5.1)置于100 mL烧杯中,加入8 mL王水(3.4),低温加热蒸干,冷却。加入1 mL盐酸(3.1)、5 mL氢溴酸(3.3),低温加热蒸干,稍冷。加入3 mL盐酸(3.1)、1 mL氢溴酸(3.3),低温加热蒸干,冷却。加入2 mL盐酸(3.1),低温加热蒸干,冷却。加入2 mL盐酸(3.1),并沿杯壁吹入约5 mL水,煮沸溶解残渣。将溶液移入25 mL容量瓶中,用水稀释至刻度,混匀。

5.4.1.2 三氧化二锑试料

将试料(5.1)置于100 mL烧杯中,加少量水润湿,8 mL氢溴酸(3.3),摇动片刻,低温加热蒸干,冷却。加入3 mL氢溴酸(3.3),低温加热蒸干,冷却。加入2 mL盐酸(3.1),低温加热蒸干,冷却。加入2 mL盐酸(3.1),并沿杯壁吹入约5 mL水,煮沸溶解残渣。将溶液移入25 mL容量瓶中,用水稀释至刻度,混匀。

5.4.2 使用空气-乙炔火焰,于原子吸收光谱仪波长228.8 nm处,以水调零,测量溶液的吸光度。减去随同试料的空白试验溶液的吸光度,从工作曲线上查出相应的镉浓度。

5.5 工作曲线的绘制

5.5.1 移取0 mL、0.40 mL、1.00 mL、4.00 mL、7.00 mL、10.00 mL镉标准溶液(3.6.2)分别置于一组100 mL的容量瓶中,加入5 mL盐酸(3.1),以水稀释至刻度,混匀。

5.5.2 使用空气-乙炔火焰,于原子吸收光谱仪波长228.8 nm处,以水调零,测量系列标准溶液的吸光度,减去标准溶液中"零"浓度溶液的吸光度,以镉浓度为横坐标,吸光度为纵坐标绘制工作曲线。

6 分析结果的计算

镉含量以镉的质量分数$w(\mathrm{Cd})$计,数值以%表示,按公式(1)计算:

$$w(\mathrm{Cd}) = \frac{c \cdot V \times 10^{-6}}{m_0} \times 100 \quad \cdots\cdots (1)$$

式中:

c——自工作曲线上查得的镉的浓度,单位为微克每毫升(μg/mL);

V——试液的体积,单位为毫升(mL);

m_0——试料的质量,单位为克(g)。

所得结果表示至四位小数。

7 精密度

7.1 重复性

在重复性条件下获得的两次独立测试结果的测定值，在以下给出的平均值范围内，这两个测试结果的绝对差值不超过重复性限(r)，超过重复性限(r)的情况不超过5%，重复性限(r)按表2数据采用线性内插法求得：

表2 重复性限

w(Cd)/%	0.000 1	0.001 2	0.003 0	0.006 2	0.010 4
r/%	0.000 1	0.000 2	0.000 4	0.000 5	0.001 5
重复性(r)为2.83S_r，S_r为重复性标准差。					

7.2 再现性

在再现性条件下获得的两次独立测试结果的测定值，在以下给出的平均值范围内，这两个测试结果的绝对差值不超过再现性限(R)，超过再现性限(R)的情况不超过5%，再现性限(R)按表3数据采用线性内插法求得：

表3 再现性限

w(Cd)/%	0.000 1	0.001 2	0.003 0	0.006 2	0.010 4
R/%	0.000 1	0.000 3	0.000 5	0.000 8	0.001 5
再现性(R)为2.83S_R，S_R为再现性标准差。					

8 质量保证和控制

应用国家级标准样品或行业级标准样品(当前两者没有时，也可用控制标样替代)，每周或每两周校核一次本分析方法标准的有效性。当过程失控时，应找出原因，纠正错误后，重新进行校核。

ICS 77.120.99
G 13

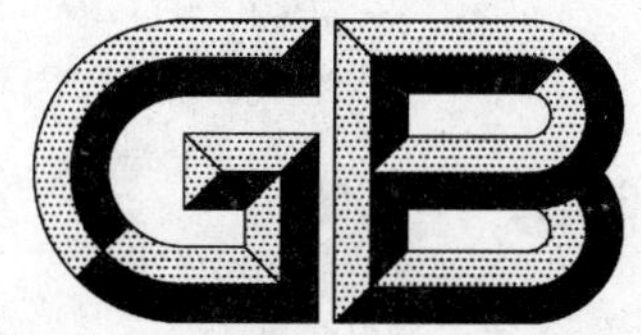

中华人民共和国国家标准

GB/T 3253.10—2009

锑及三氧化二锑化学分析方法
汞量的测定
原子荧光光谱法

Methods for chemical analysis of antimony and antimony trioxide—
Determination of mercury content—
Atomic fluorescence spectrometric method

2009-04-08 发布　　2010-02-01 实施

中华人民共和国国家质量监督检验检疫总局
中国国家标准化管理委员会　发布

前 言

GB/T 3253《锑及三氧化二锑化学分析方法》共有11个部分：

——GB/T 3253.1—2008 锑及三氧化二锑化学分析方法 砷量的测定 砷钼蓝分光光度法；

——GB/T 3253.2—2008 锑及三氧化二锑化学分析方法 铁量的测定 邻二氮杂菲分光光度法；

——GB/T 3253.3—2008 锑及三氧化二锑化学分析方法 铅量的测定 火焰原子吸收光谱法；

——GB/T 3253.4—2009 锑及三氧化二锑化学分析方法 锑中硫量的测定 燃烧中和法；

——GB/T 3253.5—2008 锑及三氧化二锑化学分析方法 铜量的测定 火焰原子吸收光谱法；

——GB/T 3253.6—2008 锑及三氧化二锑化学分析方法 硒量的测定 原子荧光光谱法；

——GB/T 3253.7—2009 锑及三氧化二锑化学分析方法 铋量的测定 原子荧光光谱法；

——GB/T 3253.8—2009 锑及三氧化二锑化学分析方法 三氧化二锑量的测定 碘量法；

——GB/T 3253.9—2009 锑及三氧化二锑化学分析方法 镉量的测定 火焰原子吸收光谱法；

——GB/T 3253.10—2009 锑及三氧化二锑化学分析方法 汞量的测定 原子荧光光谱法；

——GB/T 3253.11—2009 锑及三氧化二锑化学分析方法 铋量的测定 原子吸收光谱法。

本部分为第10部分。

本部分由中国有色金属工业协会提出。

本部分由全国有色金属标准化技术委员会归口。

本部分负责起草单位：锡矿山闪星锑业有限责任公司。

本部分参加起草单位：湖南出入境检验检疫局、北京矿冶研究总院。

本部分主要起草人：吴东华、宋应球、毛晓红、陈新焕、袁玉霞、杨万彪。

锑及三氧化二锑化学分析方法
汞量的测定
原子荧光光谱法

1 范围

本部分规定了锑及三氧化二锑中汞量的测定方法。

本部分适应于锑及三氧化二锑中汞量的测定。测定范围：0.000 020%～0.000 3%。

2 方法提要

试料用王水溶解，在盐酸介质中，以硼氢化钾作还原剂，用氩气作载气，将生成的汞原子蒸气导入石英炉原子化器中，在原子荧光光谱仪上测量汞的荧光强度。

3 试剂及材料

本试验所用水为高纯水(电阻率大于 18 MΩ)。

3.1 硼氢化钾。

3.2 盐酸 (ρ1.19 g/mL 优级纯)。

3.3 硝酸(ρ1.42 g/mL 优级纯)。

3.4 王水(1+1)：三体积盐酸(3.2)、一体积硝酸(3.3)和四体积水混合配制。

3.5 盐酸溶液 (1+95)。

3.6 氢氧化钾溶液(100 g/L 用优级纯氢氧化钾配制)。

3.7 硼氢化钾溶液(0.5 g/L)：称取 0.25 g 硼氢化钾(3.1)，加 25 mL 氢氧化钾溶液(3.6)，加 475 mL 水，溶解完全，用时现配。

3.8 重铬酸钾溶液(50 g/L)。

3.9 标准溶液

3.9.1 汞标准贮存溶液：准确称取 0.135 4 g 预先用硫酸干燥 24 h 的氯化汞于 100 mL 烧杯中，加少量水溶解，加入 50 mL 硝酸(3.3)，10 mL 重铬酸钾溶液(3.8)。移入 1 000 mL 容量瓶中，用水稀释至刻度，混匀。此溶液每毫升含 0.1 mg 汞。

3.9.2 汞标准溶液 A：移取 10 mL 汞标准贮存溶液(3.9.1)于 100 mL 容量瓶中，加入 5 mL 硝酸(3.3)，1 mL 重铬酸钾溶液(3.8)用水稀释至刻度，混匀。此溶液每毫升含 10 μg 汞。

3.9.3 汞标准溶液 B：移取 1.00 mL 汞标准溶液(3.9.2)于 100 mL 容量瓶中，加入 5 mL 硝酸(3.3)，1 mL 重铬酸钾溶液(3.8)用水稀释至刻度，混匀。此溶液每毫升含 0.1 μg 汞。

3.10 材料

氩气(质量分数≥99.99%)：屏蔽气和载气。

4 仪器

原子荧光光谱仪，附汞特种空心阴极灯。

在仪器最佳工作条件下，凡能达到下列指标者均可使用：

——检出限：不大于 1×10^{-10} g/mL；

——精密度：用 2 ng/mL 的汞标准溶液测量荧光强度 10 次，其标准偏差应不超过平均荧光强度的 5.0%；

——工作曲线线性：将工作曲线按浓度等分成五段，最高段的荧光强度差值与最低段的荧光强度差值之比，应不小于0.8。

仪器参考工作条件：

——灯电流：20 mA；

——负高压：260 V；

——载气流量：400 L/min；

——屏蔽气流量：900 L/min。

5 分析步骤

5.1 试料

按表1称取试样，精确至0.000 1 g。

表1 试料量

汞的质量分数/%	试料量/g
0.000 020～0.000 060	0.50
>0.000 060～0.000 15	0.20
>0.000 15～0.000 3	0.10

5.2 测定次数

独立地进行两次测定，取其平均值。

5.3 空白试验

随同试料做空白试验。

5.4 测定

5.4.1 将试料(5.1)置于100 mL烧杯中，加入10 mL王水(3.4)，盖上表面皿，于电炉上低温溶解清亮，并加热煮沸驱除氮的氧化物，取下冷却，加1 mL重铬酸钾溶液(3.8)，并补加10 mL盐酸(3.2)，移入50 mL容量瓶中用水稀释至刻度，摇匀。

5.4.2 移取试液5 mL于25 mL容量瓶中，加入5.0 mL盐酸(3.2)以水定容，混匀。

5.4.3 在原子荧光光谱仪上，用盐酸(3.5)作载流，用硼氢化钾溶液(3.7)作还原剂，以汞特种空心阴极灯为激发光源，测量试料溶液的荧光强度，减去随同试料空白溶液的荧光强度，从工作曲线上查得相应汞的浓度。

5.5 工作曲线的绘制

5.5.1 移取0 mL、0.50 mL、1.00 mL、1.50 mL、2.00 mL汞标准溶液B(3.9.3)于一组100 mL容量瓶中，分别加入盐酸(3.2)5 mL，1 mL重铬酸钾溶液(3.8)，用水稀释至刻度，混匀。

5.5.2 在与试料测定相同条件下测量标准溶液的荧光强度，减去系列标准溶液中“零”浓度溶液的荧光强度。以汞浓度为横坐标，荧光强度为纵坐标，绘制工作曲线。

6 分析结果的计算

汞含量以汞的质量分数w(Hg)计，数值以%表示，按公式(1)计算：

$$w(\mathrm{Hg}) = \frac{c \cdot V_0 \cdot V_2 \times 10^{-9}}{m_0 \cdot V_1} \times 100 \quad \cdots\cdots (1)$$

式中：

c——自工作曲线上查得汞的浓度，单位为纳克每毫升(ng/mL)；

V_0——试液定容体积，单位为毫升(mL)；

V_2——待测试液定容体积，单位为毫升(mL)；

m_0——试料的质量，单位为克(g)。

所得结果表示至两位有效数字。

7 精密度

7.1 重复性

在重复性条件下获得的两次独立测试结果的测定值，在以下给出的平均值范围内，这两个测试结果的绝对差值不超过重复性限(r)，超过重复性限(r)的情况不超过5%，重复性限(r)按表2数据采用线性内插法求得：

表2 重复性限

$w(Hg)/\%$	0.000 024	0.000 099	0.000 16	0.000 28
$r/\%$	0.000 007	0.000 03	0.000 04	0.000 05
重复性(r)为2.83S_r，S_r为重复性标准差。				

7.2 再现性

在再现性条件下获得的两次独立测试结果的测定值，在以下给出的平均值范围内，这两个测试结果的绝对差值不超过再现性限(R)，超过再现性限(R)的情况不超过5%，再现性限(R)按表3数据采用线性内插法求得：

表3 再现性限

$w(Hg)/\%$	0.000 024	0.000 099	0.000 16	0.000 28
$R/\%$	0.000 008	0.000 04	0.000 05	0.000 06
再现性(R)为2.83S_R，S_R为再现性标准差。				

8 质量保证和控制

应用国家级标准样品或行业级标准样品(当前两者没有时，也可用控制标样替代)，每周或每两周校核一次本分析方法标准的有效性。当过程失控时，应找出原因，纠正错误后，重新进行校核。

ICS 77.120.99
G 13

中华人民共和国国家标准

GB/T 3253.11—2009
代替 GB/T 3253.6—2001

锑及三氧化二锑化学分析方法
铋量的测定
原子吸收光谱法

Methods for chemical analysis of antimony and antimony trioxide—Determination of bismuth content—Flame atomic absorption spectrometric method

2009-04-08 发布　　2010-02-01 实施

中华人民共和国国家质量监督检验检疫总局
中国国家标准化管理委员会　发布

前　言

GB/T 3253《锑及三氧化二锑化学分析方法》共有11个部分：

——GB/T 3253.1—2008　锑及三氧化二锑化学分析方法　砷量的测定　砷钼蓝分光光度法；

——GB/T 3253.2—2008　锑及三氧化二锑化学分析方法　铁量的测定　邻二氮杂菲分光光度法；

——GB/T 3253.3—2008　锑及三氧化二锑化学分析方法　铅量的测定　火焰原子吸收光谱法；

——GB/T 3253.4—2009　锑及三氧化二锑化学分析方法　锑中硫量的测定　燃烧中和法；

——GB/T 3253.5—2008　锑及三氧化二锑化学分析方法　铜量的测定　火焰原子吸收光谱法；

——GB/T 3253.6—2008　锑及三氧化二锑化学分析方法　硒量的测定　原子荧光光谱法；

——GB/T 3253.7—2009　锑及三氧化二锑化学分析方法　铋量的测定　原子荧光光谱法；

——GB/T 3253.8—2009　锑及三氧化二锑化学分析方法　三氧化二锑量的测定　碘量法；

——GB/T 3253.9—2009　锑及三氧化二锑化学分析方法　镉量的测定　火焰原子吸收光谱法；

——GB/T 3253.10—2009　锑及三氧化二锑化学分析方法　汞量的测定　原子荧光光谱法；

——GB/T 3253.11—2009　锑及三氧化二锑化学分析方法　铋量的测定　原子吸收光谱法。

本部分为第11部分。

本方法不作为仲裁方法。

本部分代替GB/T 3253.6—2001《锑化学分析方法　铋量的测定》。与GB/T 3253.6—2001相比，本部分有如下变动：

——本部分增加了三氧化二锑中铋量的测定方法；

——对文本格式进行了修改；

——增加了精密度与质量保证和控制条款。

本部分由中国有色金属工业协会提出。

本部分由全国有色金属标准化技术委员会归口。

本部分负责起草单位：锡矿山闪星锑业有限责任公司。

本部分参加起草单位：广西冶金研究院、湖南辰州矿业股份有限公司。

本部分主要起草人：宋应球、毛晓红、吴东华、邓汉金、宗屹、崔德海、黄肇敏、吴少波。

本部分所代替标准的历次版本发布情况为：

——GB/T 3253.6—2001。

锑及三氧化二锑化学分析方法
铋量的测定
原子吸收光谱法

1 范围

GB/T 3253的本部分规定了锑及三氧化二锑中铋量的测定方法。

本部分适用于锑及三氧化二锑中铋量的测定。测定范围:0.001 0%～0.10%。

2 方法提要

锑试料用王水溶解,三氧化二锑试料用盐酸-氢溴酸溶解,在硫酸介质中,控制适当温度,加入盐酸-氢溴酸挥发除锑,在盐酸介质中,于原子吸收光谱仪波长223.1 nm处测量铋的吸光度。

3 试剂

除非另有说明,本部分所用试剂和水均指分析纯试剂和三级水。

3.1 盐酸(ρ1.19 g/mL)。

3.2 盐酸(1+1)。

3.3 硝酸(ρ1.42 g/mL)。

3.4 硝酸(1+1)。

3.5 硫酸(1+1)。

3.6 王水。

3.7 氢溴酸(ρ1.48 g/mL)。

3.8 盐酸-氢溴酸:等体积盐酸(3.1)和一体积氢溴酸(3.7)混合配制。

3.9 标准溶液

3.9.1 铋标准贮存溶液(1 mg/mL)

称取1.000 0 g纯铋(铋的质量分数≥99.99%)于250 mL烧杯中,加入20 mL硝酸(3.4),盖上表面皿,微热溶解清亮,用水洗涤表面皿及杯壁,冷却。移入1 000 mL容量瓶中,用水稀释至刻度,混匀。

3.9.2 铋标准溶液(100 μg/mL)

移取50.00 mL铋标准贮存溶液(3.9.1)于500 mL容量瓶中,加入50 mL盐酸(3.1),用水稀释至刻度,混匀。

4 仪器

原子吸收光谱仪,附铋空心阴极灯。

在仪器最佳工作条件下,凡能达到下列指标者均可使用:

——灵敏度:在与测量基本相一致的溶液中,镉的特征浓度不应大于0.2 μg/mL;

——精密度:用最高浓度标准溶液测量10次吸光度,其标准偏差应不超过平均吸光度的1.00%,用最低浓度(不是零浓度)标准溶液测量10次吸光度,其标准偏差应不超过最高浓度标准溶液平均吸光度的0.50%;

——工作曲线线性:将工作曲线等分成五段,最高段的吸光度差值与最低段的吸光度差值之比应不小于0.8。

原子吸收光谱仪的参考工作条件：

——波长 223.1 nm；

——灯电流 3.0 mA；

——贫燃火焰。

5 分析步骤

5.1 试料

按表 1 称取试样，精确至 0.000 1 g。

表 1 试样量及稀释体积

铋的质量分数/%	试料量/g	测定体积/mL
0.001 0～0.005 0	1.0	10.00
>0.005 0～0.020	0.5	10.00
>0.020～0.10	0.20	25.00

5.2 测定次数

独立地进行两次测定，取其平均值。

5.3 空白试验

随同试料做空白试验。

5.4 测定

5.4.1 试料

5.4.1.1 锑试料

将试料(5.1)置于 100 mL 烧杯中，加入 10 mL 王水(3.6)加热溶解清亮，加入 2 mL 硫酸(3.5)，低温加热至冒白烟，冷却。加入 5 mL 盐酸-氢溴酸(3.8)，摇匀，低温加热至冒白烟，稍冷。重复加入盐酸-氢溴酸(3.8)低温加热直至冒烟后溶液清亮，冒尽白烟，冷却。加入 2 mL 盐酸(3.2)，用少量水吹洗杯壁，微沸，冷却至室温。

5.4.1.2 三氧化二锑试料

将试料(5.1)置于 100 mL 烧杯中，加入 8 mL 盐酸-氢溴酸(3.8)加热溶解清亮，加入 2 mL 硫酸(3.5)，低温加热至冒白烟，冷却。加入 5 mL 盐酸-氢溴酸(3.8)，摇匀，低温加热至冒白烟，稍冷。重复加入盐酸-氢溴酸(3.8)低温加热直至冒烟后溶液清亮，冒尽白烟，冷却。加入 2 mL 盐酸(3.2)，用少量水吹洗杯壁，微沸，冷却至室温。

5.4.2 按表 1 将试液移入相应的容量瓶中，用水稀释至刻度，混匀。

5.4.3 使用空气-乙炔火焰，于原子吸收光谱仪波长 223.1 nm 处，以水调零，测量溶液的吸光度。减去随同试料的空白试验溶液的吸光度，从工作曲线上查出相应的铋浓度。

5.5 工作曲线的绘制

5.5.1 移取 0 mL、1.0 mL、2.00 mL、4.00 mL、6.00 mL、8.00 mL、10.00 mL、12.00 mL 铋标准溶液(3.9.2)分别置于一组 100 mL 的容量瓶中，加入 10 mL 盐酸(3.1)，以水稀释至刻度，混匀。

5.5.2 使用空气-乙炔火焰，于原子吸收光谱仪波长 223.1 nm 处，以水调零，测量系列标准溶液的吸光度，减去标准溶液中“零”浓度溶液的吸光度，以铋浓度为横坐标，吸光度为纵坐标绘制工作曲线。

6 分析结果的计算

铋含量以铋的质量分数 $w(\mathrm{Bi})$ 计，数值以%表示，按公式(1)计算：

$$w(\text{Bi}) = \frac{c \cdot V \times 10^{-6}}{m_0} \times 100 \quad \cdots\cdots(1)$$

式中：

c——自工作曲线上查得的铋的浓度，单位为微克每毫升（μg/mL）；

V——试液的体积，单位为毫升（mL）；

m_0——试料的质量，单位为克（g）。

当0.001 0%≤w(Bi)<0.010%时，所得结果表示至四位小数；当0.010%≤w(Bi)<0.10%时所得结果表示至三位小数。

7 精密度

7.1 重复性

在重复性条件下获得的两次独立测试结果的测定值，在以下给出的平均值范围内，这两个测试结果的绝对差值不超过重复性限(r)，超过重复性限(r)的情况不超过5%，重复性限(r)按表2数据采用线性内插法求得：

表2 重复性限

w(Bi)/%	0.001 2	0.005 6	0.023	0.055	0.097
r/%	0.000 4	0.000 7	0.003	0.004	0.004
重复性(r)为2.83S_r，S_r为重复性标准。					

7.2 再现性

在再现性条件下获得的两次独立测试结果的测定值，在以下给出的平均值范围内，这两个测试结果的绝对差值不超过再现性限(R)，超过再现性限(R)的情况不超过5%，再现性限(R)按表3数据采用线性内插法求得：

表3 再现性限

w(Bi)/%	0.001 2	0.005 6	0.023	0.055	0.097
R/%	0.000 4	0.001 0	0.004	0.005	0.006
再现性(R)为2.83S_R，S_R为再现性标准差。					

8 质量保证和控制

应用国家级标准样品或行业级标准样品（当前两者没有时，也可用控制标样替代），每周或每两周校核一次本分析方法标准的有效性。当过程失控时，应找出原因，纠正错误后，重新进行校核。

ICS 77.140.50
H 46

中华人民共和国国家标准

GB/T 3279—2009
代替 GB/T 3279—1989

弹簧钢热轧钢板

Hot-rolled spring steel sheets and plates

2009-10-30 发布　　2010-05-01 实施

中华人民共和国国家质量监督检验检疫总局
中国国家标准化管理委员会　发布

前 言

本标准代替 GB/T 3279—1989《弹簧钢热轧薄钢板》。

本标准与 GB/T 3279—1989 相比，主要变化如下：

——标准名称修改为《弹簧钢热轧钢板》；

——增加了厚度大于 4 mm～15 mm 的弹簧钢热轧钢板及相应技术要求；

——增加了“订货内容”条款；

——取消了 55Si2Mn 牌号；

——增加了“冶炼方法”条款；

——修改了钢板的尺寸、外形及允许偏差的规定；

——增加了厚度 3 mm～15 mm 钢板的力学性能的规定；

——增加了厚度大于 4 mm～15 mm 钢板脱碳的规定。

本标准由中国钢铁工业协会提出。

本标准由全国钢标准化技术委员会归口。

本标准主要起草单位：重庆东华特殊钢有限责任公司、冶金工业信息标准研究院。

本标准主要起草人：李庆艳、谢静红、刘宝石、戴强、栾燕。

本标准所代替标准的历次版本发布情况为：

——GB/T 3279—1982、GB/T 3279—1989。

弹簧钢热轧钢板

1 范围

本标准规定了弹簧钢热轧钢板的订货内容、尺寸、外形及允许偏差、技术要求、试验方法、检验规则、包装、标志及质量证明书。

本标准适用于厚度不大于 15 mm 的弹簧钢热轧钢板。

2 规范性引用文件

下列文件中的条款通过本标准的引用而成为本标准的条款。凡是注日期的引用文件，其随后所有的修改单(不包括勘误的内容)或修订版均不适用于本标准，然而，鼓励根据本标准达成协议的各方研究是否可使用这些文件的最新版本。凡是不注日期的引用文件，其最新版本适用于本标准。

GB/T 222 钢的成品化学成分允许偏差

GB/T 223.3 钢铁及合金化学分析方法 二安替比林甲烷磷钼酸重量法测定磷量

GB/T 223.5 钢铁 酸溶硅和全硅含量的测定 还原型硅钼酸盐分光光度法

GB/T 223.11 钢铁及合金 铬含量的测定 可视滴定或电位滴定法

GB/T 223.13 钢铁及合金化学分析方法 硫酸亚铁铵滴定法测定钒量

GB/T 223.18 钢铁及合金化学分析方法 硫代硫酸钠分离-碘量法测定铜量

GB/T 223.19 钢铁及合金化学分析方法 新亚铜灵-三氯甲烷萃取光度法测定铜量

GB/T 223.23 钢铁及合金 镍含量的测定 丁二酮肟分光光度法

GB/T 223.43 钢铁及合金 钨含量的测定 重量法和分光光度法

GB/T 223.58 钢铁及合金化学分析方法 亚砷酸钠-亚硝酸钠滴定法测定锰量

GB/T 223.59 钢铁及合金 磷含量的测定 铋磷钼蓝分光光度法和锑磷钼蓝分光光度法

GB/T 223.60 钢铁及合金化学分析方法 高氯酸脱水重量法测定硅含量

GB/T 223.61 钢铁及合金化学分析方法 磷钼酸铵容量法测定磷量

GB/T 223.64 钢铁及合金 锰含量的测定 火焰原子吸收光谱法

GB/T 223.67 钢铁及合金 硫含量的测定 次甲基蓝分光光度法

GB/T 223.71 钢铁及合金化学分析方法 管式炉内燃烧后重量法测定碳含量

GB/T 223.72 钢铁及合金 硫含量的测定 重量法

GB/T 223.75 钢铁及合金 硼含量的测定 甲醇蒸馏-姜黄素光度法

GB/T 223.76 钢铁及合金化学分析方法 火焰原子吸收光谱法测定钒量

GB/T 224 钢的脱碳层深度测定法

GB/T 226 钢的低倍组织及缺陷酸蚀检验法(GB/T 226—1991,neq ISO 4969:1980)

GB/T 228 金属材料 室温拉伸试验方法(GB/T 228—2002,eqv ISO 6892:1998)

GB/T 247 钢板和钢带检验、包装、标志及质量证明书的一般规定

GB/T 709—2006 热轧钢板和钢带的尺寸、外形、重量及允许偏差

GB/T 1222 弹簧钢

GB/T 2975 钢及钢产品 力学性能试验取样位置及试样制备(GB/T 2975—1998,eqv ISO 377:1997)

GB/T 4336 碳素钢和中低合金钢 火花源原子发射光谱分析方法(常规法)

GB/T 13302 钢中石墨碳显微评定方法

GB/T 17505　钢及钢产品交货一般技术条件(GB/T 17505—1998,eqv ISO 404：1992)

GB/T 20066　钢和铁　化学成分测定用试样的取样和制样方法(GB/T 20066—2006,ISO 14284：1996,IDT)

3　订货内容

按本标准订货的合同或订单应包括以下内容：

a)　产品名称；

b)　牌号；

c)　标准号；

d)　规格；

e)　重量(或数量)；

f)　加工用途；

g)　交货状态；

h)　其他。

4　尺寸、外形及允许偏差

4.1　厚度 3 mm～15 mm 钢板的尺寸、外形及允许偏差应符合 GB/T 709—2006 的规定,热轧单轧钢板的厚度允许偏差未注明时按 A 类偏差。

4.2　厚度小于 3 mm 钢板的尺寸及允许偏差应符合表 1 的规定。

表 1　　单位为毫米

公称厚度	在下列宽度时的厚度允许偏差		
	600～750	>750～1 000	>1 000～1 500
>0.35～0.50	±0.07	±0.07	—
>0.50～0.60	±0.08	±0.08	—
>0.60～0.75	±0.09	±0.09	—
>0.75～0.90	±0.10	±0.10	—
>0.90～1.10	±0.11	±0.12	—
>1.10～1.20	±0.12	±0.13	±0.15
>1.20～1.30	±0.13	±0.14	±0.15
>1.30～1.40	±0.14	±0.15	±0.18
>1.40～1.60	±0.15	±0.15	±0.18
>1.60～1.80	±0.15	±0.17	±0.18
>1.80～2.00	±0.16	±0.17	±0.18
>2.00～2.20	±0.17	±0.18	±0.19
>2.20～2.50	±0.18	±0.19	±0.20
>2.50～<3.00	±0.19	±0.20	±0.21

4.3　经供需双方协议,并在合同中注明,可供应其他尺寸的钢板。

4.4　经供需双方协议,并在合同中注明,可供应更高轧制精度的钢板。

4.5　不平度

钢板的不平度应符合表 2 的规定。

表 2

单位为毫米

公称厚度	不平度 每米不大于
≤1.5	18
>1.5~5	13
>5~8	12
>8~15	11

5 技术要求

5.1 牌号和化学成分

5.1.1 弹簧钢的牌号和化学成分应符合 GB/T 1222 的规定。

5.1.2 成品钢材化学成分允许偏差应符合 GB/T 222 的规定。

5.2 冶炼方法

除非合同中有规定，冶炼方法由生产厂自行选择。

5.3 交货状态

5.3.1 钢板以退火或高温回火状态交货。根据需方要求，经双方协议也可以其他热处理状态交货。

5.3.2 钢板应切边交货。按其他边缘状态交货时应在合同中注明。

5.3.3 根据需方要求，钢板可酸洗交货。

5.4 力学性能

以退火或高温回火交货状态下钢板的力学性能应符合表 3 的规定。表中未列牌号的力学性能由供需双方协议规定。

表 3

序号	牌　号	力学性能			
		厚度小于 3 mm		厚度 3 mm~15 mm	
		抗拉强度 R_m/(N/mm²) 不大于	断后伸长率 $A_{11.3}$[a]/% 不小于	抗拉强度 R_m/(N/mm²) 不大于	断后伸长率 A/% 不小于
1	85	800	10	785	10
2	65Mn	850	12	850	12
3	60Si2Mn	950	12	930	12
4	60Si2MnA	950	13	930	13
5	60Si2CrVA	1 100	12	1 080	12
6	50CrVA	950	12	930	12

[a] 厚度不大于 0.90 mm 的钢板，断后伸长率仅供参考。

5.5 低倍组织

钢板或钢坯的酸浸低倍组织不应有目视可见的缩孔、裂纹和夹杂。供方若能保证低倍组织合格可不检验。

5.6 脱碳

5.6.1 硅合金弹簧钢板每面全脱碳层(铁素体)深度不应超过钢板公称厚度的 3%，两面之和不得超过 5%。

5.6.2　其他弹簧钢板每面全脱碳层(铁素体)深度不应超过钢板公称厚度的 2.5%,两面之和不得超过 4.0%。

5.6.3　经供需双方协议,可供应每面总脱碳层(铁素体+过渡层)深度不超过 5%的钢板。

5.7　石墨碳

厚度不大于 4 mm 的硅合金弹簧钢板在交货状态下的石墨碳不应大于 1 级。

5.8　表面质量

5.8.1　钢板不应有分层,表面不得有裂纹、气泡、折叠、结疤和夹杂。上述缺陷允许用修磨的方法清除,清理深度不应使钢板小于允许最小厚度。

5.8.2　钢板表面允许有深度或高度不大于厚度公差,且不使钢板超过最小或最大允许厚度轻微的麻点和局部的深麻点、凹坑、压痕、划伤和薄层氧化铁皮;经酸洗交货的钢板允许有浅黄色薄膜及氧化铁皮脱落造成的不显著的粗糙面。

5.8.3　根据需方要求,表面允许缺陷深度可不大于钢板厚度公差之半,且应保证钢板的最小厚度。

6　试验方法

每批钢板的检验项目、取样数量、取样部位及试验方法应符合表 4 的规定。

表 4

序号	检验项目	取样数量	取样部位	试验方法
1	化学成分	1/炉	GB/T 20066	GB/T 223、GB/T 4336
2	拉伸	2	GB/T 2975	GB/T 228
3	低倍组织	2	7.3.2、7.3.3 或不同张钢板上或靠近钢锭帽口端的板坯上	GB/T 226
4	脱碳层	2	7.3.2、7.3.3	GB/T 224
5	石墨碳	2	7.3.2、7.3.3	GB/T 13302
6	尺寸	逐张	整张钢板	千分尺或样板
7	表面	逐张	整张钢板	目视

7　检验规则

7.1　检查和验收

7.1.1　钢板出厂的检查和验收由供方质量技术监督部门进行。

7.1.2　供方必须保证交货的钢板符合本标准或合同的规定,必要时,需方有权对本标准或合同所规定的任一检验项目进行检查和验收。

7.2　组批规则

钢板应按批进行检查和验收,每批钢板应由同一牌号、同一炉号、同一厚度、同一交货状态、同一热处理炉次的钢板组成。

7.3　取样数量及取样部位

7.3.1　每批钢板的取样数量及取样部位应符合表 4 的规定。

7.3.2　每批在一垛的上部和下部各取一张检验用钢板。

7.3.3　批量不大于 20 张时,可在一张检验用钢板的两端各取一个试样。

7.3.4　检验用试样距钢板边缘应不小于 40 mm。

7.4 复验与判定规则

钢板的复验与判定规则应符合 GB/T 17505 的规定。

8 包装、标志和质量证明书

钢板的包装、标志和质量证明书应符合 GB/T 247 的规定。

ICS 59.080.20
W 04

中华人民共和国国家标准

GB/T 3292.2—2009

纺织品　纱线条干不匀试验方法 第2部分:光电法

Textiles—Unevenness of textile strands—
Part 2: Photoelectricity method

2009-06-19 发布　　2010-02-01 实施

中华人民共和国国家质量监督检验检疫总局
中国国家标准化管理委员会　发布

前　言

GB/T 3292《纺织品　纱线条干不匀试验方法》包括以下两个部分：

——第1部分：电容法；

——第2部分：光电法。

本部分为GB/T 3292的第2部分。

本部分由中国纺织工业协会提出。

本部分由全国纺织品标准化技术委员会基础标准分会(SAC/TC 209/SC 1)归口。

本部分起草单位：陕西长岭纺织机电科技有限公司、纺织工业标准化研究所。

本部分主要起草人：孙新宇、吕志华。

纺织品　纱线条干不匀试验方法 第2部分:光电法

1　范围

GB/T 3292 的本部分规定了用光电式条干仪沿纱线长度方向测定纱线直径不均匀度的方法。

本部分适用于各种纤维制成的、截面近似圆形的纱线。

注:光电法与电容法的检测原理不同,光电法所反映的纱线条干不匀是指近似圆形纱线的投影直径不匀,与电容法所反映的线密度不匀有相关性,但不等同。

2　规范性引用文件

下列文件中的条款通过 GB/T 3292 的本部分的引用而成为本部分的条款。凡是注日期的引用文件,其随后所有的修改单(不包括勘误的内容)或修订版均不适用于本部分,然而,鼓励根据本部分达成协议的各方研究是否可使用这些文件的最新版本。凡是不注日期的引用文件,其最新版本适用于本部分。

GB/T 6529　纺织品　调湿和试验用标准大气(GB/T 6529—2008,ISO 139:2005,MOD)

3　术语和定义

下列术语和定义适用于 GB/T 3292 的本部分。

3.1

纱线直径　yarn diameter

D

纱线外轮廓所形成的投影上垂直于纱线的长度方向两点之间的直线距离。

3.2

条干不匀　unevenness

纱条沿长度方向粗细(截面积、直径、线密度等)不均匀的程度。本部分特指直径不均匀的程度。

3.3

直径变异系数　coefficient of variation of diameter

CV_d

在总测试长度内,纱线直径的标准差与平均直径之比的百分数。

3.4

千米纱疵数　imperfects per kilometer

每 1 000 m 纱线上含有直径超过一定幅度的、长度超过一定界限的细节、粗节、棉结(毛粒、麻粒)的个数。

3.5

切割长度　cut length

L_b

测试条干不匀的基本测量试样单元的长度,也称片段长度。

3.6

取样长度　length within

L_w

在设定的测试时间内完成一次测试所用的纱线长度。

3.7

偏移率　deviation rate

纱线上粗细超过一定界限的各段长度之和与取样长度之比的百分数。

3.8

纱线电子黑板　yarn electronic blackboard

计算机技术模拟的纱线黑板。

注：根据摇黑板机的原理和有关参数，利用纱线直径测试数据，通过计算机把纱线轮廓画在模拟的黑板上。

4　原理

根据光电检测原理测量纱线的外观直径及其不匀特征。纱线在罗拉的牵引下，以一定的速度通过光电检测系统，从某一固定方向上对纱线的投影宽度进行测量，将此一定长度纱线上测得的电信号，经处理运算即可得出被测纱线的直径及表示纱线条干直径不匀特征的各种结果。

5　装置

各种型号的光电式条干仪应包括下列几部分：

a)　检测装置，部件有：

——CCD光电检测装置(精度0.01 mm)；

——导纱和可调张力器；

——能使纱线以一定的速度经过检测装置的罗拉牵引系统。

b)　信号处理器：

——对测试过程进行控制，完成对CCD输出信号的处理；

——得出供显示或打印的相关试验结果；

——也可根据纱线外观数据模拟纱线电子黑板、仿真织物布面效果等。

c)　纱架：使纱线能在一定张力下退绕，并使纱线不产生伸长或损伤。

6　标准大气

按GB/T 6529中规定的标准大气进行预调湿、调湿和试验。将样品放在试验用标准大气下调湿24 h以上。

7　取样

7.1　按下列方法之一选择实验室样品：

——根据产品标准有关规定抽取；

——按有关方的协议抽取。

7.2　为避免纱线的变形，试样在试验前不得退绕。

7.3　抽样数量：推荐至少10个卷装。

7.4　每个卷装上试样的长度至少为200 m。

7.5　每个卷装测试一次或按产品标准规定执行。

8 程序

8.1 根据试样和实际需要选择并设定测试参数：

——测试速度：可选范围 25 m/min～400 m/min，推荐速度为 200 m/min。

——测试时间：可选范围 10 s～20 min，推荐时间为 1 min。

——增益：根据需要设定，以不匀曲线图形幅度适中为原则。

——不匀曲线刻度：根据需要（拟分析的是短片段，还是长片段）选择。

——电子黑板：根据需要设定，推荐纱线排列密度 13 根/cm。

——仿真织物：如需要此项功能，建议测试速度选择 200 m/min，测试时间≥1 min。可以设定织物的基本组织结构及幅宽。

8.2 将纱线沿纱路放入检测区，开始进行试验。在测试过程中，由于纱线断裂、未在检测区等原因造成数据异常，应重新进行该次测试；如果该次测试完成后发现数据异常，应舍弃此数据并补充测试。一批试样测试完成后，给出测试报表。

9 结果的表示

9.1 纱线条干不匀的测试结果包括直径(mm)、直径变异系数、千米纱疵数和偏移率，并给出不匀曲线图、波谱图、变异系数-长度曲线图，纱线电子黑板。

9.2 当测试一批试样时，给出 9.1 中指标的平均值、标准差、变异系数等。

9.3 千米纱疵数保留整数，直径、标准差保留三位小数，其余均保留两位小数。

9.4 如果需要，可以仿真织物布面效果。

10 试验报告

试验报告应包括以下内容：

a) 本部分的编号；

b) 样品的描述；

c) 仪器型号；

d) 测试速度、测试时间等必要的试验参数；

e) 样品的试验结果，包括：直径、直径变异系数、千米纱疵数和偏移率；

f) 如果需要，可给出不匀曲线图、波谱图、变异-长度曲线图，纱线电子黑板等；

g) 如果需要，可给出织物布面效果仿真图；

h) 偏离本部分的任何细节。

ICS 81.060.20
Y 24

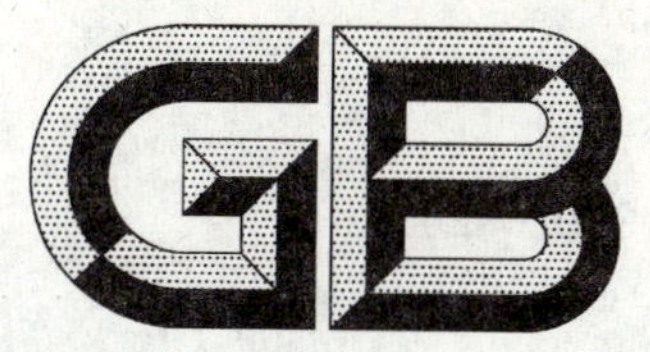

中华人民共和国国家标准

GB/T 3302—2009
代替 GB/T 3302—1982,GB/T 11423—1989

日用陶瓷器包装、标志、运输、贮存规则

Rules of package, mark, transport and reserve for domestic ceramic ware

2009-02-17 发布 2009-07-01 实施

中华人民共和国国家质量监督检验检疫总局
中国国家标准化管理委员会 发布

前言

本标准代替 GB/T 3302—1982《日用陶瓷器验收、包装、标志、运输、储存规则》、GB/T 11423—1989《日用陶瓷纸箱包装技术条件》。

本标准与 GB/T 3302—1982、GB/T 11423—1989 相比主要变化如下：

——对两个标准进行了合并，并对标准结构进行重新编排；

——取消了日用陶瓷器验收部分；

——增加了包装设计；

——扩大了包装材料的范围；

——修改了部分包装要求；

——对标志的内容进行了补充、完善；

——将运输和储存改为运输和贮存，增加了堆码高度的要求。

本标准由中国轻工业联合会提出。

本标准由全国陶瓷标准化中心归口。

本标准起草单位：中华人民共和国潮州出入境检验检疫局、广东省枫溪陶瓷工业研究所、潮州市陶瓷行业协会、广东四通集团有限公司、广东美地瓷业有限公司、潮州市协成纸品有限公司、潮州市荣昌陶瓷工艺实业有限公司。

本标准主要起草人：陈鹏彬、邱伟志、黄振豪、李硕、柳茂春、蔡镇城、谢敬春、张裕群、黄岳喜。

本标准所代替标准的历次版本发布情况为：

——GB/T 3302—1982；

——GB/T 11423—1989。

日用陶瓷器包装、标志、运输、贮存规则

1 范围

本标准规定了日用陶瓷器产品的包装、标志、运输、贮存规则。

本标准适用于日用陶瓷器产品的包装、标志、运输、贮存。

2 规范性引用文件

下列文件中的条款通过本标准的引用而成为本标准的条款。凡是注日期的引用文件，其随后所有的修改单(不包括勘误的内容)或修订版均不适用于本标准，然而，鼓励根据本标准达成协议的各方研究是否可使用这些文件的最新版本。凡是不注日期的引用文件，其最新版本适用于本标准。

GB/T 191 包装储运图示标志

GB/T 2828.1—2003 计数抽样检验程序 第1部分:按接收质量限(AQL)检索的逐批检验抽样计划(ISO 2859-1:1999,IDT)

GB/T 2934 联运通用平托盘 主要尺寸及公差

GB/T 4122.1—2008 包装术语 第1部分:基础

GB/T 4857.3 包装 运输包装件基本试验 第3部分:静载荷堆码试验方法

GB/T 4857.5 包装 运输包装件 跌落试验方法

GB/T 4892 硬质直方体运输包装尺寸系列

GB/T 6543 运输包装用单瓦楞纸箱和双瓦楞纸箱

GB/T 9174 一般货物运输包装通用技术条件

GB/T 12339 防护用内包装材料

GB/T 12464 普通木箱

GB/T 15233 包装 单元货物尺寸

GB/T 16470 托盘单元货载

GB/T 17306 包装标准 消费者的需求

GB/T 18127 物流单元的编码与符号标记

GB/T 18131 国际贸易用标准运输标志

GB 18455 包装回收标志

GB/T 19142 出口商品包装通则

GB/T 19451 运输包装设计程序

3 术语和定义

GB/T 4122.1—2008 确立的术语和定义适用于本标准。

4 包装

4.1 包装设计

4.1.1 包装设计应科学合理、实用便利、美观适销，考虑不同的运输和销售方式的需要，有利于回收和重复使用，避免过度包装。

4.1.2 包装设计应符合 GB/T 19451、GB/T 17306 的要求，充分考虑消费者对环境安全、经济性、适用性的需求。

4.1.3 包装主体应端正，主体和附件应完整牢固、相互吻合。

4.1.4 纸箱包装每件质量不应超过 40 kg。

4.1.5 包装条形码应符合 GB/T 18127 的要求。

4.1.6 包装色彩和图案应美观、简洁、搭配合理。

4.1.7 直方体箱类包装的底面积尺寸应符合 GB/T 4892 的要求；包装单元货物尺寸应符合 GB/T 15233的要求；包装用托盘尺寸应符合 GB/T 2934 的要求。

4.2 包装材料

4.2.1 包装用纸箱应符合 GB/T 6543 的要求，木箱应符合 GB/T 12464 的要求，托盘应符合 GB/T 16470的要求，其他包装材料应符合 GB/T 9174 的要求。

4.2.2 防护用内包装材料应符合 GB/T 12339 的要求，保持干燥清洁。

4.2.3 金属封箱钉针、捆扎带和带扣不应生锈，封口胶带的粘合力要强。

4.3 包装要求

4.3.1 包装应符合 GB/T 9174 的要求。

4.3.2 包装应保障陶瓷产品安全，确保在正常储运条件下，产品和包装不受损坏，便于装卸、贮存、运输、贸易等。

4.3.3 包装应规整、成型，箱内应有防震、防碰撞的间隔材料，内装货物应摆放整齐、衬垫适宜、压缩体积、牢靠固定、重心位置居中靠下。

4.3.4 出口产品包装应符合 GB/T 19142 的要求。

4.3.5 产品应经检验合格后方可包装。

4.3.6 包装操作应按设计要求进行，包装时应检查产品的品种、数量、花色、配套件，不得错装乱放。

4.3.7 瓦楞纸箱可采用粘合、钉合方式。粘合成箱时，应采用封口胶带，其宽度不小于 5 cm；钉合成箱时封箱钉针的位置应合理，其布钉间隔不应大于 7 cm，钉面应经过处理，每箱浮针不得超过三个。

4.3.8 封箱胶带应压准摇盖吻合口，有钉针的应同时压准，两端下垂，不得有明显歪斜和离层。

4.3.9 横直捆扎带偏斜度不得超过 2 cm，松紧以贴紧箱面不松动为度，箱边不得被咬伤开裂。采用热粘合的接合处应牢靠，接合长度不少于 2.5 cm；采用锁扣的应扣紧不滑动，锁扣后的捆带尾长不得超过 5 cm。

4.4 包装检验

4.4.1 包装抽样采用 GB/T 2828.1—2003 正常检查二次抽样，其检验水平为一般检查水平Ⅰ、接收质量限(AQL)为 6.5。

4.4.2 包装材料和辅助材料的外观质量和标志采用目测方法。

4.4.3 封箱捆扎带的斜度，以箱的边沿为基线，用尺测量其最大偏差。

4.4.4 浮针用手指提拿进行判定。

4.4.5 堆码试验、垂直冲击跌落试验按 GB/T 4857.3、GB/T 4857.5 进行。

5 标志

5.1 包装标志应正确、清晰、齐全、牢固，符合 GB/T 191 的要求。

5.2 标志应包括如下内容：

a) 产品的名称、规格、数量；

b) 产品质量标准、质量等级及检验合格标志；

c) “易碎物品”、“怕雨”标志；

d) 包装件的规格尺寸、毛重、净重、货号、生产批号；

e) 生产企业名称、地址、条形码；

f) 国家规定应标示的其他标志。

5.3 标志还可包括：电话、邮箱、网址、商标、经过授权使用的第三方符合性标志等。

5.4 标志文字应使用国务院正式公布实施的规范化汉字。根据贸易合同或进口国(地区)的具体要求，出口产品应使用英文或该国家(地区)的官方文字。

5.5 标志的计量单位应使用国家法定计量单位，内装产品以“件”为数量单位。

5.6 产品的标志和文字不应有差错。

5.7 不允许箱面字体潦草、印刷模糊、颜色沾污严重。

5.8 因包装件的形状不规则或外形尺寸较小而不适合在其上加注标志，则应以其他合适方式加以表示，大小应以图形和文字清晰可辨为准。

5.9 国际贸易的运输标志按 GB/T 18131 执行。

5.10 包装回收标志按 GB 18455 执行。

5.11 有特殊要求的由贸易双方制定。

6 运输和贮存

6.1 运输和贮存应采用适应产品和包装特点的防护方式。

6.2 运输和贮存时，包装件应避免雨雪、曝晒、受潮和污染。不得与有毒、有害、有腐蚀性物品和污染物混贮、混运。

6.3 运输和贮存时应轻拿轻放，不得采用有损包装件质量的运输、装卸方式和工具。装运时应将包装件挤紧。

6.4 产品应贮存在通风、干燥的库房内，贮存的地面应硬化、平整、清洁并远离火源。

6.5 贮存时底层离地面不少于 15 cm，堆码高度不得超过 180 cm，并且不应压坏下层包装件及产品。

6.6 短期露天存放时，应有必要的防雨雪、防日晒等措施。

ICS 03.120.30
A 41

中华人民共和国国家标准

GB/T 3358.1—2009/ISO 3534-1:2006
代替 GB/T 3358.1—1993

统计学词汇及符号 第1部分:一般统计术语与用于概率的术语

**Statistics—Vocabulary and symbols—
Part 1:General statistical terms and terms used in probability**

(ISO 3534-1:2006,IDT)

2009-10-15 发布　　2010-02-01 实施

中华人民共和国国家质量监督检验检疫总局
中国国家标准化管理委员会　发布

前　言

GB/T 3358《统计学词汇及符号》分为以下部分:

——第1部分:一般统计术语与用于概率的术语;

——第2部分:应用统计;

——第3部分:实验设计。

本部分为GB/T 3358的第1部分,等同采用ISO 3534-1:2006《统计学　词汇及符号　第1部分:一般统计术语与用于概率的术语》。与ISO 3534-1:2006相比,订正了原文的错误,修正原文中概念表述不够准确的部分,主要变化如下:

——删去了1.24原文中的注1;

——2.38示例中变异系数的计算式“0.99/0.995=0.994 97”更正为“0.995/0.9=1.105 56”;

——2.69中“[事件]σ代数 $\mathfrak{F}$”中,要求满足的性质a)“属于 $\mathfrak{F}$”修订为“Ω属于 $\mathfrak{F}$”。

为便于使用,本部分作了下列编辑性修改:

——删去了ISO前言;

——为术语的简练起见,在少数术语中,使用中括号表示其中可省略部分。例如:2.5中,[事件A的]概率(probability [of an event A]),表示此术语实际定义的是“概率(probability)”,其中“事件A的”在许多场合可省略。又如2.34“r阶[原点]矩　(moment of order r)”表示原文的“r阶矩　(moment of order r)”也称为“r阶原点矩”。

本部分代替GB/T 3358.1—1993《统计学术语　第一部分　一般统计术语》,与GB/T 3358.1—1993相比,主要变化如下:

——名称改为《统计学词汇及符号　第1部分:一般统计术语与用于概率的术语》;

——对术语条目作了较大的调整:增加了一般统计术语及用于概率的术语;将GB/T 3358.1—1993中第4章“观测和测试结果的一般术语”及第5章“抽样方法的一般术语”中的内容移至GB/T 3358的第2部分;

——增加了大量的示例及注释;

——增加了术语概念图(附录B、附录C)及定义标准中的术语所使用的方法的附录D,并将关于符号的附录A改为资料性附录。

本部分的附录A、附录B、附录C和附录D均为资料性附录。

本部分由全国统计方法应用标准化技术委员会提出并归口。

本部分主要起草单位:中国科学院数学与系统科学研究院、中国标准化研究院、北京师范大学、中国科学技术大学、苏州大学。

本部分主要起草人:冯士雍、陈敏、于丹、崔恒建、吴耀华、丁文兴、汪仁官、于振凡。

本部分于1993年首次发布,本次为第一次修订。

引　言

目前版本的GB/T 3358.1和GB/T 3358.2是兼容的，其共同目标是在一致、准确而简洁的前提下，将定义所需的数学程度限制在最低水平。由于GB/T 3358.1是概率和统计的基础术语，所以有必要用相对严格而复杂的数学语言来表述。考虑到GB/T 3358.2及其他统计方法应用标准的使用者有时需要查询GB/T 3358.1中术语的定义，因此本部分的术语尽可能用通俗的方式来描述，并辅以注释及示例。尽管这些非正式的描述并不能取代正式的定义，但为统计专业以外的人员提供了有效的概念性的定义，能满足这些术语标准的大多数用户的需要。为了进一步适应经常使用GB/T 3358.2或GB/T 6379等标准的用户，通过注释和示例使GB/T 3358.1更易于理解。

一套明确定义的，且相对完整的概率统计术语对统计标准的编制及有效使用是必需的。定义必须足够准确、且具备数学意义上的严格性，使在编制其他统计标准时避免出现概念模糊。当然，对概念的更详细的解释、背景和应用领域可在初等概率统计教材中找到。

资料性附录B与附录C分别为一般统计术语与用于概率的术语提供了系列概念框图。其中一般统计术语包含六个概念图；用于概率的术语包含四个概念图。某些术语同时出现在几个不同的框图中，从而起到一组概念与另一组概念的联系作用。附录D提供了关于概念图的简要介绍及其解释。

这些框图有助于本次修订，因为它们有助于描述不同术语之间的相互联系。这些框图也有助于标准文本的翻译。

除非另有说明，本标准中大部分术语均在一维(单变量)场合下定义。这避免了许多术语在类似条件下进行重复定义。

统计学词汇及符号
第1部分:一般统计术语与用于概率的术语

范围

GB/T 3358 的本部分规定了用于标准起草的一般统计术语、用于概率的术语的定义及部分术语的符号。

本部分中的术语分为:

a) 一般统计术语(第1章);

b) 用于概率的术语(第2章)。

附录A列出了本部分推荐使用的符号。

附录B和附录C是本部分所有术语条目的概念框图。

1 一般统计术语

1.1

总体 population

所考虑对象的全体。

注1:总体可是真实有限或无限的,也可是完全虚构的。有时,特别是在调查抽样中也使用"有限总体";在一些流程性物质抽样中也使用"无限总体"。在第2章中,从概率的角度,总体在一定意义上可看作是**样本空间**(2.1)。

注2:对于虚构的总体,允许人们想象在不同假定条件下的数据所具有的属性。因此,虚构总体在统计研究的设计阶段,特别是确定适宜样本量时非常有用。虚构总体所含对象数目可以是有限的也可以是无限的。在统计推断中,这是一个对评价统计研究证据强度特别有用的概念。

注3:下面的例子能帮助理解总体这一概念:若有三个村庄被选中作人口统计或健康研究,总体即由这三个村庄的全体居民构成;若这三个村庄是从某个特定区域中的所有村庄中随机抽选出来的,则总体由该区域中的所有居民构成。

1.2

抽样单元 sampling unit

总体(1.1)划分成若干部分中的每一部分。

注:抽样单元依赖于具体问题中所感兴趣的最小部分。抽样单元可以是一个人、一个家庭、一个学校或一个行政单位等。

1.3

样本 sample

由一个或者多个**抽样单元**(1.2)组成的**总体**(1.1)的子集。

注1:根据所研究总体的情况,样本中的每个单元可是真实或抽象的个体,也可是具体的数值。

注2:在 GB/T 3358.2 关于样本的定义中,包括一个抽样框的示例。抽样框在从有限总体中抽取随机样本时是必须的。

1.4

观测值 observed value

由**样本**(1.3)中每个单元获得的相关特性的值。

注1:常用的同义词是"实现"和"数据"。

注 2：本定义并没有指明值的来源或如何被获得。观测值可表示某**随机变量**(2.10)的一次实现，但并不一定如此。它可以是相继用于统计分析的若干值中的一个。正确的推断需要一定的统计假定，但首先要做的是对观测值的计算概括或图形描述。仅当需要解决进一步的问题，如确定观测值落入某一指定集合的概率，统计机制才是重要而本质的。观测值分析的初始阶段通常称为数据分析。

1.5

描述性统计量　descriptive statistics

观测值(1.4)的图形、数值或其他概括性描述。

示例 1：数值描述包括**样本均值**(1.15)、**样本极差**(1.10)、**样本标准差**(1.17)等。

示例 2：图形描述包括箱线图、示意图、Q-Q 图、正态分位图、散点图、多元散点图和直方图等。

1.6

随机样本　random sample

由随机抽取的方法获得的**样本**(1.3)。

注 1：本定义比 GB/T 3358.2 给出的定义限制要少，样本允许来自无限总体。

注 2：当从有限**样本空间**(2.1)中抽取 n 个抽样单元组成样本时，n 个抽样单元的任意一种组合都会以特定的**概率**(2.5)被抽中。对于调查抽样方案而言，每一种可能组合被抽中的概率可事先计算。

注 3：对有限样本空间的调查抽样，随机样本可以通过不同的抽样方法得到，如分层随机抽样、随机起点的系统抽样、整群抽样、与辅助变量的大小成比例的概率抽样以及其他可能的抽样。

注 4：本定义一般是指实际**观测值**(1.4)。这些观测值被认为是**随机变量**(2.10)的实现，其中每个观测值都对应于一个随机变量。当由随机样本构造**估计量**(1.12)、**统计检验**(1.48)的检验统计量或**置信区间**(1.28)时，本定义是指从样本中的抽象个体得到的随机变量而不是这些随机变量的实际观测值。

注 5：无限总体中的随机样本一般是从样本空间中重复抽取产生的。根据注 4 的解释，此时样本由独立同分布的随机变量组成。

1.7

简单随机样本　simple random sample

〈有限总体〉给定样本量的每个子集都有相等的被抽选概率的**随机样本**(1.6)。

注：此处的定义与 GB/T 3358.2 中的定义是一致的，仅在措辞上稍有不同。

1.8

统计量　statistic

由**随机变量**(2.10)完全确定的函数。

注 1：在 1.6 注 4 的意义下，统计量是**随机样本**(1.6)中随机变量的函数。

注 2：按注 1，若 $\{X_1, X_2, \cdots, X_n\}$ 是来自未知**均值**(2.35) μ 和未知**标准差**(2.37) σ 的**正态分布**(2.50)的随机样本，则**样本均值**(1.15) $(X_1 + X_2 + \cdots + X_n)/n$ 是一个统计量；而 $[(X_1 + X_2 + \cdots + X_n)/n] - \mu$ 不是统计量，因为它包含了未知**参数**(2.9) μ。

注 3：相应于数理统计中的表述，此处给出的是统计量的一种技术性定义。英语中，统计量(statistic)的复数形式就是统计学(statistics)，它是一门包括了统计方法应用标准中所叙述的分析方法的技术学科。

1.9

次序统计量　order statistic

由**随机样本**(1.6)中的**随机变量**(2.10)的值，依非降次序排列所确定的**统计量**(1.8)。

示例：假设样本观测值为 9,13,7,6,13,7,19,6,10,7，则次序统计量的观测值为：6,6,7,7,7,9,10,13,13,19。这些值是 $X_{(1)}, \cdots, X_{(10)}$ 的一次实现。

注 1：假设**随机样本**(1.6)的**观测值**(1.4)为 $\{x_1, x_2, \cdots, x_n\}$，按非降的次序排列为 $x_{(1)} \leqslant \cdots \leqslant x_{(k)} \leqslant \cdots \leqslant x_{(n)}$，则 $(x_{(1)}, \cdots, x_{(k)}, \cdots, x_{(n)})$ 是次序统计量 $(X_{(1)}, \cdots, X_{(k)}, \cdots, X_{(n)})$ 的观测值，$x_{(k)}$ 为第 k 个次序统计量的观测值。

注 2：在实际应用中，为获得一组数据的次序统计量，即是将数据按照注 1 中所述方式进行排序。将一组数据按上述方法排序后，还可获得其他几个术语定义的有用的统计量，如 1.10、1.11 等。

注 3：次序统计量涉及按照非降次序排列后的位置来识别的样本值。正如示例所示，将样本值(随机变量的实现)排序比将未观测的随机变量排序更容易理解。它可以通过按照非降次序排列的**随机样本**(1.6)来理解随机变量。比如，n 个随机变量的最大值可以先于它的实现值来研究。

注 4：单个次序统计量是随机变量的一个特定函数。这个函数可以简单地由其在随机变量排序集合中的位置或序次(称为秩)来确定。

注 5：结点值会引起一些潜在的问题，特别是对于离散随机变量或者是低分辨的实现。用“非降”而不是“递增”的说法可解决这个问题。需要强调的是结点值都要保留而不能合并成一个。在上面的示例中，“6”有两个实现，所以“6”是结点值。

注 6：排序按照随机变量的实数值进行，而不是按照其绝对值进行。

注 7：次序统计量 $(X_{(1)},\cdots,X_{(k)},\cdots,X_{(n)})$ 组成 n 维随机变量，n 是样本中观测值的个数。

注 8：次序统计量的分量也是次序统计量，而且保持其在原样本排序中的位置标识。

注 9：最小值，最大值以及样本量为奇数时的**样本中位数**(1.13)都是特殊的次序统计量。比如样本量为 11，那么 $X_{(1)}$ 是最小值，$X_{(11)}$ 是最大值，$X_{(6)}$ 是样本中位数。

1.10

样本极差　sample range

最大**次序统计量**(1.9)与最小次序统计量的差。

示例：在 1.9 中的示例中，样本极差的观测值为 19－6＝13。

注：在统计过程控制中，尤其当样本量相对比较小时，样本极差通常用来监测过程的离散程度随时间的变化。

1.11

中程数　mid-range

最大和最小**次序统计量**(1.9)的**平均值**(1.15)。

示例：1.9 的示例中，中程数的观测值为(6＋19)/2＝12.5。

注：中程数能够对较小数据集的中心提供一种快捷而简单的估计。

1.12

估计量　estimator

$\hat{\theta}$

用于对参数 θ **估计**(1.36)的**统计量**(1.8)。

注 1：**样本均值**(1.15)是总体**均值**(2.35) μ 的一个估计量。例如，对于**正态分布**(2.50)，样本均值是总体均值 μ 的估计量。

注 2：要估计总体的特征(如**一维(元)分布**(2.16)的**众数**(2.27))，一个合适的估计量可以是分布参数估计量的函数，也可以是**随机样本**(1.6)的复杂函数。

注 3：此处所讲的“估计量”是一个宽泛的概念。它包括某参数的点估计，也包括用于预测的区间估计。估计量也包括该估计量和其他特殊形式的统计量。另见 1.36 注的讨论。

1.13

样本中位数　sample median

若**样本量**(见 GB/T 3358.2—2009，1.2.26) n 为奇数，则是第 $(n+1)/2$ 个**次序统计量**(1.9)；若样本量 n 是偶数，则是第 $n/2$ 与第 $(n/2)+1$ 个次序统计量之和除以 2。

示例：续 1.9 的示例，8 为样本中位数的一个实现，此时样本量为 10(偶数)，第 5 和第 6 个次序统计量分别为 7 和 9，其平均值为 8。尽管严格来说样本中位数是作为一个随机变量来定义的，但在实际中也说“样本中位数为 8”。

注 1：对于样本量为 n 的**随机样本**(1.6)，其**随机变量**(2.10)按照非降顺序从 1 到 n 排列，如果样本量为奇数，则样本中位数为第 $(n+1)/2$ 个随机变量，如果样本量为偶数，则样本中位数为第 $(n/2)$ 个与第 $(n+1)/2$ 个随机变量的平均值。

注 2：从概念上讲，对一个没有观测到的随机变量进行排序似乎是不可能的。但不经观测也可理解次序统计量的结构。在实际中，通过获得观测值并对其进行排序，从而得到次序统计量的实现。这些实现值可用于解释次序统计量的结构。

注 3：样本中位数是分布中间位置的一个估计，各有一半的样本单元大于等于或小于等于它。

注 4：样本中位数在实际问题中是有用的，它提供了一个对数据极端值不敏感的估计量。例如，中位收入和中位房价都是常用的统计指标。

1.14

k 阶样本矩 sample moment of order k

随机样本(1.6)中**随机变量**(2.10)的 k 次幂的和除以和中的项数。

注 1:对于样本量为 n 的随机样本 $\{X_1,X_2,\cdots,X_n\}$,k 阶样本矩为:

$$\frac{1}{n}\sum_{i=1}^{n}X_i^k$$

注 2:本术语也称为 k 阶样本原点矩。

注 3:一阶样本矩即为**样本均值**(1.15)。

注 4:虽然本定义中 k 可取任意值,但在实际中常用的是 $k=1$[**样本均值**(1.15)],$k=2$[与**样本方差**(1.16)和**样本标准差**(1.17)有关],$k=3$[与**样本偏度系数**(1.20)有关]和 $k=4$[与**样本峰度系数**(1.21)有关]的情形。

1.15

样本均值 sample mean

平均数 average

算术平均值 arithmetic mean

随机样本(1.6)中**随机变量**(2.10)的和除以和中的项数。

示例:续 1.9 中的示例,观测值的和为 97,样本量为 10,样本均值的实现为 9.7。

注 1:在 1.8 中注 3 的意义下,样本均值作为统计量是随机样本中随机变量的函数。必须区分统计量与由随机样本中**观测值**(1.4)计算得出的样本均值的数值。

注 2:样本均值作为统计量,常用作总体**均值**(2.35)的估计量。算术平均值是它的同义词。

注 3:对样本量为 n 的随机样本 $\{X_1,X_2,\cdots,X_n\}$,样本均值为:$\overline{X}=\frac{1}{n}\sum_{i=1}^{n}X_i$。

注 4:样本均值就是一阶样本矩。

注 5:样本量为 2 时,样本均值、**样本中位数**(1.13)和**中程数**(1.11)皆相同。

1.16

样本方差 sample variance

S^2

随机样本(1.6)中**随机变量**(2.10)与**样本均值**(1.15)差的平方和用和中项数减 1 除。

示例:续 1.9 中的示例,样本观测值与样本均值差的平方和为 158.10,样本量 10 减 1 为 9,计算得样本方差为 17.57。

注 1:样本方差 S^2 作为**统计量**(1.8),是随机样本中随机变量的函数。必须区分这个统计量与根据随机样本**观测值**(1.4)计算得出的样本方差的数值,该值称为经验样本方差或观测样本方差,通常记作 s^2 。

注 2:对样本量为 n 的随机样本 $\{X_1,X_2,\cdots,X_n\}$,样本均值为 $\overline{X}$,则

$$S^2=\frac{1}{n-1}\sum_{i=1}^{n}(X_i-\overline{X})^2。$$

注 3:样本方差作为一个统计量"差不多"等于该**随机变量**(2.10)与**样本均值**(1.15)差的平方的平均数(其中"差不多"是指这里平均用 $n-1$ 而不是用 n 作分母),用 $n-1$ 作分母是为总体**方差**(2.36)提供一个**无偏估计量**(1.34)。

注 4:$n-1$ 称为**自由度**(2.54)。

注 5:样本方差可以近似认为是**中心化样本随机变量**(2.31)的二阶样本矩(仅以 $n-1$ 代替 n)。

1.17

样本标准差 sample standard deviation

S

样本方差(1.16)的非负平方根。

示例:续 1.9 中的示例,观测样本方差为 17.57,观测样本标准差为 4.192。

注 1:实际中样本标准差用来估计总体**标准差**(2.37)。再次强调 S 也是一个**随机变量**(2.10),而并不是**随机样本**(1.6)的实现。

注 2:样本标准差是**分布**(2.11)离散程度的一个度量。

1.18

样本变异系数　sample coefficient of variation

样本标准差(1.17)除以非零**样本均值**(1.15)的绝对值。

注：变异系数通常表示成百分数。

1.19

标准化样本随机变量　standardized sample random variable

随机变量(2.10)与其**样本均值**(1.15)的差除以**样本标准差**(1.17)。

示例：续 1.9 中的示例，观测样本均值为 9.7，观测样本标准差为 4.192，观测标准化随机变量（表示为两位小数）为：－0.17；0.79；－0.64；－0.88；0.79；－0.64；2.22，－0.88；0.07；－0.62。

注 1：标准化样本随机变量应区别于理论上的**标准化随机变量**(2.33)。将随机变量标准化的目的在于使得其均值为 0、标准差为 1，便于解释和比较。

注 2：标准化样本观测值的观测样本均值为 0，观测样本标准差为 1。

1.20

样本偏度系数　sample coefficient of skewness

随机样本(1.6)的**标准化样本随机变量**(1.19)三次幂的算术平均值。

示例：续 1.9 中的示例，观测样本偏度系数的计算结果为 0.971 88。如本例中的样本量为 10 的情形，样本偏度系数不够稳定，因此应谨慎使用。根据注 1 给出的另一公式计算出的值为 1.349 83。

注 1：对应于定义中公式为：

$$\frac{1}{n}\sum_{i=1}^{n}\left(\frac{X_i-\overline{X}}{S}\right)^3$$

有些统计软件里使用下面的公式修正样本偏度系数的**偏倚**(1.33)：

$$\frac{n}{(n-1)(n-2)}\sum_{i=1}^{n}Z_i^3$$

其中：

$$Z_i=\frac{X_i-\overline{X}}{S}$$

当样本量很大时，两个公式的差别可以忽略。当 $n=10,100,1\,000$ 时，修偏估计值与定义中的估计值之比分别为 1.389，1.031，1.003。

注 2：偏度系数是对分布不对称性的度量，如果偏度系数接近 0 意味着真实分布近似对称。偏度系数不为零时意味着在某一侧尾部可能有极端值。有偏的数据也会在**样本均值**(1.15)与**样本中位数**(1.13)的差异上体现出来。正偏（右偏）数据表明可能有少数大的极端值。同样，负偏（左偏）数据表明可能有少数小的极端值。

注 3：样本偏度系数也是**标准化样本随机变量**(1.19)的三阶样本矩。

1.21

样本峰度系数　sample coefficient of kurtosis

随机样本(1.6)的**标准化样本随机变量**(1.19)四次幂的算术平均值。

示例：续 1.9 中的示例，观测样本峰度系数的计算结果为 2.674 19。如本例中的样本量为 10 的情形，样本峰度系数极不稳定，因此应谨慎使用。统计软件包在计算样本峰度系数时常进行了各种修正（参见 2.40 中的注 3）。应用注 1 中的另一公式计算的值为 0.436 05。不能直接比较 2.674 19 和 0.436 05 这两个数值。为此，应将 2.674 19 减去 3（正态分布的峰度系数为 3），其差为－0.325 81，这个数值可与 0.436 05 进行比较。

注 1：与定义对应的公式是：

$$\frac{1}{n}\sum_{i=1}^{n}\left(\frac{X_i-\overline{X}}{S}\right)^4$$

一些统计软件包使用下面公式来修正样本峰度系数的**偏倚**(1.33)，它表示对正态分布峰度系数（等于 3）的偏离：

$$\frac{n(n+1)}{(n-1)(n-2)(n-3)}\sum_{i=1}^{n}Z_i^4-\frac{3(n-1)^2}{(n-2)(n-3)}$$

其中：

$$Z_i = \frac{X_i - \overline{X}}{S}$$。

当 n 充分大时，上式第二项近似为 3。有时为了强调与正态分布的比较，峰度表示为如 2.40 中定义的值减去 3。显然，实际应用者需要注意到统计软件包中是否包含任何修正。

注 2：峰度描述了(单峰)分布的重尾程度。对**正态分布**(2.50)，由于抽样随机性，样本峰度系数一般只近似，而不是恰好为 3。在实际应用中正态的峰度提供了一个基准值：峰度值小于 3 的**分布**(2.11)有比正态轻的尾部；峰度值大于 3 的分布有比正态重的尾部。

注 3：对于峰度观测值大于 3 很多的情形，一种可能是因为真实分布的尾部比正态尾部重，另一可能是分布中存在潜在的离群值。

注 4：样本峰度系数可认为是标准化随机变量的四阶样本矩。

1.22

样本协方差　sample covariance

S_{XY}

随机样本(1.6)中两个**随机变量**(2.10)对各自**样本均值**(1.15)的离差的乘积之和被求和项数减 1 除。

示例 1：考虑下列三个变量的 10 组观测值。在这个示例中，只考虑 x 和 y。

表 1　示例 1 的观测结果

i	1	2	3	4	5	6	7	8	9	10
x	38	41	24	60	41	51	58	50	65	33
y	73	74	43	107	65	73	99	72	100	48
z	34	31	40	28	35	28	32	27	27	31

X 的观测样本均值是 46.1，Y 的观测样本均值是 75.4，X 与 Y 的样本协方差等于：

$$[(38-46.1)\times(73-75.4)+(41-46.1)\times(74-75.4)+ \cdots +(33-46.1)\times(48-75.4)]/9=257.178$$

示例 2：在上例的表中，考虑 y 和 z，Z 的观测样本均值是 31.3，Y 与 Z 的样本协方差等于：

$$[(73-75.4)\times(34-31.3)+(74-75.4)\times(74-31.3)+\cdots+(48-75.4)\times(31-31.3)]/9 = -54.356$$

注 1：作为**统计量**(1.8)，样本协方差是样本量为 n 的随机变量对：$(X_1,Y_1),(X_2,Y_2),\cdots,(X_n,Y_n)$ 在(1.6)注 3 意义下的函数。这个统计量需要与随机样本中由抽样单元(1.2) $(x_1,y_1),(x_2,y_2),\cdots,(x_n,y_n)$ 的观测值计算得到样本协方差的数值相区别。后者称为经验样本协方差或观测样本协方差。

注 2：样本协方差 S_{XY} 由下式给出：

$$\frac{1}{n-1}\sum_{i=1}^{n}(X_i-\overline{X})(Y_i-\overline{Y})$$

注 3：用 $n-1$ 除是为总体**协方差**(2.43)提供一个**无偏估计量**(1.34)。

注 4：表 1 的示例包含 3 个变量，而协方差定义中只涉及 2 个变量。在实际应用中经常会遇到多个变量的情况。

1.23

样本相关系数　sample correlation coefficient

r_{xy}

样本协方差(1.22)用相应**样本标准差**(1.17)的乘积来除。

示例 1：续 1.22 中的示例 1。X 的观测标准差为 12.945，Y 的观测标准差为 21.329。从而 X 和 Y 的观测样本相关系数为：

$$\frac{257.118}{12.948\times 21.329}=0.9312$$

示例 2：继续 1.22 的示例 2，Y 的观测标准差为 21.329，Z 的观测标准差为 4.165。从而 Y 和 Z 的观测样本相关系数为：

$$\frac{-54.356}{21.329\times 4.165}=-0.612$$

注 1：样本相关系数的计算公式如下：

$$\frac{\sum_{i=1}^{n}(X_i-\overline{X})(Y_i-\overline{Y})}{\sqrt{\sum_{i=1}^{n}(X_i-\overline{X})^2\sum_{i=1}^{n}(Y_i-\overline{Y})^2}}$$

这个表达式等价于样本协方差与两方差乘积的平方根的比。有时用 r_{xy} 表示样本相关系数。观测样本相关系数是基于实现值 $(x_1, y_1), (x_2, y_2), \cdots, (x_n, y_n)$ 的。

注 2：观测样本相关系数取值在[−1,1]之间。取值接近于 1 表示强的正相关；取值接近于 −1 表示强的负相关。取值接近于 1 或 −1 表明数据点近似在一条直线上。

1.24

标准误差　standard error

$\sigma_{\hat{\theta}}$

估计量(1.12) $\hat{\theta}$ 的**标准差**(2.37)。

示例：如果以**样本均值**(1.15)作为总体**均值**(2.35)的一个估计，且**随机变量**(2.10)的标准差为 σ，则样本均值的标准误差为 $\sigma/\sqrt{n}$，其中 n 是样本中观测值的个数。标准误差的一个估计是 $S/\sqrt{n}$，其中 S 是**样本标准差**(1.17)。

注：不存在反义词“非标准”误差。通常在应用中，标准误差特指样本均值的标准差，记为 $\sigma_{\overline{X}}$，此时也常简称为“标准误”。

1.25

区间估计　interval estimator

由一个上限统计量和一个下限**统计量**(1.8)所界定的区间。

注 1：区间的一个端点可以是 $+\infty$，$-\infty$ 或是参数值的一个自然界限。如“0”是总体**方差**(2.36)区间估计的一个自然下限。在此情形，区间称为是单侧的。

注 2：区间估计可结合**参数**(2.9)**估计**(1.36)给出。区间估计通常是以假定在重复抽样下，区间包含所估计的参数确定比例或其他某种概率意义下给出的。

注 3：区间估计通常有三种：参数的**置信区间**(1.28)，对未来观测的**预测区间**(1.30)和**分布**(2.11)被包含一个确定比例的**统计容忍区间**(1.26)。

1.26

统计容忍区间　statistical tolerance interval

在规定置信水平下，由**随机样本**(1.6)确定的至少覆盖抽样**总体**(1.1)的指定比例的区间。

注：这里“置信”一词是指在大量重复意义下，所构造区间应至少包含抽样总体的指定比例。

1.27

统计容忍限　statistical tolerance limit

表示**统计容忍区间**(1.26)端点的**统计量**(1.8)。

注：统计容忍限可为以下两种情况的一种：

——单侧容忍限，即单侧的统计容忍上限或单侧的统计容忍下限，此时另一个容忍限为随机变量的自然界限；

——双侧容忍限，此时有两个统计容忍限。

1.28

置信区间　confidence interval

参数(2.9) θ 的**区间估计**(1.25) (T_0, T_1)，其中作为区间限的**统计量**(1.8) T_0, T_1，满足 $P[T_0 < \theta < T_1] \geqslant 1-\alpha$。

注 1：置信度反映了在同一条件下大量重复**随机抽样**(1.6)中，置信区间包含参数真值的比例。置信区间并不能反映观测到的区间包含参数真值的**概率**(2.5)(观测到的区间只能是要么包含要么不包含参数真值)。

注 2：一个与置信区间相关的量是 $100(1-\alpha)\%$，称为置信系数或置信水平，其中 α 是一个小的数。对任意确定但未知的总体 θ 值，$P[T_0 < \theta < T_1] \geqslant 1-\alpha$。置信系数通常取为 95%或 99%。

1.29

单侧置信区间 one-sided confidence interval

其中一个端点固定为$+\infty$，$-\infty$或某个自然确定边界的**置信区间**(1.28)。

注1：这是将定义1.28应用在$T_0=-\infty$或$T_1=+\infty$时的情形。单侧置信区间出现在只对一个方向感兴趣的情形。例如在移动电话安全音量测试中，关心的是安全上限。安全上限表示在假定安全条件下产生的音量的上界。在结构的力学测试中，关心的是设备失效的置信下限。

注2：另一种单侧置信区间的情况出现在参数有自然边界(例如为0)的情形中。在用**泊松分布**(2.47)作为顾客投诉次数的模型时，0是自然下限。又如，一个电子元件可靠度的置信区间可以为(0.98,1)，其中1是可靠度的自然上限。

1.30

预测区间 prediction interval

由一个可连续观测的总体中抽取的**随机样本**(1.6)值所确定的，以一定置信水平使得来自同一**总体**(1.1)的未来随机样本值落在其中的变量取值范围。

注：预测通常关注的是来自相同总体的单个未来观测值。另一个实际背景是回归分析中由一系列独立观测值构造响应变量的预测区间。

1.31

估计值 estimate

估计量(1.12)的**观测值**(1.4)。

注：估计值是从观测值中获得的数值。对于一个假定的概率**分布**(2.11)中**参数**(2.9)的**估计**(1.36)，估计量是指为了估计参数的**统计量**(1.8)，而估计值是在估计量中使用观测值的结果。有时在估计的前面加形容词"点"，即"点估计"，强调估计结果是一个值；类似地在估计的前面加形容词"区间"，即"区间估计"，强调估计结果是一个区间。

1.32

估计误差 error of estimation

估计值(1.31)与待估计的**参数**(2.9)或总体特性值的差。

注1：总体特性值可以是参数的函数或某个与概率**分布**(2.11)有关的量。

注2：估计误差可由抽样、测量的不确定性、数值修约或其他原因引起。事实上，估计误差表示实际工作者所关心性能的底线。确定估计误差的来源是质量改进努力的关键。

1.33

偏倚 bias

估计误差(1.32)的**期望**(2.12)。

注1：本定义与GB/T 3358.2—2009(3.3.2)和**VIM**:1993 (5.25和5.28)有所不同。这里的偏倚正如1.34的注所指出的，具有更一般的意义。

注2：实际中偏倚的存在可能导致不幸的结果。例如低估材料的强度的偏倚可能导致设备的失效。在调查抽样中的偏倚导致根据民意测验结果引起决策的失误。

1.34

无偏估计量 unbiased estimator

偏倚(1.33)为0的**估计量**(1.12)。

示例1：一个由n个独立**随机变量**(2.10)组成的**随机样本**(1.6)，每个服从**均值**(2.35)为μ，**标准差**(2.37)为σ的**正态分布**(2.50)。**样本均值**(1.15) $\overline{X}$和**样本方差**(1.16) S^2分别是**均值**μ和**方差**(2.36) σ^2的无偏估计量。

示例2：如1.37的注1所述的方差σ^2的**极大似然估计**(1.35)中，分母用$n-1$代替n，则它是无偏估计量。在应用中也经常使用**样本标准差**(1.17)，注意使用$n-1$作为除数的样本方差的平方根并不是总体**标准差**(2.37)的无偏估计量。

示例3：一个由n个独立随机变量组成的随机样本，每一对都服从**协方差**(2.43)为$\rho\sigma_X\sigma_Y$的**二维正态分布**(2.65)，则**样本协方差**(1.22)是总体协方差的无偏估计量。而协方差的的极大似然估计中，分母用的是n，而不是$n-1$，因此它是有偏估计量。

注1：无偏估计是在平均意义下，给出了正确的值。无偏估计量为寻求总体参数的“最优”估计提供了一个有用的初始值。这里给出的定义是无偏估计量的一种统计特征。

注2：在日常应用中，实际工作者通过某种机制，例如保证随机样本对总体的代表性，来努力避免可能出现的偏倚。

1.35

极大似然估计量　maximum likelihood estimator

使**似然函数**(1.38)达到或趋近最大值的**参数**(2.9)的估计量(1.12)。

注1：当**分布**(2.11)(如**正态分布**(2.50)、**伽玛分布**(2.56)、**威布尔分布**(2.63)等)确定时，极大似然估计方法是获得参数估计值的一种成熟方法。极大似然估计量具有许多优良的统计性质(如在单调变换下不变)，对许多情形是一种可选择的估计方法。如果极大似然估计量有偏，有时需要进行简单的**偏倚**(1.33)修正。如1.34示例2所述的正态分布**方差**(2.36)的极大似然估计量是有偏，但偏倚随着样本量的增加而减少，若将分母 n 改为 $n-1$，即可将有偏的估计量修正为无偏的。

注2：极大似然估计量和极大似然估计通常都简写成MLE，应随上下文适当选用。

1.36

估计　estimation

通过从**总体**(1.1)中抽取的**随机样本**(1.6)，获得对该总体的一种统计表示的方法。

注1：特别地，估计程序包含由**估计量**(1.12)到具体**估计值**(1.31)的过程。

注2：估计是一个相当广泛的概念，包括点估计、区间估计或总体性质的估计。

注3：统计表示经常是指假定模型下，**参数**(2.9)或参数函数的估计。更一般地，总体表示可以不完全确定，例如有关自然灾难影响的统计(应急管理者所希望得到的伤亡人数、财产损失或农业损失等的估计)。

注4：通过对**描述性统计量**(1.5)的研究，可能揭示假定模型是否对数据提供了不适当的统计表示。如对模型拟合优度的度量，若拟合不足，可考虑选择其他模型，继续估计的过程。

1.37

极大似然估计　maximum likelihood estimation

基于**极大似然估计量**(1.35)进行的**估计**(1.36)。

注1：对**正态分布**(2.50)，**样本均值**(1.15)是**参数**(2.9) μ 的**极大似然估计量**。分母用 n(而不是 $n-1$)的**样本方差**(1.16)是 σ^2 的**极大似然估计量**。一般情况下，样本方差分母使用 $n-1$，是为了得到 σ^2 的一个**无偏估计量**(1.34)。

注2：极大似然估计有时用来描述从似然函数导出(极大似然)**估计量**(1.12)的过程。

注3：尽管在某些情况下似然方程可以有显式解，但是很多情况下极大似然估计量是一组方程的迭代解。

注4：极大似然估计量和极大似然估计值通常简写成MLE，需随上下文来合理选择。

1.38

似然函数　likelihood function

在**观测值**(1.4)处，将**概率密度函数**(2.26)看作**分布族**(2.8)中**参数**(2.9)的函数。

示例1：考虑从一个非常大的**总体**(1.1)中随机抽取10个个体，发现其中3个具有指定的特征。

对这个样本，总体中具有指定特征的比例的一个直观**估计值**(1.31)是0.3(10个中有3个)。在**二项分布**(2.46)模型下，似然函数(概率函数作为 p 的函数，其中 $n=10$，$x=3$)在 $p=0.3$ 处达到最大值，与直观相符。

这也可通过画出**二项分布**(2.46)的概率函数 $120p^3(1-p)^7$ 关于 p 的图形进一步验证。

示例2：对**正态分布**(2.50)，可以证明，当**标准差**(2.37)已知时，似然函数在 μ 等于样本均值时达到最大值。

1.39

剖面似然函数　profile likelihood function

其余参数取使其极大化，而仅作为一个单**参数**(2.9)的**似然函数**(1.38)。

1.40

假设　hypothesis

H

关于**总体**(1.1)的陈述。

注：通常这个命题与**分布族**(2.8)中的一个或几个**参数**(2.9)，或与此分布族本身有关。

1.41

原假设　null hypothesis

H_0

用**统计检验**(1.48)方法来检验的**假设**(1.40)。

示例1:在独立同分布**正态随机变量**(2.10)的**随机样本**(1.6)中,**均值**(2.35)和**标准差**(2.37)未知,对均值 μ 的一个原假设是:"均值小于或等于某给定值 μ_0 "。上述原假设一般写成形式: $H_0:\mu\leqslant\mu_0$ 。

示例2:原假设也可为:"**总体**(1.1)的统计模型是正态分布"。对此原假设,均值和标准差可以不确定。.

示例3:原假设也可为:"总体的统计模型是对称分布"。对此原假设,分布形式可以不确定。

注1:显然,原假设可以由所有可能的概率分布的子集组成。

注2:本定义应与**备择假设**(1.42)和**统计检验**(1.48)联合考虑。

注3:在实际中,从不说"证明"了原假设,而是说在给定条件下,不足以拒绝原假设。进行假设检验的原始目的很可能是对于当前问题,希望检验结果支持一个指定的备择假设。

注4:不拒绝原假设并不是"证明"了它真的成立,而只是说没有足够的证据拒绝它。此时原假设也许真的成立(或近似成立);也许由于样本的原因(如样本量不够大)而未能检出其中的差异。

注5:有时,最初的兴趣是原假设,但对原假设的偏离也有意义。适当的样本量和检验指定的偏离或备择假设的功效能用来构造出合适评估原假设的检验方法。

注6:与"不能拒绝原假设"相反,"接受备择假设"是一个肯定的结果,它支持所感兴趣的猜测。与诸如"这次不能拒绝原假设"之类的结论相比,"拒绝原假设,接受备择假设"更为明确。

注7:原假设是构造相应的**检验统计量**(1.52)的出发点,该统计量用于对原假设的评估。

注8:原假设通常记为 H_0。

注9:若有可能,原假设与备择假设的命题应互斥,参见1.48的注2和1.49的示例。

1.42

备择假设　alternative hypothesis

H_A , H_1

对从所有不属于**原假设**(1.41)的可能容许**概率分布**(2.11)中选择的一个集合或其子集的陈述。

示例1:在1.41示例1中,对应原假设的备择假设是"**均值**(2.35)大于该给定值",表示为: $H_A:\mu>\mu_0$ 。

示例2:在1.41示例2中,对应原假设的备择假设是"总体的统计模型不是**正态分布**(2.50)"。

示例3:在1.41示例3中,对应原假设的备择假设为"总体的统计模型是由非对称分布构成的"。对这个备择假设,非对称分布的具体形式没有确定。

注1:在需要特别指定备择假设时,一般将原假设的补作为备择假设。

注2:备择假设既可以记为 H_A ,也可以记为 H_1 ,不存在优先选用的问题。

注3:备择假设是与原假设相对立的一种陈述。对应的**检验统计量**(1.52)用于在原假设和备择假设之间进行抉择。

注4:不能脱离原假设和**统计检验**(1.48)来考虑备择假设。

注5:与"不能拒绝原假设"相比,"接受备择假设"是一个肯定的结果,它支持感兴趣的猜测。

1.43

简单假设　simple hypothesis

在一个**分布族**(2.8)中,指定了某单个**分布**(2.11)的**假设**(1.40)。

注1:简单假设是选定的子集只由单个**概率分布**(2.11)组成的**原假设**(1.41)或**备择假设**(1.42)。

注2:根据从**均值**(2.35)未知、标准差 σ 已知的**正态分布**(2.50)总体中独立抽取的**随机样本**(1.6),对均值 μ 的简单假设是均值等于一个给定值 μ_0 ,通常表示为如下形式: $H_0:\mu=\mu_0$ 。

注3:简单假设完全确定了**概率分布**(2.11)。

1.44

复合假设　composite hypothesis

在一个**分布族**(2.8)中,指定了多于一个**分布**(2.11)的**假设**(1.40)。

示例1:1.41和1.42给出的**原假设**(1.41)和**备择假设**(1.42)都是复合假设的例。

示例2:1.48示例3中情形3的原假设是简单假设,示例4中的原假设也是简单假设,1.48中其他假设都是复合假设。

注：复合假设是所选定的子集由一个以上的概率分布组成原假设或备择假设。

1.45

显著性水平　significance level

α

〈统计检验〉**原假设**(1.41)为真，而被拒绝的最大**概率**(2.5)。

注：如果原假设是一个**简单假设**(1.43)，则当原假设为真时，拒绝它的概率是一个确定的值。

1.46

第一类错误　Type Ⅰ error

拒绝事实上为真的**原假设**(1.41)的错误。

注1：事实上，第一类错误是一种不正确的判定。因此，要使这种不正确判定的**概率**(2.5)尽可能小。要使犯第一类错误的概率为0，只有永不拒绝原假设，而不管证据如何。当然，这是不可能的。

注2：在有些情况下(如检验二项参数 p)，由于结果的离散性，有可能达不到预先设定的显著性水平，如0.05。

1.47

第二类错误　Type Ⅱ error

没有拒绝事实上不为真的**原假设**(1.41)的错误。

注：事实上，第二类错误是一种不正确的判定。因此，要使这种不正确判定的**概率**(2.5)尽可能小。第二类错误通常是在当样本量不够大，因而不足以揭示与原假设的偏离时发生。

1.48

统计检验　statistical test

显著性检验　significance test

判断是否拒绝**原假设**(1.41)，支持**备择假设**(1.42)的方法。

示例1：作为例子，如果一个实际的**连续随机变量**(2.29)在 $-\infty$ 到 $+\infty$ 之间取值，怀疑它的真实的概率分布不是**正态分布**(2.50)，则可以按以下步骤构造假设：

——考虑所有在 $-\infty$ 到 $+\infty$ 上取值的**连续概率分布**(2.23)；

——猜测真实的概率分布不是正态分布；

——原假设为：概率分布是正态分布；

——备择假设为：概率分布不是正态分布。

示例2：如果随机变量服从正态分布，**标准差**(2.37)已知，怀疑它的期望值 μ 与给定的值 μ_0 有偏离，则可以按示例3中的情形3的步骤构造假设。

示例3：本例考虑统计检验的三种可能情形。

情形1：猜测过程均值大于目标均值 μ_0。这个猜测导致如下假设：

原假设：　$H_0: \mu \leqslant \mu_0$

备择假设：$H_1: \mu > \mu_0$

情形2：猜测过程均值小于目标均值 μ_0。这个猜测导致如下假设：

原假设：　$H_0: \mu \geqslant \mu_0$

备择假设：$H_1: \mu < \mu_0$

情形3：猜测过程均值与目标均值不相容，但方向不确定。这个猜测导致如下假设：

原假设：　$H_0: \mu = \mu_0$

备择假设：$H_1: \mu \neq \mu_0$

在这三个情形中，假设的形成是从考虑备择假设和基本条件偏离的猜测导出的。

示例4：本例考虑两批产品(1和2)中的不合格品的比例 p_1 和 p_2，范围皆介于0和1之间。怀疑两批产品是不同的，因此猜测两个批不合格品率也不同。这个猜测导致如下假设：

原假设：　$H_0: p_1 = p_2$

备择假设：$H_1: p_1 \neq p_2$

注1：统计检验是一个方法，利用样本观测值来判断真实的概率分布是属于原假设还是备择假设，在一定条件下，这

种程序是有效的。

注 2：在实施统计检验之前，首先要在可利用信息基础上确定概率分布的可能集合。其次，在研究猜测的基础上，确认由可能为真的概率分布组成备择假设。最后，用备择假设的补来组成原假设。在很多情形下，概率分布的可能集(即原假设和备择假设)可以用相关参数值的集合来确定。

注 3：因为判断是在样本观测的基础上作的，这可能导致**第一类错误**(1.46)，即原假设为真时拒绝原假设；或**第二类错误**(1.47)，即备择假设为真时，没有拒绝原假设。

注 4：上面示例 3 中情形 1 和情形 2 是单侧检验的例子。情形 3 是双侧检验的例子。在这三个情形中，检验是单侧还是双侧，是由备择假设中参数 μ 的区域所决定的。更一般地，单侧还是双侧检验取决于作出拒绝原假设，支持备择假设判定的检验统计量的区域，即临界域。但它可能并不能像情形 1,2,3 那样，对参数空间的直接、简单的描述。

注 5：在应用统计检验时，必须注意应该遵循的基本假定。在偏离基本假定情形下，仍能做出稳定推断的统计检验称为是稳健的。例如对均值的单个样本 t 检验就是在非正态分布下非常稳健的一个例子。而对方差齐性的 Bartlett 检验则是非稳健方法的例子，它有可能在方差事实相同的分布中，过分拒绝方差齐性的假设。

1.49

p 值　p-value

在**原假设**(1.41)为真时，获得**检验统计量**(1.52)的观测值及更不支持原假设的其他值的**概率**(2.5)。

示例 1：考虑 1.9 中引入的数值例，为解释方便，假定这些观测值来自一个标称均值为 12.5 的过程，并且从先前经验看，相关的工程技术人员认为过程是一致低于该标称值。为研究，收集了一个样本量为 10 的随机样本，样本数据由 1.9 给出。合适的假设是：

原假设：　$H_0: \mu \geqslant 12.5$

备择假设：$H_1: \mu < 12.5$

样本均值是 9.7，正如所猜测的那样，比标称值小。但是它是否距 12.5 足够远，从而可以支持猜测？本例中，**检验统计量**(1.52)值为 −1.976 4，相应的 p 值为 0.040。这表明如果过程的真实的均值等于 12.5 时，则在 100 次观测中，最多有 4 次机会使检验统计量的值等于或低于 −1.976 4。如果预先设定的显著性水平是 0.05，则据此拒绝原假设，支持备择假设。

若将对此问题稍作不同的考虑。想象所关心的是过程偏离了目标值 12.5，但偏大还是偏小不定，这导致以下假设：

原假设：　$H_0: \mu = 12.5$

备择假设：$H_1: \mu \neq 12.5$

假定从随机样本中收集到相同数据，检验统计量也一样，其值为 −1.976 4。对这个备择假设，感兴趣的问题是"看到这样一个极端值或更极端的概率是多少?"在这种情形下，有两个相关的区域：一个是检验统计量值小于或等于 −1.976 4；另一个是统计量值大于或等于 1.976 4。t 检验统计量落在这两个区域中的一个的概率是 0.08(单侧值的两倍)。也就是说原假设为真时，检验统计量在 100 次观测中大约会有 8 次机会取此极端值或更极端的值。因此在 0.05 显著性水平下，原假设没有被拒绝。

注 1：若 p 值为 0.029，则在原假设为真的条件下，每 100 次观测中，仅有不到 3 次的机会使检验统计量的值取此极端值或更极端的值。据此，迫使我们应拒绝原假设，因为这是个相当小的 p 值。更正式地，如果显著性水平定为 0.05，而 p 值 0.029 小于 0.05，因而拒绝原假设。

注 2：有人将 p 值称为显著概率，但它不能与**显著性水平**(1.45)混淆，后者在应用中是指定的常值。

1.50

检验功效　power of a test

1 减去犯**第二类错误**(1.47)的**概率**(2.5)。

注 1：对于一个**分布族**(2.8)，**检验功效**是未知**参数**(2.9)的函数，它是当该参数为真时拒绝**原假设**(1.41)的**概率**(2.5)。

注 2：在大多数有实际意义的情形中，增加样本量会增加检验的功效。换句话说，当**备择假设**(1.42)为真时，拒绝原假设的概率随着样本量的增加而增加，从而减小了犯第二类错误的概率。

注 3：在检验情形下，人们愿意样本量变得足够大，这样即使距原假设有小的偏离也应该能被检测到，从而拒绝原假设。换句话说，当样本量变得足够大时，对每个对应原假设的备择假设，检验功效都接近于 1。这样的检验称为相合的。假定显著性水平相同，原假设和备择假设不变，用功效比较两个检验，认为功效大的检验是更有效的。对相合性和有效性有更正式的数学描述，这超出了GB/T 3358本部分的范围(可参考各种统计百科全书或数理统计教材)。

1.51

功效曲线　power curve

表示作为**分布族**(2.8)中总体**参数**(2.9)函数的**检验功效**(1.50)值的曲线。

注：功效函数等于1减去操作特性值。

1.52

检验统计量　test statistic

用于**统计检验**(1.48)的**统计量**(1.8)。

注：检验统计量用来评判考察的**概率分布**(2.11)是否与**原假设**(1.41)或**备择假设**(1.42)相符。

1.53

图形描述性统计量　graphical descriptive statistics

图形形式的**描述性统计量**(1.5)。

注：描述性统计量的目的一般是将大量的数据减少到容易控制的数量或者用一种直观的方式来展现数据。图形概括的例子包括箱线图、概率图、Q-Q图、正态分位数图、散点图、多元散点图和直方图(1.61)。

1.54

数值描述性统计量　numerical descriptive statistics

数值形式的**描述性统计量**(1.5)。

注：数值描述性统计量包括**平均数**(1.15)、**样本极差**(1.10)、**样本标准差**(1.17)、四分位距等等。

1.55

类(组)　classes

注：所有分类(组)既不重叠，又是穷尽的。

1.55.1

类　class

〈定性特性〉来自**样本**(1.3)的某些个体的集合。

1.55.2

类　class

〈有序特性〉有序尺度下一个或者多个相邻类别的集合。

1.55.3

组　class

〈定量特性〉实数轴上的区间。

1.56

组限　class limits; class boundaries

〈定量特征〉定义**组**(1.55.3)的上、下边界值。

注：本定义指定量特性组的边界。

1.57

组中值　mid-point of class

〈定量特征〉上、下**组限**(1.56)的**平均数**(1.15)。

1.58

组距　class width

〈定量特征〉**组**(1.55.3)的上限减去其下限。

1.59

频数　frequency

给定**类(组)**(1.55)中，特定事件发生的次数或**观测值**(1.4)的个数。

1.60

频数分布　frequency distribution

类(组)(1.55)与其中特定事件发生的次数或**观测值**(1.4)的个数之间的经验关系。

1.61

直方图　histogram

频数分布(1.60)的一种图形表示,由一些相邻的长方形组成,每个长方形的底宽等于**组距**(1.58),面积与组的频数成比例。

注:要注意从不等组距的组中产生数据的情况。

1.62

条形图　bar chart

由一组宽度相同、高度与**频数**(1.59)成比例的长方形组成的,表示名义特性**频数分布**(1.60)的图形。

注1:有时为了美观,将长方形画成三维图形,但这并不会增加任何信息,所以不推荐使用。条形图中的长方形并不需要相邻。

注2:由于现成软件大都没有按此处的定义绘制,现在直方图和条形图的差别越来越模糊。

1.63

累积频数　cumulative frequency

给定界限以下所有类(组)的频数(1.59)之和。

注:本定义只适用于对应于**组限**(1.56)的给定界限值。

1.64

频率　relative frequency

用事件或者**观测值**(1.4)发生的总数目除**频数**(1.59)。

1.65

累积频率　cumulative relative frequency

用事件或者**观测值**(1.4)发生的总数目除**累积频数**(1.63)。

2　用于概率的术语

2.1

样本空间　sample space

Ω

所有可能结果的集合。

示例1:考虑某消费者所购买电池的寿命(失效时间)。若电池一开始使用时就失效,其寿命为0;若电池开始能工作,则有一个以小时表示的寿命。因此,样本空间包含{电池一开始就失效}和{电池寿命为x小时,$x>0$}两类结果。本例在本章中经常会用到,在2.68还将对它作进一步的讨论。

示例2:一个盒子里装有标着1,2,3,4,5,6,7,8,9,10的10个电阻。如果从盒中不放回地随机抽出两个电阻,则样本空间包含以下45个结果:(1,2),(1,3),(1,4),(1,5),(1,6),(1,7),(1,8),(1,9),(1,10),(2,3),(2,4),(2,5),(2,6),(2,7),(2,8),(2,9),(2,10),(3,4),(3,5),(3,6),(3,7),(3,8),(3,9),(3,10),(4,5),(4,6),(4,7),(4,8),(4,9),(4,10),(5,6),(5,7),(5,8),(5,9),(5,10),(6,7),(6,8),(6,9),(6,10),(7,8),(7,9),(7,10),(8,9),(8,10),(9,10)。事件(1,2)认为与事件(2,1)是相同的,此时不考虑抽取电阻的次序。如果考虑抽样次序,则认为事件(1,2)与事件(2,1)是不同的,在这种情况下,样本空间中共有90个结果。

示例3:在上例中,如果允许放回抽样,那么事件(1,1),(2,2),(3,3),(4,4),(5,5),(6,6),(7,7),(8,8),(9,9),(10,10)也应包含在样本空间中。若不考虑抽样次序,样本空间中有55个结果;若考虑抽样次序,则样本空间中有100个结果。

注1:结果可以由一个实际的实验或一个完全假设的实验得到,这些结果可以明确列出,例如可由正整数{1,2,3,…}组成的可列集,也可能是整个实数轴。

注2:样本空间是**概率空间**(2.68),的第一要素。

2.2

事件　event

A

样本空间（2.1）的子集。

示例1:续2.1中的示例1。以下都为事件的例子:{0},(0,2),{5,7},[7,+∞),分别表示电池一开始就失效,开始能工作但寿命不到2 h,寿命恰好为5 h或7 h,寿命等于或大于7 h。{0}和{5,7}都只包含单个数值的集合;(0,2)为实数轴上的开区间;[7,+∞)为实数轴上左闭右开的一个无限区间。

示例2:续2.1中的示例2。考虑不放回抽样且不考虑抽样次序情形。定义事件A为{样本中至少包含电阻1或者电阻2},该事件有17个结果(1,2),(1,3),(1,4),(1,5),(1,6),(1,7),(1,8),(1,9),(1,10),(2,3),(2,4),(2,5),(2,6),(2,7),(2,8),(2,9)和(2,10)。定义事件B为{样本中不包含电阻8,9或10},该事件有21个结果(1,2),(1,3),(1,4),(1,5),(1,6),(1,7),(2,3),(2,4),(2,5),(2,6),(2,7),(3,4),(3,5),(3,6),(3,7),(4,5),(4,6),(4,7),(5,6),(5,7),(6,7)。

示例3:续示例2。事件A和B的交集(即至少包含电阻1或2中的一个,又不包含电阻8,9和10中的任一个),有11个结果:(1,2),(1,3),(1,4),(1,5),(1,6),(1,7),(2,3),(2,4),(2,5),(2,6),(2,7)。

事件A和B的并集(即或至少包含电阻1或2中的一个,或不包含电阻8,9和10中的任一个),有27个结果:(1,2),(1,3),(1,4),(1,5),(1,6),(1,7),(1,8),(1,9),(1,10),(2,3),(2,4),(2,5),(2,6),(2,7),(2,8),(2,9),(2,10),(3,4),(3,5),(3,6),(3,7),(4,5),(4,6),(4,7),(5,6),(5,7),(6,7)。

顺便指出,事件A和B的并集中的结果数为事件A中的结果数加上事件B中的结果数减去事件A和B交集中的结果数,即17+21－11=27。

注:对确定的事件和一个实验结果,如果该实验结果属于这个事件,则称该事件发生。实际感兴趣的事件属于**事件σ代数**(2.69),后者是**概率空间**(2.68)的第二个要素。在赌博游戏(如扑克、轮盘赌等)中,所感兴趣的事件包含的结果数决定了它发生机会的大小。

2.3

对立事件　complementary event

A^c

样本空间（2.1）中，给定**事件**（2.2）以外的其余部分。

示例1:续2.1中的示例1。事件{0}的对立事件为(0,+∞),即事件“电池一开始就失效”的对立事件是“电池开始能工作”。事件[0,3)为电池一开始就失效或寿命小于3 h,它的对立事件是[3,+∞),即电池寿命达到或超过3 h。

示例2:续2.2中的示例2。通过考虑B的对立事件:{至少包含电阻8,9,10中的一个},容易得到事件B中的实验结果数目。B的对立事件有7+8+9=24个结果,即(1,8),(2,8),(3,8),(4,8),(5,8),(6,8),(7,8),(1,9),(2,9),(3,9),(4,9),(5,9),(6,9),(7,9),(8,9),(1,10),(2,10),(3,10),(4,10),(5,10),(6,10),(7,10),(8,10),(9,10)。由于整个样本空间有45个结果,因此事件B有45－24＝21个结果:(1,2),(1,3),(1,4),(1,5),(1,6),(1,7),(2,3),(2,4),(2,5),(2,6),(2,7),(3,4),(3,5),(3,6),(3,7),(4,5),(4,6),(4,7),(5,6),(5,7),(6,7)。

注1:对立事件是相应事件在样本空间的补集。

注2:对立事件也是一个事件。

注3:对给定的事件A,A的**对立事件**通常记为A^c。

注4:有时计算对立事件的概率比计算事件本身的概率要容易。例如,事件:“从一个包含有1 000个产品,不合格品率为1%的总体中随机抽取10个产品,至少有一个不合格品”包含非常多可能的结果,此时计算其对立事件“没有不合格品”的概率要容易得多。

2.4

独立事件　independent events

其交的**概率**（2.5）等于各自事件概率乘积的两个**事件**（2.2）。

示例1:考虑投掷一红一白两枚正六面体的均匀骰子,可能结果有36个,每个发生的概率都是1/36。记D_i为两枚骰子点数之和为i的事件,W为白色骰子点数为1的事件,则事件W与事件D_7相互独立,但事件W与事件D_i($i=2,3,4,5,6$)不独立。不独立的事件也称为相依事件。

示例2:在应用中,独立事件和相依事件容易判断。在事件或者环境相依的情形下,知道与其相关事件的结果是相当有用的。例如,一个准备做心脏手术的病人,如果他有吸烟史或其他危险因素,手术成功的预期就大不相同。吸烟和手术失败引起的死亡是相依的。作为对照,死亡似乎和病人出生在星期几是独立的。在可靠性问题中,有相同失效原因的元件的失效时间是不独立的。例如,反应堆中的燃料棒发生爆裂概率很低,但在有一根燃料棒爆裂的条件下,其毗邻的燃料棒随着发生爆裂的概率就会大为增加。

示例 3:续 2.2 中的示例 2。假定抽样是一个简单随机抽样,每个结果发生的概率都为 1/45,则 $P(A)=17/45=0.3778$, $P(B)=21/45=0.4667$, $P(A\cap B)=11/45=0.2444$ 。由于 $P(A)P(B)=(17/45)\times(21/45)=0.1763$,并不等于 0.244 4,所以事件 A 和事件 B 不独立。

注:本定义是关于两个事件的,可以将其推广到多个事件情形。对事件 A 和 B,独立的条件为 $P(A\cap B)=P(A)P(B)$ 。三个事件 A, B, C 相互独立的条件是:

$$P(A\cap B\cap C)=P(A)P(B)P(C)$$
$$P(A\cap B)=P(A)P(B)$$
$$P(B\cap C)=P(B)P(C)$$
$$P(A\cap C)=P(A)P(C)$$

更一般地,多于两个事件的事件组 $A_1, A_2, \cdots, A_n$ 称为相互独立,如果对于事件组任意给定子集中事件交的概率等于子集中每个事件概率的乘积。此条件要求对事件组中的任一子集均成立。可以构造这样的例子:每对事件都独立,但三个事件不独立(即两两独立,但不相互独立)。

2.5

[事件 *A* 的]概率　probability [of an event *A*]

$P(A)$

赋予**事件**(2.2)闭区间[0,1]中的一个实数。

示例:续 2.1 中示例 2。事件的概率可通过计算构成该事件的所有结果的概率求得。如果 45 个结果具有相同的概率,每个结果发生的概率为 1/45,那么某个事件发生的概率等于该事件所包含的结果数除以 45。

注 1:**概率测度**(2.70)对所有事件都赋予了[0,1]上的实数值,而事件的概率只是概率测度赋予该事件的特定值。

注 2:本定义中的概率指的是某个特定事件的概率。概率可能与事件在长期试验中发生的频率有关,或是对一个事件 A 可能发生的相信程度。通常事件 A 发生的概率用 $P(A)$ 表示,当需要考虑**概率空间**(2.68)时,用 $\wp(A)$ 表示事件 A 发生的概率。

2.6

条件概率　conditional probability

$P(A\mid B)$

事件 A 与事件 B 交的**概率**(2.5)除以事件 B 的概率。

示例 1:续 2.1 中示例 1。考虑**事件**(2.2) $A=$ {电池寿命至少为 3 h},即 $[3,+\infty)$,设事件 $B=$ {电池一开始就有电},即$(0,+\infty)$,给定事件 B 下事件 A 发生的条件概率 $P(A\mid B)$ 是指一开始就有电的电池中,其寿命至少为 3 h 的概率。

示例 2:续 2.1 中示例 2。设抽样是不放回的,在第一次抽取到电阻 2 的条件下,第二次再抽到电阻 2 的概率等于 0。如果所有电阻被抽取的概率相等,第一次未抽到电阻 2 的条件下,第二次抽到电阻 2 的概率为 0.111 1。

示例 3:续 2.1 中示例 2。如果抽取是放回的,且所有电阻在每次抽取中被抽中的概率相等,则电阻 2 在第一次不论被抽到与否,第二次抽到它的概率都是 0.1。因此第一次抽出的结果和第二次抽出的结果是独立事件。

注 1:事件 B 发生的概率要求大于 0。

注 2:“给定 B 下 A 的”可更完整地表述为“给定事件 B 发生条件下的事件 A”。

注 3:如果给定事件 B 发生条件下事件 A 的条件概率等于事件 A 发生的概率,则事件 A 与事件 B 相互独立。也就是说,事件 B 发生与否不影响事件 A 的发生。

2.7

[随机变量 *X* 的]分布函数　distribution function [of a random variable *X*]

$F(x)$

随机变量(2.10) X 的取值落在 $(-\infty,x]$ 上这一**事件**(2.2)发生的**概率**(2.5)。

注 1:随机变量 X 的分布函数是 x 的函数,它给出了随机变量 X 值小于或等于 x 这一事件的概率,即 $F(x)=P(X\leqslant x)$。

注 2：分布函数 $F(x)$ 关于 x 是非降的。

注 3：对**多维分布**(2.17)，分布函数是指多维分布中每个随机变量小于或等于指定值的**概率**(2.5)。多维分布函数定义为：

$$F(x_1, x_2, \cdots, x_n) = P(x_1 \leqslant x_1, x_2 \leqslant x_2, \cdots, x_n \leqslant x_n)$$

注 4：分布和随机变量是离散型的或是连续型，取决于其分布函数的分类。通常，分布函数分为**离散型分布**函数(2.22)和**连续型分布**函数(2.23)，但也有其他的可能。对 2.1 中电池的示例，电池寿命的一个可能的分布函数为：

$$F(x) = \begin{cases} 0, & x < 0 \\ 0.1, & x = 0 \\ 0.1 + 0.9[1 - \exp(-x)], & x > 0 \end{cases}$$

由该分布函数可知：电池寿命是非负的，有 10% 的可能性它一开始就不能工作，若开始能正常工作，则寿命服从均值为 1 h 的**指数分布**(2.58)。

注 5：通常分布函数缩写为 cdf(cumulative distribution function，即累积分布函数)。

2.8

分布族　family of distributions

概率分布(2.11)的集合。

注 1：概率分布族一般用概率分布的**参数**(2.9)来标记。

注 2：通常，概率分布的**均值**(2.35)和/或**方差**(2.36)常用作分布族的标记，当参数多于两个时，它们也可能为分布族的部分标记。在其他情形，均值和方差不一定是分布族的显式参数，而是参数的函数。

2.9

参数　parameter

分布族(2.8)的标记。

注 1：参数可以是一维的也可以是多维的。

注 2：某些参数可作为位置参数，特别当该参数对应分布族的均值时；某些参数可作为刻度参数，特别当该参数恰好是与分布的**标准差**(2.37)成正比。既不是位置参数又不是刻度参数的参数通常视为形状参数。

2.10

随机变量　random variable

〈一维情形〉定义在**样本空间**(2.1)上，取值为实数的函数。

〈k 维情形〉定义在**样本空间**(2.1)上，取值为 k 元有序实数的函数。

示例：续 2.1 中电池的示例。样本空间由如下事件生成：{电池开始使用时即失效，或开始能正常，但在 x 小时失效}。这些事件难以用数学进行处理。因此自然地把每个事件与电池寿命(一个实数)相联系。当随机变量取值为零时，表示电池开始使用时即失效。当随机变量取值大于零时，可以理解为电池一开始正常工作，然后突然在一个特定值时失效。应用随机变量使我们可以回答诸如"电池寿命超过它保证使用时间(比如 6 h)的概率是多少？"这样的问题。

注 1：通常**随机变量**有个维数 k。若 $k=1$，称为一维随机变量；当 $k>1$ 时，称为多维随机变量。在实际中，当维数为指定的 k 时，称该随机变量为 k 维的。

注 2：一维随机变量是定义在**样本空间**(2.1)上的实值函数。

注 3：取值于二元有序实数的随机变量称为二维随机变量。

注 4：k 元有序实数的例：$(x_1, x_2, \cdots, x_k)$。一个 k 元有序实数就是一个 k 维向量(行向量或列向量)。

注 5：k 维随机变量的第 j 个分量对应于 k 元有序实数中第 j 个分量的随机变量。

2.11

概率分布　probability distribution

分布　distribution

由**随机变量**(2.10)导出的**概率测度**(2.70)。

示例：续 2.1 中的示例。电池的寿命分布完整地描述在所有指定时间失效的概率，我们不可能确切知道给定电池的失效时间，也不知道(事先去检验)电池开始工作后是否能继续工作。概率分布完全刻画了一个不确定结果的概率性质。在 2.7 的注 4 中，给出了概率分布的一种表示方法，即分布函数。

注 1：对一个分布，有许多等价的数学表达，包括**分布函数**(2.7)，**概率密度函数**(2.26)（如果存在的话），及特征函数。尽管难易程度不同，这些表达都使我们能确定随机变量在给定区域内取值的概率。

注 2：随机变量是样本空间子集到实直线上的一个函数，比如，一个随机变量能取任意实数这一事件的概率为 1，就是一例。对电池的例子而言，$P(X \geqslant 0)=1$。在许多情况下，用随机变量和它的分布之一表达比用基本的概率测度更容易处理。但是概率测度保证了从一种表达方式到另一种表达方式时的一致性。

注 3：只有一个分量的随机变量称为一维或单变量（一元）概率分布。如果一个随机变量有两个分量，我们称为二维或二变量（二元）概率分布，如果这个随机变量有不少于两个分量，则称它是多维或者多变量（多元）概率分布。

2.12

期望　expectation

随机变量(2.10)的函数关于**概率测度**(2.70)在**样本空间**(2.1)上的积分。

注 1：**随机变量** X 的函数 $g(X)$ 的**期望**用 $E[g(X)]$ 表示，可以按下式计算：

$$E[g(X)] = \int_{\Omega} g(X)\mathrm{d}P = \int_{R^k} g(x)\mathrm{d}F(x)$$

其中 $F(x)$ 是对应的分布函数。

注 2：$E[g(X)]$ 中的"E"来自于期望的英文词 **expectation** 的首个字母。根据上述计算公式，E 可以看作随机变量到实线映射的一个算子或函数。

注 3：对 $E[g(X)]$ 给出了两种积分，第一种把期望作为样本空间上的积分，这更抽象，不太实用，因为很难处理事件本身（例如事件用文字叙述给出）。第二个积分描述了在 R^k 上的计算，这种表达更常用。

注 4：在许多实际应用场合中，上面积分中的被积函数都有具体形式。例如在 ***r* 阶矩**(2.34)的注中 $g(x) = x^r$，**均值**(2.35)的注中 $g(x) = x$ 以及**方差**(2.36)的注中 $g(x) = [x - E(X)]^2$。

注 5：本定义并不局限于前面的示例和注中所提到的一维积分。高维情况见 2.43。

注 6：对**离散随机变量**(2.28)，注 1 中的第二个积分用求和号代替。见 2.35 的示例。

2.13

***p* 分位数　*p*-quantile；*p*-fractile**

X_p，x_p

对 $0 < p < 1$，使**分布函数**(2.7) $F(x)$ 大于或等于 p 的所有 x 的下确界。

示例 1：考虑**二项分布**(2.46)，表 2 给出参数 $n = 6$，$p = 0.3$ 的二项分布的概率函数。分布的某些 p 分位数为：

$x_{0.1} = 0$

$x_{0.25} = 1$

$x_{0.5} = 2$

$x_{0.75} = 3$

$x_{0.90} = 3$

$x_{0.95} = 4$

$x_{0.99} = 5$

$x_{0.999} = 5$

由于二项分布是离散的，它的 p 分位数都是整数。

表 2　二项分布的示例

x	$P(X = x)$	$P(X \leqslant x)$	$P(X > x)$
0	0.117 649	0.117 649	0.882 351
1	0.302 526	0.420 175	0.579 825
2	0.324 135	0.744 310	0.255 690
3	0.185 220	0.929 530	0.070 470
4	0.059 535	0.989 065	0.010 935
5	0.010 206	0.999 271	0.000 729
6	0.000 729	1.000 000	0.000 000

示例 2:考虑**标准正态分布**(2.51),表 3 是对分布函数的某些数值及对应的 p 分位数:

表 3 标准正态分布示例

p	满足 $P(X \leqslant x) = p$ 的 x
0.1	−1.282
0.25	−0.674
0.5	0.000
0.75	0.674
0.841 344 75	1.000
0.9	1.282
0.95	1.645
0.975	1.960
0.99	2.326
0.995	2.576
0.999	3.090

由于 X 的分布是连续的,第二列的标题也可以写为:满足 $P(X<x)=p$ 的 x。

注 1:对于**连续分布**(2.23),如果 p 是 0.5,则 0.5 分位数即为**中位数**(2.14)。对 p 等于 0.25,相应的 0.25 分位数被称为下四分位数。对于连续分布,分布的 25%低于 0.25 分位数而分布的 75%高于 0.25 分位数。当 p 等于 0.75,相应的 0.75 分位数被称为上四分位数。

注 2:通常,分布的 $100p\%$ 小于 p 分位数;分布的 $100(1-p)\%$ 大于 p 分位数。但很难确定离散分布的中位数,因为会有很多值满足定义。

注 3:如果 F 是连续且严格递增的,则 p 分位数是 $F(x) = p$ 的解,此时定义中的"下确界"可被替换为"最小值"。

注 4:如果分布函数在某一个区间上都等于常数 p,则这个区间上的所有值都是这个分布的 p 分位数。

注 5:p 分位数的定义仅适用于**一维分布**(2.16)。

2.14

中位数 median

0.5 **分位数**(2.13)。

示例:在 2.7 注 4 的示例中,通过解 x 的方程 $0.1 + 0.9[1 - \exp(-x)] = 0.5$,可得中位数为 0.587 8。

注 1:中位数是在实际中最常用的 **p 分位数**(2.13)之一。连续一维分布(2.16)的中位数满足:**总体**(1.1)的一半大于或等于中位数,另一半小于或等于中位数。

注 2:中位数的定义仅适用于**一维分布**(2.16)。

2.15

四分位数 quartile

0.25 **分位数**(2.13)或 0.75 **分位数**。

示例:续 2.14 中的示例。可以证明 0.25 分位数是 0.182 3 以及 0.75 分位数是 1.280 9。

注 1:0.25 分位数称为**下四分位数**;而 0.75 分位数称为**上四分位数**。

注 2:分位数的定义仅适用于**一维分布**(2.16)。

2.16

一维概率分布 univariate probability distribution

一维分布 univariate distribution

单个**随机变量**(2.10)的**概率分布**(2.11)。

注:一维[概率]分布是关于单个随机变量的,故也称为单变量分布。**二项分布**(2.46),**泊松分布**(2.47),**正态分布**(2.50),**伽玛分布**(2.56),***t* 分布**(2.53),**威布尔分布**(2.63)以及**贝塔分布**(2.59)都是一维分布的例子。

2.17

多维概率分布　multivariate probability distribution

多维分布　multivariate distribution

两个或两个以上**随机变量**(2.10)的**概率分布**(2.11)。

注 1：对恰有两个随机变量的概率分布，修饰词"多维"经常用更限定的修饰词"**二维**"。正如前面提到的，一个随机变量的概率分布，可以明确地称为一维分布或**单变量分布**(2.16)。由于单变量场合有明显的优势，因此除非另有说明通常都假设是单变量的。

注 2：多维概率分布有时也称为联合分布。

注 3：**多项分布**(2.45)，**二维正态分布**(2.65)，**多维正态分布**(2.64)是 GB/T 3358 中提到的部分多维概率分布的例子。

2.18

边缘概率分布　marginal probability distribution

边缘分布　marginal distribution

k 维**随机变量**(2.10)所有分量的非空真子集的**概率分布**(2.11)。

示例 1：三个随机变量 X，Y 和 Z 的概率分布，有三个二维边缘分布即 (X,Y) 的分布，(X,Z) 的分布和 (Y,Z) 的分布，有三个单变量的边缘分布即 X 的分布，Y 的分布和 Z 的分布。

示例 2：若 (X,Y) 的分布为**二维正态分布**(2.65)，则分别考虑 X 和 Y 的分布都是边缘分布，且都是**正态分布**(2.50)。

示例 3：对**多项分布**(2.45)，如果 $k>3$，(X_1,X_2) 的分布是边缘分布。分别考虑 $x_1,x_2,\cdots,x_k$ 中每个变量的分布也都是边缘分布，每个都是**二项分布**(2.46)。

注 1：在一个 k 维联合分布中，包含 k_1（$k_1<k$）个随机变量的概率分布是边缘分布。

注 2：给定一个用**概率密度函数**(2.26)表示的多维**连续概率分布**(2.23)，其边缘概率分布的概率密度函数，可以通过概率密度函数对不属于边缘分布中的变量积分得到。

注 3：给定一个用**概率函数**(2.24)表示的多维**离散概率分布**(2.22)，其边缘概率分布的概率函数，可以通过概率函数对不属于边缘分布中的变量求和得到。

2.19

条件概率分布　conditional probability distribution

条件分布　conditional distribution

将**样本空间**(2.1)限制在其一个非空子集上，且将受限制的样本空间的概率调整为 1 的**概率分布**(2.11)。

示例 1：在 2.7 注 4 的示例中，给定电池一开始能工作的电池条件寿命分布为**指数分布**(2.58)。

示例 2：对**二维正态分布**(2.65)，给定 $X=x$，Y 的条件概率分布反映了已知 X 的信息对 Y 的影响。

示例 3：考虑随机变量 X，它刻画了每年某地由于毁灭性的飓风事件造成的保险损失的分布。因为在给定一年中某地可能没有任何飓风发生，所以这个分布在 0 损失点可能存在一个非 0 的概率，因此感兴趣的研究是在某地飓风发生的年份中损失的条件分布。

注 1：在具有两个随机变量 X 和 Y 的分布中，既有 X 的条件分布也有 Y 的条件分布。X 在 $Y=y$ 下的条件分布称为"给定 $Y=y$ 下 X 的条件分布"，同样 Y 在 $X=x$ 下的条件分布称为"给定 $X=x$ 下 Y 的条件分布"。

注 2：**边缘概率分布**(2.18)可认为是无条件分布。

注 3：上面的示例 1 说明了存在下面的情形：一个单变量的条件分布经过设定条件后被调整为另一个单变量的分布，一般这个分布不同于原来的分布。但对指数分布，在任意时刻(如前 10 h)尚未失效的条件下，失效的条件分布仍为具有相同参数的指数分布。

注 4：条件分布可用于某些特定结果是不可能时的离散分布。例如，在考虑肿瘤病人总体中，泊松分布可以作为在病人数严格为正(没有肿瘤的人不作为病人)的条件下，肿瘤病人数的模型。

注 5：条件分布出现在把样本空间限制在一个特定子集的情况下。对服从**二维正态分布**(2.65)的 (X,Y)，可能会对发生的事件必须落在单位正方形 $[0,1]\times[0,1]$ 上的 (X,Y) 的条件分布感兴趣，也可能只是对给定 $X^2+Y^2\leqslant r$ 时 (X,Y) 的条件分布感兴趣。

2.20

回归曲线　regression curve

给定随机变量 $X=x$ 的条件下，**随机变量**(2.10)Y 的**条件概率分布**(2.19)的**期望**(2.12)值的集合。

注：此处，回归曲线是在 (X,Y) 服从一个二维分布(见2.17的注1)的框架下定义的，因此不同于通常回归分析中所讨论的 Y 与自变量的某个确定集合的关系。

2.21

回归曲面　regression surface

给定随机变量 $X_1=x_1$ 和 $X_2=x_2$ 的条件下，**随机变量**(2.10)Y 的**条件概率分布**(2.19)的**期望**(2.12)的集合。

注：如同2.20，此处的回归曲面是在 (Y,X_1,X_2) 服从一个**多维分布**(2.17)的框架下定义的。因此也与回归曲线一样，此处的回归曲面也是与回归分析和响应面方法中所用概念不同。

2.22

离散概率分布　discrete probability distribution

离散分布　discrete distribution

样本空间(2.1)是有限的或可列无限多的**概率分布**(2.11)。

示例：离散分布的示例有**多项分布**(2.45)、**二项分布**(2.46)、**泊松分布**(2.47)、**超几何分布**(2.48)和**负二项分布**(2.49)。

注1："离散"意味着样本空间是有限的，或是无限可列的，其中序列是显式的，如缺陷数为：0,1,2,…。例如，二项分布对应于一个有限的样本空间{0,1,2,…,n}；而泊松分布对应于一个可列无限的样本空间{0,1,2,…}。

注2：验收抽样中的计数数据涉及到离散分布。

注3：离散分布的**分布函数**(2.7)是间断的。

2.23

连续概率分布　continuous probability distribution

连续分布　continuous distribution

分布函数(2.7)在 x 点的值可以被表示为一个非负函数从 $-\infty$ 到 x 的积分的**概率分布**(2.11)。

示例：任何一个含有在工业应用中出现的计量数据实际上都会产生连续分布。

注1：连续分布的例子有**正态分布**(2.50)，**标准正态分布**(2.51)，**t 分布**(2.53)，**F 分布**(2.55)，**伽玛分布**(2.56)，**卡方分布**(2.57)，**指数分布**(2.58)，**贝塔分布**(2.59)，**均匀分布**(2.60)，**Ⅰ型极值分布**(2.61)，**Ⅱ型极值分布**(2.62)，**威布尔分布**(2.63)以及**对数正态分布**(2.52)等。

注2：定义中提到的非负函数就是**概率密度函数**(2.26)。要求一个分布函数处处可微并不是必须的，然而实际上，很多常用的连续分布都有这样的性质：它们的分布函数的导数就是对应的概率密度函数。

注3：在验收抽样中的计量数据服从连续概率分布。

2.24

概率函数　probability[mass]fuction

〈离散分布〉表示**随机变量**(2.10)等于给定值的**概率**(2.5)的函数。

示例1：在掷三个均匀硬币中表示正面向上个数的随机变量 X 的**概率函数**为：

$P(X=0)=1/8$

$P(X=1)=3/8$

$P(X=2)=3/8$

$P(X=3)=1/8$

示例2：应用中常见的**离散分布**(2.22)给出了各种概率函数。一维离散分布的例子包括**二项分布**(2.46)、**泊松分布**(2.47)、**超几何分布**(2.48)和**负二项**(2.49)分布。多维离散分布的一个例子是**多项分布**(2.45)。

注1：概率函数可表示为 $P(X=x_i)=p_i$，其中 X 是随机变量，x_i 是一个给定的值，p_i 是对应的概率。

注2：在2.13示例1中曾引入用**二项分布**(2.46)概率函数确定其分位数的例子。

2.25

概率函数的众数　mode of probability [mass]fuction

〈离散分布〉使**概率函数**(2.24)达到最大值的点。

示例：$n=6$，$p=1/3$ 的**二项分布**(2.46)是单峰的，众数为 3。

注：如果一个**离散分布**(2.22)的概率函数只有一个众数，则称它为单峰的；如果恰有两个众数，则称它为双峰的；如果有两个以上的众数，则称为多峰的。

2.26

概率密度函数　probability density function

$f(x)$

从 $-\infty$ 到 x 的积分给出一个**连续分布**(2.23)在 x 处的**分布函数**(2.7)值的非负函数。

示例 1：在实践中经常遇到的各种连续分布及相应的概率密度函数。常用的分布包括**正态分布**(2.50)、**标准正态分布**(2.51)、**t 分布**(2.53)、**F 分布**(2.55)、**伽玛分布**(2.56)、**卡方分布**(2.57)、**指数分布**(2.58)、**贝塔分布**(2.59)、**均匀分布**(2.60)、**多维正态分布**(2.64)和**二维正态分布**(2.65)等。

示例 2：对由 $F(x)=3x^2-2x^3$，$0\leqslant x\leqslant 1$ 定义的分布函数，对应的概率密度函数是 $f(x)=6x(1-x)$，$0\leqslant x\leqslant 1$。

示例 3：续 2.1 中电池的例。不存在和这个给定的分布函数相应的概率密度函数，这是因为在 $x=0$ 处有正的概率。但在电池开始时就能工作的条件下，其条件分布有概率密度函数：$f(x)=\exp\{-x\}$，$x>0$，这是一个指数分布。

注 1：如果分布函数 F 是可微的，则概率密度函数是

$$f(x)=\mathrm{d}F(x)/\mathrm{d}x$$

注 2：从 $f(x)$ 的图中可以看到它的对称或偏斜、陡峭或平坦、重尾或轻尾、单峰或多峰等特性。在频率直方图上画一条适当的 $f(x)$ 可以直观地评判该分布与数据的拟合程度。

注 3：概率密度函数的常用缩略语是 pdf。

2.27

概率密度函数的众数　mode of probability density function

〈连续分布〉使**概率密度函数**(2.26)达到局部极大值的点。

注 1：如果一个**连续分布**(2.23)的概率密度函数只有一个众数，则称它为单峰的；如果恰有两个众数，则称它为双峰的；如果有两个以上的众数，则称为多峰的。

注 2：众数连成一线段，即概率密度函数只有一个平顶峰的分布也称为单峰的。

2.28

离散随机变量　discrete random variable

分布函数为**离散分布**(2.22)的**随机变量**(2.10)。

注：在 GB/T 3358 中考虑的离散分布包括**二项分布**(2.46)，**泊松分布**(2.47)，**超几何分布**(2.48)以及**多项分布**(2.45)。

2.29

连续随机变量　continuous random variable

分布函数为**连续分布**(2.23)的**随机变量**(2.10)。

注：在 GB/T 3358 中考虑的连续分布包括**正态分布**(2.50)，**标准正态**(2.51)，**t 分布**(2.53)，**F 分布**(2.55)，**伽玛分布**(2.56)，**卡方分布**(2.57)，**指数分布**(2.58)，**贝塔分布**(2.59)，**均匀分布**(2.60)，**Ⅰ型极值分布**(2.61)，**Ⅱ型极值分布**(2.62)，**威布尔分布**(2.63)，**对数正态分布**(2.52)，**多维正态分布**(2.64)和**二维正态分布**(2.65)等。

2.30

中心化概率分布　centred probability distribution

中心化随机变量(2.31)的**概率分布**(2.11)。

2.31

中心化随机变量　centred random variable

随机变量(2.10)减去其**均值**(2.35)。

注 1：中心化随机变量的均值为零。

注 2：本条目仅适用于有均值的随机变量。例如，自由度为 1 的 **t 分布**(2.53)的均值不存在，因此不能中心化。

注 3：如果**随机变量** X 的**均值**(2.35)等于 μ，则对应的**中心化随机变量**为 $X-\mu$，它的均值为 0。

2.32

标准化概率分布　standardized probability distribution

标准化随机变量(2.33)的**概率分布**(2.11)。

2.33

标准化随机变量　standardized random variable

标准差(2.37)等于 1 的**中心化随机变量**(2.31)。

注 1：若**随机变量**(2.10)的均值为 0，标准差为 1，它本身就是标准化的，例如，区间 $(-\sqrt{3},\sqrt{3})$ 上的**均匀分布**(2.60)的均值为 0，标准差为 1，故是标准化随机变量；**标准正态分布**(2.51)自然也是标准化的。

注 2：若随机变量 X 的**分布**(2.11)的**均值**(2.35)为 μ，标准差为 σ，则相应的标准化随机变量为 $(X-\mu)/\sigma$。

2.34

r 阶[原点]矩　moment of order r

随机变量(2.10) r 次幂的**数学期望**(2.12)。

示例：设随机变量的**概率密度函数**(2.26)为 $f(x)=\exp(-x)$，$x>0$。用初等微积分中的分部积分法，可以得到 $E(X)=1$，$E(X^2)=2$，$E(X^3)=6$ 以及 $E(X^4)=24$，一般的有 $E(X^r)=r!$。这是一个**指数分布**(2.58)的例。

注 1：在单变量离散情况，若随机变量仅取 n 个值，r 阶矩的公式为：

$$E(X^r)=\sum_{i=1}^{n}x_i^r p(x_i)$$

若变量可取无限可列个值时，

$$E(X^r)=\sum_{i=1}^{\infty}x_i^r p(x_i)$$

在单变量连续情况，适用的公式为 r 阶矩的公式为：

$$E(X^r)=\int_{-\infty}^{\infty}x^r f(x)\mathrm{d}x$$

注 2：如果随机变量是 k 维的，则其中的 r 次理解为是对分量取幂。

注 3：这里的矩是以随机变量 X 次幂给出的。更一般地，可以考虑 $X-\mu$ 或 $(X-\mu)/\sigma$ 的 r 阶矩。

2.35

均值　means

2.35.1

均值　mean

一阶矩　moment of order $r=1$

μ

〈连续分布〉x 和**概率密度函数**(2.26) $f(x)$ 乘积在实直线上的积分。

示例 1：设**连续随机变量**(2.29) X 的概率密度函数为 $f(x)=6x(1-x)$，$0\leqslant x\leqslant 1$，则 X 的均值为：

$$\int_0^1 6x^2(1-x)\mathrm{d}x=0.5$$

示例 2：续 2.1 及 2.7 中电池的示例。由于分布离散部分的均值为 0，概率为 0.1；连续部分的均值为 1，概率为 0.9，因此均值是 0.9。这是一个连续和离散分布的混合分布。

注 1：**连续分布**(2.23)的均值用 $E(X)$ 表示，计算公式为：

$$E(X)=\int_{-\infty}^{\infty}x\,f(x)\mathrm{d}x$$

注 2：不是所有**随机变量**(2.10)的均值都存在。例如，若 X 的概率密度函数为：

$$f(x)=[\pi(1+x^2)]^{-1}$$

则由于对应于 $E(X)$ 的积分是发散的，从而均值不存在。

2.35.2

均值　mean

μ

〈离散分布〉x_i 与**概率函数**(2.24) $p(x_i)$ 乘积之和。

示例 1：在掷 3 个均匀硬币的试验中，用**离散随机变量**(2.28) X 表示出现正面的个数，则 X 的概率函数为：

$P(X=0)=1/8$

$P(X=1)=3/8$

$P(X=2)=3/8$

$P(X=3)=1/8$

因此 X 的均值为：

$0\times(1/8)+1\times(3/8)+2\times(3/8)+3\times(1/8)=12/8=1.5$

示例 2：见 2.35.1 的示例 2。

注：**离散分布**(2.22)的均值记为 $E(X)$，计算公式为：

当 X 取有限个值时，

$$E(X)=\sum_{i=1}^{n}x_i p(x_i)$$

当 X 取无限可列个值时，

$$E(X)=\sum_{i=1}^{\infty}x_i p(x_i)$$

2.36

方差　variance

V

随机变量(2.10)的**中心化概率分布**(2.30)的**二阶矩**(2.34)。

示例 1：对于 2.24 中示例的离散随机变量(2.28)，方差为：

$$\sum_{i=0}^{3}(x_i-1.5)^2 P(X=x_i)=0.75$$

示例 2：对于 2.26 中示例 1 的连续随机变量(2.29)，方差为：

$$\int_0^1 (x-0.5)^2\, 6x(1-x)\mathrm{d}x=0.05$$

示例 3：在 2.1 的电池示例中，X 的方差可以由以下公式求得：

$$E(X^2)-[E(X)]^2$$

由 2.35 的示例 3，可得 $E(X)=0.9$。类似地，可以求得 $E(X^2)=1.8$。因此，X 的方差为 $1.8-(0.9)^2=0.99$。

注：方差可以等价地定义为随机变量与其**均值**(2.35)的差的平方的**期望**(2.12)。随机变量 X 的方差可以表示为：

$V(X)=E\{[X-E(X)]^2\}$。

2.37

标准差　standard deviation

σ

方差(2.36)的正平方根。

示例：在 2.1 和 2.7 的电池例中，标准差为 0.995。

2.38

变异系数　coefficient of variation

CV

〈**正随机变量**〉**标准差**(2.37)除以**均值**(2.35)。

示例：在 2.1 和 2.7 的电池例中，变异系数为 $0.995/0.9=1.105\ 6$。

注 1：变异系数通常用百分数表示。

注 2：不赞成使用以前的术语“相对标准差”。

2.39

偏度系数　coefficient of skewness

γ_1

随机变量(2.10)的**标准化概率分布**(2.32)的 3 **阶矩**(2.34)。

示例：续 2.1 和 2.7 的电池示例。这是一个混合分布，由 2.34 中的示例的结果，得：

$E(X)=0.1(0)+0.9(1)=0.9$

$E(X^2)=0.1(0^2)+0.9(2)=1.8$

$E(X^3)=0.1(0)+0.9(6)=5.4$

$E(X^4)=0.1(0)+0.9(24)=21.6$

为计算偏度系数，注意到：

$E\{[X-E(X)]^3\}=E(X^3)-3E(X)E(X^2)+2[E(X)]^3$

由 2.37 可知标准差为 0.995，因而可得偏度系数为：

$[5.4-3(0.9)(1.8)+2(0.9)^3]/(0.995)^3=1.998$

注 1：偏度系数一个等价定义是对 $(X-\mu)/\sigma$ 的三次幂取期望(2.12)，即 $E[(X-\mu)^3/\sigma^3]$。

注 2：偏度系数用于度量分布(2.11)的对称性。对称分布的偏度系数等于 0(在有关的矩都存在的前提下)。偏度系数等于 0 的分布有：正态分布(2.50)、$\alpha=\beta$ 时的贝塔分布(2.59)及 t 分布(2.53)(若有关的矩存在)等。

2.40

峰度系数　coefficient of kurtosis

β_2

随机变量(2.10)的**标准化概率分布**(2.32)的 4 **阶矩**(2.34)。

示例：续示例 2.1 和 2.7 中的电池的示例，峰度系数的计算步骤如下：

注意到

$E\{[X-E(X)]^4\}=E(X^4)-4E(X)E(X^3)+6[E(X)]^2E(X^2)-3[E(X)]^4$

因此，峰度系数为：

$[21.6-4\times0.9\times5.4)+6\times(0.9)^2\times2-3\times(0.9)^4]/(0.995)^4=8.94$

注 1：峰度系数一个等价的定义是对 $(X-\mu)/\sigma$ 的四次幂取**期望**(2.12)，即 $E[(X-\mu)^4/\sigma^4]$。

注 2：峰度系数是用来衡量一个**分布**(2.11)的尾侧的厚度的。**均匀分布**(2.60)的峰度系数是 1.8；**正态分布**(2.50)的峰度系数是 3；**指数分布**(2.58)的峰度系数是 9。

注 3：需特别注意报告中给出的峰度值，有些实际工作者报出的峰度是将按本定义计算的峰度系数减去 3，(3 是正态分布的峰度系数)。

2.41

(r,s)阶联合[原点]矩　joint moment of orders r and s

在联合**概率分布**(2.11)下，一个**随机变量**(2.10)的 r 次幂和另一个随机变量的 s 次幂乘积的**均值**(2.35)。

2.42

(r,s)阶联合中心矩　joint central moment of orders r and s

在联合**概率分布**(2.11)下，一个**中心化随机变量**(2.31)的 r 次幂和另一个中心化的随机变量的 s 次幂乘积的**均值**(2.35)。

2.43

协方差　covariance

σ_{XY}

在联合**概率分布**(2.11)下，两个**中心化随机变量**(2.31)乘积的**均值**(2.35)。

注 1：协方差是两个随机变量的(1,1)**阶联合中心矩**(2.42)

注 2：协方差的公式表示是：

$E[(X-\mu_X)(Y-\mu_Y)]$

其中：$\mu_X=E(X)$，$\mu_Y=E(Y)$。

2.44

相关系数　correlation coefficient

在联合概率分布下，两个**标准化随机变量**(2.33)乘积的**均值**(2.35)。

注：本术语中的“相关”一般也被称为“简单相关”，因为只涉及两个变量。

2.45

多项分布　multinomial distribution

具有以下**概率函数**(2.24)。

$$P(X_1 = x_1, X_2 = x_2, \cdots, X_k = x_k) = \frac{n!}{x_1!x_2!\cdots x_k!} p_1^{x_1} p_2^{x_2} \cdots p_k^{x_k}$$

的**离散分布**(2.22)，其中：

$x_1, x_2, \cdots, x_k$ 是非负的整数，且 $x_1 + x_2 + \cdots + x_k = n$；

$p_i > 0, i = 1, 2, \cdots, k$，且 $p_1 + p_2 + \cdots + p_k = 1$；

k 是一个大于或等于 2 的整数

注：多项分布给出了在 n 次独立试验中，k 个可能发生的结果出现次数的概率。在这里，每次试验都包含 k 个互不相容的**事件**(2.2)，且每个指定事件在每次试验中发生的概率都相等。

2.46

二项分布　binomial distribution

具有以下**概率函数**(2.24)

$$P(X = x) = \frac{n!}{x!(n-x)!} p^x (1-p)^{n-x}$$

的**离散分布**(2.22)，其中参数 n 为正整数，$x=0,1,2,\cdots,n$，且 $0<p<1$。

示例：2.24 的示例 1 的概率函数即是参数 $n=3$，$p=0.5$ 的二项分布。

注 1：二项分布是 $k=2$ 时的多项分布(2.45)。

注 2：二项分布给出了在 n 次独立试验中，两个可能发生的结果之一出现次数的概率。在这里，每次试验都包含两个互相**对立的事件**(2.3)，且每个事件在每次试验中发生的概率都相等。

注 3：二项分布的**均值**(2.35)是 np，二项分布的**方差**(2.36)是 $np(1-p)$。

注 4：二项分布的概率函数可用以下二项系数表达：

$$\binom{n}{x} = \frac{n!}{x!(n-x)!}$$

2.47

泊松分布　Poisson distribution

具有以下**概率函数**(2.24)

$$P(X = x) = \frac{\lambda^x}{x!} e^{-\lambda}$$

的**离散分布** (2.22)，其中 $x = 0, 1, 2, \cdots$，且参数 $\lambda > 0$。

注 1：当 $n \to \infty$，$p \to 0$，而 $np \to \lambda$ 时，**二项分布**(2.46)的极限即是参数为 λ 的泊松分布。

注 2：泊松分布的**均值**(2.35)和**方差**(2.36)都等于 λ。

注 3：泊松分布的**概率函数**(2.24)给出的是一个过程的某特定性质在单位时间内，在满足了一定条件下(如发生的强度和时间独立)，发生次数的概率。

2.48

超几何分布　hypergeometric distribution

具有以下**概率函数**(2.24)

$$P(X = x) = \frac{\dfrac{M!}{x!(M-x)!} \cdot \dfrac{(N-M)!}{(n-x)!(N-M-n+x)!}}{\dfrac{N!}{n!(N-n)!}}$$

的**离散分布**(2.22),其中参数 $N,M(\leqslant N),n(\leqslant N)$ 是正整数,其取值范围为:$\max(0,n+M-N)<x<\min(M,n)$。

注1:超几何分布源于从总数为 N,且有 M 个被标记的个体(如不合格品)的总体(批)中不放回抽取,一个样本量为 n 的简单随机样本中,恰好包含 x 个被标记的个体的概率。

注2:表4可以帮助我们更好的理解超几何分布。

表4 超几何分布的示例

选项	个体总数	标记的个体数	未标记的个体数
总体	N	M	$N-M$
样本	n	x	$n-x$
未被抽中的个体	$N-n$	$M-x$	$N-n-M+x$

注3:在特定条件下(如 n 远比 N 小),超几何分布可用**二项分布** $B(n,p)$ 来逼近,其中 $p=M/N$。

注4:超几何分布的**均值**(2.35)为 $\frac{nM}{N}$,**方差**(2.36)为 $n\frac{M}{N}\left(1-\frac{M}{N}\right)\frac{N-n}{N-1}$。

2.49

负二项分布 negative binomial distribution

具有如下**概率函数**(2.24)

$$P(X=x)=\frac{(c+x-1)!}{x!(c-1)!}p^{c}(1-p)^{x},x=0,1,2\cdots$$

的**离散分布**(2.22),其中参数 $c>0$,p 满足 $0<p<1$。

注1:如果 $c=1$,则负二项分布即为熟知的几何分布,即描述一个一次试验发生概率为 p 的事件在第 $x+1$ 次试验时才首次发生的概率。

注2:负二项分布的概率函数可写成以下等价形式:

$$P(X=x)=\binom{-c}{x}p^{c}(1-p)^{x}.$$

负二项分布的命名即是由此得出的。

注3:当常数 c 为大于或等于1的正整数时,上面定义中的概率函数通常也称为帕斯卡(Pascal)分布。这种情形下,概率函数可直观理解为一个一次试验发生概率为 p 的事件在第 $x+c$ 次试验时刚好第 c 次发生的概率。

注4:负二项分布的**均值**(2.35)为 $cp/(1-p)$,**方差**(2.36)为 $cp/(1-p)^{2}$。

2.50

正态分布 normal distribution,Gaussian distribution

具有如下**概率密度函数**(2.26)

$$f(x)=\frac{1}{\sigma\sqrt{2\pi}}e^{-\frac{(x-\mu)^{2}}{2\sigma^{2}}}$$

的**连续分布**(2.23),其中 $-\infty<x<\infty$,参数满足 $-\infty<\mu<\infty$,$\sigma>0$。

注1:正态分布是应用统计中使用最广泛的**概率分布**(2.11)之一。它的密度函数曲线根据其形状,常被称为"钟形曲线"。正态分布不仅是描述随机现象的一种模型,也是**平均数**(1.15)的极限分布。作为统计中的一个参照分布,它经常用来评判实验结果的"不寻常性"。

注2:正态分布的位置参数 μ 是其**均值**(2.35),尺度参数 σ 是其**标准差**(2.37)。

2.51

标准正态分布 standardized normal distribution,standardized Gaussian distribution

$\mu=0,\sigma=1$ 的**正态分布**(2.50)。

注1:标准正态分布的**概率密度函数**(2.26)为:

$$f(x)=\frac{1}{\sqrt{2\pi}}e^{-x^{2}/2}$$

其中 $-\infty<x<\infty$。

注 2：一般正态分布数值表都是关于标准正态分布的，包括其概率密度函数、分布函数及分位数等（参见 GB/T 4086.1）。

2.52

对数正态分布 lognormal distribution

具有如下**概率密度函数**(2.26)

$$f(x)=\frac{1}{x\sigma\sqrt{2\pi}}\mathrm{e}^{-\frac{(\ln x-\mu)^2}{2\sigma^2}}$$

的**连续分布**(2.23)，其中 $x>0$，参数满足 $-\infty<\mu<\infty,\ \sigma>0$。

注 1：如果 Y 服从**均值**(2.35)为 μ，**标准差**(2.37)为 σ 的**正态分布**(2.50)，则 $X=\exp(Y)$ 的概率密度函数即为上述定义给出。反之，若 X 服从所定义的对数正态分布，则 $\ln(X)$ 服从均值为 μ，标准差为 σ 的正态分布。

注 2：对数正态分布的均值为 $\exp[\mu+(\sigma^2)/2]$，方差为 $\exp(2\mu+\sigma^2)\times[\exp(\sigma^2)-1]$。这意味着对数正态分布的均值和方差都是参数 μ 和 σ^2 的函数。

注 3：对数正态分布和**威布尔分布**(2.63)是可靠性应用中经常使用的两种分布。

2.53

***t* 分布 *t* distribution；Student's distribution**

具有如下**概率密度函数**(2.26)

$$f(t)=\frac{\Gamma[(\nu+1)/2]}{\sqrt{\pi\nu}\Gamma(\nu/2)}\times\left(1+\frac{t^2}{\nu}\right)^{-(\nu+1)/2}$$

的**连续分布**(2.23)，其中 $-\infty<t<\infty$，参数 ν 是正整数，称为**自由度**(2.54)。

注 1：在实际中，t 分布被广泛运用于当总体的标准差由样本数据（样本量为 n）估计的情况下，评估**样本均值**(1.15)。将样本 t 统计量与自由度为 $n-1$ 的 t 分布比较，可衡量样本均值是否能很好刻划总体均值。

注 2：以下两个独立的**随机变量**(2.10)的商服从 t 分布：分子服从**标准正态分布**(2.51)，分母是**卡方分布**(2.57)除以它的自由度所得商的正平方根。

注 3：伽玛函数 Γ 的定义见 2.56 的注 2。

2.54

自由度 degrees of freedom

ν

和的项数减去和中诸项数的约束数。

注：自由度的概念最早出现在将**样本方差**(1.16)作为总体**方差**(2.36)的**估计量**(1.12)时，是用 $n-1$ 去除离差平方和。自由度是用来调整参数的。自由度也被广泛地应用于 GB/T 3358.3，那里的均方都等于相应的平方和除以适当的自由度。

2.55

***F* 分布 *F* distribution**

具有如下**概率密度函数**(2.26)

$$f(x)=\frac{\Gamma[(\nu_1+\nu_2)/2]}{\Gamma(\nu_1/2)\Gamma(\nu_2/2)}(\nu_1)^{\nu_1/2}(\nu_2)^{\nu_2/2}\frac{x^{(\nu_1/2)-1}}{(\nu_1x+\nu_2)^{(\nu_1+\nu_2)/2}}$$

的**连续分布**(2.23)，其中：$x>0$，ν_1 和 ν_2 都是正整数，分别为第一自由度与第二自由度。

注 1：F 分布在估计独立**方差**(2.36)比时特别有用。

注 2：F 分布是两个独立随机变量的比的分布：它们都服从 **χ^2 分布**(2.57)，并且分别除以各自的自由度(2.54)。

注 3：伽玛函数 Γ 的定义见 2.56 的注 2。

2.56

伽玛分布 gamma distribution

Γ 分布 gamma distribution

具有如下**概率密度函数**(2.26)

$$f(x)=\frac{x^{\alpha-1}\mathrm{e}^{-x/\beta}}{\beta^{\alpha}\Gamma(\alpha)}$$

的**连续分布**(2.23),其中 $x>0$,且参数 $\alpha>0,\beta>0$ 。

注 1:伽玛分布在可靠性中常被用来作为失效时间的分布。**指数分布**(2.58)是它的特例,它也包含失效率随时间而增加的其他情况。

注 2:伽玛函数的定义为:$\Gamma(\alpha)=\int_0^{\infty}x^{\alpha-1}\mathrm{e}^{-x}\mathrm{d}x$ 。对于整数 α,$\Gamma(\alpha)=(\alpha-1)!$

注 3:伽玛分布的**均值**(2.35)为 $\alpha\beta$,方差(2.36)为 $\alpha\beta^2$ 。

2.57

卡方分布　chi-squared distribution

χ^2 分布　χ^2 distribution

具有以下**概率密度函数**(2.26)

$$f(x)=\frac{x^{\frac{\nu}{2}-1}\mathrm{e}^{-x/2}}{2^{\nu/2}\Gamma(\nu/2)}$$

的**连续分布**(2.23),其中 $x>0$,参数 $\nu>0$ 称为自由度。

注 1:对于来自已知**标准差**(2.37)σ 的**正态分布**(2.50),统计量 $\frac{(n-1)S^2}{\sigma^2}$ 服从自由度为 $n-1$ 的卡方分布。它是获得 σ^2 置信区间的基础。卡方分布的另一个重要应用是用于分布的拟合优度检验。

注 2:卡方分布是参数为 $\alpha=\nu/2,\beta=2$ 的**伽玛分布**(2.56)。

注 3:卡方分布的**均值**(2.35)为 ν,**方差**(2.36)为 2ν。

注 4:伽玛函数 Γ 的定义见 2.56 的注 2。

2.58

指数分布　exponential distribution

具有以下**概率密度函数**(2.26)

$$f(x)=\beta^{-1}\mathrm{e}^{-x/\beta}$$

的**连续分布**(2.23),其中 $x>0,\beta>0$ 。

注 1:指数分布由于其"无记忆性",是可靠性应用中的重要基础。

注 2:指数分布是 $\alpha=1$ 的**伽玛分布**(2.56),当 $\beta=2$ 时也是自由度 $\nu=2$ 时的**卡方分布**(2.57)。

注 3:指数分布的**均值**(2.35)为 β,指数分布的**方差**(2.36)为 β^2 。

2.59

贝塔分布　beta distribution

β 分布　β distribution

具有以下**概率密度函数**(2.26)

$$f(x)=\frac{\Gamma(\alpha+\beta)}{\Gamma(\alpha)\Gamma(\beta)}x^{\alpha-1}(1-x)^{\beta-1}$$

的**连续分布**(2.23),其中 $0\leqslant x\leqslant 1$,参数满足 $\alpha,\beta>0$ 。

注:贝塔分布具有很强的适应性,其概率密度函数有很多形状(单峰型、"J 型"、"U 型"等)。该分布可以用来有表示与比率相关的不确定性的模型。例如,在一个飓风保险模型中,给定飓风风速,某种类型的建筑的期望损失为 0.40,尽管不是所有经历飓风的房子都会遭受相同的损失,一个均值为 0.40 的贝塔分布的模型可以很好地描述这种类型的损失。

2.60

均匀分布　uniform distribution,rectangular distribution

具有以下**概率密度函数**(2.26)

$$f(x)=\frac{1}{b-a}$$

的**连续分布**(2.23),其中,$a\leqslant x\leqslant b$ 。

注1：当 $a=0,b=1$ 时，该均匀分布是典型随机数发生器的分布。

注2：(2.35)均匀分布的均值(2.36)是 $(a+b)/2$，均匀分布的方差是 $(b-a)^2/12$。

注3：[0,1]上的均匀分布是 $\alpha=1,\beta=1$ 时的贝塔分布的特殊情况。

2.61

Ⅰ型极值分布　type Ⅰ extreme value distribution；Gumbel distribution

具有以下**分布函数**(2.7)

$$F(x)=e^{-e^{-(x-a)/b}}$$

的**连续分布**(2.23)，其中 $-\infty<x<\infty,-\infty<a<\infty,b>0$。

注：极值分布提供了有关**次序统计量**(1.9)极端值 $x_{(1)}$ 和 $x_{(n)}$ 的极限分布。2.61、2.62、2.63 给出了当 $n\to\infty$ 时的三个极限分布。

2.62

Ⅱ型极值分布　type Ⅱ extreme value distribution；Frechet distribution

具有以下**分布函数**(2.7)

$$F(x)=e^{-(\frac{x-a}{b})^{-k}}$$

的**连续分布**(2.23)，其中 $-\infty<x<\infty,-\infty<a<\infty,b>0,k>0$。

2.63

威布尔分布　Weibull distribution

Ⅲ型极值分布　type Ⅲ extreme value distribution

具有以下**分布函数**(2.7)

$$F(x)=1-\exp\left\{-\left(\frac{x-a}{b}\right)^k\right\}$$

的**连续分布**(2.23)，其中 $x>a$，$-\infty<a<+\infty,b>0,k>0$。

注1：除了作为次序统计量极值的三种极限分布之一外，威布尔分布还有很多其他应用，尤其在可靠性和工程领域。该分布常被用来拟合多种经验数据。

注2：a 是位置参数，表示服从威布尔分布的随机变量可以取到的极小值；b 是尺度参数(与分布的标准差有关)；k 是形状参数。

注3：当 $k=1$ 时，威布尔分布即是指数分布(当 $a=0$ 时，相当于(2.58)中定义的参数 $\beta=b$ 的指数分布)。威布尔分布的另一特例是瑞利(Rayleigh)分布(当 $a=0,k=2$)。

2.64

多维正态分布　multivariate normal distribution

具有以下**概率密度函数**(2.26)

$$f(x)=(2\pi)^{-\frac{k}{2}}\ |\Sigma|^{-1/2}e^{-\frac{(x-\mu)^T\Sigma^{-1}(x-\mu)}{2}}$$

的**连续分布**(2.23)，其中：

$$-\infty<x_i<+\infty,\ i=1,2,\cdots,k;$$

μ 是 k 维的参数向量；

$|\Sigma|$ 是 $k\times k$ 的对称正定参数矩阵 Σ 的行列式。

注1：本定义给出的是 k 维正态分布的概率密度函数。

注2：多维正态分布的任意**边缘分布**(2.18)皆为正态分布。但是，边缘分布皆为正态分布的，其联合分布则有可能不是多维正态分布。

2.65

二维正态分布　bivariate normal distribution

具有下**概率密度函数**(2.26)

$$f(x,y)=\frac{1}{2\pi\sigma_x\sigma_y\sqrt{1-\rho^2}}\exp\left\{-\frac{1}{2(1-\rho^2)}\left[(\frac{x-\mu_x}{\sigma_x})^2-2\rho(\frac{x-\mu_x}{\sigma_x})(\frac{y-\mu_y}{\sigma_y})+(\frac{y-\mu_y}{\sigma_y})^2\right]\right\}$$

的**连续分布**(2.23),其中:

$-\infty < x < +\infty, -\infty < y < +\infty$;

$-\infty < \mu_x < +\infty, -\infty < \mu_y < +\infty, \sigma_x > 0, \sigma_y > 0, |\rho| < 1$。

注:若(X,Y)具有以上**概率密度函数**(2.26),则$E(x)=\mu_x, E(y)=\mu_y, V(x)=\sigma_x^2, V(y)=\sigma_y^2$,$\rho$是$X$和$Y$的**相关系数**(2.44)。

2.66

标准二维正态分布　standardized bivariate normal distribution

分量皆为**标准正态分布**(2.51)的**二维正态分布**(2.65)。

2.67

抽样分布　sampling distribution

统计量的分布。

注:具体抽样分布的示例见2.53注2、2.55注1和2.57注1。

2.68

概率空间　probability space

$(\Omega, \mathfrak{F}, \wp)$

样本空间(2.1)及与其相联系的事件的**σ代数**(2.69)和**概率测度**(2.70)。

示例1:一种简单的情况。样本空间由某工厂在某一天中制造的所有105件产品组成。事件σ代数由样本空间的所有子集组成。这些事件包括:{无产品},{产品1},{产品2},…,{产品105},{产品1和产品2},…,{所有105件产品}。概率测度可定义为事件中的产品个数与产品总数的比值。例如,事件{产品4,产品27,产品92}的概率测度为3/105。

示例2:考虑电池的寿命。如果顾客拿到电池时,电池没有电,它的寿命即是0 h;如果电池有电,其寿命服从某种**概率分布**(2.11),例如**指数分布**(2.58)。这样,电池寿命服从一个由离散分布(一开始就没有电的那部分电池)和连续分布(实际寿命)组成的混合分布。为简单起见,假定电池的寿命相对观测而言时间较短,且所有寿命都能被测出。当然在实际中,寿命可能有左或右删失(例如,知道寿命至少5 h,或者在3 h到3.5 h之间)。在此情形下,更显现出锁定结构的优点。样本空间为大于或等于0的实数。事件σ代数包含所有形如$[0,x)$的区间和集合{0},以及这些集合的可列个并和可列个交。对每个集合确定概率测度,包含开始就没有电的电池和开始有电的电池。关于寿命的详细计算分别在本章适当地方给予了说明。

2.69

[事件]σ代数　sigma algebra [of events],σ-algebra

σ域　σ-field

$\mathfrak{F}$

满足以下性质的**事件**(2.2)的集合:

a)　Ω属于$\mathfrak{F}$;

b)　若某个集合属于$\mathfrak{F}$,则它的**对立事件**(2.3)也属于$\mathfrak{F}$;

c)　若$\{A_i\}$是$\mathfrak{F}$中的一事件列,那么它们的并$\bigcup_{i=1}^{\infty} A_i$和交$\bigcap_{i=1}^{\infty} A_i$也属于$\mathfrak{F}$。

示例1:设样本空间是所有整数,事件σ代数可取为样本空间的所有子集。

示例2:设样本空间是所有实数,事件σ代数可取为实轴上的所有区间,以及这些区间的有限或者可列并、可列交组成的集簇。通过定义k维"区间",可把本例推广到高维情形,如在二维情形,"区间"可以是由$\{(x,y):x<s, y<t\}$定义的区域,其中s和t为任意实数。

注1:σ代数是以集合作为其元素的集合。由性质a),所有结果的集合Ω是σ代数中的一个事件。

注2:性质c)涉及到σ代数中的事件集合列的运算(可为可列无限个)。该性质表明这些事件的任意可列并和可列交仍在事件σ代数中。

注3:性质c)意味着σ代数对有限并和有限交是封闭的(仍属于σ代数)。在代数前面加上σ是为了强调$\mathfrak{F}$对可列并和可列交也是封闭的。

2.70

概率测度　probability measure

$\wp$

满足以下条件的,定义在**事件σ代数**(2.69)上的非负函数:

a) $\wp(\Omega)=1$,其中 Ω 表示**样本空间**(2.1);

b) $\wp(\bigcup_{i=1}^{\infty}A_i)=\sum_{i=1}^{\infty}\wp(A_i)$,其中 $\{A_i\}$ 是两两互不相交的事件列。

示例:续 2.1 中电池寿命的例。考虑电池寿命不超过 1 h 的事件,该事件是由两个不交的事件组成:{不能工作}和{能工作,但寿命不超过 1 h}。相应地,这两个互不相交的事件可以记为{0}和(0,1)。{0}的概率测度是开始就不能工作的电池的比例。集合(0,1)的概率测度依赖于电池寿命所服从的特定的连续概率分布,例如**指数分布**(2.58)。

注 1:概率测度表示给事件 σ 代数中的每一事件赋以[0,1]区间中的一个值。值 0 对应于不可能发生的事件,而值 1 对应于必然发生的事件。特别,赋以空集的概率测度为 0,赋以样本空间的概率测度为 1。

注 2:性质 b)表明:如果一个事件列中的事件两两互不相交,则这些事件并的概率测度等于这些事件概率测度之和。性质 b)还表明:如果该事件列中的事件个数是可列无限个时,上述结论依然成立。

注 3:通过随机变量可更好地理解组成概率空间的三个要素。**随机变量**(2.10)像集上的事件的**概率**(2.5)可由样本空间上的事件的概率导出。

注 4:随机变量的值域是实数集或有序的 n 维实数集。

附 录 A
（资料性附录）
符 号

符 号	术 语	术语编号
A	事件	2.2
A^c	对立事件	2.3
$\mathfrak{S}$	[事件的]σ代数，σ域	2.69
α	显著性水平	1.45
$\alpha,\lambda,\mu,\beta,\sigma,\rho,\gamma,p,N,M,c,v,a,b,k$	参数	
β_2	峰度系数	2.40
$E[g(x)]$	随机变量 X 的函数 $g(x)$ 的期望	2.12
$F(x)$	分布函数	2.7
$f(x)$	概率密度函数	2.26
γ_1	偏度系数	2.39
H	假设	1.40
H_0	原假设	1.41
H_A,H_1	备择假设	1.42
k	维数	
k,r,s	矩的阶	1.14,2.34,2.41,2.42
μ	均值	2.35.1,2.35.2
ν	自由度	2.54
n	样本量	
Ω	样本空间	2.1
$(\Omega,\mathfrak{S},\wp)$	概率空间	2.68
$P(A)$	[事件 A 的]概率	2.5
$P(A\|B)$	条件概率	2.6
$\wp$	概率测度	2.70
r_{xy}	样本相关系数	1.23
S,s	样本标准差	1.17
S^2,s^2	样本方差	1.16
S_{XY}	样本协方差	1.22
σ	标准差	2.37
σ^2	方差	2.36
σ_{XY}	协方差	2.43

表(续)

符　　号	术　　语	术语编号
$\sigma_{\hat{\theta}}$	标准误差	1.24
$\sigma_{\overline{X}}$	样本均值的标准误差	
θ	分布的参数	
$\hat{\theta}$	估计量	1.12
$V(X)$	随机变量 X 的方差	2.36
X_i	第 i 个次序统计量	1.9
x,y,z	观测值	1.4
X,Y,Z,T	随机变量	2.10
X_p,x_p	随机变量 X 的 p 分位数	2.13
$\overline{X},\overline{x}$	样本均值,平均数	1.15

附 录 B
（资料性附录）
统计概念图

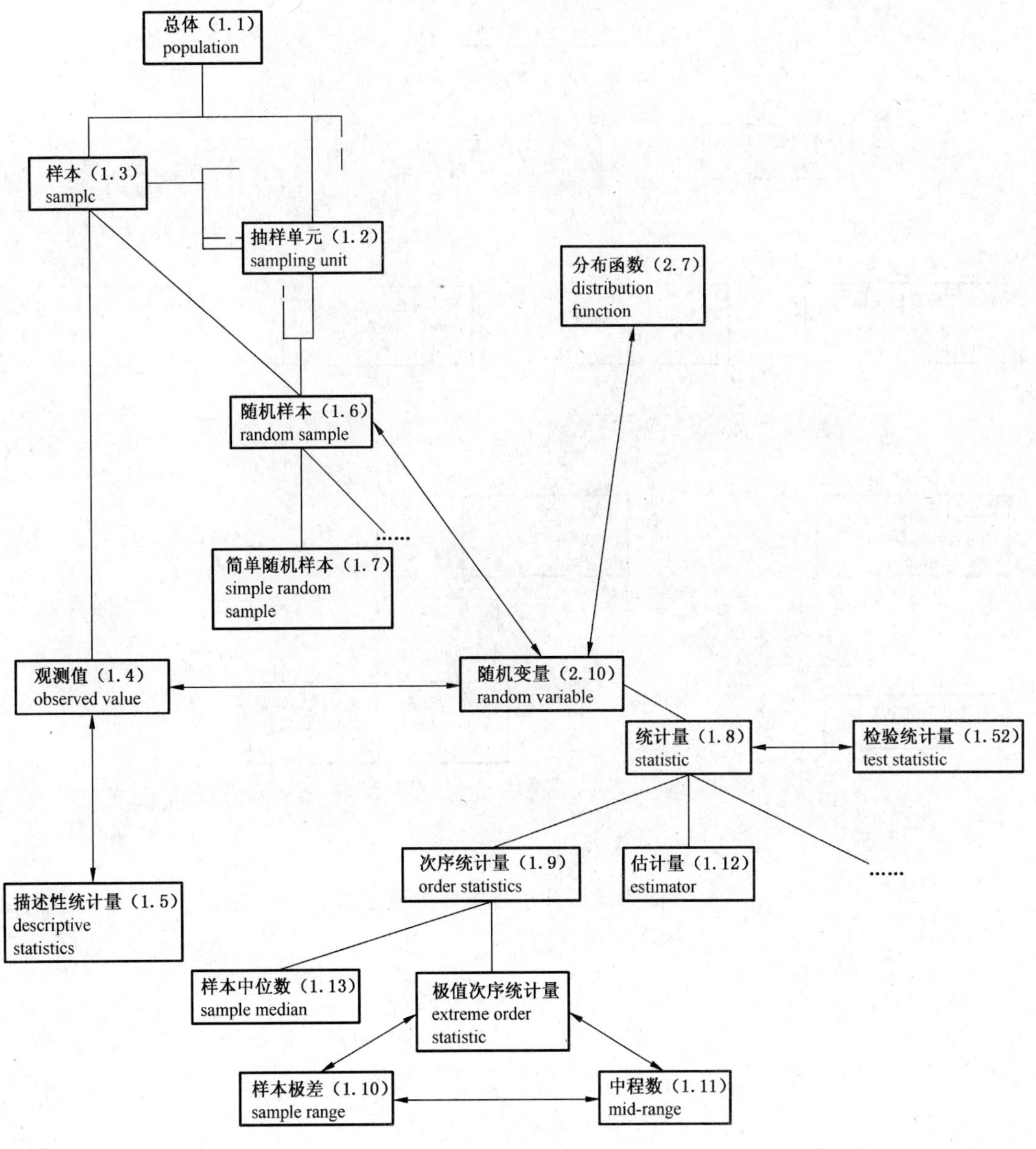

图 B.1 总体和样本基本概念

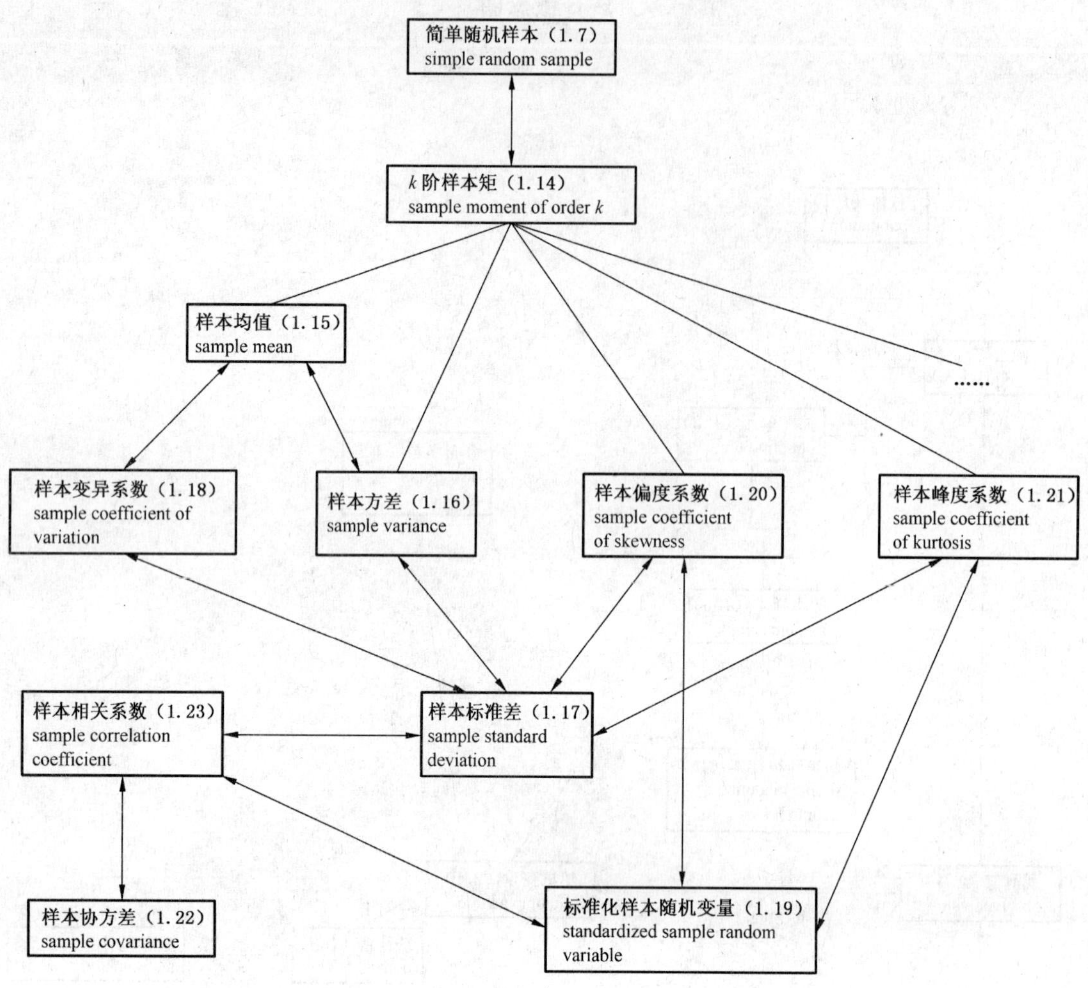

图 B.2　关于样本矩的概念

标准误差（1.24）
standard error
估计量（1.12）
estimator
估计（1.36）
estimation
区间估计（1.25）
interval estimator
估计值（1.31）
estimate
估计误差（1.32）
error of estimation
极大似然估计量（1.35）
maximum like lihood
estimator
极大似然估计（1.37）
maximum likelihood
estimation
偏倚（1.33）
bias
无偏估计量（1.34）
unbiased
estimator
参数（2.9）
parameter
似然函数（1.38）
likelihood
function
预测区间（1.30）
prediction
interval
概率密度函数（2.26）
probability density
function
置信区间（1.28）
confidence
interval
统计容忍区间（1.26）
statistical
tolerance interval
分布族（2.8）
family of
distributions
单侧置信区间（1.29）
one-sided
confidence interval
概率函数（2.24）
probability mass
function
剖面似然函数（1.39）
profile likelihood
function
统计容忍限（1.27）
statistical
tolerance limit

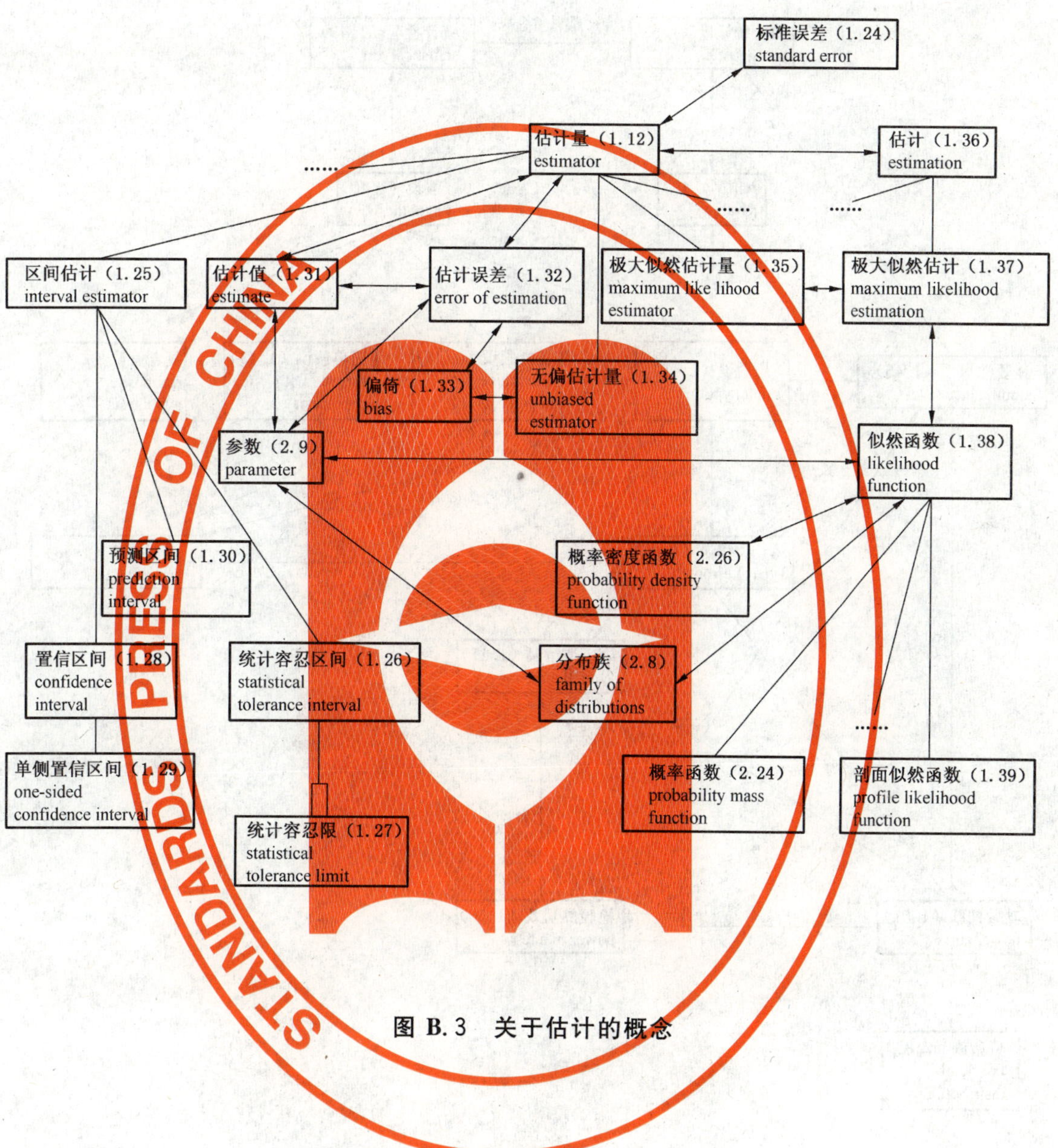

图 B.3　关于估计的概念

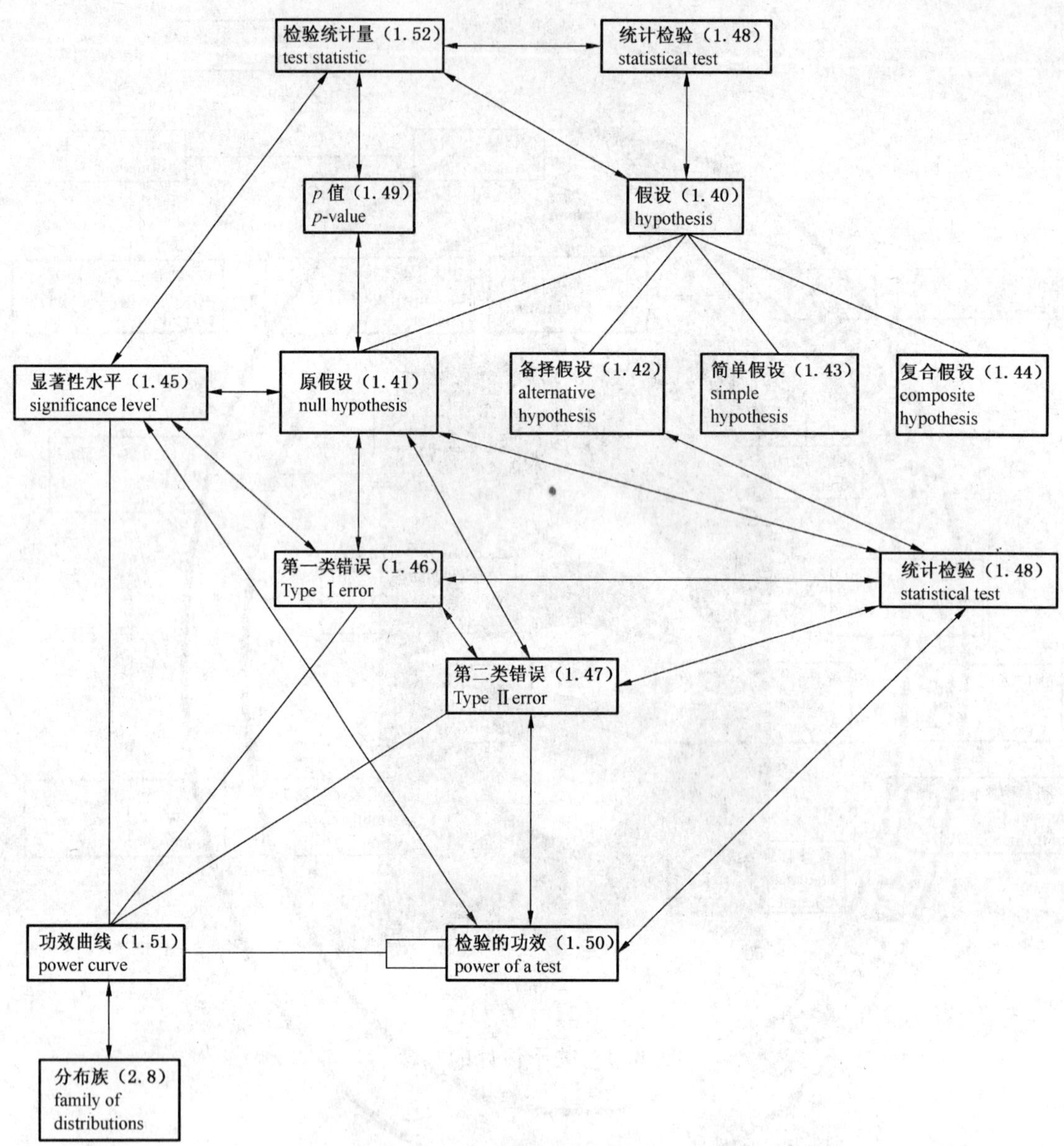

图 B.4　关于统计检验的概念

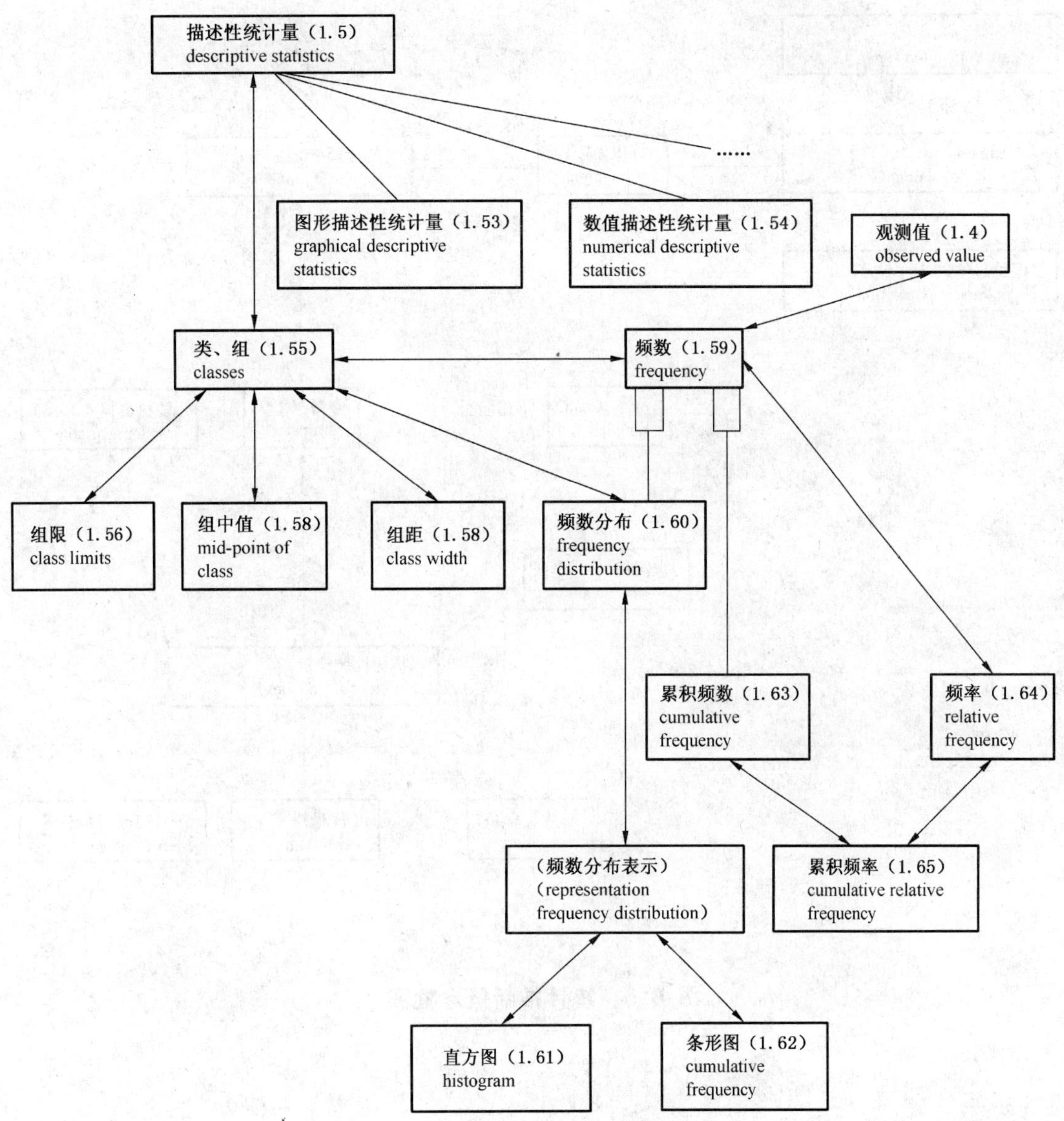

图 B.5　关于类、组及经验分布的概念

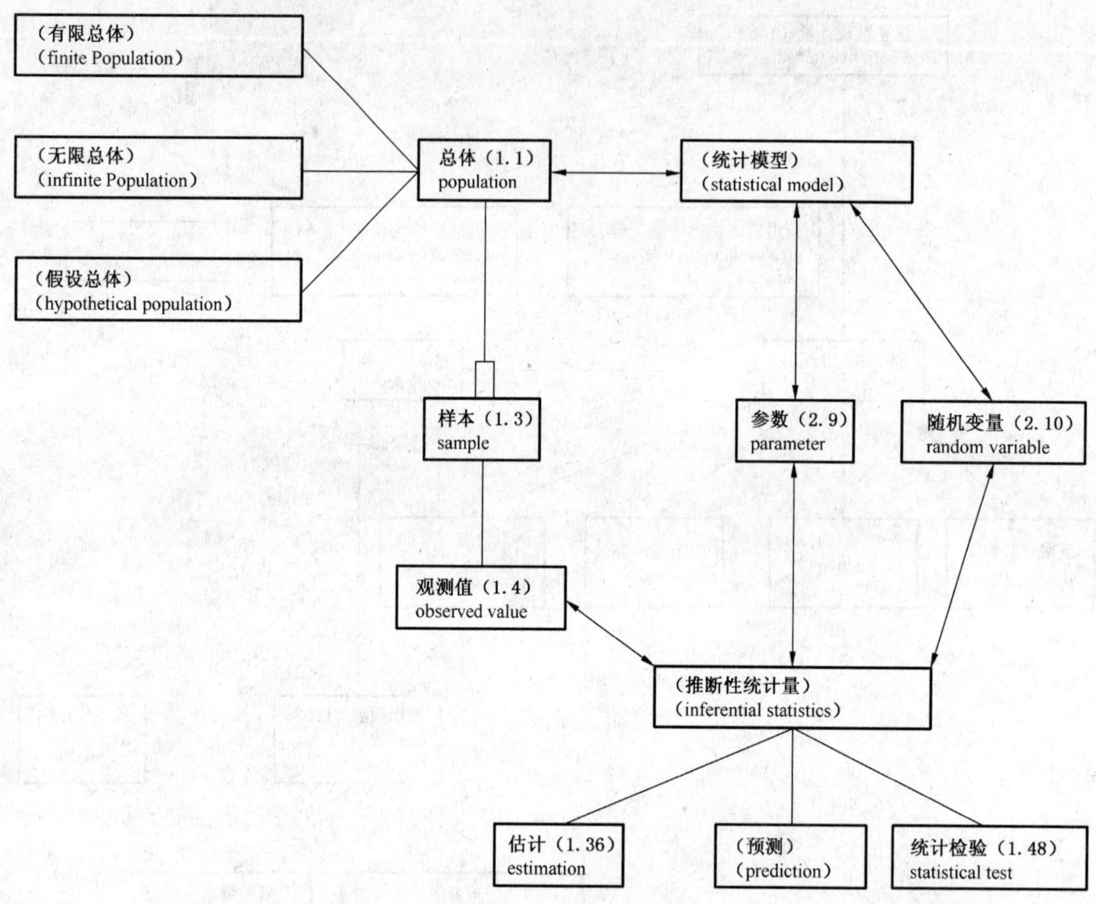

图 B.6 统计推断概念框图

附 录 C
（资料性附录）
概率概念图

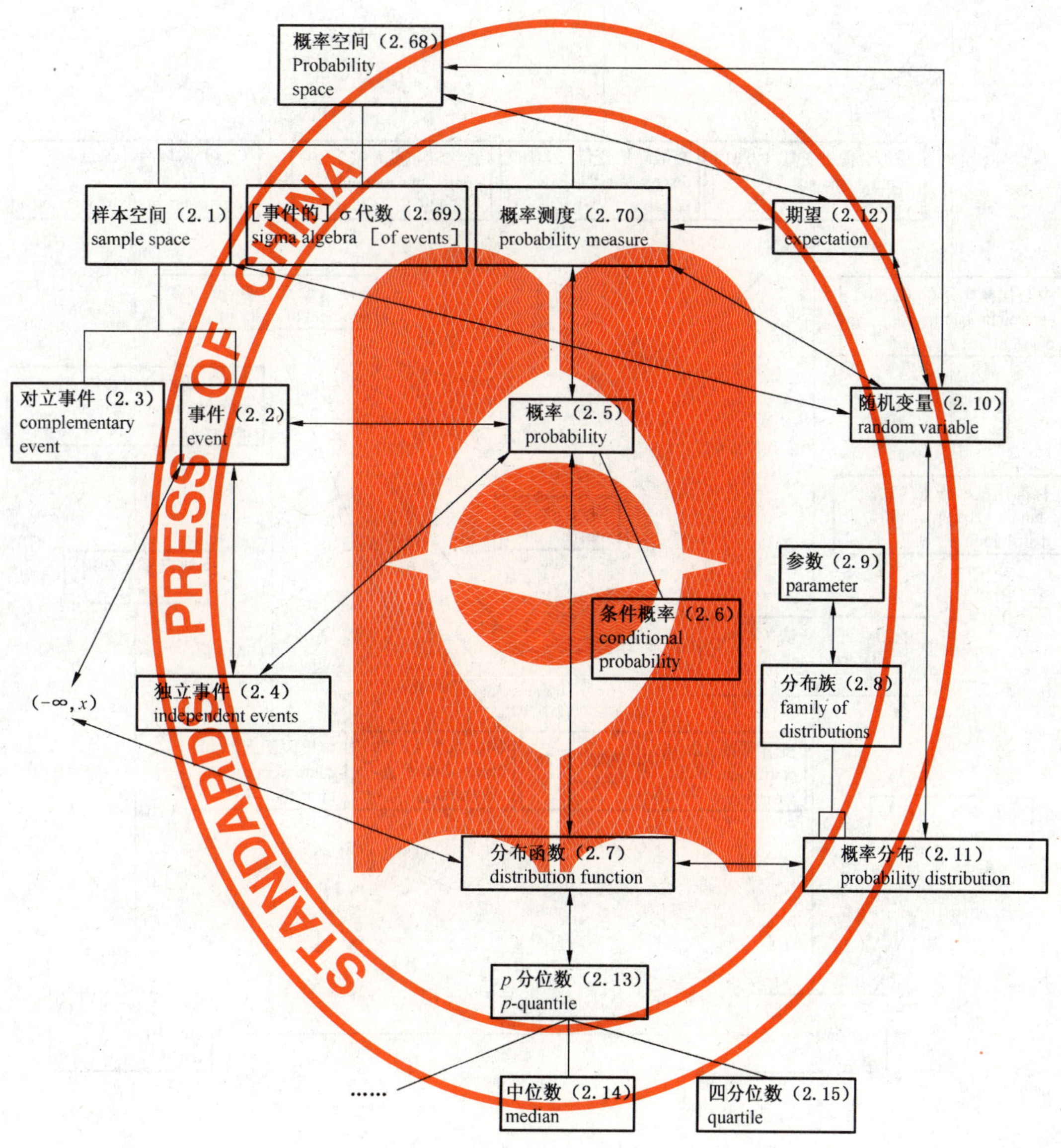

图 C.1 概率基本概念

概率分布（2.11）
probability distribution
随机变量（2.10）
random variable
期望（2.12）
expectation
……
……
……
中心化随机变量（2.31）
centred random variable
离散随机变量（2.28）
discrete random variable
连续随机变量（2.29）
continuous random variable
(r, s) 阶联合［原点］矩（2.41）
joint moment of orders r and s
中心化概率分布（2.30）
centred probability distribution
……
r 阶（原点）矩（2.34）
moment of order r
……
……
(r, s) 阶联合中心矩（2.42）
joint central moment of orders r and s
……
标准化概率分布（2.32）
standardized probability distribution
均值（2.35）
means
……
协方差（2.43）
covariance
标准化随机变量（2.33）
standardized random variable
变异系数（2.38）
coefficient of variation
方差（2.36）
variance
偏度系数（2.39）
coefficient of skewness
峰度系数（2.40）
coefficient of kurtosis
标准误差（1.24）
standard error
标准差（2.37）
standard deviation
相关系数（2.44）
correlation coefficient

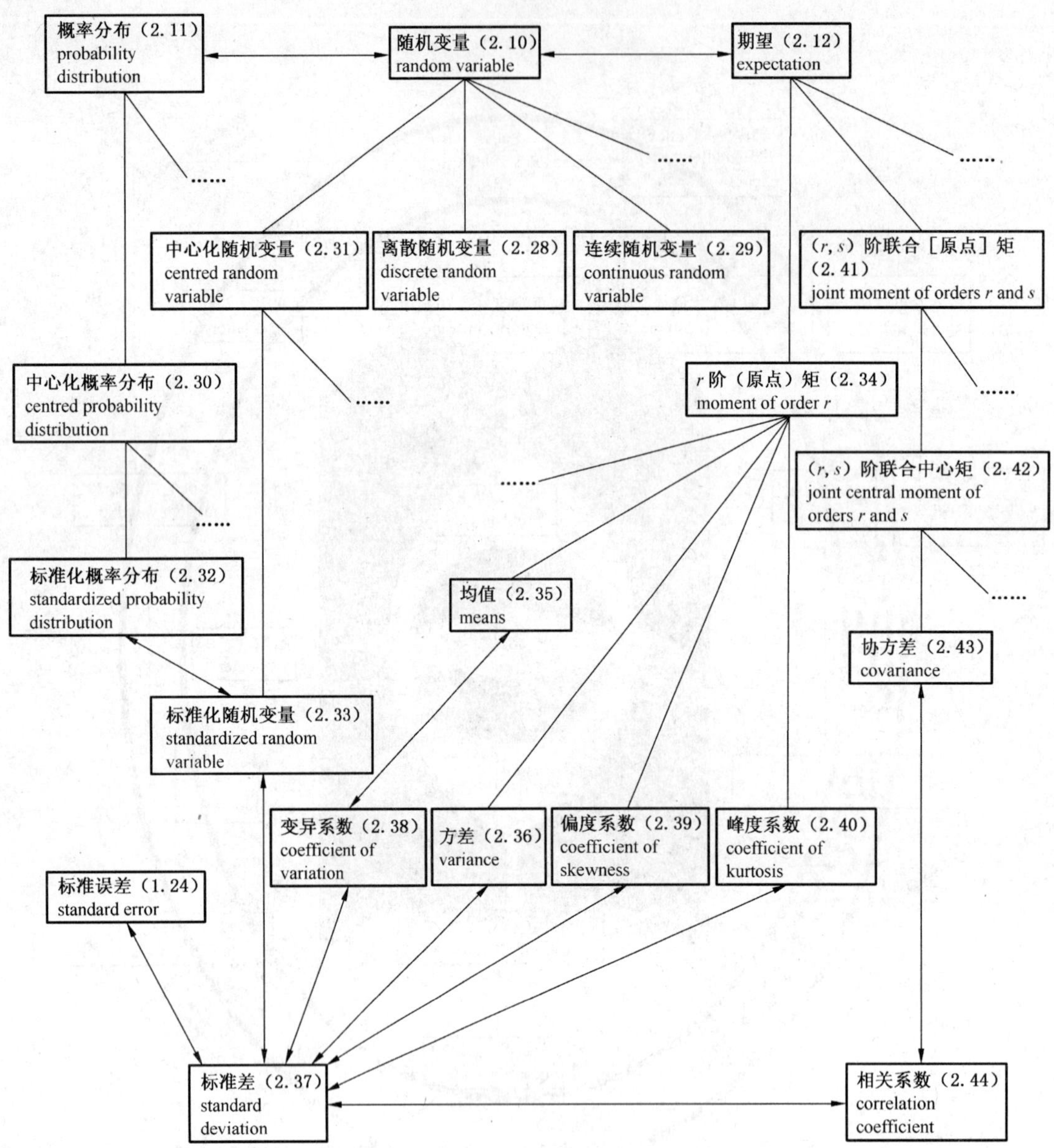

图 C.2 关于矩的概念

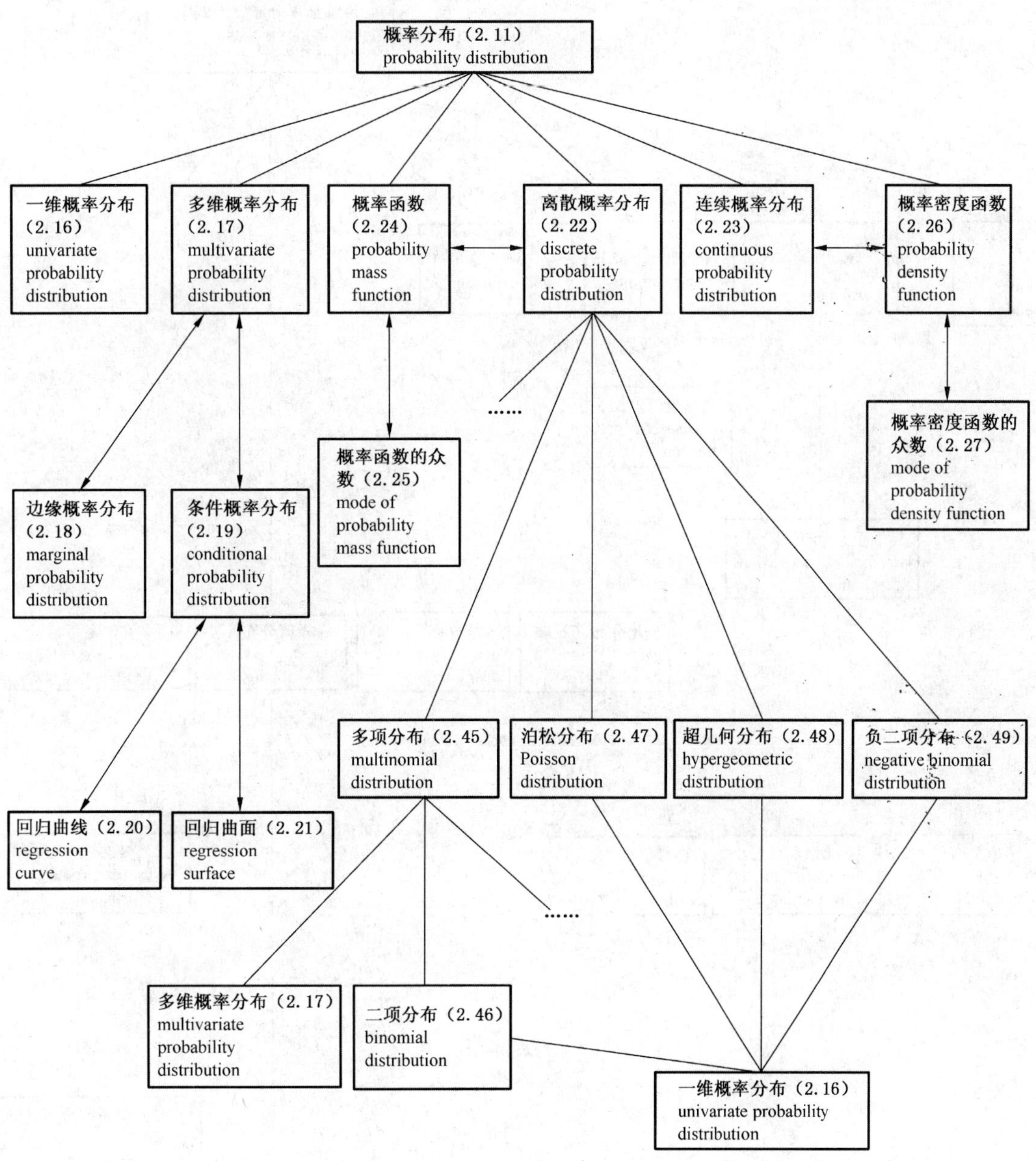

图 C.3 关于概率分布的概念

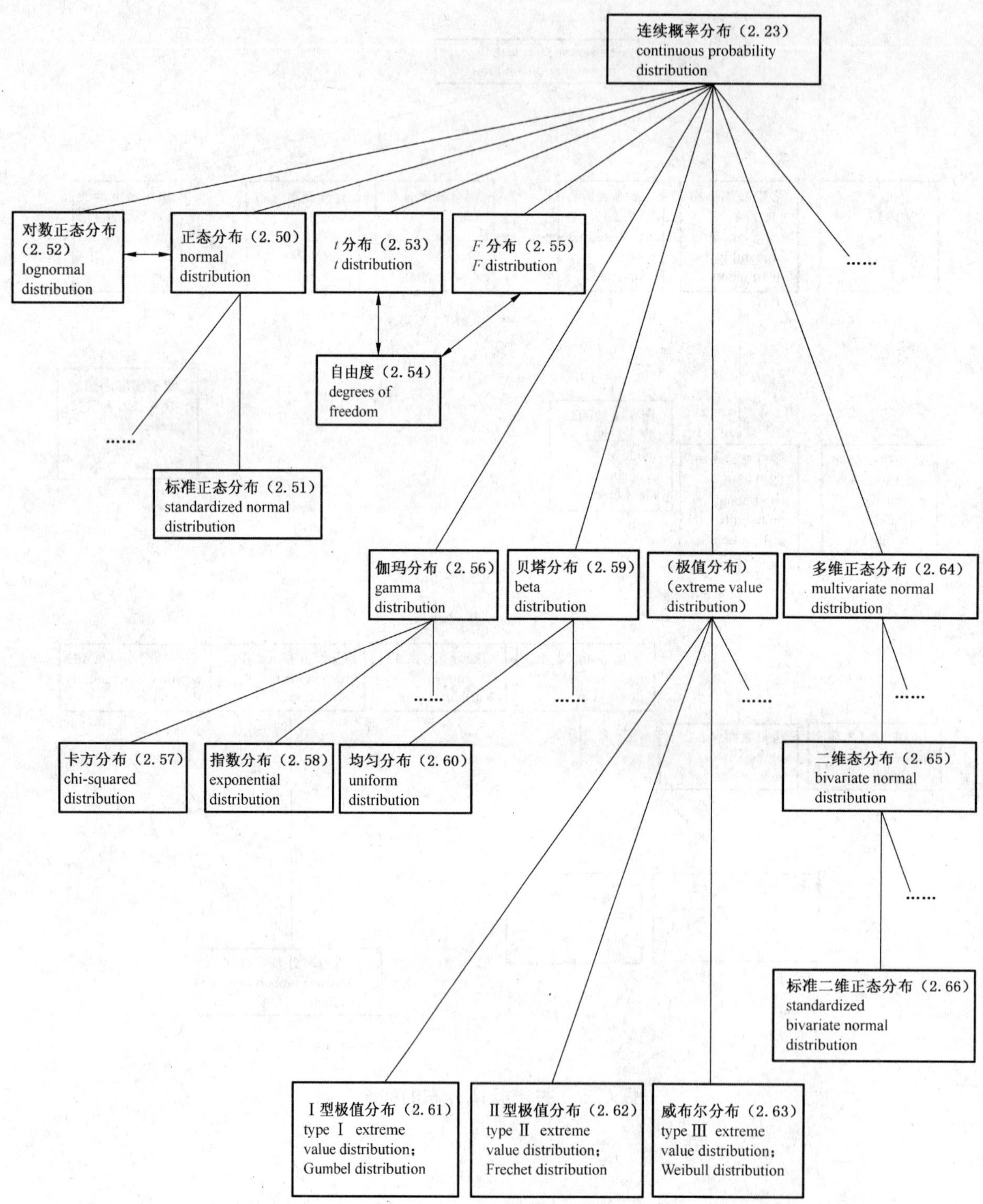

图 C.4 关于连续分布的概念

附 录 D
（资料性附录）
定义标准中的术语所使用的方法

D.1 引言

GB/T 3358 系列标准应用的普遍性要求使用合乎逻辑并协调一致的术语，以使应用统计标准的所有潜在用户易于理解。

概念之间不是互相独立的，分析应用统计领域内各概念之间关系并将其列入概念体系是形成合乎逻辑且协调一致的术语集的前提。GB/T 3358 的本部分所定义的术语使用了这种分析方法。由于在编制过程中概念图起到资料性的作用，因此从参考意义上是有帮助的，所以在 D.4 中列出了这些概念图。

D.2 术语的内容和替代规则

一个概念构成语言(包括在同一种语言中的差异，如：美国英语和英国英语)之间转化的一个单元。对每一种语言，应选用该语言中最恰当而简明的方法表述概念，而不应选用逐字对应的翻译方法。

只通过描述那些识别概念所必需的本质特性来形成定义。如果有关概念的信息虽是重要，但不是本质的，则只在定义后加上一个或几个注。

当某个术语由它的定义所替代时，在语句变化很小的情况下，原文的意思不应有变化。这种替代为检查某个定义的准确性提供了一种简单的方法。然而，对于复杂定义(包含若干个术语)中的术语替代最好一次替换一个，至多两个定义。替换所有的术语在句法结构上是难以实现的，而且无益于意义的表达。

D.3 概念关系及其图示

D.3.1 总则

在术语学中概念之间的关系建立在某类特性的分层结构上。因此，一个概念的最简单表述由命名其种类和表述其与上一层次或同层次其他概念不同的特性所构成。

本附录中表明了概念关系的三种主要形式：属种关系(D.3.2)、从属关系(D.3.3)和关联关系(D.3.4)。

D.3.2 属种关系

在层次结构中，下层概念继承了上层概念的所有特性，并包含有将其区别于上层和同层次概念的特性的表述，如：春、夏、秋、冬与季节的关系。通过一个没有箭头的扇形或树形图描述属种关系(如图 D.1)。

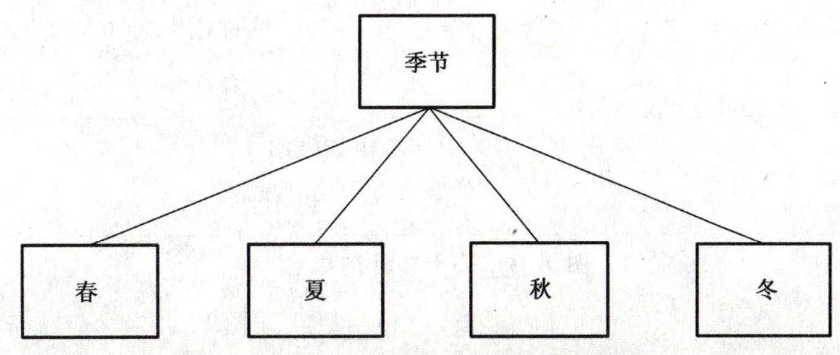

图 D.1 属种关系的图形表示

D.3.3 从属关系

在层次结构中，下层概念形成了上层概念的组成部分，如：春、夏、秋、冬可被定义为年的一部分。比较而言，定义晴天(夏天可能出现的一个特性)为年的一部分是不合适的。通过一个没有箭头的耙形图描绘从属关系(如图 D.2)。单一的部分由一条线表示，多个的部分由双线表示。

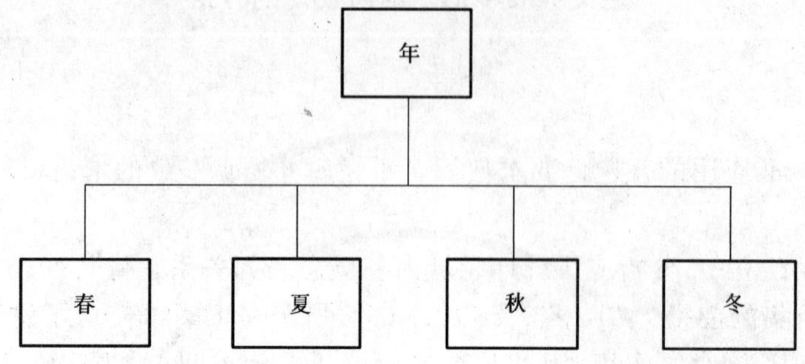

图 D.2 从属关系的图形表示

D.3.4 关联关系

在某一概念体系中，关联关系不能像属种关系和从属关系那样简单地表述，但是它有助于识别概念体系中的一个概念与另一个概念之间关系的性质。如：原因和结果、活动和场所、行动和结果、工具和功能、材料和产品。通过一条两端带有箭头的线描绘关联关系(如图 D.3)。但对于系列事件例外，此时用单侧箭头表示事件流的方向。

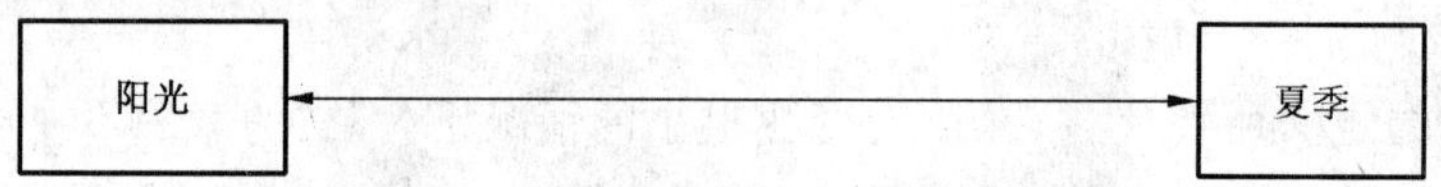

图 D.3 关联关系的图形表示

D.4 概念图

图 B.1 到图 B.5 给出的概念图是 GB/T 3358 的本部分第 1 章中定义的术语分组的基础。图 B.6 是附加的概念图，用以表示图 B.1 至图 B.5 中出现的特定术语之间的关系。图 C.1 至图 C.4 给出的概念图是 GB/T 3358 的本部分第 2 章中定义的术语基础分组的基础。因为有些术语在多个概念图中出现，因此需要提供这些图之间的联系。这些联系如下：

图 B.1 总体和样本基本概念	
描述性统计量(1.5)	图 B.5
简单随机样本(1.7)	图 B.2
估计量(1.12)	图 B.3
检验统计量(1.52)	图 B.4
随机变量(2.10)	图 C.1，图 C.2
分布函数(2.7)	图 C.1
图 B.2 关于样本矩的概念	
简单随机样本(1.7)	图 B.1
图 B.3 关于估计的概念	
估计量(1.12)	图 B.1
参数(2.9)	图 C.1

分布族(2.8)	图 B.4,图 C.1
概率密度函数(2.26)	图 C.3
概率函数(2.24)	图 C.3
图 B.4　关于统计检验的概念	
检验统计量(1.52)	图 B.1
概率密度函数(2.26)	图 B.3,图 C.3
概率函数(2.24)	图 B.3,图 C.3
分布族(2.8)	图 B.3,图 C.1
图 B.5　关于类、组与经验分布的概念	
描述性统计量(1.5)	图 B.1
图 B.6　统计推断概念图	
总体(1.1)	图 B.1
样本(1.3)	图 B.1
观测值(1.4)	图 B.1,图 B.5
估计(1.36)	图 B.3
统计检验(1.48)	图 B.4
参数(2.9)	图 B.3,图 C.1
随机变量(2.10)	图 B.1,图 C.1,图 C.2
图 C.1　概率基本概念	
随机变量(2.10)	图 B.1,图 C.2
概率分布(2.11)	图 C.2,图 C.3
分布族(2.8)	图 B.3,图 B.4
分布函数(2.7)	图 B.1
参数(2.9)	图 B.3
图 C.2　关于矩的概念	
随机变量(2.10)	图 B.1,图 C.1
概率分布(2.11)	图 C.1,图 C.3
图 C.3　关于概率分布的概念	
概率分布(2.11)	图 C.1,图 C.2
概率函数(2.24)	图 B.3,图 B.4
连续分布(2.23)	图 C.4
一维分布(2.16)	图 C.4
多维分布(2.17)	图 C.4
图 C.4　关于连续分布的概念	
一维分布(2.16)	图 C.3
多维分布(2.17)	图 C.3
连续分布(2.23)	图 C.3

作为图 C.4 的最后一个注,下列分布是一维分布的例子:正态分布、t 分布、F 分布、标准正态分布、伽玛分布、贝塔分布、卡方分布、指数分布、均匀分布、Ⅰ型极值分布、Ⅱ型极值分布和威布尔分布;而下列分布是多维分布的例子:多维正态分布、二维正态分布和标准二维正态分布。在概念图中若同时包含一维分布(2.16)和多维分布(2.17),将会使图形显得混乱。

参 考 文 献

[1] GB 3102.11 物理科学和技术中使用的数学符号.

[2] GB/T 3358.2—2009 统计学词汇及符号 第2部分:应用统计.

[3] GB/T 6379 测量方法与结果的准确度(正确度与精密度).

[4] VIM:1993 国际通用计量学基本术语,BIPM,IEC,IFCC,ISO,OIML,IUPAC,IUPAP.

索 引

汉语拼音索引

英文对应词索引

A

B

C

D

E

F

G

H

I

J

L

M

N

O

P

Q

R

S

出 版 说 明

1.《中国国家标准汇编》是一部大型综合性国家标准全集。自1983年起，按国家标准顺序号以精装本、平装本两种装帧形式陆续分册汇编出版。它在一定程度上反映了我国建国以来标准化事业发展的基本情况和主要成就，是各级标准化管理机构，工矿企事业单位，农林牧副渔系统，科研、设计、教学等部门必不可少的工具书。

2.《中国国家标准汇编》收入我国每年正式发布的全部国家标准，分为"制定"卷和"修订"卷两种编辑版本。

"制定"卷收入上年度我国发布的、新制定的国家标准，顺延前年度标准编号分成若干分册，封面和书脊上注明"20××年制定"字样及分册号，分册号一直连续。各分册中的标准是按照标准编号顺序连续排列的，如有标准顺序号缺号的，除特殊情况注明外，暂为空号。

"修订"卷收入上年度我国发布的、被修订的国家标准，视篇幅分设若干分册，但与"制定"卷分册号无关联，仅在封面和书脊上注明"20××年修订-1,-2,-3,……"字样。"修订"卷各分册中的标准，仍按标准编号顺序排列(但不连续)；如有遗漏的，均在当年最后一分册中补齐。需提请读者注意的是，个别非顺延前年度标准编号的新制定的国家标准没有收入在"制定"卷中，而是收入在"修订"卷中。

读者配套购买《中国国家标准汇编》"制定"卷和"修订"卷则可收齐上一年度我国制定和修订的全部国家标准。

3. 由于读者需求的变化，自1996年起，《中国国家标准汇编》仅出版精装本。

4. 2008年制修订国家标准共5946项。本分册为"2008年修订-66"，收入新制修订的国家标准33项。

中国标准出版社

2009年10月

出版说明

目　　录

ICS 25.040.40
N 12

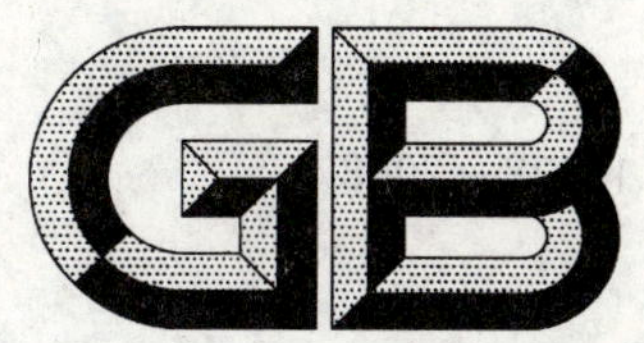

中华人民共和国国家标准

GB/T 13638—2008
代替 GB/T 13638—1992

工业锅炉水位控制报警装置

Water level control and alarm devices for industrial boilers

2008-07-28 发布　　　　2009-02-01 实施

中华人民共和国国家质量监督检验检疫总局
中国国家标准化管理委员会　发布

前　言

本标准修订并代替 GB/T 13638—1992《工业锅炉水位控制报警装置》。

本标准与 GB/T 13638—1992 的主要区别如下：

——更新了规范性引用文件的版本：

a) 用 GB/T 20730.1　工业过程控制系统用模拟输入两位或多位输出仪表　第1部分：性能评定方法代替 GB 5010；

b) 用 GB/T 15464　仪器仪表包装通用技术条件代替 ZBY 003；

c) 用 JB/T 9329　仪器仪表运输、运输贮存基本环境条件及试验方法代替 ZBY 002；

d) 用 JB/T 1612　锅炉　水压试验技术条件代替 JB 1612。

——增加了以下引用文件：

a) GB/T 18271.1　过程测量和控制装置　通用性能评定方法和程序　第1部分：总则；

b) GB/T 18271.3　过程测量和控制装置　通用性能评定方法和程序　第3部分：影响量影响的试验；

——在“4.5　电源”中增加了电压和频率的允差值；

——在“5.9　电源电压和频率变化”中，将频率变化的范围从 95%～105%改为 90%～102%；

——5.17 的机械振动中指明了按 GB/T 18271.3 的规定进行振动试验；

——改写了原标准的 5.18，并将其中的“运输连续冲击试验”改为“运输碰撞试验”，以便与相关标准一致；

——6.2.1 中，连续式控制器的试验改为参照 GB/T 18271.1 的规定进行；

——表 2 中频率变化的数值按 GB/T 18271.3 的规定分别改为公称值的 102%和 90%；

——6.16 环境温度试验中，补充规定了环境温度的变化速率应小于 1 ℃/min；试验循环期间不得对被试装置进行调整；

——改写了原标准的 A.2.4 的叙述方式；

——删除了原标准的附录 B“工业锅炉水位控制报警装置的型号命名方法”；

——按照 GB/T 1.1—2000 的规定进行了编辑性修改。

本标准的附录 A 为规范性附录。

本标准由中国机械工业联合会提出。

本标准由全国工业过程测量和控制标准化技术委员会(SAC/TC 124)归口。

本标准负责起草单位：上海工业自动化仪表研究所。

本标准参加起草单位：上海仪器仪表自控系统检验测试所。

本标准主要起草人：蔡闻智、李明华、芦婷。

本标准所代替标准的历次版本发布情况为：

——GB/T 13638—1992。

工业锅炉水位控制报警装置

1 范围

本标准规定了工业锅炉水位控制报警装置的产品分类、技术要求、试验方法、检验规则、标志、包装和贮存。

本标准适用于由电极式、磁控式和电感式水位传感器(以下简称传感器)与控制器组成的工业锅炉水位控制报警装置(以下简称水位控制装置)。

传感器特定的技术要求和试验方法见附录A(规范性附录)。

2 规范性引用文件

下列文件中的条款通过本标准的引用而成为本标准的条款。凡是注日期的引用文件,其随后所有的修改单(不包括勘误的内容)或修订版均不适用于本标准,然而,鼓励根据本标准达成协议的各方研究是否可使用这些文件的最新版本。凡是不注日期的引用文件,其最新版本适用于本标准。

GB 1576—2001 工业锅炉水质

GB/T 15464 仪器仪表包装通用技术条件

GB/T 18271.1 过程测量和控制装置 通用性能评定方法和程序 第1部分:总则(GB/T 18271.1—2000,idt IEC 61298-1:1995)

GB/T 18271.3 过程测量和控制装置 通用性能评定方法和程序 第3部分:影响量影响的试验(GB/T 18271.3—2000,idt IEC 61298-3:1998)

GB/T 20730.1 工业过程控制系统用模拟输入两位或多位输出仪表 第1部分:性能评定方法(GB/T 20730.1—2006,IEC 61003-1:2004,IDT)

JB/T 1612 锅炉 水压试验技术条件

JB/T 9329 仪器仪表运输、运输贮存基本环境条件及试验方法

3 术语和定义

GB/T 20730.1确立的以及下列术语和定义适用于本标准。

3.1

工业锅炉水位位式控制报警装置 step water level control and alarm devices for industrial boilers

对工业锅炉水位具有位式(定点)控制和报警作用的装置。

3.2

工业锅炉水位连续控制报警装置 continuous water level control and alarm devices for industrial boilers

对工业锅炉水位具有连续控制和报警作用的装置。

3.3

水位控制范围 control range of water level

工业锅炉水位控制报警装置所能控制的水位区间。

3.4

水位显示范围 display range of water level

工业锅炉水位控制报警装置所能显示的水位区间。

4 产品分类、基本参数、型式及尺寸

4.1 按传感器型式分类

a) 电极式；

b) 磁控式；

c) 电感式。

4.2 按控制作用分类

a) 位式；

b) 连续式。

4.3 正常工作环境条件

4.3.1 传感器的正常工作环境条件

传感器的工作温度和压力应按制造厂的规定。

4.3.2 控制器的正常工作环境条件

环境温度：5 ℃～50 ℃；

相对湿度：<85%；

大气压力：86 kPa～106 kPa。

周围空气中不应含有对铬或镍镀层、有色金属和其他合金起腐蚀作用的介质，以及易燃易爆的物质。

4.4 水质

水质应符合 GB 1576—2001 的要求。

4.5 电源

水位控制装置的电源为交流电压 220 V(允差为－15%和＋10%)和频率 50 Hz(允差为－10%和＋2%)。

4.6 水位控制范围

水位控制装置的水位控制范围为±(20 mm～30 mm)(中心水位为 0 mm)。

注：水位控制范围允许按用户特殊要求设计。

4.7 水位报警位置

水位控制装置的高水位报警位置为＋50 mm；低水位报警位置为－50 mm；危险低水位报警位置为－75 mm。

注：水位报警位置允许按用户特殊要求设计。

4.8 水位显示范围

水位控制装置的水位显示范围为－50 mm～＋50 mm(量程为 100 mm)。

注：水位显示范围允许按用户特殊要求设计。

4.9 水位控制装置的输出信号

a) 开关输出：开关阵组数不少于 5 组(触点容量由制造厂和用户商定)；

b) 电流输出：直流 0 mA～10 mA(负载 0 kΩ～1.5 kΩ)或 4 mA～20 mA(负载 0 Ω～750 Ω)。

4.10 结构型式

4.10.1 控制器的结构型式和尺寸

控制器的结构型式分为盘装式、台式和挂装式，其外形尺寸应按有关标准规定。

4.10.2 传感器的结构型式

传感器的结构型式应符合有关蒸汽锅炉技术安全监察的要求。

5 要求

5.1 外观

水位控制装置的覆盖层应色泽均匀，无明显剥落和伤痕，紧固件齐全。

5.2 设定点偏差

位式水位控制装置的报警点和控制点设定偏差应不超过±5 mm，连续式水位控制装置报警点和控制点设定偏差应不超过输出量程的±5%。

5.3 切换差

水位控制装置的报警点和控制点切换差应不大于8 mm。

利用磁钢换向改变开关状态的磁控式水位控制装置，其切换差应不大于50 mm。

5.4 重复性误差

位式水位控制装置的报警点和控制设定点重复性误差应不大于2.5 mm，连续式水位控制装置的报警点和控制设定点重复性误差应不大于输出量程的2.5%。

5.5 水位输出信号误差

连续式水位控制装置输出信号的误差应不超过输出量程的±5%。

5.6 死区

连续式水位控制装置输出信号的死区应不大于2.5 mm。

5.7 绝缘电阻

控制器的下列端子之间的绝缘电阻应不小于20 MΩ：

——输入端子-接地端子；

——电源端子-接地端子；

——输出端子-接地端子；

——输入端子-电源端子；

——输出端子-输入端子；

——输出端子-电源端子。

注：需要考核传感器绝缘电阻时，应按附录A的A.1.3的要求。

5.8 绝缘强度

控制器下列端子之间应能承受表1规定的试验电压，频率50 Hz的绝缘强度试验，历时1 min应不出现击穿和飞弧现象：

——输入端子-接地端子；

——电源端子-接地端子；

——输出端子-接地端子；

——输出端子-输入端子；

——输出端子-电源端子；

——输入端子-电源端子。

注：需要考核传感器绝缘强度时，应按附录A的A.1.4的要求。

表1

电压公称值/V	试验电压/kV
<60	0.5
60～<250	1.5
250～<650	2.0

5.9 电源电压和频率变化

当电源电压从公称值的85%～110%、频率从公称值的90%～102%变化时，位式水位控制装置的切换值变化应不大于2.5 mm,连续式水位控制装置的输出变化应不大于输出量程的2.5%。

5.10 电源中断

电源中断20 ms时,位式水位控制装置的输出应无误切换,连续式水位控制装置的输出变化应不大于输出量程的2.5%。

5.11 电源电压低降

电源电压降低到公称值的75%时,位式水位控制装置的输出应无误切换,连续式水位控制装置的输出变化应不大于输出量程的2.5%。

5.12 串模干扰

在控制器输入端施加频率50 Hz、交流电压50 mV的串模干扰电压时,位式水位控制装置切换值的变化应不大于2.5 mm,连续式水位控制装置的输出变化应不大于输出量程的2.5%。

5.13 安装位置

控制器由正常位置向前后左右倾斜10°时,位式水位控制装置切换值的变化应不大于2.5 mm;连续式水位控制装置的输出变化应不大于输出量程的2.5%。

5.14 环境温度

环境温度在5 ℃~50 ℃范围内变化时,位式水位控制装置切换值的变化应不大于2.5 mm;环境温度每变化10 ℃时,连续式水位控制装置输出的变化应不大于输出量程的1%。

5.15 外界磁场

控制器处于频率50 Hz、磁场强度为400 A/m的外界磁场中,位式水位控制装置切换值的变化应不大于2.5 mm,连续式水位控制装置的输出变化应不大于输出量程的2.5%。

5.16 稳定性

水位控制装置通电48 h后,位式水位控制装置切换值的变化应不大于2.5 mm,连续式水位控制装置的输出变化应不大于输出量程的2.5%。

5.17 机械振动

水位控制装置在经受GB/T 18271.3规定的振动试验时,位式水位控制装置切换值的变化应不大于2.5 mm,连续式水位控制装置的输出变化应不大于输出量程的2.5%。

5.18 抗运输环境性能

水位控制装置在包装条件下分别进行JB/T 9329规定的抗运输碰撞试验、高温+55 ℃±2 ℃以及低温−40 ℃±2 ℃的抗运输环境温度试验、抗运输湿热试验和跌落试验(其中自由跌落高度由制造厂选定),试验后,水位控制装置应无机械损坏,并仍应符合5.1~5.7的规定。

6 试验方法

6.1 试验条件

6.1.1 一般试验大气条件

除另有规定外,试验在下列一般试验大气条件下进行:

温度:15 ℃~35 ℃;

相对湿度:45%~75%;

大气压力:86 kPa~106 kPa;

每项试验期间,温度变化不应超过1 ℃/10 min。

6.1.2 其他环境条件

除地磁场外,其他外界磁场对仪表性能的影响应小到可忽略不计。

机械振动对仪表性能的影响应小到可忽略不计。

6.1.3 电源

试验的电源应符合下列要求:

电压：220 V，允差±1%；

频率：50 Hz，允差±1%；

谐波失真：不大于5%。

6.2 试验的一般规定

6.2.1 位式水位控制装置的试验应按GB/T 20730.1的规定进行；连续式水位控制装置的试验按照GB/T 18271.1的规定进行。

6.2.2 受试验条件限制时，6.11～6.18试验时允许按下述方法模拟水位的变化：

a) 电极式传感器：用可变电阻器的电阻值变化替代电极间水位变化时传感器输出电阻值的变化；

b) 磁控式传感器：移动磁浮子或探棒，并测量其位移量，替代水位变化；

c) 电感式传感器：移动探棒，并测量其位移量，替代水位变化。

6.3 外观检查

用目检法进行检查。

6.4 设定点偏差

在水位控制装置的各设定点上，以上下行程为一个循环，试验至少应进行三个循环。

a) 报警设定点偏差——计算上切换值(上限或高位装置)或下切换值(下限或低位报警)与设定值之差；

b) 控制设定点偏差——计算各点的切换中值(上切换值平均值和下切换值平均值的中值)与设定值之差。

6.5 切换差

在水位控制装置的各设定点上，以上下行程为一个循环，试验至少应进行三个循环，计算各点的上切换平均值与下切换平均值之差。

6.6 重复性误差

在水位控制装置的各设定点上，以上下行程为一个循环，试验至少应进行三个循环，计算各点所测得的各次上切换值之间的最大差值和各次下切换值之间的最大差值的绝对值。

6.7 输出信号误差

在连续式水位控制装置上分别施以量程的10%、50%、90%的水位。然后，读出输出信号值，按式(1)计算各检测点输出信号误差。

$$r = \pm \frac{\Delta}{S} \times 100\% \qquad \cdots\cdots(1)$$

式中：

r——输出信号误差，%；

Δ——对应所施加水位的实际输出信号值与规定输出信号值之差，单位为毫安(mA)；

S——输出信号量程，单位为毫安(mA)。

6.8 死区

确定死区的方法如下：

a) 缓慢改变(增大或减小)水位，直到观察出一个可察觉的输出变化，记下这时的水位值；

b) 缓慢地按相反方向(减小或增大)改变水位，直到观察出一个可察觉的输出变化，记下这时的水位值；

c) a)、b)两项水位值之差的绝对值即为死区。

6.9 绝缘电阻

在一般试验大气条件下对5.7规定的各端子之间，用直流500 V兆欧表进行试验。

6.10 绝缘强度

在一般试验大气条件下对5.8规定的各端子之间，采用50 Hz的交流电压进行试验，使试验电压逐步平稳上升到表1规定的试验电压,并保持1 min,检查有无击穿和飞弧现象。然后,将试验电压缓慢降至零,切断电源。

6.11 电源电压和频率变化

电源电压和频率按表2组合变化,在每一电压和频率组合条件下,应在水位控制装置至少三个设定点上,以上下行程为一个循环,最少应进行三个循环的水位变化。取每个设定点上同行程切换值的变化或输出值变化的三次平均值,作为水位控制装置的变化量。

表2

交流电源电压/V	频率/Hz
公称值	公称值
公称值的110%	公称值的102%
公称值的110%	公称值的90%
公称值的85%	公称值的102%
公称值的85%	公称值的90%

6.12 电源中断

试验时水位控制装置的输出调至量程的50%处,电源中断时间为20 ms,并重复进行三次试验。

6.13 电源电压低降

试验时水位控制装置的输出调至量程的50%处,电源电压降到公称值的75%,持续5 s,并重复进行三次试验。

6.14 串模干扰

串模干扰试验应按GB/T 20730.1或GB/T 18271.3规定的方法,试验时应在水位控制装置至少三个设定点上,以上下行程为一个循环,最少应进行三个循环的水位变化。取每个设定点上同行程切换值的变化或输出变化的三次平均值,作为水位控制装置的变化量。

6.15 安装位置

将控制器按规定的安装位置,分别向前后左右倾斜10°。在每一个倾斜方向上,应在水位控制装置至少三个设定点上,以上下行程为一个循环,最少应进行三个循环的水位变化。取每个设定点上同行程切换值的变化或输出值变化的三次平均值,作为水位控制装置的变化量。

6.16 环境温度

将控制器置于温度试验箱内,试验温度和顺序如下:20 ℃、40 ℃、50 ℃、20 ℃、5 ℃、20 ℃。各试验温度的允差为±2 ℃,环境温度的变化速率应小于1 ℃/min。每一试验温度应保温2 h。试验循环期间不得对被试装置进行调整。在每一个试验温度上,应在水位控制装置至少三个设定点上,以上下行程为一个循环,最少应进行三个循环的水位变化。取每个设定点上同行程切换值的变化或输出值变化的三次平均值,作为水位控制装置的变化量。

6.17 外界磁场

将控制器置于磁场的中心转台上,它的输出调至量程的50%处,调整移相器相位和转动磁场线圈,使控制器处于最不利的状态下。然后,在水位控制装置至少三个设定点上,以上下行程为一个循环,最少应进行三个循环的水位变化。取每个设定点上同行程切换值的变化或输出值变化的三次平均值,作为水位控制装置的变化量。

6.18 稳定性

试验前水位控制装置不接通电源,在一般大气试验条件下放置24 h。试验时,位式水位控制装置设定在量程的50%处;连续式水位控制装置的输出调至量程的90%处。然后,接通电源,测量它的切换值或输出值。运行48 h后,再测量切换值或输出值,并检查试验前后切换值或输出值的变化。

6.19 机械振动

控制器和传感器分别固定在振动台上，控制器在三个互相垂直的平面上进行扫频振动，其中一个平面应为铅垂方向。寻找谐振频率，传感器在铅垂方向上进行扫频振动，寻找谐振频率，振动试验的参数见表3。

表 3

产　品	振动频率/Hz	位移幅值/mm	加速度幅值/(m/s^2)
控制器	10～55	0.075	—
传感器	10～60	0.075	—
	60～150		10

如有谐振频率，在该频率上振动30 min±1 min，如无谐振频率，则在最高频率上振动30 min±1 min。在振动试验时，应在水位控制装置至少三个设定点上，以上下行程为一个循环，最少应进行三个循环的水位变化。取每个设定点上同行程切换值的变化或输出值的变化的三次平均值，作为水位控制装置的变化量。

6.20 抗运输环境性能

包装条件下的水位控制装置按JB/T 9329进行抗运输环境性能试验，试验后在一般试验大气条件下恢复放置不少于24 h，然后测量和检查其是否符合5.1～5.7的规定。

7 检验规则

7.1 出厂检验

每台水位控制装置必须经检验合格后方能出厂，检验应按本标准的5.1～5.8的要求和6.3～6.10的方法进行。

7.2 型式检验

具有下列情况之一时，必须进行型式试验：

a) 新产品或老产品转厂生产的试制定型鉴定；

b) 正式生产后，当结构、材料、工艺有较大改变，可能影响产品性能时；

c) 产品长期停产后，恢复生产时；

d) 出厂检验结果与上次型式检验有较大差异时；

e) 国家质量监督机构提出进行型式检验要求时；

f) 正常生产时，至少每三年进行一次。

型式检验应按本标准规定的全部技术要求项目进行。

8 标志、包装和贮存

8.1 标志

在控制器和传感器的适当位置固定铭牌，铭牌上应注明：

a) 制造厂名或商标；

b) 产品型号和名称；

c) 产品编号；

d) 制造年月。

8.2 包装

水位控制装置的包装应按GB/T 15464的规定。

8.3 贮存

水位控制装置应存放在环境温度0 ℃～40 ℃，相对湿度不大于85%的通风室内，周围空气中不应含有腐蚀性气体和介质。

附 录 A
（规范性附录）
传感器特定的技术要求和试验方法

本附录适用于电极式、磁控式和电感式水位传感器性能需要考核的场合。

A.1 要求

A.1.1 误差

A.1.1.1 电极式和磁控式传感器的误差应不大于±5 mm。

A.1.1.2 电感式传感器输出的电感量与规定的电感量之间的误差应不大于量程电感量±5%。

注：电感量和水位关系曲线由制造厂规定。

A.1.2 耐压

传感器的额定工作压力小于1.2 MPa，应能承受额定工作压力1.5倍的试验水压；额定工作压力等于或大于1.2 MPa的传感器，应能承受额定工作压力1.25倍的试验水压，在5 min以内，应无渗漏现象。

A.1.3 绝缘电阻

在直流500 V试验电压下，传感器各个端子与地之间和各个端子之间的绝缘电阻应不小于20 MΩ。

A.1.4 绝缘强度

传感器的各个端子与地之间和各个端子之间应能承受50 Hz的正弦波电压(电压值按表1规定)历时1 min的试验，应无击穿和飞弧现象。

A.2 试验方法

A.2.1 误差

A.2.1.1 电极式和磁控式传感器

在传感器的每一个检测点上使水位上下循环三次。用欧姆表和标准水位表测出检测点通断时位置，并计算误差。

A.2.1.2 电感式传感器

取传感器量程的10%，50%，90%三点，然后，用电感测量仪测出电感量，并按式(A.1)计算误差。

$$\delta=\frac{h_2-h_1}{h_0}\times 100\% \qquad \text{(A.1)}$$

式中：

δ——传感器误差；

h_1——检测点的标称电感量，单位为毫亨(mH)；

h_2——传感器的实测电感量，单位为毫亨(mH)；

h_0——传感器的量程电感量，单位为毫亨(mH)。

A.2.2 耐压

水压试验按JB/T 1612的规定，将试验压力从静态水压缓慢升至试验水压，并保持5 min，检查有无渗漏。然后，降至静态水压。

A.2.3 绝缘电阻

用直流500 V兆欧表进行试验。

A.2.4 绝缘强度

试验采用 50 Hz 的交流电压，电压逐步平稳上升至表 1 规定的试验电压，并保持 1 min，检查有无击穿现象。然后，将试验电压缓慢降至零，切断电源。

将模拟量转换成数字量的过程

进制编码 binary coded decimal BCD

确度 accuracy

仪的示值与被测量(约定)真值的一致程度

误差 intrinsic error

仪在参比工作条件下确定的误差。它包括了模拟量误差和数字化误差。

ICS 25.040.40
N 14

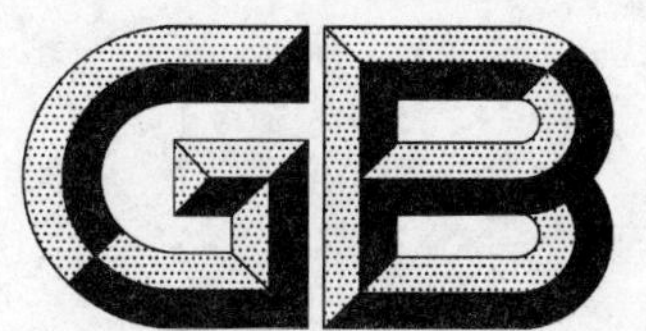

中华人民共和国国家标准

GB/T 13639—2008
代替 GB/T 13639—1992

工业过程测量和控制系统用模拟输入数字式指示仪

Digital indicators with analogue input for use in industrial-process measurement and control systems

2008-06-30 发布　　　　2009-01-01 实施

中华人民共和国国家质量监督检验检疫总局
中国国家标准化管理委员会　发布

前 言

本标准代替 GB/T 13639—1992《工业过程测量和控制系统用模拟输入数字式指示仪》。

本标准与 GB/T 13639—1992 的主要差异如下：

——更新并新增了规范性引用文件；

——第 3 章标题改为“术语和定义”，并增加了引导语；

——试验方法引用了 GB/T 18271.2—2000 和 GB/T 18271.3—2000 的相应章节；

——调整了第 5 章中部分章节的顺序；

——5.2 的标题改为“与影响量有关的技术指标”；

——5.6.2“绝缘强度”中，将原标准表 4 的额定电压“60～<130 和 130～<250”合并为“60～<250”一挡；

——5.7.3“连续冲击”更改为“运输碰撞”；

——试验方法引用了 GB/T 18271.2—2000 和 GB/T 18271.3—2000 的相应章节；

——6.2.2、6.2.3 和 6.2.5 中原有一悬置段，现予以编号；

——更新了表 B.2 中所列标准的版本；

——删除了附录 C，电干扰的试验示意图可参见规范性引用文件。

本标准的附录 A 为规范性附录，附录 B 为资料性附录。

本标准由中国机械工业联合会提出。

本标准由全国工业过程测量和控制标准化技术委员会第一分技术委员会(SAC/TC 124/SC 1)归口。

本标准负责起草单位：上海工业自动化仪表研究所。

本标准参加起草单位：上海仪器仪表自控系统检验测试所。

本标准主要起草人：李明华、蔡闻智、芦婷。

本标准所代替标准的历次版本发布情况：

——GB/T 13639—1992。

工业过程测量和控制系统用模拟输入数字式指示仪

1 范围

本标准规定了工业过程测量和控制系统用模拟输入数字式指示仪的主要性能参数、要求、试验方法和评定细则。

本标准适用于模拟输入的工业过程测量和控制系统用数字式指示仪(以下简称指示仪)。

其他带模拟-数字转换器的数字仪表中的指示部分也可参照使用。

指示仪可与下列传感器、变送器配合使用或接受下列信号:

a) 热电偶或辐射感温器;

b) 热电阻;

c) 霍尔压力变送器或传感器;

d) 电阻远传压力表;

e) 标准化模拟直流电信号或其他模拟直流电信号;

f) 其他产生电阻变化的传感器。

本标准仅适用于一般工作条件下使用的指示仪,特殊工作条件下使用的指示仪所额外要求的试验,不属于本标准范围。

2 规范性引用文件

下列文件中的条款通过本标准的引用而成为本标准的条款。凡是注日期的引用文件,其随后所有的修改单(不包括勘误的内容)或修订版均不适用于本标准,然而,鼓励根据本标准达成协议的各方研究是否可使用这些文件的最新版本。凡是不注日期的引用文件,其最新版本适用于本标准。

GB/T 2900.56—2008 电工术语 控制技术(IEC 60050-351:2006,IDT)

GB/T 3369.1 过程控制系统用模拟信号 第1部分:直流电流信号(GB/T 3369.1—2008,IEC 60381-1:1982,IDT)

GB/T 3369.2 过程控制系统用模拟信号 第2部分:直流电压信号(GB/T 3369.2—2008,IEC 60381-2:1978,IDT)

GB/T 15464 仪器仪表包装通用技术条件

GB/T 17212—1998 工业过程测量和控制 术语和定义(idt IEC 60902:1987)

GB/T 17614.1—2008 工业过程控制系统用变送器 第1部分:性能评定方法(IEC 60770-1:1999,IDT)

GB/T 18271.1—2000 过程测量和控制装置 通用性能评定方法和程序 第1部分:总则(idt IEC 61298-1:1995)

GB/T 18271.2—2000 过程测量和控制装置 通用性能评定方法和程序 第2部分:参比条件下的试验(idt IEC 61298-2:1995)

GB/T 18271.3—2000 过程测量和控制装置 通用性能评定方法和程序 第3部分:影响量影响的试验(idt IEC 61298-3:1998)

GB/T 22112—2008 工业自动化仪表 接线端子的排列和标志

GB/T 22162—2008 盘装和架装工业过程测量和控制仪表的盘面和开孔尺寸(IEC 60668:1980,IDT)

JB/T 9266 显示仪表温度测量范围

3 术语和定义

GB/T 2900.56—2008、GB/T 17212—1998、GB/T 18271.1—2000、GB/T 18271.2—2000、GB/T 18271.3—2000确立的以及下列术语和定义适用于本标准。

3.1

数字式指示仪 digital indicator

一种包含模/数转换器并以十进制数码形式显示被测量值的指示仪。

3.2

显示范围 display range

显示能够达到的被测量的范围。

3.3

测量范围 measuring range

能满足规定误差限的那部分显示范围。

3.4

量程 span

测量范围上限值与下限值的代数差。

3.5

溢出 overflow

输出信号超过指示仪可显示或可表示的最大值时出现的状态。

3.6

量化 quantization

将一个变量范围分割成数目有限且未必相等的子范围(称为量子)的过程。每一个子范围由称为"量化"值的指定值来表示。

3.7

量化单位 quantization unit

当量子名义上相等时的子范围宽度。

3.8

模/数转换 analogue-to-digital conversion

以采样、量化、编码和必要的辅助运算方法将模拟量转换成数字量的过程。

3.9

二-十进制编码 binary coded decimal;BCD

用一组四位二进制数表示每个十进制数的数字表示法。这些位各自按权8-4-2-1分配。

3.10

精(准)确度 accuracy

指示仪的示值与被测量(约定)真值的一致程度。

3.11

基本误差 intrinsic error

指示仪在参比工作条件下确定的误差。它包括了模拟量误差和数字化误差。

3.12

数字化误差　digitization error

在数字化过程中出现的误差分量。数字化误差分量通常包括分辨误差(量化误差)、换码误差、死区误差和滞环误差。

3.13

分辨误差(量化误差)　resolution error

与分辨力有关的那部分数字化误差,根据换码点位置不同,分别等于分辨力值或1/2分辨力值。

3.14

换码误差　commutation error

当输入值沿一个方向变化时,换码点在量化单位内偏离预定位置的那部分数字化误差。

3.15

死区误差　dead band error

在换码开始和结束时,输出信号不确定度的那部分数字化误差,它可以是有意引入的。

3.16

滞环误差　hysteresis error

当输入值先增加后减小或先减小后增加时,其换码点位置不同造成的那部分数字化误差。

3.17

模糊误差　ambiguity error

当所读的数字表示量变化时,其不同的数字位缺乏精确同步造成的瞬时粗略误差。如:从199过渡到200时,可能指示299或209。

3.18

分辨力　resolution

指示仪指示装置可有意义地辨别被指示量两紧邻值的能力。

注:分辨力对指示仪而言是个指定的理论值,不考虑工作期间诸如死区、单值性或回差的影响。

3.19

死区　dead band

能引起数字输出变化的最小模拟输入信号变化。

3.20

转换系数　conversion coefficient

输入值变化与相应的输出值变化之比。

3.21

换码点　commutation point

各个量化单位内,当输入值变化时,输出信号(示值)从某一值跃变至相邻一个值的点。

3.22

电零点　electrical zero

指示仪接通电源后,在无干扰和输入端不加输入量及只与制造厂规定的外电路连接情况下,所得到的示值。

3.23

输入阻抗　input impedance

在工作条件下,指示仪输入端间测得的输入电路的阻抗。

3.24

稳定性　stability

在规定的工作条件下,指示仪性能在规定时间内保持不变的能力。

3.25

稳定性误差 stability error

仅由于时间造成的指示仪示值的变化。

该变化包括波动和漂移,在规定的频率极限以上的变化为波动,极限以下的变化为漂移。

3.26

响应时间 response time

从输入信号阶跃变化起,到指示仪显示的新稳态值进入规定误差限所需的时间间隔。

3.27

阶跃响应时间 step response time

不改变极性的情况下,在量程内输入信号以规定的幅值作阶跃变化时的响应时间。

3.28

极性响应时间 polarity response time

从输入信号以规定幅度作阶跃变化起,到极性显示完成改变为止的时间间隔。

3.29

过载恢复时间 overload recovery time

从去掉规定的过载输入信号起,到指示仪显示量程内新稳态值时的时间间隔。

3.30

采样时间 sampling time

采样过程中检出被测量的时间。

3.31

采样(速)率 sampling rate

对被测量进行采样的频率,即单位时间内的采样次数。

3.32

测量速率 measuring rate

对被测量进行测量的频率,即单位时间内,以规定的误差限完成的最大测量次数。

4 产品分类

4.1 工作原理

指示仪按工作原理分为:

a) 带微处理器;

b) 不带微处理器。

4.2 使用方式

指示仪按使用方式分为:

a) 盘装式;

b) 便携式。

4.3 工作条件

指示仪按使用工作条件分为:

a) A组

b) B组

各组的参比工作条件、正常工作条件和运输条件等如表1所示。

表 1

影响量		参比工作条件		正常工作条件		运输条件		备注
		公称值	极限偏差	组别		组别		
				A	B	A	B	
气候	环境温度/℃	20	±2	5～40 或 0～50	−25～+55 或−10～+55	高温:55 低温:−25 或−40	高温:70 低温:−40	
	相对湿度/%	65	±5	≤85 或≤90	≤90 或≤95	90～95		
	大气压力/kPa	101.3	$^{+4.7}_{-15.3}$	86～106		86～106		
动力	电源电压/V	U	±1%U	(1±10%)U $(1^{+10}_{-15}\%)U$	$(1^{+10}_{-15}\%)U$			交流电源
				(1±5%)U $(1^{+10}_{-15}\%)U$ $(1^{+15}_{-20}\%)U$	$(1^{+10}_{-15}\%)U$ $(1^{+15}_{-20}\%)U$			直流电源
	电源频率/Hz	f	±1%f	(1±5%)f 或 $(1^{+2}_{-10}\%)f$				交流电源
	谐波失真/%	0	<5%	<5%				交流电源
	纹波/%	0	<0.2%	<0.2%				直流电源
机械	安装位置	制造厂 规定	±1°	±30°				
	振动		影响可 忽略	10 Hz～55 Hz 位移幅值: 0.035 mm	10 Hz～60 Hz 位移幅值: 0.075 mm 60 Hz～150 Hz 加速度幅值: 10 m/s²			
	倾跌			30°或 50 mm				
	碰撞					加速度:(100±10)m/s² 脉冲频率:(60～100)次/min 碰撞次数:(1 000±10)次		
电磁	外界磁场/(A/m)		除地磁场 外影响可 忽略	400				
	共模干扰		影响可 忽略	共模电压为 100 V 或 200 V	共模电压为 220 V 或 250 V			
	串模干扰		影响可 忽略	串模电压为 电量程或 50 mV	串模电压为 2 倍电量程或 ≥100 mV			

4.4 测量范围

指示仪按测量范围分为：

a) 与热电偶、热电阻或辐射感温器配合使用的指示仪，其测量范围应符合 JB/T 9266 的规定；

b) 接受标准化模拟直流电信号的指示仪，其输入信号范围应符合 GB/T 3369.1 或 GB/T 3369.2 的要求。指示仪的测量范围按有关标准或制造厂的规定，或由制造厂与用户协商；

c) 与霍尔压力变送器或传感器和电阻远传压力表配合使用的指示仪，其测量范围按有关标准或制造厂的规定，或由制造厂与用户协商；

d) 接受其他模拟直流电信号或与其他产生电阻变化的传感器配合使用的指示仪，其测量范围按有关标准或制造厂的规定，或由制造厂与用户协商。

4.5 外形尺寸

指示仪的外形尺寸为：

a) 盘装式指示仪，其外形尺寸应符合 GB/T 22162—2008 的规定；

b) 便携式指示仪，其外形尺寸按有关标准或制造厂的规定。

4.6 接线端子配置

指示仪的接线端子的配置为：

a) 盘装式指示仪，其接线端子的配置应符合 GB/T 22112 的规定；

b) 便携式指示仪，其接线端子的配置按有关标准或制造厂的规定。

4.7 显示方式

指示仪按显示的信号和方式分为：

a) 被测量信号，应给出其显示位数；

b) 溢出信号，应说明溢出显示方式或表示的输出信息；

c) 极性信号，应说明极性显示方式或表示的输出信息；

d) 功能信号，应说明功能显示方式或表示的输出信息(如：自检、断偶或断阻保护等)。

4.8 分辨力

指示仪按分辨力分为(1、2、5)$\times d$ 三挡，其中 d 为输出信息(示值)显示末位数 1 个字所表示的值，应给出指示仪的分辨力值。

5 要求

5.1 与精确度有关的技术指标

5.1.1 基本误差

指示仪的基本误差(Δ)应不超过允许的基本误差限(Δ_{max})。

指示仪的基本误差限可用下列形式之一的绝对误差表示。

a) 直接以被测量值误差表示

$$\Delta_{max} = \pm K \qquad \cdots\cdots(1)$$

式中：

K——示值允许的绝对误差值。

b) 以与被测量值有关的输出量程和量化单位表示

$$\Delta_{max} = \pm (a\% F \times S + bd) \qquad \cdots\cdots(2)$$

式中：

a——除量化误差之外的其他因素引起的综合最大测量误差系数；

$F \times S$——输出量程；

b——在数字化过程中产生的量化误差系数，一般为 1；

d——输出信息末位 1 个字所表示的值。

5.1.2 精确度和精确度等级

5.1.2.1 精确度

由绝对误差表示基本误差限的指示仪,直接用基本误差限的数值表示其不精确度,不划分精确度等级。

5.1.2.2 精确度等级

当指示仪需用精确度等级表示时,则基本误差限应采用引用误差(δ)。

$$\delta = \pm\left(a + \frac{100bd}{F \times S}\right)\% \quad \cdots\cdots(3)$$

指示仪的精确度等级以$\left(a + \frac{100bd}{F \times S}\right)$表示。当指示仪的量化误差相比其他因素引起的综合误差可略去时(一般取 $a\%F \times S \geqslant 10bd$),则可简化为 a 表示。

精确度等级应自下列数系中选取:0.1,0.2,(0.3),0.5,1.0。

注:括号内的精确度等级不推荐采用。

5.1.3 死区误差

应确定指示仪示值变化一个分辨力时所对应的输入变化值,指示仪的死区误差用量化单位(分辨力值)表示。

a) 一般指示仪的死区误差应不超过$(1 \pm 0.3)bd$,具有零点提升时其零点的死区误差应不超过$(2 \pm 0.6)bd$;

b) 分辨力较高($10bd > a\%F \times S \geqslant 5bd$)指示仪的死区误差应不超过$(1 \pm 0.5)bd$,具有零点提升时其零点的死区误差应不超过$(2 \pm 1.0)bd$;

c) 分辨力高($a\%F \times S \geqslant 10bd$)的指示仪可不进行死区误差的试验。

5.1.4 重复性误差

指示仪的重复性误差可用下列形式之一表示:

a) 一般指示仪的重复性误差应不大于一个分辨力值;

b) $a\%F \times S \geqslant 5bd$ 的指示仪,其重复性误差应不大于 $a\%F \times S/4$。

5.2 与影响量有关的技术指标

5.2.1 示值或下限值和量程的变化

影响量对指示仪性能的影响一般是各种影响量造成的示值或下限值和量程的变化。其允许变化量可按基本误差限的相应形式采用下述方式表示:

a) 以被测量值(K')表示;

b) 以与被测量值有关的输出量程($a'\%F \times S$)表示。

5.2.2 允差

当影响量在正常工作条件范围内(表 1 中所列之值)变化时:

a) 采用被测量值表示示值或下限值和量程变化的指示仪,其允许变化量的误差与基本误差限(允许的绝对误差值 K)的关系应不大于表 2 的规定;

表 2

序号	影响量	技术指标 (允许变化量中 K' 与相应基本误差限 K 值的关系)	备　　注
1	主电源变化	$\frac{1}{2}K$	
2	电源电压低降	$\frac{1}{2}K$	

表 2（续）

序号	影响量	技术指标 （允许变化量中 K' 与相应基本误差限 K 值的关系）	备　注
3	电源电压短时中断	$\frac{1}{2}K$	
4	共模干扰	K	
5	串模干扰	K	
6	辐射电磁场	K	
7	静电放电	K	
8	接地	$\frac{1}{2}K$	
9	外界磁场	$\frac{1}{2}K$	
10	环境温度	$\frac{1}{2}K$	平均每变化 10 ℃
11	湿热	$2K$	
12	安装位置	$\frac{1}{3}K$	
13	机械振动	$\frac{1}{2}K$	
14	倾跌	$\frac{1}{2}K$	
15	过范围	$\frac{1}{2}K$	过范围值为超过量程的 100%
注：指示仪经过湿热和机械振动试验后，其基本误差、死区误差仍应符合 5.1.1 和 5.1.3 的要求。			

b）采用与被测量值有关的输出量程表示示值或下限值和量程变化的指示仪，其允许变化量的允差与基本误差限中的 a 系数关系应不大于表 3 的规定。

表 3

序号	影响量	技术指标 （允许变化量中 a' 系数与相应基本误差限中 a 系数的关系）		备　注
		$a \leqslant 0.2$	$a > 0.2$	
1	主电源变化	a	$\frac{1}{2}a$	
2	电源电压低降	a	$\frac{1}{2}a$	
3	电源电压短时中断	a	$\frac{1}{2}a$	
4	共模干扰	a	a	或采用共模干扰抑制比 $CMRR \geqslant 120$ dB
5	串模干扰	a	a	或采用串模干扰抑制比 $SMRR \geqslant 40$ dB

表 3（续）

序号	影响量	技术指标（允许变化量中 a' 系数与相应基本误差限中 a 系数的关系）		备　注
		$a \leqslant 0.2$	$a > 0.2$	
6	辐射电磁场	a	a	
7	静电放电	a	a	
8	接地	$\frac{1}{2}a$	$\frac{1}{2}a$	
9	外界磁场	$\frac{1}{2}a$	$\frac{1}{2}a$	
10	环境温度	a	$\frac{1}{2}a(a)$	平均每变化 10 ℃
11	湿热	$3a$	$2a(3a)$	括号内数字仪适用于具有参比端温度补偿的指示仪
12	安装位置	$\frac{1}{3}a$	$\frac{1}{3}a$	
13	机械振动	$\frac{1}{2}a$	$\frac{1}{2}a$	
14	倾跌	$\frac{1}{2}a$	$\frac{1}{2}a$	
15	过范围	$\frac{1}{2}a$	$\frac{1}{2}a$	过范围值为超过量程的 100%
注：指示仪经过湿热和机械振动试验后，其基本误差、死区误差仍应符合 5.1.1 和 5.1.3 的要求。				

5.3 稳定性技术指标

5.3.1 模糊误差

指示仪只允许按分辨力计数顺序（增、减）改变示值，而不能间隔跳动，其不同的数字位应精确同步，不应产生模糊误差。

5.3.2 波动

指示仪零点和示值波动用量化单位（分辨力值）表示。

a) 一般指示仪和分辨力较高指示仪（$10bd > a\%F \times S \geqslant 5bd$）的波动应不大于 $1bd$；

b) 分辨力高的指示仪（$a\%F \times S \geqslant 10bd$）的波动应不大于 $2bd$。

5.3.3 短期漂移

指示仪零点和示值漂移用被测量值或与被测量值有关的输出量程表示，指示仪在 24 h 连续工作时间内的稳定性误差应包括在基本误差内。

a) 指示仪经预热、预调后，1 h 内的最大漂移值应不大于 $K/4$ 或 $a\%F \times S/4$；

b) 指示仪经预热、预调后，24 h 内的最大漂移值应不大于 $K/3$ 或 $a\%F \times S/3$；

c) 指示仪经 24 h 连续工作后，其基本误差、死区误差仍应符合 5.1.1 和 5.1.3 的要求。

5.4 响应时间技术指标

5.4.1 阶跃输入响应时间

指示仪的阶跃输入响应时间应不大于 4 s。

5.4.2 过载恢复时间

指示仪的过载恢复时间应不大于 5 s。

5.4.3 极性响应时间

指示仪的极性响应时间应不大于5 s。

5.5 其他技术指标

5.5.1 电功耗

指示仪以最大消耗能量工作时的电功耗应不大于有关标准或制造厂的规定值。

5.5.2 输入特性

a) 与热电偶配用的指示仪，外接电阻从0 Ω～100 Ω变化时，与热电阻配用的指示仪，外线电阻从0 Ω～5 Ω(或0 Ω～2.5 Ω)变化时，与其他变送器或传感器及电信号配用的指示仪，外阻(或源阻抗)在规定的范围内变化时，由此造成的示值变化应不大于$K/2$或$a\%F\times S/2$；

b) 在进行上述试验时，其基本误差仍应符合5.1.1要求；

c) 应给出不通电状态下的输入电阻。

5.5.3 输出特性

除示值外附加其他输出信息的指示仪，应列出输出信息的内容和技术要求。

a) 输出的数字信号应优先采用“8-4-2-1”二-十进制编码，并应列出逻辑电平“1”、“0”状态的电平值及负载能力；

b) 输出的模拟信号应优先采用标准化模拟直流电信号，并应按变送器或传感器的要求列出输入输出特性及负载能力；

c) 给出输出的接口、指令或其他信号的形式和相应的技术要求。

5.6 有关安全的技术指标

5.6.1 绝缘电阻

指示仪在不同试验条件下进行绝缘电阻试验时，其各端子之间的绝缘电阻不得低于下述规定值：

a) 一般试验大气条件下进行时，其值为20 MΩ；

b) 正常工作条件下进行湿热试验的指示仪，在湿热试验后立即进行测量时，其值为2 MΩ；

c) 运输条件下进行湿热试验的指示仪，试验后，将指示仪从包装箱中取出，放在一般试验大气条件下恢复24 h后进行测量时，其值仍应为20 MΩ。

5.6.2 绝缘强度

指示仪在一般试验大气条件下进行绝缘强度试验时，其各端子之间应施加表4所规定的试验电压，保持1 min，应不出现击穿或飞弧。

表4

指示仪端子额定电压/V	试验电压/kV
<60	0.5
60～<250	1.5
250～<650	2.0

5.7 与运输条件有关的技术指标

5.7.1 运输环境温度

指示仪在运输的环境温度条件(表1中所列之值)下，经高、低温分别试验后，其基本误差、死区误差仍应符合5.1.1和5.1.3的要求。

5.7.2 运输湿热

指示仪在运输的湿热条件(表1中所列之值)下，经湿热试验后，其基本误差、死区误差和绝缘电阻仍应符合5.1.1、5.1.3和5.6.1c)项的要求。

5.7.3 运输碰撞

指示仪在运输碰撞条件(表1中所列之值)下，经机械力作用试验后，其基本误差、死区误差仍应符合5.1.1和5.1.3的要求。

5.8 外观

5.8.1 结构件

指示仪的结构件应有良好的表面处理，不应有镀层脱落、锈蚀、霉斑等现象，也不应有划伤、沾污等痕迹，更不应有明显变形、损坏或缺件。

5.8.2 调整控制机构

在使用过程中需进行调整或控制的部分，应能保证在不打开机壳的情况下，可进行调节；各开关、旋钮不应松动、破损或自行改变位置，在规定的状态时应具有相应的功能。

5.8.3 连接机构

指示仪外部接线端子应齐全，内部接线应排列整齐、清洁；接头与插座之间应有定位装置，以保证接插时各接插点具有唯一的对应关系，插入单元及插件应有紧固或锁紧装置。

5.8.4 读数机构

指示仪显示读数应清晰、无叠字、亮度均匀、不应有缺笔划或无测量单位等现象、小数点和状态显示应正确。

5.8.5 标志和符号

指示仪面板或铭牌上的标志、文字、图形符号、数字和物理量代号等应符合相应的标准，并应鲜明、清晰、不应残缺和沾污。

6 试验方法

6.1 试验条件

6.1.1 环境条件

6.1.1.1 参比大气条件

指示仪的参比性能在仲裁时必须按表1所列参比大气条件进行试验。

6.1.1.2 一般试验的大气条件

无需在参比大气条件下进行的试验，推荐采用温度为15 ℃～35 ℃，相对湿度为45%～75%的一般试验的大气条件。每项试验期间，允许的温度变化为1 ℃/10 min。

6.1.1.3 其他环境条件

除上述大气条件外，试验尚应按表1所列参比环境条件进行试验。

6.1.2 动力条件

指示仪的参比性能必须按表1所列参比动力条件进行试验。

6.1.3 试验设备

6.1.3.1 精确度

试验用的标准仪器与精确度因素有关的要求应在试验报告中注明，相当于被试指示仪上限值的标准仪器示值的绝对误差限应小于或等于被试指示仪规定的绝对误差限的1/5，当其误差限大于1/5时，则标准仪器的误差不可忽略，而应按下述原则处理：

a) 若被试指示仪的误差限要求为±e%，而制造厂使用了±n%的标准仪器进行试验时，则被试指示仪的误差应保持在±($e-n$)%以内；

b) 当用户使用了±m%的标准仪器进行验收试验时，若被试指示仪的实际误差超过了±e%，但保持在±($e+m$)%以内时，被试指示仪仍应判为合格。

6.1.3.2 分辨力

试验用的标准仪器的分辨力应在试验报告中注明。其分辨力应优于被试指示仪分辨力的1/6。

6.1.4 安装位置

除安装位置影响试验外，尚应按表1所列参比工作位置进行试验。

6.1.5 预热和预调

指示仪的预热时间宜从 15 min,30 min,60 min 中选择。

指示仪的预调应按制造厂使用说明书的有关规定进行,预调时间应包括在预热时间内。在每项试验过程中,不得进行调整。

6.2 与精确度有关的试验

6.2.1 总则

6.2.1.1 与精确度有关的试验均应在参比工作条件下进行,被试指示仪通电前应连同试验设备先在参比工作条件下稳定(一般不少于 2 h)。应随时观察所有可能影响试验结果的工作条件变化,并做记录。

6.2.1.2 下限值和(或)量程可调的指示仪,可在试验开始前调整下限值和(或)量程,使上、下限值的误差减至最小。

6.2.1.3 试验点可选在测量范围内的任意值上,在能保证测得最大误差的情况下,可以酌情减少为包括上、下限值(具有零点提升的指示仪,还应包括零点)在内至少 5 个点,试验点应均匀分布在整个测量范围内,试验点的数目应与被试指示仪的精确度和被评定的性能相称。

6.2.1.4 多点切换或自动巡检的数字式指示仪,试验时可任选一路作固定的单点考核,再相应增加切换功能的试验。

6.2.1.5 试验时,输入信号必须按初始输入信号的同一方向逼近试验点。输入信号的变化速度应足够慢,无明显波动,保证在任何试验点上不产生过冲。

6.2.2 外接和外线电阻

6.2.2.1 指示仪应按规定的试验线路进行接线,且其外接和(或)外线电阻公称值及误差应符合要求。

6.2.2.2 与热电偶配用的指示仪,其外接电阻允差为公称值的±10%。若指示仪具有参比端温度自动补偿功能,试验时必须采用补偿导线、参比端恒温器。其电阻阻值应计入允差,还应考虑补偿导线电势修正值。

6.2.2.3 与热电阻配用的指示仪,其外线电阻允差为公称值的±5%,每两导线电阻值之差对应的示值不超过基本误差限的 1/10。

6.2.2.4 与其他电信号、传感器或变送器配用的指示仪,其外接或外线电阻公称值的允差按有关标准或制造厂的规定。

6.2.3 测量循环

6.2.3.1 指示仪应在整个测量范围上,以上、下行程为一个循环,作至少三个循环的试验。在每个循环、每个行程的每个试验点上观察和记录输入信号值(应换算成输出信息相当的标称示值)和示值。

6.2.3.2 当指示仪的分辨力小于基本误差限的 1/5 时,在指示仪上施加每个试验点示值相当的(标称或已知)电量值输入信号,然后采用读取被试指示仪实际示值的输入基准法。

6.2.3.3 当指示仪的分辨力较低或对试验结果产生疑义需仲裁时,在指示仪上施加使示值与每个试验点的换码点相重合的输入信号,然后采用读取标准仪器输入的实际电量值对应的(标称或已知)示值的示值基准法(或称寻找换码点法)。如图 A.1 和表 B.1 所示。

6.2.4 误差表

由上述至少三个测量循环得出的数据,按下式计算每个循环、每个行程的每个试验点上的误差(Δ_1)。即被试指示仪示值与其相对应的实际值之差。正误差为示值大于实际值。

$$\Delta_1 = A_i - A_a \qquad \cdots\cdots(4)$$

式中:

A_i——被测试验点的指示仪示值;

A_a——被测试验点输入的电量值所对应的(标称或已知)示值。

注:温度示值与电量值关系见表 B.2。

所计算出的每个试验点上的误差可按表格的形式列出误差表。

6.2.5 基本误差

6.2.5.1 总则

指示仪的基本误差由6.2.4获得的误差表中最大正、负误差来确定。

6.2.5.2 输入基准法

采用输入基准法的指示仪，换算时还需叠加量化误差，其和不应超过指示仪的允许基本误差限。

$$\Delta = \frac{100\Delta_{1\max}}{F \cdot S}\% F \times S + bd \qquad (5)$$

式中：

$\Delta_{1\max}$——误差表中Δ_1的最大正或负误差值；

bd——量化误差，其值为分辨力，当$\Delta_{1\max}$为零时，符号可为正负，当$\Delta_{1\max}$不为零时，符号应取与$\Delta_{1\max}$相一致；

$F \times S$——同式(2)。

6.2.5.3 示值基准法(寻找换码点法)

采用示值基准法的指示仪，其值应不超过指示仪的允许基本误差限。

$$\Delta = \frac{100(\Delta_{1\max} - bd)}{F \cdot S}\% F \times S + bd \qquad (6)$$

式中：

$\Delta_{1\max}$——同式(5)；

bd——量化误差，其值为分辨力，符号应取与$\Delta_{1\max}$相一致；

$F \times S$——同式(2)。

6.2.6 死区误差

指示仪的死区误差可采用使示值变化1个分辨力时，读取输入实际电量值的变化量所对应的(标称或已知)示值的变化值的方法来确定。

采用示值基准法的指示仪，其死区误差的试验可与基本误差的试验同时进行；采用输入基准法的仪表，试验时可在下限值和50%、90%量程附近的试验点上进行。

具有零点提升的指示仪，还必须包括测量零点的死区误差。

死区误差(h)可按下式计算：

$$h = \frac{\gamma}{bd}(bd) \qquad (7)$$

式中：

γ——输入实际电量值的变化量所对应的(标称或已知)示值的变化值；

bd——同式(2)。

6.2.7 重复性误差

指示仪的重复性误差由每个循环同行程各试验点上读取(或测量)的示值(或换码点)平均值之间的最大差值来确定。

6.3 与影响量有关的试验

6.3.1 总则

6.3.1.1 在进行规定的试验时，只有所涉及的影响量在规定范围内变化，其他影响量应保持为参比工作条件。且影响量对指示仪性能的影响应在规定的正常工作条件极限值上确定。由于条件限制不可能在参比大气条件下进行的影响量试验，可在一般试验的大气条件下进行。

6.3.1.2 除非条款中另有规定，影响量的变化速率应足够慢，以保证影响量不产生瞬变或过冲现象。

6.3.1.3 除非条款中另有规定，影响量对指示仪的影响应由同行程的三次测量结果的平均值来确定。且应不计示值波动。

6.3.1.4 除非条款中另有规定，影响量对指示仪的影响一般是由包括下限值和50%、90%量程附近在内的至少 3 个试验点的示值变化或输入-输出呈线性关系指示仪的下限值和量程的变化来确定。

6.3.1.5 除非条款中另有规定，影响量对指示仪的影响试验，除影响量条件外，测量方法应与 6.2.3 相一致。采用输入基准法的指示仪，可在恒定的输入信号下读取示值的变化；采用示值基准法（寻找换码点法）的指示仪，可测量同一换码点的变化，再换算成相对应的示值变化。

6.3.2 **主电源变化**

主电源变化试验应按 GB/T 18271.3—2000 中 12.1 规定的方法进行。

电源电压和频率的正负偏离极限值应按表 1 中正常工作条件规定的动力条件选取。

6.3.3 **电源电压低降**

本试验应按 GB/T 18271.3—2000 中 12.3 规定的方法进行。

6.3.4 **电源电压短时中断**

本试验应按 GB/T 18271.3—2000 中 12.4 规定的方法进行。

6.3.5 **共模干扰**

本试验的目的在于确定在输入端子与地之间施加共模电压对指示仪示值的影响。

本试验仅适用于接线端子对地绝缘的指示仪。

本试验应按 GB/T 18271.3—2000 中 13.1 规定的方法进行（可不进行直流电压重复试验）。

共模干扰电压值应按表 1 中正常工作条件规定的电磁条件选取。

采用共模干扰抑制比（*CMRR*）表征的指示仪，其值可按下式计算：

$$CMRR = 20\lg \frac{U_c}{\Delta U}(\mathrm{dB}) \quad \cdots\cdots(8)$$

式中：

U_c——共模干扰交流峰值电压，V；

ΔU——施加共模干扰电压前后的示值变化所对应的电量值变化，V。

6.3.6 **串模干扰**

本试验的目的在于确定一个主电源频率的交流电压（串模电压）串联迭加在输入信号回路上对指示仪示值的影响。

本试验参照 GB/T 18271.3—2000 中 13.2 规定的方法进行。

串模干扰电压值应按表 1 中正常工作条件规定的电磁条件选取，并读取施加串模电压时引起的示值变化。

采用串模干扰抑制比（*SMRR*）表征的指示仪，其值可按下式计算：

$$SMRR = 20\lg \frac{U_s}{\Delta U}(\mathrm{dB}) \quad \cdots\cdots(9)$$

式中：

U_s——串模干扰交流峰值电压，V；

ΔU——施加串模干扰电压前后的示值变化所对应的电量值变化，V。

6.3.7 **辐射电磁场**

本试验应按 GB/T 18271.3—2000 中第 16 章规定的方法进行。

6.3.8 **静电放电**

本试验应按 GB/T 18271.3—2000 中第 17 章规定的方法进行。

6.3.9 **接地**

本试验仅适用于输入端子对地绝缘的指示仪。

本试验应按 GB/T 18271.3—2000 中 13.3 规定的方法进行。

6.3.10 **外界磁场**

本试验应按 GB/T 18271.3—2000 中 15 章规定的方法进行。

6.3.11 环境温度

本试验应按 GB/T 18271.3—2000 中第 5 章规定的方法进行。

6.3.12 湿热

本试验仅适用于正常工作条件符合湿热试验的指示仪。

试验前，指示仪应先在参比大气条件下稳定(一般不少于 2 h)，接着在参比工作条件下测量指示仪的基本误差和死区误差。然后将指示仪放进湿热试验箱内，使试验箱的温度为(40±2)℃，相对湿度为(90～95)%，并保持至少 48 h。

在上述试验周期的最后 4 h 接通电源。周期结束后，立即读取(或测量)示值(或换码点)，计算由此造成的指示仪示值的变化或下限值和量程的变化。

试验后，将指示仪从试验箱中取出，检查指示仪是否有飞弧现象、冷凝水聚集和元部件损坏，并测量指示仪的绝缘电阻。

指示仪应再在参比工作条件下放置不少于 24 h，予以恢复，然后再测量指示仪的基本误差和死区误差。

6.3.13 安装位置

试验时，将指示仪从制造厂规定的参比工作位置前、后、左、右各倾斜 30°，测量和计算各次倾斜所造成的指示仪示值的变化或下限值和量程的变化。

6.3.14 机械振动

本试验的目的在于确定指示仪工作时所经受的机械振动对指示仪示值的影响及指示仪的机械强度在这些条件下是否满足要求。

本试验应按 GB/T 18271.3—2000 中第 7 章规定的方法进行。

试验时，指示仪的示值应设定在 50%量程附近的试验点上。

振动试验后，应目视检查指示仪有无机械损坏。然后在参比工作条件下，测量指示仪的基本误差和死区误差。

6.3.15 倾跌

本试验的目的在于确定指示仪在使用和维修时，由于操作不慎可能产生的碰撞或振动对指示仪示值的影响，同时考核指示仪的最低机械强度。

本试验应按 GB/T 18271.3—2000 中第 8 章规定的方法进行。

试验后，应检查指示仪有无损坏，接着测量指示仪的基本误差，计算由此造成的指示仪示值的变化或下限值和量程的变化。

6.3.16 过范围

本试验应按 GB/T 18271.3—2000 中第 10 章规定的方法进行。

过范围值应为超过量程的 100%。

输入为零点下降信号的指示仪，应将输入信号设定在零值上(实际零值，而不是下限值)，重复该项试验。

6.4 稳定性试验

6.4.1 模糊误差

本试验可与阶跃响应试验同时进行。观察指示仪示值是否按分辨力的间隔计数顺序(增、减)跳动，不同的数字位是否精确同步。

6.4.2 波动

本试验可与基本误差试验同时进行。在每个试验点上停留一段时间(不少于 30 s)，读取示值波动范围，且以 1/2 的示值波动范围作为指示仪的波动值。

对电压、电流信号输入的其下限值为零点的指示仪，还应在输入端子短路(电流的为开路)情况下，读取指示仪示值的零点波动值。

6.4.3 短期漂移

本试验的目的在于确定指示仪经预热、预调后一段时间内产生的指示仪示值的变化。

a) 在指示仪输入端接入规定的外阻，指示仪经预热、预调后，输入零点所对应的电量值，读取指示仪的均示值($\overline{A_0}$)。以后每隔 10 min 进行测量 1 次(可取 1 min 内指示仪读数的平均示值$\overline{A_i}$)，历时 1 h，以$\overline{A_i}$与$\overline{A_0}$之差绝对值的最大值作为 1 h 内的零点最大漂移值；然后再以每隔 1 h 测量 1 次，历时 23 h，取得 24 h 内的零点最大漂移值。

b) 除输入设定在指示值为 90%量程附近的试验点外，重复上述试验步骤，取得 1 h 和 24 h 内的示值最大漂移值。

c) 指示仪经 24 h 连续工作后，再测量指示仪的基本误差和死区误差。

6.5 响应时间试验

6.5.1 阶跃响应时间

本试验应按 GB/T 18271.2—2000 中 5.4 规定的方法进行。

本试验应重复测量 3 次，取其平均值作为阶跃响应时间。

6.5.2 过载恢复时间

本试验不考虑指示仪测量范围内的极性改变。

试验时，首先给指示仪施加 200%量程的输入信号，持续 1 min(如超出指示仪的显示范围，指示仪应有"溢出"显示或表示信号)然后给指示仪施加一个使指示仪示值为 20%量程(或上限值)的阶跃输入信号，同时开始计时。在所显示的新稳态值进入规定的误差限时，结束计时。

本试验应重复测量 3 次，取其平均值作为过载恢复时间。

6.5.3 极性响应时间

本试验仅适用于零点提升的指示仪。

试验时，首先给指示仪施加 5%量程的正极性输入信号。然后转换到 5%量程的负极性输入信号，同时开始计时。在所显示的新稳态值进入规定的误差限时，结束计时。此时指示仪应有负极性显示或表示信号。

本试验还应从 5%量程的负极性输入信号，转换到 5%量程的正极性输入信号时，予以同样的测量。此时指示仪的负极性显示或表示信号应同时消失。

试验应重复循环测量 3 次，分别取各向平均值作为极性响应时间。

6.6 其他试验

6.6.1 电功耗

本试验应按 GB/T 18271.2—2000 中 6.4.1 规定的方法进行。

6.6.2 输入特性

本试验可与基本误差同时进行。也可在 10%和 90%量程附近的试验点上，将其外接或外线电阻从规定的最小值改变到最大值，读取(或测量)指示仪示值(或换码点)的变化，同时测量和计算指示仪的基本误差。

对电压输入信号的指示仪还需进行非工作状态下输入电阻的测试。

试验时，使指示仪不接通电源，在输入端施加 10%和 90%量程附近的输入信号(E)，用较高输入电阻的电压表测量规定的最大值外接电阻上的压降(U_R)，则非工作状态下输入电阻(R_i)可按下式计算：

$$R_i = \frac{R(E - U_R)}{U_R} \qquad \cdots\cdots (10)$$

式中：

R——外接电阻最大值，Ω。

6.6.3 输出特性

6.6.3.1 数据输出

本试验可用数字打印机直接打印检查，也可用直流电压表及示波器逐点检查编码输出、逻辑电平及数据输出指令。

6.6.3.2 模拟输出

本试验可按 GB/T 17614.1—2008 第 6 章规定的试验方法进行。

6.7 安全试验

6.7.1 绝缘电阻

指示仪的绝缘电阻用额定直流电压为 500 V 的兆欧表测量。

试验应在规定的试验大气条件下进行。

试验时，断开电源，但应使电源开关位于接通位置。将输入端子和电源端子分别短接，然后测量下述端子之间的绝缘电阻：

a) 输入端子—接地端子；

b) 电源端子—接地端子；

c) 输入端子—电源端子。

6.7.2 绝缘强度

绝缘强度试验应按 GB/T 18271.2—2000 中 6.3.3 规定的方法进行，试验电压按表 4 规定。

试验应在 6.7.1 规定的各接线端子间进行。

由于电场影响可能受损的半导体器件，在型式检验时可以开路、短路或用模拟物来代替，在出厂检验时可将试验电压降为表 4 规定电压值的 1/2，但不得小于 1 kV。

6.8 运输条件试验

6.8.1 运输环境温度

本试验的目的在于确定指示仪于运输中可能遭受的高、低温条件对指示仪性能的影响。

指示仪在运输包装条件下放进高温试验箱中，在表 1 规定的温度上保持 8 h，取出后放在参比工作条件下恢复至少 24 h，然后测量指示仪的基本误差和死区误差。

再将指示仪放进低温箱中，在表 1 规定的温度下重复上述试验。

6.8.2 运输湿热

本试验采用恒定湿热试验方法，如考虑表面凝露和呼吸作用引起吸潮时，应采用交变湿热试验。

指示仪在运输包装条件下放进湿热试验箱中，试验箱的温度为(40±2)℃，相对湿度为(90～95)%，并保持 48 h。试验后，将指示仪从包装箱中取出，立即测量绝缘电阻，然后将指示仪放在参比工作条件下至少 24 h，测量指示仪的基本误差、死区误差和绝缘电阻。

注：经过环境湿热试验的指示仪可不进行上述湿热试验。

6.8.3 运输碰撞

将指示仪按运输要求装入运输包装箱中，再将包装箱直接或通过过渡结构用带子紧固在碰撞试验台上。过渡结构应有足够的刚度，避免引起附加的谐振。然后使包装箱内的指示仪承受下述条件的试验：

脉冲波形：　　近似正弦波；

加速度：　　(100±10)m/s²

脉冲持续时间：　　(11±2)ms；

脉冲重复频率：　　(60～100)次/min；

碰撞次数：　　(1 000±10)次。

试验后，将指示仪从包装箱中取出，仔细检查指示仪有无损坏，并测量指示仪的基本误差和死区误差。

6.9 外观

指示仪的外观应按技术要求以目测法逐项检查。

7 检验规则

7.1 出厂检验

每台指示仪均须经制造厂质量检验部门进行检验。检验合格并附有产品合格证的，方能出厂。指示仪出厂检验应按表 5 所列项目进行。

表 5

项目	技术要求条号	试验方法条号
外观	5.8	6.9
基本误差	5.1.1	6.2.5
死区误差	5.1.3	6.2.6
模糊误差	5.3.1	6.4.1
波动	5.3.2	6.4.2
短期漂移	5.3.3	6.4.3
响应时间	5.4	6.5
输入特性	5.5.2	6.6.2
输出特性	5.5.3	6.6.3
绝缘电阻	5.6.1	6.7.1
绝缘强度	5.6.2	6.7.2

7.2 型式检验

除非另有规定，指示仪的型式检验应按本标准规定的全部技术要求项目进行。

有下列情况之一，一般应进行型式检验：

a) 新产品或老产品转厂生产的试制定型鉴定；

b) 正式生产后，如结构、材料、工艺有较大改变可能影响产品性能时；

c) 产品质量不稳定或产品长期停产(一般为大于半年)恢复生产时；

d) 出厂检验结果与上次型式检验有较大差异时；

e) 正常生产时，定期进行一次检验；

f) 国家质量监督机构提出进行型式检验的要求时。

产品的抽样方案、判定方法和质量等级应符合有关标准的规定。

8 标志、包装和贮存

8.1 标志

指示仪面板或铭牌上应有下列标志：

a) 型号；

b) 测量单位名称或符号；

c) 精确度等级；

d) 配用的传感器或变送器的分度号或型号；

e) 测量范围或相应的电量值；

f) 制造厂名或商标；

g) 产品编号和制造年月；

h) 标有连接外部线路的接线端子标志。

8.2 **包装**

指示仪一般应用塑料袋封装，连同附件、备件、技术使用说明书和产品合格证等装在防尘、防震和防潮的坚固盒中；装箱运输的指示仪应按 GB/T 15464 的规定进行包装。

8.3 **贮存**

指示仪应贮放在环境温度为 5 ℃～40 ℃和相对湿度不大于 85%的通风室内，空气中不应含有腐蚀指示仪的有害杂质。

附 录 A
（规范性附录）
示值基准法（寻找换码点）示意图

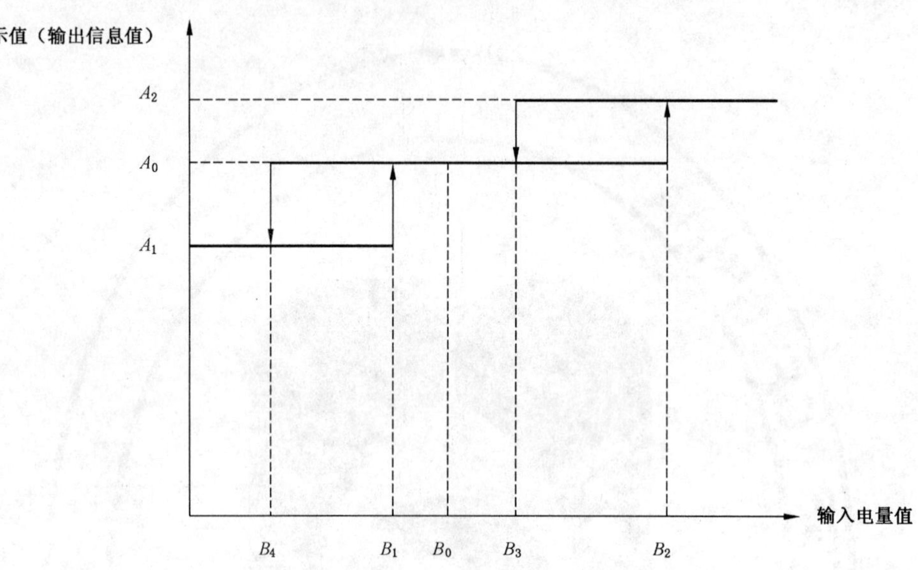

图 A.1 误差示意图

图中：A_0——试验点的示值；

A_1——A_0 减少 1 个分辨力时的示值；

A_2——A_0 增加 1 个分辨力时的示值；

B_0——A_0 对应的（标称或已知）电量值；

B_1——上行程时，示值刚能稳定在 A_0 的输入实际电量值；

B_2——上行程时，示值离开 A_0 刚转换到 A_2 的输入实际电量值；

B_3——下行程时，示值刚能稳定在 A_0 的输入实际电量值；

B_4——下行程时，示值离开 A_0 刚转换到 A_1 的输入实际电量值。

指示仪的基本误差由 A_0 与 B_1、B_2、B_3、B_4 各换码点所对应的（标称或已知）示值最大差值来确定。指示仪的死区误差由 B_2 与 B_1 换码点所对应的（标称或已知）示值之差和（或）B_3 与 B_4 换码点所对应的（标称或已知）示值之差来确定，并以分辨力的倍数表示。

附 录 B
（资料性附录）
测量示值误差采用的试验方法示意表

表 B.1 采用不同试验方法的指示仪示意表

序号	测量范围	显示		分辨力	a 系数					显示		分辨力	a 系数				
		位数	极性		0.1	0.2	(0.3)	0.5	1.0	位数	极性		0.1	0.2	(0.3)	0.5	1.0
1	1～5	3		0.01					Ⅱ	4		0.001	Ⅱ	Ⅰ	Ⅰ	Ⅰ	Ⅰ
2	4～20	$3\frac{1}{2}$		0.01		Ⅱ	Ⅱ	Ⅰ	Ⅰ	$4\frac{1}{2}$		0.001	Ⅰ	Ⅰ	Ⅰ		
3	0～10	3		0.01			Ⅱ	Ⅰ	Ⅰ	4		0.001	Ⅰ	Ⅰ	Ⅰ		
4	0～50	3		0.1					Ⅰ	4		0.01	Ⅰ	Ⅰ	Ⅰ	Ⅰ	
5	0～100	3		0.1			Ⅱ	Ⅰ	Ⅰ	4		0.01	Ⅰ	Ⅰ	Ⅰ		
6	0～150	$3\frac{1}{2}$		0.1		Ⅱ	Ⅱ	Ⅰ	Ⅰ	$4\frac{1}{2}$		0.01	Ⅰ	Ⅰ	Ⅰ		
7	0～200	$3\frac{1}{2}$		0.1		Ⅱ	Ⅰ	Ⅰ	Ⅰ	$4\frac{1}{2}$		0.01	Ⅰ	Ⅰ			
8	0～300	3		1					Ⅱ	4		0.1	Ⅱ	Ⅰ	Ⅰ	Ⅰ	Ⅰ
9	0～400	3		1					Ⅱ	4		0.1	Ⅱ	Ⅰ	Ⅰ	Ⅰ	Ⅰ
10	0～500	3		1					Ⅰ	4		0.1	Ⅰ	Ⅰ	Ⅰ	Ⅰ	
11	0～600	3		1				Ⅱ	Ⅰ	4		0.1	Ⅰ	Ⅰ	Ⅰ	Ⅰ	
12	0～800	3		1				Ⅱ	Ⅰ	4		0.1	Ⅰ	Ⅰ	Ⅰ	Ⅰ	
13	0～1 000	3		1			Ⅱ	Ⅰ	Ⅰ	4		0.1	Ⅰ	Ⅰ	Ⅰ		
14	0～1 200	$3\frac{1}{2}$		1			Ⅱ	Ⅰ	Ⅰ	$4\frac{1}{2}$		0.1	Ⅰ	Ⅰ	Ⅰ		
15	0～1 300	$3\frac{1}{2}$		1			Ⅱ	Ⅰ	Ⅰ	$4\frac{1}{2}$		0.1	Ⅰ	Ⅰ	Ⅰ		
16	0～1 600	$3\frac{1}{2}$		1		Ⅱ	Ⅱ	Ⅰ	Ⅰ	$4\frac{1}{2}$		0.1	Ⅰ	Ⅰ	Ⅰ		
17	0～1 800	$3\frac{1}{2}$		1		Ⅱ	Ⅰ	Ⅰ	Ⅰ	$4\frac{1}{2}$		0.1	Ⅰ	Ⅰ			
18	200～400	3		1						4		0.1		Ⅱ	Ⅰ	Ⅰ	Ⅰ
19	200～500	3		1					Ⅱ	4		0.1	Ⅱ	Ⅰ	Ⅰ	Ⅰ	Ⅰ
20	600～1 600	$3\frac{1}{2}$		1			Ⅱ	Ⅰ	Ⅰ	$4\frac{1}{2}$		0.1	Ⅰ	Ⅰ	Ⅰ		
21	－50～＋50	3	*	0.1			Ⅱ	Ⅰ	Ⅰ	4	*	0.01	Ⅰ	Ⅰ	Ⅰ		
22	－50～＋100	3	*	0.1		Ⅱ	Ⅱ	Ⅰ	Ⅰ	4	*	0.01	Ⅰ	Ⅰ	Ⅰ		
23	－100～＋100	3	*	0.1		Ⅱ	Ⅰ	Ⅰ	Ⅰ	4	*	0.01	Ⅰ	Ⅰ			
24	－150～＋150	$3\frac{1}{2}$	*	0.1	Ⅱ	Ⅰ	Ⅰ	Ⅰ	Ⅰ	$4\frac{1}{2}$	*	0.01	Ⅰ				

表 B.1（续）

序号	测量范围	显示		分辨力	*a* 系数					显示		分辨力	*a* 系数				
		位数	极性		0.1	0.2	(0.3)	0.5	1.0	位数	极性		0.1	0.2	(0.3)	0.5	1.0
25	−200～+200	$3\frac{1}{2}$	*	0.1	Ⅱ	Ⅰ	Ⅰ	Ⅰ	Ⅰ	$4\frac{1}{2}$	*	0.1	Ⅰ				
26	−200～+300	3	*	1					Ⅰ	4	*	0.1	Ⅰ	Ⅰ	Ⅰ	Ⅰ	
27	−200～+500	3	*	1				Ⅱ	Ⅰ	4	*	0.1	Ⅰ	Ⅰ	Ⅰ	Ⅰ	
28	−200～+650	3	*	1				Ⅱ	Ⅰ	4	*	0.1	Ⅰ	Ⅰ	Ⅰ	Ⅰ	

注 1：“Ⅰ”表示采用输入基准法的指示仪。

注 2：“Ⅱ”表示采用示值基准法的指示仪。

注 3：“*a*”系数项下的空白格表示该显示位数下不推荐制造的测量范围。

注 4：测量范围的单位可为温度、压力、流量、液位、电压、电流等。

注 5：表格中极性项下的“*”表示具有负极性显示符号的指示仪。

表 B.2　输入电量值与温度对应的分度表标准

输入(电量值)信号		标准编号	标准名称
热电偶	S B K T E J	GB/T 16839.1—1997 GB/T 16839.2—1997	热电偶　第 1 部分：分度表 热电偶　第 2 部分：允差
热电阻	Cu50　Cu100 Pt10　Pt100	JB/T 8623—1997 JB/T 8622—1997	工业铜热电阻技术条件及分度表 工业铂热电阻技术条件及分度表
辐射感温器	F2	JB/T 9241—1999	辐射感温器技术条件

ICS 13.340.10
C 73

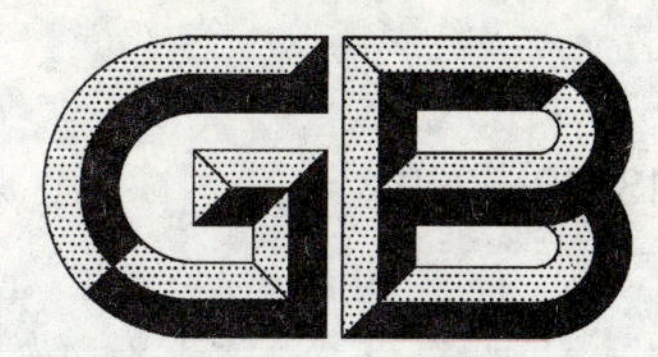

中华人民共和国国家标准

GB/T 13640—2008
代替 GB/T 13640—1992

劳动防护服号型

Size designation of protective clothing

2008-10-30 发布 2009-06-01 实施

中华人民共和国国家质量监督检验检疫总局
中国国家标准化管理委员会 发布

前　言

本标准是对 GB/T 13640—1992 的修订。

本标准与 GB/T 13640—1992 相比,主要变化如下:

- 根据 2005 年我国劳动人口人体尺寸分布和变化趋势调整和补充了号型设置范围;
- 调整腰围控制量,在胸围覆盖率高的号型部分细分腰围设置、胸围覆盖率低的号型部分简化腰围设置;
- 调整了全国成年男子、成年女子身高和胸围覆盖率,删除附录 A《劳动防护服号型覆盖率》中分地区的覆盖率;
- 增加了附录 B《宽松类劳动防护服号型》。

本标准自发布之日起,代替 GB/T 13640—1992《劳动防护服号型》。

本标准的附录 A、附录 B、附录 C 是资料性附录。

本标准由全国个体防护装备标准化技术委员会提出并归口。

本标准起草单位:际华三五零二职业装有限公司、中国标准化研究院、国家体育总局体育科学研究所、中国科学院数学与系统科学研究院、总后军需装备研究所、北京服装学院。

本标准主要起草人:肖惠、仇满亮、姜崇民、冯士雍、苏扬、郑嵘、徐枫、刘壮宏、王丽霞、晁储芝、杜曙光。

本标准于 1992 年首次发布,本次为第一次修订。

劳动防护服号型

1 范围

本标准规定了劳动防护服号型、控制部位尺寸系列与号型标志。

本标准适用于劳动防护服的设计、生产与选用。

本标准也适用于其他工作服,包括宽松类职业服的设计、生产与选用。

2 规范性引用文件

下列文件中的条款通过本标准的引用而成为本标准的条款。凡是注日期的引用文件,其随后所有的修改单(不包括勘误的内容)或修订版均不适用于本标准,然而,鼓励根据本标准达成协议的各方研究是否可使用这些文件的最新版本。凡是不注日期的引用文件,其最新版本适用于本标准。

GB/T 1335.1 服装号型 男子

GB/T 1335.2 服装号型 女子

GB/T 16160 服装用人体测量的部位与方法

3 号型设置

3.1 号型

反映人体高矮、肥瘦的尺寸,其中“号”以身高表示,是设计和选用服装长度的依据;“型”以胸围表示,是设计和选用服装围度的依据。

3.2 男子号型设置

男子号型设置见表1。

表1 男子号型设置

单位为厘米

号	型							
155	76	80	84	88	92	96		
160	76	80	84	88	92	96	100	
165	76	80	84	88	92	96	100	104	
170	76	80	84	88	92	96	100	104	108
175		80	84	88	92	96	100	104	108
180				88	92	96	100	104	108
185					92	96	100	104	108

3.3 女子号型设置

女子号型设置见表2。

表2 女子号型设置

单位为厘米

号	型							
145	72	76	80	84	88	92		
150	72	76	80	84	88	92	96	

表 2（续） 单位为厘米

号	型							
155	72	76	80	84	88	92	96	100
160	72	76	80	84	88	92	96	100
165		76	80	84	88	92	96	100
170				84	88	92	96	100
175					88	92	96	100

3.4 号型覆盖率

劳动防护服号型依据我国成年男子(18 岁～59 岁)和成年女子(18 岁～54 岁)的身高、胸围数据的实际分布设置，号型的覆盖率见附录 A。

3.5 号型的使用

使用方根据劳动人口身体尺寸数据的分布、生产发放条件及各种劳动防护服适体性的不同要求合理选用使用号型，宽松类服装号型的设置见附录 B。

4 控制部位尺寸系列设置

4.1 控制部位的选定与分类

4.1.1 控制部位的选定与 GB/T 1335.1、GB/T 1335.2 相一致，测量方法见附录 C。

4.1.2 控制部位分为高度、围度二大类：

a) 高度类：身高、颈椎点高、坐姿颈椎点高、全臂长、腰围高；

b) 围度类：胸围、颈围、总肩宽、腰围、臀围。

这十个主要部位尺寸是服装规格设计的依据。其中高度类尺寸随身高变化相应变化，围度类尺寸随胸围变化相应变化。

4.2 腰围尺寸的设置

同一胸围条件下，根据人体体型的不同，分设腰围尺寸作为上下装配套选用。

4.3 控制部位尺寸系列

4.3.1 男子控制部位尺寸系列见表 3。高度和围度类尺寸按号型要求组合。

4.3.2 女子控制部位尺寸系列见表 4。高度和围度类尺寸按号型要求组合。

5 号型标志

5.1 标注

劳动防护服应在规定位置标注号型标志。

5.2 号型表示方法

号与型之间用斜线分开，上装为身高/胸围，下装为身高/腰围，套装同时标注上装、下装号型。

示例：身高为 170 cm、胸围为 88 cm、腰围为 74 cm，上装应标为 170/88，下装应标为 170/74。

表 3 男子控制部位尺寸系列

单位为厘米

<table>
<tr><th colspan="2">部 位</th><th colspan="2">分档数值</th><th colspan="14">数 值</th></tr>
<tr><td rowspan="5">高度类</td><td>身高</td><td colspan="2">5</td><td colspan="2">155.0</td><td colspan="2">160.0</td><td colspan="2">165.0</td><td colspan="2">170.0</td><td colspan="2">175.0</td><td colspan="2">180.0</td><td colspan="2">185.0</td></tr>
<tr><td>颈椎点高</td><td colspan="2">4</td><td colspan="2">133.0</td><td colspan="2">137.0</td><td colspan="2">141.0</td><td colspan="2">145.0</td><td colspan="2">149.0</td><td colspan="2">153.0</td><td colspan="2">157.0</td></tr>
<tr><td>坐姿颈椎点高</td><td colspan="2">2</td><td colspan="2">60.5</td><td colspan="2">62.5</td><td colspan="2">64.5</td><td colspan="2">66.5</td><td colspan="2">68.5</td><td colspan="2">70.5</td><td colspan="2">72.5</td></tr>
<tr><td>全臂长</td><td colspan="2">1.5</td><td colspan="2">51.0</td><td colspan="2">52.5</td><td colspan="2">54.0</td><td colspan="2">55.5</td><td colspan="2">57.0</td><td colspan="2">58.5</td><td colspan="2">60.0</td></tr>
<tr><td>腰围高</td><td colspan="2">3</td><td colspan="2">93.5</td><td colspan="2">96.5</td><td colspan="2">99.5</td><td colspan="2">102.5</td><td colspan="2">105.5</td><td colspan="2">108.5</td><td colspan="2">111.5</td></tr>
<tr><td rowspan="5">围度类</td><td>胸围</td><td colspan="2">4</td><td>76</td><td>80</td><td colspan="2">84</td><td colspan="2">88</td><td colspan="2">92</td><td colspan="2">96</td><td colspan="2">100</td><td>104</td><td>108</td></tr>
<tr><td>颈围</td><td colspan="2">1</td><td>33.8</td><td>34.8</td><td colspan="2">35.8</td><td colspan="2">36.8</td><td colspan="2">37.8</td><td colspan="2">38.8</td><td colspan="2">39.8</td><td>40.8</td><td>41.8</td></tr>
<tr><td>总肩宽</td><td colspan="2">1.2</td><td>40.0</td><td>41.2</td><td colspan="2">42.4</td><td colspan="2">43.6</td><td colspan="2">44.8</td><td colspan="2">46.0</td><td colspan="2">47.2</td><td>48.4</td><td>49.6</td></tr>
<tr><td>腰围</td><td colspan="2">4</td><td>68</td><td>72</td><td>70</td><td>76</td><td>74</td><td>80</td><td>78</td><td>84</td><td>82</td><td>88</td><td>86</td><td>92</td><td>96</td><td>100</td></tr>
<tr><td>臀围</td><td>3.2*</td><td>2.8</td><td>83.8</td><td>86.6</td><td>86.8*</td><td>89.4</td><td>90.0*</td><td>92.2</td><td>93.2*</td><td>95.0</td><td>96.4*</td><td>97.8</td><td>99.6*</td><td>100.6</td><td>103.4</td><td>106.2</td></tr>
<tr><td colspan="18">注：臀围数值加“*”以 3.2 为分档数值，不加“*”以 2.8 为分档数值。</td></tr>
</table>

表 4 女子控制部位尺寸系列

单位为厘米

<table>
<tr><th colspan="2">部 位</th><th colspan="2">分档数值</th><th colspan="13">数 值</th></tr>
<tr><td rowspan="5">高度类</td><td>身高</td><td colspan="2">5</td><td colspan="2">145.0</td><td colspan="2">150.0</td><td colspan="2">155.0</td><td colspan="2">160.0</td><td colspan="2">165.0</td><td colspan="2">170.0</td><td>175.0</td></tr>
<tr><td>颈椎点高</td><td colspan="2">4</td><td colspan="2">124.0</td><td colspan="2">128.0</td><td colspan="2">132.0</td><td colspan="2">136.0</td><td colspan="2">140.0</td><td colspan="2">144.0</td><td>148.0</td></tr>
<tr><td>坐姿颈椎点高</td><td colspan="2">2</td><td colspan="2">56.5</td><td colspan="2">58.5</td><td colspan="2">60.5</td><td colspan="2">62.5</td><td colspan="2">64.5</td><td colspan="2">66.5</td><td>68.5</td></tr>
<tr><td>全臂长</td><td colspan="2">1.5</td><td colspan="2">46.0</td><td colspan="2">47.5</td><td colspan="2">49.0</td><td colspan="2">50.5</td><td colspan="2">52.0</td><td colspan="2">53.5</td><td>55.0</td></tr>
<tr><td>腰围高</td><td colspan="2">3</td><td colspan="2">89.0</td><td colspan="2">92.0</td><td colspan="2">95.0</td><td colspan="2">98.0</td><td colspan="2">101.0</td><td colspan="2">104.0</td><td>107.0</td></tr>
<tr><td rowspan="5">围度类</td><td>胸围</td><td colspan="2">4</td><td>72</td><td colspan="2">76</td><td colspan="2">80</td><td colspan="2">84</td><td colspan="2">88</td><td colspan="2">92</td><td>96</td><td>100</td></tr>
<tr><td>颈围</td><td colspan="2">0.8</td><td>31.2</td><td colspan="2">32</td><td colspan="2">32.8</td><td colspan="2">33.6</td><td colspan="2">34.4</td><td colspan="2">35.2</td><td>36.0</td><td>36.8</td></tr>
<tr><td>总肩宽</td><td colspan="2">1</td><td>36.4</td><td colspan="2">37.4</td><td colspan="2">38.4</td><td colspan="2">39.4</td><td colspan="2">40.4</td><td colspan="2">41.4</td><td>42.4</td><td>43.4</td></tr>
<tr><td>腰围</td><td colspan="2">4</td><td>62</td><td>60</td><td>66</td><td>64</td><td>70</td><td>68</td><td>74</td><td>72</td><td>78</td><td>76</td><td>82</td><td>86</td><td>90</td></tr>
<tr><td>臀围</td><td>3.6*</td><td>3.2</td><td>83.2</td><td>82.8*</td><td>86.4</td><td>86.4*</td><td>89.6</td><td>90.0*</td><td>92.8</td><td>93.6*</td><td>96.0</td><td>97.2*</td><td>99.2</td><td>102.4</td><td>105.6</td></tr>
<tr><td colspan="17">注：臀围数值加“*”以 3.6 为分档数值，不加“*”以 3.2 为分档数值。</td></tr>
</table>

附 录 A
（资料性附录）
劳动防护服号型覆盖率

A.1 全国成年男子号型身高与胸围覆盖率见表A.1。

表A.1 全国成年男子身高与胸围覆盖率

单位为百分比

号	型										
	72	76	80	84	88	92	96	100	104	108	112
150	0.10	0.19	0.26	0.26	0.19	0.11	0.04	0.01	0.00	0.00	0.00
155	0.36	0.78	1.26	1.48	1.27	0.80	0.37	0.12	0.03	0.01	0.00
160	0.65	1.66	3.08	4.19	4.17	3.04	1.62	0.63	0.18	0.04	0.01
165	0.60	1.77	3.80	5.97	6.87	5.79	3.57	1.62	0.53	0.13	0.02
170	0.28	0.95	2.35	4.28	5.69	5.55	3.96	2.07	0.79	0.22	0.05
175	0.07	0.26	0.73	1.54	2.37	2.67	2.20	1.33	0.59	0.19	0.05
180	0.01	0.03	0.11	0.28	0.50	0.65	0.62	0.43	0.22	0.08	0.02
185	0.00	0.00	0.01	0.03	0.05	0.08	0.09	0.07	0.04	0.02	0.01
190	0.00	0.00	0.00	0.00	0.00	0.00	0.01	0.01	0.00	0.00	0.00

A.2 全国成年女子号型身高与胸围覆盖率见表A.2。

表A.2 全国成年女子身高与胸围覆盖率

单位为百分比

号	型										
	64	68	72	76	80	84	88	92	96	100	104
135	0.00	0.01	0.01	0.02	0.02	0.01	0.01	0.00	0.00	0.00	0.00
140	0.03	0.08	0.17	0.25	0.28	0.22	0.13	0.05	0.02	0.00	0.00
145	0.12	0.39	0.88	1.46	1.77	1.56	1.01	0.48	0.16	0.04	0.01
150	0.24	0.83	2.10	3.87	5.20	5.10	3.65	1.91	0.73	0.20	0.04
155	0.21	0.82	2.30	4.70	7.01	7.63	6.06	3.52	1.49	0.46	0.10
160	0.09	0.37	1.16	2.63	4.35	5.25	4.63	2.98	1.40	0.48	0.12
165	0.02	0.08	0.27	0.67	1.24	1.66	1.63	1.16	0.61	0.23	0.06
170	0.00	0.01	0.03	0.08	0.16	0.24	0.26	0.21	0.12	0.05	0.02
175	0.00	0.00	0.00	0.00	0.01	0.02	0.02	0.02	0.01	0.01	0.00

注：全国成年男子、成年女子号型身高与胸围覆盖率是以2005年全国体质调查中劳动人口(男子:18岁～59岁、女子:18岁～54岁)身高与胸围的实际分布数值计算得出。

附 录 B
（资料性附录）
宽松类劳动防护服号型

B.1 宽松类劳动防护服号型适应范围：防寒服、大衣、大褂、连体服、宽松茄克等。

B.2 宽松类劳动防护服号型按表 B.1、表 B.2 设置，根据需要选择控制部位尺寸数值并自行设计规格尺寸。

表 B.1 男子宽松类服装号型设置

单位为厘米

号	型				
160	80 84	88	92 96		
165	80 84	88	92 96	100	
170	80 84	88	92 96	100	104 108
175	80 84	88	92 96	100	104 108
180			92 96	100	104 108
185			92 96	100	104 108

表 B.2 女子宽松类服装号型设置

单位为厘米

号	型					
150	76	80 84	88			
155	76	80 84	88	92 96		
160	76	80 84	88	92 96		
165	76	80 84	88	92 96	100	104 108
170		80 84	88	92 96	100	104 108
175			88	92 96	100	104 108

附 录 C
（资料性附录）
人体各部位的测量方法及测量示意图

C.1 人体各部位的测量方法与 GB/T 16160 相一致，见表 C.1。

表 C.1 人体各部位测量方法

序号	部 位	被测者姿势	测 量 方 法
1	身高	赤足取立姿	用测高仪测量从头顶至地面的垂距
2	颈椎点高	赤足取立姿	用测高仪测量从颈椎点至地面的垂距
3	坐姿颈椎点高	取坐姿	用测高仪测量从颈椎点至凳面的垂距
4	臂长	取立姿	用软尺测量从肩峰点至尺骨茎突点的距离
5	腰围高	赤足取立姿	用测高仪测量从腰围至地面的垂距
6	胸围	取立姿正常呼吸	用软尺水平测量经乳头点的围长（乳房下垂的中年妇女改用胸中点）
7	颈围	取立姿正常呼吸	用软尺测量从喉结下 2 cm 经颈椎点的围长
8	总肩宽	取立姿	用软尺测量左右肩峰点间的水平弧长
9	腰围	取立姿正常呼吸	用软尺水平测量在肋弓与髂嵴之间最细部的水平围长
10	臀围	取立姿	用软尺水平测量臀部向后最突出部位的水平围长

C.2 人体各部位的测量示意图见图 C.1。

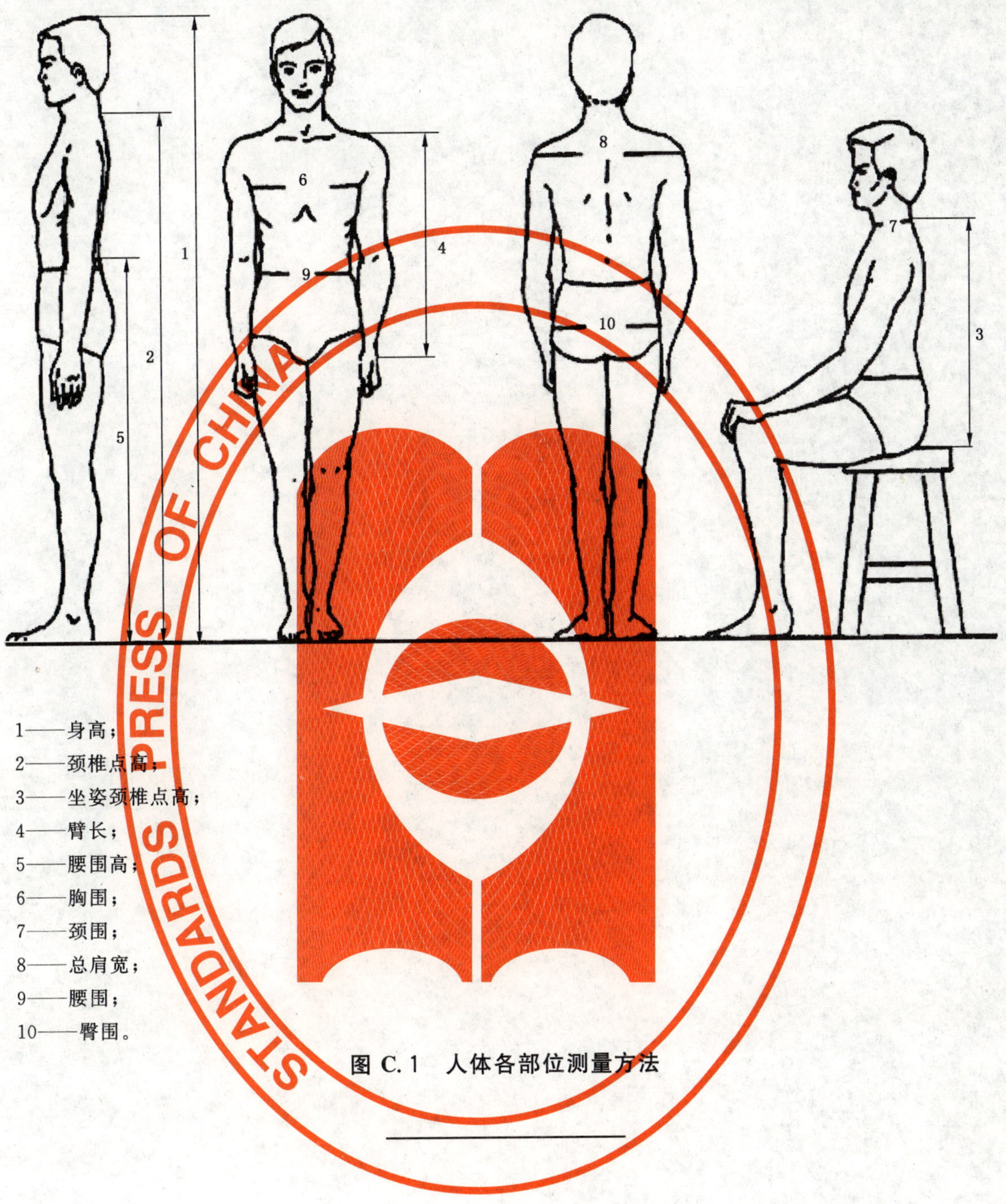

1——身高；
2——颈椎点高；
3——坐姿颈椎点高；
4——臂长；
5——腰围高；
6——胸围；
7——颈围；
8——总肩宽；
9——腰围；
10——臀围。

图 C.1 人体各部位测量方法

ICS 83.080.01
G 32

中华人民共和国国家标准

GB/T 13659—2008
代替 GB/T 13659—1992

001×7 强酸性苯乙烯系阳离子交换树脂

001×7 Strong acid polystyrene cation exchange resin

2008-06-30 发布　　2009-02-01 实施

中华人民共和国国家质量监督检验检疫总局
中国国家标准化管理委员会　发布

前言

本标准代替 GB/T 13659—1992《001×7 强酸性苯乙烯系阳离子交换树脂》。

与 GB/T 13659—1992 相比，本标准主要变化如下：

——对软化和除盐不同用途的产品分类规定了指标。

本标准由中国石油和化学工业协会提出。

本标准由全国塑料标准化技术委员会通用方法和产品分会(SAC/TC 15/SC 4)归口。

本标准主要起草单位：浙江争光实业股份有限公司、西安热工研究院有限公司、淄博东大化工股份有限公司、江苏苏青水处理工程集团公司、国家合成树脂质检中心。

本标准主要起草人：沈建华、王广珠、劳法勇、翟静华、钱平、王建东。

本标准所代替标准的历次版本发布情况为：

——GB/T 13659—1992。

001×7 强酸性苯乙烯系阳离子交换树脂

1 范围

本标准规定了 001×7 强酸性苯乙烯系阳离子交换树脂的技术要求、试验方法、检验规则及标志、包装、运输、贮存的要求。

本标准适用于含有磺酸基团的 001×7 强酸性苯乙烯系阳离子交换树脂。

2 规范性引用文件

下列文件中的条款通过本标准的引用而成为本标准的条款。凡是注日期的引用文件，其随后所有的修改单(不包括勘误的内容)或修订版均不适用于本标准，然而，鼓励根据本标准达成协议的各方研究是否可使用这些文件的最新版本。凡是不注日期的引用文件，其最新版本适用于本标准。

GB/T 1631 离子交换树脂命名系统和基本规范

GB/T 5475 离子交换树脂取样方法

GB/T 5476 离子交换树脂预处理方法

GB/T 5757 离子交换树脂含水量测定方法

GB/T 5758 离子交换树脂粒度、有效粒径和均一系数的测定

GB/T 8330 离子交换树脂湿真密度测定方法

GB/T 8331 离子交换树脂湿视密度测定方法

GB/T 8144 阳离子交换树脂交换容量测定方法

GB/T 12598 离子交换树脂渗磨圆球率、磨后圆球率测定

3 产品型号及主要用途

001×7 强酸性苯乙烯系阳离子交换树脂的型号按 GB/T 1631 编制。该产品主要用于硬水软化，纯水制备，湿法冶金等。

4 技术要求

4.1 外观

棕黄色至棕褐色球状颗粒。

4.2 出厂型式

钠型。

4.3 理化性能

理化性能应符合表 1、表 2 中规定的各项技术指标。

表 1 除盐用 001×7 强酸性苯乙烯系阳离子交换树脂(钠型)技术要求

项 目	001×7	001×7FC	001×7MB
全交换容量/(mmol/g)	≥4.5		
体积交换容量/(mmol/mL)	≥1.90		≥1.80

表 1（续）

项　　目	001×7	001×7FC	001×7MB
含水量/ %	45～50		
湿视密度/ (g/mL)	0.78～0.88		
湿真密度/ (g/mL)	1.25～1.29		
有效粒径[a]/ mm	0.40～0.70	0.50～1.0	0.55～0.90
均一系数[a]	≤1.6		≤1.4
范围粒度[a] %	(0.315 mm～1.250 mm) ≥95	(0.450 mm～1.250 mm) ≥95	(0.500 mm～1.250 mm) ≥95
下限粒度[a] %	(<0.315 mm) ≤1.0	(<0.450 mm) ≤1.0	(<0.500 mm) ≤1.0
磨后圆球率[b]/ %	≥90.0		

[a] 有效粒径，均一系数和范围粒度、下限粒度测定用钠型。

[b] 磨后圆球率测定用原样树脂。

表 2　软化用 001×7(R)强酸性苯乙烯系阳离子交换树脂(钠型)技术要求

项　　目	001×7(R)
全交换容量/ (mmol/g)	≥4.4
体积交换容量/ (mmol/mL)	≥1.70
含水量/ %	45～53
湿视密度/ (g/mL)	0.77～0.87
湿真密度/ (g/mL)	1.24～1.29
有效粒径[a]/ mm	0.40～1.20
均一系数[a]	≤1.9
范围粒度[a]/ %	(0.315 mm～1.400 mm) ≥95
下限粒度[a]/ %	(<0.315 mm) ≤1.0
磨后圆球率[b]/ %	≥85.0

[a] 有效粒径，均一系数和范围粒度、下限粒度测定用钠型。

[b] 磨后圆球率测定用原样树脂。

5 试验方法

5.1 外观

目测。

5.2 试样预处理

采用 GB/T 5476 中规定的方法预处理。

5.3 含水量的测定

采用 GB/T 5757 中规定的方法进行测定,结果取两位有效数字。

5.4 质量全交换容量和体积全交换容量的测定

5.4.1 质量全交换容量的测定

采用 GB/T 8144 中规定的方法进行测定,结果取小数点后两位有效数字。

5.4.2 体积全交换容量的计算

体积全交换容量按式(1)计算:

$$Q_V = Q_w \rho (1 - X) \qquad \cdots\cdots (1)$$

式中:

Q_V——体积全交换容量,单位为毫摩尔每毫升(mmol/mL);

Q_w——质量全交换容量,单位为毫摩尔每克(mmol/g);

ρ——湿视密度,单位为克每毫升(g/mL);

X——含水量,%。

结果取小数点后两位有效数字。

5.5 湿视密度的测定

采用 GB/T 8331 中规定的方法进行测定,结果取小数点后两位有效数字。

5.6 湿真密度的测定

采用 GB/T 8330 中规定的方法进行测定,结果取三位有效数字。

5.7 粒度的测定

采用 GB/T 5758 中规定的方法筛分后,按式(2)和式(3)计算:

$$P_1 = \frac{V_0 - V_1 - V_2}{V_0} \times 100 \qquad \cdots\cdots (2)$$

$$P_2 = \frac{V_1}{V_0} \times 100 \qquad \cdots\cdots (3)$$

式中:

P_1——试样粒径为某范围的树脂粒度,%;

V_0——试样体积,单位为毫升(mL);

V_1——试样粒径小于某粒径树脂体积,单位为毫升(mL);

V_2——试样中粒径大于某粒径的树脂体积,单位为毫升(mL);

P_2——试样粒径小于某粒径的树脂粒度,%。

结果取两位有效数字。

5.8 有效粒径和均一系数的测定

采用 GB/T 5758 中规定的方法进行测定,结果取两位有效数字。

5.9 磨后圆球率的测定

采用 GB/T 12598 中规定的方法进行测定,结果取小数点后 1 位有效数字。

6 检验规则

6.1 产品以每釜为一批。

6.2 取样采用GB/T 5475中规定的方法。

6.3 每批产品必须由生产厂的质量检验部门进行检验，并保证出厂的所有产品达到本标准规定的各项技术要求。

6.4 本标准表1和表2中，含水量、质量全交换容量、体积交换容量、湿视密度、粒度、磨后圆球率为出厂检验项目。

6.5 型式检验

6.5.1 有下列情况之一时，应进行型式检验：

a) 新产品试制鉴定；

b) 产品投产后，在结构、材料、工艺上有较大改进，可能影响到产品性能；

c) 国家质量监督部门提出检验要求。

6.5.2 检验项目

表1和表2中规定的全部项目。

6.5.3 判定规则

型式检验结果应符合表1和表2的规定，对不合格项目加倍抽样复检，如仍不合格，则该批产品被判定为不合格。

6.6 当供需双方对产品的质量发生异议时，由双方协商解决或由法定质量检测部门进行仲裁。

7 标志、包装、运输、贮存

7.1 标志

每批产品应有检验报告单。每一包装件上应有清晰、牢固的标志，标明产品名称、型号、等级、批号、净重、生产日期和生产厂名。

7.2 包装

产品应包装在内衬塑料袋的编织袋、或其他密闭容器中，每一包装件应附有合格证。

7.3 运输

本产品为非危险品，在运输过程中，应保持在0℃～40℃环境中，避免过冷或过热，注意不使树脂失水。

7.4 贮存

本产品在7.3规定的温度条件下，贮存期为两年，超过贮存期可按本标准规定进行复验，若复验结果仍符合本标准要求，仍可使用。

ICS 83.080.01
G 32

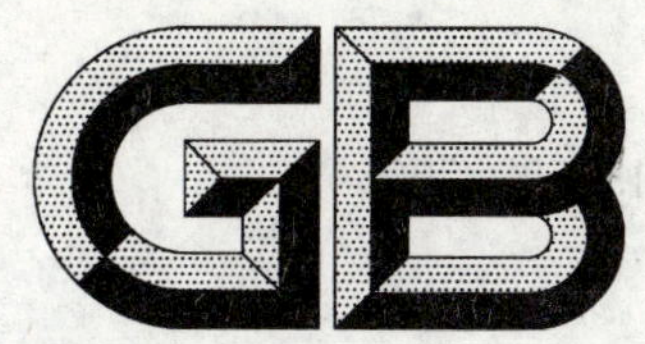

中华人民共和国国家标准

GB/T 13660—2008
代替 GB/T 13660—1992

201×7 强碱性苯乙烯系阴离子交换树脂

201×7 Strong base polystyrene anion exchange resin

2008-06-30 发布　　　　2009-02-01 实施

中华人民共和国国家质量监督检验检疫总局
中国国家标准化管理委员会　发布

前言

本标准代替 GB/T 13660—1992《0201×7 强碱性苯乙烯系阴离子交换树脂》。

与 GB/T 13660—1992 相比，本标准主要变化如下：

——对不同用途的产品分类规定了指标。

本标准由中国石油和化学工业协会提出。

本标准由全国塑料标准化技术委员会通用方法和产品分会(SAC/TC 15/SC 4)归口。

本标准主要起草单位：淄博东大化工股份有限公司、西安热工研究院有限公司、江苏苏青水处理工程集团公司、浙江争光实业股份有限公司、国家合成树脂质检中心。

本标准主要起草人：王家伟、翟静华、王广珠、钱平、沈建华、王建东。

本标准所代替标准的历次版本发布情况为：

——GB/T 13660—1992。

201×7强碱性苯乙烯系阴离子交换树脂

1 范围

本标准规定了201×7强碱性苯乙烯系阴离子交换树脂的技术要求、试验方法、检验规则及标志、包装、运输、贮存的要求。

本标准适用于季胺基为主要活性基团的201×7强碱性苯乙烯系阴离子交换树脂。

2 规范性引用文件

下列文件中的条款通过本标准的引用而成为本标准的条款。凡是注日期的引用文件，其随后所有的修改单(不包括勘误的内容)或修订版均不适用于本标准，然而，鼓励根据本标准达成协议的各方研究是否可使用这些文件的最新版本。凡是不注日期的引用文件，其最新版本适用于本标准。

GB/T 1631 离子交换树脂命名系统和基本规范

GB/T 5475 离子交换树脂取样方法

GB/T 5476 离子交换树脂预处理方法

GB/T 5757 离子交换树脂含水量测定方法

GB/T 5758 离子交换树脂粒度、有效粒径和均一系数的测定

GB/T 8330 离子交换树脂湿真密度测定方法

GB/T 8331 离子交换树脂湿视密度测定方法

GB/T 11992 氯型强碱性阴离子交换树脂交换容量测定方法

GB/T 12598 离子交换树脂渗磨圆球率、磨后圆球率测定

3 产品型号及主要用途

201×7强碱性苯乙烯系阴离子交换树脂的型号按GB/T 1631编制。该产品主要用于纯水制备，湿法冶金等。

4 技术要求

4.1 外观

淡黄至金黄色球状颗粒。

4.2 出厂型式

氯型。

4.3 理化性能

理化性能应符合表1中规定的各项技术指标。

表 1 水处理用 201×7 强碱性苯乙烯系阴离子交换树脂(氯型)技术要求

项　目	201×7	201×7FC	201×7MB	201×7SC
强型基团容量/(mmol/g)	≥3.5			
体积交换容量/(mmol/mL)	≥1.30			
含水量/%	42～48			
湿视密度/(g/mL)	0.67～0.75			
湿真密度/(g/mL)	1.07～1.15			
有效粒径[a]/mm	0.40～0.70	0.50～1.0	0.50～0.80	0.63～1.0
均一系数[a]	≤1.6		≤1.4	
上限粒度[a]/%	—	—	(>0.9 mm) ≤1.0	—
范围粒度[a]/%	(0.315 mm～1.250 mm) ≥95	(0.450 mm～1.250 mm) ≥95	(0.400 mm～0.900 mm) ≥95	(0.630 mm～1.250 mm) ≥95
下限粒度[a]/%	(<0.315 mm) ≤1.0	(<0.450 mm) ≤1.0	—	(<0.630 mm) ≤1.0
磨后圆球率[b]/%	≥90.0			

[a] 有效粒径,均一系数和范围粒度、上限粒度及下限粒度测定用氯型。

[b] 磨后圆球率测定用原样树脂。

5 试验方法

5.1 外观的测定

目测。

5.2 试样预处理

采用 GB/T 5476 中规定的方法进行预处理。

5.3 含水量的测定

采用 GB/T 5757 中规定的方法进行测定。

5.4 强型基团交换容量、体积交换容量的测定

5.4.1 强型基团交换容量的测定,采用 GB/T 11992 中规定的方法二进行。

5.4.2 体积全交换容量按式(1)计算:

$$Q_V = Q_{wl}\rho(1-X) \quad \cdots\cdots(1)$$

式中：

Q_V——体积全交换容量，单位为毫摩尔每毫升(mmol/mL)；

Q_w——质量全交换容量，单位为毫摩尔每克(mmol/g)；

ρ——湿视密度，单位为克每毫升(g/mL)；

X——含水量，%。

5.5 湿视密度的测定

采用 GB/T 8331 中规定的方法进行测定，结果取两位有效数字。

5.6 湿真密度的测定

采用 GB/T 8330 中规定的方法进行测定，结果取三位有效数字。

5.7 粒度的测定

采用 GB/T 5758 中规定的方法筛分后，按式(2)和式(3)计算：

$$P_1 = \frac{V_0 - V_1 - V_2}{V_0} \times 100 \quad \cdots\cdots(2)$$

$$P_2 = \frac{V_1}{V_0} \times 100 \quad \cdots\cdots(3)$$

式中：

P_1——试样粒径为某范围的树脂粒度，%；

V_0——试样体积，单位为毫升(mL)；

V_1——试样粒径小于某粒径树脂体积，单位为毫升(mL)；

V_2——试样中粒径大于某粒径的树脂体积，单位为毫升(mL)；

P_2——试样粒径小于某粒径的树脂粒度，%。

结果取两位有效数字。

5.8 有效粒径和均一系数的测定

采用 GB/T 5758 中规定的方法进行测定，结果取两位有效数字。

5.9 磨后圆球率的测定

采用 GB/T 12598 中规定的方法进行测定，结果取三位有效数字。

6 检验规则

6.1 产品以每釜为一批。

6.2 取样采用 GB/T 5475 中规定的方法。

6.3 每批产品必须由生产厂的质量检验部门进行检验，并保证出厂的所有产品达到本标准规定的各项技术要求。

6.4 本标准表 1 中，含水量、强型基团交换容量、体积交换容量、湿视密度、粒度、磨后圆球率为出厂检验项目。

6.5 型式检验

6.5.1 有下列情况之一时，应进行型式检验：

a) 新产品试制鉴定；

b) 产品投产后，在结构、材料、工艺上有较大改进，可能影响到产品性能；

c) 国家质量监督部门提出检验要求。

6.5.2 检验项目

表 1 中规定的全部项目。

6.5.3 判定规则

型式检验结果应符合表 1 的规定，对不合格项目加倍抽样复检，如仍不合格，则该批产品被判定为不合格。

6.6　当供需双方对产品的质量发生异议时，由双方协商解决或由法定质量检测部门进行仲裁。

7　标志、包装、运输、贮存

7.1　标志

每批产品应有检验报告单。每一包装件上应有清晰、牢固的标志，标明产品名称、型号、等级、批号、净重、生产日期和生产厂名。

7.2　包装

产品应包装在内衬塑料袋的编织袋、或其他密闭中，每一包装件应附有合格证。

7.3　运输

本产品为非危险品，在运输过程中，应保持在 0℃～40℃ 环境中，避免过冷或过热，注意不使树脂失水。

7.4　贮存

本产品在 7.3 规定的温度条件下，贮存期为两年，超过贮存期可按本标准规定进行复验，若复验结果仍符合本标准要求，仍可使用。

ICS 67.160.10
X 61

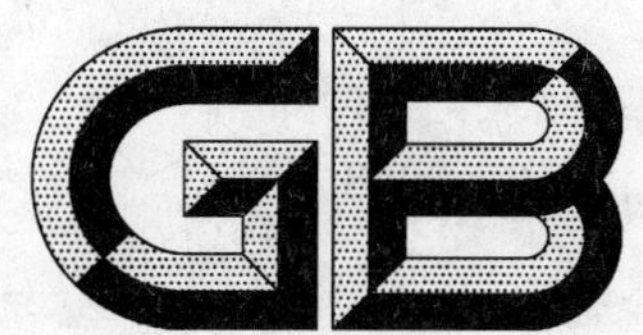

中华人民共和国国家标准

GB/T 13662—2008
代替 GB/T 13662—2000

黄　　酒

Chinese rice wine

2008-06-25 发布　　　　2009-06-01 实施

中华人民共和国国家质量监督检验检疫总局
中国国家标准化管理委员会　发布

前言

本标准代替 GB/T 13662—2000《黄酒》。

本标准与 GB/T 13662—2000 相比主要变化如下：

——对定义进行了适当地修改；

——参考了 QB/T 2746—2005《清爽型黄酒》，并将其主要内容纳入本标准中；自本标准实施之日起，QB/T 2746—2005 自行废止；

——分类中增加了按产品风格为类；

——非稻米黄酒增加了分级，分为优级和一级；

——理化指标作了相应的调整。

本标准的附录 A 为规范性附录。

本标准由全国食品工业标准化技术委员会酿酒分技术委员会提出并归口。

本标准起草单位：中国食品发酵工业研究院、浙江省轻工业研究所、浙江古越龙山绍兴酒股份有限公司、上海金枫酿酒有限公司、会稽山绍兴酒股份有限公司、江苏张家港酿酒有限公司、无锡振太酒业有限公司、山东即墨妙府老酒有限公司。

本标准主要起草人：郭新光、许荣年、胡志明、袁军川、陈宝良、黄庭明、朱志铭、于秦峰、张蔚、鲍忠定、邹慧君、毛严根、俞关松、范洪、边文刚。

本标准所代替标准的历次版本发布情况为：

——GB/T 13662—1992，GB/T 13662—2000。

黄　酒

1　范围

本标准规定了黄酒的术语和定义、产品分类、要求、分析方法、检验规则、标志、包装、运输和贮存。

本标准适用于黄酒的生产、检验与销售。

2　规范性引用文件

下列文件中的条款通过本标准的引用而成为本标准的条款。凡是注日期的引用文件，其随后所有的修改单(不包括勘误的内容)或修订版均不适用于本标准，然而，鼓励根据本标准达成协议的各方研究是否可使用这些文件的最新版本。凡是不注日期的引用文件，其最新版本适用于本标准。

GB/T 601　化学试剂　标准滴定溶液的制备

GB/T 603　化学试剂　试验方法中所用制剂及制品的制备(GB/T 603—2002，ISO 6353-1:1982，NEQ)

GB 2758　发酵酒卫生标准

GB 2760　食品添加剂使用卫生标准

GB/T 6543　运输包装用单瓦楞纸箱和双瓦楞纸箱

GB/T 6682　分析实验室用水规格和试验方法(GB/T 6682—1992，neq ISO 3639:1987)

GB 8817　食品添加剂　焦糖色(亚硫酸铵法、氨法、普通法)

GB 10344　预包装饮料酒标签通则

JJF 1070　定量包装商品净含量计量检验规则

定量包装商品计量监督管理办法(国家质量监督检验检疫总局[2005]第75号令)

3　术语和定义

下列术语和定义适用于本标准。

3.1

黄酒　Chinese rice wine

老酒

以稻米、黍米等为主要原料，经加曲、酵母等糖化发酵剂酿制而成的发酵酒。

3.2

酒龄　age of Chinese rice wine

发酵后的成品原酒在酒坛、酒罐等容器中贮存的年限。

3.3

标注酒龄　marking age

销售包装标签上标注的酒龄，以勾兑酒的酒龄加权平均计算，且其中所标注酒龄的基酒不低于50%。

3.4

聚集物　aggregate

成品酒在贮存过程中自然产生的沉淀(或沉降)物。

3.5

传统型黄酒　traditional type Chinese rice wine

以稻米、黍米、玉米、小米、小麦等为主要原料，经蒸煮、加酒曲、糖化、发酵、压榨、过滤、煎酒(除菌)、贮存、勾兑而成的黄酒。

3.6

清爽型黄酒　qingshuang type Chinese rice wine

以稻米、黍米、玉米、小米、小麦等为主要原料,加入酒曲(或部分酶制剂和酵母)为糖化发酵剂,经蒸煮、糖化、发酵、压榨、过滤、煎酒(除菌)、贮存、勾兑而成的、口味清爽的黄酒。

3.7

特型黄酒　special type Chinese rice wine

由于原辅料和(或)工艺有所改变,具有特殊风味且不改变黄酒风格的酒。

4　产品分类

4.1　按产品风格分

4.1.1　传统型黄酒。

4.1.2　清爽型黄酒。

4.1.3　特型黄酒。

4.2　按含糖量分

4.2.1　干黄酒。

4.2.2　半干黄酒。

4.2.3　半甜黄酒。

4.2.4　甜黄酒。

5　要求

5.1　原辅料要求

5.1.1　在特型黄酒生产过程中,可以添加符合国家规定的、既可食用又可药用等物质。

5.1.2　黄酒中可以按照 GB 2760 的规定添加焦糖色(其焦糖色产品应符合 GB 8817 要求)。

5.2　感官要求

5.2.1　传统型黄酒

应符合表 1 的规定。

表 1　传统型黄酒感官要求

项目	类　型	优　级	一　级	二　级
外观	干黄酒、半干黄酒、半甜黄酒、甜黄酒	橙黄色至深褐色,清亮透明,有光泽,允许瓶(坛)底有微量聚集物		橙黄色至深褐色,清亮透明,允许瓶(坛)底有少量聚集物
香气	干黄酒、半干黄酒、半甜黄酒、甜黄酒	具有黄酒特有的浓郁醇香,无异香	黄酒特有的醇香较浓郁,无异香	具有黄酒特有的醇香,无异香
口味	干黄酒	醇和,爽口,无异味	醇和,较爽口,无异味	尚醇和,爽口,无异味
	半干黄酒	醇厚,柔和鲜爽,无异味	醇厚,较柔和鲜爽,无异味	尚醇厚鲜爽,无异味
	半甜黄酒	醇厚,鲜甜爽口,无异味	醇厚,较鲜甜爽口,无异味	醇厚,尚鲜甜爽口,无异味
	甜黄酒	鲜甜,醇厚,无异味	鲜甜,较醇厚,无异味	鲜甜,尚醇厚,无异味
风格	干黄酒、半干黄酒、半甜黄酒、甜黄酒	酒体协调,具有黄酒品种的典型风格	酒体较协调,具有黄酒品种的典型风格	酒体尚协调,具有黄酒品种的典型风格

5.2.2 清爽型黄酒

应符合表2的规定。

表2 清爽型黄酒感官要求

项目	类型	一级	二级
外观	干黄酒	橙黄色至黄褐色，清亮透明，有光泽，允许瓶(坛)底有微量聚集物	
	半干黄酒		
	半甜黄酒		
香气	干黄酒	具有本类黄酒特有的清雅醇香，无异香	
	半干黄酒		
	半甜黄酒		
口味	干黄酒	柔净醇和、清爽、无异味	柔净醇和、较清爽、无异味
	半干黄酒	柔和、鲜爽、无异味	柔和、较鲜爽、无异味
	半甜黄酒	柔和、鲜甜、清爽、无异味	柔和、鲜甜、较清爽、无异味
风格	干黄酒	酒体协调，具有本类黄酒的典型风格	酒体较协调，具有本类黄酒的典型风格
	半干黄酒		
	半甜黄酒		

5.2.3 特型黄酒

特型黄酒感官的基本要求应符合5.1.1或5.1.2的要求。

5.3 理化要求

5.3.1 传统型黄酒

5.3.1.1 干黄酒

应符合表3的规定。

表3 传统型干黄酒理化要求

项目		稻米黄酒			非稻米黄酒	
		优级	一级	二级	优级	一级
总糖(以葡萄糖计)/(g/L)	≤	15.0				
非糖固形物/(g/L)	≥	20.0	16.5	13.5	20.0	16.5
酒精度(20 ℃)/(%vol)	≥	8.0				
总酸(以乳酸计)/(g/L)		3.0～7.0				
氨基酸态氮/(g/L)	≥	0.50	0.40	0.30	0.20	
pH		3.5～4.6				
氧化钙/(g/L)	≤	1.0				
β-苯乙醇/(mg/L)	≥	60.0			—	

注1：稻米黄酒：酒精度低于14%vol时，非糖固形物、氨基酸态氮、β-苯乙醇的值，按14%vol折算。非稻米黄酒：酒精度低于11%vol时，非糖固形物、氨基酸态氮的值按11%vol折算。

注2：采用福建红曲工艺生产的黄酒，氧化钙指标值可以≤4.0 g/L。

注3：酒精度标签标示值与实测值之差为±1.0。

5.3.1.2 半干黄酒

应符合表4的规定。

表 4　传统型半干黄酒理化要求

项　　目		稻米黄酒			非稻米黄酒	
		优级	一级	二级	优级	一级
总糖(以葡萄糖计)/(g/L)		15.1～40.0				
非糖固形物/(g/L)	≥	27.5	23.0	18.5	22.0	18.5
酒精度(20 ℃)/(%vol)	≥	8.0				
总酸(以乳酸计)/(g/L)		3.0～7.5				
氨基酸态氮/(g/L)	≥	0.60	0.50	0.40	0.25	
pH		3.5～4.6				
氧化钙/(g/L)	≤	1.0				
β-苯乙醇/(mg/L)	≥	80.0			—	
注：同表 3。						

5.3.1.3　**半甜黄酒**

应符合表 5 的规定。

表 5　传统型半甜黄酒理化要求

项　　目		稻米黄酒			非稻米黄酒	
		优级	一级	二级	优级	一级
总糖(以葡萄糖计)/(g/L)		40.1～100				
非糖固形物/(g/L)	≥	27.5	23.0	18.5	23.0	18.5
酒精度(20 ℃)/(%vol)	≥	8.0				
总酸(以乳酸计)/(g/L)		4.0～8.0				
氨基酸态氮/(g/L)	≥	0.50	0.40	0.30	0.20	
pH		3.5～4.6				
氧化钙/(g/L)	≤	1.0				
β-苯乙醇/(mg/L)	≥	60.0			—	
注：同表 3。						

5.3.1.4　**甜黄酒**

应符合表 6 的规定。

表 6　传统型甜黄酒理化要求

项　　目		稻米黄酒			非稻米黄酒	
		优级	一级	二级	优级	一级
总糖(以葡萄糖计)/(g/L)	>	100				
非糖固形物/(g/L)	≥	23.0	20.0	16.5	20.0	16.5
酒精度(20 ℃)/(%vol)	≥	8.0				
总酸(以乳酸计)/(g/L)		4.0～8.0				
氨基酸态氮/(g/L)	≥	0.40	0.35	0.30	0.20	
pH		3.5～4.8				

表 6（续）

项　　目		稻米黄酒			非稻米黄酒	
		优级	一级	二级	优级	一级
氧化钙/(g/L)	≤	1.0				
β-苯乙醇/(mg/L)	≥	40.0			—	
注：同表 3。						

5.3.2　清爽型黄酒

5.3.2.1　干黄酒

应符合表 7 的规定。

表 7　清爽型干黄酒理化要求

项　　目		稻米黄酒		非稻米黄酒	
		一级	二级	一级	二级
总糖(以葡萄糖计)/(g/L)	≤	15.0			
非糖固形物/(g/L)	≥	7.0			
酒精度(20 ℃)/(%vol)		8.0～15.0			
pH		3.5～4.6			
总酸(以乳酸计)/(g/L)		2.5～7.0			
氨基酸态氮/(g/L)	≥	0.30	0.20		
氧化钙/(g/L)	≤	0.5			
β-苯乙醇/(mg/L)	≥	35.0			
注：同表 3。					

5.3.2.2　半干黄酒

应符合表 8 的规定。

表 8　清爽型半干黄酒理化要求

项　　目		稻米黄酒		非稻米黄酒	
		一级	二级	一级	二级
总糖(以葡萄糖计)/(g/L)		15.1～40.0			
非糖固形物/(g/L)	≥	15.0	12.0	15.0	12.0
酒精度(20 ℃)/(%vol)		8.0～16.0			
pH		3.5～4.6			
总酸(以乳酸计)/(g/L)		2.5～7.0			
氨基酸态氮/(g/L)	≥	0.50	0.30	0.25	
氧化钙/(g/L)	≤	0.5			
β-苯乙醇/(mg/L)	≥	35.0			
注：同表 3。					

5.3.2.3　半甜黄酒

应符合表 9 的规定。

表 9 清爽型半甜黄酒理化要求

项目		稻米黄酒		非稻米黄酒	
		一级	二级	一级	二级
总糖(以葡萄糖计)/(g/L)		40.1～100			
非糖固形物/(g/L)	≥	10.0	8.0	10.0	8.0
酒精度(20 ℃)/(%vol)		8.0～16.0			
pH		3.5～4.6			
总酸(以乳酸计)/(g/L)		3.8～8.0			
氨基酸态氮/(g/L)	≥	0.40	0.30	0.20	
氧化钙/(g/L)	≤	0.5			
β-苯乙醇/(mg/L)	≥	30.0			
注：同表 3。					

5.3.3 特型黄酒

按照相应的产品标准执行，产品标准中各项指标的设定，不应低于本标准相应产品类型表 3～表 9 中的最低级别要求。

5.4 净含量

按国家质量监督检验检疫总局[2005]第 75 号令执行。

5.5 卫生要求

应符合 GB 2758 的规定。

6 分析方法

本标准中所用的水，在未注明其他要求时，应符合 GB/T 6682 的规格。所用试剂，在未注明其他规格时，均指分析纯(AR)。

6.1 感官检查

6.1.1 酒样的准备

将酒样密码编号，置于水浴中，调温至 20 ℃～25 ℃。将洁净、干燥的评酒杯对应酒样编号，对号注入酒样约 25 mL。

6.1.2 外观评价

将注入酒样的评酒杯置于明亮处，举杯齐眉，用眼观察杯中酒的透明度、澄清度以及有无沉淀和聚集物等，做好详细记录。

6.1.3 香气与口味评价

手握杯柱，慢慢将酒杯置于鼻孔下方，嗅闻其挥发香气，慢慢摇动酒杯，嗅闻香气。用手握酒杯腹部 2 min，摇动后，再嗅闻香气。依据上述程序，判断是原料香或有其他异香，写出评语。

饮入少量酒样(约 2 mL)于口中，尽量均匀分布于味觉区，仔细品评口感，有了明确感觉后咽下，再回味口感及后味，记录口感特征。

6.1.4 风格评价

依据外观、香气、口味的特征，综合评价酒样的风格及典型性程度，写出评价结论。

6.2 总糖

6.2.1 第一法：廉爱农法(**Lane Eynon method**)

适用于甜酒和半甜酒。

6.2.1.1 原理

费林溶液与还原糖共沸，生成氧化亚铜沉淀。以次甲基蓝为指示液，用试样水解液滴定沸腾状态的费林溶液。达到终点时，稍微过量的还原糖将次甲基蓝还原成无色为终点，依据试样水解液的消耗体积，计算总糖含量。

6.2.1.2 试剂

6.2.1.2.1 费林甲液：称取硫酸铜($CuSO_4 \cdot 5H_2O$)69.28 g，加水溶解并定容至 1 000 mL。

6.2.1.2.2 费林乙液：称取酒石酸钾钠 346 g 及氢氧化钠 100 g，加水溶解并定容至 1 000 mL，摇匀，过滤，备用。

6.2.1.2.3 葡萄糖标准溶液(2.5 g/L)：称取经 103 ℃～105 ℃烘干至恒重的无水葡萄糖 2.5 g(精确至 0.000 1 g)，加水溶解，并加浓盐酸 5 mL，再用水定容至 1 000 mL。

6.2.1.2.4 次甲基蓝指示液(10 g/L)：称取次甲基蓝 1.0 g，加水溶解并定容至 100 mL。

6.2.1.2.5 盐酸溶液(6 mol/L)：量取浓盐酸 50 mL，加水稀释至 100 mL。

6.2.1.2.6 甲基红指示液(1 g/L)：称取甲基红 0.10 g，溶于乙醇并稀释至 100 mL。

6.2.1.2.7 氢氧化钠溶液(200 g/L)：称取氢氧化钠 20 g，用水溶解并稀释至 100 mL。

6.2.1.3 仪器

6.2.1.3.1 分析天平：感量 0.000 1 g。

6.2.1.3.2 分析天平：感量 0.01 g。

6.2.1.3.3 电炉：300 W～500 W。

6.2.1.4 分析步骤

6.2.1.4.1 标定费林溶液的预滴定

准确吸取费林甲、乙液各 5 mL 于 250 mL 锥形瓶中，加水 30 mL，混合后置于电炉上加热至沸腾。滴入葡萄糖标准溶液(6.2.1.2.3)，保持沸腾，待试液蓝色即将消失时，加入次甲基蓝指示液(6.2.1.2.4)两滴，继续用葡萄糖标准溶液滴定至蓝色消失为终点。记录消耗葡萄糖标准溶液的体积(V)。

6.2.1.4.2 费林溶液的标定

准确吸取费林甲、乙液各 5 mL 于 250 mL 锥形瓶中，加水 30 mL。混匀后，加入比预滴定体积(V)少 1 mL 的葡萄糖标准溶液(6.2.1.2.3)，置于电炉上加热至沸，加入次甲基蓝指示液(6.2.1.2.4)两滴，保持沸腾 2 min，继续用葡萄糖标准溶液滴定至蓝色刚好消失为终点，并记录消耗葡萄糖标准溶液的总体积(V_1)。全部滴定操作应在 3 min 内完成。

费林甲、乙液各 5 mL 相当于葡萄糖的质量按式(1)计算：

$$m_1 = \frac{m \times V_1}{1\,000} \qquad \cdots\cdots(1)$$

式中：

m_1——费林甲、乙液各 5 mL 相当于葡萄糖的质量，单位为克(g)；

m——称取葡萄糖的质量，单位为克(g)；

V_1——正式标定时，消耗葡萄糖标准溶液的总体积，单位为毫升(mL)。

6.2.1.4.3 试样的测定

吸取试样 2 mL～10 mL(控制水解液总糖量为 1 g/L～2 g/L)于 500 mL 容量瓶中，加水 50 mL 和盐酸溶液(6.2.1.2.5)5 mL，在 68 ℃～70 ℃水浴中加热 15 min。冷却后，加入甲基红指示液(6.2.1.2.6)两滴，用氢氧化钠溶液(6.2.1.2.7)中和至红色消失(近似于中性)。加水定容，摇匀，用滤纸过滤后备用。

测定时，以试样水解液代替葡萄糖标准溶液，操作步骤同 6.2.1.4.2。

6.2.1.5 计算

试样中总糖含量按式(2)计算：

$$X = \frac{500 \times m_1}{V_2 \times V_3} \times 1\,000 \quad \cdots\cdots(2)$$

式中：

X——试样中总糖的含量，单位为克每升(g/L)；

m_1——费林甲、乙液各 5 mL 相当于葡萄糖的质量，单位为克(g)；

V_2——滴定时消耗试样稀释液的体积，单位为毫升(mL)；

V_3——吸取试样的体积，单位为毫升(mL)。

所得结果表示至一位小数。

6.2.1.6 精密度

在重复性条件下获得的两次独立测定结果的绝对差值不得超过算术平均值的 5%。

6.2.2 第二法：亚铁氰化钾滴定法

适用于干黄酒和半干黄酒。

6.2.2.1 原理

费林溶液与还原糖共沸，在碱性溶液中将铜离子还原成亚铜离子，并与溶液中的亚铁氰化钾络合而呈黄色。以次甲基蓝为指示剂，达到终点时，稍微过量的还原糖将次甲基蓝还原成无色为终点。依据试样水解液的消耗体积，计算总糖含量。

6.2.2.2 试剂

6.2.2.2.1 甲溶液：称取硫酸铜($CuSO_4 \cdot 5H_2O$)15.0 g 及次甲基蓝 0.05 g，加水溶解并定容至 1 000 mL，摇匀备用。

6.2.2.2.2 乙溶液：称取酒石酸钾钠 50 g、氢氧化钠 54 g、亚铁氰化钾 4 g，加水溶解并定容至 1 000 mL，摇匀备用。

6.2.2.2.3 葡萄糖标准溶液(1 g/L)：称取经 103 ℃～105 ℃烘干至恒重的无水葡萄糖 1 g(精确至 0.000 1 g)，加水溶解，并加浓盐酸 5 mL，用水定容至 1 000 mL，摇匀备用。

6.2.2.3 仪器

6.2.2.3.1 分析天平：感量 0.000 1 g。

6.2.2.3.2 分析天平：感量 0.01 g。

6.2.2.3.3 电炉：300 W～500 W。

6.2.2.4 分析步骤

6.2.2.4.1 空白试验

准确吸取甲、乙溶液(6.2.2.2.1、6.2.2.2.2)各 5 mL 于 100 mL 锥形瓶中，加入葡萄糖标准溶液(6.2.2.2.3)9 mL，混匀后置于电炉上加热，在 2 min 内沸腾，然后以 4 s～5 s 一滴的速度继续滴入葡萄糖标准溶液，直至蓝色消失立即呈现黄色为终点，记录消耗葡萄糖标准溶液的总量(V_0)。

6.2.2.4.2 试样的测定

a) 吸取试样 2 mL～10 mL(控制水解液含糖量在 1 g/L～2 g/L)于 100 mL 容量瓶中，加水 30 mL和盐酸溶液(6.2.1.2.5)5 mL，在 68 ℃～70 ℃水浴中加热水解 15 min。冷却后，加入甲基红指示液(6.2.1.2.6)两滴，用氢氧化钠溶液(6.2.1.2.7)中和至红色消失(近似于中性)，加水定容至 100 mL，摇匀，用滤纸过滤后，作为试样水解液备用。

b) 预滴定：准确吸取甲、乙溶液(6.2.2.2.1、6.2.2.2.2)各 5 mL 及试样水解液[6.2.2.4.2 a)] 5 mL于 100 mL 锥形瓶中，摇匀后置于电炉上加热至沸腾，用葡萄糖标准溶液(6.2.2.2.3)滴定至终点，记录消耗葡萄糖标准溶液的体积。

c) 滴定：准确吸取甲、乙溶液(6.2.2.2.1、6.2.2.2.2)各 5 mL 及试样水解液[6.2.2.4.2 a)] 5 mL于 100 mL 锥形瓶中，加入比预滴定少 1.00 mL 的葡萄糖标准溶液(6.2.2.2.3)，摇匀后置于电炉上加热至沸腾，继续用葡萄糖标准溶液滴定至终点。记录消耗葡萄糖标准溶液的体积(V)。接近终点时,滴入的葡萄糖标准溶液的用量应控制在0.5 mL~1.0 mL。

6.2.2.5 计算

试样中总糖含量按式(3)计算:

$$X=\frac{(V_0-V)\times c\times n}{5}\times 1\,000 \qquad \cdots\cdots(3)$$

式中:

X——试样中总糖的含量,单位为克每升(g/L);

V_0——空白试验时,消耗葡萄糖标准溶液的体积,单位为毫升(mL);

V——试样测定时,消耗葡萄糖标准溶液的体积,单位为毫升(mL);

c——葡萄糖标准溶液的浓度,单位为克每毫升(g/mL);

n——试样的稀释倍数。

所得结果表示至一位小数。

6.2.2.6 精密度

在重复性条件下获得的两次独立测定结果的绝对差值不得超过算术平均值的5%。

6.3 非糖固形物

6.3.1 原理

试样经100 ℃~105 ℃加热,其中的水分、乙醇等可挥发性物质被蒸发,剩余的残留物即为总固形物。总固形物减去总糖即为非糖固形物。

6.3.2 仪器

6.3.2.1 天平:感量0.000 1 g。

6.3.2.2 电热干燥箱:温控±1 ℃。

6.3.2.3 干燥器:内装盛有效干燥剂。

6.3.3 分析步骤

吸取试样5 mL(干、半干黄酒直接取样,半甜黄酒稀释1倍~2倍后取样,甜黄酒稀释2倍~6倍后取样)于已知干燥至恒重的蒸发皿(或直径为50 mm、高30 mm称量瓶)中,放入103 ℃±2 ℃电热干燥箱中烘干4 h,取出称量。

6.3.4 计算

试样中总固形物含量按式(4)计算:

$$X_1=\frac{(m_1-m_2)\times n}{V}\times 1\,000 \qquad \cdots\cdots(4)$$

式中:

X_1——试样中总固形物的含量,单位为克每升(g/L);

m_1——蒸发皿(或称量瓶)和试样烘干至恒重的质量,单位为克(g);

m_2——蒸发皿(或称量瓶)烘干至恒重的质量,单位为克(g);

n——试样稀释倍数;

V——吸取试样的体积,单位为毫升(mL)。

试样中非糖固形物含量按式(5)计算:

$$X=X_1-X_2 \qquad \cdots\cdots(5)$$

式中:

X——试样中非糖固形物的含量,单位为克每升(g/L);

X_1——试样中总固形物的含量,单位为克每升(g/L);

X_2——试样中总糖含量,单位为克每升(g/L)。

所得结果表示至一位小数。

6.3.5 精密度

在重复性条件下获得的两次独立测定结果的绝对差值不得超过算术平均值的5%。

6.4 酒精度

6.4.1 原理

试样经过蒸馏,用酒精计测定馏出液中酒精的含量。

6.4.2 仪器

6.4.2.1 电炉:500 W~800 W。

6.4.2.2 冷凝管:玻璃,直形。

6.4.2.3 酒精计:标准温度 20 ℃,分度值为 0.2。

6.4.2.4 水银温度计:50 ℃,分度值为 0.1 ℃。

6.4.2.5 量筒:100 mL。

6.4.3 分析步骤

在约 20 ℃时,用容量瓶量取试样 100 mL,全部移入 500 mL 蒸馏瓶中。用 100 mL 水分次洗涤容量瓶,洗液并入蒸馏瓶中,加数粒玻璃珠。装上冷凝管,通入冷水,用原 100 mL 容量瓶接收馏出液(外加冰浴)。加热蒸馏,直至收集馏出液体积约 95 mL 时,停止蒸馏。于水浴中冷却至约 20 ℃,用水定容。摇匀。倒入 100 mL 量筒中,测量馏出液的温度与酒精度。按测得的实际温度和酒精度标示值查附录 A,换算成 20 ℃时的酒精度。

6.4.4 计算

所得结果表示至一位小数。

6.4.5 精密度

在重复性条件下获得的两次独立测定结果的绝对差值不得超过算术平均值的5%。

6.5 pH

6.5.1 原理

将玻璃电极和甘汞电极浸入试样溶液中,构成一个原电池。两极间的电动势与溶液的 pH 有关。通过测量原电池的电动势,即可得到试样溶液的 pH。

6.5.2 仪器

酸度计,精度 0.01pH,备有玻璃电极和甘汞电极(或复合电极)。

6.5.3 分析步骤

6.5.3.1 按仪器使用说明书调试和校正酸度计。

6.5.3.2 用水冲洗电极,再用试液洗涤电极两次,用滤纸吸干电极外面附着的液珠,调整试液温度至 25 ℃±1 ℃,直接测定,直至 pH 读数稳定 1 min 为止,记录。或在室温下测定,换算成 25 ℃时的 pH。所得结果表示至小数点后一位。

6.5.4 精密度

在重复性条件下获得的两次独立测定结果的绝对差值不得超过算术平均值的1%。

6.6 总酸、氨基酸态氮

6.6.1 原理

氨基酸是两性化合物,分子中的氨基与甲醛反应后失去碱性,而使羧基呈酸性。用氢氧化钠标准溶液滴定羧基,通过氢氧化钠标准溶液消耗的量可以计算出氨基酸态氮的含量。

6.6.2 试剂

6.6.2.1 甲醛溶液:36%~38%(无缩合沉淀)。

6.6.2.2 无二氧化碳的水:按 GB/T 603 制备。

6.6.2.3 氢氧化钠标准滴定溶液(0.1 mol/L):按 GB/T 601 配制和标定。

6.6.3 仪器

6.6.3.1 酸度计或自动电位滴定仪:精度 0.01 pH。

6.6.3.2 磁力搅拌器。

6.6.3.3 分析天平:感量 0.000 1 g。

6.6.4 分析步骤

按仪器使用说明书调试和校正酸度计。

吸取试样 10 mL 于 150 mL 烧杯中,加入无二氧化碳的水 50 mL。烧杯中放入磁力搅拌棒,置于电磁搅拌器上,开启搅拌,用氢氧化钠标准滴定溶液(6.6.2.3)滴定,开始时可快速滴加氢氧化钠标准滴定溶液,当滴定至 pH=7.0 时,放慢滴定速度,每次加半滴氢氧化钠标准滴定溶液,直至 pH=8.20 为终点。记录消耗 0.1 mol/L 氢氧化钠标准滴定溶液的体积(V_1)。加入甲醛溶液(6.6.2.1)10 mL,继续用氢氧化钠标准滴定溶液滴定至 pH=9.20,记录加甲醛后消耗氢氧化钠标准滴定溶液的体积(V_2)。同时做空白试验,分别记录不加甲醛溶液及加入甲醛溶液时,空白试验所消耗氢氧化钠标准滴定溶液的体积(V_3、V_4)。

6.6.5 计算

试样中总酸含量按式(6)计算:

$$X_1 = \frac{(V_1 - V_3) \times c \times 0.090}{V} \times 1\,000 \qquad \cdots\cdots(6)$$

式中:

X_1——试样中总酸的含量,单位为克每升(g/L);

V_1——测定试样时,消耗 0.1 mol/L 氢氧化钠标准滴定溶液的体积,单位为毫升(mL);

V_3——空白试验时,消耗 0.1 mol/L 氢氧化钠标准滴定溶液的体积,单位为毫升(mL);

c——氢氧化钠标准滴定溶液的浓度,单位为摩尔每升(mol/L);

0.090——乳酸的摩尔质量的数值,单位为克每摩尔(g/mol);

V——吸取试样的体积,单位为毫升(mL)。

试样中氨基酸态氮含量按式(7)计算:

$$X_2 = \frac{(V_2 - V_4) \times c \times 0.014}{V} \times 1\,000 \qquad \cdots\cdots(7)$$

式中:

X_2——试样中氨基酸态氮的含量,单位为克每升(g/L);

V_2——加甲醛后,测定试样时消耗 0.1 mol/L 氢氧化钠标准滴定溶液的体积,单位为毫升(mL);

V_4——加甲醛后,空白试验时消耗 0.1 mol/L 氢氧化钠标准滴定溶液的体积,单位为毫升(mL);

c——氢氧化钠标准滴定溶液的浓度,单位为摩尔每升(mol/L);

0.014——氮的摩尔质量的数值,单位为克每摩尔(g/mol);

V——吸取试样的体积,单位为毫升(mL)。

所得结果表示至一位小数。

6.6.6 精密度

在重复性条件下获得的两次独立测定结果的绝对差值不得超过算术平均值的 5%。

6.7 氧化钙

6.7.1 第一法:原子吸收分光光度法

6.7.1.1 原理

试样经火焰燃烧产生原子蒸气,通过从光源辐射出待测元素具有特征波长的光,被蒸气中待测元素的基态原子吸收,吸收程度与火焰中元素浓度的关系符合朗伯比尔定律。

6.7.1.2 试剂

6.7.1.2.1 浓硝酸:优级纯(GR)。

6.7.1.2.2 浓盐酸:优级纯(GR)。

6.7.1.2.3 氯化镧溶液(50 g/L):称取氯化镧 5.0 g,加去离子水溶解,并定容至 100 mL。

6.7.1.2.4 钙标准贮备液(1 mL 溶液含有 100 μg 钙):精确称取于 105 ℃～110 ℃干燥至恒重的碳酸钙(GR)0.250 g,用浓盐酸(6.7.1.2.2)10 mL 溶解后,移入 1 000 mL 容量瓶中,用去离子水定容。

6.7.1.2.5 钙标准使用液:分别吸取钙标准贮备液(6.7.1.2.4)0.00 mL、1.00 mL、2.00 mL、4.00 mL、8.00 mL 于 5 个 100 mL 容量瓶中,各加氯化镧溶液(6.7.1.2.3)10 mL 和浓硝酸(6.7.1.2.1)1 mL,用去离子水定容,此溶液每毫升分别相当于 0.00 μg、1.00 μg、2.00 μg、4.00 μg、8.00 μg 钙。

6.7.1.3 仪器

6.7.1.3.1 原子吸收分光光度计。

6.7.1.3.2 高压釜:50 mL,带聚四氟乙烯内套。

6.7.1.3.3 电热干燥箱:温控±1 ℃。

6.7.1.3.4 天平:感量 0.000 1 g。

6.7.1.4 分析步骤

6.7.1.4.1 试样的处理

准确吸取试样 2 mL～5 mL(V_1)于 50 mL 聚四氟乙烯内套的高压釜中,加入硝酸(6.7.1.2.1)4 mL,置于电热干燥箱(120 ℃)内,加热消解 4 h～6 h。冷却后转移至 500 mL(V_2)容量瓶中,加氯化镧溶液(6.7.1.2.3)5 mL,用去离子水定容,摇匀。同时做空白试验。

6.7.1.4.2 光谱条件

测定波长为 422.7 nm,狭缝宽度为 0.7 nm,火焰为空气乙炔气,灯电流为 10 mA。

6.7.1.4.3 测定

将钙标准使用液(6.7.1.2.5)、试剂空白溶液和处理后的试样液(6.7.1.4.1)依次导入火焰中进行测定,记录其吸光度(A)。

6.7.1.4.4 绘制标准曲线

以标准溶液的钙含量(μg/mL)与对应的吸光度(A)绘制标准工作曲线(或用回归方程计算)。

分别以试剂空白和试样液的吸光度(A_0),从标准工作曲线中查出钙含量(或用回归方程计算)。

6.7.1.5 计算

试样中氧化钙的含量按式(8)计算:

$$X=\frac{(A-A_0)\times V_2\times 1.4\times 1\,000}{V_1\times 1\,000\times 1\,000}=\frac{(A-A_0)\times V_2\times 1.4}{V_1\times 1\,000} \qquad \cdots\cdots\cdots\cdots(8)$$

式中:

X——试样中氧化钙的含量,单位为克每升(g/L);

A——从标准工作曲线中查出(或用回归方程计算)试样中钙的含量,单位为微克每毫升(μg/mL);

A_0——从标准工作曲线中查出(或用回归方程计算)试样空白中钙的含量,单位为微克每毫升(μg/mL);

V_2——试样稀释后的总体积,单位为毫升(mL);

1.4——钙与氧化钙的换算系数;

V_1——吸取试样的体积,单位为毫升(mL)。

所得结果表示至一位小数。

6.7.1.6 精密度

在重复性条件下获得的两次独立测定结果的绝对差值不得超过算术平均值的 5%。

6.7.2 第二法:高锰酸钾滴定法

6.7.2.1 原理

试样中的钙离子与草酸铵反应生成草酸钙沉淀。将沉淀滤出,洗涤后,用硫酸溶解,再用高锰酸钾标准溶液滴定草酸根,根据高锰酸钾溶液的消耗量计算试样中氧化钙的含量。

6.7.2.2 **试剂**

6.7.2.2.1 甲基橙指示液(1 g/L):称取 0.10 g 甲基橙,用水溶解并稀释至 100 mL。

6.7.2.2.2 饱和草酸铵溶液。

6.7.2.2.3 浓盐酸。

6.7.2.2.4 氢氧化铵溶液(1+10):1 体积氢氧化铵加入 10 体积的水,混匀。

6.7.2.2.5 硫酸溶液(1+3):1 体积硫酸+3 体积水。

6.7.2.2.6 高锰酸钾标准溶液(0.01 mol/L):按 GB/T 601 配制与标定。临用前,准确稀释 10 倍。

6.7.2.3 **仪器**

6.7.2.3.1 电炉:300 W~500 W。

6.7.2.3.2 滴定管:50 mL。

6.7.2.4 **分析步骤**

准确吸取试样 25 mL 于 400 mL 烧杯中,加水 50 mL,再依次加入甲基橙指示液(6.7.2.2.1)3 滴、盐酸(6.7.2.2.3)2 mL、饱和草酸铵溶液(6.7.2.2.2)30 mL,加热煮沸,搅拌,逐滴加入氢氧化铵溶液(6.7.2.2.4)直至试液变为黄色。

将上述烧杯置于约 40 ℃温热处保温 2 h~3 h,用玻璃漏斗和滤纸过滤,用 500 mL 氢氧化铵溶液(6.7.2.2.4)分数次洗涤沉淀,直至无氯离子(经硝酸酸化,用硝酸银检验)。将沉淀及滤纸小心从玻璃漏斗中取出,放入烧杯中,加沸水 100 mL 和硫酸溶液(6.7.2.2.5)25 mL,加热,保持 60 ℃~80 ℃使沉淀完全溶解。用高锰酸钾标准溶液(6.7.2.2.6)滴定至微红色并保持 30 s 为终点。记录消耗的高锰酸钾标准溶液的体积(V_1)。同时用 25 mL 水代替试样作空白试验,记录消耗高锰酸钾标准溶液的体积(V_0)。

6.7.2.5 **计算**

试样中氧化钙的含量按式(9)计算:

$$X = \frac{(V_1 - V_0) \times c \times 0.028}{V_2} \times 1\,000 \qquad \cdots\cdots(9)$$

式中:

X——试样中氧化钙的含量,单位为克每升(g/L);

V_1——测定试样时,消耗 0.01 mol/L 高锰酸钾标准溶液的体积,单位为毫升(mL);

V_0——空白试验时,消耗 0.01 mol/L 高锰酸钾标准溶液的体积,单位为毫升(mL);

c——高锰酸钾标准溶液的实际浓度,单位为摩尔每升(mol/L);

0.028——氧化钙的摩尔质量的数值,单位为克每摩尔(g/mol);

V_2——吸取试样的体积,单位为毫升(mL)。

所得结果表示至一位小数。

6.7.2.6 **精密度**

在重复性条件下获得的两次独立测定结果的绝对差值不得超过算术平均值的 5%。

6.7.3 **第三法:EDTA 滴定法**

6.7.3.1 **原理**

用氢氧化钾溶液调整试样的 pH 至 12 以上。以盐酸羟胺、三乙醇胺和硫化钠作掩蔽剂,排除锰、铁、铜等离子的干扰。在过量 EDTA 存在下,用钙标准溶液进行反滴定。

6.7.3.2 **试剂**

6.7.3.2.1 钙指示剂:称取 1.00 g 钙羧酸[2-羟基-1(2-羟基-4-磺基-1-萘偶氮)3-萘甲酸]指示剂和干燥研细的氯化钠 100 g 于研钵中,充分研磨呈紫红色的均匀粉末,置于棕色瓶中保存、备用。

6.7.3.2.2 氯化镁溶液(100 g/L):称取氯化镁 100 g,溶解于 1 000 mL 水中。

6.7.3.2.3 盐酸羟胺溶液(10 g/L):称取盐酸羟胺 10 g,溶解于 1 000 mL 水中。

6.7.3.2.4 三乙醇胺溶液(500 g/L):称取三乙醇胺 500 g,溶解于 1 000 mL 水中。

6.7.3.2.5 硫化钠溶液(50 g/L):称取硫化钠 50 g,溶解于 1 000 mL 水中。

6.7.3.2.6 氢氧化钾(5 mol/L):称取氢氧化钾 280 g,溶解于 1 000 mL 水中。

6.7.3.2.7 氢氧化钾(1 mol/L):吸取氢氧化钾溶液(6.7.3.2.6)20 mL,用水定容至 100 mL。

6.7.3.2.8 盐酸溶液(1+4):1 体积浓盐酸加入 4 体积的水。

6.7.3.2.9 钙标准溶液(0.01 mol/L):精确称取于 105 ℃烘干至恒重的基准级碳酸钙 1 g(精确至 0.000 1 g)于小烧杯中,加水 50 mL,用盐酸溶液(6.7.3.2.8)使之溶解,煮沸,冷却至室温。用氢氧化钾溶液(6.7.3.2.7)中和至 pH=6~8,用水定容至 1 000 mL。

6.7.3.2.10 EDTA 溶液(0.02 mol/L):称取 EDTA(乙二胺四乙酸二钠)7.44 g 溶于 1 000 mL 水中。

6.7.3.3 仪器

6.7.3.3.1 电热干燥箱:105 ℃±2 ℃。

6.7.3.3.2 滴定管:50 mL。

6.7.3.4 分析步骤

准确吸取试样 2 mL~5 mL(视试样中钙含量的高低而定)于 250 mL 锥形瓶中,加水 50 mL,依次加入氯化镁溶液(6.7.3.2.2)1 mL、盐酸羟胺溶液(6.7.3.2.3)1 mL、三乙醇胺溶液(6.7.3.2.4)0.5 mL、硫化钠溶液(6.7.3.2.5)0.5 mL,摇匀,加氢氧化钾溶液(6.7.3.2.6)5 mL,再准确加入 EDTA 溶液(6.7.3.2.10)5 mL、钙指示剂(6.7.3.2.1)一小勺(约 0.1 g),摇匀,用钙标准溶液(6.7.3.2.9)滴定至蓝色消失并初现酒红色为终点。记录消耗钙标准溶液的体积(V_1)。同时以水代替试样做空白试验,记录消耗钙标准溶液的体积(V_0)。

6.7.3.5 计算

试样中氧化钙的含量按式(10)计算:

$$X = \frac{c \times (V_0 - V_1) \times 0.056\ 1}{V} \times 1\ 000 \quad \cdots\cdots(10)$$

式中:

X——试样中氧化钙的含量,单位为克每升(g/L);

c——钙标准溶液的浓度,单位为克每升(g/L);

V_0——空白试验时,消耗钙标准溶液的体积,单位为毫升(mL);

V_1——测定试样时,消耗钙标准溶液的体积,单位为毫升(mL);

0.056 1——1 mmol 氧化钙的质量,单位为克(g);

V——吸取试样的体积,单位为毫升(mL)。

所得结果表示至一位小数。

6.7.3.6 精密度

在重复性条件下获得的两次独立测定结果的绝对差值不得超过算术平均值的 5%。

6.8 β-苯乙醇(气相色谱法)

6.8.1 原理

试样被气化后,随同载气进入色谱柱。利用被测各组分在气、液两相中具有不同的分配系数,在柱内形成迁移速度的差异而得到分离。分离后的组分先后流出色谱柱,进入氢火焰检测器中被检测,依据色谱图各组分的保留值与标样作对照定性;利用峰面积,按内标法定量。

6.8.2 试剂

6.8.2.1 乙醇溶液(15%vol):吸取 15 mL 乙醇(色谱纯),加水稀释至 100 mL,摇匀。

6.8.2.2 β-苯乙醇标准溶液(2%vol):吸取 β-苯乙醇(色谱纯)2 mL,用乙醇溶液(6.8.2.1)定容至 100 mL。

6.8.2.3 2-乙基正丁酸内标溶液(2%vol):吸取 2-乙基正丁酸(色谱纯)2 mL,用乙醇溶液(6.8.2.1)定容至 100 mL。

6.8.3 **仪器**

6.8.3.1 气相色谱仪：配有氢火焰离子化检测器(FID)。

6.8.3.2 微量注射器：2 μL。

6.8.3.3 毛细管色谱柱：PEG 20M，柱长 25 m～30 m，内径 0.32 mm，或同等分析效果的其他色谱柱。

6.8.4 **色谱条件**

载气：高纯氮。

汽化室温度：230 ℃。

检测器温度：250 ℃。

柱温(PEG20M 毛细管色谱柱)：在 50 ℃恒温 2 min 后，以 5 ℃/min 的升温速度至 200 ℃，继续恒温 10 min。

载气、氢气、空气的流速：随仪器而异，应通过试验选择最佳操作流速，使β-苯乙醇、内标峰与酒样中其他组分峰获得完全分离。

6.8.5 **标样 *f* 值的测定**

吸取β-苯乙醇标准溶液(6.8.2.2)1 mL，移入 100 mL 容量瓶中，加入的内标溶液(6.8.2.3)1 mL，用乙醇溶液(6.8.2.1)定容。此溶液中β-苯乙醇和内标的浓度均为 0.02%vol。

开启仪器，待色谱仪基线稳定后，用微量注射器进样(进样量随仪器的灵敏度而定)，记录β-苯乙醇峰和内标的保留时间及其峰面积。

β-苯乙醇的相对校正因子 f 值按式(11)计算：

$$f = \frac{A_1}{A_2} \times \frac{d_2}{d_1} \quad \cdots\cdots (11)$$

式中：

f——β-苯乙醇的相对校正因子；

A_1——测定标样 f 值时，内标的峰面积；

A_2——测定标样 f 值时，β-苯乙醇的峰面积；

d_2——β-苯乙醇的相对密度；

d_1——内标物的相对密度。

6.8.6 **试样的测定**

取试样约 8 mL 于 10 mL 容量瓶中，加入内标溶液(6.8.2.3)0.1 mL，用试样定容。混匀后，在与测定 f 值相同的条件下进样。依据保留时间确定β-苯乙醇和内标色谱峰的位置，并测定其面积，计算出试样中β-苯乙醇的含量。

6.8.7 **计算**

试样中β-苯乙醇的含量按式(12)计算：

$$X = f \times \frac{A_3}{A_4} \times c \quad \cdots\cdots (12)$$

式中：

X——试样中β-苯乙醇的含量，单位为毫克每升(mg/L)；

A_3——试样中β-苯乙醇的峰面积；

A_4——添加于试样中内标的峰面积；

c——试样中添加内标的浓度，单位为毫克每升(mg/L)；

所得结果表示至一位小数。

6.8.8 精密度

在重复性条件下获得的两次独立测定结果的绝对差值不得超过算术平均值的5%。

6.9 净含量

按 JJF 1070 检验。

7 检验规则

7.1 批次

同一生产日期生产的、质量相同的、具有同样质量合格证的产品为一批。

7.2 抽样

按表10抽取样品。样品总量不足3.0 L时，应适当按比例加取。并将其中的三分之一样品封存，保留3个月备查。

表10 抽样表

样本批量范围/桶、袋、箱或坛	样品数量/桶、袋、瓶或坛
≤1 200	6
1 201～35 000	9
≥35 001	12

7.3 检验分类

7.3.1 出厂检验

7.3.1.1 产品出厂前，应由生产企业的质量检验部门按本标准规定逐批进行检验。检验合格并签发质量合格证明的产品，方可出厂。

7.3.1.2 出厂检验项目：感官、总糖、非糖固形物、酒精度、总酸、氨基酸态氮、pH 、氧化钙、菌落总数、净含量和标签。

7.3.2 型式检验

7.3.2.1 检验项目为5.1～5.4规定的全部项目。

7.3.2.2 一般情况下，型式检验每年进行一次。有下列情况之一时，亦应进行型式检验：

a) 原辅材料有较大变化时；

b) 更改关键工艺或设备时；

c) 新试制的产品或正常生产的产品停产3个月后，重新恢复生产时；

d) 出厂检验与上次型式检验结果有较大差异时；

e) 国家质量监督检验机构按有关规定需要抽检时。

7.4 不合格项目分类

A类不合格：卫生要求、净含量、标签、感官要求、非糖固形物、酒精度、总酸、氨基酸态氮、氧化钙。

B类不合格：总糖、pH、β-苯乙醇。

7.5 判定规则

7.5.1 若受检样品项目全部合格时，判整批产品为合格。

7.5.2 微生物指标如有一项不符合要求，判整批产品为不合格。

7.5.3 其余指标如有一项(或两项)不符合要求时，可以在同批产品中抽取两倍量样品进行复验，以复验结果为准；若复验结果仍有一项A类不合格或两项B类不合格时，判整批产品为不合格。

8 标志、包装、运输和贮存

8.1 标签标示

8.1.1 预包装产品标签除按 GB 10344 规定执行外，还应标明产品风格和含糖量(传统型黄酒可不标注产品风格）。

8.1.2　外包装箱上除应标明产品名称、酒精度、类型、制造者的名称和地址外，还应标明单位包装的净含量和总数量。

8.2　包装

8.2.1　包装材料应符合食品卫生要求。包装容器应封装严密、无渗漏。

8.2.2　包装箱应符合 GB/T 6543 要求，封装、捆扎牢固。

8.3　运输

8.3.1　运输工具应清洁、卫生。产品不得与有毒、有害、有腐蚀性、易挥发或有异味的物品混装混运。

8.3.2　搬运时应轻拿轻放，不得扔摔、撞击、挤压。

8.3.3　运输过程中不得曝晒、雨淋、受潮。

8.4　贮存

8.4.1　产品不得与有毒、有害、有腐蚀性、易挥发或有异味的物品同库贮存。

8.4.2　产品应贮存于阴凉、干燥、通风的库房中；不得露天堆放、日晒、雨淋或靠近热源；接触地面的包装箱底部应垫有 100 mm 以上的间隔材料。

8.4.3　产品宜在 5 ℃～35 ℃贮存。

附 录

（规范性

温度 20 ℃时酒精计

表 A.1 温度 20 ℃时酒精计浓度与温度换算表（酒

溶液温度/℃	酒精计示值/									
	1	2	3	4	5	6	7	8	9	10
5	2.0	3.0	4.0	5.1	6.2	7.3	8.4	9.6	10.7	11.8
6	2.0	3.0	4.0	5.1	6.2	7.3	8.4	9.5	10.6	11.8
7	1.9	3.0	4.0	5.1	6.1	7.2	8.4	9.5	10.6	11.7
8	1.9	2.9	4.0	5.0	6.1	7.2	8.3	9.4	10.5	11.6
9	1.9	2.9	4.0	5.0	6.0	7.1	8.2	9.3	10.4	11.5
10	1.8	2.9	3.9	5.0	6.0	7.1	8.2	9.3	10.3	11.4
11	1.8	2.8	3.9	4.9	6.0	7.0	8.1	9.2	10.2	11.3
12	1.7	2.8	3.8	4.8	5.9	6.9	8.0	9.1	10.1	11.2
13	1.7	2.7	3.7	4.8	5.8	6.8	7.9	9.0	10.0	11.1
14	1.6	2.6	3.6	4.7	5.7	6.7	7.8	8.9	9.9	11.0
15	1.5	2.5	3.5	4.6	5.6	6.6	7.7	8.8	9.8	10.8
16	1.4	2.4	3.4	4.5	5.5	6.5	7.6	8.6	9.6	10.7
17	1.3	2.3	3.3	4.4	5.4	6.4	7.4	8.5	9.5	10.5
18	1.2	2.2	3.2	4.2	5.3	6.3	7.3	8.3	9.3	10.4
19	1.1	2.1	3.1	4.1	5.1	6.1	7.2	8.2	9.2	10.2
20	1.0	2.0	3.0	4.0	5.0	6.0	7.0	8.0	9.0	10.0
21	0.9	1.9	2.9	3.9	4.8	5.8	6.8	7.8	8.8	9.8
22	0.7	1.7	2.7	3.7	4.7	5.7	6.7	7.7	8.6	9.6
23	0.6	1.6	2.6	3.6	4.6	5.5	6.5	7.5	8.4	9.4
24	0.4	1.4	2.4	3.4	4.4	5.4	6.3	7.3	8.3	9.2
25	0.3	1.3	2.3	3.2	4.2	5.2	6.2	7.1	8.1	9.0
26	0.1	1.1	2.1	3.1	4.0	5.0	6.0	6.9	7.9	8.8
27	0.0	1.0	1.9	2.9	3.9	4.8	5.8	6.7	7.7	8.6
28	—	0.8	1.8	2.7	3.7	4.6	5.6	6.5	7.5	8.4
29	—	0.6	1.6	2.5	3.5	4.4	5.4	6.3	7.2	8.2
30	—	0.4	1.4	2.4	3.3	4.2	5.2	6.1	7.0	7.9
31	—	0.2	1.2	2.2	3.1	4.0	5.0	5.9	6.8	7.7

A

附录）

浓度与温度换算表

精度范围 1%vol～21%vol，间隔 1%vol）

（%vol）

11	12	13	14	15	16	17	18	19	20	21
13.0	14.3	15.6	16.8	18.2	19.5	20.9	22.2	23.4	24.7	26.0
13.0	14.2	15.4	16.7	18.0	19.3	20.6	21.9	23.2	24.4	25.6
12.9	14.1	15.3	16.5	17.8	19.1	20.4	21.6	22.8	24.1	25.3
12.8	14.0	15.2	16.4	17.6	18.9	20.1	21.3	22.6	23.8	24.9
12.7	13.8	15.0	16.2	17.4	18.6	19.9	21.1	22.3	23.4	24.6
12.6	13.7	14.9	16.0	17.2	18.4	19.6	20.8	22.0	23.1	24.3
12.4	13.6	14.7	15.8	17.0	18.2	19.4	20.5	21.7	22.8	23.9
12.3	13.4	14.5	15.7	16.8	18.0	19.1	20.2	21.4	22.5	23.6
12.2	13.2	14.4	15.5	16.6	17.7	18.8	20.0	21.1	22.2	23.3
12.0	13.1	14.2	15.3	16.4	17.5	18.6	19.7	20.8	21.9	23.0
11.9	12.9	14.0	15.1	16.2	17.2	18.3	19.4	20.5	21.6	22.6
11.7	12.8	13.8	14.9	15.9	17.0	18.1	19.2	20.2	21.2	22.3
11.5	12.6	13.6	14.7	15.7	16.8	17.8	18.9	19.8	20.9	22.0
11.4	12.4	13.4	14.4	15.5	16.5	17.6	18.6	19.6	20.6	21.6
11.2	12.2	13.2	14.2	15.2	16.3	17.3	18.3	19.3	20.3	21.3
11.0	12.0	13.0	14.0	15.0	16.0	17.0	18.0	19.0	20.0	21.0
10.8	11.8	12.8	13.8	14.8	15.7	16.7	17.7	18.7	19.7	20.7
10.6	11.6	12.6	13.6	14.5	15.5	16.5	17.4	18.4	19.4	20.4
10.4	11.4	12.3	13.3	14.3	15.2	16.2	17.1	18.1	19.0	20.0
10.2	11.2	12.1	13.1	14.0	15.0	15.9	16.9	17.8	18.7	19.7
10.0	10.9	11.9	12.8	13.8	14.7	15.6	16.6	17.5	18.4	19.4
9.8	10.7	11.7	12.6	13.5	14.4	15.4	16.3	17.2	18.1	19.0
9.5	10.5	11.4	12.3	13.2	14.2	15.1	16.0	16.9	17.8	18.7
9.3	10.3	11.2	12.1	13.0	13.9	14.8	15.7	16.6	17.5	18.4
9.1	10.0	10.9	11.8	12.7	13.6	14.5	15.4	16.3	17.2	18.0
8.9	9.8	10.7	11.6	12.5	13.4	14.2	15.1	16.0	16.8	17.7
8.7	9.6	10.5	11.4	12.2	13.1	13.9	14.8	15.7	16.5	17.4

ICS 13.040.30
C 72

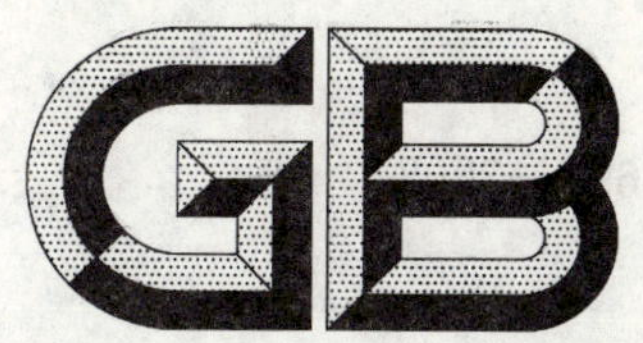

中华人民共和国国家标准

GB 13691—2008
代替 GB 13691—1992

陶瓷生产防尘技术规程

Code for the dust protecting technique of the ceramic production

2008-12-23 发布　　2009-12-01 实施

中华人民共和国国家质量监督检验检疫总局
中国国家标准化管理委员会　发布

前　言

本标准的全部技术内容为强制性。

本标准代替 GB 13691—1992《陶瓷生产防尘技术规程》。

本标准与 GB 13691—1992 相比主要变化如下：

——主体结构按照陶瓷生产工艺流程编排，方便使用和相应条文查找；

——增加了规范性引用文件和术语定义；

——增加了除尘设备维护的相关条款；

——增加了个人防护的相关条款；

——增加了防尘管理中教育和培训的相关条款。

本标准附录 A、附录 B 为规范性附录。

本标准由国家安全生产监督管理总局提出。

本标准由全国安全生产标准化技术委员会防尘防毒分技术委员会归口。

本标准起草单位：首都经济贸易大学、中钢集团马鞍山矿山研究院、北京市疾病预防控制中心。

本标准主要起草人：姜亢、赵容、郭金峰、郭建中、王勇毅、曾尧、盛海涛。

本标准所代替标准的历次版本发布情况为：

——GB 13691—1992。

陶瓷生产防尘技术规程

1 范围

本标准规定了陶瓷生产防尘基本要求和技术措施。

本标准适用于日用和建筑陶瓷厂的原料加工、成型、烧成的设计、改造和生产管理。对于陶瓷生产的匣钵、石膏加工及彩绘工艺防尘,亦应参照使用。

2 规范性引用文件

下列文件中的条款通过本标准的引用而成为本标准的条款。凡是注日期的引用文件,其随后所有的修改单(不包括勘误的内容)或修订版均不适用于本标准,然而,鼓励根据本标准达成协议的各方研究是否可使用这些文件的最新版本。凡是不注日期的引用文件,其最新版本适用于本标准。

GB/T 16758 排风罩的分类及技术条件

GB 50019 采暖通风与空气调节设计规范

GB 50187 工业企业总平面设计规范

GB 50243 通风与空调工程施工质量验收规范

3 术语和定义

下列术语和定义适用于本标准。

3.1

陶瓷 ceramic

用黏土、石英等天然硅酸盐原料经过粉碎、成型、干燥、煅烧等典型生产过程而得到的具有一定形状和强度的制品,是多晶、多相的无机非金属固体硅酸盐材料和制品的通称。

3.2

尘源 dust resource

产生粉尘的设备和地点。

4 厂址、厂区和厂房

4.1 厂址

4.1.1 厂址选择应远离居民区和其他建筑群,并位于城镇、相邻工业企业和居民区的全年最小频率风的上风侧。

4.1.2 生产区与生活区应保持必要的防护距离,并采取绿化措施。

4.2 厂区布置

4.2.1 主要烟囱和原料仓库应布置在厂区全年最小频率风向的非生产区和非产尘区的上风侧。

4.2.2 厂房的布置应按照缩短工艺流程和减少扬尘点的要求确定,并有利于建筑物的通风、采光。

4.3 厂房建筑

4.3.1 厂房建筑尽可能密闭,厂房内的建筑物构件应减少易积尘的凹凸部分。所有墙壁、屋顶的内表面尽可能平整光滑。

4.3.2 厂房内的开启式侧窗应设在全年最小频率风向迎风面的墙上,距地面的高度一般不低于1 m。

4.3.3 产尘车间地面应平整防滑,宜设坡向排水系统,并设有冲洗地面和墙壁的设施。

4.3.4 多层厂房应采取防止含尘空气串联的各项隔离措施。

4.3.4.1 楼梯间、通往各楼层的门洞宜安装可自动关闭的门或帘。

4.3.4.2 楼层间联系设置简易钢梯时，其位置应选择在离粉尘作业点较远的部位。

4.3.4.3 供各种设备、溜管、管道穿过的层间楼板和隔墙上的孔洞、缝隙应予以密封；各种设备、溜管、管道应密闭，减少连接点或中间环节，降低物料落差。

5 生产工艺要求

5.1 凡新建、扩建、改建和技术改造工程，其防尘措施项目应与主体工程同时设计、同时施工、同时投入使用。

5.2 生产过程应采取机械化、连续化、密闭化作业，工艺允许时尽可能采用湿式作业。粉尘散发严重的工序不应设置固定操作岗位。

5.3 工艺设备应尽量竖向布置，减少粉料和坯料的中转环节，缩短运输距离。

5.4 工艺和设备选型时，应采用防尘效果好或产尘少的工艺和设备。

5.5 在采用机械通风或自然通风时，粉尘发生源应布置在工作地点的下风侧。

5.6 定期对车间地面、通风装置等进行清洁，设备布置应便于维修和清扫，有利于作业人员操作。

6 车间通风

6.1 产尘车间通风应以局部排风为主，含尘气体应有组织排放，经捕集、净化处理后排至室外。

6.2 车间通风应合理组织车间气流，有效降低产尘作业区域空气中粉尘的浓度。为避免二次扬尘，宜限制室内空气流速；排风口宜设在人的呼吸带下方，尽量减少上吸风，避免操作人员吸入含尘气体。

6.3 为保证规定的车间采暖温度，应设置补风系统。补充风量应大于车间的总排风量，补风温度应按热平衡确定，不得采用循环空气用于热风采暖和空气调节。

6.4 对于需采取局部送风降温的车间，一般不宜采用再循环的轴流风扇或喷雾风扇进行通风。

7 主要工序防尘

7.1 原料加工

7.1.1 基本要求

7.1.1.1 矿石粗碎工序的投料、破碎、出料、运输应采用机械联动作业，实现集中控制。投料、破碎应设于地平以下，以便于收尘和下料。

7.1.1.2 采用球磨粉碎工艺时，制泥量较大的车间，应使进料、运输、称量、卸料工序实现机械化；制泥量较小的车间应采用半机械化作业并设投料平台。

7.1.1.3 采用雷蒙机粉碎工艺的车间，全部工序应采用机械化、自动化作业，控制室与粉尘作业区应采取隔离措施。

7.1.1.4 易放散粉尘的加料点、卸料点及物料的转运点，必须设置密闭罩或其他形式的有效排风罩，并应尽量减少物料的落差高度。

7.1.1.5 压滤机下应构筑接水围框。压滤水应全部接入围框内，以防泥浆水污染车间地面。滤布应设专室存放、洗涤。

7.1.1.6 生产设备应采取的密闭防尘措施见附录A。

7.1.2 矿石粉碎、干燥与包装

7.1.2.1 矿石粗碎工序应采用喷雾加湿措施，矿石的加湿量应不超过生产工艺最大允许含水量。

7.1.2.2 矿石的粗碎、粉磨、混合、干燥等设备应设置密闭罩和排风口，防止粉尘逸出。

a) 对携尘气流速度不大的皮带运输机的转运点，各种粉碎设备的进、出料口等部位应设局部密闭罩；

b) 对于携尘气流速度较大的干法粉碎、筛分、混合、运输设备，应设整体密闭罩。

7.1.2.3 粉料干燥应采用喷雾干燥塔或密闭式干燥新工艺，并采取防尘措施，禁止使用人工翻晒或坑床烘干粉状原料。

7.1.2.4 粉料包装应尽量采用包装机；包装材料应具有良好的密封性及强度，避免泄漏及包装袋破损；有粉尘逸散的包装作业岗位应设排风罩。

7.1.2.5 粉料包装袋的清理回收应在采取吸尘措施的工作台上进行。

7.1.3 **粉料储存**

7.1.3.1 粉状原料应储存在专用的库房或料仓中，不得开敞堆放。

7.1.3.2 料仓结构应保证粉料的正常流动，避免流料中断及窜流现象发生；易结拱粉料应采取活化措施。

7.1.3.3 在料仓下方用手工配料时，下料口处应设置排风罩，其风管阀门与下料口阀门应设联锁装置。

7.1.3.4 库房结构应避免粉尘扩散和便于运输。库房应隔成若干间储藏室，并设有运输通道和通风设施。

7.1.4 **粉料输送**

7.1.4.1 机械输送宜选择密闭性较好的斗式提升机、螺旋输送机、埋刮板输送机和溜管等。当选用胶带输送机输送物料时应进行有效的密闭，防止粉尘逸散。

7.1.4.2 输送粉状原料宜采用气力输送装置，并宜采用负压输送方式。

7.1.4.3 物料的转运点应采用溜管的形式，避免物料自由坠落。

7.1.4.4 用车辆运输散装干粉料时，应将粉料置于密闭的容器内运输。

7.1.4.5 拆包、倒包作业应设吸尘装置并实现机械化。

7.2 **成型**

7.2.1 **基本要求**

7.2.1.1 对坯体、带坯模型和脱坯模型进行干燥时，应采取有效防尘措施。

7.2.1.2 大件模型和坯体的存放及转运，宜使用带坯架的“坯车”。所采用的干燥设备应方便“坯车”进出。

7.2.1.3 应设置有压缩空气吹灰、抽风设备吸尘的密闭清灰室。模具、料板和垫饼上的粉尘应及时在密闭清灰室内清扫干净。

7.2.2 **制坯工序**

7.2.2.1 可塑成型应精确控制放入模型的泥块重量，尽量减少压坯后的余泥，多余的泥料应收集在专门的收集箱内。

7.2.2.2 注浆成型应避免泥浆外溢，成型后多余的泥浆应盛在专门的容器内。

7.2.2.3 粉料静压成型工艺应采用封闭方式，料箱和模型中产生的含尘气流应由专门的风管吸入除尘系统净化处理。

7.2.2.4 半干压成型的粉料应控制在料盘和压机的工作台内，防止外泄，并应设置与压力机固定一体的排风罩。

7.2.2.5 干燥设备应保持清洁，禁止破坯、破屑存留在干燥设备内。

7.2.3 **精坯工序**

7.2.3.1 修坯应采用湿式或半干式作业，如须采用干法作业时必须在作业点设置排风罩。

7.2.3.2 喷雾法施釉时，应在排风罩或通风柜内进行作业，喷雾的“雾粒”应喷射在排风罩内。

7.2.3.3 去底釉应采用湿法擦底，如须采用干法时，应设置排风罩。

7.2.3.4 精坯清灰应设置排风罩，采用机械清灰，禁止作业人员用口吹灰。

7.2.3.5 有粘接附件的坯件，应采用湿修湿接；如须采用干修干接时，应设置排风罩。

7.2.3.6 坯体钻孔应尽量采用湿式或半干式作业。如须采用干法钻孔时，应设置排风罩。

7.2.3.7 坯体砂轮切割、打磨及刷坯作业点应设置排风罩。

7.3 烧成

7.3.1 基本要求

7.3.1.1 陶瓷烧成宜采用隧道窑或间歇式大型台车窑，禁止使用人工在窑室内作业的窑炉。

7.3.1.2 窑炉设备宜布置在天窗下面，有利于对流通风。

7.3.1.3 车间内应设置专门的窑车维修室，室内应设有吸尘装置。

7.3.2 装坯

7.3.2.1 应采用专门工具清扫坯体和垫饼灰尘，并在作业点上设置排风罩。

7.3.2.2 装坯作业时，作业人员应位于机械通风或自然通风的上风侧。

7.3.2.3 匣钵内需用垫层时，严禁用石英粉或糠灰作垫层。

7.3.2.4 待烧成的坯体应及时装入匣钵，避免粉尘污染。

7.3.2.5 废坯、废匣钵要放入专门的废料箱内，不能随意丢弃。

7.3.3 焙烧

7.3.3.1 清理煤灰时宜采用湿法作业降尘。

7.3.3.2 煤和煤渣应放置在规定的地点并采取必要的抑尘措施。

8 除尘系统及其维护

8.1 尘源控制

8.1.1 散发粉尘的设备和作业点应设密闭罩或外部排风罩，防止粉尘逸出。优先采用无动力排风装置。

8.1.2 排风罩的形状应有利于尘源控制，排风罩口长度应不小于尘化区的边长，排风罩的扩张角一般不大于60°。

8.1.3 排风罩在不妨碍操作的前提下应尽量靠近尘源。

8.1.4 排风罩罩口风速宜在0.8 m/s～1.5 m/s之间选取。

8.1.5 对于粒径为0 mm～3 mm的物料，密闭罩罩口风速取0.5 m/s～1 m/s，对于粒径在3 mm以上的物料，罩口风速取1 m/s～2 m/s。

8.1.6 密闭罩应封闭严密、拆卸方便，并应设置必要的观察窗、操作门或检修门，其缝隙和孔洞面积尽量小，检修门窗应避开气压有较高正压的部位设置。

8.1.7 为满足除尘需要，应选择合理的系统风量(见附录B)。

8.2 除尘系统设计

8.2.1 根据工艺流程、设备配置、厂房条件和产尘点等情况，可设计就地除尘系统、分散除尘系统或集中除尘系统。

8.2.2 除尘系统的设置应便于管理、符合节能和安全生产的要求。同一生产流程、同时工作的扬尘点、相距不大时宜合为一个除尘系统；不同性质粉尘、不同湿度、不同温度的含尘气体，则不宜合用一个通风除尘系统。

8.2.3 尽量采用一级除尘系统，当气体含尘浓度较高，超过所选除尘器的处理能力或超过净化后气体的容许排放浓度时，可采用两级除尘或多级除尘。

8.2.4 设计除尘系统时，应根据粉尘性质、作业点产尘情况、排风罩参数等确定合理的系统风量、各管段风速和其他技术参数。

8.2.5 除尘系统宜采用自动控制，提高除尘系统的管理水平，保证除尘系统正常运转。

8.2.6 除尘设备的布置宜相对集中，并应考虑卸灰、运灰及检修的方便。

8.3 除尘管道

8.3.1 风管的布置应与建筑结构配合，不得影响生产操作，并应便于安装和维修。

8.3.2 除尘管道宜短直，倾斜敷设时风管倾角应不小于45°。支管应与主管上面或侧面连接。尽量减少水平管道，当设置水平管道时，应在适当位置设置清扫孔，以利清除积尘，防止管道堵塞。

8.3.3 除尘系统含尘管道风速宜设置在 5 m/s～25 m/s 范围，管道直径应不小于 100 mm。

8.3.4 在除尘管道的适当部位应设检测孔，检测孔应设在便于操作和观察的部位。当吸风点较多时，宜在各支管段设置风量调节阀。

8.3.5 风管的布置应力求顺直，尽量避免直角转弯，减少阻力，管道的连接应以焊接为主，做到密封。

8.3.6 除尘系统排风影响邻近建筑物时，还应视具体情况加高。

8.3.7 除尘管道应定期进行检查维护，管道外表面应作防腐蚀处理。

8.4 除尘设备

8.4.1 应根据排放标准、除尘器进口含尘浓度、粉尘及气体的性质、除尘系统的风量和现场情况等，合理选择除尘器。

8.4.2 湿式除尘系统应考虑有效的保温措施，以防止结露。

8.4.3 各种除尘器的卸灰口均应安装锁风卸料装置，并采取有效措施防止二次污染。

8.4.4 除尘器应按性能和规定的技术要求安装和使用，并定期进行性能检测，保证除尘效率达到设计要求。

8.4.5 陶瓷生产过程作业场所空气中粉尘的容许浓度应控制表 1 规定的范围。

表 1 工作场所空气中粉尘的容许浓度

序号	中文名	英文名	PC-TWA/(mg/m^3)	
			总尘	呼尘
1	矽尘 10%≤游离 SiO_2 含量≤50% 50%<游离 SiO_2 含量≤80% 游离 SiO_2 含量>80%	Silica dust 10%≤free SiO_2≤50% 50%<free SiO_2≤80% free SiO_2>80%	 1 0.7 0.5	 0.7 0.3 0.2
2	其他粉尘[a]	Particles not otherwise regulated	8	—

[a] 指游离 SiO_2 低于 10%，不含石棉和有毒物质，而尚未制定容许浓度的粉尘。表中列出的各种粉尘（石棉纤维尘除外），凡游离 SiO_2 高于 10% 者，均按矽尘容许浓度对待。

8.4.6 车间内除尘机组的排风宜用风管排至室外；向车间内直接排放经过处理的尾气时，其将排气含尘浓度应控制在 8.4.5 规定的粉尘容许浓度的 30% 以内。

8.5 除尘系统的维护与使用

8.5.1 通风除尘系统应定期检测，发现问题及时检修、调整。

8.5.2 通风机应运转平稳，壳体无破损，叶轮完好，机内不积尘、积水，电机工作正常。发现故障应及时排除。

8.5.3 袋式除尘器压缩空气清灰系统的储气罐、油水分离器应每天放水一次。

8.5.4 除尘设备应按其性能和技术要求正确使用，以使除尘效率达到设计要求。

8.5.5 根据管道的积尘情况定期清理避免管道内积尘。

8.5.6 通风除尘管道的强度和严密性应符合 GB 50243 的规定。

9 防尘管理

9.1 个人防护

9.1.1 作业人员在从事粉尘作业时必须按规定配备劳动防护用品。

9.1.2 个人防护用品应按规定进行维护、保养、更换。

9.1.3 严禁在粉尘作业区饮食、休息。严禁穿工作服进入就餐等非作业场所。

9.1.4 企业应设置更衣室、更衣箱、浴室等卫生设施。

9.1.5 存在粉尘危害的作业岗位应根据有关规定,在明显的位置设置有"注意防尘"、"戴防尘口罩"文字的警示标识及相应的警示说明。

9.2 管理

9.2.1 通风除尘设备应与陶瓷生产设备统一纳入生产管理系统管理和考核。

9.2.2 企业应对通风系统及设备实施有效管理,根据系统设备的数量和复杂程度配备维护检修人员,建立并保持通风除尘系统的技术档案和运行记录。

9.2.3 企业应制定治理粉尘的技术措施计划,完善防尘措施及规章制度。

9.2.4 用人单位应建立接尘人员的定期健康检查制度,进行上岗前、离岗前和在岗期间定期职业健康检查,并建立劳动者职业健康监护档案。不得安排未经上岗前健康检查的劳动者从事接触有职业病危害的作业。

9.2.5 有职业禁忌症的人员必须调离接尘作业岗位。

9.3 教育与培训

9.3.1 应对接触粉尘的各类人员定期进行防尘专业知识教育和考核。

9.3.2 接触粉尘作业的工作人员上岗前应被明确告知所从事工作的危害性。

9.3.3 通风除尘的操作、维修、检测、监督人员应具备相应岗位的专业知识和能力。

9.4 检测

9.4.1 应配备必要的粉尘测试仪器及相应的测试人员。

9.4.2 应每3个月测定一次车间空气中的粉尘浓度,每半年测定一次通风除尘系统的风量、阻力、除尘效率、漏风率等,并将检测结果整理归档。

9.4.3 除尘系统的检测装置应定期维护和校验。

9.4.4 应设专人监督检查通风除尘系统的运行,发现问题应及时处理。

附 录 A
（规范性附录）
陶瓷生产常用工艺设备的密闭防尘措施

A.1 运输设备

A.1.1 胶带运输机

A.1.1.1 按工艺的布置和落料的情况，溜槽的角度以及粉尘的温度应分别设置全罩，分段式、集中式密闭和设置相应的排风口。

A.1.1.2 密闭罩的二端应设橡胶密封挡板。

A.1.1.3 整体式密闭罩两侧为可拆卸式，以便清尘。

A.1.1.4 溜管落料处的密闭罩上排风口位置为溜管出口处宽度的1.5倍。

A.1.1.5 对于二条皮带的转运卸落处，在下落胶带的密闭罩上设置排风口，排风罩的位置在卸落点端面与排风罩边150 mm～300 mm为宜。

A.1.1.6 胶带输送机在输送粒径小于0.5 mm的物料时，速度应控制在1 m/s以内，当输送粒径为0.4 mm～4 mm物料时，速度应控制在1.25 m/s以内。

A.1.1.7 应尽可能采取阻抗装置（如重锤式加料器等）来减少物料下落时的扬尘。

A.1.1.8 胶带的头、尾部罩，密闭罩接缝处都应做到严密。

A.1.1.9 采用静电抑制粉尘系统时，接缝处的填料应利于导电。

A.1.2 斗式提升机

A.1.2.1 按机身的高度和物料的性质确定进出料口排风罩的设置。

A.1.2.2 机体接口处应加填料、保持密闭。

A.1.2.3 下部排风罩的风量应大于物料引入风量的2倍以上。

A.1.2.4 提升温度小于50 ℃的物料时，提升机高度小于10 m者，上部密闭可不吸风。

A.1.3 螺旋运输机

A.1.3.1 运输机壳体应保持严密。

A.1.3.2 物料转运和出入处如有落差时，在其落入点200 mm～300 mm处设置排风口。

A.2 原料破碎筛分设备

A.2.1 颚式破碎机

A.2.1.1 装料口、排料口处应设排风罩。

A.2.1.2 小型额式破碎机最好设置整体密闭。

A.2.2 轮碾机

A.2.2.1 干式轮碾机必须整体密闭。

A.2.2.2 密闭罩制作成圆形，罩壳上设置排风口。

A.2.3 干式振动筛

A.2.3.1 筛上应设置密闭罩，上部排料口设橡胶密封挡板。

A.2.3.2 下部排料口受料为皮带运输机时应设排风罩。

A.2.3.3 上部排风罩接管需设软授管。

A.2.4 锤式破碎机

A.2.4.1 卸料管处设置排风罩。

A.2.4.2 进料口处设置橡胶帘板。

A.2.5 雷蒙磨机

A.2.5.1 设备各连接处应严密。

A.2.5.2 正压区的排出管应配装通风除尘装置。

A.3 料仓

A.3.1 人工加料时加料口设置排风罩。

A.3.2 机械加料时,在料仓盖上设置排风罩。

A.3.3 按物料坠落高度所压入的空气量和保持仓内一定负压值而确定抽风量。

附 录 B
（规范性附录）
常用生产设备的除尘吸风量参考指标

B.1 常用生产设备的除尘风量参考指标见表 B.1。

表 B.1 常用生产设备的除尘风量参考指标

设备名称及规格	吸风部位		吸风量/(m^3/h)		
磨坯、修坯机	磨、修坯机对侧		800		
压砖机	压坯、磨边、刷坯机处		800～1 000		
喷釉机	排风罩上部		2 000～3 000		
鄂式破碎机	密闭罩上部		500～1 700		
轮碾机 轮子直径 1 200 mm 1 500 mm 2 400 mm 3 000 mm	密闭罩上部		 1 200～1 500 1 800～2 500 2 500～3 500 3 000～4 500		
斗式提升机	高度 $H<10$ m	高度 $H>10$ m	$H<10$ m	$H>10$ m	
温度为常温时				上部	下部
斗宽 160 mm	下部	上、下部	600	300+60(H-10)	300+30H
250 mm	下部	上、下部	900	500+90(H-10)	500+40H
300 mm	下部	上、下部	1 100	600+110(H-10)	600+50H
350 mm	下部	上、下部	1 300	700+130(H-10)	700+60H
400 mm	下部	上、下部	1 500	800+150(H-10)	800+70H
450 mm	下部	上、下部	1 700	900+170(H-10)	900+80H
螺旋输送机	受料处		400～600		
皮带运输机 （宽度 500 mm～800 mm 溜管倾角=45°时 落差<2 m 落差 2 mm～3 mm 落差>3 m）	受料处		 1 100～1 500 1 500～2 000 2 000～2 500		
振动筛 物料为常温时 热物料<200 ℃	密闭罩上		 (900～1 100)F^{a} (1 500～1 800)F^{a}		
料仓	仓顶		400～1 000		
自动秤 （物料落差为 200 mm～500 mm）	密闭罩上		600～800		
球磨机	加料口		1 500		
锤式破碎机	加料口		2 000～4 000		
浆池投料口	加料口		1 500		

[a] F 为筛子面积，m^2。

ICS 27.120.99
F 51

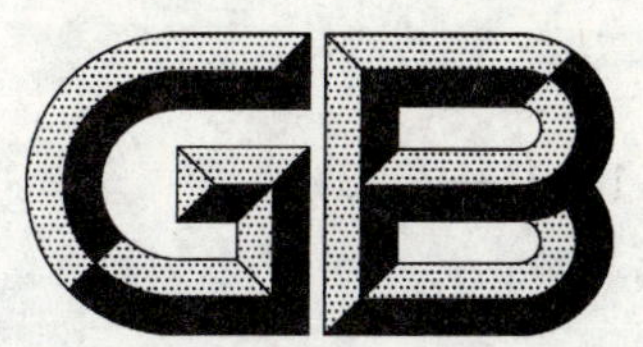

中华人民共和国国家标准

GB/T 13694—2008
代替 GB/T 13694—1992

α、β和γ平面标准源通用技术条件

General specifications for α, β and γ planar standard sources

2008-06-19 发布　　2009-04-01 实施

中华人民共和国国家质量监督检验检疫总局
中国国家标准化管理委员会　发布

前言

本标准代替 GB/T 13694—1992《α-,β-平板标准源通用技术条件》。本标准与 GB/T 13694—1992 相比主要有以下变化：

a) 标准名称改为《α、β和γ平面标准源通用技术条件》；

b) 增加了 8 个术语和定义，更改 2 个术语和定义；

c) 增加了标准源新品种 7 个（^{55}Fe、^{238}Pu、^{129}I、^{241}Am、^{57}Co、^{137}Cs、^{60}Co γ 标准源）；

d) 增加了源的适用范围；

e) 增加了标准源的结构形式、核纯度检测方法、源效率和源底衬材料；

f) 增加了推荐使用的γ标准源放射性核素及其过滤片的要求；

g) 修改了标准源的表面发射率推荐范围；

h) 增加了平面标准源活度的不确定；

i) 增加了标准源活性面尺寸和源底衬平面外形尺寸；

j) 增加了标准源的安全性和牢固性；

k) 增加了标准源说明书。

本标准由中国核工业集团公司提出。

本标准由全国核能标准化技术委员会归口。

本标准起草单位：中国原子能科学研究院同位素研究所。

本标准主要起草人：林辉、赵靖、杜俊英、倪敬宽。

本标准所代替标准的历次版本情况为：GB/T 13694—1992。

α、β和γ平面标准源通用技术条件

1 范围

本标准规定了α、β、γ平面标准源(以下简称“标准源”)的分级、技术要求、有效使用期、包装、运输等内容。

本标准适用于检定校准放射性表面污染监测仪和校准放射性测量仪器和装置的平面标准源。

2 规范性引用文件

下列文件中的条款通过本标准的引用而成为本标准的条款。凡是注日期的引用文件,其随后所有的修改单(不包括勘误的内容)或修订版均不适用于本标准,然而,鼓励根据本标准达成协议的各方研究是否可使用这些文件的最新版本。凡是不注日期的引用文件,其最新版本适用于本标准。

GB/T 7161 非密封放射性物质 识别和证书

GB 11806 放射性物质安全运输规程

GB/T 12164 用于校准剂量(率)仪及确定其能量响应的β参考辐射

EJ/T 804 放射性同位素产品代号

3 术语和定义

下列术语和定义适用于本标准。

3.1

平面标准源 planar standard source

放射性物质牢固固定在源底衬上,其表面粒子发射率和活度是由国家基准或国家计量行政部门考核合格的标准装置、传递仪器测量给出的平面放射源。

3.2

表面发射率 surface emission rate

单位时间内从标准源表面或标准源窗射出的特定类型和能量的粒子数。

3.3

源效率 source efficiency

标准源的某种粒子的表面发射率与源内单位时间产生或释放的同种粒子数之比(以百分数表示)。

标准源效率定义见式(1)。

$$\varepsilon_s = \frac{q_{2\pi}}{A} \times 100\% \qquad \cdots\cdots(1)$$

式中:

ε_s——标准源效率(%);

$q_{2\pi}$——标准源的表面发射率,单位为 $\text{min}^{-1} \cdot (2\pi\text{sr})^{-1}$;

A——标准源活度,单位为Bq。

3.4

自吸收 self-absorption

源材料对标准源自身发射的辐射的吸收。

3.5

饱和层厚度　saturation layer thickness

由均匀物质构成的标准源的饱和层厚度是指与指定的粒子辐射在源介质中的最大射程相等的介质厚度。

3.6

薄源　thin source

放射性物质发出的有用辐射被其自身和保护层所吸收的部分可以忽略的一种放射源。

3.7

源底衬　backing plate

制备标准源时使用的用于固定放射性物质的支撑体。

3.8

活性区　active zone

平面标准源内放射性物质所在的区域。

3.9

均匀性　uniformity

均匀性是表示放射性物质在标准源活性区分布的均匀程度。

注：为了表达用单位面积发射率表示的某一源表面发射率的均匀性，可把标准源视为由相等面积的若干部分组成。均匀性为各单个部分测量值的标准偏差与整个源面积上各测量值的平均值之比。单个部分的面积应小于 1 000 mm^2。标准源的均匀性可以用在源和计数器之间加带孔板的办法测量。板上有适当孔径的孔（面积小于或等于 1 000 mm^2）。板的厚度要能足以吸收源发射的最大能量的粒子。均匀性用百分数表示。

3.10

不确定度　uncertatinty

表示由于测量误差的存在而对被测量值不能肯定的程度。

注：不确定度按误差性质可分为系统不确定度和随机不确定度。从估计方法上可按估计其数值的不同方法归并成两类：A. 多次重复测量用统计方法计算出的标准偏差；B. 用其他方法估计出近似的"标准偏差"。前者称为 A 类分量，后者称为 B 类分量。A 类分量与 B 类分量均以"标准偏差"形式表示，用通常合成方差的方法，将其合成所得的"标准偏差"称为合成不确定度。如此所得的不确定度值具有概率的概念，即在此范围内不确定的概率为 68.27%（按正态分布概率计算）。如果为了特殊用途，需要增加不确定度的置信程度，则需要将合成不确定度乘一置信因子，从而得到扩展不确定度，此时所乘因子通常必须说明。由于不确定度包括测量结果中无从进行修正的部分，它反映了测量结果中未能确定的量值范围。

3.11

过滤片　filter

过滤片是加在平面标准源活性表面之上一定厚度的某种金属薄片，用来吸收、过滤平面标准源中不希望出现的放射性粒子，以提高平面标准源活度和表面发射率的测量准确度。

3.12

溯源性　traceability

通过连续的比较链，证明测量结果能够与国家或国际认可的标准在不确定度可接受范围内一致的特性。

4　标准源的分级及其适用范围

4.1　一级标准源

表面粒子发射率和活度由国家基准或法定计量部门通过考核合格认定的一级标准装置测量给出的源。

4.2　二级标准源

表面粒子发射率和活度由法定计量部门通过考核合格的测量装置或测量仪器测量给出的源。

4.3　工作源

表面粒子发射率和活度由法定计量部门通过考核合格的实验室计量传递仪器测量给出的源。

4.4 标准源的适用范围

一级和二级标准源适用于对表面污染仪的定型检验和对表面污染监测仪常规校准。

工作源用于现场校准表面污染监测仪。

5 标准源的技术要求

5.1 标准源的结构形式、核纯度、源效率和源底衬材料

5.1.1 标准源的结构

标准源的结构形式分为:

a) 源是由某种放射性核素用电镀、电沉积或其他方法结合在源底衬材料的一个面上而构成。对α、β标准源而言,源的活性面要尽量薄,以减少源的自吸收。源底衬材料具有导电性,其厚度足以防止源的粒子辐射穿透源底衬背面。

b) 源的放射性核素均匀分布在厚度至少等于饱和层厚度的材料中。从表面污染监测的目的来说,源的活度是指其厚度等于饱和层厚度的一层材料中的放射性核素的活度。

5.1.2 标准源的核纯度

标准源核素应有足够的核纯度,欲检验是否有不纯的β发射体是很困难的。如果它们伴有光子辐射,则可用高分辨率γ谱仪(如 HPGe 谱仪)系统测量光子辐射,从而推断不纯β发射体的存在。也可采用 GB/T 12164 推荐的方法,测量β最大剩余能量 E_{res} 来检验是否有不纯的β发射体的存在。例如放射性标准溶液中杂质含量应小于千分之一。

5.1.3 β标准源的效率

β最大能量大于或等于 0.4 MeV 的β源,其源效率应大于 25%;β最大能量在 0.15 MeV～0.4 MeV 之间,源效率应大于 5%。

5.1.4 源底衬材料

源底衬材料为:

a) α、β标准源源底衬材料及厚度要求见表 1。

b) 对γ标准源而言,源底衬材料应尽量减少对γ射线的反散射。本标准推荐使用 3 mm 厚的铝片作为源底衬材料,其质量厚度与标称值的偏差应小于±10%,质量厚度的均匀性应好于 3%。

c) γ标准源要带有表 5 所规定的过滤片,一般情况下过滤片是整个源不可分割的一部分,不能任意拆卸。过滤片的边缘应超过活性面边缘至少 10 mm,其质量厚度与表 2 给出的数值的偏差应小于±10%,质量厚度的均匀性应好于 3%。

5.2 推荐使用的α、β标准源放射性核素及其源底衬的要求

推荐使用的α、β标准源放射性核素主要为:

——α标准源:^{241}Am;

——β标准源:^{14}C、^{147}Pm、^{204}Tl、$^{90}Sr+^{90}Y$、$^{106}Ru+^{106}Rb$。

推荐使用的α、β标准源核素特性及其源底衬见表 1。

表 1 推荐使用的α、β标准源放射性核素的特性

核素	半衰期 a	最大能量 keV	推荐的源底衬最小厚度 mm		源底衬质量厚度 mg·cm^{-2}
			铝	不锈钢	
^{14}C	5 730	156	0.08	0.03	22
^{147}Pm	2.62	225	0.13	0.04	35
^{204}Tl	3.78	763	0.7	0.23	180

表 1（续）

核素	半衰期 a	最大能量 keV	推荐的源底衬最小厚度 mm		源底衬质量厚度 mg·cm^{-2}
			铝	不锈钢	
^{36}Cl	300 000	710	0.6	0.20	170
^{90}Sr+^{90}Y	28.5	2 274	3.1	1.1	850
^{106}Ru+^{106}Rh	1.01	3 540	4.8	1.7	1 300
^{241}Am	432.6	5 544	0.02	0.01	6

5.3 推荐使用的γ标准源放射性核素及其过滤片的要求

推荐使用的γ标准源放射性核为：^{55}Fe、^{238}Pu、^{129}I、^{241}Am、^{57}Co、^{137}Cs、^{60}Co。

推荐的γ标准源核素特性和附加过滤片见表2。

表 2 推荐的γ标准源核素特性和附加过滤片

放射性核素	近似γ平均能量[a] keV	半衰期 a	过滤片[b]
^{55}Fe	5.9	2.7	无过滤片
^{238}Pu	16	87.7	32.5 mg·cm^{-2}铝
^{129}I	32	1.57×10^{7}	81 mg·cm^{-2}铝
^{241}Am	60	432	200 mg·cm^{-2}不锈钢
^{57}Co	124	0.74	200 mg·cm^{-2}不锈钢
^{137}Cs	600	30.2	800 mg·cm^{-2}不锈钢
^{60}Co	1 200	5.27	81 mg·cm^{-2}铝

a 近似γ平均能量等于 $\left(\sum_i n_i E_i\right)\Big/\sum_i n_i$，此处 n_i 是能量为 E_i 的源所发射的光子数。

b 本标准中不锈钢组成为：72%Fe、18%Cr 和 10%Ni。

5.4 表面发射率范围

标准源的表面发射率推荐范围见表3。

表 3 推荐的表面发射率范围

检定或校准的对象	表面发射率范围
表面污染监测仪	$(10^{4}\sim10^{6})\text{min}^{-1}\cdot(2\pi\text{sr})^{-1}$
核探测仪器或装置	$(10^{3}\sim10^{4})\text{min}^{-1}\cdot(2\pi\text{sr})^{-1}$

5.5 不确定度

5.5.1 α、β标准源活度和表面粒子发射率的不确定度见表4。

表 4 α、β标准源活度和表面发射率的不确定度

标准源级别	标准不确定度	
	活度	表面发射率
一级标准源	≤10%	≤3%
二级标准源	≤10%	≤6%
工作源	≤15%	≤8%

5.5.2 γ标准源活度和表面发射率的不确定度见表5。

表5 γ标准源活度和表面发射率的不确定度

标准源级别	标准不确定度	
	活度	表面发射率
一级标准源	—	≤10%
二级标准源	—	≤15%
工作源	给出标称值	≤20%

5.6 标准源活性面和源底衬平面外形尺寸

推荐的标准源活性面和源底衬平面外形尺寸见表6。

表6 推荐的标准源活性面和源底衬平面外形尺寸

单位为毫米

刻度对象	标 准 源
	活性面尺寸/平面外形尺寸
表面污染监测仪	70×70/80×80、100×150/120×180
核探测仪器或装置	ϕ10/ϕ30、ϕ25/ϕ45、ϕ50/ϕ70

5.7 标准源的均匀性

标准源的均匀性见表7。

表7 α、β、γ平面标准源表面发射率的均匀性

源级别	表面发射率的均匀性
一级标准源	≤10%
二级标准源	≤10%
工作源	≤15%

5.8 标准源的安全性和牢固性

5.8.1 安全性

要求标准源的非活性面(包括正面、背面、侧面)表面污染值小于100 Bq。

5.8.2 牢固性

标准源活性面表面应光洁、平整,无起皮现象,无粉状物或其他可见的可脱落物。

标准源从1米高度跌落至塑料地面,跌落3次,标准源表面发射率保持不变。

注1:对活性面无保护层的标准源(裸源),要在标准源说明书中特别指出。

注2:对于α、β标准源而言,标准源的活性区是脆弱的薄层,为防止跌落时碰伤活性面,允许把标准源放在一个防护套内进行跌落试验。

5.9 标准源的溯源性

标准源的活度和表面发射率量值应有溯源性。

6 标准源的有效使用期

标准源要根据下列因素确定合理适当的有效使用期:

a) 标准源核素半衰期长短;

b) 标准源的牢固程度;

c) 使用环境的温度、湿度以及是否有腐蚀性气体;

d) 使用过程中是否可能受到机械损伤。

7 标准源的包装、运输、贮存和代号

标准源的包装、运输、贮存应满足 GB 11806 的要求。

标准源的识别应满足 GB/T 7161 的要求。

标准源代号按 EJ/T 804。

8 标准源的合格证书、说明书及标识

8.1 标准源合格证书

标准源的合格证书应包括下列内容：

a) 标准源名称、级别、源编号；

b) 核素名称、半衰期、射线种类与能量：

——对 β 发射体，要注明 β 粒子的最大能量 $E_{\beta max}$；

——对 γ 发射体，要注明计入表面发射率的 γ 射线，(应该包括全部康普顿散射 γ 的贡献)的平均能量(见表 5)；

c) 标准源的外形尺寸、活性面积；

d) 标准源的结构，包括过滤片和源底衬材料及厚度；

e) 在测定标准源的表面发射率时，标准源表面与探测器探头窗的距离；

f) 标准源的表面发射率及其不确定度和日期；

g) 相应于参考日期的标准源的活度或饱和层厚度内的活度；

h) 表面发射率的均匀性；

i) 标准源的牢固性检验；

j) 标准源的安全性检验；

k) 检验单位签章及签发日期。

对一、二级标准源还应提供检定证书。

8.2 标准源说明书

标准源说明书除了鉴定证书的内容之外，还应包括如下内容：

a) 源的有效使用期；

b) 源保存的环境条件；

c) 源的使用注意事项。

8.3 标准源的标识

标准源的标识应包括如下内容：

a) 放射性核素；

b) 标准源编号；

c) 活度或表面发射率。

参 考 文 献

[1] GB 12128—1989 用于校准表面污染监测仪的参考源 β发射体和α发射体

[2] GB/T 12128.2—1999 用于校准表面污染监测仪的参考源 第二部分:能量低于0.15 MeV的电子和能量低于1.5 MeV的光子

[3] GB 15849 密封放射源的泄漏检验方法

[4] JJG 478—1996《α、β、γ表面污染仪》检定规程

[5] ISO 8769(1988) Reference sources for the Calibration of surface contamination monitors—Beta-emitters and alpha-emitters

[6] ISO 8769-2(1996) Reference sources for the calibration of surface contamination monitors—Part 2

ICS 35.200
L 65

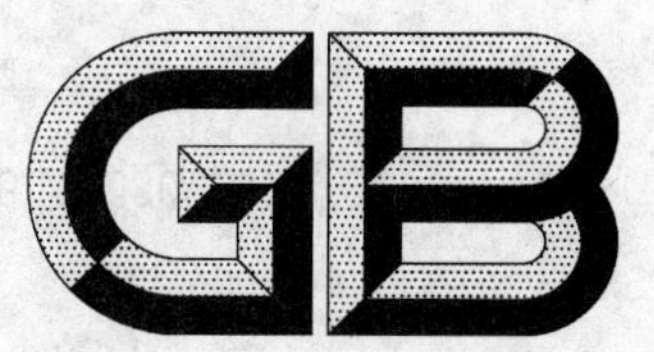

中华人民共和国国家标准

GB/T 13724—2008/IEC 60821:1991
代替 GB/T 13724—1992

821 总线 1至4字节数据微处理机系统总线

821 BUS—Microprocessor system bus for 1 to 4 byte data

(IEC 60821:1991,IDT)

2008-08-06 发布 2009-01-01 实施

中华人民共和国国家质量监督检验检疫总局
中国国家标准化管理委员会 发布

前　言

GB/T 13723—2008 等同采用 IEC 60821:1991《821 总线　1 至 4 字节数据微处理机系统总线》。

本标准还对 IEC 60821:1991 做了下列编辑性修改：

——删除了 IEC 821 的“前言”；

——增加了国家标准前言；

——标准正文中的“国际标准”统一改为“标准”。

本标准代替 GB/T 13724—1992《821 总线　1 至 4 字节数据微处理机系统总线》，与 GB/T 13724—1992 相比，主要变化是增加了附录 D 和附录 E。

本标准的附录 A、附录 B 和附录 C 为规范性附录，附录 D 和附录 E 为资料性附录。

本标准由中华人民共和国信息产业部提出。

本标准由全国信息技术标准化技术委员会归口。

本标准起草单位：中国电子技术标准化研究所。

本标准主要起草人：高健、匡长山、张贻南。

本标准首次发布于 1992 年。

821 总线 1至4字节数据微处理机系统总线

0 引言

0.1 范围

本标准规定一种高性能的底板总线,用于采用单一或多重微处理器的微型计算机系统。

这种底板基于 VME 总线规范,由 VME 制造者的团体于 1982 年 8 月发布。该总线包括四种子总线:数据传送总线,优先级中断总线,仲裁总线和实用程序总线。数据传送总线支持非多路复用式数据与地址信息高速公路上的 8 位、16 位及 32 位的传送。所用传送协议均为异步且全握手式。优先级中断总线对系统提供实时中断服务。总线的支配身份由仲裁总线进行分配,这种仲裁总线允许实现轮转式与优先级化的仲裁式两种算法。实用程序总线为系统提供加电与断电同步。各种板、底板、机架和外壳均基于 IEC 297。

0.2 规范性引用文件

本标准引用 IEC 的下列出版物:

297-1(1982):482.6 mm (19 in)系列的机械结构的尺寸 第 1 部分:面板与机架

297-3(1984):机架与关联的插入单元

603-2(1980):供频率低于 3 MHz 的打印机板使用的连接器 第 2 部分:供具有通用安装特征、基本网格为 2.54 mm (0.1 in)的打印机板使用的两件式连接器

822(1988):IEC 822 VSB IEC 821 VHE 总线的并行子系统总线

823(1990):微处理器系统总线(VHS 总线) IEC 821 总线(VHE 总线)的串行子系统总线

0.3 对读者的注记

IEC 822 总线已由 47B 分会作为 IEC 821 总线的子系统总线加以标准化,并以此组成本标准。

IEC 823 总线作为本 IEC 821 总线的串行总线,表示已由 JTS 1/SC 加以标准化的总线。

1 821 总线标准的概述

1.1 821 总线标准的目的

821 总线标准定义了一个在紧耦合硬件配置中,用于互连数据处理、数据存储和外围控制设备的接口系统。该接口系统的目的如下:

a) 允许 821 总线上各设备之间相互通信,且不干扰与 821 总线接口的其他设备的内部活动;

b) 规定了电气的和机械的系统特性,使得所设计的设备能可靠地与 821 总线接口其他设备通信;

c) 规定了 821 总线和与其接口设备之间交互作用的协议;

d) 提供描述系统协议的术语和定义;

e) 允许有较大的设计余量以使设计者能优化性能价格比,而又不影响系统的兼容性;

f) 提供一个性能主要受器件限制而不受系统接口限制的系统。

1.2 821 总线接口系统单元

1.2.1 基本定义

可以从机械结构和功能结构两个方面来描述 821 总线的结构。机械规范描述了机架、底板、前面板、主板等的物理尺寸。821 总线的功能规范描述了总线是如何工作的,在每一次操作中涉及了哪些功能模块,以及控制它们运行的一些规则。本条为描述 821 总线的物理和机械结构两方面的基本术语提供了定义。术语汇总见附录 A。

1.2.1.1 用于描述 821 总线机械结构的术语

821 总线底板 backplane

一块具有 96 插针连接器，并具有将连接器插针连入总线信号通路的印制电路(PC)板。一些 821 总线系统有一块印制电路板，称之为 J_1 底板。它提供了基本操作所需的信号通路。另一些 821 总线系统还有可选的第二块印制电路板，称之为 J_2 底板。它提供了宽数据和宽地址传送所需的另一个 96 插针连接器和信号通路。还有一些 821 总线系统具有一块组合的印制电路板，它同时提供了 J_1 和 J_2 两个底板的信号导体和连接器。

(插件)板 board

由印制电路板，板上的电子元器件，以及一个或两个能插入 821 总线底板连接器的 96 插针连接器组成的一个组件。

插槽 slot

一个能将板插入 821 总线底板的位置。如果 821 总线系统有 J_1 和 J_2 两个底板(或一个组合的底板)，则每一个插槽提供一对 96 插针连接器。如果系统只有一个 J_1 底板，则每一个插槽提供一个 96 插针的连接器。

机架 subrack

为插入底板的板提供机械支撑的钢性框架，以保证连接器的准确插接，并保证邻近的板相互之间不接触。它也为系统提供冷却风道，并且保证插入的板不因底板的振动或冲击而使它们从底板上松脱。

1.2.1.2 用于描述 821 总线功能结构的术语

图 1-1 展示了包括 821 总线信号线、底板接口逻辑和功能模块在内的功能结构框图。

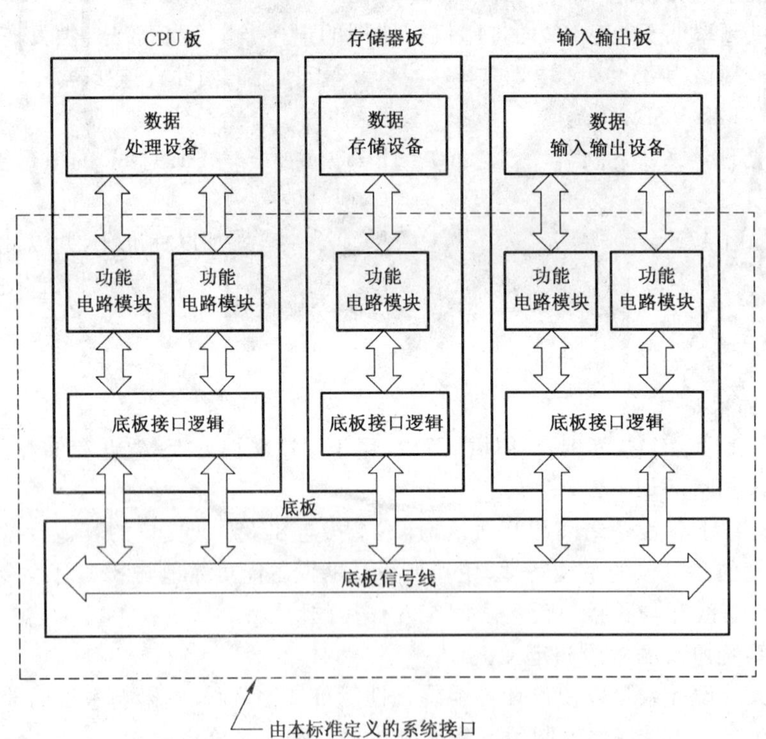

图 1-1 本标准定义的系统单元

底板接口逻辑 backplane interface logic

一个专用的接口逻辑。它考虑了底板特性，即：信号线阻抗、传播时间、端接值等。821 总线标准规定底板长度在最大插槽数为最多的情况下，底板接口逻辑的某些设计规则。

功能模块 functional module

一个装在 821 总线板上，为完成一个任务而一起工作的电子电路的集合。

数据传送总线　data transfer bus

由821总线底板提供的四组总线中的一组。数据传送总线允许主设备去控制主设备与从设备之间的二进制数据的传送(数据传送总线常简称为DTB)。

数据传送总线周期　data transfer bus cycle

在数据传送总线的信号线上一个电平跳变的序列。这一序列导致主设备和从设备之间地址或地址和数据的传送。数据传送总线周期分为两个部分,即地址广播以及接下来的一个或多个数据传送。共有34种类型的数据传送总线周期。它们将在本章的后面予以定义。

主设备,主模块　master

一个功能模块。它启动数据传送总线周期,以便在它自己和一个从设备之间传送数据。

从设备,从模块　slave

一个功能模块。它检测由主设备启动的数据传送总线周期,当那些周期指定有它参与时,就在它自己和主设备之间传送数据。

地址单元监视器　location monitor

一个功能模块。它监视数据传送总线上的数据传送,以便检测对已被指定要察看的那些地址单元所进行的存取。当存取一个被指定的地址单元时,地址单元监视器就产生一个板上信号。

总线定时器　bus timer

测量数据传送总线上每一次数据传送时间的功能模块。如果传送时间太长,便终止数据传送总线周期。没有此模块时,若主设备试图将数据传送到不存在的从设备地址单元或从一个不存在的从设备地址单元将数据传送过来,那样也许就会永远等待下去。总线定时器用终止周期的方法来防止这一点。

优先级中断总线　priority interrupt bus

由821总线底板提供的四组总线中的一组。优先级中断总线允许中断器模块发送中断请求到中断处理器模块。

中断器　interrupter

一个功能模块。它在优先级中断总线上产生一个中断请求信号,并在中断处理器需要时,提供STATUS/ID信息。

中断处理器　interrupt handler

一个功能模块。它检测由中断器产生的中断请求信号,并通过要求STATUS/ID信息来响应这些请求。

菊花链　daisy-chain

特殊类型的821总线的信号线。用于从第一个插槽到最后一个插槽逐板传播一个信号电平。在821总线上有四个总线允许菊花链和一个中断确认菊花链。

IACK菊花链驱动器　iack daisy-chain driver

一个功能模块。每当中断处理器确认一个中断请求时,便激活中断确认菊花链。该菊花链保证在多个中断器产生中断请求时,只有一个中断器用它的STATUS/ID来响应。

仲裁总线　arbitration bus

由821总线底板提供的四组总线中的一组。这个总线允许仲裁器模块和几个请求器模块协调使用数据传送总线。

请求器　requster

一个功能模块。它与主设备或中断处理器装在同一块板上,每当它的主设备或中断处理器需要时,便请求使用数据传送总线。

仲裁器　arbiter

一个功能模块。它从多个请求器模块接收总线请求信号,并且每次只允许一个请求器控制数据传送总线。

公用总线　utility bus

由821总线底板提供的四组总线中的一组。这个总线包含有周期性时序的信号和协调821总线系统电源开和电源关的信号。

系统时钟驱动器　system clock driver

一个功能模块。它在公用总线上提供一个16 MHz的时序信号。

串行时钟驱动器　serial clock driver

一个功能模块。它提供一个用来同步823总线操作的周期性时序信号(尽管821总线标准定义了一个串行时钟驱动器,用于823总线;尽管它保留了两个底板信号线供那个总线使用,但823总线协议是完全独立于821总线的)。串行时钟驱动器的时序规范在附录C中给出。

电源监视器模块　power monitor module

一个功能模块。它监视821总线系统主电源的状态,并在电源偏离系统可靠运行所要求的限值时发出信号。由于大多数系统是由交流供电的,所以电源监视器一般设计成用来检测交流线上掉电或电压不足的状态。

系统控制器板　system controller board

一个插在821总线底板第1插槽上的板,它含有一个系统时钟驱动器、一个仲裁器、一个IACK菊花链驱动器和一个总线定时器。有些还有一个串行时钟驱动器、一个电源监视器或二者都有。

1.2.1.3　821总线的周期类型

读周期　read cycle

用于将从设备的1、2、3或4个字节的数据传送到主设备去的一个数据传送总线周期。这个周期是从主设备广播一个地址和一个地址修改码开始的。每一个从设备截获修改码和地址,并且核实它是否要响应这个周期。若要响应,则从它的内部存储器中去找出数据,把它放在数据总线上,并确认该次传送。然后主设备终止这个周期。

写周期　write cycle

用于将主设备的1、2、3或4个字节的数据传送到从设备去的一个数据传送总线周期。这个周期是从主设备广播一个地址和一个地址修改码,并且将数据放在数据传送总线上开始的。每一个从设备截获地址修改码和地址,并且核实它是否要响应这个周期。若要响应,则存储这个数据,并确认该次传送。然后主设备终止这个周期。

块读周期　block read cycle

用于将从设备的1～256个字节的块传送到主设备去的一个数据传送总线周期。它使用1、2或4字节的数据传送流来完成传送。一旦块传送开始,则在所有的字节传送完成之前,主设备不会释放数据传送总线。它和一串读周期不同,在块读周期里,主设备只广播一个地址和地址修改码(在周期开始时)。然后从设备在每一次传送时递增这个地址,使得下一次传送的数据能从下一个较高的地址单元中去寻找。

块写周期　block write cycle

用于将主设备的1～256个字节的块传送到从设备去的一个数据传送总线周期。块写周期非常相似于块读周期,它是使用1、2或4字节的数据传送流来完成传送的。在所有的字节传送完成之前,主设备不会释放数据传送总线。它和一串写周期不同,在块写周期里,主设备只广播一个地址和地址修改码(在周期开始时)。然后从设备在每一次传送时递增这个地址,使得下一次传送来的数据能被存储进下一个较高的地址单元。

读—改—写周期　read-modify-write cycle

用于自从设备地址单元读出,并写入该从设备地址单元的一个数据传送总线周期,在该周期里,不允许任何其他主设备去存取这个地址单元。这个周期在某些将存储器地址单元用于信标功能的多处理器系统中是非常有用的。

唯地址周期　address-only cycle

只由地址广播组成，而没有数据传送的一个数据传送总线周期。从设备不用确认唯地址周期，并且主设备不用等待确认就可终止这个周期。

中断确认周期　interrupt acknowledge cycle

由中断处理器启动的，从一个中断器中读出 STATUS/ID 信息的一个数据传送总线周期。每当中断处理器从一个中断器检测到一个中断请求，并且控制了数据传送总线时，它便产生这个周期。

1.2.2　基本的 821 总线结构

821 总线接口系统是由底板接口逻辑，称之为“总线”的四组信号线，以及能按要求配置的“功能模块”的集合组成的。功能模块相互间的通信是用底板上的信号线进行的。

在本标准中定义的“功能模块”是讨论总线协议时用的工具，不需要将它看作是对逻辑设计的限制。例如，设计者可以以所述的方式选择与 821 总线相互关连的设计逻辑，但可使用不同的板上信号，或监视其他的总线信号。821 总线的板可以设计成包含任何由本标准定义的功能模块的组合。

821 总线的功能结构可分为四类。每一类都由一组总线及与其相关的、共同合作以完成特定任务的功能模块所组成。图 1-2 展示了 821 总线功能模块和各组总线。各类功能结构简述如下：

a)　数据传送总线

设备在有数据和地址通道以及与之相关的控制信号的数据传送总线(DTB)上传送数据。称为“主设备”、“从设备”、“中断器”和“中断处理器”的功能模块使用数据传送总线互相传送数据。称为“总线定时器”和“IACK 菊花链驱动器”的另外两个模块也在这个过程中协助它们传送。

b)　数据传送总线仲裁总线

由于 821 总线系统能配置多个主设备或中断处理器，所以要有一种手段，使之能在它们之间有秩序地传送数据传送总线的控制，并且保证在一个给定的时间里只有一个设备控制数据传送总线。仲裁总线模块(请求器和仲裁器)协调该控制传递。

c)　优先级中断总线

821 总线的优先级中断能力提供了一种手段，设备能以此请求中断处理器的服务。这些中断请求按优先级最多可排为七级。各中断器和中断处理器均使用优先级中断总线的信号线。

d)　公用设施总线

周期时钟、初始化和故障检测均由公用设施总线提供。这种总线包含二条时钟线、一条系统复位线、一条系统故障线、一条交流故障线和一条串行数据线。

1.3　821 总线标准的几种说明图

为了有助于定义或描述 821 总线的协议，采用以下几种说明图：

a)　时序图

说明信号跳变之间的定时间关系。涉及的时间具有最大的和(或)最小的限值。这些图上标注的某些时间规定了底板接口逻辑，而其他时间则规定了功能模块的互锁性态。

b)　顺序图

类似于时序图，但只图示了各功能模块间的互锁定时关系。这类图用以图示事件发生的顺序，而不是规定所涉及的时间。例如，顺序图可以表明在模块 A 在检测到模块 C 产生的信号跳变 D 之前，不能产生信号跳变 B。

c)　流程图

用于图示在 821 总线操作期间会发生的事件流。事件用文字来说明，并且是两个或更多个功能模块交互作用的结果。流程图是按序列方式描述 821 总线的操作，同时图示出各功能模块的交互作用。

1.4　本标准使用的术语

为了避免混淆并清楚地表明一致性的要求，在本标准的许多章条中都用下划线标上了关键字，以表明它所包含的信息类型。这些关键字为:规则、推荐、建议、许可、说明。

任何没有用这些关键字来标志的正文都是用来描述821总线的结构或操作。它既可以用说明形式也可以用叙述形式书写。这些关键字用法如下:

规则 章号.序号:

各项规则形成了821总线标准的基本框架。这些规则有时以文本形式,有时以图、表或绘图的形式来表达。所有的821总线规则都必须遵循,以确保821总线各设计之间的兼容性。规则是强制性的。本标准标下划线的必须和不得两词用来陈述规则,不作任何它用。

推荐 章号.序号:

凡出现推荐的地方,设计者最好按照推荐的内容去做。否则就可能会带来一些麻烦的问题,或可能使性能降低。尽管所设计的821总线能支持高性能的系统,但实际设计的821总线系统即使符合了所有的规则,仍有可能使系统的性能很差。在许多情况下,设计者要具备821总线方面的一定经验才能设计出高性能的板来。本标准中所给出的那些推荐,依据的就是这种经验。推荐给设计人员以加快他们学习、了解的过程。

建议 章号.序号:

建议包含有用但并非必须遵循的咨询意见。这些意见,劝告读者在摈弃之前认真加以考虑。在取得821总线方面的经验之前,设计决策是困难的。这些建议中包括了对尚未获得经验的设计者很有帮助的内容。某些建议与设计板有关,能使其重新配置以便与其他板兼容,同时使设计的板便于进行系统调试。

许可 章号.序号:

在某些情况下,821总线规则并不特别禁止某些设计方法,但是读者可能会担心这些方法是否违背了规则的精神,或它是否会导致一些微妙的问题出现。许可就是使读者放心,某些设计方法是可接受的,不会发生问题。本标准中的黑体专门用来描述许可,不作任何它用。

说明 章号.序号:

说明并不提出任何特别的劝告。它们通常是从前面讨论的内容中引出的,用来说明某些821总线规则的含意,并引起对那些可能被忽视的问题的重视。在一些规则后面还给出了原理方面的说明,以使读者能理解为什么必须遵循这些规则。

1.4.1 信号线的状态

821总线协议借助总线线路上的电平和跳变来描述。

一条信号线的电平总是被假定处在两个电平中的一个,或处在这两个电平之间的跳变之中。每当使用术语“高”,就是指处在TTL高电平,术语“低”是指处在TTL低电平。当电压在这两个电平之间移动时,则称之为信号线处在“跳变”中(见第6章关于821总线使用的电压门限)。

在信号线上可能出现二种跳变,它们被称之为“沿”。信号线上的电平从低电平向高电平跳变的时间称之为上升沿。信号线上的电平从高电平向低电平跳变的时间称之为下降沿。

有一些总线规范为这些沿规定了最大和最小的上升和下降时间。但问题是设计者对这些时间很难进行控制。如果底板负载很重,上升和下降的时间会很长。如果负载较轻,这些时间就会缩短。即使设计者知道了最大和最小负载,他们仍要花时间进行实验,去找出哪些驱动器应提供需要的上升和下降时间。

事实上,上升和下降时间是所涉及到的底板各信号线的阻抗、信号线的端接情况、驱动器的源阻抗和信号线容性负载等复杂情况综合作用的结果。为了消除这些因素,板的设计者得研究传输线理论以及驱动器和接收器的某些特殊参数,而这些参数在大多数制造厂的数据资料中是找不到的。

821总线标准并不规定上升和下降的时间,而是为驱动器和接收器规定了它们的电气特性并建议如何来设计底板。它还告诉设计者,最坏情况的总线负载将会如何影响这些驱动器的传播延迟,以便能保证在制造板之前满足821总线的时序要求。如果821总线的设计者遵循这些传播延迟的要求,那么他们的板在最坏情况下也能和其他的821总线兼容板一起可靠地工作。

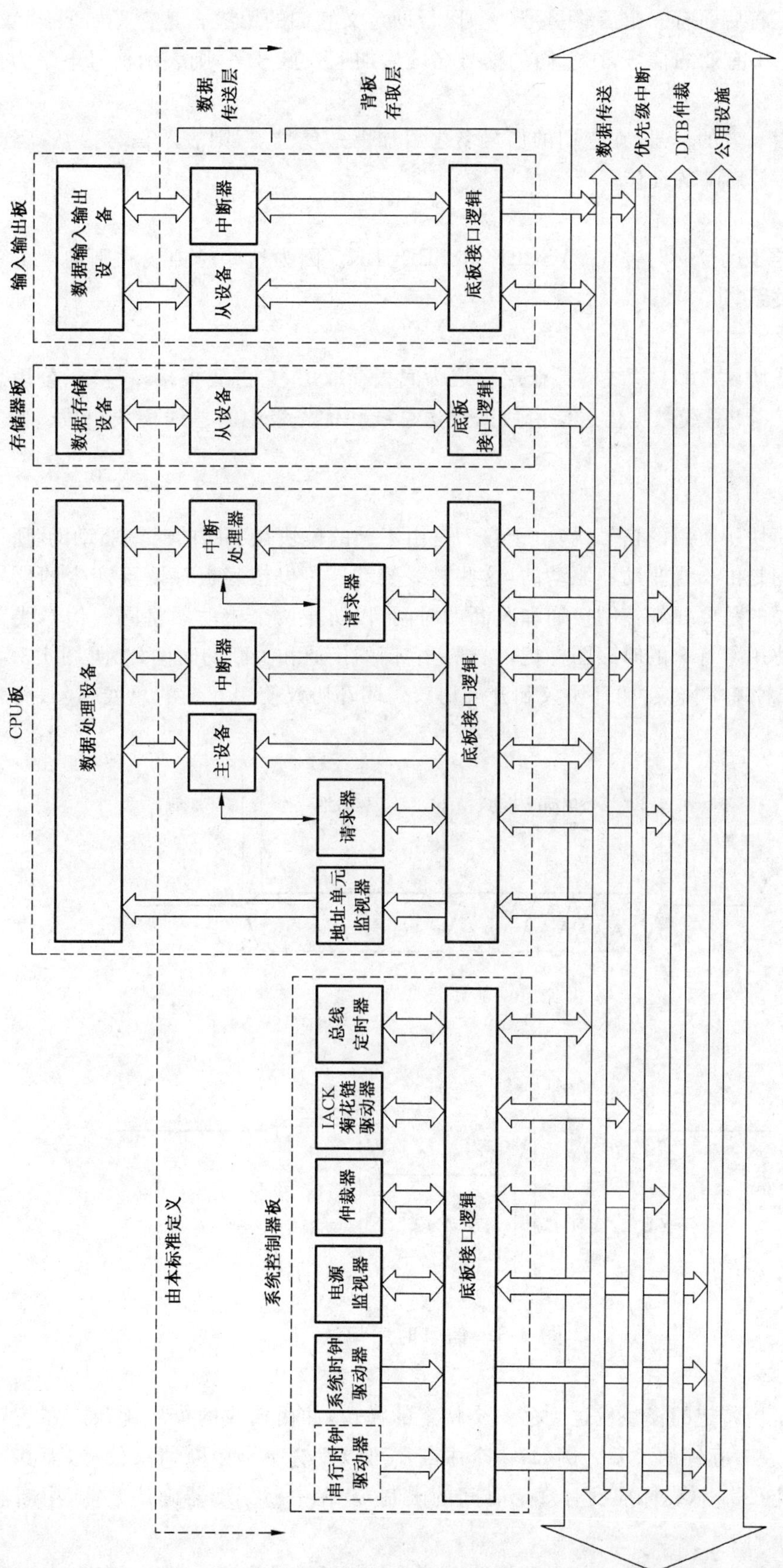

图 1-2 由本标准定义的功能模块和总线

1.4.2 星号(＊)的使用

在某些信号助忆符后面有一个后缀星号(＊)以帮助定义它们的用法。其含义如下：

a) 对于那些电平有效的信号，在它们的信号名之后加上一星号＊，则表示信号电平为低时信号为真或有效。

b) 对于那些沿有效的信号，在它们的信号名之后加上一星号＊，则表示信号沿从高到低跳变时，发生由该信号启动的动作。

说明 1.1：

星号不适用于异步运行的时钟线 SYSCLK 和 SERCLK。因为这些时钟线和别的 821 总线时序信号没有固定的相位关系。

1.5 协议规范

有二层 821 总线协议。821 总线的最低层称之为底板存取层，它由底板接口逻辑、公用总线模块和仲裁总线模块组成。821 总线数据传送层由数据传送总线和优先级中断总线模块组成。图 1-2 展示了这个分层结构。

说明 1.2：

数据传送层各模块所使用的信号线，由于它们是由不同的模块在不同的时刻驱动的，所以形成了一个特殊的类型。它们是由长线驱动器驱动的，这些长线驱动器可以按底板存取层产生的信号在每块板上接通和关断。重要的是要仔细控制接通和关断的时间，以防止两个驱动器将同一信号线置成不同的电平。在本标准中使用了特殊的时序图标记，以规定它们的接通和关断的时间，参见图 1-3。

821 总线使用二种基本协议：闭环协议和开环协议。闭环协议使用互锁的总线信号，而开环协议使用广播总线信号。

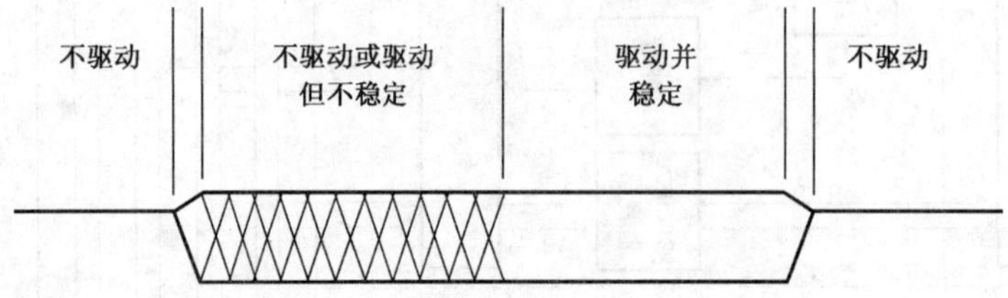

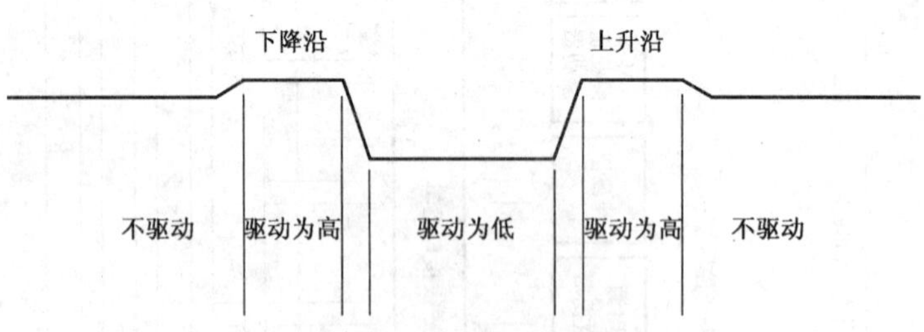

图 1-3 信号时序记法

1.5.1 互锁总线信号

互锁总线信号是由特定的模块发送到另一个特定的模块，并由接收的模块确认。在信号被确认之前，两个模块之间存在着互锁的关系。例如，一个中断器可以发送一个中断请求信号，而其后该信号将由中断确认信号响应(821 总线标准没有规定时间的限制)。在中断处理器确认之前，中断器不会撤消中断请求。

互锁总线信号协调 821 总线系统的内部功能以消除外部活动的影响。每一个互锁信号在 821 总线系统内都有一个源模块和一个目标模块。

地址选通和数据选通是特别重要的互锁信号。它们与数据传送确认信号和总线出错信号互锁，并协调寻址信息和数据的传送，这些正是数据传送层中模块间所有信息流的基础。

1.5.2 广播总线信号

模块在响应一个事件时会产生一个广播信号。现在还没有确认广播信号的协议，而只是在指定的最小时间内维持这个广播信号，但维持的时间要足以保证所有对应的模块检测到读信号。不管总线上发生什么活动，广播信号随时均可发出。广播信号中的每一个信号都得有一条专用的信号线进行发送。例如：系统复位和交流电源故障线。这些信号线不是向任何特定的模块发送，而是向所有的模块通告其特定的状态。

1.6 系统举例和说明

协议规范详细描述了各种功能模块的性态。论述一个模块如何响应一个信号而不解释信号来自何处。正因为如此，协议规范没有向读者展示全貌。为了帮助读者，821 总线标准提供了典型的 821 总线操作的例子。每个例子都图示出一种可能的事件序列，也可能有其他序列。读者不能由此误以为只有图示中的序列才是合法的。为了避免出现这种陷阱，所有的例子都以现在时态的叙述体给出。这与给出遵从 821 总线标准的规则所用的祈使体形成对照。

2 821 总线的数据传送总线

2.1 引言

821 总线包括一组高速异步、并行的数据传送总线。图 2-1 表示了典型的 821 总线的总线系统，包括所有各类数据传送总线功能模块。主设备使用数据传送总线选择从设备所提供的存储地址单元，并传送数据到这些地址单元，或者由这些地址单元传送数据到主设备。有一些主设备和从设备使用了所有的数据传送总线线路，而另一些主设备和从设备只使用其中的一个部分。

地址单元监视器监视主设备和从设备之间的数据传送。当对地址单元监视器所监视的字节地址单元进行一次存取时，地址单元监视器便产生一个板上信号。例如，它可以借助一个中断请求把信号发给板上的处理器。按照这样的配置，如果处理器板 A 对 821 总线存储器的一个全局地址单元进行写入，而该地址单元又受处理器 B 的地址单元监视器所监视，则处理器 B 将被中断。

主设备启动一个数据传送周期之后，在结束该周期之前，它要等待响应它的从设备发来的响应信号。821 总线的异步定义允许从设备按要求的时间作出响应。如果从设备因为某些故障而不能响应，或者如果主设备偶然寻址了一个没有从设备的地址，则总线定时器便进行干预，从而允许周期终止。

2.2 数据传送总线线路

数据传送总线可以分为三类：

地址线	数据线	控制线
A01～A31	D00～D31	AS *
AM0～AM5		DS0 *
DS0 *		S1 *
DS1 *		BERR *
LWORD *		DTACK *

说明 2.1：

两条数据选通线（DS0 * 和 DS1 *）具有双重功能：

a) 这两条数据选通线的电平用于选择存取哪个（或哪些）字节；

b) 数据选通的沿还可用作时序信号，协调主设备和从设备之间的数据传送。

2.2.1 寻址线

存储器可寻址的最小单位是字节地址单元。每个字节地址单元被赋予一个唯一的二进制地址。每个字节地址单元可以根据其地址的两个最低有效位分配成四种地址单元中的一种（见表 2-1）。

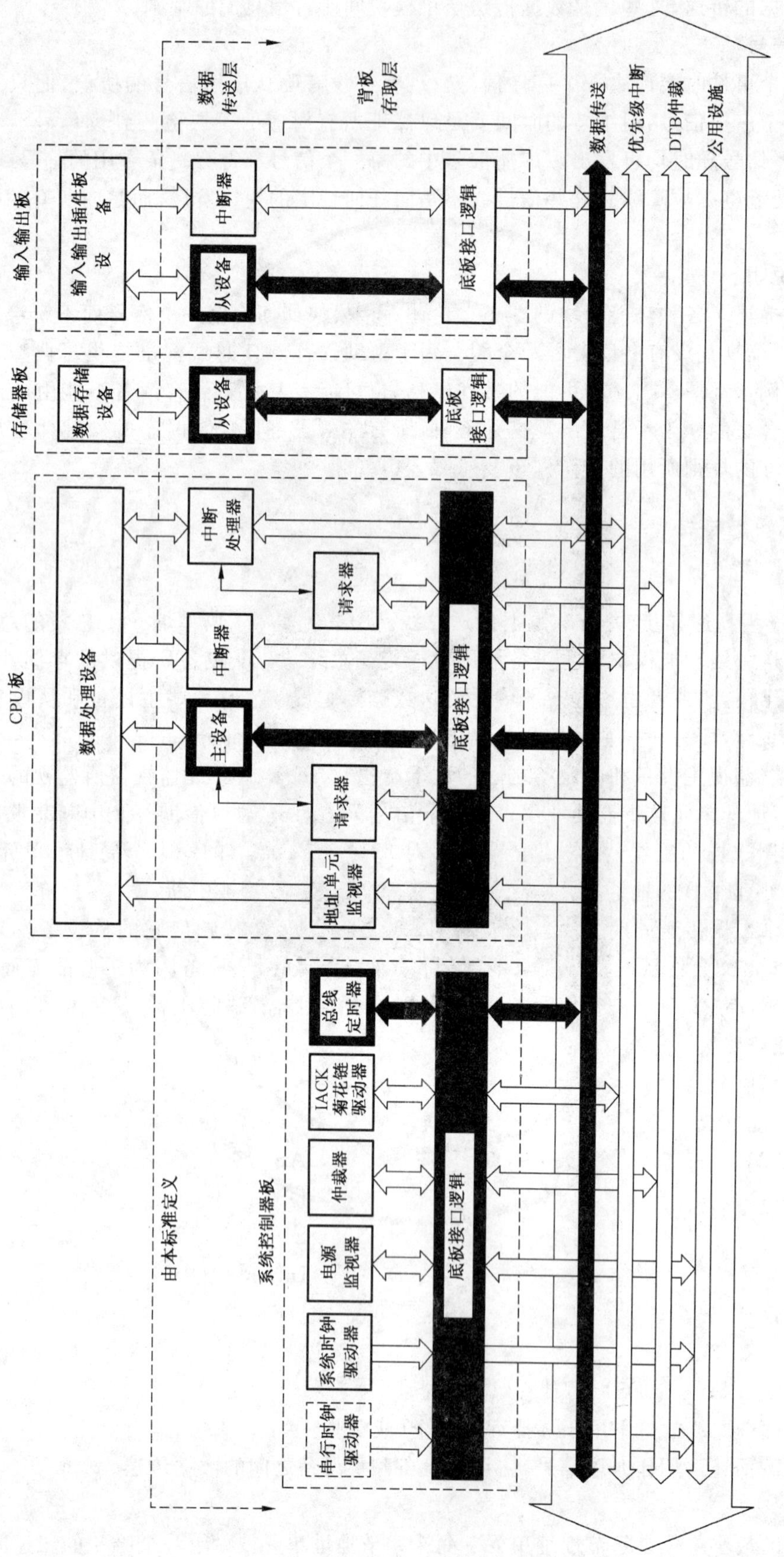

图 2-1 数据传送总线的功能框图

表 2-1 四种字节地址单元

种 类	字节地址
字节(0) 字节(1) 字节(2) 字节(3)	××××××——××××××00 ××××××——××××××01 ××××××——××××××10 ××××××——××××××11

只有两个最低有效位地址不相同的一组字节地址单元称为4字节组或者字节(0～3)组。4字节组中的一些字节或者全部字节可以由单个数据传送总线周期同时存取。

主设备利用地址线A02～A31选择将要存取的4字节组。然后在该4字节组中用四条附加线DS1*、DS0*、A01和LWORD*选择数据传送期间要的字节地址单元。主设备能利用这四条线同时存取1个、2个、3个或4个字节地址单元，如表2-2所示。

说明2.2：

在驱动两条数据选通线走低时，一条数据选通线走低可能会稍后于另一条。在这种情况下，表2-2指明的信号电平是最终电平。

说明2.3：

表2-2中给出的四条信号线的电平，有16种可能的电平组合。16种组合中有两种非法组合是不使用的(见规则2.1中的表)。

规则2.1：

DS0*、DS1*、A01和LWORD*的最终电平是下列非法组合中的任何一种时，主设备不得产生数据传送总线周期。

DS1*	DS0*	A01	LWORD*
H	L	H	L
L	H	H	L
注：H为高电平，L为低电平。			

许可2.1：

产生字节(1～2)读或字节(1～2)写周期的主设备在跳变状态时可以短暂地产生规则2.1中所描述的两种组合中的任何一种(一条数据选通线的电平已经下降，而另一条还没有下降)。

说明2.4：

每当一个主设备驱动LWORD*到低、A01到高，它就驱动两条数据选通线到低(任何其他组合都是非法的)。821总线板的设计者可利用这个优点去简化从设备板上的逻辑。

许可2.2：

为了简化所需的逻辑，响应访问字节存储单元(1～2)的从设备，可以设计得不带在这些周期与规则2.1所描述的两种非法周期之间进行区别的逻辑。

表2-2 采用DS0*DS1*A01LWORD*来选择字节地址单元

所选的字节地址单元	DS1*	DS0*	A01	LWORD*
单字节访问				
字节(0)	低	高	低	高
字节(1)	高	低	低	高
字节(2)	低	高	高	高
字节(3)	高	低	高	高

表 2-2（续）

所选的字节地址单元	DS1 *	DS0 *	A01	LWORD *
双字节访问				
字节(0～1)	低	低	低	高
字节(1～2)	低	低	高	低
字节(2～3)	低	低	高	高
三字节访问				
字节(0～2)	低	高	低	低
字节(1～3)	高	低	低	低
四字节访问				
字节(0～3)	低	低	低	低

2.2.2 地址修改线

有六条地址修改线。这六条线允许主设备在数据传送总线周期期间向从设备传递附加的二进制信息。表 2-3 列出了所有可能的 64 种地址修改(AM)码，并把每一种码归入下列三类之一：

a) 定义的；

b) 保留的；

c) 用户定义的。

定义的地址修改码又可以进一步分成三类：

a) 短寻址 AM 码，指出地址线 A02～A15 被用于选择字节(0～3)组；

b) 标准寻址 AM 码，指出地址线 A02～A23 被用于选择字节(0～3)组；

c) 扩展寻址 AM 码，指出地址线 A02～A31 被用于选择字节(0～3)组。

表 2-3 地址修改码

16 进制码	地址修改码 5 4 3 2 1 0	功能
3F	H H H H H H	标准监控块传送
3E	H H H H H L	标准监控程序存取
3D	H H H H L H	标准监控数据存取
3C	H H H H L L	保留
3B	H H H L H H	标准非特权块传送
3A	H H H L H L	标准非特权程序存取
39	H H H L L H	标准非特权数据存取
38	H H H L L L	保留
37	H H L H H H	保留
36	H H L H H L	保留
35	H H L H L H	保留
34	H H L H L L	保留
33	H H L L H H	保留
32	H H L L H L	保留
31	H H L L L H	保留
30	H H L L L L	保留

表 2-3（续）

16进制码	地址修改码 5 4 3 2 1 0	功　能
2F	H L H H H H	保留
2E	H L H H H L	保留
2D	H L H H L H	短监控存取
2C	H L H H L L	保留
2B	H L H L H H	保留
2A	H L H L H L	保留
29	H L H L L H	短非特权存取
28	H L H L L L	保留
27	H L L H H H	保留
26	H L L H H L	保留
25	H L L H L H	保留
24	H L L H L L	保留
23	H L L L H H	保留
22	H L L L H L	保留
21	H L L L L H	保留
20	H L L L L L	保留
1F	L H H H H H	用户定义
1E	L H H H H L	用户定义
1D	L H H H L H	用户定义
1C	L H H H L L	用户定义
1B	L H H L H H	用户定义
1A	L H H L H L	用户定义
19	L H H L L H	用户定义
18	L H H L L L	用户定义
17	L H L H H H	用户定义
16	L H L H H L	用户定义
15	L H L H L H	用户定义
14	L H L H L L	用户定义
13	L H L L H H	用户定义
12	L H L L H L	用户定义
11	L H L L L H	用户定义
10	L H L L L L	用户定义
0F	L L H H H H	扩展监控块传送
0E	L L H H H L	扩展监控程序存取
0D	L L H H L H	扩展监控数据存取
0C	L L H H L L	保留
0B	L L H L H H	扩展非特权块传送
0A	L L H L H L	扩展非特权程序存取
09	L L H L L H	扩展非特权数据存取
08	L L H L L L	保留

表 2-3（续）

16 进制码	地址修改码 5 4 3 2 1 0	功 能
07	L L L H H H	保留
06	L L L H H L	保留
05	L L L H L H	保留
04	L L L H L L	保留
03	L L L L H H	保留
02	L L L L H L	保留
01	L L L L L H	保留
00	L L L L L L	保留
注：L 为低信号电平，H 为高信号电平。		

规则 2.2：

除了用户定义的代码以外，表 2-3 中定义的代码不得用于所规定用途之外的其他用途。

规则 2.3：

从设备不得响应保留的地址修改码。

说明 2.5：

保留的地址修改码是为了将来进一步增强功能之用。如果从设备板响应这些代码，将来这些代码的用法被定义时可能会出现不兼容的情况。

许可 2.3：

用户定义的代码可以用于板提供者或用户认为适合的任何用途（页面跳变、存储保护、主设备或任务的识别、对资源的特权存取等）。

推荐 2.1：

为了让用户能对其定义的地址修改码的用法进行剪裁以适合自身的需要，就在从设备的板上以柔性方式对其译码，然后用户能配置该板以便给出其系统所要求的任何译码。

说明 2.6：

插入插座的可编程设备为地址修改码的译码提供了柔性方法。

建议 2.1：

在用安装在插座中的可编程器件（如：PROM 或 FPLA）制作的从设备处，建议对器件编程，以便从设备能响应下列 AM 代码：

A16 从设备，有 D08(O)、D08(EO)、D16 或 D32 的能力：29、2D；

A24 从设备，有 D08(O)、D08(EO)、D16 或 D32 的能力：39、3A、3D 和 3E；

A32 从设备，有 D08(O)、D08(EO)、D16 或 D32 的能力：09、0A、0D 和 0E；

A24 从设备，有 BLT 能力：3B、3F；

A32 从设备，有 BLT 能力：0B、0F。

助忆符 A16、A24 和 A32 在表 2-9 中定义。

助忆符 D08(O)、D08(EO)、D16、D32 和 BLT 在表 2-10 和 2-11 中定义。

2.2.3 数据线

能将系统随提供 16 条数据线（D00～D15）或 32 条数据线（D00～D31）的底板配置一起构建。提供 16 条数据线的底板配置，只允许主设备同时存取两个字节单元，而有 32 条数据线的底板配置则允许最多同时存取 4 个字节地址单元。当主设备已经选择了 1、2、3 或 4 个字节地址单元时，使用 2.2.1 所描述的方法就能在数据总线上，在其自身与这些地址单元之间传送二进制数据。表 2-4 所示是如何用数据线来访问字节地址单元。

表 2-4 利用数据线访问字节地址单元

所选的字节地址单元	DS1 *	DS0 *	A01	LWORD *
单字节访问				
字节(0)			字节(0)	
字节(1)				字节(1)
字节(2)			字节(2)	
字节(3)				字节(3)
双字节访问				
字节(0~1)			字节(0)	字节(1)
字节(1~2)		字节(1)	字节(2)	
字节(2~3)			字节(2)	字节(3)
三字节访问				
字节(0~2)	字节(0)	字节(1)	字节(2)	
字节(1~3)		字节(1)	字节(2)	字节(3)
四字节访问				
字节(0~3)	字节(0)	字节(1)	字节(2)	字节(3)

2.2.4 数据传送总线控制线

下列信号线用于控制数据在数据传送总线上的传送:

AS * 地址选通;
DS0 * 数据选通 0;
DS1 * 数据选通 1;
BERR * 总线错;
DTACK * 数据传送确认;
WRITE * 读写。

2.2.4.1 AS *

这条线上的下降沿告诉所有的从设备模块,地址是稳定的,可以取用。

2.2.4.2 DS0 * 和 DS1 *

除了 2.2.1 中所述的选择数据传送用的字节地址单元功能以外,数据选通还具有其他一些功能。在写周期,第一个数据选通的下降沿指出主设备已经将有效数据放置在数据总线上。在读周期,第一个上升沿告诉从设备,它可以从数据总线上去掉有效数据。

说明 2.7:

按照在 2.6 中的规定,821 总线主设备在驱动 AS * 走低以前,不许可把任何一个数据选通驱动为低。然而,由于 AS * 可能比数据选通更需要加载在底板上这一事实,所以在从设备和地址单元监视器检测到 AS * 的下降沿之前,可能会检测到一个数据选通的下降沿。

许可 2.5:

按照 2.3.1 中的规定,821 总线从设备不具有块传送能力,而地址单元监视器可以设计成在检测到一个数据选通上而不是检测到 AS * 上的下降沿时,就去取用地址。

说明 2.8:

在数据选通下降沿时取用地址的 821 总线从设备和地址单元监视器不必监视 AS * 。

说明 2.9:

为了发挥 2.4.2 中所述的地址流水线的全部优点,或者为了完成块的读和写周期,从设备应该在

AS * 的下降沿取用地址。

2.2.4.3 **DTACK ***

在写周期,从设备驱动 DTACK * 为低则表示它已经成功地接收了写入的数据。在读周期,从设备驱动 DTACK * 为低则表示它已经把数据放上数据总线。

2.2.4.4 **BERR ***

BERR * 由从设备或总线定时器驱动为低以便向主设备指明,数据传送不成功。例如,当一个主设备企图对包含只读存储器的一个地址单元写入时,响应它的从设备会驱动 BERR * 走低。当主设备企图存取一个不是由任何从设备提供的地址单元时,在等待规定的一段时间之后,总线定时器会驱动 BERR * 走低。

建议 2.2:

将从设备设计得当在读周期期间检测到从内部存储器检索出的数据有不可修正的错误时,以 BERR * 的下降沿去响应。

2.2.4.5 **WRITE ***

WRITE * 是一条电平有效的信号线,由第一个数据选通信号的下降沿选通。主设备用来表示数据传送操作的方向。当 WRITE * 被驱动到低时,数据传送的方向是由主设备到从设备。当 WRITE * 被驱动到高时,数据传送的方向是由从设备到主设备。

2.3 数据传送总线模块——基本描述

除唯地址周期外,数据传送总线协议还定义了 33 种用于传送数据的不同周期类型。这 34 种周期类型的每一种都可能用在三种寻址模式中的任何一种:短寻址(16 位)、标准寻址(24 位)和扩展的寻址(32 位)。主设备、从设备和地址单元监视器的能力由一种助忆符表来描述,该表分别指明能产生、接受或者监视何种周期类型,这些助忆符在 2.3.5～2.3.10 中描述。

2.3.1～2.3.4 提供了四种数据传送总线功能模块的框图:主设备、从设备、地址单元监视器和总线定时器。

规则 2.7:

图 2-2～图 2-5 中用实线表示的输出信号线必须由模块驱动,否则就将它们接为常高。

说明 2.11:

如果一条输出信号线不被驱动,则底板上的端接电阻就要确保它是高电平。

规则 2.8:

图 2-2～图 2-5 中用实线表示的输入信号线必须以合适的方式监视和确认。

说明 2.12:

对于图 2-2～图 2-5 中用虚线表示的驱动和监视信号线的规则和许可,见表 2-5、表 2-6 和表 2-8。

2.3.1 主设备

主设备的框图见图 2-2。图中的虚线指明这些信号的用法随各种不同类型的主设备而不同。表 2-5 规定对驱动这些线路的不同类型的主设备的要求。关于不同类型的主设备如何驱动地址线的、数据线的与 LWORD * 、DS0 * 及 DS1 * 三种线的更多的规则,分别在表 2-19、表 2-20 和表 2-21 中给出。

表 2-5 驱动与监视虚线信号线的规则和许可

主设备类型	规则与许可
D08(E0)和 D16	必须监视和驱动 D00～D15 可以(也可以不)驱动 LWORD * 可以(也可以不)驱动和监视 D16～D31
D32	必须驱动 LWORD * 必须监视和驱动 D00～D31

表 2-5（续）

主设备类型	规则与许可
D16	必须驱动 A01～A15 可以(也可以不)驱动 A16～A31
D24	必须驱动 LWORD＊ 必须监视和驱动 D00～D31
A24	必须驱动 A01～A23 可以(也可以不)驱动 A24～A31
A32	必须驱动 A01～A31
全部	可以(也可以不)监视 BCLR＊或 ACFAIL＊(见第 3 章和第 5 章)
注 1：助忆符 D08(EO)、D16 和 D32 在表 2-10 中定义。 注 2：助忆符 A16、A24 和 A32 在表 2-9 中定义。	

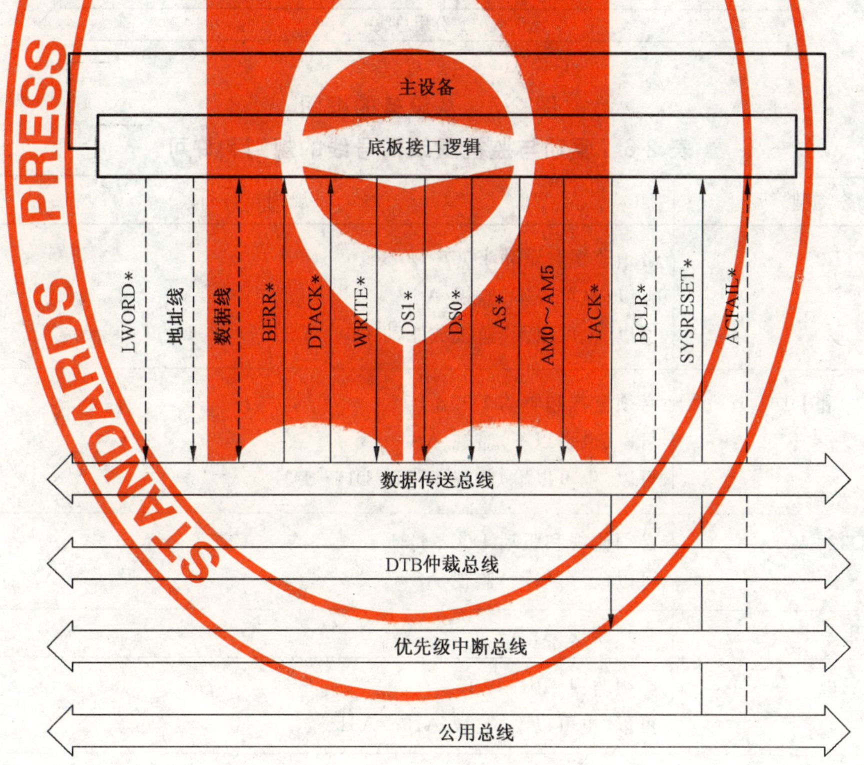

图 2-2　主设备的框图

2.3.2　从设备

从设备的框图见图 2-3。图中的虚线指明这些信号的用法随各种不同类型的从设备而不同。表 2-6 中规定不同类型的从设备驱动和监视这些线路的要求。关于不同类型的从设备如何驱动数据线的进一步信息列入表 2-22。

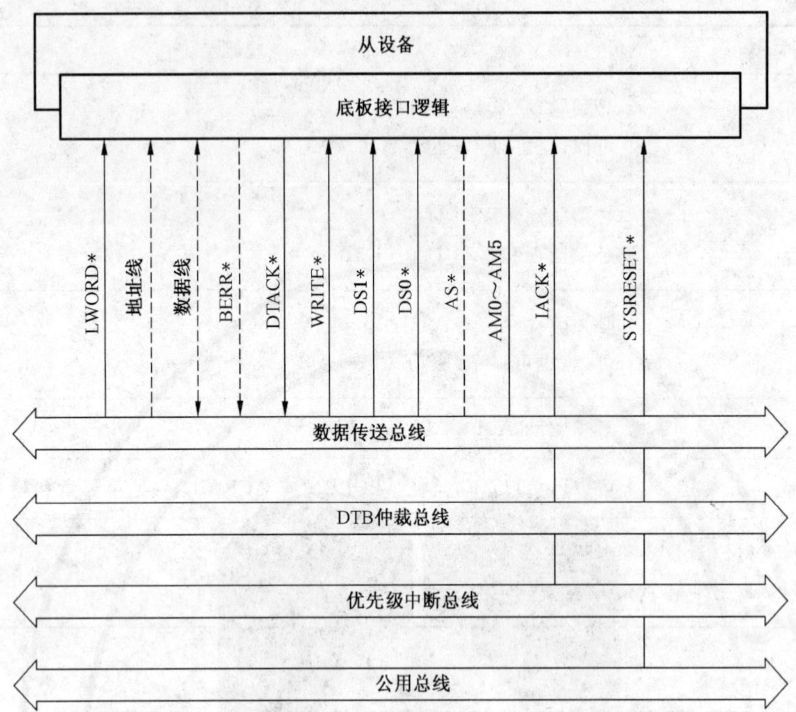

图 2-3 从设备的框图

表 2-6 驱动与监视虚线信号线的规则和许可

从设备类型	规则与许可
D08(E0)	必须监视和驱动 D00～D07 可以(也可以不)监视 AS* 可以(也可以不)监视或驱动 D08～D31
D08(E0)和 D16	必须监视和驱动 D00～D15 可以(也可以不)监视 AS* 可以(也可以不)监视或驱动 D16～D31
D32	必须监视和驱动 D00～D31 可以(也可以不)监视 AS*
BLT	必须监视 AS*
A16	必须监视 A01～A15 可以(也可以不)监视 A16～A31
A24	必须监视 A01～A23 可以(也可以不)监视 A16～A31
A32	必须监视 A01～A31
全部	可以(也可以不)驱动 BERR*

注 1：助忆符 D08(0)、D08(E0)、D16 和 D32 在表 2-10 中定义。

注 2：助忆符 BLT 在表 2-11 中定义。

注 3：助忆符 A16、A24 和 A32 在表 2-9 中定义。

2.3.3 总线定时器

总线定时器的框图见图 2-4,总线定时器可以设计成在不同的时间周期之后驱动 BERR * 到低。表 2-7 表示如何用 BT0( )助忆符来描述不同类型的总线定时器。

表 2-7 指定总线定时器超时周期的 BT0( )的用法

助忆符	用　　于	含　　意
BT0(×)	总线定时器	如果第一个数据选通停留在低电平超过×μs,则驱动 BERR * 到低

说明 2.13:

图 2-4 中的虚线 DTACK * 和 BERR * 允许以下列两种方法之一实现总线定时器:

a) 当第一个数据选通停留在低电平的时间超过总线超时周期时,不管 DTACK * 和 BERR * 线上的电平如何,都驱动 BERR * 到低;

b) 当第一个数据选通停留在低电平的时间超过总线超时周期,且仅当 DTACK * 和 BERR * 两个信号在超时时都是高电平,才驱动 BERR * 到低。

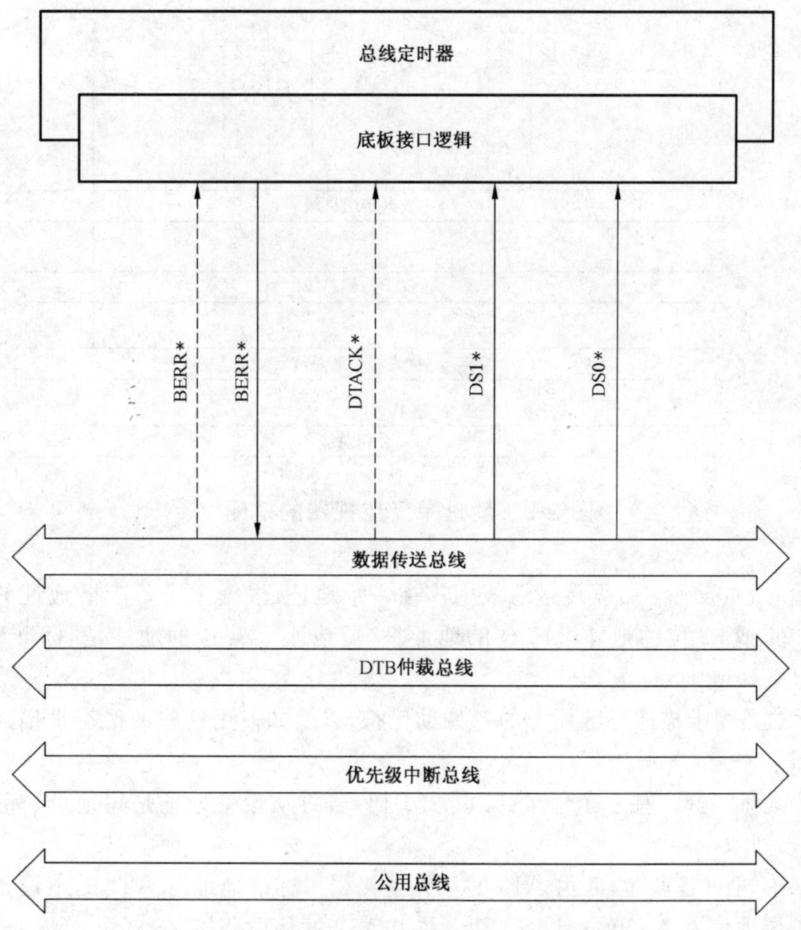

图 2-4 总线定时器的框图

2.3.4 地址单元监视器

地址单元监视器的框图见图 2-5。图中的虚线指明这些信号线的用法随不同类型的地址单元监视器而不同。表 2-8 规定不同类型的地址单元监视器对监视这些线路的要求。

表 2-8 地址单元监视器用于监视虚线信号线的规则与许可

地址单元监视器的类型	规则与许可
A16	必须监视 A01～A15 可以(也可以不)监视 A16～A31
A24	必须监视 A01～A23 可以(也可以不)监视 A24～A31
A32	必须监视 A01～A31
全部	可以(也可以不)监视 AS*
注：助忆符 A16、A24 和 A32 在表 2-9 中定义。	

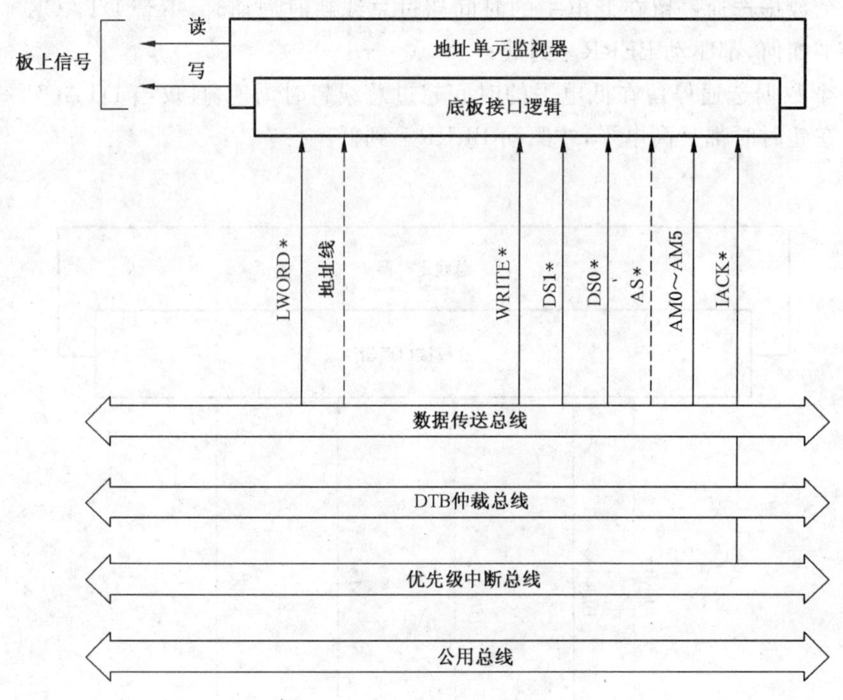

图 2-5 地址单元监视器的框图

2.3.5 寻址模式

每个周期开始时，主设备在数据传送总线上广播一个地址，根据主设备广播地址的能力，广播的地址可以是一个 16、24 或 32 位的地址。16 位的地址是“短地址”，24 位的地址是“标准地址”，32 位的地址是“扩展地址”。

表 2-9 所表示的是用于描述寻址能力的各种助忆符，以及如何用这些助忆符来描述主设备、从设备和地址单元监视器。

主设备与每个地址一起广播一个地址修改(AM)码，告诉从设备地址是短地址、标准地址还是扩展地址。

短地址由 A16 的主设备产生，并由 A16 的从设备接受。标准地址由 A24 的主设备产生，并由 A24 的从设备接受。扩展地址由 A32 的主设备产生，并由 A32 的从设备接受。

短地址主要用于寻址输入输出(简称 I/O)设备。由于不必译码很多地址线，所以使 A16 的从设备逻辑设计比较简单。虽然可以把 I/O 板设计成对标准地址和扩展地址译码，然而因为是短寻址，通常就不必这样做了。

虽然没有规则去规定不要把 I/O 板设计成具有响应标准寻址模式和扩展寻址模式的能力，但这些寻址模式主要是用于寻址存储器的。标准寻址模式和扩展寻址模式允许非常大的寻址范围。

表 2-9 规定寻址能力的助忆符

助忆符	用于	含意
A16	主设备 从设备 地址单元监视器	能产生短地址(16 位)周期 能接受短地址(16 位)周期 能监视短地址(16 位)周期
A24	主设备 从设备 地址单元监视器	能产生标准地址(24 位)周期 能接受标准地址(24 位)周期 能监视标准地址(24 位)周期
A32	主设备 从设备 地址单元监视器	能产生扩展地址(32 位)周期 能接受扩展地址(32 位)周期 能监视扩展地址(32 位)周期

规则 2.9:

从设备板必须对全部地址修改线译码。

说明 2.14:

规则 2.9 允许从设备区分短地址、标准地址和扩展地址。

说明 2.15:

除了此处所描述的三种寻址模式以外,还有用于中断确认周期(见第 4 章)的第四种寻址模式。这些中断确认周期可以通过 IACK * 为低而不是为高来将其与数据传送周期区分开。

规则 2.10:

每当主设备在地址总线上广播一个地址时,它必须确保 IACK * 为高。

许可 2.7:

在地址广播期间,主设备可以驱动 IACK * 到高,也可以不驱动(总线端接电阻将其保持在高)。

规则 2.11:

当 IACK * 为低时,从设备不得响应数据传送总线周期。

规则 2.61:

A32 主设备必须包括 A24 和 A16 能力。

规则 2.62:

A24 主设备必须包括 A16 能力。

建议 2.6:

不能认为读者知道有关产品规范的以上规则。宁可将 A32 主设备产品规定为 A32、A24 和 A16。类似地,将 A24 主设备产品规定为 A24 和 A16。

2.3.6 基本数据传送能力

有四种与数据传送总线有关的基本数据传送能力:D08(E0)(偶和奇字节)、D08(0)(只有奇字节)、D16 和 D32,当不同类型的处理器和外围设备与总线相接口时,这些能力使其具有较大的灵活性。

8 位的处理器可以接口到总线作为 D08(E0)主设备;16 位的处理器可以接口到总线,作为 D16 主设备。D16 从设备模块在将 16 位的存储器或 16 位的 I/O 从设备与数据传送总线相接口时是很有用的。

许多现有的外围设施的集成电路所具有的寄存器宽度只有 8 位。而这些集成电路通常有若干个寄存器,当 D16 主设备企图以双字节读周期存取两个相邻的地址单元时,不能同时提供两个寄存器的内容。这些 8 位的外围设施集成电路能接口到作为 D08(0)从设备的数据传送总线。D08(0)从设备只提供字节(1)或字节(3)地址单元,并且只确认单字节存取作出响应。因为单奇字节存取总是发生在 D00～D07,这便简化了 D08(0)从设备的接口逻辑。

推荐 2.3:

因为大多数 16 位的微处理器也可以一次存取 8 位存储器,因此建议在 16 位的 CPU 板上除了 D16

的能力以外，再包含有 D08(E0)主设备的能力。除了允许与存储器之间传送 8 位的数据外，还允许它们存取 D08(0)的从设备。

规则 2.63：

D32 主设备、D32 从设备和 D32 存储单元监视器都必须包括 D08(E0)和 D16 的能力。

规则 2.64：

D16 主设备、D16 从设备和 D16 存储单元监视器都必须包括 D08(E0)的能力。

建议 2.7：

不能认为读者知道有关产品规范的以上规则。宁可将具有 D32 能力的产品规定为“D32、D16 和 D08(E0)”。类似地，将 D16 产品规定为“D16 和 D08(E0)”。

规则 2.4：

在请求访问字节地址单元字节(1～2)、字节(0～2)、字节(1～3)或字节(0～3)的周期期间，D16 从设备通过驱动 DTACK * 走低不得响应。

规则 2.5：

在请求访问字节地址单元字节(0～1)、字节(1～2)、字节(2～3)、字节(0～2)、字节(1～3)或字节(0～3)的周期期间，D08(E0)从设备通过驱动 DTACK * 走低不得响应。

规则 2.65：

在请求访问字节地址单元字节(0)、字节(1)、字节(1～2)、字节(2～3)、字节(0～2)、字节(1～3)或字节(0～3)的周期期间，D08(E0)从设备不得响应 DTACK * 的下降沿。

建议 2.8：

在以下情况将从设备设计得响应 BERR * 的下降沿：

1) 当请求 D08(0)、D08(E0)或 D16 从设备做四字节周期时；

2) 当请求 D08(0)、D08(E0)或 D16 从设备做双字节周期时；

3) 当请求 D08(0)、D08(E0)或 D16 从设备做非对齐传送时(即三字节传送或双字节(1～2)传送)。

表 2-10 所列的各种助忆符用于描述基本数据传送能力，以及如何将其用于描述主设备、从设备和地址单元监视器。

说明 2.16：

定义响应与 D08(0)从设备相邻的偶字节的存储单元“仅偶字节”的从设备，看来是合乎逻辑的。

说明 2.17：

由于 D08(0)从设备只响应奇字节地址，因而不能提供相接的存储器。D08(0)从设备仅对 I/O、状态或者控制寄存器有用；而 D08(E0)、D16 和 D32 从设备也对存储器有用。

表 2-10 规定基本数据传送能力的助忆符

助忆符	用　　于	含　　意
D08(E0)	主设备 从设备 地址单元监视器	能产生下列周期： 能接受下列周期： 能监视下列周期： 单字节读周期： 字节(0)读 字节(1)读 字节(2)读 字节(3)读 单字节写周期： 字节(0)写 字节(1)写 字节(2)写 字节(3)写

表 2-10（续）

助忆符	用　于	含　意
D08(O)	从设备	能接受下列周期： 单字节读周期： 字节(1)读 字节(3)读 单字节写周期： 字节(1)写 字节(3)写
D16	主设备 从设备 地址单元监视器	能产生下列周期： 能接受下列周期： 能监视下列周期： 双字节读周期： 字节(0～1)读 字节(2～3)读 双字节写周期： 字节(0～1)写 字节(2～3)写
D32	主设备 从设备 地址单元监视器	能产生下列周期： 能接受下列周期： 能监视下列周期： 四字节读周期： 字节(0～3)读 四字节写周期： 字节(0～3)写
注：(EO)表示偶奇，(O)表示只有奇。		

2.3.7　块传送能力

主设备通常以递增的序列存取几个存储器单元。在这种情况下，块传送周期是很有用的。块传送周期允许主设备提供单个地址，然后便存取该单元和较高地址单元的数据，而不必提供附加地址。

当主设备启动一个块传送周期时，响应的从设备就将地址锁存到板上的地址计数器中。该主设备在第一次数据传送完成时(即驱动数据选通到高)，不允许地址选通变为高，而是重复地驱动数据选通为低，以响应来自从设备的数据传送确认，并且按递增的顺序与存储器的下一个地址单元之间传送数据。

为了存取下一个地址单元，从设备要递增板上的计数器，使其在每次数据选通跳变时产生地址。

说明 2.18：

长度不确定的块传送周期使存储器板的设计复杂化。特别是，所有的块传送从设备(响应的及不响应的)大概都需要将初始地址锁存，然后在每次总线传送时递增地址计数器。所有的从设备随之也须将递增后的地址译码，看一看块传送是否已经跨越边界进入这些从设备的地址范围。尽管一定有可能做到，但这样的地址译码通常限制了从设备的存取时间。为了简化这些从设备的设计，并且使存取时间加快，制定了规则 2.12。

规则 2.12：

块传送周期不得超过任何 256 个字节的边界。

说明 2.19：

规则 2.12 限制块传送的最大长度是 256 个字节。但是在块传送的过程中，已经知道只有 A10～

A07将会改变，这就简化了块传送从设备的设计。较高的地址线只须在块传送周期开始时译码一次，因而所有相继的数据传送的存取时间就要短得多。

说明2.20：

在某些情况下可能需要传送一个较大的块，该块要跨越一个或多个256个字节的边界。在这种情况下，如果执行块传送的板上的硬件被设计成能识别已达到256个字节边界，则它就可以瞬时驱动AS*到高，然后启动另一次块传送而无需系统软件的干预。

块读周期非常类似于一串读周期。同样，块写周期非常类似于一串写周期。不同的是主设备只广播起始地址，并且在整个数据传送期间地址选通保持在低。

说明2.21：

在块传送期间，数据传送总线的控制不能转移，因为AS*在所有数据传送的始终都保持低电平，而数据传送总线的控制只能在地址选通为高时转移。

规则2.66：

包含块传送能力的从设备必须监视AS*，并且当检测到AS#的下降沿时必须取出寻址信息。

说明2.86：

在单字节块传送期间的一段时间内，数据以8位在D00～D07或D08～D15上传送。举例如下：

	D08～D15	D00～D07
首次数据传送		字节(1)
	字节(2)	
		字节(3)
	字节(1)	
		字节(1)
↓	字节(2)	
末次数据传送		字节(3)

说明2.87：

在双字节块传送期间的一段时间内，数据以16位在D08～D15上传送。举例如下：

	D08～D15	D00～D07
首次数据传送	字节(2)	字节(3)
	字节(0)	字节(1)
	字节(2)	字节(3)
	字节(0)	字节(1)
↓	字节(2)	字节(3)
末次数据传送	字节(0)	字节(1)

表2-11中规定了用于描述块传送能力的各种助忆符，以及如何将其用于描述主设备、从设备和地址单元监视器。

表2-11 规定块传送能力的助忆符

助忆符	用于	含意
BLT	D08(E0)主设备 D08(E0)从设备 D08(E0)地址单元监视器	能产生下列周期 能接受下列周期 能监视下列周期 块读周期 单字节块读 块写周期 单字节块写

表 2-11(续)

助忆符	用　　于	含　　意
BLT	D16 主设备 D16 从设备 D16 地址单元监视器	能产生下列周期 能接受下列周期 能监视下列周期 块读周期 双字节块读 块写周期 双字节块写
	D32 主设备 D32 从设备 D32 地址单元监视器	能产生下列周期 能接受下列周期 能监视下列周期 块读周期 四字节块读 块写周期 四字节块写

2.3.8 读—改—写能力

在共享诸如存储器和I/O资源的多处理器系统中，需要有一种方法来分配这些资源。这种分配方法的一个很重要的目的是确保正被某一任务使用的资源不能同时被另一任务使用。下面的一个例子是对这个问题的最好描述：

在多处理系统中的两个处理器共享一个公共资源(例如打印机)。在每一时刻都只能有一个处理器使用该资源。资源由存储器中的一个位来分配：即当该位置位时资源忙；当该位清除时资源可用。为了得到对资源的使用权，处理器A读出该位并加以测试，以确定该位是否被清除。如果已清除，处理器A就置位该位，以便封锁处理器B。这种操作做两次数据传送：测试该位读一次，置位该位写一次。不过，在这两次传送之间，如果总线给了处理器B，就会出现麻烦。处理器B也会发现该位被清除并假定资源是可用的。于是在下一个可用的周期内，两个处理器都将置位该位并企图使用该资源。

这种冲突可通过定义一种读—改—写周期来避免，这种周期防止了在该周期的读和写操作之间数据传送总线控制的转移。这种周期非常类似于一个读周期后面紧跟一个写周期。差别是在两次传送期间地址选通保持在低。这就保证了在读—改—写周期期间数据传送总线的控制不能转移，因为它只有在地址选通为高时才有可能转移。这与读周期后紧跟写周期的情况是不一样的。

表2-12中规定了用于描述读—改—写能力的助忆符，以及如何用每种助忆符描述主设备、从设备和地址单元监视器。

表 2-12 规定读—改—写能力的助忆符

助忆符	用　　于	含　　意
RMW	D08(E0)主设备 D08(E0)从设备 D08(E0)地址单元 监视器	能产生下列周期 能接受下列周期 能监视下列周期 单字节读—改—写周期 字节(0)读—改—写 字节(1)读—改—写 字节(2)读—改—写 字节(3)读—改—写

表 2-12(续)

助忆符	用　于	含　意
RMW	D08(0)从设备	能接受下列周期 单字节读—改—写周期 字节(1)读—改—写 字节(3)读—改—写
	D16 主设备 D16 从设备 D16 地址单元监视器	能产生下列周期 能接受下列周期 能监视下列周期 双字节读—改—写周期 字节(0～1)读—改—写 字节(2～3)读—改—写
	D32 主设备 D32 从设备 D32 地址单元监视器	能产生下列周期 能接受下列周期 能监视下列周期 四字节读—改—写周期 字节(0～3)读—改—写

2.3.9 非对齐传送能力

某些 32 位的微处理器以非对齐的方式存储和检索数据。例如,32 位的数据可以按四种不同的方法存储,如图 2-6 所示。

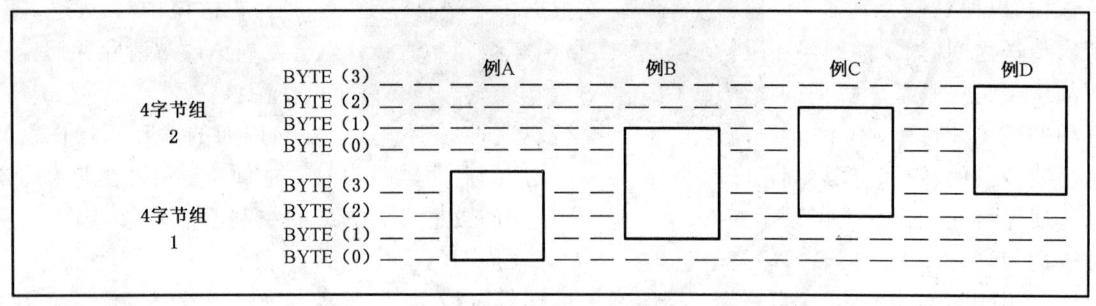

图 2-6　32 位数据可以存入存储器的四种方式

主设备可以使用几种不同的数据传送总线周期序列传送 32 位的数据。例如,它可以使用四个单字节数据传送周期,一次传送一个字节。然而,主设备可以使用表 2-13 所示的一个周期序列来实现非常快速的传送。

说明 2.22:

表 2-13 所示的序列是主设备按递增顺序存取字节地址单元的典型序列。821 总线协议对此不作要求。

如表 2-13 所示,32 位传送的每种序列都可以由单字节和双字节传送的组合来实现。但是,按这种方法,例 B 和例 D 中需要 3 个总线周期。正因为如此,数据传送总线协议还包括两种三字节传送周期。当和单字节周期组合使用时,这些三字节周期只用两个总线周期就可存储数据,如例 B 和例 D 中所示。

表 2-13 使用多字节传送周期传送 32 位数据

例	用于完成传送的周期序列	使用的数据总线线	存取的字节地址单元（见图 2-6）
A	四字节传送	D00～D31	1 组，字节(0～3)
B	单字节传送	D00～D07	1 组，字节(1)
	双字节传送	D00～D15	1 组，字节(2～3)
	单字节传送，或	D08～D15	2 组，字节(0)
	三字节传送	D00～D23	1 组，字节(1～3)
	单字节传送	D08～D31	2 组，字节(0)
C	双字节传送	D00～D15	1 组，字节(2～3)
	双字节传送	D00～D15	2 组，字节(0～1)
D	单字节传送	D00～D07	1 组，字节(3)
	双字节传送	D00～D15	2 组，字节(0～1)
	单字节传送，或	D08～D15	2 组，字节(2)
	单字节传送	D00～D07	1 组，字节(3)
	三字节传送	D00～D23	2 组，字节(0～2)

一些 32 位的微处理器还能以非对齐的方式，一次存储和检索 16 位的数据，如图 2-7 所示。

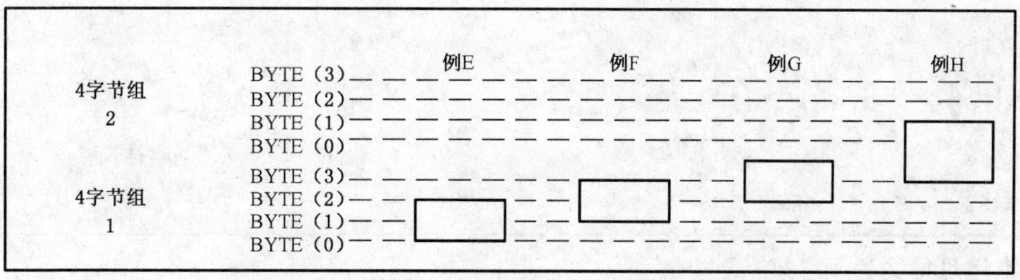

例E 例F 例G 例H

4字节组 2: BYTE (3) BYTE (2) BYTE (1) BYTE (0)

4字节组 1: BYTE (3) BYTE (2) BYTE (1) BYTE (0)

图 2-7 16 位数据可以存入存储器的四种方式

主设备可以使用几种不同的数据传送总线周期序列传送 16 位的数据，如表 2-14 所示。

说明 2.23：

表 2-14 所列的序列是主设备按递增的顺序存取字节地址单元的典型序列。821 总线协议对此不作要求。

表 2-14 中例 E 的 16 位传送以两次单字节传送来完成。不过，该需求要两个总线周期。正因为如此，数据传送总线协议还包含了一个双字节传送周期，它允许只使用一个总线周期来存储数据，如例 F 所示。

表 2-14 使用多字节传送周期传送 16 位数据

例	用于完成传送的周期序列	使用的数据总线线	存取的字节地址单元（见图 2-7）
E	双字节传送	D00～D15	1 组，字节(0～1)
F	单字节传送	D00～D07	1 组，字节(1)
	单字节传送，或	D08～D15	1 组，字节(2)
	双字节传送	D08～D23	1 组，字节(1～2)
G	双字节传送	D00～D15	1 组，字节(2～3)
H	单字节传送	D00～D07	1 组，字节(3)
	单字节传送	D08～D15	2 组，字节(0)

说明 2.24：

由于非对齐的传送要使用全部的 32 条数据线，所以只有 D32 主设备和从设备能做非对齐的传送。

规则 2.67：

D32 从设备和存储单元监视器必须包含非对齐传送（UAT）能力。

规则 2.6：

在访问字节地址单元字节（1～2）、字节（0～2）或字节（1～3）的周期期间，D08（0）、D08（E0）和 D16 从设备通过驱动 DTACK＊走低不得响应。

表 2-15 列出了如何使用非对齐传送（UAT）的助忆符来描述主设备。

表 2-15　规定非对齐传送能力的助忆符

助忆符	当用于	意味着
UAT	D32 主设备 D32 从设备 D32 地址单元监视器	能产生下列周期 能接受下列周期 能监视下列周期 三字节读周期 字节（0～2）读 字节（1～3）读 三字节写周期 字节（0～2）写 字节（1～3）写 双字节读周期 字节（1～2）读 双字节写周期 字节（1～2）写

2.3.10　唯地址能力

唯地址周期是数据传送总线上唯一不用于传送数据的周期。它作为典型的数据传送总线周期开始，并在建立时间之后，地址、地址修改码、IACK＊和 LWORD＊各线路都变成有效而地址选通线变低。然而，数据选通从来不被驱动到低。在地址选通稳定到规定的最小时段，保持各条线被选通之后，主设备便结束该周期而不得等待 DTACK＊或 BERR＊走低（唯地址周期也是不要求响应即可完成的数据传送总线唯一周期类型）。

表 2-16 列出了如何用唯地址的助忆符（ADO）来描述主设备和从设备。

表 2-16　规定唯地址能力的助忆符

助忆符	用　于	意味着
AD0	主设备	能产生唯地址周期

说明 2.25：

通过使 CPU 板能在确定广播的地址是否选择 821 总线上的从设备之前广播该地址，唯地址的周期能用于增强 821 总线板的性能。按此方式广播地址使 821 总线从设备能与 CPU 板并发地对地址译码。

规则 2.28：

所有从设备必须设计得能容纳 ADO 周期而又不丢失数据或出现错误操作。

2.3.11　数据传送总线各功能模块间的交互作用

数据传送发生在主设备和从设备之间。主设备是控制传送的模块，将地址识别为自身地址的那个从设备是响应的从设备，而所有其他从设备则是非响应的从设备。

启动一个数据传送周期之后，主设备等待响应它的从设备发来的响应。当主设备检测到从设备的响应时，便驱动它的数据选通和地址选通到高，并且终止该周期。从设备通过释放它的响应线作为响应。

说明 2.26：

尽管地址与数据定时在很大程度上独立，但有两点例外。第一，主设备在驱动 DS0 * 与 DS1 * 之一走低之前，要等待其已经驱动 AS * 为低；第二，从设备以 DTACK * 或 BERR * 之一来确认 AS * 和 DS0 * 及 DS1 * 。

规则 2.13：

如果一个从设备对一个数据传送周期作出响应，则它必须驱动 DTACK * 为低，或者驱动 BERR * 为低，但不能两条线都驱动为低。

说明 2.27：

由于地址选通和数据选通的负载差别可能会产生总线失衡，所以从设备可能会稍前于地址选通的下降沿而检测到数据选通的下降沿。

说明 2.28：

在第一个数据选通驱动到低之前，WRITE * 线为高或低将标识是读周期还是写周期，并且保持稳定，直到两条数据选通都到高为止。

规则 2.14：

在驱动数据总线之前，主设备必须确保以前的响应从设备已停止驱动数据总线。实现的办法是在任何周期里，当主设备驱动数据选通到低之前，以及在写周期里，当主设备驱动任何数据线之前，检查一下 DTACK * 和 BERR * 是否都为高。

规则 2.15：

读周期结束时，响应的从设备在允许 DTACK * 变为高之前必须释放数据总线。

规则 2.16：

在读周期期间，从设备必须在数据总线上维持有效的数据，直到主设备将第一个数据选通返回为高为止。

说明 2.29：

821 总线上的寻址信息在一个模块驱动 DTACK * 或 BERR * 为低后，在主设备驱动数据选通到高之前可能马上改变。

建议 2.3：

为使性能最优，主设备的设计要使其在 DTACK * 或 BERR * 变低之后，尽快地驱动 DS0 * 和 DS1 * 到高。而且，设计从设备要使其在检测到 DS0 * 和 DS1 * 为高电平后尽快地释放数据总线和 DTACK * 。这就使总线上能达到最大数据传送速率。

第三种类型的模块称为地址单元监视器，它监视数据传送，且每当对它所监视的字节地址单元作完一次存取，就产生一个或两个板上的信号。如果存取是一次写周期，则产生板上的写信号；如果存取是一次读周期，则就产生板上的读信号；如果完成的是一次读—改—写周期，则就产生读、写两个板上信号。

如果周期占用太长，则称为总线定时器的第四种模块便通过驱动 BERR * 到低来干预，以便完成数据传送的信号交换，并允许总线恢复操作。

规则 2.17：

DTACK * 或 BERR * 和数据选通的上升沿及下降沿之间存在严格的互锁关系。在驱动 DS0 * 与 DS1 * 之一走低之前，主设备必须确保 DTACK * 和 BERR * 都为高。一旦主设备已驱动 DS0 * 和 DS1 * 为低，就不得驱动其为高并结束一次传送而不首先检测 DTACK * 或 BERR * 之一为低。

说明 2.30：

装有处理器的板若需要对它自身与其他 821 总线模块之间的数据传送进行管理，则要有一个主设备模块。如果同一块板上还包含有 821 总线可存取的存储器，则它还应有一个从设备模块。浮点处理器或智能外围控制器可以通过从设备接口从一个通用处理器板接收命令，然后它又可以起主设备的作用存取821总线的全局存储器，以执行给它的命令。

2.4 典型操作

主设备启动数据传送总线上的数据传送，然后被寻址的从设备确认该次传送。在接收到数据传送确认之后，主设备便终止数据传送周期。数据传送总线的异步特性使从设备能控制数据传送所占用的时间。

在做任何数据传送之前，主设备必须获准对数据传送总线进行独占控制，以保证不会有几个主设备同时试图占用数据传送总线。主设备使用仲裁总线的模块和信号线来获得对数据传送总线的控制(在2.5中有详细解释)。下面的讨论是假设主设备已获准并取得了对数据传送总线的控制。

2.4.1 典型的数据传送周期

图2-8表示典型的单字节读周期。为了开始传送，主设备以所希望的地址和地址修改码驱动寻址线。由于本例是一个字节(1)读周期，因此主设备驱动LWORD*为高，A01为低。由于不是执行中断确认周期，所以不驱动IACK*为低。然后主设备在AS*变低之前要等待规定的建立时间，以使从设备对其取样之前使地址线和地址修改线趋于稳定。

每个从设备通过检查地址线、地址修改线和IACK*上的电平，决定它是否应该响应。当执行这一操作时，主设备驱动WRITE*为高，表示这是一次读操作。然后主设备检查DTACK*和BERR*是否为高，以确保前一个周期的从设备不再驱动数据总线。如果是这种情况，主设备便驱动DS0*为低，而保持DS1*为高。

此后，响应的从设备确定哪个四字节组以及该字节组的那个字节要被存取及开始传送。当从设备已经从它的内部存储器取出数据并将其放置到数据线D00～D07上时，就驱动DTACK*为低而通知主设备。然后，从设备就保持DTACK*为低，且只要主设备保持DOS*为低，它就保持数据有效。

当主设备接收到被驱动到低的DTACK*时，它就取用D00～D07上的数据，释放地址线并且驱动DS0*和AS*为高，从设备通过释放D00～D07，并且释放DTACK*为高而作出响应。

说明2.31：

图2-8中的主设备，在数据传送结束时释放全部数据传送总线线路。除非如2.5所述，在数据传送期间主设备的请求器释放了BBSY*，否则就不需要这样。

双字节和四字节数据传送周期的流程与单字节周期非常类似。这些周期的流程图示于图2-9和图2-10。

2.4.2 地址流水线

821总线以各自的选通信号选通地址和数据。这就使得在前一周期的数据传送还在进行时，主设备就能广播下一个周期用的地址。这就叫做“地址流水线”。

许可2.8：

只要主设备检测到从设备已经驱动DTACK*或BERR*为低，主设备就可以改变地址，并且在驱动AS*为高之后的最短时间，再驱动AS*为低。

例如在读周期，当从设备驱动DTACK*或BERR*为低时，主设备在从总线上读数据的同时便可广播一个新地址到地址总线上，这就相当于与下一个周期重叠了一个周期，使821总线有较高的速度。

规则2.18：

所有从设备必须设计得能适应地址流水线而不会丢失数据或出现错误操作。

以下提供两种遵从容纳地址流水线的要求的设计。

说明2.32：

响应的从设备可以确认它的地址，并且在DTACK*或BERR*线上很快作出响应。由于允许主设备在响应的从设备驱动DTACK*或BERR*为低之后撤消地址，因而非响应的从设备在主设备从总线上撤消地址之前也许就不能对寻址信息进行译码。

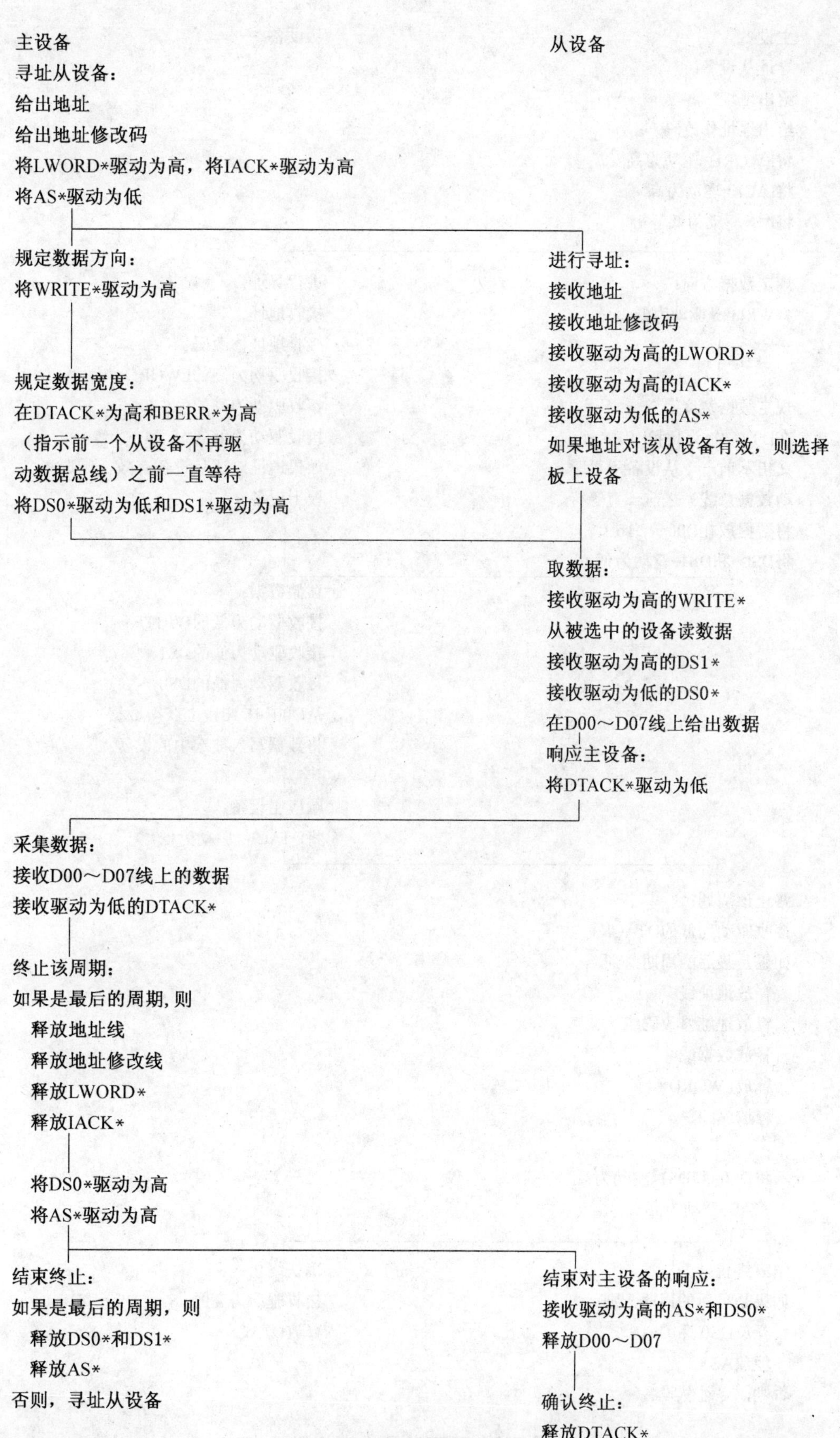

图 2-8 单字节读周期的例子

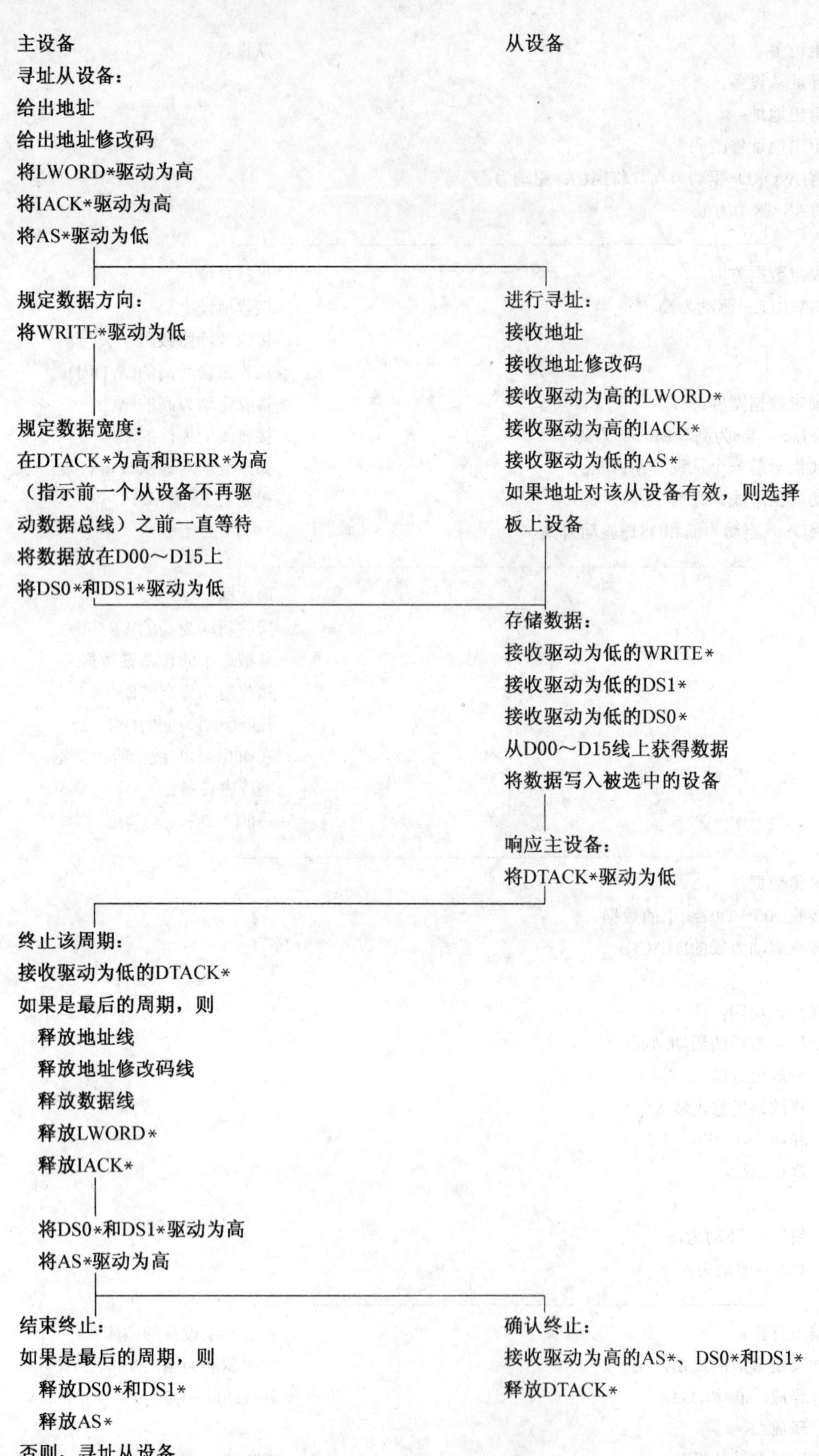

图 2-9 双字节写周期的例子

主设备

从设备

寻址从设备：
给出地址
给出地址修改码
将LWORD*驱动为低
将IACK*驱动为高
将AS*驱动为低

规定数据方向：
将WRITE*驱动为低

进行寻址：
接收地址
接收地址修改码
接收驱动为低的LWORD*
接收驱动为高的IACK*
接收驱动为低的AS*
如果地址对该从设备有效，则选择板上设备

规定数据宽度：
在DTACK*为高和BERR*为高（指示前一个从设备不再驱动数据总线）之前一直等待
将数据放在D00～D31上
将DS0*和DS1*驱动为低

存储数据：
接收驱动为低的WRITE*
接收驱动为低的DS1*
接收驱动为低的DS0*
在D00～D31线上获得数据
将数据写入被选中的设备

响应主设备：
将DTACK*驱动为低

终止该周期：
接收驱动为低的DTACK*
如果是最后的周期，则
　释放地址线
　释放地址修改码线
　释放数据线
　释放LWORD*
　释放IACK*

　将DS0*和DS1*驱动为高
　将AS*驱动为高

确认终止：
接收驱动为高的AS*，DS0，DS1
释放DTACK*

结束终止：
如果是最后的周期，则
　释放DS0*和DS1*
　释放AS*
否则，寻址从设备

图 2-10　四字节写周期的例子

说明 2.33：

因为在前一个周期结束的同时主设备可以广播一个新地址，因此如果板上的逻辑还需要用上一个地址去保持总线上的数据，则设计者就要确保第二个地址选通不会使上一个地址变成无效。

建议 2.4：

把从设备设计成在 AS＊的下降沿获取寻址信息。

说明 2.34：

主设备在把前一周期的数据选通驱动到高之前，可以将下一个新周期用的 AS＊驱动到低。正因为如此，在周期重叠期间，除了至少有一个前一周期的数据选通与之重合之外，当地址选通用于新周期时，还可能有一段时间相重合。

建议 2.5：

建议将从设备设计成当两个或其中一个数据选通为低，并且 DTACK＊和 BERR＊均为高，而不是地址选通和数据选通都为低电平的时候去启动数据传送。

许可 2.9：

主设备可以设计成不带地址流水线能力（即主设备可以在驱动下一个周期用的 AS＊为低之前一直等待，直到响应的从设备释放 DTACK＊和 BERR＊）。

2.5 数据传送总线的获得

规则 2.19：

在数据传送总线上传送任何数据之前，主设备必须获准使用总线。

几个主设备可能要同时使用数据传送总线。决定哪个主设备可以使用总线的过程称为仲裁。总线仲裁将在第 3 章中讨论。由于仲裁与数据传送总线的操作有密切的联系，故在此作简短的讨论。

图 2-11 给出了两个例子，展示了当主设备（叫做主设备 A）结束使用数据传送总线，并允许发生仲裁时可能有的序列。

例 1 中，主设备 A 完成最后一次传送，指出它不再需要数据传送总线。主设备是通过使它的请求器释放总线忙（BBSY＊）信号线而实现这一点的。由于主设备 A 提早给出数据传送总线立即可用的预告，因而仲裁就在最后一次数据传送期间进行。仲裁完成，而且主设备 B 在主设备 A 结束它的周期之前就获准使用数据传送总线，但它还得等待主设备 A 释放 AS＊（这就确保在主设备 A 完成它的最后一次数据传送之前，主设备 B 不会开始驱动数据传送总线）。

例 2 中，主设备 A 在释放 BBSY＊之前一直要等待，直到最后一次传送结束（即 AS＊释放之后）。在此情况下，在进行仲裁时，数据传送总线是空闲的。然后主设备 B 获准使用总线，并且由于 AS＊早已为高，所以它便立即开始使用数据传送总线。

规则 2.20：

一旦一个主设备的请求器释放 BBSY＊到高，该主设备就不得把 AS＊由高驱动到低（即不得开始任何新周期），直到请求器接收到一个新的总线允许为止。

2.6 数据传送总线的时序规则和说明

本条描述了决定主设备和从设备动作的时序规则与说明。这些时序信息以图形和表格方式给出：

表 2-17 列出了定义主设备、从设备以及地址单元监视器操作的时序表和时序图。

表 2-18 定义了本条使用的各种助忆符。

表 2-19～表 2-21 规定数据传送总线信号的用法。

表 2-22～表 2-27 规定了数据传送总线的时序参数（表 2-24～表 2-27 中使用的引用号对应于表 2-22 和表 2-23 中的时序参数编号）。

图 2-12～图 2-15 规定地址广播期间的时序规则和说明。

图 2-16～图 2-21 规定数据传送期间主设备、从设备和地址单元监视器的时序规则和说明。

图 2-22～图 2-24 规定数据传送总线周期之间主设备和从设备的时序规定与说明。

图 2-25 是超时周期期间主设备、从设备以及总线定时器的时序图。

图 2-26 表示数据传送总线控制传送期间的时序。

为了满足规定的时序规则，板的设计者需要考虑到 821 总线板上使用的总线驱动器和接收器在最坏情况下的传播延迟。驱动器的传播延迟取决于它的输出负载，而制造厂的技术规范并不一定能给出各种负载下计算传播延迟用的各种信息。为了帮助 821 总线板的设计者，在第 6 章给出了一些建议。

说明规定了线上信号的跳变时序。只要不违反第 6 章中底板负载的规则，这些时间是可靠的。第 6 章中的总线端接规则，能保证那些被驱动后又释放的信号线的时序参数。

一般，每条时序规则都有一条对应的说明。但是，在说明中所保证的时间与规则所规定的时间可能不同。例如，仔细观察时序图会发现，需要主设备提供 35 ns 的地址和数据建立时间，但从设备只需保证 10 ns。这是因为在跳变传播到底板的末端并被反射之前，地址和数据总线驱动器并不一定能驱动底板的信号线，使其由低到高完全通过门限电平。但是地址和数据选通的下降沿一般应跨过 0.8 V 的门限而不受反射的干扰。所以从设备的建立时间比主设备建立时间要少 2 倍总线传播时间。

已采用了专门的记法来描述数据选通定时。两个数据选通(DS0 * 和 DS1 *)并不总是同时产生跳变。为了便于绘制时序图，用 DSA * 表示第一个产生其跳变的数据选通(不管是 DS0 * 还是 DS1 *)，DSB * 表示第二个产生跳变的数据选通(不管是 DS1 * 还是 DS0 *)。数据选通稳定期间所示的虚线表明，第一个产生下跳变的数据选通也许不是产生上跳变的第一个数据选通，即 DSA * 能表示下降沿处的 DS0 * 以及上升沿处的 DS1 *。

例 1：最后数据传送期间的仲裁

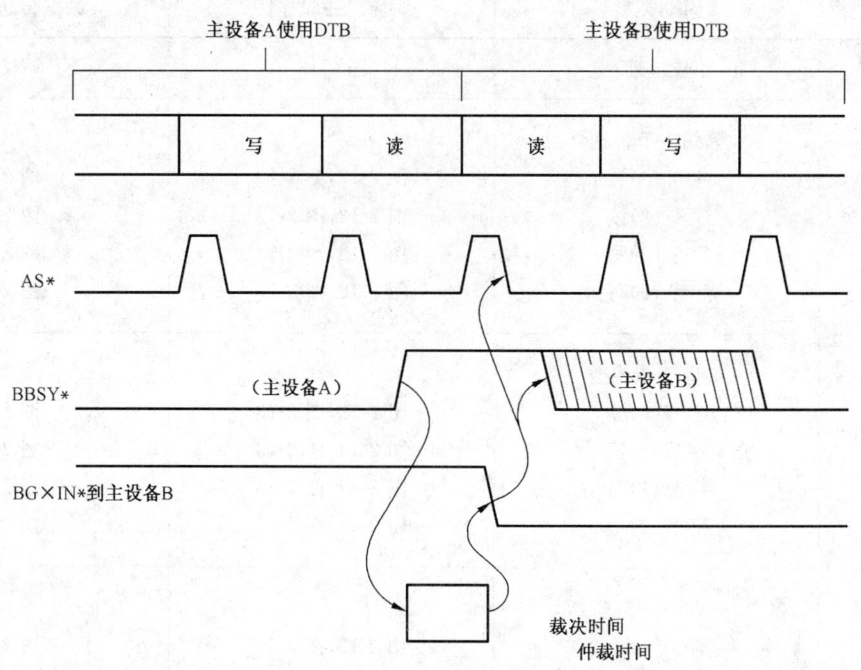

图 2-11 数据传送总线主设备交换序列

例 2:最后一次数据传送后的仲裁

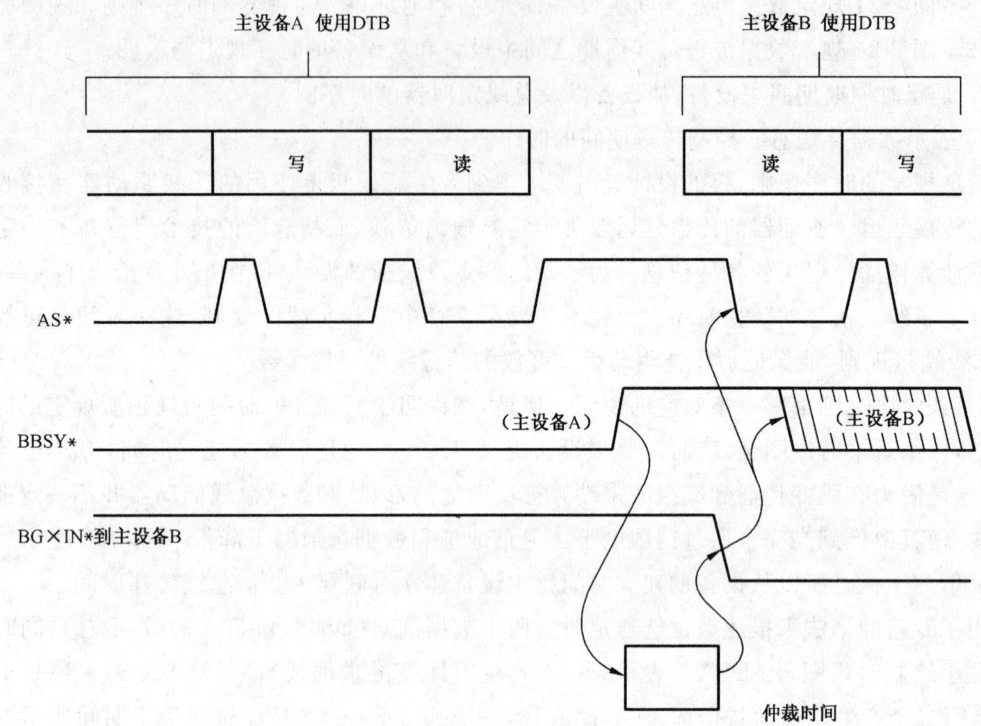

图 2-11(续)

表 2-17 定义主设备、从设备和地址单元监视器操作的时序图
(时序值见表 2-22)

助忆符	周期类型	地址广播时序图	数据传送时序图
AD0	唯地址	图 2-12	N/A
D08(E0)	单偶字节传送		
	字节(0)读	图 2-12,图 2-13	图 2-16
	字节(2)读	图 2-12,图 2-13	图 2-16
	字节(0)写	图 2-12,图 2-13	图 2-18
	字节(2)写	图 2-12,图 2-13	图 2-18
D08(E0)	单奇字节传送		
	字节(0)读	图 2-12,图 2-13	图 2-16
或	字节(3)读	图 2-12,图 2-13	图 2-16
	字节(1)写	图 2-12,图 2-13	图 2-18
D08(0)	字节(3)写	图 2-12,图 2-13	图 2-18
D16	双字节传送		
	字节(0~1)读	图 2-12,图 2-13	图 2-17
	字节(2~3)读	图 2-12,图 2-13	图 2-17
	字节(0~1)写	图 2-12,图 2-13	图 2-19
	字节(2~3)写	图 2-12,图 2-13	图 2-19

表 2-17（续）

助忆符	周期类型	地址广播时序图	数据传送时序图
D32	四字节传送		
	字节(0～3)读	图 2-12,图 2-13	图 2-17
	字节(0～3)写	图 2-12,图 2-13	图 2-19
D08(E0): BLT	单字节块传送		
	单字节块读	图 2-13,图 2-14	图 2-16
	单字节块写	图 2-13,图 2-14	图 2-18
D16:BLT	双字节块传送		
	双字节块读	图 2-13,图 2-14	图 2-17
	双字节块写	图 2-13,图 2-14	图 2-19
D32:BLT	四字节块传送		
	四字节块读	图 2-13,图 2-14	图 2-17
	四字节块写	图 2-13,图 2-14	图 2-19
D08(E0): RMW	单字节读改写传送		
	字节(0)读改一写	图 2-13,图 2-15	图 2-20
	字节(1)读一改一写	图 2-13,图 2-15	图 2-20
	字节(2)读改写	图 2-13,图 2-15	图 2-20
	字节(3)读改写	图 2-13,图 2-15	图 2-20
D16: RMW	双字节读一改一写传送		
	字节(0～1)读一改写	图 2-13,图 2-15	图 2-21
	字节(2～3)读一改一写	图 2-13,图 2-15	图 2-21
D32: RMW	四字节读一改一写传送		
	字节(0～3)读一改一写	图 2-13,图 2-15	图 2-21
D32:UAT	非对齐传送		
	字节(0～2)读	图 2-12,图 2-13	图 2-16
	字节(1～3)读	图 2-12,图 2-13	图 2-16
	字节(1～2)读	图 2-12,图 2-13	图 2-17
	字节(0～2)写	图 2-12,图 2-13	图 2-18
	字节(1～3)写	图 2-12,图 2-13	图 2-18
	字节(1～2)写	图 2-12,图 2-13	图 2-19

表 2-20、表 2-21 和表 2-22 列出数据传送总线的各条信号线如何用于广播地址和传送数据。随后的各个时序图要引用这些表。为了使表格紧凑，采用助忆符来描述各信号线何时被驱动以及如何驱动。这些助忆符在表 2-18 中定义。

表 2-18 用在表 2-20、表 2-21 和表 2-22 中的助忆符的定义

助忆符	说 明	注 释
DVBM	由主设备驱动为有效	规则 2.21: 主设备必须将 DVBM 线驱至有效电平
DLBM	由主设备驱低	规则 2.22: 主设备必须将 DLBM 线驱至低电平
DHBM	由主设备驱高	规则 2.23: 主设备必须将 DHBM 线驱至高电平
dhbm?	由主设备驱高否	许可 2.10: 主设备可将 dhbm? 线驱高 规则 2.24: 主设备不得将 dhbm? 线驱低
dxbm?	由主设备驱动否	许可 2.11: 主设备可将 dxbm? 线驱动或让这些线不被驱动 (在驱动 dxbm? 线时,它们不载有有效信息)
DVBS	由从设备驱动为有效	规则 2.25: 从设备必须将 DVBS 线驱至有效电平
dxbs?	由从设备驱动否	许可 2.12: 从设备可将 dxbs? 线驱动或让这些线不被驱动 (在驱动 dxbs? 线时,它们不载有有效信息)
DVBB	同时由从设备和主设备驱至有效	规则 2.26: 在读—改—写周期的“读”期间,从设备必须以有效数据驱动 DVBB 线。在读—改—写周期的“写”期间,主设备必须以有效数据驱动 DVBB 线
dxbb?	同时由从设备和主设备驱动否	许可 2.13: 在读—改—写周期的“读”期间,从设备可驱动 dxbb? 线或可以不驱动。在读—改—写周期的“写”期间,主设备可驱动 dxbb? 线或可以不驱动(在驱动 dxbb? 线时,它们不载有有效信息)

表 2-19 使用地址线选择 4 字节组

助忆符	寻址模式	A02～A15 (见下注)	A16～A23	A24～A31	1ACK *
A16	短的	DVBM	dxbm?	dxbm?	dhbm?
A24	标准的	DVBM	DVBM	dxbm?	dhbm?
A32	扩展的	DVBM	DVBM	DVBM	dhbm?
注:A01 连同 LWORD * 和两个数据选通一起用于在 4 字节组中选择 4 个字节中哪一字节进行访问(见表 2-20)。					

表 2-20 **DS1＊、DS0＊、A01 和 LWORD＊**线在各种周期期间的用法

助忆符	周期类型	DS1＊	DS0＊	A01	LWORD＊
AD0	唯地址	dhbm?	dhbm?	dxbm?	dxbm?
D08(E0)	单偶字节传送 字节(0)读或写 字节(2)读或写	 DLBM DLBM	 dhbm? dhbm?	 DLBM DHBM	 dhbm? dhbm?
D08(E0) 或 D08(0)	单奇字节传送 字节(1)读或写 字节(3)读或写	 dhbm? dhbm?	 DLBM DLBM	 DLBM DHBM	 dhbm? dhbm?
D16	双字节传送 字节(0～1)读或写 字节(2～3)读或写	 DLBM DLBM	 DLBM DLBM	 DLBM DHBM	 dhbm? dhbm?
D32	四字节传送 字节(0～3)读或写	 DLBM	 DLBM	 DLBM	 DLBM
D08(E0): BLT	单字节块传送 单字节块读写	[a]			dhbm?
D16:BLT	双字节块传送 双字节块读写	 DLBM	 DLBM	[b]	 dhbm?
D32:BLT	四字节块传送 四字节块读写	 DLBM	 DLBM	 DLBM	 DLBM
D08(E0): RMW	单字节读—改—写传送 字节(0)读—改—写 字节(1)读—改—写 字节(2)读—改—写 字节(3)读—改—写	 DLBM dhbm? DLBM dhbm?	 dhbm? DLBM dhbm? DLBM	 DLBM DLBM DHBM DHBM	 dhbm? dhbm? dhbm? dhbm?
D16 RMW	双字节读—改—写传送 字节(0～3)读—改—写 字节(2～3)读—改—写	 DLBM DLBM	 DLBM DLBM	 DLBM DHBM	 dhbm? dhbm?
D32 RMW	四字节读—改—写传送 字节(0～3)读—改—写	 DLBM	 DLBM	 DLBM	 DLBM
D32:UAT	非对齐传送 字节(0～2)读或写 字节(1～3)读或写 字节(1～2)读或写	 DLBM dhbm? DLBM	 dhbm? DLBM DLBM	 DLBM DLBM DHBM	 DLBM DLBM DLBM

表 2-20(续)

助忆符	周期类型	DS1 *	DS0 *	A01	LWORD *

[a] 节块传送期间,两个数据选通交替地被驱动至低。第一次传送时,两个数据选通都会被驱动到低。如果第一次存取的字节地址单元是字节(0)或字节(2),则主设备首先驱动 DS1 * 到低。如果第一次存取的字节地址单元是字节(1)或字节(3),则主设备首先驱动 DS0 * 到低。A01 只在第一次数据传送(即直到从设备首次驱动 DTACK * 或 BERR * 到低为止)时有效,并且根据单字节块传送由哪个字节开始,而可能为高或低。如果第一个字节地址单元是字节(0)或字节(1),则主设备驱动 A01 到低;如果第一个字节地址单元是字节(2)或字节(3),则主设备驱动 A01 到高。

在由字节(2)开始的单字节块传送周期期间,DS0 * 、DS1 * 、A01 和 LWORD 用法的例子如下:

		DS1 *	DS0 *	A01	LWORD *
首次数据传送	字节(2)	DLBM	DHBM	DHBM	dhbm?
	字节(3)	DHBM	DLBM	dxbm?	dxbm?
	字节(0)	DLBM	DHBM	dxbm?	dxbm?
	字节(1)	DHBM	DLBM	dxbm?	dxbm?
最后数据传送	字节(2)	DLBM	DHBM	dxbm?	dxbm?

[b] 传送期间,A01 只在第一次数据传送时(即直到从设备第一次驱动 DTACK * 或 BERR * 到低为止)是有效,并且根据双字节块的传送由哪个双字节组开始,而可能为高或为低。如果第一个双字节组是字节(0~1),则主设备驱动 A01 到低;如果第一个双字节组是字节(2~3),则主设备驱动 A01 到高。

表 2-21 数据线传送数据的用法

助忆符	周期类型	D24~D31	D16~D23	D08~D15	D00~D07
AD0	唯地址	dxbm?	dxbm?	dxbm?	dxbm?
D08(E0)	单偶字节传送				
	字节(0)读	dxbs?	dxbs?	DVBS	dxbs?
	字节(2)读	dxbs?	dxbs?	DVBS	dxbs?
	字节(0)写	dxbm?	dxbm?	DVBM	dxbm?
	字节(2)写	dxbm?	dxbm?	DVBM	dxbm?
D08(E0)	单奇字节传送				
	字节(1)读	dxbs?	dxbs?	dxbs?	DVBS
或	字节(3)读	dxbs?	dxbs?	dxbs?	DVBS
	字节(1)写	dxbm?	dxbm?	dxbm?	DVBM
D08(0)	字节(3)写	dxbm?	dxbm?	dxbm?	DVBM
D16	双字节传送				
	字节(0~1)读	dxbs?	dxbs?	DVBS	DVBS
	字节(2~3)读	dxbs?	dxbs?	DVBS	DVBS
	字节(0~1)写	dxbm?	dxbm?	DVBM	DVBM
	字节(2~3)写	dxbm?	dxbm?	DVBM	DVBM
D32	四字节传送				
	字节(0~3)读	DVBS	DVBS	DVBS	DVBS
	字节(0~3)写	DVBM	DVBM	DVBM	DVBM

表 2-21（续）

助忆符	周期类型	D24～D31	D16～D23	D08～D15	D00～D07
D08(E0):BLT	单字节块传送 单字节块读 单字节块写	 dxbs? dxbm?	 dxbs? dxbm?	 注 注	
D16:BLT	双字节块传送 双字节块读 双字节块写	 dxbs? dxbm?	 dxbs? dxbm?	 DVBS DVBM	 DVBS DVBM
D32:BLT	四字节块传送 四字节块读 四字节块写	 DVBS DVBM	 DVBS DVBM	 DVBS DVBM	 DVBS DVBM
D08(E0):RMW	单字节读—改—写传送 字节(0)读—改—写	 dxbb?	 dxbb?	 DVBB	 dxbb?
08(E0):RMW	字节(1)读—改—写 字节(2)读—改—写 字节(3)读—改—写	dxbb? dxbb? dxbb?	dxbb? dxbb? dxbb?	dxbb? DVBB dxbb?	DVBB dxbb? DVBB
D16:RMW	双字节读—改—写 传送 字节(0～1)读—改—写 字节(2～3)读—改—写	 dxbb? dxbb?	 dxbb? dxbb?	 DVBB DVBB	 DVBB DVBB
D32:RMW	四字节读—改—写 传送 字节(0～3)读—改—写	 DVBB	 DVBB	 DVBB	 DVBB
D32:UAT	非对齐传送 字节(0～2)读 字节(1～3)读 字节(1～2)读 字节(0～2)写 字节(1～3)写 字节(1～2)写	 DVBS dxbs? dxbs? DVBM dxbm? dxbm?	 DVBS DVBS DVBS DVBM DVBM DVBM	 DVBS DVBS DVBS DVBM DVBM DVBM	 dxbs? DVBS dxbs? dxbm? DVBM dxbm?

注：单字节块传送期间，每一次是在 D00～D07 或 D08～D15 上传送 8 位的数据。下面给出单字节数据块读的例子：

	D08～D15	D00～D07
首次数据传送	DVBS	dxbs?
	dxbs?	DVBS
	DVBS	dxbs?
	dxbs?	DVBS
	DVBS	dxbs?
	dxbs?	DVBS
最后数据传送	DVBS	dxbs?

表 2-22 主设备、从设备和地址单元监视器时序参数

参数号	主设备（见表 2-24）		从设备（见表 2-25）		地址单元监视器（见表 2-26）	
	最小	最大	最小	最大	最小	最大
1	0	—	—	—	—	—
2	0	—	—	—	—	—
3	60	—	—	—	—	—
4	35	—	10	—	10	—
5	40	—	30	—	30	—
6	0	—	0	—	—	—
7	0	—	0	—	—	—
8	35	—	10	—	—	—
9	0	—	0	—	—	—
10	0	—	−10	—	−10	—
11	40	—	30	—	30	—
12	35	—	10	—	10	—
13	—	10	—	20	—	20
14	0	—	0	—	—	—
15	0	—	0	—	—	—
16	0	—	0	—	—	—
17	40	—	30	—	30	—
18	0	—	0	—	—	—
19	40	—	30	—	30	—
20	0	—	0	—	—	—
21	0	—	0	—	—	—
22	0	—	0	—	—	—
23	10	—	0	—	0	—
24A	0	—	—	—	—	—
24B	0	—	—	—	—	—
25	—	25	—	—	—	—
26	0	—	0	—	—	—
27	−25	—	0	—	—	—
28	30	2T	30	—	—	—
29	0	—	0	—	—	—
30	0	—	0	—	—	—
31	0	—	0	—	—	—
32	—	—	10	—	10	—
33	—	—	30	—	30	—

注 1：所有时间均以纳秒(ns)计。

注 2：T 为超时值，以微秒(μs)计。

表 2-23 总线定时器时序参数

参数号	主 设 备	
	最 小	最 大
28	T	2T
30	0	—

注：T 为超时值，以微秒(μs)计。

表 2-24 主设备时序规则和说明

1 规则 2.27:

主设备获得对 821 总线的控制时,在先前的主设备使 AS* 抬高到低电平以上之前,不得驱动 IACK*、AM0~AM5、A01~A31、LWORD*、D00~D31、WRITE*、DS0*、DS1* 或 AS* 中的任何一个。

说明 2.35:

第 3 章说明一个主设备的请求器如何才被允许使用 821 总线。

2 规则 2.28:

主设备获得对 821 总线的控制时,在其请求器获准使用总线之前,不得驱动 IACK*、AM0~AM5、A01~A31、LWORD*、D00~D31、WRITE*、DS0*、DS1* 或 AS* 中的任何一个。

说明 2.36:

第 3 章说明一个主设备的请求器如何才被允许使用 821 总线。

3 规则 2.29:

主设备获得对 821 总线的控制时,在先前的主设备使 AS* 抬高到低电平以上之前,不得驱动 AS* 为低。

说明 2.37:

规则 2.29 确保当有数据传送总线主设备互换时,从设备的时序参数 5 能得到保证。

4 规则 2.30:

在 IACK* 到高电平之前,以及在 A01~A31、AM0~AM5 和 LWORD* 中所需要的线已保持有效至表中所示的最小时间之前,主设备不得驱动 AS* 为低。

说明 2.38:

表 2-20 和表 2-21 规定了在 A01~A31、AM0~AM5 和 LWORD* 线中需要主设备驱动的线。

5 规则 2.31:

当连续两个周期使用数据传送总线时,在 AS* 已为高电平且已将其保持了表中所规定的最小时间之前,主设备不得驱动 AS* 为低。

6 规则 2.32:

读周期之后,在 DTACK* 和 BERR* 两个信号均为高之前,主设备不得驱动 D00~D31 中的任何一条。

7 规则 2.33:

读周期期间,在释放全部 D00~D31 线之前,主设备不得驱动 DSA* 为低。

8 规则 2.34:

写周期期间,在 D00~D31 中所需要的线已保持有效至表中所规定的最小时间之前,主设备不得驱动 DSA* 为低。

说明 2.39:

表 2-22 规定了需要主设备驱动的 D00~D31 中的线。

9 规则 2.35:

在 DTACK* 和 BERR* 二者均为高之前,主设备不得驱动 DSA* 为低。

10 规则 2.36:

在主设备驱动 AS* 为低之前,它不得驱动 DSA* 为低。

11 规则 2.37:

在 DS0* 和 DS1* 两者已同时达到高电平且已将其保持表上规定的最小时间之前,主设备不得驱动 DSA* 为低。

12 规则 2.38:

在 WRITE 已保持有效至表中所规定的最小时间之前,主设备不得驱动 DSA* 为低。

13 规则 2.39:

在主设备驱动两个数据选通为低的周期期间,在它驱动 DSA* 为低之后,必须在表上规定的最大时间内驱动 DSB* 为低。

说明 2.40:

时序参数 13 不适用于只有一个数据选通被驱动为低的那些传送。

14 规则 2.40:

除了读—改—写周期以外的所有数据传送周期期间,主设备必须保持地址有效并且维持 LWORD* 上的相应电平,直到它检测到 DTACK* 或 BERR* 线上的第一个下降沿为止。

表 2-24（续）

说明 2.41：

除了块传送和读改写周期之外，所有的数据传送周期期间在 DTACK＊或 BERR＊上只有一次下降沿。

15 规则 2.41：

在读—改—写周期期间，主设备必须保持地址有效，并且维持 LWORD＊线上的相应电平，直到它检测到 DTACK＊或 BERR＊线上的第二个下降沿为止。

16 规则 2.42：

在所有的数据传送周期期间，主设备必须维持有效的地址修改码，并且确保 IACK＊停留在高，直到它检测到 DTACK＊或 BERR＊线上的最后一个下降沿为止。

说明 2.42：

除了块传送和读—改写周期之外，所有的数据传送周期期间，在 DTACK＊或 BERR＊线上只有一个下降沿。

17 规则 2.43：

在唯地址的周期期间，主设备在驱动 AS＊为低之后，不得在表中所规定的时间内改变 IACK＊、A01～A31、AM0～AM5 和 LWORD＊线上的电平。

18 规则 2.44：

在所有的数据传送周期期间，主设备必须保持 AS＊为低，直到它检测到 DTACK＊或 BERR＊的最后一个下降沿为止。

19 规则 2.45：

在表中所规定的最小时间内，主设备必须保持 AS＊为低。

20 规则 2.46：

一旦主设备已驱动 DSA＊为低，它就必须维持该线的低电平，直到它检测到 DTACK＊或 BERR＊的低为止。

21 规则 2.47：

一旦主设备已驱动 DSB＊为低，它就必须维持该线的低电平，直到它检测到 DTACK＊或 BERR＊的低为止。

22 规则 2.48：

在写周期期间，一旦主设备已驱动 DSA＊为低，它就不得改变任何 D00～D31 的电平，直到它检测到 DTACK＊或 BERR＊的低为止。

23 规则 2.49：

一旦主设备已驱动 DSA＊为低，它就不得改变 WRITE＊线上的电平，直到两个数据选通为高之后超过表中所规定的最小时间为止。

24A 规则 2.50：

如果主设备在它的请求器释放 BBSY＊之后，驱动或释放 AS＊为高，则在允许 AS＊抬高到低电平以上之前，它必须先释放 IACK＊、AM0～AM5、A01～A31、LWORD＊、D00～D31、WRITE＊、DS0＊和 DS1＊。

说明 2.43：

第 3 章说明了主设备的请求器如何释放 BBSY＊线。

24B 规则 2.51：

如果主设备在它的请求器释放 BBSY＊之前，驱动或释放 AS＊为高，则在允许它的请求器释放 BBSY＊之前，它必须先释放 AS＊、IACK＊、AM0～AM5、A01～A31、LWORD＊、D00～D31WRITE＊、DS0＊和 DS1＊。

说明 2.44：

第 3 章说明了主设备的请求器如何释放 BBSY＊线。

25 规则 2.52：

如果主设备在它的请求器释放 BBSY＊之前，驱动或释放 AS＊为高，则在允许 AS＊抬高到低电平以上之后，它必须在表中所规定的时间内释放 AS＊。

说明 2.45：

第 3 章说明了主设备的请求器如何释放 BBSY＊线。

26 规则 2.46：

时序参数 26 保证：在读周期期间，数据总线在主设备驱动 DSA＊到低以前将不被驱动。

表 2-24（续）

27 说明 2.47：

在读周期期间，主设备得到如下保证：在 DTACK＊到低之后，在表中所规定的时间内数据总线将是有效的。这个时间不适用于从设备驱动 BBSY＊为低而不是驱动 DTACK＊为低的那些周期。

28 说明 2.48：

主设备得到如下保证：在它驱动 DSA＊为低之后，在表中所规定的最小时间内，DTACK＊和 BERR＊都不会变低。总线定时器向主设备保证：如在它的超时周期已经过去之后，且在两个超时周期之内，DTACK＊没有到低，则总线定时器就将驱动 BERR＊为低。

29 说明 2.49：

在读周期期间，主设备得到如下保证：驱动 DSA＊到高之前，数据总线将保持有效。

30 说明 2.50：

时序参数 30 保证：在主设备驱动 DS0＊和 DS1＊到高之前，DTACK＊和 BERR＊都不会变高。

31 说明 2.51：

在读周期期间，主设备得到如下保证：数据总线在 DTACK＊和 BERR＊为高之前，已被释放。

注：编号与表 2-23 所规定的时序参数相对应。

表 2-25 从设备时序规则和说明

4 说明 2.52：

所有的从设备均得到如下保证：当它们检测到 AS＊的下降沿时，IACK＊、A01～A31、AM0～AM5 和 LWORD＊已保持有效至表中所规定的最小时间。

5 说明 2.53：

所有的从设备均得到如下保证：在各数据传送总线周期之间，AS＊保持为高至表中所规定的最小时间。

6 说明 2.54：

在读周期期间，响应的从设备得到如下保证：在响应的从设备释放 DTACK＊和 BERR＊到高之前，D00～D31 都不会被任何别的模块驱动。

7 说明 2.55：

在读周期期间，响应的从设备得到如下保证：在 DSA＊变为低之前，所有其他模块均已释放数据总线且达到了表中所规定的时间。

8 说明 2.56：

在写周期期间，响应的从设备得到如下保证：当它检测到 DSA＊的下降沿时，数据总线已保持有效至表中所规定的最小时间。

9 说明 2.57：

响应的从设备得到如下保证：在前一周期的 DTACK＊和 BERR＊变高之前 DS0＊和 DS1＊都不会变低。

10 说明 2.58：

由于总线畸变，数据传送总线上的从设备在检测到 AS＊的下降沿之前，可能会检测到 DSA＊的下降沿。但是，从设备得到如下保证：DSA＊的下降沿超前于 AS＊的下降沿的时间不会大于表中所规定的时间。

11 说明 2.59：

从设备得到如下保证：在连续的数据传送之间，两个数据选通在表中所规定的最小时间内同时保持为高。

12 说明 2.60：

从设备得到如下保证：在 DSA＊的下降沿之前，WRITE＊已保持有效至表中所规定的最小时间。

13 说明 2.61：

如果要将两个数据选通驱动为低，则响应的从设备得到如下保证：在 DSA＊变为低之后，在表中所规定的最大时间内，DSB＊将变为低。

14 说明 2.62：

除读一改一写周期以外的所有数据传送周期期间，响应的从设备得到如下保证：只要它是在总线超时周期里第一次将 DTACK＊或 BERR＊驱动为低，则在此之前，地址和 LWORD＊将维持有效。

表 2-25（续）

15 说明 2.63：

在所有的读—改—写周期期间，响应的从设备得到如下保证：只要它是在总线超时周期里第二次将 DTACK＊或 BERR＊驱动为低，则在此之前，地址和 LWORD＊将维持有效。

16 说明 2.64：

响应的从设备得到如下保证：只要它是在总线超时周期里最后一次将 DTACK＊或 BERR＊驱动为低，则在此之前，IACK＊和 AM0～AM5 将维持有效。

17 说明 2.65：

从设备得到如下保证：在 AS＊的下降沿之后 IACK＊、A01～A31、AM0～AM5 和 LWORD＊将维持有效至表中所规定的最小时间。在唯地址周期期间，这个时间由主设备保证。在所有其他类型的周期期间，这个时间是由时序参数 10、14、16 和 28 导出的。

18 说明 2.66：

响应的从设备得到如下保证：只要它是在总线超时周期里将 DTACK＊或 BERR＊驱动为低，则在此之前，AS＊将维持在低。

19 说明 2.67：

从设备得到如下保证：AS＊将维持在低且达到了表中所规定的最小时间。

20 说明 2.68：

响应的从设备得到如下保证：只要从设备是在总线超时周期里将 DTACK＊或 BERR＊驱动为低，则在此之前，一旦 DSA＊到低，它就维持在低。

21 说明 2.69：

响应的从设备得到如下保证：只要从设备是在总线超时周期里将 DTACK＊或 BERR＊驱动为低，则在此之前，一旦 DSB＊到低，它就维持在低。

22 说明 2.70：

在写周期期间，响应的从设备得到如下保证：只要它是在总线超周期里将 DTACK＊或 BERR＊驱动为低，则在此之前，数据总线将维持有效。

23 说明 2.71：

响应的从设备得到如下保证：在两个数据选通为高之前，WRITE＊线将维持有效。

26 规则 2.53：

在读周期期间，在 DSA＊变低以前，响应的从设备不得驱动数据总线。

27 规则 2.54：

在读周期期间，响应的从设备在以有效数据驱动数据线之前，不得驱动 DTACK＊。

说明 2.72：

规则 2.55 不适用于响应的从设备驱动 BERR＊到低而不是驱动 DTACK＊到低的那些周期。

28 规则 2.55：

在 DSA＊变低之后，响应的从设备在驱动 DTACK＊或 BERR＊到低之前必须等待表中所规定的最小时间。

29 规则 2.56：

在读周期期间，一旦响应的从设备已驱动 DTACK＊到低，则在 DSA＊变高之前，它不得改变 D00～D31。

30 规则 2.57：

一旦响应的从设备已驱动 DTACK＊或 BERR＊到低，则在检测到 DS0＊和 DS1＊为高之前，不得释放它。

31 规则 2.58：

在读周期期间，确认的从设备在释放 DTACK＊或 BERR＊到高之前，必须释放全部 D00～D31。

32 说明 2.73：

从设备得到如下保证：当它检测到 DSA＊的下降沿时，IACK＊、LWORD＊、A00～A31 和 AM0～AM5 已保持有效至表中所规定的最小时间。这一时间由时序参数 4 和 10 导出。

33 说明 2.74：

在数据传送周期期间，从设备得到如下保证：DS0＊和(或)DS1＊将至少维持为低且达到表中所规定的最小时间。这个时间是由时序参数 28 导出的，这个参数要求响应的从设备在驱动 BERR＊或 DTACK＊到低之前等待一个最小时间。

注：编号与表 2-22 所规定的时序参数相对应。

表 2-26 地址单元监视器时序说明

4 说明 2.75:

地址单元监视器得到如下保证:当它检测到 AS＊的下降沿时,IACK＊、A01～A31、AM0～AM5 和 LWORD＊已保持有效至表中所规定的最小时间。

5 说明 2.76:

地址单元监视器得到如下保证:在数据传送总线周期之间,AS＊将保持为高且达到表中所规定的最小时间。

10 说明 2.77:

由于总线畸变,地址单元监视器在检测到 As＊的下降沿之前,在数据传送总线上可能检测到 DSA＊的下降沿。但是,地址单元监视器得到如下保证:DSA＊的下降沿超前于 AS＊的下降沿的时间不会大于表中所规定的时间。

11 说明 2.78:

地址单元监视器得到如下保证:在连续的数据传送之间,两个数据选通在表中所规定的时间内同时为高。

12 说明 2.79:

地址单元监视器得到如下保证:当它检测到 DSA＊的下降沿时,WRITE＊已保持有效至表中所规定的最小时间。

13 说明 2.80:

如果要将两个数据选通驱动到低,则地址单元监视器得到如下保证:在 DSA＊已到低后,DSB＊将在表中所规定的最大时间内变为低。

17 说明 2.81:

地址单元监视器得到如下保证:在 AS＊的下降沿之后,IACK＊、A01～A31、AM0～AM5 和 LWORD＊将维持有效至表中所规定的最小时间。在唯地址周期期间,这个时间由主设备保证。在所有其他类型的周期期间,这个时间是由时序参数 10、14、16 和 28 导出的。

19 说明 2.82:

地址单元监视器得到如下保证:AS＊将维持为低且达到表中所规定的最小时间。

23 说明 2.83:

地址单元监视器得到如下保证:在两个数据选通到高之前,WRITE＊线将维持有效。

32 说明 2.84:

地址单元监视器得到如下保证:当它检测到 DSA＊的下降沿时,IACK＊、LWORD＊、A01～A31 和 AM0～AM5 已保持有效至表中所规定的最小时间。

33 说明 2.85:

在数据传送周期期间,地址单元监视器得到如下保证:DS0＊和(或)DS1＊维持为低至少达到表中所规定的最小时间。这个时间是从时序参数 28 导出的,这一参数要求响应的从设备在 BERR＊或 DTACK＊到低之前等待一个最小时间。

注:编号与表 2-22 所规定的时序参数相对应。

表 2-27 总线定时器时序规则

28 规则 2.59:

在第一个数据选通变低之后,在驱动 BERR＊到低之前,总线定时器必须等待一段时间,等待的时间至少是相当于它的超时时间,但不大于两倍超时时间。

30 规则 2.60:

总线定时器一旦驱动 BERR＊到低,则在它检测到 DS0＊和 DS1＊都为高之前,不得释放 BERR＊。

注:编号与表 2-23 所规定的时序参数相对应。

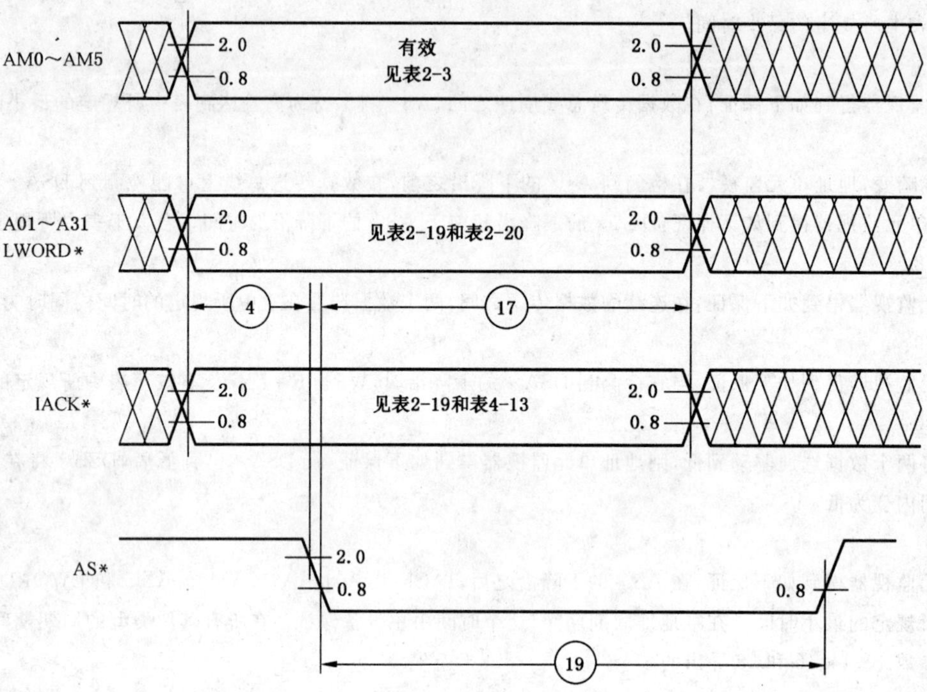

参数号	主设备		从设备		地址单元监视器	
	最小	最大	最小	最大	最小	最大
4	35	—	10	—	10	—
17	40	—	30	—	30	—
19	40	—	30	—	30	—
注：所有时间均以纳秒(ns)计。						

图 2-12　主设备、从设备和地址单元监视器-地址广播时序
所有的周期

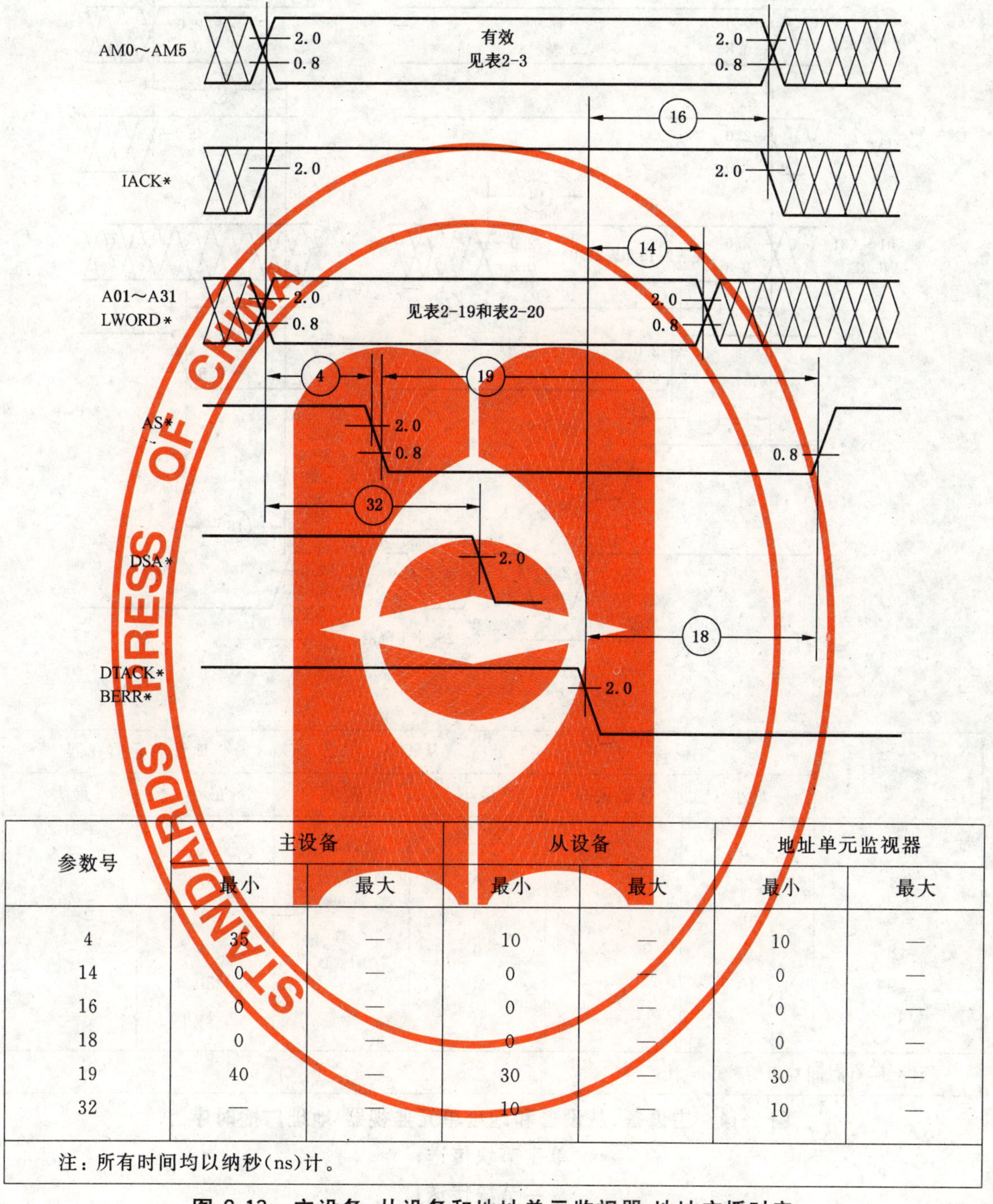

参数号	主设备		从设备		地址单元监视器	
	最小	最大	最小	最大	最小	最大
4	35	—	10	—	10	—
14	0	—	0	—	0	—
16	0	—	0	—	0	—
18	0	—	0	—	0	—
19	40	—	30	—	30	—
32	—	—	10	—	10	—
注：所有时间均以纳秒(ns)计。						

图 2-13 主设备、从设备和地址单元监视器-地址广播时序

单偶字节的传送；

单奇字节的传送；

双字节传送；

四字节传送；

非对齐的传送

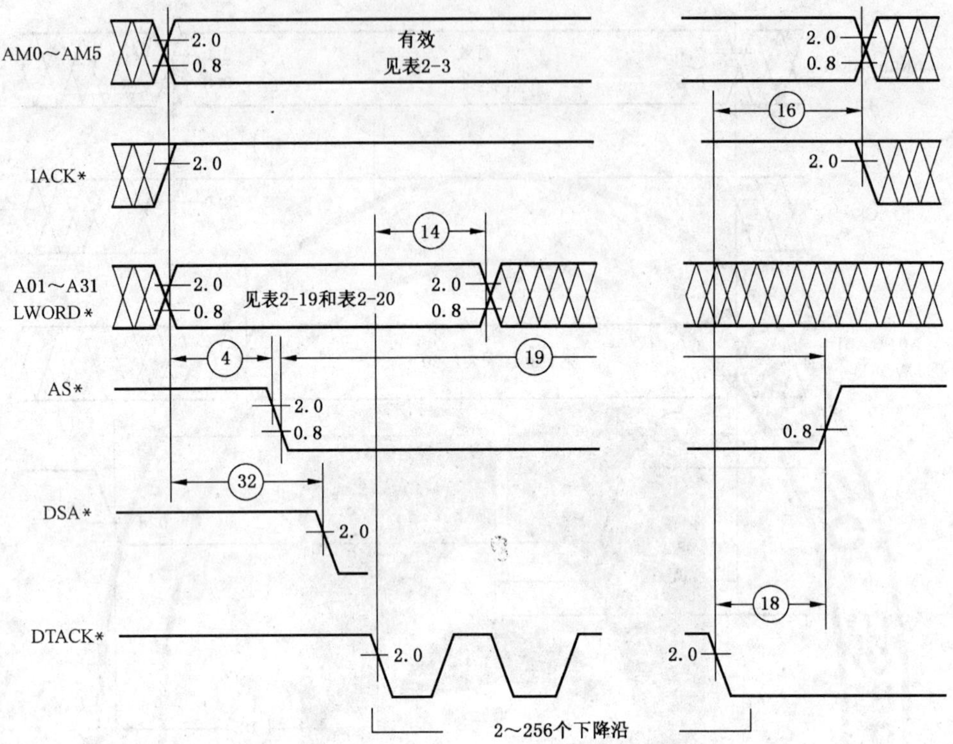

<table>
<tr><th rowspan="2">参数号</th><th colspan="2">主设备</th><th colspan="2">从设备</th><th colspan="2">地址单元监视器</th></tr>
<tr><th>最小</th><th>最大</th><th>最小</th><th>最大</th><th>最小</th><th>最大</th></tr>
<tr><td>4</td><td>35</td><td>—</td><td>10</td><td>—</td><td>10</td><td>—</td></tr>
<tr><td>14</td><td>0</td><td>—</td><td>0</td><td>—</td><td>0</td><td>—</td></tr>
<tr><td>16</td><td>0</td><td>—</td><td>0</td><td>—</td><td>0</td><td>—</td></tr>
<tr><td>18</td><td>0</td><td>—</td><td>0</td><td>—</td><td>0</td><td>—</td></tr>
<tr><td>19</td><td>40</td><td>—</td><td>30</td><td>—</td><td>30</td><td>—</td></tr>
<tr><td>32</td><td>—</td><td>—</td><td>10</td><td>—</td><td>10</td><td>—</td></tr>
<tr><td colspan="7">注：所有时间均以纳秒(ns)计。</td></tr>
</table>

图 2-14　主设备、从设备和地址单元监视器-地址广播时序

单字节块传送；

双字节块传送；

四字节块传送

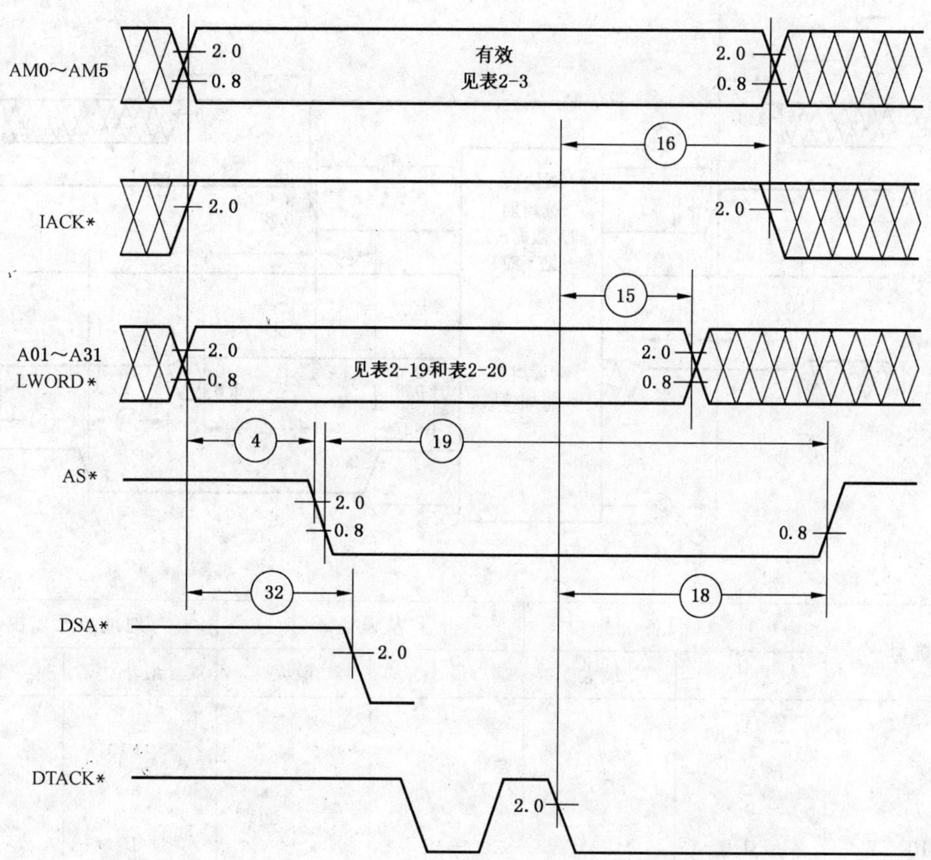

参数号	主设备		从设备		地址单元监视器	
	最小	最大	最小	最大	最小	最大
4	35	—	10	—	10	—
15	0	—	0	—	0	—
16	0	—	0	—	0	—
18	0	—	0	—	0	—
19	40	—	30	—	30	—
32	—	—	10	—	10	—
注：所有时间均以纳秒(ns)计。						

图 2-15　主设备、从设备和地址单元监视器-地址广播时序

单字节读—改—写周期；

双字节读—改—写周期；

四字节读—改—写周期

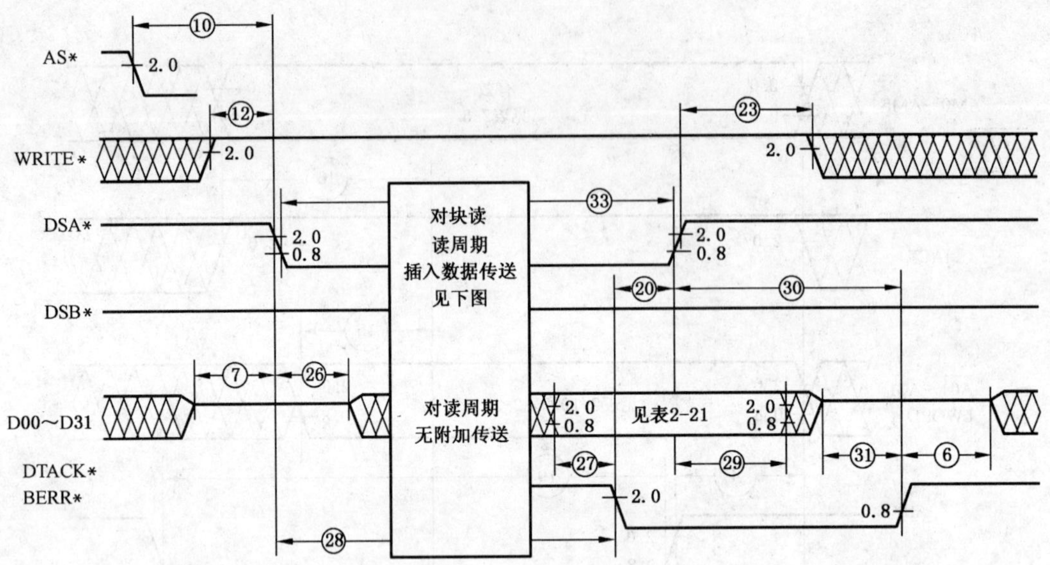

参数号	主设备		从设备		地址单元监视器	
	最小	最大	最小	最大	最小	最大
6	0	—	0	—	—	—
7	0	—	0	—	—	—
10	0	—	−10	—	−10	—
12	35	—	10	—	10	—
20	0	—	0	—	—	—
23	10	—	0	—	0	—
26	0	—	0	—	—	—
27	−25	—	0	—	—	—
28	30	30	30	—	—	—
29	0	—	0	—	—	—
30	0	—	0	—	—	—
31	0	—	0	—	0	—
33	—	—	30	—	30	—

注1：所有时间均以纳秒(ns)计。

注2：T=以微秒(μs)计的超时值。

图2-16　主设备、从设备和地址单元监视器-数据传送时序

BYTE(0)读；BYTE (1)读；

BYTE (2)读；BYTE (3)读；

BYTE (0～2)读；BYTE (1～3)读；

单字节块读

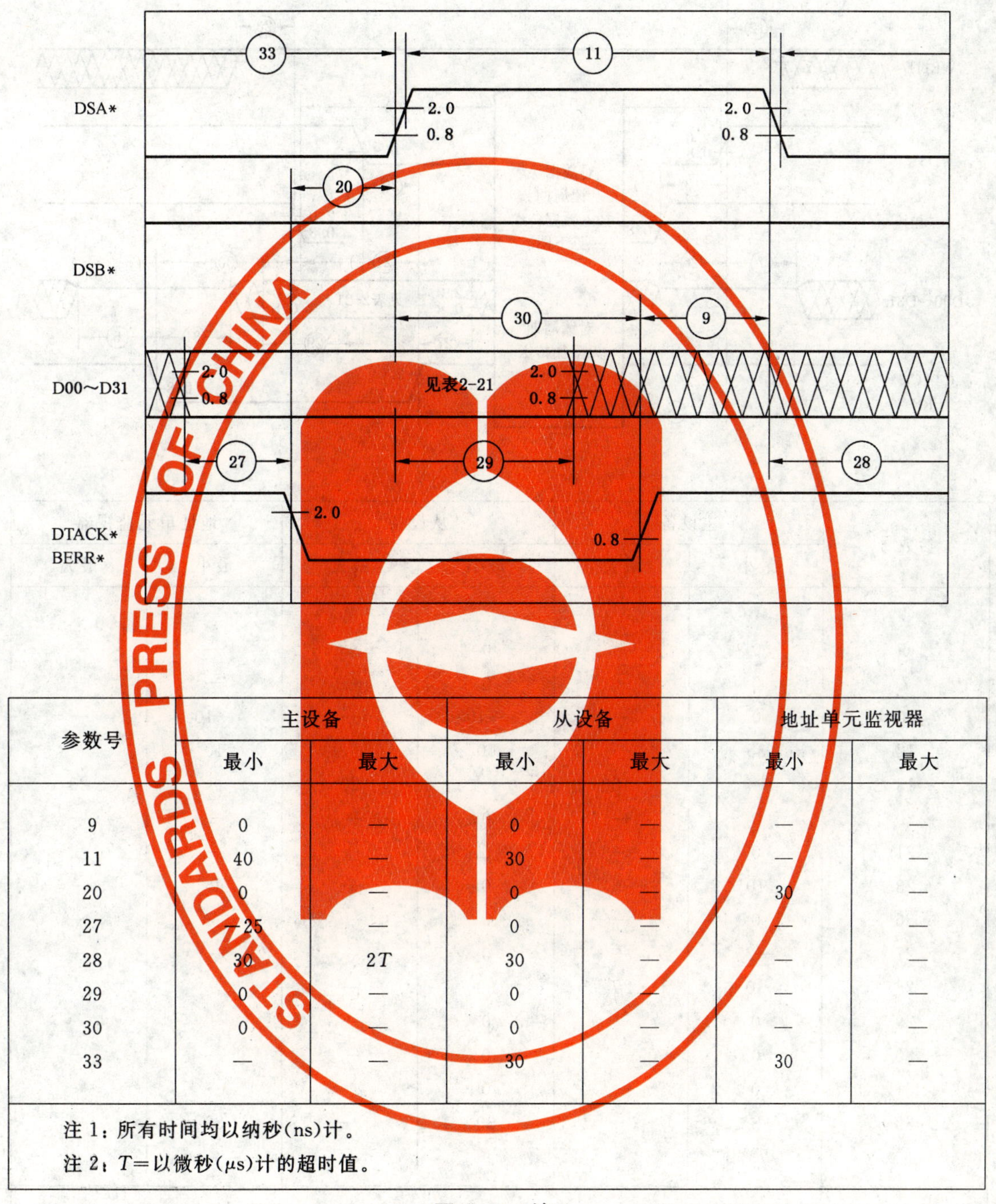

参数号	主设备		从设备		地址单元监视器	
	最小	最大	最小	最大	最小	最大
9	0	—	0	—	—	—
11	40	—	30	—	—	—
20	0	—	0	—	30	—
27	25	—	0	—	—	—
28	30	$2T$	30	—	—	—
29	0	—	0	—	—	—
30	0	—	0	—	—	—
33	—	—	30	—	30	—

注 1：所有时间均以纳秒(ns)计。

注 2：T=以微秒(μs)计的超时值。

图 2-16（续）

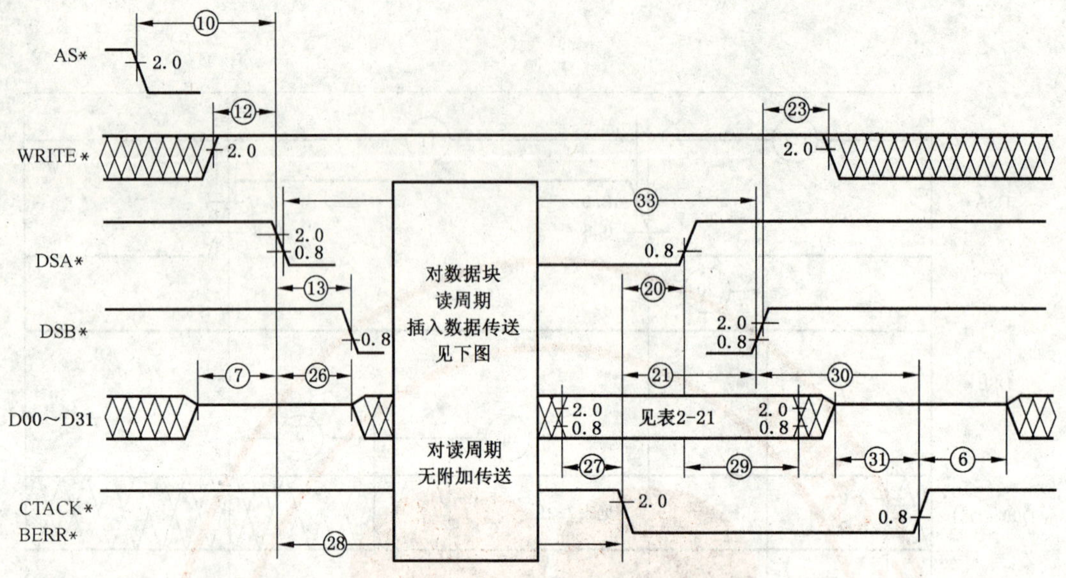

<table>
<tr><td rowspan="2">参数号</td><td colspan="2">主设备</td><td colspan="2">从设备</td><td colspan="2">地址单元监视器</td></tr>
<tr><td>最小</td><td>最大</td><td>最小</td><td>最大</td><td>最小</td><td>最大</td></tr>
<tr><td>6</td><td>0</td><td>—</td><td>0</td><td>—</td><td>—</td><td>—</td></tr>
<tr><td>7</td><td>0</td><td>—</td><td>0</td><td>—</td><td>—</td><td>—</td></tr>
<tr><td>10</td><td>0</td><td>—</td><td>−10</td><td>—</td><td>−10</td><td>—</td></tr>
<tr><td>12</td><td>35</td><td>—</td><td>10</td><td>—</td><td>10</td><td>—</td></tr>
<tr><td>13</td><td>—</td><td>10</td><td>—</td><td>20</td><td>—</td><td>20</td></tr>
<tr><td>20</td><td>0</td><td>—</td><td>0</td><td>—</td><td>—</td><td>—</td></tr>
<tr><td>21</td><td>0</td><td>—</td><td>0</td><td>—</td><td>—</td><td>—</td></tr>
<tr><td>23</td><td>10</td><td>—</td><td>0</td><td>—</td><td>0</td><td>—</td></tr>
<tr><td>26</td><td>0</td><td>—</td><td>0</td><td>—</td><td>—</td><td>—</td></tr>
<tr><td>27</td><td>−25</td><td>—</td><td>0</td><td>—</td><td>—</td><td>—</td></tr>
<tr><td>28</td><td>30</td><td>2T</td><td>30</td><td>—</td><td>—</td><td>—</td></tr>
<tr><td>29</td><td>0</td><td>—</td><td>0</td><td>—</td><td>—</td><td>—</td></tr>
<tr><td>30</td><td>0</td><td>—</td><td>0</td><td>—</td><td>—</td><td>—</td></tr>
<tr><td>31</td><td>0</td><td>—</td><td>0</td><td>—</td><td>—</td><td>—</td></tr>
<tr><td>33</td><td>—</td><td>—</td><td>30</td><td>—</td><td>30</td><td>—</td></tr>
<tr><td colspan="7">注 1：所有时间均以纳秒(ns)计。
注 2：T＝以微秒(μs)计的超时值。</td></tr>
</table>

图 2-17 主设备、从设备和地址单元监视器-数据传送时序

BYTE (0～1)读；BYTE (2～3)读；

BYTE (0～3)读；BYTE (1～2)读；

双字节块读；

四字节块读

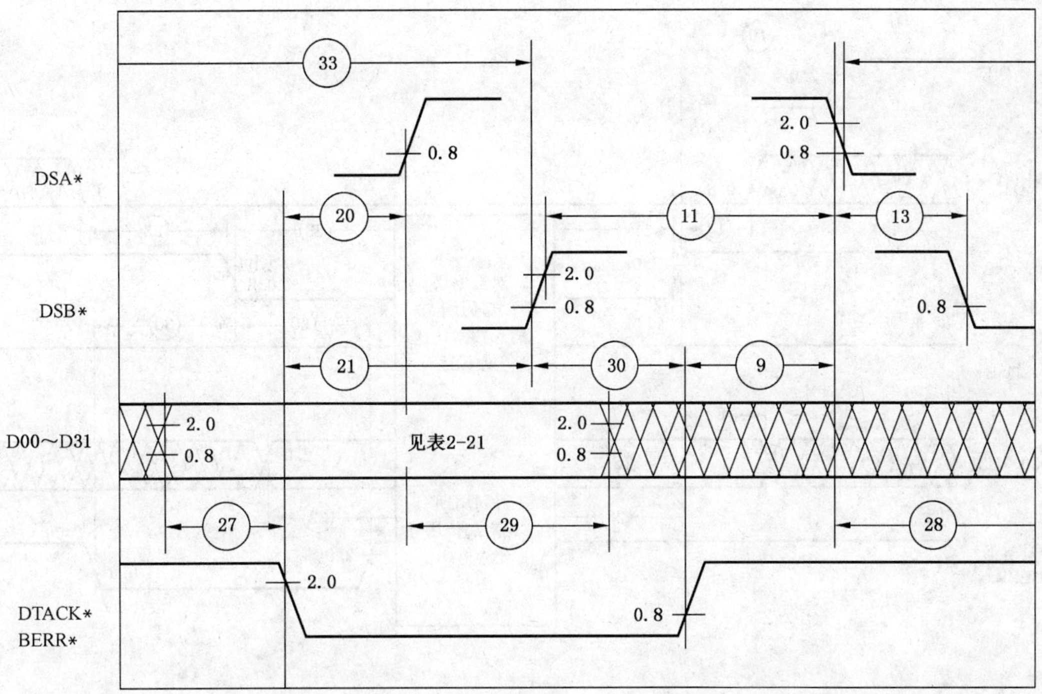

参数号	主设备		从设备		地址单元监视器	
	最小	最大	最小	最大	最小	最大
9	0	—	0	—	—	—
11	40	—	30	—	30	—
13	—	10	—	20	—	20
20	0	—	0	—	—	—
21	0	—	0	—	—	—
27	−25	—	0	—	—	—
28	30	$2T$	30	—	—	—
29	0	—	0	—	—	—
30	0	—	0	—	—	—
33	—	—	30	—	30	—
注1：所有时间均以纳秒(ns)计。 注2：T=以微秒(μs)计的超时值。						

图 2-17（续）

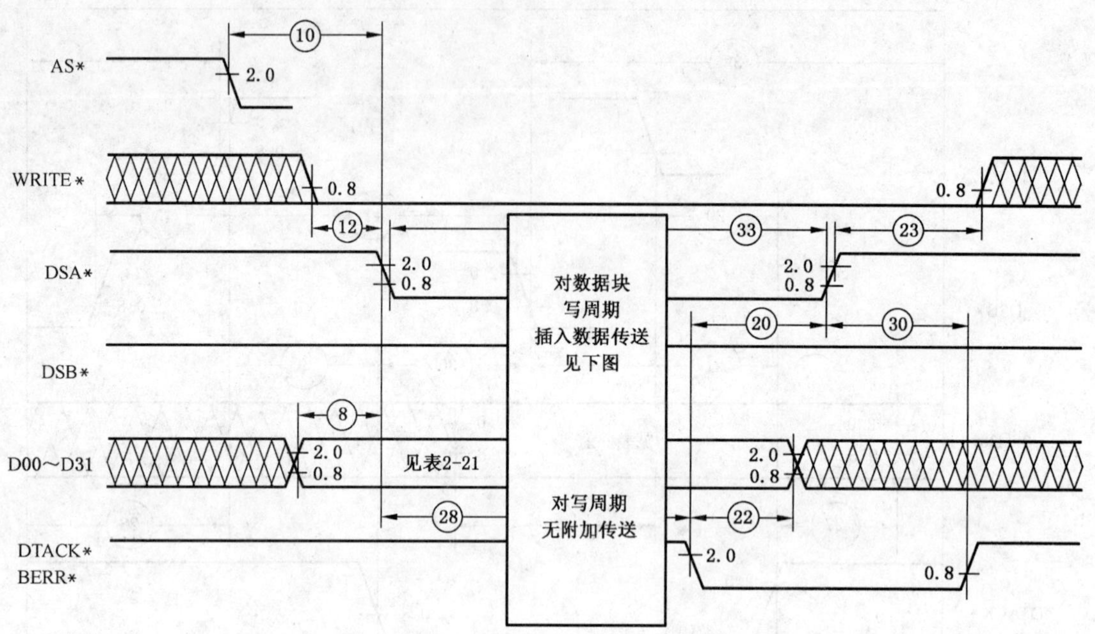

参数号	主设备		从设备		地址单元监视器	
	最小	最大	最小	最大	最小	最大
8	35	—	10	—	—	—
10	0	—	−10	—	—	—
12	35	—	10	—	−10	—
20	0		0	—	10	—
22	0		0	—	—	—
23	10	—	0	—	—	—
28	30	2*T*	30	—	0	—
30	0	—	0	—	—	—
33	—	—	30	—	30	—

注1：所有时间均以纳秒(ns)计。

注2：T=以微秒(μs)计的超时值。

图 2-18 主设备、从设备和地址单元监视器-数据传送时序

BYTE (0)写；字节(1)写；

BYTE (2)写；字节(3)写；

BYTE (0～2)写；字节(1～3)写；

单字节块写

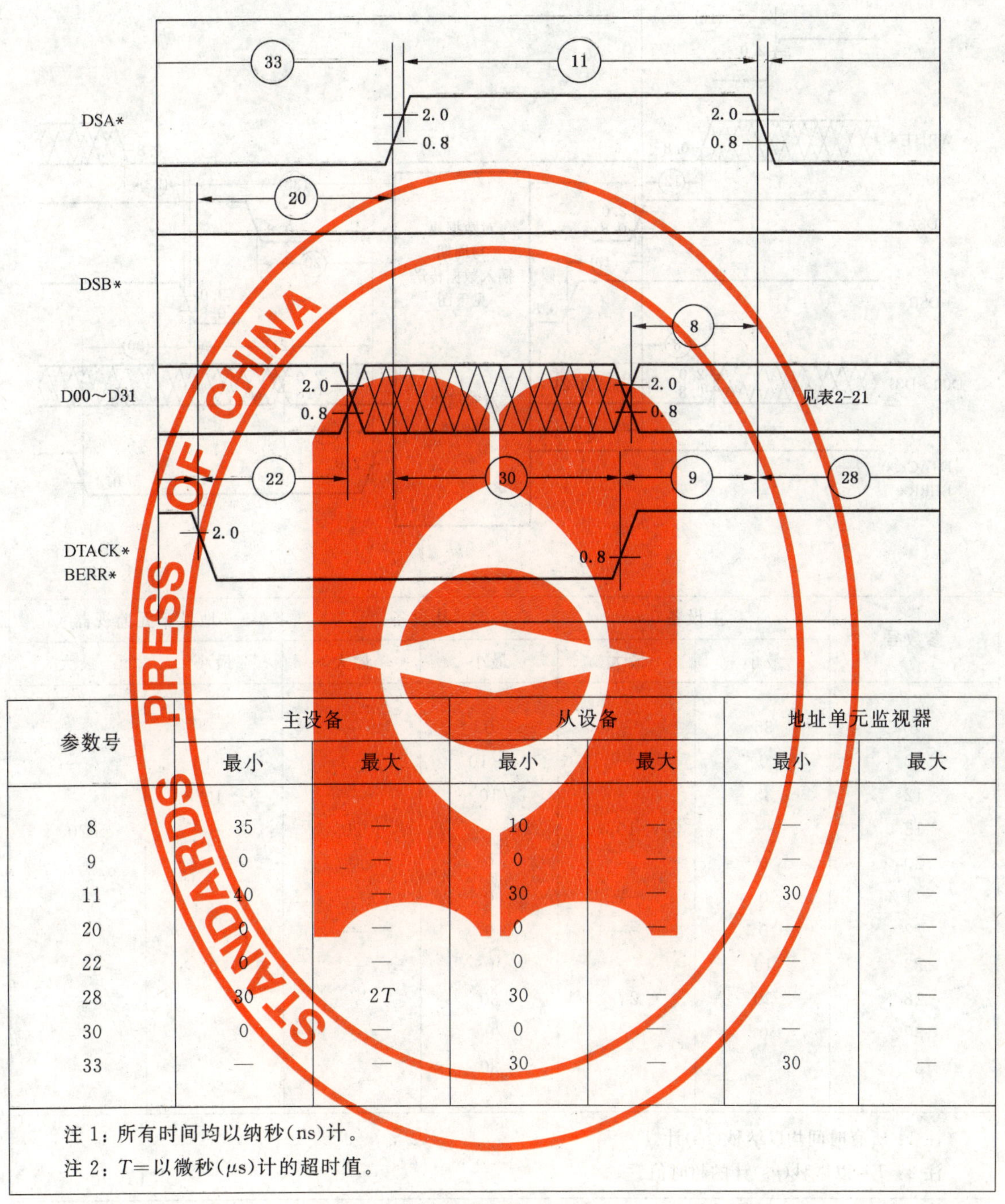

参数号	主设备		从设备		地址单元监视器	
	最小	最大	最小	最大	最小	最大
8	35	—	10	—	—	—
9	0	—	0	—	—	—
11	40	—	30	—	30	—
20	0	—	0	—	—	—
22	0	—	0	—	—	—
28	30	2T	30	—	—	—
30	0	—	0	—	—	—
33	—	—	30	—	30	—

注 1：所有时间均以纳秒(ns)计。

注 2：T=以微秒(μs)计的超时值。

图 2-18（续）

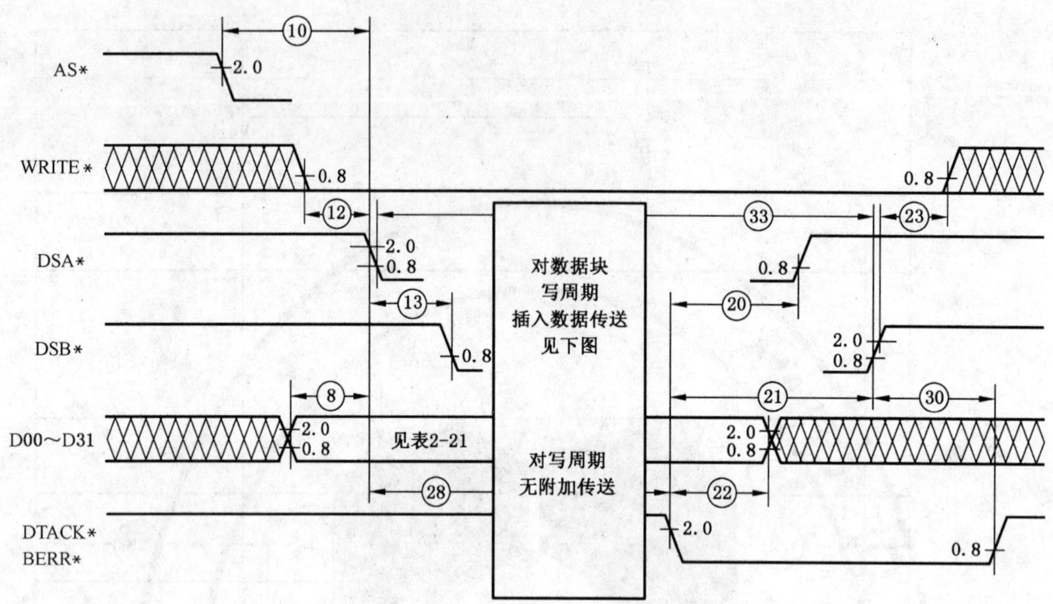

参数号	主设备		从设备		地址单元监视器	
	最小	最大	最小	最大	最小	最大
8	35	—	0	—	—	—
10	0	—	−10	—	−10	—
12	35	—	10	—	10	—
13	—	10	—	20	—	20
20	0	—	0	—	—	—
21	0	—	0	—	—	—
22	0	—	0	—	—	—
23	10	—	0	—	0	—
28	30	$2T$	30	—	—	—
30	0	—	0	—	—	—
33	—	—	30		30	—

注1：所有时间均以纳秒(ns)计。

注2：T=以微秒(μs)计的超时值。

图 2-19 主设备、从设备和地址单元监视器-数据传送时序

字节(0～1)写；字节(2～3)写；

字节(0～3)写；字节(1～2)写；

双字节块写；

四字节块写

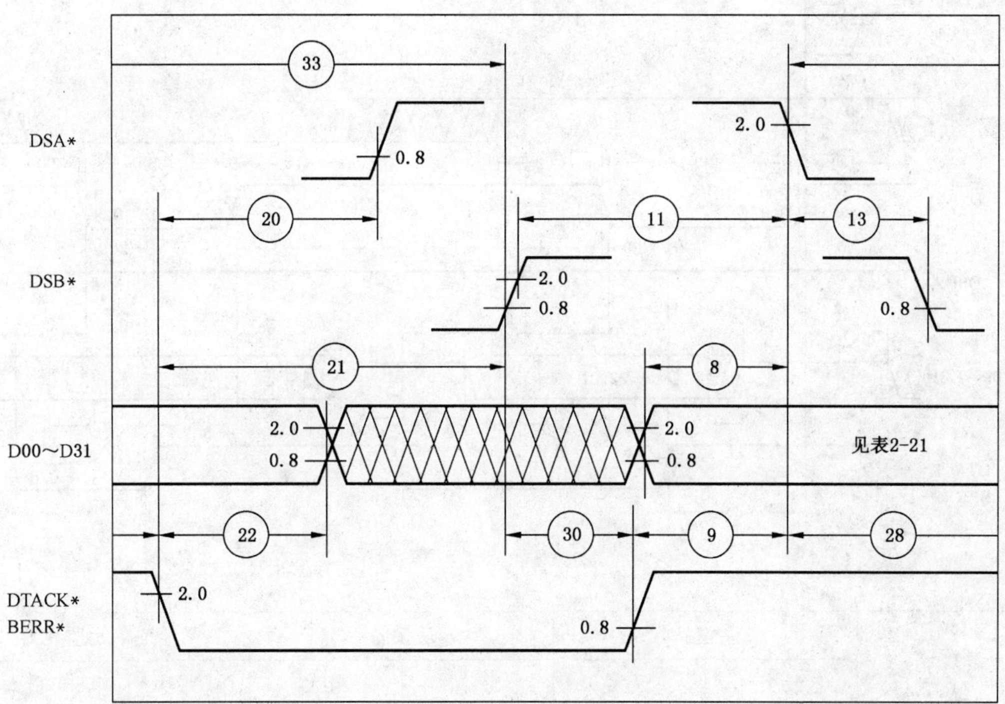

参数号	主设备		从设备		地址单元监视器	
	最小	最大	最小	最大	最小	最大
8	35	—	10	—	—	—
9	0	—	0	—	—	—
11	40	—	30	—	30	—
13	—	10	—	20	—	20
20	0	—	0	—	—	—
21	0	—	0	—	—	—
22	0	—	0	—	—	—
28	30	$2T$	30	—	—	—
30	0	—	0	—	—	—
33	—	—	30	—	30	—

注 1：所有时间均以纳秒(ns)计。

注 2：T=以微秒(μs)计的超时值。

图 2-19（续）

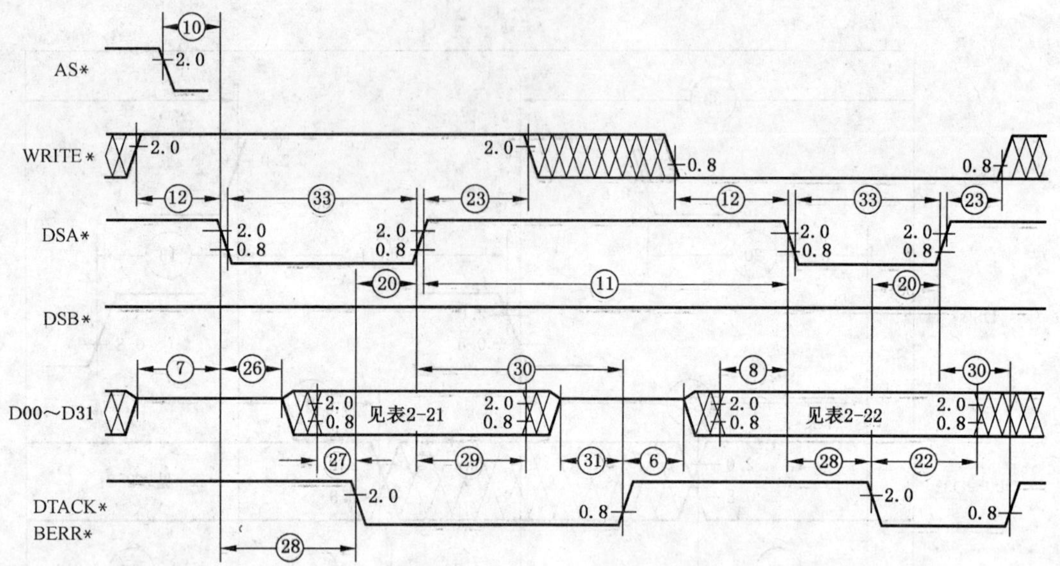

参数号	主设备		从设备		地址单元监视器	
	最小	最大	最小	最大	最小	最大
6	0	—	0	—	—	—
7	0	—	0	—	—	—
8	35	—	−10	—	—	—
10	0	—	10	—	−10	—
11	40	—	30	—	30	—
12	35	—	10	—	10	—
20	0	—	0	—	—	—
22	0	—	0	—	—	—
23	10	—	0	—	0	—
26	0	—	0	—	—	—
27	−25	—	0	—	—	—
28	30	$2T$	30	—	—	—
29	0	—	0	—	—	—
30	0	—	0	—	—	—
31	0	—	0	—	—	—
33	—	—	30	—	30	—

注 1：所有时间均以纳秒(ns)计。

注 2：T=以微秒(μs)计的超时值。

图 2-20 主设备、从设备和地址单元监视器-数据传送时序
单字节读—改—写周期

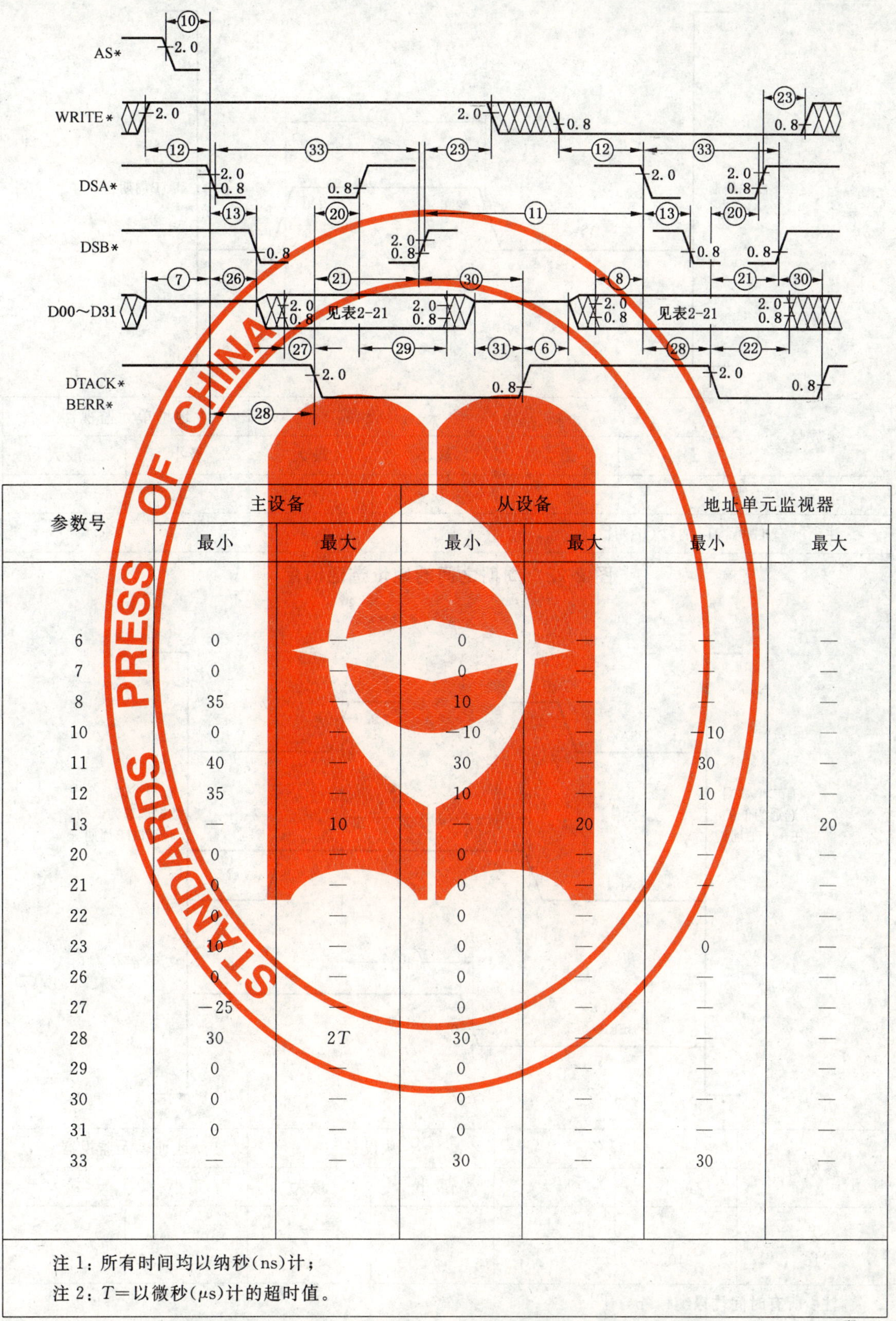

参数号	主设备		从设备		地址单元监视器	
	最小	最大	最小	最大	最小	最大
6	0	—	0	—	—	—
7	0	—	0	—	—	—
8	35	—	10	—	—	—
10	0	—	−10	—	−10	—
11	40	—	30	—	30	—
12	35	—	10	—	10	—
13	—	10	—	20	—	20
20	0	—	0	—	—	—
21	0	—	0	—	—	—
22	0	—	0	—	—	—
23	10	—	0	—	0	—
26	0	—	0	—	—	—
27	−25	—	0	—	—	—
28	30	2T	30	—	—	—
29	0	—	0	—	—	—
30	0	—	0	—	—	—
31	0	—	0	—	—	—
33	—	—	30	—	30	—

注 1：所有时间均以纳秒(ns)计；

注 2：T=以微秒(μs)计的超时值。

图 2-21　主设备、从设备和地址单元监视器-数据传送时序

双字节读—改—写周期；四字节读—改—写周期

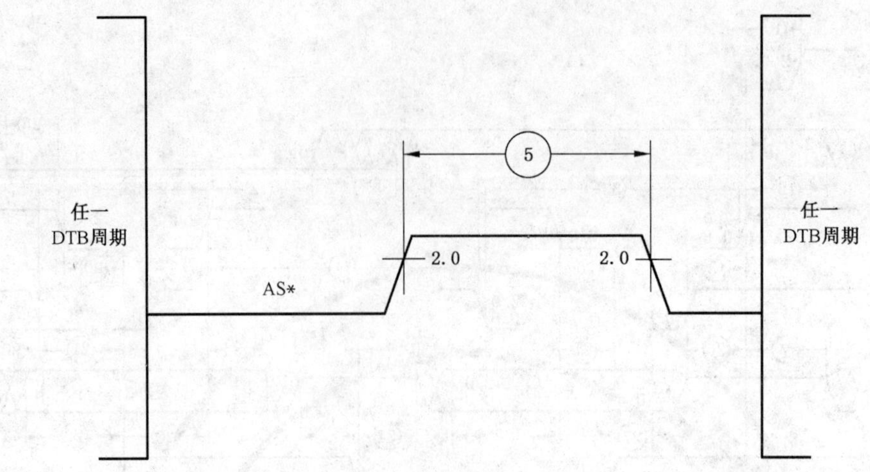

参数号	主设备		从设备		地址单元监视器	
	最小	最大	最小	最大	最小	最大
5	40	—	30	—	30	—
注：所有时间均以纳秒(ns)计。						

图 2-22 周期之间的地址选通时序

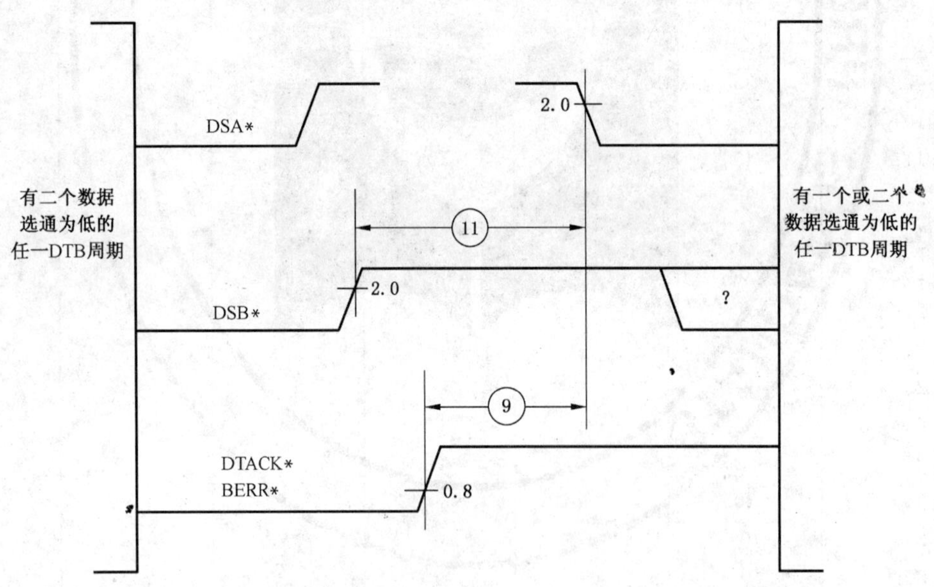

参数号	主设备		从设备		地址单元监视器	
	最小	最大	最小	最大	最小	最大
9	0	—	0	—	0	—
10	40	—	30	—	30	—
注：所有时间均以纳秒(ns)计。						

图 2-23 周期之间的数据选通时序

两个数据选通变低的周期后跟一或两个数据选通变低的周期

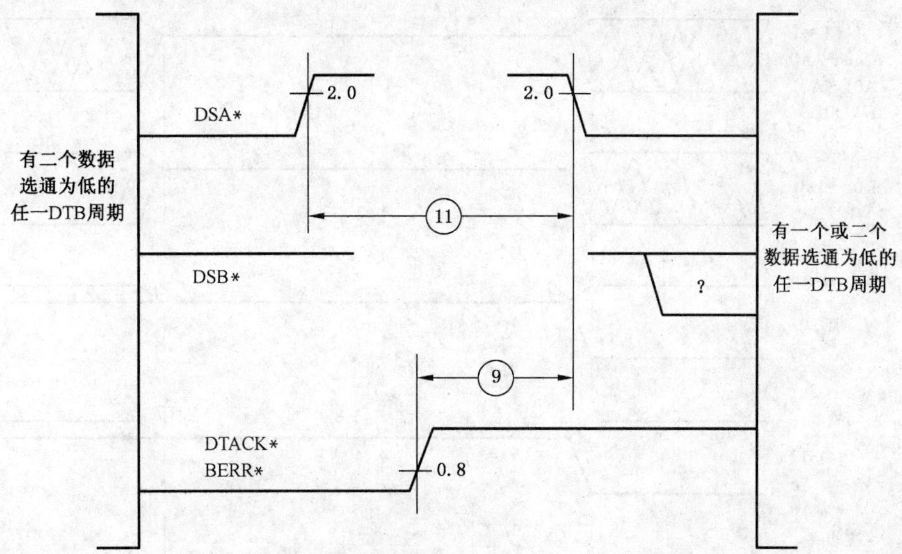

参数号	主设备		从设备		地址单元监视器	
	最小	最大	最小	最大	最小	最大
9	0	—	0	—	—	—
11	40	—	30	—	30	—
注：所有时间均以纳秒(ns)计。						

图 2-24 周期之间的数据选通时序

一个数据选通变低的周期后跟一或两个数据选通变低的周期

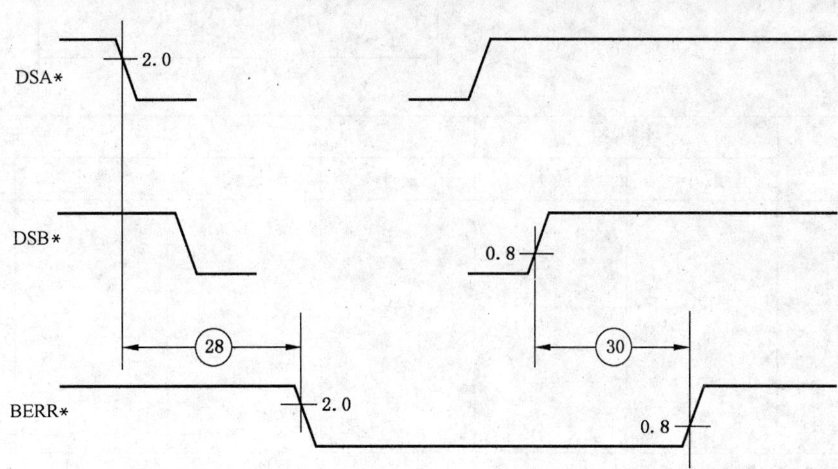

参数号	主设备		从设备		地址单元监视器	
	最小	最大	最小	最大	最小	最大
28	30	$2T$	30	—	—	—
30	0	—	0	—	—	—
注 1：所有时间均以纳秒(ns)计。 注 2：T=以微秒(μs)计的超时值。						

图 2-25 主设备、从设备和总线定时器-数据传送时序超时周期

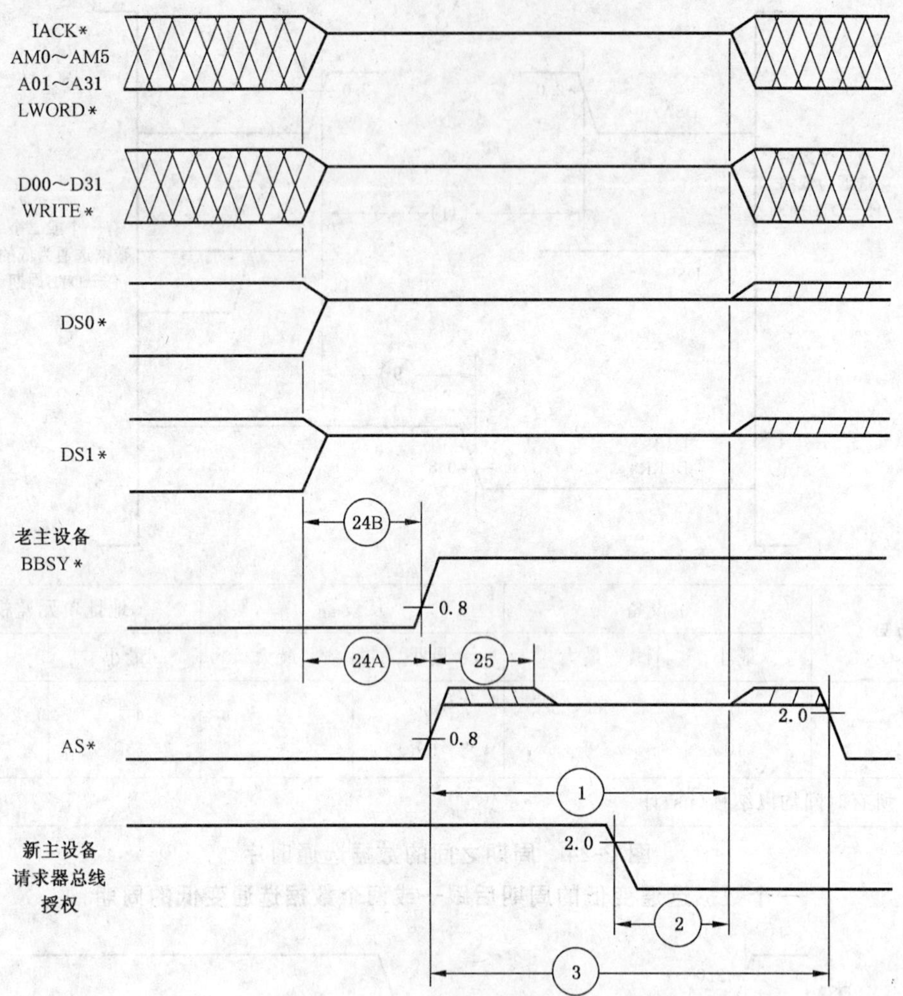

参数号	主设备		从设备		地址单元监视器	
	最小	最大	最小	最大	最小	最大
1	0	—	—	—	—	—
2	0	—	—	—	—	—
3	60	—	—	—	—	—
24A	0	—	—	—	—	—
24B	0	—	—	—	—	—
25	—	25	—	—	—	—
注：所有时间均以纳秒(ns)计。						

图 2-26　主设备-数据传送总线控制传送时序

3　821 总线的数据传送总线仲裁

3.1　总线仲裁原理

随着微处理器的价格下降，设计共享总体资源的多微处理器系统就变得更经济了。

这些总体资源中最基本的是数据传送总线，通过该总线就可访问其他的总体资源。因此，任何支持多进程的系统必须为数据传送总线提供一种有效的分配办法。由于分配的速度是极为重要的，唯一切实可行的是硬件分配方案。821 总线使用仲裁子系统满足上述要求(见图 3-1)。

图 3-1 仲裁总线功能框图

821 总线仲裁子系统：

a) 防止两个主设备同时使用总线；

b) 调度来自多个主设备的请求，以便实现最佳的总线使用。

3.1.1 仲裁的类型

当几个板同时请求使用数据传送总线时，仲裁子系统检测这些请求，并且每次只将总线给一个板使用。决定究竟哪一个板能首先使用总线，取决于所用的调度算法。有许多可供使用的算法。821 总线使用其中三种：优先级仲裁法、循环仲裁法和单级仲裁法。

优先级仲裁按固定的优先级分配总线，四条总线请求线的优先级按最高（BR3 *）到最低（BR0 *）次序排列。

循环仲裁是在循环优先级的基础上分配总线。如果当前允许总线请求线“BR(n) *”上的请求器使用总线，则下次仲裁的最高优先级就被分配给总线请求线“BR(n−1) *”。

单级仲裁只接受 BR3 * 的请求，并且依靠 BR3 * 的总线允许菊花链去仲裁这些请求。

许可 3.1：

还可使用优先级仲裁、循环仲裁或单级仲裁以外的调度算法。例如，仲裁算法可以把最高优先级给 BR3 *，但准许在循环法的基础上将总线交给 BR0 *～BR2 *。

3.2 仲裁总线线

仲裁总线由六条总线式 821 总线线和四条菊花链式的线组成。这些菊花链式的线需要特殊的信号名称：进入每个板的信号被命名为“总线允许入”线（BG×IN *），而离开每个板的信号称为“总线允许出”线（BG×OUT *）。离开第 n 插槽的线为 BG×OUT *，而进入第 n+1 插槽的线为 BG×IN *（见图 3-2）。

说明 3.1：

本章所有的说明中，术语 BR× *、BG×IN * 和 BG×OUT * 是用来描述总线请求和总线允许线的。其中×为 0～3 的任意整数值。

在 821 总线仲裁系统中，请求器模块驱动以下信号线：

a) 一条总线请求线（BR0 * 到 BR3 * 中的一条）；

b) 一条总线允许输出线（BG0OUT * 到 BG3OUT 六条中的任何一条）；

c) 一条总线忙线（BBSY *）。

规则 3.1：

如果 821 总线板不产生某些总线请求级的总线请求，则它就必须把这些级的菊花链信号从它的输入线（BG×IN *）传播到各自的菊花链信号输出线（BG×OUT *）。

许可 3.2：

对于总线允许菊花链中不用的那些线的传播，可以用跳接器或有源逻辑电路来实现。后一种方法是在软件的控制下允许选择请求级，前一种方法可使菊花链上的传播更快。

821 总线标准描述了三种类型的总线仲裁。它们是：

a) 优先级仲裁（简称 PRI）；

b) 循环选择仲裁（简称 RRS）；

c) 单级仲裁（简称 SGL）。

在 3.3 中描述这三种仲裁器电路的工作情况。

PRI 仲裁器驱动下列信号：

a) 一条总线清除线（BCLR *）；

b) 四条总线允许线（第 1 插槽的 BG0IN * 到 BG3IN *）。

RRS 仲裁器驱动第 1 插槽的四条 BG×IN * 线，根据选择，还可驱动 BCLR * 线。

SGL 仲裁器只驱动第 1 插槽的 BG3IN * 线。

在加电和断电序列中，仲裁系统与另两条线 SYSRESET＊和 ACFAIL＊紧密地结合在一起。本章要涉及它们对仲裁系统的影响，但在第 5 章才作进一步的讨论。

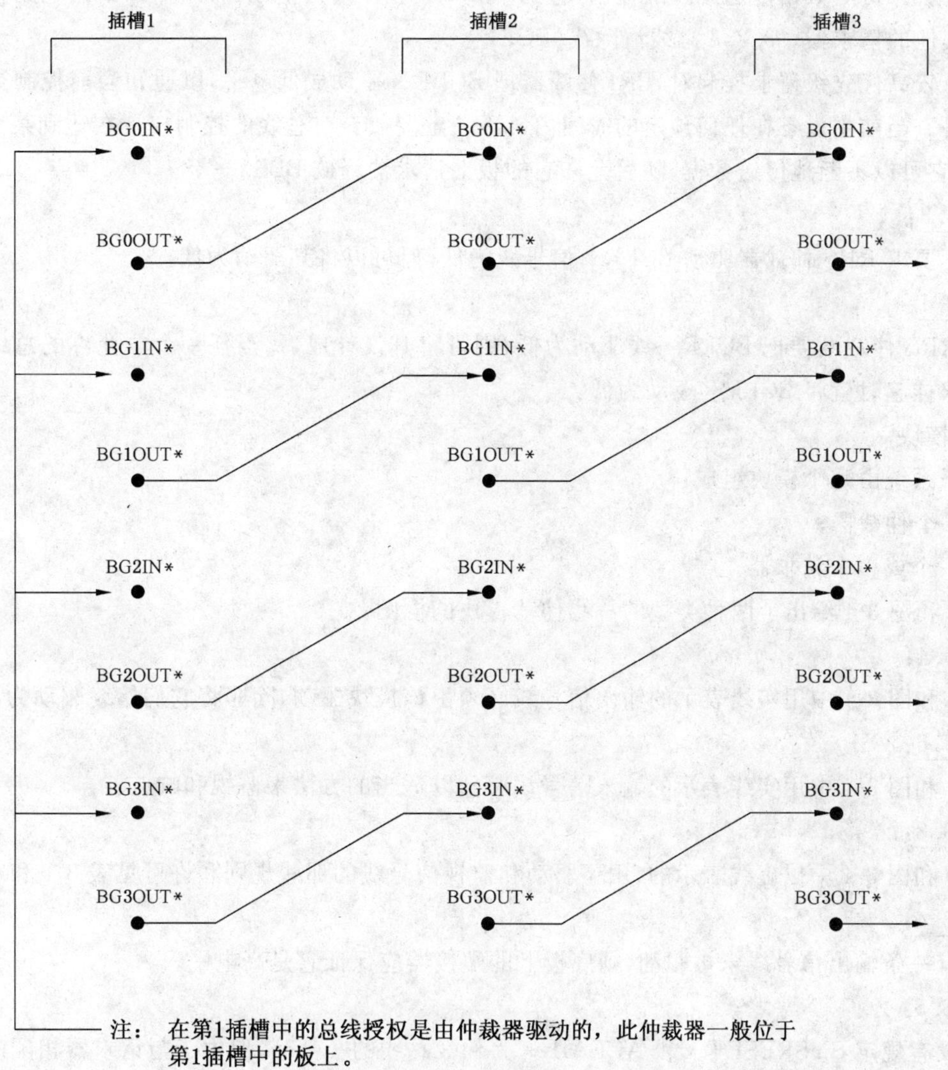

图 3-2 菊花链总线授权线的图示

3.2.1 总线请求和总线允许线

每个请求器均使用总线请求线来请求使用数据传送总线。总线允许线使仲裁器能授于总线使用权。这可以通过驱动总线允许菊花链线为低来实现。该低电平信号沿菊花链向下传播，一般要通过几个板。如果一个板不使用某一特定的请求、允许级，则信号通过该级菊花链并继续往下传播。在使用请求、允许级×的板上，相应的信号 BG×IN＊在板上被选通。如果板上的请求器当前正在那一级请求数据传送总线，则它不把低电平传播到它的 BG×OUT＊。否则，低电平将继续被传播下去。

规则 3.2：

如果 821 总线底板的某一插槽未插入板，并且菊花链的下方还有板。则在不用的插槽上必须安装跳接线，以传递菊花链信号。

说明 3.2：

第 7 章中底板的机械规范描述了每个插槽上跳接器安装的位置。

规则 3.3：

仲裁器必须位于第 1 插槽上。

3.2.2 总线忙线(BBSY*)

一旦某个总线请求器已通过总线允许菊花链获准控制数据传送总线,它就把 BBSY*驱动成低电平。此后它就保持对数据传送总线的控制,直到 BBSY*被释放为止,从而允许仲裁器电路将数据传送总线判给其他的请求器。3.2.3 总线清除线(BCLR*)

当一个较高优先级请求挂起时,PRI 仲裁器把 BCLR*驱动成低电平,以通知当前控制数据传送总线的主设备。当前主设备在任何预定的时间内并不一定要放弃对总线的控制权。在达到某个适当的停止点以前,它可以不断地传送数据,随后允许它的板上请求器释放 BBSY*。

许可 3.3:

虽然不要求 RRS 仲裁器驱动 BCLR*信号线为低,但可以将其驱动为低。

建议 3.1:

如果 RRS 仲裁器要把 BCLR*线驱动为低,则可将其设计成,每当任一个非允许的总线请求线上有一个请求挂起时就将 BCLR*驱动为低。

3.3 功能模块

仲裁子系统由几个模块组成:

a) 一个仲裁器;

b) 一个或多个请求器。

图 3-3 和图 3-4 给出了两种类型的总线仲裁模块的框图。

规则 3.4:

图 3-3 和图 3-4 中用实线表示的输出信号线必须由该模块驱动,除非将它们始终驱动为高电平。

规则 3.5:

图 3-3 和图 3-4 中用实线表示的输入信号线必须以适当的方法来监视和响应。

说明 3.3:

图 3-3 和图 3-4 中以虚线表示的、用于驱动和监视信号线的那些规则和许可见表 3-1 和表 3-2。

说明 3.4:

如果有一条输出信号线未被驱动,则底板上的端接器应保证它是高电平。

说明 3.5:

虽然没有规定 SYSRESET*和 ACFAIL*为仲裁总线的一部分,但由于与请求器相配的主设备要响应这些信号线,所以它们是重要的(SYSRESET*和 ACFAIL*信号由第 5 章讨论的电源监视器模块驱动)。

3.3.1 仲裁器

仲裁器是一种功能模块。当几个请求同时存在时,它决定究竟哪一个请求器应获准控制数据传送总线。作出此种决定有多种可能的算法。本标准规定了三种仲裁器:优先(PRI)仲裁器、循环(RRS)仲裁器和单级(SGL)仲裁器。

仲裁器响应进入的总线请求并用一条总线允许线将数据传送总线分配给相应的请求器使用。

当仲裁器检测到 BBSY*为高电平,并且在检测到一个或多个总线请求后,它就对最高优先级的总线请求发出总线允许信号。

总线请求线路恰好在仲裁器获得各线路的状态时,可处于由高到低的跳变状态。在跳变期间若对时间取样,取样设备的输出可以在一定时间不稳定。这种现象有时称为"压稳定性"。附录 D 提供了处置这种现象的仲裁器电路例子。

当请求器接收到总线允许时,它就驱动 BBSY*为低,向板上的主设备或中断处理器指出,它们已获准使用数据传送总线。当板上的主设备或中断处理器结束对数据传送总线的使用后,请求器就将

BBSY＊释放。BBSY＊的上升沿使仲裁器能根据此时总线请求线上的电平发出另一个总线允许信号。

除了由仲裁器仲裁外，还可由总线允许菊花链提供第二级仲裁。因为这些菊花链的关系，共享公共请求线的请求器就以槽位来确定优先级。最靠近第1插槽的请求器具有最高的优先级。

SGL 仲裁器只响应 BR3＊上的总线请求，并根据 BG3IN＊/BG3OUT＊菊花链来完成仲裁。

PRI 仲裁器对 BR0＊(最低级)到 BR3＊(最高级)四条总线请求线进行优先级分级，并用相应的 BR0IN＊到 BG3IN＊进行响应。当驱动 BCLR＊为低而使较高级请求挂起时，PRI 仲裁器也将此情况通知当前控制总线的任何主设备。

为了直观地了解 RRS 仲裁器，可以把它看作由一个步进马达驱动的机械式开关。开关的每一个位置都将总线请求线连到相应的总线允许线上。当总线忙时，开关停留在当前级上。当总线被释放时，开关步进到下一个较低的位置上(即从 BR(n)＊到 BR(n−1)＊)，并测试有无请求信号。它将继续这种扫描操作，直到找到一个总线请求并把总线允许信号送到相应的线上为止。

许可 3.4：

仲裁器可以设计成具有内部超时功能。如果在预定的时间内请求器未把 BBSY＊驱动为低电平，仲裁器可以撤消总线允许。

说明 3.6：

许可 3.4 所述的那种仲裁器所用的时间必须大于可能的最长总线允许菊花链传播延迟的时间，加上请求器产生 BBSY＊最长时间的总和。

建议 3.4：

在产品的数据表中，规定从 BG×IN＊到 BG×OUT＊的最大传播延迟时间。此外还规定请求器生成 BBSY＊的最大时间。这将使用户能确定仲裁超时所需的值。

规则 3.6：

除了没有请求器响应的那种超时情况外，一旦仲裁器把总线分配给请求器，它就不得在请求器产生 BBSY＊的上升沿之前产生新的总线允许信号(请求器通过驱动 BBSY＊线为低，然后再释放 BBSY＊而产生一个上升沿)。

说明 3.7：

如果一个仲裁器在发生 BBSY＊上升沿之前使用"抽点"请求线，则它就可以把总线交给已解除请求的请求器。

表 3-1 规定本标准定义的各种仲裁器使用虚线信号线的规则和许可

仲裁器类型	虚线信号线的用法
SGL	必须驱动第1插槽的 BG3IN＊ 必须监视 BR3＊ 必须保证第1插槽的 BG0IN＊～BG2IN＊为高 可以驱动也可以不驱动 BCLR＊，或第1插槽的 BG0IN＊～BG2IN＊ 可以监视也可以不监视 BR0＊～BR2
RRS	必须驱动第1插槽的 BG0IN＊～BG3IN＊ 必须监视 BR0＊～BR3＊ 可以驱动也可以不驱动 BCLR＊
PRI	必须驱动第1插槽的 BG0IN＊～BG3IN＊和 BCLR＊ 必须监视 BR0＊～BR3＊

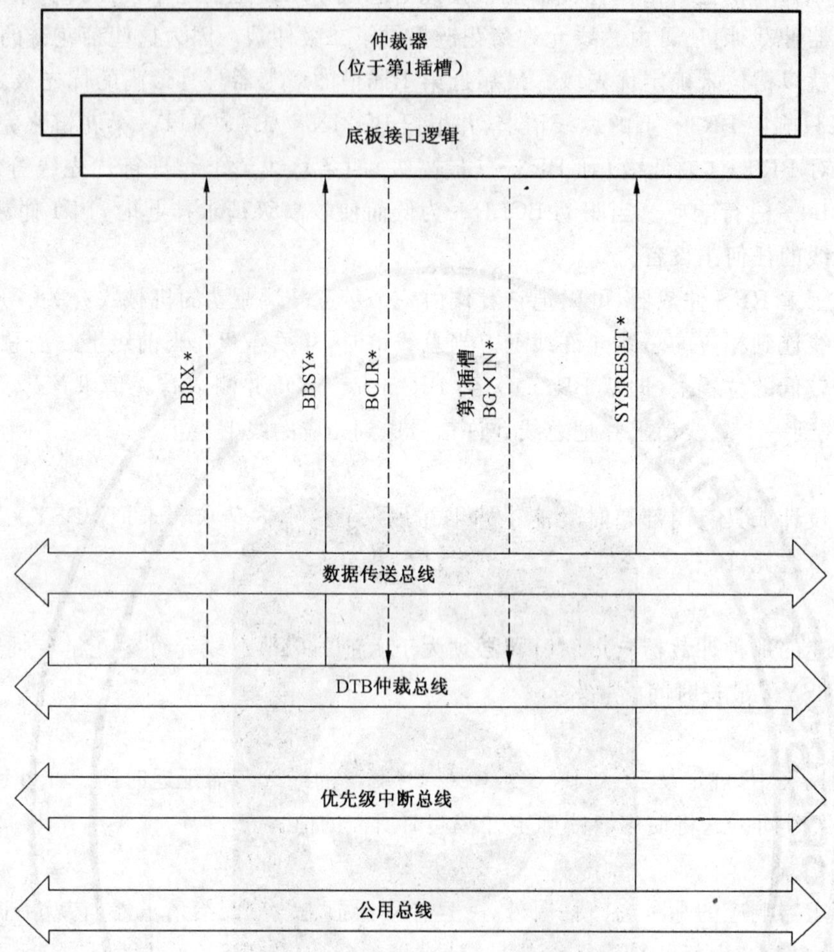

注：表 3-1 中给出了用于监视和驱动虚线信号线的规则和许可。

图 3-3 框图:仲裁器

3.3.2 请求器

每个请求器在系统中：

a) 监视板上主设备或中断处理器的设备要求总线信号,并当它们需要数据传送总线时产生总线请求信号。

b) 如果检测到 BG×IN * 线为低电平,并且如果板上主设备或中断处理器不需要数据传送总线,则把该低电平传递给它的 BG×OUT * 。

c) 如果检测到 BG×IN * 线为低电平,并且如果板上主设备或中断处理器需要数据传送总线,那么它就产生一个板上的设备授权的总线信号,用以表明数据传送总线是可用的,并且驱动 BBSY * 信号为低。

本标准描述了三种类型的请求器:执行后释放(简称 RWD),按请求释放(简称 ROR)的请求器和公平请求器。

当主设备或中断处理器把板上的设备要求总线信号驱动为假时,RWD 请求器释放 BBSY * 信号。

除非总线上其他请求器把总线请求线之一驱动为低电平,否则当板上的设备要求总线信号为假时,ROR 请求器并不释放 BBSY * 信号。仅当另一个总线请求挂起时,ROR 请求器才监视四条总线请求线并释放 BBSY * 信号。ROR 请求器将减少由正在产生大量总线信息流量的主设备所启动的仲裁的次数(如图 3-4 所示)。

只要一个系统的主设备或中断处理器不超过四个(每总线请求线一个),RRS仲裁算法就确保公平性。(即不防止任何主设备通过更高级的请求的确定地访问总线。)在主设备或中断处理器超过四个的系统中,公平性能由公平请求器提供。

公平请求器已经向总线授权之后,只要有任何现用的总线请求在自身的请求级上未决,就禁止请求总线。

说明3.17:

当对主设备或中断处理器超过四个的系统进行配置以便提供公平性时,系统中的所有请求器都应是公平请求器。如果其中的一个或更多个不是公平请求器,则当由非公平请求器生成的总线通信量的总和不超过总线的能力时,公平性仍能得到保证。

假定请求器的设备要求总线输入为真,当它收到总线允许信号时要做三件事情:

a) 驱动BBSY*为低;

b) 释放BRX上的低电平;

c) 驱动板上的设备授权的总线信号为真,以使主设备或中断处理器能启动总线传送。

这三件事可以任何次序发生。甚至有可能(虽然没有意义)对这一特定允许所作的响应是不去使用总线。

但是要遵循以下的规则:

规则3.7:

请求器必须把BBSY*信号驱动到低电平至少90 ns。

规则3.8:

请求器必须释放总线请求到高电平。

规则3.9:

在释放总线请求之后,请求器必须保持BBSY*信号低电平至少30 ns。

说明3.8:

总线请求的上升沿和BBSY*的上升沿之间要有30 ns的延迟以保证总线仲裁器不会错把旧的总线请求解释成为新的总线请求并发出另一个允许信号。

规则3.10:

在其BG×IN*变高之前,请求器必须保持BBSY*信号为低电平。

说明3.9:

规则3.10确保仲裁器已检测到BBSY*跳变为低电平以及总线授权菊花链上所有各段都已返回高电平,准备作下一次仲裁。

许可3.5:

若:一个请求器有一个总线请求未决,并且当检测到其他某些请求器驱动BBSY*信号为低时,

则:该请求器可通过其BR*线到高来撤消请求。

规则3.11:

若:在没有首先授权总线时,请求器撤消总线请求,

则:在BBSY*变低之前,请求器必须等待,并且必须在BBSY*变低后50 ns之内撤消总线请求。

建议3.2:

将请求器设计得使其在收到总线授权之后尽快地通过总线授权菊花链。这将改善系统的性能。

规则3.14:

在发出总线请求之前,当检测到BBSY*为高时公平请求器必须对其总线请求线取样。

表 3-2 请求器用于驱动和监视虚线信号线的规则和许可

请求器的类型	虚线信号线的用法
RWD	可以(也可以不)监视 BR0 * ～BR3 * 可以(也可以不)监视 BBSY *
ROR	必须监视 BR0 * ～BR3 * 可以(也可以不)监视 BBSY *
公平的	必须监视其 BRx * 必须监视 BBSY *

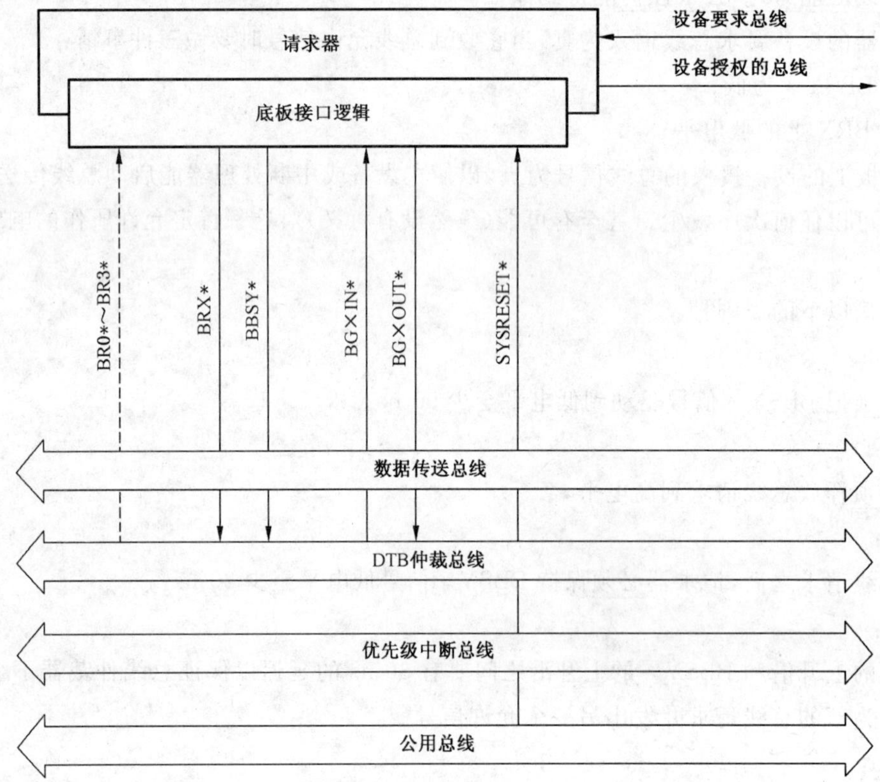

注：表 3-2 中给出了用于监视虚线信号线的规则和许可。

图 3-4 框图:请求器

3.3.3 数据传送总线主设备

3.3.3.1 数据传送总线的释放

总线仲裁协议决定系统中的各种主设备和中断处理器在什么时候和如何获准使用数据传送总线。但是它并不控制主设备或中断处理器什么时候释放数据传送总线。

主设备和中断处理器利用几条准则去决定什么时候释放数据传送总线。在中断确认周期之后,中断处理器放弃对总线的控制。当数据传送完成之后,主设备放弃对总线的控制。

某些主设备还监视 ACFAIL * 和 BCLR * 这两个 821 总线信号。这两个信号告诉主设备,有某些更高优先级的活动需要数据传送总线。在 BCLR * 的情况下,主设备的设计确定了需要多少时间才能释放总线。例如,为了不至于丢失数据,在磁盘扇区传送期间,磁盘控制器板上的主设备也许就不能交出对总线的控制权,因此在结束扇区传送之前它也许要保持对总线的控制。ACFAIL * 信号告诉主设备,已检测到一个交流电源掉电故障,主设备在交出总线时遇到任何问题,与整个系统要求相比都是次要的。

推荐 3.1:

所设计的主设备除了处理电源故障这种特殊情况外,均应在 ACFAIL * 变低后的 200 μs 之内释放数据传送总线。

说明3.10：

推荐3.1中所规定的200 μs是给按序关断系统用的。

无论用什么准则来决定何时释放数据传送总线，都要在其他主设备或中断处理器开始使用总线之前执行仲裁。仲裁既可以在最后一次数据传送期间发生，也可以在该次传送之后发生，这取决于主设备或中断处理器给板上的请求器的信息有多少。

许可3.6：

主设备和中断处理器既可以在最后一次数据传送期间也可以在那以后释放数据传送总线。

例如，如果主设备在最后一次数据传送期间通知其板上的请求器，它不再需要总线，则请求器释放BBSY*，并且在最后一次数据传送期间进行仲裁。但如果主设备要等到最后一次传送之后才去通知板上的请求器，则在进行仲裁时，数据传送总线保持空闲状态(见2.5所述)。

在第2章和第4章中有关于数据传送总线释放的某些规则。

建议3.3：

将块传送的主设备板设计得使其在块传送的最后数据传送期间通知请求器释放BBSY*。假如在块传送开始时释放，则在块传送期间启动的那些高优先级请求，有可能在下一个仲裁周期之前不被仲裁器所考虑。

3.3.3.2 数据传送总线的获得

为了保证数据传送总线线路不被两个主设备或中断处理器驱动成为两个相对的状态，因此当它们取得对数据传送总线的控制时要受某些规则约束。

规则3.12：

当主设备或中断处理器通过板上的请求器取得数据传送总线的控制时，在接通数据传送总线的驱动器之前，它必须等待直到检测到AS*为高。

说明3.11：

如果以前的主设备或中断处理器在最后一次数据传送期间释放总线，则规则3.12将保证在新主设备或中断处理器开始使用数据传送总线之前完成数据传送。(如果以前的主设备或中断处理器在释放总线之前要一直等待直到数据传送完成，则AS*在那时已经变高了)。

3.3.3.3 其他信息

推荐3.2：

为了加速中断请求服务和最佳使用数据传送总线，最好使设计的主设备在检测到BCLR*变低之后尽可能快地释放数据传送总线。

许可3.7：

主设备和中断处理器可以有多个请求器，每一个请求器在不同的总线请求线上产生总线请求。

说明3.12：

当主设备或中断处理器有两个或两个以上的请求器时，可以用一个请求器进行高优先级的数据传送，而用另一个请求器进行低优先级的数据传送。

3.4 典型操作

3.4.1 两个不同等级总线请求的仲裁

图3-5和图3-6描述了两个总线请求器在不同的总线请求线上同时向PRI仲裁器发送总线请求时所发生的事件序列图。当序列开始时，每个请求器将各自的总线请求线驱动成低电平(请求器A驱动BR1*，请求器B驱动BR2*)。仲裁器同时检测到BR1*和BR2*为低并把本插槽(第1插槽)的BG2IN*驱动成低电平。请求器B(也在第1插槽内)监视BG2IN*信号。当请求器B检测到BG2IN*为低时，它驱动BBSY*为低加以响应。然后，请求器B释放BR2*并通知它自己的主设备(主设备B)数据传送总线可以使用。

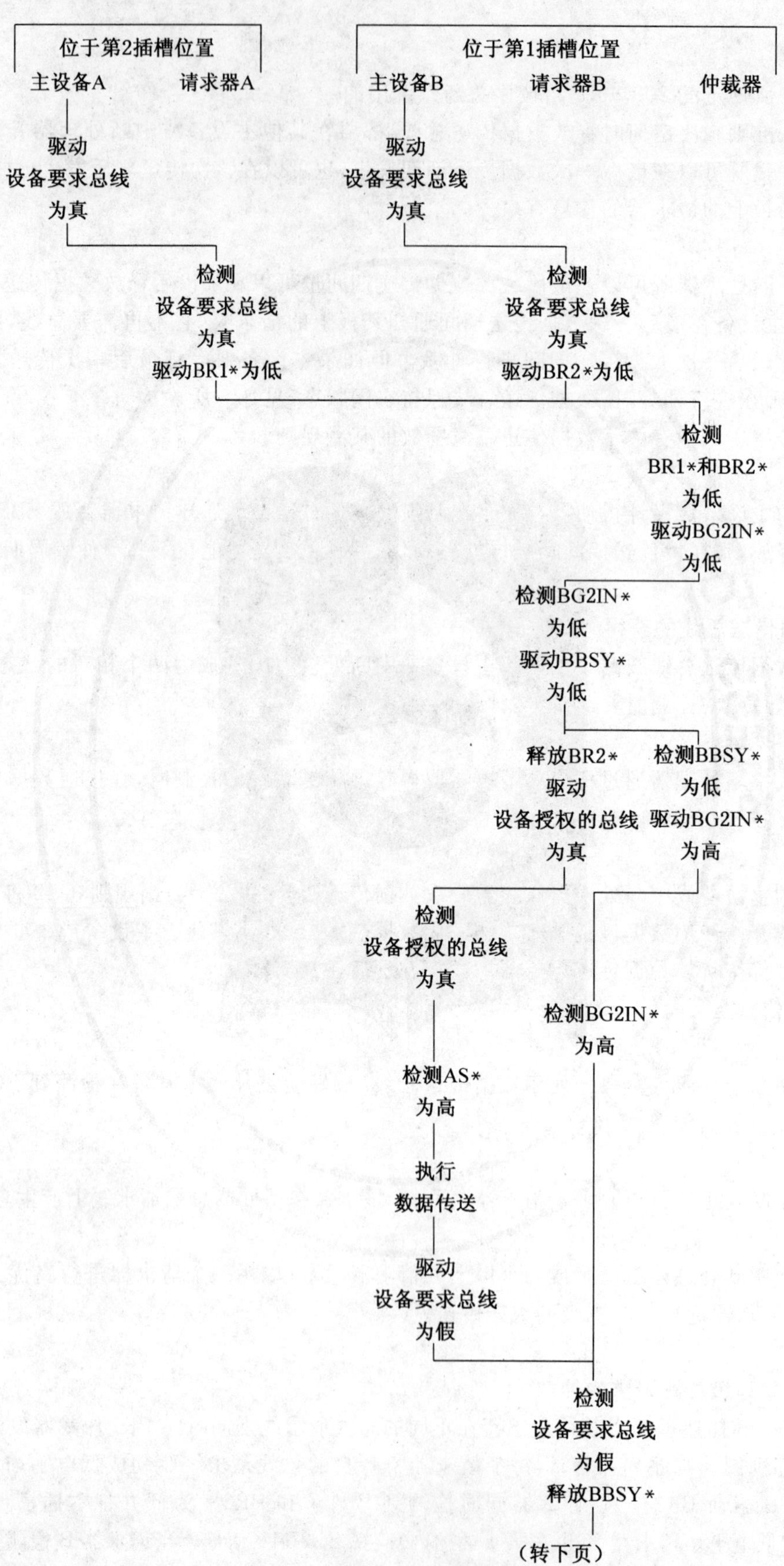

（转下页）

图 3-5 仲裁流程图：两个请求器，两个请求级

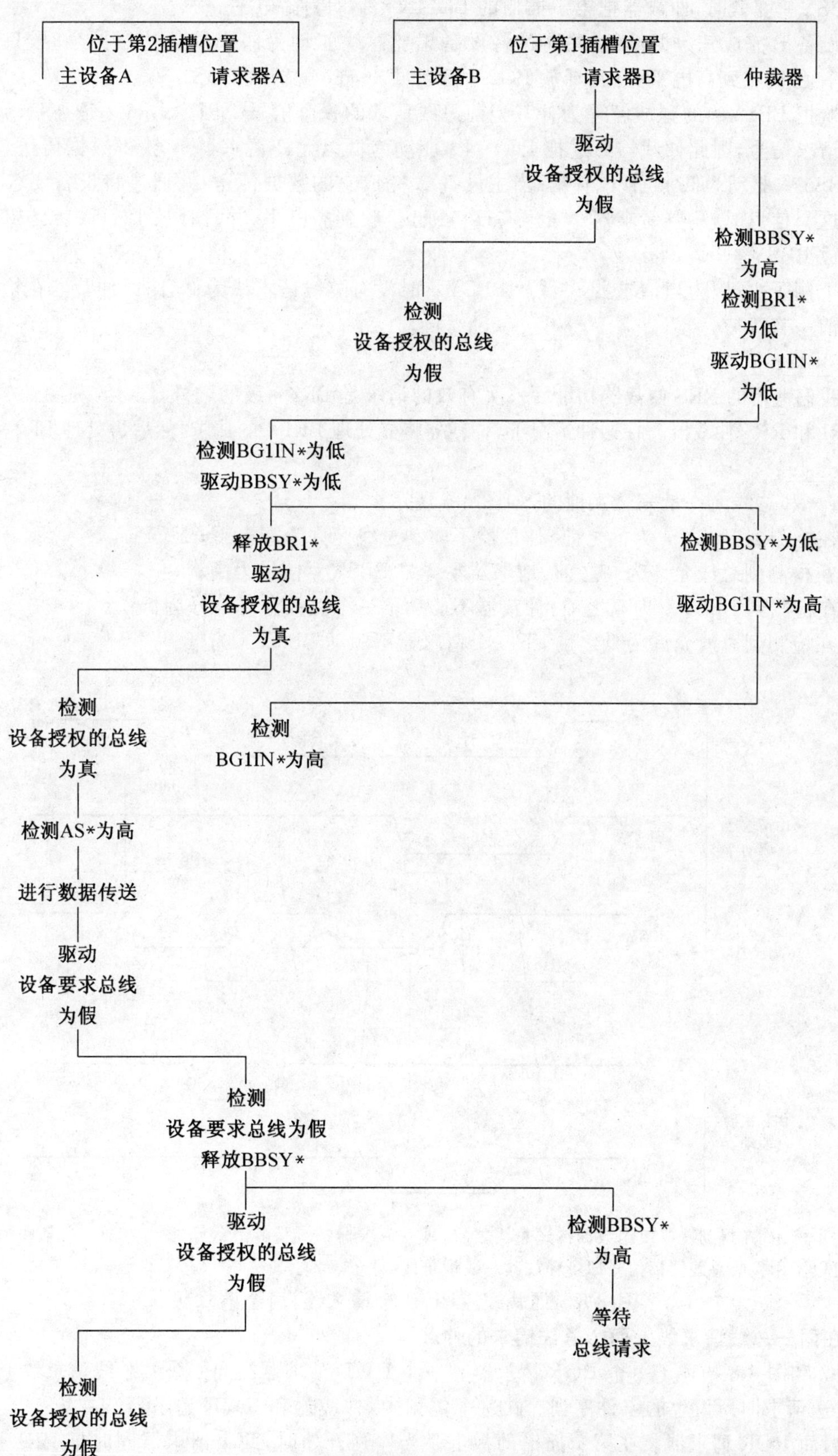

注：设备要求总线和设备授权的总线是主设备与其请求器之间的板上信号(见图 3-4)。

图 3-5(续)

当 BBSY＊变低时，仲裁器把第1插槽的 BG2IN＊驱动为高电平。

当主设备B完成其数据传送，并通过将设备想要总线驱动为假来发出这一信号时，只要请求器B的 BG2IN＊已接收到高电平，并且释放 BG2＊已超过30 ns，就释放 BBSY＊。

仲裁器把 BBSY＊的释放解释为仲裁当前总线请求的一个信号。因为 BR1＊是被驱动为低电平的唯一总线请求信号，因此仲裁器通过把 BG1IN＊驱动为低以允许请求器A获得数据传送总线，请求器A则将 BBSY＊驱动为低来加以响应。当主设备A完成它的数据传送，并通过将设备要求总线驱动为假来发出这一信息时，只要请求器A的 BG1IN＊已接收到高电平，并且释放 BG1＊后已超过了30 ns，则它就释放 BBSY＊。

在这个例子中，因为当请求器A释放 BBSY＊时没有总线请求线为低，因此仲裁器在检测到一个总线请求之前一直等待。

说明3.13：

除了我们考虑的 RRS 仲裁器其最后一次有效的请求是 BR2＊级的之外，图3-5和图3-6中的说明将适用于 PRI 和 RRS 仲裁器。在这种情况下，仲裁器将先处理 BR1＊的请求，然后再处理 BR2＊的请求。

说明3.14：

BBSY＊和总线允许是完全互锁的，如图3-6所示。

a） 在检测到 BBSY＊为低之前，仲裁器不驱动总线允许为高电平；

b） 在检测到总线允许为高之前，请求器不释放 BBSY＊信号为高；

c） 在检测到 BBSY＊为高之前，仲裁器不驱动下一个总线允许信号为低；

d） 在检测到总线允许为低之前，下一个请求器不驱动 BBSY＊为低。

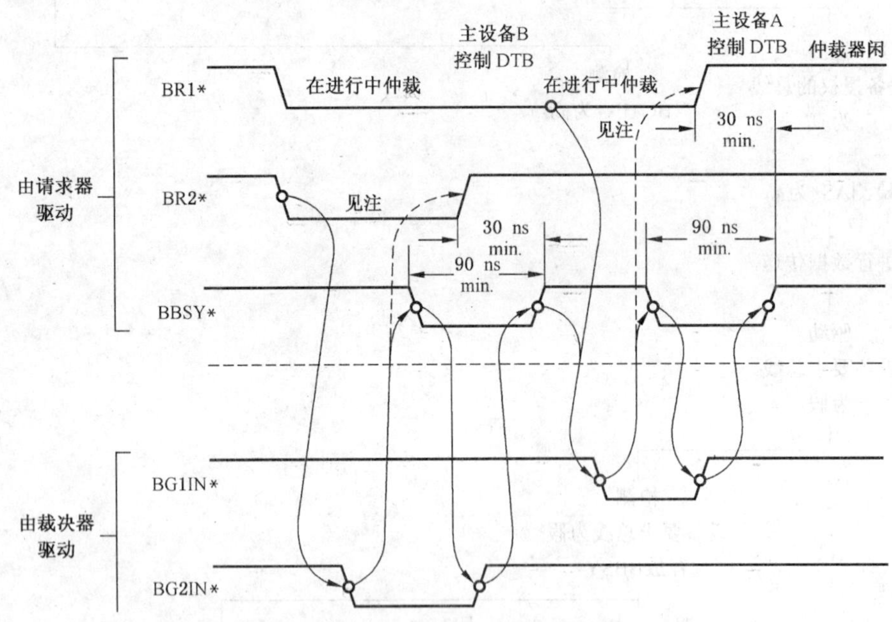

注：在本例中，在得到授权使用数据传送总线之前，每一请求器都维持其总线请求线为低。在某些情况下，请求器可以不用接收总线授权信号即可释放其总线请求线（见3.3.2）。

图3-6 仲裁顺序图：两个请求器，两个请求级

3.4.2 在同一总线请求线上两个总线请求的仲裁

图3-7和图3-8描述了一个 ROR 请求器和一个 RWD 请求器在同一公共总线请求线上同时对 PRI 仲裁器发送请求时所发生的事件序列。在这个例子中，仲裁器和 RWD 请求器装在第1插槽的系统控制器板上，而 ROR 请求器装在第2插槽的板上。当序列开始时，两个请求器同时把 BR1＊驱动为低。然后，仲裁器把本插槽（第1插槽）的 BG1IN＊驱动为低电平。由请求器B(也在第1插槽)监视 BG1IN＊信号。当请求器B检测到 BG1IN＊变低时，则把 BBSY＊驱动为低来加以确认。然后，请求器B释放 BR1＊并通知主设备B，数据传送总线是可用的。

（转下页）

图 3-7　仲裁流程图：两个请求器，同一个请求级

位于第2插槽位置
主设备A
请求器B
位于第1插槽位置
主设备A
请求器B
仲裁器
检测
设备要求总线为假
释放BBSY*
驱动
设备授权的总线
为假
检测BBSY*
为高
检测BR1*
为低
驱动BG1IN*
为低
检测
设备授权的总线
为假
检测BG1IN*为低
驱动BG1OUT*为低
菊花链传播
检测到BG1IN*为低
驱动BBSY*为低
释放BR1*
驱动
设备授权的总线
为真
检测BBSY*为低
驱动BG1IN*为高
检测
设备授权的总线
为真
检测AS*
为高
执行
数据传送
驱动
设备要求总线
为假
检测
BG1IN*为高
驱动BG1OUT*
为高
菊花链传播
检测到BG1IN*
为高
检测
设备要求总线为假
驱动
设备允许总线为假
(维持BBSY*为低)

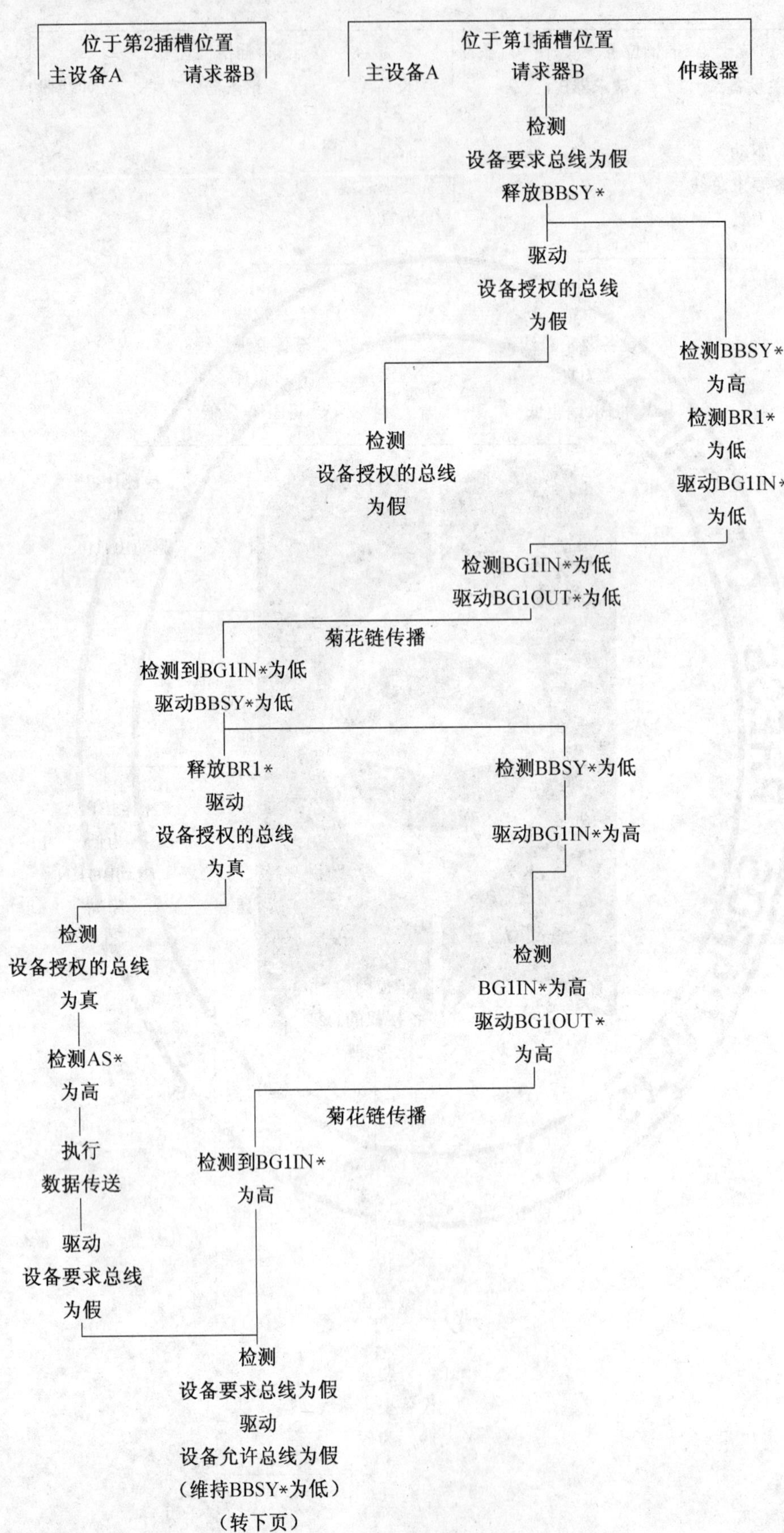

(转下页)

图 3-7(续)

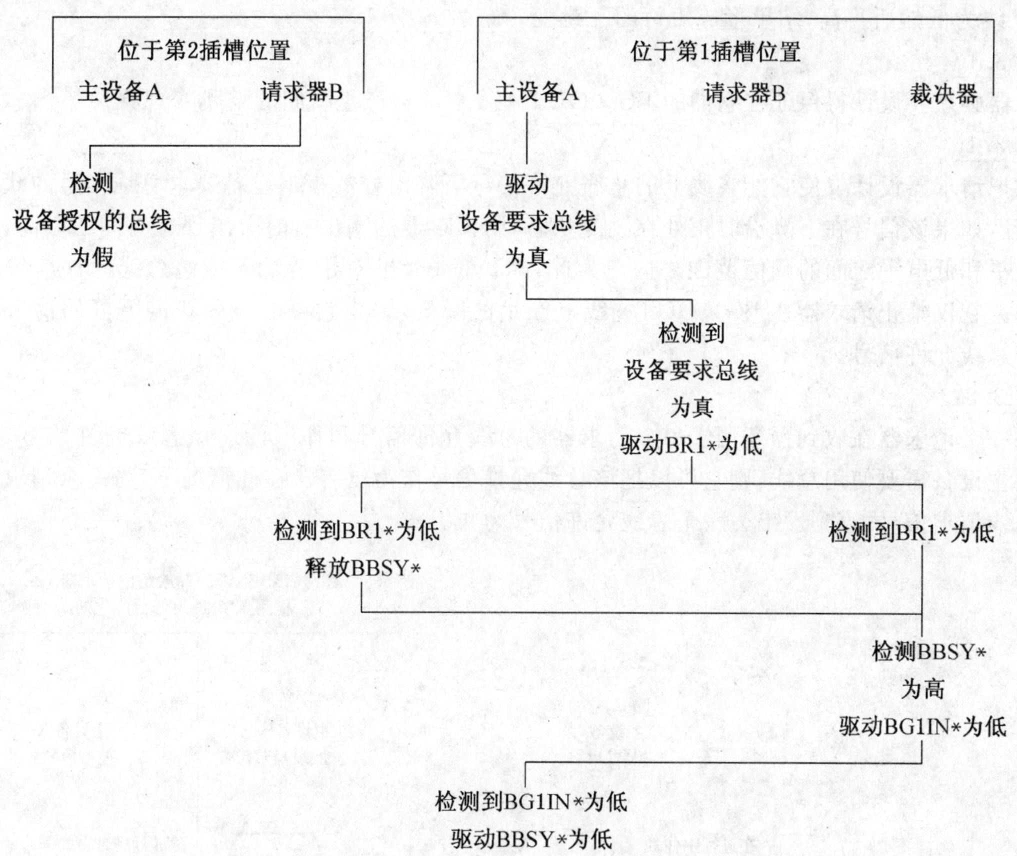

注：设备要求总线和设备授权的总线是主设备与其请求器之间的板上信号(见图 3-4)。

图 3-7(续)

说明 3.15：

即使请求器 B 释放了 BR1＊，请求器 A 也继续把它驱动为低电平(见图 3-7 和图 3-8)。

在检测到 BBSY＊为低之后，仲裁器驱动 EG1IN＊为高。当主设备 B 完成数据传送时，它将设备要求总线驱动为假。当请求器 B 检测到该信号，且已满足在 BR1＊释放后再延迟 30 ns 的要求时，请求器 B 释放 BBSY＊。

仲裁器把 BBSY＊的释放解释为仲裁任何当前总线请求的一个信号。由于 BR1＊线仍为低电平，仲裁器再一次把 BG1IN＊驱动为低电平。当请求器 B 检测到 BG1IN＊为低时，因为它不需要使用数据传送总线，就把 EG1OUT＊驱动为低电平。然后，请求器 A 检测到它的 BG1IN＊为低，并把 BBSY＊驱动为低电平来加以确认。当仲裁器检测到 BBSY＊为低时，就把 BG1IN＊驱动为高电平，使得请求器 B 驱动它的 BG1OUT＊为高电平。

经过一段时间之后，当主设备 A 完成它的数据传送时，就驱动设备要求总线为假，表示它已完成了对数据传送总线的使用。

因为请求器 A 是一个 ROR 请求器，所以它并不释放 BBSY＊，而仍保持它为低电平。当主设备 A 再次需要使用数据传送总线时，就不再要求仲裁器的仲裁。在这个例子中，请求器 B 驱动 BR1＊为低，表明它需要使用数据传送总线；而正监视着总线请求线的请求器 A 释放 BBSY＊线。然后仲裁器授权数据传送总线给请求器 B 使用。

3.5 主设备请求和仲裁器允许之间的竞争情况

假设有两个请求器：请求器 A 和请求器 B。它们共享一条公共的总线请求线。位于菊花链下方的请求器 B 请求使用总线，而仲裁器驱动相应的总线允许线到低电平。这一总线允许信号恰在主设备 A 通知说它要使用总线时到达请求器 A。若请求器 A 设计欠妥，这种情况可能引起瞬间地驱动它的 BG

×OUT＊线为低然后再高，结果形成短暂的下跳变。

规则 3.13：

请求器必须要设计得保证在它们的 BG×OUT＊线上不会产生瞬间的下跳变现象。

说明 3.16：

如果把请求器设计成使它能将线上的总线允许信号下降沿处的板上设备要求总线信号的状态锁定下来，并且，如果该信号在下降沿时正处在跳变状态，则锁存器的输出有时会出现短时间的振荡，或者保持在高电平和低电平之间的阈值范围之内。为此，821 总线标准对于请求器传递总线允许信号的时间不作限制。它仅禁止请求器在 BG×OUT＊线上产生的瞬变，因为它可能被菊花链下方的请求器解释为是一个总线允许信号。

许可 3.8：

如果一个请求器在收到预期用于另一请求器的总线允许信号和往下传递该总线允许信号之间，检测到板上主设备需要使用总线，则它可以把该总线允许信号作为已有。在此情况下，另一个请求器将维持它的总线请求信号，直到发出另一个总线允许信号为止。

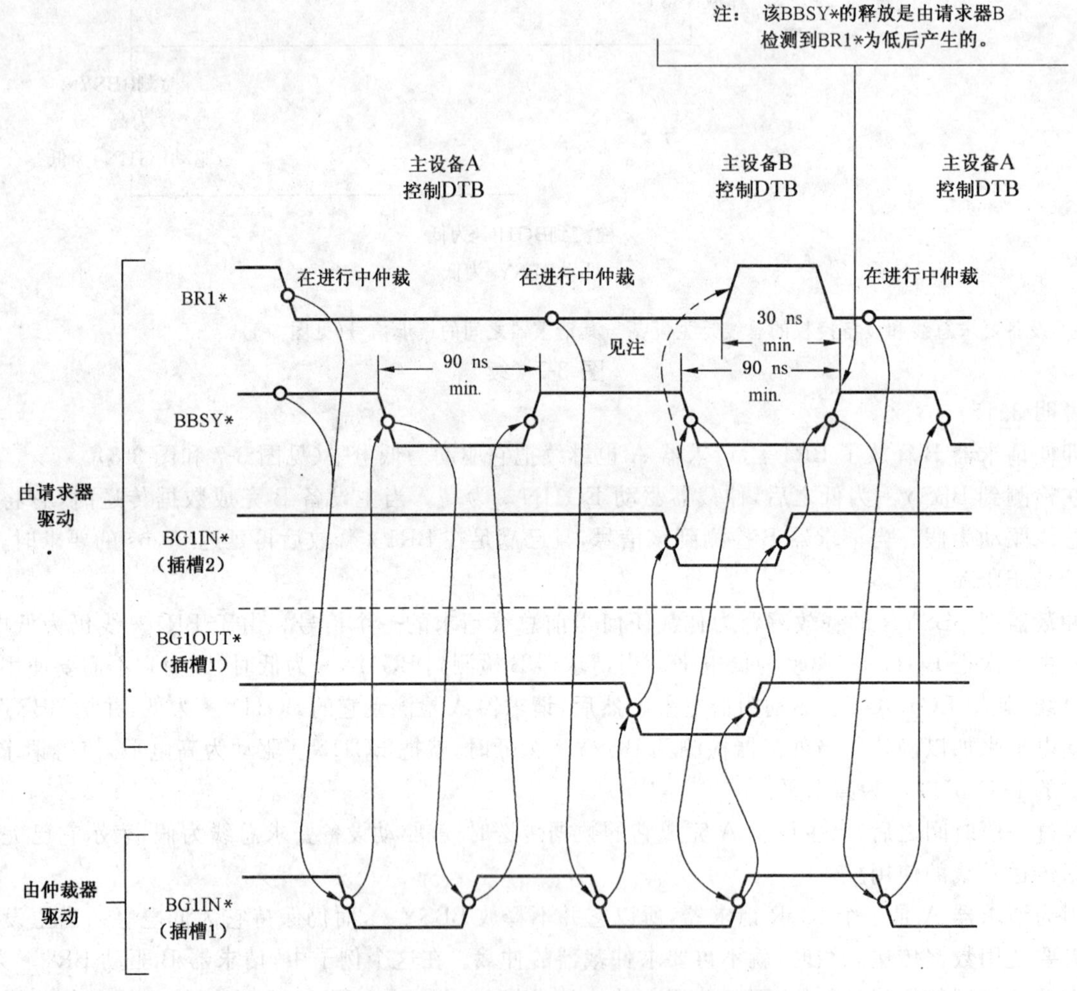

注：在本例中，在获准使用数据传送总线之前，每一个请求器都要保持其总线请求线为低。在某些情况下，请求器可以不用接收总线授权的信号即可释放其总线请求线（见 3.3.2）。

图 3-8　仲裁顺序图：两个请求器，同一个请求级

4 821总线的优先级中断总线

4.1 引言

821总线包含有一个优先级中断总线,它提供产生中断和为中断服务所需的信号线。图4-1示出一个典型的821总线系统。中断器使用优先级中断总线向中断处理器发中断请求,中断处理器将确认这些中断请求。

任何具有中断能力的系统都有称作中断服务程序的例行程序,并可由中断调用。中断子系统可分为两类:

a) 单中断处理器系统,它只有一个中断处理器,接收全部总线中断并为其服务;

b) 分布系统,它有两个或多个中断处理器,接收总线中断并为其服务。

4.1.1 单中断处理器系统

在单中断处理器系统中,全部中断由一个中断处理器接收,全部中断服务程序也由一个处理机执行。图4-2示出了一个单中断处理器系统的中断结构。这种类型的结构非常适用于机器设备控制或过程控制方面的应用,它们用管理处理机来协调各专用处理机的工作。这些专用的处理机通常与被控制的机器设备或过程相连接。

管理处理机按优先级方式为全部总线中断服务。不要求各专用处理机为来自总线的各个中断服务,它们主要用于对机器设备或过程的控制。

4.1.2 分布系统

图4-3示出了分布系统的中断结构。这个系统包含两个或多个中断处理器,每个中断处理器只服务于总线中断的一个子集。典型的方法是,不同的处理机板上各装有一个中断处理器。这样的结构非常适用于分布式计算的应用。在这里多个同等的处理机一起来执行应用软件,因为每个同等的处理机执行一部分系统软件,它可能需要与其他处理机进行通信。在分布系统中,每个处理机只对那些直接指向它的中断进行服务,在各处理机中间要建立专用的通信通道。

4.2 优先级中断总线线

在产生和处理总线中断的过程中,数据传送总线、仲裁总线及优先级中断总线全都被用到。

下面对优先级中断总线的讨论,是假定读者已经弄清了第2章论述的数据传送总线(数据传送总线)和第3章论述的仲裁总线的操作。

优先级中断总线由7条中断请求信号线、一条中断确认信号线和一对中断确认菊花链信号线组成:

IRQ1*	中断请求1
IRQ2*	中断请求2
IRQ3*	中断请求3
IRQ4*	中断请求4
IRQ5*	中断请求5
IRQ6*	中断请求6
IRQ7*	中断请求7
IACK*	中断确认
IACKIN*/IACKOUT*	中断确认菊花链

4.2.1 中断请求线

各中断器请求中断是通过将中断请求线驱动为低电平来实现的。在单中断处理器系统中,这些中断请求线被分成若干优先级,IRQ7*的优先级为最高。

4.2.2 中断确认线

IACK*线经过总线底板的全长,并连接到第1插槽的IACKIN*插针上(见图4-4)。当IACK*被驱动为低电平时,第1插槽的IACKIN*插针使菊花链驱动器把下降沿沿着中断确认菊花链往下传播。

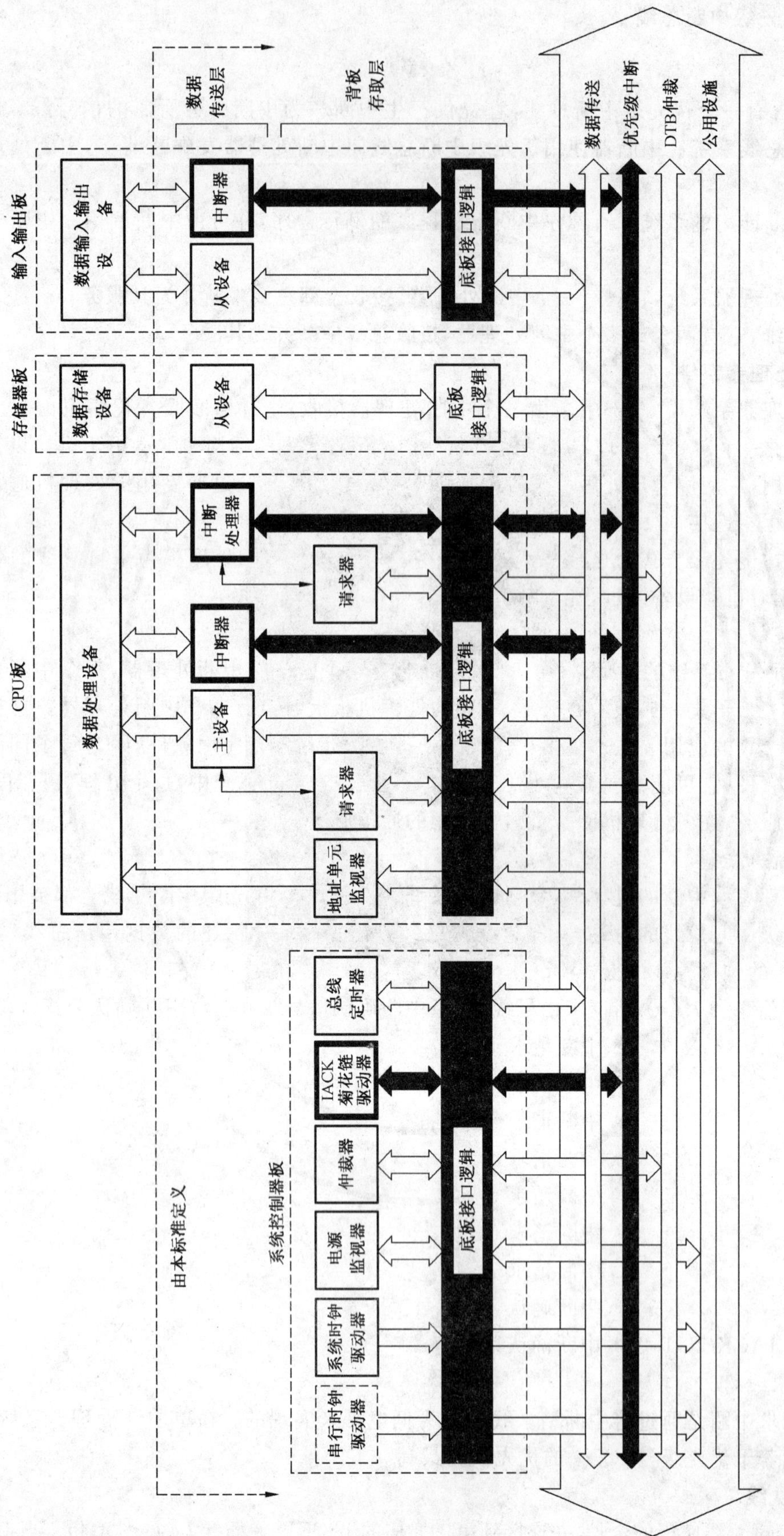

图 4-1 优先级中断总线功能框图

4.2.3 中断确认菊花链(IACKIN */IACKOUT *)

7条中断请求线中的每一条均可由两个或多个中断器模块共享。中断确认菊花链保证只有一个中断器响应中断确认周期。这条菊花链贯穿821总线上的每个板。每个中断器在驱动中断请求线为低电平时,要等待一个下降沿传送到IACKIN *菊花链的输入端。只有接收到下降沿,中断器才响应中断确认周期。它不将该下降沿沿菊花链往下传递,以免其他中断器响应中断确认周期。

规则4.1:

如果有一个821总线底板插槽没有插入板,而且有一些板位于中断确认菊花链的下方,则在空的插槽上必须安装跳线器,使得能传递菊花链信号。

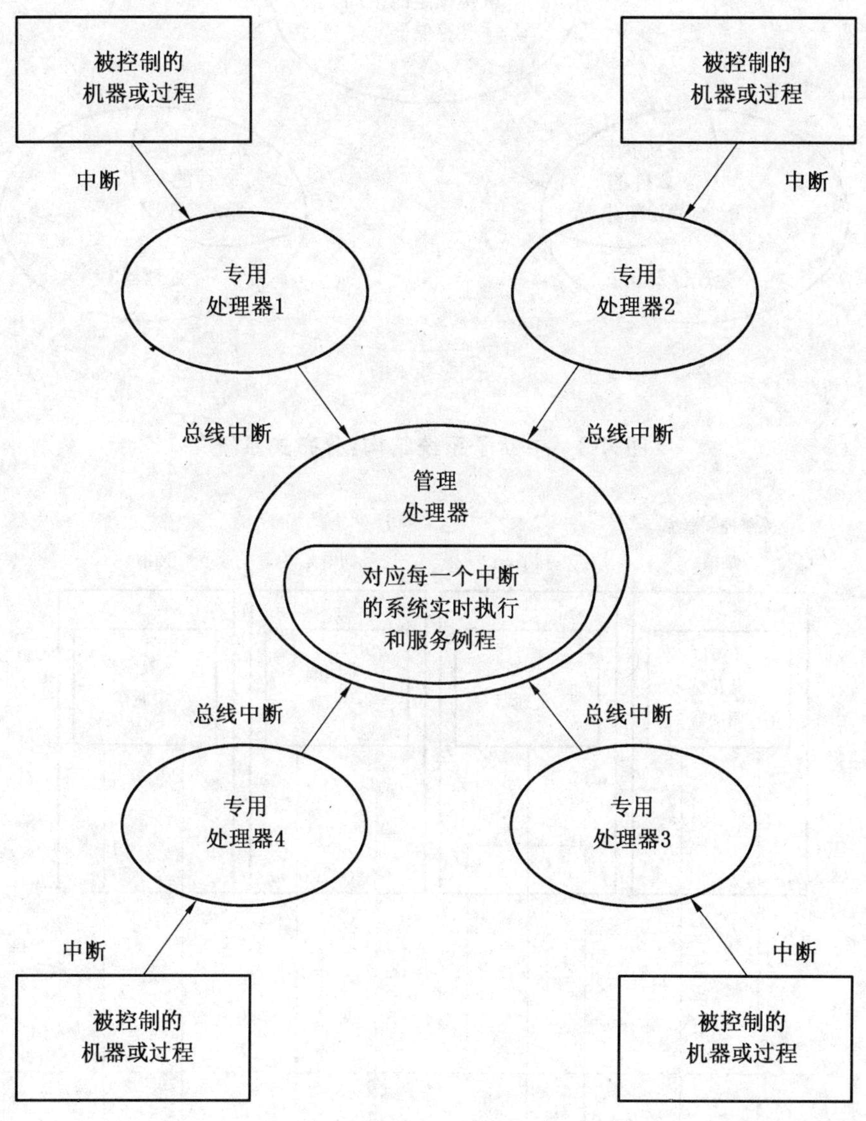

图 4-2　中断子系统结构:单处理器系统

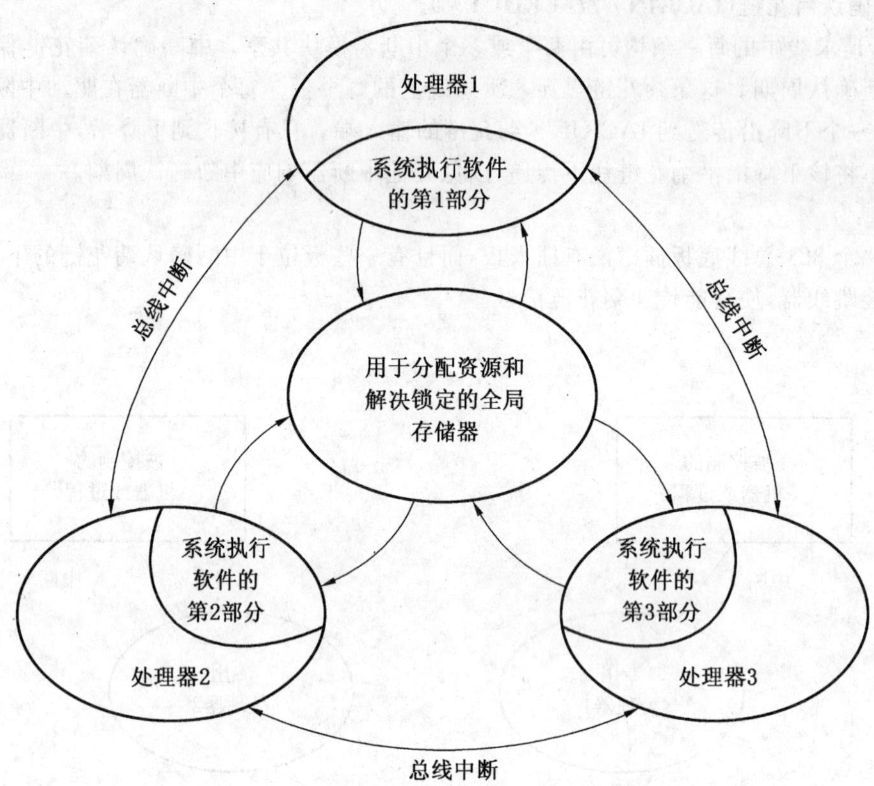

图 4-3　中断子系统结构:分布式系统

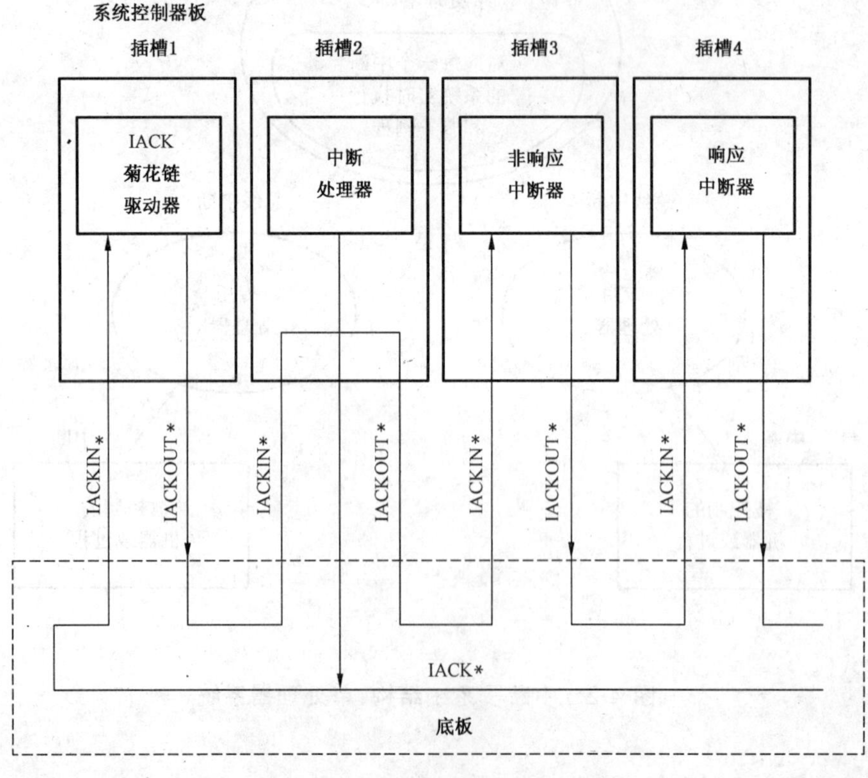

图 4-4　IACKIN * /IACKOUT * 菊花链

4.3 优先级中断总线模块——基本描述

有三种功能模块和优先级中断总线有关，它们是：中断器、中断处理器和 IACK＊菊花链驱动器。中断处理器和中断器的能力用一份助忆符表来加以描述。它们分别表示出能产生和接受的中断确认周期的类型。

4.3.1～4.3.3 给出了三种类型优先级中断总线模块的框图：中断处理器、中断器和 IACK＊菊花链驱动器。

规则 4.2：

图 4-5～图 4-7 中用实线表示的输出信号线必须由模块驱动，除非将它始终驱动为高电平。

说明 4.1：

如果输出线没有被驱动，则在底板上的端接器要保证此线为高电平。

规则 4.3：

图 4-5～图 4-7 中用实线表示的输入信号线必须被监视，并且以适当的方式予以响应。

说明 4.2：

图 4-5～图 4-7 中用虚线表示的驱动和监视各条线的那些规则和许可，见表 4-1 和表 4-2。

4.3.1 中断处理器

中断处理器要完成的任务如下：

a) 在指定的一组中断请求线中确定进入的中断请求的优先级(IRQ1＊～IRQ7＊中的最高级)；

b) 它使用板上的请求器请求使用数据传送总线，当获准使用数据传送总线时，就启动中断确认周期，并且读取正在被确认的中断器的 STATUS/ID；

c) 根据接收到的 STATUS/ID 信息，启动相应的中断服务序列。

说明 4.3：

821 总线标准并不规定在中断服务序列期间将发生什么事件，中断服务可能涉及也可能不涉及 821 总线的使用。

中断处理器使用数据传送总线读取中断器的 STATUS/ID。从这点上看，中断处理器可看作为一个主设备，而中断器可看作为一个从设备，但是有四点重要的差别：

a) 中断处理器总是把 IACK＊驱动为低；

b) 不要求中断处理器驱动地址修改线；

c) 中断处理器只使用最低位的 3 条地址线(A01～A03)；

d) 中断处理器不驱动数据总线。

当存取总线时，中断处理器总是把 IACK＊驱动为低。而主设备却可将它驱动为高或根本不驱动。

中断处理器不必用有效代码去驱动地址修改线，而只要用有效的信息驱动最低位的 3 条地址线(A01～A03)。这 3 条地址线的电平表示 7 条中断请求线中的哪一条正在被确认，见表 4-7。主设备以被存取从设备的地址驱动 15、23 或 31 条地址线(取决于寻址模式)，并且在地址修改线上给出地址修改码。

中断处理器并不驱动数据线(即不对中断器进行“写”)，并且不必驱动 WRITE＊线。主设备到从设备的数据线是双向的，在正常使用期间，根据需要将 WRITE＊线驱动为低或高。

图 4-5 示出的是中断处理器的框图。

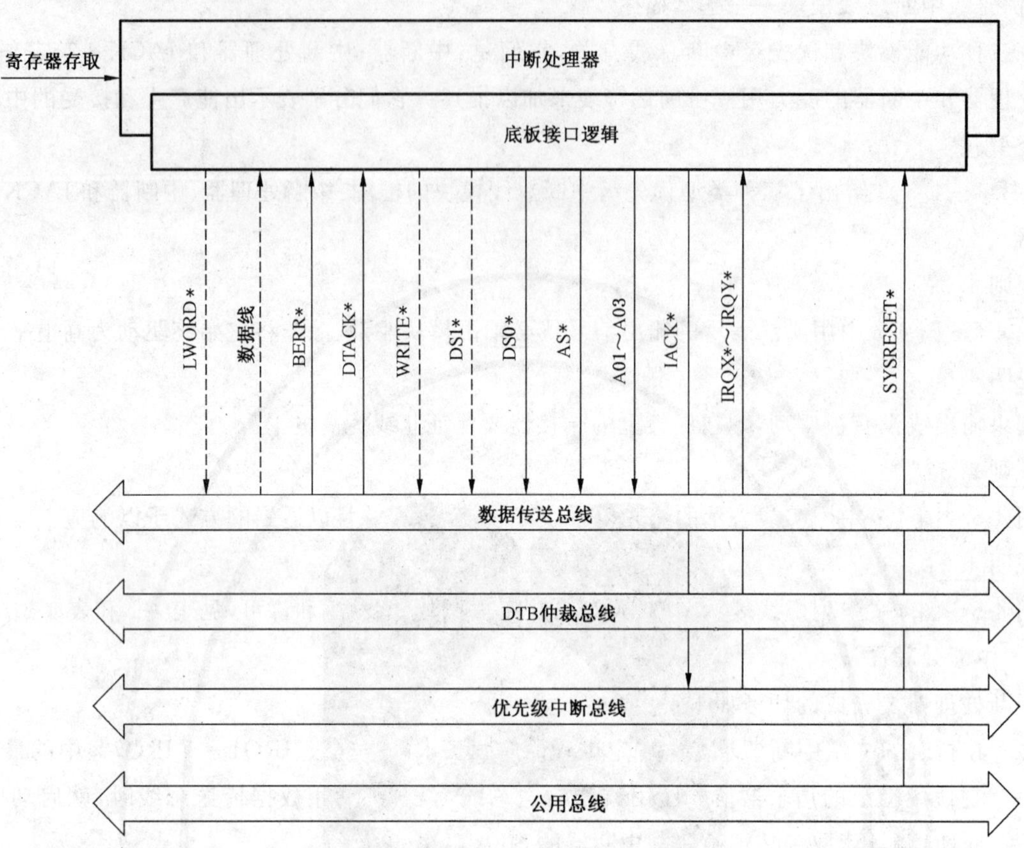

注：监视和驱动虚线信号线的规则和许可见表 4-1。

图 4-5 框图：中断处理器

表 4-1 各种类型中断处理器使用虚线信号线的规则和许可

中断处理器类型	虚线信号线的用法
D08(0)	必须监视 D00～D07 可以驱动也可以不驱动 LWORD* 和 DS1* 可以监视也可以不监视 D08～D31
D16	必须驱动 DS1* 必须监视 D00～D15 可以或可以不驱动 LWORD* 可以或可以不监视 D16～D31
D32	必须驱动 DS1* 和 LWORD* 必须监视 D00～D31
全部	不得驱动 WRITE* 为低
注：助忆符 D08(0)、D16、D32 的定义见表 4-5。	

4.3.2 中断器

中断器的功能如下：

a) 根据监视中断请求线的中断处理器请求中断；

b) 如果在中断确认菊花链输入线上接收到一个下降沿信号，则如果中断器正在请求中断，并且 3 条有效地址线的电平对应于正在使用的中断请求线时，而且请求的 STATUS/ID 的宽度等于或大于正在使用的宽度，则中断器即提供 STATUS/ID。否则，中断器把下降沿信号沿着菊花链往下传递。

每个中断器模块只驱动 1 条中断请求线。821 总线标准所描述的板在几条中断线上产生中断请求，因为它具有几个中断器模块。

许可 4.1：

因为中断器仅仅是一个概念性的模型，所以在 821 总线板上的逻辑可以为若干个中断器模块所共享。

中断器使用 7 条中断请求线中的一条去请求中断。然后，它监视最低位的三条地址总线（A01～A03）、IACKIN * 和可选的 IACK *，以确定其中断何时被确认。当得到确认时，中断器将 STATUS/ID 置于数据总线上，并且通过驱动 DTACK * 为低通知中断处理器该 STATUS/ID 有效。

中断器和从设备在数据传送总线的使用方面有 5 个主要的差别：

a) 在 IACKIN * 为低时中断器只确认；

b) 中断器不监视地址修改线；

c) 中断器只监视最低位的 3 条地址线；

d) 中断器不监视 WRITE * 线；

e) 允许中断器用不同于所要求的数据大小的数据作响应。

从设备监视 AS * 信号，并把 AS * 信号的下降沿解释为一个信号，表示有效总线周期正在进行之中。然后它对适当数目的地址线（15、23 或 31 条地址线）和地址修改线进行译码，并根据此译码的信息决定它是否已被寻址。但是，仅当 IACK * 为高时从设备才作响应。

反之，中断器则把 IACKIN * 的下降沿解释为这样一个信号，表示它能够响应进行中的中断确认周期。它仅对最低 3 条地址线（A01～A03）进行译码，而不管地址修改线。

因为中断器从不被写入，所以，中断器不必监视 WRITE *。从设备则必须监视 WRITE *，以便识别读周期和写周期。

即使 LWORD *、DS1 * 和 DS0 * 线要求 STATUS/ID 的宽度大于中断器能提供的宽度，中断器仍将 STATUS/ID 放在总线上，并且用 DTACK * 响应。例如，中断处理器可以将 LWORD * 和两个数据选通驱动为低，表示它将从 D00～D31 上读取 32 位的 STATUS/ID，而 D08(0) 中断器仍以 D00～D07 上的 8 位 STATUS/ID 来响应。相反，当从设备不能提供所要求的数据宽度时，它既可用 BERR * 响应，也可不作任何响应，而其结果通常会引起总线超时。

说明 4.4：

当中断器在数据总线上放置 STATUS/ID 时，由中断处理器读入的未被驱动的数据线，由于总线端接器的原因而均为高。例如，如果是 D16 的中断处理器启动了双字节中断确认周期，则 D08(0) 中断器将 8 位的 STATUS/ID 放置在 D00～D07 上。而由中断处理器从 D08～D15 上读取的高 8 位为 1（高），因为它们没有被 D08(0) 中断器驱动。

规则 4.4：

在响应中断确认周期之前，中断器：

a) 必须有一个中断请求挂起；

b) 请求级必须与 A01～A03 上表明的中断级相匹配；

c) 所要求的 STATUS/ID 的宽度必须等于或大于它能用以响应的宽度；

d) 必须在 IACKIN * 菊花链的输入端上接收到进入信号的下降沿。

若：以上四个条件中任何一个不满足，

则：中断器不得响应中断确认周期。

若：条件 d）满足，但其他 a）、b）、c）都不满足，

则：中断器必须把 IACKIN * 的下降沿信号传递给菊花链中的下一个中断器模块。

中断器的框图如图 4-6 所示。驱动和监视虚线线路的规则和许可在表 4-2 中给出。

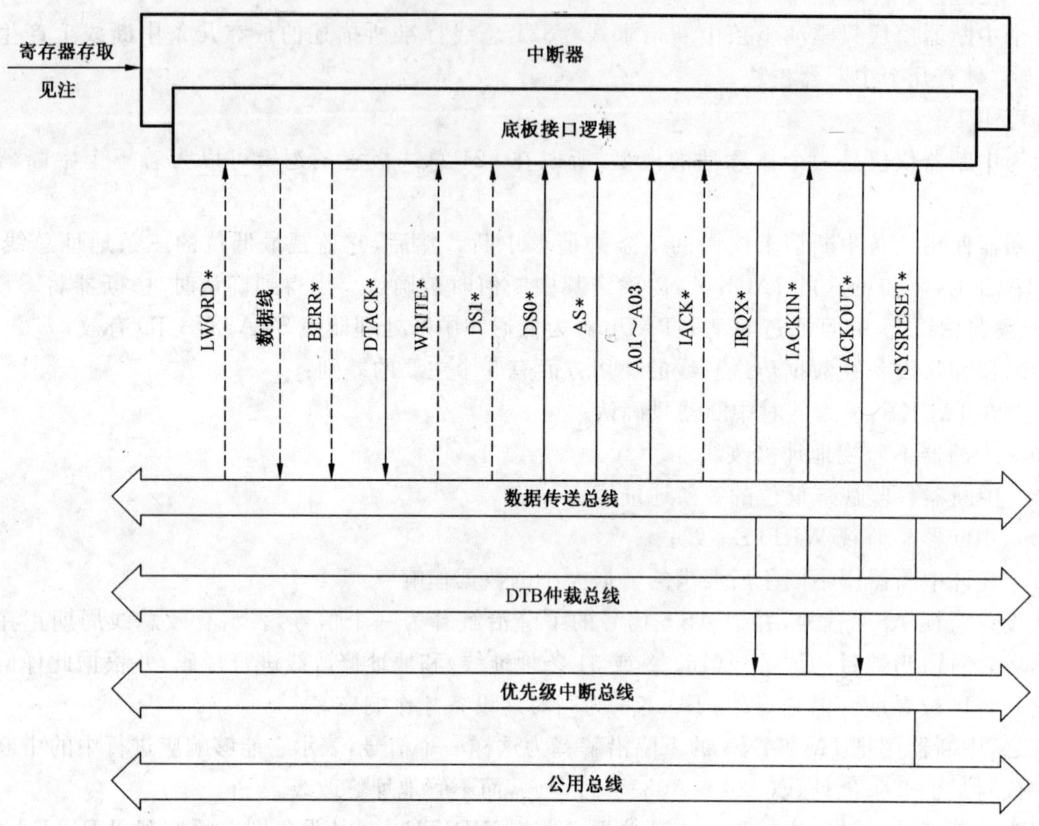

注：该输入信号只在 RORA 中断器上出现。

图 4-6 框图:中断器

表 4-2 各种类型中断器使用虚线信号线的规则和许可

中断器类型	虚线信号线的用法
D08(0)	必须驱动 D00～D07 不得驱动 D08～D31 为低 没有理由监视 LWORD＊或 DS1＊
D16	必须监视 DS1＊ 必须驱动 D00～D15 不得将 D16～D31 驱动为低 没有理由监视 LWORD＊
D32	必须监视 DS1＊和 LWORD＊ 必须驱动 D00～D31
全部	必须监视也可以不监视 WRITE＊和 IACK＊ 可以驱动也可以不驱动 BERR＊
注：助忆符 D08(0)、D16、D32 的定义见表 4-5。	

4.3.3 IACK 菊花链驱动器

IACK 菊花链驱动器是另一个模块，它与中断处理器及中断器相配合以协调中断服务。每当中断处理器启动一个中断确认周期时，在中断确认菊花链上产生一个下降沿信号。

IACK 菊花链驱动器的框图见图 4-7。

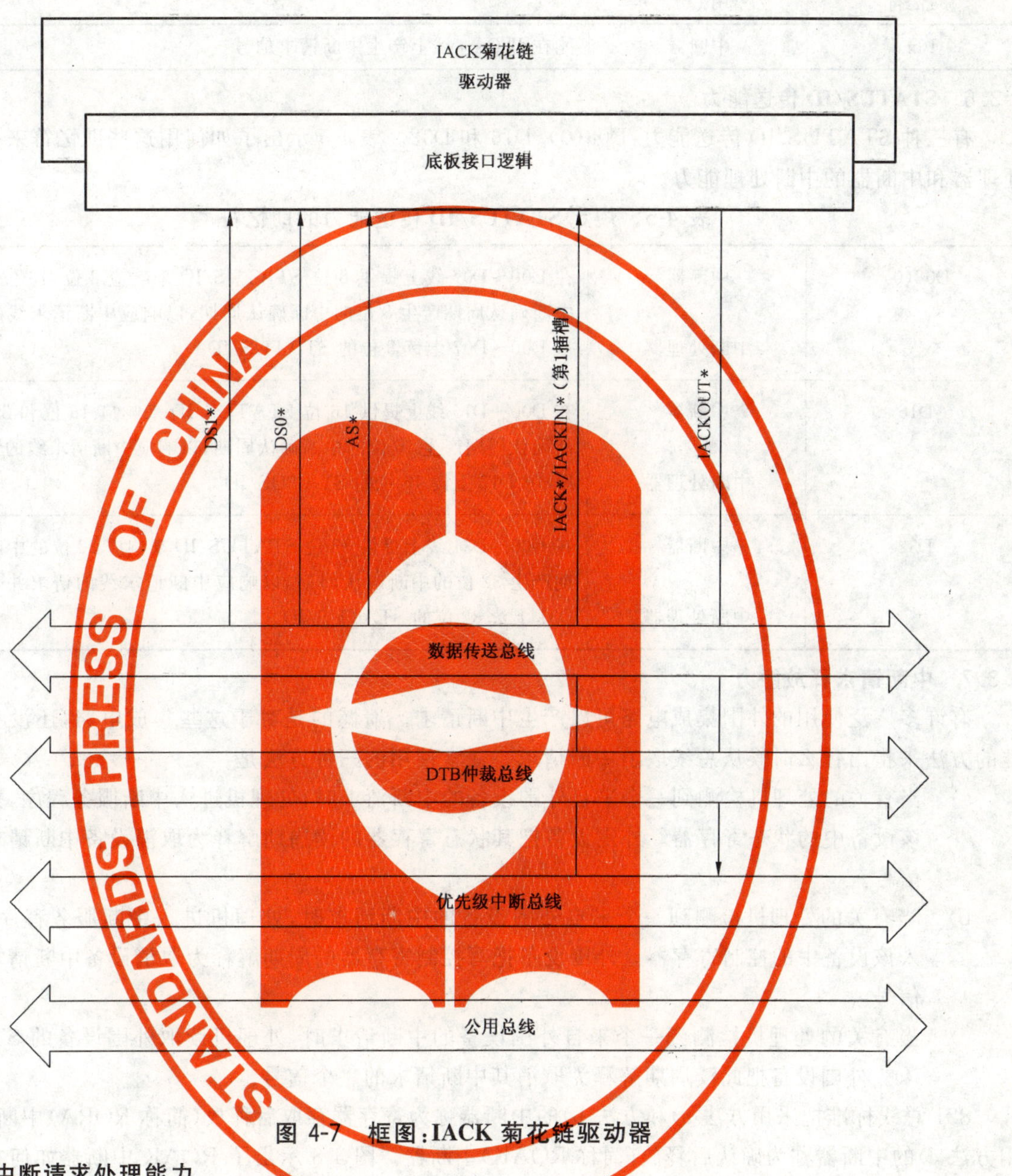

图 4-7 框图:IACK 菊花链驱动器

4.3.4 中断请求处理能力

中断处理器可以设计成处理在 1～7 条中断请求线上接收到的中断请求。表 4-3 示出了如何用助忆符 IH( )来描述中断处理器的中断处理能力。

表 4-3 助忆符 IH( )用于规定中断处理器能力

助忆符	用　于	含　义
IH(x～y)	中断处理器	能产生中断确认周期,以响应 IRQx＊～IRQy＊线上的中断请求
IH(x)	中断处理器	能产生中断确认周期,以响应 IRQx＊线上的中断请求

4.3.5 中断请求能力

能将中断器设计成在 7 条中断请求线中的任一条上产生中断请求。表 4-4 列出如何用助忆符 I( )来描述中断器的中断请求产生能力。

表 4-4　助忆符 I(　)用于规定中断请求产生能力

助忆符	用　于	含　　义
I(x)	中断器	能在 IRQx＊线上产生中断请求信号

4.3.6 STATUS/ID 传送能力

有三种 STATUS/ID 传送能力：D08(O)、D16 和 D32。表 4-5 示出了如何用这些助忆符来描述中断处理器和中断器的中断处理能力。

表 4-5　规定 STATUS/ID 传送能力的助忆符

D08(O)	中断器 中断处理器	在 D00～D07 线上提供 8 位 STATUS/ID 来响应 8 位、16 位、32 位的中断确认周期产生 8 位的中断确认周期，以响应中断请求线的请求并从 D00～D07 上读 8 位的 STATUS/ID
D16	中断器 中断处理器	在 D00～D15 线上提供 16 位 STATUS/ID 来响应 16 位和 32 位的中断确认周期产生 16 位的中断确认周期，以响应中断请求线的请求并从 D00～D15 上读 16 位的 STATUS/ID
D32	中断器 中断处理器	在 D00～D31 线上提供 32 位 STATUS/ID 来响应 32 位的中断确认周期产生 32 位的中断确认周期，以响应中断请求线的请求并从 D00～D31 上读 32 位的 STATUS/ID

4.3.7 中断请求释放能力

有许多广泛使用的外围集成电路可以产生中断请求。遗憾的是对于这些集成电路，还没有什么标准的方法来指出什么时候从总线取消中断请求。通常使用的三种方法是：

a) 当有关的处理机检测到一个来自外围设备的中断请求时，处理机进入中断服务程序，并且读取该设备中的状态寄存器。外围设备把其状态寄存器的读周期解释为取消设备中断请求的一个信号。

b) 当有关的处理机检测到一个来自外围设备的中断请求时，处理机进入中断服务程序，并且写入该设备中的控制寄存器。外围设备把写控制寄存器的周期解释为取消设备中断请求的一个信号。

c) 当有关的处理机检测到一个来自外围设备的中断请求时，处理机读取外围设备的 STATUS/ID。外围设备把此读周期解释为取消其中断请求的一个信号。

821 总线标准把采用方法 a)和方法 b)的中断器称为寄存器存取后释放(简称 RORA)中断器，把采用方法 c)的中断器称为确认后释放(简称 ROAK)中断器。图 4-8 示出了 ROAK 中断器如何在中断处理器读取其 STATUS/ID 时，释放它的中断请求线，而 RORA 中断器如何在对其控制寄存器或状态寄存器存取时释放它的中断请求。

说明 4.5：

提供存取中断器控制寄存器或状态寄存器的从设备通常和中断器装在同一块板上，并且在完成寄存器存取时，产生一个板上信号送到中断器。

规则 4.5：

RORA 中断器在其寄存器存取周期期间，在 DSA＊下降之前，不得释放它的中断请求线。在寄存器存取周期的末尾，最后一个数据选通变为高之后 2 μs 之内，必须释放中断请求线。

规则 4.6：

ROAK 中断器在响应中断的中断确认周期期间，在 DSA＊下降之前，不得释放它的中断请求线。而在 STATUS/ID 读周期的末尾，最后一个数据选通变为高之后 500 ns 内，必须释放中断请求线。

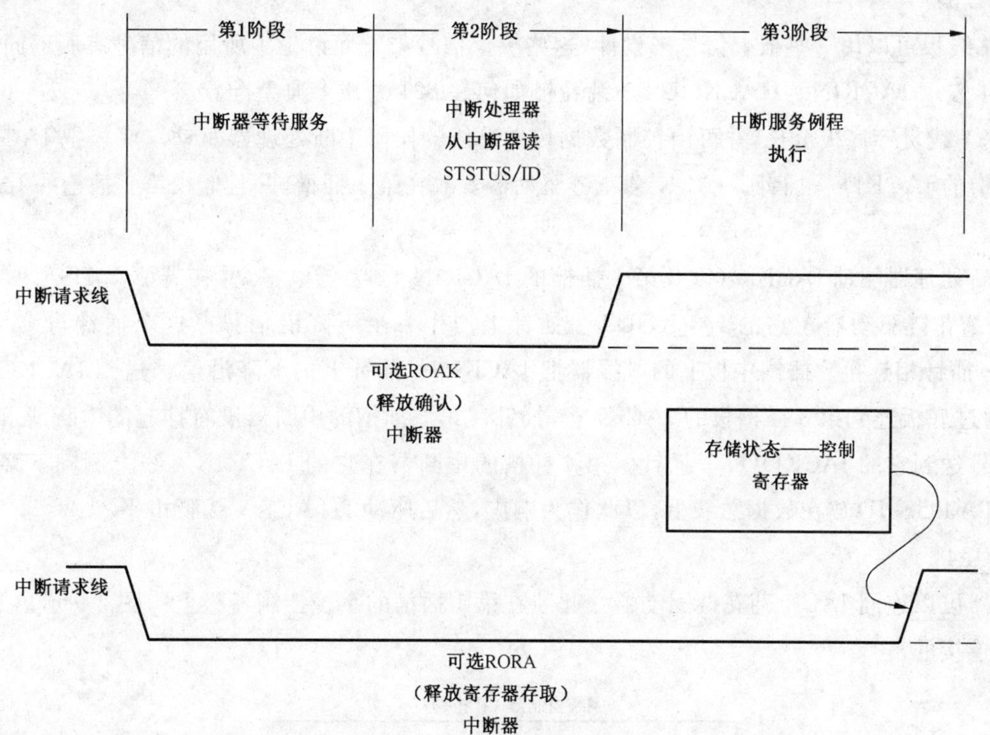

图 4-8 由 ROAK 和 RORA 中断器释放中断请求线

规则 4.7:

RORA 和 ROAK 两种中断器都必须在为响应它们的中断请求而启动的中断确认周期期间提供一个 STATUS/ID。

规则 4.8:

在中断处理器启动一个中断确认周期,并从 RORA 中断器中读取 STATUS/ID 之后,它必须在其板上的存取寄存器信号变为“真”之后的 2 μs 之内忽略不计中断请求线上的低电平。

说明 4.6:

规则 4.8 防止中断处理器将中断请求线上的低电平误作为新的中断请求。

说明 4.7:

存取中断器控制寄存器或状态寄存器的主设备,通常和中断处理器装在同一块板上,当它完成寄存器存取时,产生一个板上信号送到中断处理器。

许可 4.2:

如果建立了一个过程,使主设备能通知中断处理器去存取中断器的控制寄存器或状态寄存器,则主设备和中断处理器可以安装在不同的板上。

表 4-6 示出如何用 RORA 和 ROAK 助忆符来描述中断器。

表 4-6 规定中断请求释放能力的助忆符

助忆符	用　于	含　义
RORA	中断器	当某个主设备存取板上的状态或控制寄存器时释放它的中断请求线
ROAK	中断器	在中断确认周期读 STATUS/ID 时,释放它的中断请求线

4.3.8 优先级中断总线模块之间的交互作用

在下面的讨论中,定义了几个板上的信号,用以描述中断器和中断处理器模块之间以及其他板上的逻辑的交互作用。这些信号只是打算用来说明模块之间来往的信息,而不是去定义它们的设计。

许可 4.3：

821 总线板可以用一些板上信号来设计，这些板上信号与下面讨论中所用的信号有所不同。

图 4-4 表示 IACKIN */IACKOUT * 菊花链如何在 821 总线上典型配置。

IACK * 线贯穿底板全长，并可由控制数据传送总线的任何中断处理器驱动。底板把 IACK * 连接到第 1 插槽的 IACKIN * 插针。IACK 菊花链驱动器安放在第 1 插槽，并且监视第 1 插槽的 IACKIN * 线的电平。

当中断处理器驱动 IACK *（以及第 1 插槽的 IACKIN *）为低电平，并接着驱动 DSA * 为低电平时，IACK 菊花链驱动器在它的 IACKOUT * 插针上产生一个下降沿信号。这个插针与第 2 插槽的 IACKIN * 插针相连接。插槽中板上的跳线器把 IACKIN * 插针上的下降沿信号送到 IACKOUT * 插针，并且通过底板连到第 3 插槽板的 IACKIN * 插针。第 3 插槽的中断器没有挂起的中断请求，因此把下降沿信号送到它的 IACKOUT * 插针。第 4 插槽的中断器在它的 IACKIN * 线上测到下降沿信号，并且将 STATUS/ID 放在数据总线上，以此作为响应，然后驱动 DTACK * 为低电平。

许可 4.4：

中断器可以连同 IACK 菊花链驱动器一起装在第 1 插槽的系统控制器板上。图 4-9 示出了两个模块是如何连接的。

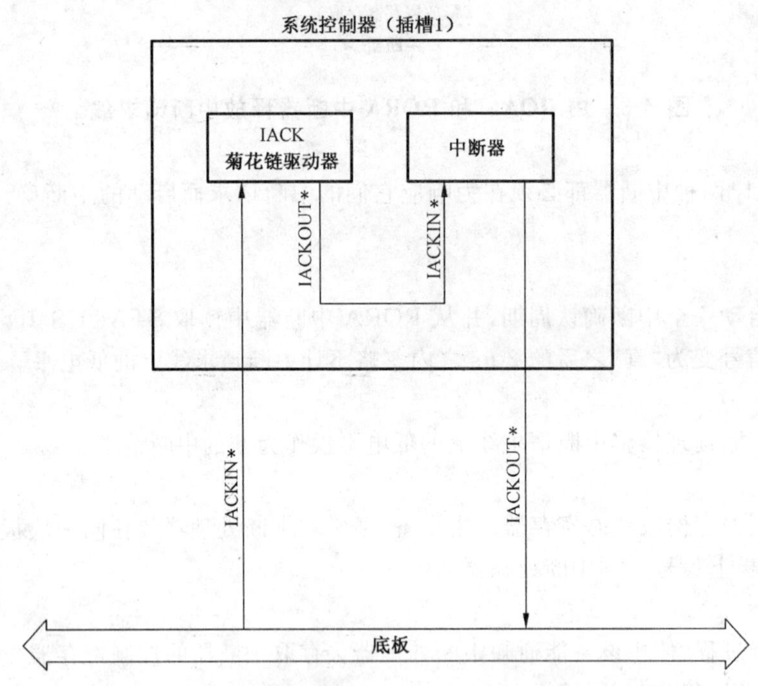

图 4-9 在同一板上的 IACK 菊花链驱动器和中断器

许可 4.5：

多个中断器可以安装在一个板上，图 4-10 示出了可能的设计。

说明 4.8：

在某些情况下，设计者也许不知道他们设计的板是装入第 1 插槽还是装入 821 总线系统别的插槽中。

推荐 4.1：

如果一个板上同时装有 IACK 菊花链驱动器和中断器，且可能装入也可能不装入第 1 插槽，则推荐如图 4-9 所示进行设计。

许可 4.6:

在一个 821 总线系统内可以装入若干个含有 IACK 菊花链驱动器的板。

图 4-10 在同一板上两个中断器

4.4 典型操作

一个典型的中断序列分为三个阶段:

阶段 1:中断请求阶段;

阶段 2:中断确认阶段;

阶段 3:中断服务阶段。

三个阶段之间的时序关系见图 4-11。

当中断器驱动中断请求线为低电平时阶段 1 即开始,当中断处理器取得数据传送总线控制时阶段 1 结束。在阶段 2 期间中断处理器使用数据传送总线去读取中断器的 STATUS/ID。在阶段 3 期间执行中断服务程序(这可能涉及也可能不涉及 821 总线上的数据传送)。

中断子系统的协议描述了在阶段 1 和 2 期间所需的模块交互作用。在阶段 3 期间发生的任何数据传送,将遵循第 2 章中所述的数据传送总线协议。

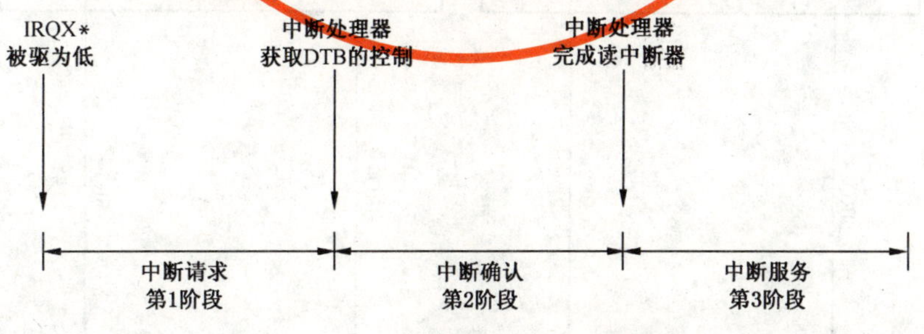

图 4-11 中断序列的三个阶段

4.4.1 单中断处理器的中断操作

在单个中断处理器的中断系统中,7 条中断请求线全由单个中断处理器进行监视。中断请求线被分成优先等级,其中 IRQ7 * 优先级最高,IRQ1 * 最低。当中断处理器在两条中断请求线上同时检测到中断请求时，它首先确认最高优先级的中断请求。

4.4.2 分布的中断操作

分布中断系统含有 2～7 个中断处理器。为便于讨论，将分布中断系统分为下述两类：

a) 具有 7 个中断处理器的分布中断系统；

b) 具有 2～6 个中断处理器的分布中断系统。

4.4.2.1 具有 7 个中断处理器的分布中断系统

具有 7 个中断处理器的分布中断系统中，每一个中断请求线由一个独立的中断处理器监视。在从驱动中断请求线的中断器中读取 STATUS/ID 之前，每个中断处理器都先要取得对数据传送总线的控制。

说明 4.9：

由中断处理器处理的中断请求线和由板上请求器使用的总线请求线之间没有特定关系。例如，一个对 IRQ7＊服务的中断处理器可能有一个使用 BR0＊的请求器，而一个对 IRQ1＊服务的中断处理器可能有一个使用 BR3＊的请求器。很明显，由各中断处理器服务的各条线之间不存在隐含的中断优先级。

图 4-12 示出了一个分布的中断系统。其中的中断处理器 A 监视 IRQ2＊，并且有一个板上的请求器在 BR2＊上请求数据传送总线。中断处理器 B 监视 IRQ5＊，并且有一个板上的请求器在 BR3＊上请求数据传送总线。两个中断器同时驱动 IRQ2＊和 IRQ5＊为低电平，而两个中断处理器使它们的板上请求器将 BR2＊和 BR3＊同时驱动为低电平。在这个例子中使用了优先级仲裁，因为两个总线请求同时变低，仲裁器首先准许中断处理器 B 的请求器控制数据传送总线，而中断处理器 A 要等待到中断处理器 B 完成对数据传送总线的使用为止。

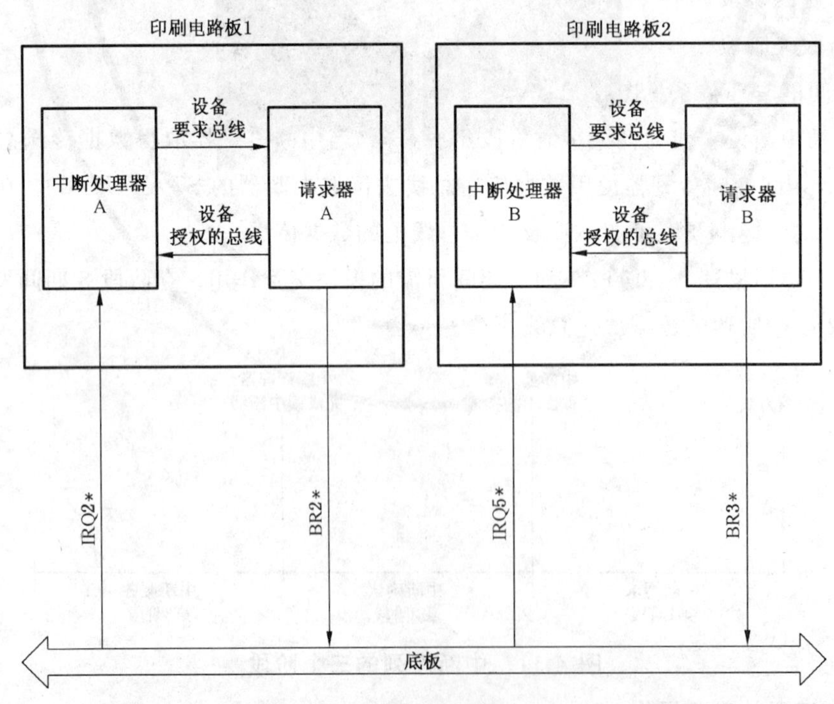

图 4-12 两个中断处理器，各监视一条中断请求线

说明 4.10:

如果采用循环方式仲裁,图 4-12 中的两个中断处理器均有可能先获准使用总线。

4.4.2.2 具有 2～6 个中断处理器的分布中断系统

可以将分布式中断系统配置成由单个中断处理器监视两条或多条中断请求线。图 4-13 示出了两个中断处理器构成的系统,其中中断处理器 A 监视 IRQ1＊～IRQ4＊,而中断处理器 B 监视 IRQ5＊～IRQ7＊。在这种情况下,IRQ1＊～IRQ4＊线的优先级是:IRQ4＊对中断处理器 A 有最高优先级。IRQ5＊～IRQ7＊请求线的优先级是:IRQ7＊对中断处理器 B 具有最高优先级。数据传送总线仲裁仍然是决定允许哪个中断处理器首先使用数据传送总线。

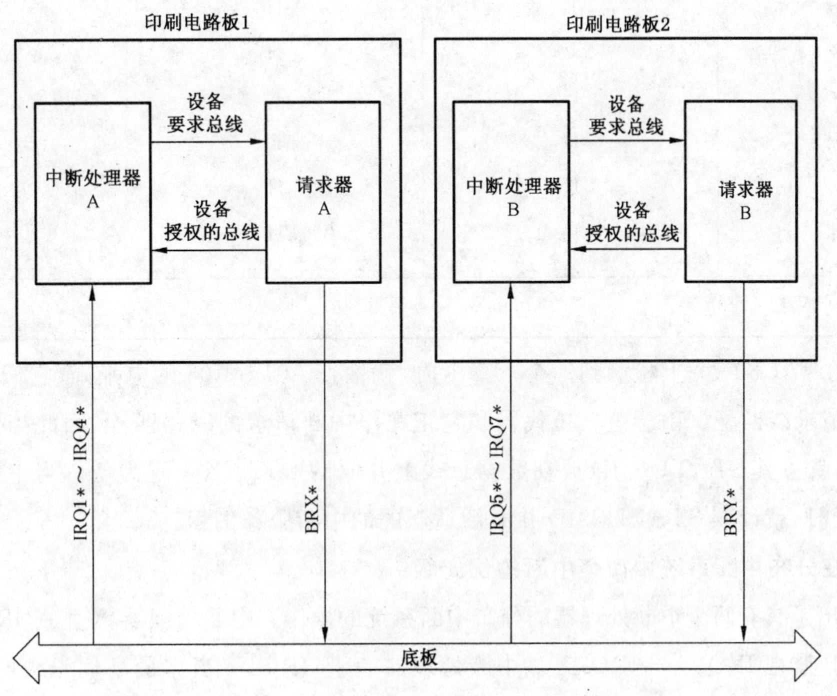

图 4-13 两个中断处理器,各监视几条中断请求线

4.4.3 例子:典型的单中断处理器中断系统操作

图 4-14 示出了单中断处理器中断系统的操作,其中一个中断处理器对全部 7 条中断线进行监视并优先级化。在图的顶部,其请求器得到总线使用 BR2＊的主设备正在使用数据传送总线来移送数据。装在第 4 插槽的中断器以驱动 IRQ4＊为低来请求中断。当中断处理器在 IRQ4＊上检测到一个低电平时,就驱动其设备要求总线发信号给板上请求器,指示中断处理器需要总线。然后该请求器驱动 BR3＊为低。一旦检测到总线请求,仲裁器就立即驱动 BCLR＊为低,指示有较高优先级的请求器在等待使用数据传送总线。(此例中设定为 PRI 仲裁器。)当主设备 A 在 BCLR＊线上检测到低电平时,就停止移送数据,并通过释放 BBSY 到高让其请求器撤消对数据传送总线的控制＊。

说明 4.11:

并不要求工作的主设备在任何规定的时间内放弃数据传送总线,但若能迅速响应 BCLR＊线,就能使中断服务得更快。

当仲裁器检测到 BBSY＊为高电平时,它就将数据传送总线批准给请求器 B,请求器 B 告诉它的中断处理器数据传送总线可以使用(见图 2-26)。然后中断处理器在低位的 3 条地址线上输出三位代码,表示正在确认 IRQ4 * 线上的中断请求(见表 4-7)。同时,它驱动 IACK * 为低电平,表示正在确认中断,并且驱动 AS * 为低。IACK * 线上的低电平通过底板上的信号路径连接到第 1 插槽的 IACKIN * 插针,并使 IACK 菊花链驱动器产生一个下降沿,沿着 IACKIN * /IACKOUT * 菊花链往下传送。

表 4-7　3 位中断确认代码

被确认的中断线	用地址总线广播 3 位中断确认码		
	A03	A02	A01
IRQ1 *	L	L	H
IRQ2 *	L	H	L
IRQ3 *	L	H	H
IRQ4 *	H	L	L
IRQ5 *	H	L	H
IRQ6 *	H	H	L
IRQ7 *	H	H	H
注：H 为高电平,L 为低电平。			

当中断器在 IACKIN * 上检测到一个下降沿时,就检查 A01～A03 的电平,看它们是否与它正在驱动为低的中断请求线匹配。由于这三位代码和它正在作中断请求的线路匹配,因此当中断器检测到数据选通为低时,就将其 STATUS/ID 放在数据总线上并驱动 DTACK * 线为低。当中断处理器检测到 DTACK * 为低时,就读取 STATUS/ID 并激活适当的的中断服务例程。

4.4.4　例子:在分布中断系统中两个中断的优先级

图 4-15 示出了具有两个中断处理器的分布中断系统的操作。中断处理器 A 监视 IRQ1 * ～IRQ4 *,而中断处理器 B 监视 IRQ5 * ～IRQ7 *。中断处理器 A 把 IRQ4 * 当作最高优先级的中断处理,而中断处理器 B 把 IRQ7 * 当作最高优先级的中断处理。在图的上部,中断器 C 驱动 IRQ3 * 为低电平,而中断器 D 驱动 IRQ6 * 为低电平。两个中断处理器检测到它们各自的中断请求线为低电平时,两者同时向它们板上的请求器表示需要数据传送总线。两个请求器驱动 BR3 * 为低电平。在检测到BR3 * 为低时,数据传送总线仲裁器把第 1 插槽的 BG3IN * 驱动为低电平。这个低电平信号沿着 BG3IN * / BG3OUT * 菊花链往下传,直到由第 4 插槽的请求器 B 检测到为止。然后该请求器发信号给其板上的中断处理器 B,表示数据传送总线可使用,接着中断处理器 B 从中断器 D 读取 STATUS/ID。

图 4-14　典型的单中断处理器中断系统操作流程图

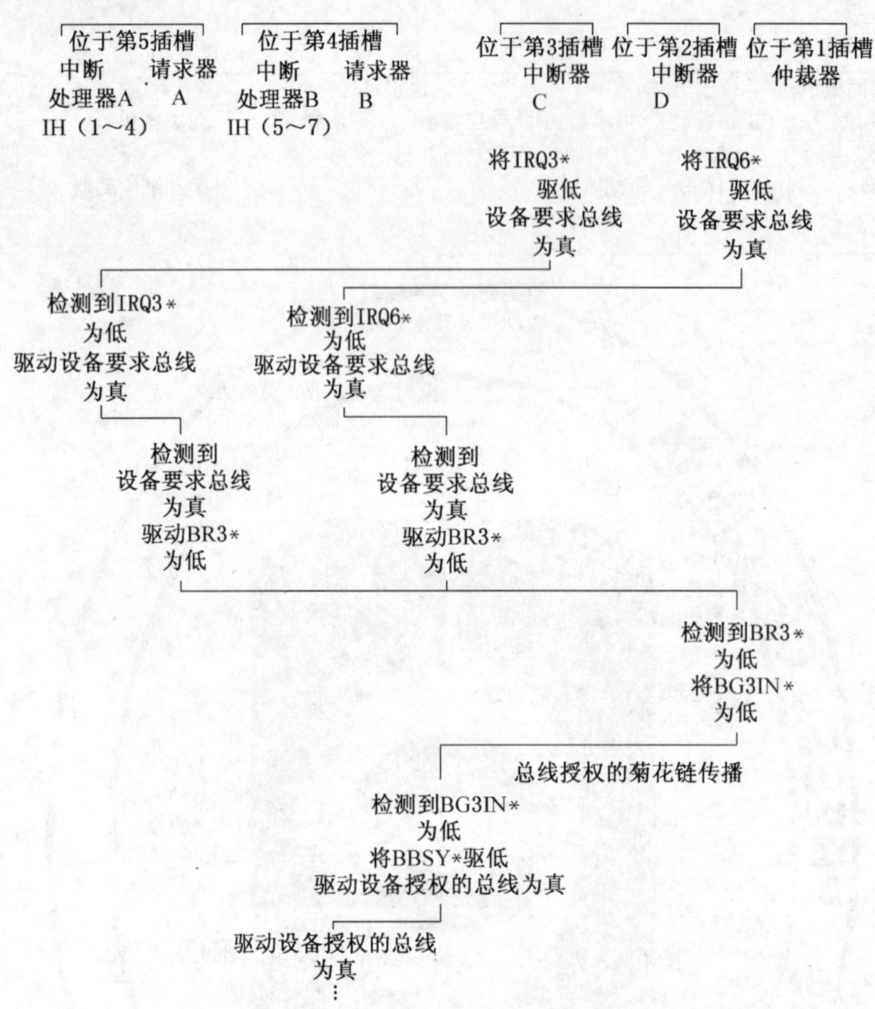

图 4-15 典型的带两个中断处理器的分布式中断系统流程图

4.5 竞赛条件

假定有两个中断器：中断器 A 和中断器 B。中断器 B 进而下传到中断确认菊花链上请求一次中断。在授权有关的中断处理器使用总线后，该中断处理器通过驱动 IACK * 线为低来确认中断请求。在中断确认菊花链上所得的走低沿，恰在即将驱动自身的中断请求线为底时到达中断处理器 A。若中断器 A 设计不当，就会造成暂时地驱动其 IACKOUT * 线先低后高，同时在中断确认菊花链上成为走低的跳变。

规则 4.49：

如果中断处理器在其请求器释放 BBSY * 之后，驱动或释放 AS * 为高，则在允许 AS * 升高超过低电平之后，必须在表中所规定的时间内释放 AS * 。

说明 4.50：

当把中断器设计得使其在 IACKIN * 线的下降沿上锁存板上生成的中断请求线的状态，并且当那一信号在下降沿出现时处于跳变状态，该锁存的输出有时在一短暂时间振荡，或者维持在高低电平之间的门限区。正因为如此，对中断器经历中断确认不设定时限。只是禁止在其 IACKOUT * 线上生成走低的跳变，这种跳变有可能解释为通过中断器进而下传菊花链的确认。附录 D 提供了 IACK * 菊花链逻辑的电路示例。

许可 4.11：

若：中断器在其接收到另一中断器中断确认的时间与其传递该中断请求的时间之间，即将驱动中断请求线为低,则:该中断器可以将此中断确认作为自身的确认对待。在此情况下,另一中断器维持其中断请求直至有另一确认发出。

4.6 优先级中断总线的时序规则和说明

这一条论述在选择响应的中断器(即提供其 STATUS/ID 来响应中断确认周期的那个中断器)期间,管理中断处理器、中断器和 IACK 菊花链驱动器动作的时序规则和说明。时序信息以图和表的形式给出。

中断确认周期由选择响应的中断器开始,称为该周期的中断器选择部分。一旦中断器作出响应,中断处理器就读取中断器的 STATUS/ID,这称为该周期的 STATUS/ID 传送部分。

当中断处理器启动一个中断确认周期时,在中断处理器和被确认的中断器之间可能还会有一些中断器。它们处于下述二种情况:

a) 没有中断挂起;

b) 有一个中断挂起,但在另一条中断请求线上,而不是在被确认的中断请求线上。

虽然这些中断器没有用 STATUS/ID 来响应,但由于它们把下降沿信号从 IACKIN * 线传递到它们的 IACKOUT * 线,因而也参与了中断确认周期。为此,把这些中断器称为参与的中断器。

菊花链上的第一个中断器(该中断器在正被确认的中断请求线上有一个中断挂起)用 STATUS/ID 作响应。因此,该中断器称为响应的中断器。

所有其他的中断器均称为非参与的中断器。

表 4-18 和表 4-8 列出了规定中断处理器和中断器操作的时序参数和时序图。

表 4-9 列出了规定 IACK 菊花链驱动器和中断器操作的时序参数和时序图。

表 4-10 列出了规定参与中断器操作的时序参数和时序图。

表 4-11 列出了规定响应中断器操作的时序参数和时序图。

表 4-12 定义了用于表 4-13～表 4-15 的助忆符。

表 4-13～表 4-15 规定了优先级中断总线功能模块使用的总线信号线。

表 4-16～表 4-19 规定了优先级中断总线功能模块的时序参数(表 4-17～表 4-19 中使用的索引号与表 4-l6 中的时序参数号相对应)。

图 4-16～图 4-23 是规定中断确认周期期间时间关系的时序图。

图 4-24 规定了 IACKIN * /IACKOUT * 菊花链用的周期之间的附加时序关系。

与下列图有关的全部规则和说明也都适用于中断处理器、中断器和 IACK 菊花链驱动器。

第 2 章中的图 2-22～图 2-24 规定了数据传送周期之间,地址和数据选通的时序关系。

图 2-25 规定了超时周期的时序。

图 2-26 规定了主控传送期间的时序关系。

为了满足规定的时序,板的设计者必须考虑到 821 总线板上所使用的总线驱动器和接收器最坏情况的传播延时。驱动器的传播延迟取决于它的输出负载。然而制造厂的说明书往往不给出计算各种不同负载下传播延时所需的足够信息。第 6 章给出的一些建议,对 821 总线板的设计者是会有帮助的。

说明规定了进入信号跳变的时序,只要不违反第 6 章规定的底板负载规则,这些时序规则是可信赖的。第 6 章中的总线端接器的规则,保证了在完成驱动之后释放的那些信号线的时序参数能被满足。

通常,每项时序规则都有相应的时序说明。然而,在说明项中所保证的时间,可能与规则中规定的时间不同。例如,认真看一下时序图就会发现,要求中断处理器提供 35 ns 的地址建立时间,但只保证中断器 10 μs。这是因为地址驱动器在将一个跳变传送到底板的末端,并从它反射回来之前未必总是能将底板的信号线驱动得完全通过从低到高的门限。但是,地址选通的下降沿,无须等待反射,一般就能跨过 0.8V 门限电压。因此,在中断器上最终的建立时间,比中断处理器建立时间少 2 个总线传播时间。

已采用特定的符号标注法来描述数据选通的时序。两个数据选通(DS0 * 和 DS1 *)未必总是会同时跳变。在这些时序图上，DSA＊代表使它作跳变的第一个数据选通(不管它是 DS0＊或是 DS1＊)，DSB＊代表使它作跳变的第二个数据选通(不管它是 DS1＊或是 DS0＊)。数据选通稳定时所示出的断开线表示，形成下跃的第一个数据选通可能并不是形成上跃的第一个数据选通。例如 DSA＊可表示为其下降沿上的 DS0＊，和它上升沿上的 DS1＊。

表 4-8　定义中断处理器和中断器操作的时序图(时序参数见表 4-16 和表 4-17)

助忆符	周期类型	中断器选择时序图	STATUS/ID 传送时序图
D08(0)	单字节 STATUS/ID 读	图 2-12，图 4-16	图 4-20
D16	双字节 STATUS/ID 读	图 2-12，图 4-16	图 4-21
D32	四字节 STATUS/ID 凑	图 2-12，图 4-16	图 4-21

表 4-9　定义 IACK 菊花链驱动器操作的时序图(时序参数见表 4-16 和表 4-19)

周期类型	中断器选择时序图
单字节 STATUS/ID 读	图 4-17
双字节 STATUS/ID 读	图 4-17
四字节 STATUS/ID 读	图 4-17

表 4-10　定义参与的中断器操作的时序图(时序参数见表 4-16 和表 4-18)

周期类型	中断器选择时序图
单字节 STATUS/ID 读	图 4-18
双字节 STATUS/ID 读	图 4-18
四字节 STATUS/ID 读	图 4-18

表 4-11　定义响应的中断器操作的时序图(时序参数见表 4-16 和表 4-18)

助忆符	周期类型	中断器选择时序图	STATUS/ID 传送时序图
D08(0)	单字节 STATUS/ID 读	图 4-19	图 4-22
D16	双字节 STATUS/ID 读	图 4-19	图 4-23
D32	四字节 STATUS/ID 读	图 4-19	图 4-23

表 4-12　在表 4-13、表 4-14 和表 4-15 中使用的助忆符的定义

助忆符	说　明	注　　释
DLBIH	由中断处理器驱动为低	规则 4.10： 中断处理器必须将 DLBIH 线驱动为低电平
DHBIH	由中断处理器驱动为高	规则 4.11： 中断处理器必须将 DHBIH 线驱动为高电平
dhbih?	由中断处理器驱动为高否?	许可 4.7： 中断处理器可以将 dhbih? 线驱动为高电平 规则 4.12： 中断处理器不得在该周期内将 dhbih? 线驱动为低电平
DVBI	由中断器驱动为有效	规则 4.13： 中断器必须将 DVBI 线驱动为有效
dhbi?	由中断器驱动否?	许可 4.9： 中断器可以将 dhbi? 线驱动为高 规则 4.14： 中断器不得驱动 dhbi? 线为低

表 4-13　在中断确认周期期间寻址线的使用

被确认的中断线	A03	A02	A01	IACK *
IRQ1 *	DLBIH	DLBIH	DHBIH	DLBIH
IRQ2 *	DLBIH	DHBIH	DLBIH	DLBIH
IRQ3 *	DLBIH	DHBIH	DHBIH	DLBIH
IRQ4 *	DHBIH	DLBIH	DLBIH	DLBIH
IRQ5 *	DHBIH	DLBIH	DHBIH	DLBIH
IRQ6 *	DHBIH	DHBIH	DLBIH	DLBIH
IRQ7 *	DHBIH	DHBIH	DHBIH	DLBIH

表 4-14　在中断确认周期期间 DS1 * 、DS0 * 、LWORD 和 WRITE * 线的使用

助忆符	周期类型	DS1 *	DS0 *	LWORD *	WRITE *
D08(0)	单字节中断确认	dhbih?	DLBIH	dhbih?	dhbih?
D16	双字节中断确认	DLBIH	DLBIH	dhbih?	dhbih?
D32	四字节中断确认	DLBIH	DLBIH	DLBIH	dhbih?

表 4-15　传送 STATUS/ID 的数据总线线的使用

助忆符	周期类型	D24～D31	D16～D23	D08～D15	D00～D07
D08(0)	单、双、四字节中断确认	dhbi?	dhbi?	dhbi?	DVBI
D16	双、四字节中断确认	dhbi?	dhbi?	DVBI	DVBI
D32	四字节中断确认	DVBI	DVBI	DVBI	DVBI

表 4-16　中断处理器、中断器和 IACK 菊花链驱动器的时序参数

参数号	中断处理器（见表 4-17）		中断器（见表 4-18）		IACK 菊花链驱动器（见表 4-19）	
	最小	最大	最小	最大	最小	最大
1	0	—	—	—	—	—
2	0	—	—	—	—	—
3	60	—	—	—	—	—
4	35	—	10	—	—	—
5	40	—	30	—	30	—
6	—	—	0	—	—	—
7	—	—	0	—	—	—
9	0	—	0	—	—	—
10	0	—	—	—	—	—
11	40	—	30	—	—	—
12	35	—	10	—	—	—
13	—	10	—	20	—	—

表 4-16（续）

参数号	中断处理器（见表 4-17）		中断器（见表 4-18）		IACK 菊花链驱动器（见表 4-19）	
	最小	最大	最小	最大	最小	最大
14	0	—	0	—	—	—
16	0	—	0	—	—	—
18	0	—	0	—	—	—
19	40	—	30	—	30	—
20	0	—	0	—	—	—
21	0	—	0	—	—	—
23	10	—	0	—	—	—
24A	0	—	—	—	—	—
24B	0	—	—	—	—	—
25	—	25	—	—	—	—
26	0	—	0	—	—	—
27	−25	—	0	—	—	—
28	30	$2T$	30	—	—	—
29	0	—	0	—	—	—
30	0	—	0	—	—	—
31	0	—	0	—	—	—
32	—	—	10	—	10	—
34	—	—	30	—	40	—
35	—	—	—	30	—	30
36	—	—	0	—	—	—
37	—	—	0	—	—	—
38A	—	—	0	—	—	—
38B	—	—	0	—	—	—
39	—	—	—	40	—	—
40	—	—	30	—	30	—
41	—	—	0	—	—	—
42	—	—	—	—	30	—
43	—	—	30	—	—	—

注 1：所有时间均以纳秒(ns)计。

注 2：T 为超时值，以微秒(μs)计。

表 4-17　中断处理器时序规则和说明

1　规则 4.15：

当中断处理器取得 821 总线的控制时，在先前的主设备或中断处理器允许 AS＊上升超过低电平之前，它不得驱动任何 IACK＊、A01～A03、LWORD＊、WRITE＊、DS0＊、DS1＊或 AS＊。

说明 4.12：

第 3 章描述了中断处理器的请求器如何获准使用 821 总线。

2　规则 4.16：

当中断处理器取得 821 总线的控制时，在接收到设备授权的总线信号为“真”之前，它不得驱动任何 IACK＊、A01～A03、LWORD＊、WRITE＊、DS0＊、DS1＊或 AS＊。

说明 4.13：

表 4-17（续）

第 3 章描述了中断处理器的请求器如何获准使用 821 总线。

3 规则 4.17：

当中断处理器取得 821 总线的控制时，在先前的主设备或中断处理器允许 AS＊上升超过低电平之前，它不得驱动 AS＊为低。

说明 4.14：

规则 4.17 保证了用于中断器和从设备的时序参数 5，当数据传送总线主控权改变时能得到确保。

4 规则 4.18：

在 IACK＊变低，LWORD＊和 A01～A03 变为有效且达到表中所规定的最小时间之前，中断处理器不得驱动 AS＊为低。

5 规则 4.19：

当连续 2 个周期使用数据传送总线时，在 AS＊已经为高且达到表中所规定的最小时间之前，中断处理器不得驱动 AS＊为低。

9 规则 4.20：

在 DTACK＊和 BERR＊两者均为高之前，中断处理器不得驱动 DSA＊为低。

10 规则 4.21：

中断处理器在驱动 AS＊为低之前，不得驱动 DSA＊为低。

11 规则 4.22：

在 DS0＊和 DS1＊已经同时为高且达到表中所规定的最小时间之前，中断处理器不得驱动 DSA＊为低。

12 规则 4.23：

在 WRITE＊已经为高且达到表中所规定的最小时间之前，中断处理器不得驱动 DSA＊为低。

13 规则 4.24：

在双字节或四字节 STATUS/ID 读周期期间，中断处理器在驱动 DSA＊为低之后，必须在表中所规定的最大时间内驱动 DSB＊为低。

说明 4.15：

时序参数 13 不适用于单字节 STATUS/ID 读。

14 规则 4.25：

在所有的中断确认周期期间，中断处理器检测到 DTACK＊或 BERR＊的下降沿之前，必须保持 3 位中断确认代码 A01～03 有效，并且在 LWORD＊上维持适当的电平。

16 规则 4.26：

在所有中断确认周期期间，中断处理器在检测到 DTACK＊或 BERR＊的下降沿之前，必须维持 IACK＊为低电平。

18 规则 4.27：

中断处理器在检测到 DTACK＊或 BERR＊为低之前，必须保持 AS＊为低。

19 规则 4.28：

中断处理器必须保持 AS＊为低且达到表中所规定的最小时间。

20 规则 4.29：

一旦中断处理器已将 DSA＊驱动为低，就必须立即维持 DSA＊为低，直到检测到 DTACK＊或 BERR＊为低。

21 规则 4.30：

一旦中断处理器已将 DSB＊驱动为低，就必须立即维持 DSB＊为低，直到检测到 DTACK＊或 BERR＊为低。

23 规则 4.31：

一旦中断处理器已将 DSA＊驱动为低，就必须立即在 WRTIE＊线上维持高电平，直到驱动 DSB＊为高之后的最小时间时为止。

24A 规则 4.32：

如果中断处理器在其请求器释放 BBSY＊之后，驱动或释放 AS＊为高，则在允许 AS＊升高超过低电平之前，它必须释放 IACK＊、A01～A03、LWORD＊、WRITE＊、DS0＊和 DS1＊。

表 4-17（续）

24B 规则 4.33：
如果中断处理器在其请求器释放 BBSY＊之前，驱动或释放 AS＊为高，则在将它的设备要求总线信号从“真”变为“假”之前，它必须释放 IACK＊、A01～A03、LWORD＊、WRITE＊、DS0＊和 DS1＊。

25 规则 4.34：
如果中断处理器在其请求器释放 BBSY＊之后，驱动或释放 AS＊为高，则在允许 AS＊升高超过低电平之后，必须在表中所规定的时间内释放 AS＊。

26 说明 4.16：
时序参数 26 保证了在中断处理器驱动 DSA＊为低之前，不驱动数据总线。

27 说明 4.17：
中断处理器得到如下保证：在 DTACK＊置为低之后，数据总线在表中所规定的时间内都是有效的。这一时间不适用于中断器驱动 BERR＊为低而不是驱动 DTACK＊为低的那些周期。

28 说明 4.18：
中断处理器得到如下保证：在其驱动 DSA＊为低之后且达到表中所规定的最小时间之前，DTACK＊和 BERR＊都不会变低。总线定时器向中断处理器保证：如在超时周期过去之后，在两倍超时周期内，DTACK＊尚未变低，则总线定时器将把 BERR＊驱动为低。

29 说明 4.19：
中断处理器得到如下保证：在它驱动 DSA＊为高之前，数据总线维持有效。

30 说明 4.20：
在中断处理器驱动 DS0＊和 DS1＊为高之前，保证 DTACK＊和 BERR＊都不会变为高。

31 说明 4.21：
中断处理器得到如下保证：当 DTACK＊和 BERR＊为高时，数据总线已被释放。

注：编号与表 4-16 中规定的时序参数相对应。

表 4-18　中断器时序规则和说明

4 说明 4.22：
中断器得到如下保证：当中断器检测到 AS＊的下降沿时，IACK＊、LWORD＊和 A01～A03 已保持有效且达到表中所规定的最小时间。

5 说明 4.23：
所有中断器都得到如下保证：数据传送总线周期之间要维持 AS＊为高且达到表中所规定的最小时间。

6 说明 4.24：
响应的中断器得到如下保证：在它释放 DTACK＊和 BERR＊为高之前，任何其他模块都不会驱动 D00～D31。

7 说明 4.25：
响应的中断器得到如下保证：所有其他模块将在 DSA＊变低之前的这一时间前释放数据总线。

9 说明 4.26：
响应的中断器得到如下保证：在前一周期的 DTACK＊和 BERR＊为高之前 DS0＊和 DS1＊都不会变低。

11 说明 4.27：
中断器得到如下保证：在各周期之间，在表中所规定的最小时间里，两个数据选通同时为高。

12 说明 4.28：
中断器得到如下保证：当检测到 DSA＊上的下降沿时，WRITE＊已为高且达到表中所规定的最小时间。

13 说明 4.29：
如果两个数据选通都要驱动为低，则响应的中断器得到如下保证：在 DSA＊之后，DSB＊将在表中所规定的最大时间内变为低。因此，如果 DSB＊在表中所规定的最大时间内不为低，则响应的中断器假定它以单字节 STATUS/ID 响应。

14 说明 4.30：
响应的中断器得到如下保证：只要它在总线超时周期里驱动 DTACK＊或 BERR＊为低，则在此之前，LWORD＊和 A01～A03 将维持有效。

表 4-18（续）

16 说明 4.31：

响应的中断器得到如下保证：只要它在总线超时周期里驱动 DTACK＊或 BERR＊为低，则在此之前，IACK＊将维持为低。

18 说明 4.32：

响应的中断器得到如下保证：只要它在总线超时周期里驱动 DTACK＊或 BERR＊为低，则在此之前，AS＊将维持为低。

19 说明 4.33：

中断器得到如下保证：AS＊将维持为低电平且达到表中所规定的最小时间。

20 说明 4.34：

响应的中断器得到如下保证：一旦 DSA＊为低，只要中断器在总线超时周期里驱动 DTACK＊或 BERR＊为低，则在此之前，它就维持其为低电平。

21 说明 4.35：

响应的中断器得到如下保证：一旦数据传送总线＊为低，只要中断器在总线超时周期里驱动 DTACK＊或 BERR＊为低，则在此之前，它就维持其为低电平。

23 说明 4.36：

中断器得到如下保证：在两个数据选通都为高之前，WRITE＊线维持高电平。

26 规则 4.35：

中断器在 DSA＊为低之前不得驱动数据总线。

27 规则 4.36：

响应的中断器在以一个有效的 STATUS/ID 驱动数据线之前，不得驱动 DTACK＊为低。

说明 4.37：

这个时间不适用于中断器将 BERR＊驱动为低而不是将 DTACK＊驱动为低的那些周期。

28 规则 4.37：

在驱动 DTACK＊或 BERR＊为低之前，响应的中断器必须在 DSA＊变低之后等待表中所规定的最小时间。

29 规则 4.38：

一旦响应的中断器已将 DTACK＊驱动为低，则在 DSA＊为高之前，它不得改变 D00～D31。

30 规则 4.39：

一旦响应的中断器已驱动 DTACK＊或 BERR＊为低，则在检测到 DS0＊和 DS1＊都为高之前，不得释放 DTACK＊或 BERR＊。

31 规则 4.40：

在释放 DTACK＊和 BERR＊为高之前，响应的中断器必须释放全部 D00～D31。

32 说明 4.38：

响应的中断器得到如下保证：当它检测到 DSA＊的下降沿时，IACK＊、LWORD＊和 A01～A03 已保持有效且达到表中所规定的最小时间。这个时间从时序参数 4 和 10 导出。

34 说明 4.39：

中断器得到如下保证：当它检测到 IACKIN＊的下降沿时，DSA＊已为低且达到表中所规定的最小时间。

35 规则 4.41：

在 AS＊上升沿之后，参与的中断器必须在表中所规定的最大时间内驱动它的 IACKOUT＊为高。

36 规则 4.42：

响应中的中断器在其 IACKIN＊线为低之前，不得驱动数据总线。

37 规则 4.43：

若：参与的中断器驱动 D00～D31 之一

则：在驱动其 IACKOUT＊线为低之前，必须将 D00～D31 释放。

38A 规则 4.44：

参与的中断器在检测到它的 IACKIN＊线为低之前，不得驱动它的 IACKOUT＊线为低。

38B 规则 4.45：

响应的中断器在检测到它的 IACKIN＊线为低之前，不得将它的 DTACK＊线驱动为低。

表 4-18（续）

39 说明 4.40：

这一时间保证:在 AS＊的上升沿之后,每个中断器的 IACKIN＊线将在表中所规定的时间内变为高。这个时间从时序参数 35 导出。要求 IACK 菊花链驱动器和参与的中断器在表中所规定的最大时间内将它们的 IACKOUT＊线驱动为高。

40 说明 4.41：

在连续的数据传送总线周期之间,所有中断器都得到如下保证:在表中所规定的最小时间内,它们的 IACKIN＊线将保持为高。

41 说明 4.42：

这一时间保证:只要参与的中断器在总线超时周期里驱动它的 IACKOUT＊为低,则在此之后,在表中所规定的时间之前,A01～A03 和 LWORD＊将维持有效。

43 说明 4.43：

这一时间保证:只要参与的中断器在总线超时周期里驱动它的 IACKOUT＊为低,则在此之后,AS＊维持为低且达到表中所规定的最小时间。

注：编号与表 4-16 中规定的时序参数相对应。

表 4-19 IACK 菊花链驱动器时序规则和说明

说明 4.44：

因为底板上把 IACK＊连接到第 1 插槽的 IACKIN＊,所以这两个信号是等同的。因此,所有适用于其中一个的那些规则和说明也都适用于另一个。

5 说明 4.45：

IACK 菊花链驱动器得到如下保证:在数据传送总线周期之间,AS＊为高且达到表中所规定的最小时间。

19 说明 4.46：

IACK 菊花链驱动器得到如下保证:AS＊将维持为低且达到表中所规定的最小时间。这个时间从中断器的时序参数 8、16 和 27 导出。

32 说明 4.47：

IACK 菊花链驱动器得到如下保证:当检测到 DSA＊的下降沿时,IACK＊(以及第一插槽的 IACKIN＊)已维持有效且达到表中所规定的最小时间。

34 规则 4.46：

如果当 IACK 菊花链驱动器在 DSA＊上检测到下降沿时,IACKIN＊线为低,则它必须驱动其 IACKOUT＊线为低,但不得在 DSA＊的下降沿后的表中所规定的这一时间之前驱动其 IACKOUT＊为低。

说明 4.48：

每当 DSA＊变低时,IACK 菊花链驱动器并不驱动其 IACKOUT＊线为低。只有当 IACK＊线也为低时,它才这么做,以表示中断确认周期正在进行之中。

35 规则 4.47：

如果 IACK 菊花链驱动器驱动其 IACKOUT＊线为低,则在 AS＊上升沿之后的表中所规定的这一时间里,IACK 菊花链驱动器必须驱动其 IACKOUT＊线为高。

40 规则 4.48：

在 IACKOUT＊已为高,并保持了表中所规定的最小时间之前,IACK 菊花链驱动器不得驱动 IACKOUT＊为低。

42 说明 4.49：

如果在总线超时周期内,IACK 菊花链驱动器驱动其 IACKOUT＊线为低,则表中所规定的这一时间保证 IACK＊(以及第 1 插槽的 IACKIN＊)在这个时间内保持有效。

注：编号与表 4-16 中规定的时序参数相对应。

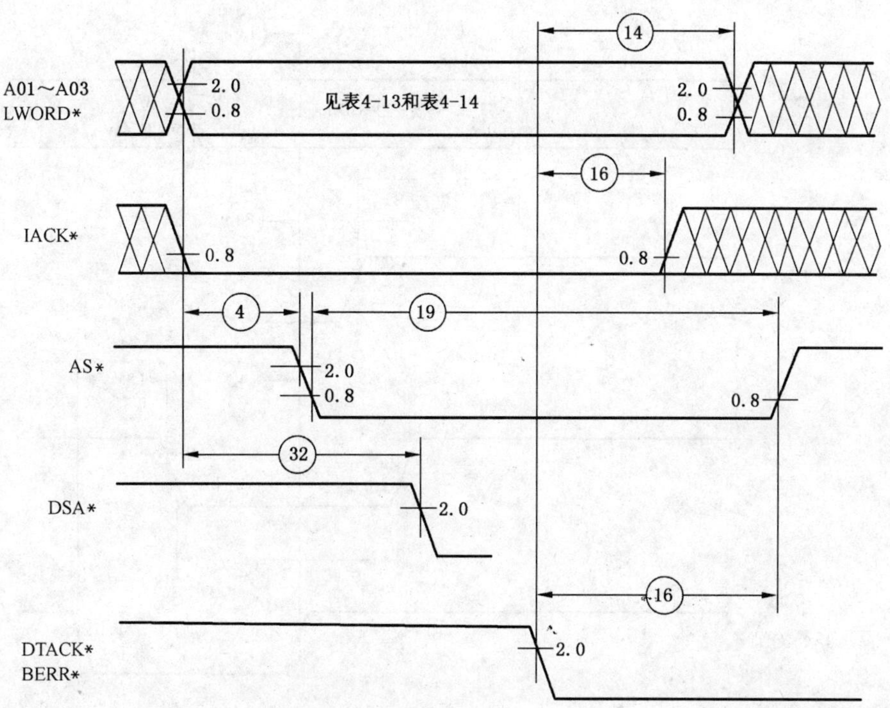

参数号	中断处理器		中断器		IACK＊菊花链驱动器	
	最小	最大	最小	最大	最小	最大
4	15	—	10	—	—	—
14	0	—	0	—	—	—
16	0	—	0	—	—	—
18	0	—	0	—	—	—
19	40	—	30	—	30	—
32	—	—	10	—	10	—
注：所有时间均以纳秒(ns)计。						

图 4-16　中断处理器和中断器-中断器选择时序
单字节、双字节、四字节的中断确认周期

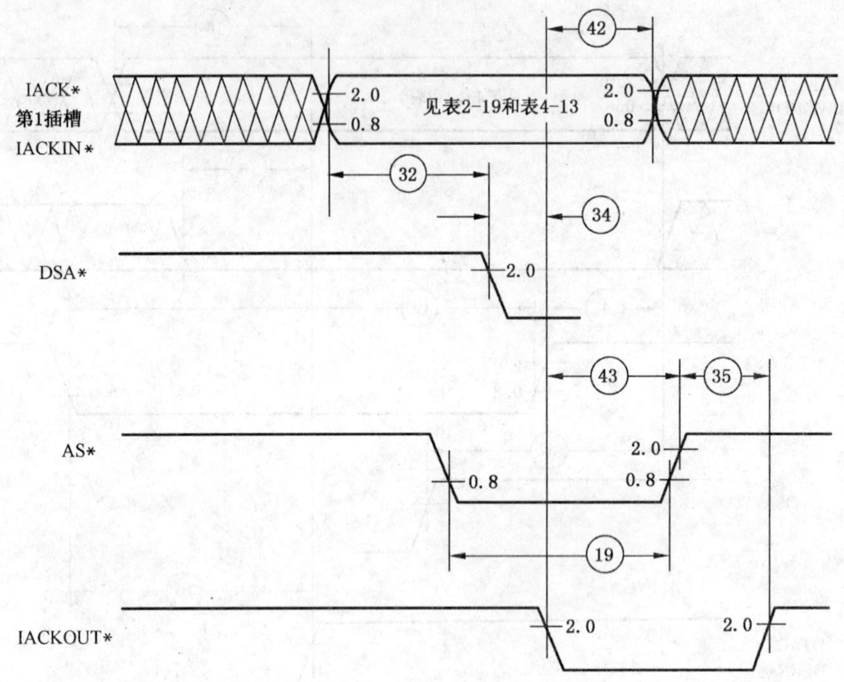

参数号	中断处理器		中断器		IACK＊菊花链驱动器	
	最小	最大	最小	最大	最小	最大
19	40	—	30	—	30	—
32	—	—	10	—	10	—
34	—	—	30	—	40	—
35	—	—	0	30	0	30
42	—	—	—	—	30	—
43	—	—	0	—	—	—
注：所有时间均以纳秒(ns)计。						

图 4-17　**IACK** 菊花链驱动器-中断器选择时序
单字节、双字节、四字节的中断确认周期

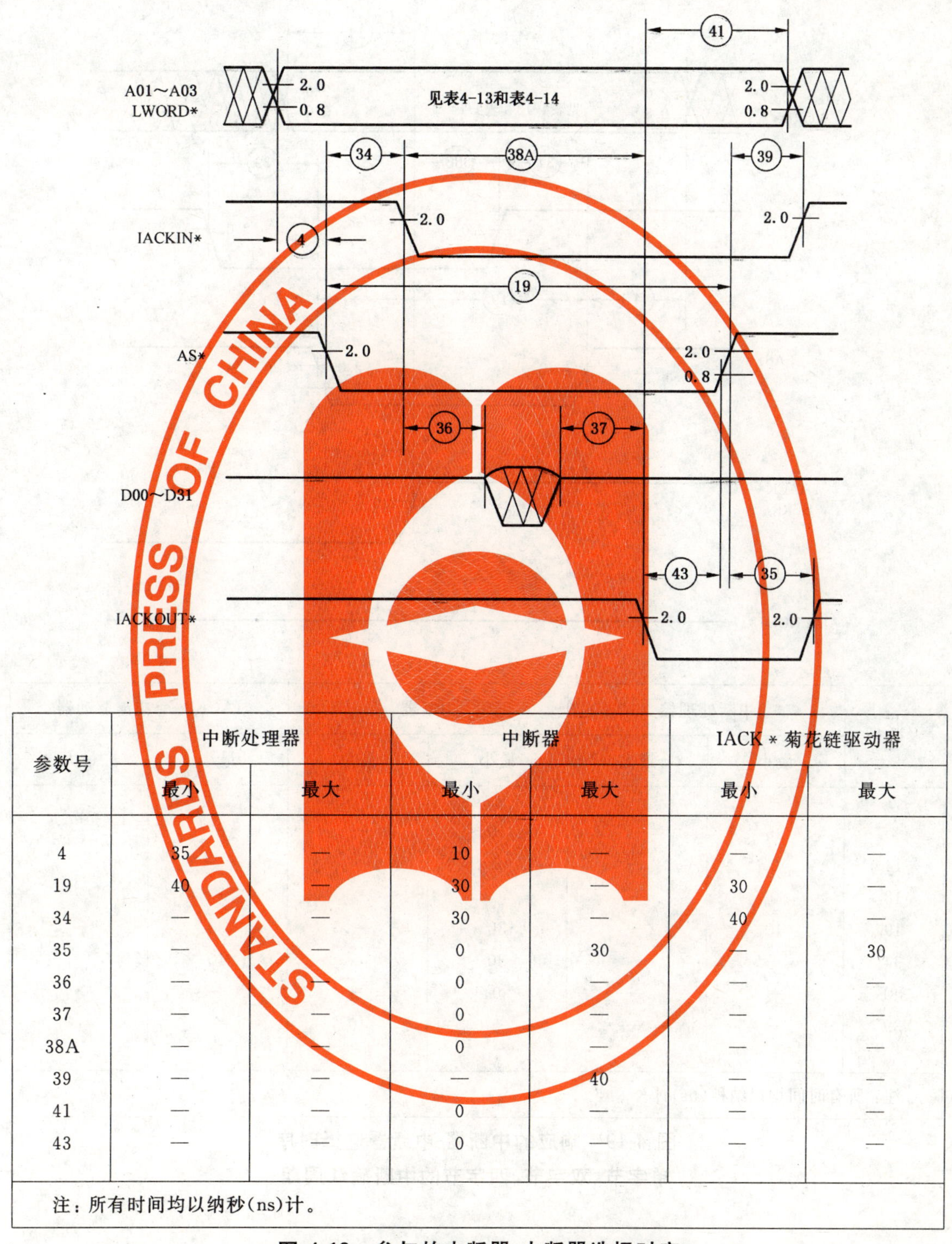

参数号	中断处理器		中断器		IACK * 菊花链驱动器	
	最小	最大	最小	最大	最小	最大
4	35	—	10	—	—	—
19	40	—	30	—	30	—
34	—	—	30	—	40	—
35	—	—	0	30	—	30
36	—	—	0	—	—	—
37	—	—	0	—	—	—
38A	—	—	0	—	—	—
39	—	—	—	40	—	—
41	—	—	0	—	—	—
43	—	—	0	—	—	—

注：所有时间均以纳秒(ns)计。

图 4-18 参与的中断器-中断器选择时序
单字节、双字节、四字节的中断确认周期

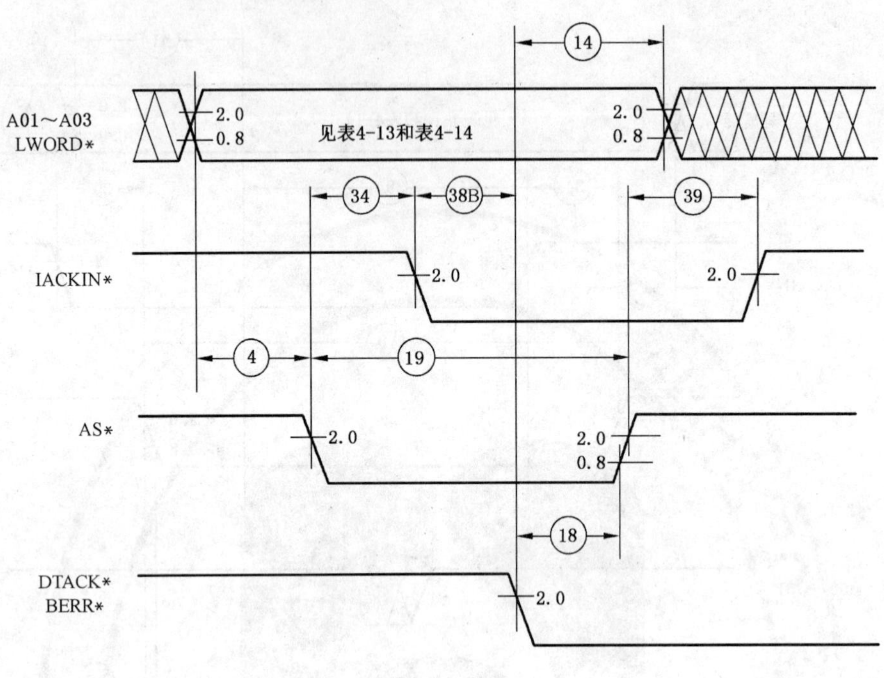

参数号	中断处理器		中断器		IACK＊菊花链驱动器	
	最小	最大	最小	最大	最小	最大
4	35	—	10	—	—	—
14	0	—	0	—	—	—
18	0	—	0	—	—	—
19	40	—	30	—	30	—
34	—	—	30	—	40	—
38B	—	—	0	—	—	—
39	—	—	—	40	—	—
注：所有时间均以纳秒(ns)计。						

图 4-19　响应的中断器-中断器选择时序
单字节、双字节、四字节的中断确认周期

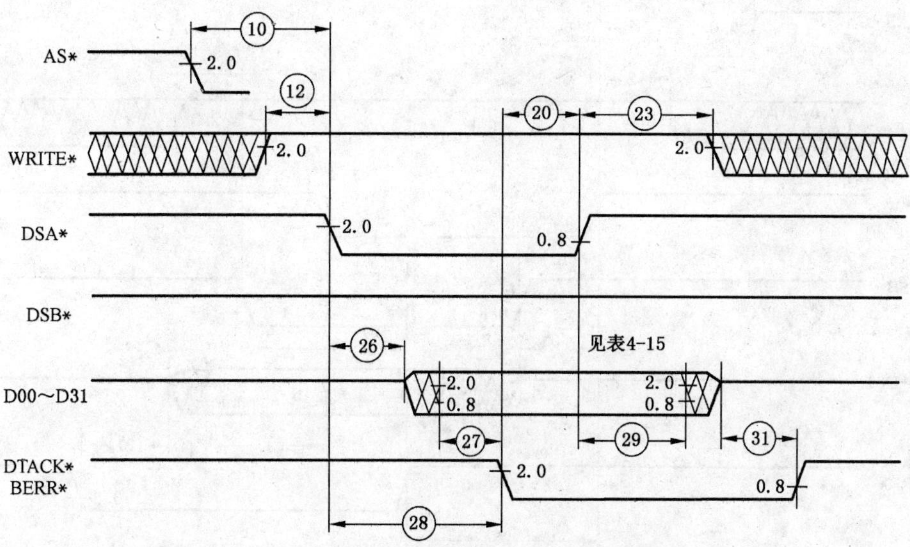

参数号	中断处理器		中断器		IACK * 菊花链驱动器	
	最小	最大	最小	最大	最小	最大
10	0	—	−10	—	—	—
12	35	—	10	—	—	—
20	0	—	0	—	—	—
23	10	—	0	—	—	—
26	0	—	0	—	—	—
27	−25	—	0	—	—	—
28	30	$2T$	30	—	—	—
29	0	—	0	—	—	—
30	0	—	0	—	—	—
31	0	—	0	—	—	—

注 1：所有时间均以纳秒(ns)计。

注 2：T=以微秒(μs)计的超时值。

图 4-20 中断处理器-STATUS/ID 传送时序

单字节中断确认周期

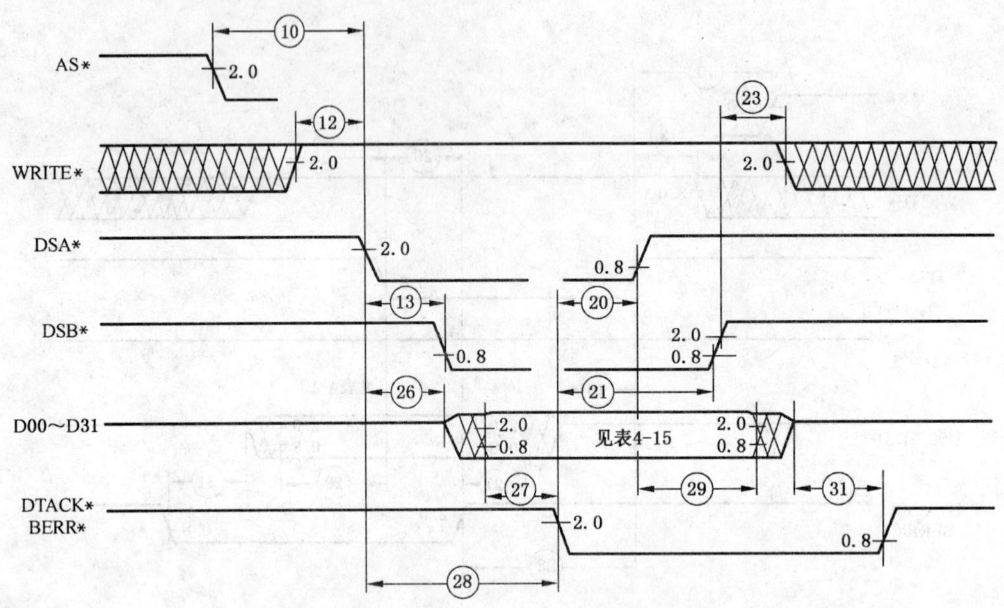

参数号	中断处理器		中断器		IACK＊菊花链驱动器	
	最小	最大	最小	最大	最小	最大
10	0	—	−10	—	—	—
12	35	—	10	—	—	—
13	—	10	0	20	—	—
20	0	—	0	—	—	—
21	0	—	0	—	—	—
23	10	—	0	—	—	—
26	0	—	0	—	—	—
27	−25	—	0	—	—	—
28	30	2T	30	—	—	—
29	0	—	0	—	—	—
30	0	—	0	—	—	—
31	0	—	0	—	—	—

注 1：所有时间均以纳秒(ns)计。

注 2：T=以微秒(μs)计的超时值。

图 4-21　中断处理器-STATUS/ID 传送时序

双字节中断确认周期；四字节中断确认周期

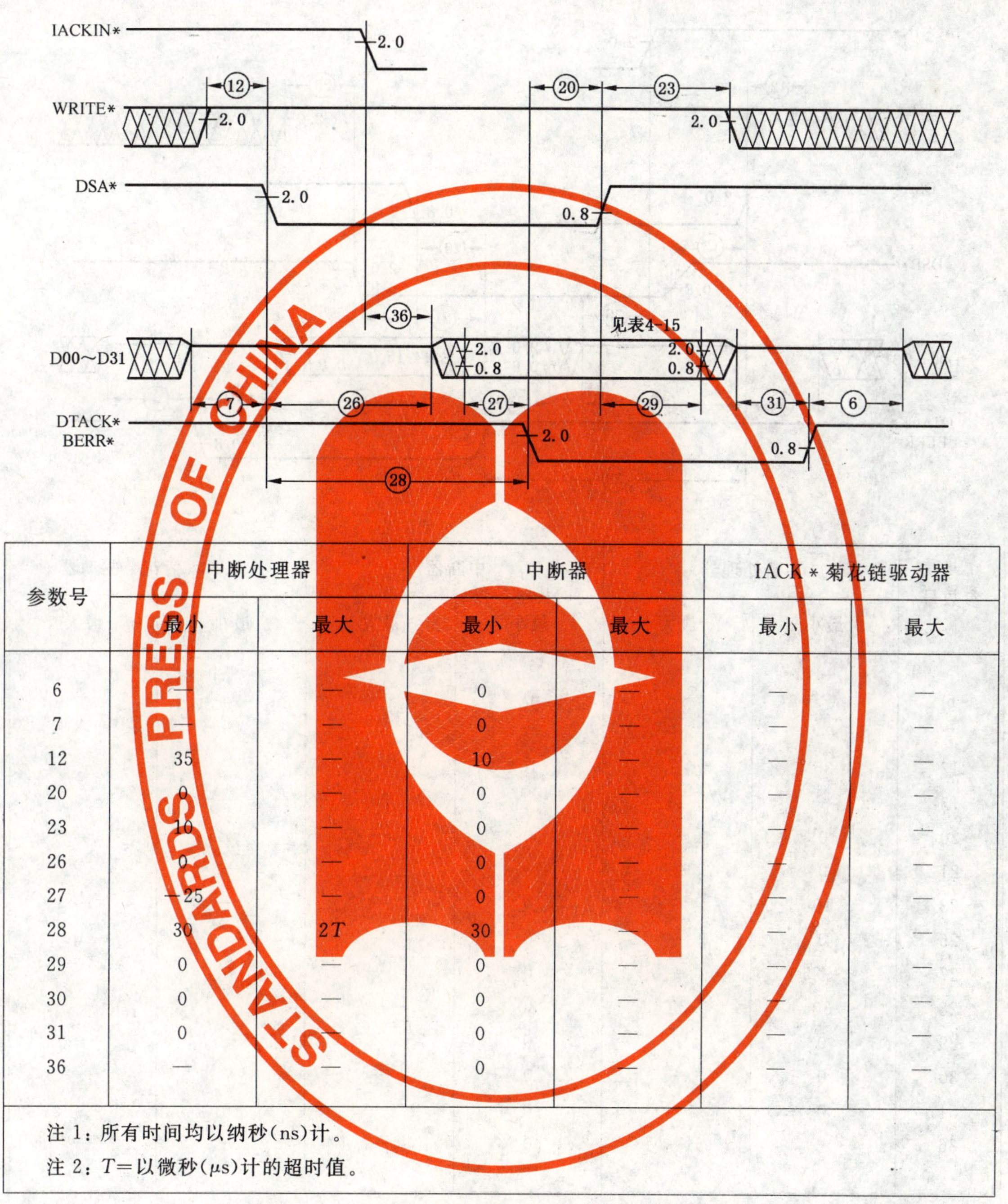

参数号	中断处理器		中断器		IACK＊菊花链驱动器	
	最小	最大	最小	最大	最小	最大
6	—	—	0	—	—	—
7	—	—	0	—	—	—
12	35	—	10	—	—	—
20	0	—	0	—	—	—
23	10	—	0	—	—	—
26	0	—	0	—	—	—
27	−25	—	0	—	—	—
28	30	$2T$	30	—	—	—
29	0	—	0	—	—	—
30	0	—	0	—	—	—
31	0	—	0	—	—	—
36	—	—	0	—	—	—

注 1：所有时间均以纳秒(ns)计。

注 2：T＝以微秒(μs)计的超时值。

图 4-22 响应的中断器-STATUS/ID 传送时序
单字节中断确认周期

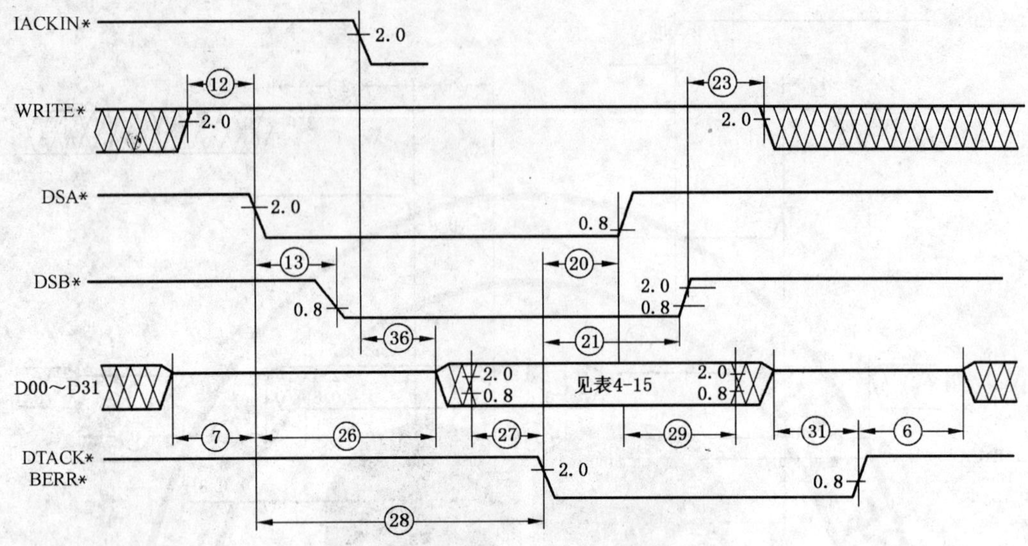

参数号	中断处理器		中断器		IACK＊菊花链驱动器	
	最小	最大	最小	最大	最小	最大
6	—	—	0	—	—	—
7	—	—	0	—	—	—
12	35	—	10	—	—	—
13	—	10	—	20	—	—
20	0	—	0	—	—	—
21	0	—	0	—	—	—
23	10	—	0	—	—	—
26	0	—	0	—	—	—
27	−25	—	0	—	—	—
28	30	$2T$	30	—	—	—
29	0	—	0	—	—	—
30	0	—	0	—	—	—
31	0	—	0	—	—	—
36	—	—	0	—	—	—

注 1：所有时间均以纳秒(ns)计。

注 2：T＝以微秒(μs)计的超时值。

图 4-23 响应的中断器-STATUS/ID 传送时序

双字节中断确认周期；四字节中断确认周期

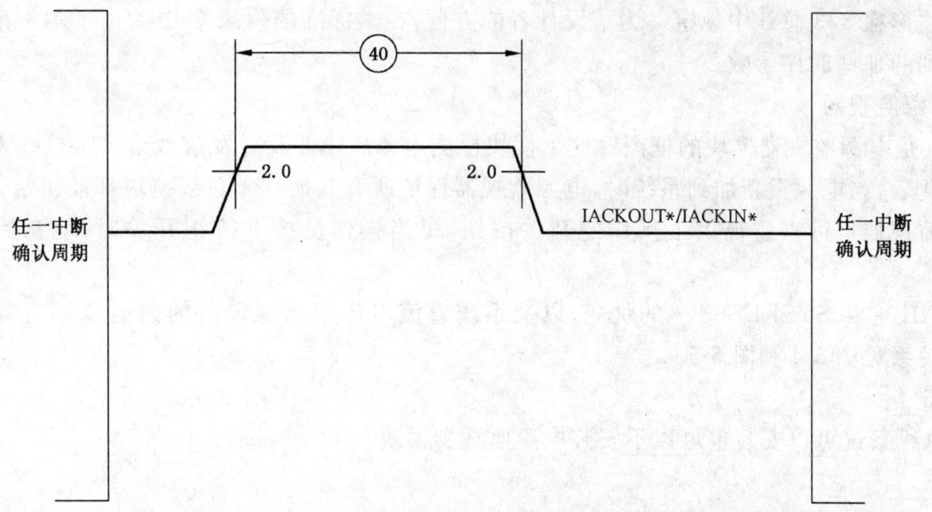

参数号	中断处理器		中断器		IACK * 菊花链驱动器	
	最小	最大	最小	最大	最小	最大
40	—	—	30	—	30	—
注 1：所有时间均以纳秒(ns)计。 注 2：T=以微秒(μs)计的超时值。						

图 4-24 IACK 菊花链驱动器、响应的中断器和参与的中断器 IACK 菊花链周期间的时序

5 821 总线的公用总线

5.1 引言

本章规定和定义为 821 总线提供公用功能的那些信号线和模块。其中公用功能包括为 821 总线提供周期时序信号、初始化诊断的能力等(见图 5-1)。

5.2 公用总线信号线

公用总线信号线列表如下：

SYSCLK　　系统时钟
SERCLK　　串行时钟
SERDAT *　　串行数据
ACFAIL *　　交流故障
SYSRESET *　　系统复位
SYSFAIL *　　系统故障

5.3 公用总线模块

5.3.1 系统时钟驱动器

系统时钟是一个独立的,非选通的固定频率为 16 MHz,占空比为 50%(标称)的周期信号。SYSCLK 驱动器装在板第 1 插槽位置的系统控制器上(见第 1 章),它提供已知的时基,可用于计算关机时间延迟。图 5-2 示出了系统时钟驱动器的时序图。

说明 5.1：

SYSCLK 与其他 821 总线时序没有固定的相位关系。

5.3.2 串行时钟驱动器

串行时钟驱动器提供一个由驻留在 821 总线板上的 823 总线模块使用的固定频率的特殊波形信

号。它的波形在823总线中规定。为了设计者的方便,在本标准的附录C中给出了本标准发布时实际上已要用到的那些时序参数。

5.3.3 电源监视器

图5-3是电源监视器模块的框图。这个模块检测电源故障并及时发信号给821总线系统使它有序地停工。此后,当电源重新加到系统时,电源监视器保证所有其他821总线模块都被初始化。

电源监视器也可以监视人工操作的开关按钮,每当操作员按下按钮开关时,就初始化821总线系统。

ACFAIL＊和SYSRESET＊的跳变,以及系统直流电压超出规定值的数值点都有确定的时序关系。这些关系见图5-4和图5-5。

许可5.1:

821总线系统可以安装也可以不安装电源监视器模块。

规则5.1:

电源监视器必须遵循图5-4和图5-5给出的时序关系。

许可5.2:

SYSRESET＊线可以由任何821总线板将它驱动为低,使其可用人工按钮开关来启动系统。在板驱动SYSRESET＊,而不驱动ACFAIL＊的地方,图5-4和图5-5的时序关系不适用。

规则5.2:

每当任何一个板驱动SYSRESET＊为低时,它必须在至少200 ms时间内保持SYSRESET＊为低。

输入输出板
数据输入输出设备
从设备
中断器
底板接口逻辑
存储器板
数据存储设备
从设备
底板接口逻辑
CPU板
数据处理设备
主设备
中断器
中断处理器
请求器
请求器
地址单元监视器
底板接口逻辑
系统控制器板
串行时钟驱动器
系统时钟驱动器
电源监视器
仲裁器
IACK菊花链驱动器
总线定时器
底板接口逻辑
由本标准定义
数据传送层
背板存取层
数据传送
优先级中断
DTB仲裁
公用设施

图 5-1 公用总线框图

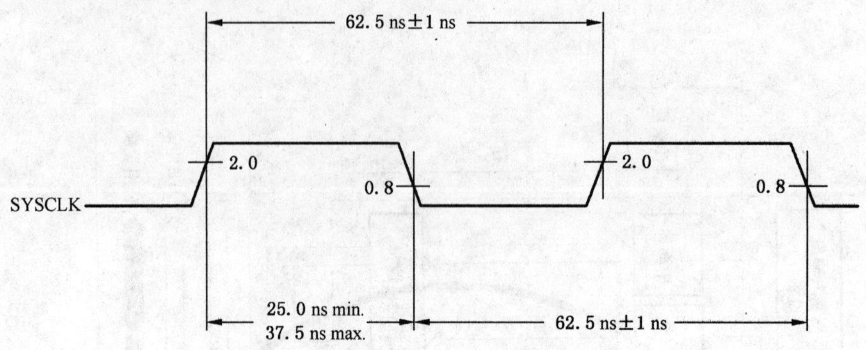

图 5-2 系统时钟驱动器时序图

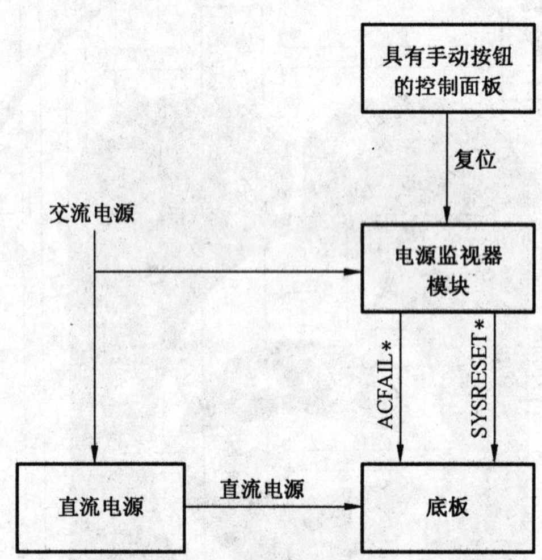

图 5-3 电源监视器模块的框图

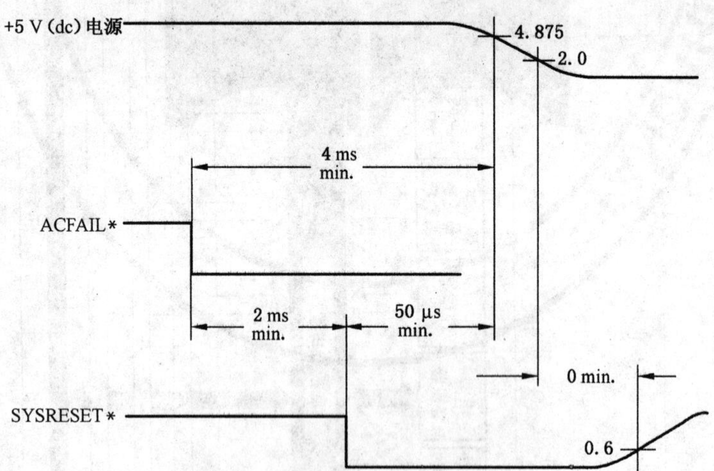

图 5-4 电源监视器电源故障时序

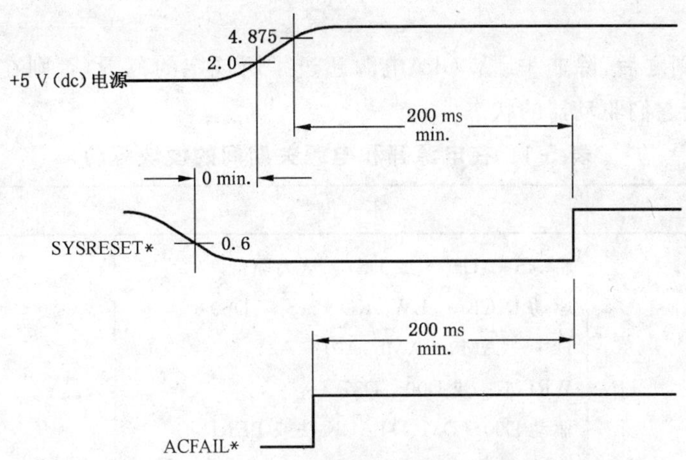

图 5-5 电源监视器系统重新启动时序

5.4 系统初始化和诊断

821 总线提供了允许系统按有序方式关电和加电的协议。两条信号线 ACFAIL *、SYSRESET * 用于关电和加电序列。另一条信号线 SYSFAIL * 则用于在加电序列。

下面规定了在电源关断期间，一些功能模块的工作要求：

推荐 5.1：

推荐将主设备设计成：在 ACFAIL * 为低并且达到 200 μs 之后，除电源故障之外不请求使用总线。

推荐 5.2：

如果在检测到 ACFAIL * 为低之前，主设备或中断处理器有一总线请求挂起，则建议将其后续的非电源故障动作限制在 200 μs 内。

说明 5.2：

将系统数据保存和恢复到 821 总线存储器所需的总线存取，要取决于具体的应用，在这里不作规定（操作系统必须保证，在系统关闭过程中保存的数据在系统操作之前被恢复数据）。在多处理器系统情况下，可能要求处理器与处理器间的通信。

系统复位（SYSRESET *）是一个由电源监视器模块驱动或由任何板驱动的集电极开路线，用来响应按钮开关的闭合动作。

说明 5.3：

在使用按钮复位开关的地方，需用特殊的电路，以保证开关颤动不致使板超出 200 ms 最小 SYSRESET * 低电平的时间。

规则 5.3：

不管 SYSRESET * 线的状态如何，系统时钟驱动器都必须继续提供规定的 SYSCLK 波形信号。

许可 5.4：

当 SYSRESET * 变低时，任何需要 200 ms 以上时间完成其初始化的板，可以将 SYSRESET * 驱动器接通为低，使得在所要求的期间内维持 SYSRESET * 为低电平。

规则 5.4：

如果当 SYSRESET * 为低时 +5 V (dc) 电源在它所规则的范围内，则各功能模块在 SYSRESET * 为低之后的规定时间之内，必须满足表 5-1 给出的时序规则。

规则 5.5：

如果当 +5 V (dc) 进入规定的范围时，SYSRESET * 为低，则在电源进入规定范围之后，各功能模块必须在规定的时间内满足表 5-1 给出的时序规则。

规则 5.6：

满足表 5-1 的规则之后，除非 +5 V (dc)电源超过了所规定的范围，否则在 SYSRESET * 为高之前，功能模块不得改变它们驱动器的状态。

表 5-1　在电源开和电源关期间的模块驱动

模　块	不　得	在下列时间之后
主设备和中断处理器	将 AS *、DS0 * 或 DS1 * 从高驱低	5 μs
主设备和中断处理器	驱动 IACK *、LWORD * AS *、DS0 *、DS1 *、AM0～AM5、A01～A31、WRITE * 或 D00～D31	20 μs
从设备和中断器	驱动 D00～D31、DTACK 呋或 BERR *	30 μs
中断器	驱动 IRQ1 * ～IRQ7 *	30 μs
总线定时器	驱动 BERR *	30 μs
仲裁器	将 BG0IN * ～BG3IN * 从高驱低	5 μs
仲裁器	将 BG0IN * ～BG3IN * 驱低	30 μs
请求器	驱动 BBSY *	30 μs

规则 5.7：

如果当 SYSRESET * 变低时，+5V (dc)电压在规定的范围之内，且主设备或中断处理器正在驱动 AS *、DS0 * 或 DS1 * 为低电平，则它必须保持这些选通为低电平达足够长的时间，以满足第 2 章和第 4 章给出的维持为低电平的最小时间。

SYSFAIL * 是集电极开路线，当系统加电时它保持低电平，维持低电平到系统自检测完成(见图 5-6)。使用方法如下：

建议 5.1：

建议在智能的主设备板上，设计一个可本地存取的控制寄存器位，当电源第一次加到板上时，这个位驱动板上的 SYSFAIL * 插针为低电平。这就允许板的本地智能进行本地的自检，只有自检通过，才释放 SYSFAIL *。

建议 5.2：

建议将非智能的板设计成带有可全局存取的控制寄存器位，这个位被初始化以驱动 SYSFAIL * 为低电平。这就允许在 821 总线上的主设备首先在非智能板上进行检测，然后写寄存器位，以释放板的 SYSFAIL * 驱动器。

建议 5.3：

建议在装有 SYSFAIL * 控制寄存器位的那些 821 总线板的前面板上提供一个状态 LED，以指示它的 SYSFAIL * 位的状态。这样，如果 SYSFAIL * 信号线指明有系统故障，用目测即可帮助确定哪个板已有了故障。

规则 5.8：

若：821 总线板按驱动 SYSFAIL * 进行设计，

则：该板在 SYSRESET * 走低之后的 50 ms 之内，必须驱动 SYSFAIL * 为低，如图 5-6 所示。

许可 5.4：

821 总线板也可以在正常操作期间的任何时刻驱动 SYSFAIL * 为低，以表示它已经检测到某种故障。

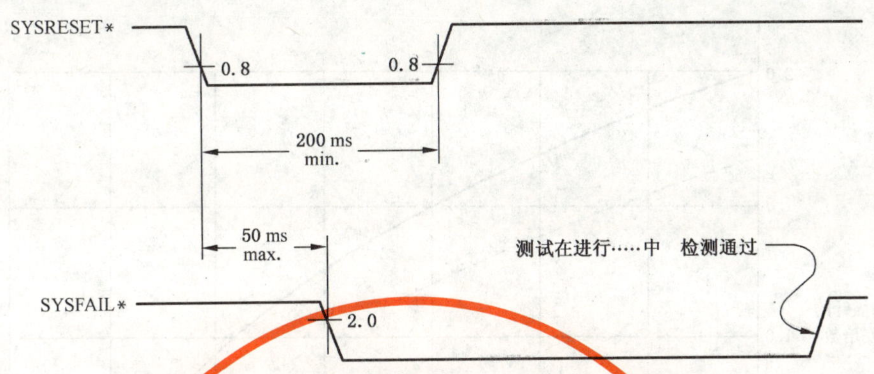

图 5-6 SYSRESET * 和 SYSFAIL * 时序图

5.5 电源插针

图 5-7 给出了各种温度下,821 总线电源插针的电流额定值。

说明 5.4:

某些连接器插针插入底板时,比其他插针的接触电阻稍高。这就会在并联插针上产生电流的不平衡。假定两个插针是并联的,并且载流总数为 2 A,如果在一个插针上接触电阻为 1 mΩ,另一个为 2 mΩ,则一个插针将只载流 0.67 A,而另一个要载流 1.33 A。

规则 5.9:

821 总线连接器插针必须至少能够承受图 5-7 中实线所示的电流值。

说明 5.5:

如果一个或多个电源插针完全损坏,则所有负载电流将全部流过其余的插针。例如,如果插针有一半损坏,则剩余的插针要承受两倍的正常电流。负载电流大时也许会使得这些剩余的好插针损坏。

建议 5.4:

当设计一个具有大电流负载的 821 总线板时,建议把板的区域分成各自独立的电源网栅供电区域。这些电源网栅在 821 总线板上彼此不连接,而是各自与自己的 821 总线的电源插针相连。

说明 5.6:

如果将一个双宽度的 821 总线板插入一个只有 J_1 底板的机架,而此双宽度板耗用的功率要比 P_1 连接器所能提供的功率更大,则 P_1 电源插针会过热,并可能损坏。

5.6 保留线

说明 5.7:

保留线按第 6 章图 6-3 中定义的方式端接和汇入总线。

规则 5.10:

保留线留给将来使用,在设计任何 821 总线板时都不得使用。

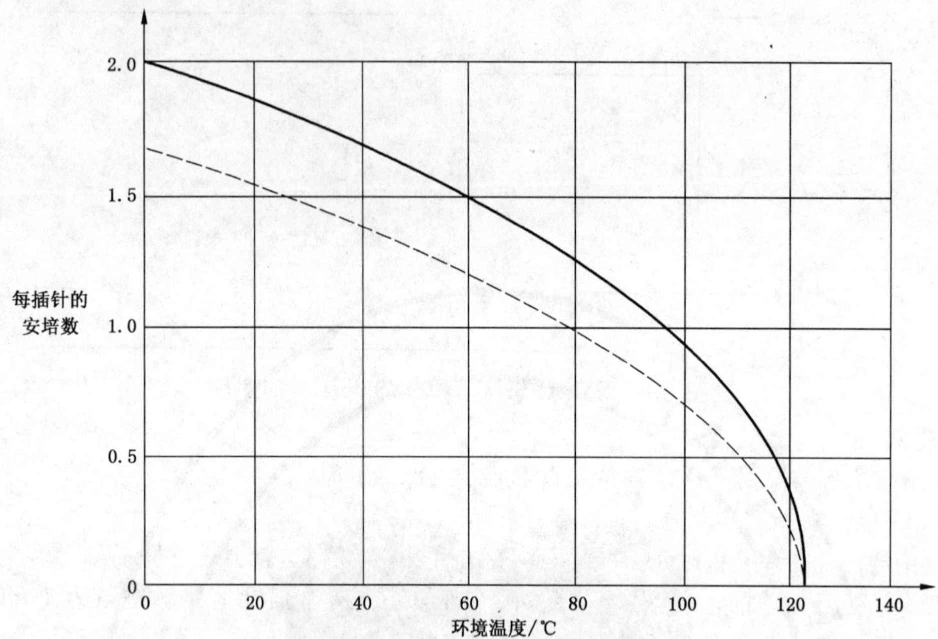

注：虚线图示在两个或更多个插针连到一个公共的板上电源网栅上的情况下，每个+5 V直流电源插针能安全通过的电流。

实线图示在每个插针连到各自的板上电源网栅的情况下，每个+5 V直流电源插针能安全通过的电流。

图 5-7 电源插针的电流额定值

6 821总线的电气规范

6.1 引言

821总线板(例如处理器、存储器和I/O设备板)之间的数据传输，根据设计可在一块或两块底板上进行。本章中的规则，确保了底板各信号线的正确的时序，最小的噪声和底板信号线上的最小串扰。821总线底板的设计，必须遵守下列各项规则。

规则6.1：

821总线底板的信号导线的长度不得大于500 mm(19.68 in)。

规则6.2：

821总线底板不得有多于21个插槽。

规则6.3：

对于要求端接的那些信号线(见6.7)，底板必须提供在信号线两端进行端接的手段。

规则6.4：

底板必须提供+5 V、+5 V STDBY、+12 V和−12 V的电源导线，用来接至7.6中规定的所有电源插针。

规则6.5：

底板必须提供连接到7.6中规定的所有接地插针上的接地导线。

许可6.1：

821总线的信号线，通常由双极型驱动器驱动。但是，也可以用与本标准相符的任何工艺技术。

6.2 电源分配

821总线系统中使用的电源，是分布在底板上稳压的直流(d.c.)电压，可用的电源电压有：

+5 V (dc)　　这是大部分821总线系统使用的主电源。大部分系统电路，包括TTL逻辑、MOS微处理器和存储器，都需要用这一电压。

±12 V (dc)　　这二挡电源常常用作GB/T 6107《使用串行二进制数据交换的数据终端设备

和数据电路终接设备之间的接口》的驱动器电源，有时也用作 MOS 和模拟器件的电源。在某些情况中，−5 V (dc)偏压或−5.2 V (dc)ECL 电压也使用板上的调压器从 −12 V (dc)电源分压而取得。但是，这几挡电源通常不像 +5 V (dc)电源那样给 821 总线系统提供很大的功率。

+5 V (dc)STDBY 当+5 V (dc)电源掉电时，这个电源被用来维持存储器、日历时钟的工作。

6.2.1 直流电压规范

表 6-1 归纳了直流电压规范，所示的规范值是在插入底板的任意插件的连接器插针处测得的最大允许变化值。

推荐 6.1:

设计和连接底板时，要将电源检测点安排在底板中心附近，而且尽可能靠近电源引入底板的那一点。

说明 6.1:

将电源检测点安排在靠近电源输入点的地方，可防止靠近电源输入点的板接受过高的电压。

说明 6.2:

表 6-1 中给出的非对称变化值，能确保电源配电网络出现超出典型电压值时，直流电源仍能维持在大多数集成电路所要求的容差范围之内。

说明 6.3:

某些系统在正常工作期间的功耗波动很大。例如，如果大量的存储器在同一时刻刷新，则动态存储器的刷新就可能造成很大的功耗波动。在这种情况下，电压分配系统的响应时间就变得非常重要。

推荐 6.2:

在 821 总线板上使用旁路电容，以使电源瞬态效应减到最小。

表 6-1 总线电压规范

助忆符	说明	允许的变化值（见说明）	10 MHz 以下的纹波噪声（峰-峰）
+5 V	+5 V(dc)	+0.25 V、−0.125 V	50 mV
+12 V	+12 V(dc)电源	+0.60 V、0.36 V	50ITIV
−12 V	−12 V(dc)电源	−0.6 V、+0.36 V	50 mV
+5 V STDBY	+5 V(dc)备用	+0.25 V、−0.125 V	50 mV
GND	地	参考	

6.2.2 插针和插座连接器的电气额定值

规则 6.6:

821 总线使用的 96 插针连接器必须具有下列特性：

a) 电压额定值：插针与插针之间的耐压大于或等于 100 V(dc)；

b) 接触电阻：额定电流时的接触电阻小于或等于 50 mΩ；

c) 绝缘电阻：插针与插针之间的绝缘电阻大于或等于 100 MΩ。

说明 6.17:

连接器模塑材料的介电常数各不相同，因而对串扰的敏感度各不相同。

建议 6.9:

连接器采用串扰最小的模塑材料。

6.3 电信号特性

规则 6.7:

821 总线板不得将任何底板信号线的稳态电压驱动得比+5 V 电源插针上的最高电压还高，或比它的接地插针的最低电压还低。

规则 6.8:

821 总线板必须使用满足下列特性的驱动器和接收器。

a) 驱动器的稳态输出低电平小于或等于 0.6 V；

b) 接收器的稳态输入低电平小于或等于 0.8 V；

c) 驱动器的稳态输出高电平大于或等于 2.4 V；

d) 接收器的稳态输入高电平大于或等于 2.0 V。

图 6-1 给出了这些电平的简单图形表示。

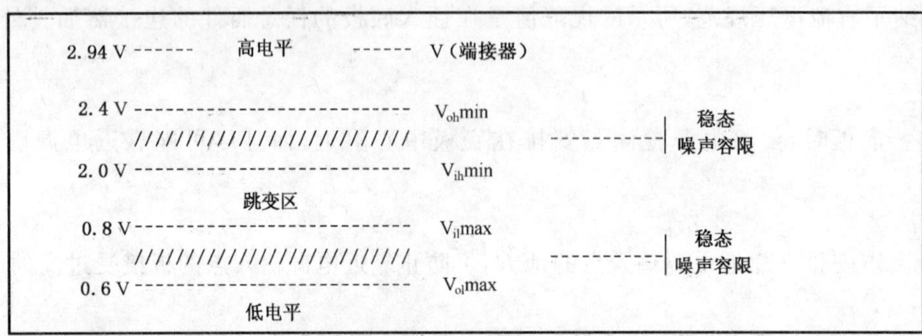

图 6-1 821 总线信号电平

821 总线板用三态门、集电极开路门和推拉驱动器来驱动底板上的信号线。6.4 规定了各种信号线的驱动和加载要求。6.7 给出了一个摘要，说明驱动每一条信号线所用的驱动器类型。

规则 6.9：

在 821 总线板上测量电压门限值，以证实其符合时序规范时，接地参考点必须选择板上最靠近被测信号插针的接地插针，而且信号电压必须在板连接器的插针上测量。

6.4 总线驱动和接收的要求

本条定义了 821 总线各条信号线使用的驱动器和接收器的规范。表 6-2 列出了所有的信号，以及讨论这些信号的章条。

表 6-2 总线驱动和接收要求

信号名称	6.4.2.×
A01～A31	2
ACFAIL＊	5
AM0～AM5	2
AS＊	1
BBSY＊	5
BCLR＊	3
BERR＊	5
BG0OUT＊～BG3OUT＊	4
BR0＊～BR3＊	5
D00～D31	2
DS0＊	1
DS1＊	1
DTACK＊	5
IACK＊	2,5
IACKOUT＊	4
IRQ1＊～IRQ7＊	5
LWORD＊	2
SERCLK	3
SYSCLK	3
SYSFAIL＊	5
SYSRESET＊	5
WRITE＊	2

6.4.1 总线驱动器的定义

推拉电路、三态门和集电极开路门驱动器定义如下：

推拉电路：一种在低态时吸收电流，在高态时输出电流的两态有源驱动器。推拉电路驱动器用于每条信号线只有一个驱动器的信号上(例如，菊花链信号线)。

三态门：类似推拉电路，但它除了逻辑低状态和高状态之外，还能进入高阻抗状态(驱动器关闭)。三态门驱动器用于由总线上不同点的几个器件驱动的那些信号线(例如，地址线或信号线)。但在任一时刻，这些驱动器中只能有一个是激活的。

集电极开路门：在低态时吸收电流，但在高态时不供出电流。每当它不被驱动为低时，底板上的端接电阻就确保信号线的电压升到高电平。集电极开路门驱动器用于可由几个器件同时驱动的信号线(例如，中断和总线请求线)。

6.4.2 所有 821 总线线的驱动和加载规则

规则 6.10：

所有的 821 总线板必须为它所监视的每条 821 总线信号线进行箝位，以防止信号线出现低于 －1.5 V的负压。

说明 6.4：

标准的 CT74LS 系列和 CT74F 系列器件，在它们的输入端均有内部的箝位二极管，故能满足规则 6.10 中规定的箝位要求。

规则 6.11：

821 总线接收器必须确保能检测出 2.0 V 门限电压以上的逻辑高电平，如图 6-1 所示。

规则 6.12：

821 总线接收器必须确保能检测出 0.8V 门限电压以下的逻辑低电平，如图 6-1 所示。

许可 6.2：

如果将三态门驱动器的输出端恒定选通，则它就可以作为一个推拉电路驱动器使用。

6.4.2.1 大电流三态线(AS *、DS0 *、DS1 *)的驱动和加载规则

规则 6.13：

如果 821 总线板驱动 As *、DS0 *、或 DS1 * 线，则驱动这些线的驱动器必须满足下列规范：

a) 低态吸收电流：IOL≥64 mA；

b) 低态电压：IOL＝64 mA 时，VOL≤0.6 V；

c) 高态供出电流：IOH≥3 mA；

d) 高态电压：IOH＝3 mA 时，VOH≥2.4 V；

e) 板插针接地时的最小供出电流：0 V 时，IOS≥50 mA；

f) 板插针接地时的最大供出电流：0 V 时，IOS≤225 mA。

规则 6.14：

当驱动器被关闭时，821 总线板必须限制 AS *、DS0 * 和 DS1 * 线的负载为下列值：

a) 在 0.6 V 时板供出的电流，包括漏电流：IOZL＋IIL≤450 tμA；

b) 在 2.4 V 时板吸收的电流，包括漏电流：IOZH＋IIH≤100 tμA；

c) 信号的总电容负载，包括信号布线电容：CT≤20 pF。

说明 6.5：

规则 6.13 和规则 6.14 列出的供出和吸收电流，包括了板上的驱动器以及接收器二者所供出和吸收的电流。

建议 6.1：

用 CT74S241 或 CT74F241(244)器件驱动 AS *、DS0 * 和 DS1 * 线。

用 CT74LS240、CT74LS241 或 CT74LS244 器件接收 AS *、DS0 * 和 DS1 * 线。

6.4.2.2 标准的三态信号线(A01～A31、D00～D31、AM0～AM5、IACK *、LWORD *、WRITE *)的驱动和加载规则

规则 6.15:

如果一块 821 总线板驱动 A01～A31、D00～D31、AM0～AM5、IACK *、LWORD * 或 WRITE * 线,则驱动这些线的驱动器必须满足下列规范:

a) 低态吸收电流:IOL≥48 mA;

b) 低态电压:IOL=48 mA 时,VOL≤0.6 V;

c) 高态供出电流:IOH≥3 mA;

d) 高态电压:IOH=3 mA 时,VOH≥2.4 V;

e) 板插针接地时的最小供出电流:0 V 时,IOS≥50 mA;

f) 板插针接地时的最大供出电流:0 V 时,IOS≤225 mA。

规则 6.16:

当驱动器关闭时,821 总线板必须将 A01～A31、D00～D31、AM0～AM5、IACK *、LWORD * 和 WRITE * 线的负载限制在下列值:

a) 在 0.6 V 时板供出的电流,包括漏电流:IOZL+IIL≤700 μA;

b) 在 2.4 V 时板吸收的电流,包括漏电流:IOZH+IIH≤150 μA;

c) 信号的总电容负载,包括信号布线电容;CT≤20 pF。

说明 6.6:

规则 6.15 和规则 6.16 中规定的供出和吸收电流,包括了板上的驱动器以及接收器二者所供出和吸收的电流。

建议 6.2:

用 CT74ALS645-1、CT74F244、CT74AS573 或者 CT74AS580 器件驱动 A01～A31、D00～D31、AM0～AM5、IACK *、LWORD * 和 WRITE * 线。

用 CT74LS240、CT74LS241 或 CT74LS244 器件接收 A01～A31、D00～D31、AM0～AM5、IACK *、LWORD * 和 WRITE * 线。

用 CT74ALS645-1、CT74ALS245A-1、CT74ALS646-1 或者 CT74ALS648-1 器件收发 A01～A31、D00～D31、AM0～AM5、IACK *、LWORD * 和 WRITE * 线。

6.4.2.3 大电流推拉线(SERCLK、SYSCLK、BCLR *)的驱动和加载规则

规则 6.17:

821 总线系统必须只有一块板驱动 SERCLK、SYSCLK 或 BCLR * 线。驱动这些线的驱动器必须满足下列规范:

a) 低态吸收电流:IOL≥64 mA;

b) 低态电压:IOL=64 mA 时,VOL≤0.6 V;

c) 高态供出电流:IOH≥3 mA;

d) 高态电压:IOH=3 mA 时,VOH≥2.4 V;

e) 板插针接地时的最小供出电流:0 V 时,IOS≥50 mA;

f) 板插针接地时的最大供出电流:0 V 时,IOS≤225 mA。

规则 6.18:

所有的 821 总线板都必须限制 SERCLK、SYSCLK 和 BCLR * 线的负载为下列值:

a) 在 0.6 V 时板供出的电流,包括漏电流:IOZL+IIL≤600 μA;

b) 在 2.4 V 时板吸收的电流,包括漏电流:IOZH+IIH≤50 μA;

c) 系统控制器(含驱动器)的信号总电容负载,包括信号布线的电容:CT≤20 pF;

d) 其他板(无驱动器)的信号总电容负载,包括信号布线的电容:CT≤12 pF。

说明 6.7:

规则 6.17 和规则 6.18 中规定的供出和吸收电流，包括了板上的驱动器和接收器二者所供出和吸收的电流。

建议 6.3:

使用 CT74S241 或 CT74F241(244)器件驱动 SERCLK、SYSCLK 和 BCLR＊线。

使用 CT74LS240、CT74LS241 或 CT74LS244 器件接收 SERCLK、SYSCLK 和 BCLR＊线。

6.4.2.4 标准推拉线(BG0OUT＊～BG3OUT＊/BG0IN＊～BG3IN＊、IACKOUT＊/IACKIN＊)的驱动和加载规则

规则 6.19:

如果一块 821 总线板驱动 BG0OUT＊～BG3OUT＊/BG0IN＊～BG3IN＊或 IACKOUT＊/IACKIN＊线，则这些线的驱动器必须满足下列规范:

a) 低态吸收电流:IOL≥8 mA;

b) 低态电压:IOL=8 mA 时，VOL≤0.6 V;

c) 高态供出电流:IOH≥400 μA;

d) 高态电压:IOH=400 μA 时，VOH≥2.7 V。

规则 6.20:

所有的 821 总线板都必须限制每条 BG0OUT～BG3OUT＊、BG0IN＊～BG3IN＊和 IACKOUT＊/IACKIN＊线的负载为下列值:

a) 在 0.6 V 时板供出的电流，包括漏电流:IOZL+IIL≤600 μA;

b) 在 2.4 V 时板吸收的电流，包括漏电流:IOZH+IIH≤50 μA;

c) 信号总电容负载，包括信号布线电容:CT≤20 pF。

说明 6.8:

规则 6.19 和规则 6.20 中规定的供出和吸收电流，包括了板上的驱动器和接收器二者所供出和吸收的电流。

建议 6.4:

用任何满足上述规范的标准器件驱动 BG0OUT＊～BG3OUT＊/BG0IN＊～BG3IN＊、IACK-OUT＊/IACKIN＊线。

用 CT74LS240、CT74LS241 或 CT74LS244 器件接收 BG0OUT＊～BG3OUT＊/BG0IN＊～BG3IN＊和 IACKOUT＊/IACKIN＊线。

6.4.2.5 集电极开路线(BR0＊～BR3＊、BBSY＊、IRQ1～IRQ7＊、DTACK＊、BERR＊、SYSFAIL＊、SYSRESET＊、ACFAIL＊、IACK＊)的驱动和加载规则

规则 6.21:

如果一块 821 总线板驱动 BR0＊～BR3＊、BBSY＊、IRQ1＊～IRQ7＊、DTACK＊、BERR＊、SYSFAIL＊、SYSRESET＊、ACFAIL＊或者 IACK＊线，则驱动这些线的驱动器必须满足下列规范:

a) 低态吸收电流:IOL≥48 mA;

b) 低态电压:IOL=48 mA 时，VOL≤0.6 V。

规则 6.22:

所有的 821 总线板必须将每条 BR0＊～BR3＊、BBSY＊、IRQ1＊～IRQ7＊、DTACK＊、BERR＊、SYSFAIL＊、SYSRESET＊、ACFAIL＊和 IACK＊线的负载限制为下列值:

a) 在 0.6 V 时板供出的电流，包括漏电流:IOZL+IIL≤400 μA(DTACK＊和 BERR＊);

IOZL+IIL≤600 μA(所有其他线);

b) 在 2.4 V 时板吸收的电流，包括漏电流:IOZH+IIH≤50 μA;

c) 信号总电容负载，包括信号布线电容:CT≤20 pF。

说明 6.9:

规则 6.21 和规则 6.22 中规定的供出和吸收电流,包括了板上的驱动器和接收器二者所供出和吸收的电流。

建议 6.5:

用 CT74S38 器件驱动 BR0 * ～BR3 * 、BBSY * 、IRQ1 * ～IRQ7 * 、DTACK * 、BERR * 、SYSFAIL * 、ACFAIL * 和 IACK * 线。

用 CT74LS240、CT74LS241 或者 CT74LS244 器件接收 BR0 * ～BR3 * 、BBSY * 、IRQ1 * ～IRQ7 * 、DTACK * 、BERR * 、SYSFAIL * 、SYSRESET * 、ACFAIL * 和 IACK * 线。

建议 6.6:

由于＋5 V 电源超出规范时,大多数 TTL 器件不能可靠地工作,所以建议在电源监视器模块上,用一个分立的高增益小信号晶体管组成的驱动器来驱动 SYSRESET * 线。

6.5 底板信号线的互连

821 总线是一个高性能的接口系统。它的设计考虑到了底板上传输线的效应。第 2 章和第 4 章中规定的地址和数据建立时间,已考虑到当前市场上大部分可用的驱动器,都不能在信号从总线端点反射回来之前可靠地将底板信号线从低电平驱动到高电平。尽管这些反射是有用的,但不能太大,否则会引起振荡,下面各条规定达到既定要求的底板特性。

6.5.1 端接网络

规则 6.23:

除菊花链线外,所有 821 总线信号线的每个端点都必须使用端接网络。

说明 6.10:

821 总线中的端接有四个用途:

a) 减少来自底板端点的反射;

b) 为集电极开路门驱动器提供高态上拉电阻;

c) 三态门器件未选通时,使信号线恢复到高电平;

d) 为驱动器吸收晶体管关断提供一个恒定电流,使信号线具有更陡的正跳变。

图 6-2 中示出了端接的戴维宁等效电路,示出的分压器提供了这个端接值。

说明 6.11:

如果图 6-2 中电阻网络上的电源电压和电阻值的最大容差保持在±5%,则图中所示的电路将满足戴维宁等效电路所示的容差。

说明 6.12:

只有当＋5 V 电源用旁路电容接地充分去耦时,图 6-2 中示出的电阻网络才呈现它的戴维宁等效阻抗。

推荐 6.3:

用 0.01 μF～0.1 μF 的旁路电容,并尽可能靠近每个电阻端接组件的 V_{cc} 插针。

许可 6.3:

任何电阻网络和电压源均可以作为端接,只要它们能提供如图 6-2 所示的戴维宁等效电路即可。

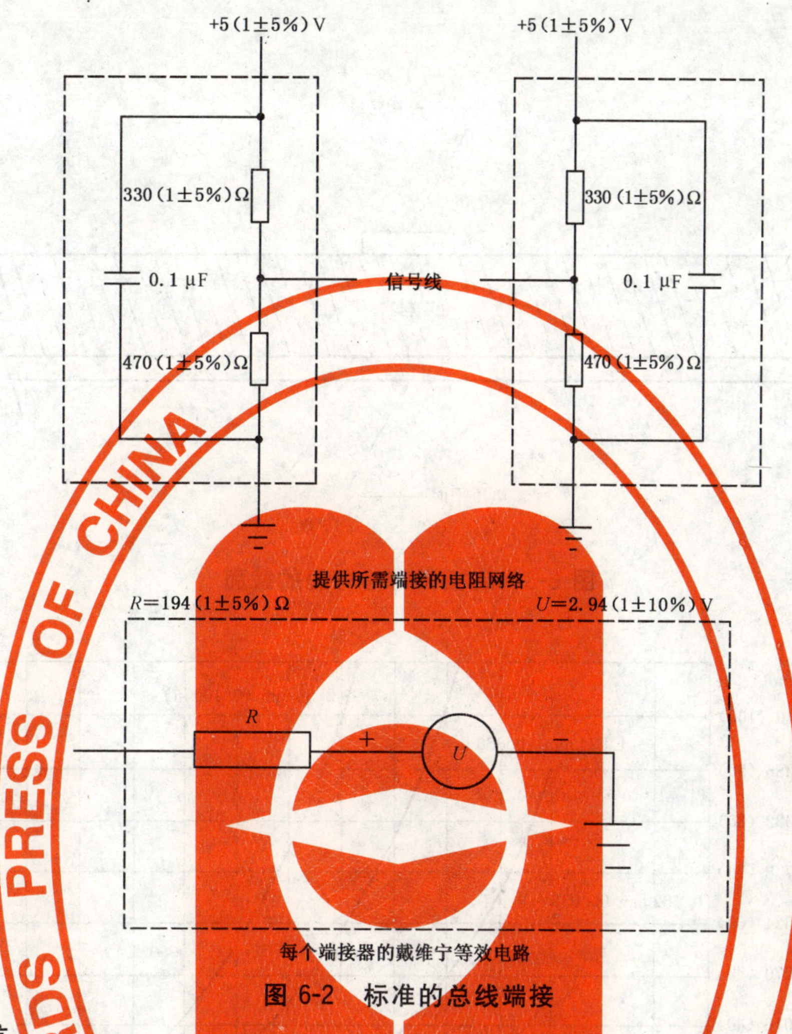

图 6-2 标准的总线端接

6.5.2 特性阻抗

底板上的每条信号线都有其相应的特性阻抗 Z_o。这个特性阻抗非常重要，因为 Z_o 的不连续性（由于电容的影响和总线负载）以及 Z_o 和端接器之间的不匹配都会引起信号波形的失真。

图 6-3 示出了一条微带信号线的截面图，它是多层底板信号线的一般结构。Z_o 是线的宽度和厚度、介质厚度及其相对介电常数的函数。图 6-4 示出的是特征阻抗与一般厚度的玻璃纤维环氧树脂底板微带线宽度的曲线。

821 总线信号线上的端接，减少了它们信号波形的失真。虽然端接网络与信号线之间不能保持良好的阻抗匹配（良好的阻抗匹配可完全消除由于反射而引起的失真），但也不允许太大的失配（如果信号线的 Z_o 值太小，就会出现这种情况），这一点很重要。

推荐 6.4：

设计微处理机系统总线底板时，要选择信号线的宽度和底板的厚度，尽可能使 Z_o 接近 100 Ω（根据图 6-4 计算）。

底板信号线的实际特性阻抗称为有效特征阻抗（Z_o），由于金属化孔和连接器插针电容的影响，有效特性阻抗将比 Z_o 小。附加的电容使 Z_o 小于 100 Ω 的金属化孔对安装连接器是必要的，但其他的孔应当尽量减少 。

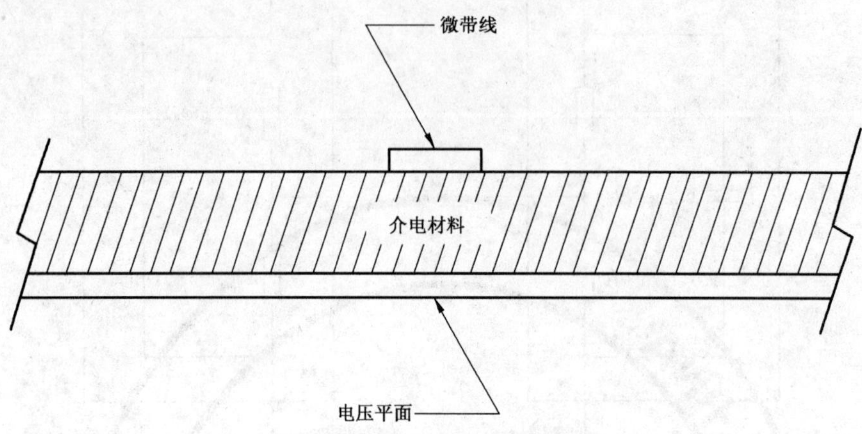

图 6-3 底板微带信号线的截面

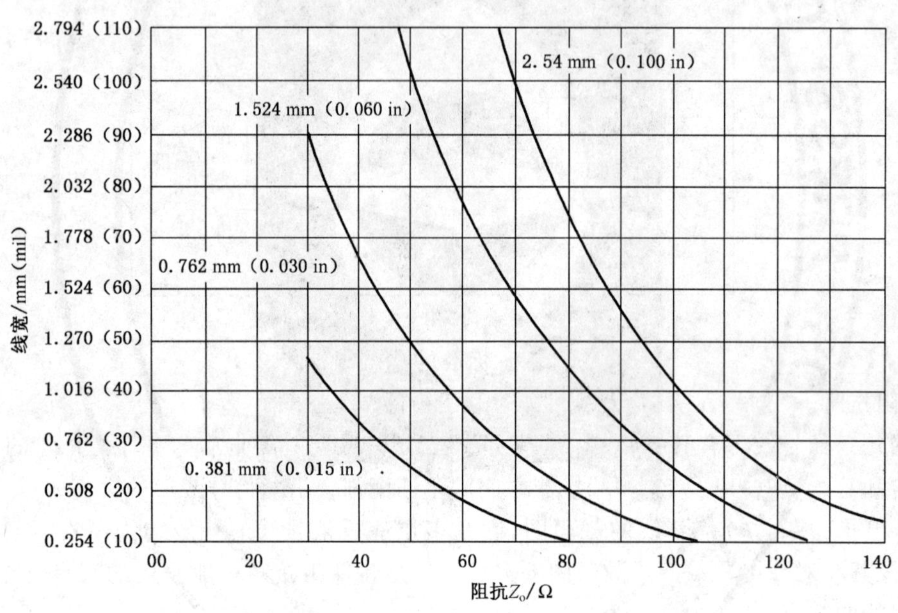

铜 28.35 g(loz);厚度=0.038 mm(0.001 5 in)

表面导体 G-10 材料;介电常数=4.7

图 6-4 Z_0 与线宽的关系曲线

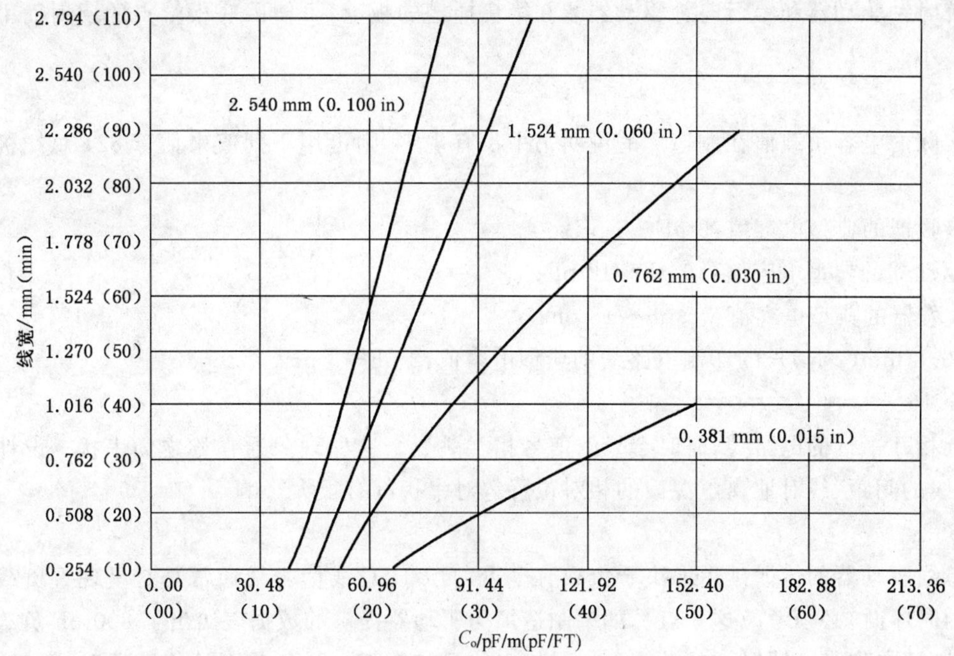

图 6-5　C_o 与线宽的关系曲线

底板信号线阻抗(没有任何板插入底板),可用下式计算:

$$Z_o' = \frac{Z_o}{\sqrt{1 + C_d/C_o}}$$

式中:

Z_o——微带线的阻抗。插入的印制电路板、连接器、金属化孔的负载影响忽略不计(见图 6-4);

C_d——每单位距离的金属化孔和底板连接器的分布电容;

C_o——每单位距离的微带线的固有电容,插入的印制电路板、连接器和金属化孔的负载影响忽略不计(见图 6-5);

Z_o'——底板信号线的阻抗包括连接器和金属化孔的负载影响,但插入的印制电路板的负载影响忽略不计。

说明 6.13:

821 总线底板(无插件板插入时)Z。的典型值是 50 Ω～60 Ω。若阻抗是 50 Ω 或者更高,就能满意地进行工作。

6.5.3　附加信息

规则 6.24:

从 96 插针连接器到板上电路的布线长度不得大于 50.8 mm(2 in)。

说明 6.14:

如果从 96 插针连接器到板上电路的布线有分支,则每个分支的长度相加之和应满足规则 6.24 的要求。

规则 6.25:

驱动 SYSCLK 和 SERCLK 线的驱动器不得多于一个。

规则 6.26:

如果装有系统时钟驱动器和串行时钟驱动器模块,则这些模块必须安装在底板的第一个插槽内。

说明 6.15:

将系统时钟驱动器和串行时钟驱动器装在第1插槽的板上，可使因底板端点的反射而引起的波形失真减至最小。

建议6.7：

如果实际的电容负载值在制造厂的说明书中没有规定，则可用下列值来估算821总线板底的总电容负载：

a) 接收器的典型电容值：3 pF～5 pF；

b) 驱动器的典型电容值：10 pF～12 pF；

c) 收发器的典型电容值：15 pF～18 pF；

d) 50.8 mm(2 in)长的印制电路线的典型电容值：2 pF～3 pF。

说明6.16：

底板上相互平行的电路线，有时会导致信号相互跳变。这种现象通常称之为串扰。设计821总线底板时，布线的间距、线对地离电源面的相对位置等对串扰都有很大影响。

建议6.8：

经过总线驱动器的传播延迟取决于负载有多重，而821总线信号线通常总是呈现重负载。在计算最坏情况的时序时，必须考虑这一点。如果制造厂为驱动器提供的数据表给出了300 pF负载下的传播延迟时间，则用它作最坏情况下的计算。如果给出的只是在30 pF负载下的传播延迟，则要增加10 ns的传播延迟以及15 ns的接通延迟。

6.6 用户定义的信号

推荐6.5：

如果板在它的P_2位置有一个96插针连接器，则不允许任何P_2插针被驱动到大于±15 V的电压。从而减少引自某一插针的信号线意外地与其他信号线短路时，821总线系统遭到严重破坏的可能性。

6.7 信号线的驱动器和端接

这一条摘要列出必须用于821总线上每条信号线的驱动器类型。

为了简化表6-3，用缩写标记来描述各种类型的驱动器。所用的标记如下：

a) 推拉电路(大电流)：TP HC；

b) 推拉电路(标准的)：TP STD；

c) 三态门(大电流)：3 HC；

d) 三态门(标准的)：3 STD；

e) 集电极开路门：OC。

详细说明见6.4。

表6-3 总线驱动器汇总表

信号助忆符	信号名称	驱动器类型	是否汇入总线和端接?
A01～A31 (31条线)	地址总线	3 STD	是
ACFAIL *	交流电源故障	OC	是
AM0～AM5 (6条线)	地址修改码	3 STD	是
AS *	地址选通	3 HC	是
BBSY *	总线忙	OC	是
BCLR *	总线清除	TP HC	是
BERR *	总线出错	OC	是

表 6-3(续)

信号助忆符	信号名称	驱动器类型	是否汇入总线和端接?
BG0IN＊～BG3IN＊ BG0OUT＊～BG3OUT＊ (菊花链)	总线允许菊花链	TP STD	否
BR0＊～BR3＊ (4 条线)	总线请求	0C	是
D00～D31 (32 条线)	数据总线	3 STD	是
DS0＊～DS1＊ (2 条线)	数据选通	3 HC	是
DTACK＊	数据传送确认	0C	是
IACK＊	中断确认	3 STD 或 0C	是
IACKIN＊/IACKOUT＊ (菊花链)	中断确认菊花链	TP STD	否
IRQ1＊～IRQ7＊ (7 条线)	中断请求	0C	是
LWORD＊	长字	3 STD	是
RESERVED	保留	—	是
SERCLK	串行时钟	TP HC	是
SERDAT＊	串行数据	0C	是
SYSCLK	系统时钟	TP HC	是
SYSFAIL＊	系统故障	0C	是
SYSRESET＊	系统复位	0C	是
WRITE＊	写	3 STD	是

7 821 总线的机械规范

7.1 引言

本章所述的内容,保证了 821 总线各板组件、底板、机架以及相关的机械附件在尺寸的兼容性。

本章的机械规范符合 GB/T 3047.1、IEC 297-3《高度进制为 44.45 mm 的插箱、插件基本尺寸系列》和《具有通用安装特征、基本网络为 2.54 mm 的印制板用两件式连接器组》的规定(GB/T 3047.4 涉及上述标准中规定的连接器的安装)。当《具有通用安装特征、基本网络为 2.54 mm 的印制板用两件式连接器组》标准与本标准第 5 章、第 6 章不一致时,以第 5 章、第 6 章所规定的 821 总线连接器的电气规范为准。

GB 9024 描述了由下列标记进行标志的各种类型连接器的系列:

××××.×GB-LNNNLL-LNL

用于 821 总线板和底板上的所有 P_1/J_1、P_2/J_2 连接器均属该系列连接器的一种。在本章中,当提到一对连接器时,使用的标记是××××.×GB-LNNNLL-LNL。当提到在 821 总线板上使用的 96 插针阳连接器时,使用的标记是××××.×GB-C096ML-LNL。当提到在 821 总线底板上使用的 96 插针阴连接器时,使用的标记为:××××.×GB-C096FL-LNL。

图 7-1 是一个宽度为 482.6 mm(19 in)的机架的正视图。它示出了一种单高度和双高度 821 总线板如何混合插入的机架。板从前面垂直地插入机架,板的右侧为元件面。

许可 7.1:

以 821 总线为基础的系统可以用单高度板和(或)双高度板构成。

规则 7.1：

单高度 821 总线机架必须有单一的 J_1 底板。

规则 7.2：

双高度 821 总线机架必须有：

a) 一个装在机架上部的“J_1”底板；或者

b) 一个“J_1”底板和一个“J_2”底板。J_1 底板装在上部，J_2 底板装在下部；或者

c) 装有 J_1 和 J_2 连接器的双高度底板。

规则 7.3：

821 总线底板不得多于 21 个插槽。

许可 7.2：

当使用少于 21 个插槽的底板时，821 总线机架的尺寸可以小于标准机架 482.6 mm(19 in)的尺寸。

规则 7.4：

为了确保板和机架之间的机械兼容性，除机架的宽度可随它所支持的插槽数而变化外，其他所有的机架尺寸必须和本章所给出的尺寸相一致。

7.2 821 总线板

推荐 7.1：

821 总线板的厚度为 1.6 mm±0.2 mm(0.063 in±0.008 in)。

说明 7.1：

因为机架的导轨设计成能安装这一厚度的板，所以 821 总线板的厚度非常重要。板过厚可能插不进导轨中去，而过薄则也许会使板不能正确地插入底板的 J_1、J_2 连接器内。

说明 7.2：

××××.×GB-LNNNLL-LNL 连接器上标注的尺寸，在连接器的安装面和每个连接器插针的中心线之间给出了一定的距离，这就保证了 P_1、P_2 连接器插针的中心恰好与底板的 J_1、J_2 连接器对准。

许可 7.3：

如果具备如下条件，则 821 总线板可以使其厚度尺寸设计成大于 1.6 mm(0.062 5 in)

a) 板插入导轨部分的上下两端边缘区的厚度，在离板的上下两端边 2.5 mm(0.098 in)范围内减少到 1.6 mm(0.063 in)(见图 7-2 和图 7-3)；

b) 板上用于安装上述连接器的安装面距板分隔面的距离为 4.07 mm(0.160 in)(见图 7-5)。

定义两种板尺寸，作为标准 821 总线板尺寸：单高度板和双高度板(见图 7-2 和图 7-3)。

7.2.1 单高度板

说明 7.3：

单高度 821 总线板的高度为 100 mm(3.937 in)，深度为 160 mm(6.299 in)，其面积约为 160.0 cm^2 (24.8 in^2)。

规则 7.5：

必须根据图 7.2 给出的尺寸设计单高度板。

规则 7.6：

96 插针 ××××.×GB-C096ML-LNLP。连接器的安装孔位置必须如图 7-2 所示。

建议 7.1：

使用图 7-2 所示的印制电路布局网格。

说明 7.4：

只要前面板按图 7-2 所示的网格安装时能准确地和图 7-7 所示的前面板网格对准，则各生产厂生产的前面板都可采用。

许可 7.4：

除××××.×GB-C096ML-LNL 连接器之外的元器件的安装位置可以不与网格图对准。

7.2.2 双高度板

说明 7.5:

双高度 821 总线板的高度为 233.35 mm(9.187 in),深度为 160 mm(6.299 in),面积约为 373.4 cm^2 (57.9 in^2)。

规则 7.7:

必须根据图 7-3 所示尺寸设计双高度板。

规则 7.8:

96 插针××××.× GB-C096ML-LNLP$_1$ 连接器的安装孔位置必须如图 7-3 所示。

规则 7.9:

如果把一个 96 插针××××.×GB-C096ML-LNL 连接器用作 P_2 连接器,则它的安装孔位置必须如图 7-3 所示。

说明 7.6:

和上述单高度板的情况相同,图 7-3 所示的网格将前面板的各组成部分和图 7-8 所示的前面板网格图准确对准。

许可 7.5:

除××××.×GB-LNNNLL-LNL 连接器之外的元器件的安装位置可以不与网格图对准。

说明 7.7:

在板上半部和下半部的 2.54 mm(0.10 in)网格图之间有一个 1.27 mm(0.05 in)的间断。

7.2.3 板连接器

单高度板的后边只有一个连接器,称之为 P_1 连接器。双高度板的后边有一个或两个连接器。如果有一个连接器,这个连接器叫做 P_1 连接器,它安装在后边的上半部分。如果有两个连接器,上边的一个叫做 P_1 连接器,下边的一个叫做 P_2 连接器。

规则 7.10:

所有 821 总线板的 P_1 和 P_2 连接器都必须满足或优于××××.×GB-C096ML-LNL 第二类连接器的机械规范,并且必须按图 7-4 所示进行安装。

说明 7.8:

××××.×GB 第二类连接器的最小机械强度是 400 次插、拔。

说明 7.9:

在图 7-4 中,每块板外形轮廓线下边小框内的对称符号规定了连接器中心线相对于板底边允许出现的倾斜度的上限值。在下述规则中叙述这一限值。

规则 7.11:

在图 7-4 中,从板底边到 A 点的垂直距离(d_1)与板底边到 B 点的垂直距离(d_2)之差不得大于 0.3 mm(0.012 in)。

规则 7.12:

如果把一块 821 总线底板设计成用 P_2 连接器的中心行作为地址或数据总线的扩展,或者该总线板要求的功率大于 P_1 连接器能提供的功率,则必须安装一个 96 插针××××.×GB-C096ML-LNL P_2 连接器,其安装要求必须如图 7-4 所示。

许可 7.6:

在既不要求地址总线扩展、也不要求数据总线扩展的地方,以及在板所需的功率不大于 P_1 连接器所能提供的功率的情况下,任一种××××.×GB-LNNNLL-LNL 连接器都可以用作双高度微处理机系统总线板上的 P_2 连接器,也可以将板设计成不带 P_2 连接器。

许可 7.7:

在双高度板上，P_2 连接器的外边两行插针可以提供给用户定义的连接(见 7.6.2)。

许可 7.8：

I/O 电缆可以连接到 821 总线板的前边。对这些电缆连接的连接器不作规定。

建议 7.2：

在可能的情况下，避免把电缆连接到 821 总线板的前边。这样在维修时从机架上装、卸板更为方便。

7.2.4 板的组装件

板组装件通常是由一块印制电路板、一个或两个按上述定义并装在板后边的××××.×GB-LNNNLL-LNL 连接器、一些电子元器件和一个可选的带把手的前面板组成。有关前面板更详细的说明见 7.3。

规则 7.13：

821 总线板上的焊盘、布线和元器件距板的上下两个边的距离不得少于 2.5 mm(0.098 in)，以保证板上下两边和板导轨间的间隙。图 7-2、图 7-3 标出了这些尺寸。

图 7-5 绘出了一块印制电路板和它的前面板、连接器以及底板的剖面图。所标出的尺寸为标称值，并以本章其他几个图中所给出的尺寸为依据。

7.2.5 板的宽度

许可 7.9：

可以把 821 总线板设计成占用多个插槽。占用一个机架插槽的 821 总线板称之为单宽度板。

7.2.6 821 总线板的翘曲、引脚长度和元器件高度

在生产过程中，板有时会翘曲。

规则 7.14：

板的翘曲度和元器件引脚长度的总和必须小于或等于 2.47 mm(0.097 in)。该尺寸是以理想的(未翘曲的)板焊接面为基准计算的。元器件的高度和板的反方向翘曲度的总和必须小于或等于 13.71 mm(0.54 in)加上 20.32 mm(0.8 in)的整倍数(N)之和。该尺寸是以理想的(未翘曲的)板元件面为基准的。(N 是板所占用的插槽数减去 1。)

说明 7.10：

板插入机架时，板上元器件引脚可能会与其左边那块前面板的右侧相碰。因此，板在插入插槽时要小心，以免弄弯元器件的引脚。

建议 7.3：

在可能的情况下，将元器件引脚的长度修整到 1.52 mm(0.06 in)，这样板插和拔就更为方便。因为元器件引脚的长度影响板的最大许可翘曲度，修整引脚长度使得板即使翘曲度较大也能满足该规范的要求。

说明 7.11：

在建议 7.3 中所规定的尺寸，确保每一个板上的元器件和它右边一块板上元器件的引脚之间的间隙至少有 2.54 mm(0.1 in)，这样的间隙可使空气充分流通，并能防止因附加翘曲和振动而引起的板间的接触。

规则 7.15：

所有的 821 总线板在装配之后，必须进行测试，以保证当把板插入机架时，板的翘曲度、元器件引脚长度、元器件的高度综合起来不会超过规定的限值。为了进行正确测量，在测量时，板必须插入机架中(或一个类似于机架的测试夹具之中)。

图 7-6 表示了一个装在机架中的板(单高度或双高度板)的情况，同时示出了板的翘曲、元器件的引脚长度和元器件高度三者测量的综合考虑的因素。图中板之间的分隔面是作为测量时的参考面。

说明 7.12：

一个类似于机架的特制测试夹具,有助于加快如图 7-6 所示的测试。

7.3 前面板

本条提供单高度和双高度板的前面板以及有关附件的机械规范。

许可 7.10:

所生产的 821 总线板可以带有或不带有前面板。

推荐 7.2:

安装前面板和相关的紧固件,以防止 821 总线板在受到振动时脱离机架。前面板还有助于气流从机架中流通。

规则 7.16:

如果安装前面板,则必须用螺钉将面板上、下两端紧固于机架上。螺钉的螺距必须是 M2.5×0.45。

图 7-7 示出了一个单宽单高前面板,图 7-8 示出了一个双高单宽前面板。这些前面板背面上的网格位置分别和图 7-2、图 7-3 中板上的网格对准。

建议 7.4:

在前面板上安装元器件,例如发光二极管(LED)和开关时,要使它们的中心与前面板网格点对准。

7.3.1 把手

许可 7.11:

821 总线板的前面板可以设计成带把手或不带把手。

推荐 7.3:

安装把手,使 821 总线板易于从机架上拔出。

说明 7.13:

各厂制造的把手形状多少有些差别,但都可使用。

建议 7.5:

选用的把手的深度和高度应符合图 7-7 和图 7-8 所示尺寸的规定。

推荐 7.4:

在 821 总线板的前面板上安装把手时,要选择一个或者多个位置,如图 7-7、图 7-8、图 7-11 和图 7-12所示。

许可 7.12:

在单高度板上,把手可以用下列任一组合形式安装:

a) 只装在上端;
b) 只装在下端;
c) 上端和下端都装。

许可 7.13:

在双高度板上,把手可以用下列任一组合形式安装:

a) 只装在上端;
b) 只装在中部;
c) 只装在下端;
d) 装在上端和中部;
e) 装在下端和中部;
f) 装在上端和下端。

说明 7.14:

当双高度板和单高度板同装在一个机架中时,双高度前面板把手的中心和单高度板把手的中心应对准,形成一连续直线,以形成统一的外观。

说明 7.15：

从机架上拔出一块装有 P_1 连接器和一个 96 插针 P_2 连接器的双高度板需要加外力达 180 N (40.5 lbf)。在双高度板上下两端安装把手，使该板最容易拔出。

7.3.2 前面板安装

推荐 7.5：

如果使用前面板，则要留出如图 7-9 和图 7-10 所示的保留区域。该区域不装元器件，以便安装前面板支架。如图 7-2 和图 7-3 所示，开一些孔用来安装支架。

推荐 7.6：

如果在双高度板上装前面板，则至少应在如图 7-10 所示的两个位置中的一个位置上装一个中心安装的支架。

规则 7.17：

如果使用前面板，则如图 7-9 和图 7-10 所示的测量尺寸，即从前面板的背面到连接器背面的尺寸，必须保持不变。

说明 7.16：

前面板的背面到底板的前表面的测量尺寸能确保 P_1 和 P_2 连接器充分啮合，并确保前面板锁定器能牢固地把板锁定到机架中。

7.3.3 前面板尺寸

前面板的全部尺寸是从前面板主视图的左上角 0.15 mm(0.006 in)的基准点算起的。

规则 7.18：

必须把单宽度前面板设计成图 7-7 和图 7-8 所示的尺寸。

推荐 7.7：

使前面板的标称厚度为 2.5 mm(0.098 in)。

说明 7.17：

单插槽前面板宽度为 20.02 mm(0.78 in)，它比插槽间隔尺寸 20.32 mm(0.8 in)窄 0.30 mm (0.012 in)。从而防止了由于板组件和机架的公差造成的相邻前面板装配时机械方面的麻烦。

规则 7.19：

如果一块板占用一个以上的插槽并有一个前面板时，则该前面板的宽度必须为 20.02 mm (0.78 in)加上 20.32 mm(0.8 in)的整倍数(N)。其中 N 为该板占用的插槽数。

规则 7.20：

单插槽前面板的上下两端必须装上锁定器，其定位尺寸如图 7-7 和图 7-8 所示。

7.3.4 填充面板

在机架前面板的左侧或右侧，底板定位留有空隙的地方，或者在有空插槽的地方，有时使用填充面板。因为填充面板不装印制电路板，所以填充面板不需要装支架。像 821 总线板的前面板一样，在填充面板的上、下两端用螺钉或用四分之一转的锁定器把填充面板固定在机架上。

规则 7.21：

填充面板必须设计成符合图 7-11 和图 7-12 标出的尺寸。

规则 7.22：

单插槽填充面板的上下两端必须各装一个锁定器，其定位尺寸如图 7-11 和图 7-12 所示。

推荐 7.8：

在以 821 总线为基础的系统上使用填充面板，可在机架内部维持一个适宜的风道，并改善了装配后的 821 总线系统的外观。

建议 7.6：

建议将填充面板装上把手。这样当它们和装有前面板与把手的 821 总线板装在同一机架时，将会给人以完整的外观。

建议 7.7：

当填充面板宽于 101.60 mm(4.0 in)时，建议增加安装孔，使它更好地与机架相接合。

7.3.5 板的插拔件

说明 7.18：

几家厂商提供不同种类的板插拔件，使 821 总线板插入和拔出更加容易。

说明 7.19：

单个××××.×GB-C096ML-LNL 连接器的插入力可高达 90 N(20.23 lbf)。

许可 7.14：

821 总线板可以安装任何类型的插拔件、锁定器，只要使产品能与按 821 总线规范设计的机架或板兼容即可。

7.4 底板

基本底板称为 J_1 底板。在某些情况下，它是 821 总线系统中仅有的底板。当使用双高度机架时，这种底板装在此类机架的上部。当使用扩充的 821 总线时，第二块底板，称为 J_2 底板，安装在机架下部、J_1 底板之下。J_2 底板只将 P_2 连接器插针的中间行(b 行)汇入总线，让外边两行(a 行和 c 行)用来实现 822 总线或用户定义的任何其他功能。术语"J_1/J_2"用于描述在同一板上提供 J_1 和 J_2 两种连接器的组合底板。

按主视图方位从机架的左端开始将插槽编号，插槽号标为 1、2、3…21。菊花链的传播方向从第 1 插槽开始一直继续到第 21 插槽。

规则 7.23：

821 总线 J_1 底板必须把所有插槽中除菊花链信号以外的所有信号汇入总线(见 7.6.1)。

规则 7.24：

当采用 J_2 或 J_1/J_2 底板来提供 32 位宽的地址和数据传送时，必须把有连接器的中间行(b 行)上所有的插针汇入总线(见 7.6.2)。

规则 7.25：

在所有的 821 总线 J_1 底板和所有的 J_2 扩展底板上必须采用 96 插针××××.×GB-C096FL-LNL 连接器。

规则 7.26：

所有的 821 总线 J_1 底板必须要有某些措施，使得在板不插入某一个插槽时，能跨接中断确认和总线允许菊花链。

建议 7.8：

采用有绕接插针的××××.×GB-C096FL-LNL 连接器，为 J_1 底板菊花链提供跨接。

建议 7.9：

如果 J_1 底板不采用绕接插针连接器，则建议将所有的菊花链跳接器插针放在要跨接的 J_1 连接器附近。

推荐 7.15：

为了改进系统接地在扩充配置中的的完整性，使用 J_1/J_2 底板。

建议 7.10：

使用带绕接插针的××××.×GB-C096FL-LNL 连接器作为 J_2 底板上的连接器，这样就可将带状电缆和第二个底板连接到这些插针上去。

7.4.1 底板的尺寸要求

图 7-13 绘出单高度 21 插槽的底板。图 7-15 绘出双高度底板。

许可 7.16：

可以将 821 总线底板设计成多达 21 个插槽。

推荐 7.9:

当设计少于 21 个插槽的底板时,使其宽度为($N\times$20.32 mm)−1.44$_{-0.3}^{0}$ mm 或($N\times$20.32 mm)$_{-0.3}^{0}$mm,其中 N 为插槽数。这样使得两块底板能相邻安装,不浪费机架中一个插槽位置。

推荐 7.10:

底板宽度设计得大于 425.28$_{-0.3}^{0}$ mm(16.743 in)。长于该尺寸的底板可能装不进广为使用的现用机架。

许可 7.17:

可以把 821 总线底板设计成带或不带将电源电缆连到底板上用的螺纹接线柱。

规则 7.27:

除了宽度尺寸随插槽数变化之外,821 总线 J_1 和 J_2 底板必须按图 7-13 和图 7-14 标出的尺寸设计。

规则 7.37:

除了宽度尺寸随插槽数变化之外,J_1/J_2 底板必须按图 7-15 和图 7-16 标出的尺寸设计。

说明 7.20:

如图 7-14 所示的底板尺寸,插槽间距均是 20.32 mm(0.8 in)。

7.4.2 信号线端接网络

规则 7.28:

821 总线底板必须按 6.7 中的指示为所有信号线提供端接手段。

说明 7.25:

装在底板上的端接网比外插的端接器板提供的信号质量较优。

推荐 7.15:

底板上包括内建端接网。

规则 7.29:

底板信号线布线长度,包括任何插上的端接板不得超过 508 mm(20.0 in)。

7.5 821 总线机架的装配

本条说明 821 总线机架是如何装配的。所有的水平尺寸均从机架前面的左边开口处计算。

7.5.1 机架和插槽宽度

图 7-19 示出了一个典型的双高度 21 个插槽的机架。

许可 7.19:

双高度机架可以用于安装双高度板,也可以装一块固定支架后将其分成两个一上一下的单高度部分。

说明 7.22:

在许可 7.19 中的固定支架提供两块板导轨,下面一条导轨用于它上面的板,上面一条导轨用于它下面的板。

建议 7.11:

在可能的情况下,装最左端(第 1 插槽)板导轨时,使其中心线离机架左侧开口处 3.27 mm(0.129 in)。这样可为插入该槽的板上的元器件引脚提供足够的空间,而又可不浪费水平空间(如果左端这个板导轨安装得越靠右,就会不够 21 个插槽)。

7.5.2 机架的尺寸

规则 7.30:

除了随机架的插槽数而变化的宽度尺寸而外,所有的双高度 821 总线机架的尺寸都必须满足图 7-19所作的规定。

规则 7.31:

除了随机架的插槽数而变化的宽度尺寸以外，所有的单高度 821 总线机架的尺寸都必须满足图 7-13所作的规定。上、下两个板导轨之间的垂直距离为 $100.2^{+0.40}_{0}$ mm($3.94^{+0.015}_{0}$ in)而不是 233.55 mm(9.19 in)。

说明 7.23：

前面板安装面到底板前表面的尺寸要求特别严格，因为该尺寸能确保连接器的正确啮合。

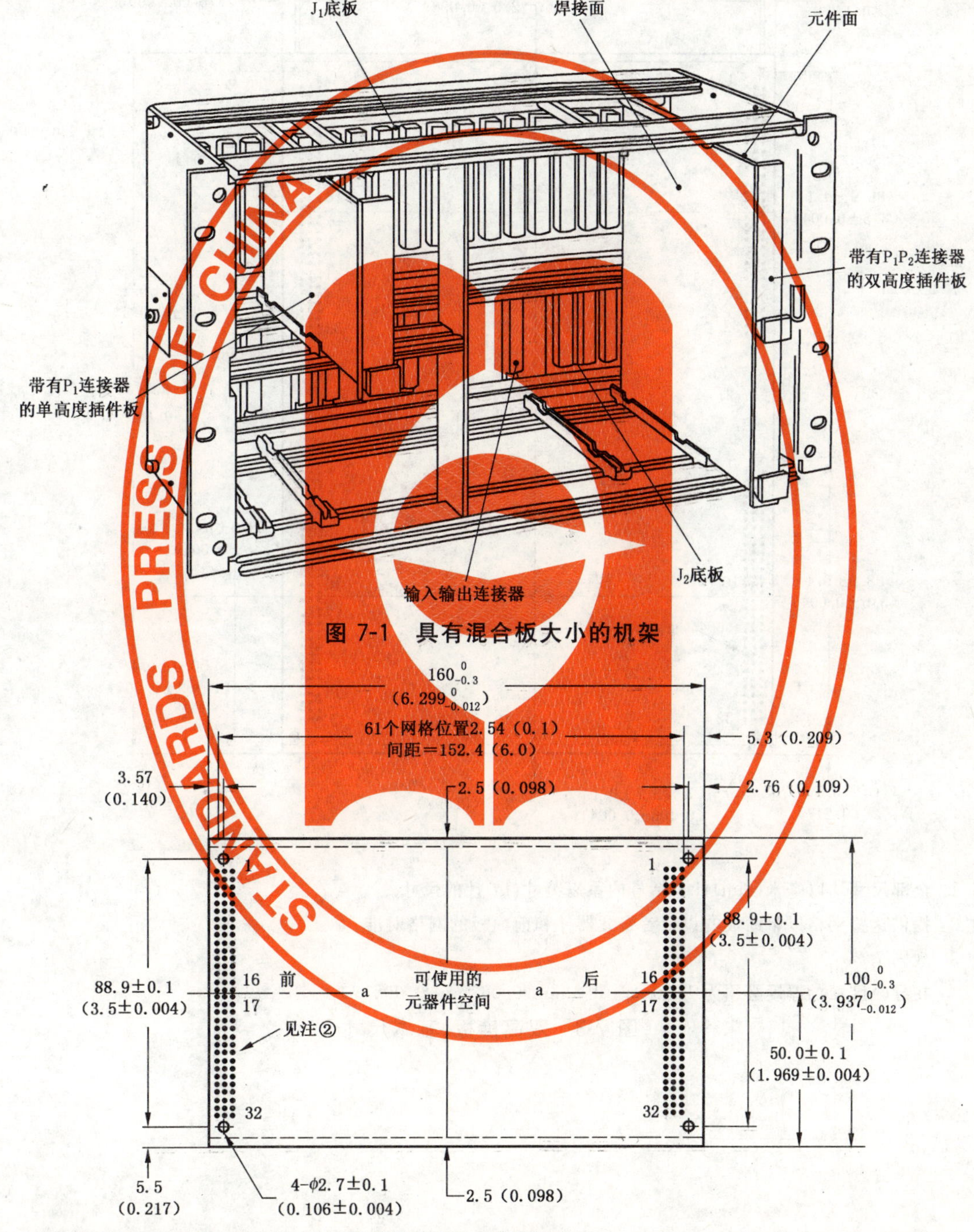

图 7-1 具有混合板大小的机架

注 1：全部尺寸均以毫米(mm)计，括号内系以英寸(in)计的尺寸。

注 2：提供这些网格以帮助板的设计者将元器件和前面板的网格对准。

注 3：规则 7.32：

在导轨区板的厚度必须为 1.6 mm±0.2 mm(0.063 in±0.008 in)。

图 7-2 单高度板：基本尺寸

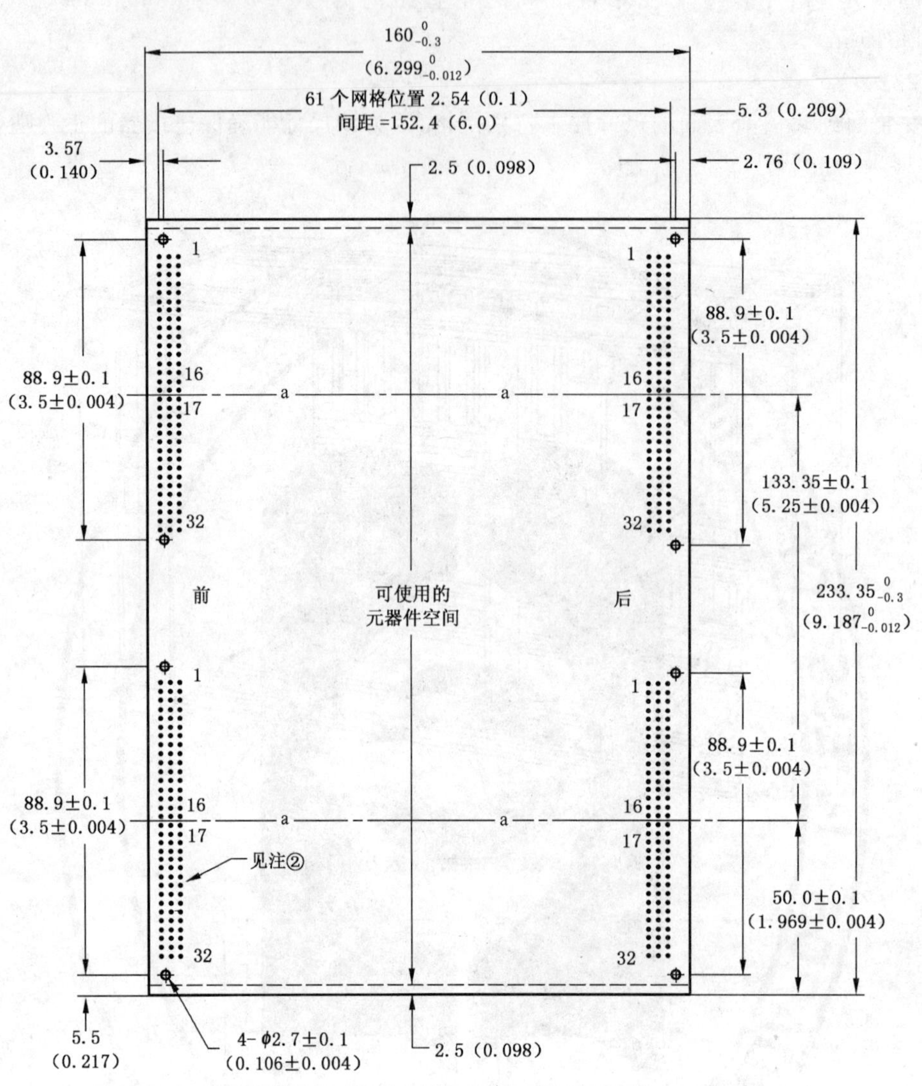

注 1：全部尺寸均以毫米(mm)计。括号内系以英寸(in)计的尺寸。

注 2：提供这些网格以帮助板的设计者将元器件和前面板的网格对准。

注 3：规则 7.33：

在导轨区板的厚度必须为 1.6 mm±0.2 mm(0.063 in±0.008 in)。

图 7-3 双高度板：基本尺寸

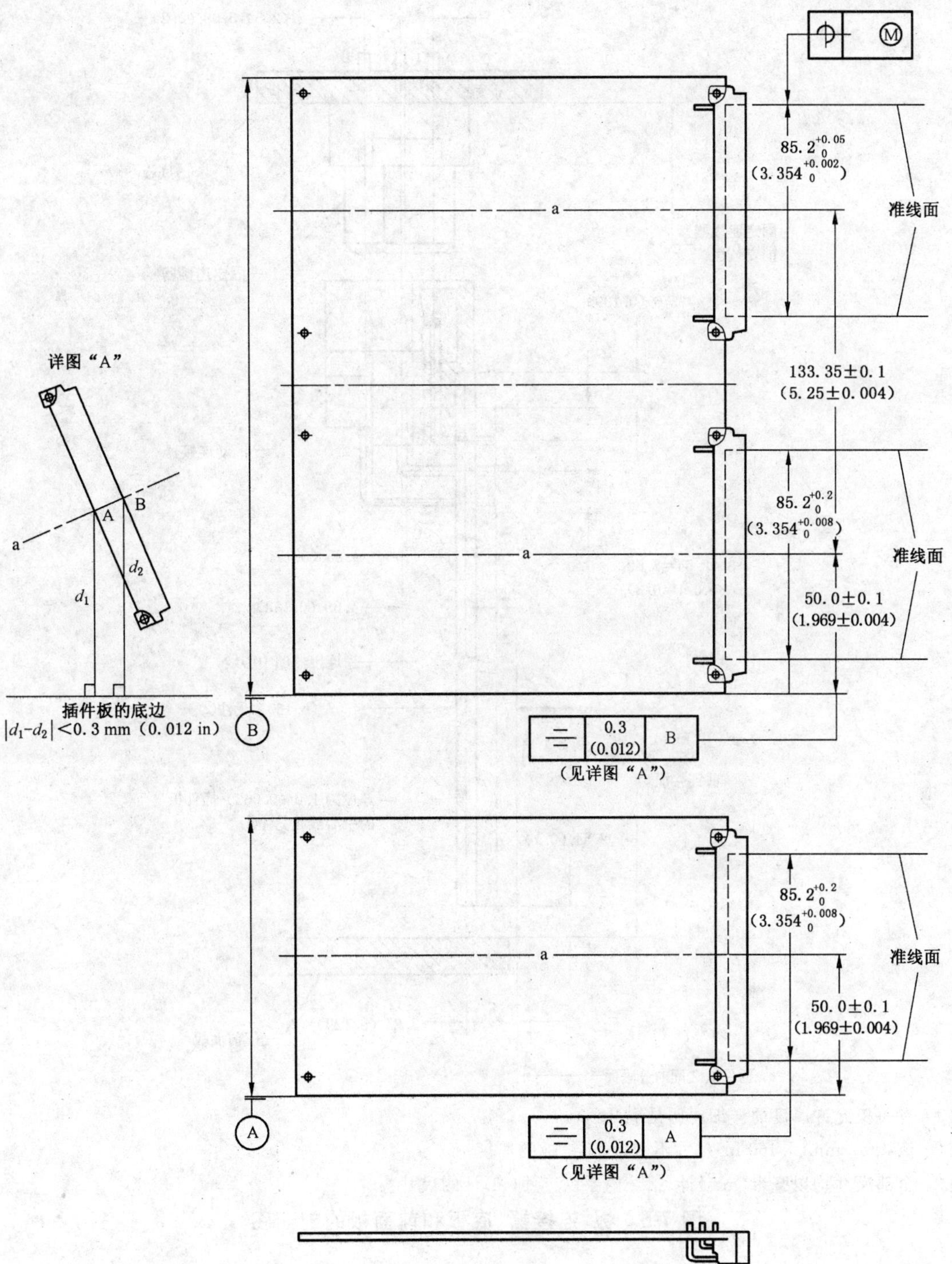

注：全部尺寸均以毫米(mm)计，括号内系以英寸(in)计的尺寸。

图 7-4　在单高度板和双高度板上的连接器位置

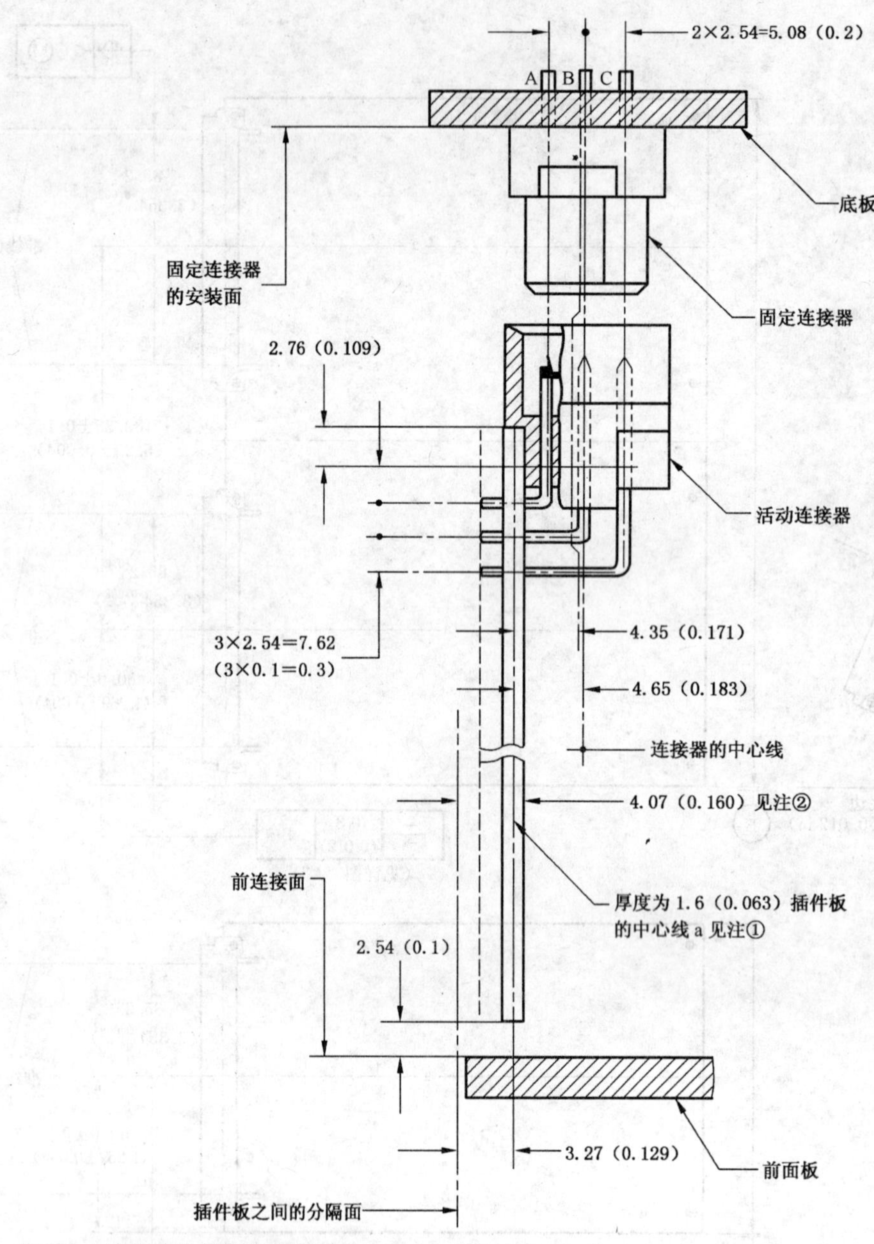

注 1：有关板允许厚度的详细说明见 7.2。

注 2：该 4.07 mm(0.160 in)尺寸不变，而不论板的厚度。

注 3：全部尺寸均以毫米(mm)计，括号内系以英寸(in)计的尺寸。

图 7-5　板、连接器、底板和前面板的剖面图

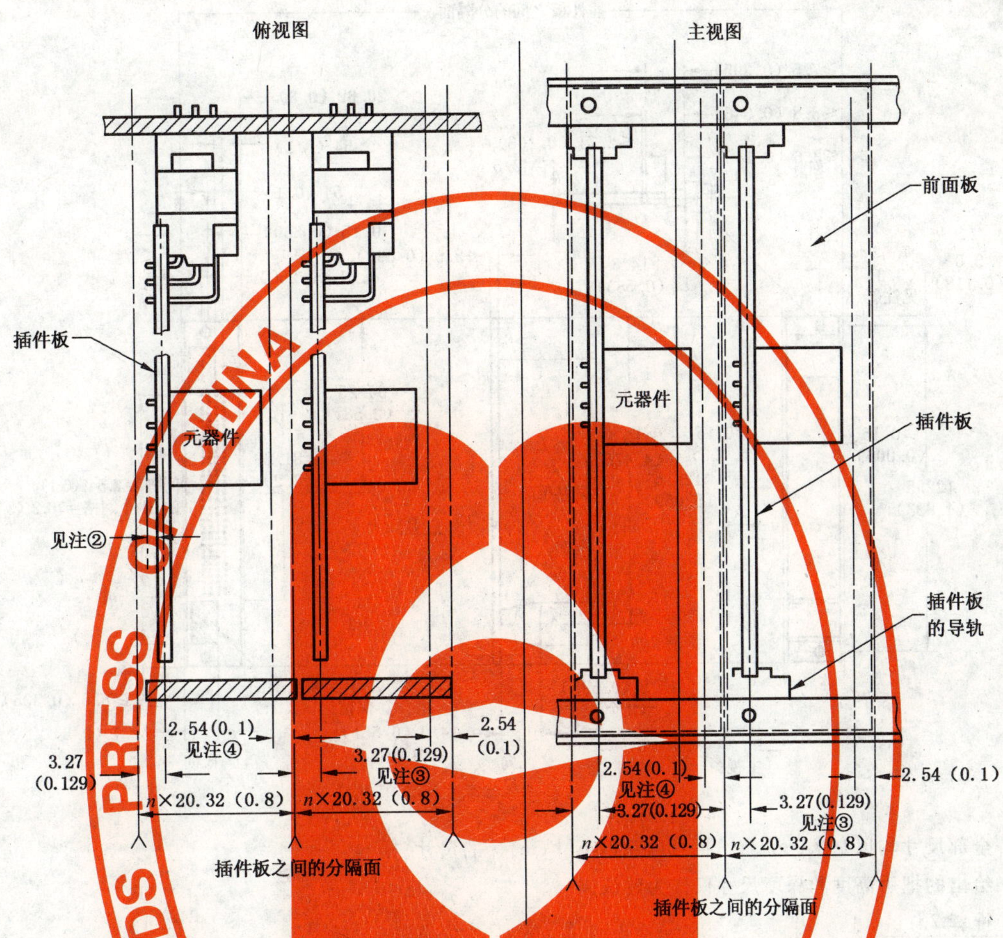

注 1：全部尺寸以毫米(mm)计，括号内系以英寸(in)计的尺寸。

注 2：建议 7.12：

剪切后的元器件引线长度不超过 1.52 mm(0.06 in)。

注 3：规则 7.34：

安装在板焊接面的元器件及元器件引线，在板完全插入底板后，不得超过板之间的分隔面。

注 4：规则 7.35：

安装在板元件面的元器件，在板完全插入底板后，距板间的分隔面不得近于 2.54 mm (0.1 in)。

图 7-6　元器件高度、引线长度和板的翘曲量

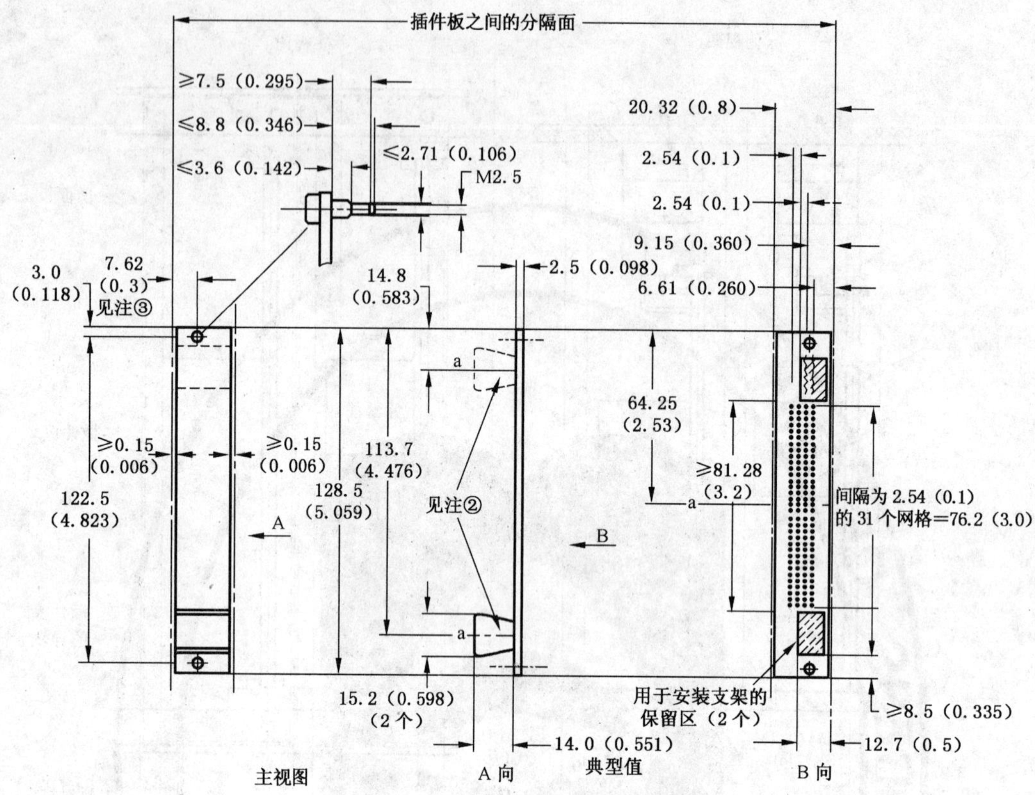

注 1:全部尺寸均以毫米(mm)计,括号内系以英寸(in)计的尺寸。

注 2:给出的把手高度和深度尺寸仅作为建议。

注 3:推荐 7.11:

距板间分隔面 7.62 mm (0.3 in)处设安装孔。

注 4:许可 7.20:

安装孔可以位于距板间分隔面 12.7 mm (0.5 in)处。

图 7-7 单高度单宽度前面板

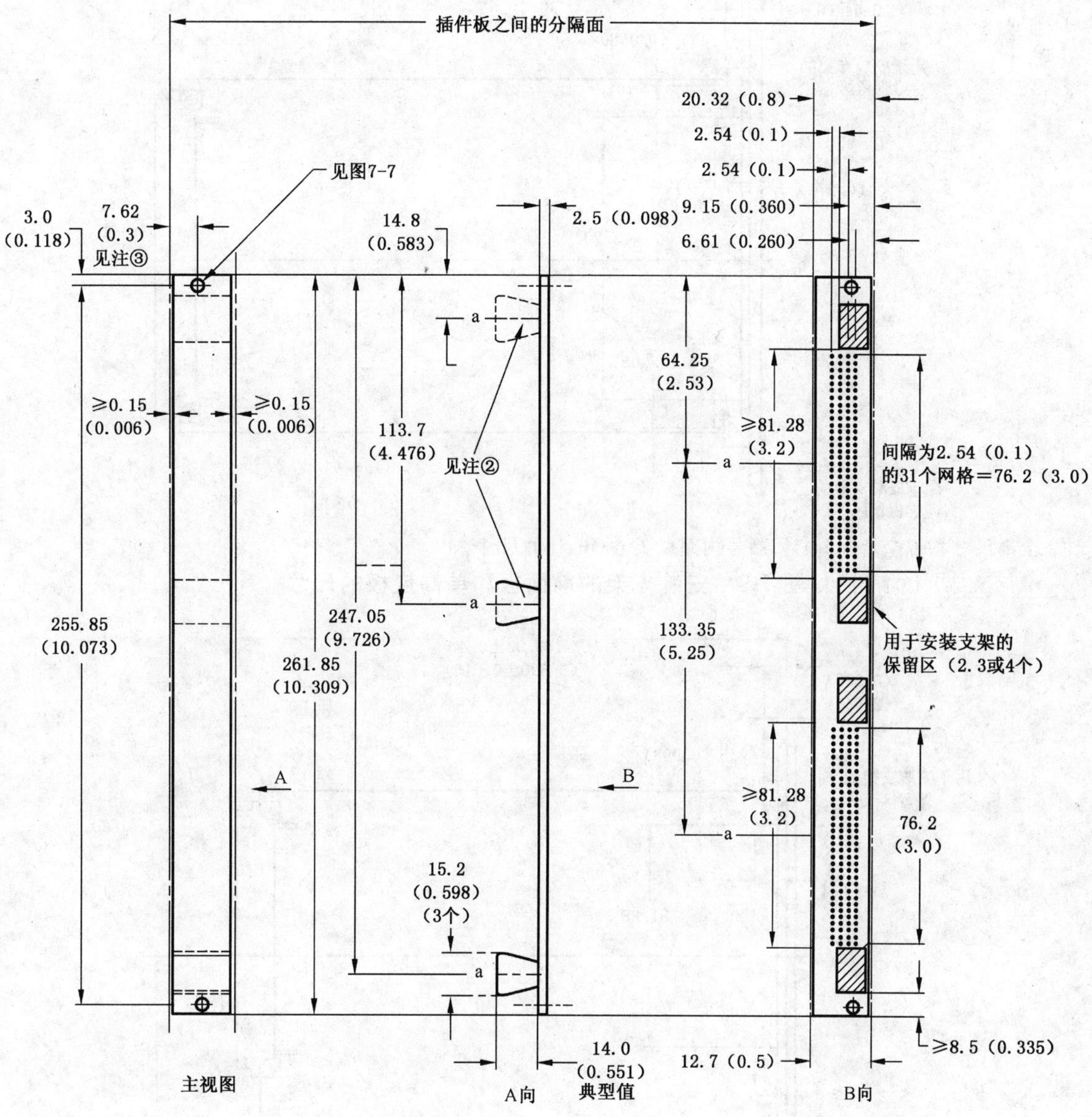

注 1：全部尺寸均以毫米(mm)计，括号内系以英寸(in)计的尺寸。

注 2：给出的把手高度和深度尺寸仅作为建议。

注 3：推荐 7.12：

距板间分隔面 7.62 mm(0.3 in)处设安装孔。

注 4：许可 7.21：

安装孔可以位于距板间分隔面 12.7 mm(0.5 in)处。

图 7-8　双高度单宽度前面板

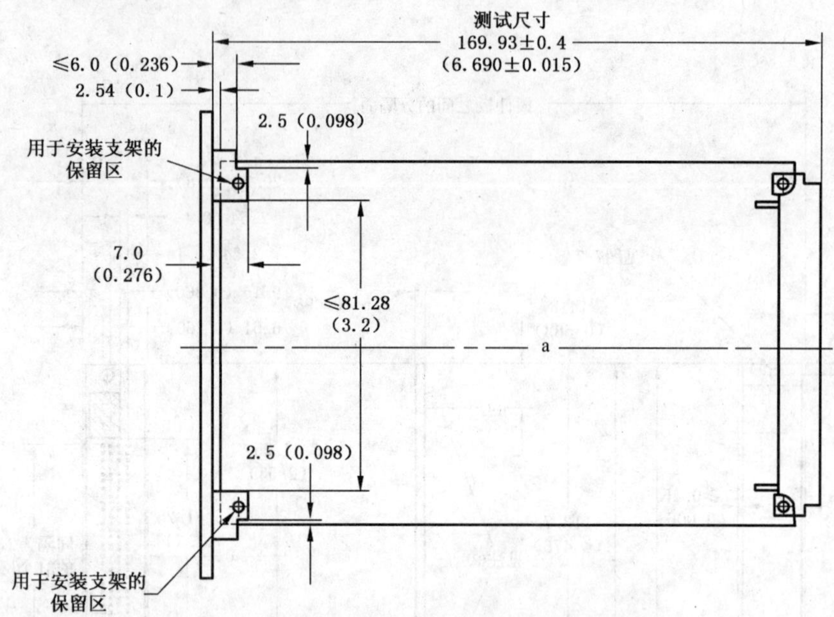

注：全部尺寸均以毫米(mm)计，括号内系以英寸(in)计的尺寸。

图 7-9　安装支架的前面板和单高度板的尺寸

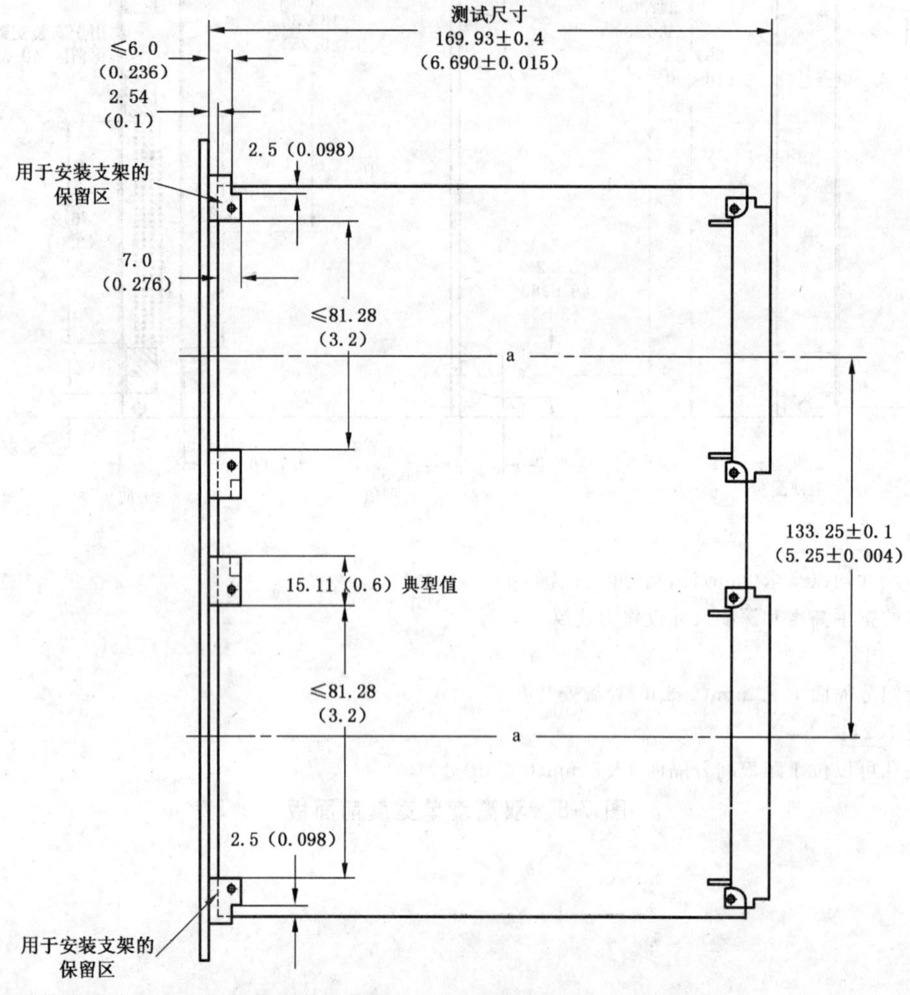

注：全部尺寸均以毫米(mm)计，括号内系以英寸(in)计的尺寸。

图 7-10　安装支架的前面板和双高度板的尺寸

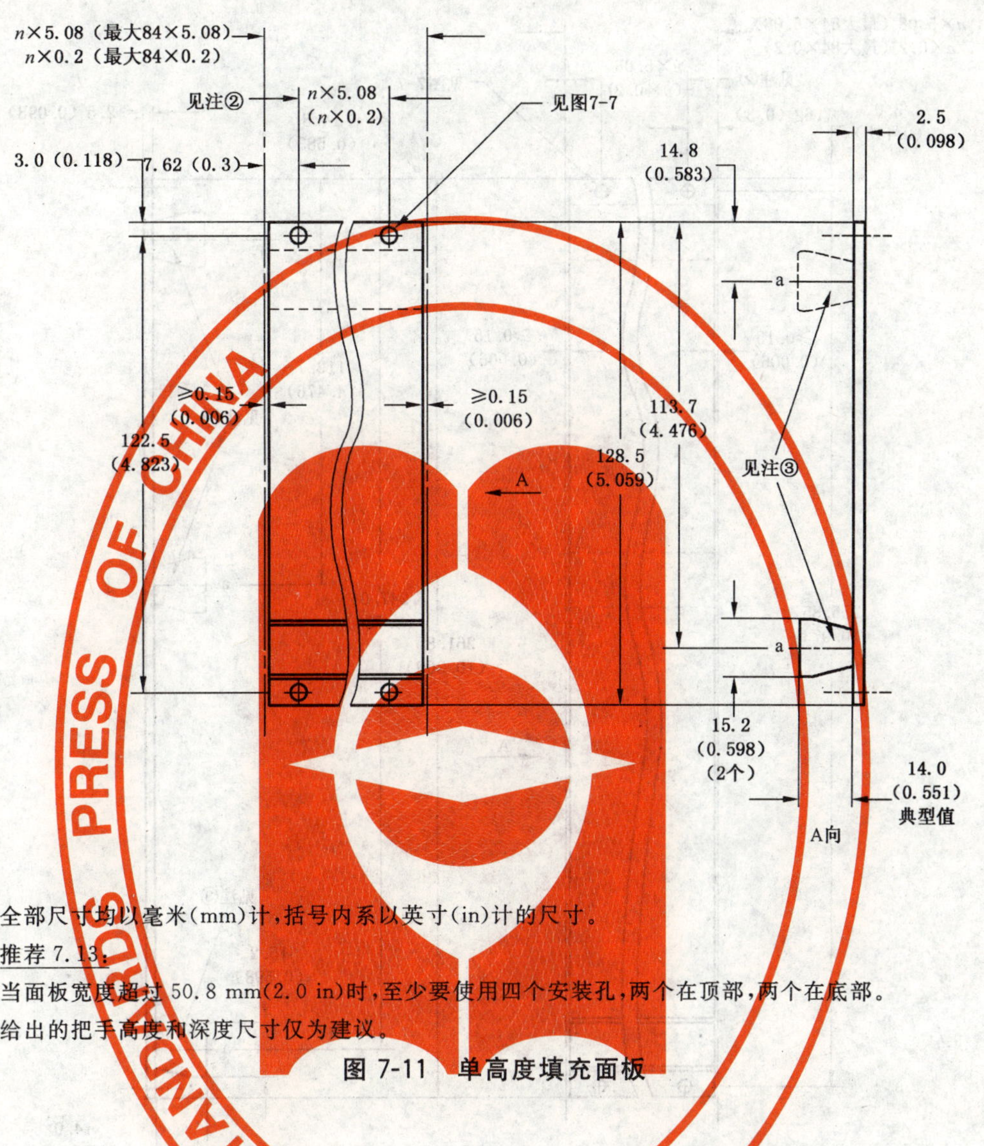

注 1：全部尺寸均以毫米(mm)计，括号内系以英寸(in)计的尺寸。

注 2：推荐 7.13：

当面板宽度超过 50.8 mm(2.0 in)时，至少要使用四个安装孔，两个在顶部，两个在底部。

注 3：给出的把手高度和深度尺寸仅为建议。

图 7-11 单高度填充面板

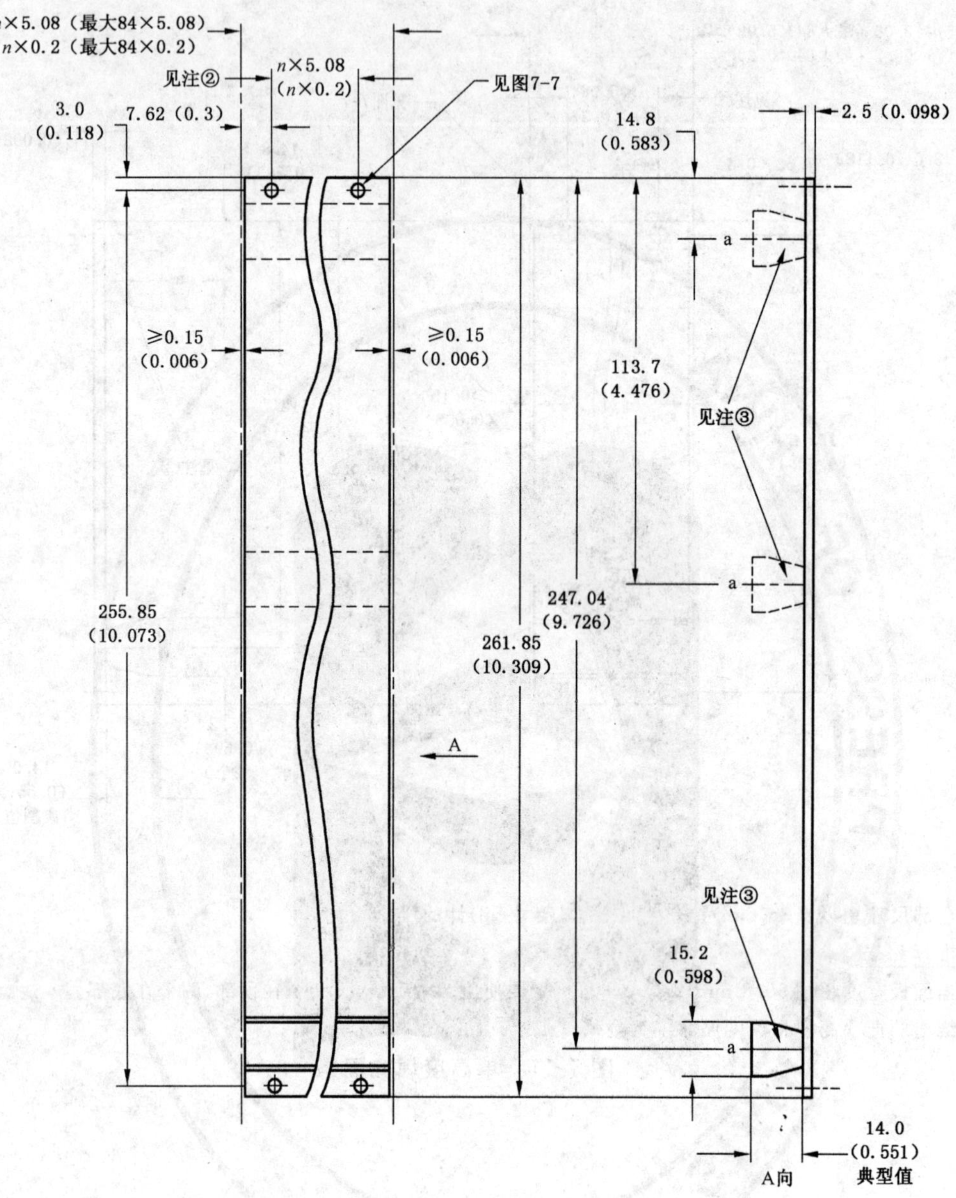

注1：全部尺寸均以毫米(mm)计，括号内系以英寸(in)计的尺寸。

注2：推荐7.14：

当面板宽度超过50.8 mm(2.0 in)时，至少要使用四个安装孔，两个在顶部，两个在底部。

注3：给出的把手高度和深度尺寸仅为建议。

图7-12　双高度填充面板

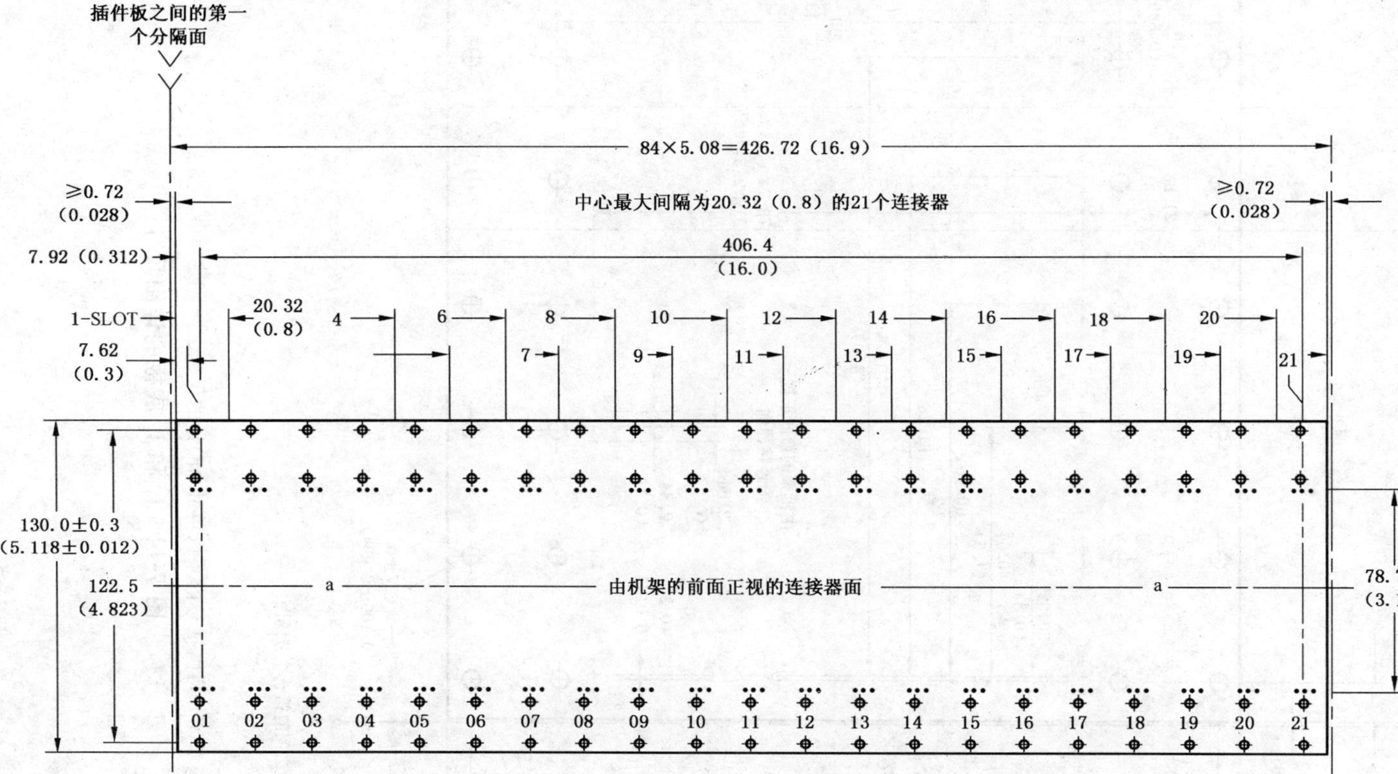

注 1：全部尺寸均以毫米(mm)计，括号内系以英寸(in)表示的尺寸。

注 2：底板宽度随插槽数目而变化。

注 3：许可 7.23：J_1 或 J_2 底板的总尺寸可为 $128.7_{-0.3}^{0}$ mm($5.067_{-0.012}^{0}$ in)。

图 7-13　J_1 和 J_2 底板的总尺寸

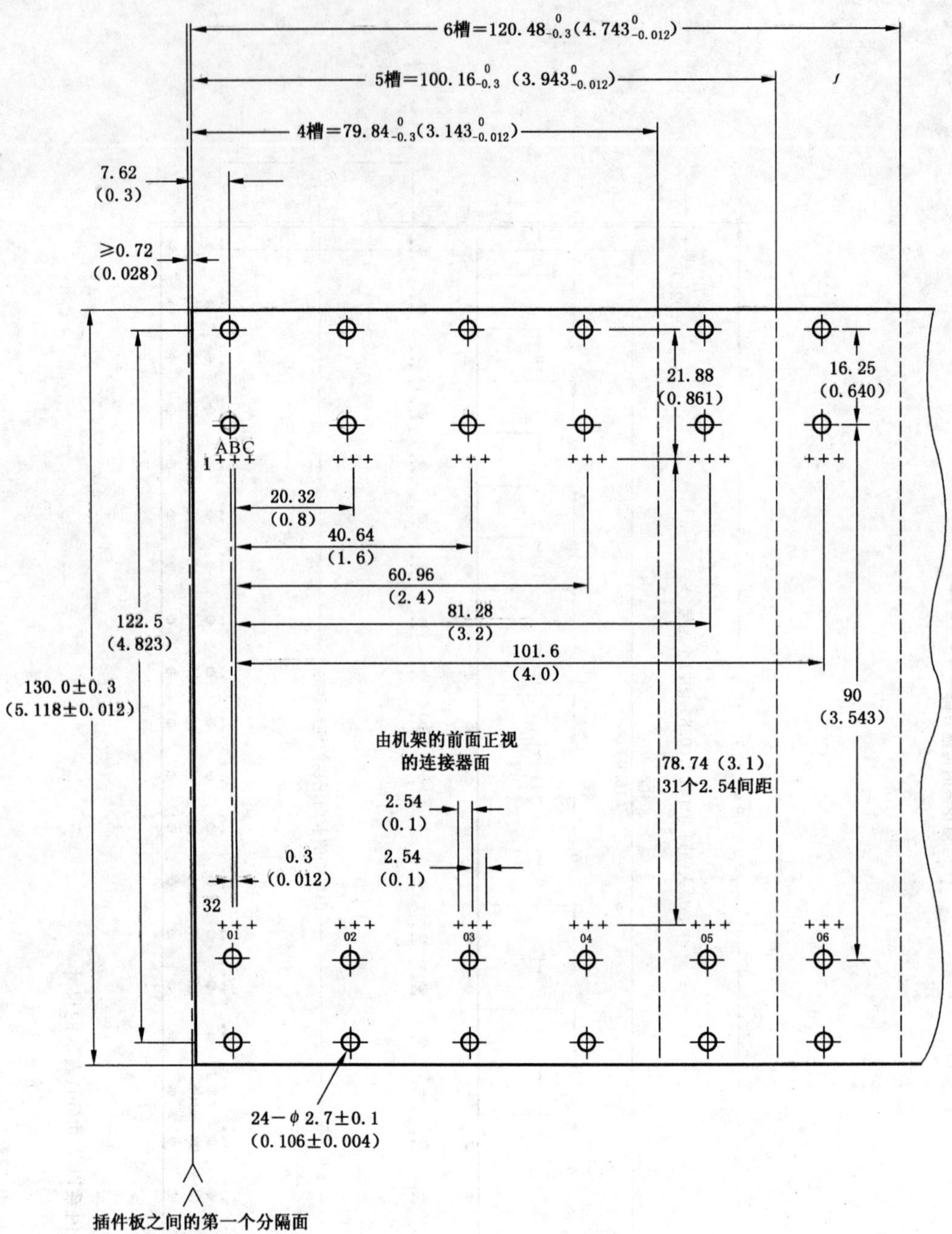

注：全部尺寸均以毫米(mm)计，括号内系以英寸(in)计的尺寸。

图 7-14 J_1 和 J_2 底板的详细尺寸

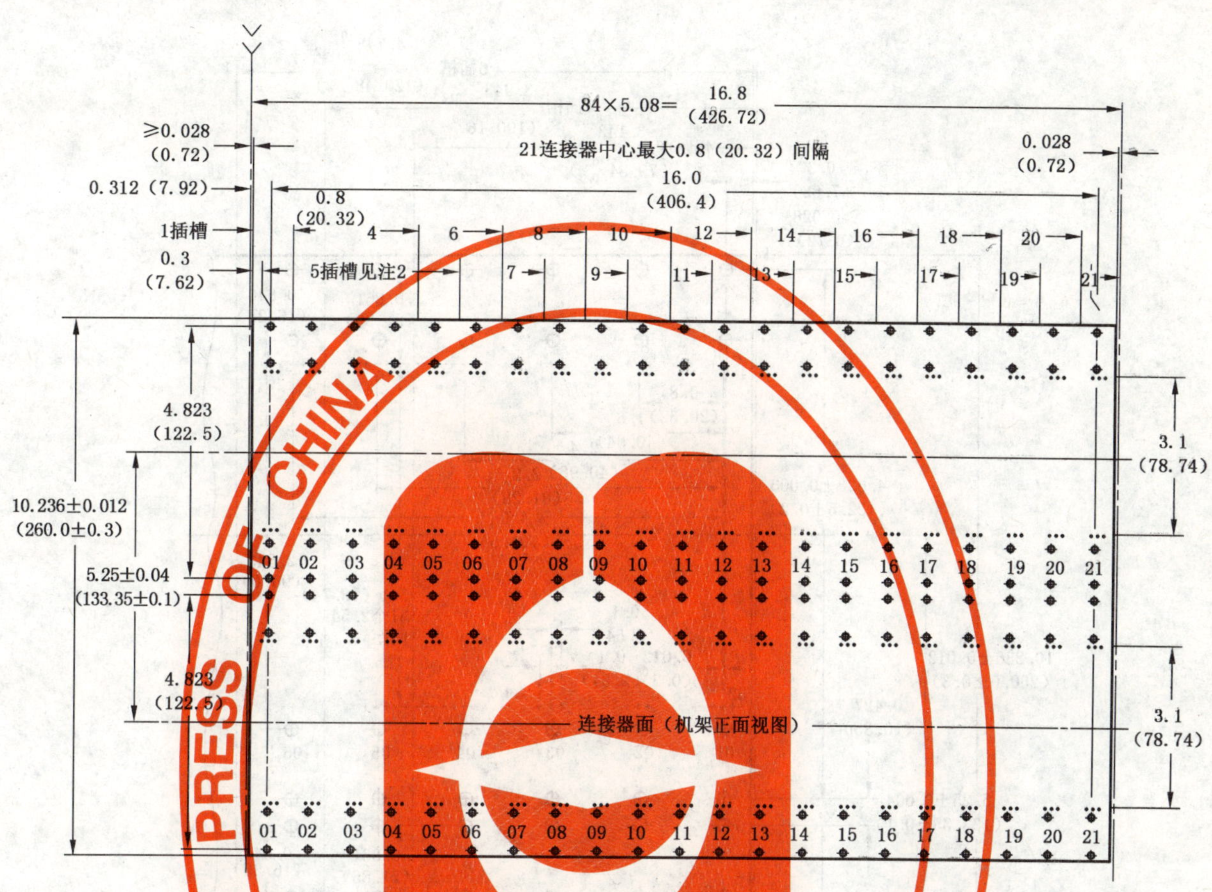

注 1：全部尺寸均以英寸(in)计，括号内系以毫米(mm)计的尺寸。

注 2：底板宽度随插槽数目变化。

注 3：许可 7.24：

底板 J_1 或 J_2 的总高度可为 $262.05_{-0.3}^{\ 0}$ mm($10.317_{-0.012}^{\ 0}$ in)。

图 7-15 J_1 和 J_2 底板的总尺寸

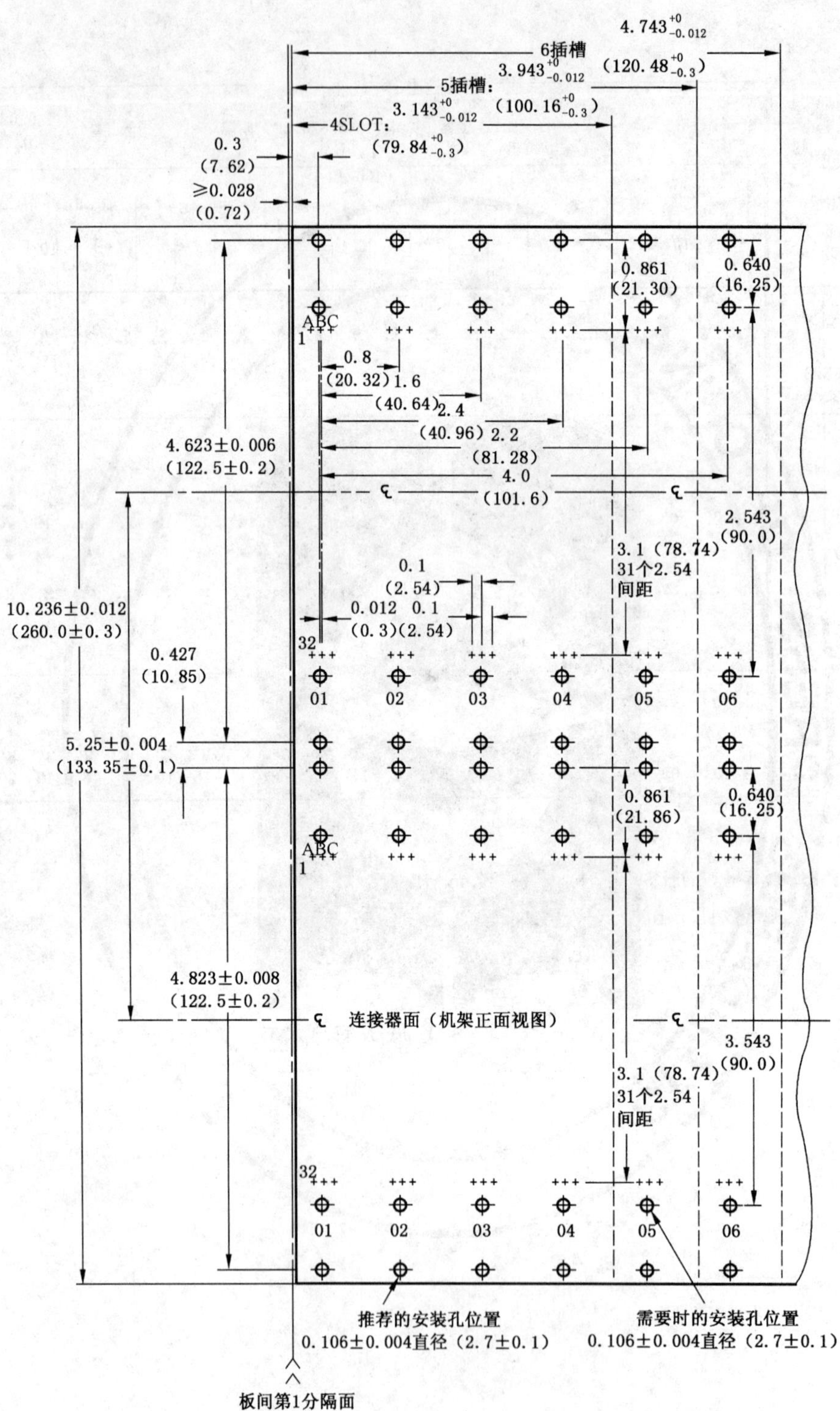

注：全部尺寸均以英寸(in)计，括号内系以毫米(mm)计的尺寸。

图 7-16　J_1/J_2 底板的详细尺寸

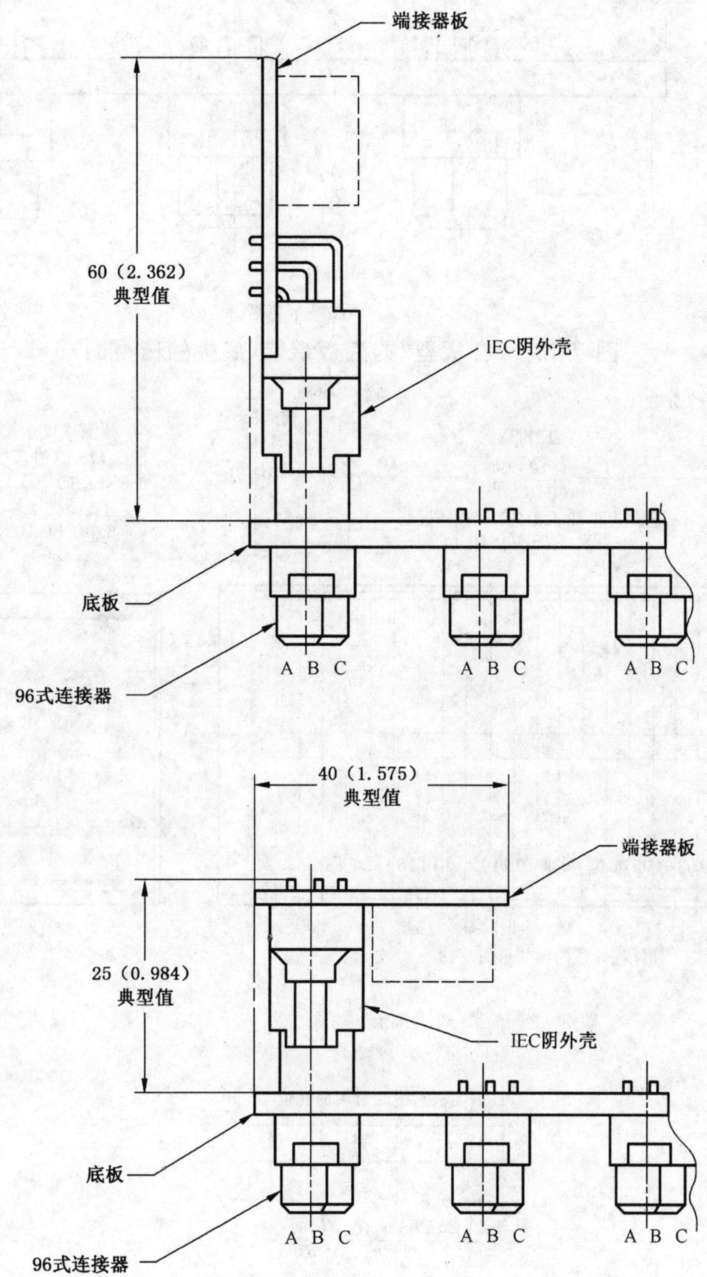

注：全部尺寸均以毫米(mm)计，括号内系以英寸(in)计的尺寸。

图 7-17 "板外型"底板端接(底板的俯视图)

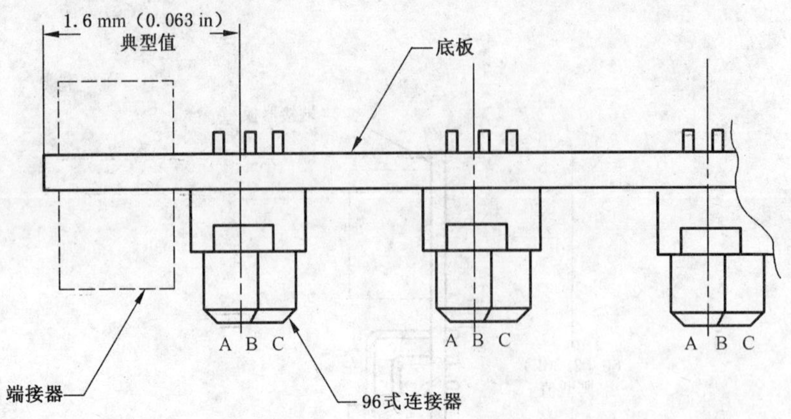

图 7-18 “在板型”的底板端接(底板的俯视图)

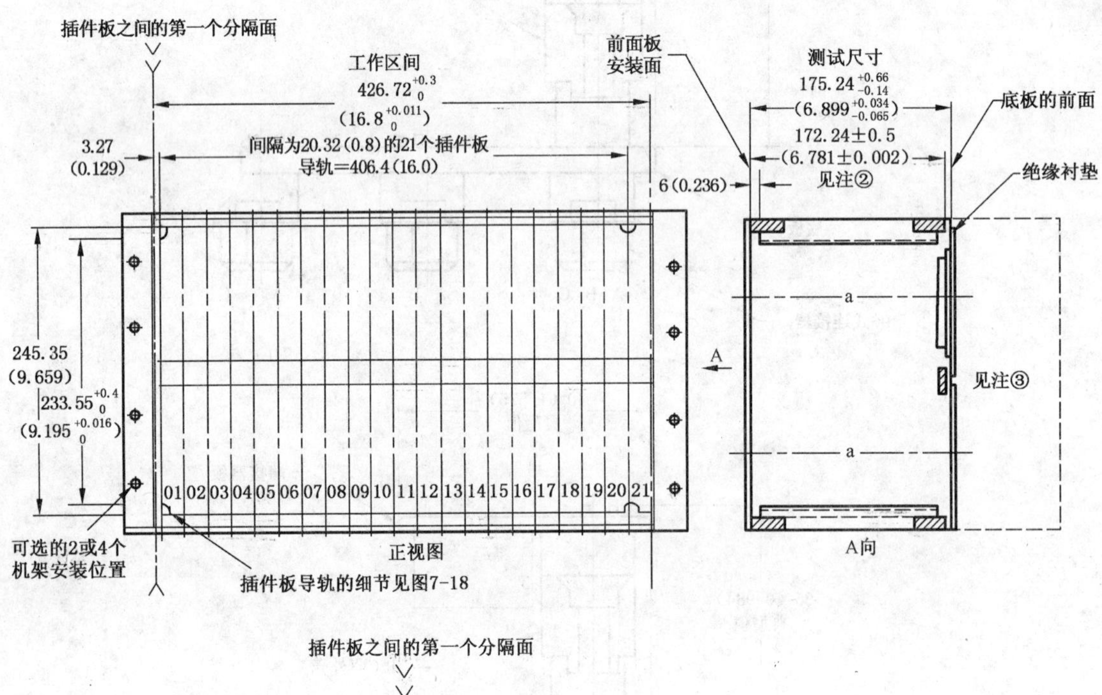

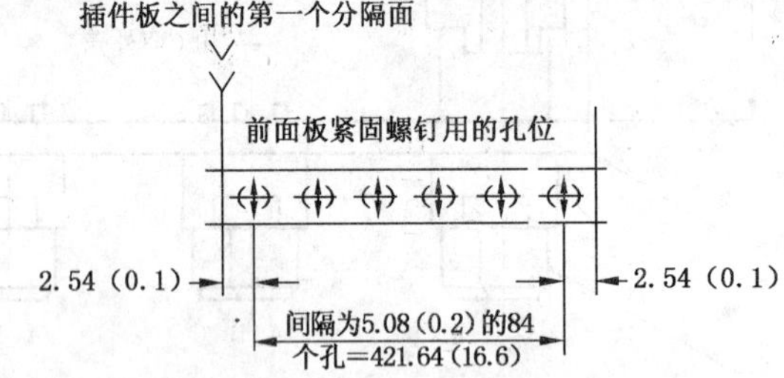

注1:全部尺寸均以毫米(mm)计,括号内系以英寸(in)计的尺寸。

注2:规则7.36:

绝缘衬垫的厚度(见右视图)必须确保选择得使底板表面距前面板安装面的距离正确。

注3:说明7.24:

规则7.36中规定的衬垫厚度可随生产厂家而变化。

注4:许可7.23:

有要求时,侧板可以扩展到后部。

更详细的资料见GB/T 3047.1和GB 3047.4。

注5:补充信息参见IEC 297-1和IEC 297-3。

图 7-19 21个插槽的机架

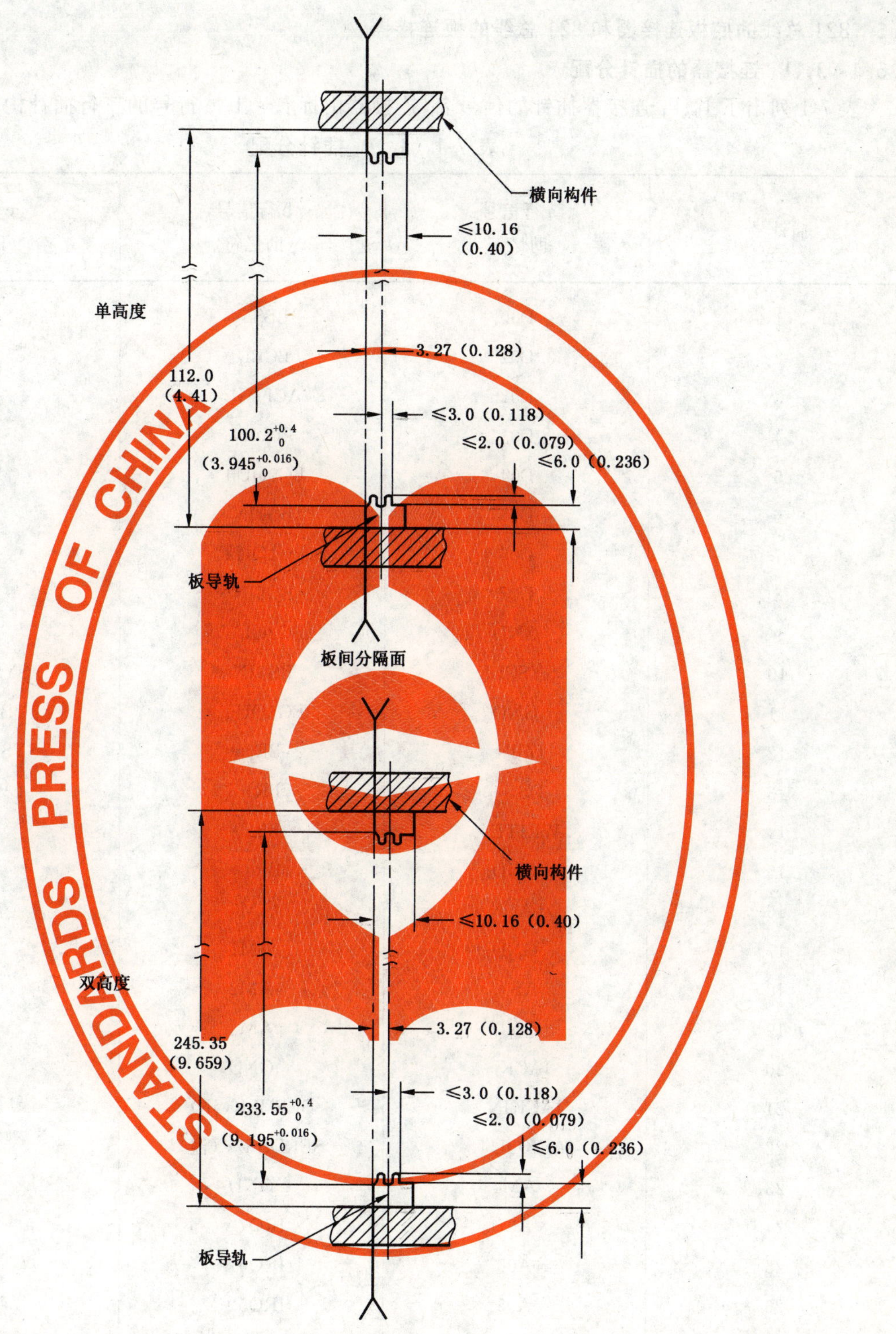

注：全部尺寸均以毫米(mm)计，括号内系以英寸(in)计的尺寸。

图 7-20 板导轨详图

7.6 821 总线的底板连接器和 821 总线的板连接器

7.6.1 J_1、P_1 连接器的插针分配

表 7-1 列出了 J_1、P_1 连接器插针的信号名(连接器由标有 a、b、c 行号的三行插针构成)。

表 7-1 J_1、P_1 插针分配

插针号	a 行信号 助忆符	b 行信号 助忆符	c 行信号 助忆符
1	D00	BBSY *	D08
2	D01	BCLR *	D09
3	D02	ACFAIL *	D10
4	D03	BG0IN *	D11
5	D04	BG0OUT *	D12
6	D05	BG1IN *	D13
7	D06	BG1OUT *	D14
8	D07	BG2IN *	D15
9	GND	BG2OUT *	GND
10	SYSCLK	BG3IN *	SYSFAIL *
11	GND	BG3OUT *	BERR *
12	DS1 *	BR0 *	SYSRESET *
13	DS0 *	BR1 *	LWORD *
14	WRITE *	BR2 *	AM5
15	GND	BR3 *	A23
16	DTACK *	AM0	A22
17	GND	AM1	A21
18	AS *	AM2	A20
19	GND	AM3	A19
20	IACK *	GND	A18
21	IACKIN *	SERCLK(注)	A17
22	IACKOUT *	SERDAT *(注)	A16
23	AM4	GND	A15
24	A07	IRQ7 *	A14
25	A06	IRQ6 *	A13
26	A05	IRQ5 *	A12
27	A04	IRQ4 *	A11
28	A03	IRQ3 *	A10
29	A02	IRQ2 *	A09
30	A01	IRQ1 *	A08
31	−12 V	+5 V STDBY	+12 V
32	−5 V	+5 V	+5 V
这些信号的详细使用情况见附录 B。			

7.6.2 J_2、P_2 连接器的插针分配

表 7-2 列出了 J_2、P_2 连接器插针的信号名(连接器由标有 a、b、c 行号的三行插针构成)。

表 7-2 J_2、P_2 插针分配

插针号	a 行信号 助忆符	b 行信号 助忆符	c 行信号 助忆符
1	用户定义	+5 V	用户定义
2	用户定义	GND	用户定义
3	用户定义	保留	用户定义
4	用户定义	A24	用户定义
5	用户定义	A25	用户定义
6	用户定义	A26	用户定义
7	用户定义	A27	用户定义
8	用户定义	A28	用户定义
9	用户定义	A29	用户定义
10	用户定义	A30	用户定义
11	用户定义	A31	用户定义
12	用户定义	GND	用户定义
13	用户定义	+5 V	用户定义
14	用户定义	D16	用户定义
15	用户定义	D17	用户定义
16	用户定义	D18	用户定义
17	用户定义	D19	用户定义
18	用户定义	D20	用户定义
19	用户定义	D21	用户定义
20	用户定义	D22	用户定义
21	用户定义	D23	用户定义
22	用户定义	GND	用户定义
23	用户定义	D24	用户定义
24	用户定义	D25	用户定义
25	用户定义	D26	用户定义
26	用户定义	D27	用户定义
27	用户定义	D28	用户定义
28	用户定义	D29	用户定义
29	用户定义	D30	用户定义
30	用户定义	D31	用户定义
31	用户定义	GND	用户定义
32	用户定义	+5 V	用户定义

附 录 A
（规范性附录）
821总线的术语汇总表

A16

一种模块，它在A01～A15的地址线上提供地址或对地址译码。

A24

一种模块，它在A01～A23的地址线上提供地址或对地址译码。

A32

一种模块，它在A01～A31的地址线上提供地址或对地址译码。

仲裁 arbitration

将数据传送总线的控制分配给一个请求器的过程。

唯地址周期 address-only cycle

只由地址广播组成，而没有数据传送的一个数据传送总线周期。从设备不用确认唯地址周期，并且主设备不用等待确认就可终止这个周期。

仲裁器 arbiter

一个功能模块。它从多个请求器模块接收总线请求信号，并且每次只允许一个请求器控制数据传送总线。

仲裁总线 arbitration bus

由821总线底板提供的四组总线中的一组。这个总线允许仲裁器模块和几个请求器模块协调使用数据传送总线。

仲裁周期 arbitration cycle

仲裁周期从仲裁器检测到一个总线请求时开始。仲裁器允许请求器使用总线，同时发出数据传送总线忙信号。请求器终止该周期时取走总线忙信号，使仲裁器能再次对总线请求信号进行取样。

底板(821总线) backplane

一块具有96插针连接器，并具有将连接器插针连入总线信号通路的印制电路(PC)板。一些821总线系统有一块印制电路板，称之为J_1底板。它提供了基本操作所需的信号通路。另一些821总线系统还有可选的第二块印制电路板，称之为J_2底板。它提供了宽数据和宽地址传送所需的另一个96插针连接器和信号通路。还有一些821总线系统具有一块组合的印制电路板，它同时提供了J_1和J_2两个底板的信号导体和连接器。

底板接口逻辑 backplane interface logic

一个专用的接口逻辑，它考虑了底板特性即：信号线阻抗、传播时间、端接值等。821总线标准规定底板长度为最大插槽数为最多的情况下，底板接口逻辑的某些设计规则。

块读周期 block read cycle

用于将从设备的1～256个字节的块传送到主设备去的一个数据传送总线周期。它使用1、2或4字节的数据传送流来完成传送。一旦块传送开始，则在所有的字节传送完成之前，主设备不会释放数据传送总线。它和一串读周期不同，在块读周期里，主设备只广播一个地址和地址修改码(在周期开始时)。然后从设备在每一次传送时递增这个地址，使得下一次传送的数据能从下一个较高的地址单元中去寻找。

块写周期 block write cycle

用于将主设备的1～256个字节的块传送到从设备去的一个数据传送总线周期。块写周期非常相似于块读周期，它是使用1、2或4字节的数据传送流来完成传送的。在所有的字节传送完成之前，主设备不会释放数据传送总线。它和一串写周期不同,在块写周期里,主设备只广播一个地址和地址修改码(在周期开始时)。然后从设备在每一次传送时递增这个地址,使得下一次传送来的数据能被存储进下一个较高的地址单元。

板 board

由印制电路板、板上的电子元器件,以及一个或两个能插入821总线底板连接器的96插针连接器组成的一个组件。

总线定时器 bus timer

一个功能模块。它测量数据传送总线上每一次数据传送的时间有多长。如果传送时间太长,便终止数据传送总线周期。没有此模块时,若主设备试图将数据传送到不存在的从设备地址单元或从一个不存在的从设备地址单元将数据传送过来,那样也许就会永远等待下去。总线定时器用终止周期的方法来防止这一点。

D08(O)

在D00~D07上一次发送或接收8位数据的从设备。

在D00~D07上接收8位STATUS/ID的中断处理器。

在D00~D07上发送8位STATUS/ID的中断器。

D08(EO)

在D00~D07或D08~D15上一次发送或接收8位数据的主设备。

在D00~D07或D08~D15上一次发送或接收8位数据的从设备。

D16

在D00~D15上一次发送或接收16位数据的主设备。或

在D00~D15上一次发送或接收16位数据的从设备。或

在D00~D15上接收16位STATUS/ID的中断处理器。或

在D00~D15上发送16位STATUS/ID的中断器。

D32

在D00~D31上一次发送或接收32位数据的主设备。或

在D00~D31上一次发送或接收32位数据的从设备。或

在D00~D31上接收32位STATUS/ID的中断处理器。或

在D00~D31上发送32位STATUS/ID的中断器。

菊花链 daisy-chain

特殊类型的821总线的信号线。用于从第一个插槽到最后一个插槽逐板传播一个信号电平。在821总线上有四个总线允许菊花链和一个中断确认菊花链。

数据传送总线 data transfer bus

由821总线底板提供的四组总线中的一组。数据传送总线允许主设备去控制主设备与从设备之间的二进制数据的传送(数据传送总线常简称为数据传送总线)。

数据传送总线周期 data transfer bus cycle

在数据传送总线的信号线上一个电平跳变的序列,这一序列导致主设备和从设备之间地址或地址和数据的传送。数据传送总线周期分为两个部分,即地址广播以及接下来的一个或多个数据传送。共有34种类型的数据传送总线周期。

DTB

数据传送总线的缩略语。

功能模块 functional module

一个装在821总线板上,为完成一个任务而一起工作的电子电路的集合。

IACK 菊花链驱动器　iack daisy-chain driver

一个功能模块。每当中断处理器确认一个中断请求时，便激活中断确认菊花链。该菊花链保证在多个中断器产生中断请求时，只有一个中断器用它的 STATUS/ID 来响应。

中断确认周期　interrupt acknowledge cycle

由中断处理器启动的，从一个中断器中读出 STATUS/ID 信息的一个数据传送总线周期。每当中断处理器从一个中断器检测到一个中断请求，并且控制了数据传送总线时，它便产生这个周期。

中断器　interrupter

一个功能模块。它在优先级中断总线上产生一个中断请求信号，并在中断处理器需要时，提供 STATUS/ID 信息。

中断处理器　interrupt handler

一个功能模块。它检测由中断器产生的中断请求信号，并通过要求 STATUS/ID 信息来响应这些请求。

地址单元监视器　location monitor

一个功能模块。它监视数据传送总线上的数据传送，以便检测对已被指定要察看的那些地址单元所进行的存取。当存取一个被指定的地址单元时，地址单元监视器就产生一个板上信号。

主设备　master

一个功能模块，它启动数据传送总线周期，以便在它自己和一个从设备之间传送数据。

电源监视器模块　power monitor module

一个功能模块。它监视 821 总线系统主电源的状态，并在电源偏离系统可靠运行所要求的限值时发出信号。由于大多数系统是由交流供电的，所以电源监视器一般设计成用来检测交流线上掉电或电压不足的状态。

优先级中断总线　priority interrupt bus

由 821 总线底板提供的四组总线中的一组。优先级中断总线允许中断器模块发送中断请求到中断处理器模块。

读周期　read cycle

用于将从设备的 1、2、3 或 4 个字节的数据传送到主设备去的一个数据传送总线周期。这个周期是从主设备广播一个地址和一个地址修改码开始的。每一个从设备截获修改码和地址，并且核实它是否要响应这个周期。若要响应，则从它的内部存储器中去找出数据，把它放在数据总线上，并确认该次传送。然后主设备终止这个周期。

读—改—写周期　read-modify-write cycle

用于自从设备地址单元读出，并写入该从设备地址单元的一个数据传送总线周期。在该周期里，不允许任何其他主设备去存取这个地址单元。这个周期在某些将存储器地址单元用于信标功能的多处理器系统中是非常有用的。

请求器　requster

一个功能模块。它与主设备或中断处理器装在同一块板上，每当它的主设备或中断处理器需要时，便请求使用数据传送总线。

串行时钟驱动器　serial clock driver

一个功能模块。它提供一个用来同步 823 总线操作的周期性时序信号(尽管 821 总线标准定义了一个串行时钟驱动器，用于 823 总线；尽管它保留了两个底板信号线供那个总线使用，但 823 总线协议是完全独立于 821 总线的)。串行时钟驱动器的时序规范在附录 C 中给出。

从设备　slave

一个功能模块。它检测由主设备启动的数据传送总线周期，当那些周期指定有它参与时，就在它自己和主设备之间传送数据。

插槽　slot

一个能将板插入 821 总线底板的位置。如果 821 总线系统有 J_1 和 J_2 两个底板(或一个组合的底板),则每一个插槽提供一对 96 插针连接器。如果系统只有一个 J_1 底板,则每一个插槽提供一个 96 插针的连接器。

机架　subrack

为插入底板的板提供机械支撑的钢性框架,以保证连接器的准确插接,并保证邻近的板相互之间不接触。它也为系统提供冷却风道,并且保证插入的板不因底板的振动或冲击而使它们从底板上松脱。

系统时钟驱动器　system clock driver

一个功能模块。它在公用总线上提供一个 16 MHz 的时序信号。

系统控制器板　system controller board

一个插在 821 总线底板第 1 插槽上的板,它含有一个系统时钟驱动器、一个仲裁器、一个 IACK 菊花链驱动器和一个总线定时器。有些还有一个串行时钟驱动器、一个电源监视器或二者都有。

UAT

以非对齐方式发送或接收数据的主设备,或

以非对齐方式发送或接收数据的从设备。

公用总线　utility bus

由 821 总线底板提供的四组总线中的一组。这个总线包含有周期性时序的信号和协调 821 总线系统电源开和电源关的信号。

写周期　write cycle

用于将主设备的 1、2、3 或 4 个字节的数据传送到从设备去的一个数据传送总线周期。这个周期是从主设备广播一个地址和一个地址修改码,并且将数据放在数据传送总线上开始的。每一个从设备截获地址修改码和地址,并且核实它是否要响应这个周期。若要响应,则存储这个数据,并确认该次传送。然后主设备终止这个周期。

附 录 B
（规范性附录）
821 总线连接器插针的说明

本附录描述 821 总线的信号线，表 B.1 以信号助忆符标明 821 总线的各个信号，并说明信号的特性。

表 B.1 821 总线信号标识

信号助忆符	信号名和说明
A01～A15	地址总线（1～15 位），是三态驱动的地址线，用于广播一个短的、标准的或扩展的地址
A16～A23	地址总线（16～23 位），是三态驱动的地址线，用于和 A01～A15 结合，以广播一个标准的或扩展的地址
A24～A31	地址总线（24～31 位），是三态驱动的地址线，用于和 A01～A23 结合，以广播一个扩展的地址
ACFAIL *	交流故障，是一个集电极开路驱动的信号，它表明电源没有交流输入或交流输入的电压值不符合要求
AM0～AM5	地址修改线（0～5 位），是三态驱动线，用于广播如：地址宽度、周期类型和（或）主设备标识之类信息
AS *	地址选通，是一个三态驱动信号，它表明一个有效地址已置于地址总线上
BBSY *	总线忙，是一个由当前主设备驱低的集电极开路驱动信号，它表明总线正在使用。当主设备释放该线时，其上升沿使仲裁器在总线允许线上采样，并将总线给最高优先级的请求器使用
BCLR *	总线清除，是一个由仲裁器产生的推一拉驱动信号，它表明有一个较高优先级的请求要求使用总线。该信号要求当前的主设备释放数据传送总线
BERR *	总线错，是一个由从设备或总线定时器产生的集电极开路驱动信号，该信号向主设备表明数据传送没有完成
BG0IN * ～BG3IN *	总线允许入（0～3），是由仲裁器和请求器产生的推一拉驱动信号。“总线允许入”和“总线允许出”信号构成了总线允许菊花链。“总线允许入”信号表明接收该信号的板可以使用数据传送总线
BG0OUT * ～BG3OUT *	总线允许出（0～3），是由请求器产生的推一拉驱动信号。总线允许出信号表明菊花链中的下一个板可以使用数据传送总线
BR0 * ～BR3 *	总线请求（0～3），是由请求器产生的集电极开路驱动的信号。这些线中任一条为低电平时表明某个主设备需使用数据传送总线
D00～D31	数据总线，在主设备和从设备之间用以传送数据的三态驱动双向数据线
DS0 *，DS1 *	数据选通 0，1，是与 LWORD * 以及 A01 结合起来使用的三态驱动信号，它们表明有多少数据字节（1、2、3 或 4）正在传送。在写周期内，第一个数据选通的下降沿表示在数据总线上的有效数据是可以使用的。在读周期内，第一个数据选通的上升沿表示已从数据总线上收到了数据

表 B.1（续）

信号助忆符	信号名和说明
DTACK *	数据传送确认，是由从设备产生的集电极开路驱动信号，该信号的下降沿表示在读周期内数据总线上的有效数据是可以使用的；或者表示在写周期内已从数据总线上收到了数据。上升沿表示从设备在读周期结束时已释放了数据总线
GND	地，用于 821 总线系统的直流电压参考基准
IACK *	中断确认，由中断处理器确认中断请求时使用的集电极开路或三态驱动的信号。在由 IACK 菊花链驱动器监视 IACK * 信号的地方，该信号通过底板上的信号布线引到第一个插槽中的 IACKIN * 插针
IACKIN *	中断确认入，是一个推—拉驱动信号。IACKIN * 和 IACKOUT * 信号构成一个菊花链。IACKIN * 信号向接收它的 821 总线板表明，允许该板去响应正在进行中的中断确认周期
IACKOUT *	中断确认出，是一个推—拉驱动信号。IACKIN * 和 IACKOUT * 信号构成一个菊花链。IACKOUT * 信号由一个板送出，向菊花链中的下一个板表明，允许该板去响应正在进行中的中断确认周期
IRQ1 * ～IRQ7 *	中断请求（1～7），由中断器产生的、带有中断请求的集电极开路驱动信号。当由一个中断处理器监视几条线时，编号最大的线其优先级最高
LWORD *	长字，是三态驱动信号，它和 DS0 *、DS1 * 和 A01 结合使用，用来选择数据传送期间 4 字节组内所要存取的字节单元
RESERVED	保留线，用于将来增强 821 总线功能而保留的信号线。这条线不要使用
SERCLK	串行时钟，用来同步 823 总线上的数据传送的推—拉驱动信号
SERDAT *	串行数据，用于同步 823 总线上数据传输的集电极开路驱动信号
SYSCLK	系统时钟，是推—拉驱动信号。它提供一个独立于其他总线时序的恒定的 16 MHz 时钟信号
SYSFAIL *	系统故障，是集电极开路驱动信号，它表明系统发生了故障。该信号可由 821 总线上的任一个板产生
SYSRESET *	系统复位，是一个集电极开路驱动信号，当该信号为低时产生系统复位
WRITE *	写，是一个由主设备产生的三态驱动信号，它表明数据传送周期是读周期还是写周期。该信号为高电平表示读操作，为低电平表示写操作
+5 V STDBY	+5 V 直流后备电源，该信号线将+5V 直流电源供给要求电池后备的器件
+5 V	+5 V 直流电源，由系统的逻辑电路使用
+12 V	+12 V 直流电源，由系统的逻辑电路使用
−12 V	−12 V 直流电源，由系统的逻辑电路使用

附 录 C
（规范性附录）
SERCLK 和 SERDAT ＊线的使用

在 821 总线底板上的两条信号线（SERCLK 和 SERDAT＊）是规定用于 823 总线的，并且为板之间提供一个串行的通信链。823 总线所用的协议不属于本标准的范围。由于系统控制器板的设计者希望在板上含有相应的电路以驱动 SERCLK，因此本附录提供一些必要的信息。

SERCLK 象 SYSCLK 一样，与任一个 821 总线信号没有固定的时序关系（SERDAT＊除外，它带有一些和 SERCLK 同步的数据位）。

在第 6 章中已规定了 SERCLK 用的驱动器和接收器。

图 C.1 和表 C.1 表示了 SERCLK 信号线所要求的时序参数。带有这些时序值的 SERCLK 波形可从 32 MHz 的时钟源导出。表 C.1 中的时序值是在 SERCLK 和 SERDAT＊线延伸不超过 821 总线底板的情况下使用的。如果这些信号被扩展成携带系统之间的信息，则表 C.1 给定的每一个时序值应该乘以大于 1 的公共比例因子，使它能用于增加后的 SERCLK 和 SERDAT＊传播时间。

推荐 C.1：

在设计串行时钟驱动器模块时，要考虑到 SERCLK 线驱动器对上升沿和下降沿的传播延迟可能是不同的。当 SERCLK 线负载很重时差别更严重。在计算驱动器传播延迟时要使用生产厂家数据手册中给出的 300 pF 电容负载情况下的延迟。如果给出的仅仅是 30 pF 负载的传播延迟，则对每一个传播延迟数据都要加 10 ns。

建议 C.1：

设计串行时钟驱动器时，要使它能通过跨接按 32 MHz 时钟源驱动的二进制计数器各种形式分频工作。即允许选择 32 MHz、16 MHz、8 MHz 等作为串行时钟驱动器的基本频率，并且使它能方便地选择适合于 SERCLK 和 SERDAT＊线长度的频率。

建议 C.2：

为了允许装有串行时钟驱动器的多种板能安装在同一底板上，可设计一个跨接器，以便将 SERCLK 线和串行时钟驱动器断开。

说明 C.1：

如果用 32 MHz 时钟源产生 SERCLK 波形，则也能用它来产生 821 总线的 16 MHz 的 SYSCLK 信号。

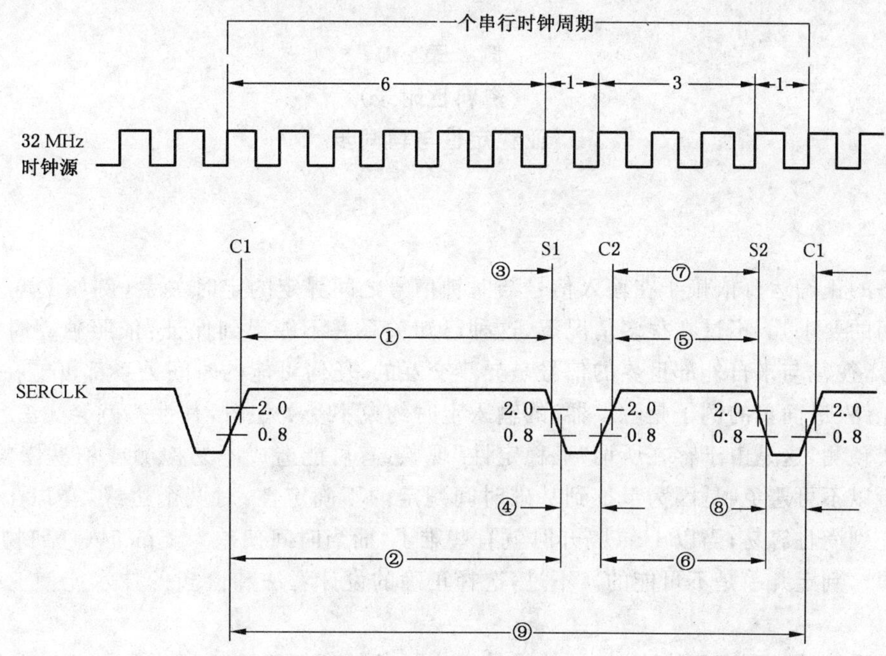

注：时序值见表 C.1。

图 C.1 SERCLK 时序图

表 C.1 SERCLK 时序值

参数号	最 小	最 大
L	167	—
2	—	194
3	—	51
4	25	—
5	74	—
6	—	100
7	—	51
8	25	—
9	340	347

注：全部时序值均以纳秒(ns)计。

附　录　D
（资料性附录）
亚稳定性与再同步

D.1　引言

逻辑设备的正确运行依赖于在输入信号与时钟信号之间界定的定时关系（例如 D 触发器对建立时间与保持时间的要求）。不过在很多情况下，这种已知关系并不能得到保证：依照独立时钟运行的子系统发出的信号，往往与来自外部世界的信号是异步交互的，任何可能的时间关系都可能在此发生。

在时序电路（最简单的例子是触发器）的输入定时约束不受关注时，其性态就会无法预测，或者说只能以统计方式预测，这是由于存在所谓"亚稳定性"现象，有可能造成不易检测或不易恢复正常的差错。亚稳定性之所以不可避免，是因为牵扯到基础时间判定的不确定性：对两个边缘，当以 1 μs 隔开时，判定哪一边缘先到尚且容易；当以 1 ns 隔开时就有些难了，而当时间偏差为 1 ps 时（任何物理系统的时间分辨率都有限），判定几乎是不可能的。不过，选择正确的设计者法和恰当的技术能使亚稳危害的概率达到下限。

当数字元系统的处理速度增大时，硬件设计者应具备处理亚稳定性所需的知识。本附录提供了处理有关 VME 总线接口的几个较为关键问题的基本信息和特定提示。下一章先叙述亚稳定性如何在设备内发生，然后提供一种定量分析模型，最后就设计者如何控制这一问题提出建议。首先以 RS 触发器引出亚稳定性问题，尔后就当前用于再同步的 D 触发器进行详细分析并导出模型。最后的部分针对 VME 总线，描述亚稳定性为何能在仲裁子系统和中断子系统中出现，又怎样才能控制其效应。

D.2　亚稳定性基本原理

图 D.1 的 b）所示是组成 RS 触发器（图 D.1 的 a））的两个逆变门（NOR 或 NAND）的传递函数。图中出现两个稳态（A，B），还隐含着第三个不稳定平衡状态，称为"亚稳态（C）"。另一种观点见于图 D.1 的 c）：该触发器的置位状态和复位状态都对应于极小能量状态。在这两个极小值之间，总有一个极大值，伴随的平顶表示亚稳平衡点。

假如将该系统导入亚稳态（即恰在极大值处）且不被扰动，则将不受时间限制地停留在这一状态。假如将该系统导入极大值附近，则在称为"分辨时间"之内演变到两个稳态之一。分辨时间取决于触发器的特征曲线（极大值锐度如何），并且只能以统计方式预测。在从亚稳态演变期间，对触发器性态的详细分析和讨论请查阅参考文献[1]＊和[2]＊。

注：＊方括号内的数字指第 D.8 章中的序号。

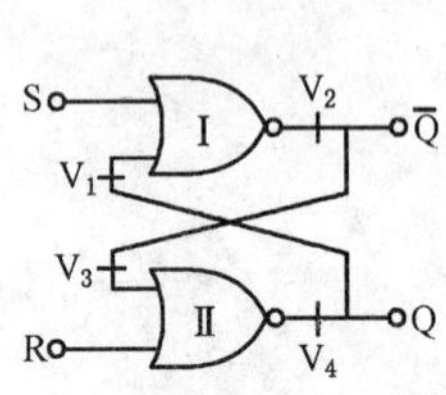

a）"或非"门电路

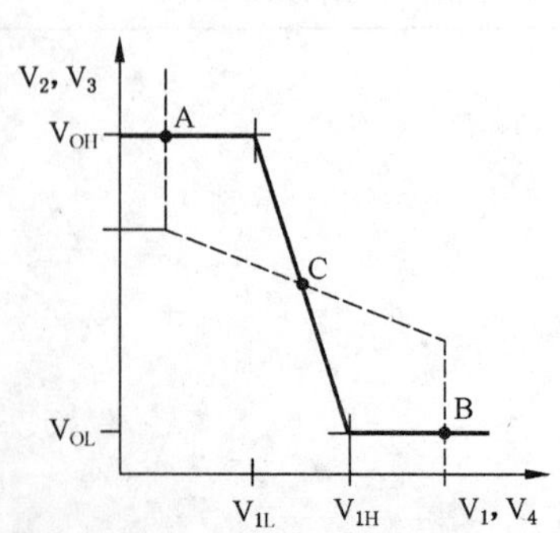

b）门传递函数 V_{OH}、V_{OL}、V_{IH}、V_{IL} 指门 1 的传递函数

图 D.1　基本 RS 触发器

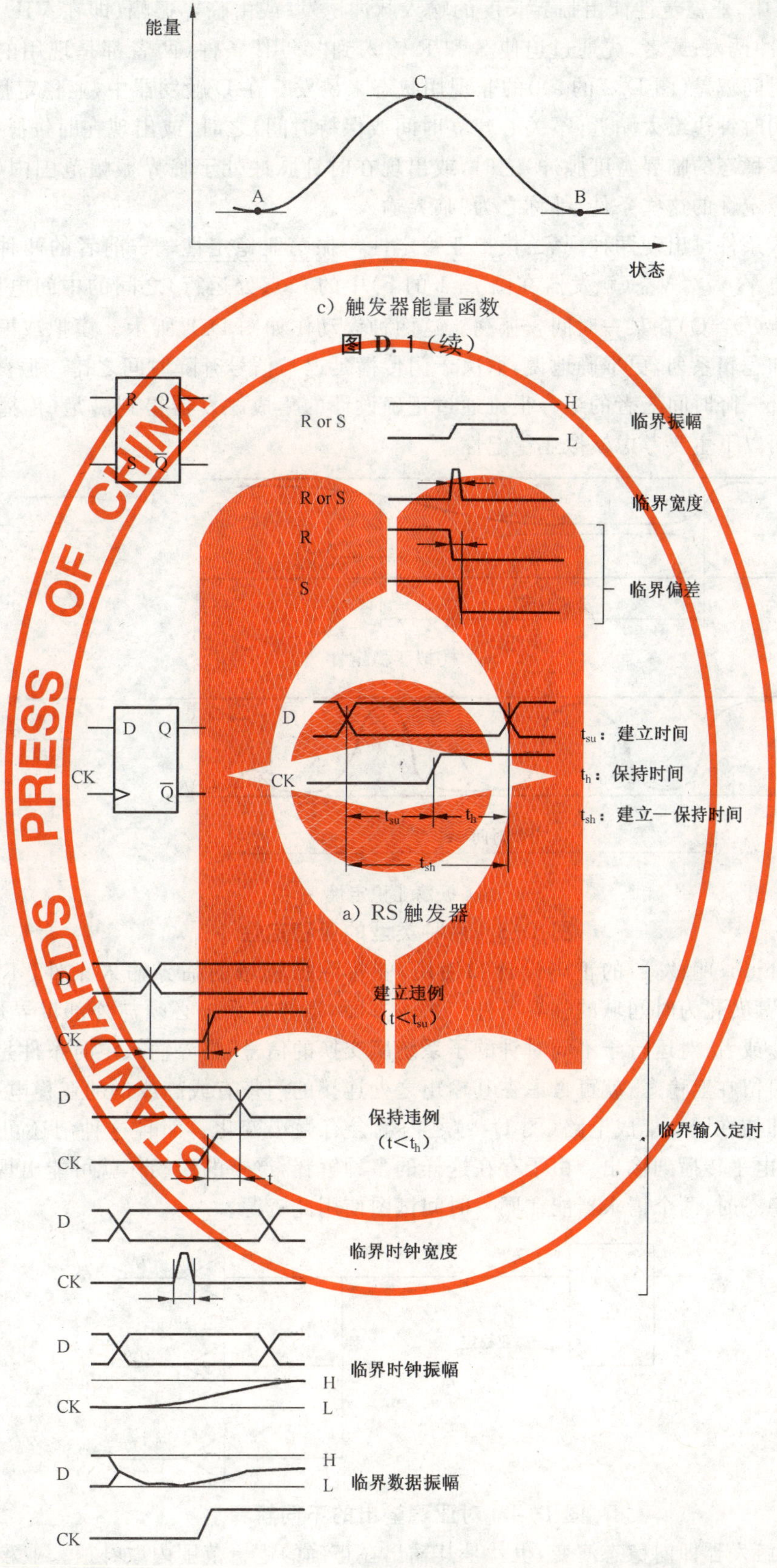

c) 触发器能量函数

图 D.1（续）

a) RS 触发器

b) D 触发器

图 D.2 临界输入条件

在RS触发器中，亚稳定性能由临界长度的输入脉冲诱发；或由临界振幅（即在VIL与VIH间的区域之内）的输入脉冲诱发；或者，先通过迫使S和R输入到“禁用”条件（两者都是现用的），然后再将两者输入带有临界时间偏差（图D.2的a））的非现用状态来诱发。在D触发器中，亚稳定性出现在输入D的状态改变且现用时钟边缘太贴近（不关心建立时间或保持时间）之时，或出现在时钟脉冲太窄（这些输入条件造成内部双稳态的临界宽度脉冲）之时，或出现在时钟脉冲处于临界振幅范围内（图D.2的b））的情形。造成亚稳定性的这些条件，都称之为“临界输入”。

伴随临界输入条件可出现两种现象：模拟亚稳定性与振荡亚稳定性——前者的两种输出都处于正确的高电平与低电平 V_{OH}/V_{OL}（触发器在图D.1的b）中的C点处运行）之间的中间电压水平；后者造成两种输出的相位（$Q=\overline{Q}$）在某一时间[3]振荡。这两种误动作如图D.3所示。模拟或振荡的性态取决于触发器的结构和逻辑系列，更准确地说，取决于门传播延迟与信号升降时间之比。振荡亚稳定性的出现是由于传播—升—降时间三者的综合很难通过正确设计的集成触发器得到满足（传播延迟远远超过高度时间[4]），因而以下主要考虑模拟亚稳定性。

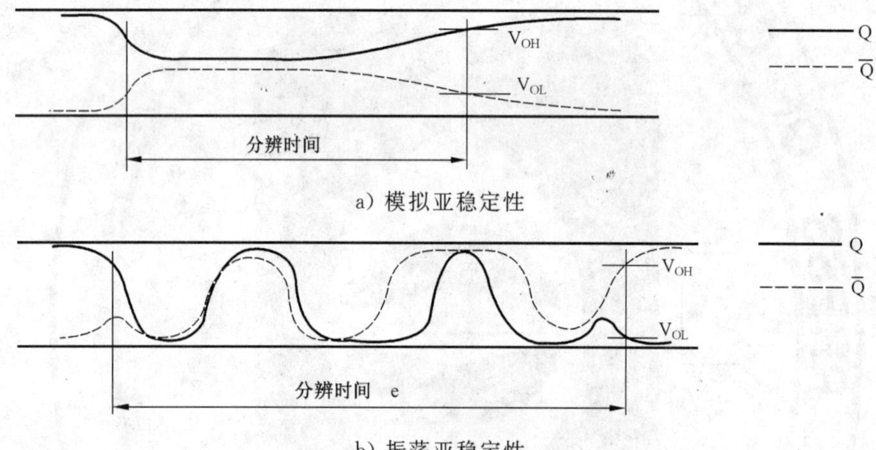

图D.3 两种类型的亚稳定性

对施密特（Schmitt）触发器的正确设计和使用，能排除振幅域的临界输入条件（不正确的输入电平），或者，至少将其转化为时间域的临界条件。另一方面，当数字系统必须与外部世界通信时（通常与内部时钟不同步），或者，对运行于不同时钟的子系统所交换的信号，临界输入定时条件是不可避免的。

只要触发器停留在亚稳态，就可考虑在其输出之处连接的门带有或高或低的亚稳电平，这取决于实际电气特征——即使在同一集成电路（图D.4）之内也会有微小变化。而且这种门还可能进入线性区域，并将不正确的电平传播到输出。由于存在这样的多种解释，严重的误动作就可能出现；例如，当仲裁器的输出进入亚稳态时，两个请求器能在同一时间试图使用此资源。

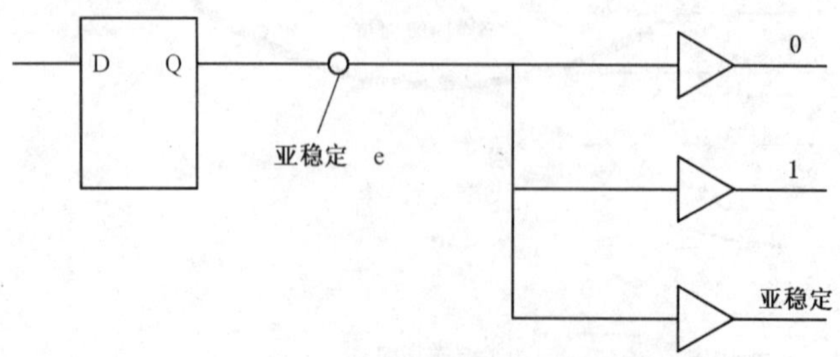

图D.4 对亚稳输出的不同解释

不久之后，该触发器即向稳态演变，也就是其输出在正确的逻辑范围内取补值。亚稳态的持续时间只能以统计形式来表征。对亚稳持续时间，在参考文献[5]和参考文献[6]中讨论了一种简单而精确的模型；其中指出：若双稳触发器在 $t=0$ 时处于亚稳态，则停留在此状态的时间超过预定义时间 t' 的概率为。

$$P(MT) = e^{-\frac{t'}{\tau}} \qquad \cdots\cdots (D.1)$$

参数 τ 对每一设备系列都是独有的，其值能测量出来或者从设备数据表中查到(为数极少)。如果时钟频率为 F_c 的 D 触发器采样是过渡频率为 F_d 的不正确信号，则演变到稳定且可辨识的状态所经历的时间超过 t' 的亚稳态频率为：

$$F_{ms} = F_c \cdot F_d \cdot T_0 \cdot e^{-\frac{t'}{\tau}} \qquad \cdots\cdots (D.2)$$

其中参数 T_0 和 τ 均取决于所采用的触发器技术。

也有可能的情况是：亚稳态时间超过 t' 仅产生在数据过渡出现在跨时钟采样宽度边缘的时间窗口 T_{CW}

$$T_{CW} = T_0 \cdot e^{-\frac{t'}{\tau}} \qquad \cdots\cdots (D.3)$$

之内。

这种临界窗口置于由建立时限和保持时限界定的更宽的时间区间内。这种窗口的确切位置并不知道；其宽度取决于采用的双稳技术(参数 T_0 和 τ)，并取决于对触发器分辨其亚稳定性所给定的时间 t'：分辨时间越长，临界窗口越窄。更准确地说，分辨时间应包括固有传播延迟 h——用于承载信号由输入插针到内部基本锁存器以及由锁存器到输出插针的信号，因而不可用于亚稳定性分辨率(在上述公式中以 $t'-h$ 替换 t')。

分辨时间与传播延迟等效：待到与分辨时间相等的延迟经历任一输入变化之后，触发器输出才算可靠。减少亚稳态造成差错的概率，直截了当的方式是增加分辨时间 t'，也就是等待更长的时间。另一种可能性是减少临界窗口的宽度(使进入亚稳态的概率降低)。这相当于减少参数 T_0 和 t，并能通过选择带有更小的 T_0 和 τ 的逻辑系列来做到。

以上描述的性态指的是模拟亚稳定性；振荡亚稳定性同样由此前描述的临界输入条件(定时或电平)触发，而且亚稳持续时间与模拟亚稳定性具有同样的统计分布。

必须指出：即使采用硬件冗余技术也不能屏蔽亚稳定性差错，不过有可能利用上述公式(D.1～D.3)来表征和界定此种差错的界限。设计者能以两种方式处置亚稳定性：在高一级，将系统设计得能从亚稳差错的效应中恢复正常；在电路级，选择最佳设备用于临界同步器。

D.3 总线接口中的亚稳定性

亚稳定性出现在异步构件之间的同步边界处。在总线接口中，亚稳差错可由来自由分立的振荡器同步的各状态机(例如两个或更多处理器)的信号间的交互引起，或者，对带时钟的总线，由与总线时钟不同步的各板上生成的信号引起。例如，由 10 MHz 总线时钟同步的总线，从 16 MHz 处理器接收的信号必须以自身的时钟对这些信号采样(这一步将信令率由 16 MHz 转换到 10 MHz)；相反的步骤适用于 16 MHz 处理器从 10 MHz 或异步总线接收信号。在此类再同步接口的输入信号与采样时钟之间，任何相位关系都会发生。

来自不同处理器的信号在总线仲裁器上交互作用；板或总线上的各信号在总线接口交互作用。此外，某些 I/O 控制器(例如串行接口)虽然使用很多时钟资源，但对亚稳问题却不大敏感，原因是较低的速度减少了出错概率并使较长的分辨时间成为可能。

亚稳定性可出现在由不同时钟对信号进行同步或者完全不进行同步而必须交互的任何时候：因此，亚稳定性不是源自总线协议，而是源自出现很多时钟振荡器。再同步接口(可能隐藏在框图的某些功能单元之内)必须永远存在。总线协议规范可告诫设计者，就再同步接口置于何处提出建议，并提供评价出错概率的数据。

在设计触发器方面已经做出相当大努力和创造性，以使建立时间与保持时间尽可能达到最短。集成电路技术的进步的确使此种时间越来越短。设计触发器时，虽然有可能让这两种时间之一为零甚至为负值，但还没有电路能做到将两者同时消除：这两种时间之和(以下称为"建立—保持窗口")总大于零。改进触发器存在的惟一问题是，原有的技术进步固然可让触发器的建立—保持窗口不断缩短，采用更快的时钟也能将系统性能推进到更高的水平，然而在总体上，亚稳出错率并没有改进。

除缩短建立时间和保持时间之外,更高的集成度也使上述存在问题的严重性有所减轻。以带有(芯)片外回馈的锁存器就能很容易地仿真用作多周期的振荡器(振荡亚稳定性),同时在临界窗口漏失时,以现代的集成触发器能使额外的电压反向不超过一次,并(或)使这种触发器的输出仅在相对短的时间停留在未定义的电压区域。

此外,有效的临界窗口(按公式D.3进行定义,触发器在此实际上误动作)与设备制造方所能保证的建立—保持窗口,一般要短2至3个数量级。高速触发器的建立—保持窗口可持续若干纳秒(ns),在该窗口的某处有一个短暂得多的时间(临界窗口),在此期间,当数据处于中间电压范围时,触发器会做出奇怪的事情。这一事实虽则有趣,但对设计者没有什么用处,因为无法知道实际临界窗口会在何处到来。

D.4 同步与异步设计的比较

对于状态存储设备的设计方法,出现了两种学派。各有其长处与不足,在电子系统的设计中也各有其地位。事实上,在大多数电子系统的设计中都综合利用这两种方法,虽然所用方法各有侧重。

同步设计利用主时钟信号为其中的触发器进行选通。系统状态仅在与现用时钟边缘相应的时刻才可发生变化。外部信号通过将其连接到触发器的D输入进行同步。这些触发器的输出通往内部组合逻辑电路,而且必须在时钟边缘到达之前加以解决。各触发器的时钟速率由所希望的亚稳故障概率所限定:时钟周期必须长于分辨时间加逻辑传播延迟。

而对异步设计,状态改变由输入信号进行同步,这些信号可直接通往D触发器的时钟输入,或者,通往RS触发器的置位—复位输入。正确的状态序列可通过每状态一个触发器[7]的设计技术得到保证。当两个或更多输入在临界窗口之内切换时,仍会出现亚稳态,并能通过对触发器输出滤波加以屏蔽,以延迟的时钟信号对输入进行"与"运算。

在上述两种情况下,避免亚稳差错均以牺牲时间为代价:同步设计利用将时钟速率放慢,异步设计利用附加的延迟输入。

同步与异步设计的优点在各自的支持者之间虽然会长期争论下去,不过客观的看法是:对一些类型的设计前者最佳,对另一些类型的设计后者最佳。当设计既明确界定又直截了当时,异步设计占优,因为这不涉及输入同步的时间损失,并且电路中的各部分都能以尽可能快的速度运行,而不是以最慢的功能所要求的速度运行。

当任务的复杂性增大时,尤其是当涉及长的动作序列时,同步设计较优,部分原因是这让设计者精力集中在所需的功能,而不必把精力分散在用于完成此种功能的设备细节上。同步设计也往往更适应于功能要求的变更,更适应于处理初步设计阶段无法预见的情况。

但反过来讲,对于更为复杂的电路,同步设计方法的适宜性有其上限。特别是,随着设计的物理尺寸增大,主时钟时间到达全部构件的时间增加,时钟信号与其他信号间的偏差问题就越来越难以解决。当复杂性超出一定限度之后,最好的设计办法是将其分解为功能块,每块按照其特征要求或者以异步方式实现,或者以同步方式实现。

就本附录的目的而言,注意到以下事实就已足够:当建立时间和保持时间不能得到满足时,异步与同步设计者法都需要知道触发器的性态。对同步设计,这种信息是确定时钟速率和输入同步器的配置要素;而对异步设计,这种信息通常用于确定延迟线的特征。

D.5 触发器分辨时间的确定

关于亚稳定性的研究成果,直到最近几年才可资利用。

测量触发器的亚稳定性特征,可采用四种方法:

a) 数据输入与时钟边缘同时切换;

b) 置位输入与复位输入同时断开;

c) 数据输入的置位应使设备先改变状态,再施加短脉冲对时钟采样;

d) 施加短脉冲将输入置位或复位。

从结果资料能算出某一设备的三个常数 τ、T_0 和 h。之后，当该设备用作同步器并给定分辨时间 t' 时，能用这些值计算出平均失效间隔时间(MTBF)。由式(D.2)，此公式是：

$$\mathrm{MTBF} = \frac{1}{F_{\mathrm{ms}}} = \frac{1}{F_{\mathrm{c}} \cdot F_{\mathrm{d}} \cdot T_0} \mathrm{e}^{\frac{t'}{\tau}} \ (t' > h) \qquad \text{(D.4)}$$

其中：MTBF 和 T_0 均以秒为单位，时钟和数据的切换速率 F_{c} 和 F_{d} 均以赫兹为单位，t' 和 τ 采样同一时间单位。

对于置位输入与复位输入之间的竞争条件，使用此公式时只需以平均速率代换时钟速率和数据速率，在此各线路已经释放。对于时钟边缘与置位或清除的释放之间的竞争条件，使用此公式时以平均释放速率代换数据切换速率。

对于在整个时钟周期内均匀分布的数据转移，以及对于超过极小值 h 的值 t'，此公式也都有效。表 D.1 列出对普遍可用设备的常数 τ、T_0 和 h 的实验室结果。对表中右栏前三列的 MTBF 值，相应设备的 t'=20 ns，30 ns 与 40 ns，时钟速率 25 MHz，数据切换频率 100 kHz(等效于 50 kHz 信号频率)。最右列是在同一切换频率给定 MTBF 为 10^9 s(约等于 32 年)时所需的 t' 值。

表 D.1 亚稳定性数据

设备	#测试的/MFGER	日期代码	试验数据			算出参数			
						F_{c}=25 MHz，F_{d}=100 kHz MTBF(s)对			
			TAU/ns	T_0	h/ns	t'=20 ns	30 ns	40 ns	t' ns 对 MTBF=10^9
7400 锁存器	1/T	1973	3.2	0.2 μs	29	—	0.024	0.54	110
74S00 锁存器	1/T	1972	1.8	1 μs	17	—	—	1 800	64
74LS74(1)	3/T	1974	1.5	0.4 s	35	—	—	0.38	73
74S741(1)	59/F BEST	74-75	0.40	0.2 s	13	1×10^{10}	7×10^{20}	5×10^{31}	19
	WORST		0.89	2 ms	13	1.1	9×10^{4}	7×10^{9}	38
	5/T BEST	73-75	0.79	2 ms	15	20.0	6×10^{6}	2×10^{12}	34
	WORST		1.02	50 μs	15	2.6	5×10^{4}	9×10^{8}	40
	5/N BEST	1974	1.14	30 μs	15	0.6	4×10^{3}	2×10^{7}	34
	WORST		1.36	20 μs	15	0.05	76	1×10^{5}	52
	5/S BEST	72-74	0.96	0.8 ms	16	0.6	2×10^{4}	6×10^{8}	40
	WORST		1.70	1 μs	16	0.05	18	7×10^{3}	60
74S374	3/T AVG	1978	0.91	0.4 ms	15	3.5	2×10^{5}	1×10^{10}	38
74F74(2)	5/M BEST	1986	0.50	0.3 s	8	3×10^{8}	2×10^{17}	7×10^{25}	21
	WORST		0.56	10 μm	8	1×10^{8}	7×10^{15}	4×10^{23}	21
	5/F BEST	1986	0.33	0.2 s	8	4×10^{12}	6×10^{27}	8×10^{40}	16
	WORST		0.47	0.5 μs	7	2×10^{10}	4×10^{19}	7×10^{28}	1B
	5/F BEST	1986	0.31	0.4 s	7	1×10^{16}	1×10^{30}	1×10^{44}	15
	WORST		0.34	8 ms	7	2×10^{15}	1×10^{28}	6×10^{40}	15
74AS74(2)	5/T BEST	1986	0.49	0.1 ms	8	2×10^{9}	2×10^{18}	1×10^{27}	20
	WORST		0.52	40 μs	8	5×10^{8}	1×10^{17}	3×10^{25}	20
74F175(2)	5/M BEST	1986	0.35	2 s	7	1×10^{12}	3×10^{24}	9×10^{36}	17
	WORST		0.72	60 ns	7	8×10^{6}	8×10^{12}	9×10^{18}	24
	5/F BEST	1986	0.36	2 ms	7	3×10^{14}	3×10^{26}	4×10^{38}	16
	WORST		0.43	0.7 ms	7	9×10^{10}	3×10^{21}	1×10^{31}	18
	5/F BEST	85-86	0.35	0.3 s	8	9×10^{12}	2×10^{25}	6×10^{37}	17
	WORST		0.46	0.5 ms	8	6×10^{9}	2×10^{19}	5×10^{28}	19
74F374	2/F AVG	1980	0.40	0.1 ms	6	2×10^{13}	2×10^{24}	1×10^{35}	16

从表 D.1 可总结出如下普遍观测结果：

——基础的内部设计，以及触发器或锁存器的技术系列，在确定设备用作同步器的适宜性时有重要意义。

——表 D.1 中的最佳设备是 74F74 和 74F374。代号 74LSxx 的设备适宜于用作同步器。带（芯）片外回馈的"与非（NAND）"锁存器则完全不适宜。

对于触发器的建立时间和保持时间不能得到保证的情形，设计者可依照以下步骤来利用表 D.1 中的信息：

a) 选出 MTBF 数字。这往往是最难的一步，涉及在长时间分辨的性能影响，在允许的时间内分辨失效对可靠性的影响之间如何权衡，以及设计的应用范围对总体可靠性的要求。在没有特殊可靠性需要的高性能设计中，起点值不妨采用 10^8 s（3 年）。假如系统中有多个同步器，那么每个同步器的 MTBF 就必须大大高于系统的 MTBF。当选出 MTBF 数字时，记住地球寿命约为 2×10^{17} s 可能有所帮助。要求 MTBF 高于 10^{10} s 很可能意味着对于产品的寿命周期过分乐观。

b) 选择具有低 τ 和 T_0 值的设备而仍然满足特定的设计需要。建议从表 D.1 所列设备的 74 F 部分选出。

c) 验证数据转移是否是独立的、随机的或者对时钟是均匀分布的。若真的如此，则下一步在公式中采用平均数据切换速率。若并不如此，则采用时钟边缘附近的平均数据切换速率，即在援引的建立时间与保持时间之间。

d) 在这一情况下，给定时钟速率和数据速率（和（或）置位元速率和（或）复位速率），利用逆向公式：

$$t' = \tau \cdot \ln(T_0 \cdot \mathrm{MTBF} \cdot F_c \cdot F_d)$$

算出极小值 t'。

e) 假如触发器的输出通过任何中间门，而该门的输出也允许有反常信号，就将其极大传播时间加到 t' 上。

f) 此外，假如最后的反常信号用作触发器的输入，就加上该触发器的建立时间。假如最后的反常信号用在屏蔽此反常信号的门中，就加上该门的极大屏蔽时间。假如反常信号以多种方式使用，就加上这些因素中最大的一个。

g) 在典型的同步设计中，对设计中能变为亚稳态的所有触发器，都要确保主时钟的周期不小于经步骤 a)～f) 算出的最大值。在异步设计中，选择或规定一种延迟线，以确保所需的信号完好。

D.6 VME 总线中的亚稳定性

VME 总线的数据传送协议是异步的，因此，假如对建立—保持时间和信号偏差考虑得恰当，那么在数据或地址与有关选通之间就没有亚稳定性风险。带有时钟逻辑的模块对异步输入（包括从外部的和从总线的两种）必然面临亚稳定性问题；总线规范保证选通与静态信号之间的时间余量，但由总线到板的接口同步器则留给板设计者处理。正由于这一异步协议，就不需要由板到总线的同步了。

协议运行必须得到对亚稳差错的保护，这要靠总线仲裁：总线请求由各处理器的时钟发生器进行同步，因而是互相异步的。如图 D.5 所示，临界输入条件可出现在两段：授权的菊花链（从邻近的板上得到的授权用于 D 触发器的时钟局部请求）与集中式的仲裁器（来自不同处理器的请求是异步的）[8]。

仲裁协议控制信号 BRx＊和 BGxIN＊完成异步握手，以保证主设备只有在接收到来自仲裁器的授权之后才开始使用总线。另一方面，在 BGxIN＊/BGxOUT＊菊花链上的传播不在每一模块上握手，当授权在该链上传播时能提出请求。

为了屏蔽在请求同步触发器输出上有可能出现的亚稳态，必须在对请求的采样与本地授权的启动之间插入一个延迟。这一延迟可从延迟线(如D.6.1所述,其中描述异步方法)或从带时钟的状态机(同步方法,见D.6.2)得到。

中断菊花链存在类似的问题,因为由局部中断器时钟对请求进行同步,详见D.6.3。

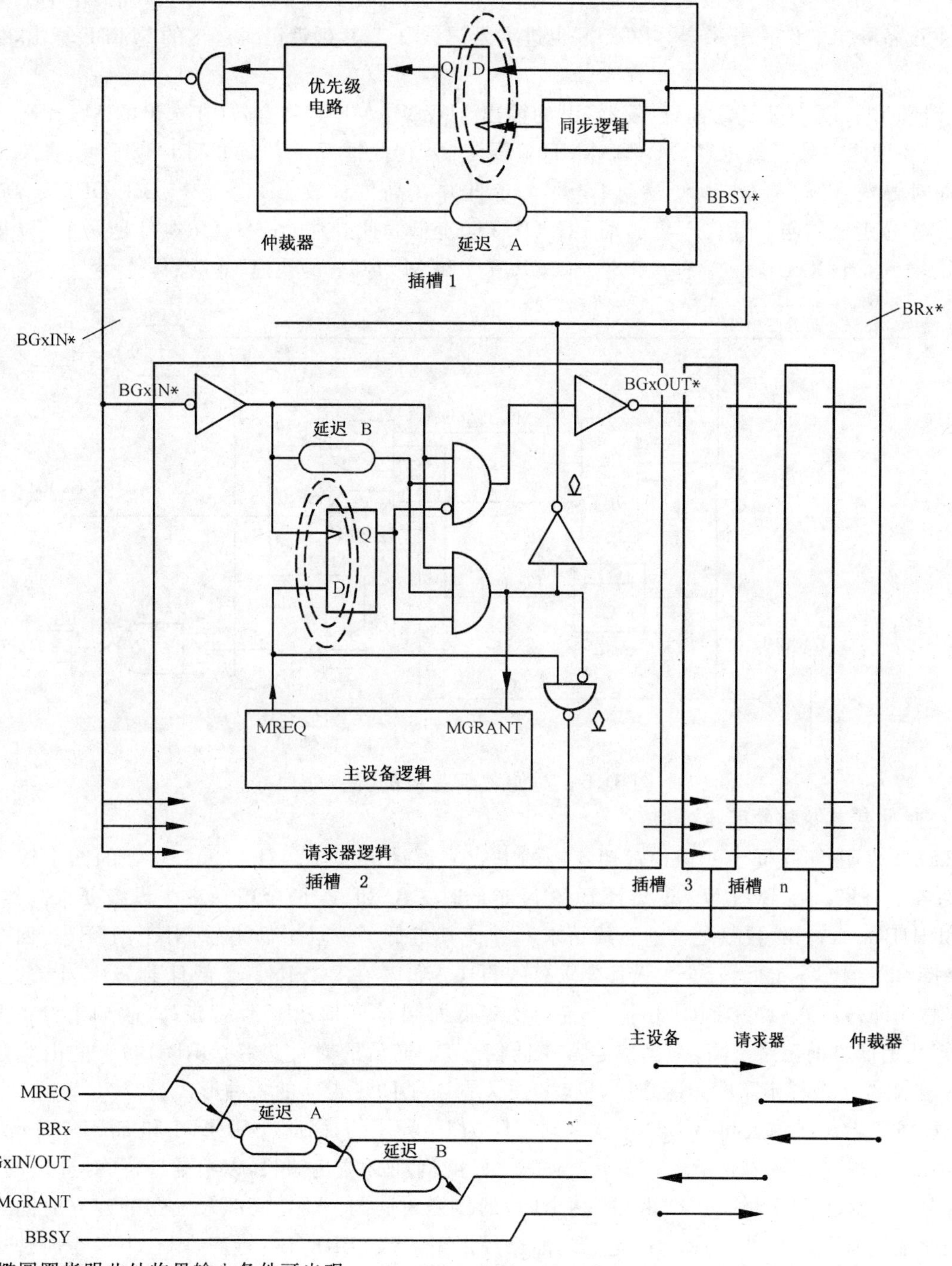

虚线椭圆圈指明此处临界输入条件可出现:

a) 简化的框图;

b) 控制信号,带有握手环路(主设备—请求器—仲裁器—请求器—主设备)迹象。

图 D.5 VME总线仲裁结构

D.6.1 对仲裁菊花链的异步处理

图D.6所示为请求器利用异步逻辑能怎样处理总线授权菊花链的实例。与单板主设备关联的译码逻辑开发成高活动性信号主设备要求总线(主设备要求总线)。当该信号变强时,请求器驱动BRx*

线路走低。主设备要求总线对 BGxIN * 输入没有特殊的定时关系。当 BGxIN * 走低时，请求器必须确定是否驱动 BBSY * 走低并承担对总线的控制，或者，通过驱动 BGxOUT * 走低将 BGxIN * 上的低电平下传到菊花链。

BGxIN * 由逆变器"A"接收。这样，BGxIN * 的下降沿就变成 BGxIN 的上升沿，使 74F74 触发器"B"对主设备要求总线信号采样。BGxIN 也进入延迟线"C"，其延迟已对选出的 MTBF 算出，如 D.5 所述。

在时间 BGxDEL 走高之前，触发器"B"的输出 MWBSAMP 必须有效(在选出的 MTBF)。特别是，假如主设备要求总线已经走高，MWBSAMP 就要走高，在此情况下，"与非"门"D"将驱动 MYBG * 走低，从而对触发器"E"置位，以便驱动 BBSY * 走低并在高位释放 BRx *。当 BGxDEL 走高时，假如 MWBSAMP 走低，"与非"门"F"将驱动 BGxOUT * 走低。此外注意 BGxIN 本身是两个"与非"门"D"和"F"的输入，当 BGxIN * 走高时，提供 BGxOUT * 和 MYBG * 的快速"非"操作。

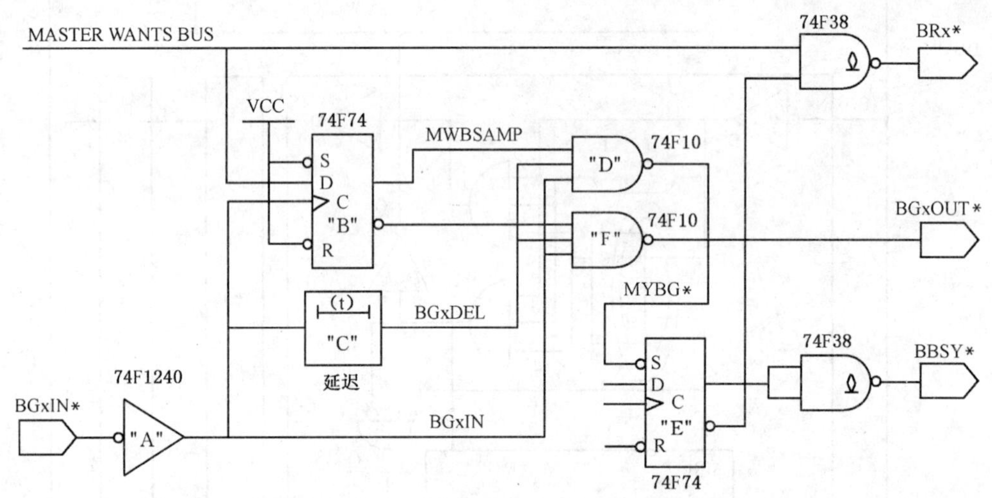

图 D.6　对仲裁菊花链的异步处理

D.6.2　对仲裁菊花链的同步处理

图 D.7 表明，可按同步处理仲裁菊花链的方式来设计请求器。对 74F175"A"的四个输入采样自 CLK 的各上升沿。在 BGxIN * 走高且 BGxIN 走低时，"A"和"B"两个门允许主设备要求总线走高，以传播 BRB4BG *(“总线授权之前的总线请求”)并使其走低。一旦走低之后，对于门"B"的回馈通路将立即保持 BRB4BG * 走低，直至主设备要求总线再次走低。在 BGxIN * 走低且 BGxIN 走高之后，主设备要求总线即被阻塞，致使 BRB4BG * 不能再次走低而同时使 BGxIN 保持走高(假如主设备要求总线在 BGxIN 走低之前已经走高，则仍将停留在低信号)。最后的时钟边缘(BRB4BG * 能由此走低)，是 BGxIN 在此首次采样走高的边缘之一，也就是说，是 BGDEL1 走高的一种形式。

主设备要求总线输入和 BGxIN * 输入对 CLK 都是异步的；因此，BGDEL1 和 BRB4BG * 两信号之一或者其互补输出都转为亚稳态。如上所述，CLK 的周期必须足够长，以覆盖"A"(对选出的 MTBF)的分辨时间、BGDELI *(通过"D"和"E"两个门)的传播时间与"A"处底部触发器的建立时间三者之总和。假如主设备要求总线在 BGxIN 走高之前已经走高，造成 BRB4BG 走高，则在下一个时钟边缘对信号 PREBBSY * 的采样将走低。MYBBSY 将从这一边缘走高，并驱动 BBSY * 走低。否则，PREBBSY * 在下一个时钟边缘将走高；因而不会驱动 BBSY * 走低。而 BGDEL2 走高和 BRB4BG * 处于高信号两者的综合将证明 74F20"F"合格，以至于将驱动 BGxOUT * 走低。注意 BGxIN 也是对 74F20"F"的输入，在对 BGxIN * 求“非”时，提供对 BGxOUT * 的快速“非”运算。还要注意 BGxIN 并未包括在"E"门之内——这种做法当 BGxIN * 走高时会使 MYBBSY 经受亚稳定性。

这种电路的 MTBF 可从 CLK 的周期、74F175 的 τ 和 T_0 值以及 BGxIN * 和主设备要求总线的估计的切换速率计算出来。

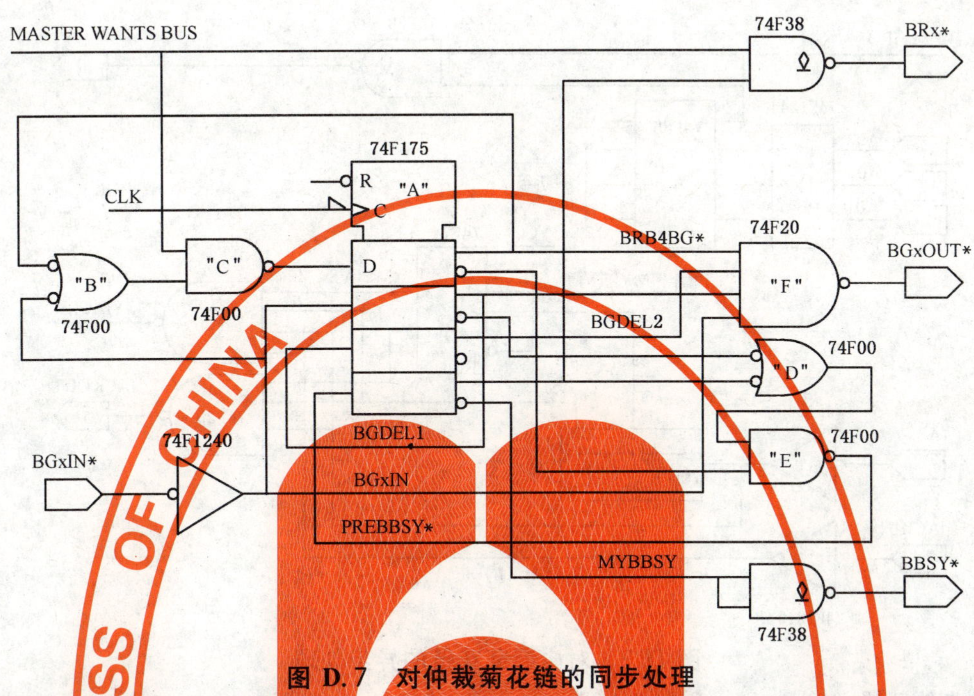

图 D.7 对仲裁菊花链的同步处理

D.6.3 对中断确认菊花链的异步处理

图 D.8 是中断器如何以异步方式处理中断确认菊花链的实例。与板上中断源关联的逻辑驱动 MYIRQ 信号走高,以便在 IRQ1 * ～IRQ7 * 上请求一次中断。当检测到中断确认周期时,中断器必须确定是否对该周期作出响应。假如此板正在被确认的电位上请求中断,就通过驱动其数据在线的 STATUS/ID 对中断确认周期作出响应,然后对 DTACK * 认定。在其他情况下,则通过驱动 IACK-OUT * 走低将 IACKIN * 上的低电位下传到菊花链。在这两种供选对象之间,由 74F85"A"加以选择并在 MYLEVEL 信号中反映出来。

74F1240"B"接收 AS * 并加以转换,以此生成 AS,即对二分接头延迟线"C"的输入。在 AS 走高之后的 t1ns,"C"的一级输出的上升沿在 74F74"D"中采样 MYLEVEL。假如上升沿的采样 MYLEVEL 走高并使 MYLVSAMP 走高,则证明高位的 74F20 合格并驱动 MYIACK * 走低;在其他情况,则证明 74F20 合格并驱动 IACKOUT * 走低。计算出 t1 使 A01～A03 线路对 MYLEVEL 的贡献满足"D"的建立时间。因为 MYIRQ 对 AS * 没有特定的定时关系,所以无法保证对"D"的总建立时间。也就是说,假如 MYIRQ 恰好在正确(错误)关系中走高而 AS * 走低,则"D"可转为亚稳态。这一问题由延迟线的第二级"C"解决。如 D.5 所述,"C"的两个输出之间的延迟 t2 必须足够长,以便在选出的 MTBF 内覆盖"D"的分辨时间与 74F20 的偏差之和。当延迟线"C"的第二级输出 ASD2 走高时,MYLVSAMP 及其补都将有效。在此时间,两个 74F20 都做好准备,或者通过驱动 MYIACK * 走低并初启该板对中断确认周期的响应,或者通过驱动 IACKOUT * 走低将中断确认下传到下一中断器板的菊花链,以此回应 IACKIN * 上的低电平。注意 AS 也是对 74F20 的输入,当 AS * 走高时,提供 IACKOUT * (或 MY-IACK *)的"非"运算。还要注意:假如系统中有若干个类此的中断器,则全都将其判定并行分辨,以使实际的 IACK 菊花链以综合逻辑速度进行传播。

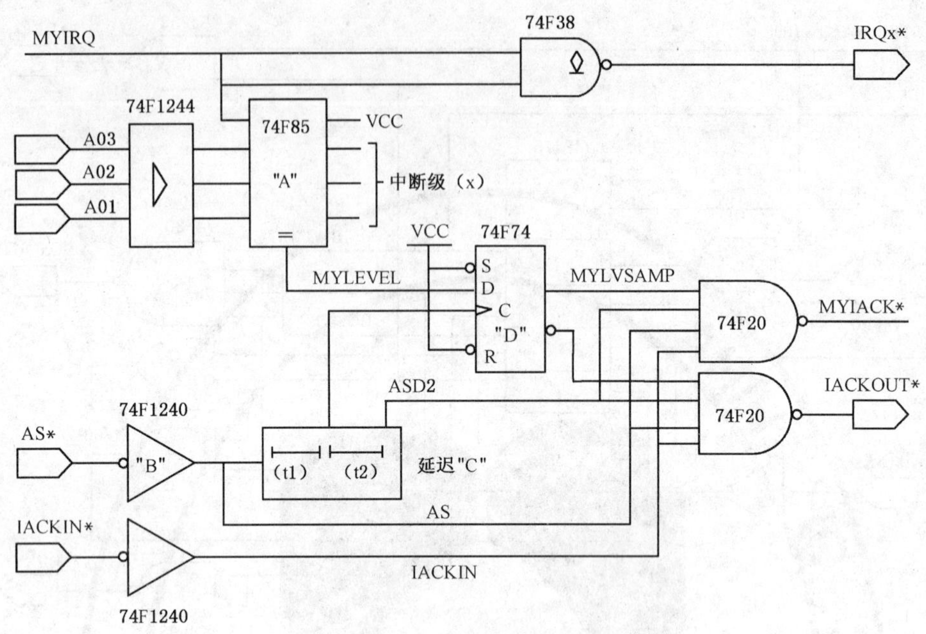

图 D.8 对中断菊花链的异步处理

D.6.4 异步仲裁器

图 D.9 是异步仲裁器的实例。四条 BRx * 线、一条 BBSY * 线和一条 SYSRESET * 线都由 74F1244 的"A"和"B"接收，其输出分别称为通过 BBR3 *、BBBSY * 与 BSRES * 的 BBR0 *。通过 BBR3 * 的 BBR0 * 由 74F20"C"求"或"以便生成高活动性的信号 BR，该信号与 BBBSY * 和 BSRES * 求"与"以便生成出自 74F11"D"的 ARBGO。注意在总线认定 SYSRESET * 时，ARBGO 将保持低电平。ARBGO 处于高电平表示 BR0 *～BR3 * 中的一个或多个走低而 BBBSY * 和 BSRES * 两者都走高。这是仲裁器的一种信号，用于对总线进行仲裁，驱动 BG0IN *～BG3IN * 之一在底板插槽 1 处走低。ARBGO 的上升沿在 74F175"E"中对 BBR0 *～BBR3 * 采样，后者在 ARBGO 走高而 BBR3 *～BBR0 * 中的一个或多个由高变低时，可转为亚稳态。

ARBGO 也是对延迟线"F"的输入。当 ARBGO 在高电平通过延迟线按自身的方式工作时，组合块"授权逻辑"正在 E 的输出中进行选择，以确定下次授权(授权逻辑可采用优先级算法、轮转算法或混用这两种算法)。应计算出"F"的延迟，以便覆盖"E"在选定的 MTBF 的亚稳分辨时间与"优先级逻辑"的总传播时间(如 D.5 中所述)两者之和。因此，在 ARBGODEL 走高之前，输出信号 WIN0～WIN3(其中之一走高)将是稳定的。然后选出的 74F00 门驱动 BG0IN *～BG3IN * 之一走低。

注意，与先前的菊花链实例不同，当获胜的请求器驱动 BBSY * 走低时，无论是 BBBSY * 还是 ARBGO 都不使 BGxIN * 驱动器提供快速求"非"运算。这种电路按在"F"的延迟之后对 BGxIN * 求"非"进行设计，理由有二：

a) 对 BGxIN * 快速求"非"没有依据，因为要求请求器最低限度将 BBSY * 维持在低电平 90 ns，这是一个相对长的时间；

b) 假定"F"是单级混合式现用 RLC 延迟线路(不是多分接头或其他复式设备)，对于可耦合到底板上 BBSY * 的噪声，这种线路将起到滤波器的作用，直至大约其半个延迟的持续时间。

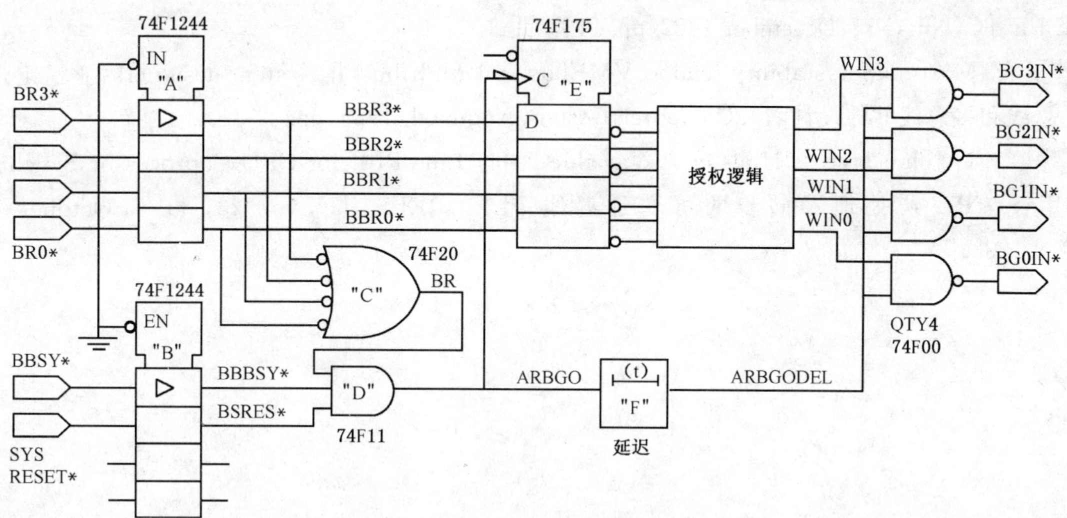

图 D.9　异步 VME 总线仲裁器

D.7　结语

作为设计复杂系统的指导总则，为保持亚稳出错概率尽可能低可给出两条基本规则：

a）　减少同步接口的数目；

b）　增大公式(D.1)中的比率 t'/τ。

为适用第一条规则，必须对系统的体系结构仔细分析，以便找到让异步接口(这类接口要求再同步)数目减少到最低限度的结构。

一旦这些关键部分减少到最低限度，降低亚稳定性出错率的办法只有增大公式(D.1)中的比率 t'/τ，这可通过两种方式达到：

a）　给予同步器更多时间以解决其亚稳态问题(例如采用多级同步器，或者屏蔽带延迟的输出)；

b）　采用 τ 值较小的技术。

此外，作为避免处理器与其协处理器之间的冲突的一种方式[9]，还提出了采用锁相环对各振荡器进行同步的建议。同样的办法能用于不同频率的时钟之间的力恒定相位关系，以此消除亚稳差错。

D.8　参考文献

[1]　T J Chaney, C E Molnar. Anomalous Behaviour of Synchronizer and Arbiter Circuits(同步器电路和仲裁器电路的反常性态). IEEE TC, no. 4, April 1973, pp. 421-422.

[2]　L Kleeman, A Cantoni. Metastable Behaviour in Digital Systems(数字系统中的亚稳性态), IEEE Design and Test of Computers, December 1987, pp. 4-19.

[3]　T Kacprzak. Analysis of Oscillatory Metastable Operation of an RS Flip-Flop(对 RS 触发器振荡亚稳操作的分析). IEEE JSSC, vol. 23, no. 1, February 1988, pp. 260-266.

[4]　D Del Corso, L Reyneri, B Sacco. Oscillatory Metastability in Homogeneous and Inhomogeneous Flip-flops(均匀和非均匀触发器中的振荡亚稳定性). to be published in IEEE. JSSC.

[5]　L Marino. General Theory of Metastable Operation(亚稳操作通论). IEEE TC, vol. 30, no. 2, February 1981, pp. 107-115.

[6]　J H Hohl, *et al.*. Prediction of Error Probabilities for Integrated Digital Synchronizers(对集成数位同步器出错概率的预报). IEEE JSSC, vol. 19, no. 2, April 1984, pp. 236-244.

[7]　L A Hollaar. Direct implementation of Asynchronous Control Units(异步控制单元的直接实

现). IEEE TC,vol. C-31,December 1982,pp. 1133-1141.

[8] K Martin. Metastability haunts VMEbus and Multibus Ⅱ system designers(亚稳定性困扰VME总线和多总线Ⅱ的设计者). Computer Design,August 1,1985,pp. 29-31.

[9] M G Johnson,E L Hudson. A Variable Delay Line PLL for CPU-Coprocessor Synchronization(用于 CPU 协处理器同步的可变延迟线 PLL). IEEE TC,vol. 23,no. 5,October 1988,pp. 1218-1223.

附 录 E
(资料性附录)
许可的能力子集

E.1 引言

本附录汇总了许可各种功能模块支持的能力子集。此外还以表的形式列出了各能力子集之间的互操作性。为了辅助制表,在表中定义的许多助忆符赋予许可的子集。

E.2 对 DTB 模块的许可子集

在四种类型的 DTB 功能模块中,对数据传送总线能力加以定义的有三种:主设备、从设备和地址单元监视器。这些能力与在各种地址范围生成、响应或监视访问字节地址单元的周期的模块的能力有关,或者与特定类型的数据传送有关。然而所描述的能力并非全都是可选的。根据第 2 章的规定,要求某些模块提供部分能力,而对另一些模块则无此要求。本章是对许可的数据传送总线能力子集的汇总。

E.2.1 许可的寻址能力的子集

第 2 章定义寻址能力相对于地址的大小,以及相对于执行仅地址周期的模块的能力。

E.2.1.1 地址大小

按照能否生成具有相应地址宽度的总线周期,将主设备分别称为 A32、A24 和(或)A16。从设备按能否响应这些地址宽度的周期以类似的方式命名。

这三种独立的地址空间由在各周期的开始所导出的地址修改码(AddressModifier code,AM code)进行标识。地址修改码进而将地址空间划分为“管理器—用户空间”与“程序—数据空间”。再者,块传送周期与单传送周期之间的功能区分也是在地址修改在线进行。此外为地址修改码保留一个供用户定义的块。

本标准要求:所有的从设备都对地址修改线译码,而且当未驻留在所请求的地址空间时对一个周期不予响应,或者不进行所请求的操作。除此以外,本标准允许从设备在一个以上的地址空间作出响应。内存板常常采用在所有的管理器、用户、程序和数据的空间都响应的设施。本标准要求:A32 主设备也具有 A24 和 A16 的能力,且 A24 主设备也具有 A16 的能力。

E.2.1.2 仅地址周期

当主设备能生成仅地址周期(即不传送数据的周期)时称为 AD0,在这种周期中,主设备提交一个地址修改码、一个地址和一个地址选通,但对任何数据选通都不作认定。主设备保持寻址信息有效并维持对地址选通在规定的最低限度时间的认定,然后进行提取。

当关系到从设备时,AD0 能力描述了正确地确认跟随已经终止但仍未认定数据选通的周期之后的周期。从设备虽然对主设备是可选的,但要求全都要包括 AD0 能力。

表 E.1 定义的助忆符用来描述主设备、从设备和地址单元监视器的许可的寻址能力的子集。

表 E.2 列出寻址能力许可的子集之间是如何互操作的。应当指出:对板的设计将确定所描述的互操作性能否以静态方式配置,即借助于跨接线;或者以动态方式配置,即经由控制寄存器位。

表 E.1 许可的寻址能力子集

当下列助忆符适用于板…	包括下列寻址能力：			
	A16	A24	A32	AD0
主设备子集				
MA16	×			
MADO16	×			×
MA24	×	×		
MADO24	×	×		×
MA32	×	×	×	
MADO32	×	×	×	×
从设备子集				
SADO16	×			×
SADO24	×	×		×
SADO32	×	×	×	×
地址单元监视器子集				
LHA16	×			
LMA24	×	×		
LHA32	×	×	×	

表 E.2 许可的寻址子集之间的互操作性

该类型的板能…	响应或监视的主设备类型：					
	MA16	MA24	MA32	MADO16	MADO24	MADO32
从设备子集						
SADO16	是	是	是	是	是	是
SADO24	是	是	是	是	是	是
SADO32	是	是	是	是	是	是
地址单元监视器子集						
LMA16	是	是	是	是	是	是
LHA24	是	是	是	是	是	是
LHA32	是	是	是	是	是	是

E.2.2 许可的数据传送能力的子集

第2章定义的数据传送能力，关乎数据的大小，关乎执行未对齐传送周期（UAT）、块传送周期（BLT）和读—改—写周期（RMW）的能力。

E.2.2.1 数据大小

对主设备，按照其能否初启32位、16位（或）8位的数据的周期，分别称为D32、D16和（或）D08（E0）。

对从设备，按照其能否响应32位数据、16位数据、在奇偶两种地址的8位数据和（或）仅在奇地址的8位数据的周期，分别称为D32、D16、D08（E0）和（或）D08（0）。

本标准要求：D32主设备和从设备也都包括D16和D08（E0）的能力，且D16主设备和从设备也都包括D08（E0）的能力。D08（E0）主设备能访问偶地址的和奇地址的两种字节，但一次只能一个字节。

E.2.2.2 未对齐的传送能力

上述依照数据大小命名的方式适用于"对齐的"数据传送，也就是说，其中传送的16位数据在偶地

址寻址,32 位数据在 4 的倍数的地址寻址。D32 主设备若能生成包含:

a) 32 位数据中最低寻址的 3 字节;

b) 最高寻址的 3 字节,以及

c) 中间 2 字节。

的周期,则进而称为“未对齐传送”(UAT)。

这些数据传送之间的区分,由 DS1 *、DS0 *、LWORD * 和 A01 各线路上的主设备发出信令进行。虽然这对主设备是可选的,但本标准要求所有的 D32 从设备都应包括 UAT 能力。此外,本标准还要求所有其他种类的从设备对这四种线路完全译码。假如从设备由 AM 和地址线选出来传送无法处理的数据大小,则以发出“总线出错”信令来响应,或是将此种传送忽略,这在总线定时器模块超时的情况下导致同样的最终结果并造成总线出错。

E.2.2.3 块传送能力

主设备若能生成包括多于一个数据的到(或从)递增地址的传送,则称为“块传送”(BLT)。主设备在地址修改线路上发出块传送信令,之后跨若干次数据传送保持地址选通。从设备在能响应块传送周期时称为 BLT。

不存在“仅块传送板”:要求所有的 BLT 主设备、BLT 从设备和 BLT 地址单元监视器也都要支持单传送周期。

E.2.2.4 读—改—写的能力

主设备若能生成不可分的读—改—写周期则称为“读—改—写模块”(RMW),从设备若能对这种周期响应则称为“读—改—写模块”(RMW)。这种周期由一个读周期跟随一个在同一地址的写周期组成,并带有保持通过两次传送的地址选通。

跨更广泛的或更泛化的一组传送的不可分性必须由指定的主设备进行处理,这种主设备对 DTB 的控制不释放(例如保持总线忙处于低水平),直至该组传送完成。

表 E.3 定义了描述许可的主设备数据传送能力子集的助忆符。

表 E.4 定义了描述许可的从设备数据传送能力子集的助忆符。

表 E.5 定义了描述许可的地址单元监视器的数据传送能力子集的助忆符。

表 E.6 说明许可的数据传送能力子集之间是如何互操作的。

表 E.3 主设备:许可的数据传送能力的子集

当下列助忆符适用于板…	这意味着其主设备具有以下数据传送能力:					
	D08(E0)	D16	D32	UAT	BLT	RMW
MD8	×					
MBLT8	×				×	
MRMW8	×					×
MALL16	×				×	×
MD16	×	×				
MBLT16	×	×			×	
MRMW16	×	×				×
MALL16	×	×			×	×
MD32	×	×	×			
MBLT32	×	×	×		×	
MRMW32	×	×	×			×
MALL32	×	×	×		×	×
MD32+UAT	×	×	×	×		
HRMW32+UAT	×	×	×	×		×

表 E.4 从设备:许可的数据传送能力的子集

当下列助忆符适用于板…	这意味着其从设备具有以下数据传送能力:						
	D08(0)	D08(E0)	D16	D32	UAT	BLT	RMW
SD8(0)	×						
SRHHS(0)	×						×
SD8		×					
SBLT8		×				×	
SRMW8		×					×
SALL8		×				×	×
SD16		×	×				
SBLT16		×	×			×	
SRMW16		×	×				×
SALL16		×	×			×	×
SD32		×	×	×	×		
SSLT32		×	×	×		×	
5RMW32		×	×	×	×		×
SALL32		×	×	×		×	×

表 E.5 地址单元监视器:许可的数据传送检测能力的子集

当下列助忆符适用于板…	这意味着其地址单元监视器具有以下数据传送能力:					
	D08(E0)	D16	D32	UAT	BLT	RMW
LMBLT32	×	×	×		×	
LMRMW32	×	×	×	×		×
LMALL32+UAT	×	×	×		×	×

表 E.6 许可的数据传送子集之间的互操作性

主设备的类型…	能将数据传送到的从设备类型…	通过执行访问这些字节地址单元的单传送周期:									
		0	1	2	3	0-1	1-2	2-3	0-2	1-3	0-3
HD8 或 HBLT8	SD8(0)		×		×						
	SD8	×	×	×	×						
	SDI6	×	×	×	×						
	SD32	×	×	×	×						
MD16 或 HBLT16	SD8(0)		×		×						
	SD8	×	×	×	×						
	SD16	×	×	×	×	×		×			
	SD32	×	×	×	×	×		×			

表 E.6(续)

主设备的类型…	能将数据传送到的从设备类型…	通过执行访问这些字节地址单元的单传送周期:									
		0	1	2	3	0-1	1-2	2-3	0-2	1-3	0-3
MD32 或 MBLT32	SD8(0)		×		×						
	SD8	×	×	×	×						
	SD16	×	×	×	×	×		×			
	SD32	×	×	×	×	×		×			×
MD32+UAT	SD8(0)		×		×						
	SD8	×	×	×	×						
	SD16	×	×	×	×	×		×			
	SD32	×	×	×	×	×	×	×	×	×	×

注1:只有具备BLT能力的从设备能响应块传送周期。不过如表E.6所示,MBLT××类型的主设备能通过执行单传送周期将数据传送到SD××类型的从设备。类似地,MD××类型的主设备能通过执行单传送周期将数据传送到MBLT××类型的从设备。

注2:只有具备RMW能力的从设备能响应读—改—写周期。

注3:在表E.6中,包含"×"号的窗体元表示的数据传送,寻址的从设备通过驱动DTACK*走低对其响应;相反,空的窗体元所指的数据传送,不允许寻址的从设备通过驱动DTACK*走低对其响应。此类周期由寻址的从设备终止,或者通过驱动BERR*走低由总线定时器对其响应。

E.3 仲裁总线模块之间的互操作性

仲裁总线定义了两种功能模块:仲裁器和请求器。第3章描述了与这些模块关联的三种能力。对仲裁器定义的三种能力是"单一"(SGL)、"优先级"(PRI)和"轮转选择"(RRS)。对请求器定义的三种能力是"有请求即释放"(ROR)、"做完释放"(RWD)和"公平"(FAIR)。

E.3.1 仲裁器的能力

第3章引入中央仲裁器概念,这种仲裁器从请求器接收控制总线的请求,授权进行控制。因为"公平性"与优先级问题有争议并且不可调和,各种应用又需要某种折衷的东西,所以仲裁器给总线授权的算法规定得很宽松。本标准给出了优先级仲裁器(PRI)和轮转选择仲裁器(RRS)的实例。然而对总线请求、授权和控制的全面信令协议仍然是固定不变的。关于从这两类仲裁器对总线提出的请求,不存在兼容性问题。

第3种类型(即SGL)仲裁器采用同样的信令协议,但仅在第3请求级对总线的控制进行识别和授权。

E.3.2 请求器的能力

请求器用于释放对DTB控制的方法规定得宽松,举出两例说明:

a) 一种是监视来自其他请求器的总线请求,仅在没有这样的请求时释放总线的请求器(ROR);

b) 另一种并不如此,而只是在利用总线"做完"时将其释放的请求器(RWD)。

在总线利用中,更高的"公平性"(与已有供货、在四个请求-授权级别之间轮换授权的仲裁器相比)借助FAIR请求器得以实现,这种请求器要求更为严格的管控,以至于在释放DTB之后能再次对其请求。

表E.7说明各种请求器与仲裁器如何互操作。

表 E.7 仲裁器与请求器之间的互操作性

能仲裁的仲裁器类型…	仲裁请求器发出的请求的类型：		
	ROR	RWD	FAIR
SGL	是(注)	是(注)	是(注)
PRI	是	是	是
RRS	是	是	是
注：SGL 仲裁器仅监视 BR3 并通过驱动 BG3IN * 对总线授权。			

E.4 优先级中断总线模块之间的互操作性

优先级中断总线定义两种功能模块：中断器和中断处理器。第 4 章描述与这些模块关联的能力。对中断处理器定义的能力与所请求的 STATUS/ID 的大小有关。对中断器定义的能力与所能提供的 STATUS/ID 的大小有关，并且与释放中断请求线路的协议有关。

E.4.1 STATUS/ID 的大小

D32、D16 与 D08 之间的区分也反映在中断确认周期内所传递的 STATUS/ID 的大小上。中断处理器能请求三种大小之中的任何一种，中断器则可回应任何一种大小，但两者的关系与在其他总线周期并不相同。只允许中断器响应由中断处理器所请求的大小或更小的 STATUS/ID。假如对更小的大小响应，总线端接电阻器保证由中断处理器读出的更有效的数据线处于所定义的状态，即高电平或者 1。假如中断器遇到请求向量宽度比设计所提供的小的中断确认周期，就不允许对这种周期响应，而是要求将这种周期下传到中断—确认菊花链。更进一步，假如没有现用中断器下传到这种菊花链，当总线定时器模块超时，最终结果将是“总线出错”。

表 E.8 说明中断器与具有各种 STATUS/ID 传送能力的中断处理器之间是如何互操作的。

E.4.2 中断请求的释放

假如中断器在中断确认周期期间释放其中断请求，则称之为“ROAK”；假如在执行中断服务例行程序过程中访问板上寄存器时释放其中断请求，则称之为“RORA”。有关互操作性的问题只是处理 RORA 中断器的服务例程必须访问寄存器并在再次使中断处于那一级之前清除请求。

表 E.8 中断器与中断处理器之间的互操作性

能服务的中断出自中断器的类型…	若中断处理器请求的 STATUS/ID 是：		
	D08	D16	D32
仅 D08?	是	是	是
仅 D16?	否	是	是
D08 和 D16?	是	是	是
仅 D32?	否	否	是
D32、D16 和 D08?	是	是	是

ICS 11.020
C 10

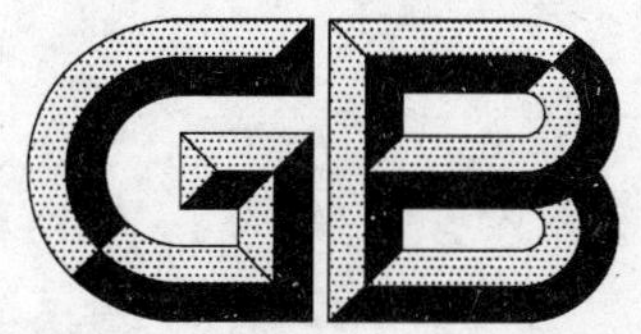

中华人民共和国国家标准

GB/T 13734—2008
代替 GB/T 13734—1992

耳穴名称与定位

Nomenclature and location of auricular points

2008-04-23 发布　　2008-07-01 实施

中华人民共和国国家质量监督检验检疫总局
中国国家标准化管理委员会　发布

前言

本标准代替 GB/T 13734—1992《耳穴名称与部位》，与 GB/T 13734—1992 相比，主要变化如下：

——修改标准名称《耳穴名称与部位》为《耳穴名称与定位》；

——将 GB/T 13734—1992 中“图例”调整为“图示”(本标准的附录 A；GB/T 13734—1992 的附录 A)；

——增加耳穴名称与定位的命名原则、定位原则(本标准的附录 B)；

——将 GB/T 13734—1992 中“耳郭基本标志线的划定”，“耳郭标志点、线的设定”，“耳郭分区说明”调整为规范性附录 C(本标准的附录 C；GB/T 13734—1992 的第 4 章、第 5 章、第 6 章)；

——增加“4.1.6 耳尖前”，“4.1.8 耳尖后”；

——调整 GB/T 13734—1992“术语和定义”中以下术语的描述：

1） “后方”(本标准的 2.1.4；GB/T 13734—1992 的 2.4)；

2） “下方”(本标准的 2.1.6；GB/T 13734—1992 的 2.6)；

3） “耳轮”(本标准的 2.2.1.2.1；GB/T 13734—1992 的 3.1.2a)；

4） “耳轮脚棘”(本标准的 2.2.1.2.3；GB/T 13734—1992 的 3.1.2c)；

5） “耳轮结节”(本标准的 2.2.1.2.5；GB/T 13734—1992 的 3.1.2e)；

6） “对屏尖”(本标准的 2.2.1.8.2；GB/T 13734—1992 的 3.1.8b)；

——调整 GB/T 13734—1992“标准耳穴名称与部位”中以下定位的描述：

1） “交感”(本标准的 4.3.7；GB/T 13734—1992 的 7.3.7)；

2） “内分泌”(本标准的 4.7.21；GB/T 13734—1992 的 7.7.21)；

3） “上耳根”(本标准的 4.10.1；GB/T 13734—1992 的 7.10.1)；

4） “下耳根”(本标准的 4.10.3；GB/T 13734—1992 的 7.10.3)；

——修改 GB/T 13734—1992 图 12 的耳背穴位编码 R_2、R_3 与所代表穴位的位置对应关系(本标准附录 A 的图 A.12；GB/T 13734—1992 的图 12)；

——增加 GB/T 13734—1992 图 14、图 15 的扁桃体穴区中的分区线，使穴区与分区对应更明确(本标准附录 A 的图 A.14，图 A.15；GB/T 13734—1992 的图 14、图 15)；

——增加有关耳穴名称和定位沿革的文献资料(本标准附录 D)及参考文献(本标准的参考文献)。

本标准的附录 A、附录 B、附录 C 为规范性附录，附录 D 为资料性附录。

本标准由国家中医药管理局提出。

本标准由中国针灸学会归口。

本标准负责起草单位：北京中医药大学。

本标准参加起草单位：中国针灸学会耳穴诊治专业委员会。

本标准主要起草人：周立群、赵百孝。

本标准参加起草人：刘姗姗、刘清国、王小红。

本标准于 1992 年 10 月首次发布。

耳穴名称与定位

1 范围

本标准规定了人体耳穴的名称和耳穴的标准定位。

本标准适用于耳穴名称与定位。

2 术语和定义

下列术语和定义适用于本标准。

2.1 耳郭方位术语

2.1.1

耳郭正面 front of the auricle

耳郭的前外侧面,见图 A.1。

2.1.2

耳郭背面 back of the auricle

耳郭的后内侧面,统称耳背,见图 A.2。

2.1.3

前方 anterior

耳郭近面颊的一侧,见图 A.1,图 A.2。

2.1.4

后方 posterior

耳郭近乳突的一侧,见图 A.1,图 A.2。

2.1.5

上方 superior

耳郭近头顶的一侧,见图 A.1,图 A.2。

2.1.6

下方 inferior

耳郭近肩的一侧,见图 A.1,图 A.2。

2.1.7

内侧 medial

耳郭近正中矢状面的一侧,见图 A.3。

2.1.8

外侧 lateral

耳郭远正中矢状面的一侧,见图 A.3。

2.2 耳郭表面解剖名称及有关术语

2.2.1 耳郭正面

2.2.1.1 耳垂

2.2.1.1.1

耳垂 lobe

耳郭下部无软骨的部分,见图 A.4。

2.2.1.1.2

耳垂前沟　anterior groove of the ear lobe

耳垂与面部之间的浅沟,见图A.4。

2.2.1.2　耳轮

2.2.1.2.1

耳轮　helix

耳郭外侧边缘的卷曲部分,见图A.4。

2.2.1.2.2

耳轮脚　helix crus

耳轮深入耳甲的部分,见图A.4。

2.2.1.2.3

耳轮脚棘　spine of the helix crus

耳轮脚和耳轮之间的隆起,见图A.4。

2.2.1.2.4

耳轮脚切迹　notch of the helix crus

耳轮脚棘前方的凹陷处,见图A.4。

2.2.1.2.5

耳轮结节　helix tubercle

耳轮外上方的膨大部分,见图A.4。

2.2.1.2.6

耳轮尾　helix cauda

耳轮向下移行于耳垂的部分,见图A.4。

2.2.1.2.7

轮垂切迹　helix-lobe notch

耳轮和耳垂后缘之间的凹陷处,见图A.4。

2.2.1.2.8

耳轮前沟　anterior groove of the helix

耳轮与面部之间的浅沟,见图A.4。

2.2.1.3　对耳轮

2.2.1.3.1

对耳轮　antihelix

与耳轮相对呈“Y”字形的隆起部,由对耳轮体、对耳轮上脚和对耳轮下脚三部分组成,见图A.4。

2.2.1.3.2

对耳轮体　body of antihelix

对耳轮下部呈上下走向的主体部分,见图A.4。

2.2.1.3.3

对耳轮上脚　superior antihelix crus

对耳轮向上分支的部分,见图A.4。

2.2.1.3.4

对耳轮下脚　inferior antihelix crus

对耳轮向前分支的部分,见图A.4。

2.2.1.3.5

轮屏切迹 antihelix-antitragus notch

对耳轮与对耳屏之间的凹陷处,见图 A.4。

2.2.1.4 耳舟

耳舟 scapha

耳轮与对耳轮之间的凹沟,见图 A.4。

2.2.1.5 三角窝

三角窝 triangular fossa

对耳轮上、下脚与相应耳轮之间的三角形凹窝,见图 A.4。

2.2.1.6 耳甲

2.2.1.6.1

耳甲 concha

部分耳轮和对耳轮、对耳屏、耳屏及外耳门之间的凹窝。由耳甲艇、耳甲腔两部分组成,见图 A.4。

2.2.1.6.2

耳甲艇 cymba concha

耳轮脚以上的耳甲部,见图 A.4。

2.2.1.6.3

耳甲腔 cavum concha

耳轮脚以下的耳甲部,见图 A.4。

2.2.1.7 耳屏

2.2.1.7.1

耳屏 tragus

耳郭前方呈瓣状的隆起,见图 A.4。

2.2.1.7.2

屏上切迹 supratragic notch

耳屏与耳轮之间的凹陷处,见图 A.4。

2.2.1.7.3

上屏尖 apex of the upper tragus

耳屏游离缘上隆起部,见图 A.4。

2.2.1.7.4

下屏尖 apex of the lower tragus

耳屏游离缘下隆起部,见图 A.4。

2.2.1.7.5

耳屏前沟 anterior groove of the tragus

耳屏与面部之间的浅沟,见图 A.4。

2.2.1.8 对耳屏

2.2.1.8.1

对耳屏 antitragus

耳垂上方、与耳屏相对的瓣状隆起,见图 A.4。

2.2.1.8.2

对屏尖 apex of the antitragus

对耳屏游离缘隆起的顶端,见图 A.4。

2.2.1.8.3

屏间切迹　intertragic notch

耳屏和对耳屏之间的凹陷处,见图 A.4。

2.2.1.9　外耳门

外耳门　orifice of the external auditory meatus

耳甲腔前方的孔窍,见图 A.4。

2.2.2　耳郭背面

2.2.2.1

耳轮背面　back of the helix

耳轮背部的平坦部分,见图 A.5。

2.2.2.2

耳轮尾背面　back of the helix cauda

耳轮尾背部的平坦部分,见图 A.5。

2.2.2.3

耳垂背面　back of the ear lobe

耳垂背部的平坦部分,见图 A.5。

2.2.2.4

耳舟隆起　prominence of the scapha

耳舟在耳背呈现的隆起,见图 A.5。

2.2.2.5

三角窝隆起　prominence of the triangular fossa

三角窝在耳背呈现的隆起,见图 A.5。

2.2.2.6

耳甲艇隆起　prominence of the cymba concha

耳甲艇在耳背呈现的隆起,见图 A.5。

2.2.2.7

耳甲腔隆起　prominence of the cavum concha

耳甲腔在耳背呈现的隆起,见图 A.5。

2.2.2.8

对耳轮上脚沟　groove of the superior antihelix crus

对耳轮上脚在耳背呈现的凹沟,见图 A.5。

2.2.2.9

对耳轮下脚沟　groove of the inferior antihelix crus

对耳轮下脚在耳背呈现的凹沟,见图 A.5。

2.2.2.10

对耳轮沟　groove of the antihelix

对耳轮体在耳背呈现的凹沟,见图 A.5。

2.2.2.11

耳轮脚沟　groove of the helix crus

耳轮脚在耳背呈现的凹沟,见图 A.5。

2.2.2.12

对耳屏沟　groove of the antitragus

对耳屏在耳背呈现的凹沟,见图 A.5。

2.2.3 **耳根**

2.2.3.1

上耳根 superior auricular root

耳郭与头部相连的最上处,见图 A.5。

2.2.3.2

下耳根 inferior auricular root

耳郭与头部相连的最下处,见图 A.5。

3 耳穴名称与定位的说明

下列说明适用于耳穴名称与定位:

a) 规定耳穴名称与定位的命名原则和定位原则,见附录 B。

b) 划定耳郭基本标志线,设定耳郭标志点、线,对耳郭进行分区,见附录 C 及图 A.6～图 A.13。

c) 耳穴曾用名、并用名及沿革文献,参见附录 D。

d) 耳穴名称与定位书写格式为:耳穴中文名称 汉语拼音 穴位分区编号[a]
定位

e) 耳穴名称与定位见图 A.14～图 A.17。

4 耳穴名称与定位

4.1 耳轮穴位

4.1.1 **耳中** ěrzhōng ($\mathbf{HX_1}$)

在耳轮脚处,即耳轮 1 区。

4.1.2 **直肠** zhícháng ($\mathbf{HX_2}$)

在耳轮脚棘前上方的耳轮处,即耳轮 2 区。

4.1.3 **尿道** niàodào ($\mathbf{HX_3}$)

在直肠上方的耳轮处,即耳轮 3 区。

4.1.4 **外生殖器** wàishēngzhíqì ($\mathbf{HX_4}$)

在对耳轮下脚前方的耳轮处,即耳轮 4 区。

4.1.5 **肛门** gāngmén ($\mathbf{HX_5}$)

在三角窝前方的耳轮处,即耳轮 5 区。

4.1.6 **耳尖前** ěrjiānqián ($\mathbf{HX_6}$)

在耳郭向前对折上部尖端的前部,即耳轮 6 区。

4.1.7 **耳尖** ěrjiān ($\mathbf{HX_{6,7i}}$)

在耳郭向前对折的上部尖端处,即耳轮 6、7 区交界处。

4.1.8 **耳尖后** ěrjiānhòu ($\mathbf{HX_7}$)

在耳郭向前对折上部尖端的后部,即耳轮 7 区。

4.1.9 **结节** jiéjié ($\mathbf{HX_8}$)

在耳轮结节处,即耳轮 8 区。

4.1.10 **轮 1** lúnyī ($\mathbf{HX_9}$)

在耳轮结节下方的耳轮处,即耳轮 9 区。

4.1.11 **轮 2** lúnèr ($\mathbf{HX_{10}}$)

在轮 1 区下方的耳轮处,即耳轮 10 区。

---

[a] 大写字母标示该穴位所在解剖分区英文缩写;下标数字为该穴位所在分区编号;
下标字母代表含义分别为:i—两穴区交界,a—该穴区前端,p—该穴区后缘,l—该穴区下缘,u—该穴区上缘。

4.1.12 轮3 lúnsān (HX_{11})

在轮2区下方的耳轮处，即耳轮11区。

4.1.13 轮4 lúnsì (HX_{12})

在轮3区下方的耳轮处，即耳轮12区。

4.2 耳舟穴位

4.2.1 指 zhǐ (SF_1)

在耳舟上方处，即耳舟1区。

4.2.2 腕 wàn (SF_2)

在指区的下方处，即耳舟2区。

4.2.3 风溪 fēngxī ($SF_{1,2i}$)

在耳轮结节前方，指区与腕区之间，即耳舟1、2区交界处。

4.2.4 肘 zhǒu (SF_3)

在腕区的下方处，即耳舟3区。

4.2.5 肩 jiān ($SF_{4,5}$)

在肘区的下方处，即耳舟4、5区。

4.2.6 锁骨 suǒgǔ (SF_6)

在肩区的下方处，即耳舟6区。

4.3 对耳轮穴位

4.3.1 跟 gēn (AH_1)

在对耳轮上脚前上部，即对耳轮1区。

4.3.2 趾 zhǐ (AH_2)

在耳尖下方的对耳轮上脚后上部，即对耳轮2区。

4.3.3 踝 huái (AH_3)

在趾、跟区下方处，即对耳轮3区。

4.3.4 膝 xī (AH_4)

在对耳轮上脚中1/3处，即对耳轮4区。

4.3.5 髋 kuān (AH_5)

在对耳轮上脚的下1/3处，即对耳轮5区。

4.3.6 坐骨神经 zuògǔshénjīng (AH_6)

在对耳轮下脚的前2/3处，即对耳轮6区。

4.3.7 交感 jiāogǎn (AH_{6a})

在对耳轮下脚前端与耳轮内缘交界处，即对耳轮6区前端。

4.3.8 臀 tún (AH_7)

在对耳轮下脚的后1/3处，即对耳轮7区。

4.3.9 腹 fǔ (AH_8) **abdomen**

在对耳轮体前部上2/5处，即对耳轮8区。

4.3.10 腰骶椎 yāodǐzhuī (AH_9)

在腹区后方，即对耳轮9区。

4.3.11 胸 xiōng (AH_{10})

在对耳轮体前部中2/5处，即对耳轮10区。

4.3.12 胸椎 xiōngzhuī (AH_{11})

在胸区后方，即对耳轮11区。

4.3.13 颈 jǐng (AH_{12})

在对耳轮体前部下 1/5 处,即对耳轮 12 区。

4.3.14 颈椎 jǐngzhuī (AH_{13})

在颈区后方,即对耳轮 13 区。

4.4 三角窝穴位

4.4.1 角窝上 jiǎowōshàng (TF_1)

在三角窝前 1/3 的上部,即三角窝 1 区。

4.4.2 内生殖器 nèishēngzhíqì (TF_2)

在三角窝前 1/3 的下部,即三角窝 2 区。

4.4.3 角窝中 jiǎowōzhōng (TF_3)

在三角窝中 1/3 处,即三角窝 3 区。

4.4.4 神门 shénmén (TF_4)

在三角窝后 1/3 的上部,即三角窝 4 区。

4.4.5 盆腔 pénqiāng (TF_5)

在三角窝后 1/3 的下部,即三角窝 5 区。

4.5 耳屏穴位

4.5.1 上屏 shàngpíng (TG_1)

在耳屏外侧面上 1/2 处,即耳屏 1 区。

4.5.2 下屏 xiàpíng (TG_2)

在耳屏外侧面下 1/2 处,即耳屏 2 区。

4.5.3 外耳 wàiěr (TG_{1u})

在屏上切迹前方近耳轮部,即耳屏 1 区上缘处。

4.5.4 屏尖 píngjiān (TG_{1p})

在耳屏游离缘上部尖端,即耳屏 1 区后缘处。

4.5.5 外鼻 wàibí ($TG_{1,2i}$)

在耳屏外侧面中部,即耳屏 1、2 区之间。

4.5.6 肾上腺 shènshàngxiàn (TG_{2p})

在耳屏游离缘下部尖端,即耳屏 2 区后缘处。

4.5.7 咽喉 yānhóu (TG_3)

在耳屏内侧面上 1/2 处,即耳屏 3 区。

4.5.8 内鼻 nèibí (TG_4)

在耳屏内侧面下 1/2 处,即耳屏 4 区。

4.5.9 屏间前 píngjiānqián (TG_{21})

在屏间切迹前方耳屏最下部,即耳屏 2 区下缘处。

4.6 对耳屏穴位

4.6.1 额 é (AT_1)

在对耳屏外侧面的前部,即对耳屏 1 区。

4.6.2 屏间后 píngjiānhòu (AT_{11})

在屏间切迹后方对耳屏前下部,即对耳屏 1 区下缘处。

4.6.3 颞 niè (AT_2)

在对耳屏外侧面的中部,即对耳屏 2 区。

4.6.4 枕 zhěn (AT_3)

在对耳屏外侧面的后部,即对耳屏 3 区。

4.6.5 **皮质下** pízhìxià (AT_4)

在对耳屏内侧面，即对耳屏4区。

4.6.6 **对屏尖** duìpíngjiān ($AT_{1,2,4\,i}$)

在对耳屏游离缘的尖端，即对耳屏1、2、4区交点处。

4.6.7 **缘中** yuánzhōng ($AT_{2,3,4\,i}$)

在对耳屏游离缘上，对屏尖与轮屏切迹之中点处，即对耳屏2、3、4区交点处。

4.6.8 **脑干** nǎogàn ($AT_{3,4\,i}$)

在轮屏切迹处，即对耳屏3、4区之间。

4.7 耳甲穴位

4.7.1 **口** kǒu (CO_1)

在耳轮脚下方前1/3处，即耳甲1区。

4.7.2 **食道** shídào (CO_2)

在耳轮脚下方中1/3处，即耳甲2区。

4.7.3 **贲门** bēnmén (CO_3)

在耳轮脚下方后1/3处，即耳甲3区。

4.7.4 **胃** wèi (CO_4)

在耳轮脚消失处，即耳甲4区。

4.7.5 **十二指肠** shíèrzhǐcháng (CO_5)

在耳轮脚及部分耳轮与AB线之间的后1/3处，即耳甲5区。

4.7.6 **小肠** xiǎocháng (CO_6)

在耳轮脚及部分耳轮与AB线之间的中1/3处，即耳甲6区。

4.7.7 **大肠** dàcháng (CO_7)

在耳轮脚及部分耳轮与AB线之间的前1/3处，即耳甲7区。

4.7.8 **阑尾** lánwěi ($CO_{6,7\,i}$)

在小肠区与大肠区之间，即耳甲6、7区交界处。

4.7.9 **艇角** tǐngjiǎo (CO_8)

在对耳轮下脚下方前部，即耳甲8区。

4.7.10 **膀胱** pángguāng (CO_9)

在对耳轮下脚下方中部，即耳甲9区。

4.7.11 **肾** shèn (CO_{10})

在对耳轮下脚下方后部，即耳甲10区。

4.7.12 **输尿管** shūniàoguǎn ($CO_{9,10\,i}$)

在肾区与膀胱区之间，即耳甲9、10区交界处。

4.7.13 **胰胆** yídǎn (CO_{11})

在耳甲艇的后上部，即耳甲11区。

4.7.14 **肝** gān (CO_{12})

在耳甲艇的后下部，即耳甲12区。

4.7.15 **艇中** tǐngzhōng ($CO_{6,10\,i}$)

在小肠区与肾区之间，即耳甲6、10区交界处。

4.7.16 **脾** pí (CO_{13})

在BD线下方，耳甲腔的后上部，即耳甲13区。

4.7.17 **心** xīn (CO_{15})

在耳甲腔正中凹陷处，即耳甲15区。

4.7.18 **气管** qìguǎn (**CO_{16}**)

在心区与外耳门之间，即耳甲16区。

4.7.19 **肺** fèi (**CO_{14}**)

在心、气管区周围处，即耳甲14区。

4.7.20 **三焦** sānjiāo (**CO_{17}**)

在外耳门后下，肺与内分泌区之间，即耳甲17区。

4.7.21 **内分泌** nèifēnmì (**CO_{18}**)

在屏间切迹内，耳甲腔的底部，即耳甲18区。

4.8 耳垂穴位

4.8.1 **牙** yá (**LO_1**)

在耳垂正面前上部，即耳垂1区。

4.8.2 **舌** shé (**LO_2**)

在耳垂正面中上部，即耳垂2区。

4.8.3 **颌** hé (**LO_3**)

在耳垂正面后上部，即耳垂3区。

4.8.4 **垂前** chuíqián (**LO_4**)

在耳垂正面前中部，即耳垂4区。

4.8.5 **眼** yǎn (**LO_5**)

在耳垂正面中央部，即耳垂5区。

4.8.6 **内耳** nèiěr (**LO_6**)

在耳垂正面后中部，即耳垂6区。

4.8.7 **面颊** miànjiá (**$LO_{5,6\,i}$**)

在耳垂正面眼区与内耳区之间，即耳垂5、6区交界处。

4.8.8 **扁桃体** biǎntáotǐ (**$LO_{7,8,9}$**)

在耳垂正面下部，即耳垂7、8、9区。

4.9 耳背穴位

4.9.1 **耳背心** ěrbèixīn (**P_1**)

在耳背上部，即耳背1区。

4.9.2 **耳背肺** ěrbèifèi (**P_2**)

在耳背中内部，即耳背2区。

4.9.3 **耳背脾** ěrbèipí (**P_3**)

在耳背中央部，即耳背3区。

4.9.4 **耳背肝** ěrbèigān (**P_4**)

在耳背中外部，即耳背4区。

4.9.5 **耳背肾** ěrbèishèn (**P_5**)

在耳背下部，即耳背5区。

4.9.6 **耳背沟** ěrbèigōu (**P_S**)

在对耳轮沟和对耳轮上、下脚沟处。

4.10 耳根穴位

4.10.1 **上耳根** shàngěrgēn (**R_1**)

在耳郭与头部相连的最上处。

4.10.2 **耳迷根** ěrmígēn (**R_2**)

在耳轮脚沟的耳根处。

4.10.3 **下耳根** xiàěrgēn (**R_3**)

在耳郭与头部相连的最下处。

附 录 A
（规范性附录）
图 示

— 轮郭线
— 外侧面基本标志线和穴区线
--- 内侧面基本标志线和穴区线
● 外侧面以点表示的穴位
△ 被遮盖的以点表示的穴位
▨ 外耳门
*** 同一穴区中的分区线

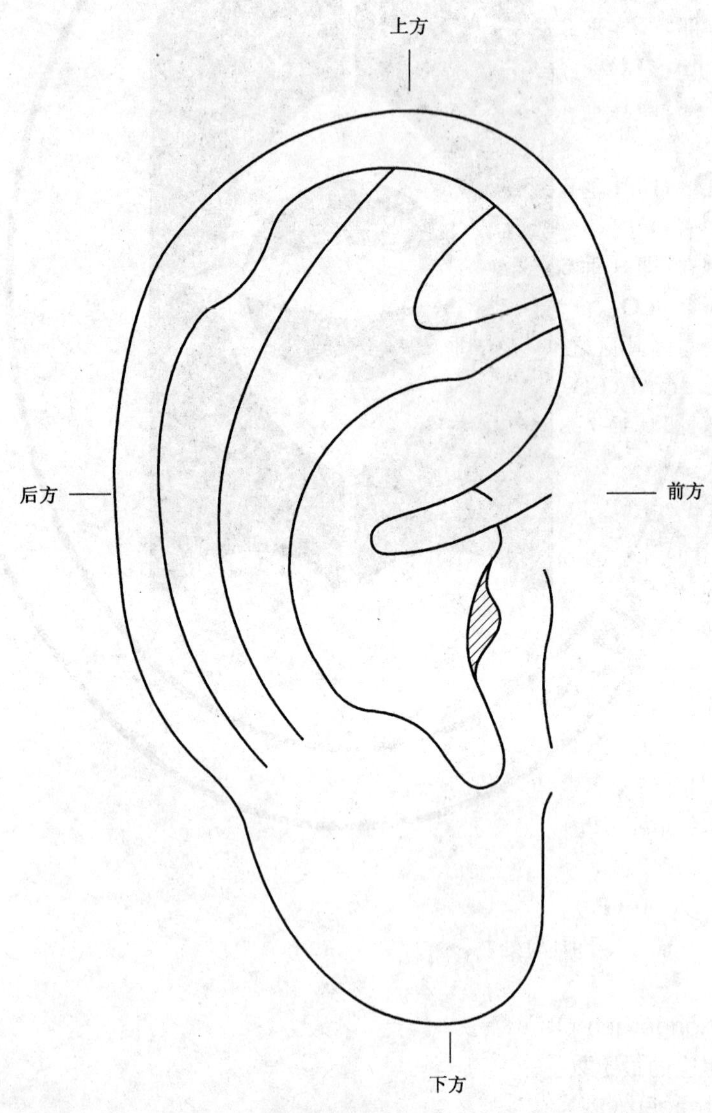

图 A.1 耳郭方位示意图(正面)

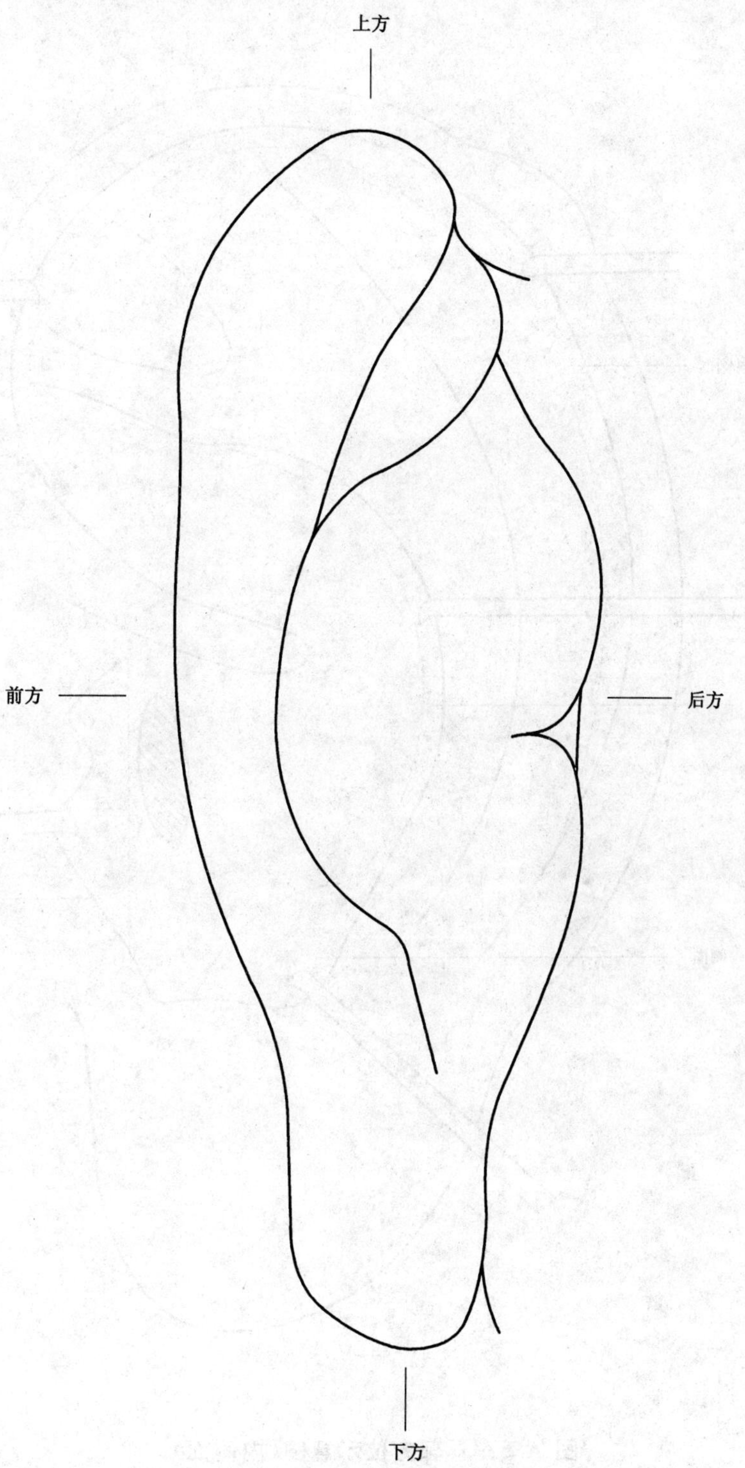

图 A.2 耳郭方位示意图(背面)

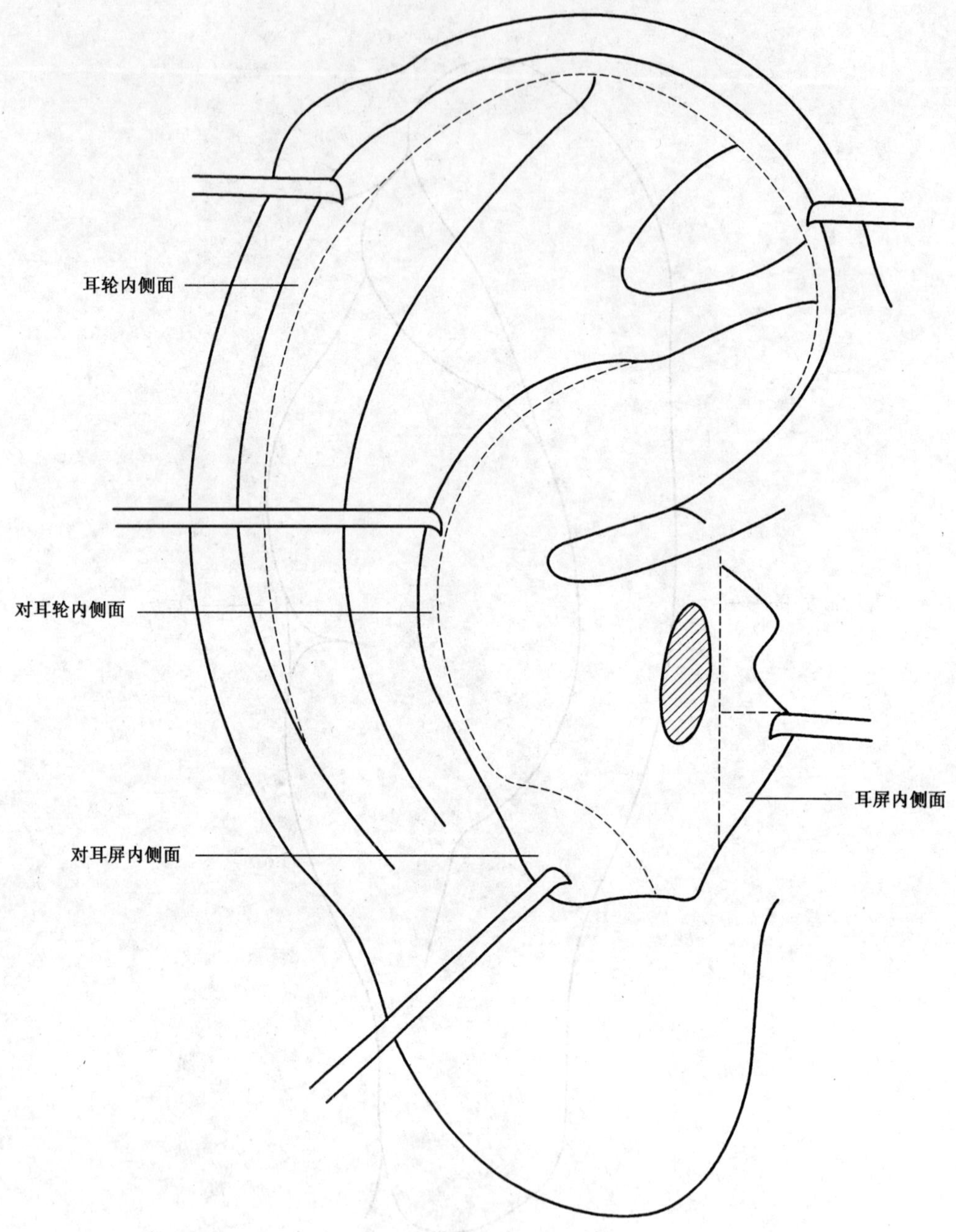

图 A.3　耳郭方位示意图(内侧面)

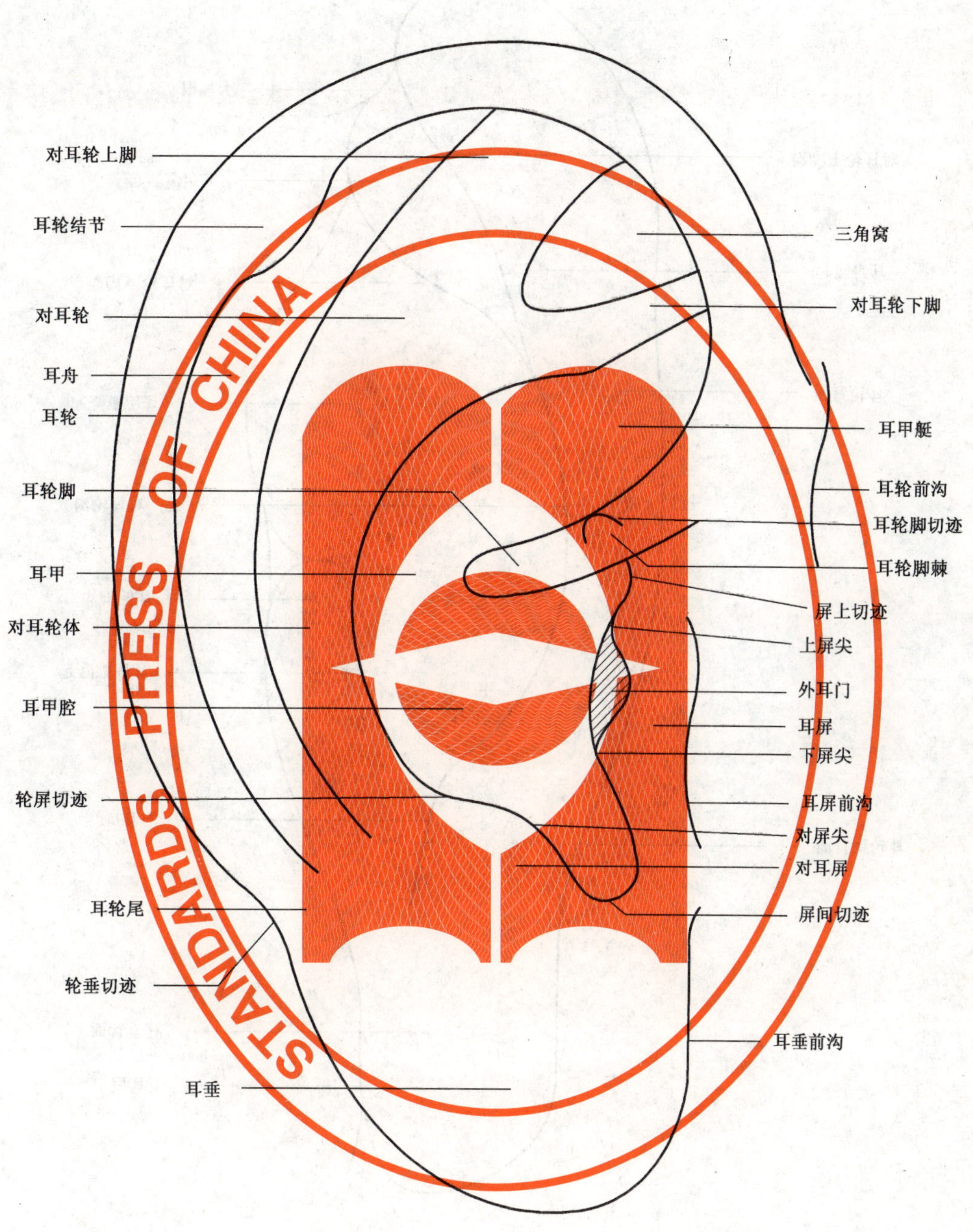

图 A.4　耳郭解剖名称示意图(正面)

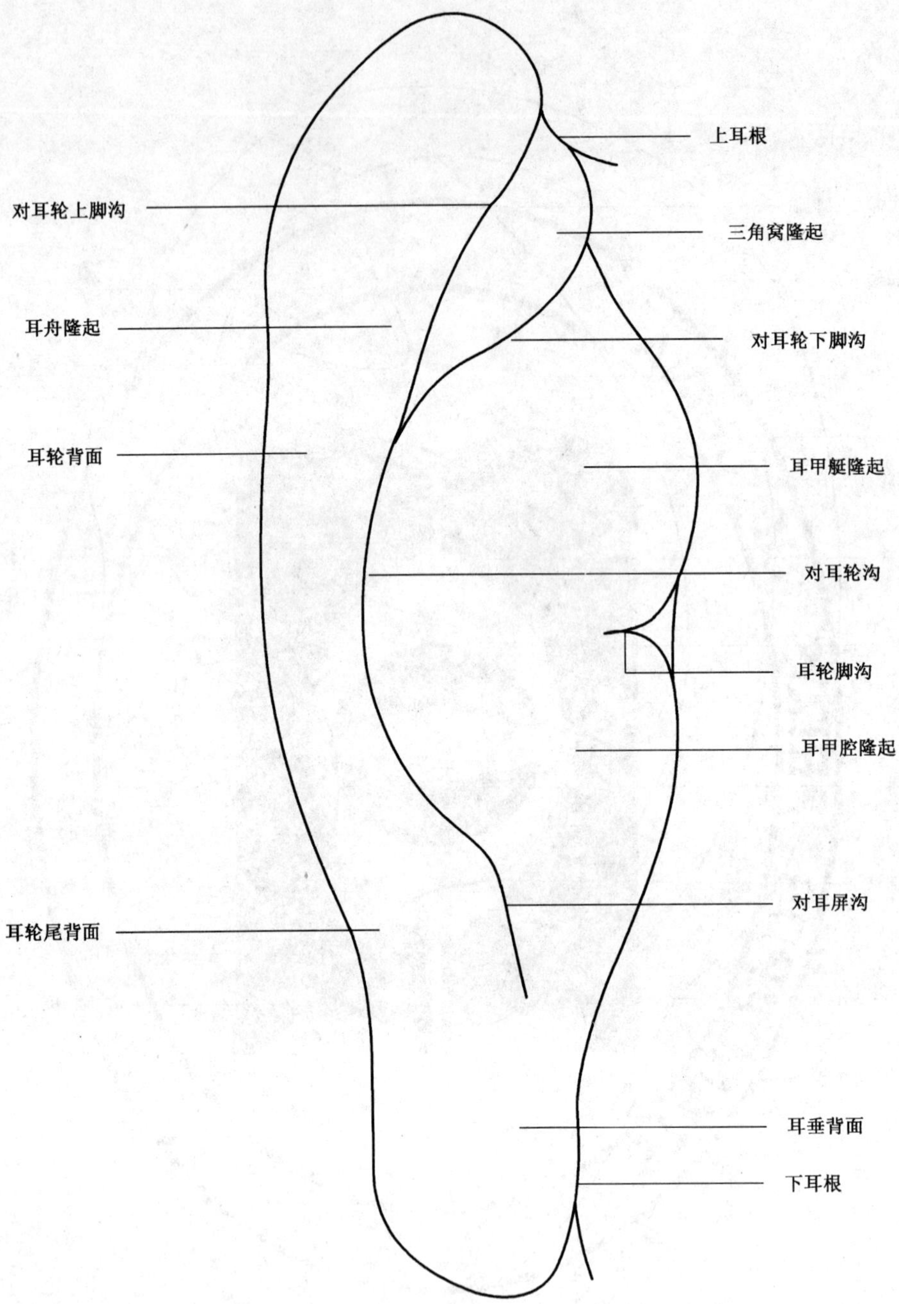

图 A.5　耳郭解剖名称示意图(背面)

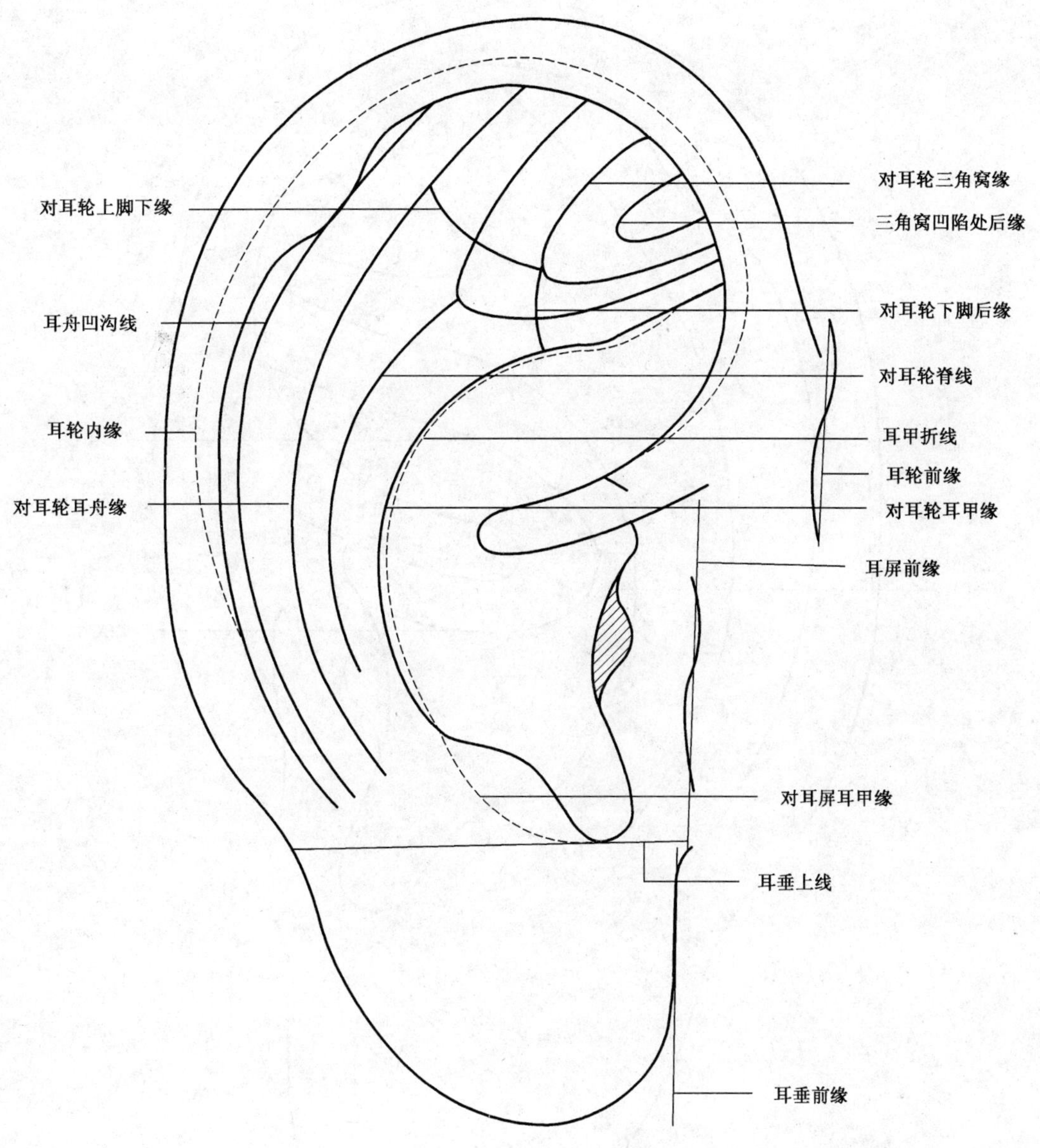

图 A.6　耳郭基本标志线示意图

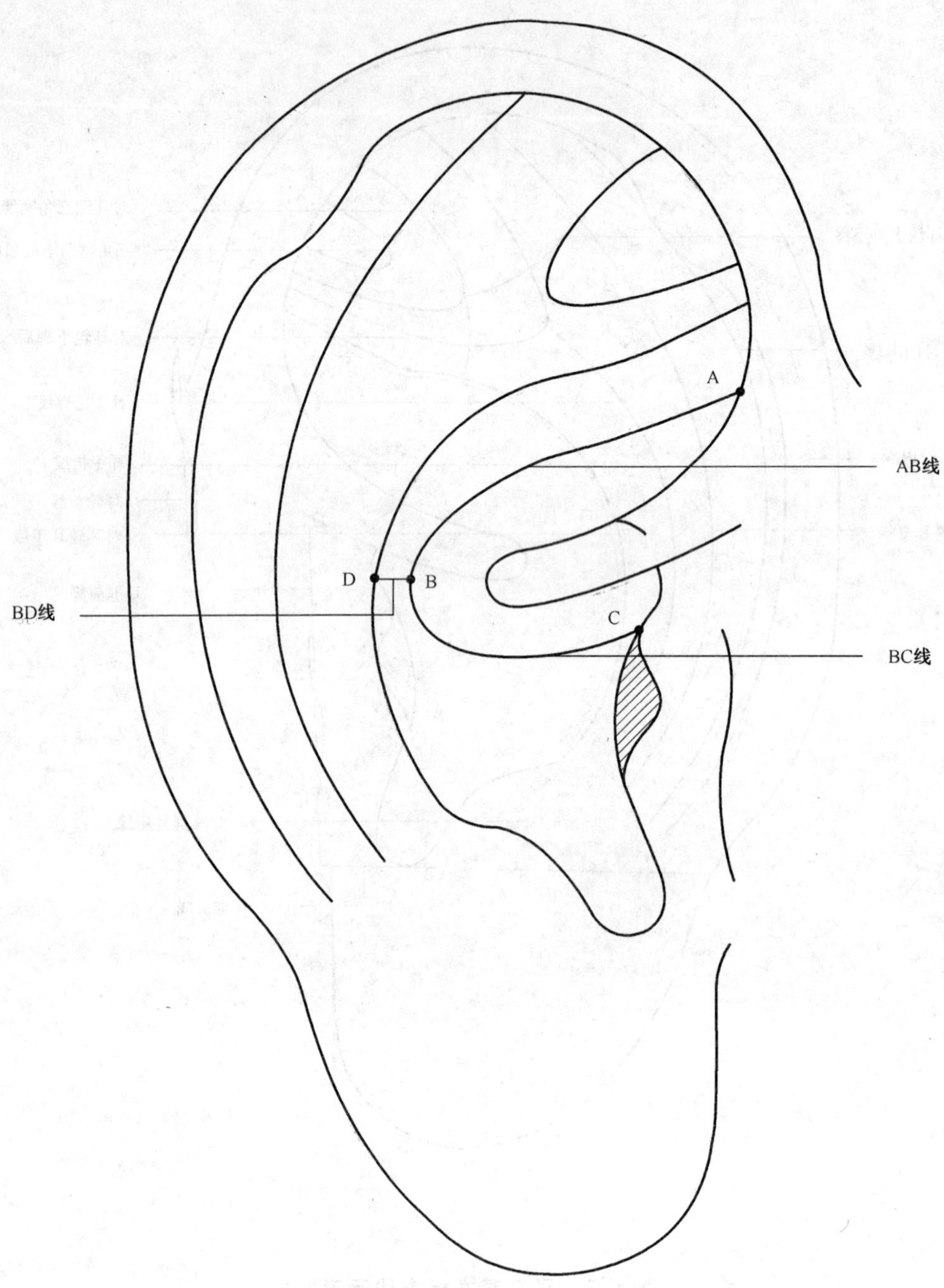

图 A.7 补充设定的耳郭标志点或线条示意图

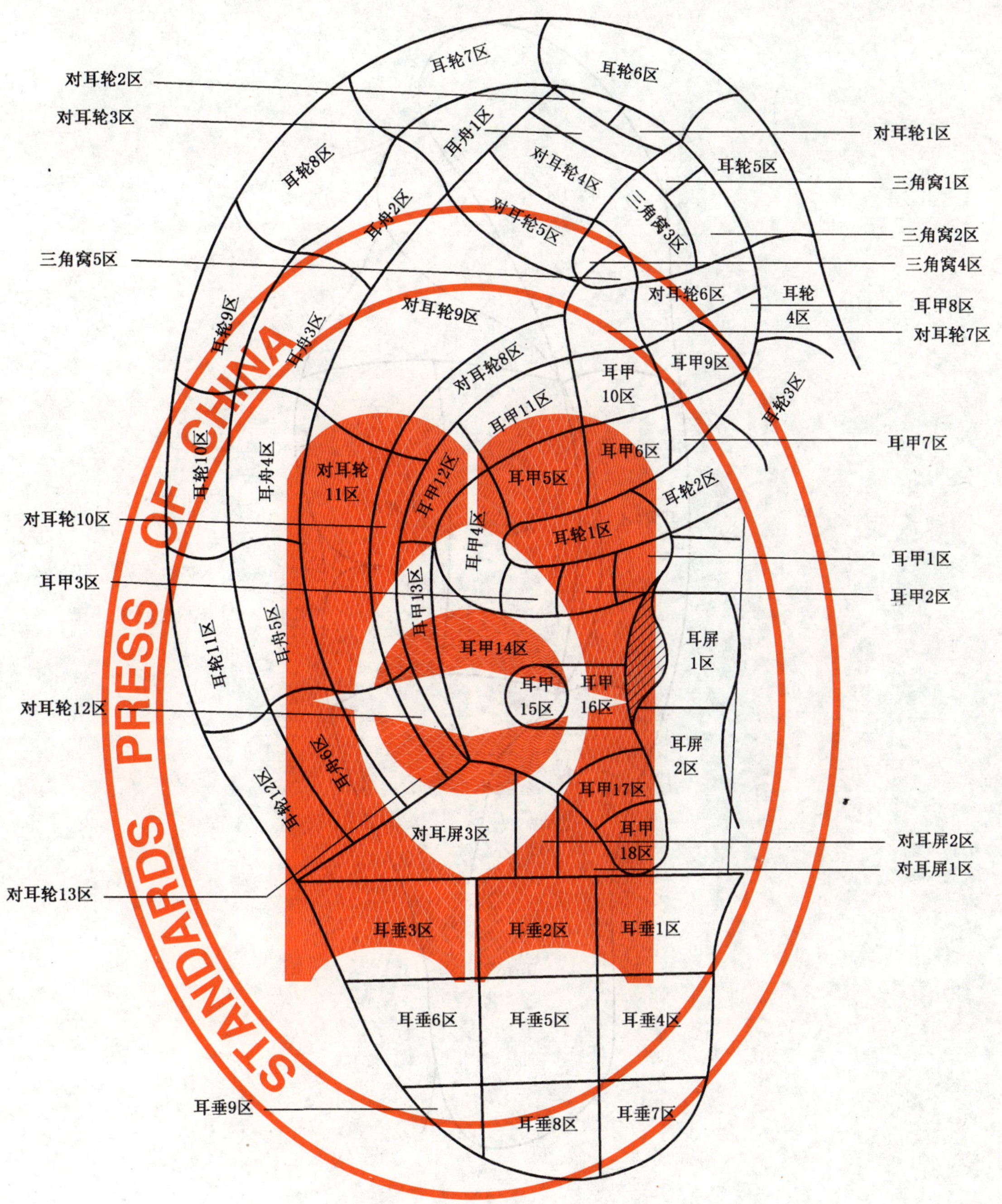

图 A.8 标准耳郭分区示意图(正面)

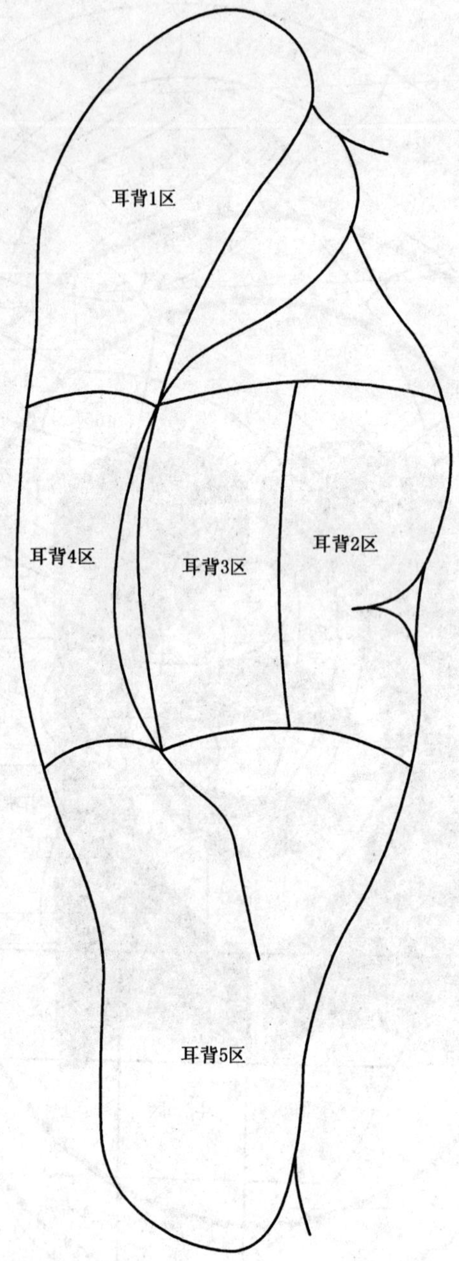

图 A.9 标准耳郭分区示意图(背面)

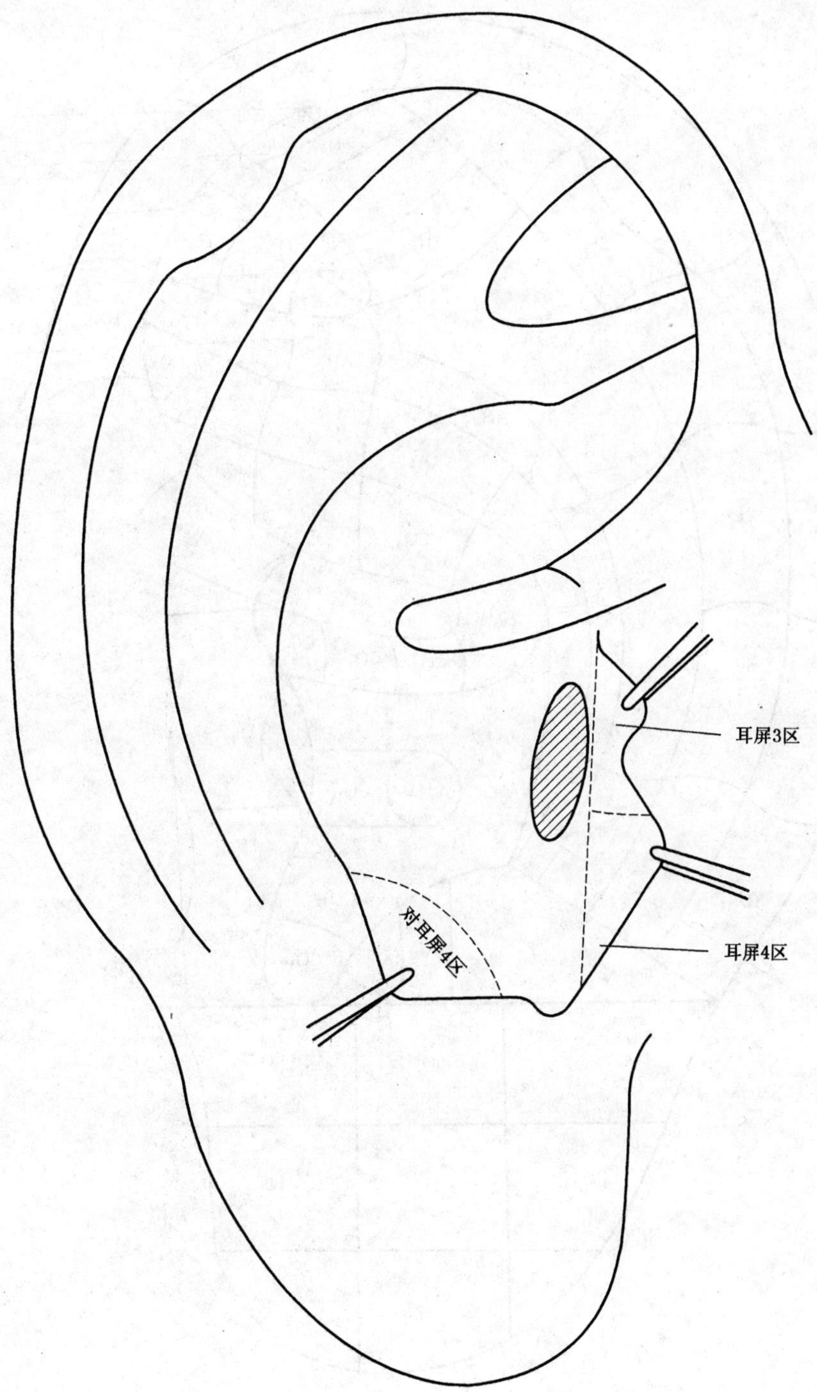

图 A.10 标准耳郭分区示意图(内侧面)

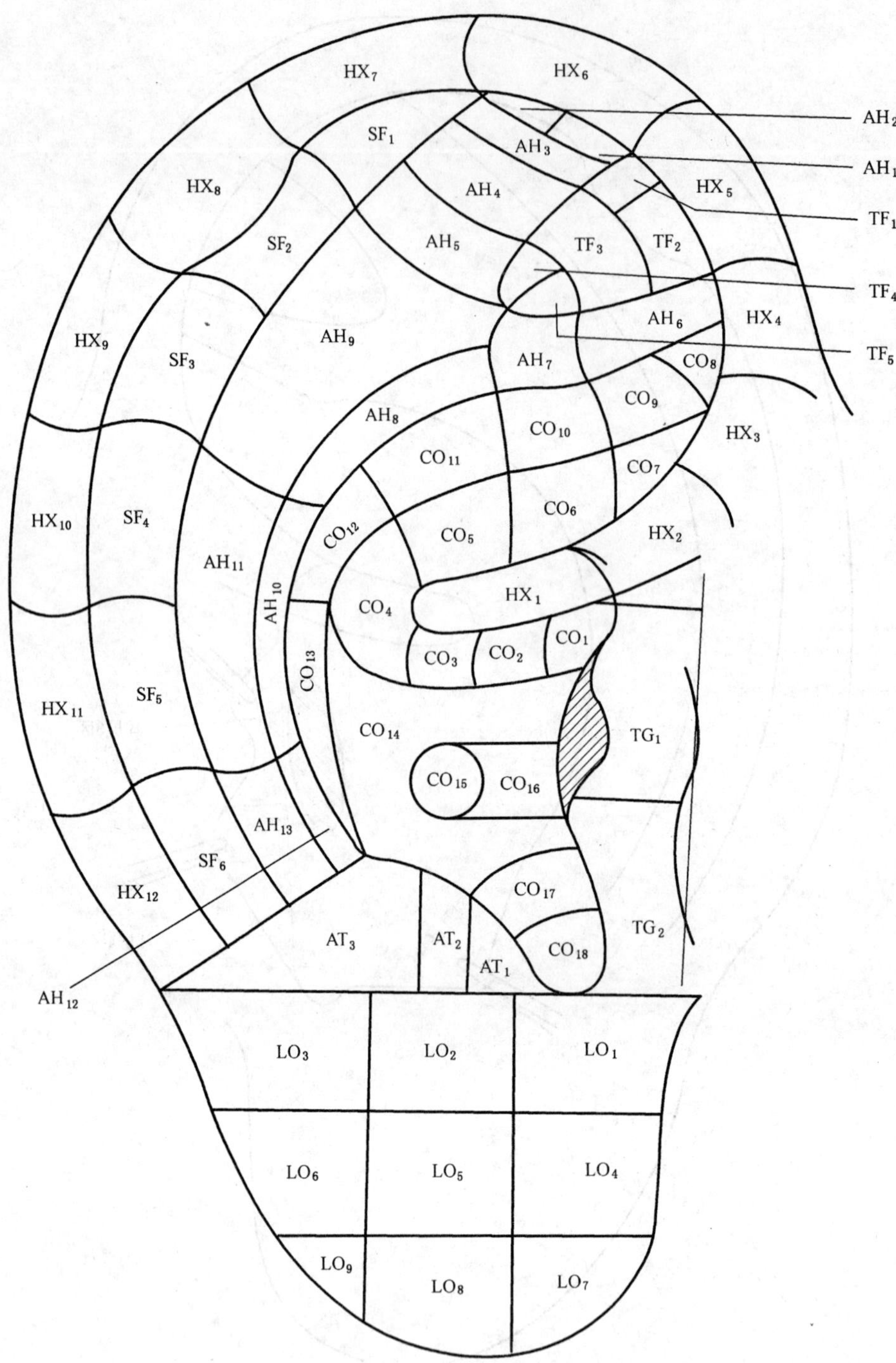

图 A.11　标准耳郭分区代号示意图(正面)

图 A.12 标准耳郭分区代号示意图(背面)

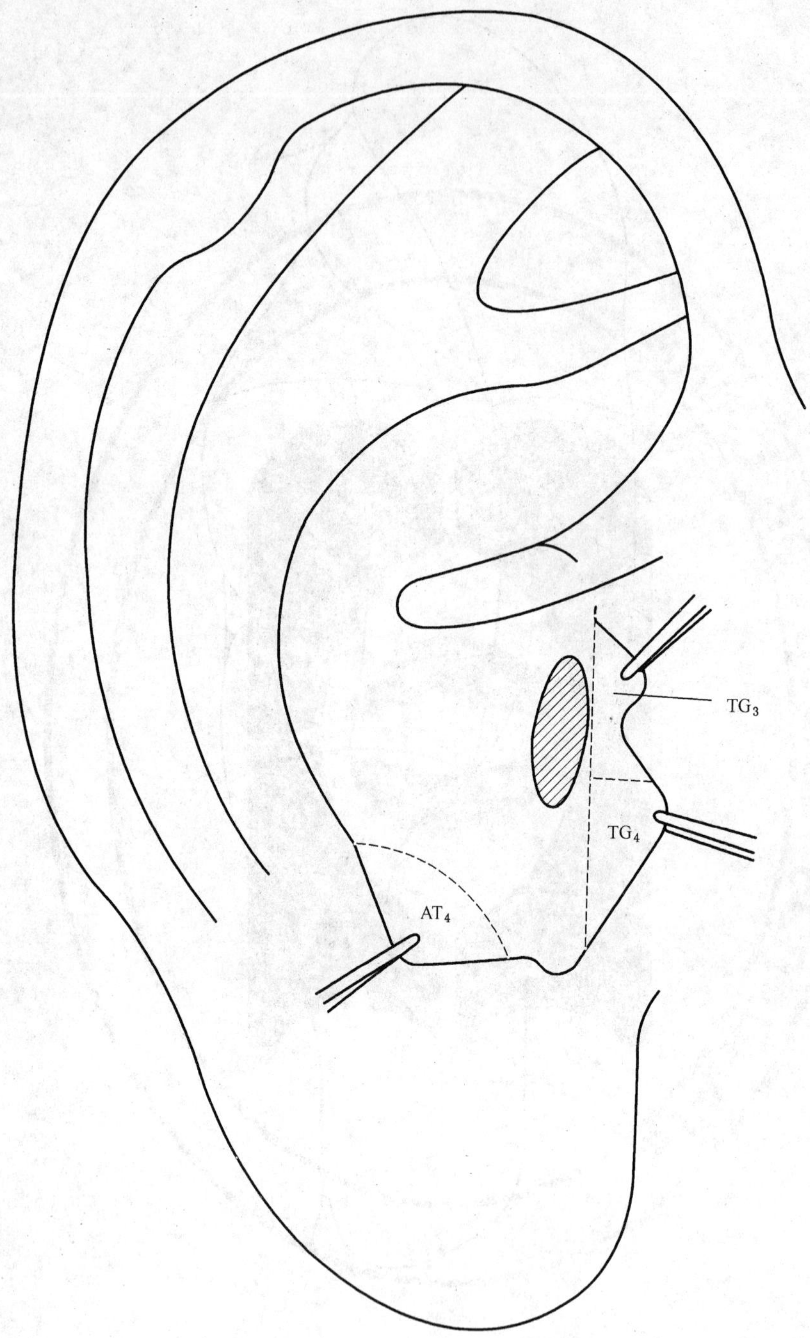

图 A.13　标准耳郭分区代号示意图(内侧面)

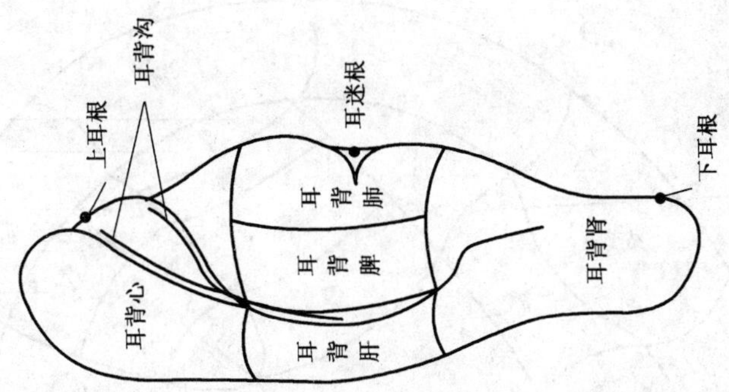

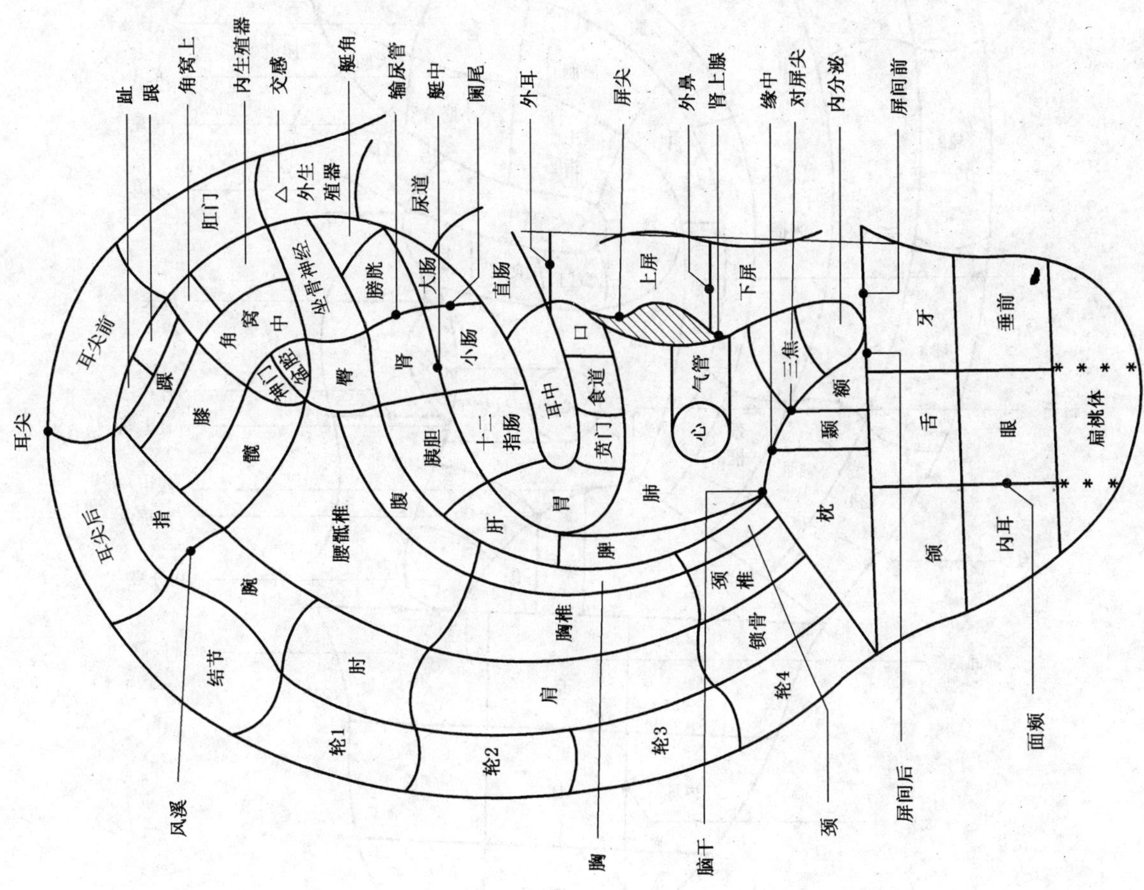

图 A.14　标准耳穴定位示意图(全图)

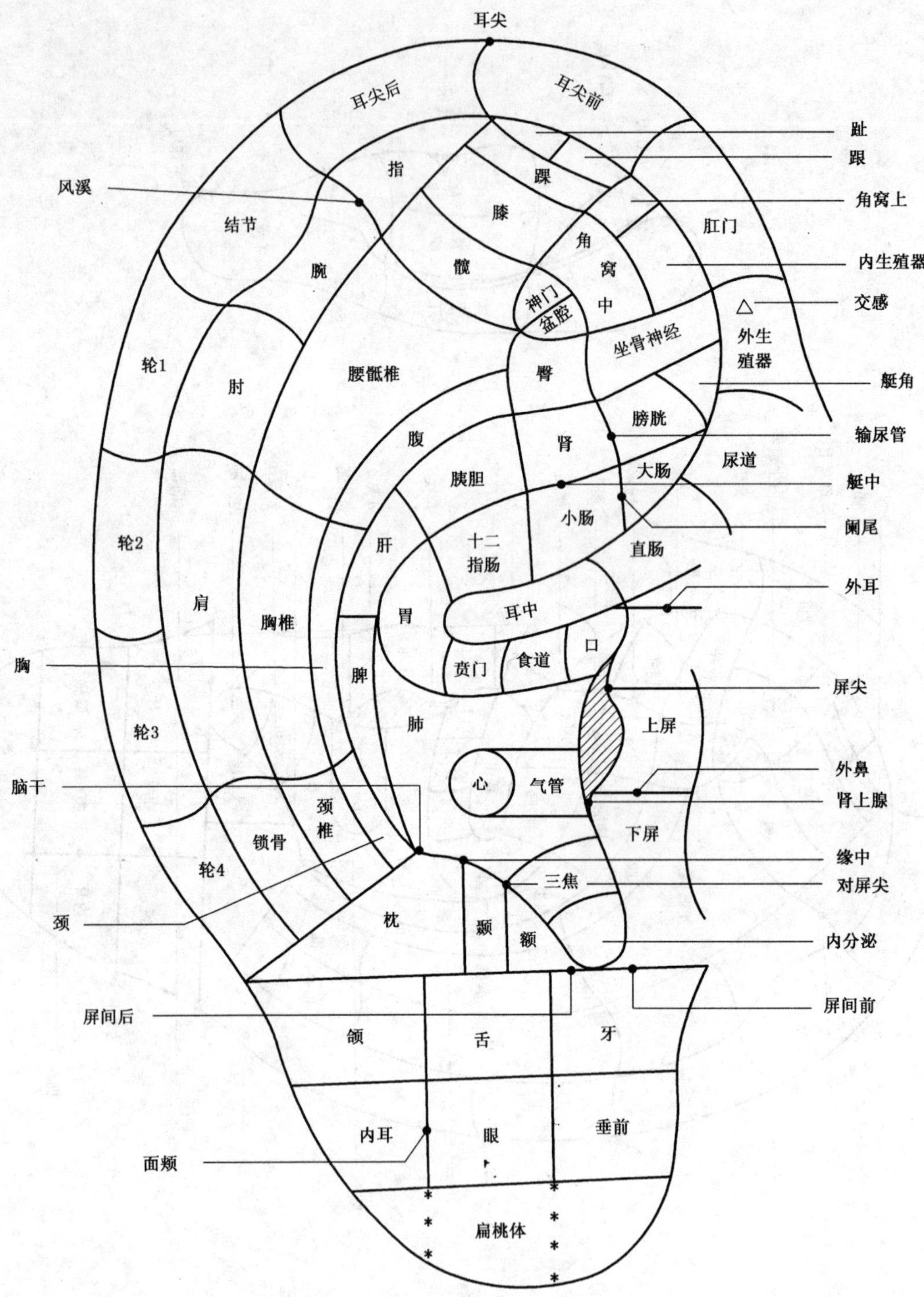

图 A.15 标准耳穴定位示意图(正面)

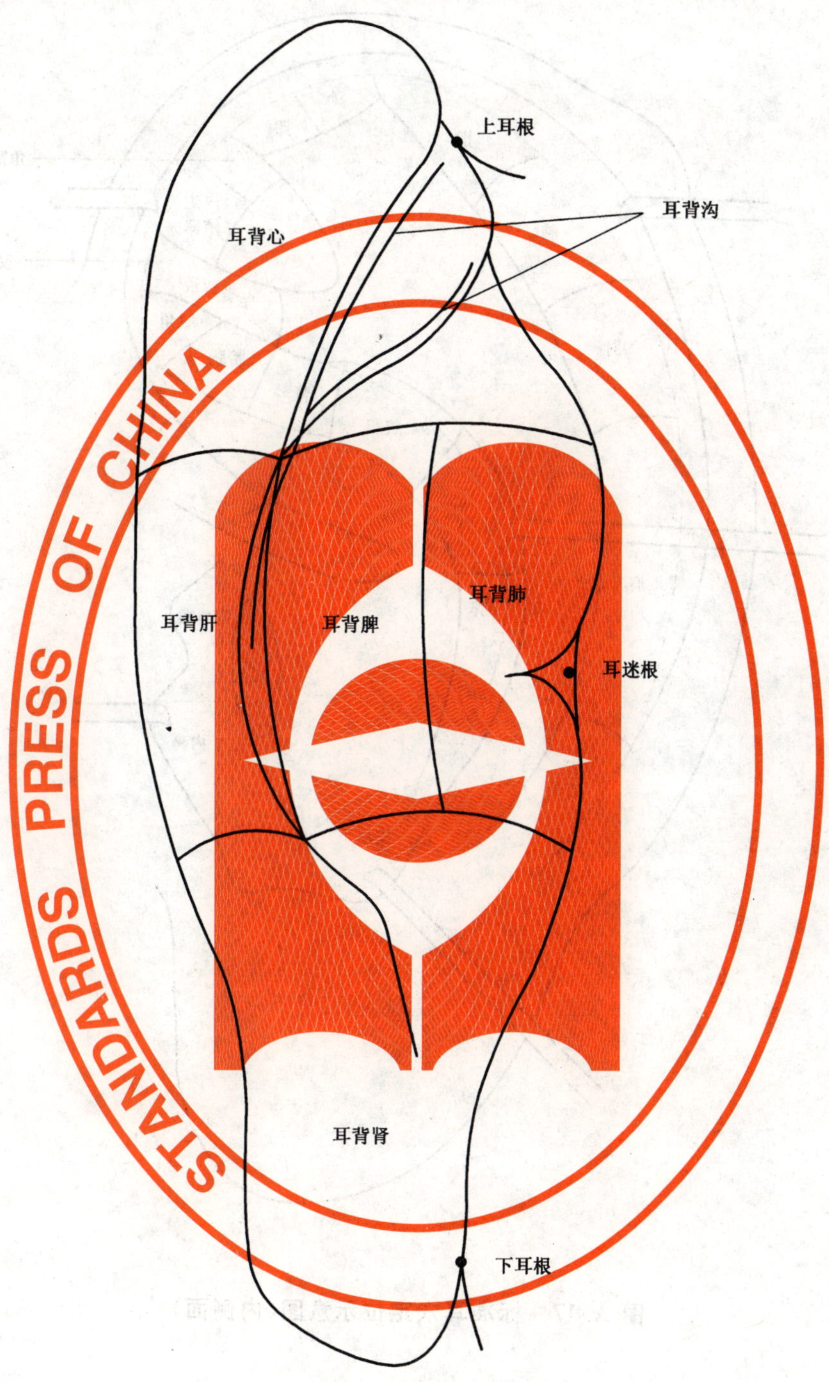

图 A.16　标准耳穴定位示意图(背面)

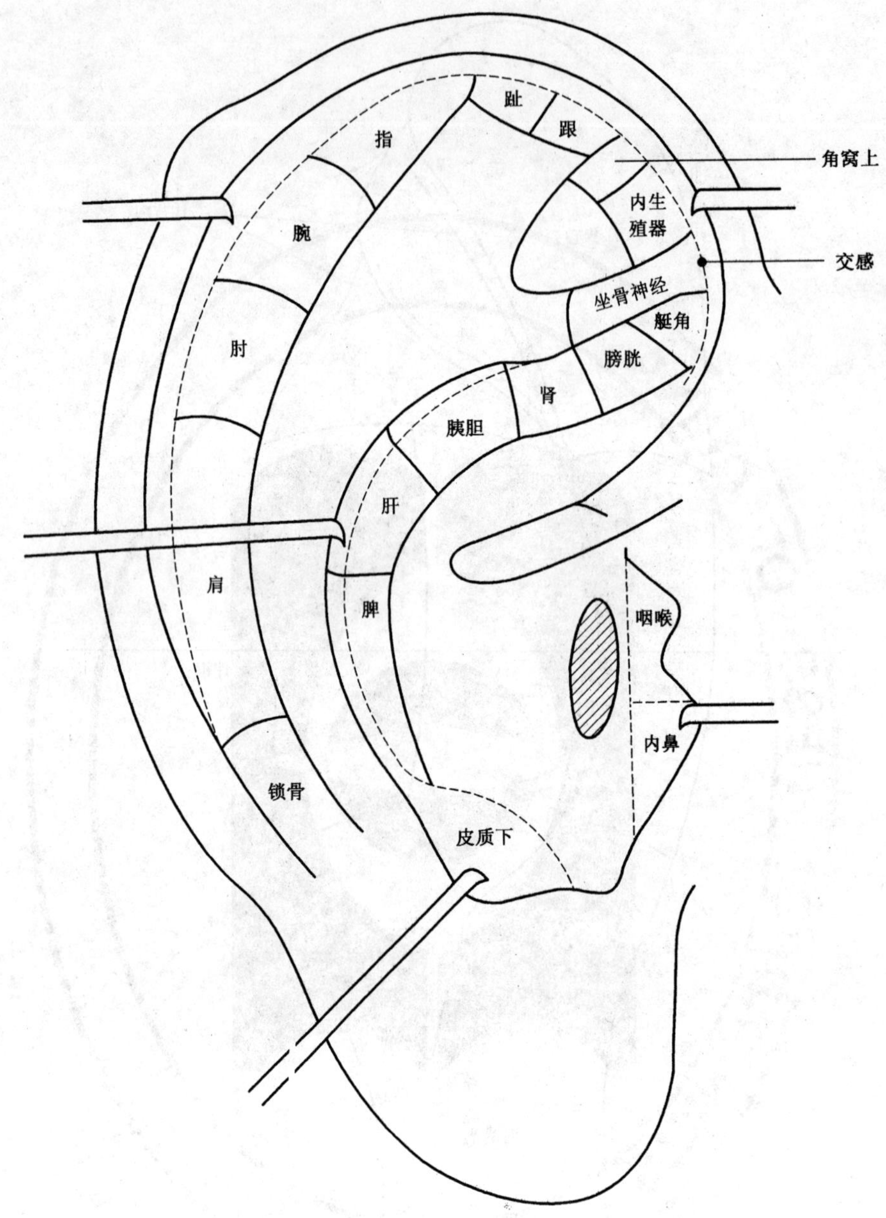

图 A.17 标准耳穴定位示意图(内侧面)

附 录 B
（规范性附录）
耳穴名称与定位命名原则及定位原则

B.1 耳穴名称与定位的命名原则

B.1.1 本标准选取耳穴的原则：有广泛实践基础、临床上常用的、诊疗效果较好的耳穴。

B.1.2 本标准耳穴命名的原则：在符合上述原则的基础上，还应具备下列特征之一：

B.1.2.1 目前国际上公认或使用。如：肾上腺、交感等。

B.1.2.2 见于传统医学文献并经实践证明确有应用价值。如：耳中、耳尖等。

B.1.2.3 根据人体部位和器官命名。如：心、肩等。

B.1.2.4 用耳郭解剖术语命名。如：上耳根、角窝中等。

B.1.3 本标准不采用以下列方法命名的耳穴：

a） 以病症术语命名的耳穴名称；

b） 以某些诊治功能命名的耳穴名称；

c） 以药物名称命名的耳穴名称；

d） 与入选本标准耳穴处于同一穴位区域内的其他耳穴名称；

e） 具有性别特征的耳穴名称；

f） 其他不符合入选特征的耳穴名称。

B.2 耳穴名称与定位的定位原则

B.2.1 本标准采用以分区定位为主，区、点结合的方法定位。

B.2.2 明确规定表示耳郭位置的名词术语。

B.2.3 介绍与耳穴分区定位有关的耳郭表面解剖名称。

B.2.4 根据耳郭表面解剖结构补充设立若干耳穴定位标志点。

B.2.5 划定耳郭基本标志线，澄清各解剖结构之分野，在各部位结构的基础上以解剖标志分区标定穴位。

B.2.6 穴位（区）覆盖全部耳郭表面。

附 录 C
（规范性附录）
耳郭基本标志点、线的划定及耳郭分区说明

C.1 耳郭基本标志线的划定

下列耳郭基本标志线的划定适用于耳郭分区的说明：

a) 耳轮内缘：即耳轮与耳郭其他部分的分界线。是指耳轮与耳舟、对耳轮上、下脚、三角窝及耳甲等部的折线，见图 A.6；
b) 耳甲折线：是指耳甲内平坦部与隆起部之间的折线，见图 A.6；
c) 对耳轮脊线：是指对耳轮体及其上、下脚最凸起处之连线，见图 A.6；
d) 耳舟凹沟线：是指沿耳舟最凹陷处所作的连线，见图 A.6；
e) 对耳轮耳舟缘：即对耳轮与耳舟的分界线。是指对耳轮（含对耳轮上脚）脊与耳舟凹沟之间的中线，见图 A.6；
f) 三角窝凹陷处后缘：是指三角窝内较低平的三角形区域的后缘，见图 A.6；
g) 对耳轮三角窝缘：即对耳轮上、下脚与三角窝的分界线。是指对耳轮上、下脚脊与三角窝凹陷处后缘之间的中线，见图 A.6；
h) 对耳轮耳甲缘：即对耳轮与耳甲的分界线。是指对耳轮（含对耳轮下脚）脊与耳甲折线之间的中线，见图 A.6；
i) 对耳轮上脚下缘：即对耳轮上脚与对耳轮体的分界线。是指从对耳轮上、下脚分叉处向对耳轮耳舟缘所作的垂线，见图 A.6；
j) 对耳轮下脚后缘：即对耳轮下脚与对耳轮体的分界线。是指从对耳轮上、下脚分叉处向对耳轮耳甲缘所作的垂线，见图 A.6；
k) 耳垂上线（亦作为对耳屏耳垂缘和耳屏耳垂缘）：即耳垂与耳郭其他部分的分界线。是指过屏间切迹与轮垂切迹所作的直线，见图 A.6；
l) 对耳屏耳甲缘：即对耳屏与耳甲的分界线。是指对耳屏内侧面与耳甲的折线，见图 A.6；
m) 耳屏前缘：即耳屏外侧面与面部的分界线。是指沿耳屏前沟所作的直线，见图 A.6；
n) 耳轮前缘：即耳轮与面部的分界线。是指沿耳轮前沟所作的直线，见图 A.6；
o) 耳垂前缘：即耳垂与面颊的分界线。是指沿耳垂前沟所作的直线，见图 A.6。

C.2 耳郭标志点、线的设定

下列耳郭标志点、线的设定适用于耳郭分区的说明：

a) 在耳轮内缘上，设耳轮脚切迹至对耳轮下脚间中、上 1/3 交界处为 A 点，见图 A.7；
b) 在耳甲内，由耳轮脚消失处向后作一水平线与对耳轮耳甲缘相交，设交点为 D 点，见图 A.7；
c) 设耳轮脚消失处至 D 点连线的中、后 1/3 交界处为 B 点，见图 A.7；
d) 设外耳道口后缘上 1/4 与下 3/4 交界处为 C 点，见图 A.7；
e) 从 A 点向 B 点作一条与对耳轮耳甲艇缘弧度大体相仿的曲线，见图 A.7；
f) 从 B 点向 C 点作一条与耳轮脚下缘弧度大体相仿的曲线，见图 A.7。

C.3 耳郭分区的说明

C.3.1 耳轮

耳轮脚为耳轮 1 区。耳轮脚切迹到对耳轮下脚上缘之间的耳轮分为三等分，自下而上依次为耳轮

2 区、耳轮 3 区、耳轮 4 区;对耳轮下脚上缘到对耳轮上脚前缘之间的耳轮为耳轮 5 区;对耳轮上脚前缘到耳尖之间的耳轮为耳轮 6 区。耳尖到耳轮结节上缘为耳轮 7 区;耳轮结节上缘到耳轮结节下缘为耳轮 8 区。耳轮结节下缘到轮垂切迹之间的耳轮分为 4 等分,自上而下依次为耳轮 9 区、耳轮 10 区、耳轮 11 区、耳轮 12 区,见图 A.8,图 A.11。

C.3.2 耳舟

耳舟分为 6 等分,自上而下依次为耳舟 1 区、2 区、3 区、4 区、5 区、6 区,见图 A.8,图 A.11。

C.3.3 对耳轮

对耳轮上脚分为上、中、下 3 等分,下 1/3 为对耳轮 5 区,中 1/3 为对耳轮 4 区;再将上 1/3 分为上、下两等分,下 1/2 为对耳轮 3 区,再将上 1/2 分为前后两等分,后 1/2 为对耳轮 2 区,前 1/2 为对耳轮 1 区。对耳轮下脚分为前、中、后 3 等分,中、前 2/3 为对耳轮 6 区,后 1/3 为对耳轮 7 区。将对耳轮体从对耳轮上、下脚分叉处至轮屏切迹分为 5 等分,再沿对耳轮耳甲缘将对耳轮体分为前 1/4 和后 3/4 两部分,前上 2/5 为对耳轮 8 区,后上 2/5 为对耳轮 9 区,前中 2/5 为对耳轮 10 区,后中 2/5 为对耳轮11 区,前下 1/5 为对耳轮 12 区,后下 1/5 为对耳轮 13 区,见图 A.8,图 A.11。

C.3.4 三角窝

将三角窝由耳轮内缘至对耳轮上、下脚分叉处分为前、中、后 3 等分,中 1/3 为三角窝 3 区;再将前 1/3 分为上、中、下 3 等分,上 1/3 为三角窝 1 区,中、下 2/3 为三角窝 2 区;再将后 1/3 分为上、下 2 等分,上 1/2 为三角窝 4 区,下 1/2 为三角窝 5 区,见图 A.8,图 A.11。

C.3.5 耳屏

耳屏外侧面分为上、下 2 等分,上部为耳屏 1 区,下部为耳屏 2 区。将耳屏内侧面分为上、下 2 等分,上部为耳屏 3 区,下部为耳屏 4 区,见图 A.8,图 A.10,图 A.11,图 A.13。

C.3.6 对耳屏

由对屏尖及对屏尖至轮屏切迹连线之中点,分别向耳垂上线作两条垂线,将对耳屏外侧面及其后部分为前、中、后三区,前为对耳屏 1 区,中为对耳屏 2 区,后为对耳屏 3 区。对耳屏内侧面为对耳屏 4 区,见图 A.8,图 A.10,图 A.11,图 A.13。

C.3.7 耳甲

将 BC 线前段与耳轮脚下缘间分成 3 等分,前 1/3 为耳甲 1 区、中 1/3 为耳甲 2 区、后 1/3 为耳甲 3 区。ABC 线前方,耳轮脚消失处为耳甲 4 区。将 AB 线前段与耳轮脚上缘及部分耳轮内缘间分成 3 等分,后 1/3 为 5 区、中 1/3 为 6 区、前 1/3 为 7 区。将对耳轮下脚下缘前、中 1/3 交界处与 A 点连线,该线前方的耳甲艇部为耳甲 8 区。将 AB 线前段与对耳轮下脚下缘间耳甲 8 区以后的部分,分为前、后 2 等分,前 1/2 为耳甲 9 区,后 1/2 为耳甲 10 区。在 AB 线后段上方的耳甲艇部,将耳甲 10 区后缘与 BD 线之间分成上、下 2 等分,上 1/2 为耳甲 11 区、下 1/2 为耳甲 12 区。由轮屏切迹至 B 点作连线,该线后方、BD 线下方的耳甲腔部为耳甲 13 区。以耳甲腔中央为圆心,圆心与 BC 线间距离的 1/2 为半径作圆,该圆形区域为耳甲 15 区。过 15 区的最高点及最低点分别向外耳门后壁作两条切线,切线间为耳甲 16 区。15、16 区周围为耳甲 14 区。将外耳门的最低点与对耳屏耳甲缘中点相连,再将该线以下的耳甲腔部分为上、下 2 等分,上 1/2 为耳甲 17 区、下 1/2 为耳甲 18 区,见图 A.8,图 A.11。

C.3.8 耳垂

在耳垂上线至耳垂下缘最低点之间划两条等距离平行线,于上平行线上引两条垂直等分线,将耳垂分为 9 个区,上部由前到后依次为耳垂 1 区、2 区、3 区;中部由前到后依次为耳垂 4 区、5 区、6 区;下部由前到后依次为耳垂 7 区、8 区、9 区,见图 A.8,图 A.11。

C.3.9 耳背

分别过对耳轮上、下脚分叉处耳背对应点和轮屏切迹耳背对应点作两条水平线,将耳背分为上、中、下三部,上部为耳背 1 区,下部为耳背 5 区;再将中部分为内、中、外 3 等分,内 1/3 为耳背 2 区,中 1/3 为耳背 3 区,外 1/3 为耳背 4 区,见图 A.9,图 A.12。

附　录　D
（资料性附录）
耳穴名称与定位文献考

D.1　耳中　ěrzhōng（HX_1）

定位：在耳轮脚处，即耳轮1区。

曾用名或并用名：膈

文献汇考：

(1)《备急千金要方》："耳中穴，在耳门孔上横梁是"。

(2)《P. Nogier 译文》："耳轮脚则相当于横膈膜"。

(3)《针灸经外奇穴图谱》："耳中""位于耳廓内，耳轮脚之中点处"。

(4)《耳廓解剖穴位挂图》："耳中"位于"耳轮脚的中央"。

(5)《耳穴标准化方案》："耳中"位于"耳轮脚"。

按语：各家文献描述和/或附图所示基本一致。《备急千金要方》"耳门孔上横梁"意指耳轮脚。《P. Nogier 译文》"横膈膜"即指膈穴区。现据《备急千金要方》定位如上。

D.2　直肠　zhícháng（HX_2）

定位：在耳轮脚棘前上方的耳轮处，即耳轮2区。

曾用名或并用名：直肠下段

文献汇考：

(1)《P. Nogier 译文》："外生殖器以及尿道和直肠后部位于耳轮高缘"。

(2)《耳针治疗1500例的临床分析》：该文图Ⅲ示："直肠下段"在耳轮升支起始部，现耳轮2区。

(3)《常用新医疗法手册》："直肠下段"位于"在与大肠穴同水平的耳轮部"。

(4)《耳针》："直肠下段"位于"与大肠穴同一水平的耳轮处"。

(5)《耳穴标准化方案》："直肠"位于"近屏上切迹的耳轮处，与大肠同水平"。

按语：各家文献描述和/或附图所示基本一致。《P. Nogier 译文》中的"耳轮高缘"考该文附图疑为耳轮前缘之误。现从《耳穴标准化方案》定位如上。

D.3　尿道　niàodào（HX_3）

定位：在直肠上方的耳轮处，即耳轮3区。

曾用名或并用名：尿道$_1$

文献汇考：

(1)《P. Nogier 译文》："外生殖器以及尿道和直肠后部位于耳轮高缘"。

(2)《耳针治疗1500例的临床分析》：该文图Ⅲ示："尿道"位于直肠下段穴上方的耳轮升支处，平对耳轮下脚下缘，现耳轮3区。

(3)《常用新医疗法手册》："尿道$_1$"位于"在与膀胱穴同水平的耳轮部"。

(4)《耳针疗法》(科学)："尿道"位于"在与膀胱同水平的耳轮部"。

(5)《耳针》："尿道"位于"与膀胱穴同一水平的耳轮处"。

(6)《耳穴标准化方案》："尿道"位于"直肠上方，与膀胱同水平的耳轮处"。

按语：各家文献描述和/或附图所示基本一致。《P. Nogier 译文》中的"耳轮高缘"考该文附图疑为耳轮前缘之误。现从《耳穴标准化方案》定位如上。

D.4　外生殖器　wàishēngzhíqì（HX_4）

定位：在对耳轮下脚前方的耳轮处，即耳轮4区。

曾用名或并用名：尿道、直肠后部、外生殖器$_1$

文献汇考：

(1)《P. Nogier译文》："外生殖器以及尿道和直肠后部位于耳轮高缘"。

(2)《常用新医疗法手册》："外生殖器"位于"在与对耳轮下脚同水平的耳轮部"。

(3)《耳穴标准化方案》："外生殖器"位于"尿道上方，与交感同水平的耳轮处"。

(4)《耳穴诊断学》："外生殖器"位于"尿道上方，与交感同水平的耳轮处"。

按语：各家文献描述和/或附图所示基本一致。《P. Nogier译文》中的"耳轮高缘"考该文附图疑为耳轮前缘之误。现从《耳穴标准化方案》定位如上。

D.5　肛门　gāngmén（HX_5）

定位：在三角窝前方的耳轮处，即耳轮5区。

曾用名或并用名：痔核点

文献汇考：

(1)《耳针》："痔核点"位于"耳尖内侧，降压点上方"。

(2)《耳穴标准化方案》："肛门"位于"与对耳轮上脚前缘相对的耳轮处"。

(3)《耳廓诊治与养生》："肛门(又名：'痔核点')"位于"'外生殖器'上方、与'内生殖器'同一水平的耳轮处"。

(4)《耳穴诊断治疗学》："肛门"位于"在与对耳轮上脚前缘相对的耳轮上"。

按语：诸文献所述位置大体处于同一区域内，《耳针》中的"降压点"位于"三角窝靠近对耳轮上脚的末端部"，"上方"指降压点上方的耳轮处，"耳尖内侧"据附图所示应理解为耳尖前下方。

D.6　耳尖前　ěrjiānqián（HX_6）

定位：在耳郭向前对折上部尖端的前部，即耳轮6区。

曾用名或并用名：耳涌、感冒、痔核点

文献汇考：

(1)《银海精微》："问曰人之患眼偏正头痛者何也答曰……灸穴：……耳尖二穴……"。

(2)《耳针研究》：该文图附-14示："耳涌"位于耳尖前部，现耳轮6区。

(3)《耳穴诊治法》："感冒"位于"对耳轮上脚上缘的微前方，耳轮的边缘部"。

(4)《中国医学百科全书(针灸学)》："耳尖前，曾用名痔核点"位于"与对耳轮上脚下缘同水平的耳轮处"，该文"常用耳穴图"示："耳尖前"在现耳轮6区。

按语：古今文献对耳尖前定位的描述较少，而根据临床治疗的需要，常涉及本穴。

D.7　耳尖　ěrjiān（$HX_{6,7i}$）

定位：在耳郭向前对折的上部尖端处，即耳轮6、7区交界处。

曾用名或并用名：扁桃体$_1$

文献汇考：

(1)《针灸大成》："耳尖二穴"位于"在耳尖上，卷耳取尖上是穴"。

(2)《银海精微》："问曰人之患眼偏正头痛者何也答曰……灸穴：……耳尖二穴……"。

(3)《常用新医疗法手册》："耳尖"位于"将耳轮向耳屏对折时，耳壳上面的尖端处"；"扁桃体$_{1,2,3,4}$"位于"在耳轮顶、侧、尾及耳垂共4穴"，扁桃体$_1$在耳轮顶，该文图2-8示：扁桃体$_1$在现耳轮7区。

(4)《耳穴标准化方案》:"耳尖"位于"耳轮顶端,与对耳轮上脚后缘相对的耳轮处"。

(5)《实用耳穴诊疗法》:"耳尖"位于"在耳廓顶端,将耳廓向前折起,耳廓尖端处是穴"。

按语:古今文献对耳尖的定位主要有两种描述,一是"卷耳取尖",二是"与对耳轮上脚后缘相对的耳轮处"两者在实际取穴应用时存在一定差异。现从《针灸大成》定位。《银海精微》所说"耳尖二穴"是指左右耳各一穴。

D.8 耳尖后 ěrjiānhòu (HX$_7$)

定位:在耳郭向前对折上部尖端的后部,即耳轮7区。

曾用名或并用名:扁桃体$_1$

文献汇考:

(1)《银海精微》:"问曰人之患眼偏正头痛者何也答曰……灸穴:……耳尖二穴……"。

(2)《常用新医疗法手册》:"耳尖后"位于"将耳轮向耳屏对折时,耳壳上面的尖端处";"扁桃体$_{1、2、3、4}$"位于"在耳轮顶、侧、尾及耳垂共4穴",扁桃体$_1$ 在耳轮顶,该文图2-8示:扁桃体$_1$ 在现耳轮7区。

(3)《耳针疗法》(科学):"扁桃体$_1$"位于"在耳尖穴外侧"。

按语:古今文献对耳尖后定位的描述较少,而根据临床治疗的需要,常涉及本穴。

D.9 结节 jiéjié (HX$_8$)

定位:在耳轮结节处,即耳轮8区。

曾用名或并用名:降压、肝阳、肝阳$_1$、肝阳$_2$、轮$_1$、枕小神经

文献汇考:

(1)《耳针治疗1500例的临床分析》:该文图Ⅲ示:"降压"位于耳轮结节上缘,现耳轮8区。

(2)《常用新医疗法手册》:"肝阳$_{1,2}$"位于"分别在耳轮结节上、下方";"自耳轮结节至耳垂中部下缘等分成6点,分别为轮$_{1、2、3、4、5、6}$",该文图2-8示,轮$_1$ 在现耳轮8区正中。

(3)《耳针》:"肝阳$_1$"位于"在耳轮结节上缘";"肝阳$_2$"位于"在耳轮结节下缘";"枕小神经"位于"在耳轮结节上缘0.2厘米处的内侧面"。

(4)《针法灸法学》:该文图7-3示:"肝阳"在现耳轮8区。

(5)《耳穴标准化方案》:"肝阳"位于"耳轮结节处"。

(6)《耳廓诊治与养生》:"肝阳(又名:'肝阳1'、'肝阳2')"位于"耳轮结节处"。

按语:各家文献描述和/或附图所示基本一致,但命名有所差异,依照命名及定位原则,并名为"结节",定位如上。

D.10 轮1 lúnyī (HX$_9$)

定位:在耳轮结节下方的耳轮处,即耳轮9区。

曾用名或并用名:上$_1$

文献汇考:

(1)《耳针治疗1500例的临床分析》:该文图Ⅲ示:将从耳轮结节下缘至耳垂下缘中点的耳轮和耳垂后下缘部分成5等分计有6个点,自上向下分别为上$_1$、上$_2$、上$_3$、上$_4$、上$_5$、上$_6$。上$_1$ 在现耳轮9区。

(2)《常用新医疗法手册》:"自耳轮结节至耳垂中部下缘等分成6点,分别为轮$_{1、2、3、4、5、6}$"。第1点为轮$_1$。

(3)《耳穴标准化方案》:"在耳轮上,自耳轮结节下缘至耳垂下缘中点划为五等分,共六个点,由上而下依次为轮1、轮2、轮3、轮4、轮5、轮6"。第一点为轮1。

(4)《耳穴贴压疗法》:"在耳轮上,自耳轮结节下缘至耳垂下缘中点划分为五个等分,共6个点,由

上而下依次为轮$_1$、轮$_2$、轮$_3$、轮$_4$、轮$_5$、轮$_6$”。第一点为轮$_1$。

按语：各家文献描述和/或附图所示基本一致。

D.11　轮 2　lúnèr（HX$_{10}$）

定位：在轮 1 区下方的耳轮处，即耳轮 10 区。

曾用名或并用名：上$_2$、扁桃体$_2$

文献汇考：

(1)《耳针治疗 1500 例的临床分析》：该文图Ⅲ示：将从耳轮结节下缘至耳垂下缘中点的耳轮和耳垂后下缘部分成 5 等分计有 6 个点，自上向下分别为上$_1$、上$_2$、上$_3$、上$_4$、上$_5$、上$_6$。上$_2$ 在现耳轮 10 区。

(2)《常用新医疗法手册》：“自耳轮结节至耳垂中部下缘等分成 6 点，分别为轮$_{1,2,3,4,5,6}$”。第 2 点为轮$_2$；“在耳轮顶、侧、尾及耳垂共 4 穴”，扁桃体$_2$ 在耳轮侧，该文图 2-8 示：“扁桃体$_2$”在轮 2 与轮 3 之间，现耳轮 10 区。

(3)《耳针疗法》(科学)：“扁桃体$_2$”位于“在轮 2 与轮 3 之间”，该文图 15 示：“扁桃体$_2$”在现耳轮 10 区。

(4)《耳穴标准化方案》：“在耳轮上，自耳轮结节下缘至耳垂下缘中点划为五等分，共六个点，由上而下依次为轮 1、轮 2、轮 3、轮 4、轮 5、轮 6”。第二点为轮 2。

按语：各家文献描述和/或附图所示基本一致。

D.12　轮 3　lúnsān（HX$_{11}$）

定位：在轮 2 区下方的耳轮处，即耳轮 11 区。

曾用名或并用名：上$_3$

文献汇考：

(1)《耳针治疗 1500 例的临床分析》：该文图Ⅲ示：将从耳轮结节下缘至耳垂下缘中点的耳轮和耳垂后下缘部分成 5 等分计有 6 个点，自上向下分别为上$_1$、上$_2$、上$_3$、上$_4$、上$_5$、上$_6$。上$_3$ 在现耳轮 11 区。

(2)《常用新医疗法手册》：“自耳轮结节至耳垂中部下缘等分成 6 点，分别为轮$_{1,2,3,4,5,6}$”。第 3 点为轮$_3$。

(3)《耳穴标准化方案》：“在耳轮上，自耳轮结节下缘至耳垂下缘中点划为五等分，共六个点，由上而下依次为轮 1、轮 2、轮 3、轮 4、轮 5、轮 6”。第三点为轮 3。

按语：各家文献描述和/或附图所示基本一致。

D.13　轮 4　lúnsì（HX$_{12}$）

定位：在轮 3 区下方的耳轮处，即耳轮 12 区。

曾用名或并用名：上$_4$、扁桃体$_3$

文献汇考：

(1)《耳针治疗 1500 例的临床分析》：该文图Ⅲ示：将从耳轮结节下缘至耳垂下缘中点的耳轮和耳垂后下缘部分成 5 等分计有 6 个点，自上向下分别为上$_1$、上$_2$、上$_3$、上$_4$、上$_5$、上$_6$。上$_4$ 在现耳轮 12 区。

(2)《常用新医疗法手册》：“自耳轮结节至耳垂中部下缘等分成 6 点，分别为轮$_{1,2,3,4,5,6}$”。第 4 点为轮$_4$；“在耳轮顶、侧、尾及耳垂共 4 穴”，扁桃体$_3$ 在耳轮尾，该文图 2-8 示：“扁桃体$_3$”在现耳轮 12 区偏下。

(3)《耳针疗法》(科学)：“扁桃体$_3$”位于“在扁$_2$ 与扁$_4$ 之间”，该文图 15 示：“扁桃体$_3$”在现耳轮 12 区。

(4)《中国针灸学概要》：“自耳轮结节下缘至耳垂下缘的中点分成五等分，六个点分别为轮$_{1-6}$”。第四点为轮$_4$。

(5)《耳穴标准化方案》:“在耳轮上,自耳轮结节下缘至耳垂下缘中点划为五等分,共六个点,由上而下依次为轮1、轮2、轮3、轮4、轮5、轮6”。第四点为轮4。

按语:各家文献描述和/或附图所示基本一致。

D.14 指 zhǐ (SF_1)

定位:在耳舟上方处,即耳舟1区。

曾用名或并用名:阑尾点$_1$

文献汇考:

(1)《P. Nogier 译文》:“手和手指紧靠于耳轮上缘”。

(2)《常用新医疗法手册》:“指”位于“在耳轮结节上缘的耳舟部”;“阑尾$_1$”“在耳轮与对耳轮上脚交界处的耳舟部”。

(3)《耳针》:“指”位于“在耳舟上端的耳轮下缘”;“阑尾点$_1$”位于“在耳舟部分内共有三个点,一点在指穴的略上方”。

(4)《耳穴标准化方案》:“将耳舟分为五等分,自上而下:第一等分为指”。

(5)《耳穴压丸疗法》:“将耳舟分为5等分,自上而下第1等分为指”。

按语:各家文献描述和/或附图所示基本一致。

D.15 腕 wàn (SF_2)

定位:在指区的下方处,即耳舟2区。

曾用名或并用名:无

文献汇考:

(1)《P. Nogier 译文》:该文图二示:“腕”在与对耳轮下脚上缘同水平的耳舟处,现耳舟2区。

(2)《常用新医疗法手册》:“腕”位于“在耳轮结节突起处的耳舟部”。

(3)《耳针》:“腕”位于“将锁骨与指两穴位之间的耳舟分四个等分,……在锁骨上方第四个等分区域内”。

(4)《针灸学》(3版):“腕”位于“在平耳轮结节突起处的耳舟部”。

(5)《耳穴标准化方案》:“将耳舟分为五等分,自上而下:第二等分为腕”。

按语:各家文献描述和/或附图所示基本一致。

D.16 风溪 fēngxī ($SF_{1,2i}$)

定位:在耳轮结节前方,指区与腕区之间,即耳舟1、2区交界处。

曾用名或并用名:荨麻疹、荨麻疹区、荨麻疹点、结节内

文献汇考:

(1)《常用新医疗法手册》:“荨麻疹区”位于“在指、腕两穴之间并偏对耳轮一侧”,该文图2-8示,呈线状样。

(2)《耳针疗法》(科学):“荨麻疹”位于“在指与腕之间靠近耳轮部”。

(3)《耳针》:“荨麻疹点”位于“在指与腕之间”。

(4)《耳穴标准化方案》:“指、腕两穴之间为风溪”。

(5)《实用耳穴诊治学手册》:“指、腕两穴之间为风溪”。

(6)《中国医学百科全书(针灸学)》:“结节内”位于“指腕二穴之间”。

按语:各家文献描述和/或附图所示基本一致,但命名有所差异,依照命名及定位原则,并名为“风溪”,定位如上。

D.17 肘 zhǒu (SF_3)

定位:在腕区的下方处,即耳舟3区。

曾用名或并用名:荨麻疹点

文献汇考:

(1)《耳针疗法》(河北):该文图二示:"3.肘"位于耳舟中上部,现耳舟3区。

(2)《针耳"荨麻疹"点的刺法与疗效观察》:"荨麻疹点"位于"耳舟区肘、肩点连线内上1/3处",该文图示:"荨麻疹点"在与屏上切迹相平的现耳舟3区偏下处。

(3)《常用新医疗法手册》:"肘"位于"在腕穴与肩穴之间"。

(4)《耳针疗法》(科学):"肘"位于"在腕与肩之间"。

(5)《耳针》:"肘"位于"将锁骨与指两穴位之间的耳舟分四个等分,……在锁骨上方第三个等分区域内"。

(6)《耳穴标准化方案》:"将耳舟分为五等分,自上而下:第三等分为肘"。

按语:各家文献描述和/或附图所示基本一致。《针耳"荨麻疹"点的刺法与疗效观察》中"荨麻疹点"以P. Nogier的肘、肩区为基准定位,曾出现在此区。

D.18 肩 jiān ($SF_{4,5}$)

定位:在肘区的下方处,即耳舟4、5区。

曾用名或并用名:肩关节、阑尾点$_2$

文献汇考:

(1)《P. Nogier译文》:该文图二示:"肩"、"肩关节"在与耳轮脚同水平的耳舟部,现耳舟4、5区。

(2)《常用新医疗法手册》:"肩"位于"在与屏上切迹同水平的耳舟部";"阑尾$_2$""在肩穴与肘穴之间"。

(3)《耳针疗法》(科学):"肩"位于"在与屏上切迹同水平的耳舟部";"肩关节"位于"在肩与锁骨之间"。

(4)《耳针》:"阑尾点$_2$"位于"在耳舟部分内共有三个点,……一点在肩上方处"。

(5)《耳穴标准化方案》:"将耳舟分为五等分,自上而下:第四等分为肩"。

按语:各家文献描述和/或附图所示基本一致。以往肩与肩关节穴各占一等分,《耳穴标准化方案》将此两区合并为肩,现据此定位。

D.19 锁骨 suǒgǔ (SF_6)

定位:在肩区的下方处,即耳舟6区。

曾用名或并用名:耳屏外三穴、肾炎点、阑尾点$_3$

文献汇考:

(1)《P. Nogier译文》:该文图二示:"锁骨"在耳舟之下端,现耳舟6区。

(2)《针灸孔穴及其疗法便览》:"耳屏外三穴,奇穴。(1)对耳屏外上方凹陷处;(2)对耳屏外方凹陷处;(3)对耳屏外下方凹陷处、近耳垂下方。"

(3)《常用新医疗法手册》:"锁骨"位于"在与颈穴同水平的耳舟部";"阑尾$_3$""在锁骨穴下方"。

(4)《耳针疗法》(科学):"锁骨"位于"在与颈同水平之耳舟部"。

(5)《耳针》:"肾炎点"位于"在锁骨下外方";"阑尾点$_3$"位于"在耳舟部分内共有三个点,……一点在锁骨下方"。

(6)《耳穴标准化方案》:"将耳舟分为五等分,自上而下:第五等分为锁骨"。

按语:各家文献描述和/或附图所示基本一致。耳屏外三穴、肾炎点、阑尾点$_3$均在本穴区内,依照命名及定位原则，并名为“锁骨”，定位如上。

D.20 跟 gēn（AH_1）

定位：在对耳轮上脚前上部，即对耳轮1区。

曾用名或并用名：踝

文献汇考：

(1)《P. Nogier 译文》：该文图二示：“踵”在对耳轮上脚的前上方，现对耳轮1区。

(2)《常用新医疗法手册》：“跟”位于“在对耳轮上脚近耳轮处的内上角”。

(3)《耳针》：“跟”位于“在对耳轮上脚的末端，偏内侧”。

(4)《针灸学》(5版)：“踝”位于“在对耳轮上脚的内上角”。该文图178示：“踝”在现对耳轮1区。

(5)《耳穴标准化方案》：“跟”位于“对耳轮上脚的前上方，近三角窝上部”。

按语：各家文献描述和/或附图所示基本一致，《针灸学》(5版)曾将本穴区命名为踝。现据《耳穴标准化方案》定位如上。

D.21 趾 zhǐ（AH_2）

定位：在耳尖下方的对耳轮上脚后上部，即对耳轮2区。

曾用名或并用名：无

文献汇考：

(1)《耳针治疗1500例的临床分析》：该文图Ⅲ示：“趾”在对耳轮上脚的后上部，现对耳轮2区。

(2)《常用新医疗法手册》：“趾”位于“在对耳轮上脚近耳轮处的外上角”。

(3)《耳针》：“趾”位于“在对耳轮上脚的末端，偏外侧”。

(4)《耳穴标准化方案》：“趾”位于“对耳轮上脚的后上方近耳尖部”。

按语：各家文献描述和/或附图所示基本一致。

D.22 踝 huái（AH_3）

定位：在趾、跟区下方处，即对耳轮3区。

曾用名或并用名：踝关节

文献汇考：

(1)《常用新医疗法手册》：“踝”位于“在跟穴稍下偏外处”。

(2)《耳针疗法》(科学)：“踝关节”位于“膝关节与跟趾联线中点”。

(3)《耳针》：“踝关节”位于“在趾、跟两穴之下方，呈三角形”。

(4)《耳穴标准化方案》：“踝”位于“跟、膝两穴之间”。

(5)《耳穴诊治法》：“踝”位于“在跟、膝两穴之中部”。

按语：各家文献描述和/或附图所示基本一致。《耳针》曾将本穴区命名为“踝关节”。

D.23 膝 xī（AH_4）

定位：在对耳轮上脚中1/3处，即对耳轮4区。

曾用名或并用名：膝关节、踝

文献汇考：

(1)《耳针治疗1500例的临床分析》：该文图Ⅲ示：“踝”在对耳轮上脚中部，近三角窝缘处，现对耳轮4区。

(2)《常用新医疗法手册》：“膝关节”位于“在对耳轮上脚的中点处”。

(3)《耳针》：“膝关节”位于“在髋关节与趾之间之正中处”。

(4)《耳穴标准化方案》:"膝"位于"对耳轮上脚的中 1/3 处"。

按语:各家文献对该区的命名有所不同,《常用新医疗法手册》、《耳针》曾将该区命名为膝关节,《耳针治疗 1500 例的临床分析》曾将该区命名为踝。现从《耳穴标准化方案》定位如上。

D.24 髋 kuān (AH_5)

定位:在对耳轮上脚的下 1/3 处,即对耳轮 5 区。

曾用名或并用名:髋关节、膝

文献汇考:

(1)《P. Nogier 译文》:该文图二示:"膝"位于对耳轮上下脚分叉处稍上方,现对耳轮 5 区。

(2)《耳针治疗 1500 例的临床分析》:该文图Ⅲ示:"膝"在对耳轮上脚起始部,近耳舟侧,现对耳轮 5 区。

(3)《常用新医疗法手册》:"髋关节"位于"在对耳轮上脚,膝关节穴的外下方。

(4)《耳针》:"髋关节"位于"在骶椎与趾之间之正中处";"膝"位于"在对耳轮上脚的起始部,骶尾椎的外上方"。

(5)《针法灸法学》:"膝"位于"对耳轮下脚上缘同水平的对耳轮上脚起始部"。

(6)《针灸学》(5 版):"膝"位于"在对耳轮上脚的起始部,与对耳轮下脚上缘同水平"。该文图 178 示:"膝"在现对耳轮 5 区。

(7)《耳穴标准化方案》:"髋"位于"对耳轮上脚的下 1/3 处"。

按语:各家文献对该区的命名有所不同,《常用新医疗法手册》、《耳针》曾将该区命名为髋关节,《P. Nogier 译文》、《耳针治疗 1500 例的临床分析》、《针法灸法学》、《针灸学》(5 版)曾将该区命名为膝。现据《耳穴标准化方案》命名定位如上。

D.25 坐骨神经 zuògǔshénjīng (AH_6)

定位:在对耳轮下脚的前 2/3 处,即对耳轮 6 区。

曾用名或并用名:坐骨神经痛特效点、坐骨

文献汇考:

(1)《P. Nogier 译文》:该文图二示:"坐骨神经痛特效点"在对耳轮下脚的前 1/2 处,现对耳轮 6 区。

(2)《耳针治疗 1500 例的临床分析》:该文图Ⅲ示:"坐骨"在对耳轮下脚前半部的中点,现对耳轮 6 区。

(3)《常用新医疗法手册》:"坐骨神经"位于"在对耳轮下脚中点稍偏内方处"。

(4)《耳针》:"坐骨神经"位于"在臀与交感两穴的中点"。

(5)《耳穴标准化方案》:"坐骨神经"位于"对耳轮下脚的前 2/3 处"。

(6)《耳压疗法》:"坐骨神经"位于"在臀与交感两穴之间"。

(7)《耳穴诊断治疗学》:"坐骨神经"位于"对耳轮下脚的中 1/3 处"。

按语:各家文献稍有差异,《P. Nogier 译文》、《常用新医疗法手册》等定位均稍前,《耳穴诊断治疗学》定位在对耳轮脚的中 1/3 处,附图定位皆在现对耳轮 6 区内。现从《耳穴标准化方案》命名定位如上。

D.26 交感 jiāogǎn (AH_{6a})

定位:在对耳轮下脚前端与耳轮内缘交界处,即对耳轮 6 区前端。

曾用名或并用名:下脚端、交感神经索、交感$_1$

文献汇考:

(1)《P. Nogier 译文》:"对耳轮隐端,相当于交感神经索"。

(2)《常用新医疗法手册》:“交感$_1$”位于“在对耳轮下脚与耳轮交界处”。

(3)《耳针》:“交感”位于“在对耳轮下脚的末端”。

(4)《针法灸法学》:“下脚端”位于“对耳轮下脚与耳轮内侧交界处”。

(5)《耳穴标准化方案》:“交感”位于“对耳轮下脚的末端与耳轮交界处”。

(6)《耳廓诊治与养生》:“‘对耳轮下脚’末端与‘耳轮’交界处为‘交感’”。

按语:各家文献描述和/或附图所示基本一致。《P. Nogier 译文》曾译名为交感神经索,国内众多文献均命名为交感,依照命名及定位原则,并名为“交感”,定位如上。

D.27 臀 tún (AH$_7$)

定位:在对耳轮下脚的后 1/3 处,即对耳轮 7 区。

曾用名或并用名:无

文献汇考:

(1)《P. Nogier 译文》:该文图二示:“臀部”位于对耳轮下脚中点稍后处,现对耳轮 7 区。

(2)《耳针治疗 1500 例的临床分析》:该文图Ⅲ示:“臀”在对耳轮下脚后半部的中点,现对耳轮 7 区。

(3)《常用新医疗法手册》:“臀”位于“在对耳轮下脚外侧端”。

(4)《耳针》:“臀”位于“在对耳轮下脚起始部分的内缘”。

(5)《耳针研究》:“臀”位于“对耳轮下脚上缘后 1/2 处”。

(6)《耳穴标准化方案》:“臀”位于“对耳轮下脚的后 1/3 处”。

按语:各家文献描述和/或附图所示基本一致。

D.28 腹 fǔ (AH$_8$)

定位:在对耳轮体前部上 2/5 处,即对耳轮 8 区。

曾用名或并用名:腰骶椎

文献汇考:

(1)《耳针》:“腹”位于“在腰椎与骶椎之间,偏内侧”。

(2)《中国针灸学概要》:“对耳轮耳腔缘相当于脊柱,在直肠下段和肩关节同水平处分别作两条分界线,将脊柱分成三段,自上而下……”。第一段为腰骶椎。

(3)《耳针研究》:“对耳轮的耳腔缘相当于脊柱,在直肠下段和肩关节同水平处分别作两条分界线,将脊柱分成三段,自上而下……”。第一段为腰骶椎。

(4)《耳穴标准化方案》:“腹”位于“腰骶椎前侧耳甲缘”。

按语:各家文献描述不尽一致,但考其附图,均位于现对耳轮 8 区,现据《耳穴标准化方案》定位如上。

D.29 腰骶椎 yāodǐzhuī (AH$_9$)

定位:在腹区后方,即对耳轮 9 区。

曾用名或并用名:腹、腰痛点

文献汇考:

(1)《P. Nogier 译文》:该文图二示:“腹”在与对耳轮下脚下缘同水平的对耳轮处,现对耳轮 9 区。

(2)《常用新医疗法手册》:“腹”位于“在对耳轮上,与对耳轮下脚的下缘同水平处”。

(3)《耳针疗法》(科学):“腰痛点”位于“对耳轮下脚起始部”。该文图 15 示:“腰痛点”在对耳轮上下脚分叉处,现对耳轮 9 区。

(4)《耳针》:“腰椎”位于“将颈椎与骶椎两穴之间分成二个等分,在颈椎上第二个等分区域内”;“骶椎”位于“在对耳轮上下脚起始部的突起处”。

(5)《耳针研究》:“腹”位于“与对耳轮下脚下缘同水平的对耳轮上”。

(6)《耳穴标准化方案》:“在对耳轮体部将轮屏切迹至对耳轮上、下脚分叉处分为五等分:……上2/5为腰骶椎”。

(7)《实用耳穴诊治学手册》:“在对耳轮体部将轮屏切迹至对耳轮上、下脚分叉处从下而上分为五等分:……上2/5为腰骶椎”。

按语:各家文献描述不尽一致,但考其附图,均位于现对耳轮9区。“腰痛点”在本穴区内,依照命名及定位原则,并名为“腰骶椎”,定位如上。

D.30　胸　xiōng (AH$_{10}$)

定位:在对耳轮体前部中2/5处,即对耳轮10区。

曾用名或并用名:胸椎

文献汇考:

(1)《P. Nogier 译文》:该文图二示:对耳轮耳腔缘相当于脊柱,在直肠下段和肩关节同水平处分别作两条分界线,将脊柱分成三段,中段为胸椎,在现对耳轮10区。

(2)《耳针》:“胸”位于“在胸椎与腰椎之间,偏内侧”。

(3)《耳针疗法》(科学):“对耳轮的耳腔缘相当于脊柱,在直肠下段同水平处及与肩关节同水平处分作两个分界线,将脊椎分成三段……”第二段为胸椎。

(4)《耳穴标准化方案》:“胸”位于“胸椎前侧耳甲缘”。

按语:各家文献描述不尽一致,但考其附图,均位于现对耳轮10区,现据《耳穴标准化方案》定位如上。

D.31　胸椎　xiōngzhuī (AH$_{11}$)

定位:在胸区后方,即对耳轮11区。

曾用名或并用名:胸、乳腺

文献汇考:

(1)《P. Nogier 译文》:“在对耳轮自上而下依次排列着——颈部、胸部及腰骶部”。该文图二示:“胸”位于屏上切迹同水平的对耳轮稍上方,现对耳轮11区。

(2)《常用新医疗法手册》:“胸”位于“在对耳轮上,与屏上切迹同水平处”。

(3)《耳针》:“胸椎”位于“将颈椎与骶椎两穴之间分成二个等分,在颈椎上第一个等分区域内”;“乳腺”位于“在胸椎上方,与胸椎穴呈等边三角形”。

(4)《耳穴标准化方案》:“在对耳轮体部将轮屏切迹至对耳轮上、下脚分叉处分为五等分:……中2/5为胸椎”。

(5)《耳穴诊断学》:“在对耳轮体部将轮屏切迹至对耳轮上、下脚分叉处分为五等分,中2/5为胸椎”。

按语:各家文献描述不尽一致,但考其附图,均位于现对耳轮11区。“乳腺”在本穴区内,依照命名及定位原则,并名为“胸椎”,定位如上。《P. Nogier 译文》图二示颈、胸、腰骶的排列为自下而上,与文字描述有出入。

D.32　颈　jǐng (AH$_{12}$)

定位:在对耳轮体前部下1/5处,即对耳轮12区。

曾用名或并用名:颈椎

文献汇考:

(1)《P. Nogier 译文》:该文图二示:对耳轮耳腔缘相当于脊柱,在直肠下段和肩关节同水平处分别作两条分界线,将脊柱分成三段,下段为颈椎,现对耳轮 12 区。

(2)《常用新医疗法手册》:“对耳轮的耳甲缘为脊柱。在与直肠下段同水平处及与肩关节同水平处作两个分界线,将脊柱分成三段,自上而下……”。下段为颈椎。

(3)《耳针》:“颈”位于“在颈椎与胸椎之间,偏内侧”。

(4)《耳针研究》:“对耳轮的耳腔缘相当于脊柱,在直肠下段和肩关节同水平处分别作两条分界线,将脊柱分成三段,自上而下……”。第三段为颈椎。

(5)《耳穴标准化方案》:“颈”位于“颈椎前侧耳甲缘”。

(6)《耳穴诊断学》:“颈”位于“颈椎前侧耳甲缘”。

(7)《耳穴诊断治疗学》:“颈”位于“颈椎穴内侧中点近耳腔缘”。

按语:各家文献描述不尽一致,但考其附图,均位于现对耳轮 12 区,现据《耳穴标准化方案》定位如上。

D.33 颈椎 jǐngzhuī (AH_{13})

定位:在颈区后方,即对耳轮 13 区。

曾用名或并用名:颈、甲状腺

文献汇考:

(1)《P. Nogier 译文》:“在对耳轮自上而下依次排列着——颈部、胸部及腰骶部”。该文图二示:“颈”位于轮屏切迹中点,现对耳轮 13 区。

(2)《常用新医疗法手册》:“颈”位于“在对耳轮与对耳屏交界的切迹处”。

(3)《耳针》:“颈椎”位于“在对耳轮起始部的突起处”;“甲状腺”位于“在颈椎外上方,与颈平行”。

(4)《耳针研究》:“颈”位于“在屏轮切迹偏耳舟侧处”。

(5)《耳穴标准化方案》:“在对耳轮体部将轮屏切迹至对耳轮上、下脚分叉处分为五等分:……下 1/5 为颈椎”。

(6)《实用耳穴诊治学手册》:“在对耳轮体部将轮屏切迹至对耳轮上、下脚分叉处从下而上分为五等分:下 1/5 中、后部为颈椎”。

按语:各家文献描述不尽一致,但考其附图,均位于现对耳轮 13 区。“甲状腺”在本穴区内,依照命名及定位原则,并名为“颈椎”,定位如上。《P. Nogier 译文》图二示颈、胸、腰骶的排列为自下而上,与文字描述有出入。

D.34 角窝上 jiǎowōshàng (TF_1)

定位:在三角窝前 1/3 的上部,即三角窝 1 区。

曾用名或并用名:降压点

文献汇考:

(1)《耳针》:“降压点”位于“靠近对耳轮上脚的末端部”。

(2)《耳穴标准化方案》:“角窝上”位于“三角窝前上方”。

(3)《实用耳穴诊治学手册》:角窝上”位于“三角窝前上方”。

(4)《耳廓诊治与养生》:“角窝上(又名:‘降压点’)”位于“‘三角窝’内侧上角”,该文图 9 示:“角窝上”在现三角窝 1 区。

按语:各家文献描述和/或附图所示基本一致。“降压点”在本穴区内,依照命名及定位原则,并名为“角窝上”,定位如上。

D.35 内生殖器 nèishēngzhíqì (TF_2)

定位:在三角窝前 1/3 的下部,即三角窝 2 区。

曾用名或并用名:子宫、精宫、天癸

文献汇考:

(1)《耳针治疗1500例的临床分析》:该文图Ⅲ示:“子宫”在三角窝内,近耳轮缘偏下处,现三角窝2区。

(2)《常用新医疗法手册》:“子宫”位于“在三角窝的最凹陷处”。

(3)《耳针》:“子宫”位于“在三角窝的最凹陷处”。

(4)《中国针灸学概要》:“子宫(精宫)”位于“在三角窝耳轮缘内侧的中点”。

(5)《耳针研究》:“子宫(精宫)”位于“耳轮缘内侧的中点”。该文图附-14示:“天癸”在现三角窝2区近耳轮缘处。

(6)《耳穴标准化方案》:“内生殖器”位于“三角窝前1/3的下部”。

按语:各家文献描述和/或附图所示基本一致。“子宫”、“精宫”为同位异名,但带有性别特征,依照命名及定位原则,并名为“内生殖器”,定位如上。

D.36　角窝中　jiǎowōzhōng (TF$_3$)

定位:在三角窝中1/3处,即三角窝3区。

曾用名或并用名:喘点、肝炎点、便秘点

文献汇考:

(1)《耳针》:“喘点”位于“在子宫外侧约0.2厘米处”;“肝炎点”位于“在喘点与神门之中点”;“便秘点”位于“靠近对耳轮下脚的中段,在坐骨穴内上方,呈一水平线”。

(2)《耳穴标准化方案》:“角窝中”位于“三角窝中1/3处”。

(3)《实用耳穴诊治学手册》:“角窝中”位于“三角窝中1/3处”。

(4)《耳廓诊治与养生》:“角窝中(又名:‘喘点’、‘肝炎点’)”位于“‘三角窝’中间”。

按语:各家文献描述和/或附图所示基本一致。“喘点”、“肝炎点”、“便秘点”均在本穴区内,依照命名及定位原则,并名为“角窝中”,定位如上。

D.37　神门　shénmén (TF$_4$)

定位:在三角窝后1/3的上部,即三角窝4区。

曾用名或并用名:盆腔

文献汇考:

(1)《耳针治疗1500例的临床分析》:该文图Ⅲ示:“神门”在三角窝内,对耳轮上下脚分叉处,现三角窝4区。

(2)《常用新医疗法手册》:“神门”位于“在对耳轮上、下脚分叉处”。

(3)《耳针》:“神门”位于“在靠近对耳轮上脚之1/2～1/3处”;“盆腔”位于“在对耳轮上、下脚分叉处”。

(4)《针灸学》(3版):“神门”位于“在三角窝内靠对耳轮上脚的下、中三分之一交界处”。

(5)《耳穴标准化方案》:“神门”位于“在三角窝内,对耳轮上、下脚分叉处稍上方”。

按语:各家文献描述稍有不同,具体有三种定位:1、对耳轮上、下脚分叉处。2、对耳轮上脚近中点处。3、对耳轮上、下脚分叉处稍上方。现从《耳穴标准化方案》定位如上。

D.38　盆腔　pénqiāng (TF$_5$)

定位:在三角窝后1/3的下部,即三角窝5区。

曾用名或并用名:盆腔炎点、股关节、股关

文献汇考:

(1)《耳针治疗1500例的临床分析》:该文图Ⅲ示:“股关”在三角窝后内,近对耳轮下脚,现三角窝5区。

(2)《耳针疗法》(科学):“盆腔炎点”位于“三角窝下缘股关节与神门之间”;“股关节”位于“三角窝下缘外1/3处”。

(3)《耳针》:“股关”位于“在对耳轮下脚上缘,与坐骨、臀成三角形”。

(4)《耳穴标准化方案》:“盆腔”位于“在三角窝内,对耳轮上、下脚分叉处稍下方”。

按语:各家文献描述不尽一致,但考其附图,均位于现三角窝5区。“盆腔炎点”、“股关节”、“股关”均在本穴区内,依照命名及定位原则,并名为“盆腔”,定位如上。

D.39　上屏　shàngpíng (TG_1)

定位:在耳屏外侧面上1/2处,即耳屏1区。

曾用名或并用名:咽喉头、心脏点、渴点、鼻眼净、新眼

文献汇考:

(1)《耳针治疗1500例的临床分析》:该文图Ⅲ示:“咽喉头”在耳屏外侧上部,近游离缘处,现耳屏1区。

(2)《耳针疗法》(科学):“新眼”“位于耳屏上即听宫的后方”。

(3)《耳针》:“心脏点”位于“在屏尖上凹陷处”;“渴点”位于“在屏尖与外鼻的中点偏上处”;“鼻眼净”位于“在屏尖与肾上腺中部,耳屏的软骨边缘上”。

按语:“咽喉头”、“心脏点”、“渴点”、“鼻眼净”、“新眼”均在本穴区内,依照命名及定位原则,并名为“上屏”,定位如上。

D.40　下屏　xiàpíng (TG_2)

定位:在耳屏外侧面下1/2处,即耳屏2区。

曾用名或并用名:饥点、高血压点、目$_1$

文献汇考:

(1)《耳针治疗1500例的临床分析》:该文图Ⅲ示:“目$_1$”在屏间切迹前下方,现耳屏2区。

(2)《耳针》:“饥点”位于“在肾上腺与外鼻的中点偏下处”;“高血压点”位于“在肾上腺与目$_1$中点”。

按语:“饥点”、“高血压点”、“目$_1$”三穴均在本穴区内,依照命名及定位原则,并名为“下屏”,定位如上。

D.41　外耳　wàiěr (TG_{1u})

定位:在屏上切迹前方近耳轮部,即耳屏1区上缘处。

曾用名或并用名:耳

文献汇考:

(1)《耳针疗法》(河北):该文图二示:“44.耳”在屏上切迹稍上近耳轮处,现耳屏1区内。

(2)《耳针治疗1500例的临床分析》:该文图Ⅲ示:“耳”在屏上切迹稍上,近耳轮处,现耳屏1区内。

(3)《常用新医疗法手册》:“外耳”位于“在屏上切迹微前凹陷中”。

(4)《耳针疗法》(科学):“外耳”位于“屏上切迹微前陷中”。

(5)《耳针》:“外耳”位于“在屏上切迹前方凹陷中”。

(6)《耳穴标准化方案》:“外耳”位于“屏上切迹前方近耳轮部”。

按语:各家文献描述和/或附图所示基本一致。

D.42　屏尖　píngjiān (TG_{1p})

定位:在耳屏游离缘上部尖端,即耳屏1区后缘处。

曾用名或并用名：珠顶、上屏尖

文献汇考：

(1)《针灸孔穴及其疗法便览》："珠顶，奇穴。两耳当耳珠尖上"。

(2)《常用新医疗法手册》："屏尖"位于"在耳屏边缘上面一个隆起处(如耳屏只有一个隆起，则在隆起的上方)"。

(3)《耳针疗法》(科学)："屏尖"位于"耳屏上面一个隆起处(如耳屏只有一隆起，则在隆起上缘)"。

(4)《耳针》："屏尖"位于"在耳屏外侧面上 1/2 处"，该文图示："屏尖"位于耳屏 1 区上部隆起处。

(5)《针法灸法学》："上屏尖"位于"耳屏上部外侧缘"。

(6)《耳穴标准化方案》："屏尖"位于"耳屏上部隆起的尖端"。

按语：各家文献描述和/或附图所示基本一致。《针灸孔穴及其疗法便览》"耳珠"即耳屏，"顶"指尖部。

D.43　外鼻　wàibí ($TG_{1,2\,i}$)

定位：在耳屏外侧面中部，即耳屏 1、2 区之间。

曾用名或并用名：鼻

文献汇考：

(1)《耳针治疗 1500 例的临床分析》：该文图Ⅲ示："鼻"在耳屏外侧面中点，现耳屏 1、2 区之间。

(2)《常用新医疗法手册》："外鼻"位于"在耳屏外面中点处"。

(3)《耳针疗法》(科学)："外鼻"位于"在耳屏外面中点处"。

(4)《耳针》："外鼻"位于"在耳屏软骨前缘，与屏尖、肾上腺呈三角形"。

(5)《耳廓解剖穴位挂图》："外鼻"位于"耳屏外侧面中央"。

(6)《耳穴标准化方案》："外鼻"位于"耳屏外侧面正中稍前"。

按语：各家文献描述和/或附图所示基本一致。

D.44　肾上腺　shènshàngxiàn ($TG_{2\,p}$)

定位：在耳屏游离缘下部尖端，即耳屏 2 区后缘处。

曾用名或并用名：下屏尖

文献汇考：

(1)《P. Nogier 译文》："耳屏边缘为肾上腺"。

(2)《常用新医疗法手册》："肾上腺"位于"在耳屏边缘下面一个隆起处(如耳屏只有一个隆起，则在隆起的下方)"。

(3)《耳针疗法》(科学)："肾上腺"位于"在耳屏下面一个隆起处(如耳屏只有一个隆起，则在其下缘)"。

(4)《针灸学》(3 版)："肾上腺"位于"在耳屏下部外侧缘"。

(5)《针法灸法学》："下屏尖"位于"耳屏下部外侧缘"。

(6)《耳穴标准化方案》："肾上腺"位于"耳屏下部隆起的尖端"。

按语：各家文献描述不尽一致，但考其附图，均位于现耳屏 2 区，现据《耳穴标准化方案》定位如上。

D.45　咽喉　yānhóu (TG_3)

定位：在耳屏内侧面上 1/2 处，即耳屏 3 区。

曾用名或并用名：无

文献汇考：

(1)《常用新医疗法手册》："咽喉"位于"在耳屏内面，内对外耳道口，外与屏尖穴同水平"。

(2)《针灸学》(3 版):"咽喉"位于"在耳屏内侧面与外耳道口上方相对处"。

(3)《耳穴标准化方案》:"咽喉"位于"耳屏内侧面上 1/2 处"。

(4)《中国医学百科全书(针灸学)》:"咽喉"位于"耳屏内侧面的上 1/2 处,与上屏尖相对"。

按语:各家文献描述和/或附图所示基本一致。

D.46 内鼻 nèibí (TG_4)

定位:在耳屏内侧面下 1/2 处,即耳屏 4 区。

曾用名或并用名:无

文献汇考:

(1)《常用新医疗法手册》:"内鼻"位于"在耳屏内面,咽喉穴之下方,外与肾上腺穴同水平"。

(2)《针灸学》(3 版):"内鼻"位于"在耳屏内侧面,咽喉的下方"。

(3)《耳穴标准化方案》:"内鼻"位于"耳屏内侧面下 1/2 处"。

(4)《耳穴诊治法》:"内鼻"位于"耳屏内侧面的下 1/2 处"。

(5)《中国医学百科全书(针灸学)》:"内鼻"位于"耳屏内侧面的下 1/2 处,与下屏尖相对"。

按语:各家文献描述和/或附图所示基本一致。

D.47 屏间前 píngjiānqián (TG_{21})

定位:在屏间切迹前方耳屏最下部,即耳屏 2 区下缘处。

曾用名或并用名:青光、目$_1$

文献汇考:

(1)《耳针治疗 1500 例的临床分析》:该文图Ⅲ示:"目$_1$"在屏间切迹前下方,现耳屏 2 区。

(2)《耳针研究》:"目$_1$"位于"屏间切迹前下"。

(3)《实用耳穴诊疗法》:"目$_1$(青光)"位于耳垂正面"屏间切迹前下方"。

(4)《头针与耳针》:"目$_1$"位于耳垂正面"屏间切迹前下方"。

(5)《耳穴诊断学》:"目$_1$、青光"位于"耳垂正面,屏间切迹前下方"。

按语:各家文献文字描述目$_1$ 的分属出入较大,即分属耳屏区或耳垂区。但考附图,"目$_1$"均定位于屏间切迹前下方近耳屏下部与耳垂交界处,依照命名及定位原则,并名为"屏间前",定位如上。

D.48 额 é (AT_1)

定位:在对耳屏外侧面的前部,即对耳屏 1 区。

曾用名或并用名:目$_2$

文献汇考:

(1)《P. Nogier 译文》:"在对耳屏之前下侧为额区,后侧为枕骨部"。

(2)《耳针治疗 1500 例的临床分析》:该文图Ⅲ示:"目$_2$"在屏间切迹后下方;"额"在对屏尖外侧面前下方。二穴均位于现对耳屏 1 区内。

(3)《常用新医疗法手册》:"额"位于"在对耳屏前下方"。

(4)《耳穴标准化方案》:"额"位于"对耳屏外侧面的前下方"。

按语:各家文献描述和/或附图所示基本一致。《耳针治疗 1500 例的临床分析》"目$_2$"在屏间切迹后下方,实指额区近屏间切迹处。

D.49 屏间后 píngjiānhòu (AT_{11})

定位:在屏间切迹后方对耳屏前下部,即对耳屏 1 区下缘处。

曾用名或并用名:散光、目$_2$

文献汇考：

(1)《耳针治疗1500例的临床分析》：该文图示："目$_2$"在屏间切迹后下方，现对耳屏1区内。

(2)《耳针研究》："目$_2$"位于"屏间切迹后下"。

(3)《实用耳穴诊疗法》："目$_2$(散光)"位于耳垂正面"屏间切迹外后下方"。

(4)《头针与耳针》："目$_2$"位于耳垂正面"屏间切迹后下方"。

(5)《耳穴诊断学》："目$_2$、散光"位于"耳垂正面，屏间切迹后下方"。

按语：各家文献文字描述目$_2$的分属出入较大，即分属额区、屏间区或耳垂区。但考附图，"目$_2$"均定位于对耳屏下部屏间切迹后下方处，依照命名及定位原则，并名为"屏间后"，定位如上。

D.50 颞 niè (AT_2)

定位：在对耳屏外侧面的中部，即对耳屏2区。

曾用名或并用名：太阳

文献汇考：

(1)《常用新医疗法手册》："太阳"位于"在额穴、枕穴联线的中点处"。

(2)《耳廓解剖穴位挂图》："太阳穴"位于"额穴与枕穴连线的中点"。

(3)《耳穴标准化方案》："颞"位于"对耳屏外侧面的中部"。

(4)《头针与耳针》："颞"位于"额穴与枕穴连线的中点"。

按语：各家文献描述和/或附图所示基本一致。"太阳"在本穴区内，依照命名及定位原则，并名为"颞"，定位如上。

D.51 枕 zhěn (AT_3)

定位：在对耳屏外侧面的后部，即对耳屏3区。

曾用名或并用名：晕点、喉牙

文献汇考：

(1)《P. Nogier译文》："在对耳屏之前下侧为额区，后侧为枕骨部"。

(2)《常用新医疗法手册》："枕"位于"在对耳屏后上方"。

(3)《简明耳针学》：该文"经验耳穴参考图(一)"示："晕点"在脑干穴前下方，现对耳屏3区内。

(4)《中国民间疗法》："枕"位于"在对耳屏外侧面的后上方"。该文图25示："喉牙"、"顶"均在现对耳屏3区内。

(5)《耳穴标准化方案》："枕"位于"对耳屏外侧面的后上方"。

(6)《实用耳穴诊治学手册》："枕"位于"对耳屏外侧面的后上方"。

按语：各家文献描述和/或附图所示基本一致。"晕点"、"喉牙"均在本穴区内，依照命名及定位原则，并名为"枕"，定位如上。

D.52 皮质下 pízhìxià (AT_4)

定位：在对耳屏内侧面，即对耳屏4区。

曾用名或并用名：大脑区、脑下垂体、睾丸、卵巢、脑

文献汇考：

(1)《P. Nogier译文》："图三示耳郭与下列各脏器的关系……8=皮质下区，呈三角形，为大脑区一神经区域，其尖端为脑下垂体"。

(2)《耳针治疗1500例的临床分析》：该文图Ⅲ示："睾丸"、"卵巢"、"皮质下"均在现对耳屏4区的内侧前中部。

(3)《常用新医疗法手册》："皮质下"位于"在对耳屏的内壁，睾丸穴的前下方"；"睾丸"位于"在对耳

屏的内壁，皮质下穴的后上方”；“卵巢”位于“在对耳屏的内壁，皮质下穴的前下方”。该文图 2-8 示：三穴均位于现对耳屏 4 区内。

(4)《针灸学》(人卫)：“睾丸(卵巢)”位于“在对耳屏的内侧前下方，是皮质下穴的一部分”。

(5)《针灸学》(5 版)：“脑(皮质下)”位于“在对耳屏的内侧面”。

(6)《耳穴标准化方案》：“皮质下”位于“对耳屏内侧面”。

按语：各家文献描述和/或附图所示基本一致。“睾丸”、“卵巢”为同位异名，但带有性别特征，依照命名及定位原则，并名为“皮质下”，定位如上。

D.53　对屏尖　duìpíngjiān ($\mathbf{AT}_{1,2,4\,i}$)

定位：在对耳屏游离缘的尖端，即对耳屏 1、2、4 区交点处。

曾用名或并用名：平咳、平喘、腮腺

文献汇考：

(1)《耳针治疗 1500 例的临床分析》：该文图Ⅲ示：“平咳”在对耳屏的尖端。

(2)《常用新医疗法手册》：“腮腺”位于“在对耳屏的尖角，若此尖角不明显，则取对耳屏边缘的中点”。

(3)《针灸学》(3 版)：“平喘(腮腺)”位于“在对耳屏的尖端”。

(4)《耳针》(修)：“腮腺穴：在对耳屏中区的最高点处”。

(5)《针法灸法学》：“平喘”位于“对耳屏的尖端”。

(6)《耳穴标准化方案》：“对屏尖”位于“对耳屏的尖端”。

按语：各家文献描述和/或附图所示基本一致。“平咳”、“平喘”、“腮腺”均在本穴区内，依照命名及定位原则，并名为“对屏尖”，定位如上。

D.54　缘中　yuánzhōng ($\mathbf{AT}_{2,3,4\,i}$)

定位：在对耳屏游离缘上，对屏尖与轮屏切迹之中点处，即对耳屏 2、3、4 区交点处。

曾用名或并用名：脑点

文献汇考：

(1)《常用新医疗法手册》：“脑点”位于“在对耳屏边缘上，脑干穴与腮腺穴之间”。

(2)《中医学》：“脑点”位于“平喘穴与脑干穴之间”。

(3)《针灸学》(3 版)：“脑点”位于“在对耳屏的上缘，脑干穴和平喘连线的中点”。

(4)《耳穴标准化方案》：“缘中”位于“对屏尖与轮屏切迹之间”。

按语：各家文献描述和/或附图所示基本一致。“脑点”在本穴区内，依照命名及定位原则，并名为“缘中”，定位如上。

D.55　脑干　nǎogàn ($\mathbf{AT}_{3,4\,i}$)

定位：在轮屏切迹处，即对耳屏 3、4 区之间。

曾用名或并用名：无

文献汇考：

(1)《常用新医疗法手册》：“脑干”位于“在对耳屏边缘的后段上，邻近颈穴”。

(2)《中国针灸学概要》：“脑干”位于“屏轮切迹正中处”。

(3)《实用耳穴诊疗法》：“脑干”位于“位于轮屏切迹正中凹陷处”。

(4)《耳穴诊断治疗学》：“脑干”位于“在轮屏切迹处”。

按语：各家文献描述不尽一致，但考其附图，均位于现对耳屏 3、4 区之间，今定位如上。

D.56 口 kǒu（CO_1）

定位：在耳轮脚下方前1/3处，即耳甲1区。

曾用名或并用名：无

文献汇考：

(1)《耳针治疗1500例的临床分析》：该文图Ⅲ示："口"在外耳道开口的上方，现耳甲1区。

(2)《耳针》："口"位于"在耳轮脚下，外耳道的外上方处"。

(3)《耳穴标准化方案》："口"位于"耳轮脚下方前1/3处"。

(4)《耳压疗法》："口"位于"在耳轮脚下缘，外耳道口的外上方处"。

按语：各家文献描述和/或附图所示基本一致。

D.57 食道 shídào（CO_2）

定位：在耳轮脚下方中1/3处，即耳甲2区。

曾用名或并用名：无

文献汇考：

(1)《P. Nogier译文》：该文图三示："5a＝食道"在耳甲腔上部，耳轮脚下方的前半部，现耳甲2区。

(2)《常用新医疗法手册》："食道"位于"在耳轮脚下方偏内的二分之一处"。

(3)《耳针疗法》(科学)："食道"位于"耳轮脚中点下方"。

(4)《耳针》："食道"位于"在耳轮脚下缘，口、胃的中、内1/3交界处"。

(5)《中国针灸学概要》："食道"位于"耳轮脚下方前2/3处"。

(6)《针灸学》(4版)："食道"位于"在耳轮脚下方内2/3处"。

(7)《耳穴标准化方案》："食道"位于"耳轮脚下方中1/3处"。

按语：各家文献描述和/或附图所示基本一致。

D.58 贲门 bēnmén（CO_3）

定位：在耳轮脚下方后1/3处，即耳甲3区。

曾用名或并用名：无

文献汇考：

(1)《P. Nogier译文》：该文图三示："5b＝贲门"在耳甲腔上部，耳轮脚下方的后部，现耳甲3区。

(2)《针灸学讲义》："贲门(耳轮脚下后)"。

(3)《常用新医疗法手册》："贲门"位于"在耳轮脚下方偏外的二分之一处"。

(4)《耳针疗法》(科学)："贲门"位于"耳轮脚下方偏外1/3处"。

(5)《中国针灸学概要》："贲门"位于"耳轮脚下方后1/3处"。

(6)《耳针》(修)："贲门"位于"在耳轮脚下缘，口与胃二穴之间的外1/3处"。

(7)《耳穴标准化方案》："贲门"位于"耳轮脚下方后1/3处"。

按语：各家文献描述和/或附图所示基本一致。

D.59 胃 wèi（CO_4）

定位：在耳轮脚消失处，即耳甲4区。

曾用名或并用名：无

文献汇考：

(1)《P. Nogier译文》：该文图三示："5c＝胃"在耳轮脚消失处，现耳甲4区。

(2)《耳针疗法》(河北)："在耳轮脚的终末端为胃"。

(3)《针灸学讲义》:“胃(靠近耳轮脚端)”。

(4)《针灸学》(4 版):“胃”位于“在耳轮脚消失处”。

(5)《耳穴标准化方案》:“胃”位于“耳轮脚消失处”。

(6)《头针与耳针》:“胃”位于“耳轮脚消失处”。

按语:各家文献描述和/或附图所示基本一致。

D.60 十二指肠 shíèrzhǐcháng (CO_5)

定位:在耳轮脚及部分耳轮与 AB 线之间的后 1/3 处,即耳甲 5 区。

曾用名或并用名:无

文献汇考:

(1)《耳针治疗 1500 例的临床分析》:该文图Ⅲ示:“十二指肠”在耳轮脚消失处的上方,当胃和小肠之间,现耳甲 5 区。

(2)《常用新医疗法手册》:“十二指肠”位于“在小肠穴与胃穴之间”。

(3)《耳针疗法》(科学):“十二指肠”位于“小肠与胃之间”。

(4)《中国针灸学概要》:“十二指肠”位于“耳轮脚上方后 1/3 处”。

(5)《针灸学》(4 版):“十二指肠”位于“在耳轮脚上方外 1/3 处”。

(6)《耳针》(修):“十二指肠”位于“在耳轮脚上缘,与贲门穴相对”。

(7)《耳穴标准化方案》:“十二指肠”位于“耳轮脚上方后部”。

按语:各家文献描述和/或附图所示基本一致。

D.61 小肠 xiǎocháng (CO_6)

定位:在耳轮脚及部分耳轮与 AB 线之间的中 1/3 处,即耳甲 6 区。

曾用名或并用名:无

文献汇考:

(1)《P. Nogier 译文》:该文图三示:“5d=小肠”在耳甲艇下部,耳轮脚上方的后半部,现耳甲 6 区。

(2)《针灸学讲义》:“小肠(靠近耳轮脚之上后)”。

(3)《常用新医疗法手册》:“小肠”位于“在耳轮脚上方偏外的二分之一处”。

(4)《耳针疗法》(科学):“小肠”位于“耳轮脚中点上方”。

(5)《中国针灸学概要》:“小肠”位于“耳轮脚上方中 1/3 处”。

(6)《针灸学》(4 版):“小肠”位于“在耳轮脚上方中 1/3 处”。

(7)《耳穴标准化方案》:“小肠”位于“耳轮脚上方中部”。

按语:各家文献描述和/或附图所示基本一致。

D.62 大肠 dàcháng (CO_7)

定位:在耳轮脚及部分耳轮与 AB 线之间的前 1/3 处,即耳甲 7 区。

曾用名或并用名:无

文献汇考:

(1)《P. Nogier 译文》:该文图三示:“5e=大肠”在耳甲艇下部,耳轮脚上方的前半部,现耳甲 7 区。

(2)《针灸学讲义》:“大肠(靠近耳轮脚之上前)”。

(3)《常用新医疗法手册》:“大肠”位于“在耳轮脚上方偏内的二分之一处”。

(4)《耳针疗法》(科学):“大肠”位于“耳轮脚起始部的上方”。

(5)《耳针研究》:“大肠”位于“耳轮脚上方前 1/3 处”。

(6)《针灸学》(4 版):“大肠”位于“在耳轮脚上方内 1/3 处”。

(7)《耳穴标准化方案》:"大肠"位于"耳轮脚上方前部"。

按语:各家文献描述和/或附图所示基本一致。

D.63 阑尾 lánwěi ($CO_{6,7i}$)

定位:在小肠区与大肠区之间,即耳甲 6、7 区交界处。

曾用名或并用名:阑尾$_4$

文献汇考:

(1)《常用新医疗法手册》:"阑尾$_4$"位于"在大肠穴与小肠穴之间"。

(2)《耳针疗法》(科学):"阑尾"位于"小肠与大肠之间"。

(3)《中国针灸学概要》:"阑尾"位于"在大肠穴与小肠穴之间"。

(4)《针灸学》(4 版):"阑尾"位于"在小肠与大肠穴之间"。

(5)《耳穴标准化方案》:"阑尾"位于"大、小肠两穴之间"。

按语:各家文献描述和/或附图所示基本一致。

D.64 艇角 tǐngjiǎo (CO_8)

定位:在对耳轮下脚下方前部,即耳甲 8 区。

曾用名或并用名:前列腺

文献汇考:

(1)《耳针》:"前列腺"位于"在膀胱内侧,交感穴下"。

(2)《耳穴标准化方案》:"艇角"位于"耳甲艇前上角"。

(3)《中国针灸大全(针灸学基础)》:"艇角"位于"耳甲艇前上角"。

(4)《实用耳穴诊治学手册》:"艇角"位于"耳甲艇前上角"。

(5)《耳廓诊治与养生》:"艇角(又名:前列腺)"位于"在耳甲艇内上角处"。

(6)《耳穴诊断治疗学》:"前列腺"位于"耳甲艇前上角"。

按语:各家文献描述和/或附图所示基本一致。"前列腺"带有性别特征,依照命名及定位原则,更名为"艇角",定位如上。

D.65 膀胱 pángguāng (CO_9)

定位:在对耳轮下脚下方中部,即耳甲 9 区。

曾用名或并用名:无

文献汇考:

(1)《P. Nogier 译文》:该文图三示:"1=膀胱"在耳甲艇上部,对耳轮下脚的前半部,现耳甲 9 区。

(2)《针灸学讲义》:"膀胱(耳甲艇前上部)"。

(3)《耳针疗法》(科学):"膀胱"位于"大肠的直上方"。

(4)《中国针灸学概要》:"膀胱"位于"对耳轮下脚的下缘,大肠穴直上方处"。

(5)《耳针》(修):"膀胱"位于"在耳甲艇上缘,对耳轮下脚的下方,大肠穴直上方处"。

(6)《针灸学》(4 版):"膀胱"位于"在对耳轮下脚的下缘,大肠穴直上方"。

(7)《耳穴标准化方案》:"膀胱"位于"肾与艇角穴之间"。

按语:各家文献描述不尽一致,但考其附图,均位于对耳轮下脚下方相对应耳甲艇的前部。今定位如上。

D.66 肾 shèn (CO_{10})

定位:在对耳轮下脚下方后部,即耳甲 10 区。

曾用名或并用名:无

文献汇考:

(1)《针灸学讲义》:“肾脏(耳甲艇上后部)”。

(2)《耳针疗法》(科学):“肾”位于“小肠的直上方”。

(3)《针灸学》(4版):“肾”位于“在对耳轮下脚的下缘,小肠穴直上方”。

(4)《耳针研究》:“肾”位于“对耳轮下脚下缘,小肠穴直上”。

(5)《耳穴标准化方案》:“肾”位于“对耳轮上、下脚分叉处下方”。

按语:各家文献描述和/或附图所示基本一致。

D.67 输尿管 shūniàoguǎn ($CO_{9,10i}$)

定位:在肾区与膀胱区之间,即耳甲9、10区交界处。

曾用名或并用名:无

文献汇考:

(1)《常用新医疗法手册》:“输尿管”位于“在膀胱穴的后方”。

(2)《耳针疗法》(科学):“输尿管”位于“膀胱与肾之间”。

(3)《耳针》(修):“输尿管”位于“在膀胱与肾穴之间”。

(4)《针法灸法学》:“输尿管”位于“肾穴与膀胱穴之间”。

(5)《针灸学》(江苏):“输尿管”位于“肾与膀胱两穴之间”。

(6)《耳穴标准化方案》:“输尿管”位于“肾与膀胱两穴之间”。

(7)《实用耳穴诊疗法》:“输尿管”位于“肾与膀胱穴之间”。

按语:各家文献描述和/或附图所示基本一致。

D.68 胰胆 yídǎn (CO_{11})

定位:在耳甲艇的后上部,即耳甲11区。

曾用名或并用名:胰脏、胆囊

文献汇考:

(1)《P. Nogier译文》:该文图三示:“3=胰脏”(左耳郭图)、“3a=胆囊”(右耳郭图)在耳甲艇后下方,现耳甲11区,左耳为胰脏,右耳为胆囊。

(2)《针灸学讲义》:“胆囊(耳甲艇后下——右)”;“胰腺(耳甲艇后下——左)”。

(3)《耳针治疗1500例的临床分析》:该文图Ⅲ示:“胰胆”在肝、肾两穴之间,现耳甲11区。

(4)《常用新医疗法手册》:“胰胆”位于“在肾穴与肝穴之间(左耳为胰,右耳为胆)”。

(5)《耳针疗法》(科学):“胰胆”位于“肝与肾之间”。

(6)《中国针灸学概要》:“胰胆”位于“在肝穴和肾穴之间”。

(7)《耳穴标准化方案》:“胰胆”位于“肝肾两穴之间”。

按语:各家文献描述和/或附图所示基本一致。考《常用新医疗法手册》、《中国针灸学概要》、《耳针疗法》(科学)等文献之附图,所述胰胆穴位置均在肝肾两穴之间,即耳甲艇后上部,现据《耳穴标准化方案》以定位。

D.69 肝 gān (CO_{12})

定位:在耳甲艇的后下部,即耳甲12区。

曾用名或并用名:无

文献汇考:

(1)《P. Nogier译文》:该文图三示:“4=肝”在耳甲艇后下方,现耳甲12区,左耳为左侧肝叶(较小),右耳为右侧肝叶(较大)。

(2)《针灸学讲义》:“肝脏(耳轮脚之后方)”。

(3)《常用新医疗法手册》:“肝”位于“在胃穴的后方”。

(4)《中国针灸学概要》:“肝”位于“在胃穴和十二指肠穴的后方”。

(5)《针灸学》(4 版):“肝”位于“胃、十二指肠穴的后方”。

(6)《耳针》(修):“肝”位于“在胃穴的外上方,耳甲艇边缘处”。

(7)《耳穴标准化方案》:“肝”位于“在耳甲艇的后下部”。

按语:各家文献描述和/或附图所示基本一致。考《常用新医疗法手册》、《针灸学》(4 版)、《耳针》(修)等文献之附图,所述肝穴位置均在耳甲艇的后下部,现据《耳穴标准化方案》以定位。

D.70 艇中 tǐngzhōng ($CO_{6,10\,i}$)

定位:在小肠区与肾区之间,即耳甲 6、10 区交界处。

曾用名或并用名:腹水点、脐中、腹水、醉点、前腹膜、后腹膜

文献汇考:

(1)《耳针》:“腹水点”位于“在肾、胰胆、小肠三穴位之中间。”该文图示:腹水点居耳甲艇中央,现耳甲 6、10 区交界处。

(2)《耳穴标准化方案》:“艇中”位于“耳甲艇中央”。

(3)《中国针灸大全(针灸学基础)》:“艇中”位于“耳甲艇中央”。

(4)《中国医学百科全书(针灸学)》:“艇中”位于“耳甲艇中央”。

(5)《耳廓诊治与养生》:“艇中(又名:‘脐中’、‘腹水’、‘醉点’、‘前腹膜’、‘后腹膜’)”位于“在‘耳甲艇’中间”。

按语:各家文献描述和/或附图所示基本一致。

D.71 脾 pí (CO_{13})

定位:在 BD 线下方,耳甲腔的后上部,即耳甲 13 区。

曾用名或并用名:无

文献汇考:

(1)《P. Nogier 译文》:该文图三左耳郭图示:“脾位于 11”在耳甲腔后部,现耳甲 13 区。

(2)《耳针疗法》(科学):“脾”位于“左耳胃后下方”。

(3)《耳针》:“脾”位于“在胃区穴的外下方”。

(4)《针灸学》(4 版):“脾”位于“肝穴下部分”。

(5)《耳穴标准化方案》:“脾”位于“耳甲腔的后上方”。

按语:《P. Nogier 译文》、《耳针疗法》(科学)仅左耳有脾穴之说,待考。诸家文献基本一致。现据《耳穴标准化方案》定位如上。

D.72 心 xīn (CO_{15})

定位:在耳甲腔正中凹陷处,即耳甲 15 区。

曾用名或并用名:无

文献汇考:

(1)《P. Nogier 译文》:该文图三示:“7=心”在耳甲腔正中部,现耳甲 15 区。“左耳与右耳稍有区别。心脏区域较大”。

(2)《针灸学讲义》:“心脏(耳甲腔后凹中)”。

(3)《常用新医疗法手册》:“在耳甲腔内最凹陷处为心穴”。

(4)《耳针疗法》(科学):"心"位于"耳甲腔中央最凹陷处"。

(5)《中国针灸学概要》:"心"位于"耳甲腔中央"。

(6)《针灸学》(4版):"心"位于"在耳甲腔中心最凹陷处"。

(7)《耳穴标准化方案》:"心"位于"耳甲腔中央"。

按语:各家文献描述和/或附图所示基本一致。

D.73 气管 qìguǎn (CO_{16})

定位:在心区与外耳门之间,即耳甲16区。

曾用名或并用名:无

文献汇考:

(1)《常用新医疗法手册》:"气管"位于"在心、肺穴与外耳道口之间。"该文图2-8示:"气管"位于心与外耳道口之间,现耳甲16区,其上、下为肺。

(2)《耳针疗法》(科学):"气管"位于"口之下与心同水平"。

(3)《中国针灸学概要》:"气管"位于"在口穴与心穴之间"。

(4)《耳针》(修):"气管"位于"在外耳道口外侧,心穴与外耳道口外缘之间,内1/3处,与心穴平"。

(5)《针灸学》(4版):"气管"位于"在口与心穴之间"。

(6)《耳穴标准化方案》:"气管"位于"在耳甲腔内,外耳道口与心穴之间"。

按语:各家文献描述和/或附图所示基本一致。

D.74 肺 fèi (CO_{14})

定位:在心、气管区周围处,即耳甲14区。

曾用名或并用名:支气管、结核点

文献汇考:

(1)《P. Nogier译文》:该文图三示:"6=肺"在耳甲腔部,心区上下及前方,现耳甲14区。

(2)《针灸学讲义》:"肺脏(耳甲腔的上、前、下周围)"。

(3)《常用新医疗法手册》:"肺"位于"心穴的周围为肺穴(上为右肺,下为左肺)";"支气管"位于"在心穴之上下稍偏内侧"。

(4)《耳针疗法》(科学):"肺"位于"心的周围"。

(5)《中国针灸学概要》:"肺"位于"在心穴的上下方和后方,呈马蹄形"。

(6)《耳针》(修):"肺"位于"在心穴上、下周围";"支气管"位于"在肺区偏内侧的1/3处";"结核点"位于"在肺区的中央、上下共两穴"。

(7)《耳穴标准化方案》:"肺"位于"耳甲腔中央周围"。

按语:各家文献描述稍有不同,具体有二种定位:1. 耳甲腔内,心穴的上、前、下方。2. 耳甲腔内,心穴的上、后、下方。现据后者定位如上。

D.75 三焦 sānjiāo (CO_{17})

定位:在外耳门后下,肺与内分泌区之间,即耳甲17区。

曾用名或并用名:无

文献汇考:

(1)《三焦点在耳廓上的发现及其应用》:"三焦"位于"在肺、脑皮质、内鼻三个区之间"。

(2)《常用新医疗法手册》:"三焦"位于"在内鼻、心和内分泌三穴之间。"该文图2-8示:为此三穴围成三角形之中心,现耳甲17区。

(3)《耳针》:"三焦"位于"在内鼻、内分泌、肺三穴之中间"。

(4)《中国针灸学概要》:"三焦"位于"在口、内分泌、皮质下、肺四穴之间"。

(5)《耳穴标准化方案》:"三焦"位于"耳甲腔底部内分泌穴上方"。

(6)《耳穴诊治法》:"三焦"位于"耳甲腔底部屏间切迹上方"。

按语:各家文献虽描述略有不同,但附图所示均处于同一区域,今据以定位如上。

D.76 内分泌 nèifēnmì (CO_{18})

定位:在屏间切迹内,耳甲腔的底部,即耳甲18区。

曾用名或并用名:内分泌腺、屏间

文献汇考:

(1)《P. Nogier译文》:该文图三示:"10＝内分泌腺"在屏间切迹处,现耳甲18区。

(2)《耳针的应用》:"耳甲腔下的耳屏间切迹处,是内分泌腺区"。

(3)《耳针》:"内分泌"位于"在屏间切迹内面约0.2厘米处"。

(4)《中国针灸学概要》:"内分泌"位于"在耳甲腔近屏间切迹的基底部"。

(5)《针灸学》(5版):"屏间(内分泌)"位于"在屏间切迹内耳甲腔底部"。

(6)《耳穴标准化方案》:"内分泌"位于"耳甲腔底部屏间切迹内"。

按语:各家文献描述和/或附图所示基本一致。

D.77 牙 yá (LO_1)

定位:在耳垂正面前上部,即耳垂1区。

曾用名或并用名:牙痛麻醉点、牙痛点、拔牙麻醉点$_1$、升压点、齿$_1$

文献汇考:

(1)《常用新医疗法手册》:"将耳垂齐屏间切迹以下分别作纵、横三等分……前上1/9和前中1/9各有一牙痛点。"该文命名为"牙痛麻醉点"。

(2)《耳针》(修):"拔牙麻醉点$_1$"位于"在1区的外下角"。

(3)《针灸学》(5版):"升压点"位于"在屏间切迹下方";"齿$_1$"位于"在耳垂1区的外下角"。该文图178示:二穴均在现耳垂1区。

(4)《耳穴标准化方案》:"耳垂正面,从屏间切迹软骨下缘至耳垂下缘划三条等距水平线,再在第二水平线上引两条垂直等分线,由前向后、由上向下地把耳垂分为九个区,一区为牙"。

按语:各家文献描述和/或附图所示基本一致。

D.78 舌 shé (LO_2)

定位:在耳垂正面中上部,即耳垂2区。

曾用名或并用名:上腭、下腭

文献汇考:

(1)《常用新医疗法手册》:"将耳垂齐屏间切迹以下分别作纵、横三等分……中上1/9自前向后为下腭、舌、上腭三穴"。

(2)《耳针疗法》(科学):"下腭"位于"耳垂2区,屏间切迹下缘横线内侧1/3处";"上腭"位于"耳垂2区,靠近3区垂线下1/3处";"舌"位于"上下腭联线中点"。该文图15示,自屏间切迹下缘至轮垂切迹作一条直线,再在该线至耳垂最下缘之间作两条等距平分线,从而将耳垂分为上、中、下三部分,过上线的两个1/3等分点向下作两条垂线,从而把耳垂分为九个区,从上至下、从前至后分别为1、2、3、4、5、6、7、8、9区。

(3)《耳针》(修):"舌"位于"上腭与下腭两穴之间偏上";"上腭"位于"在2区外线的下1/4稍内侧";"下腭"位于"在2区上线内1/3稍下"。

(4)《耳穴标准化方案》:"耳垂正面,从屏间切迹软骨下缘至耳垂下缘划三条等距水平线,再在第二水平线上引两条垂直等分线,由前向后、由上向下地把耳垂分为九个区:……二区为舌"。

(5)《耳穴诊断治疗学》:"舌"位于"在上下腭连线的中点"。

按语:各家文献描述和/或附图所示基本一致。

D.79 颌 hé (LO_3)

定位:在耳垂正面后上部,即耳垂3区。

曾用名或并用名:颌关节、上颌、下颌、牙齿

文献汇考:

(1)《常用新医疗法手册》:"将耳垂齐屏间切迹以下分别作纵、横三等分……后上1/9有上颌穴"。

(2)《耳针疗法》(科学):"牙齿"位于"耳垂3区内上方";"上颌"位于"耳垂3区中央";"下颌"位于"耳垂3区,屏间切迹下缘横线中点"。该文图15示,自屏间切迹下缘至轮垂切迹作一条直线,再在该线至耳垂最下缘之间作两条等距平分线,从而将耳垂分为上、中、下三部分,过上线的两个1/3等分点向下作两条垂线,从而把耳垂分为九个区,从上至下、从前至后分别为1、2、3、4、5、6、7、8、9区。

(3)《针灸学》(3版):"上颌"位于"在耳垂3区正中处";"下颌"位于"在耳垂3区上的横线中点"。

(4)《耳针研究》:"颌关节"位于"耳垂3区正中"。

(5)《耳穴标准化方案》:"耳垂正面,从屏间切迹软骨下缘至耳垂下缘划三条等距水平线,再在第二水平线上引两条垂直等分线,由前向后、由上向下地把耳垂分为九个区:……三区为颌"。

按语:各家文献描述和/或附图所示基本一致。

D.80 垂前 chuíqián (LO_4)

定位:在耳垂正面前中部,即耳垂4区。

曾用名或并用名:牙痛麻醉点、牙痛点、神经衰弱点、牙痛点$_2$、拔牙麻醉点$_2$、齿$_2$

文献汇考:

(1)《常用新医疗法手册》:"将耳垂齐屏间切迹以下分别作纵、横三等分……前上1/9和前中1/9各有一牙痛点",该文命名为"牙痛麻醉点"。

(2)《耳针》:该文图示:"神经衰弱点"在耳垂前中部,现耳垂4区内。

(3)《中国针灸学概要》:"牙痛点$_2$"位于"耳垂四区的正中"。

(4)《针灸学》(人卫):"牙痛点$_2$"位于"在耳垂4区的中央"。

(5)《耳针》(修):"拔牙麻醉点$_2$"位于"在4区的外下角";"神经衰弱点"位于"在4区的中央"。

(6)《针灸学》(5版):"齿$_2$"位于"在耳垂4区的中央"。

(7)《耳穴标准化方案》:"耳垂正面,从屏间切迹软骨下缘至耳垂下缘划三条等距水平线,再在第二水平线上引两条垂直等分线,由前向后、由上向下地把耳垂分为九个区:……四区为垂前"。

按语:各家文献描述和/或附图所示基本一致。

D.81 眼 yǎn (LO_5)

定位:在耳垂正面中央部,即耳垂5区。

曾用名或并用名:面颊

文献汇考:

(1)《P. Nogier 译文》:该文图二所示:耳垂中部为"眼",现耳垂5区。

(2)《常用新医疗法手册》:"将耳垂齐屏间切迹以下分别作纵、横三等分,眼穴在正中"。

(3)《耳针》:"面颊部"位于"在五、六区交界线之周围"。

(4)《耳穴标准化方案》:"耳垂正面,从屏间切迹软骨下缘至耳垂下缘划三条等距水平线,再在第二

水平线上引两条垂直等分线，由前向后、由上向下地把耳垂分为九个区：……五区为眼”。

按语：各家文献描述和/或附图所示基本一致。

D.82　内耳　nèiěr（LO_6）

定位：在耳垂正面后中部，即耳垂6区。

曾用名或并用名：面颊、轮5、上$_5$

文献汇考：

(1)《耳针治疗1500例的临床分析》：该文图Ⅲ示：将从耳轮结节下缘至耳垂下缘中点的耳轮和耳垂后下缘部分成5等分计有6个点，自上向下分别为上$_1$、上$_2$、上$_3$、上$_4$、上$_5$、上$_6$。上$_5$在现耳轮6区。

(2)《常用新医疗法手册》：“将耳垂齐屏间切迹以下分别作纵、横三等分……后中1/9有内耳穴”；“轮5”在耳垂6区外上方。

(3)《耳针疗法》(科学)：“内耳”位于“耳垂6区中央”。该文图15示，自屏间切迹下缘至轮垂切迹作一条直线，再在该线至耳垂最下缘之间作两条等距平分线，从而将耳垂分为上、中、下三部分，过上线的两个1/3等分点向下作两条垂线，从而把耳垂分为九个区，从上至下、从前至后分别为1、2、3、4、5、6、7、8、9区。

(4)《耳针》：“内耳”位于“在六区正中稍上处”；“面颊部”位于“在第五、六区交界线之周围”。

(5)《耳穴标准化方案》：“耳垂正面，从屏间切迹软骨下缘至耳垂下缘划三条等距水平线，再在第二水平线上引两条垂直等分线，由前向后、由上向下地把耳垂分为九个区：……六区为内耳”。

按语：各家文献描述和/或附图所示基本一致。

D.83　面颊　miànjiá（$LO_{5,6i}$）

定位：在耳垂正面眼区与内耳区之间，即耳垂5、6区交界处。

曾用名或并用名：面颊区

文献汇考：

(1)《常用新医疗法手册》：“将耳垂齐屏间切迹以下分别作纵、横三等分……眼穴与内耳穴之间为面颊”。

(2)《耳穴标准化方案》：“耳垂正面，从屏间切迹软骨下缘至耳垂下缘划三条等距水平线，再在第二水平线上引两条垂直等分线，由前向后、由上向下地把耳垂分为九个区：……五、六区交界线周围为面颊”。

(3)《实用耳穴诊疗法》：“面颊区”位于“耳垂前面，……5、6区交界线周围，眼与内耳穴之间”。

(4)《头针与耳针》：“面颊区”位于“耳垂五、六区交界线的周围”。

(5)《耳穴诊断学》：“耳垂正面，……五、六区交界线周围为面颊”。

按语：各家文献描述和/或附图所示基本一致。

D.84　扁桃体　biǎntáotǐ（$LO_{7,8,9}$）

定位：在耳垂正面下部，即耳垂7、8、9区。

曾用名或并用名：扁桃体$_4$、轮6、上$_6$

文献汇考：

(1)《耳针治疗1500例的临床分析》：该文图Ⅲ示：将从耳轮结节下缘至耳垂下缘中点的耳轮和耳垂后下缘部分成5等分计有6个点，自上向下分别为上$_1$、上$_2$、上$_3$、上$_4$、上$_5$、上$_6$。上$_6$在现耳轮8区。

(2)《常用新医疗法手册》：“在耳轮顶、侧、尾及耳垂共4穴”，扁桃体$_4$在耳垂，该文图2-8示：“扁桃体$_4$”在耳垂8区中央；“轮6”在耳垂8区近下缘处。

(3)《耳针疗法》(科学)：“扁桃体$_4$”位于“耳垂8区中央”；该文图14、15示，“轮6”在耳垂8区偏下处。该文图 15 示，自屏间切迹下缘至轮垂切迹作一条直线，再在该线至耳垂最下缘之间作两条等距平分线，从而将耳垂分为上、中、下三部分，过上线的两个 1/3 等分点向下作两条垂线，从而把耳垂分为九个区，从上至下、从前至后分别为 1、2、3、4、5、6、7、8、9 区。

(4)《耳穴标准化方案》："耳垂正面，从屏间切迹软骨下缘至耳垂下缘划三条等距水平线，再在第二水平线上引两条垂直等分线，由前向后、由上向下地把耳垂分为九个区：……八区为扁桃体"。

按语：各家文献描述和/或附图所示基本一致。今将耳垂下 1/3(耳垂 7、8、9 区)均定为扁桃体穴。

D.85 耳背心 ěrbèixīn (P_1)

定位：在耳背上部，即耳背 1 区。

曾用名或并用名：无

文献汇考：

(1)《厘正按摩要术》："耳上属心"。该文耳背图表明五脏与耳背分布的关系，耳背上部属心。

(2)《耳穴标准化方案》："耳背心"位于"耳背上部"。

(3)《中国医学百科全书(针灸学)》："耳背心"位于"耳背上部"。

(4)《耳穴诊断学》："耳背心"位于"耳背上部"。

按语：耳背的五脏穴是根据《厘正按摩要术》一书中耳背图而定。《耳穴标准化方案》中均以穴点表示，鉴于此五穴古代主要用于望诊和按摩防治疾病，似以分区表示较为确切，今以分区定位如上。

D.86 耳背肺 ěrbèifèi (P_2)

定位：在耳背中内部，即耳背 2 区。

曾用名或并用名：无

文献汇考：

(1)《厘正按摩要术》："耳后耳里属肺"。该文耳背图表明五脏与耳背分布的关系，耳背中部内侧为肺。

(2)《耳穴标准化方案》："耳背肺"位于"在耳背脾的耳根侧"。

(3)《中国医学百科全书(针灸学)》："耳背肺"位于"耳背中部的内侧"。

(4)《耳穴诊断学》："耳背肺"位于"在耳背脾的耳根侧"。

按语：耳背的五脏穴是根据《厘正按摩要术》一书中耳背图而定。《耳穴标准化方案》中均以穴点表示，鉴于此五穴古代主要用于望诊和按摩防治疾病，似以分区表示较为确切，今以分区定位如上。

D.87 耳背脾 ěrbèipí (P_3)

定位：在耳背中央部，即耳背 3 区。

曾用名或并用名：无

文献汇考：

(1)《厘正按摩要术》："耳后中间属脾"。该文耳背图表明五脏与耳背分布的关系，耳背中部为脾。

(2)《耳穴标准化方案》："耳背脾"位于"耳轮脚消失处的耳背部"。

(3)《实用耳穴诊治学手册》："耳背脾"位于"耳轮脚消失处的耳背部"。

(4)《耳穴诊断治疗学》："耳背脾"位于"耳背中部"。

按语：耳背的五脏穴是根据《厘正按摩要术》一书中耳背图而定。《耳穴标准化方案》中均以穴点表示，鉴于此五穴古代主要用于望诊和按摩防治疾病，似以分区表示较为确切，今以分区定位如上。

D.88 耳背肝 ěrbèigān (P_4)

定位：在耳背中外部，即耳背 4 区。

曾用名或并用名:无

文献汇考:

(1)《厘正按摩要术》:“耳后耳外属肝”。该文耳背图表明五脏与耳背分布的关系,耳背中部外侧为肝。

(2)《耳穴标准化方案》:“耳背肝”位于“在耳背脾的耳轮侧”。

(3)《实用耳穴诊治学手册》:“耳背肝”位于“在耳背脾的耳轮侧”。

(4)《耳穴诊断治疗学》:“耳背肝”位于“耳背中部外侧”。

按语:耳背的五脏穴是根据《厘正按摩要术》一书中耳背图而定。《耳穴标准化方案》中均以穴点表示,鉴于此五穴古代主要用于望诊和按摩防治疾病,似以分区表示较为确切,今以分区定位如上。

D.89　耳背肾　ěrbèishèn (**P_5**)

定位:在耳背下部,即耳背5区。

曾用名或并用名:无

文献汇考:

(1)《厘正按摩要术》:“耳下属肾”。该文耳背图表明五脏与耳背分布的关系,耳垂背部为肾。

(2)《耳穴标准化方案》:“耳背肾”位于“在耳背下部”。

(3)《实用耳针》:“耳背肾”位于“耳背下部”。

(4)《中国医学百科全书(针灸学)》:“耳背肾”位于“耳背下部,相当于耳垂的耳背面”。

按语:耳背的五脏穴是根据《厘正按摩要术》一书中耳背图而定。《耳穴标准化方案》中均以穴点表示,鉴于此五穴古代主要用于望诊和按摩防治疾病,似以分区表示较为确切,今以分区定位如上。

D.90　耳背沟　ěrbèigōu (**P_S**)

定位:在对耳轮沟和对耳轮上、下脚沟处。

曾用名或并用名:降压沟

文献汇考:

(1)《常用新医疗法手册》:“降压沟”位于“在耳壳背面,斜向外下行走的凹沟”。

(2)《耳针》:“降压沟”位于“在耳背部耳甲隆起外缘凹沟的上1/3份”。

(3)《针灸学》(3版):“降压沟”位于“在耳廓背面,由内上方斜向外下方行走的凹沟处”。

(4)《耳穴标准化方案》:“耳背沟”位于“对耳轮上、下脚及对耳轮主干在耳背面呈‘Y’字形凹沟部”。

按语:各家文献描述和/或附图所示基本一致。

D.91　上耳根　shàngěrgēn (**R_1**)

定位:在耳郭与头部相连的最上处。

曾用名或并用名:郁中、脊髓$_1$

文献汇考:

(1)《中医学》:“上耳根”位于“耳壳上缘与面部皮肤交界处”。

(2)《耳针》:“脊髓$_1$”位于“在耳根的最上缘”。

(3)《针灸经外奇穴图谱》:“郁中”位于“位于面部,耳轮棘前缘一穴,耳垂下缘相平一穴。左右计四穴”。

(4)《耳穴标准化方案》:“上耳根”位于“耳根最上缘”。

(5)《耳廓诊治与养生》:“上耳根(又名:‘郁中’、‘脊髓1’)”位于“在耳根上缘、‘三角窝’后隆起的上方”。

按语:各家文献描述和/或附图所示基本一致。

D.92　耳迷根　ěrmígēn（R_2）

定位:在耳轮脚后沟的耳根处。

曾用名或并用名:无

文献汇考:

(1)《针刺麻醉》:"耳迷根"位于"耳廓背面与乳突中点的交界处,相当于耳轮脚水平的耳根部"。

(2)《针灸学》(3版):"耳迷根"位于"在耳廓背与乳突交界处(相当于耳轮脚同水平)的耳根部"。

(3)《中国针灸学概要》:"耳迷根"位于"耳廓背面与乳突交界处(相当于耳轮脚相平的耳根中部)"。

(4)《耳针研究》:"耳迷根"位于"耳背与乳突交界之耳根部,与耳轮脚同水平"。

(5)《耳穴标准化方案》:"耳迷根"位于"耳背与乳突交界的根部,耳轮脚对应处"。

按语:各家文献描述和/或附图所示基本一致。

D.93　下耳根　xiàěrgēn（R_3）

定位:在耳郭与头部相连的最下处。

曾用名或并用名:郁中、脊髓$_2$

文献汇考:

(1)《中医学》:"下耳根"位于"耳壳下缘与面部皮肤交界处"。

(2)《耳针》:"脊髓$_2$"位于"在乳突前,耳根下缘"。

(3)《针灸经外奇穴图谱》:"郁中"位于"位于面部,耳轮棘前缘一穴,耳垂下缘相平一穴,左右计四穴"。

(4)《耳穴标准化方案》:"下耳根"位于"耳根最下缘"。

(5)《耳穴诊断学》:"下耳根"位于"耳根最下缘"。

按语:各家文献描述和/或附图所示基本一致。

参 考 文 献

[1] 孙思邈.备急千金要方.北京:人民卫生出版社影印,1955.

[2] 杨继洲.针灸大成.北京:人民卫生出版社影印,1955.

[3] 张振鋆.厘正按摩要术.北京:人民卫生出版社,1955.

[4] 孙思邈.银海精微.北京:人民卫生出版社影印,1956.

[5] 叶肖麟摘译.耳针疗法介绍.上海中医药杂志,1958,12:45-48. 附录D中称《P. Nogier译文》

[6] 池澄清.针灸孔穴及其疗法便览.北京:人民卫生出版社,1959.

[7] 上海市第一人民医院.耳针的应用.上海:上海科学技术出版社,1959.

[8] 河北省中医研究院.耳针疗法.保定:河北人民出版社,1959. 附录D中称《耳针疗法》(河北)

[9] 上海中医学院针灸学教研组.针灸学讲义.上海:上海科学技术出版社,1960.

[10] 贝叔英,耳针治疗1500例的临床分析.江苏中医,1960,8:28-32.

[11] 李尘,三焦点在耳廓上的发现及其应用.广东中医,1962,1:4-7.

[12] 陈全新,针耳"荨麻疹"点的刺法与疗效观察.广东中医,1962,11:23.

[13] 郝金凯.针灸经外奇穴图谱.西安:陕西人民出版社,1963.

[14] 广州军区后勤部卫生部.常用新医疗法手册.北京:人民卫生出版社,1970.

[15] 中国科学研究动物研究所.耳针疗法.北京:科学出版社,1971. 附录D中称《耳针疗法》(科学)

[16] 江苏新医学院.中医学.南京:江苏人民出版社,1972.

[17] 针刺麻醉编写组.针刺麻醉.上海:上海人民出版社,1972.

[18] 南京部队某部《耳针》编写小组.耳针.上海:上海人民出版社,1972.

[19] 江苏新医学院.针灸学.上海:上海人民出版社,1975. 附录D中称《针灸学》(3版)

[20] 北京中医学院.中国针灸学概要.北京:人民卫生出版社,1979.

[21] 南京中医学院等.针灸学.上海:上海科学技术出版社,1979. 附录D中称《针灸学》(4版)

[22] 许瑞征,陈巩荪,丁登声等.耳廓解剖穴位挂图.南京:江苏科学技术出版社,1979.

[23] 陈巩荪,许瑞征,丁育德.耳针研究.南京:江苏科学技术出版社,1982.

[24] 南京中医学院等.针灸学.北京:人民卫生出版社,1983. 附录D中称《针灸学》(人卫)

[25] 王忠,郑礼滨,刘士佩等.耳针.上海:上海科学技术出版社,1984. 附录D中称《耳针》(修)

[26] 奚永江主编.针法灸法学.上海:上海科学技术出版社,1985.

[27] 邱茂良主编.针灸学.上海:上海科学技术出版社,1985,10. 附录D中称《针灸学》(5版)

[28] 尉迟静.简明耳针学.合肥:安徽科学技术出版社,1987.

[29] 刘道清.中国民间疗法.郑州:中原农民出版社,1987.

[30] 王新明.针灸学.南京:江苏科学技术出版社,1988. 附录D中称《针灸学》(江苏)

[31] 中国针灸学会.耳穴标准化方案.中医杂志,1988,6:75-78.

[32] 王雪苔主编.中国针灸大全(针灸学基础).郑州:河南科学技术出版社,1988.

[33] 李志明.耳穴诊治法.北京:中医古籍出版社,1988.

[34] 王照浩,林明花,朱子晋.实用耳针.广州:广东高等教育出版社,1988.

[35] 古励,周立群.实用耳穴诊治学手册.太原:山西科学教育出版社,1989.

[36] 杨传礼.实用耳穴诊疗法.北京:对外贸易教育出版社,1989.

[37] 王雪苔主编.中国医学百科全书(针灸学).上海:上海科学技术出版社,1989.

[38] 吴锡强.耳压疗法.西安:陕西科学技术出版社,1990.

[39] 宋一同.头针与耳针.北京:中国医药科技出版社,1990.

[40] 耳穴诊断学委员会.耳穴诊断学.北京:人民卫生出版社,1990.
[41] 刘森亭.耳穴贴压疗法.西安:陕西科学技术出版社,1991.
[42] 杨兰绪.耳穴压丸疗法.南京:江苏科学技术出版社,1991.
[43] 刘士佩.耳廓诊治与养生.上海:上海教育出版社,1991.
[44] 黄丽春.耳穴诊断治疗学.北京:科学技术文献出版社,1991.

耳穴中文名称索引

ICS 67.220.20
X 42

中华人民共和国国家标准

GB 13736—2008
代替 GB 13736—1992

食品添加剂 山梨酸钾

Food additive—Potassium sorbate

2008-06-25 发布　　2009-01-01 实施

中华人民共和国国家质量监督检验检疫总局
中国国家标准化管理委员会 发布

前言

本标准第4章和7.1为强制性的,其余为推荐性的。

本标准与《日本食品添加物公定书》第七版(1999)“山梨酸钾”(日文版)的一致性程度为非等效。

本标准代替GB 13736—1992《食品添加剂　山梨酸钾》。

本标准与GB 13736—1992相比主要变化如下:

——外观由白色或微黄色结晶粉末(鳞片状或颗粒状)修改为白色或类白色粉末或颗粒(1992版的3.1,本版的4.1);

——山梨酸钾(以$C_6H_7KO_2$计)(以干基计)的质量分数由98%～102%修改为98%～101%(1992版的3.2,本版的4.2);

——增设了铅含量项目(见4.2);

——鉴别试验中增加对样品溶液进行紫外分光光度的测定(见5.4.4.3);

——山梨酸钾含量测定方法的终点“由紫色变蓝色为终点”改为“由紫色变蓝绿色为终点”(见5.5.3.1);

——取消了山梨酸钾含量测定的第二法:双相滴定法(1992版的4.2.2);

——澄清度试验测定方法中的标准比色溶液进行了稀释,提高了对澄清度的要求(1992版的4.3,本版的5.6);

——修改了醛含量的试验方法(1992版的4.8,本版的5.11);

——增加所有项目均为型式检验项目,其中山梨酸钾的质量分数、澄清度试验、游离碱试验、干燥减量的质量分数、氯化物的质量分数、硫酸盐(以SO_4计)的质量分数、醛(以HCHO计)的质量分数为出厂检验项目的规定(见6.2);

——保质期由一年修改为18个月(1992版的6.4,本版的7.5)。

本标准由中国石油和化学工业协会提出。

本标准由全国化学标准化技术委员会有机分会(SAC/TC 63/SC 2)和全国食品添加剂标准化技术委员会(SAC/TC 11)归口。

本标准起草单位:南通醋酸化工股份有限公司、盐城美昌化工有限公司。

本标准参加起草单位:山东瑞普生化有限公司、宁波王龙集团有限公司、临沂先锋科技有限公司。

本标准主要起草人:曹锦芳、刘芳、郭强。

本标准于1992年11月首次发布。

食品添加剂 山梨酸钾

1 范围

本标准规定了食品添加剂山梨酸钾的要求、试验方法、检验规则、包装、标志、贮存和运输。

本标准适用于以山梨酸和碳酸钾(或氢氧化钾)用水为溶剂反应制得的食品添加剂山梨酸钾的生产、检验和销售。该产品在食品加工中用作食品防腐剂。

2 规范性引用文件

下列文件中的条款通过本标准的引用而成为本标准的条款。凡是注日期的引用文件，其随后所有的修改单(不包括勘误的内容)或修订版均不适用于本标准，然而，鼓励根据本标准达成协议的各方研究是否可使用这些文件的最新版本。凡是不注日期的引用文件，其最新版本适用于本标准。

GB/T 191—2008 包装储运图示标志(ISO 780:1997,MOD)

GB/T 601—2002 化学试剂 标准滴定溶液的制备

GB/T 602—2002 化学试剂 杂质测定用标准溶液的制备(ISO 6353-1:1982,NEQ)

GB/T 603—2002 化学试剂 试验方法中所用制剂及制品的制备(ISO 6353-1:1982,NEQ)

GB/T 605—2006 化学试剂 色度测定通用方法

GB/T 5009.12—2003 食品中铅的测定

GB/T 5009.74—2003 食品添加剂中重金属限量试验

GB/T 5009.75—2003 食品添加剂中铅的测定

GB/T 5009.76—2003 食品添加剂中砷的测定

GB/T 6678—2003 化工产品采样总则

GB/T 6679 固体化工产品采样通则

GB/T 6682—2008 分析实验室用水规格和试验方法(ISO 3696:1987,MOD)

HG/T 3474—2000 化学试剂 三氯化铁

3 化学名称、分子式、结构式和相对分子质量

化学名称:反,反-2,4-己二烯酸钾

分子式:$C_6H_7KO_2$

结构式:$CH_3CH=CHCH=CHCOOK$

相对分子质量:150.22(按2007年国际相对原子质量)

4 要求

4.1 外观:白色或类白色粉末或颗粒。

4.2 食品添加剂山梨酸钾应符合表1所示的技术要求。

表1 技术要求

项　目	指　标
山梨酸钾(以 $C_6H_7KO_2$ 计)(以干基计),w/%	98.0～101.0
澄清度试验	通过试验

表 1（续）

项　　目		指　　标
游离碱试验		通过试验
干燥减量，w/%	≤	1.0
氯化物（以 Cl 计），w/%	≤	0.018
硫酸盐（以 SO_4 计），w/%	≤	0.038
醛（以 HCHO 计），w/%	≤	0.1
重金属（以 Pb 计）w/(mg/kg)	≤	10
砷（以 As 计）w/(mg/kg)	≤	3
铅（Pb）w/(mg/kg)	≤	2

5　试验方法

5.1　警示

试验方法规定的一些试验过程可能导致危险情况。操作者应采取适当的安全和防护措施。

5.2　一般规定

除非另有说明，在分析中仅使用确认为分析纯的试剂和 GB/T 6682—1992 中规定的三级水。

试验方法中所用标准滴定溶液、杂质测定用标准溶液、制剂及制品，在没有注明其他要求时，均按 GB/T 601—2002、GB/T 602—2002 和 GB/T 603—2002 的规定制备。

5.3　外观的测定

目测法。

5.4　鉴别试验

5.4.1　原理

5.4.1.1　山梨酸钾与酒石酸氢钠反应生成难溶于乙醇的酒石酸钾白色沉淀。

5.4.1.2　山梨酸钾和溴发生加成反应而使溴的棕黄色消失。

5.4.1.3　山梨酸钾中的不饱和基团在紫外光区有特征吸收。

5.4.2　试剂

5.4.2.1　无水乙醇；

5.4.2.2　盐酸溶液：(1+3)；

5.4.2.3　酒石酸氢钠饱和溶液；

5.4.2.4　溴饱和溶液；

5.4.2.5　盐酸溶液：(9+1 000)。

5.4.3　仪器

紫外分光光度仪。

5.4.4　鉴别步骤

5.4.4.1　称取 1 g 实验室样品，精确至 0.01 g，溶于 100 mL 水中，在 5 mL 该样品溶液中加入 5 mL 饱和酒石酸氢钠溶液和 5 mL 无水乙醇，摇匀，有白色透明的沉淀物生成。

5.4.4.2　称取 1 g 实验室样品，精确至 0.01 g，溶于 100 mL 水中，在 10 mL 该样品溶液中，加丙酮 1 mL，滴加盐酸溶液（5.4.2.2）使成弱酸性后，加溴溶液 2 滴摇匀时，溴的颜色应消失。

5.4.4.3　称取 50 mg 实验室样品，精确至 0.1 mg，溶于水，稀释至 250.0 mL，吸取 2.0 mL 上述溶液，用盐酸溶液（5.4.2.5）稀释至 200.0 mL，在 230 nm～350 nm 进行分光光度测定，此溶液应在 264 nm±2 nm 处有最大吸收，最大吸收处的比吸光度应为 1 650～1 900。

5.5 山梨酸钾(以 $C_6H_7KO_2$ 计)含量的测定

5.5.1 方法提要

干燥试样以冰乙酸为溶剂,乙酸酐为助溶剂,以结晶紫为指示剂,用高氯酸标准滴定溶液滴定,根据消耗高氯酸标准滴定溶液的体积计算山梨酸钾含量。

5.5.2 试剂

5.5.2.1 冰乙酸;

5.5.2.2 乙酸酐;

5.5.2.3 高氯酸标准滴定溶液:$c(HClO_4)=0.1$ mol/L;

5.5.2.4 结晶紫指示液:5 g/L。

5.5.3 分析步骤

5.5.3.1 称取约 0.2 g5.8 中干燥物 A,精确至 0.000 2 g,置于已放有 48 mL 冰乙酸和 2 mL 乙酸酐的 250 mL 碘量瓶中,温热使成溶液。冷却至室温,加 2 滴结晶紫指示液,用高氯酸标准滴定溶液滴定至溶液由紫色变为蓝绿色为终点。

5.5.3.2 在测定的同时,按与测定相同的步骤,对不加试料而使用相同数量的试剂溶液做空白试验。

5.5.4 结果计算

山梨酸钾(以干基计)的质量分数 w_1,数值以%表示,按式(1)计算:

$$w_1=\frac{[(V_1-V_2)/1\,000]cM}{m}\times 100 \qquad \cdots\cdots(1)$$

式中:

V_1——试料消耗高氯酸标准滴定溶液(5.5.2.3)体积的数值,单位为毫升(mL);

V_2——空白试验消耗高氯酸标准滴定溶液(5.5.2.3)体积的数值,单位为毫升(mL);

c——高氯酸标准滴定溶液浓度的准确数值,单位为摩尔每升(mol/L);

m——试料质量的数值,单位为克(g);

M——山梨酸钾的摩尔质量的数值,单位为克每摩尔(g/mol)($M=150.2$)。

计算结果表示到小数点后一位。

取两次平行测定结果的算术平均值为测定结果,两次平行测定结果的绝对差值不大于 0.2%。

5.6 澄清度试验

5.6.1 试剂

5.6.1.1 盐酸溶液:24→1 000;

5.6.1.2 氯化钴($CoCl_2 \cdot 6H_2O$):氯化钴的质量分数按 GB/T 605—2006 进行测定;

5.6.1.3 氯化铁($FeCl_3 \cdot 6H_2O$):氯化铁的质量分数按 HG/T 3474—2000 进行测定;

5.6.1.4 氯化钴标准原液:称取已测定质量分数的氯化钴,用盐酸溶液溶解并稀释,使之为:1 mL 溶液中含 59.5 mg 氯化钴;

5.6.1.5 氯化铁标准原液:称取已测定质量分数的氯化铁,用盐酸溶液溶解并稀释,使之为:1 mL 溶液中含 45 mg 氯化铁;

5.6.1.6 标准比色原液:取氯化钴标准原液 6 mL 和氯化铁标准原液 24 mL 于 100 mL 容量瓶中,用盐酸溶液稀释至 100 mL;

5.6.1.7 标准比色溶液:取 12.5 mL 标准比色原液于 100 mL 容量瓶中,用盐酸溶液稀释至 100 mL,混合均匀。

5.6.2 分析步骤

称取 0.2 g 实验室样品,精确至 0.01 g,置于 10 mL 比色管中,加 5.0 mL 水溶解,作为试验溶液;

取(5±0.02)mL 标准比色溶液置于另一只 10 mL 比色管中，在无阳光直射情况下，轴向及侧向观察，试验溶液的颜色不得深于标准比色溶液的颜色。

5.7 游离碱试验

5.7.1 方法提要

以酚酞为指示剂，用规定量的硫酸标准滴定溶液中和。

5.7.2 试剂

5.7.2.1 硫酸标准滴定溶液：$c(1/2H_2SO_4)=0.100$ mol/L；

5.7.2.2 酚酞指示液：10 g/L。

5.7.3 分析步骤

称取 1.0 g 实验室样品，精确至 0.01 g，溶于约 20 mL 无二氧化碳的水，加 2 滴酚酞指示溶液显红色，再加硫酸标准滴定溶液 0.40 mL，摇匀，红色应消失。

5.8 干燥减量的测定

5.8.1 方法提要

测量在一定温度下样品中的可挥发性物质的排出量。

5.8.2 分析步骤

称取 2 g～3 g 实验室样品，精确至 0.000 2 g，置于预先在(105±2)℃干燥至质量恒定的称量瓶中，铺成 5 mm 以下的层。在(105±2)℃的恒温干燥箱中干燥 3 h，置于干燥器中冷却 30 min 称量。保留干燥物 A 用于山梨酸钾含量的测定。

5.8.3 结果计算

干燥减量的质量分数 w_2，数值以%表示，按式(2)计算：

$$w_2=\frac{m-m_1}{m}\times 100 \qquad (2)$$

式中：

m——干燥前试料的质量的数值，单位为克(g)；

m_1——干燥后试料的质量的数值，单位为克(g)。

取两次平行测定结果的算术平均值为测定结果，两次平行测定结果的绝对差值不大于 0.1%。

5.9 氯化物(以 Cl 计)含量的测定

5.9.1 方法提要

氯化物和硝酸银在酸性(硝酸)溶液中生成氯化银白色沉淀。将样品溶于水，在酸性条件下，加入硝酸银产生白色浑浊，与标准比浊溶液进行比较，做限量试验。

5.9.2 试剂

5.9.2.1 硝酸溶液：1+10；

5.9.2.2 硝酸银溶液：17 g/L；

5.9.2.3 氯化物(Cl)标准溶液：0.18 mg/mL。

5.9.3 分析步骤

称取 1 g 实验室样品，精确至 0.01 g，加水约 30 mL 溶解，边搅拌边加硝酸溶液 11 mL，过滤，水洗，合并洗液和滤液置于 100 mL 比色管中，加水至 50 mL 为试验溶液。另取一只比色管，加入(1±0.02) mL 氯化物(Cl)标准溶液，加 30 mL 水，加 6 mL 硝酸溶液及水配至 50 mL 为标准比浊溶液。分别于两比色管中加入 1 mL 硝酸银溶液，充分混匀，避开日光直射，放置 5 min，在黑色背景下侧面或轴向进行观察，试验溶液的浊度不得大于标准比浊溶液的浊度。

5.10 **硫酸盐(以SO_4计)含量的测定**

5.10.1 **原理**

硫酸盐和氯化钡在酸性(盐酸)溶液中,生成硫酸钡白色沉淀,与标准比浊溶液进行比较,做限量试验。

5.10.2 **试剂**

5.10.2.1 盐酸溶液:1+4;

5.10.2.2 氯化钡溶液:50 g/L;

5.10.2.3 硫酸盐(SO_4)标准溶液:0.19 mg /mL。

5.10.3 **分析步骤**

称取实验室样品 0.5 g,精确至 0.01 g,加水约 30 mL 溶解,边搅拌边加盐酸溶液 3 mL,过滤,水洗,合并洗液和滤液于 100 mL 比色管中,加水至 50 mL,作为试验溶液。

取 1.0 mL 硫酸盐(SO_4)标准溶液于另一支 100 mL 比色管中,加 1 mL 盐酸溶液,加水至 50 mL,作为标准比浊溶液。

同时向试验溶液和标准比浊溶液中各加 5 mL 氯化钡溶液,放置 10 min 后观察,试验溶液的浊度不得大于标准比浊溶液的浊度。

5.11 **醛含量的测定**

5.11.1 **原理**

甲醛与品红亚硫酸起加成反应,由于重排的结果,恢复醌型结构的紫红色物质,与标准比色溶液进行比较,做限量试验。

5.11.2 **试剂**

5.11.2.1 异丙醇;

5.11.2.2 盐酸溶液:(9+100);

5.11.2.3 甲醛标准溶液:0.1 mg /mL;

5.11.2.4 品红-亚硫酸溶液:将 0.2 g 碱性品红溶解于 120 mL 热水中,加入 20 mL 新鲜配制的 100 g/L 亚硫酸钠($NaSO_3 \cdot 7H_2O$)溶液及 2 mL 盐酸,移入三角瓶中,用棉花团塞住瓶口,置于暗处,隔日后装入棕色瓶中。

5.11.3 **测定步骤**

称取实验室样品 1 g,精确至 0.01 g,溶于 50 mL 异丙醇及 30 mL 水中,用盐酸溶液调整 pH 至 4(用精密试纸检验),转移至 100 mL 容量瓶中,用水稀释至刻度。取上述溶液 10 mL 置于 50 mL 比色管中,取 1.0 mL 甲醛标准溶液、4 mL 异丙醇和 5 mL 水注入另一 50 mL 比色管中。然后分别于两比色管中加入 1 mL 品红-亚硫酸溶液,摇匀,放置 30 min 后进行目视比色,试验溶液所呈的红色不得深于标准比色溶液。

5.12 **重金属(以 Pb 计)含量的测定**

按 GB/T 5009.74—2003 进行测定。按“干法消解”法处理样品。测定时量取 20.0 mL 试样液(相当于 2.0 g 实验室样品),量取 2.0 mL 铅标准溶液(相当于 20.0 μg Pb)制备铅限量标准液。

5.13 **砷(以 As 计)含量的测定**

按 GB/T 5009.76—2003 砷斑法进行。按“湿法消解”法处理样品。测定时量取 10.0 mL 试样液(相当于 1.0 g 实验室样品),量取 3.0 mL 砷标准溶液(相当于 3 μg As)比较。

5.14 **铅(Pb)含量的测定**

5.14.1 **比色法(仲裁法)**

按 GB/T 5009.75—2003 进行测定。按“干法消解”法处理样品。临用前,将 1 mg/mL 的铅标准溶液稀释成 5 μg/mL 的铅标准溶液。测定时吸取(25±0.02)mL 试样溶液(相当于 2.5 g 实验室样品)及(1±0.02) mL 铅标准溶液(相当于 5 μg Pb),分别置于 125 mL 分液漏斗中,铅标准溶液中加 1%硝酸至 25 mL。

5.14.2 **原子吸收光谱法**

按 GB/T 5009.12—2003 进行测定。试样处理按 GB/T 5009.75—2003 进行。按“干法消解”法处理样品。采用石墨炉原子吸收光谱法时,可视样品情况将试样液进行适当的稀释。

6 检验规则

6.1 本产品的生产企业应保证出厂产品均符合本标准规定的要求。本产品应由生产企业的质量监督部门按本标准进行检验,合格后方可出厂,并附有产品合格证。

6.2 产品检验

产品检验分出厂检验和型式检验。

6.2.1 出厂检验

表 1 中的山梨酸钾的质量分数、澄清度试验、游离碱试验、干燥减量的质量分数、氯化物的质量分数、硫酸盐(以 SO_4 计)的质量分数、醛(以 HCHO 计)的质量分数为出厂检验项目。应逐批进行检验。

6.2.2 型式检验

型式检验项目为本标准第 4 章全部项目,有下列情况之一时,应进行型式检验:

a) 新产品投产鉴定时;

b) 原材料、工艺、设备有较大改变,可能影响产品性能时;

c) 停产三个月以上,重新恢复生产时;

d) 正常生产每两个月至少进行一次;

e) 出厂检验结果与上次型式检验有较大差异;

f) 合同规定。

6.3 采样方法

按 GB/T 6678—2003 中 7.6.1 的规定确定采样单元数,按 GB/T 6679 的规定进行采样。将取到的样品充分混匀,用四分法缩分约 200 g 装入洁净、干燥、具有密闭性和避光性的样品瓶(或样品袋)内,瓶(袋)上贴上标签注明:生产厂名称、产品名称、批号、取样日期。一瓶(袋)由检验部门进行检验,一瓶(袋)密封保存 18 个月备查。

6.4 判定规则

若检验结果有一项指标不符合本标准要求时,应重新从该批样品中抽取两倍取样量的样品,进行复验,重新检验结果仍有一项不符合本标准要求时,则判该批产品不合格。

7 标志、包装、贮存和运输

7.1 **标志**

7.1.1 食品添加剂山梨酸钾包装容器上应有牢固明显的标志,内容包括:产品名称、生产厂厂名、厂址、商标、“食品添加剂”字样、本标准编号、卫生许可证号、生产许可证编号及其标志、生产批号或生产日期、净含量以及按 GB/T 191—2008 中规定的“怕雨”标志。

7.1.2 每批出厂的食品添加剂山梨酸钾都应附有质量证明书,内容包括:产品名称、生产厂厂名、厂址、商标、“食品添加剂”字样、卫生许可证号、生产许可证编号、生产批号或生产日期、净含量、保质期,产品质量符合本标准的证明和本标准编号。

7.2 **包装**

食品添加剂山梨酸钾采用符合食品卫生要求的材料进行包装,每袋净含量和每箱(桶)净含量可根据用户要求的规格进行包装。

7.3 **运输**

食品添加剂山梨酸钾在运输中应有遮盖物,防止日晒雨淋,运输工具应保持干净,搬运时防止损坏包装,不得与有毒、有害、有异味及其他有污染可能的物质混装、混运。

7.4 贮存

食品添加剂山梨酸钾应贮存于阴凉、干燥、通风的仓库内，防止日光直射，远离热源，不得与有毒、有害、有异味及其他有污染可能的物质混存。

7.5 保质期

在符合本标准包装、运输和贮存的条件下，自生产之日起，食品添加剂山梨酸钾保质期为18个月。

包装拆封后，应密封保存或尽快使用。

ICS 67.220.20
X 42

中华人民共和国国家标准

GB 13737—2008
代替 GB 13737—1992

食品添加剂 *L*-苹果酸

Food additive—*L*-Malic acid

2008-06-25 发布　　　　2009-01-01 实施

中华人民共和国国家质量监督检验检疫总局
中国国家标准化管理委员会　发布

前　言

本标准第5章和8.1为强制性的，其余为推荐性的。

本标准代替 GB 13737—1992《食品添加剂　*L*-苹果酸》。

本标准与 GB 13737—1992 相比，主要变化如下：

——增加了铅含量项目及相应的试验方法（见第5章和6.10）；

——增加了富马酸含量、马来酸含量项目及相应的试验方法（见第5章和6.13）；

——取消了易氧化物项目及相应的试验方法（1992版的3.2和4.10）；

——硫酸盐含量指标由≤0.03％修改为≤0.02％、氯化物含量指标由≤0.005％修改为≤0.004％、重金属含量指标由≤0.002％修改为≤10 mg/kg（1992版的3.2，本版的第5章）；

——*L*-苹果酸含量测定中氢氧化钠标准滴定溶液的浓度由0.1 mol/L调整为1.0 mol/L，并加大了取样量（1992版的4.4，本版的6.4）；

——修改了硫酸盐测定方法（1992版的4.5，本版的6.6）；

——保质期由一年修改为24个月（1992版的6.4，本版的8.4）。

本标准的附录A为资料性附录。

本标准由中国石油和化学工业协会提出。

本标准由全国化学标准化技术委员会有机分会（SAC/TC 63/SC 2）和全国食品添加剂标准化技术委员会（SAC/TC 11）归口。

本标准起草单位：常茂生物化学工程股份有限公司。

本标准参加起草单位：南京国海生物工程有限公司。

本标准主要起草人：芮丽琴、朱佩云、龚小玉。

本标准于1992年11月首次发布。

食品添加剂 *L*-苹果酸

1 范围

本标准规定了食品添加剂 *L*-苹果酸的要求、试验方法、检验规则和标志、包装、运输和贮存等。

本标准适用于以酶工程法、发酵法制得的食品添加剂 *L*-苹果酸。该产品主要用作食品的酸度调节剂。

2 规范性引用文件

下列文件中的条款通过本标准的引用而构成本标准的条款。凡是注日期的引用文件，其随后所有的修改单(不包括勘误的内容)或修订版均不适用于本标准，然而，鼓励根据本标准达成协议的各方研究是否可使用这些文件的最新版本。凡是不注日期的引用文件，其最新版本适用于本标准。

GB/T 601—2002 化学试剂 标准滴定溶液的制备

GB/T 602—2002 化学试剂 杂质测定用标准溶液的制备(ISO 6353-1:1982,NEQ)

GB/T 603—2002 化学试剂 试验方法中所用制剂及制品的制备(ISO 6353-1:1982,NEQ)

GB/T 613—2007 化学试剂 比旋光本领(比旋光度)测定通用方法

GB/T 1250 极限数值的表示方法和判定方法

GB/T 5009.12—2003 食品中铅的测定

GB/T 5009.75—2003 食品添加剂中铅的测定

GB/T 5009.76—2003 食品添加剂中砷的测定

GB/T 6678 化工产品采样总则

GB/T 6679 固体化工产品采样通则

GB/T 6682—2008 分析实验室用水规格和试验方法(ISO 3696:1987,MOD)

GB/T 9729—2007 化学试剂 氯化物测定通用方法

GB/T 9741—1988 化学试剂 灼烧残渣测定通用方法

3 化学名称、分子式、结构式和相对分子质量

化学名称：*L*-羟基丁二酸

分子式：$C_4H_6O_5$

结构式：

$$\begin{array}{l} HO—CH—COOH \\ \quad\quad\; | \\ \quad\quad CH_2—COOH \end{array}$$

相对分子质量：134.09(按 2007 年国际相对原子质量)

4 性状

白色结晶或结晶粉末，有特殊的酸味。

5 要求

食品添加剂 *L*-苹果酸应符合表 1 所示的技术要求。

表 1 技术要求

项目		指标
L-苹果酸(以 $C_4H_6O_5$ 计),w/%	≥	99.0
比旋光度 α_m(20 ℃,D)/[(°)·dm²·kg⁻¹]		−1.6～−2.6
硫酸盐(以 SO_4 计),w/%	≤	0.02
氯化物(以 Cl 计),w/%	≤	0.004
砷(以 As 计),w/(mg/kg)	≤	2
重金属(以 Pb 计),w/(mg/kg)	≤	10
铅(Pb),w/(mg/kg)	≤	2
灼烧残渣,w/%	≤	0.10
澄清度试验		通过试验
富马酸,w/%	≤	0.5
马来酸,w/%	≤	0.05

6 试验方法

6.1 警示

试验方法规定的一些试验过程可能导致危险情况。操作者应采取适当的安全和健康措施。

6.2 一般规定

除非另有说明,在分析中仅使用确认为分析纯的试剂和 GB/T 6682—2008 中规定的三级水。

试验方法中所用标准滴定溶液、杂质测定用标准溶液、制剂及制品,在没有注明其他要求时,均按 GB/T 601—2002、GB/T 602—2002 和 GB/T 603—2002 的规定制备。

6.3 鉴别试验

6.3.1 苹果酸氨盐呈色试验

6.3.1.1 试剂

6.3.1.1.1 氨水溶液:2+3;

6.3.1.1.2 对氨基苯磺酸:10 g/L;

6.3.1.1.3 亚硝酸钠溶液:200 g/L;

6.3.1.1.4 氢氧化钠溶液:40 g/L。

6.3.1.2 分析步骤

称取 0.5 g 实验室样品,精确至 0.01 g,置于 50 mL 试管中,加入 10 mL 水溶解。用氨水溶液中和至中性,加入 1 mL 对氨基苯磺酸溶液,在沸水浴中加热 5 min。加入 5 mL 亚硝酸钠溶液,再置于水浴加热 3 min 后,加入 5 mL 氢氧化钠溶液,试验溶液应立即呈红色。

6.3.2 旋光特性试验

试验方法同 6.5,样品水溶液应呈左旋特性。

6.4 *L*-苹果酸含量测定

6.4.1 方法原理

以酚酞为指示剂,用氢氧化钠标准溶液滴定样品水溶液,根据氢氧化钠标准滴定溶液的用量,计算以 $C_4H_6O_5$ 计的总酸含量为 *L*-苹果酸含量。

6.4.2 试剂

6.4.2.1 氢氧化钠标准滴定溶液:c(NaOH)=1.0 mol/L;

6.4.2.2 酚酞指示液:10 g/L。

6.4.3 分析步骤

6.4.3.1 称取 2.0 g 实验室样品，精确至 0.000 2 g，加 20 mL 无二氧化碳的水溶解，加 2 滴酚酞指示液，用氢氧化钠标准溶液滴定至微红色，保持 30 s 不褪色为终点。

6.4.3.2 在测定的同时，按与测定相同的步骤，对不加试料而使用相同数量的试剂溶液做空白试验。

6.4.4 结果计算

L-苹果酸(以 $C_4H_6O_5$ 计)的质量分数 w_1，数值以%表示，按式(1)计算：

$$w_1 = \frac{[(V - V_0)/1\,000]cM}{m} \times 100 \quad \cdots\cdots\cdots\cdots (1)$$

式中：

V——试料消耗氢氧化钠标准滴定溶液(6.4.2.1)体积的数值，单位为毫升(mL)；

V_0——空白试验消耗氢氧化钠标准滴定溶液(6.4.2.1)体积的数值，单位为毫升(mL)；

c——氢氧化钠标准滴定溶液浓度的准确数值，单位为摩尔每升(mol/L)；

m——试料质量的数值，单位为克(g)；

M——苹果酸$\left(\frac{1}{2}C_4H_6O_5\right)$的摩尔质量的数值，单位为克每摩尔(g/mol)($M$=67.04)。

计算结果表示到小数点后两位。

取两次平行测定结果的算术平均值为测定结果，两次平行测定结果的绝对差值不大于 0.2%。

6.5 比旋光度的测定

6.5.1 称取 4.25 g 实验室样品，精确至 0.001 g，加入 20 mL 水溶解，移至 50 mL 容量瓶中，用水稀释至刻度，摇匀。

比旋光度 α_m(20℃，D)数值以"(°)·dm²·kg⁻¹"表示，按式(2)计算：

$$\alpha_m(20℃,\mathrm{D}) = \frac{\alpha}{l\rho_\alpha} \quad \cdots\cdots\cdots\cdots (2)$$

式中：

α——测得的旋光角，单位为度(°)；

l——旋光管的长度，单位为分米(dm)；

ρ_α——溶液中有效组分的质量浓度，单位为克每毫升(g/mL)。

6.5.2 其他按 GB/T 613—2007 的规定进行。

6.6 硫酸盐的测定

6.6.1 方法提要

在酸性(盐酸)溶液中，样品中的硫酸盐和氯化钡生成硫酸钡白色沉淀，与标准比浊溶液进行比较，做限量试验。

6.6.2 试剂

6.6.2.1 盐酸溶液：1+4；

6.6.2.2 氯化钡溶液：250 g/L；

6.6.2.3 硫酸盐(SO_4)标准溶液：0.1 mg/mL。

6.6.3 分析步骤

称取 1 g 实验室样品，精确至 0.01 g，置于 50 mL 比色管中，同时量取(2±0.02)mL 硫酸盐(SO_4)标准溶液置于另一只 50 mL 比色管中。两只比色管中分别加入 0.5 mL 盐酸溶液、1 mL 氯化钡溶液，用水稀释至刻度，摇匀。放置 10 min 后观察，样品溶液产生的浊度应不深于标准比浊溶液产生的浊度。

6.7 氯化物含量的测定

称取 1.0 g 实验室样品，精确至 0.01 g。量取 0.4 mL 氯化物(Cl)标准溶液(含氯化物 0.04 mg)制备限量标准液。样品所呈浊度不得大于标准。其他按 GB/T 9729—2007 的规定进行。

6.8 砷的测定

试样处理为称取 1.0 g 实验室样品，精确至 0.01 g，加入 5 mL 水溶解，加入 0.4 g/L 溴酚蓝指示液 1 滴，再滴加(1+4)氨水溶液中和至溶液呈紫色，摇匀。量取(2±0.02)mL(含砷 2.0 μg)砷(As)标准溶液制备限量标准。其他按 GB/T 5009.76—2003 砷斑法的规定进行。

6.9 重金属的测定

6.9.1 方法提要

在弱酸性(pH 值为 3～4)条件下，样品中的重金属离子与硫化氢作用，生成棕黑色，与同法处理的铅标准溶液比较，做限量试验。

6.9.2 试剂

6.9.2.1 乙酸溶液：1+19；

6.9.2.2 氨水溶液：2+3；

6.9.2.3 硫化钠溶液：称取 5 g 硫化钠，精确至 0.01 g，用 10 mL 水及 30 mL 甘油的混合液溶解，置于棕色瓶中。配制三个月内有效；

6.9.2.4 酚酞指示液：10 g/L；

6.9.2.5 铅(Pb)标准溶液：0.01 mg/mL。临用前用水将 0.1 mg/mL 的铅(Pb)标准溶液稀释而成。

6.9.3 样品处理

称取 1 g 实验室样品，精确至 0.01 g，置于 50 mL 比色管中，加入 25 mL 水溶解，加 1 滴酚酞指示液，滴加氨水溶液至溶液呈微红色，再加 2 mL 乙酸溶液，摇匀，作为试验溶液。

6.9.4 分析步骤

取另一只 50 mL 比色管，加入(1±0.02)mL 铅(Pb)标准溶液，再加入 2 mL 乙酸及水至 25 mL，摇匀，作为比较溶液。

在两比色管中各加入硫化钠溶液 2 滴，并加水至 50 mL 刻度，混匀，于暗处放置 5 min 后，在无阳光直射情况下，在白色背景下轴向及侧向观察，试验溶液的颜色不得深于比较溶液的颜色。

6.10 铅的测定

6.10.1 原子吸收光谱法

试样处理按 GB/T 5009.75—2003 中 5.2.2 干法消解进行。其他按 GB/T 5009.12—2003 原子吸收光谱法的规定进行。

6.10.2 比色法(仲裁法)

按"干法消解"法处理样品。临用前，将 1 mg/mL 的铅标准溶液稀释成 5 μg/mL 的标准溶液。测定时量取(25±0.02)mL 试样溶液(相当于 2.5 g 实验室样品)及(1±0.02)mL 铅标准溶液(相当于 5 μg Pb)，分别置于 125 mL 分液漏斗中，铅标准溶液中加质量分数为 1% 硝酸至 25 mL。其他按 GB/T 5009.75—2003 的规定进行。

6.11 灼烧残渣的测定

称取 2.5 g 实验室样品，精确至 0.001 g。取两次平行测定结果的算术平均值为测定结果，两次平行测定结果的绝对差值不大于 0.02%。其他按 GB/T 9741—1988 的规定进行。

6.12 澄清度试验

6.12.1 方法提要

将样品溶于水，与标准比浊溶液进行比较。

6.12.2 试剂

6.12.2.1 硝酸溶液：1+2；

6.12.2.2 糊精溶液：20 g/L；

6.12.2.3 硝酸银溶液：20 g/L；

6.12.2.4 盐酸标准溶液：[$c(HCl)=0.1$ mol/L]；

6.12.2.5　浊度标准溶液：含氯(Cl)0.01 mg/mL。量取 $c(HCl)=0.1$ mol/L 盐酸标准滴定溶液(14.1±0.02)mL，置于 50 mL 容量瓶中，稀释至刻度。量取该溶液(10±0.02)mL 于 1 000 mL 容量瓶中，加水稀释至刻度，摇匀。

6.12.3　**分析步骤**

称取约 1.0 g 实验室样品，精确至 0.01 g，置于比色管中，加入 20 mL 水溶解，做为试验溶液；取另一只比色管，准确加入 0.50 mL 浊度标准溶液，加水至 20 mL，加 1 mL 硝酸溶液、0.2 mL 糊精溶液及 1 mL 硝酸银溶液，摇匀，避光放置 15 min，作为标准比浊溶液。

在无阳光直射情况下，轴向及侧向观察，试验溶液的浊度不得大于标准比浊溶液的浊度。

6.13　**富马酸和马来酸含量的测定**

6.13.1　**方法提要**

用高效液相色谱法，在选定的工作条件下，通过色谱柱使样品溶液中各组分分离，用紫外吸收检测器检测，用外标法定量，计算样品中富马酸及马来酸的含量。

6.13.2　**试剂**

6.13.2.1　富马酸：质量分数≥99.0%；

6.13.2.2　马来酸：质量分数≥99.0%；

6.13.2.3　氢氧化钠溶液：20 g/L；

6.13.2.4　磷酸溶液：量取磷酸(优级纯试剂)(1±0.02)mL 于 1 000 mL 容量瓶中，加入 100 mL 甲醇(HPLC 级试剂)(可根据柱效调整加入量)，加水稀释至刻度，再经 0.45 μm 滤膜过滤。

6.13.3　**仪器**

6.13.3.1　**高效液相色谱系统(HPLC)**

6.13.3.1.1　高压泵：无脉冲，能将流速保持在 0.1 mL/min～10.0 mL/min；

6.13.3.1.2　定量环：5 μL；

6.13.3.1.3　紫外光检测器：可变波长；

6.13.3.1.4　数据处理系统：具有 Millennium 32 分析处理软件或相应功能的色谱工作站或数据处理机。

6.13.3.2　**抽滤系统**

抽滤系统使用孔径为 0.45 μm 的纤维素酯膜滤纸(用于流动相的预处理)。

6.13.3.3　**过滤系统**

过滤系统使用孔径为 0.45 μm 的纤维素酯膜滤纸(用于样品的预处理)。

6.13.3.4　**微量进样针**

HPLC 专用，50 μL、100 μL(或自动进样器)。

6.13.4　**色谱分析条件**

推荐的色谱柱及典型操作条件见表 2，富马酸和马来酸含量测定典型高效液相色谱图参见附录 A 中图 A.1，各组分的相对保留时间参见附录 A 表 A.1。其他能达到同等分离程度的色谱柱和色谱操作条件均可使用。

表 2　色谱柱和典型色谱操作条件

色谱柱	柱长 250 mm，柱内径 4.6 mm，以硅胶为基质，表面键合 C8 官能团的非极性填料色谱柱
柱温	室温～60 ℃，控制精度±1 ℃
流动相	磷酸溶液
流动速度/(mL/min)	1.0
检测器检测波长/nm	214
进样量/μL	5

6.13.5 分析步骤

6.13.5.1 标准样品溶液的制备

6.13.5.1.1 富马酸标准样品溶液的制备

称取 50 mg 富马酸，精确至 0.000 2 g，溶于适量水（必要时加入少量氢氧化钠溶液），转移至 50 mL 容量瓶，用磷酸溶液稀释至刻度。

移取上述溶液（1±0.02）mL，置于 50 mL 容量瓶，用磷酸溶液稀释至刻度，摇匀，经 0.45 μm 滤膜过滤，再经超声波脱气处理。

6.13.5.1.2 马来酸标准样品溶液的制备

称取 50 mg 马来酸，精确至 0.000 2 g，溶于适量水（必要时加入少量氢氧化钠溶液），转移至 250 mL 容量瓶，用磷酸溶液稀释至刻度。

移取上述溶液（1±0.02）mL，置于 100 mL 容量瓶，用磷酸溶液稀释至刻度，摇匀，经 0.45 μm 滤膜过滤，再经超声波脱气处理。

6.13.5.2 样品溶液的制备

称取 0.2 g 实验室样品，精确至 0.000 2 g，置于 50 mL 容量瓶，以流动相稀释至刻度，摇匀，经 0.45 μm 滤膜过滤，再经超声波脱气处理。

6.13.5.3 测定

按高效液相色谱操作规程开机预热，调节温度及流量，达到分析条件并基线平稳后，将标准样品溶液进样。

用微量进样针（HPLC 专用）取标准样品溶液 5 μL，进样（或自动进样），记录所得的富马酸或马来酸的峰面积 A_2。

用微量进样针（HPLC 专用）取样品溶液 5 μL，进样（或自动进样），记录所得的待测物质的峰面积 A_1。

6.13.6 结果计算

根据色谱图各组分的峰面积计算富马酸或马来酸的质量分数 w_2，数值以%表示，按式（3）计算：

$$w_2 = \frac{A_1 \times m_2}{A_2 \times m} \times 100 \qquad \cdots\cdots\cdots\cdots (3)$$

式中：

A_1——样品液中待测物质的峰面积；

A_2——标准样品溶液中富马酸或马来酸的峰面积；

m_2——标准样品溶液中富马酸或马来酸的进样量，单位为微克（μg）；

m——样品的进样量，单位为微克（μg）。

7 检验规则

7.1 产品检验

产品检验分出厂检验和型式检验。

7.1.1 出厂检验

表 1 中的 *L*-苹果酸（以 $C_4H_6O_5$ 计）的质量分数、比旋光度、硫酸盐（以 SO_4 计）的质量分数、氯化物（以 Cl 计）的质量分数、砷（以 As 计）含量、重金属（以 Pb 计）含量、灼烧残渣的质量分数、澄清度试验、富马酸的质量分数和马来酸的质量分数为出厂检验项目。应逐批进行检验。

7.1.2 型式检验

表 1 中的全部项目均为型式检验项目。在正常情况下，每个月至少进行一次型式检验。有下列情况之一时，也应进行型式检验：

a) 新产品投产鉴定时；

b) 原材料、工艺、设备有较大改变，可能影响产品性能时；

c) 停产三个月以上，重新恢复生产时；

d) 出厂检验结果与上次型式检验有较大差异；

e) 合同规定。

7.2 组批

以每一班产品或多班次经混合均匀的产品为一批。

7.3 采样

按 GB/T 6678 确定采样单元数，按 GB/T 6679 的规定进行采样。将样品混匀按四分法缩分至不少于 200 g，分装于 2 个清洁干燥的密封样品袋中，贴好标签，标签上注明产品名称、批号、生产日期等，一袋供检验用，另一袋作为留样保存备查。

7.4 质量证明书

食品添加剂 *L*-苹果酸应由生产厂的质量检验部门按本标准检验，生产厂应保证出厂的产品均符合本标准要求，每批出厂的产品都应附有一定格式的质量证明书，其内容包括：生产厂名称、产品名称、产品批号或生产日期和本标准的编号等。

7.5 判定规则与复检

检验结果的判定按 GB/T 1250 中修约值比较法进行，检验结果如果有一项指标不符合本标准要求时应重新自两倍量的包装单元中采样进行复检，检验结果即使只有一项指标不符合本标准要求，则整批产品为不合格。

8 标志、包装、运输和贮存

8.1 标志

食品添加剂 *L*-苹果酸包装容器上应有牢固明显的标志，内容包括：产品名称、生产厂名称、厂址、商标、"食品添加剂"字样、食品卫生许可证号、生产许可证号、批号或生产日期、净含量、保质期，产品质量符合本标准的证明和本标准编号。

8.2 包装

食品添加剂 *L*-苹果酸用内衬双层食品级聚乙烯塑料袋的纸板圆桶包装。每桶净含量 25 kg，也可根据客户的要求进行包装。

8.3 运输和贮存

食品添加剂应贮存于阴凉、防尘、干燥的专用库房内。运输过程中要防止日晒、雨淋，运输工具要清洁，防止包装袋破损。在贮运中禁止与有毒、有害、有腐蚀性物质及其他污染物混贮、混运。

8.4 保质期

在符合本标准包装、运输和贮存的条件下，自生产之日起，食品添加剂 *L*-苹果酸的保质期为 24 个月。超过保质期可重新检验，检测结果符合本标准要求时产品仍可使用。

附　录　A
（资料性附录）
富马酸和马来酸含量测定典型高效液相色谱图和相对保留时间

A.1　图 A.1 给出了富马酸和马来酸含量测定典型高效液相色谱图。

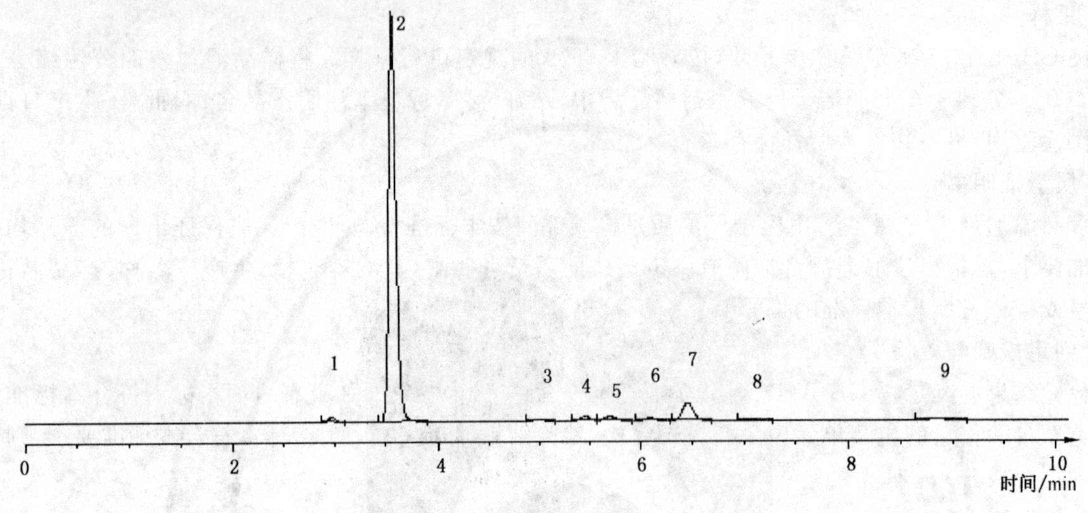

1、4、5、8、9——未知峰；
2——*L*-苹果酸；
3——马来酸；
6——丁二酸；
7——富马酸。

图 A.1　富马酸和马来酸含量测定典型高效液相色谱图

A.2　表 A.1 给出了各组分的相对保留时间。

表 A.1　各组分的相对保留时间

峰序	组分名称	相对保留时间
1、4、5、8、9	未知峰	—
2	*L*-苹果酸	1
3	马来酸	1.40
6	丁二酸	1.70
7	富马酸	1.80

ICS 67.140.10
X 55

中华人民共和国国家标准

GB/T 13738.1—2008
代替 GB/T 13738.1—1997,GB/T 13738.2—1992,GB/T 13738.4—1992

红茶　第1部分:红碎茶

Black tea—Part 1: Broken black tea

(ISO 3720:1992,Black tea—Definition and basic requirements, MOD)

2008-05-04 发布　　2008-10-01 实施

中华人民共和国国家质量监督检验检疫总局
中国国家标准化管理委员会　发布

前言

GB/T 13738《红茶》分为如下几部分：

——第1部分：红碎茶；

——第2部分：工夫红茶；

——第3部分：小种红茶。

本部分为GB/T 13738的第1部分，修改采用ISO 3720：1992《红茶　定义及基本要求》(英文版)。本部分与ISO 3720：1992的主要技术性差异是：

a) 根据我国产品标准编写的规定，增加规定了红碎茶各品种等级的感官品质、理化指标中的水分和粉末的限量指标、卫生指标；

b) 感官品质的审评，采用我国行业标准SB/T 10157《茶叶感官审评方法》。

本部分代替GB/T 13738.1—1997《第一套红碎茶》、GB/T 13738.2—1992《第二套红碎茶》、GB/T 13738.4—1992《第四套红碎茶》。与GB/T 13738.1—1997、GB/T 13738.2—1992、GB/T 13738.4—1992的主要差异是：

a) 由修改采用ISO 3720：1992代替非等效采用ISO 3720：1992；

b) 修改了标准的名称；

c) 修改和调整了标准的总体结构和编排格式；

d) 将红碎茶产品统一调整为大叶种红碎茶和中小叶种红碎茶两种，合并缩减产品的花色和品质特征，将大叶种红碎茶和中小叶种红碎茶产品的感官品质按外形和内质八项因子的要求分表列出，理化指标和卫生指标统表列出；

e) 由GB 2762《食品中污染物限量》和GB 2763《食品中农药最大残留限量》代替GB 9679《茶叶卫生标准》；

f) 增加了对定量包装商品的净含量要求；

g) 由SB/T 10157代替GB/T 13738.1—1997的附录A、GB/T 13738.2—1992的附录A和GB/T 13738.4—1992的附录A，删去GB/T 13738.2—1992的附录B和GB/T 13738.4—1992的附录B。

本部分由中华全国供销合作总社提出并归口。

本部分起草单位：中华全国供销合作总社杭州茶叶研究院。

本部分主要起草人：翁昆、沈红、赵玉香。

本部分所代替标准的历次版本发布情况为：

——GB/T 13738.1—1997；

——GB/T 13738.2—1992、GB/T 13738.4—1992。

红茶　第1部分:红碎茶

1　范围

GB/T 13738 的本部分规定了红碎茶的分类、要求、试验方法、检验规则、标志标签、包装、运输和贮存。

本部分适用于以茶树(*Camellia sinensis* L. O. kunts)的芽、叶、嫩茎为原料,经萎凋、揉切、发酵、干燥等工艺制成的红碎茶。

2　规范性引用文件

下列文件中的条款通过 GB/T 13738 的本部分的引用而成为本部分的条款。凡是注日期的引用文件,其随后所有的修改单(不包括勘误的内容)或修订版均不适用于本部分,然而,鼓励根据本部分达成协议的各方研究是否可使用这些文件的最新版本。凡是不注日期的引用文件,其最新版本适用于本部分。

GB/T 191　包装储运图示标志

GB 2762　食品中污染物限量

GB 2763　食品中农药最大残留限量

GB 7718　预包装食品标签通则

GB/T 8302　茶　取样

GB/T 8303　茶　磨碎试样的制备及其干物质含量测定

GB/T 8304　茶　水分测定

GB/T 8305　茶　水浸出物测定

GB/T 8306　茶　总灰分测定

GB/T 8307　茶　水溶性灰分和水不溶性灰分测定

GB/T 8308　茶　酸不溶性灰分测定

GB/T 8309　茶　水溶性灰分碱度测定

GB/T 8310　茶　粗纤维测定

GB/T 8311　茶　粉末和碎茶含量测定

SB/T 10035　茶叶销售包装通用技术条件

SB/T 10037　红茶、绿茶、花茶运输包装

SB/T 10157　茶叶感官审评方法

定量包装商品计量监督管理办法　国家质量监督检验检疫总局(2005)第75号令

3　产品分类

红碎茶产品分为大叶种红碎茶和中小叶种红碎茶两个品种。

4　要求

4.1　基本要求

无异味、无异嗅、无霉变,不含非茶类物质。

4.2　感官品质

4.2.1　大叶种红碎茶各花色感官品质应符合表1的要求。

表 1 大叶种红碎茶各花色感官品质要求

花色	要求				
	外形	内质			
		香气	滋味	汤色	叶底
碎茶 1 号	颗粒紧实、金毫显露、匀净、色润	嫩香、强烈持久	浓强鲜爽	红艳明亮	嫩匀红亮
碎茶 2 号	颗粒紧结、重实、匀净、色润	香高持久	浓强尚鲜爽	红艳明亮	红匀明亮
碎茶 3 号	颗粒紧结、尚重实、较匀净、色润	香高	鲜爽尚浓强	红亮	红匀明亮
碎茶 4 号	颗粒尚紧结、尚匀净、色尚润	香浓	浓尚鲜	红亮	红匀亮
碎茶 5 号	颗粒尚紧、尚匀净、色尚润	香浓	浓厚尚鲜	红亮	红匀亮
片茶 1 号	片状皱褶、尚匀净、色尚润	尚高	尚浓厚	红明	红匀尚明亮
片茶 2 号	片状皱褶、尚匀、色尚润	尚浓	尚浓	尚红明	红匀尚明
末茶	细砂粒状、较重实、较匀净、色尚润	纯正	浓强	深红尚明	红匀

4.2.2 中小叶种红碎茶各花色感官品质应符合表 2 的要求。

表 2 中小叶种红碎茶各花色感官品质要求

花色	要求				
	外形	内质			
		香气	滋味	汤色	叶底
碎茶 1 号	颗粒紧实、重实、匀净、色润	香高持久	鲜爽浓厚	红亮	嫩匀红亮
碎茶 2 号	颗粒紧结、重实、匀净、色润	香高	鲜浓	红亮	尚嫩匀红亮
碎茶 3 号	颗粒较紧结、尚重实、尚匀净、色尚润	香浓	尚浓	红明	红尚亮
片茶上档	片状皱褶、匀齐、色尚润	纯正	醇和	尚红明	红匀
片茶下档	夹片状、尚匀齐、色欠润	略粗	平和	尚红	尚红
末茶上档	细砂粒状、匀齐、色尚润	尚高	浓	深红尚亮	红匀尚亮
末茶下档	细砂粒状、尚匀齐、色欠润	平正	尚浓	深红	红稍暗

4.3 理化指标

理化指标应符合表 3 的规定。

表 3 理化指标

项目		指标	
		大叶种红碎茶	中小叶种红碎茶
水分(质量分数)/%	≤	7.0	
总灰分(质量分数)/%		≥4.0;≤8.0	
粉末(质量分数)/%	≤	2.0	
水浸出物(质量分数)/%	≥	34	32
水溶性灰分(质量分数)/%	≥	45	
水溶性灰分碱度(以 KOH 计)(质量分数)/%		≥1.0[a];≤3.0[a]	
酸不溶性灰分(质量分数)/%	≤	1.0	
粗纤维(质量分数)/%	≤	16.5	

[a] 当以每 100 g 磨碎样品的毫克分子表示水溶性灰分碱度时,其限量为:最小值 17.8,最大值 53.6。

4.4 卫生指标

4.4.1 污染物限量的要求应符合 GB 2762 的规定。

4.4.2 农药残留限量的要求应符合 GB 2763 的规定。

4.5 净含量

应符合《定量包装商品计量监督管理办法》的规定。

5 试验方法

5.1 取样按 GB/T 8302 的规定执行。

5.2 感官品质检验按 SB/T 10157 的规定执行。

5.3 试样的制备按 GB/T 8303 的规定执行。

5.4 水分检验按 GB/T 8304 的规定执行。

5.5 总灰分检验按 GB/T 8306 的规定执行。

5.6 粉末检验按 GB/T 8311 的规定执行。

5.7 水浸出物检验按 GB/T 8305 的规定执行。

5.8 水溶性灰分检验按 GB/T 8307 的规定执行。

5.9 水溶性灰分碱度检验按 GB/T 8309 的规定执行。

5.10 酸不溶性灰分检验按 GB/T 8308 的规定执行。

5.11 粗纤维检验按 GB/T 8310 的规定执行。

5.12 卫生指标检验按 GB 2762 和 GB 2763 的规定执行。

6 检验规则

6.1 取样

6.1.1 取样以"批"为单位，同一批投料生产、同一班次加工过程中形成的独立数量的产品为一个批次，同批产品的品质和规格应一致。

6.1.2 取样按 GB/T 8302 的规定执行。

6.2 检验

6.2.1 出厂检验

每批产品均应做出厂检验，经检验合格签发合格证后，方可出厂。出厂检验项目为感官品质、水分、粉末和净含量。

6.2.2 型式检验

型式检验项目为本部分第 4 章要求中的全部项目，检验周期每年一次。有下列情况之一时，应进行型式检验：

a) 如原料有较大改变，可能影响产品质量时；

b) 出厂检验结果与上一次型式检验结果有较大出入时；

c) 国家法定质量监督机构提出型式检验要求时。

6.3 判定规则

按第 4 章要求的项目，任一项不符合规定的产品均判为不合格产品。

6.4 复验

对检验结果有争议时，应对留存样或在同批产品中重新按 GB/T 8302 规定加倍取样进行不合格项目的复验，以复验结果为准。

7 标志标签、包装、运输和贮存

7.1 标志标签

产品的标志应符合 GB/T 191 的规定，标签应符合 GB 7718 的规定。

7.2 包装

销售包装应符合 SB/T 10035 的规定。运输包装应符合 SB/T 10037 的规定。

7.3 运输

运输工具应清洁、干燥、无异味、无污染。运输时应有防雨、防潮、防曝晒措施。严禁与有毒、有害、有异味、易污染的物品混装、混运。

7.4 贮存

产品应在包装状态下贮存于清洁、干燥、无异气味的专用仓库中。严禁与有毒、有害、有异味、易污染的物品混放。仓库周围应无异气污染。

ICS 67.140.10
X 55

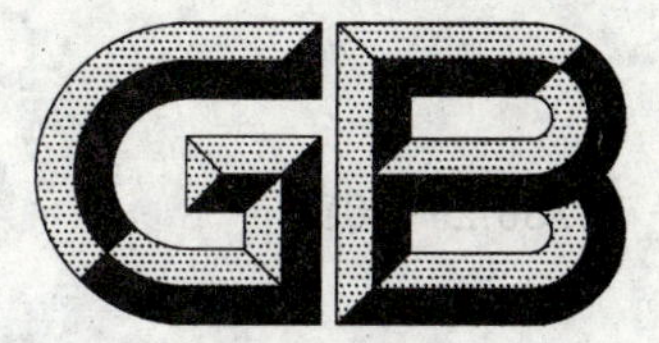

中华人民共和国国家标准

GB/T 13738.2—2008

红茶
第2部分:工夫红茶

Black tea—
Part 2:Congou black tea

(ISO 3720:1986,Black tea—Definition and basic requirements, NEQ)

2008-08-12 发布

2009-03-01 实施

中华人民共和国国家质量监督检验检疫总局
中国国家标准化管理委员会
发布

前 言

GB/T 13738《红茶》分为如下几部分：

——第1部分：红碎茶；

——第2部分：工夫红茶；

——第3部分：小种红茶。

本部分为GB/T 13738的第2部分。

本部分与ISO 3720:1986《红茶 定义及基本要求》的一致性程度为非等效。根据我国工夫红茶的特点，本部分规定了其各品种等级的感官品质、水分、总灰分、粉末、水浸出物的要求和试验方法。

本部分由中华全国供销合作总社提出。

本部分由全国茶叶标准化技术委员会归口。

本部分起草单位：中华全国供销合作总社杭州茶叶研究院。

本部分主要起草人：翁昆、沈红、赵玉香。

红茶
第2部分:工夫红茶

1 范围

GB/T 13738 的本部分规定了工夫红茶的要求、试验方法、检验规则、标志标签、包装、运输和贮存。

本部分适用于以茶树的芽、叶、嫩茎为原料,经萎凋、揉捻、发酵、干燥和精制加工工艺制成的工夫红茶。

2 规范性引用文件

下列文件中的条款通过 GB/T 13738 的本部分的引用而成为本部分的条款。凡是注日期的引用文件,其随后所有的修改单(不包括勘误的内容)或修订版均不适用于本部分,然而,鼓励根据本部分达成协议的各方研究是否可使用这些文件的最新版本。凡是不注日期的引用文件,其最新版本适用于本部分。

GB/T 191 包装储运图示标志(GB/T 191—2008,ISO 780:1997,MOD)

GB 2762 食品中污染物限量

GB 2763 食品中农药最大残留限量

GB 7718 预包装食品标签通则

GB/T 8302 茶 取样

GB/T 8303 茶 磨碎试样的制备及其干物质含量测定(GB/T 8303—2002,eqv ISO 1572:1980)

GB/T 8304 茶 水分测定(GB/T 8304—2002,eqv ISO 1573:1980)

GB/T 8305 茶 水浸出物测定(GB/T 8305—2002,eqv ISO 9768:1994)

GB/T 8306 茶 总灰分测定(GB/T 8306—2002,eqv ISO 1575:1987)

GB/T 8311 茶 粉末和碎茶含量测定

SB/T 10035 茶叶销售包装通用技术条件

SB/T 10037 红茶、绿茶、花茶运输包装

SB/T 10157 茶叶感官审评方法

定量包装商品计量监督管理办法 国家质量监督检验检疫总局(2005)第75号令

3 分类与实物标准样

3.1 工夫红茶根据茶树品种和产品要求的不同,分为大叶工夫和中小叶工夫两种产品。

3.2 每种产品的每一等级均设实物标准样,每三年更换一次。

4 要求

4.1 基本要求

具有正常商品的色、香、味,不得含有非茶类物质和任何添加剂,无异味,无异嗅,无劣变。

4.2 感官品质

4.2.1 大叶工夫产品各等级的感官品质应符合表1的要求。

表 1 大叶工夫产品各等级的感官品质要求

级别	项目							
	外形				内质			
	条索	整碎	净度	色泽	香气	滋味	汤色	叶底
特级	肥壮紧结多锋苗	匀齐	净	乌褐油润，金毫显露	甜香浓郁	鲜浓醇厚	红艳	肥嫩多芽红匀明亮
一级	肥壮紧结有锋苗	较匀齐	较净	乌褐润，多金毫	甜香浓	鲜醇较浓	红尚艳	肥嫩有芽红匀亮
二级	肥壮紧实	匀整	尚净稍有嫩茎	乌褐尚润，有金毫	香浓	醇浓	红亮	柔嫩红尚亮
三级	紧实	较匀整	尚净有筋梗	乌褐，稍有毫	纯正尚浓	醇尚浓	较红亮	柔软尚红亮
四级	尚紧实	尚匀整	有梗朴	褐欠润，略有毫	纯正	尚浓	红尚亮	尚软尚红
五级	稍松	尚匀	多梗朴	棕褐稍花	尚纯	尚浓略涩	红欠亮	稍粗尚红稍暗
六级	粗松	欠匀	多梗多朴片	棕稍枯	稍粗	稍粗涩	红稍暗	粗、花杂

4.2.2 中小叶工夫产品各等级的感官品质应符合表 2 的要求。

表 2 中小叶工夫产品各等级的感官品质要求

级别	项目							
	外形				内质			
	条索	整碎	净度	色泽	香气	滋味	汤色	叶底
特级	细紧多锋苗	匀齐	净	乌黑油润	鲜嫩甜香	醇厚甘爽	红明亮	细嫩显芽红匀亮
一级	紧细有锋苗	较匀齐	净稍含嫩茎	乌润	嫩甜香	醇厚爽口	红亮	匀嫩有芽红亮
二级	紧细	匀整	尚净有嫩茎	乌尚润	甜香	醇和尚爽	红明	嫩匀红尚亮
三级	尚紧细	较匀整	尚净稍有筋梗	尚乌润	纯正	醇和	红尚明	尚嫩匀尚红亮
四级	尚紧	尚匀整	有梗朴	尚乌稍灰	平正	纯和	尚红	尚匀尚红
五级	稍粗	尚匀	多梗朴	棕黑稍花	稍粗	稍粗	稍红暗	稍粗硬尚红稍花
六级	较粗松	欠匀	多梗多朴片	棕稍枯	粗	较粗淡	暗红	粗硬红暗花杂

4.3 理化指标

应符合表3的规定。

表3 理化指标

项目		指标		
		特级～一级	二级～三级	四级～六级
水分(质量分数)/%		≤7.0		
总灰分(质量分数)/%		≤6.5		
粉末(质量分数)/%		≤1.0	≤1.2	≤1.5
水浸出物(质量分数)/%	大叶工夫类	≥36	≥34	≥32
	中小叶工夫类	≥32	≥30	≥28

4.4 卫生指标

4.4.1 污染物限量应符合 GB 2762 的规定。

4.4.2 农药残留限量应符合 GB 2763 的规定。

4.5 净含量

应符合《定量包装商品计量监督管理办法》的规定。

5 试验方法

5.1 取样方法按 GB/T 8302 的规定执行。

5.2 感官品质检验按 SB/T 10157 的规定执行。

5.3 试样的制备按 GB/T 8303 的规定执行。

5.4 水分检验按 GB/T 8304 的规定执行。

5.5 总灰分检验按 GB/T 8306 的规定执行。

5.6 粉末检验按 GB/T 8311 的规定执行。

5.7 水浸出物检验按 GB/T 8305 的规定执行。

5.8 污染物限量检验按 GB 2762 的规定执行。

5.9 农药残留限量检验按 GB 2763 的规定执行。

6 检验规则

6.1 取样

6.1.1 取样以"批"为单位,同一批投料生产、同一班次加工过程中形成的独立数量的产品为一个批次,同批产品的品质和规格一致。

6.1.2 取样按 GB/T 8302 的规定执行。

6.2 检验

6.2.1 出厂检验

每批产品均应做出厂检验,经检验合格签发合格证后,方可出厂。出厂检验项目为感官品质、水分和净含量负偏差。

6.2.2 型式检验

型式检验项目为本标准第4章要求中的全部项目,检验周期每年一次。有下列情况之一时,应进行型式检验:

a) 如原料有较大改变,可能影响产品质量时;

b) 出厂检验结果与上一次型式检验结果有较大出入时;

c) 国家法定质量监督机构提出型式检验要求时。

6.3 判定规则

6.3.1 凡有劣变、异气味严重的或添加任何化学物质的产品，均判为不合格产品。

6.3.2 按第4章要求的项目，任一项不符合规定的产品均判为不合格产品。

6.4 复验

对检验结果有争议时，应对留存样或在同批产品中重新按 GB/T 8302 规定加倍取样进行不合格项目的复验，以复验结果为准。

7 标志标签、包装、运输和贮存

7.1 标志标签

产品的标志应符合 GB/T 191 的规定，标签应符合 GB 7718 的规定。

7.2 包装

销售包装应符合 SB/T 10035 的规定。运输包装应符合 SB/T 10037 的规定。

7.3 运输

运输工具应清洁、干燥、无异味、无污染。运输时应有防雨、防潮、防曝晒措施。严禁与有毒、有害、有异味、易污染的物品混装、混运。

7.4 贮存

产品应在包装状态下贮存于清洁、干燥、无异气味的专用仓库中。严禁与有毒、有害、有异味、易污染的物品混放。仓库周围应无异气污染。

ICS 13.100
C 72

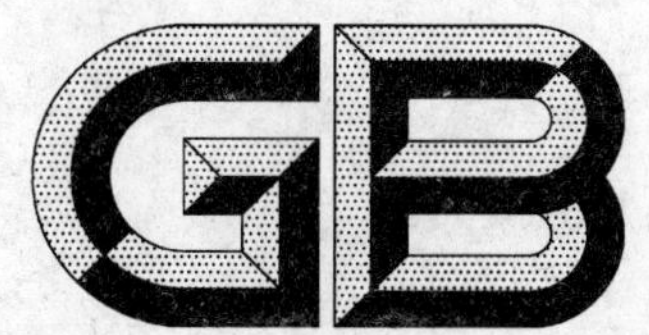

中华人民共和国国家标准

GB 13746—2008
代替 GB 13746—1992

铅作业安全卫生规程

Safety and hygiene code for working with lead

2008-12-23 发布　　2009-12-01 实施

中华人民共和国国家质量监督检验检疫总局
中国国家标准化管理委员会　发布

前　言

本标准的全部技术内容为强制性。

本标准代替GB 13746—1992《铅作业安全卫生规程》。

本标准与GB 13746—1992相比修改如下：

——将第1章“主题内容与适用范围”改为“范围”，从标准适用范围中删除了国家明令淘汰的铅印刷作业，增加了油漆、塑料、玻璃、陶瓷、造船等涉铅作业；

——将第2章“引用标准”改为“规范性引用文件”；

——将第3章“术语”改为“术语和定义”，对“铅”的定义进行了修改和完善，删除了“熔铅作业”的定义，增加了“铅作业”的定义；

——增加第4章“一般要求”，对选址及布局、电气安全、机械安全、噪声、工艺等方面提出了安全卫生技术要求；

——将原标准第5章“通风净化”更名为“通风设施和净化设备”，并对原标准中部分条款进行修改和调整后作为本标准第7章；

——将原标准第6章“安全卫生管理”中储存和运输的内容作为本标准第6章“储存和运输”，并对原标准相关内容进行了相应修改和补充；

——将原标准第6章“安全卫生管理”更名为“管理”，删除了企业内部操作的具体要求，增加了职业安全卫生管理机构、安全卫生管理制度及职业健康监护的内容，对个人防护和公共卫生要求进行了部分补充，该章节作为本标准第8章内容。

本标准由国家安全生产监督管理总局提出。

本标准由全国安全生产标准化技术委员会归口。

本标准负责起草单位：北京市劳动保护科学研究所。

本标准参加起草单位：焦作东方金铅有限公司、扬州市恒通环保科技有限公司。

本标准主要起草人：吴芳谷、张益铮、要栋梁、吕琳、刘艳、黄燕娣、张小虎、王军符、陆誉文。

本标准所代替标准的历次版本发布情况为：

——GB 13746—1992。

铅作业安全卫生规程

1 范围

本标准规定了铅作业安全卫生的技术和管理要求。

本标准适用于铅冶炼、铅盐生产、铅蓄电池生产、电缆生产以及油漆、塑料、玻璃、陶瓷、造船及其他行业的涉铅作业。

2 规范性引用文件

下列文件中的条款通过本标准的引用而成为本标准的条款。凡是注日期的引用文件，其随后所有的修改单(不包括勘误的内容)或修订版均不适用于本标准，然而，鼓励根据本标准达成协议的各方研究是否可使用这些文件的最新版本。凡是不注日期的引用文件，其最新版本适用于本标准。

GB 2894 安全标志及其使用导则

GB 5083 生产设备安全卫生设计总则

GB 13733 有毒作业场所空气采样规范

GB 15603 常用化学危险品贮存通则

GB/T 16180 劳动能力鉴定 职工工伤与职业病致残等级

GB/T 16758 排风罩的分类及技术条件

GB/T 17398 铅冶炼防尘防毒技术规程

GB 19891 机械安全 机械设计的卫生要求

GB 50016 建筑设计防火规范

GB 50019 采暖通风与空气调节设计规范

GB 50052 供配电系统设计规范

GB 50055 通用用电设备配电设计规范

GB 50187 工业企业总平面设计规范

AQ/T 9002 生产经营单位安全生产事故应急预案编制导则

3 术语和定义

下列术语和定义适用于本标准。

3.1

铅 lead

金属铅、含铅10%以上的合金铅、铅盐以及无机铅化合物，但不包括其他有机铅化合物。

3.2

铅作业 working with lead

从事铅、铅合金、铅化合物或铅混存物的烧结、还原、熔融、铸造、冷热加工、再生、物理化学处理和储运作业，包括从事含铅设备内部作业和铅作业场所的清扫作业。

4 一般要求

4.1 铅作业企业的新建、改建、扩建建设项目，应进行职业病危害评价和安全评价。

4.2 铅作业企业的选址应符合 GB 50016 和 GB 50187 的相关要求。

4.3 有铅烟、铅尘发生源的车间应与其他车间隔离，该车间应设置在厂区全年最小频率风向的上风侧。

铅作业车间的设计和布局应符合 GB 50187 的相关要求。

4.4 所有电气设备的安装和使用应符合 GB 50052 和 GB 50055 的相关要求。

4.5 所有机械设备的安装和使用应符合 GB 5083 和 GB 19891 的相关要求。

4.6 铅作业场所的铅烟时间加权平均容许浓度应不超过 0.03 mg/m^3，铅尘时间加权平均容许浓度应不超过 0.05 mg/m^3，废气应进行净化处理。

4.7 铅作业场所操作人员每天连续接触噪声 8 h，噪声声级应不超过 85 dB(A)。

4.8 铅作业生产应优先采用先进的工艺和设备，提高生产过程密闭化、机械化和自动化水平。

4.9 铅作业车间地面应便于清洗和铅尘回收。

4.10 所有原料和半成品的存放应有确定的地点并且设置收集铅粉尘的容器。

4.11 熔铅锅和浇铸口旁应设置存放浮渣的容器。

4.12 铅作业场所允许湿扫的生产设备，应采取湿扫、湿抹的方式。含铅废水应集中处理、达标排放，或者净化后循环使用。

4.13 铅作业场所应设置有效的通风装置，并且设置事故通风设施。

5 工艺设备

5.1 铅冶炼

铅冶炼行业工艺设备应符合 GB/T 17398 的相关要求。

5.2 铅蓄电池

5.2.1 熔铅锅应设置密闭式排风净化装置。无法密闭时，铅液表面应加覆盖层。

5.2.2 铸球(条)机、分片机、灌粉工作台、自动焊机和手工焊台、装配工作台等应设置局部排风净化装置。

5.2.3 球磨机应整体密闭，并设置收尘净化装置。

5.2.4 铅粉的收集和输送设备应密闭，其进、出料口应设置局部排风净化装置。

5.2.5 合膏工序应采用湿法，湿法以外的方法应设置局部排风净化装置。

5.2.6 化成酸槽应设置局部排风净化装置。

5.2.7 熔铅锅应设置自动控温或超温报警装置。

5.2.8 装填过铅粉、铅膏的极板，吊装搬运时应设置铅粉收集装置。

5.3 铅盐

5.3.1 熔铅锅应设置密闭式排风净化装置。无法密闭时，铅液表面应加覆盖层。

5.3.2 巴尔顿炉应整体密闭。

5.3.3 球磨机应整体密闭，并设置收尘净化装置。

5.3.4 铸球(条)机、氧化炉、粉碎机和收料设备应整体密闭，进、出料口应设置局部排风净化装置。

5.3.5 炸铅花用水槽应设置密封盖。

5.3.6 反应釜、储料罐和干燥器应整体密闭。

5.3.7 流体输送泵应采用无泄漏泵。

5.3.8 黄丹直接制铅盐的工艺应采用湿法收料、送料。

5.3.9 熔铅锅应设置自动控温或超温报警装置。

5.3.10 收料、计量、包装工作台应设置局部排风装置，湿法收料除外。

5.3.11 铅粉的收集和输送设备应密闭，其进、出料口应设置局部排风净化装置。

5.4 铅缆

5.4.1 压铅机熔铅锅应设置密闭式排风净化装置，铅液表面应加覆盖层。

5.4.2 压铅机熔铅锅应设置自动控温或超温报警装置。

5.4.3 压铅机出口和铅焊工作点应设置局部排风装置。

5.5 其他

5.5.1 钢丝淬火炉铅液表面应加覆盖层，钢丝绳进、出熔液处应设局部排风净化装置。

5.5.2 钢丝淬火炉应设置自动控温或超温报警装置。

5.5.3 车辆轴承挂瓦的退瓦炉、预热炉、铅合金熔炼炉、挂瓦机、铅合金的机加工及退瓦过程的轴瓦冷却处、涂药工作点等应设置局部排风装置；铅合金熔炼炉应设置自动控温或超温报警装置，铅液表面应加覆盖层。

5.5.4 制造铅衬里、铅焊接、含铅工作表面机加工以及铅的熔融、熔接、熔断、熔着、熔射、蒸着等工艺的岗位应设置局部排风净化装置。

5.5.5 制造氧化铅和铅化合物（如硅氟酸铅）的设备应密闭，设置排风净化装置。

5.5.6 使用含铅涂料、颜料进行喷涂、施釉、绘画，以及喷布、釉物、绘画物的烧制和烘干，应在专用作业场所进行，场所应设置局部排风装置。

5.5.7 废旧含铅产品的维修、拆解以及拆船作业，应在作业点设置局部排风装置。

5.5.8 需要进入含铅设备、容器内或者狭窄封闭场所作业时，应保持作业场所良好的通风状态，制定严密的防护措施，并设置现场监护人员。

6 储存和运输

6.1 储存

6.1.1 铅、铅合金、铅化合物、铅混存物等严禁露天堆放，应存放在专用的库房。

6.1.2 库房应是阴凉、干燥、通风、避光的防火建筑，并远离居民区和水源。

6.1.3 不同种类的铅物质应分开存放，远离热源、电源、火源。

6.1.4 库房内应保持整洁、干净，堆垛应符合安全、方便的原则，堆放牢固、整齐、美观。

6.1.5 电解铅残渣（阳极泥、碎渣）暂时堆存时，应使用专用容器盛装，集中堆放，不应堆放在露天、未硬化地面或有水流失的地方，避免造成污染。

6.1.6 粉状铅应使用专用容器进行包装储存。

6.1.7 包装破损时，应更换包装方可入库，包装应在专用场所进行。撒在地上的铅粉应用吸尘器或水清除干净，收集的铅粉应统一处理。

6.1.8 盛装过粉状铅的容器应密闭，并存放在确定的地点。含铅物质的包装物、容器重复使用前，应当进行检查。

6.1.9 长时间储存未经包装的铅时，宜加盖苫布。

6.1.10 各种含铅的物料、含铅泥渣等属于危险固体废物，其堆放应符合 GB 15603 的相关要求。

6.2 运输

6.2.1 运输前粉状铅必须用专用容器包装，包装材料应不易破损，锭状铅应使用钢带打捆。

6.2.2 运输过程中应采取防止淋湿的措施，铅和含铅物质不应泄漏和飞扬。

6.2.3 人力搬运装有粉状铅、铅混存物的容器，应在容器上装设把手或车轮。

6.2.4 铅粉泄漏时，应立即进行清扫。

7 通风设施和净化设备

7.1 排风罩

7.1.1 排风罩的制作和安装应符合 GB/T 16758 的相关要求。

7.1.2 排风罩的选用

7.1.2.1 铅冶炼行业的熔铅锅及其浇铸口宜采用吹吸式排风罩。

7.1.2.2 其他熔铅锅应采用整体密闭式或半密闭式排风罩。

7.1.2.3 球磨机应采用整体密闭式排风罩。

7.1.2.4 铅蓄电池生产的合膏机、灌粉机应采用局部密闭式排风罩。

7.1.2.5 铸球机、铸版机、涂片机、化成槽宜采用上吸式排风罩。

7.1.2.6 焊接工作台宜采用侧吸式排风罩。

7.1.2.7 分片机和装配线宜采用下吸式排风罩。

7.1.2.8 粉碎机应采用整体密闭式排风罩。

7.1.2.9 滚筒干燥机宜采用上吸式排风罩。

7.1.2.10 出料口、包装台宜采用侧吸式排风罩。

7.1.2.11 退瓦炉、预热炉、抛光机等应采用局部密闭式排风罩。

7.1.3 排风罩的设计原则

7.1.3.1 在产生铅烟、铅尘污染的车间，排风系统的通风效果应保证车间作业场所铅烟、铅尘的浓度符合本标准4.6的要求。

7.1.3.2 排风罩的形状及结构尺寸应便于铅烟、铅尘的有效排出，并应符合GB/T 16758的相关要求。

7.1.3.3 密闭罩应根据生产操作要求留有必要的检修门、操作孔和观察孔，但开孔应不影响其密封性能。

7.1.3.4 已被污染的气流严禁通过人的呼吸带。

7.1.3.5 排风罩应使用不燃烧材料制造。

7.2 通风管道

7.2.1 通风管道设计应符合GB 50019的相关规定。

7.2.2 管道内输送含有蒸气、雾滴气体时，应设排水装置，水平管道的安装应有合适的坡度。

7.2.3 管道在地下铺设时，应铺设在地沟内。

7.2.4 管道应设置清灰孔，清灰孔不应漏风。

7.2.5 通风管道的制造应使用耐热不易燃烧材料。

7.2.6 通风管网的设计应尽量减少阻力，节能降耗。

7.3 铅烟、铅尘的净化装置

7.3.1 净化方法和装置的选择

7.3.1.1 净化方法及设备设施应符合能耗低、运行成本低和易于维修的原则。

7.3.1.2 氧化炉、铸版机、铸球机、熔铅锅及其浇铸口宜设置湿式洗涤吸收净化装置。

7.3.1.3 合膏机、填管机、分片机、装配台宜设置高效除尘净化装置。

7.3.1.4 球磨机、粉碎机与出料口、包装台、包装等设备排出气体的净化宜选用旋风和布袋二级除尘净化装置。

7.3.1.5 反射炉加料、放铅、放渣溜槽处应设排风净化装置。

7.3.2 净化装置的使用与维护

7.3.2.1 净化装置前、后应按相关标准设置检测净化效率和铅烟、铅尘排放浓度的取样孔。采样孔应优先选择在垂直管段，采样孔位置应设置在距弯头、阀门、变径管下游方向不小于6倍直径，和距上述部件上游方向不小于3倍直径处。

7.3.2.2 在冬季室外结冰的地区安装湿式净化装置时，应设置在有采暖措施的房间内，否则应采取防冻措施。

7.3.2.3 湿式净化装置的排风口前应设有性能良好的气液分离装置。

7.3.2.4 湿式净化装置使用的水应循环使用，减少排放量。废水中的铅渣、铅泥应有确定的存放地点，统一回收。

7.3.2.5 过滤式除尘器滤料选择应满足过滤气体的温度要求。

7.3.2.6 使用过滤式除尘器时，所处理的气体温度应保持在其露点温度以上。

7.3.2.7 干式除尘器的卸灰阀应密封良好，并应采用密闭容器卸尘，卸下的铅尘应及时清运，统一回收。

7.3.2.8 铅烟、铅尘净化装置应在负压下工作。

7.3.2.9 在生产设备运行前,应先启动通风净化系统,生产设备停车后,再关闭通风净化系统。

7.4 通风机

7.4.1 通风机应设置在净化装置的后面(净化装置为负压操作)。当采用多级净化装置时,通风机可放在几级净化装置之间。

7.4.2 通风机噪声应符合国家相关标准的要求,超标时应采取消声降噪措施。

7.4.3 安装在室外的通风机组,其电机应设防雨罩。通风管道、消声器等附件的重量不应落在风机上。

7.4.4 用于湿式净化装置配套的通风机,应采用耐酸防腐风机。

8 管理

8.1 职业安全卫生管理机构和制度

8.1.1 企业主要负责人应负责组织制定和实施职业安全卫生管理计划,并列入企业中、长期发展规划。

8.1.2 企业应设职业安全卫生管理部门,配备专职安全卫生管理人员。

8.1.3 铅作业企业应建立健全职业安全卫生管理制度。职业安全卫生管理制度主要包括:作业场所检测评价管理办法、职业病防治管理办法、职业健康监护制度、防尘防毒设备设施管理制度、劳动防护用品管理制度、岗位责任制和岗位操作规程等。

8.1.4 从事铅作业的工作人员上岗、复岗前应经过"三级安全教育"和职业安全卫生培训,经考核合格后方可上岗。

8.1.5 企业应定期对铅作业人员及其管理人员进行职业安全卫生知识的继续教育培训,每年至少组织一次考核。

8.1.6 从事铅作业的工作人员在上岗前应被明确告知所从事工作的职业危害性,并在劳动合同中体现告知的内容。

8.1.7 铅作业企业应针对可能发生的铅中毒及其他事故,按 AQ/T 9002 的要求制定应急预案。

8.1.8 应配备必要的应急器材并定期维护,应急预案应定期更新和组织演练,并有维护和演练记录。

8.2 个人防护与职业卫生

8.2.1 涉及铅作业的企业应按相关国家标准和行业标准的要求,为从事铅作业人员配备正确合格的防尘工作服、口罩、手套等个人防护用品。

8.2.2 作业人员应具有正确使用个人防护用品的技能,上岗时必须穿戴好个人防护用品。

8.2.3 个人防护用品应按要求进行维护、保养,由企业集中清洗并及时更换。待清洗的个人防护用品应置于密闭容器储存,并设警示标识。

8.2.4 铅作业场所应设置红色区域警示线,应在显著位置设置安全标志及说明有害物质危害性预防措施和应急处理措施的标识牌。

8.2.5 作业场所应按照相关规范设置更衣室、浴室、洗手池等设施。休息室、浴室、公用衣柜等公共设施应经常打扫、冲洗。

8.2.6 作业场所地面、墙壁和设备等应每天清扫或冲洗。从事清扫作业人员应穿工作服、戴防尘口罩等。收集的铅粉尘应放置在专用容器内,不应与其他垃圾等堆放在一起。

8.2.7 作业场所严禁吸烟、烤煮食物、进食饮水等;下班后必须洗澡、漱口、更换工作服后方可离开;严禁穿工作服进食堂、出厂。

8.3 职业健康监护

8.3.1 企业应委托有职业健康检查资质的机构对职工进行上岗前、在岗期间和离岗前的职业健康检查,建立健全职业健康监护档案,不得安排有职业禁忌证的劳动者从事与该禁忌证相关的有害作业。

8.3.2 企业应每年组织在岗作业人员进行职业健康检查。

8.3.3 经诊断为铅中毒者必须暂时脱离工作岗位进行驱铅治疗，轻度者治疗后可以恢复铅作业，但重度铅中毒者，必须调离原工作岗位，并给予治疗、休息。

8.3.4 凡被确诊患有职业病的员工，应报上级有关部门按 GB/T 16180 的相关规定进行工伤与职业病致残等级鉴定，并享受国家规定的职业病待遇。

8.4 检测

8.4.1 企业应当对作业场所的铅烟、铅尘浓度每月至少检测一次，采样及测定方法应参照 GB 13733 的相关规定执行，检测结果应整理归档。铅作业场所应设置红色区域警示线，应在显著位置设置安全标志及说明有害物质危害性预防措施和应急处理。

8.4.2 有害物质浓度检测应在正常工况下进行，检测点的位置和数量等参数的选择应符合相关国家标准的要求。

8.4.3 企业应按相关规定对防尘防毒设施的性能和净化效率每年至少检测一次，达不到要求时应及时检修或更换。检测结果和维修纪录应整理归档。

ICS 53.100
P 97

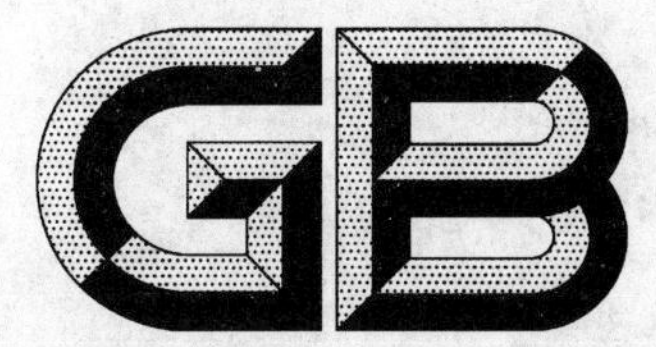

中华人民共和国国家标准

GB/T 13751—2008
代替 GB/T 13751—1992
部分代替 GB/T 10170—1988

挖掘装载机　试验方法

Backhoe loaders—Test methods

2008-08-26 发布　　　　2009-02-01 实施

中华人民共和国国家质量监督检验检疫总局
中国国家标准化管理委员会　发布

前　言

本标准代替 GB/T 13751—1992《挖掘装载机　可靠性试验方法》和 GB/T 10170—1988《挖掘装载机　技术条件》的部分内容。

本标准与 GB/T 13751—1992 相比，主要变化如下：

——GB/T 13751—1992 和 GB/T 10170—1988(部分内容)合并为一项标准；

——调整了“测量精度、铲斗容量、质量质心、司机视野、反铲挖掘力、行驶速度、制动性能、牵引性能、转向尺寸、司机操纵、噪声和排放”测定的内容，直接采用相关标准代替；

——调整了附录 A 的内容，增加了附录 B“挖掘装载机工业性试验记录表”。

本标准的附录 A 和附录 B 为规范性附录。

本标准由中国机械工业联合会提出。

本标准由全国土方机械标准化技术委员会(SAC/TC 334)归口。

本标准起草单位：天津工程机械研究院、福田雷沃国际重工股份有限公司、厦门厦工机械股份有限公司、三一重机有限公司。

本标准主要起草人：段琳、池智、孙长良、李蔚苹、朱传宝。

本标准所代替标准的历次版本发布情况为：

——GB/T 13751—1992。

部分代替标准的历次版本发布情况为：

——GB/T 10170—1988。

挖掘装载机　试验方法

1　范围

本标准规定了挖掘装载机整机性能试验和工业性试验的试验方法。

本标准适用于GB/T 8498定义的自行的轮胎式挖掘装载机,履带式挖掘装载机可参照使用。

2　规范性引用文件

下列文件中的条款通过本标准的引用而成为本标准的条款。凡是注日期的引用文件,其随后所有的修改单(不包括勘误的内容)或修订版均不适用于本标准,然而,鼓励根据本标准达成协议的各方研究是否可使用这些文件的最新版本。凡是不注日期的引用文件,其最新版本适用于本标准。

GB/T 6375　土方机械　牵引力测试方法(GB/T 6375—2008,ISO 7464:1983,IDT)

GB/T 7586　液压挖掘机　试验方法

GB/T 8419　土方机械　司机座椅振动的试验室评价(GB/T 8419—2007,ISO 7096:2000,IDT)

GB/T 8498　土方机械　基本类型　识别、术语和定义(GB/T 8498—2008,ISO 6165:2006,IDT)

GB/T 8499　土方机械　测定重心位置的方法(GB/T 8499—1987,idt ISO 5005:1977)

GB/T 8592　土方机械　轮胎式机器转向尺寸的测定(GB/T 8592—2001,eqv ISO 7457:1997)

GB/T 8595　土方机械　司机的操纵装置(GB/T 8595—2008,ISO 10968:2004,IDT)

GB/T 10913　土方机械　行驶速度测定(GB/T 10913—2005,ISO 6014:1986,MOD)

GB/T 10175.1　土方机械　装载机和挖掘装载机　第1部分:额定工作载荷的计算和验证倾翻载荷计算值的测试方法(GB/T 10175.1—2008,ISO 14397-1:2007,IDT)

GB/T 10175.2　土方机械　装载机和挖掘装载机　第2部分:掘起力和最大提升高度提升能力的测试方法(GB/T 10175.2—2008,ISO 14397-2:2007,IDT)

GB/T 13331　土方机械　液压挖掘机　起重量(GB/T 13331—2005, ISO 10567:1992,IDT)

GB/T 13332　土方机械　液压挖掘机和挖掘装载机　挖掘力的测定方法(GB/T 13332—2008,ISO 6015:2006,IDT)

GB/T 16710.2　工程机械　定置试验条件下机外辐射噪声的测定

GB/T 16710.3　工程机械　定置试验条件下司机位置处噪声的测定

GB/T 16710.4　工程机械　动态试验条件下机外辐射噪声的测定(GB/T 16710.4—1996,eqv ISO 6395:1988)

GB/T 16710.5　工程机械　动态试验条件下司机位置处噪声的测定(GB/T 16710.5—1996,eqv ISO 6396:1996)

GB/T 17771　土方机械　落物保护结构　实验室试验和性能要求(GB/T 17771—1999,eqv ISO 3449:1992)

GB/T 17922　土方机械　翻车保护结构　试验室试验和性能要求(GB/T 17922—1999,idt ISO 3471:1994)

GB/T 19933.2　土方机械　司机室环境　第2部分:空气滤清器的试验(GB/T 19933.2—2005,ISO 10263-2:1994,IDT)

GB/T 19933.3　土方机械　司机室环境　第3部分:司机室增压试验方法(GB/T 19933.3—2005,ISO 10263-3:1994,IDT)

GB/T 19933.4　土方机械　司机室环境　第4部分:司机室的空调、采暖和(或)换气试验方法(GB/T 19933.4—2005,ISO 10263-4:1994,MOD)

GB/T 19933.5　土方机械　司机室环境　第5部分:风窗玻璃除霜系统的试验方法(GB/T 19933.5—2005,ISO 10263-5:1994,MOD)

GB/T 19933.6　土方机械　司机室环境　第6部分:司机室太阳光热效应的测定(GB/T 19933.6—2005,ISO 10263-6:1994,IDT)

GB/T 20082　液压传动　液体污染　采用光学显微镜测定颗粒污染度的方法(GB/T 20082—2006,ISO 4407:2002,IDT)

GB/T 20418　土方机械　照明、信号和标志灯以及反射器(GB/T 20418—2006,ISO 12509:1995,MOD)

GB 20891　非道路移动机械用柴油机排气污染物排放限值及测量方法(中国Ⅰ、Ⅱ阶段)

GB/T 21152　土方机械　轮胎式机器　制动系统的性能要求和试验方法(GB/T 21152—2007,ISO 3450:1996,IDT)

GB/T 21153　土方机械　尺寸、性能和参数的单位与测量准确度(GB/T 21153—2007,ISO 9248:1992,MOD)

GB/T 21154　土方机械　整机及其工作装置和部件的质量测量方法(GB/T 21154—2007,ISO 6016:1998,IDT)

GB/T 21155　土方机械　前进和倒退音响报警　声响试验方法(GB/T 21155—2007,ISO 9533:1989,IDT)

GB/T 21938　土方机械　液压挖掘机和挖掘装载机动臂下降控制装置　要求和试验(GB/T 21938—2008,ISO 8643:1997,IDT)

GB/T 21941　土方机械　液压挖掘机和挖掘装载机的反铲斗和抓铲斗　容量标定(GB/T 21941—2008,ISO 7451:2007,IDT)

JB/T 3688.3　轮胎式装载机　试验方法

ISO 5006:2006　土方机械　司机视野　试验方法和性能准则

ISO 14401-1:2004　土方机械　监视镜和后视镜的视野　第1部分:试验方法

3　试验前的准备

3.1　资料准备

挖掘装载机试验前至少应具备下列技术资料:

a)　挖掘装载机使用说明书,主要部件图样及备件目录;

b)　试验样机主要部件和易损件的原始装配尺寸及调试记录;

c)　试验样机主要部件(发动机、变矩器、变速器、驱动桥、液压泵、液压阀及液压缸)的合格证或性能试验报告。

3.2　技术准备

挖掘装载机试验前至少应进行下列技术准备工作,并按表A.1进行记录:

a)　检查试验样机的外观涂装质量、焊缝质量、密封情况和滑动部位的润滑情况;

b)　检查试验样机各专用工具、备件、检测量具等是否齐全;

c) 检查测试仪器仪表、量具、传感器等精度是否已按技术规范校准，其性能和误差应符合仪器的有关规定；

d) 试验样机正式试验前应按挖掘装载机使用说明书和产品技术规范进行走合试验并核定发动机最高空载转速、液压系统安全阀标定压力、制动系统的操纵气压或油压。

3.3 试验场地

3.3.1 定置试验和通过性能测定试验场

水平、坚实的沥青混凝土或水泥混凝土路面。在挖掘装载机最大外型尺寸范围内，试验场地的纵向坡度应小于0.5%，横向坡度应小于2.5%，平整度应小于3 mm/m^2。

3.3.2 行驶性能和牵引性能试验试验场

a) 平坦、坚实的混凝土或沥青路面，纵向坡度应小于0.5%；

b) 横向坡度应小于2.5%；

c) 平直测试区长度应大于200 m，试验跑道的两端应有开阔的转弯调头场地。

3.3.3 爬坡性能试验场地

爬坡能力试验场地应为平坦、坚实的覆盖层，坡度为25%左右，坡底应有能获得规定行驶速度所需的助跑距离，坡道的总长应超过试验样机全长的3倍，其中测量区段前的预测距离为试验样机全长的1.5倍，坡下助跑距离应大于10 m。

3.4 测量准确度

测量准确度按GB/T 21153的规定。

4 整机性能试验

4.1 定置试验

4.1.1 主要几何尺寸的测量

4.1.1.1 测量条件

a) 挖掘装载机为作业状态质量，机内油、水按规定注满，随车工具齐全，一名司机(75 kg)，工作装置处于规定状态；

b) 轮胎气压符合规定。

4.1.1.2 仪器、设备

钢尺、卷尺、角度计、水平仪、线坠、轮胎压力表和标杆等。

4.1.1.3 测量方法

将试验样机安置在3.3.1的定置试验场地上，其轮胎压力应达到使用说明书的规定，并按图1测量，并将测量结果记入表A.2。

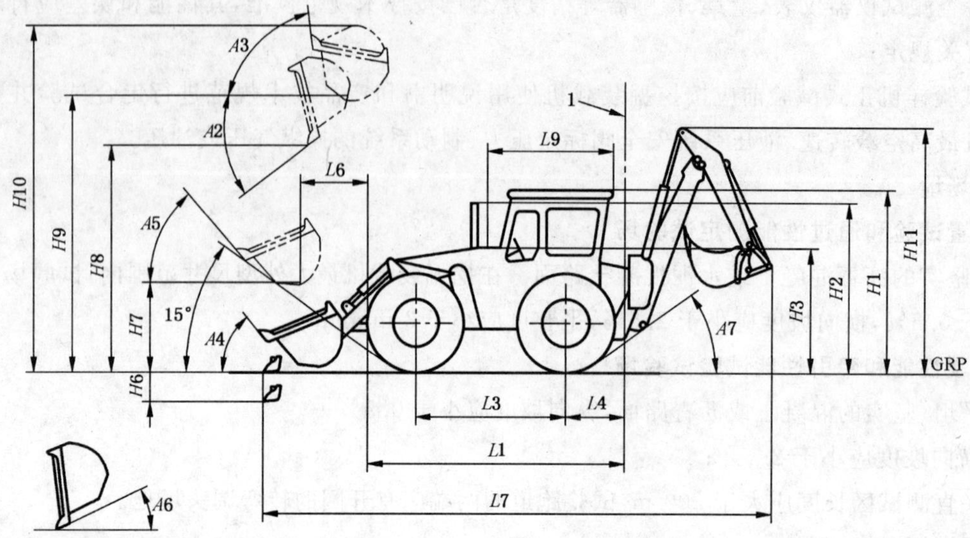

标号

1——回转销轴

a)

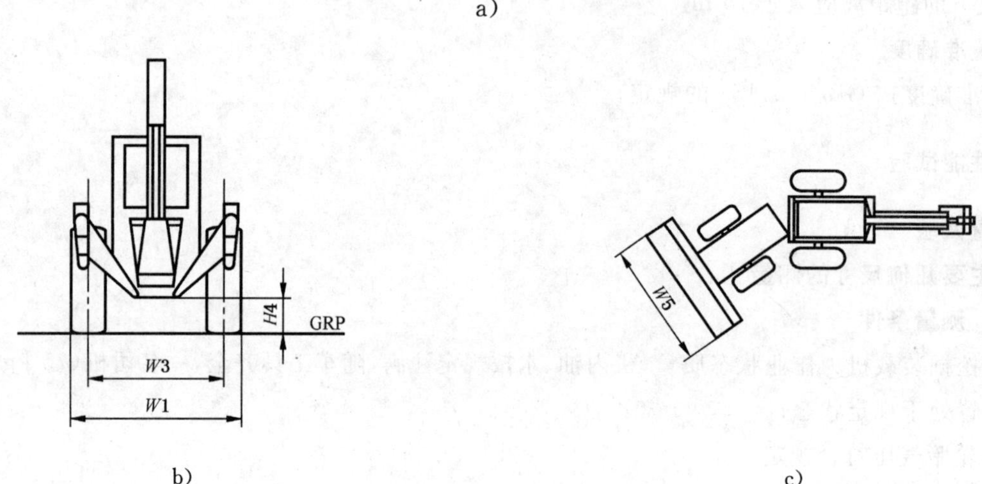

b)

c)

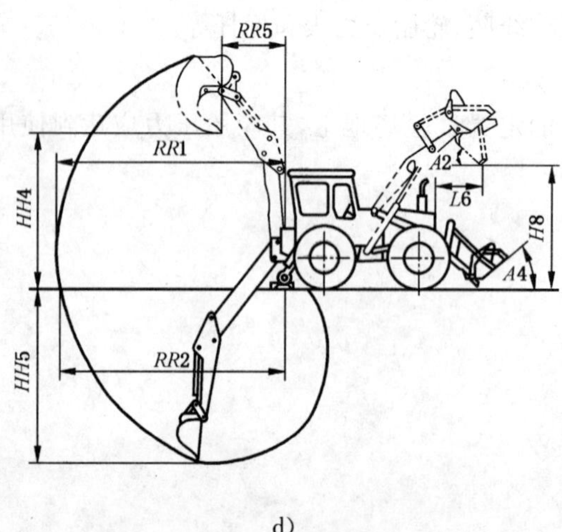

d)

图 1　主要几何尺寸测量图

4.1.2 铲斗容量的测量

挖掘装载机的铲斗容量按 GB/T 21941 测量，并将测量结果记入表 A.3。

4.1.3 工作装置动作时间的测定

4.1.3.1 反铲装置液压缸动作时间

按 GB/T 7586 的规定进行。

4.1.3.2 装载装置动作时间

装载工作装载动作提升时间、卸载时间和下降时间按 JB/T 3688.3 的规定进行。

4.1.4 质量、桥荷分配及质心的测量

4.1.4.1 质量

挖掘装载机质量的测定按 GB/T 21154 的规定进行并按表 A.4 进行记录。

4.1.4.2 桥荷分配

4.1.4.2.1 挖掘装载机分别在工作质量和机器总质量（装载斗内带额定有效载荷）两种状态下将装载提升臂置于运输、平伸、最高三种位置，按表 A.4 要求测定前后桥荷重及其各轮静力半径。

4.1.4.2.2 测定时，操纵杆放中间位置，松开制动器，若前后桥之和与整机工作质量有差异时，应以整机工作质量为准，误差按质量比例由前后桥分担。

4.1.4.2.3 带载试验时，应在装载斗堆装容积的几何质心处加载。上述各工况均测定三次，取平均值记入表 A.4。

4.1.4.3 质心

质心位置的测定按 GB/T 8499 的规定进行。

4.1.5 静态稳定性

挖掘装载机纵向和横向静态稳定角应在倾翻平台上分别测定，结果记入表 A.5。

4.2 工作装置作用力测定

4.2.1 反铲作用力

4.2.1.1 反铲挖掘力按 GB/T 13332 的规定测定。

4.2.1.2 反铲起重量按 GB/T 13331 的规定测定。

4.2.2 装载作业作用力

测定时挖掘装载机为整机工作质量，轮胎按规定压力充气，停在坚实水平地面上，变速器挂空挡。

4.2.2.1 最大掘起力

挖掘装载机掘起力的测试方法按 GB/T 10175.2 的规定。

4.2.2.2 装载斗下插力

下插力是当装载斗刃部顶地并抬起前桥时测定的。测定时先将装载斗平放地面，然后略微前倾，使前桥缓缓抬起，直至前轮离地 10 mm～20 mm，此时记录下插力（见图 2）。同时应测定后轮静力半径及力作用点至后桥距离，测定三次，取平均值，结果记入表 A.6。

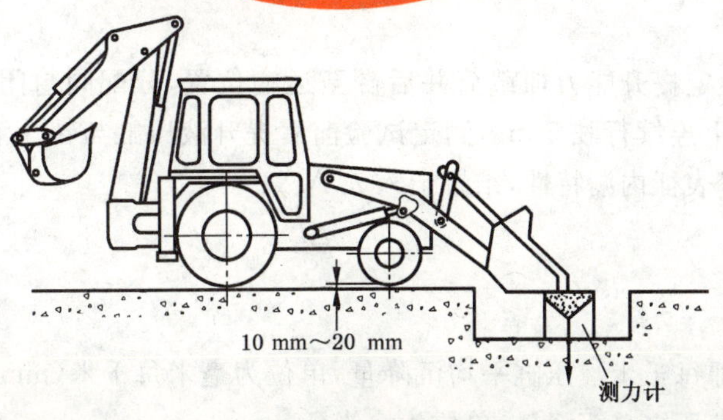

图 2 下插力测定

4.2.2.3 倾翻载荷

挖掘装载机倾翻载荷的测试方法按 GB/T 10175.1 的规定。

4.2.2.4 最大提升高度提升能力

挖掘装载机最大提升高度提升能力的测试方法按 GB/T 10175.2 的规定。

4.3 反铲装置回转参数测定

4.3.1 试验工况

分别按下列两种工况测定：

a) 工况Ⅰ：铲斗、斗杆液压缸全伸出，调整动臂液压缸，使铲斗处于最小回转半径处；

b) 工况Ⅱ：铲斗液压缸全伸出，斗杆液压缸全缩，调整动臂液压缸，使铲斗处于最大回转半径处。

试验时发动机处于最大供油位置。

4.3.2 回转时间

分别以空斗和满斗(允许采用当量载荷，但需固定好)两种情况下，左、右回转 90°，测试 3 次取平均值，结果记入表 A.7。

4.3.3 回转力矩

在空斗、工作装置处在机体纵轴上的工况下，使回转换向阀的过载阀处于溢流状态，测定此时发生的反铲装置平行于停机面的水平拉力并求出回转力矩，结果记入表 A.8。

4.4 液压系统试验

4.4.1 液压系统油温升

按 GB/T 7586 进行试验。

4.4.2 液压系统空流阻力

按 GB/T 7586 进行试验。

4.4.3 液压系统、燃油系统污染度测定

液压系统油液固体颗粒污染度测定按 GB/T 20082 的规定，燃油系统油液固体颗粒污染度测定参照 GB/T 20082 的规定。

4.4.4 液压缸沉降量

4.4.4.1 反铲装置液压缸沉降量按 GB/T 7586 进行试验。

4.4.4.2 装载装置液压缸沉降量

4.4.4.2.1 测试条件

按静测与动测两种工况进行。初始测定时液压系统油温应为 50 ℃±3 ℃。

4.4.4.2.2 静态测试法

静测时装载斗内按额定提升能力加载荷，将提升臂提升到最高位置，装载斗后翻，发动机熄火，分配阀处于封闭位置。这时测量提升液压缸与转斗液压缸活塞杆的外伸长度，每 10 min 测一次，试验延续 1 h，结果记入表 A.9。

4.4.4.2.3 动态测试法

动测时装载斗内按额定提升能力加载荷并后翻至运输位置，分配阀封闭，整机以每小时 15 km 左右的速度，在不平坦土路上连续行驶 5 km，测定试验前后提升液压缸与转斗液压缸活塞杆的伸缩长度，并以每千米液压缸沉降量表征内漏特性，结果记入表 A.9：

$$L_{\mathrm{m}} = \frac{\Delta L}{S} \qquad (1)$$

式中：

L_{m}——单位沉降量即每千米液压缸平均沉降量，单位为毫米每千米(mm/km)；

ΔL——行驶里程内液压缸总沉降量，单位为毫米(mm)；

S——行驶里程，单位为千米(km)。

4.5 行驶性能试验

4.5.1 转向尺寸测定

转向尺寸的测定按 GB/T 8592 的规定。

4.5.2 接地比压

接地比压按 GB/T 7586 进行试验。

4.5.3 挖掘装载机制动性能

制动性能的测定按 GB/T 21152 的规定。

4.5.4 行驶速度

行驶速度按 GB/T 10913 进行试验。

4.5.5 加速性能

试验应选择无雨天气，风力不超过 2 m/s。挖掘装载机预热行驶后，以测试挡的最小稳定车速为初速度，匀速通过准备路程，至加速试验路段起点处，急速将油门踩到底加速至该挡最高车速的 90%，用五轮仪记录加速过程，往返试三次，取平均值，结果记入表 A.10。做出挖掘装载机加速时间与加速行程的关系曲线。

与此同时应测定轮胎滑转率，结果也记入表 A.10。

4.5.6 爬坡能力

4.5.6.1 测试条件

被测样机应符合 4.1.1.1 的要求，试验场地应符合 3.3.3 的要求，见图 3。试验时最大风速不得超过 6 m/s。

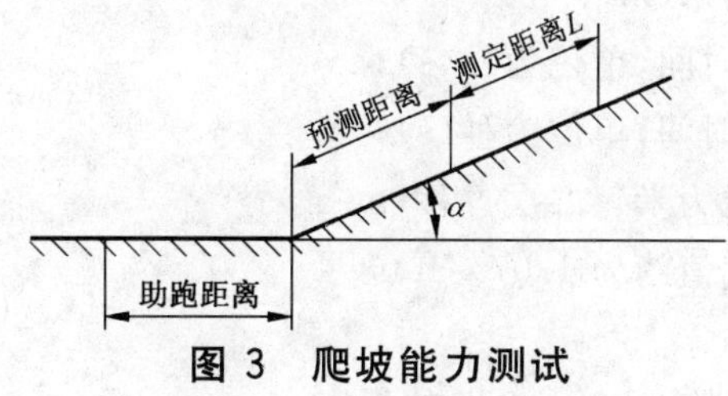

图 3 爬坡能力测试

4.5.6.2 仪器、仪表

卷尺、标杆、水平仪、秒表、温度计、风速仪和轮胎气压表。

4.5.6.3 测定方法

4.5.6.3.1 试验前，挖掘装载机应以最低速度接近爬坡起点。试验开始即迅速将发动机调到最大供油位置进行连续爬坡，直至试验终了。测定均速通过爬坡测定区段的时间和距离，测试 3 次，取平均值，将试验结果记入表 A.11。

4.5.6.3.2 按公式(2)计算爬坡所耗功率：

$$N_\alpha = \frac{G \cdot L \cdot \sin\alpha}{102 t_\alpha} \qquad \cdots\cdots(2)$$

式中：

N_α——爬坡消耗功率，单位为千瓦(kW)；

G——整机工作质量，单位为千克(kg)；

L——测定距离，单位为米(m)；

t_α——通过测定距离的时间，单位为秒(s)；

α——坡道的平均坡度，单位为度(°)。

4.5.6.3.3 当挖掘装载机的功率和附着力有潜力时，在同一坡道上用较高挡重复上述试验，然后折算出在最低挡能连续通过的最大坡度角。

4.5.6.3.4　为防止车体倒退倾翻，试验时应采取安全防护措施。

4.5.7　滑行试验

4.5.7.1　测试条件

试验场地应符合 3.3.2 的要求，试验时的最大风速不得超过 2 m/s。

4.5.7.2　仪器、仪表

卷尺、标杆、水平仪、秒表、风速仪和轮胎气压表。

4.5.7.3　测定方法

4.5.7.3.1　滑行区段的两端应分别设准备区段，其长度应使整机在滑行测试区段的平均车速每小时达到 16 km～20 km(若整机最高车速低于规定，则以该机最高车速滑行)。

4.5.7.3.2　试验时当整机进入滑行区段的瞬间，迅速将变速器操纵手柄(或动力换向器操纵手柄)移到空挡位置，挖掘装载机即以惯性滑行至自动停止。在往返两个方向各测 3 次，取平均值。按表 A.12 记录滑行距离和时间，按公式(3)～公式(5)计算负加速度(a)、滑行系数(f')，并由此算出滚动阻力系数(f)，同时按轮胎转动的圈数与滚动距离计算出滑行时的滚动半径：

$$a=\frac{S}{t_2}\left(\frac{1}{t_1}-\frac{1}{t_2-t_1}\right) \tag{3}$$

$$f'=\frac{a}{g}=\frac{S}{gt_2}\left(\frac{1}{t_1}-\frac{1}{t_2-t_1}\right) \tag{4}$$

$$f=f'\delta_0 \tag{5}$$

式中：

S——滑行全程距离，单位为米(m)；

t_1——滑行半程距离时所耗时间，单位为秒(s)；

t_2——滑行全程距离时所耗时间，单位为秒(s)；

g——当地重力加速度，单位为米每二次方秒(m/s^2)；

δ_0——回转惯量换算系数，其值约为 1.07～1.08。

4.5.8　牵引性能试验

挖掘装载机牵引性能的测定按 GB/T 6375 的规定。

4.5.9　运行试验

试验中应选择沥青、砂土层、圆滑石、卵石、黏土等不同路面连续行驶，往返总里程为 100 km。运行中要随时观察发动机传动行走系各部件在长途行驶时工作的可靠性，每 30 min 测一次水箱、变矩器等各部分温升，记录平均行驶速度，总行驶里程，以及平均燃料消耗量，结果记入表 A.13。

4.6　司机的操纵装置的测定

司机的操纵装置的测定按 GB/T 8595 的规定。

4.7　司机室环境的试验

司机室环境的试验方法见 GB/T 19933.2、GB/T 19933.3、GB/T 19933.4、GB/T 19933.5 和 GB/T 19933.6的规定。

4.8　司机视野的试验

司机视野的试验方法按 ISO 5006:2006 的规定。

4.9　照明、信号和标志灯以及反射器的试验

照明、信号和标志灯以及反射器的测定按 GB/T 20418 的规定。

4.10　前进和倒退音响报警声响的试验

前进和倒退音响报警声响的测定按 GB/T 21155 的规定。

4.11　落物保护结构的试验

挖掘装载机落物保护结构的试验方法见 GB/T 17771 的规定。

4.12　滚翻保护结构的试验

挖掘装载机滚翻保护结构的试验方法见 GB/T 17922 的规定。

4.13　监视镜和后视镜的视野的试验

挖掘装载机监视镜和后视镜的视野的试验方法见 ISO 14401-1:2004 的规定。

4.14　噪声测定

挖掘装载机在动态试验条件下和定置试验条件下的机外辐射噪声和司机位置处的噪声测试按 GB/T 16710.2、GB/T 16710.3、GB/T 16710.4 和 GB/T 16710.5 的规定。

4.15　司机座椅振动测定

司机座椅振动的测定按 GB/T 8419 的规定。

4.16　排气污染物测量

挖掘装载机的发动机排气污染物测量应按 GB 20891 的规定。

4.17　整机密封性试验

4.17.1　挖掘装载机以不小于 70%最高车速的速度连续行驶 50 km 和进行 2 h 连续挖掘、装载作业，试验结束后液压系统油温在 45 ℃以上。

4.17.2　作业结束后，发动机熄火，观察 10 min 测量整机密封性。

4.18　动臂下降控制装置的试验

动臂下降控制装置的试验方法按 GB/T 21938 的规定。

4.19　反铲作业试验

反铲作业试验按 GB/T 7586 的规定。

4.20　装载作业试验

4.20.1　装载生产率

装载生产率由挖掘装载机在试验场地连续工作 1 h 所能完成的作业量确定，作业物料分别选取砂土、料石和黏土等。试验时以相应的自卸车配合作业，配置台数应保证挖掘装载机无停顿地连续作业。作业方式(半回转式、回转式、穿梭式，见图 4)及自卸车停机位置等皆由司机根据现场情况自行选择，尽量发挥挖掘装载机最大生产潜力。

装载生产率在自卸车配合下可直接称重确定，也可通过作业物料的容积与容量折算确定。与此同时，应测定平均燃油消耗量及物料密度，记入表 A.14。

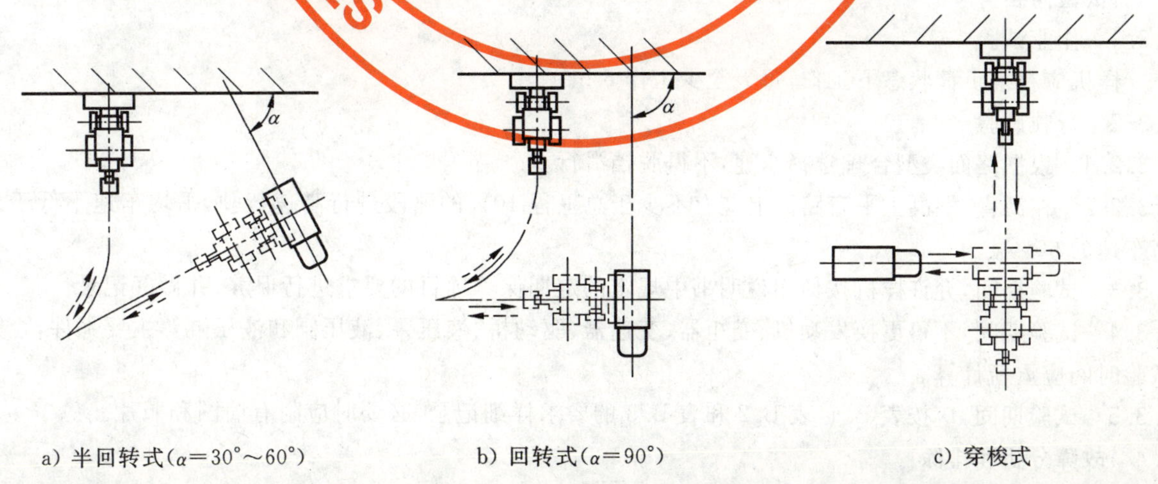

a) 半回转式(α=30°～60°)　　b) 回转式(α=90°)　　c) 穿梭式

图 4　装载作业方式示意图

4.20.2 装载作业周期统计

在4.20.1的测定中,同时记录挖掘装载机在1 h内完成的总作业周期数,以及组成作业周期的铲装、运输、卸料、返回等4个工序所占时间,统计后计算平均数,结果记入表A.14。

5 工业性试验

5.1 试验目的

挖掘装载机工业性试验目的是在作业现场进行的可靠性、经济性综合考核,以评价产品的质量指标,内容为:

a) 使用可靠性指标验证;

b) 使用生产率及燃油消耗量统计;

c) 技术保养及维修条件;

d) 整机性能稳定性评定。

5.2 试验条件和要求

5.2.1 试验场地

5.2.1.1 工业性试验应在施工现场或专用试验场进行。

5.2.1.2 反铲作业试验应选择Ⅱ级～Ⅲ级土壤沟槽或基坑挖掘工况,沟槽或基坑深度应不小于最大挖掘深度的50%。

5.2.1.3 装载作业试验应在现场作业条件下或模拟现场作业条件下进行料堆铲装,铲装物料应选取砂、松土壤、碎石等松散物料。

5.2.1.4 采用运输车辆配合作业试验时,配置台数应保证挖掘装载机连续工作。

5.2.1.5 行驶试验应在沥青、混凝土、砂土、黏土、碎石等不同路面上进行,道路里程分配为沥青混凝土或水泥混凝土路面占试验总里程的50%,凹凸不平土路或碎石路面占50%。

5.2.2 试验期限和要求

5.2.2.1 挖掘装载机工业性试验的总试验时间不得少于1 000 h。

5.2.2.2 作业试验的连续累计纯工作时间不得少于600 h(其中挖掘300 h,装载300 h),其中连续2 h以上的作业时间总计不得少于总作业时间的95%。

5.2.2.3 行驶试验在样机磨合后进行,总里程为600 km,每次行驶里程不得少于50 km。

5.2.3 试验设备

各种零件的精密测量仪器、计时器、转速表、卷尺、温度计等。

5.3 试验内容

5.3.1 作业试验

样机应在全负荷状态下工作,每天至少工作6 h。

5.3.2 行驶试验

5.3.2.1 根据路面类型合理选择车速,不得脱挡滑行。

5.3.2.2 在沥青、混凝土平直路面上应有不少于总里程10%的路段进行高速行驶,平均车速不低于最高车速的60%。

5.3.3 试验期间,允许样机按使用说明书中规定的定期保养项目的要求进行保养,并做好记录。

5.3.4 试验期间,不得更换发动机、变矩器、变速器、驱动桥、液压泵、液压阀和液压缸等主要部件,否则试验时间应重新计算。

5.3.5 试验期间,应按表B.1、表B.2和表B.3的要求详细记录,必要时应附有简图和照片。

5.4 故障分析和排除

5.4.1 故障分析

故障除定义给出的内容外,还应包括:

a) 在试验期间出现的不正常工作;

b) 在试验期间出现的必须维修的损坏,如漏油等情况;

c) 由于不遵守使用说明书所规定的操作和维修规程而引起的损坏。

5.4.2 故障分类

根据故障的性质和危害程度,分为四类故障,见表1。

表1 故障分类

故障类别	故障名称	划分原则	判别准则	加权系数 e
0	致命故障	严重危及或导致人身伤亡,引起重要总成报废或主要部件严重损坏,造成严重经济损失	1) 发动机损坏 2) 车架、动臂、斗杆、转台断裂 3) 车轮脱落 4) 转向、换向机构失灵或损坏 5) 制动器、变速器损坏 6) 重要构件断裂	—
1	严重故障	严重影响整机功能,主要性能指标达不到规定数值,必须停机修理,需更换外部重要零部件或拆开机体更换内部零件,修理时间较长,维修费用较高	1) 主要性能下降 2) 主要液压元件损坏 3) 各传动齿轮、传动轴承等主要零部件损坏	1.5
2	一般故障	整机功能下降或导致停机,用更换易损备件和用随机工具在2 h内可以排除	1) 当气温在5 ℃以上时发动机连续三次不能启动 2) 变速器齿轮不能正常啮合 3) 变速器、主要液压元件及万向节发生异常响声 4) 轴承、轴承壳、制动器壳体及其他机件过热,轴承温度超过110 ℃ 5) 发动机连续二次自动熄火造成停机 6) 漏水、漏油 7) 液压系统中管道、管接头损坏 8) 焊接部位焊缝开裂长度大于5%的相对长度 9) 键、销损坏 10) 各仪器、仪表失灵或损坏	0.6
3	轻度故障	整机的使用性能有轻微影响,用更换易损备件和用随机工具在20 min内能够排除	1) 渗水、渗油 2) 转向灯、照明灯不亮 3) 焊接部位焊缝开裂长度小于5%相对长度 4) 螺栓松动等轻微故障	0.15
注:由于外界原因造成的事故和停机不作故障处理,其停机修复时间不计入故障停机时间。如造成的损坏不能继续试验,可换用新样机重新开始试验。				

5.4.3 故障次数

故障次数应符合以下规定:

a) 轻度故障不计入首次故障,但应作记录;

b) 一次故障应判为一个故障次数,且只能判定为故障类别中的一类;

c) 产品在工业性试验中出现致命故障,则该产品可靠性判为不合格;

d) 按规定维护保养,更换到期的易损件,不计入故障次数;

e) 同时发生有因果关系的故障只作一次故障计算，其加权系数按大者计，但同时发生的故障项目应作详细记录；若同时发生无因果关系的故障，则分别计算；

f) 排除故障期间发现的同一部位的另一故障与正在排除的故障一起被当作一次故障；

g) 由于意外事故(不是样机本身的原因)发生故障，不作为故障次数，其修复时间也不计修理时间，但应作记录。

5.4.4 故障排除时间

故障排除时间包括：查找故障、排除故障、调整和校对的时间。下列时间不包括在故障排除时间内：

a) 行政管理所耽误的时间；

b) 属于分析故障原因的专门技术研究和检查时间。

5.5 性能复测

在累计纯作业试验达到 600 h 和行驶 600 km 后按第 4 章规定的项目内容复测并记录。

5.6 试验结果评定

5.6.1 特征量的计算

5.6.1.1 平均故障间隔时间

试验期间，样机出现致命故障，则判为不合格品。对于没有出现致命故障的样机，平均故障间隔时间 MTBF 按公式(6)计算：

$$\mathrm{MTBF}=\frac{T_0}{\left(\sum_{i=1}^{3}R_ie_i\right)+1} \qquad \cdots\cdots(6)$$

式中：

MTBF——平均故障间隔时间，单位为小时(h)；

T_0——试验期间，样机作业时间的总和，单位为小时(h)；

R_i——试验期间，样机出现第 i 类故障次数的总和；

e_i——第 i 类故障的加权系数，见表 1。

5.6.1.2 有效度

有效度 K 按公式(7)计算：

$$K=\frac{T_0}{T_0+T_1+T_2}\times 100 \qquad \cdots\cdots(7)$$

式中：

K——有效度，%；

T_1——试验期间，排除故障时间(包括分析、诊断、修复、调试的时间)的总和，单位为小时(h)；

T_2——试验期间，维护保养时间(加水、加燃油除外)的总和，单位为小时(h)。

5.6.1.3 平均生产率

挖掘装载机平均以试验期间所完成的总工作量确定，按公式(8)计算：

$$Q=\frac{V}{T_0} \qquad \cdots\cdots(8)$$

式中：

Q——平均生产率，单位为立方米每小时(m^3/h)；

V——试验期间，挖掘或装载土方量的总和，单位为立方米(m^3)。

5.6.1.4 平均燃油消耗量

平均燃油消耗量按公式(9)计算：

$$G_1=\frac{1\,000G_0}{V} \qquad \cdots\cdots(9)$$

式中：

G_1——平均燃油消耗量，单位为毫升每立方米(mL/m^3)；

G_0——试验期间，样机消耗燃油的总和，单位为升(L)。

5.7 技术保养与维修条件

试验期间应严格按技术文件规定对样机进行各级保养和维修，并按下列内容作出统计与鉴别：

a) 维修保养的劳动量与物资费用支出；

b) 维修保养中修复的工艺性；

c) 维修保养规程的合理性；

d) 改进措施与建议。

5.8 整机性能稳定性评定

在试验开始、中间阶段及试验结束，分别进行下列项目的测定：

a) 生产率及平均燃油消耗量；

b) 工作装置动作时间；

c) 最高车速、制动距离；

d) 掘起力、提升能力及最大牵引力。

根据上述项目在三个时期中测定的数据对比，作出挖掘装载机工作能力和整机性能稳定性评价。

5.9 测试结果记录

挖掘装载机工业性试验各项测试结果应分别记入表 B.4～表 B.7，表中所列各参数，凡同时测量多次的均记算术平均值。

附　录　A
（规范性附录）
挖掘装载机整机性能试验记录表

表 A.1　挖掘装载机试验前检查记录

样机型号________________试验日期__________

出厂编号________________试验地点__________

试验人员________________

轮胎平均气压(kPa)：左前______右前______

左后______右后______

<table>
<tr><th>序号</th><th colspan="2">项　　目</th><th>单位</th><th>实测值</th><th>备注</th></tr>
<tr><td>1</td><td colspan="2">挖掘装载机外部缺陷</td><td>—</td><td></td><td></td></tr>
<tr><td>2</td><td colspan="2">焊缝质量</td><td>—</td><td></td><td></td></tr>
<tr><td>3</td><td colspan="2">液压件密封性</td><td>—</td><td></td><td></td></tr>
<tr><td>4</td><td colspan="2">润滑状态</td><td>—</td><td></td><td></td></tr>
<tr><td>5</td><td colspan="2">专用工具、量具情况</td><td>—</td><td></td><td></td></tr>
<tr><td rowspan="3">6</td><td rowspan="3">发动机</td><td>型号</td><td>—</td><td></td><td></td></tr>
<tr><td>额定功率</td><td>kW</td><td></td><td></td></tr>
<tr><td>额定转速</td><td>r/min</td><td></td><td></td></tr>
<tr><td rowspan="5">7</td><td rowspan="5">液压系统</td><td>泵的型号</td><td>—</td><td></td><td></td></tr>
<tr><td>泵的流量</td><td>L/min</td><td></td><td></td></tr>
<tr><td>最大工作压力</td><td>Pa</td><td></td><td></td></tr>
<tr><td>马达型号</td><td>—</td><td></td><td></td></tr>
<tr><td>主阀型号</td><td>—</td><td></td><td></td></tr>
<tr><td>8</td><td colspan="2">制动器操纵油、气压</td><td>MPa</td><td></td><td></td></tr>
<tr><td rowspan="4">9</td><td rowspan="4">空车运转</td><td>里　程</td><td>km</td><td></td><td></td></tr>
<tr><td>路面条件</td><td>—</td><td></td><td></td></tr>
<tr><td>运行时间</td><td>h</td><td></td><td></td></tr>
<tr><td>发现故障及排除方法</td><td>—</td><td></td><td></td></tr>
<tr><td rowspan="2">10</td><td rowspan="2">挖掘、装载作业(轻型物料)</td><td>完成总工作量(挖掘、装载)</td><td>m^3</td><td></td><td></td></tr>
<tr><td>作业时间(挖掘、装载)</td><td>h</td><td></td><td></td></tr>
<tr><td>11</td><td>发现故障及排除方法</td><td colspan="4"></td></tr>
</table>

表 A.2 外形尺寸、作业参数记录表

样机型号____________试验日期____________

出厂编号____________试验地点____________

试验人员____________

轮胎平均气压(kPa):左前______右前______

左后______右后______

项 目			单 位	数 值
整机主要参数		工作质量 OM	kg	
		最大长度 $L7$	mm	
		最大宽度 $W1$	mm	
		运输高度 $H3$	mm	
主要尺寸		轮距 $W3$	mm	
		装载斗宽度 $W5$	mm	
		机体最大高度 $H1$	mm	
		离地间隙 $H4$	mm	
		离去角 $A7$	(°)	
		轴距 $L3$	mm	
		后悬长度 $L4$	mm	
作业参数	反铲	最大挖掘半径 $RR1$	mm	
		最大卸载高度 $HH4$	mm	
		最大挖掘深度 $HH5$	mm	
		最大卸载高度时的半径 $RR5$	mm	
		在基准地平面上的最大挖掘半径 $RR2$	mm	
	装载	卸载高度 $H8$	mm	
		卸载距离 $L6$	mm	
		收斗角 $A4$	(°)	
		卸载角 $A2$	(°)	

表 A.3 铲斗容量测量记录表

样机型号____________试验日期____________

出厂编号____________试验地点____________

物料名称____________试验人员____________

单位为立方米

名 称	测量项目	测 定 值	备 注
反铲斗	平装容量		
	堆尖容量		
装载斗	平装容量		
	堆尖容量		

表 A.4　质量及桥荷分配记录表

样机型号________________试验日期____________
出厂编号________________试验地点____________
试验人员________________
轮胎平均气压(kPa):左前______右前______
左后______右后______

<table>
<tr><th rowspan="3" colspan="2">工况</th><th rowspan="3">总质量/
kg</th><th rowspan="3">后桥
荷重/
N</th><th rowspan="3">前桥
荷重/
N</th><th colspan="2">桥荷分配/%</th><th colspan="4">轮胎静力半径/mm</th><th rowspan="3">备注</th></tr>
<tr><th rowspan="2">后桥</th><th rowspan="2">前桥</th><th colspan="2">后轮</th><th colspan="2">前轮</th></tr>
<tr><th>左</th><th>右</th><th>左</th><th>右</th></tr>
<tr><td rowspan="3">空载</td><td>运输</td><td></td><td></td><td></td><td></td><td></td><td></td><td></td><td></td><td></td><td></td></tr>
<tr><td>平伸</td><td></td><td></td><td></td><td></td><td></td><td></td><td></td><td></td><td></td><td></td></tr>
<tr><td>最高</td><td></td><td></td><td></td><td></td><td></td><td></td><td></td><td></td><td></td><td></td></tr>
<tr><td rowspan="3">满载</td><td>运输</td><td></td><td></td><td></td><td></td><td></td><td></td><td></td><td></td><td></td><td></td></tr>
<tr><td>平伸</td><td></td><td></td><td></td><td></td><td></td><td></td><td></td><td></td><td></td><td></td></tr>
<tr><td>最高</td><td></td><td></td><td></td><td></td><td></td><td></td><td></td><td></td><td></td><td></td></tr>
</table>

表 A.5　静态稳定角测定记录表

样机型号________________试验日期____________
出厂编号________________试验地点____________
试验人员________________
轮胎平均气压(kPa):左前______右前______
左后______右后______

<table>
<tr><th rowspan="3" colspan="2">测定项目</th><th colspan="6">提升臂位置</th></tr>
<tr><th colspan="2">运输</th><th colspan="2">平伸</th><th colspan="2">最高</th></tr>
<tr><th>空载</th><th>满载</th><th>空载</th><th>满载</th><th>空载</th><th>满载</th></tr>
<tr><td rowspan="2">稳定角/(°)</td><td>纵向</td><td></td><td></td><td></td><td></td><td></td><td></td></tr>
<tr><td>横向</td><td></td><td></td><td></td><td></td><td></td><td></td></tr>
</table>

表 A.6　下插力测定记录表

样机型号________________试验日期________________
出厂编号________________试验地点________________
试验人员________________

下插力/N	力作用中心至前桥距离/mm	后轮静力半径/mm	备注

表 A.7　反铲装置测定记录表

样机型号＿＿＿＿＿＿＿＿＿＿试验日期＿＿＿＿＿＿＿＿＿＿

出厂编号＿＿＿＿＿＿＿＿＿＿试验地点＿＿＿＿＿＿＿＿＿＿

试验人员＿＿＿＿＿＿＿＿＿＿发动机转速＿＿＿＿＿＿r/min

液压油温度＿＿＿＿＿＿＿＿℃

铲斗载荷/N	工况	转角/(°)	转向	回转时间/s				备注
				1	2	3	平均	
空载	Ⅰ		左					
			右					
	Ⅱ		左					
			右					
满载	Ⅰ		左					
			右					
	Ⅱ		左					
			右					

表 A.8　回转力矩测定记录表

样机型号＿＿＿＿＿＿＿＿＿＿试验日期＿＿＿＿＿＿＿＿＿＿

出厂编号＿＿＿＿＿＿＿＿＿＿试验地点＿＿＿＿＿＿＿＿＿＿

试验人员＿＿＿＿＿＿＿＿＿＿发动机转速＿＿＿＿＿＿r/min

液压油温度＿＿＿＿＿＿＿＿℃

铲斗载荷/N	工况	转向	力臂/m	拉力/N				回转力矩/(N·m)	备注
				1	2	3	平均		
空载	Ⅰ	左							
		右							
	Ⅱ	左							
		右							

表 A.9 液压缸沉降量测定记录表

样机型号________试验日期________

出厂编号________试验地点________

液压油型号________环境温度________℃

液压油温度________℃试验人员________

静态测试								
测定时间	加载质量/t	活塞杆伸缩长度/mm				沉降量/mm		备注
		提升液压缸		转斗液压缸				
		左	右	左	右	提升液压缸	转斗液压缸	
5 min								
10 min								

动态测试										
道路状况	车速/(km/h)	行驶距离/km	活塞杆伸缩长度/mm				活塞杆总沉降量/mm		单位沉降量/(mm/km)	
			提升液压缸		转斗液压缸		提升液压缸	转斗液压缸	提升液压缸	转斗液压缸
			左	右	左	右				

表 A.10 加速性能测定记录表

样机型号________试验日期________

出厂编号________试验地点________

风速、风向________试验人员________

轮胎平均气压(kPa):左前________右前________

左后________右后________

挡位	序号	测定时间/s	测定距离/m			速度/(m/s)	加速度/(m/s^2)	轮胎滑转率	备注
			1	2	平均值				

表 A.11 爬坡能力测定记录表

样机型号______________试验日期______________

出厂编号______________试验地点______________

试验人员______________

轮胎平均气压(kPa):左前__________右前__________

左后__________右后__________

序号	挡位	坡道角(平均值)/(°)	测量距离/mm	工作质量/kg	测定时间/s	爬坡功率(平均值)/kW	最低挡爬坡能力/%	备注
1								
2								
3								

表 A.12 滑行性能测定记录表

样机型号______________试验日期______________

出厂编号______________试验地点______________

风速、风向______________道路状况______________

试验人员______________

轮胎平均气压(kPa):左前__________右前__________

左后__________右后__________

滑行方向	挂空挡前车速(km/h)	滑行距离/m	测定时间		负加速度/(m/s²)	滑行阻力系数	滚动阻力系数	滚动阻力/kN	备注
			滑行半程/s	滑行全程/s					
									全程一般取100m

表 A.13 运行试验记录表

样机型号______________试验日期______________

出厂编号______________试验地点______________

道路状况______________试验人员______________

测量序号		1	2	3
测量时间				
里程表读数/km				
温度/(℃)	发动机冷却液入口			
	发动机冷却液出口			
	发动机油底壳			
	发动机进气管路			
	变矩器油冷却器入口			
	变速器壳体内			
平均车速/(km/h)				
平均燃油消耗量/(mL/km)				
备注				

表 A.14 装载作业性能测定记录表

样机型号________________试验日期__________

出厂编号________________试验地点__________

配合作业的运输车辆(形式和规格)________试验人员__________

作业物料:名称__________成分__________密度__________

试验序号					
作业方式					
挡位	前进				
	后退				
铲装	装载斗几何容量/m^3				
	实际铲装容量/ m^3				
	铲装满斗系数				
作业周期/s	其中	铲装			
		运输			
		卸载			
		返回			
	每一作业周期总时间				
平均运输距离/m					
作业周期数					
生产率	完成的总作业量/m^3				
	每小时生产率/(m^3/h)				
平均燃油消耗量/(mL/m^3)					

附 录 B
（规范性附录）
挖掘装载机工业性试验记录表

表 B.1 反铲作业试验记录表

样机型号________________ 试验日期________________

出厂编号________________ 试验地点________________

驾驶人员________________ 试验人员________________

项　目			试　验　序　号			
			月　日	月　日	月　日	月　日
作业方式						
土质情况						
挖掘深度/m						
作业时间/h						
完成的总挖土量(松散)/m^3						
平均生产率/(m^3/h)						
燃油总消耗量/L						
平均燃油消耗量/(mL/m^3)						
各部温度/℃	水温	进水				
		出水				
	油温	液压油				
		发动机				

表 B.2 装载作业试验记录表

样机型号________________ 试验日期________________

出厂编号________________ 试验地点________________

驾驶人员________________ 试验人员________________

项　目			试　验　日　期			
			月　日	月　日	月　日	月　日
作业方式						
作业物料名称						
配合作业的运输车辆						
完成的总作业时间/h						
作业时间/h						
生产率/(m^3/h)						
燃油总消耗量/L						
平均燃油消耗量/(mL/ m^3)						
各部温度/℃	水温	进水				
		出水				
	油温	液压油				
		发动机				
		变速器				
		后桥				

表 B.3　行驶试验记录表

样机型号＿＿＿＿＿＿＿＿试验日期＿＿＿＿＿＿＿＿

出厂编号＿＿＿＿＿＿＿＿试验地点＿＿＿＿＿＿＿＿

驾驶人员＿＿＿＿＿＿＿＿试验人员＿＿＿＿＿＿＿＿

<table>
<tr><td colspan="3" rowspan="2">项　目</td><td colspan="4">试　验　日　期</td></tr>
<tr><td>月　日</td><td>月　日</td><td>月　日</td><td>月　日</td></tr>
<tr><td colspan="2" rowspan="2">天气状况</td><td>天气</td><td></td><td></td><td></td><td></td></tr>
<tr><td>气温</td><td></td><td></td><td></td><td></td></tr>
<tr><td colspan="3">道路种类与状况</td><td></td><td></td><td></td><td></td></tr>
<tr><td colspan="2" rowspan="2">轮胎气压</td><td>前轮</td><td></td><td></td><td></td><td></td></tr>
<tr><td>后轮</td><td></td><td></td><td></td><td></td></tr>
<tr><td colspan="3">行驶距离/km</td><td></td><td></td><td></td><td></td></tr>
<tr><td colspan="3">行驶时间/h</td><td></td><td></td><td></td><td></td></tr>
<tr><td colspan="3">平均车速/(km/h)</td><td></td><td></td><td></td><td></td></tr>
<tr><td colspan="3">燃油总消耗量/(L)</td><td></td><td></td><td></td><td></td></tr>
<tr><td colspan="3">平均燃油消耗量/(mL/m³)</td><td></td><td></td><td></td><td></td></tr>
<tr><td rowspan="5">各部温度/(℃)</td><td rowspan="2">水温</td><td>进水</td><td></td><td></td><td></td><td></td></tr>
<tr><td>出水</td><td></td><td></td><td></td><td></td></tr>
<tr><td rowspan="3">油温</td><td>发动机</td><td></td><td></td><td></td><td></td></tr>
<tr><td>变速器</td><td></td><td></td><td></td><td></td></tr>
<tr><td>后桥</td><td></td><td></td><td></td><td></td></tr>
</table>

表 B.4　工业性试验使用情况记录表

样机型号＿＿＿＿＿＿＿＿试验日期＿＿＿＿＿＿＿＿

出厂编号＿＿＿＿＿＿＿＿试验地点＿＿＿＿＿＿＿＿

驾驶人员＿＿＿＿＿＿＿＿试验人员＿＿＿＿＿＿＿＿

<table>
<tr><td colspan="2" rowspan="2">项　目</td><td colspan="4">工　作　时　间</td></tr>
<tr><td>从　到</td><td>从　到</td><td>从　到</td><td>从　到</td></tr>
<tr><td rowspan="4">发动机工作时间/h</td><td>总计</td><td></td><td></td><td></td><td></td></tr>
<tr><td>满负荷</td><td></td><td></td><td></td><td></td></tr>
<tr><td>怠速运转</td><td></td><td></td><td></td><td></td></tr>
<tr><td>停机</td><td></td><td></td><td></td><td></td></tr>
<tr><td rowspan="6">停机时间/h</td><td>施工组织原因</td><td></td><td></td><td></td><td></td></tr>
<tr><td>司机休息</td><td></td><td></td><td></td><td></td></tr>
<tr><td>技术保养</td><td></td><td></td><td></td><td></td></tr>
<tr><td>排除故障</td><td></td><td></td><td></td><td></td></tr>
<tr><td>气象等原因</td><td></td><td></td><td></td><td></td></tr>
<tr><td>其他</td><td></td><td></td><td></td><td></td></tr>
<tr><td colspan="2">土壤或物料特征</td><td></td><td></td><td></td><td></td></tr>
<tr><td colspan="2">完成总工作量/m³</td><td></td><td></td><td></td><td></td></tr>
<tr><td colspan="2">生产率/(m³/h)</td><td></td><td></td><td></td><td></td></tr>
<tr><td colspan="2">平均燃油消耗量/(mL/m³)</td><td></td><td></td><td></td><td></td></tr>
</table>

表 B.5 工业性试验故障记录表

样机型号____________试验日期____________
出厂编号____________试验地点____________
驾驶人员____________试验人员____________

样机工组时间/h	故障情况说明(附简图)	产生故障原因	排除故障采取措施	排除故障停车时间/h		故障零部件实际使用时间/h	为提高工业性建议采取的技术措施	备注
				待料时间	纯修理时间			

表 B.6 工业性试验经济效益各项指标总统计表

(定期统计汇总)

样机型号____________试验日期____________
出厂编号____________试验地点____________
驾驶人员____________试验人员____________

项目		试验时间			
		月 日	月 日	月 日	月 日
工作地点					
总试验延续时间/h					
作业时间/h	总工作小时				
	在负荷下的纯工作时间				
	作业场地改变时的转移运行时间				
	发动机空转时间				
停机时间/h	施工组织原因				
	司机休息				
	气象等原因				
	技术保养				
	排除故障更换零部件				
	台班累计				
	定期保养				
	各级预修(大、中修)				
	总计				
有效度					
土壤或物料特征					
完成总工作量/m^3					
生产率/(m^3/h)					
平均燃油消耗量/(mL/m^3)					
备注					

表 B.7 工业性试验器件故障汇总统计表

（定期统计汇总）

样机型号__________试验日期__________

出厂编号__________试验地点__________

制造商__________驾驶人员__________

试验人员__________主管试验人员__________

损坏的零部件名称	损坏特征	损坏时零部件已工作时间/h	至第一次大修预计的使用寿命/h	消除造成损坏原因所采取的技术措施	技术措施所产生的效果

总作业时间/h	故障发生次数														平均故障间隔时间/h
	发动机	液力变矩器	变速器	前桥	后桥	制动系统	液压系统	转向系统	工作装置	车架	轮胎	电气系统	其他	总计	

ICS 91.140.10
P 46

中华人民共和国国家标准

GB/T 13754—2008
代替 GB/T 13754—1992

采暖散热器散热量测定方法

Test methods of thermal output of heating radiators

2008-11-04 发布　　2009-06-01 实施

中华人民共和国国家质量监督检验检疫总局
中国国家标准化管理委员会　发布

前言

本标准代替 GB/T 13754—1992《采暖散热器散热量测定方法》。

本标准与 GB/T 13754—1992 相比主要技术内容变化如下：

——检测对象扩展到整个散热器类，特征公式中引入特征尺寸和流量；

——规定各个检测实验室应配置自己的标准散热器；

——与原标准相比，对检测过程的稳态条件做了更严格的规定；

——增加了金属热强度术语及计算方法。

本标准附录 A、附录 B 为资料性附录。

本标准由中华人民共和国住房和城乡建设部提出。

本标准由全国采暖通风空调及净化设备标准化技术委员会归口。

本标准负责起草单位：中国建筑科学研究院。

本标准参加起草单位：哈尔滨工业大学、清华大学、中国建筑金属结构协会采暖散热器委员会、中国计量科学研究院、国家空调设备质量监督检验中心、国家建筑材料工业建筑五金水暖产品质量监督检验测试中心、河南省建筑科学研究院、国家散热器产品质量监督检测中心、天津市产品质量监督检测技术研究院、辽宁省水暖器材产品质量监督检验站、河北圣春散热器股份有限公司、北京佛罗伦萨散热器有限公司、北京三叶散热器厂、山东高密中亚暖通设备有限公司、德国凯美有限公司、北新集团建材股份有限公司住宅部品事业部、上海努奥罗散热器有限公司、北京森德散热器有限公司、天津马丁康华不锈钢制品有限公司、瑞特格散热器(天津)有限公司、天津市华琛散热器有限公司、宁波宁兴金海水暖器材有限公司和中国建筑材料检验认证中心。

本标准主要起草人：路宾、李忠、董重成、狄洪发、宋为民、邱萍、史红卫、栾景阳、王力光、许仕君、侯柏岩、崔可忠、杨德元、江琳、杨华杰、武晓斌、文会通、陈国华、郭占庚、唐广志、张尧舜、宋岩、郑祥元、王新民、冯爱荣。

本标准于 1992 年首次发布。

采暖散热器散热量测定方法

1 范围

本标准规定了采暖散热器(以下简称散热器)散热量测定的术语与定义、符号与单位、测试对象的选择、测试原理、测试装置布置、测试方法和测试报告内容。

本标准适用于热媒为水(热媒温度低于当地大气压力下水的沸点温度),由远程热源提供热量的散热器的标准散热量的测定;测试散热器的散热量不应小于700 W,且对于每立方米小室体积散热量不大于87 W。

热媒为水(热媒温度超过当地大气压力下水的沸点温度)或蒸汽时,散热器散热量可参照本标准进行测定。

本标准不适用于自带热源散热器。

2 规范性引用文件

下列文件中的条款通过本标准的引用而成为本标准的条款。凡是注日期的引用文件,其随后所有的修改单(不包括勘误的内容)或修订版均不适用于本标准,然而,鼓励根据本标准达成协议的各方研究是否可使用这些文件的最新版本。凡是不注日期的引用文件,其最新版本适用于本标准。

GB/T 16803 采暖、通风、空调、净化设备术语

3 术语和定义

GB/T 16803 确立的以及下列术语和定义适用于本标准。

3.1

自带热源散热器 independent heating appliances

热源与散热元件集成在一起的散热器。

3.2

组装式散热器 sectional heating radiators

生产和销售时都以同样形式的待组装单元出现,并可将这些单元组装成一个整体。主要以辐射散热器为主。

3.3

标准散热器 master radiator

各检测实验室规定的用于验证测试装置重复性的散热器。该散热器应不易变形和腐蚀,热性能稳定。

3.4

湿换热面 wet heating surface;primary heating surface

散热器中总是与热媒(水或蒸汽)相接触的换热表面,也称一次换热面。

3.5

干换热面 dry heating surface;secondary heating surface

散热器中仅与空气相接触的换热表面(例如:从湿散热面延伸出来的肋片),也称二次换热面。

3.6

散热器类 type of heating radiators

具有类似构造、当高度或长度变化时,散热器的横断面保持不变,或在不影响热媒侧的情况下,散热

器干换热面仅有一个特征尺寸(如板式散热器对流片的高度)发生系统性的变化、至少包含三种以上散热器型号的一类散热器。

3.7

基准点空气温度 reference air temperature

测试小室中心垂线上距地 0.75 m 处测量到的空气温度。

3.8

过余温度 excess temperature

样品进出水平均温度与基准点空气温度的差值。

3.9

标准大气压力 standard air pressure

定义为 101.325 kPa(1.013 25 bar)。

3.10

标准测试工况 standard test conditions

基准点空气温度为 18 ℃,小室大气压力为标准大气压力;辐射散热器进口水温为 95 ℃,出口水温为 70 ℃;对流散热器进口水温为 88.75 ℃,出口水温为 76.25 ℃的测试工况,简称标准工况。

3.11

标准过余温度 standard excess temperature

标准测试工况下的过余温度,该温度为 64.5 K。

3.12

金属热强度 thermal output per weight per temperature difference of radiator

散热器在标准测试工况下,每单位过余温度下单位质量金属的散热量,单位为 W/(kg·K)。

3.13

水的质量流量 water mass flow rate

单位时间内流过散热器的水的质量。

3.14

标准质量流量 standard water mass flow rate

在标准测试工况下水的质量流量。

3.15

标准散热量 standard thermal output

在标准测试工况下的散热器散热量。

3.16

特征公式 characteristic equation

在水流量一定时,散热量作为过余温度的函数表达式。该特征公式为一个具有特征指数的幂函数。

3.17

标准特征公式 standard characteristic equation

在标准水流量下有效,且在标准过余温度 64.5 K 下的标准散热量可以根据公式得到的特征公式。

3.18

某散热器类的特征公式 regression equation of a type

作为某一特征尺寸的函数,可以给出某散热器类所包含的所有型号的标准散热量和特征指数的公式。该特征公式在确定散热量时为一幂函数,其特征指数为特征尺寸的线性函数。

3.19

[测量仪器的]重复性 repeatability [of a measuring instrument]

在相同测量条件下,重复测量同一个被测量,测量仪器提供相近示值的能力。

4 符号与单位

本标准使用参数的符号及单位见表1。

表1 测试所用符号、参数和单位

序号	参数	符号	单位
1	散热量	Q	W
2	标准散热量	Q_s	W
3	热力学温度	T	K
4	温度	t	℃
5	进口水温	t_1	℃
6	出口水温	t_2	℃
7	进出口温差	t_1-t_2	K
8	平均水温	t_m	℃
9	基准点空气温度	t_r	℃
10	过余温度	ΔT	K
11	比焓	h	J/kg
12	进口比焓	h_1	J/kg
13	出口比焓	h_2	J/kg
14	水的质量流量	G_m	kg/s
15	标准质量流量	G_{ms}	kg/s
16	相对偏差	D_o	—
17	特征尺寸	H	m
18	热阻	R	$(m^2 \cdot K)/W$
19	采样时长	τ	s
20	金属热强度	q	$W/(kg \cdot K)$

5 测试样品的选择

5.1 当散热器长度相同、高度变化时散热器类测试样品的选择

5.1.1 散热器测试样品的长度宜为0.5 m～1.5 m。对组装式散热器，其组装单元的数量宜为10且散热器长度不应小于0.5 m。同一散热器类中的不同测试样品应具有相同长度。

5.1.2 当散热器高度变化范围小于1 m时，测试样品高度应分别选取所属类中高度最大值、高度最小值和高度中间值，所选的高度中间值应大于等于且最接近于式(1)表示的高度均值。

$$H_a=\frac{H_{max}+H_{min}}{2} \quad \cdots\cdots(1)$$

式中：

H_a——高度均值，m；

H_{max}——高度最大值，m；

H_{min}——高度最小值，m。

5.1.3 当散热器高度变化范围大于1 m且小于等于2.5 m时，被测样品高度应分别选取所属类中高度最大值、高度最小值和两个高度中间值，这两个高度中间值应分别最接近于式(2)和式(3)表示的高度中间值。

$$H_{a1}=\frac{2H_{max}+H_{min}}{3} \quad \cdots\cdots(2)$$

$$H_{a2}=\frac{H_{max}+2H_{min}}{3} \qquad \cdots\cdots(3)$$

式中：

H_{a1}——第一个高度中间值，m；

H_{a2}——第二个高度中间值，m。

5.1.4 当该散热器类中所有散热器的高度均低于 300 mm 时，被测样品高度应选择所属类中高度最大值和高度最小值。

5.1.5 当散热器高度范围大于 2.5 m 时，不宜以散热器类作为测试对象。

5.2 除高度外的其他特征尺寸变化时散热器类测试样品的选择

所选择的测试样品应具有相同高度，且其特征尺寸分别为该散热器类中相关特征尺寸的最小值、中间值和最大值，中间值宜按 5.1.2 规定确定。

5.3 测试样品的提交和核对

5.3.1 对第一次申请测试的散热器类或型号，宜同时向测试实验室提交测试样品和产品图纸。产品图纸应由委托方提供。

5.3.2 产品图纸宜包含以下内容：

a) 图纸上应显示对散热量有影响的所有尺寸和特征，包括焊接和装配的详细方法；

b) 图纸上应注明散热器的材料种类，干换热面或湿换热面材料的名义厚度、公差以及涂层类型。

5.3.3 测试实验室根据相关产品标准对样品的外形尺寸进行核对后方可进行散热量测定。

6 测试系统配置和测试方法

6.1 测试目的

利用本标准规定的测试方法，获得散热器标准特征公式，确定散热器的标准散热量。

6.2 仪器设备

6.2.1 测试装置

测试装置示意图如图 1 所示。

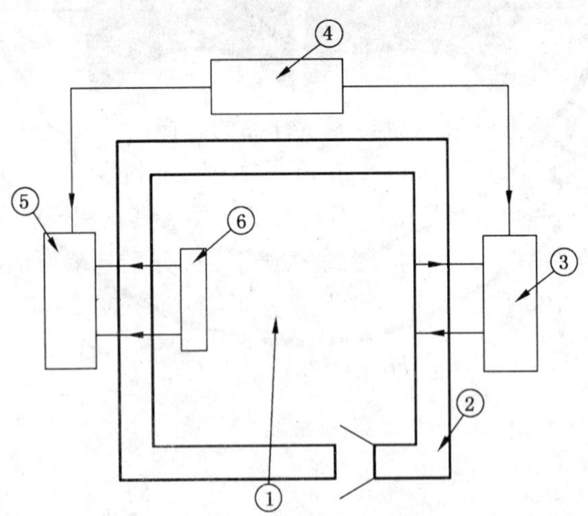

1——安装被测散热器的闭式小室；

2——小室六个壁面外的循环空气或水夹层；

3——冷却夹层内循环空气或水夹层循环处理装置；

4——检测和控制的仪表及设备；

5——供给被测试散热器能量的热媒循环系统；

6——测试样品。

图 1 测试装置示意图

6.2.2 闭式小室的要求

6.2.2.1 小室内部的净尺寸应为:长度:(4±0.2)m;宽度:(4±0.2)m;高度:(2.8±0.2)m。

6.2.2.2 小室在测试过程中均应保持气密且小室内壁面不应结露。

6.2.2.3 小室的内表面应涂非金属亚光涂料,其发射率不应小于0.9。

6.2.2.4 小室采用空气冷却时,其构造应符合下列要求:

a) 小室周围应设夹层,夹层内应维持稳定的温度环境;

b) 小室的四壁、门、屋顶和地面的热阻偏差应小于20%;

c) 小室门应直接对着夹层外门。夹层外门必须气密,并宜具有和夹层墙相同的热阻;

d) 夹层外围护层的墙、屋顶和地面总热阻应不小于1.73 $m^2 \cdot K/W$。

夹层内由可控温的送回风系统形成的循环空气,使小室的六个面得到均匀冷却。夹层的宽度不得小于0.3 m,宜为0.5 m;夹层内冷却空气的平均流速宜为0.1 m/s～0.5 m/s。

6.2.2.5 小室采用水冷却时,其构造应符合下列要求:

a) 冷却水的循环方式应使小室表面温度均匀;

b) 安装被测散热器的墙壁内表面,应在整个宽度离地面1.25 m的高度内贴以保温板。保温板的厚度宜为6 mm,其热阻应为(0.05±0.005)$m^2 \cdot K/W$。板的外表面涂非金属亚光涂料;

c) 冷却水的总流量不应少于6 000 kg/h,每面墙夹层内的水流量应可分别控制;

d) 小室构造可参照附录A规定建造。

6.2.3 小室内的参数测量

6.2.3.1 空气温度测点

6.2.3.1.1 在小室的中心轴线上温度测点的布置及其测量误差应符合下列规定:

a) 基准点空气温度,距地0.75 m,测量误差应为±0.1 ℃;

b) 其他点温度:距地0.05 m、0.50 m、1.50 m及距顶面0.05 m共4点,测量误差应为±0.2 ℃。

6.2.3.1.2 在每条距两面相邻墙1.0 m处的垂直线上,离地面0.75 m、1.50 m高的两点(共八点)宜设置温度测点,测量误差应为±0.2 ℃。

6.2.3.2 小室内表面温度测点

a) 六个内表面的中心点,测量误差应为±0.2 ℃;

b) 安装被测散热器的墙壁内表面与地面垂直的中心线上,距地面0.30 m的点,测量误差应为±0.2 ℃。

6.2.3.3 其他参数的测量

a) 小室内空气的相对湿度,测量误差应为±5%;

b) 采用空气冷却时夹层内的空气温度,测量误差应为±0.5 ℃;

c) 采用水冷却时冷却系统入口处的水温,测量误差应为±0.2 ℃;

d) 大气压力,测量误差应为±0.1 kPa。

6.2.4 热媒循环系统参数的测量

6.2.4.1 应测量散热器进口和出口的水温,或测量其中一处水温及散热器进出口的热水温差。

6.2.4.2 水的质量流量宜采用称重法测量,其测试装置参见附录B。当采用其他方法测量水流量时,该方法应能用称重法验证,且其测量精度不应低于称重法。

6.2.4.3 热媒参数的测量应满足以下要求:

a) 流量,测量误差应为±0.5%;

b) 温度,测量误差应为±0.1 ℃。

6.2.5 标准散热器

为验证测试装置测试结果是否在本标准规定的范围内,各检测实验室应至少规定一组辐射散热器和一组对流散热器作为本实验室标准散热器。

6.2.6 测试装置的验证

6.2.6.1 任何散热量的测试都应具有符合本标准要求的试验环境和条件。

6.2.6.2 检测实验室验收时应使用自己的标准散热器组进行散热量测试，连续五次测试结果的相对偏差不应超过2%。

6.2.6.3 实验室至少每六个月应使用自己的标准散热器组进行散热量测试。测试结果与实验室初始时连续五次测试结果的相对偏差不应超过2%。

6.3 散热量测试试验准备

6.3.1 无特殊要求时，被测散热器应按以下标准条件安装：

a) 散热器应与安装位置所在的壁面平行，并对称于该壁面的中心线；

b) 散热器安装位置所在的壁面与距其最近的散热器表面之间的距离应为(0.05±0.005)m；

c) 散热器底部应与小室地面平行，其底部与小室底部的间距应为(0.11±0.01)m；

d) 散热器与支管的连接采用同侧上进下出，并应有一定的坡度；

e) 支撑及固定散热器的构件不应影响散热器的散热量；

f) 应保证在水系统中不发生气堵。

6.3.2 如果委托方的技术文件或标准连接件与以上任一标准安装条件不同，散热器应按委托方的规定安装，相关安装元件由委托方提供。

6.3.3 实验室应在测试报告中给出散热器的安装条件，委托方也应在其技术文件中给出同样的说明。

6.4 测试方法

6.4.1 原理

散热器的散热量通过测量流过散热器的热媒质量流量(称重法)和散热器进出口的焓差来确定。

6.4.2 测量和计算

6.4.2.1 总则

本标准通过确定散热器散热量和过余温度的相关值，建立散热器的标准特征公式。

6.4.2.2 称重法

散热器散热量应按式(4)、式(5)计算：

$$Q = G_m(h_1 - h_2) \qquad \cdots\cdots(4)$$

$$G_m = m/\tau \qquad \cdots\cdots(5)$$

式中：

Q——测试样品散热量，W；

G_m——通过散热器的水的质量流量，kg/s；

h_1, h_2——散热器进出口比焓，J/kg，根据测量到的散热器进出口温度 t_1 和 t_2，通过查100 kPa压力下的水的物性参数表得到该比焓；

m——集水容器中水的质量，kg；

τ——集水容器收集水的采样时长，s。

6.4.2.3 大气压力修正

当测试小室大气压力与标准大气压力 p=101.3 kPa有偏离时，应按式(6)计算散热量：

$$Q = Q_{me} \times \alpha \qquad \cdots\cdots(6)$$

式中：

Q——测试样品散热量，W；

Q_{me}——根据相应测量值计算得出的散热量，W；

α——标准大气压力条件下的散热量修正系数。

$$\alpha = 1 + \beta(p_0 - p)/p_0 \qquad \cdots\cdots(7)$$

式中：

β——系数，辐射散热器为0.3，对流散热器为0.5；

p——测试小室的平均大气压力，kPa；

p_0——标准大气压力，101.3 kPa。

6.4.3 特征公式的确定

6.4.3.1 测试工况

特征公式的确定至少要过余温度分别为32 K±3 K、47 K±3 K和64.5 K±1 K这三个工况测试的基础上进行。

在确定特征公式的过程中，除应遵循6.4.3.2规定的稳态条件外，不同工况间基准点空气温度的变化不应超过1 K。

不同工况间的水的质量流量应相同，与平均值的相对偏差不超过±1%。该流量应符合以下要求：

a) 过余温度为64.5 K±1 K；

b) 对辐射散热器，散热器进出口温差为25 K±1 K；对对流散热器，散热器进出口温差为12.5 K±1 K。

6.4.3.2 稳态条件

6.4.3.2.1 应通过自控系统对相关参数进行定时监测。当在至少30 min内得到的所有读数（至少12组）与平均值的最大偏差小于下列范围时，可以认为达到稳态条件：

a) 热媒循环系统的稳态条件如下：

测试参数	与平均值的最大偏差
流　　量	±1%
温　　度	±0.1 ℃

b) 测试装置环境的稳态条件如下：

测试参数	与平均值的最大偏差
各壁面中心温度	±0.3 ℃
安装散热器墙壁内表面温度	±0.5 ℃
基准点温度	±0.1 ℃

6.4.3.2.2 在测试过程中热媒循环系统和测试装置环境都应保持稳态条件。

6.4.3.3 测试时间及记录

为了便于数据处理以及数据的安全纪录和存放，所有测量过程都可以采用电子文件记录。

在确定热媒管路和测试装置在某一状态下已达到稳定要求后，在等时间间隔上连续进行十二次测试，其总时间不得小于0.5 h。要求测量的热媒和小室的数据，包括温度、流量应予记录。

在证实记录值符合所要求的偏差范围内之后（包括稳态条件）便可采用平均值来确定散热器的特征公式。

6.5 测量仪器的准确度与不确定度

6.5.1 质量

6.5.1.1 采用称重法称重时，称量装置在称量称水容器中水的质量时每10 kg测量误差不应大于2 g。

6.5.1.2 散热器质量应采用不应低于三级的台秤称量得到。

6.5.2 时间

用来测量收集水的时间计时器的测量误差不应大于0.01 s，该计时器与一个开关系统以及在称水容器和集水罐之间切换的一个出水装置联动。每次称量收集水的时间不应少于60 s。

6.5.3 温度

6.5.3.1 温度测量应遵照相关的国家标准和规程。

6.5.3.2 水温应在被测散热器与水系统的连结点处直接测量。如不可能在该处测量时，则测温点与散热器进(出)口之间的距离不得大于0.3 m。应对这段管道严格保温,并在计算散热量时减去这部分散热量。保温层应延伸到测温点之外0.3 m以上。

6.5.3.3　温度传感器所检测到的温度应能代表水流平均温度。

6.5.3.4　水流温度测量的扩展不确定度不应大于0.05 K,进出口温差和过余温度测量的扩展不确定度不应大于0.1 K。

6.5.3.5　空气温度测量点应做防热辐射屏蔽。

6.5.4　测量仪器的校准

测量主要参数仪器的校准应溯源到国家基准。

6.6　测试结果表达

6.6.1　测试对象为单个散热器型号的时散热器标准特征公式

对单个散热器型号,测试得到的标准特征公式表示见式(8):

$$Q = K_M \cdot \Delta T^n \qquad (8)$$

式中:

Q——散热器散热量,W;

ΔT——过余温度,K;

K_M, n——针对该散热器型号的常数,通过最小二乘法求得。

6.6.2　测试对象为某散热器类时散热器类的特征公式

6.6.2.1　散热器类的特征公式表示如式(9):

$$Q = K_T \cdot H^b \cdot \Delta T^{(C_0+C_1 H)} \qquad (9)$$

式中:

Q——散热器散热量,W;

ΔT——过余温度,K;

H——特征尺寸,m;

$C_0+C_1 H$——特征尺寸 H 的线性函数,通过最小二乘法求得;

K_T, b——针对该散热器类的常数,通过最小二乘法求得。

6.6.2.2　变流量下某散热器类的特征公式

对流散热器宜进行变流量工况测试。对流散热器类的特征公式表示为式(10):

$$Q = K_T \cdot H^b \cdot G_m^C \Delta T^{(C_0+C_1 H)} \qquad (10)$$

式中:

Q——散热器散热量,W;

ΔT——过余温度,K;

G_m——通过散热器的水的质量流量,kg/s;

H——特征尺寸,m;

$C_0+C_1 H$——特征尺寸 H 的线性函数,通过最小二乘法求得;

K_T, b, C——针对该散热器类的常数,通过最小二乘法求得。

辐射散热器可根据委托方要求确定是否进行变流量工况测试。

6.6.3　散热器的标准散热量可以通过该型号的标准特征公式或所属散热器类的特征公式计算得到。

6.6.4　散热器金属热强度应按式(11)确定:

$$q = \frac{Q_s}{\Delta T_s \cdot G} \qquad (11)$$

式中:

q——散热器金属热强度,W/(kg·K);

Q_s——散热器标准散热量,W;

ΔT_s——标准过余温度，$\Delta T_s = 64.5$ K；

G——散热器未充水时的质量，kg。

7 测试报告

7.1 测试实验室应根据本标准规定的测试程序和计算方法出具测试报告。

7.2 测试报告中应包括以下内容：

a) 每个被测样品或散热器类的标准特征公式；

b) 每个被测样品的标准散热量；

c) 每个被测样品的金属热强度；

d) 样品安装中的任何非标准做法；

e) 能反映被测散热器构造、形状、主要尺寸及特点的照片或简图；

f) 不符合本标准规定的测试项目及原因；

g) 注明被测散热器片数组合长度、重量、制造材料、表面涂料、外形尺寸、连接方式、接管尺寸及安装情况。

被测散热器散热量修约时应保留一位小数，特征公式中的指数和系数应保留四位小数，温度应保留一位小数。

附 录 A
（资料性附录）
水冷却小室构造

A.1 测试小室构造

测试小室应有水冷夹层，小室内表面应采用薄钢板做成且表面光滑。水冷夹层如图A.1和图A.2所示，构成如下：

a） 钢制夹层，水冷却；

b） 保温材料注入钢制夹层和外表面钢板之间，形成一个独立的整体；

c） 外表面钢板厚度为0.6 mm。

钢制水冷夹层如图A.3所示，由以下两层钢板焊接而成：

a） 一层是厚度为2 mm的平钢板；

b） 另一层为1 mm厚的波浪型钢板，与平钢板一起形成若干横截面积约150 mm^2 的水道。

保温层的厚度为80 mm，每一壁面、地面和顶面的总热阻最小为2.5(m^2·K)/W。被测散热器安装的壁面也是同样的夹层，但不与冷却水系统相连（即水道中不走水）。测试小室的内表面应刷一层哑光涂料，其发射率不应小于0.9。小室各个壁面均组装而成，内外结构均自成体系，没有热桥如图A.4所示。冷却水环路和夹层水道的连接参见图A.5所示。为小室内外水电连接的洞口应进行密封以保证小室气密性。

单位为毫米

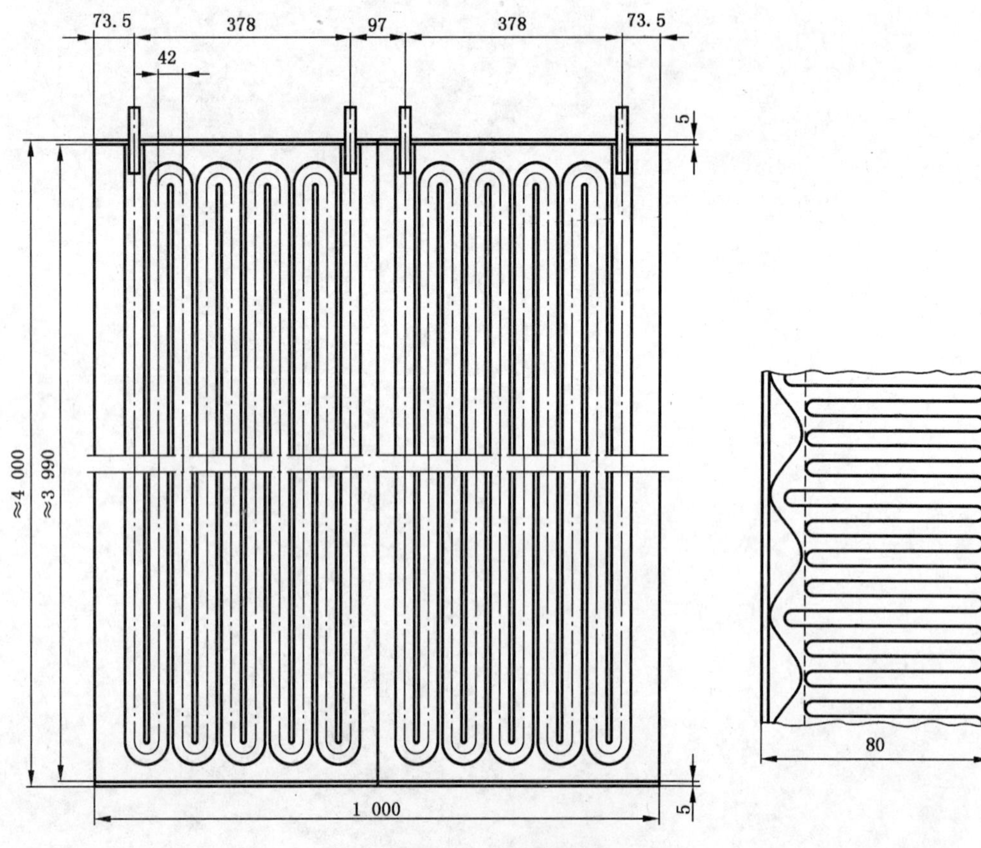

图A.1 水冷夹层

A.2 测试小室的密闭性

测试小室的构造应充分密闭以防止无组织的空气侵入。

A.3 冷却系统

小室冷却系统应保证在被测散热器允许的最大散热量下，测试小室任一被冷却壁面内表面的温度与所有被冷却壁面内表面的平均温度之差不大于±0.5 K。为实现这一目的，针对每平方米被冷却壁面所提供的夹层冷却水流量不应小于80 kg/h。

在测试过程中，应控制被冷却壁面内表面平均温度，使基准点空气温度保持在18±0.5℃并符合稳态条件的要求。

小室被冷却壁面内表面平均温度为相关壁面的进水温度和出水温度的平均值。

单位为毫米

图 A.2 留有对外连接洞口的水冷夹层

单位为毫米

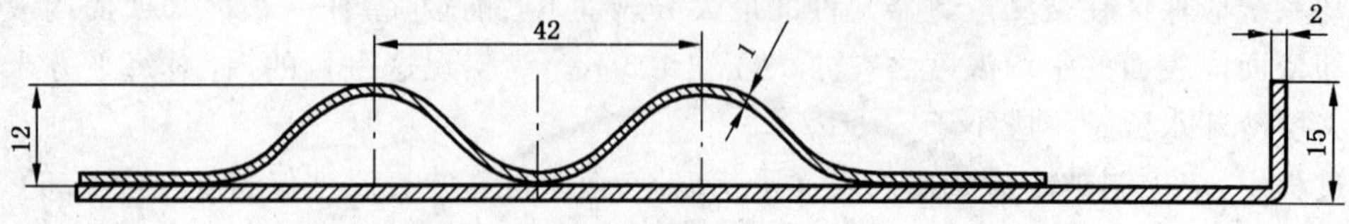

图 A.3 水冷夹层横截面图

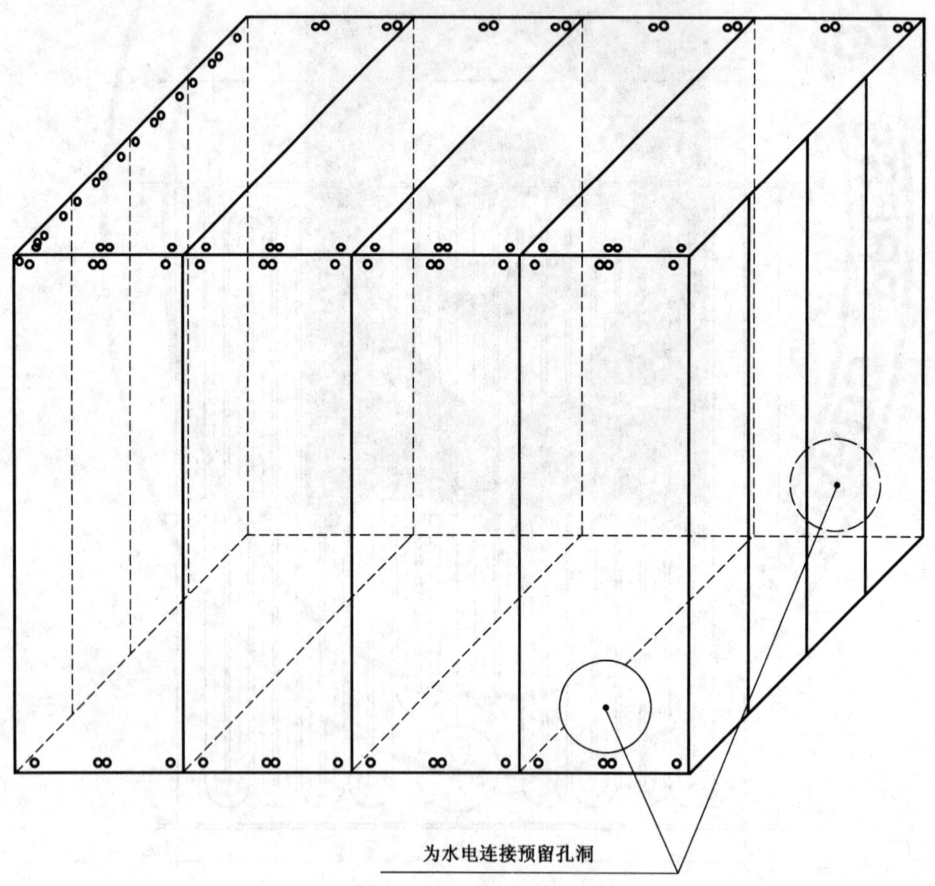

图 A.4 水冷夹层组装图

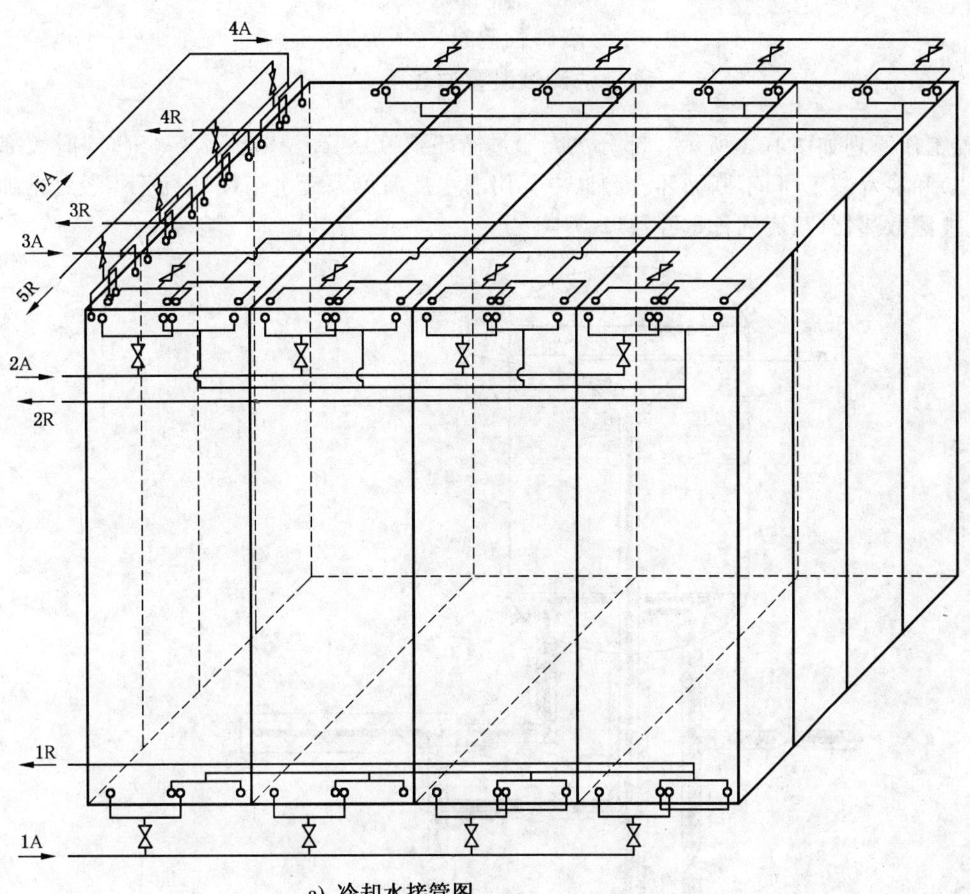

a) 冷却水接管图

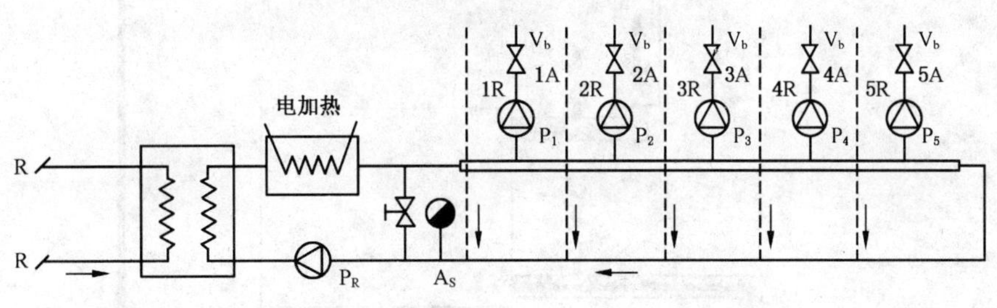

b) 冷却水主环路示意

R——冷媒接口；

A_S——空气分离器；

P——水泵。

图 A.5　小室冷却水环路

附 录 B
（资料性附录）
称重法测试装置原理图

测试装置工作原理如图B.1所示。部分热媒通过循环泵(1)到高位溢流水箱(5),同时大部分热媒通过电锅炉(3)和混水装置(4)不断循环。测试中要用的水从高位溢流水箱(5)中流下,经过精加热装置(15)后,通过被测散热器(7)流到称重容器(14)中。

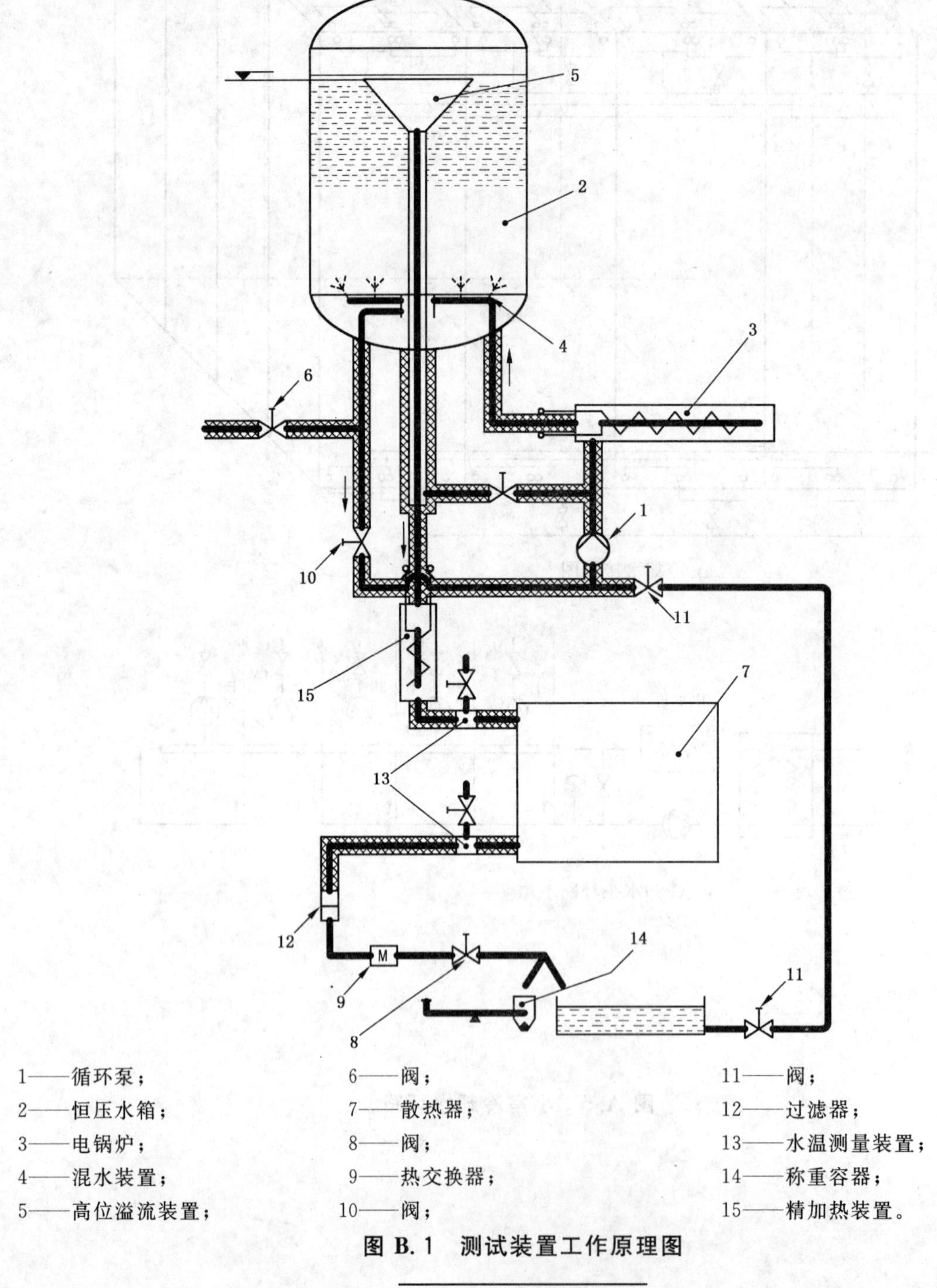

1——循环泵；	6——阀；	11——阀；
2——恒压水箱；	7——散热器；	12——过滤器；
3——电锅炉；	8——阀；	13——水温测量装置；
4——混水装置；	9——热交换器；	14——称重容器；
5——高位溢流装置；	10——阀；	15——精加热装置。

图B.1 测试装置工作原理图

ICS 59.060.20
W 52

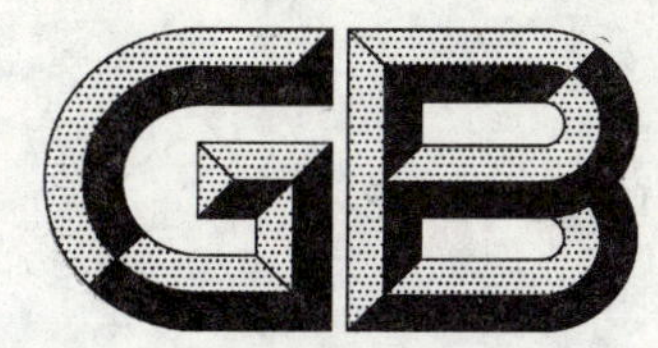

中华人民共和国国家标准

GB/T 13758—2008
代替 GB/T 13758—1992

粘胶长丝

Viscose filament yarn

2008-08-06 发布 2009-06-01 实施

中华人民共和国国家质量监督检验检疫总局
中国国家标准化管理委员会 发布

前　言

本标准代替 GB/T 13758—1992《粘胶长丝》。

本标准与 GB/T 13758—1992 相比主要变化如下：

——适用范围中线密度由 66.7 dtex～166.7 dtex 扩展为 66.7 dtex～333.3 dtex。

——产品分类和标识部分：粘胶产品分类由有光丝、消光丝、漂白丝改为有光丝、消光丝、着色丝。

——技术要求部分：

产品分等由原来的优等、一等、二等、三等改为优等、一等、合格品；

干断裂强度、湿断裂强度、干断裂伸长变异系数（*CV*）、线密度变异系数（*CV*）指标值有一定幅度提高。

——附录 A 中外观疵点检验（第 A.2 章）：外观疵点评定项目中对毛丝、成型、甩尾和夹丝进行了修订和补充。

——各项指标的测试方法均执行相应的方法标准。

本标准的附录 A 为规范性附录。

本标准由中国纺织工业协会提出。

本标准由上海市纺织技术监督所归口。

本标准起草单位：保定天鹅股份有限公司、新乡化纤股份有限公司、宜宾丝丽雅集团海丝特纤维有限公司。

本标准主要起草人：陈洁龄、谷丽娜、刘初峰、李蓉玲、贾素芬。

本标准所代替标准的历次版本发布情况为：

——GB/T 13758—1992。

粘 胶 长 丝

1 范围

本标准规定了粘胶长丝的产品分类、技术要求、试验方法、检验规则和标志、包装、运输、贮存的要求。

本标准适用于以棉浆或木浆为原料生产的粘胶长丝。

本标准适用于线密度在 66.7 dtex～333.3 dtex粘胶长丝品质的鉴定和验收。原液着色丝、线密度在 66.7 dtex 以下及 333.3 dtex 以上可参照使用。

2 规范性引用文件

下列文件中的条款通过本标准的引用而成为本标准的条款。凡是注日期的引用文件，其随后所有的修改单(不包括勘误的内容)或修订版均不适用于本标准，然而，鼓励根据本标准达成协议的各方研究是否可使用这些文件的最新版本。凡是不注日期的引用文件，其最新版本适用于本标准。

GB/T 250 纺织品 色牢度试验 评定变色用灰色样卡

GB/T 1250 极限数值的表示方法和判定方法

GB/T 3291.1 纺织 纺织材料性能和试验术语 第 1 部分:纤维和纱线

GB/T 3291.3 纺织 纺织材料性能和试验术语 第 3 部分:通用

GB/T 4146 纺织名词术语(化纤部分)

GB/T 6502 化学纤维 长丝取样方法

GB/T 6503 化学纤维 回潮率试验方法

GB/T 6504 化学纤维 含油率试验方法

GB/T 6529 纺织品 调湿和试验用标准大气

GB/T 8170 数值修约规则

GB/T 14343 化学纤维 长丝线密度试验方法

GB/T 14344 化学纤维 长丝拉伸性能试验方法

GB/T 14345 化学纤维 长丝捻度试验方法

FZ/T 50014 纤维素化学纤维 残硫量测定方法 直接碘量法

FZ/T 50015 粘胶长丝染色均匀度试验和评定

3 术语和定义

GB/T 3291.1、GB/T 3291.3 和 GB/T 4146 中确立的以及下列术语和定义适用于本标准。

3.1

生产批 product lot

原料、化工料、辅料、工艺条件、产品规格相同，连续生产的产品批号。

3.2

检验批 test lot

为检验连续生产过程中产品质量的稳定性，在一定范围内周期性取样的试验批。

4 产品分类和标识

4.1 按生产时消光剂或色浆添加量的不同，粘胶长丝产品分为有光丝、消光丝、着色丝。

4.2 产品规格以线密度(dtex)和单丝根数(f)表示。例如线密度为133.3 dtex,单丝根数为30 f的长丝,规格表示为133.3 dtex/30 f。

4.3 产品型号按生产时采用的浆粕、产品规格、生产工艺来标识。例如:133.3 dtex/30 f棉浆(有光)粘胶长丝。

5 技术要求

5.1 产品分等

粘胶长丝产品分为优等品、一等品和合格品。低于合格品的为等外品。

5.2 物理机械性能和染化性能指标

见表1。

表1 粘胶长丝物理机械性能和染化性能指标

序号	项目		单位	等级		
				优等品	一等品	合格品
1	干断裂强度	≥	cN/dtex	1.85	1.75	1.65
2	湿断裂强度	≥	cN/dtex	0.85	0.80	0.75
3	干断裂伸长率		%	17.0~24.0	16.0~25.0	15.5~26.0
4	干断裂伸长变异系数(*CV*)	≤	%	6.00	8.00	10.00
5	线密度(纤度)偏差		%	±2.0	±2.5	±3.0
6	线密度变异系数(*CV*)	≤	%	2.00	3.00	3.50
7	捻度变异系数(*CV*)	≤	%	13.00	16.00	19.00
8	单丝根数偏差	≤	%	1.0	2.0	3.0
9	残硫量	≤	mg/100 g	10.0	12.0	14.0
10	染色均匀度	≥	(灰卡)级	4	3~4	3
11	回潮率		%	—		
12	含油率		%	—		
注:第11项和第12项为型式检验项目,不作为定等依据。						

5.3 外观检验项目和指标值

由相关方协议或按附录A。

6 试验方法

6.1 试验通则

6.1.1 调湿和试验用标准大气

调湿和试验用标准大气按GB/T 6529规定,温度为(20±2)℃,相对湿度为(65±2)%。预调湿用温度小于50℃,相对湿度10%~25%。

6.1.2 试样准备

6.1.2.1 供测定物理机械性能试样的准备

6.1.2.1.1 将每个实验室样品先置于标准大气条件下调湿24 h(生产厂在正常情况下允许调湿1 h,但当试样的回潮率超过15%时,应调湿24 h),而后摇取试样。

6.1.2.1.2 将试验室样品拉去表层丝,用测长机摇取3缕,前2缕供测定线密度(纤度),后1缕供测定单丝根数、干断裂强度、湿断裂强度和断裂伸长率。

6.1.2.1.3 供测定线密度的2缕丝和供测定干断裂强度及伸长的1缕丝，应先在温度为50 ℃的烘箱内烘至低于公定回潮率(生产厂可在70 ℃条件下烘30 min)，然后放在标准大气条件下吸湿2 h～6 h，使丝缕吸湿充分达到吸湿平衡。

6.1.2.1.4 测定捻度的试样直接从试验室样品上取得。

6.1.2.2 测定残硫量试样的准备

将样品剪碎(长约2 cm)，均匀混合，装入磨口瓶保持水分。

6.2 线密度和单丝根数

剥去每个实验室样品的表层丝，按GB/T 14343执行。

6.3 断裂强度和断裂伸长率

剥去每个实验室样品的表层丝，按GB/T 14344执行。

6.4 捻度

按GB/T 14345执行。

6.5 残硫量

按FZ/T 50014执行。

6.6 染色均匀性

按FZ/T 50015执行，按GB/T 250进行评级。

6.7 回潮率

按GB/T 6503执行。

6.8 含油率

按GB/T 6504执行。

6.9 数值修约

按照GB/T 8170执行。

7 检验规则

7.1 检验类型

表1中所有的项目均为出厂检验项目。

7.2 检验项目

7.2.1 性能项目按表1要求，并按第6章规定的试验方法进行检验。

7.2.2 外观检验项目按5.3规定，并按附录A规定检验。

7.3 组批规则

在一定范围内采用周期性取样组成检验批。一个生产批可由一个检验批组成，也可由若干检验批组成。

7.4 取样规定

7.4.1 表1中各检验项目的实验室样品取样按GB/T 6502规定执行。

7.4.2 外观项目为全数检验。检验外观疵点时，应逐筒(绞、饼)检验定等。

7.5 结果评定

7.5.1 一批产品的物理机械性能和染化性能的等级，是根据表1逐项评定，其等级分别按GB/T 1250中的修约值比较法，以最低的等级定等并作为该批产品的最高等级。

7.5.2 一批产品中每只丝筒、丝绞、丝饼的外观质量，是根据附录A的表A.1、表A.2、表A.3逐项评定，其等级分别按GB/T 1250中的修约值比较法，以最低的等级定等并作为该批产品中每个丝筒的等级。

7.5.3 一批产品中每只丝筒(绞、饼)出厂的等级，按物理机械性能和染化性能及外观疵点所评定结果中最低的等级定等。

7.5.4 各试样测试数据以一次为准不允许复测。如测试人员发现操作上、仪器上的异常，应在采取措施后由测试人员在原试验室样品中取样自行重做一次，并以重做的数据为检测结果。

8 复验规则

8.1 货批到收货方时，应及时检查包装件的外包装质量、件数、净质量与货单是否相符。如由于运输或贮存过程中引起的质量问题，需查明原因，由责任方负责。

8.2 三个月内，如发现产品性能质量不符合质量报告单时可提交复验。若该批产品的数量使用了三分之一以上时，不得申请复验。

8.3 对于生产厂出厂一年内的产品，如果在使用过程中，由于该批产品质量影响了后加工产品质量，并造成严重损失时，供需双方应分析原因、明确责任、协商处理。

8.4 复验时检验项目同7.2检验项目规定。

8.5 复验时按原生产批组批。

8.6 复验时的取样方法，按GB/T 6502取样方法执行。

8.7 复验可以由生产方、使用方共同取样检测，也可请法定检验机构仲裁。复验结果评定按7.5评定方法执行。以复验数据为裁判依据，费用由责任方承担。

8.8 复验结果为最终结果。生产方对经复验处理后的货批不再承担责任。

8.9 验收时公定质量计算如式(1)，式(2)：

$$m_1 = \frac{\sum_{i=1}^{n} m_{1i}}{N} \quad \cdots\cdots (1)$$

$$m = m_1 \times \frac{1+R_0}{1+R} \quad \cdots\cdots (2)$$

式中：

m_1——包装件的平均净质量，单位为千克(kg)；

m_{1i}——每个包装件的净质量，单位为千克(kg)；

m——包装件的公定质量，单位为千克(kg)；

R_0——粘胶长丝的公定回潮率，$R_0=13\%$；

R——实测回潮率，%。

净重是指丝筒扣除筒管和包装纸的重量；丝饼扣除袜套和丝饼小腰的重量；筒管、包装纸、袜套及丝饼小腰的重量均以实际重量平均计算。

9 标志、包装、运输和贮存

9.1 标志

9.1.1 箱上标记：印刷厂名、厂址、商标、产品名称、产品标准号、防潮、防晒、正倒标志和搬运要求等字样。

9.1.2 贴牢箱外标签，其上注明品种、规格、等级、批号、箱号、公定质量和实际重量、原料、入库日期及质检员工号。

9.2 包装

9.2.1 粘胶长丝产品分为筒装、绞装和饼装，同批产品的丝筒、丝绞和丝饼重量力求一致。

9.2.2 产品的包装应牢固、安全、防潮和便于运输，确保产品不受损伤。

9.2.3 不同批号、品种、等级和规格的产品应分别包装。

9.2.4 包装时产品的回潮率应在8%～15%之内，超出时应调湿到规定范围后方准包装。

9.3 运输

运输中要轻放,禁止损坏外包装和受潮。

9.4 贮存

本产品应按批入库堆放,贮存在干燥、清洁的仓库中,不准露天堆放,贮存时勿倒置、忌超高,以保护产品质量不受损伤。

附 录 A
（规范性附录）
粘胶长丝外观疵点的检验方法

A.1 外观疵点项目及指标值

见表 A.1～表 A.3。

表 A.1 筒装丝外观庇点项目及指标值

序号	项 目	单位	等 级		
			优等品	一等品	合格品
1	色泽	（对照标样）	轻微不匀	轻微不匀	较不匀
2	毛丝	个/万米	≤0.5	≤1	≤3
3	结头	个/万米	≤1.0	≤1.5	≤2.5
4	污染		无	无	较明显
5	成型		好	较好	较差
6	跳丝	个/筒	0	0	≤2

表 A.2 绞装丝外观疵点项目及指标值

序号	项 目	单位	等 级		
			优等品	一等品	合格品
1	色泽	（对照标样）	均匀	轻微不匀	较不匀
2	毛丝	个/万米	≤10	≤15	≤30
3	结头	个/万米	≤2	≤3	≤5
4	污染		无	无	较明显
5	卷曲	（对照标样）	无	轻微	较重
6	松紧圈		无	无	轻微

表 A.3 饼装丝外观疵点项目及指标值

序号	项 目	单位	等 级		
			优等品	一等品	合格品
1	色泽	（对照标样）	均匀	均匀	稍不匀
2	毛丝	个/侧表面	≤6	≤10	≤20
3	成型		好	好	较差
4	手感		好	较好	较差
5	污染		无	无	较明显
6	卷曲	（对照标样）	无	无	稍有

A.2 外观疵点检验

A.2.1 设备

分级台、分级架、各类型标样。

A.2.2　照明条件

灯光用乳白日光灯两支平行照明，周围无散射光，灯罩内为白搪瓷或刷以无光白漆。分级照度为400 lx，目测距离为30 cm～40 cm(检验丝筒毛丝时为20 cm～25 cm)，观察角度为40°～60°(检查丝筒毛丝时与目光平行)。

A.2.3　检验方法

A.2.3.1　筒装丝：将丝筒大头立于分级台中心并转动一周，观察筒子的小头，然后将丝筒倒置按同法观察大头，接着用双手将筒子托起使大头丝面与目光成水平，徐徐转动一周，检查毛丝。最后再将丝筒侧面水平转动一周，观察其侧表面，检查白节丝时，可将丝筒倾斜观察，观察时对照标样，按本附录中表A.1指标记录外观疵点。

A.2.3.2　绞装丝：将丝绞穿在分级架上，抖开丝绞达最宽幅度，用手将丝绞拉直与水平面的角度成45°～60°，同时将丝绞转动一周进行观察，然后将丝绞翻转同上法再观察内层，观察时对照标样，按本附录中表A.2的指标记录外观疵点。

A.2.3.3　饼装丝：将丝饼置于分级台(架)中间，双手轻轻打开纸套，观察其侧表面及端面，然后转至另一侧面和端面，观察时对照标样，按本附录中表A.3指标记录外观疵点，检查后将纸套包好，注意不损坏丝饼的机械形态。

A.2.4　外观疵点的评定

A.2.4.1　色泽：是指一个丝筒(绞、饼)的表面和各筒(绞、饼)之间的颜色和光泽均匀情况，筒装丝和绞装丝包括有乳白丝、白点丝、白节丝等疵点；饼装丝包括丝饼表面的黄斑、褐斑、黑斑等疵点。

凡丝筒表面有不明显的颜色不匀时称之为轻微不匀，与标样进行对比评定。如有黄、褐、黑斑时作为等外品。

凡每绞丝内部有颜色不匀时与标样进行对比评定，如有白点丝时作为等外品。

凡丝饼丝层之间有不明显的颜色不匀时称之为轻微不匀，与标样进行对比评定。如有黄、褐、黑斑时作为等外品。

凡各丝筒(绞、饼)之间有色差时，按每个丝筒(绞、饼)内部的色差处理。

原则上每季度的第一批产品更换标样。

注1：乳白丝是指有光丝呈现半光丝或无光丝光泽的丝条。

注2：白点丝是指有光丝丝条中呈现半光或无光丝光泽的小点丝。

注3：白节丝是指乳白丝分节段出现的丝节。

A.2.4.2　毛丝：是指丝条受伤呈毛茸现象或单丝断裂丝头凸出于复丝表面，检验丝筒时以严重的一头定等。绞装丝数其整绞的毛丝个数，饼装丝为保持丝饼的机械形态和便于观察，视其丝饼的侧表面毛丝数。

凡丝筒大头有3 mm以下的茸毛丝时形成半圈者为不合格品；茸毛丝虽不成圈，但在大头表面分布较广较密者亦为不合格品；丝筒大头有环形毛丝者(单丝未断)形成弧形，其矢长超过3 mm者按毛丝计数；凡丝筒侧表面有毛丝与丝筒大小头毛丝一样考核，以严重的定等。若在端面有较严重的毛丝时不应出厂。长度未超过3 mm的毛丝(包括矢长未超过3 mm的环形毛丝)根数在大于20根时(含矢长超过3 mm)，降为合格品。一根受伤的丝条，单丝未全断，按毛丝计数。

A.2.4.3　结头：是指丝条断裂后的接结，检验时，筒装丝从小头直接数出，其结头应摆在丝筒小头端面；绞装丝从内外两层数出，如有断头未接或错接者定为等外品。

A.2.4.4　污染：是指油丝、锈丝以及不能用水洗去的污斑点。检验时，筒装丝量其表面上污染的总面积，不超过6 mm^2 时为稍明显；不超过8 mm^2 时为较明显。绞装丝数其根数和量其总长度，3根以下或总长短于20 mm时为稍明显；7根以下或总长短于40 mm时为较明显。饼装丝按丝饼表面污染总面积计，小于6 mm^2 为稍明显，小于8 mm^2 为较明显。

A.2.4.5　卷曲：是指丝条在生成时形成的规则性弯曲和折皱点，检验丝绞、丝饼时，分别与标样对比，明显卷曲的丝饼为等外品。

A.2.4.6 成型：是指丝筒(饼)丝层的卷绕整齐情况，检验时不可用手压试。

凡筒装丝丝筒纸管两头均应突出丝面、丝层的凹凸处最高和最低相差 7 mm 时为合格品；凹凸处相差小于或等于 3 mm 时为一等品，大于 3 mm 时为合格品。当丝层与筒管平齐时为合格品。筒管松动时降为合格品。凡丝筒内外层有明显的两层松紧层时为较好，有三层松紧层为稍差，超过三层松紧层时为较差。

凡饼装丝两端平齐称之为好，出现不明显的大小头称之为稍差，出现明显的大小头称之为较差，丝饼表层出现羽毛丝和内层出现尾巴丝均作为等外品。

A.2.4.7 跳丝：是指丝筒大头出现矢长超过 5 mm 的丝段，检验时从丝筒大头数出。

凡出现矢长超过 5 mm 的大网状跳丝，其量占大头面积的二分之一及以上者均为不合格品，凡矢长小于或等于 5 mm 的网状跳丝最高定为合格品。

A.2.4.8 松紧圈：是指一束丝绞内外层丝束的卷绕松紧情况。检验时执行本附录表 A.2 中的指标。

凡出现 5 根以上松紧丝条，圈距相差为 40 mm 及以上时作为等外品。

A.2.4.9 脆断丝：是指丝筒(绞、饼)由于在生产过程中处理不当，形成的发脆而易断的长丝。

A.2.4.10 筒管内侧必须留有“甩尾”丝头，否则降为合格品。

A.2.4.11 丝筒上发现有夹丝时，降为合格品。

ICS 59.080.30
W 04

中华人民共和国国家标准

GB/T 13772.1—2008/ISO 13936-1:2004
代替 GB/T 13772.1—1992

纺织品　机织物接缝处纱线抗滑移的测定
第1部分:定滑移量法

Textiles—Determination of the slippage resistance of yarns at a seam in woven fabrics—Part 1:Fixed seam opening method

(ISO 13936-1:2004,IDT)

2008-06-18 发布　　2009-03-01 实施

中华人民共和国国家质量监督检验检疫总局
中国国家标准化管理委员会　发布

前　言

GB/T 13772《纺织品　机织物接缝处纱线抗滑移的测定》包括以下4个部分：

——第1部分：定滑移量法；

——第2部分：定负荷法；

——第3部分：针夹法；

——第4部分：摩擦法。

本部分为GB/T 13772的第1部分。

本部分使用翻译法等同采用ISO 13936-1:2004《纺织品　机织物接缝处纱线抗滑移的测定　第1部分：定滑移量法》。

本部分与ISO 13936-1:2004相比有如下差异：

——规范性引用文件中由我国标准替代了国际标准；

——删除了国际标准的前言；

——增加了表1中的注2；

——增加了11.2的注。

本部分代替GB/T 13772.1—1992《机织物中纱线抗滑移性测定方法　缝合法》。本部分与GB/T 13772.1—1992的主要技术性差异如下：

1. 由原来的缝合法1个部分调整为系列标准中定滑移量和定负荷法2个部分，标准名称也作了相应修改。本部分仅是GB/T 13772.1—1992中的定滑移量法相关的内容，定负荷法相关内容见GB/T 13772.2；
2. 范围中增加了不适用的产品；
3. 规范性引用文件进行了调整，增加了织物洗涤和干燥的标准以及拉伸试验仪的相关标准，删除了缝纫标准；
4. 第3章术语简化为7条术语，增加了"缝合余量"术语，并将"经(纬)向试验"改为"经(纬)纱滑移"；
5. 删除了CRT强力试验机，对CRE拉伸试验仪提出了具体的要求；
6. 拉伸速度由100 mm/min改为50 mm/min，隔距长度由75 mm改为100 mm；
7. 取消了夹持试样时的预加张力；
8. 滑移量未作明确规定，但根据织物种类不同给出推荐值；
9. 试样尺寸的长度由350 mm调整为400 mm；
10. 终止负荷由300 N调整为200 N；
11. 删除了原附录A和附录C。

本部分的附录A和附录B为资料性附录。

本部分由中国纺织工业协会提出。

本部分由全国纺织品标准化技术委员会基础标准分会(SAC/TC 209/SC 1)归口。

本部分起草单位：国家纺织制品质量监督检验中心、中纺标(北京)检验认证中心有限公司、杭州天堂伞业集团有限公司。

本部分主要起草人：王宝军、王欢、王奇伟。

本部分所代替标准的历次版本发布情况为：

——GB/T 13772.1—1992。

纺织品　机织物接缝处纱线抗滑移的测定 第1部分:定滑移量法

1　范围

GB/T 13772 的本部分规定了采用定滑移量法测定机织物中接缝处纱线抗滑移性的方法。

本方法不适用于弹性织物或织带类等产业用织物。

2　规范性引用文件

下列文件中的条款通过 GB/T 13772 的本部分的引用而成为本部分的条款。凡是注日期的引用文件,其随后所有的修改单(不包括勘误的内容)或修订版均不适用于本部分,然而,鼓励根据本部分达成协议的各方研究是否可使用这些文件的最新版本。凡是不注日期的引用文件,其最新版本适用于本部分。

GB/T 6529　纺织品　调湿和试验用标准大气(GB/T 6529—2008,ISO 139:2005,MOD)

GB/T 16825.1　静力单轴试验机的检验　第1部分:拉力和(或)压力试验机测力系统的检验与校准(GB/T 16825.1—2002,ISO 7500-1:1999,IDT)

GB/T 19022　测量管理体系　测量过程和测量设备的要求(GB/T 19022—2003,ISO 10012:2003,IDT)

FZ/T 01019　纺织品　缝迹形式　分类和术语(FZ/T 01019—1992,eqv ISO 4915:1991)

3　术语和定义

下列术语和定义适用于 GB/T 13772 的本部分。

3.1

等速伸长(CRE)试验仪　constant rate of extension testing machine

在整个试验过程中,夹持试样的夹持器一个固定,另一个以恒定速度运动,使试样的伸长与时间成正比的一种试验仪器。

3.2

抓样试验　grab test

试样宽度的中间部位被夹持器夹持的一种织物拉伸试验。

3.3

纱线滑移　yarn slippage

接缝滑移　seam slippage

由于拉伸作用,机织物中纬(经)纱在经(纬)纱上产生的移动。

注:接缝滑移是织物性能,不要与接缝强力混淆。

3.4

经纱滑移　warp slippage

经纱与拉伸方向垂直,在纬向纱线上产生移动。

3.5

纬纱滑移　weft slippage

纬纱与拉伸方向垂直,在经向纱线上产生移动。

3.6

缝合余量 seam allowance

缝迹线与缝合材料邻近布边的距离。

3.7

滑移量 seam opening

织物中纱线滑移后形成的缝隙的最大宽度。

4 原理

用夹持器夹持试样，在拉伸试验仪上分别拉伸同一试样的缝合及未缝合部分，在同一横坐标的同一起点上记录缝合及未缝合试样的力-伸长曲线。找出两曲线平行于伸长轴的距离等于规定滑移量的点，读取该点对应的力值为滑移阻力。

5 取样

取样方法按相关产品的规范说明或按有关各方协议确定。

如果没有相关的取样规定，作为示例，附录A给出一个适宜的取样程序。

附录B给出了裁剪试样的示意图。试样应具有代表性，应避免具有折叠、褶皱以及布边的部位。

6 仪器和器具

6.1 等速伸长(CRE)试验仪。

6.1.1 等速伸长(CRE)试验仪的计量确认应根据GB/T 19022进行。等速伸长(CRE)试验仪应具有6.1.2～6.1.8规定的一般特点。

6.1.2 拉伸试验仪应具有指示或记录施加于试样上使其拉伸直至破坏的最大力的功能。在使用条件下，仪器应为GB/T 16825.1的1级精度，在仪器满量程内的任意点，指示或记录最大力的误差不应超过±1%，伸长记录误差不超过±1 mm。

6.1.3 如果使用数据采集电路和软件获得力值，数据采集的频率不小于每秒8次。

6.1.4 仪器应能设定50 mm/min的拉伸速度，精度为±10%。

6.1.5 仪器应能设定100 mm的隔距长度。

6.1.6 仪器夹持器的中心点应处于拉力轴线上，夹持线应与拉力线垂直，夹持面在同一平面上。夹面应能夹持试样而不使其打滑，夹面应平整，不剪切试样或破坏试样。如果使用平滑夹面不能防止试样的滑移时，应使用其他形式的夹持器。夹面上可使用适当的衬垫材料。

6.1.7 抓样试验夹持试样的尺寸应为(25 mm±1 mm)×(25 mm±1 mm)。可使用下列方法之一达到该尺寸。

a) 后夹面的宽度为25 mm，长度至少为40 mm(50 mm更宜)。夹面的长度方向与拉力线垂直。前夹面与后钳面的尺寸相同，其长度方向与拉力线平行。

b) 后夹面的宽度为25 mm，长度至少为40 mm(50 mm更宜)。夹面的长度方向与拉力线垂直。前夹面的尺寸为25 mm×25 mm。

6.1.8 如果拉伸试验仪不是计算机控制，则需要记录力-伸长曲线的装置。

6.2 裁样的设备。

6.3 缝纫机：电控单针锁缝机，能够缝纫FZ/T 01019中301型缝迹型式(见图1)。

301型缝迹由两根缝线组成，一根针线与一根底线。针线圈从机针一面穿入缝料，露出在另一面与底线进行交织，收紧线使交织的线圈处于缝料层的中间部位。

该缝迹有时用一根线形成，在这种情况下，第一个缝迹与其后依次连续的缝迹有所差异。

至少要用两个缝迹来描绘这种缝迹型式。

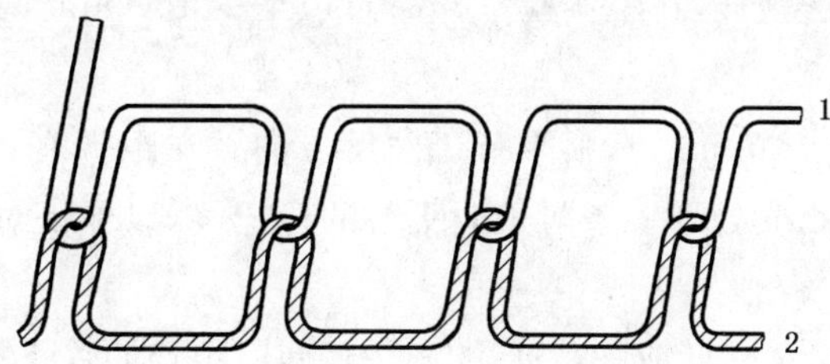

1——针线；

2——底线。

图 1　301 型缝迹型式

6.4　缝纫机针：针板和送料牙，见表 1 及 9.1。

6.5　缝纫线：合适的缝线，按表 1 规定。

6.6　测量尺：分度值为 0.5 mm。

7　调湿和试验用大气

预调湿、调湿和试验用标准大气执行 GB/T 6529 的规定。

8　预处理

如果样品需要进行水洗或干洗预处理，可与有关方商定采用的方法。GB/T 19981.2 或 GB/T 8629 中给出的程序可能是适宜的。

9　试样准备

9.1　调节缝纫机

缝合双层测试织物时，缝针穿过针板与送料牙，调试机器使其对试样的缝迹密度符合表 1 规定。

表 1　缝纫要求

织物分类	缝纫线	缝针规格		针迹密度/(针迹数/100 mm)
	100%涤纶包芯纱(长丝芯，短纤包覆)线密度/tex	公制机针号数	直径/mm	
服用织物	45±5	90	0.90	50±2
注 1：用放大装置检查缝针，确保其完好无损。 注 2：公制机针号 90 相当于习惯称谓的 14 号。				

将梭心套从缝纫机的针板下面取出，捏住从梭心套露出的线头，使底线慢慢地从梭心上退绕下一段长度，调节梭心套上的弹簧片，以致缝合时底线能以均衡的速度从梭心上退绕下来。将梭心套重新安装在缝纫机上，并调节穿过机针的针线的张力，缝合时使针线与梭线交织在一起，收缩后使交织的线环处于缝料层的中间部位(见图 1)。

9.2　裁样与缝样

9.2.1　裁取经纱滑移试样与纬纱滑移试样各 5 块，每块试样的尺寸为 400 mm×100 mm。经纱滑移试样的长度方向平行于纬纱，用于测定经纱滑移；纬纱滑移试样的长度方向平行于经纱，用于测定纬纱滑移。

按第5章和附录B的方法裁样，在距实验室样品布边至少150 mm的区域裁取样。每两块试样不应包含相同的经纱或纬纱。

9.2.2 将试样正面朝内折叠110 mm，折痕平行于宽度方向。在距折痕20 mm处缝一条锁式缝迹(见图1)，沿长度方向距布边38 mm处划一条与长边平行的标记线，以保证对缝合试样和未缝合试样进行试验时夹持对齐同一纱线。

9.2.3 在折痕端距缝迹线12 mm处剪开试样(见图2)，两层织物的缝合余量应相同。

9.2.4 将缝合好的试样沿宽度方向距折痕110 mm处剪成两段，一段包含接缝，另一段不含接缝。不含接缝的长度为180 mm。

单位为毫米

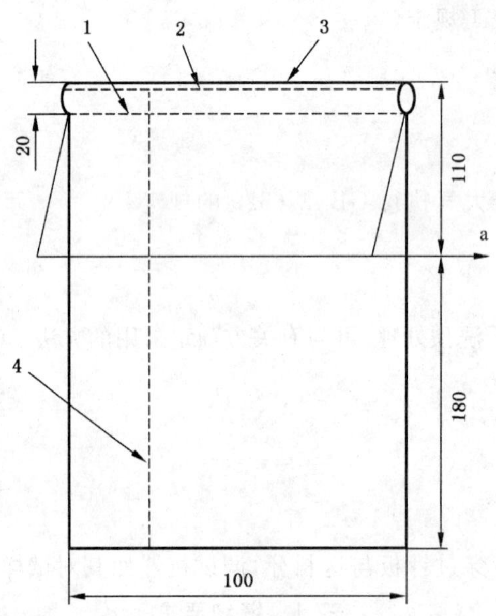

1——缝迹线(距折痕20 mm)；

2——剪切线(距缝迹线12 mm)；

3——折痕线；

4——标记线(距布边38 mm)。

a——裁样方向。

图2 试样的准备

10 步骤

10.1 按第7章调湿试样。

10.2 设定拉伸试验仪的隔距长度为100 mm±1 mm，注意两夹持线在一个平面上且相互平行。

10.3 设定拉伸试验仪的拉伸速度为50 mm/min±5 mm/min。

10.4 夹持不含接缝的试样，使试样长度方向的中心线与夹持器的中心线重合。启动仪器直至达到终止负荷200 N。如果拉伸试验仪不是计算机控制，设定记录图纸与仪器的速度比不低于5∶1，以满足所测得的力-伸长曲线达到一定的测试精度要求。

10.5 夹持含接缝的试样，保证试样的接缝位于两夹持器中间且平行于夹面。第2次启动仪器直至达到终止负荷200 N。如果拉伸试验仪不是计算机控制，设置此记录曲线的起点与10.4的相同(见图3)。

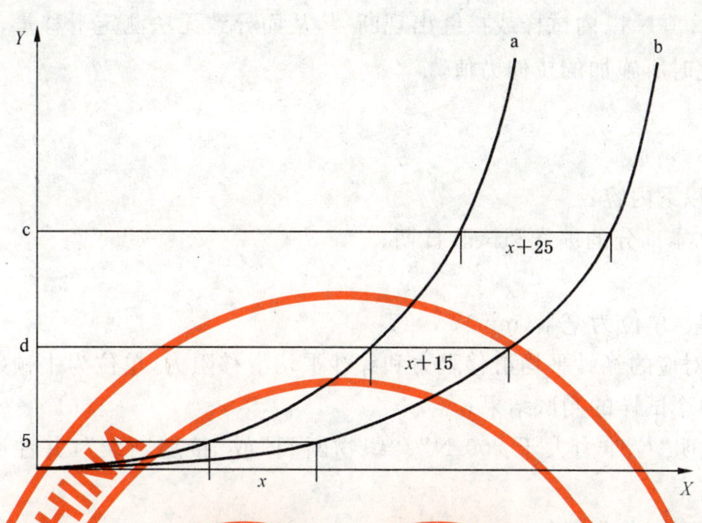

X——伸长,mm;

Y——拉伸力,N;

a——不含接缝试样;

b——接缝试样;

c——滑移量为 5 mm 时的拉伸力;

d——滑移量为 3 mm 时的拉伸力。

图 3 从记录图上计算滑移量的示例

10.6 对其他试样重复上述程序,得到 5 对经纱滑移的曲线和 5 对纬纱滑移的曲线。

11 结果的计算和表示

11.1 如果使用图纸获得规定滑移量时滑移阻力的测试结果,按如下方法对每对拉伸曲线进行计算(见图 3)。

a) 量取两曲线在拉力为 5 N 处的伸长差 x,修约至最接近的 0.5 mm,作为对试样初始松弛伸直的补偿。

b) 将表 2 中给出的滑移量的测量值加上 x,得到所需的滑移量 x'。

c) 在曲线上寻找这样一点,使两曲线平行于伸长轴的距离等于 x',读取这一点所对应的力值,修约至最接近的 1 N。

表 2 图纸记录滑移量的测量值

滑移量/mm	滑移量的测量值 (图纸与拉伸速度比为 5∶1)
2	10
3	15
4	20
5	25
6	30

11.2 如果使用数据采集电路或电脑软件获得规定滑移量时滑移阻力的测试结果,则直接记录结果。

注:规定滑移量由有关各方商定,一般织物采用 6 mm,对缝隙很小就不能满足使用要求的织物可采用 3 mm。

11.3 由测量结果分别计算出试样的经纱平均滑移阻力和纬纱平均滑移阻力,修约至最接近的 1 N。

11.4 如果拉伸力在 200 N 或低于 200 N 时,试样未产生规定的滑移量,记录结果为“>200 N”。

11.5 如果拉伸力在200 N以内试样或接缝出现断裂,从而导致无法测定滑移量,则报告“织物断裂”或“接缝断裂”,并报告此时所施加的拉伸力值。

12 试验报告

试验报告应包括以下内容:

a) GB/T 13772本部分的编号和试验日期;

b) 样品的描述;

c) 选择的滑移量,单位为毫米(mm);

d) 规定滑移量对应的经纱平均滑移阻力和纬纱平均滑移阻力,单位为牛顿(N);

e) 如果需要,单个试样的测试结果;

f) 如果适用,说明“拉伸力大于200 N”、“织物断裂”或“接缝断裂”,并注明发生断裂时的拉伸力值;

g) 样品的最终用途(如果已知);

h) 任何偏离本部分的细节;

i) 计算方法,人工测量还是计算机计算。

附 录 A
（资料性附录）
建议取样程序

A.1 批样（从一批中取的匹数）

从一批中按表A.1规定随机抽取相应数量的匹数。运输中受潮或受损的匹布不能作为样品。

表 A.1 批样

一批的匹数	批样的最少匹数
≤3	1
4～10	2
11～30	3
31～75	4
≥76	5

A.2 实验室样品数量

从批样的每一匹中随机剪取至少1 m长的全幅作为实验室样品（离匹端至少3 m）。保证样品没有褶皱和明显的疵点。

附 录 B
（资料性附录）
从实验室样品上剪取试样示例

单位为毫米

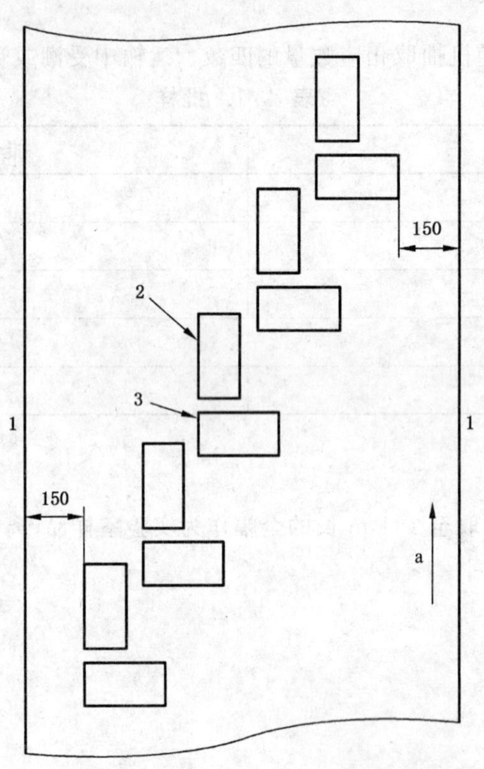

1——布边；
2——纬纱滑移试样；
3——经纱滑移试样；
a——经向。

图 B.1

参 考 文 献

[1] GB/T 19981.2 纺织品 织物和服装的专业维护、干洗和湿洗 第2部分:使用四氯乙烯干洗和整烫时性能试验的程序

[2] GB/T 8629 纺织品 试验用家庭洗涤和干燥程序

ICS 59.080.30
W 04

中华人民共和国国家标准

GB/T 13772.2—2008/ISO 13936-2:2004
代替 GB/T 13772.1—1992

纺织品　机织物接缝处纱线抗滑移的测定　第2部分:定负荷法

Textiles—Determination of the slippage resistance of yarns at a seam in woven fabrics—Part 2:Fixed load method

(ISO 13936-2:2004,IDT)

2008-06-18 发布　　2009-03-01 实施

中华人民共和国国家质量监督检验检疫总局
中国国家标准化管理委员会　发布

前 言

GB/T 13772《纺织品 机织物接缝处纱线抗滑移的测定》包括以下4个部分：

——第1部分：定滑移量法；

——第2部分：定负荷法；

——第3部分：针夹法；

——第4部分：摩擦法。

本部分为GB/T 13772的第2部分。

本部分使用翻译法等同采用ISO 13936-2:2004《纺织品 机织物接缝处纱线抗滑移的测定 第2部分：定负荷法》。

本部分与ISO 13936-2:2004相比，做了如下编辑性修改：

——规范性引用文件中由我国标准替代了国际标准；

——删除了国际标准的前言；

——增加了表1中的注2。

本部分代替GB/T 13772.1—1992《机织物中纱线抗滑移性测定方法 缝合法》。本部分与GB/T 13772.1—1992的主要技术性差异如下：

1. 由原来的缝合法1个部分调整为系列标准中定滑移量和定负荷法2个部分，标准名称也作了相应修改。本部分仅是GB/T 13772.1—1992其中的定负荷法相关的内容，定滑移量法相关内容见GB/T 13772.1；
2. 范围中明确了不适用的产品；
3. 规范性引用文件进行了调整，增加了织物洗涤和干燥的标准以及拉伸试验仪的相关标准，删除了缝纫标准；
4. 第3章术语简化为7条术语，增加了“缝合余量”术语，并将“经(纬)向试验”改为“经(纬)纱滑移”；
5. 删除了CRT强力试验机，对CRE拉伸试验仪提出了具体的要求；
6. 隔距长度由75 mm改为100 mm；
7. 服用织物根据平方米质量分类，最小定负荷值由80 N改为60 N；
8. 试样尺寸的长度由170 mm调整为200 mm；
9. 滑移量在最大拉力时测量修整为在拉力由最大值减小到5 N时测量；
10. 删除了原附录A和附录C。

本部分的附录A和附录B为资料性附录。

本部分由中国纺织工业协会提出。

本部分由全国纺织品标准化技术委员会基础标准分会(SAC/TC 209/SC 1)归口。

本部分起草单位：国家纺织制品质量监督检验中心、中纺标(北京)检验认证中心有限公司、浙江红叶制伞有限公司、天外天伞业有限公司。

本部分主要起草人：王宝军、王欢、虞成荣、徐海南。

本部分所代替标准的历次版本发布情况为：

——GB/T 13772.1—1992。

纺织品　机织物接缝处纱线抗滑移的测定　第2部分:定负荷法

1　范围

GB/T 13772的本部分规定了采用定负荷法测定机织物中接缝处纱线抗滑移性的方法。

本方法适用于所有的服用和装饰用机织物和弹性机织物(包括含有弹力纱的织物),不适用于织带类等产业用织物。

2　规范性引用文件

下列文件中的条款通过GB/T 13772的本部分的引用而成为本部分的条款。凡是注日期的引用文件,其随后所有的修改单(不包括勘误的内容)或修订版均不适用于本部分,然而,鼓励根据本部分达成协议的各方研究是否可使用这些文件的最新版本。凡是不注日期的引用文件,其最新版本适用于本部分。

GB/T 6529　纺织品　调湿和试验用标准大气(GB/T 6529—2008,ISO 139:2005,MOD)

GB/T 16825.1　静力单轴试验机的检验　第1部分:拉力和(或)压力试验机测力系统的检验与校准(GB/T 16825.1—2002,ISO 7500-1:1999,IDT)

GB/T 19022　测量管理体系　测量过程和测量设备的要求(GB/T 19022—2003,ISO 10012:2003,IDT)

FZ/T 01019　纺织品　缝迹形式　分类和术语(FZ/T 01019—1992,eqv ISO 4915:1991)

3　术语和定义

下列术语和定义适用于GB/T 13772的本部分。

3.1

等速伸长(CRE)试验仪　constant rate of extension testing machine

在整个试验过程中,夹持试样的夹持器一个固定,另一个以恒定速度运动,使试样的伸长与时间成正比的一种试验仪器。

3.2

抓样试验　grab test

试样宽度的中间部位被夹持器夹持的一种织物拉伸试验。

3.3

纱线滑移　yarn slippage

接缝滑移　seam slippage

由于拉伸作用,机织物中纬(经)纱在经(纬)纱上产生的移动。

注:接缝滑移是织物性能,不要与接缝强力混淆。

3.4

经纱滑移　warp slippage

经纱与拉伸方向垂直,在纬向纱线上产生移动。

3.5

纬纱滑移　weft slippage

纬纱与拉伸方向垂直,在经向纱线上产生移动。

3.6

缝合余量 seam allowance

缝迹线与缝合材料邻近布边的距离。

3.7

滑移量 seam opening

织物中纱线滑移后形成的缝隙的最大宽度。

4 原理

矩形试样折叠后沿宽度方向缝合,然后再沿折痕开剪,用夹持器夹持试样,并垂直于接缝方向施以拉伸负荷,测定在施加规定负荷时产生的滑移量。

5 取样

取样方法按相关产品的规范说明或按有关各方协议确定。

如果没有相关的取样规定,作为示例,附录A给出一个适宜的取样程序。

附录B给出了裁剪试样的示意图。试样应具有代表性,应避免具有折叠、褶皱以及布边的部位。

6 仪器和器具

6.1 等速伸长(CRE)试验仪

6.1.1 等速伸长(CRE)试验仪的计量确认应根据GB/T 19022进行。等速伸长(CRE)试验仪应具以6.1.2~6.1.7规定的一般特点。

6.1.2 拉伸试验仪应具有指示或记录施加于试样上使其拉伸直至破坏的最大力的功能。在使用条件下,仪器应为GB/T 16825.1的1级精度,在仪器满量程内的任意点,指示或记录最大力的误差不应超过±1%,伸长记录误差不超过±1 mm。

6.1.3 如果使用数据采集电路和软件获得力值,数据采集的频率不小于每秒8次。

6.1.4 仪器应能设定50 mm/min的拉伸速度,精度为±10%。

6.1.5 仪器应能设定100 mm的隔距长度。

6.1.6 仪器夹持器的中心点应处于拉力轴线上,夹持线应与拉力线垂直,夹持面在同一平面上。夹面应能夹持试样而不使其打滑,夹面应平整,不剪切试样或破坏试样。如果使用平滑夹面不能防止试样的滑移时,应使用其他形式的夹持器。夹面上可使用适当的衬垫材料。

6.1.7 抓样试验夹持试样的尺寸应为(25 mm±1 mm)×(25 mm±1 mm)。可使用下列方法之一达到该尺寸。

a) 后夹面的宽度为25 mm,长度至少为40 mm(50 mm更宜)。夹面的长度方向与拉力线垂直。前夹面与后夹面的尺寸相同,其长度方向与拉力线平行。

b) 后夹面的宽度为25 mm,长度至少为40 mm(50 mm更宜)。夹面的长度方向与拉力线垂直。前夹面的尺寸为25 mm×25 mm。

6.2 裁样的设备。

6.3 缝纫机:电控单针锁缝机,能够缝纫FZ/T 01019中301型缝迹型式(见图1)。

301型缝迹由两根缝线组成,一根针线与一根底线。针线圈从机针一面穿入缝料,露出在另一面与底线进行交织,收紧线使交织的线圈处于缝料层的中间部位。

该缝迹有时用一根线形成,在这种情况下,第一个缝迹与其后依次连续的缝迹有所差异。

至少要用两个缝迹来描绘这种缝迹型式。

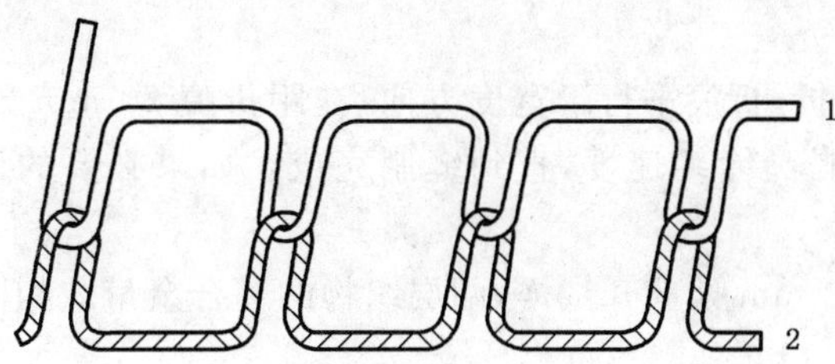

1——针线；

2——底线。

图 1 301 型线迹型式

6.4 缝纫机针：针板和送料牙，见表 1 及 9.1。

6.5 缝纫线：合适的缝线，按表 1 规定。

6.6 测量尺：分度值为 0.5 mm。

7 调湿和试验用大气

预调湿、调湿和试验用标准大气执行 GB/T 6529 的规定。

8 预处理

如果样品需要进行水洗或干洗预处理，可与有关方商定采用的方法。GB/T 19981.2 或 GB/T 8629 中给出的程序可能是适宜的。

9 试样准备

9.1 调节缝纫机

缝合双层被试织物时，缝针穿过针板与送料牙，调试机器使其对试样的缝迹密度符合表 1 规定。

表 1 缝纫要求

织物分类	缝纫线	缝针规格		针迹密度/(针/100 mm)
	100%涤纶包芯纱(长丝芯，短纤包覆)线密度/tex	公制机针号数	直径/mm	
服用织物	45±5	90	0.90	50±2
装饰用织物	74±5	110	1.10[a]	32±2

注 1：用放大装置检查缝针确保其完好无损。

注 2：公制机针号 90 相当于习惯称谓的 14 号，110 相当于习惯称谓的 18 号。

[a] 缝合装饰用织物时用圆形缝针。

将梭心套从缝纫机的针板下面取出，捏住从梭心套露出的线头，使底线慢慢地从梭心上退绕下一段长度，调节梭心套上的弹簧片，以致缝合时底线能以均衡的速度从梭心上退绕下来。将梭心套重新安装在缝纫机上，并调节穿过机针的面线的张力，缝合时使针线与梭线交织在一起，收缩后使交织的线环处于缝料层的中间部位(见图 1)。

9.2 裁样与缝样

9.2.1 裁取矩形试样的尺寸为 200 mm×100 mm。如果没有其他的附加说明，通常是裁取经纱滑移试样与纬纱滑移试样各 5 块，经纱滑移试样的长度方向平行于纬纱，用于测定经纱滑移；纬纱滑移试样的长度方向平行于经纱，用于测定纬纱滑移。

按第5章和附录B的方法裁样，在距实验室样品布边至少150 mm的区域裁取样。每两块试样不应包含相同的经纱或纬纱。

9.2.2 将试样(正面朝内)对折，折痕平行于宽度方向，在距折痕20 mm处缝制一条直形缝迹，缝迹平行于折痕线。然后尽可能地提高缝纫速度，直到缝制完成。如果必要的话，缝线的两端要打结，以防滑脱。

9.2.3 在折痕端距缝迹线12 mm处剪开试样，两层织物的缝合余量应相同。

10 步骤

10.1 按第7章调湿试样。

10.2 设定拉伸试验仪的隔距长度为100 mm±1 mm，注意两夹持线在一个平面上且相互平行。

10.3 夹持试样时，保证试样的接缝位于两夹持器中间且平行于夹持线。

10.4 以50 mm/min±5 mm/min的拉伸速度缓慢增大施加在试样上的负荷至合适的定负荷值(见表2)。

表2 采用的拉力

织物分类	定负荷值/ N
服用织物≤220 g/m²	60
服用织物＞220 g/m²	120
装饰用织物	180

10.5 当达到定负荷值时，立即以50 mm/min±5 mm/min的速度将施加在试样上的拉力减小到5 N，并在此时固定夹持器不动。

10.6 立即测量缝迹两边缝隙的最大宽度值即滑移量，修约至最接近的1 mm。也就是测量缝隙两边未受到破坏作用的织物边纱的垂直距离，见图2。

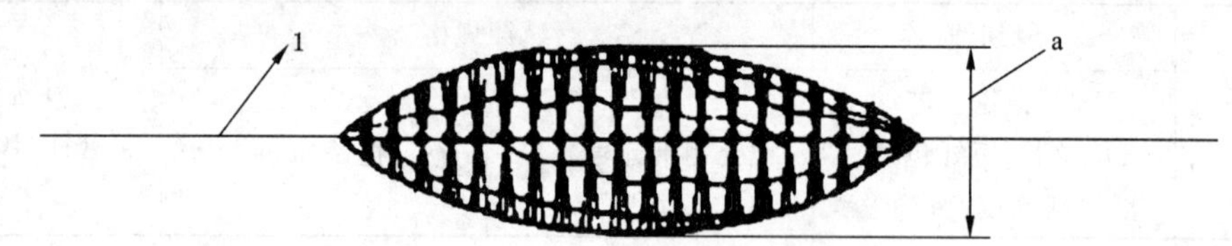

1——接缝；
a——滑移量。

图2 滑移量的测定

10.7 对其他试样重复上述程序，得到5个经纱滑移的结果和5个纬纱滑移的结果。

11 结果的计算和表示

11.1 由滑移量测量结果计算经纱滑移的平均值和纬纱滑移平均值，修约至最接近的1 mm。

11.2 如果在达到定负荷值前由于织物或接缝受到破坏而导致无法测定滑移量，则报告“织物断裂”或“接缝断裂”，并报告此时所施加的拉伸力值。

12 试验报告

试验报告应包括以下内容：

a) GB/T 13772 本部分的编号和试验日期;

b) 样品的描述;

c) 采用的最大拉力,单位为牛顿(N);

d) 经纱滑移量的平均值和纬纱滑移量的平均值,单位为毫米(mm);

e) 如果适用,织物或接缝受到损坏的试样的数量,并报告破坏时的力值和原因;

f) 样品的最终用途(如果已知);

g) 任何偏离本部分的细节。

附　录　A
（资料性附录）
建议取样程序

A.1　批样（从一批中取的匹数）

从一批中按表 A.1 规定随机抽取相应数量的匹数，运输中受潮或受损的匹布不能作为样品。

表 A.1　批样

一批的匹数	批样的最少匹数
≤3	1
4～10	2
11～30	3
31～75	4
≥76	5

A.2　实验室样品数量

从批样的每一匹中随机剪取至少 1 m 长的全幅作为实验室样品（离匹端至少 3 m）。保证样品没有褶皱和明显的疵点。

附 录 B
（资料性附录）
从实验室样品上剪取试样示例

单位为毫米

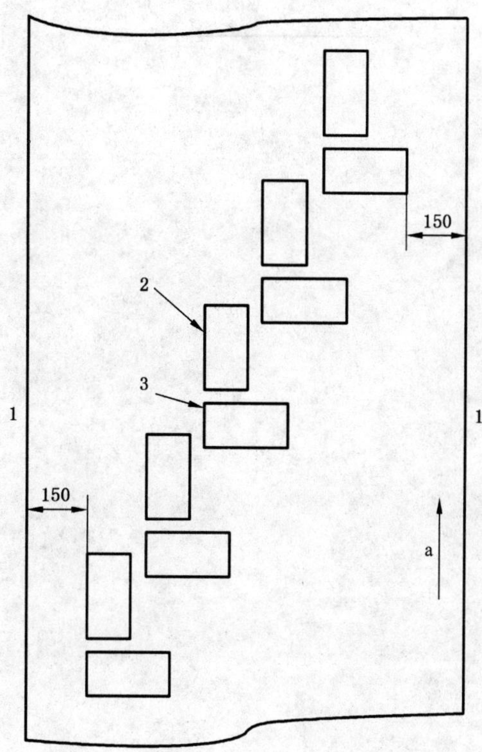

1——布边；
2——纬纱滑移试样；
3——经纱滑移试样；
a——经向。

图 B.1

参 考 文 献

[1] GB/T 19981.2 纺织品 织物和服装的专业维护、干洗和湿洗 第2部分:使用四氯乙烯干洗和整烫时性能试验的程序

[2] GB/T 8629 纺织品 试验用家庭洗涤和干燥程序

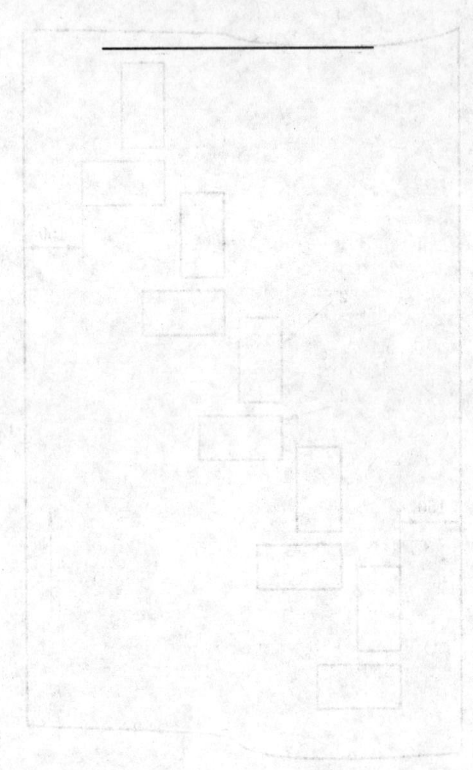

ICS 59.080.30
W 04

中华人民共和国国家标准

GB/T 13772.3—2008/ISO 13936-3:2005
代替 GB/T 13772.2—1992

纺织品 机织物接缝处纱线抗滑移的测定 第3部分:针夹法

Textiles—Determination of the slippage resistance of yarns at a seam in woven fabrics—Part 3:Needle clamp method

(ISO 13936-3:2005,IDT)

2008-12-31 发布 2009-08-01 实施

中华人民共和国国家质量监督检验检疫总局
中国国家标准化管理委员会 发布

前　言

GB/T 13772《纺织品　机织物接缝处纱线抗滑移的测定》包括以下4个部分：

——第1部分：定滑移量法；

——第2部分：定负荷法；

——第3部分：针夹法；

——第4部分：摩擦法。

本部分为GB/T 13772的第3部分。

本部分使用翻译法等同采用ISO 13936-3:2005《纺织品　机织物接缝处纱线抗滑移的测定　第3部分：针夹法》。

本部分与ISO 13936-3:2005相比有如下编辑性修改：

——规范性引用文件中由我国标准代替相应的国际标准；

——删除了国际标准的前言；

——将ISO图1中表的内容并入表1；

——将资料性附录C作为第8章的注2。

本部分代替GB/T 13772.2—1992《机织物中纱线抗滑移性测定方法　模拟缝合法》。本部分与GB/T 13772.2—1992的主要技术性差异如下：

1. 标准名称由模拟缝合法改为针夹法；

2. 范围增加了不适用的产品；

3. 对规范性引用文件进行了调整，增加了拉伸试验仪的相关标准；

4. 第3章术语修改为6条术语；

5. 对第4章原理进行了修改；

6. 规定了测试仪器为CRE拉伸试验仪，对CRE拉伸试验仪提出了具体的要求；

7. 拉伸速度由100 mm/min改为50 mm/min；

8. 对针具规格作了部分修改，见表1系列值；

9. 试样长度由150 mm调整为300 mm；

10. 对测定不同种类织物的滑移量所采用的负荷作了具体规定；

11. 规定了终止负荷为250 N；

12. 修改了原附录A，增加了附录B。

本部分的附录A和附录B是资料性附录。

本部分由中国纺织工业协会提出。

本部分由全国纺织品标准化技术委员会基础分会(SAC/TC 209/SC 1)归口。

本部分起草单位：国家纺织制品质量监督检验中心、中纺标(北京)检验认证中心有限公司。

本部分主要起草人：王欢、王宝军。

本部分于1992年首次发布，本次为第一次修订。

纺织品　机织物接缝处纱线抗滑移的测定　第3部分:针夹法

1　范围

GB/T 13772 的本部分规定了在一定负荷下以针具夹持形式测定机织物中纱线抗滑移性的方法。

本方法避免了由缝合造成的测试偏差,而这种测试偏差有时会对测试结果有显著的影响。

本方法不适用于弹性织物或织带类等产业用织物。

2　规范性引用文件

下列文件中的条款通过 GB/T 13772 的本部分的引用而成为本部分的条款。凡是注日期的引用文件,其随后所有的修改单(不包括勘误的内容)或修订版均不适用于本部分,然而,鼓励根据本部分达成协议的各方研究是否可使用这些文件的最新版本。凡是不注日期的引用文件,其最新版本适用于本部分。

GB/T 6529　纺织品　调湿和试验用标准大气(GB/T 6529—2008,ISO 139:2005,MOD)

GB/T 16825.1　静力单轴试验机的检验　第1部分:拉力和(或)压力试验机测力系统的检验与校准(GB/T 16825.1—2002,ISO 7500-1:1999,IDT)

GB/T 19022　测量设备管理体系　测量过程和测量设备的要求(GB/T 19022—2003,ISO 10012:2003,IDT)

3　术语和定义

下列术语和定义适用于 GB/T 13772 的本部分。

3.1

等速伸长(CRE)试验仪　constant rate-of-extension testing machine

在整个试验过程中,夹持试样的夹持器一个固定,另一个以恒定速度运动,使试样的伸长与时间成正比的一种试验仪器。

3.2

条样试验　strip test

试样整个宽度被夹持器夹持的一种织物拉伸试验。

3.3

纱线滑移　yarn slippage

由于拉伸作用,机织物中纬(经)纱在经(纬)纱上产生的移动。

3.4

经纱滑移　warp slippage

经纱与拉伸方向垂直,在纬向纱线上产生移动。

3.5

纬纱滑移　weft slippage

纬纱与拉伸方向垂直,在经向纱线上产生移动。

3.6

隔距长度　gauge length

试验装置上夹持试样的两有效夹持点间的距离。

4　原理

分别使用针排夹具与普通夹具夹持试样在拉伸试验仪上拉伸试样,在同一横坐标的同一起点上记录针排夹持试样和普通夹持试样的力-伸长曲线。测定在施加规定负荷下两曲线间平行于伸长轴的距离,即为滑移量。

5　仪器和器具

5.1　等速伸长(CRE)试验仪,具有以下一般特点:

a)　拉伸试验仪应具有指示或记录施加于试样上使其拉伸直至破坏的最大力及试样相应伸长的功能。

b)　在使用条件下,仪器应为 GB/T 16825.1 的 1 级精度,在仪器满量程内的任意点,指示或记录最大力的误差不应超过±1%,伸长记录误差不超过±1 mm。

c)　如果使用数据采集电路和软件获得拉力值,数据采集的频率不小于每秒 8 次。如果拉伸试验仪不是计算机控制,则需要记录力-伸长曲线的装置。

d)　仪器应能设定 50 mm/min±5mm /min 和 20 mm/min±2 mm/min 的拉伸速度。

e)　仪器应能设定 100 mm±1 mm 和 20 mm±1 mm 的隔距长度。

f)　仪器的计量确认应根据 GB/T 19022 进行。

5.2　针具,一面具有整齐排列的针,一面具有与针相对应的孔洞,见图 1。针的数量与特性根据测试的织物种类而定,见表 1 和图 1。为了正确地夹持试样,夹持服用织物与夹持装饰用织物时挡板的位置不同(见图 1 与图 2)。

表 1　针夹参数

项　　目	服用织物	装饰用织物
针的种类	圆形针	圆形针
a 挡板至针排夹具顶部边缘的距离/mm	15±0.5	20±0.5
b 挡板至排针中心的距离/mm	10±0.5	15±0.5
c 相邻针轴心的距离/mm	2.5±0.1	7±0.1
d 针底的直径/mm	0.5±0.03	0.9±0.03
e 针高/mm	8±0.5	8±0.5
f 针的总数量/枚	17	7
g 夹持织物槽的宽度/mm	2.25±0.25	2.25±0.25

单位为毫米

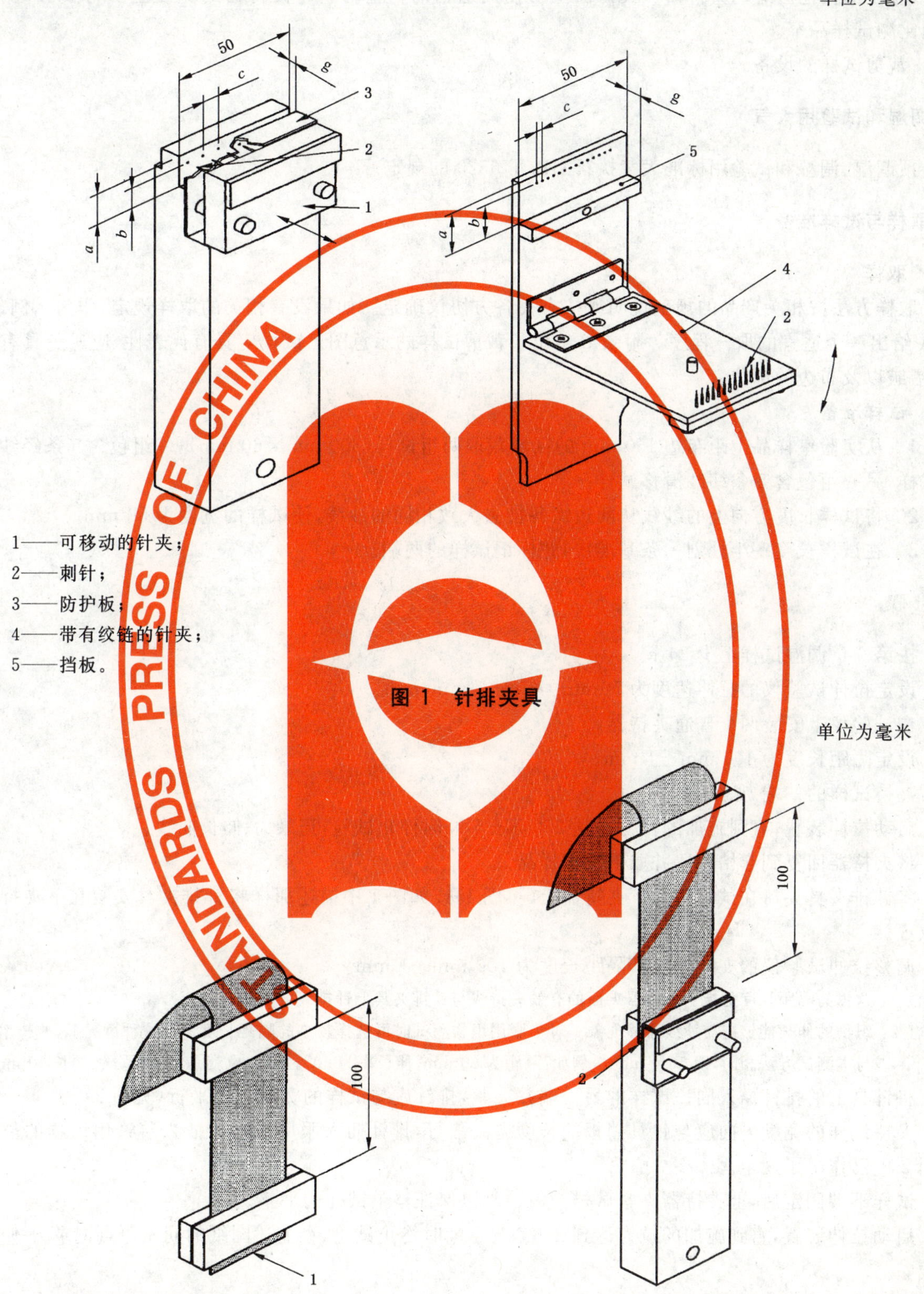

1——可移动的针夹；
2——刺针；
3——防护板；
4——带有绞链的针夹；
5——挡板。

图1 针排夹具

单位为毫米

1——服用织物伸出夹持器的长度为 10 mm±1 mm；
2——装饰用织物超出针排的长度为 15 mm±1 mm。

图2 试样夹持示意图

5.3 仪器夹持器的中心点应处于拉力轴线上，夹持线应与拉力线垂直，夹持面在同一平面上。夹面应能握持试样而不使其打滑，夹面应平整，不剪切试样或破坏试样。如果使用平滑夹面不能防止试样的滑移时，应使用其他形式的夹持器。夹持面上可使用适当的衬垫材料。夹持器的宽度至少为 60 mm，且不能比测试样品窄。

5.4 裁剪试样的设备。

6 调湿和试验用大气

预调湿、调湿和试验用标准大气执行 GB/T 6529 的规定。

7 取样与试样准备

7.1 取样

取样方法按相关产品的规范说明或按有关各方协议确定。如果没有相关的取样规定，作为示例，附录 A 给出一个适宜的取样程序。附录 B 给出了裁剪试样的示意图。试样应具有代表性，应避免具有折叠、褶皱以及布边的部位。

7.2 试样准备

7.2.1 从实验室样品上距布边 150 mm 的区域裁取两组试样(300 mm×60 mm)，一组包含 5 条经纱滑移试样，另一组包含 5 条纬纱滑移试样。

7.2.2 将试样长度方向上的纱线从两边缘各扯去大致相同的纱线，使试样的宽度为 50 mm。

7.2.3 在试样长度一半处划一条基准线，并标记试样的两端。

8 步骤

按第 6 章调湿试样至少 24 h。

设定拉伸试验仪的拉伸速度为 50 mm/min±5 mm/min。

在试验仪上安装两个普通夹持器。

设定隔距长度为 100 mm±1 mm。

夹持试样的一端，见图 2。

启动拉伸装置，直到施加的拉力达到 250 N±5 N 时停止试验，记录力-伸长曲线。

将夹持器回复到起始位置并取下测试样品。

将针排夹具夹持在试验仪的下夹持器上(见图 1)或如图 1 中描述那样将针排夹具安装在下夹持器的位置。

调整拉伸试验仪的夹持器使其隔距长度为 100 mm±1 mm。

注 1：这里的隔距长度是指上夹持器夹面的有效夹持线与针排夹具上针排线之间的距离。

注 2：织物的伸长能够掩盖纱线滑移现象。对于服用织物测试时可选择较小的隔距长度。在这种情况下，伸长率应与本测试方法相同，即 50%/min。例如：隔距为 20 mm，伸长率为 50%/min，也就是织物每分钟伸长 10 mm。

将针具上的排针插入同一试样的另一端并夹紧，排针应与试样的宽度方向平行(见图 2)。

夹持试样的宽度方向应与针具挡板的长度方向平行，排针插入服用织物与插入装饰用织物的位置在图 2 中已作出了规定。

试样下端固定后，上夹持器夹紧试样的另一端以保证整个试样的平整。

启动拉伸装置，直到施加的拉力达到 250 N±5 N 时终止试验，在上述图纸的同一原点记录力-伸长曲线。

拉力达到 250 N 时能够得到完整的力-伸长曲线。根据测试样品种类的不同，选择测定滑移量的定负荷值，通常该定负荷不超过下列范围：

a) 服用织物 100 N±5 N；

b) 装饰用织物 200 N±5 N。

将夹持器回复到起始位置。

对其他试样重复上述程序，得到每组试样的每对力-伸长曲线。

9 结果的计算和表示

9.1 对于每对曲线，量取在拉力值为 5 N±1 N 处两曲线间平行于伸长轴的距离 l_A，修约至最接近的 0.5 mm，作为对试样初始松弛伸长的补偿。

9.2 测量在规定拉力时两曲线间平行于伸长轴的距离 l_D，修约至最接近的 0.5 mm。

9.3 规定拉力(100 N 或 200 N)下产生的滑移量 l_S 可按式(1)计算：

$$l_S = l_D - l_A \qquad \cdots\cdots(1)$$

式中：

l_S——拉力为 100 N 或 200 N 时的滑移量，单位为毫米(mm)；

l_D——规定拉力下两曲线间的距离，单位为毫米(mm)；

l_A——拉力为 5 N 时两曲线间的距离，单位为毫米(mm)。

9.4 计算在规定拉力下的经纱平均滑移量与纬纱平均滑移量，修约至最接近的 0.5 mm(见表 2)。

9.5 如果试样在最大拉伸力处[第 8 章 a)或 b)中描述]或在拉伸力未达到 200 N 时出现断裂，则应报告结果“织物断裂”，并报告此时所施加的拉力值。

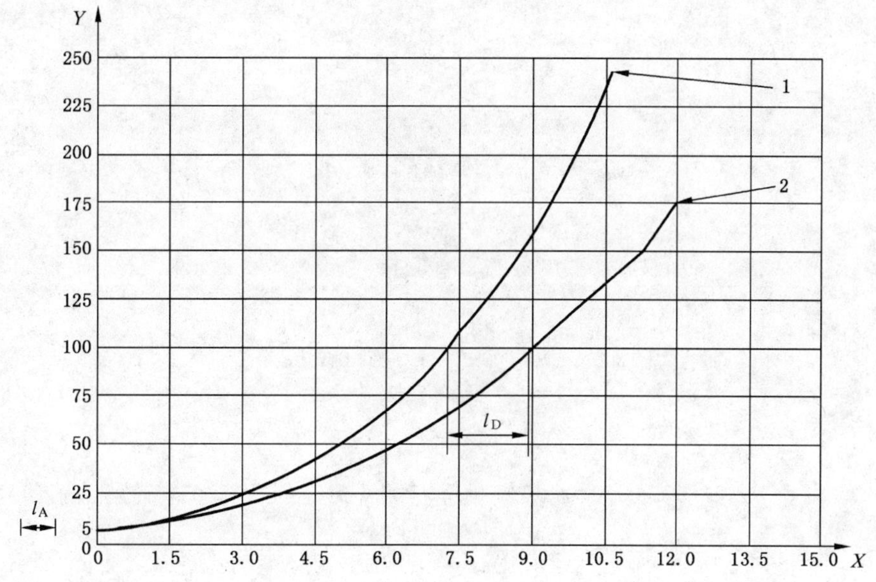

X——伸长，单位为毫米(mm)；

Y——力，单位为牛顿(N)；

1——普通夹具夹持试样的力-伸长曲线；

2——针排夹具夹持试样的力-伸长曲线；

l_A——拉力为 5 N 时两曲线间的距离，单位为毫米(mm)；

l_D——拉力为 100 N 时两曲线间的距离，单位为毫米(mm)。

图 3 力-伸长曲线

10 试验报告

试验报告应包括以下内容：

a) GB/T 13772 本部分的编号和试验日期。

b) 样品的描述。

c) 样品的最终用途(服用织物或装饰用织物)。

d) 测试条件(针具种类，最大拉力，试样夹持端情况)。

e) 任何偏离本标准的细节。

f) 规定拉力下的滑移量(五个测量值的平均值),单位为毫米(mm)。例如,对于"服用织物",拉力为 100 N 时的滑移量填入如表 2 所示的表格。

表 2 滑移量值

采用的拉力/ N	经纱滑移量/ mm	纬纱滑移量/ mm
100		
200		

g) 如果适用,描述"织物断裂"的试验现象,并注明发生断裂时的拉力值。

附 录 A
（资料性附录）
建议取样程序

A.1 批样(从一批产品中取的数量)

表 A.1 批样

一批产品的数量/匹	批样的最少数量/匹
≤3	1
4～10	2
11～30	3
31～75	4
≥76	5

A.2 实验室样品数量

从批样的每一匹中随机剪取至少 1 m 长的全幅作为实验室样品(离匹端至少 3 m)。保证样品没有褶皱和明显的疵点。

附 录 B
（资料性附录）
从实验室样品上剪取试样示例

单位为毫米

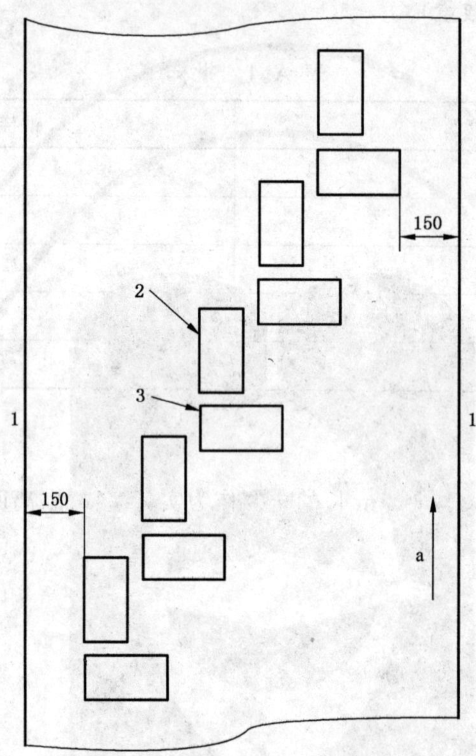

1——布边；
2——纬纱滑移试样；
3——经纱滑移试样；
a——经向。

图 B.1 剪取试样示例

ICS 59.080.30
W 04

中华人民共和国国家标准

GB/T 13772.4—2008
代替 GB/T 13772.3—1992

纺织品 机织物接缝处纱线抗滑移的测定 第4部分:摩擦法

Textiles—Determination of the slippage resistance of yarns at a seam in woven fabrics—Part 4: Friction method

2008-06-18 发布　　2009-03-01 实施

中华人民共和国国家质量监督检验检疫总局
中国国家标准化管理委员会　发布

前 言

GB/T 13772《纺织品　机织物接缝处纱线抗滑移的测定》包括以下4个部分：

——第1部分：定滑移量法；

——第2部分：定负荷法；

——第3部分：针夹法；

——第4部分：摩擦法。

本部分为GB/T 13772的第4部分。

本部分代替GB/T 13772.3—1992《织物中纱线抗滑移性测定方法　摩擦法》。本部分与GB/T 13772.3—1992的主要技术性差异如下：

1. 增加了试样的前处理条款；
2. 第3章增加了3条术语；
3. 第4章原理进行了修改；
4. 第7章试验用大气条件进行了修改；
5. 删除了原附录B特殊性试验；
6. 增加了附录B剪取试样的示例。

本部分的附录A和附录B为资料性附录。

本部分由中国纺织工业协会提出。

本部分由全国纺织品标准化技术委员会基础标准分会(SAC/TC 209/SC 1)归口。

本部分起草单位：国家纺织制品质量监督检验中心、中纺标(北京)检验认证中心有限公司、国家丝绸质量监督检验中心。

本部分主要起草人：王欢、王宝军、蔡为。

本部分所代替标准的历次版本发布情况为：

——GB/T 13772.3—1992。

纺织品 机织物接缝处纱线抗滑移的测定 第4部分:摩擦法

1 范围

GB/T 13772的本部分规定了以摩擦辊与织物摩擦的形式测定机织物中纱线抗滑移性的方法。

本方法主要适用于轻薄、柔软、稀松的机织物及其他易滑移织物,不适用于厚型及结构紧密的织物。

2 规范性引用文件

下列文件中的条款通过GB/T 13772的本部分的引用而成为本部分的条款。凡是注日期的引用文件,其随后所有的修改单(不包括勘误的内容)或修订版均不适用于本部分,然而,鼓励根据本部分达成协议的各方研究是否可使用这些文件的最新版本。凡是不注日期的引用文件,其最新版本适用于本部分。

GB/T 6529 纺织品 调湿和试验用标准大气(GB/T 6529—2008,ISO 139:2005,MOD)

GB/T 8629 纺织品 试验用家庭洗涤和干燥程序(GB/T 8629—2001,eqv ISO 6330:2000)

GB/T 19981.2 纺织品 织物和服装的专业维护、干洗和湿洗 第2部分:使用四氯乙烯干洗和整烫时性能试验的程序(GB/T 19981.2—2005,ISO 3175-2:1998,MOD)

3 术语和定义

下列术语和定义适用于GB/T 13772的本部分。

3.1

滑移变形 slippage distortion

织物均匀表面由于受到外界摩擦作用而使经纱(或纬纱)在另一系统纱上产生滑移而变形,并形成缝隙的现象。

3.2

经纱滑移 warp slippage

经纱与摩擦方向垂直,在纬向纱线上产生移动。

3.3

纬纱滑移 weft slippage

纬纱与摩擦方向垂直,在经向纱线上产生移动。

3.4

滑移量 seam opening

织物中纱线滑移后形成的缝隙的最大宽度。

4 原理

一对摩擦辊以规定压力相对夹持具有一定张力的试样,摩擦辊与试样以一定速度做相对单向摩擦,织物中纱线均匀状态发生滑移变形,测定经规定摩擦次数后试样摩擦区纱线的滑移变形,即滑移量,以衡量织物中纱线抗滑移变形性能。

5 仪器和器具

5.1 试验仪器 符合下列要求的仪器均可使用。附录A中第A.1章列述了一种实用的仪器。

5.1.1 一对橡胶摩擦辊，其直径为ϕ20 mm，长分别为25 mm和50 mm。邵氏硬度为55°～60°(A)。摩擦辊可绕其轴转动，但试验中应固定不动。两摩擦辊对夹试样时夹持线与相对运动方向垂直且处于试样所在平面上，其夹持压力能在0～25 N的范围内调整。

5.1.2 夹样框，在一定纵向张力下夹持试样，能夹持试样的有效尺寸为100 mm×150 mm。其中有一对边框为能夹持100 mm宽的试样的夹持器。夹持器应能有效夹持试样而不滑脱(见图1)。

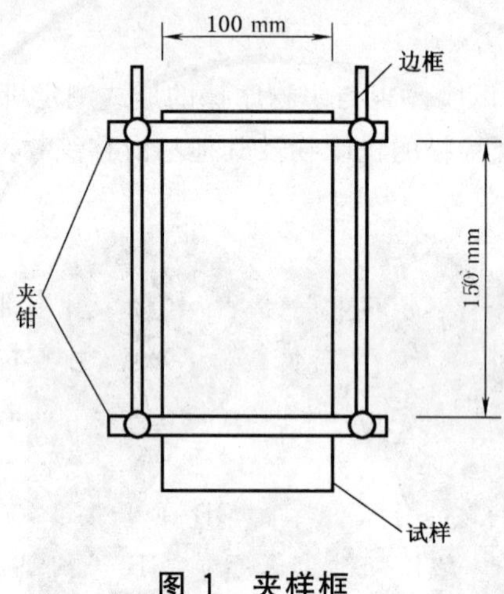

图1 夹样框

5.1.3 滑道，供夹样框纵向运动。应有两组滑道或相应机构，以使试样产生两个距边缘各为15 mm的摩擦区。

5.1.4 驱动机构，驱使试样与摩擦辊产生单向摩擦，速度约30次/min，动程25 mm。摩擦区位于试样纵向中间部位。

5.2 装样装置，使试样在一定纵向张力下夹入试样框的装置。夹样装置至少为25 N一种。附录A中第A.2章提供了一种简单装置。

5.3 测量尺，分度值不超过0.5 mm。

5.4 分规。

5.5 放大装置，如放大镜。

6 取样

6.1 样品的采集方法和数量按相关产品标准规定或有关各方商定进行。

6.2 每份样品至少裁取50 cm×全幅。仲裁检验至少100 cm×全幅。样品应平整无皱，不能带有纬斜、粗细节、稀密路等影响试验结果的疵点。样品应在距布端1 m以上的部位裁取。

6.3 如果需要，样品可取自制成品；也可进行洗涤等处理，GB/T 19981.2或GB/T 8629中给出的程序可能是适宜的。

7 调湿和试验用大气

预调湿、调湿和试验用标准大气执行GB/T 6529的规定。

8 试样准备

8.1 在距布边至少15 cm的区域内随机剪取试样。每一方向的各试样间不能含有相同的经纱和纬纱。附录B给出了裁剪试样的示意图。

8.2 经、纬各裁取宽稍大于 100 mm，长不小于 200 mm 的试样至少 5 条。经纱滑移试样的宽度方向平行于经纱，反之为纬纱滑移试样。

8.3 在试样纵、横向边缘各扯出几根整纱，扯纱后试样宽为 100 mm±1/2 根纱。

9 步骤

9.1 将试样长度方向的一端夹入夹样框的一个夹持器内，另一端通幅加上 25 N 的张力负荷，然后夹紧另一夹持器。夹紧的试样应平整无皱，经纬纱分别平行于夹样框的边框线。

9.2 将夹好试样的夹样框放到滑道上，并处于摩擦起始端。

9.3 使两摩擦辊相对夹持试样，按表 1 规定施加压力负荷。

9.4 以约 30 次/min 的速度驱使摩擦辊与试样产生 2 次单向摩擦。摩擦区距一边缘为 15 mm。

表 1 压力负荷

压力负荷/N	应 用 范 围
5	特别稀、薄及柔软的织物
10	其他织物

9.5 调换夹样框位置，重复 9.2～9.4 的过程，以在距试样另一边约 15 mm 处形成另一摩擦区。

9.6 测定每一摩擦区滑移变形的最大缝隙宽度，即滑移量 S(参见图 2)，修约至最接近的 0.5 mm。测定可借助测量尺、分规、放大装置等，注意测定中不要碰触摩擦区内的纱线，以免破坏已形成的滑移状态。

注 1：如果滑移变形观察不清，可在试样下面衬以对比色。

注 2：通常滑移量可在夹持状态下测定。如果必要也可在取下松弛恢复 15 min 后测定，但摩擦区内的纱线不能有严重屈曲状态。

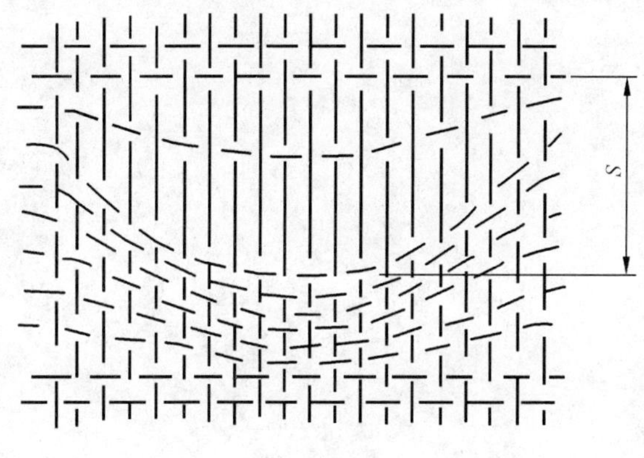

a) 弓形

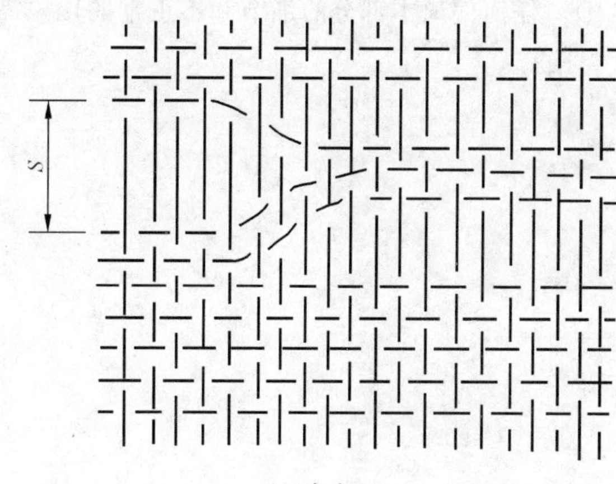

b) 高台型

S——滑移量。

图 2 滑移量的测定

9.7 如果试样滑移变形成非正常滑移状态(如图 3)，则应另取样重新测定。如仍得不到正常滑移，则应检查操作或仪器是否有问题，经检查确实得不到正常滑移，则应在报告中注明。

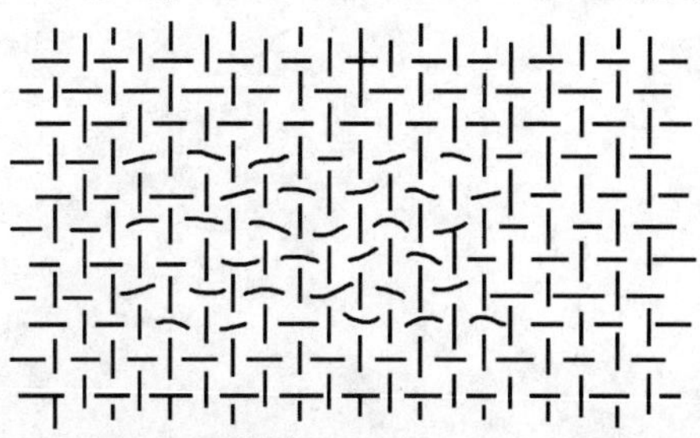

a) 非滑移

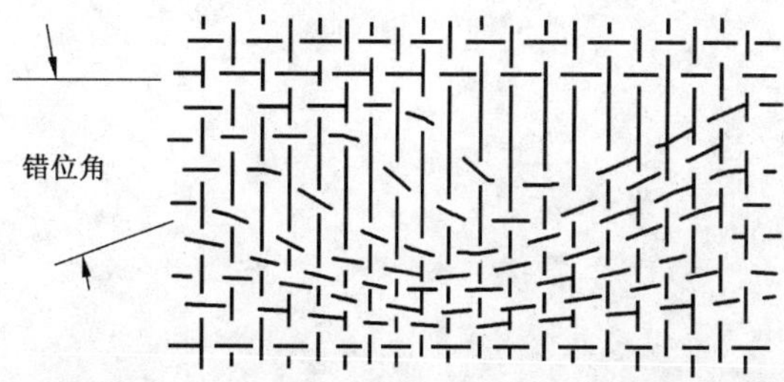

b) 斑纹形

图 3 非正常滑移状态

9.8 摩擦辊每经一定次数摩擦(如50次)后,应使其转动一个角度,以保证摩擦辊与试样为线接触。如此转动一周后更换新的摩擦辊。仪器在不使用的时候,应使两摩擦辊处于脱离状态,切勿长期接触。

10 结果的计算和表示

10.1 计算每一试样两次摩擦所测得滑移量的平均值,修约至最接近的0.1 mm。

10.2 分别计算样品经、纬纱平均滑移量,修约至最接近的0.5 mm。

10.3 如果不需知道每个试样的平均滑移量,在计算样品经纱或纬纱平均滑移量时可直接用全部单次测定值计算,而不必经10.1的计算,以减小误差。

11 试验报告

11.1 阐明试验是按本部分进行的。

11.2 报告下列内容:

a) 样品名称、原料、组织规格;
b) 试验日期、环境条件;
c) 取样方法、数量;
d) 样品是否经过洗涤等处理,以及处理条件;
e) 仪器型号、摩擦速度、压力负荷、摩擦次数等必要的技术条件;
f) 分别报告经、纬纱平均滑移量,最大、最小滑移量(mm);
g) 对非正常滑移,报告其方向、状态;
h) 任何偏离本部分的细节和不正常的现象需加说明。

附 录 A
（资料性附录）
试验设备

A.1 图 A.1 为一种实用试验仪器原理图。

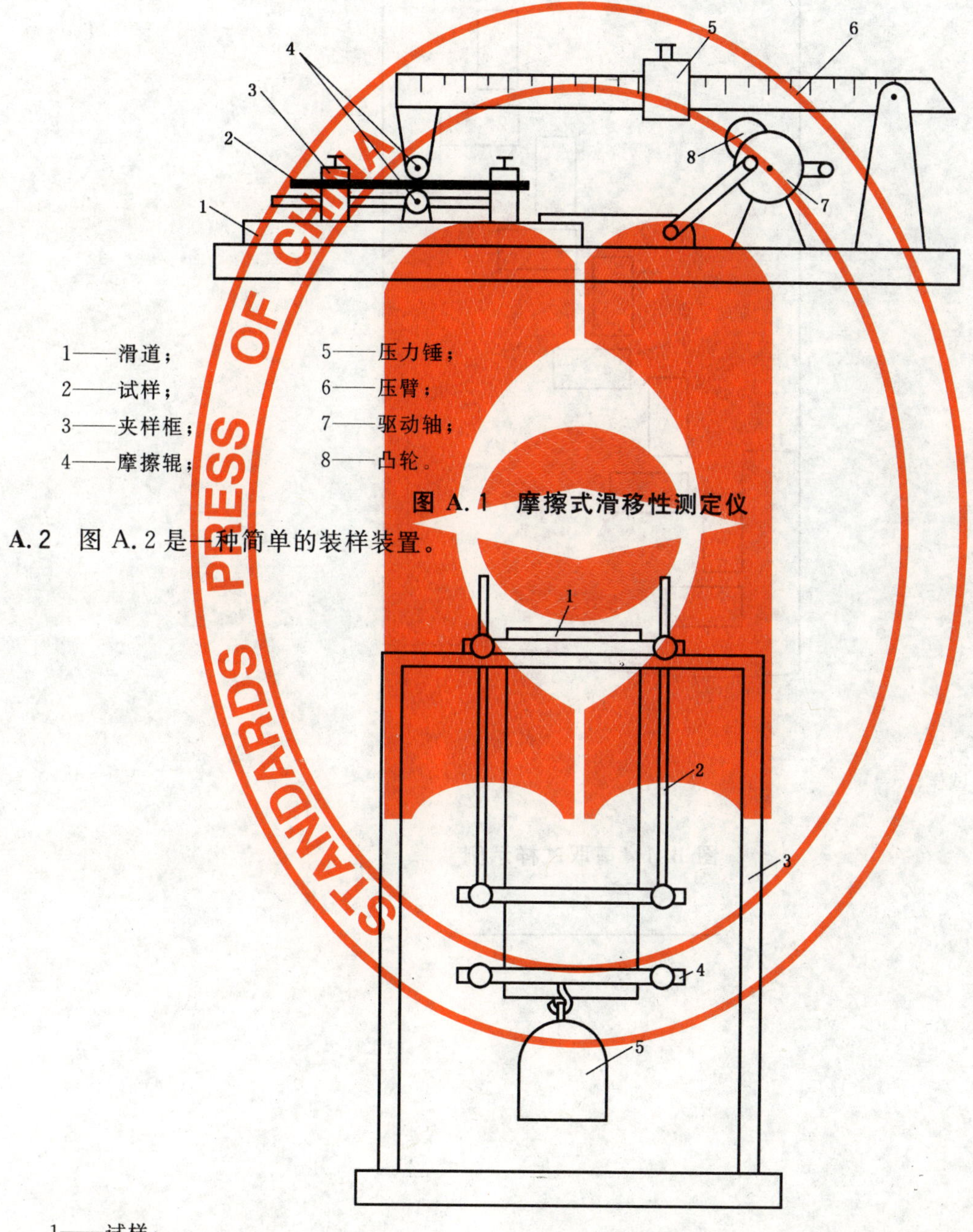

1——滑道；
2——试样；
3——夹样框；
4——摩擦辊；
5——压力锤；
6——压臂；
7——驱动轴；
8——凸轮。

图 A.1 摩擦式滑移性测定仪

A.2 图 A.2 是一种简单的装样装置。

1——试样；
2——夹样框；
3——装样架；
4——张力夹；
5——张力锤。

图 A.2 装样装置

附 录 B
（资料性附录）
从实验室样品上剪取试样示例

单位为毫米

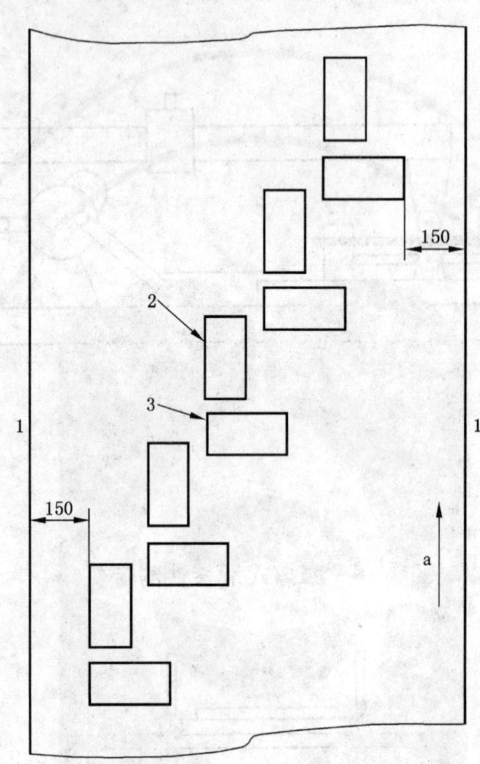

1——布边；
2——纬纱滑移试样；
3——经纱滑移试样；
a——经向。

图 B.1 剪取试样示例

ICS 59.080.30
W 04

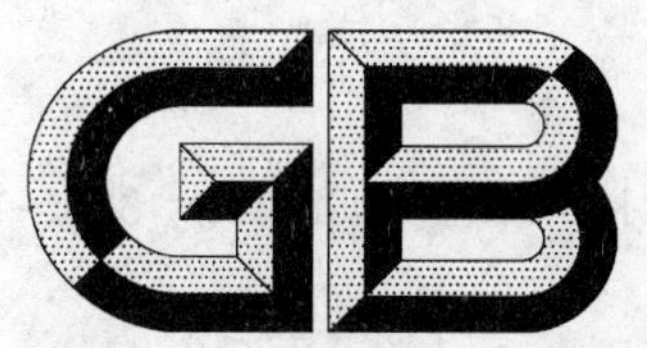

中华人民共和国国家标准

GB/T 13773.1—2008/ISO 13935-1:1999
代替 GB/T 13773—1992

纺织品　织物及其制品的接缝拉伸性能 第1部分:条样法接缝强力的测定

Textiles—Seam tensile properties of fabrics and made-up textile articles—Part 1:Determination of maximum force to seam rupture using the strip method

(ISO 13935-1:1999,IDT)

2008-06-18 发布　　2009-03-01 实施

中华人民共和国国家质量监督检验检疫总局
中国国家标准化管理委员会　发布

前言

GB/T 13773《纺织品　织物及其制品接缝拉伸性能》包括2个部分：

——第1部分：条样法接缝强力的测定；

——第2部分：抓样法接缝强力的测定。

本部分为GB/T 13773的第1部分。

本部分使用翻译法等同采用ISO 13935-1:1999《纺织品　织物及其制品接缝拉伸性能　第1部分：条样法测定接缝强力》。

本部分与ISO 13935-1:1999相比，做了如下编辑性修改：

——由等同或修改采用国际标准的我国标准代替了规范性引用的国际标准；

——删除了国际标准的前言、引言、资料性附录A和参考文献。

本部分代替GB/T 13773—1992方法B。本部分与GB/T 13773—1992的技术性差异如下：

1. 由原来一个独立的标准调整为包括2个部分的系列标准，第1部分是原标准的B法，第2部分是原标准的A法；标准名称也作了相应修改；
2. 范围扩大至机织物及其制品，并增加了不适用的产品；
3. 规范性引用文件中增加了拉伸试验仪的相关标准，取消了部分标准的引用；
4. 第3章术语增加了CRE拉伸试验仪、条样试验和隔距长度，删除了缝迹密度、接缝和接缝效率；
5. 删除了CRT强力试验机，对CRE拉伸试验仪提出了具体的要求；
6. 删除了缝纫参数的相关条款，改为协议确定；
7. 取消了预加张力夹持试样；
8. 拉伸速度由300 mm/min改为100 mm/min；
9. 增加了样品和试样的示意图；
10. 取消了测定和计算接缝效率的相关条款。

本部分由中国纺织工业协会提出。

本部分由全国纺织品标准化技术委员会基础标准分会(SAC/TC 209/SC 1)归口。

本部分起草单位：国家纺织制品质量监督检验中心、中国纺织科学研究院深圳测试中心。

本部分主要起草人：王颖、任鹤宁、安立。

本部分所代替标准的历次版本发布情况为：

——GB/T 13773—1992。

纺织品　织物及其制品的接缝拉伸性能 第1部分:条样法接缝强力的测定

1　范围

GB/T 13773 的本部分规定了采用条样法对接缝的缝合处施加垂直方向的力,测定其接缝承受最大力的方法。

本部分适用于机织物及其制品,也适用于其他技术生产的织物。本部分不适用于弹性机织物、土工合成材料、非织造布、涂层织物、玻璃纤维织物以及碳纤维和聚烯烃扁丝生产的织物。

接缝织物根据产品要求或有关各方的同意,可以从缝合制品中获得,也可以用织物样品制备。

本方法仅适用于直线接缝,不适用于较大弯曲的接缝。

本方法规定采用等速伸长(CRE)试验仪。

2　规范性引用文件

下列文件中的条款通过 GB/T 13773 的本部分的引用而成为本部分的条款。凡是注日期的引用文件,其随后所有的修改单(不包括勘误的内容)或修订版均不适用于本部分,然而,鼓励根据本部分达成协议的各方研究是否可使用这些文件的最新版本。凡是不注日期的引用文件,其最新版本适用于本部分。

GB/T 6529　纺织品　调湿和试验用标准大气(GB/T 6529—2008,ISO 139:2005,MOD)

GB/T 16825.1　静力单轴试验机的检验　第1部分:拉力和(或)压力试验机测力系统的检验与校准(GB/T 16825.1—2002,ISO 7500-1:1999,IDT)

GB/T 19022　测量管理体系　测量过程和测量设备的要求(GB/T 19022—2003,ISO 10012:2003,IDT)

3　术语和定义

下列术语和定义适用于 GB/T 13773 的本部分。

3.1

等速伸长(CRE)试验仪　constant rate of extension testing machine

在整个试验过程中,夹持试样的夹钳一个固定,另一个以恒定速度运动,使试样伸长与时间成正比的一种拉伸试验仪器。

3.2

条样试验　strip test

试样整个宽度被夹钳夹持的一种织物拉伸试验。

3.3

接缝强力　maximum force to seam rupture

在规定条件下,对含有一接缝的试样施以与接缝垂直方向的拉伸,直至接缝破坏所记录的最大的力。

3.4

隔距长度　gauge length

试验装置上夹持试样的两个有效夹持点(线)之间的距离。

注:夹钳的有效夹持点(线)可用下述方法检查:将附有复写纸的试样在规定的预张力下夹紧,使试样上产生一个夹持纹。

4 原理

对规定尺寸的试样(中间有一接缝)沿垂直于缝迹方向以恒定伸长速率进行拉伸,直至接缝破坏。记录达到接缝破坏的最大力值。

5 取样

按相关织物或制品的标准要求或有关方协议取样。

如果要求在试验前进行缝合,取样应具有代表性,应避开折皱、布边。

从已缝合好的制品上取样时,应保证试样只包含测试方向上的一条直线缝迹,所取的缝迹具有其制品缝迹类型的代表性。在试验报告中记录任何细节。

6 仪器和器具

6.1 等速伸长(CRE)试验仪

等速伸长(CRE)试验仪的计量确认应根据 GB/T 19022 进行。

等速伸长(CRE)试验仪应具有 6.1.1～6.1.6 规定的一般特点。

6.1.1 拉伸试验仪应具有施加于试样上使其拉伸直至破坏指示或记录最大力值的装置。在使用条件下,仪器应为 GB/T 16825.1 的 1 级精度,在仪器满量程内的任意点,测量力值的误差不应超过±1%。

6.1.2 如果采用 GB/T 16825.1 的 2 级精度的拉伸试验仪,应在试验报告中说明。

6.1.3 如果使用数据采集电路和软件获得力值,数据采集的频率不小于每秒 8 次。

6.1.4 仪器应能设定 100 mm/min 的拉伸速度,精度为±10%。

6.1.5 仪器应能设定 200 mm 的隔距长度,精度为±1 mm。

6.1.6 仪器夹钳的中心点应处于拉力轴线上,钳口线应与拉力线垂直,夹持面就在同一平面上。夹钳应能握持试样而不使试样打滑,夹持面应平整,不剪切试样或破坏试样。如果使用平整夹钳不能防止试样的滑移时,应使用其他形式的夹钳。夹持面上可使用适当的衬垫材料。

夹片面宽度至少 60 mm,且应不小于试样的宽度。

6.2 缝合规定缝迹的设备。

6.3 裁剪试样的器具。

7 调湿和试验用大气

预调湿、调湿和试验用标准大气执行 GB/T 6529 的规定。

8 接缝样品和试样的制备

8.1 接缝样品的尺寸和制备

在需要制备接缝试样的情况下,有关各方应协商确定缝制条件,包括缝纫线的类型、针的类型、缝迹的类型、接缝留量以及单位长度的针迹数。

用一块备用织物将缝纫机调整至缝制状态。裁取一块尺寸为 350 mm×至少 700 mm 的织物试样,将试样对折,折痕平行于试样的长度方向。按确定的缝制条件缝合试样。

按照有关方的协议,可以缝制接缝平行于经纱和(或)纬纱的试样。

8.2 试样的尺寸和制备

从每个含有接缝的实验室样品中剪取至少 5 块宽度为 100 mm 的试样,如图 1 所示。

如果采用 8.1 制备的接缝样品,不应在距两端 100 mm 内取样(见图 1)。

在距缝迹 10 mm 处剪切掉试样的 4 个角(图 2 中的阴影部分),其宽度为 25 mm。得到有效的试样宽度为 50 mm。在距缝迹 10 mm 的区域内,整个宽度为 100 mm,用于试验的接缝试样形状如图 3 所示。

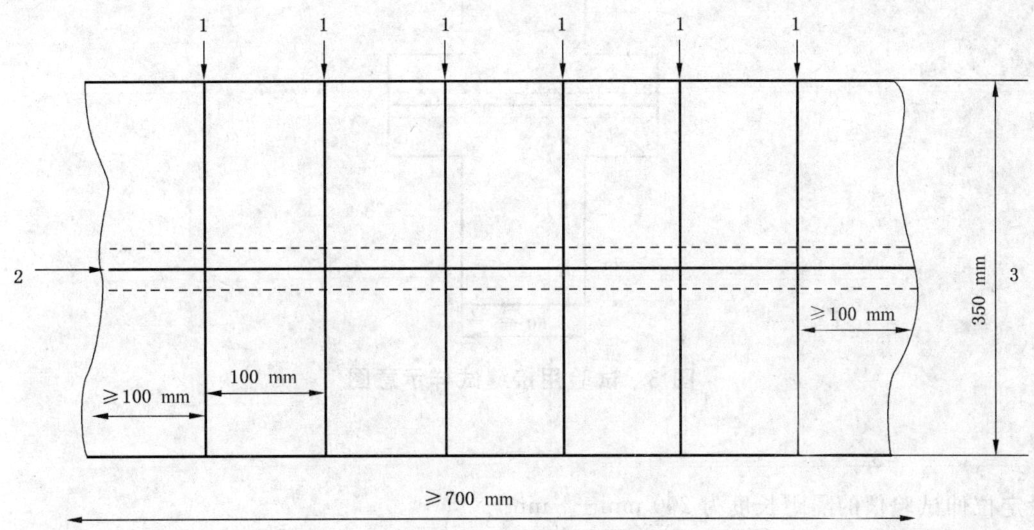

1——剪切线;
2——接缝;
3——缝制前的长度。

图 1 接缝样品和试样示意图

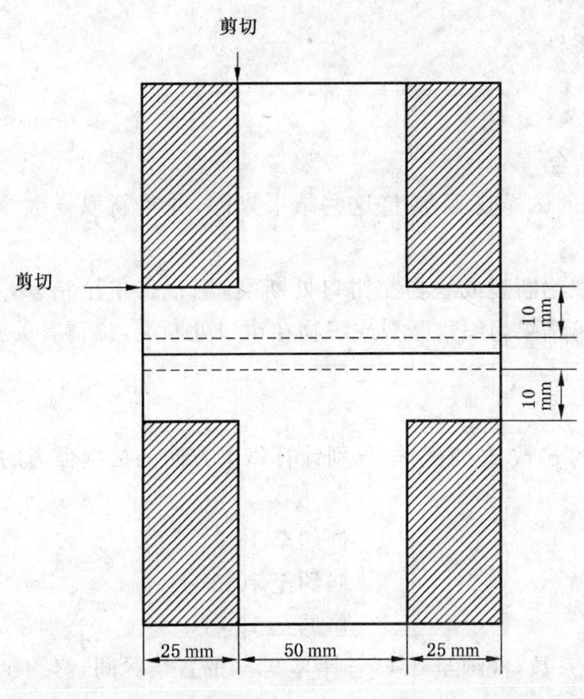

图 2 接缝试样预备样示意图

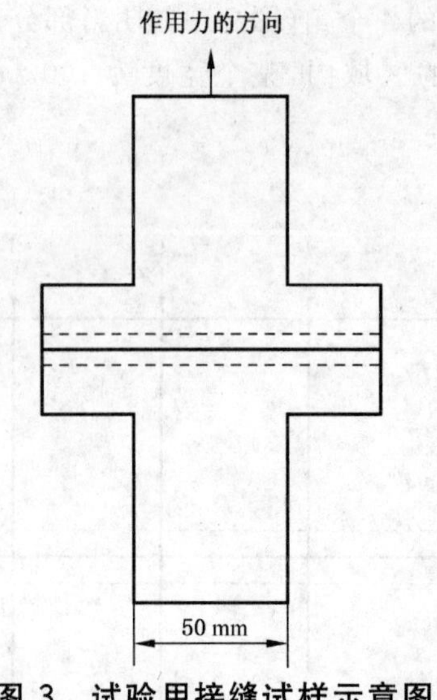

图 3　试验用接缝试样示意图

9　步骤

9.1　设定拉伸试验仪的隔距长度为 200 mm±1 mm。

9.2　设定拉伸试验仪的拉伸速度为 100 mm/min。

9.3　夹持试样。将试样夹持在上夹钳中，使试样长度方向的中心线与夹钳的中心线重合，且与试样的接缝垂直，使接缝位于两夹钳距离的中间位置上。夹紧上夹钳，试样在自身重力下悬挂，使其平直置于下夹钳中，夹紧下夹钳。

9.4　启动试验仪直至试样破坏，记录最大力，以牛顿(N)表示，并记录接缝试样破坏的原因：

a)　织物断裂；

b)　织物在钳口处断裂；

c)　织物在接缝处断裂；

d)　缝纫线断裂；

e)　纱线滑移；

f)　上述项中的任意结合。

如果是由 a)或 b)引起的试样破坏，应将这些结果剔除，并重新取样继续进行试验，直至保证得到 5 个接缝破坏的结果。

如果所有的破坏均是织物断裂或织物在钳口处断裂，则报告单个结果，不报告变异系数或置信区间。在试验报告中注明试验结果为织物断裂或织物在钳口处断裂，提请有关各方讨论试验结果。

10　结果的计算和表示

对接缝破坏符合 9.4 的 c)或 d)的试样，分别计算每个方向的接缝强力的平均值，以牛顿(N)表示。

结果修约：

<100 N	修约至 1 N
100 N～1 000 N	修约至 10 N
≥1 000 N	修约至 100 N

如果有要求，计算变异系数，修约至 0.1%；计算 95%的置信区间，修约至与平均值相同的位数。

11　试验报告

试验报告应包括以下内容：

a) GB/T 13773 的本部分的编号和试验日期；

b) 样品的描述；

c) 接缝信息(参见 8.1)；

d) 试样数量,包括剔除的试样数量及其原因；

e) 接缝破坏的原因；

f) 接缝强力的平均值；

g) 如需要,接缝强力的变异系数；

h) 如需要,接缝强力的 95%置信区间；

i) 织物断裂或钳口处断裂的情况,单个结果；

j) 任何偏离本部分的细节。

ICS 59.080.30
W 04

中华人民共和国国家标准

GB/T 13773.2—2008/ISO 13935-2:1999
代替 GB/T 13773—1992

纺织品　织物及其制品的接缝拉伸性能 第2部分:抓样法接缝强力的测定

Textiles—Seam tensile properties of fabrics and made-up textile articles—Part 2:Determination of maximum force to seam rupture using the grab method

(ISO 13935-2:1999,IDT)

2008-06-18 发布　　2009-03-01 实施

中华人民共和国国家质量监督检验检疫总局
中国国家标准化管理委员会　发布

前言

GB/T 13773《纺织品　织物及其制品的接缝拉伸性能》包括2个部分：

——第1部分：条样法接缝强力的测定；

——第2部分：抓样法接缝强力的测定。

本部分为GB/T 13773的第2部分。

本部分使用翻译法等同采用ISO 13935-2:1999《纺织品　织物及其制品的接缝拉伸性能　第2部分：抓样法测定接缝强力》。

本部分与ISO 13935-2:1999相比有如下差异：

——规范性引用文件中引用了与所引用国际标准对应的我国标准；

——删除了国际标准的前言、引言、资料性附录B“参考文献”和第7章的注。

本部分代替GB/T 13773—1992方法A。本部分与GB/T 13773—1992的技术性差异如下：

1. 由原来一个独立的标准调整为包括2个部分的系列标准，第1部分是原标准的B法，第2部分是原标准的A法；标准名称也作了相应修改；
2. 范围增加了不适用的产品；
3. 规范性引用文件中增加了拉伸试验仪的相关标准，取消了部分标准的引用；
4. 第3章术语增加了CRE拉伸试验仪、抓样试验和隔距长度，删除了缝迹密度、接缝和接缝效率；
5. 删除了CRT强力试验机，对CRE拉伸试验仪提出了具体的要求；
6. 删除了缝纫参数的相关条款，改为协议确定；
7. 取消了预加张力夹持试样；
8. 拉伸速度由300 mm/min改为50 mm/min；
9. 隔距长度由75 mm改为100 mm；
10. 增加了样品和试样的示意图；
11. 取消了测定和计算接缝效率的相关条款。

本部分的附录A为资料性附录。

本部分由中国纺织工业协会提出。

本部分由全国纺织品标准化技术委员会基础标准分会(SAC/TC 209/SC 1)归口。

本部分起草单位：国家纺织制品质量监督检验中心、深圳市贝利爽实业有限公司。

本部分主要起草人：王颖、任鹤宁、安立。

本部分所代替标准的历次版本发布情况为：

——GB/T 13773—1992。

纺织品 织物及其制品的接缝拉伸性能 第2部分:抓样法接缝强力的测定

1 范围

GB/T 13773 的本部分规定了采用抓样法对接缝的缝合处施加垂直方向的力,测定其接缝承受最大力的方法。

本部分适用于机织物及其制品,也适用于其他技术生产的织物。本部分不适用于弹性机织织物、土工合成材料、非织造布、涂层织物、玻璃纤维织物以及碳纤维和聚烯烃扁丝生产的织物。

接缝织物根据产品要求或有关各方的同意,可以从缝合制品中获得,也可以用织物样品制备。

本方法仅适用于直线接缝,不适用于较大弯曲的接缝。

本方法规定采用等速伸长(CRE)试验仪。

2 规范性引用文件

下列文件中的条款通过 GB/T 13773 的本部分的引用而成为本部分的条款。凡是注日期的引用文件,其随后所有的修改单(不包括勘误的内容)或修订版均不适用于本部分,然而,鼓励根据本部分达成协议的各方研究是否可使用这些文件的最新版本。凡是不注日期的引用文件,其最新版本适用于本部分。

GB/T 6529 纺织品 调湿和试验用标准大气(GB/T 6529—2008,ISO 139:2005,MOD)

GB/T 16825.1 静力单轴试验机的检验 第1部分:拉力和(或)压力试验机测力系统的检验与校准(GB/T 16825.1—2002,ISO 7500-1:1999,IDT)

GB/T 19022 测量管理体系 测量过程和测量设备的要求(GB/T 19022—2003,ISO 10012:2003,IDT)

3 术语和定义

下列术语和定义适用于 GB/T 13773 的本部分。

3.1

等速伸长(CRE)试验仪 constant rate of extension testing machine

在整个试验过程中,夹持试样的夹钳一个固定,另一个以恒定速度运动,使试样伸长与时间成正比的一种拉伸试验仪器。

3.2

抓样试验 grab test

试样宽度方向的中央部位被夹钳夹持的一种织物拉伸试验。

3.3

接缝强力 maximum force to seam rupture

在规定条件下,对含有一接缝的试样施以与接缝垂直方向的拉伸,直至接缝破坏所记录的最大的力。

3.4

隔距长度 gauge length

试验装置上夹持试样的两个有效夹持点(线)之间的距离。

注:夹钳的有效夹持点(线)可用下述方法检查:将附有复写纸的试样在规定的预张力下夹紧,使试样上产生一个夹持纹。

4 原理

规定尺寸的夹钳将试样(中间有一接缝)的中间部分夹持,沿垂直于缝迹方向以恒定伸长速率进行拉伸,直至接缝破坏。记录达到接缝破坏的最大力值。

5 取样

按相关织物或制品的标准要求或有关方协议取样。

如果要求在试验前进行缝合,取样应具有代表性,应避开折皱、布边。

从已缝合好的制品上取样时,应保证试样只包含测试方向上的一条直线缝迹,所取的缝迹具有其制品缝迹类型的代表性。在试验报告中记录任何细节。

6 仪器和器具

6.1 等速伸长(CRE)试验仪

等速伸长(CRE)试验仪的计量确认应根据 GB/T 19022 进行。

等速伸长(CRE)试验仪应具有 6.1.1～6.1.6 规定的一般特点。

6.1.1 拉伸试验仪应具有施加于试样上使其拉伸直至破坏指示或记录最大力值的装置。在使用条件下,仪器应为 GB/T 16825.1 的 1 级精度,在仪器满量程内的任意点,测量力值的误差不应超过±1%。

6.1.2 如果采用 GB/T 16825.1 的 2 级精度的拉伸试验仪,应在试验报告中说明。

6.1.3 如果使用数据采集电路和软件获得力值,数据采集的频率不小于每秒 8 次。

6.1.4 仪器应能设定 50 mm/min 的拉伸速度,精度为±10%。

6.1.5 仪器应能设定 100 mm 的隔距长度,精度为±1 mm。

6.1.6 仪器夹钳的中心点应处于拉力轴线上,钳口线应与拉力线垂直,夹持面就在同一平面上。夹钳应能握持试样而不使试样打滑,夹持面应平整,不剪切试样或破坏试样。如果使用平整夹钳不能防止试样的滑移时,应使用其他形式的夹钳。夹持面上可使用适当的衬垫材料。

抓样试验夹持试样面积的尺寸应为(25 mm±1 mm)×(25 mm±1 mm)。可使用下列方法之一达到该尺寸(见附录 A)。

a) 一个夹片宽度为 25 mm,长度至少为 40 mm。夹片长度方向与拉力线垂直。另一个夹片与前一夹片的尺寸相同,其长度方向与拉力线平行(见图 1)。

b) 一个夹片宽度为 25 mm,长度至少为 40 mm。夹片长度方向与拉力线垂直。另一个夹片的尺寸为 25 mm×25 mm(见图 2)。

6.2 缝合规定缝迹的设备。

6.3 裁剪试样的器具。

7 调湿和试验用大气

预调湿、调湿和试验用标准大气执行 GB/T 6529 的规定。

8 接缝样品和试样的制备

8.1 接缝样品的尺寸和制备

在需要制备接缝试样的情况下,有关各方应协商确定缝制条件,包括缝纫线的类型、针的类型、缝迹的类型、接缝留量以及单位长度的针迹数。

用一块备用织物将缝纫机调整至缝制状态。裁取一块尺寸为 250 mm×至少 700 mm 的织物试样,将试样对折,折痕平行于试样的长度方向。按确定的缝制条件缝合试样。

按照有关方的协议,可以缝制接缝平行于经纱和(或)纬纱的试样。

8.2 试样的尺寸和制备

从每个含有接缝的实验室样品中剪取至少5块宽度为100 mm的试样,如图1所示。

如果采用8.1制备的接缝样品,不应在距两端100 mm内取样(见图1)。

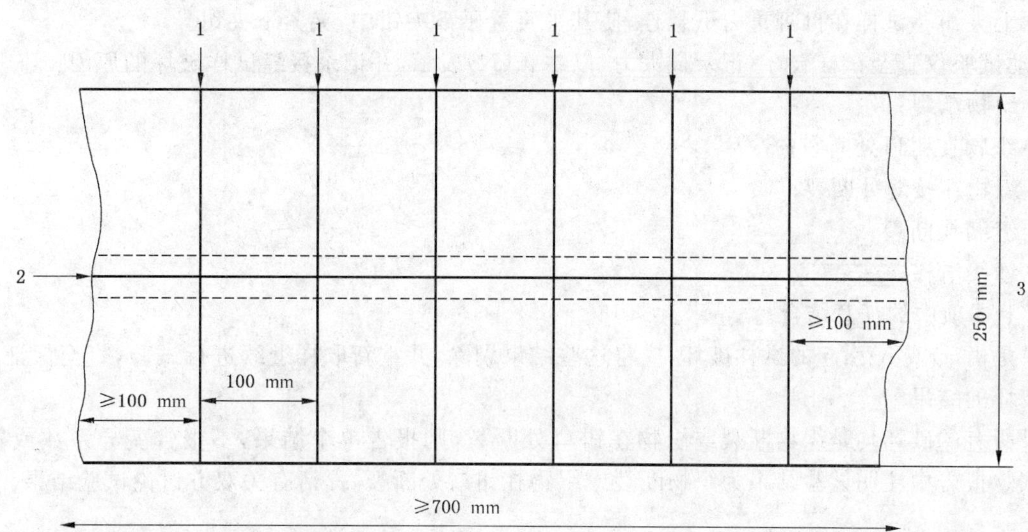

1——剪切线;

2——接缝;

3——缝制前的长度。

图1 接缝样品和试样示意图

8.3 试样的准备

在每一块试样上,距长度方向的一边38 mm处画一条平行于该边的直线(见图2)。

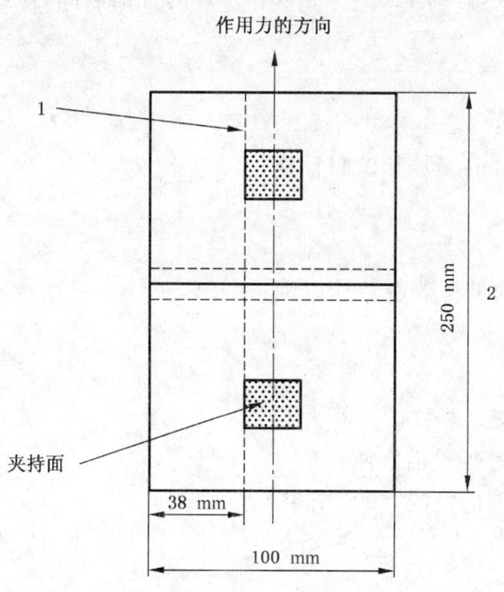

1——夹持标记线;

2——缝制前的长度。

图2 试验用接缝试样及夹持面示意图

9 步骤

9.1 设定拉伸试验仪的隔距长度为100 mm±1 mm。

9.2 设定拉伸试验仪的拉伸速度为50 mm/min。

9.3 夹持试样的中间部位，保证试样长度方向的中心线通过夹钳的中心线，与夹钳的钳口线垂直，以使试样的上标记线对齐夹片的一边，使接缝位于两夹钳距离的中间位置上。

夹紧上夹钳。试样在自身重力下悬挂，使其平直置于下夹钳中，夹紧下夹钳。

9.4 启动试验仪直至试样破坏，记录最大力，以牛顿(N)表示，并记录接缝试样破坏的原因：

a) 织物断裂；

b) 织物在钳口处断裂；

c) 织物在接缝处断裂；

d) 缝纫线断裂；

e) 纱线滑移；

f) 上述项中的任意结合。

如果是由a)或b)引起的试样破坏，应将这些结果剔除，并重新取样继续进行试验，直至保证得到5个接缝破坏的结果。

如果所有的破坏均是织物断裂或织物在钳口处断裂，则报告单个结果，不报告变异系数或置信区间。在试验报告中注明试验结果为织物断裂或织物在钳口处断裂，提请有关双方讨论试验结果。

10 结果的计算和表示

对接缝破坏符合9.4的c)或d)的试样，分别计算每个方向的接缝强力的平均值，以牛顿(N)表示。

结果修约：

＜100 N	修约至1 N
100 N～1 000 N	修约至10 N
≥1 000 N	修约至100 N

如果有要求，计算变异系数，修约至0.1%；计算95%的置信区间，修约至与平均值相同的位数。

11 试验报告

试验报告应包括以下内容：

a) GB/T 13773的本部分的编号和试验日期；

b) 样品的描述；

c) 接缝信息(参见8.1)；

d) 试样数量，包括剔除的试样数量及其原因；

e) 接缝破坏的原因；

f) 接缝强力的平均值；

g) 如需要，接缝强力的变异系数；

h) 如需要，接缝强力的95%置信区间；

i) 织物断裂或钳口处断裂的情况，单个结果；

j) 任何偏离本部分的细节。

附 录 A
（资料性附录）
抓样法夹片尺寸及放置示意图

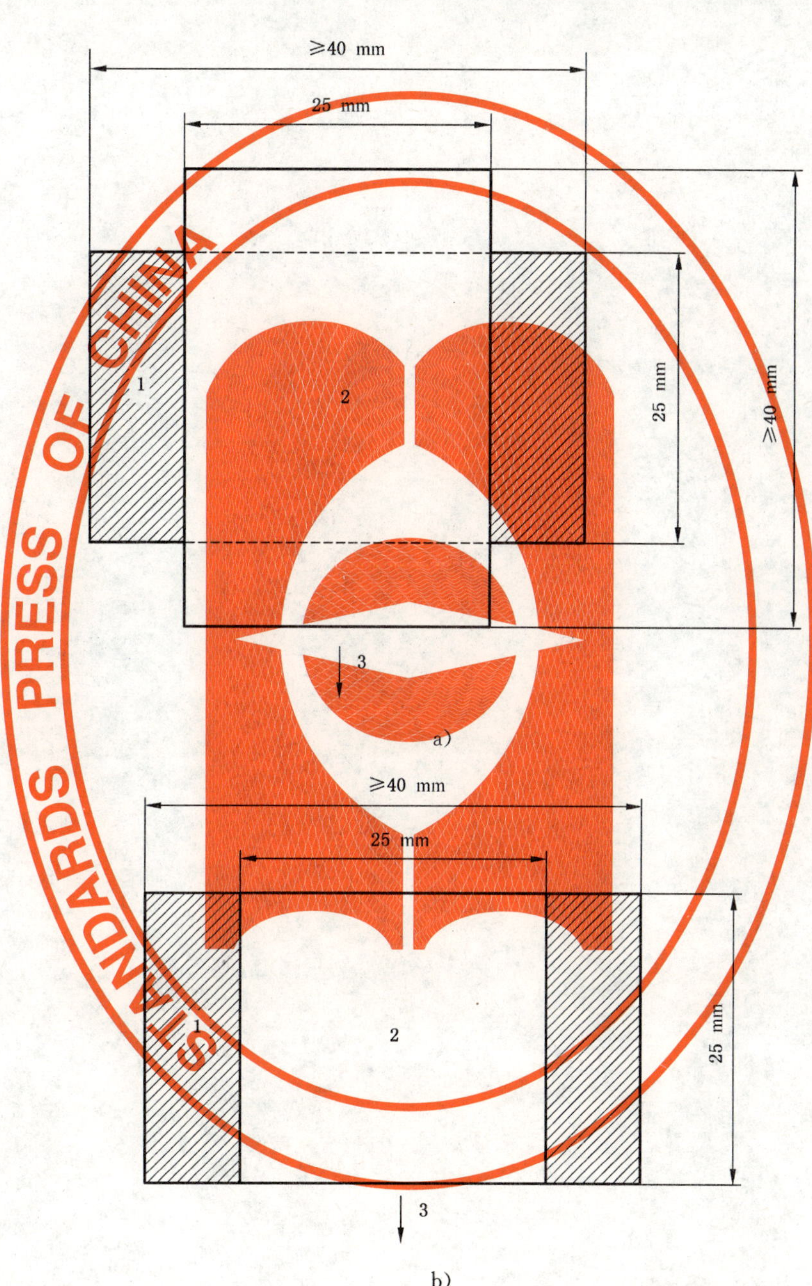

1——后夹片；
2——前夹片；
3——拉伸方向。

图 A.1 抓样法夹片尺寸及放置

ICS 59.060.10
W 10

中华人民共和国国家标准

GB/T 13779—2008
代替 GB/T 13779—1992

棉纤维 长度试验方法 梳片法

Cotton fibres—Test method for length—Comb sorter method

2008-08-07 发布 2008-12-01 实施

中华人民共和国国家质量监督检验检疫总局
中国国家标准化管理委员会 发布

前 言

本标准代替 GB/T 13779—1992《棉纤维　长度试验方法　梳片法》。

本标准与 GB/T 13779—1992 相比，主要变化如下：

a) 修改了上四分位长度、质量平均长度等术语和定义(1992 版的 3.1;本版的 3.1 至 3.4)；

b) 明确了原有梳片式长度仪的梳片间距(1992 版的 5.1;本版的 5.2)；

c) 将原来称量用的天平都改用量程≥100 mg,分度值≤0.2 mg;分度值≤0.05 mg 的天平(1992 版的 5.2;本版的 5.1)；

d) 修改了记录单(1992 版的第 10 章;本版的附录 A)。

本标准的附录 A 为资料性附录。

本标准由中国纤维检验局提出并归口。

本标准由上海纤维检验所负责起草,安徽省纤维检验局协助起草。

本标准主要起草人:眭华明、李颖、柯娜、戴福文。

本标准于 1992 年首次发布。本次是第一次修订。

棉纤维 长度试验方法 梳片法

1 范围

本标准规定了用梳片式长度分析仪测定棉纤维长度分布参数的方法。

本标准适用于棉纤维长度指标的测定。

2 规范性引用文件

下列文件中的条款通过本标准的引用而成为本标准的条款。凡是注日期的引用文件，其随后所有的修改单(不包括勘误的内容)或修订版均不适用于本标准，然而，鼓励根据本标准达成协议的各方研究是否可使用这些文件的最新版本。凡是不注日期的引用文件，其最新版本适用于本标准。

GB/T 6097 棉纤维试验取样方法

GB 6529 纺织品的调湿和试验用标准大气

GB/T 8170 数值修约规则

3 术语和定义

下列术语和定义适用于本标准。

3.1

上四分位长度 upper quartile length

在纤维长度分布图中，自最长纤维起，至占纤维试样质量25%处的纤维长度。

3.2

质量平均长度 average length of mass

棉纤维长度分布中，以各组纤维的质量加权得出的平均长度。

3.3

短纤维界限 limitation of short fibres

在纤维长度分布中，对不利于纺纱的短纤维所定的长度界限。

3.4

短纤维率 short fibre content

长度在短纤维界限以下的纤维质量对总质量的百分数。

4 原理

将试样整理成一端平齐的棉束，利用一组钢针梳片，而后自长至短地将棉束中的纤维按一定长度逐次拔取分组，分别称量，进而求得长度分布参数。

5 仪器和工具

5.1 天平

a) 量程≥100 mg，分度值≤0.2 mg；

b) 分度值≤0.05 mg。

5.2 梳片式长度仪(梳片间距为3 mm)：包括梳片托架、纤维夹、压叉、上梳片、纤维耙。

5.3 压板、稀梳、密梳、挑针、镊子、50 mm纤维尺、绒板等。

6 试验用标准大气

试验用标准大气按 GB 6529 中温带标准大气二级标准，即：温度为(20±2)℃，相对湿度为(65±3)%。

7 试验试样的抽取和制备

7.1 试验试样的抽取

7.1.1 从散纤维实验室样品正反两面均匀地抽取 32 丛，每丛约 6 mg，经撕松除去杂质和棉结混匀后，制成试验样品约 200 mg。整理平齐，称取两份 50.0 mg±0.2 mg 试验试样。

7.1.2 散纤维和半制品均可按 GB/T 6097 制作试验棉条，纵向分取并整理平齐，称取两份(50.0±0.2)mg 试验试样。

7.2 试验试样的制备

7.2.1 将每一份试验试样手扯整理成纤维比较平直而一端整齐的棉束。

7.2.2 试验试样在整理过程中不得丢弃纤维。

8 试验步骤

8.1 第一次移置

8.1.1 将整理好的棉束，用纤维夹夹住整齐端，放在右梳架下梳片的中央，使棉束整齐一端露出第一梳片约 1 mm。用压叉将棉束压入梳片内，至少压到离针端 4 mm 以下，但不低于梳针长度的二分之一处。

8.1.2 将梳片分析器回转 180°，逐次放下左梳架的梳片，直到少量纤维露出靠近操作者的梳片为止。

8.1.3 从水平方向用纤维夹分次夹取伸出梳片的最长纤维，不要一次把所有伸出纤维都拔完。

8.1.4 将纤维夹上的纤维移向右梳架的下梳片中央，纤维夹钳口应与第一梳片平齐，松开纤维夹，用压叉将纤维压入梳针少许，重复操作，直至将该组伸出的纤维拔完并移置。伸出右梳架第一梳片前的纤维不超过 2 mm。

8.1.5 再从左梳架放下下一片梳片，继续移置纤维，直至把梳片上全部纤维移置到右梳架，放在右梳架的试样宽度不能大于所用纤维夹的宽度，在移置过程中把散乱纤维放在梳耙上，不要丢弃纤维。

8.1.6 用挑针轻轻地挑理开伸出右梳架前梳片的纤维端部，用纤维夹把伸出长度超过 2 mm 的纤维拔出，连同梳耙上的散乱纤维用手整理按 8.1.3 和 8.1.4 的方法移置。

8.1.7 在移置过程中如果左梳片上的纤维呈现零乱现象不便拔取移置时，可随时取下连同梳耙上的纤维，一并用手重新整理平直，再放在左梳片上，以便继续移置。

8.2 第二次移置

8.2.1 用梳片托架将左梳架的梳片升到原来的工作位置，将梳片分析器回转 180°。

8.2.2 按 8.1.2 到 8.1.7 进行。

8.3 排列分组和测量

8.3.1 将梳片分析器回转 180°，试样在左梳架上，靠近棉束整齐端放置两片或三片上梳片，逐次降下左梳架的梳片，直到最长的纤维露出，用纤维夹拔出最长纤维，排列在绒板上，左手用压板轻轻压住拔出的纤维，纤维夹缓缓向操作者方向拉动，使纤维平直地贴在绒板上，然后松开纤维夹。拔完一组纤维，放下一片梳片，继续拔取和排列，直至完成。用纤维尺测量，将长度明显处于一个组距(参见附录 A)范围内的纤维归入一组。如此继续进行，直至所有纤维分完。

8.3.2 长绒棉短纤维界限为 20 mm，测量 19.01 mm～22.00 mm 组时，应分成两小束，一束为 19.01 mm～20.00 mm，另一束为 20.01 mm～22.00 mm。细绒棉短纤维界限为 16 mm。

8.4 分组称量

从最短组开始，用分度值≤0.05 mg 的天平称取各长度组质量，并记录。

8.5 试验次数

每份实验室样品测定两次，计算出两次试验的上四分位长度值及其平均值，如上四分位长度两次试验值的差异超过其平均值的4%，应增试一次，以三次试验的平均值作为试验结果。

9 试验结果的计算

9.1 上四分位长度

上四分位长度按式(1)计算：

$$L_s = (L'_s - 0.5d) + \frac{(m_A - m_B)d}{m_s} \qquad \cdots\cdots(1)$$

式中：

L_s——上四分位长度，单位为毫米(mm)；

L'_s——L_s所在组(从最长纤维起，累计至该组时，试样质量不低于试样总质量的25%)的长度组中值，单位为毫米(mm)；

d——长度的组距，d为3 mm；

m_A——自最长纤维组至L_s所在组的各组质量之和，单位为毫克(mg)；

m_B——试样总质量的四分之一，单位为毫克(mg)；

m_s——L_s所在组的质量，单位为毫克(mg)。

9.2 质量平均长度

质量平均长度按式(2)计算：

$$L_g = \frac{\sum_{j=1}^{k} L_j m_j}{\sum_{j=1}^{k} m_j} \qquad \cdots\cdots(2)$$

式中：

L_g——质量平均长度，单位为毫米(mm)；

L_j——第j组纤维组中值，单位为毫米(mm)；

m_j——第j组纤维的质量，单位为毫克(mg)；

k——纤维组数。

9.3 长度标准差和变异系数

长度标准差按式(3)计算：

$$s = \sqrt{\frac{\sum_{j=1}^{k} m_j L_j^2}{\sum_{j=1}^{k} m_j} - L_g^2} \qquad \cdots\cdots(3)$$

变异系数按式(4)计算：

$$CV = \frac{s}{L_g} \times 100 \qquad \cdots\cdots(4)$$

式中：

s——长度标准差，单位为毫米(mm)；

CV——变异系数，%。

9.4 短纤维率

短纤维率按式(5)计算：

$$R = \frac{\sum_{j=1}^{i} m_j}{\sum_{j=1}^{k} m_j} \times 100 \quad \cdots\cdots (5)$$

式中：

R——短纤维率，%；

i——短纤维界限组序数。

9.5 数值修约

按 GB/T 8170 的规定进行，各项长度指标、短纤维率和变异系数的计算结果均修约至一位小数。

附 录 A
（资料性附录）
计算实例

A.1 记录单

见表 A.1。

表 A.1 棉纤维长度试验梳片法记录单

样品编号			样品类别			
天平型号/编号			仪器型号/编号			
温度		℃	相对湿度			%
检验依据						
组数	组中值 L_j/mm	长度范围/mm	纤维质量 m_j/mg	$L_j m_j$/mm×mg	$m_j L_j^2$/mg×mm²	计算结果
16	47.5	46.01～49.00				上四分位长度＝30.0 mm 质量平均长度＝23.9 mm 长度标准差＝8.0 mm 变异系数＝33.5% 短纤维率＝17.6%
15	44.5	43.01～46.00				
14	41.5	40.01～43.00				
13	38.5	37.01～40.00	0.40	15.4	592.9	
12	35.5	34.01～37.00	2.40	85.2	3 024.6	
11	32.5	31.01～34.00	6.85	222.6	7 235.3	
10	29.5	28.01～31.00	8.80	259.6	7 658.2	
9	26.5	25.01～28.00	8.05	213.3	5 653.1	
8	23.5	22.01～25.00	5.75	135.1	3 175.4	
7	20.5	19.01～22.00	5.10	104.6	2 143.3	
6	17.5	16.01～19.00	3.85	67.4	1 179.1	备注
5	14.5	13.01～16.00	2.90	42.0	609.7	
4	11.5	10.01～13.00	2.20	25.3	291.0	
3	8.5	7.01～10.00	2.10	17.8	151.7	
2	5.5	4.01～7.00	1.00	5.5	30.2	
1	2.5	1.00～4.00	0.60	1.5	3.8	
Σ			50.00	1 195.3	31 748.3	

复核： 试验： 日期：

A.2 上四分位长度

$$L_s = (L'_s - 0.5d) + \frac{(m_A - m_B)d}{m_s} = (29.5 - 0.5 \times 3) + \frac{(18.45 - 12.5) \times 3}{8.80} = 30.0\ \text{mm}$$

式中：

$L'_s = 29.5$ mm，$d = 3$ mm，$m_A = 0.40 + 2.40 + 6.85 + 8.80 = 18.45$ mg，$m_B = 50 \div 4 = 12.50$ mg；

$m_s = 8.80$ mg（上四分位长度的质量）。

A.3 质量平均长度

$$L_g = \frac{\sum_{j=1}^{k} L_j m_j}{\sum_{j=1}^{k} m_j} = \frac{1\ 195.3}{50.00} = 23.9\ \text{mm}$$

A.4 长度标准差

$$s = \sqrt{\frac{\sum_{j=1}^{k} m_j L_j^2}{\sum_{j=1}^{k} m_j} - L_g^2} = \sqrt{\frac{31\ 748.3}{50.00} - 23.9^2} = 7.985\ \text{mm}$$

A.5 变异系数

$$CV = \frac{s}{L_g} \times 100 = \frac{7.985}{23.9} \times 100 = 33.4\%$$

A.6 16 mm 及以下短纤维率

$$R = \frac{\sum_{j=1}^{i} m_j}{\sum_{j=1}^{k} m_j} \times 100 = \frac{8.80}{50.00} \times 100 = 17.6\%$$

式中：

$i = 5, \sum_{j}^{i} m_j = 0.60 + 1.00 + 2.10 + 2.20 + 2.90 = 8.80\ \text{mg}$

ICS 59.060.10
W 10

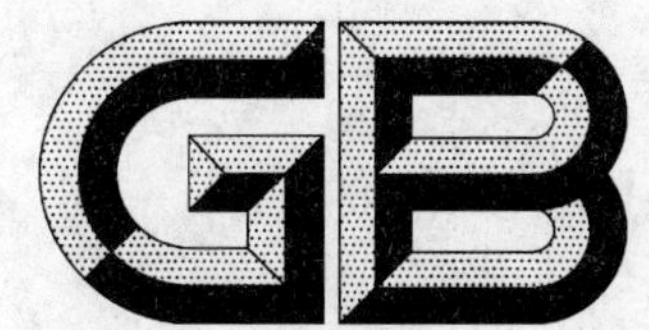

中华人民共和国国家标准

GB/T 13784—2008
代替 GB/T 13784—1992

棉花颜色试验方法　测色仪法

Test method for colour of cotton —Colourimeter method

2008-06-17 发布　　2008-09-01 实施

中华人民共和国国家质量监督检验检疫总局
中国国家标准化管理委员会　发布

前　言

本标准参照采用了 ASTM D 5867—05《大容量纤维测试仪　测定棉纤维物理性能试验方法》(英文版)。

本标准增加采用了 ASTM D 5867—05 的下列内容：

——使用棉花色特征实物标准样品检查仪器的校准情况。

本标准与 ASTM D5867—05 相比，主要技术差异如下：

——将 ASTM D5867—05 适用范围中的“测定任何类型的原棉色征”改为“除彩色棉以外的棉纤维”。

——本标准色特征级是根据中国棉花色特征图确定的。

——本标准采用 GB 6529 规定的温带二级标准大气。

本标准代替了 GB/T 13784—1992《棉花颜色试验方法　测色仪法》。

本标准与 GB/T 13784—1992 相比，修订的主要内容如下：

——修订了标准的适用范围，指出该标准不适用于彩色棉。

——增加了对 GB 1103 和 GB 6529 的引用。

——增加了在标准大气中对试验样品进行调湿的规定。

——增加了棉花色特征级的内容。指出棉花样品的色特征级根据反射率(Rd)的均值和黄色深度($+b$)的均值确定。

——使用棉花色特征实物标准样品检查仪器的校准情况。

——增加了每份实验室样品质量不少于 125 g 的要求。

本标准的附录 A 为资料性附录。

本标准由中国纤维检验局提出并归口。

本标准起草单位：山东省纤维检验局。

本标准主要起草人：郑和贵、张现方、马翠、孟辉、宋钧才。

本标准于 1992 年首次发布，本次为第一次修订。

棉花颜色试验方法　测色仪法

1　范围

本标准规定了采用棉花测色仪测定棉纤维色特征，即反射率(Rd)和黄色深度($+b$)指标。

本标准适用于除彩色棉以外的棉纤维。

2　规范性引用文件

下列文件中的条款通过本标准的引用而成为本标准的条款。凡是注日期的引用文件，其随后所有的修改单(不包括勘误的内容)或修订版均不适用于本标准，然而，鼓励根据本标准达成协议的各方研究是否可使用这些文件的最新版本。凡是不注日期的引用文件，其最新版本适用于本标准。

GB 1103　棉花　细绒棉

GB/T 5698　颜色术语

GB/T 6097　棉纤维试验取样方法

GB 6529　纺织品的调湿和试验用标准大气

3　术语和定义

GB 1103、GB/T 5698 中确立的以及下列术语和定义适用于本标准。

3.1

反射率　reflectance degree

Rd

棉花反射光的明暗程度。

3.2

黄色深度　degree of yellowness

$+b$

棉花黄色色调的深浅程度。

4　原理

白光光束以与棉花样品表面法线成 45°角方向照射测试窗口上的棉花样品表面，在法线方向上测量棉花样品表面的反射光。经过光电处理，获得棉花样品的 Rd 和 $+b$ 值以及确定棉花色特征级。

5　设备

5.1　棉花测色仪：凡是能用 Rd 和 $+b$ 值表示棉花色特征，且具有合理的测试窗口面积的设备。

5.2　校准瓷板：与棉花测色仪测试窗口配套，并标明 Rd 和 $+b$ 标准值且经计量检定的瓷板。

5.3　棉花色特征实物标准样品。

6　调湿和试验用标准大气

6.1　调湿和试验用标准大气应符合 GB 6529 中试验用温带二级标准大气的规定，温度为(20±2)℃，相对湿度为(65±3)%。

6.2　棉花样品回潮率高于标准平衡回潮率时，应进行预调湿处理。

6.3　在标准大气中调湿试验样品，时间不少于 4 h。

7 抽样和试样制备

7.1 参照GB/T 6097的方法抽取实验室样品，每份实验室样品质量应不少于125 g；对逐包检验的棉花，按照GB 1103的方法抽取实验室样品。

7.2 按测试要求制备试样，被测棉样应均匀平整，试样应盖满仪器的测试窗口，其厚度足以不透过可见光。

8 试验步骤

8.1 根据棉花测色仪的特性，参照仪器使用说明书的要求调整仪器到正常状态，并使用棉花色特征实物标准样品检查仪器校准情况。测定值允差范围：Rd：标定值±0.4%；$+b$：标定值±0.4单位。

8.2 按7.2的要求制作两个试验试样。

8.3 按照棉花测色仪使用说明书的操作步骤进行测试。

8.4 每只实验室样品测试两个试验试样，每个试验试样测试一次。如果两个试验试样的色特征值超出控制范围，需重新测试；如仍超出控制范围，应在检验结果中注明。

9 结果的计算和色特征级的确定

9.1 读取Rd和$+b$，计算平均值，结果保留一位小数。

9.2 根据Rd的均值和$+b$的均值确定棉花样品的色特征级。

10 试验报告

试验报告包括检验依据、样品编号、样品数量、使用的仪器型号、仪器编号、实验室温湿度条件、试验日期、试验结果和异常情况的说明等(参见附录A)。

附 录 A
（资料性附录）
棉花颜色测定试验报告单

检验依据________ 样品编号________
样品数量________ 试验日期________
仪器型号________ 仪器编号________
温 度________ 相对湿度________

试样编号	第一次测试		第二次测试		平均值		色特征级
	$Rd/\%$	$+b$	$Rd/\%$	$+b$	$Rd/\%$	$+b$	
备注：							

复核________ 试验________

ICS 77.140.60
H 44

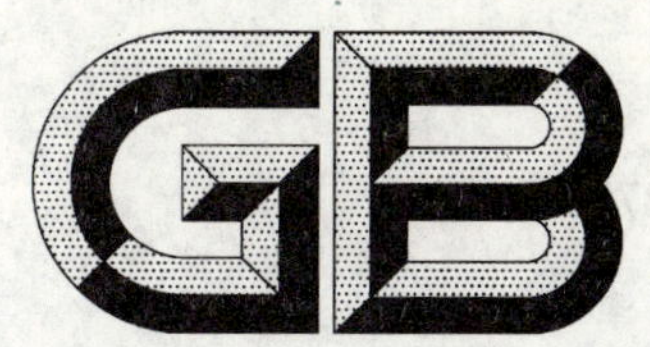

中华人民共和国国家标准

GB 13788—2008
代替 GB 13788—2000

冷轧带肋钢筋

Cold rolled ribbed steel wires and bars

2008-06-17 发布　　　　2009-06-01 实施

中华人民共和国国家质量监督检验检疫总局
中国国家标准化管理委员会　发布

前　言

本标准代替 GB 13788—2000《冷轧带肋钢筋》。

本标准与 GB 13788—2000 相比，主要变化如下：

——删除了 CRB1170 牌号的钢筋；

——增加了最大力下总伸长率的指标要求；

——强屈比由 1.05 修改为 1.03；

——将应力松弛试验方法中的持荷时间改为 2 min，并采用 120 h 推算 1 000 h 的松弛率；

——提高了规定非比例延伸强度指标。

本标准为条文强制性标准，其中表 1 中横肋 1/4 处高 $h_{1/4}$ 和横肋顶宽 b、5.4、5.6、6.1、6.3.2 和附录 B 为非强制性条款，其余均为强制性条款。

本标准的附录 A 为规范性附录，附录 B 为资料性附录。

本标准由中国钢铁工业协会提出。

本标准由全国钢标准化技术委员会归口。

本标准起草单位：中国京冶技术工程有限公司、国家建筑钢材质量监督检验中心、冶金工业信息标准研究院、安阳市合力高速冷轧有限公司、沈阳市新峰冷轧有限公司。

本标准主要起草人：李佩勋、张莹、冯超、陶然、翟文海、吴春举。

本标准所代替标准的历次版本发布情况为：

——GB 13788—1992、GB 13788—2000。

冷轧带肋钢筋

1 范围

本标准规定了冷轧带肋钢筋的定义、分类、牌号、尺寸、外形、重量及允许偏差、技术要求、试验方法、检验规则、包装、标志和质量证明书。

本标准适用于预应力混凝土和普通钢筋混凝土用冷轧带肋钢筋，也适用于制造焊接网用冷轧带肋钢筋(以下简称钢筋)。

2 规范性引用文件

下列文件中的条款通过本标准的引用而成为本标准的条款。凡是注日期的引用文件，其随后所有的修改单(不包括勘误的内容)或修订版均不适用于本标准，然而，鼓励根据本标准达成协议的各方研究是否可使用这些文件的最新版本。凡是不注日期的引用文件，其最新版本适用于本标准。

GB/T 222 钢的成品化学成分允许偏差

GB/T 228 金属材料 室温拉伸试验方法(GB/T 228—2002,ISO 6892:1998(E),EQV)

GB/T 232 金属材料 弯曲试验方法(GB/T 232—1999,ISO 7438:1985(E),EQV)

GB/T 238 金属材料 线材 反复弯曲试验方法

GB/T 701 低碳钢热轧圆盘条

GB/T 2101 型钢验收、包装、标志及质量证明书的一般规定

GB/T 2103 钢丝验收、包装、标志及质量证明书的一般规定

GB/T 4354 优质碳素钢热轧盘条

GB/T 10120 金属应力松弛试验方法

GB/T 17505 钢及钢产品交货一般技术要求

YB/T 081 冶金技术标准的数值修约与检测数值的判定原则

3 术语和定义

下列术语和定义适用于本标准。

3.1

冷轧带肋钢筋 cold-rolled ribbed steel wires and bars

热轧圆盘条经冷轧后，在其表面带有沿长度方向均匀分布的三面或二面横肋的钢筋。

3.2

公称直径 nominal diameter

相当于横截面积相等的光圆钢筋的公称直径。

3.3

相对投影肋面积 specific projected rib area

横肋在与钢筋轴线垂直平面上的投影面积与公称周长和横肋间距的乘积之比。

3.4

横肋间隙 rib spacing

钢筋周圈上横肋不连续部分在垂直于钢筋轴线平面上投影的弦长。

4 分类、牌号

冷轧带肋钢筋的牌号由CRB和钢筋的抗拉强度最小值构成。C、R、B分别为冷轧(cold rolled)、带

肋(Ribbed)、钢筋(Bar)三个词的英文首位字母。冷轧带肋钢筋分为 CRB550、CRB650、CRB800、CRB970 四个牌号。CRB550 为普通钢筋混凝土用钢筋,其他牌号为预应力混凝土用钢筋。

5 尺寸、外形、重量及允许偏差

5.1 公称直径范围

CRB550 钢筋的公称直径范围为 4 mm～12 mm。CRB650 及以上牌号钢筋的公称直径为 4 mm、5 mm、6 mm。

5.2 外形

5.2.1 钢筋表面横肋应符合下列基本规定:

5.2.1.1 横肋呈月牙形。

5.2.1.2 横肋沿钢筋横截面周圈上均匀分布,其中三面肋钢筋有一面肋的倾角必须与另两面反向,二面肋钢筋一面肋的倾角必须与另一面反向。

5.2.1.3 横肋中心线和钢筋纵轴线夹角 β 为 40°～60°。

5.2.1.4 横肋两侧面和钢筋表面斜角 α 不得小于 45°,横肋与钢筋表面呈弧形相交。

5.2.1.5 横肋间隙的总和应不大于公称周长的 20%($\sum f_i \leqslant 0.2\pi d$)。

5.2.1.6 相对肋面积 f_r 按式(1)确定:

$$f_{\mathrm{r}} = \frac{K \times F_{\mathrm{R}} \times \sin\beta}{\pi \times d \times l} \qquad (1)$$

式中:

K=3 或 2(三面或二面有肋);

F_{R}——一个肋的纵向截面积;

β——横肋与钢筋轴线的夹角;

d——钢筋公称直径;

l——横肋间距。

已知钢筋的几何参数,相对肋面积也可用下面的近似式(2)计算:

$$f_{\mathrm{r}} = \frac{(d \times \pi - \sum f_i) \times (h + 4h_{1/4})}{6 \times \pi \times d \times l} \qquad (2)$$

式中:

$\sum f_i$——钢筋周圈上各排横肋间隙之和;

h——横肋中点高;

$h_{1/4}$——横肋长度四分之一处高。

5.2.2 三面肋钢筋的外形应符合图 1 和 5.2.1 的规定。

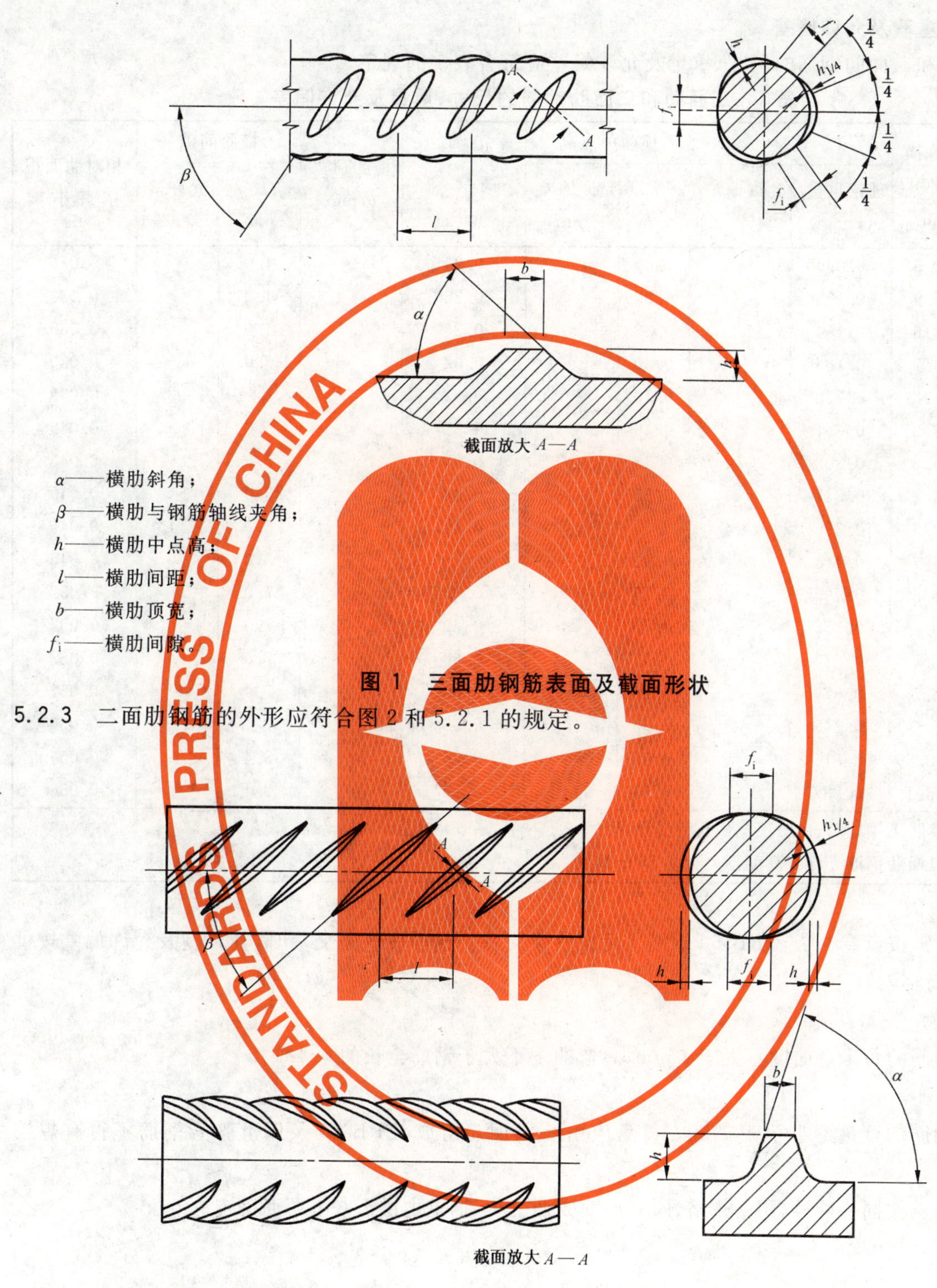

α——横肋斜角；

β——横肋与钢筋轴线夹角；

h——横肋中点高；

l——横肋间距；

b——横肋顶宽；

f_i——横肋间隙。

图 1　三面肋钢筋表面及截面形状

5.2.3　二面肋钢筋的外形应符合图 2 和 5.2.1 的规定。

α——横肋斜角；

β——横肋与钢筋轴线夹角；

h——横肋中点高度；

l——横肋间距；

b——横肋顶宽；

f_i——横肋间隙。

图 2　二面肋钢筋表面及截面形状

5.3 尺寸、重量及允许偏差

三面肋和二面肋钢筋的尺寸、重量及允许偏差应符合表 1 的规定。

表 1 三面肋和二面肋钢筋的尺寸、重量及允许偏差

公称直径 d/mm	公称横截面积/mm²	重量		横肋中点高		横肋 1/4 处高 $h_{1/4}$/mm	横肋顶宽 b/mm	横肋间隙		相对肋面积 f_r 不小于
		理论重量/(kg/m)	允许偏差/%	h/mm	允许偏差/mm			l/mm	允许偏差/%	
4	12.6	0.099	±4	0.30	+0.10 −0.05	0.24	～0.2 d	4.0	±15	0.036
4.5	15.9	0.125		0.32		0.26		4.0		0.039
5	19.6	0.154		0.32		0.26		4.0		0.039
5.5	23.7	0.186		0.40		0.32		5.0		0.039
6	28.3	0.222		0.40		0.32		5.0		0.039
6.5	33.2	0.261		0.46		0.37		5.0		0.045
7	38.5	0.302		0.46		0.37		5.0		0.045
7.5	44.2	0.347		0.55		0.44		6.0		0.045
8	50.3	0.395		0.55		0.44		6.0		0.045
8.5	56.7	0.445		0.55	±0.10	0.44		7.0		0.045
9	63.6	0.499		0.75		0.60		7.0		0.052
9.5	70.8	0.556		0.75		0.60		7.0		0.052
10	78.5	0.617		0.75		0.60		7.0		0.052
10.5	86.5	0.679		0.75		0.60		7.4		0.052
11	95.0	0.746		0.85		0.68		7.4		0.056
11.5	103.8	0.815		0.95		0.76		8.4		0.056
12	113.1	0.888		0.95		0.76		8.4		0.056

注 1：横肋 1/4 处高、横肋顶宽供孔型设计用。

注 2：二面肋钢筋允许有高度不大于 0.5h 的纵肋。

5.4 长度

钢筋通常按盘卷交货，CRB550 钢筋也可按直条交货。钢筋按直条交货时，其长度及允许偏差按供需双方协商确定。

5.5 弯曲度

直条钢筋的每米弯曲度不大于 4 mm，总弯曲度不大于钢筋全长的 0.4%。

5.6 重量

盘卷钢筋的重量不小于 100 kg。每盘应由一根钢筋组成，CRB650 及以上牌号钢筋不得有焊接接头。

直条钢筋按同一牌号、同一规格、同一长度成捆交货，捆重由供需双方协商确定。

6 技术要求

6.1 牌号和化学成分

制造钢筋的盘条应符合 GB/T 701、GB/T 4354 或其他有关标准的规定，盘条的牌号及化学成分宜参考附录 B。

6.2 交货状态

钢筋按冷加工状态交货。允许冷轧后进行低温回火处理。

6.3 力学性能和工艺性能

6.3.1 钢筋的力学性能和工艺性能应符合表 2 的规定。当进行弯曲试验时，受弯曲部位表面不得产生裂纹。反复弯曲试验的弯曲半径应符合表3的规定。

表2 力学性能和工艺性能

牌号	$R_{p0.2}$/MPa 不小于	R_m/MPa 不小于	伸长率/% 不小于		弯曲试验 180°	反复弯曲次数	应力松弛 初始应力应相当于公称抗拉强度的70%
			$A_{11.3}$	A_{100}			1 000 h松弛率/% 不大于
CRB550	500	550	8.0	—	$D=3d$	—	—
CRB650	585	650	—	4.0	—	3	8
CRB800	720	800	—	4.0	—	3	8
CRB970	875	970	—	4.0	—	3	8

注：表中D为弯心直径，d为钢筋公称直径。

表3 反复弯曲试验的弯曲半径

单位为毫米

钢筋公称直径	4	5	6
弯曲半径	10	15	15

6.3.2 钢筋的强屈比$R_m/R_{p0.2}$比值应不小于1.03。经供需双方协议可用$A_{gt}\geqslant 2.0\%$代替A。

6.3.3 供方在保证1 000 h松弛率合格基础上，允许使用推算法确定1 000 h松弛。

6.4 表面质量

6.4.1 钢筋表面不得有裂纹、折叠、结疤、油污及其他影响使用的缺陷。

6.4.2 钢筋表面可有浮锈，但不得有锈皮及目视可见的麻坑等腐蚀现象。

7 试验方法

7.1 检验项目

钢筋出厂检验的试验项目、取样方法、试验方法应符合表4和本标准7.2～7.5的规定。

表4 钢筋的试验项目、取样方法及试验方法

序号	试验项目	试验数量	取样方法	试验方法
1	拉伸试验	每盘1个	在每(任)盘中随机切取	GB/T 228
2	弯曲试验	每批2个		GB/T 232
3	反复弯曲试验	每批2个		GB/T 238
4	应力松弛试验	定期1个		GB/T 10120、本标准7.3
5	尺寸	逐盘	—	本标准7.4
6	表面	逐盘	—	目视
7	重量偏差	每盘1个	—	本标准7.5

注：表中试验数量栏中的“盘”指生产钢筋的“原料盘”。

7.2 力学性能

7.2.1 计算钢筋强度采用表1所列公称横截面积。

7.2.2　最大力总伸长率 A_{gt} 的检验，除按表 4 规定采用 GB/T 228 的有关试验方法外，也可采用附录 A 的方法。

7.3　**应力松弛试验**

7.3.1　试验期间试样的环境温度应保持在 20℃±2℃。

7.3.2　试样可进行机械矫直，但不得进行任何热处理和其他冷加工。

7.3.3　加在试样上的初始试验力为试样公称抗拉强度的 70%乘以试样公称横截面积。

7.3.4　加荷速度为 200 MPa/min±50 MPa/min，初始负荷应在 3 min～5 min 加荷完毕，持荷 2 min 后开始记录松弛值。

7.3.5　试样长度不小于公称直径的 60 倍。

7.3.6　允许用至少 120 h 的测试数据推算 1 000 h 的松弛率值。

7.4　**尺寸测量**

7.4.1　横肋高度的测量采用测量同一截面每列横肋高度取其平均值；横肋间距采用测量平均间距的方法，即测取同一列横肋第 1 个与第 11 个横肋的中心距离除以 10，即为横肋间距的平均值。

7.4.2　尺寸测量精度精确到 0.02 mm。

7.5　**重量偏差的测量**

测量钢筋重量偏差时，试样长度应不小于 500 mm。长度测量精确到 1 mm，重量测定应精确到 1 g。

钢筋重量偏差按式(3)计算：

$$\text{重量偏差}(\%) = \frac{\text{试样实际重量} - (\text{试样长度} \times \text{理论重量})}{\text{试样长度} \times \text{理论重量}} \times 100 \quad \cdots\cdots\cdots\cdots(3)$$

7.6　检验结果的数值修约与判定应符合 YB/T 081 的规定。

8　检验规则

8.1　**检查和验收**

钢筋的检查和验收由供方质量监督部门进行。需方有权进行检验。钢筋的检查和验收按 GB/T 17505 的规定进行。

8.2　**组批规则**

钢筋应按批进行检查和验收，每批应由同一牌号、同一外形、同一规格、同一生产工艺和同一交货状态的钢筋组成，每批不大于 60 t。

8.3　**取样数量**

钢筋检验的取样数量应符合表 4 的规定。

8.4　**复验与判定规则**

钢筋的复验与判定规则应符合 GB/T 17505 的规定。

9　包装、标志和质量证明书

9.1　每盘(捆)钢筋应均匀捆扎不少于 3 道，端头应弯入盘内。

9.2　钢筋应轧上明显的钢筋牌号标志，标志间距为横肋间距的两倍，标志间距内的一条横肋取消，如图 3所示；钢筋还可轧上厂名或厂标。

9.3　每盘(捆)钢筋应挂有不少于两个标牌，注明生产厂、生产日期、钢筋牌号和规格。

9.4　钢筋的包装、标志和质量证明书除上述规定外，应符合 GB/T 2101 或 GB/T 2103 中的有关规定。

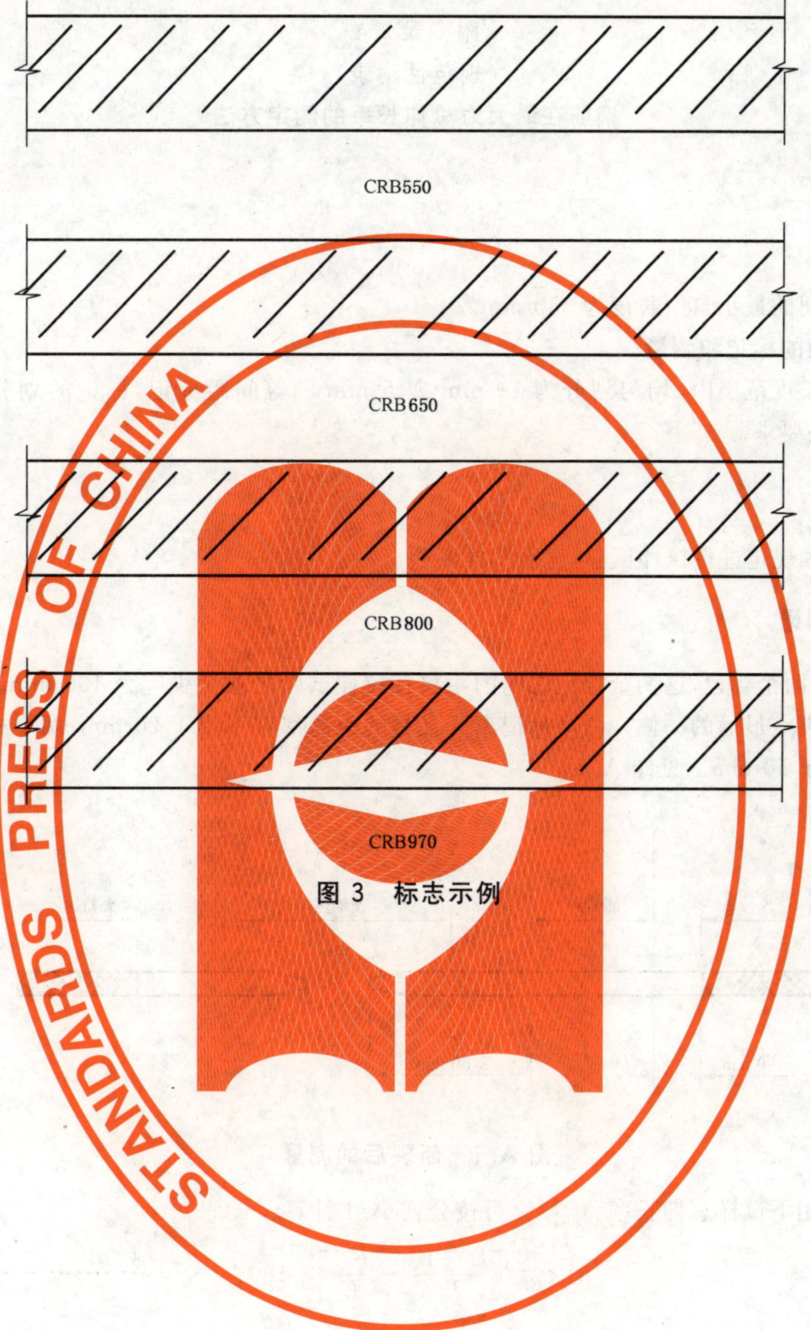

图 3　标志示例

附 录 A
（规范性附录）
钢筋在最大力总伸长率的测定方法

A.1 试样

A.1.1 长度

试样夹具之间的最小自由长度为 350 mm。

A.1.2 原始标距的标记和测量

在试样自由长度范围内，均匀划分为 10 mm 或 5 mm 的等间距标记，标记的划分和测量应符合 GB/T 228 的有关要求。

A.2 拉伸试验

按 GB/T 228 规定进行拉伸试验，直至试样断裂。

A.3 断裂后的测量

选择 Y 和 V 两个标记，这两个标记之间的距离在拉伸试验之前至少应为 100 mm。两个标记都应当位于夹具离断裂点最远的一侧。两个标记离开夹具的距离都应不小于 20 mm；两个标记与断裂点之间的距离应不小于 50 mm。见图 A.1。

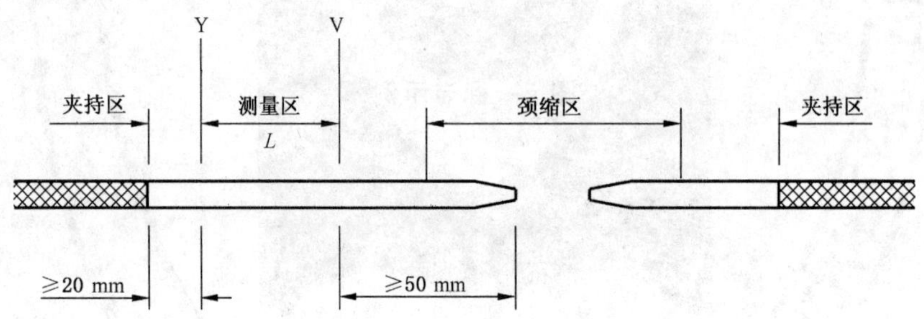

图 A.1 断裂后的测量

在最大力作用下试样总伸长率 A_{gt}(%)可按公式 A.1 计算：

$$A_{gt}=\left[\frac{L-L_o}{L_o}+\frac{R_m^o}{E}\right]\times 100 \qquad \text{(A.1)}$$

式中：

L——图 A.1 所示断裂后的距离，单位为毫米(mm)；

L_o——试验前同样标记间的距离，单位为毫米(mm)；

R_m^o——抗拉强度实测值，单位为兆帕(MPa)；

E——弹性模量，其值可取为 2×10^5，单位为兆帕(MPa)。

附　录　B
（资料性附录）
冷轧带肋钢筋用盘条的参考牌号和化学成分

CRB550、CRB650、CRB800、CRB970 钢筋用盘条的参考牌号及化学成分（熔炼分析）见表 B.1，60 钢的 Ni、Cr、Cu 含量（质量分数）各不大于 0.25%。

表 B.1　冷轧带肋钢筋用盘条的参考牌号和化学成分

钢筋牌号	盘条牌号	化学成分（质量分数）/%					
		C	Si	Mn	V、Ti	S	P
CRB550 CRB650	Q215	0.09～0.15	≤0.30	0.25～0.55	—	≤0.050	≤0.045
	Q235	0.14～0.22	≤0.30	0.30～0.65	—	≤0.050	≤0.045
CRB800	24MnTi	0.19～0.27	0.17～0.37	1.20～1.60	Ti:0.01～0.05	≤0.045	≤0.045
	20MnSi	0.17～0.25	0.40～0.80	1.20～1.60	—	≤0.045	≤0.045
CRB970	41MnSiV	0.37～0.45	0.60～1.10	1.00～1.40	V:0.05～0.12	≤0.045	≤0.045
	60	0.57～0.65	0.17～0.37	0.50～0.80	—	≤0.035	≤0.035

ICS 77.040.99
H 21

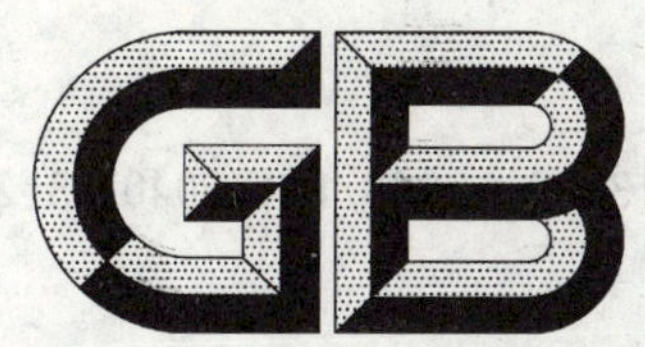

中华人民共和国国家标准

GB/T 13789—2008/IEC 60404-3:2002
代替 GB/T 13789—1992

用单片测试仪
测量电工钢片(带)磁性能的方法

Methods of measurement of the magnetic properties of magnetic sheet and strip by means of a single sheet tester

(IEC 60404-3:2002,IDT)

2008-10-10 发布　　　　2009-05-01 实施

中华人民共和国国家质量监督检验检疫总局
中国国家标准化管理委员会　发布

前　言

本标准等同采用 IEC 60404-3:2002《用单片测试仪测量电工钢片(带)磁性能的方法》(英文版)。

为了便于使用,本标准做了下列编辑性修改:

——“本部分”(指 IEC 60404 第 3 部分)一词改为“本标准”;

——用小数点“.”代替作为小数点的逗号“,”;

——删除了国际标准的前言;

——规范性引用文件按对应的国家标准作了变更;

——重新编排图片的位置;

——增加第 6 章“测试报告”;

——增加附录 D 和附录 E。

本标准代替 GB/T 13789—1992《单片电工钢片带磁性能测量方法》;

本标准与 GB/T 13789—1992 相比,主要内容变化如下:

——按国际标准变更标准名称;

——按国际标准重新编排结构;

——取消原标准第 5 章“取样”;

——取消原标准第 6 章和第 7 章用互感法测定励磁场场强的相关内容;

——原标准第 7.3.4“波形因素修正”的内容转换成附录 D;

——取消原标准的第 9 章“装置的检定”;

——原标准的第 8 章“等效磁路长度”的内容转换成附录 B;

——增加附录 A、附录 B、附录 C、附录 D、附录 E。

本标准的附录 A 为规范性附录,附录 B、附录 C、附录 D 和附录 E 为资料性附录。

本标准由中国钢铁工业协会提出。

本标准由全国钢标准化技术委员会归口。

本标准起草单位:宝山钢铁股份有限公司、武汉钢铁(集团)公司、冶金工业信息标准研究院。

本标准主要起草人:李建龙、李和平、周星、冯超、任翠英、杨春甫、齐福荣。

本标准所代替标准的历次版本发布情况为:

——GB/T 13789—1992。

用单片测试仪
测量电工钢片(带)磁性能的方法

1 范围

本标准给出了用单片测试仪测量电工钢片(带)磁性能的通则和技术细节。

本标准在工频条件下适用于:

a) 晶粒取向电工钢片(带):

在1.0 T~1.8 T磁极化强度的峰值下测量:

——比总损耗;

——比视在功率;

——磁场强度的有效值。

在不高于1 000 A/m的磁场强度的峰值下测量:

——磁极化强度的峰值;

——磁场强度的峰值。

b) 无取向的电工钢片(带):

在0.8 T~1.5 T磁极化强度的峰值下测量:

——比总损耗;

——比视在功率;

——励磁电流的有效值。

在不高于10 000 A/m的磁场强度的峰值下测量:

——磁极化强度的峰值;

——磁场强度的峰值。

本标准规定的单片测试仪适用于测量各种类型电工钢片(带)制成的试样,适用于在规定的磁极化强度峰值和频率以及感应电压为正弦波形的状态下测定磁性能。

测量在环境温度23 ℃±5 ℃下进行,测试前试样应先退磁。

注:本标准所使用的"磁极化强度",在其他相关标准中,有使用"磁通密度"和"磁感应强度"的情况。在常规的测量条件下,上述不同定义的物理量之间的量值差别可以忽略。

2 规范性引用文件

下列文件中的条款通过本标准的引用而成为本标准的条款。凡是注日期的引用文件,其随后所有的修改单(不包括勘误的内容)或修订版均不适用于本标准,然而,鼓励根据本标准达成协议的各方研究是否可使用这些文件的最新版本。凡是不注日期的引用文件,其最新版本适用于本标准。

GB/T 3655 用爱泼斯坦方圈测量电工钢片(带)磁性能的方法(GB/T 3655—2008,IEC 60404-2:1996,Magnetic materials—Part 2:Methods of measurement of magnetic properties of electrical steel sheet and strip by means of an Epstein frame,MOD)

GB/T 19289 电工钢片(带)的密度、电阻率和叠装系数的测量方法(GB/T 19289—2003,IEC 60404-13:1995,Magnetic materials—Part 13:Methods of measurement of density,resistivity and stacking factor of electrical steel sheet and strip,MOD)

3 通则

3.1 测量原理

将一块电工钢片试样放入两个线圈内：

——外部的初级绕组(磁化绕组)；

——内部的次级绕组(感应电压绕组)。

两个相同磁轭是闭合磁路的组成部分，磁轭的横截面积比试样的横截面积大得多(见图1)。

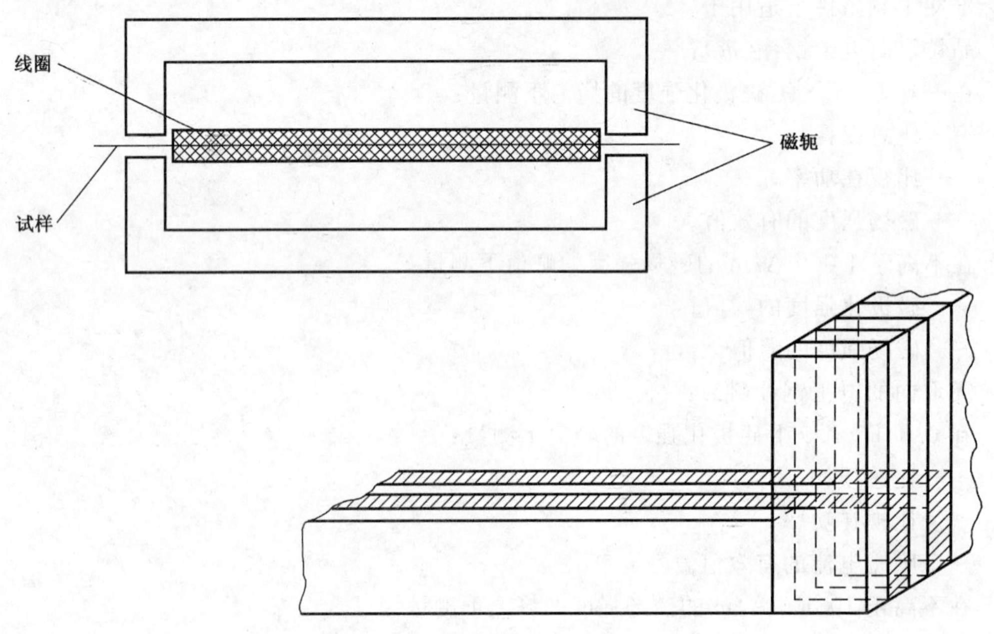

图1 试验装置示意图

为了使上部磁轭在试样上的压力对测量的影响减至最小，如3.2.1所述，应配备悬挂装置，以平衡该磁轭的部分重量。

环境温度的变化应保持在一定的范围内，防止因热胀冷缩在试样中产生应力。

3.2 磁导计

3.2.1 磁轭

每个U形磁轭都由多片绝缘的取向硅钢或镍铁合金制成，它应有低的磁阻，并且在磁极化强度1.5 T和频率50 Hz的情况下其比总损耗不大于1.0 W/kg，应按附录A的要求制造。

为了减小涡流的影响，并使磁通在磁轭内的分布均匀，磁轭应由一对C型磁芯或粘结的叠积式磁芯构成，在叠片的情况下，拐角处应按交叠方式对接(见图1)。

磁轭的磁极面宽度应为25 mm±1 mm。

每个磁轭的两个磁极面应是共面的，其公差要在0.5 mm以内。两磁轭的相对极面之间在任意点的间隙都不得超过0.005 mm，并且为了避免在试样中引起机械应力两个磁轭都应该是刚性的。

每个磁轭的高度应在90 mm和150 mm之间。每个磁轭的宽度应为500 mm±5 mm，内侧长度为450 mm±1 mm(见图2)。

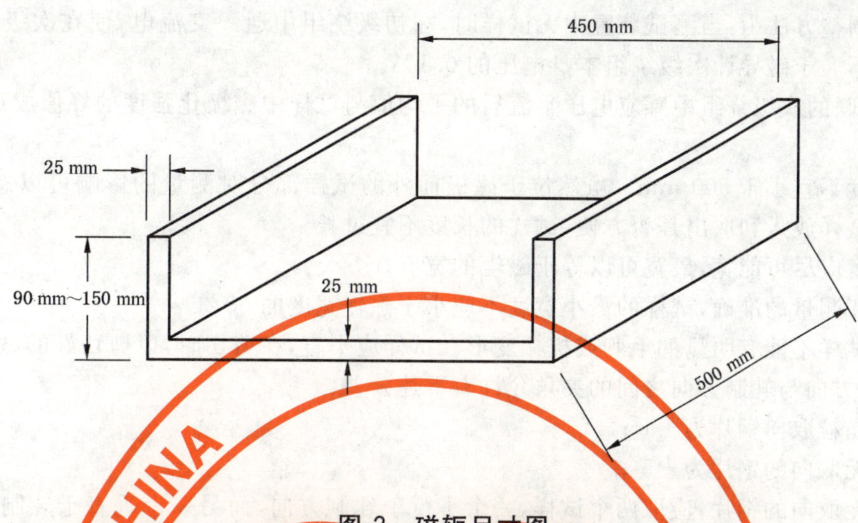

图 2　磁轭尺寸图

注：若有测量结果的可比性验证，也可使用其他的磁轭尺寸。

在磁轭竖直臂之间应有放置试样的非导电无磁性的支撑物。该支撑物应放在与磁极面共面的中心位置，以便试样直接与极面接触并且中间无任何间隙。

上部磁轭应能向上移动以便插入试样。插入试样后，上部磁轭应与下部磁轭准确地闭合。上部磁轭的悬吊应平衡其部分重量，并使试样受到的力在 100 N 和 200 N 之间。

注：对于无取向的材料，为了只测量一个试样，选择方形的磁轭。将试样转 90°就可以测定轧制方向和垂直于轧制方向的特性。

3.2.2　绕组

初级和次级绕组至少应长 440 mm 并绕制在不导电的非磁性矩形框架上。

框架的尺寸如下：

——长度：445 mm±2 mm；

——内部宽度：510 mm±1 mm；

——内部高度：5_{-2}^{0} mm；

——高度：≤15 mm。

初级绕组可以如下制作：

——由 5 个或 5 个以上相同尺寸和相同匝数的线圈并联，并在整个长度上缠绕(见图 3)。例如：5 个线圈，每个线圈可以用直径为 1 mm 的铜线绕 400 匝，共绕 5 层。

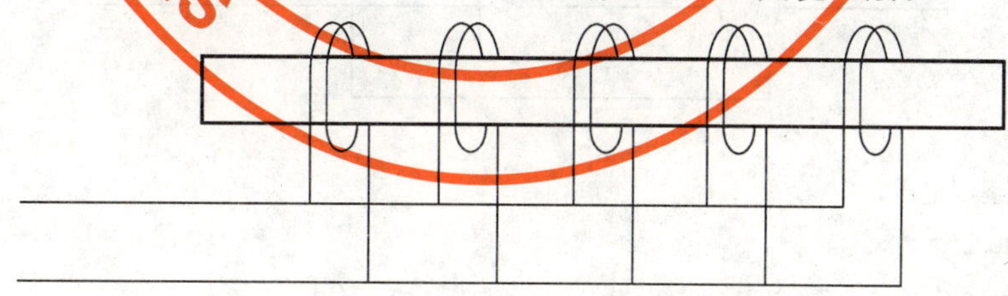

图 3　初级绕组的 5 个线圈连接示意图

——或者用一个在整个长度上连续均匀缠绕的绕组制成。例如：这种绕组可以用直径为 1 mm 的铜线绕 400 匝，绕成一层或多层。

次级绕组的匝数取决于测量仪器的特性。

3.3　空气磁通补偿

对空气磁通的影响应进行补偿。这可以通过互感线圈来实现。互感线圈的初级绕组与磁导计的初级绕组串联，而互感线圈的次级绕组与磁导计的次级绕组反向串联。

互感值的调整方法为：当测试装置中无试样时，在初级绕组中通一交流电，使在次级绕组非公共端间测量的电压不大于磁导计次级绕组本身电压的 0.1%。

这样，在串联的次级绕组中感应电压整流后的平均值与试样中磁极化强度的峰值成正比。

3.4 试样

试样的长度不宜小于 500 mm。虽然位于磁极面外的试样部分对测量的影响可以忽略，但此部分的长度取决于试样放入和取出是否方便，试样的长度不宜过长。

试样的宽度应尽可能宽，最宽可以等于磁轭的宽度。

为尽量保证测量的准确，试样的最小宽度不应小于磁轭宽度的 60%。

剪切好的试样不能有明显的毛刺或机械变形。试样应平直，在剪切时，以剪切好的试样的边缘作为基准方向，基准方向与轧制方向之间的夹角允许有下述公差：

——对于晶粒取向钢片为±1°；

——对于无取向的钢片为±5°；

——对于无取向的钢片，应取两个试样，一个平行于轧制方向，而另一个垂直于轧制方向。若试样是正方形的，则仅需要取一个试样。

3.5 电源

电源应具有低内阻和高度稳定的电压和频率。在测量时，电压和频率应保持恒定在±0.2%之内。

此外，次级感应电压的波形应尽可能保持正弦。最好保持次级电压的波形因数在(1.111±1)%之内。这可以通过各种方法达到，例如用电子反馈放大器。

4 比总损耗的测定

4.1 测量原理

带有试样的单片测试仪相当于一个空载变压器，其总损耗用图 4 所示的电路测量。

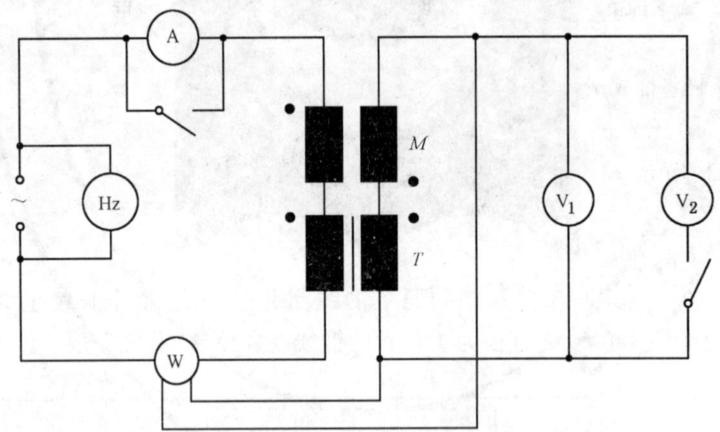

V_1——测量平均整流电压；

V_2——测量有效值电压；

M——互感线圈；

T——试样框架。

图 4 测定比总损耗的电路原理图

4.2 仪器

4.2.1 电压测量

4.2.1.1 平均值电压表

测量装置的次级整流电压应使用平均值电压表测量。优先选用的仪表是具有准确度为±0.2%的数字电压表。

注：这种类型的仪表通常按 1.111 乘整流的平均值分度。

次级回路中的负载应尽可能小。因此,平均值电压表的内阻至少应为1 000 Ω/V。

4.2.1.2 有效值电压表

应使用能测量有效值的电压表,优先选用的仪表是具有准确度为±0.2%的数字电压表。

4.2.2 频率测量

应使用准确度为±0.1%的频率计。

4.2.3 功率测量

应使用在有效功率因数和峰值因数下,准确度为±0.5%或更好的功率表测量功率。

功率表电压回路的电阻,在所有量程内都应至少为100 Ω/V。必要时,应从指示的损耗值减去次级回路的损耗。

功率表电压回路的直流电阻至少应为其本身电抗的5 000倍,除非功率表对它的电抗进行了补偿。

如果在这个电路里包括电流测量仪表,在调整次级电压和测量损耗时,该仪表应短路。

4.3 测量步骤

4.3.1 测量准备

测量试样长度的误差在±0.1%内,测定试样质量的误差在±0.1%内。装入试样并使其处在测试线圈纵横轴的中心,放下被部分平衡的上部磁轭。

测量前试样应通过慢慢减小交变磁场的方法进行退磁,这个退磁场要比被测量值高。

4.3.2 电源调整

调整电源,使次级整流电压的平均值为:

$$|\overline{U_2}| = 4fN_2\frac{R_i}{R_i+R_t}A\hat{J} \qquad \cdots\cdots(1)$$

式中:

$|\overline{U_2}|$——次级整流电压的平均值,单位为伏(V);

A——试样的横截面积,单位为平方米(m^2);

N_2——磁导计的次级绕组的匝数;

R_i——次级回路中仪器的总电阻,单位为欧姆(Ω);

R_t——磁导计的次级绕组和互感线圈的次级绕组的串联电阻,单位为欧姆(Ω);

f——频率,单位为赫兹(Hz);

$\hat{J}$——磁极化强度的峰值,单位为特斯拉(T)。

横截面积A由式(2)给出:

$$A = \frac{m}{l\rho_m} \qquad \cdots\cdots(2)$$

式中:

m——试样的质量,单位为千克(kg);

l——试样的长度,单位为米(m);

ρ_m——试样的材料密度的约定值,或采用GB/T 19289方法的测定值,单位为千克每立方米(kg/m^3)。

4.3.3 测量

4.3.3.1 确认初级回路电流表的数值(如果有电流表的话),以保证功率表的电流不过载。然后将电流表短路并重新调整次级电压。

确认次级电压的波形,并读取功率表的示值。比总功率损耗按式(3)计算:

$$P_s = \left[P\frac{N_1}{N_2} - \frac{(1.111\times|\overline{U_2}|)^2}{R_i}\right]\frac{l}{ml_m} \qquad \cdots\cdots(3)$$

式中:

P_s——试样的比总功率损耗,单位为瓦每千克(W/kg);

P——功率表测量的功率，单位为瓦(W)；

N_1——初级绕组的匝数；

N_2——次级绕组的匝数；

R_i——次级回路中仪表的总电阻，单位为欧姆(Ω)；

$|\overline{U_2}|$——次级整流电压的平均值，单位为伏(V)；

m——试样的质量，单位为千克(kg)；

l——试样的长度，单位为米(m)；

l_m——约定的磁路长度，单位为米(m)(l_m=0.45 m)。

注1：有研究表明，不同材料和磁极化强度值对应的有效磁路长度 l_m 的平均值与磁轭的内部长度相当。对推荐的500 mm×500 mm试样的磁导计而言，有效磁路长度 l_m 约定为0.45 m。

注2：长期以来，习惯通过以爱泼斯坦方圈法的比总功率损耗测量结果为基础来标定测量设备的有效磁路长度。具体标定过程参见附录B。

4.3.3.2 对无取向电工钢，其产品标准中规定的比总损耗值，即报告值应为平行于轧制方向和垂直于轧制方向的两个测量结果的平均值。如有其他用途，平行和垂直轧制方向的比总损耗值应分别报告。

4.3.4 再现性

本标准方法使用上述测量装置，其测量结果的再现性用相对标准偏差来表示，对于晶粒取向电工钢为1%，对于无取向电工钢为2%。

5 磁场强度、励磁电流、磁极化强度的峰值和比视在功率的测定

本条款规定了下述特性的测试方法：

——励磁电流的有效值 $\tilde{I}_1$；

——磁场强度的峰值 $\hat{H}$；

——磁极化强度的峰值 $\hat{J}$；

——比视在功率 S_S。

5.1 测量原理

5.1.1 磁极化强度的峰值

磁极化强度的峰值由按照4.2.1所测量的次级整流电压平均值计算出。

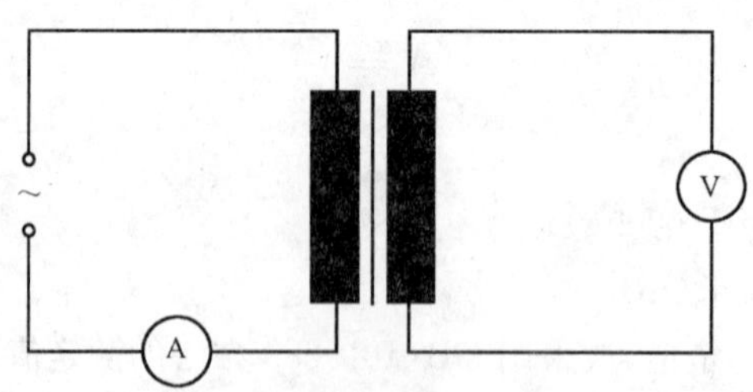

图5 测定励磁电流有效值的电路原理图

5.1.2 励磁电流的有效值

励磁电流的有效值应通过图5所示电路中的有效值电流表测量。

5.1.3 磁场强度的峰值

磁场强度的峰值应由初级电流的峰值 $\hat{I}$ 得出。按照图6所示，用一只峰值电压表测量已知精密电阻器 R_n 两端的电压降来确定 $\hat{I}$。

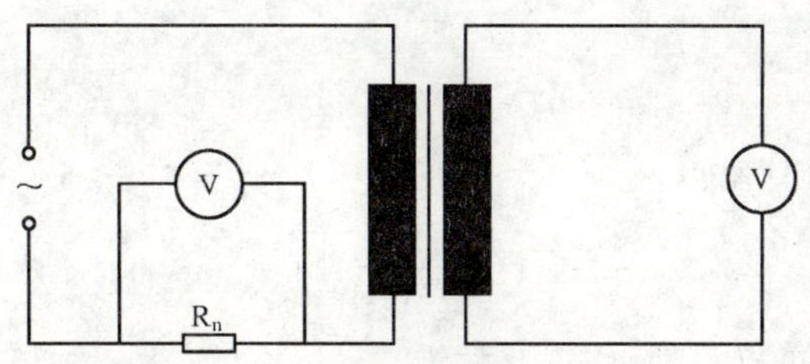

图6　测量磁场强度峰值电路原理图

5.2　仪器

5.2.1　平均值电压表

测量装置的次级整流电压应使用平均值电压表测量。优先选用的仪表是具有准确度为±0.2%的数字电压表。

注：此类仪表通常以整流的平均值乘以1.111来分度。

次级回路中的负载应尽可能小。因此，平均值电压表的内阻至少应为1 000 Ω/V。

5.2.2　电流测量

初级电流的有效值用准确度为±0.5%或更好的低阻抗的有效值电流表测量(见图5)，或者用精密电阻器和有效值电子电压表测量(见图6)。

5.2.3　峰值电流测量

电阻器 R_n(见图6)两端的峰值电压用一只指示峰值的高灵敏度电子电压表或者用校准的示波器测量。所使用的仪表，其满量程的误差应在±3%以内。

5.2.4　电源

电源应符合3.5的规定。

5.2.5　电阻器 R_n

图6所示的方法，要求一已知电阻值且准确度在±0.5%之内的精密无感电阻器。

该电阻器的选择取决于峰值电压表的灵敏度。为减小感应电压波形的畸变，该电阻值不应超过1 Ω。

5.3　测量步骤

5.3.1　测量准备

测量试样长度的误差在±0.1%内，测定试样质量的误差在±0.1%内。装入试样并使其处在测试线圈纵横轴的中心，放下被部分平衡的上部磁轭。

测量前试样应通过慢慢减小交变磁场的方法进行退磁，这个退磁场要比被测量值高。

5.3.2　测量

通常测定单个或一组磁极化强度 $\hat{J}$ 值和磁场强度($\hat{H}$ 或 $\widetilde{H}$)值。

如果规定了磁场强度而需要测定磁极化强度，则应按下面的方式调整初级电流以获得所需的磁场强度，然后在平均值电压表上读出单片测试仪的次级电压(见4.3.2)。

同样，如果规定了磁极化强度而需要测定磁场强度，则应按4.3.2所述调整次级电压到规定的值。

测量 $\widetilde{H}$ 时，初级电流有效值需从图5的所示电路的电流表中读出，或按照图6的电路中的电压表的读数得出。

测量 $\hat{H}$ 时，电阻器 R_n 两端的电压降峰值应在峰值电压表上读出。

5.3.3　无取向电工钢

对无取向电工钢，其产品标准中规定的磁极化强度的峰值 $\hat{J}$ 应为平行于轧制方向和垂直于轧制方向的两个测量结果的平均值。如有其他用途或用于测量比视在功率和励磁电流的有效值时，平行和垂直轧制方向的测量值应分别报告。

5.4 磁性能的测定

5.4.1 $\hat{J}$ 值的测量

磁极化强度的峰值由式(4)给出：

$$\hat{J} = \frac{1}{4fN_2A} \mid \overline{U_2} \mid \qquad (4)$$

$|\overline{U_2}|$应由电压表读数修正后得到，修正系数为：

$$\frac{R_V + R_2}{R_V}$$

式中：

$|\overline{U_2}|$——次级整流电压的平均值，单位为伏(V)；

A——试样的横截面积，单位为平方米(m^2)；

R_2——次级线圈的内阻，单位为欧姆(Ω)；

N_2——次级绕组的匝数；

R_V——电压表的内阻，单位为欧姆(Ω)；

$\hat{J}$——磁极化强度的峰值，单位为特斯拉(T)；

f——频率，单位为赫兹(Hz)。

5.4.2 $\widetilde{H}$ 的测定

通过初级电流的有效值来计算磁场强度的有效值，初级电流有效值按照图5所示电路的电流表的读数得出，或按照图6所示电路的电压表的读数得出。

$$\widetilde{H} = \frac{N_1}{l_m}\widetilde{I}_1 \qquad (5)$$

式中：

$\widetilde{H}$——磁场强度的有效值，单位为安培每米(A/m)；

N_1——初级绕组的匝数；

l_m——约定的有效磁路长度，单位为米(m)(l_m=0.45 m)；

$\widetilde{I}_1$——初级电流的有效值，单位为安培(A)。

测定出若干组 $\hat{J}$ 和 $\widetilde{H}$ 的值后，可以绘出 $\hat{J}$ 对于 $\widetilde{H}$ 的磁化曲线。

5.4.3 $\hat{H}$ 的测定

磁场强度的峰值应由 $\hat{U}_m$ 的峰值电压表读数计算：

$$\hat{H} = \frac{N_1}{R_n l_m}\hat{U}_m \qquad (6)$$

式中：

$\hat{H}$——磁场强度的峰值，单位为安培每米(A/m)；

R_n——图6中精密电阻器的电阻值，单位为欧姆(Ω)；

$\hat{U}_m$——R_n两端的峰值电压降，单位为伏特(V)。

注：幅值磁导率表示为：

$$\mu_a = \frac{\hat{J}}{\mu_0 \hat{H}} + 1$$

5.4.4 S_S的测定

视在功率由下式得出：

$$S = \tilde{I}_1 \cdot \tilde{U}_2 \frac{N_1}{N_2} = \tilde{I}_1 \cdot 1.111 \cdot |\overline{U_2}| \cdot \frac{N_1}{N_2} \quad \cdots\cdots(7)$$

式中：

S——视在功率，单位为伏安(VA)；

N_1——初级绕组的匝数；

N_2——次级绕组的匝数；

$\tilde{I}_1$——初级电流的有效值，单位为安培(A)；

$\tilde{U}_2$——单片测试仪次级电压的有效值，单位为伏特(V)。

注：关系式 $\tilde{U}_2 = 1.111 \cdot |\overline{U_2}|$ 仅对正弦电压是成立的。

这个量除以有效质量 $m_a = \frac{l_m}{l} m$ 给出比视在功率：

$$S_S = \frac{S}{m_a} = \frac{\tilde{I}_1 \cdot 1.111 \cdot |\overline{U_2}| \, l N_1}{m l_m N_2} \quad \cdots\cdots(8)$$

式中：

S_S——比视在功率，单位为瓦特每千克(W/kg)；

N_1——初级绕组的匝数；

N_2——次级绕组的匝数；

$|\overline{U_2}|$——次级整流电压的平均值，单位为伏特(V)；

$\tilde{I}_1$——初级电流的有效值，单位为安培(A)；

l——试样长度，单位为米(m)；

m——试样质量，单位为千克(kg)；

l_m——约定的有效磁路长度，单位为米(m)($l_m = 0.45$ m)。

5.5 再现性

本标准方法在使用上述测量装置的再现性通过相对标准偏差来表示为不大于3%。

6 测试报告

按需要，测试报告应包含下述内容：

a) 本标准号；

b) 试样的类型和标识；

c) 材料的密度(约定值，或采用GB/T 19289方法的测定值)；

d) 试样的几何尺寸；

e) 试样的质量；

f) 测量时试样的取向；

g) 测量过程中的环境温度；

h) 测量频率；

i) 作为测试条件的磁极化强度峰值(或磁场强度的峰值)；

j) 测量结果。

附 录 A
(规范性附录)
关于磁轭制作的技术要求

应确保损耗低而且恒定的磁轭。测量频率为50 Hz和磁极化强度为40 mT时,磁轭损耗的典型值为1 mW/kg。有许多原因可以造成损耗变高,如磁轭中叠片之间的短路。可以采用绕在磁轭上的初级和次级绕组测量磁轭的功率损耗,这些绕组每个有25匝就能满足要求。

有必要用电阻表和探针测试磁轭各部分之间的层间电阻。

在磁轭的制作过程中,要求对剪切的条片进行退火以消除应力。在把这些材料粘结起来制成磁轭(不要使用高压)后,对极面应进行机械加工。用一个适当的量具检验其平行度,并用工程蓝油检验空气间隙的均匀度。有必要用碳化硅和金刚石磨膏进一步分级研磨,直到工程蓝油的均匀分布指示出足够均匀的空气间隙为止。这种研磨也可以把上部磁轭垂直放在下部磁轭上,然后在一小段距离上往返移动。

研磨过程引起叠片之间的金属变形,并产生短路,应用非氧化酸(例如盐酸)通过仔细的酸蚀处理,除去这些变形的金属。这包括用酸浸泡的布摩擦极面,直到变形层除去为止。应仔细清洗并消除酸对钢的影响。

在研磨和酸洗前后测量磁轭的损耗,有助于确认经过这种处理使损耗降低。

最终的层间绝缘检验应在极面酸洗和清洁处理之后进行。

在使用前,应仔细地从高于使用过程中磁轭所产生的最高磁极化强度开始进行退磁。

附 录 B
（资料性附录）
单片磁导计相对于爱泼斯坦方圈的校准

注：本附录不构成本标准的技术要求部分，仅为如何获得本标准方法与爱泼斯坦方圈法测量结果的相关性提供参考（见 4.3.3.1 注 2）。

单片磁导计的校准包括用爱泼斯坦方圈测量的比总损耗确定有效磁路长度。

对于每个钢种和每个测量比总功率损耗对应的磁极化强度，都应进行有效磁路长度的确定。

首先，按照 GB/T 3655 用爱泼斯坦方圈法测量比总功率损耗（除了无取向电工钢外，装在爱泼斯坦方圈中的所有样片都应有相同的剪切方向）。

然后，把已在爱泼斯坦方圈中测量过的至少 12 个样片边靠边拼接放入单片磁导计中。在与爱泼斯坦方圈法测定比总功率损耗时所用的相同磁极化强度下，用单片磁导计再测量此损耗。

有效磁路长度 l_m 则可按式（B.1）计算：

$$l_m = \frac{Pl}{mP_{sE}} \qquad \cdots\cdots\cdots\cdots(B.1)$$

式中：

P——由与试验装置连接的功率表测量的功率，单位为瓦（W）；

P_{sE}——用爱泼斯坦方圈测定的比总功率损耗，单位为瓦每千克（W/kg）；

l——爱泼斯坦条片的长度，单位为米（m）；

m——放入试验装置中的爱泼斯坦条片的总质量，单位为千克（kg）。

注：在无取向电工钢的情况下，将有两个有效磁路长度，每个取样方向对应 1 个。

附　录　C
（资料性附录）
取向电工钢爱泼斯坦方圈法与单片法的关系

注：本附录不作为标准的要求部分。它包含将取向电工钢单片法测量值转化为爱泼斯坦方圈法测量值和相反过程的信息。本附录与附录B的程序有两点明显不同：

——附录B给出了一种用爱泼斯坦样片校准单片磁导计的方法。它提供了在考虑特定试样的情况下爱泼斯坦方圈法与单片法校准因子的确定值。

——通过把大样剪切成样片，附录B的方法给出了关于退火并消除了内应力的爱泼斯坦样片的爱泼斯坦方圈法与单片法的校准因子。当应用此校准方法时，如果单片样无内应力，则由单片样得出的比总损耗的数值与相应的爱泼斯坦样得出的数值就会比较接近；如果单片样有内应力，那么两种方法得出的数值就会偏差比较大。

本附录从另一个角度描述了将单片法测量值转化为爱泼斯坦方圈法测量值和相反过程的一般情况，例如，只使用两种方法中的一种进行测量时。本附录仅限于取向电工钢。当然，本附录给出的关系式适用性是可以扩展的，但因为所考虑的不同试样本身的内应力等因素会导致结果的统计分散，使转换表现出很大的不确定度。对于比总损耗 P 此不确定度约达到2%（在 J 的整个范围内），对于磁场强度 H 不确定度约在±3%（J=1.3 T）至±10%（J=1.7 T），对于比视在功率 S，不确定度约在±5%（J=1.3 T）至±20%（J=1.7 T）。

本附录给出的关系式是通过由8家不同工厂生产的不同产品的750组最典型的取向钢种试样，由爱泼斯坦方圈法和单片测试法得出的。该研究不包括磁畴细化材料。但是，本标准的使用者可自定是否将本附录的内容应用于磁畴细化材料。

爱泼斯坦方圈法和单片法结果的关系可以通过一个因子 δP（比总损耗 P），δHS（磁场强度 H 和比视在功率 S）表示。爱泼斯坦方圈法的结果 $P_{s,EPS}$、$H_{s,EPS}$ 和 $S_{s,EPS}$ 向单片法的结果 $P_{s,SST}$、$H_{s,SST}$ 和 $S_{s,SST}$ 转换可以用下列关系式：

$$P_{s,SST} = P_{s,EPS} \times (1 + \delta P/100) \qquad \text{(C.1a)}$$

$$H_{s,SST} = H_{s,EPS} \times (1 + \delta HS/100) \qquad \text{(C.1b)}$$

$$S_{s,SST} = S_{s,EPS} \times (1 + \delta HS/100) \qquad \text{(C.1c)}$$

对应的相反过程的转换可以用下列关系式：

$$P_{s,EPS} = P_{s,SST}/(1 + \delta P/100) \qquad \text{(C.2a)}$$

$$H_{s,EPS} = H_{s,SST}/(1 + \delta HS/100) \qquad \text{(C.2b)}$$

$$S_{s,EPS} = S_{s,SST}/(1 + \delta HS/100) \qquad \text{(C.2c)}$$

相关实验得出的转化因子在图C.1（δP）和图C.2（δHS）中用菱形符号显示。J=1.0 T至1.2 T的因子数值，由实验数据外推得到的。两图中也包含对实验数据的曲线拟合（连续线）。

拟合的曲线用下列关系式表达：

$$\delta P = 1.46 + 0.242J^5 \qquad \text{(C.3a)}$$

$$\delta HS = 6.0 + 0.103J^{10} \qquad \text{(C.3b)}$$

当 J 值超过1.8 T时，可使用关系式（C.2a，C.2b，C.2c）和（C.3a，C.3b）或者扩展的图示。

从关系式（C.3a，C.3b）得出的转换因子列在表格C.1中。

表C.1　取向电工钢爱泼斯坦方圈法-单片法转换因子 δP 和 δHS 在磁极化强度范围为1.0 T至1.8 T的数值

J/T	δP/%	δHS/%
1.0	1.7	6.1
1.1	1.8	6.3
1.2	2.1	6.6

表 C.1(续)

J/T	δP/%	δHS/%
1.3	2.4	7.4
1.4	2.8	9.0
1.5	3.3	12
1.6	4.0	17
1.7	5.0	27
1.8	6.0	43

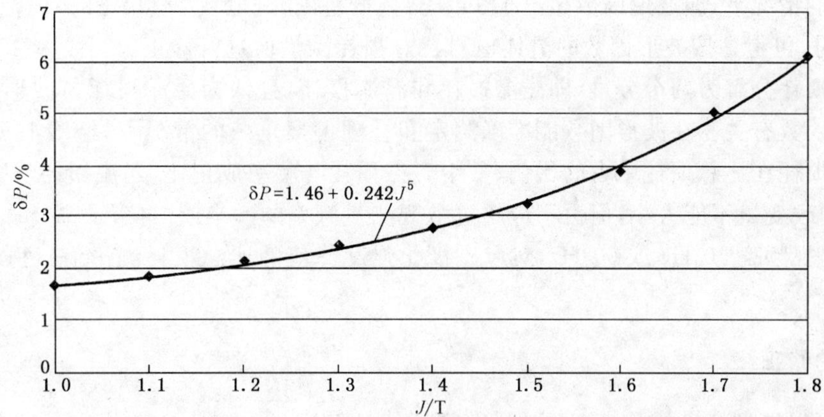

菱形符号为试验数据,连续线为试验数据拟合的公式(C.3a)曲线。

图 C.1 晶粒取向电工钢爱泼斯坦方圈法与单片法转换因子 δP-磁极化强度 J 关系图

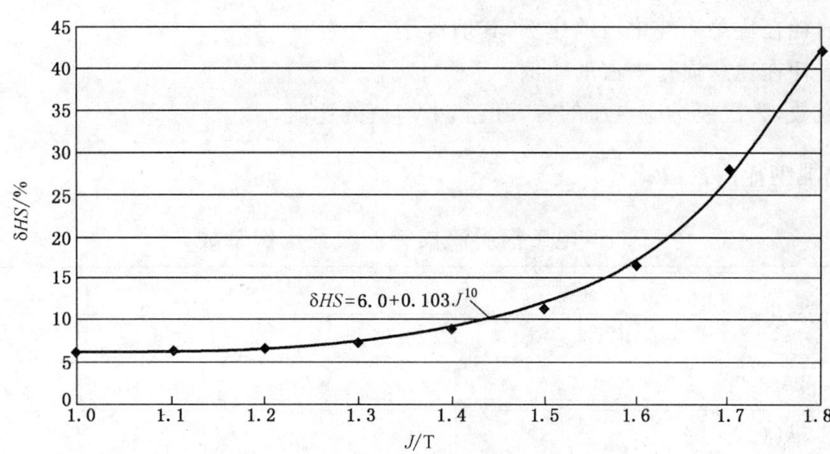

菱形符号为试验数据,连续线为试验数据拟合的公式(C.3b)曲线。

图 C.2 晶粒取向材料爱泼斯坦方圈法与单片法转换因子 δHS-磁极化强度 J 关系图

附 录 D
(资料性附录)
波形因数修正

D.1 概述

在比总损耗测量时应保持磁通即次级感应电压的波形为正弦，要求波形因数(次级感应电压有效值与平均值的比)在1.111±1%范围内，这一条件可以采用模拟和数字的反馈技术实现。在次级感应电压波形偏离正弦的情况下，即波形因数超出1.111±1%的范围，一般在1.111±5%的范围内，最大不超出1.111±10%时，可考虑按波形因数的具体值对比总损耗测量值进行修正。

通常将比总损耗分解为两个分量，即磁滞损耗和涡流损耗，且认为磁滞损耗与波形因数无关，而涡流损耗则与波形因数有关。在波形因数能准确测定和合理偏离正弦的情况下，经验上可以用改变频率的方法确定涡流损耗在比总损耗中占的比例；其中磁滞损耗与频率成正比，涡流损耗与频率的平方成正比；测量时频率的改变量不能太小，但也不应超过常规测量频率的一半或二倍。

有协议时，常规频率50 Hz或60 Hz，对应磁极化强度峰值的比总损耗测量值，可以使用下面的方式进行修正。

D.2 比总损耗的修正

用式(D.1)可以得到精确的已修正过的比总损耗值：

$$P'_s=\frac{P_s}{h+e\left(\frac{K}{1.111}\right)^2} \qquad \text{(D.1)}$$

式中：

P'_s——波形失真时比总损耗的修正值，单位为瓦特每千克(W/kg)；

P_s——按公式(3)求得的试样的比总损耗，单位为瓦特每千克(W/kg)；

h——磁滞损耗在比总损耗中占的比例，其值等于$(1-e)$；

e——涡流损耗在比总损耗中占的比例；

K——波形因数，为次级感应电压的有效值和平均值的比值。

D.3 涡流损耗的典型比例系数

表 D.1 电工钢涡流损耗的典型比例系数 e

材料	试样组成	厚度/mm						
		0.18	0.23	0.27	0.30	0.35	0.50	0.65
无取向	纵横向平均	—	—	—	—	0.20	0.30	0.40
	纵向	—	—	—	—	0.25	0.35	0.45
取向	纵向	0.35	0.45	0.50	0.50	0.65	—	—

附 录 E
（资料性附录）
无取向电工钢爱泼斯坦方圈法与约定磁路长度单片法的关系

注：本附录包含将无取向电工钢单片法测量值转化为爱泼斯坦方圈法测量值和相反过程的信息。本附录与附录B的程序有以下不同：

——附录B给出了在考虑特定试样的情况下以等效磁路长度作为爱泼斯坦方圈法与单片法转换因子的方法；本附录方法采用约定的磁路长度，其值根据单片磁导计的实际尺寸确定。由对每个钢种每个指标分别以约定磁路长度的单片法测量结果与相应的爱泼斯坦方圈法的测量结果得到相应的换算系数；

——本附录从另一个角度描述了将无取向电工钢单片法测量值转化为爱泼斯坦方圈法测量值和相反过程的一般情况，例如，只使用两种方法中的一种进行测量时。

在同一块电工钢板上取一块纵向和一块横向单片试样，用本标准的单片法测量磁性指标；再分别从纵向和横向的单片试样上切取至少8片纵向和8片横向爱泼斯坦方圈样片，构成一套试样，用这套爱泼斯坦方圈试样测量磁性指标；然后分别用纵向和横向的爱泼斯坦方圈样片和余料按剪切前对应的状态重新拼成单片试样，再用本标准的单片法测量磁性能。根据整块单片试样的测量数据与爱泼斯坦方圈的试样测量数据的比值，可以得到各项磁性指标的对应的换算系数；根据整块单片试样的测量数据和爱泼斯坦方圈试样和余料拼成的单片试样的测量数据的比值，可以评估剪切应力对于磁性指标的影响。对不同牌号的钢种用上述方法确定对应的换算系数。

ICS 77.140.50
H 46

中华人民共和国国家标准

GB/T 13790—2008
代替 GB/T 13790—1992

搪瓷用冷轧低碳钢板及钢带

Cold rolled low carbon steel sheets and strips for vitreous enamelling

2008-12-06 发布　　　　2009-10-01 实施

中华人民共和国国家质量监督检验检疫总局
中国国家标准化管理委员会　发布

前　言

本标准修改采用 EN 10209:1996《搪瓷用冷轧低碳扁平钢材技术交货条件》(英文版)对 GB/T 13790—1992《日用搪瓷用冷轧薄钢板及钢带》进行了修订。

本标准与 EN 10209:1996 相比,主要差别如下:

——采用了其 EK 产品系列牌号,暂未采用其 ED 系列牌号(待有市场需求时再增加);

——在性能不变的基础上,用 DC05EK 取代 DC06EK;用 DC03EK 取代 DC04EK,但增加了 r 值的规定。对其他力学性能略作了规范性调整;

——增加了化学成分元素及要求,缩小了化学成分允许偏差范围;

——对表面质量要求修改为 FB、FC 两个级别的细分;

——暂未采用附录 A、附录 C、附录 D 的试验方法(待具备条件时再考虑),保留附录 B 作为协商项目,从安全、环保考虑需另行制定检测方法标准;

——技术术语和符号采用了国家标准规定。

本标准代替 GB/T 13790—1992《日用搪瓷用冷轧薄钢板及钢带》。

本标准与 GB/T 13790—1992 标准相比,对下列主要技术内容进行了修改:

——标准名称修改为《搪瓷用冷轧低碳钢板及钢带》;

——修改了牌号命名方法;

——取消了原牌号中的沸腾钢、外沸内镇钢;

——增加了特深冲压用钢级 DC05EK;

——化学成分中取消了 Si 含量的要求,修改了 C、Mn、S 等元素含量范围;

——取消了杯突、弯曲和金相的规定,增加了 r、n 值的规定;

——表面质量级别和表面结构种类分别增加为两种;

——表面结构中增加了粗糙度的具体要求;

——对于钢带状态交货的产品,其表面有缺陷部分的长度由 8%调整为 6%。

本标准附录 A 为资料性附录。

本标准由中国钢铁工业协会提出。

本标准由全国钢标准化技术委员会归口。

本标准主要起草单位:武汉钢铁集团公司、冶金工业信息标准研究院、鞍钢股份有限公司。

本标准主要起草人:陈晓红、杨大可、田德新、王晓虎、魏远征、陈玥、古兵平、稽伟斌。

本标准所代替标准的历次版本发布情况为:

——GB/T 13790—1992。

搪瓷用冷轧低碳钢板及钢带

1 范围

本标准规定了搪瓷用冷轧低碳钢板及钢带的分类及代号、尺寸、外形、重量、技术要求、检验和试验、包装、标志及质量证明书等内容。

本标准适用于日用或工业等搪瓷行业用厚度为0.30 mm～3.0 mm，宽度不小于600 mm的冷轧低碳钢板及钢带，以下简称钢板及钢带。

2 规范性引用文件

下列文件中的条款通过本标准的引用而成为本标准的条款。凡是注日期的引用文件，其随后所有的修改单(不包括勘误的内容)或修订版均不适用于本标准，然而，鼓励根据本标准达成协议的各方研究是否可使用这些文件的最新版本。凡是不注日期的引用文件，其最新版本适用于本标准。

GB/T 222 钢的成品化学成分允许偏差

GB/T 223.9 钢铁及合金 铝含量的测定 铬天青S分光光度法

GB/T 223.16 钢铁及合金化学分析方法 变色酸光度法测定钛量

GB/T 223.17 钢铁及合金化学分析方法 二安替比林甲烷光度法测定钛量

GB/T 223.40 钢铁及合金 铌含量的测定 氯磺酚S分光光度法

GB/T 223.59 钢铁及合金 磷含量的测定 铋磷钼蓝分光光度法和锑磷钼蓝分光光度法

GB/T 223.63 钢铁及合金化学分析方法 高碘酸钠(钾)光度法测定锰量

GB/T 223.64 钢铁及合金 锰含量的测定 火焰原子吸收光谱法

GB/T 228 金属材料 室温拉伸试验方法(GB/T 228—2002,eqv ISO 6892:1998)

GB/T 247 钢板和钢带包装、标志及质量证明书的一般规定

GB/T 708 冷轧钢板和钢带的尺寸、外形、重量及允许偏差

GB/T 2523 冷轧薄钢板(带)表面粗糙度测量方法

GB/T 2975 钢及钢产品 力学性能试验取样位置及试样制备(GB/T 2975—1998,eqv ISO 377:1997)

GB/T 4336 碳素钢和中低合金钢 火花源原子发射光谱分析方法(常规法)

GB/T 5027 金属材料 薄板和薄带 塑性应变比(r值)的测定(GB/T 5027—2007,ISO 10113:2006,IDT)

GB/T 5028 金属材料 薄板和薄带 拉伸应变硬化指数(n值)的测定(GB/T 5028—2008,ISO 10275:2007,MOD)

GB/T 17505 钢及钢产品交货一般技术要求(GB/T 17505—1998,eqv ISO 404:1992)

GB/T 20066 钢和铁 化学成分测定用试样的取样和制样方法(GB/T 20066—2006,ISO 14284:1996,IDT)

GB/T 20123 钢铁 总碳硫含量的测定 高频感应炉燃烧后红外吸收法(常规方法)

GB/T 20125 低合金钢 多元素含量的测定 电感耦合等离子体原子发射光谱法

GB/T 20126 非合金钢 低碳含量的测定 第2部分:感应炉(经预加热)内燃烧后红外吸收法

YB/T 081 冶金技术标准的数值修约与检测数值的判定原则

3 分类和代号

3.1 牌号命名方法

钢板及钢带的牌号由四部分组成：第一部分为字母“D”，代表冷成形用钢板及钢带；第二部分为字母“C”，代表轧制条件为冷轧；第三部分为两位数字序列号，即01、03、05等代表冲压成型级别；第四部分为搪瓷加工类型代号。

3.2 按搪瓷加工用途分类及代号

当钢板及钢带按其后续搪瓷加工用途，采用湿粉一层或多层以及干粉搪瓷加工工艺时，称之为普通搪瓷用途，其代号为“EK”。当用于直接面釉搪瓷加工工艺时，由于对搪瓷钢板有特殊的预处理要求，需供需双方另行协商确定。

3.3 钢板及钢带按用途分类如表1的规定。

表1

牌　　号	用　　途
DC01EK	一般用
DC03EK	冲压用
DC05EK	特深冲压用

3.4 钢板及钢带按表面质量区分如表2的规定。

表2

级　　别	代　　号
较高级的精整表面	FB
高级的精整表面	FC

3.5 钢板及钢带按表面结构区分如表3的规定。

表3

表面结构	代　　号
麻面	D
粗糙表面	R

4 尺寸、外形、重量及允许偏差

钢板及钢带的尺寸、外形、重量及允许偏差应符合GB/T 708的规定。

5 订货所需信息

5.1 用户订货时应提供如下信息：

a） 产品名称（钢板或钢带）；

b） 本产品标准号；

c） 牌号；

d） 规格及尺寸、不平度精度；

e） 表面质量级别；

f） 表面结构；

g） 边缘状态；

h) 包装方式；

i) 重量；

j) 用途；

k) 其他特殊要求。

5.2 如订货合同中未注明尺寸和不平度精度、表面质量级别、表面结构种类、边缘状态及包装等信息，则本标准产品按普通的尺寸和不平度精度、较高级表面、表面结构为麻面的切边钢板或钢带供货，并按供方提供的包装方式包装。

6 技术要求

6.1 化学成分

6.1.1 钢的化学成分(熔炼分析)应符合表4的规定。

表 4

牌号	化学成分(质量分数)/%					
	C	Mn	P	S	Als[c]	Ti
DC01EK[d]	≤0.08	≤0.60	≤0.045	≤0.045	≥0.015	—
DC03EK[d]	≤0.06	≤0.40	≤0.025	≤0.030	≥0.015	—[a]
DC05EK	≤0.008	≤0.25	≤0.020	≤0.050	≥0.010	≤0.3[b]

a 可添加硼等元素；

b 钛可被铌等所取代，但碳和氮应完全被固定；

c 可以用 Alt 替代，Alt 的下限值比表中规定值增加 0.005%；

d 当碳含量不大于 0.008%时，Als 的下限值可为 0.010%。

6.1.2 钢板及钢带的成品化学成分允许偏差应符合 GB/T 222 的规定。

6.2 冶炼方法

钢板及钢带所用的钢应采用氧气转炉或电炉冶炼，除非另有规定，冶炼方法由供方选择。

6.3 交货状态

6.3.1 钢板及钢带以退火后平整状态交货。

6.3.2 钢板及钢带通常为涂油状态交货，涂油量可由供需双方协商。所涂油膜应能用碱水溶液去除，在通常的包装、运输、装卸和储存条件下，供方应保证自生产完成之日起6个月内不生锈。如需方要求不涂油供货，应在订货时协商。

注：对于需方要求的不涂油产品，供方不承担产品锈蚀的风险。订货时，需方应被告知，在运输、装卸、储存和使用过程中，不涂油产品表面易产生轻微划伤。

6.4 力学性能

钢板及钢带的力学性能应符合表5的规定。

表 5

牌号	下屈服强度 R_{eL}[a,b]/MPa 不大于	抗拉强度 R_m/MPa	断后伸长率[c,d] A_{80mm}，% 不小于	r_{90}[e] 不小于	n_{90}[e] 不小于
DC01EK	280	270～410	30	—	—
DC03EK	240	270～370	34	1.3	—
DC05EK	200	270～350	38	1.6	0.18

表 5(续)

牌　　号	下屈服强度 R_{eL}[a,b]/MPa 不大于	抗拉强度 R_m/MPa	断后伸长率[c,d] A_{80mm}，% 不小于	r_{90}[e] 不小于	n_{90}[e] 不小于

[a] 无明显屈服时采用 $R_{P0.2}$。当厚度大于 0.50 mm，且不大于 0.70 mm 时，屈服强度上限值可以增加 20 MPa；当厚度不大于 0.50 mm 时，屈服强度上限值可以增加 40 MPa；

[b] 经供需双方协商同意，DC01EK 和 DC03EK 屈服强度下限值可设定为 140 MPa，DC05EK 可设定为 120 MPa；

[c] 试样宽度 b 为 20 mm，试样方向为横向；

[d] 当厚度大于 0.50 mm 且不大于 0.70 mm 时，断后伸长率最小值可以降低 2%(绝对值)；当厚度不大于 0.50 mm 时，断后伸长率最小值可以降低 4%(绝对值)；

[e] r_{90} 值和 n_{90} 值的要求仅适用于厚度不小于 0.50 mm 的产品。当厚度大于 2.0 mm 时，r_{90} 值可以降低 0.2。

6.5 拉伸应变痕

6.5.1 所有产品退火后，为了避免在后续成形过程中出现拉伸应变痕，制造厂通常要进行适度平整。但形成拉伸应变痕的趋势在平整一段时间后会重新出现，因此建议用户尽快使用。

6.5.2 钢板及钢带拉伸应变痕的规定如表 6 所示。

表 6

牌　　号	拉伸应变痕
DC01EK	室温储存条件下，钢板及钢带自生产完成之日起 3 个月内使用时不应出现拉伸应变痕
DC03EK	室温储存条件下，钢板及钢带自生产完成之日起 6 个月内使用时不应出现拉伸应变痕
DC05EK	室温储存条件下，使用时不应出现拉伸应变痕

6.6 抗搪瓷鳞爆性能(氢渗透性)

如需方有要求，经供需双方协议，钢板及钢带可进行抗搪瓷鳞爆性能(氢渗透性)试验，试验方法和试验结果判定由供需双方商定。

6.7 表面质量

6.7.1 钢板及钢带表面不应有结疤、裂纹、夹杂等对使用有害的缺陷，钢板及钢带不得有分层。

6.7.2 钢板及钢带各表面质量级别的特征如表 7 所述。

表 7

级　　别	代号	特　　征
较高级表面	FB	表面允许有少量不影响成形性及涂、镀附着力的缺陷，如轻微的划伤、压痕、麻点、辊印及氧化色等
高级表面	FC	产品二面中较好的一面无肉眼可见的明显缺陷，另一面至少应达到 FB 的要求

6.7.3 对于钢带，由于没有机会切除带缺陷部分，因此允许带缺陷交货，但有缺陷部分应不超过每卷总长度的 6%。

6.8 表面结构

表面结构为麻面(D)时，平均粗糙度 Ra 目标值为大于 0.6 μm 且不大于 1.9 μm。表面结构为粗糙表面(R)时，平均粗糙度 Ra 目标值为大于 1.6 μm。如需方对粗糙度有特殊要求，应在订货时协商。

7 检验和试验

7.1 钢板及钢带的外观用肉眼检查。

7.2 钢板及钢带的尺寸、外形应用合适的测量工具测量。

7.3 r 值是在 15%应变时计算得到的，均匀延伸小于 15%时，以均匀延伸结束时的应变计算。n 值是在 10%～20%应变范围内计算得到的，均匀延伸小于 20%时，应变范围为 10%至均匀延伸结束时的应变。

7.4 钢板及钢带的检验项目、试样数量、取样方法和试验方法应符合表 8 的规定。

表 8

序号	检验项目	试样数量/个	取样方法	试验方法
1	化学分析	1/炉	GB/T 20066	GB/T 223、GB/T 4336、GB/T 20123、GB/T 20125、GB/T 20126
2	拉伸试验	1/批	GB/T 2975	GB/T 228
3	塑性应变比(r 值)	1/批		GB/T 5027 和 7.3
4	应变硬化指数(n 值)	1/批		GB/T 5028 和 7.3
5	表面粗糙度	—		GB/T 2523

7.5 钢板及钢带应按批验收，每个检验批应由同牌号、同规格、同加工状态的钢板或钢带组成。每批的重量应不大于 30 t，对于卷重大于 30 t 的钢带，每卷作为一个检验批。

7.6 钢板及钢带的复验应符合 GB/T 17505 的规定。

8 包装、标志及质量证明书

钢板及钢带的包装、标志及质量证明书应符合 GB/T 247 的规定。如需方对包装重量有特殊要求，应在合同中注明。

9 数值修约

数值修约按 YB/T 081 的规定。

10 国内外牌号近似对照

本标准牌号与国内外标准牌号的近似对照见附录 A。

附 录 A
（资料性附录）
本标准与相关标准相近牌号对照表

A.1 本标准牌号与国外标准相近牌号对照表见表 A.1。

表 A.1

本标准	EN 10209—1996	JISG 3133—2004	ISO 5001:1999	ASTM A424-06
DC01EK	DC01EK	—	VE01	Type Ⅱ-CS
DC03EK	DC04EK	—	VE03	Type Ⅱ-DS
DC05EK	DC06EK	SPP	VE05	Type Ⅲ

ICS 77.140.75
H 48

中华人民共和国国家标准

GB/T 13793—2008
代替 GB/T 13792～13793—1992

直缝电焊钢管

Steel pipes with a longitudinal electric (resistance) weld

2008-05-13 发布　　2008-11-01 实施

中华人民共和国国家质量监督检验检疫总局
中国国家标准化管理委员会　发布

前　言

本标准参照 ASTM A53/A53M-05《无缝和焊接的黑钢管和热浸镀锌钢管》及 JIS G 3444：2004《一般结构用碳素钢钢管》修订。

本标准代替 GB/T 13792—1992《带式输送机托辊用电焊钢管》和 GB/T 13793—1992《直缝电焊钢管》。本标准与 GB/T 13792—1992 和 GB/T 13793—1992 相比，主要变化如下：

——尺寸规格直接引用焊接钢管通用标准；

——修改了尺寸允许偏差；

——修改了通长长度范围；

——增加了钢管弯曲度的分类；

——增加了钢管端面的要求；

——增加了内焊缝毛刺高度的要求；

——删除了 08F、10F、15F 钢牌号，增加了 Q235C 及低合金钢牌号；

——增加了焊后热加工制造方法；

——修改了压扁试验平板间距离；

——修改了钢管液压试验要求；

——增加了钢管涂层要求，并对镀锌管提出了技术要求；

——修改了钢管的检验组批规则。

本标准的附录 A、附录 B 为规范性附录。

本标准由中国钢铁工业协会提出。

本标准由全国钢标准化技术委员会归口。

本标准起草单位：凌源钢铁股份有限公司、番禺珠江钢管有限公司、衡水京华制管有限公司。

本标准主要起草人：马育民、周国峰、胥志宏、郝志强、冯钊棠、黄克坚、赵福亮。

本标准所代替标准的历次版本发布情况为：

——GB/T 13792—1992；

——GB/T 13793—1992。

直缝电焊钢管

1 范围

本标准规定了直缝电阻焊接钢管的分类及代号、尺寸、外形、重量、技术要求、试验方法、检验规则、包装、标志和质量证明书。

本标准适用于一般用途的外径不大于630 mm的直缝高频电阻焊焊接钢管。

2 规范性引用文件

下列文件中的条款通过本标准的引用而成为本标准的条款。凡是注日期的引用文件，其随后所有的修改单(不包括勘误的内容)或修订版均不适用于本标准，然而，鼓励根据本标准达成协议的各方研究是否可使用这些文件的最新版本。凡是不注日期的引用文件，其最新版本适用于本标准。

GB/T 222 钢的成品化学分析允许偏差
GB/T 223.3 钢铁及合金化学分析方法 二安替比林甲烷磷钼酸重量法测定磷量
GB/T 223.5 钢铁及合金化学分析方法 还原型硅钼酸盐光度法测定酸溶硅含量
GB/T 223.10 钢铁及合金化学分析方法 铜铁试剂分离-铬天青S光度法测定铝含量
GB/T 223.11 钢铁及合金化学分析方法 过硫酸铵氧化容量法测定铬量
GB/T 223.12 钢铁及合金化学分析方法 碳酸钠分离-二苯碳酰二肼光度法测定铬量
GB/T 223.14 钢铁及合金化学分析方法 钽试剂萃取光度法测定钒含量
GB/T 223.16 钢铁及合金化学分析方法 变色酸光度法测定钛量
GB/T 223.18 钢铁及合金化学分析方法 硫代硫酸钠分离-碘量法测定铜量
GB/T 223.19 钢铁及合金化学分析方法 新亚铜灵-三氯甲烷萃取光度法测定铜量
GB/T 223.23 钢铁及合金化学分析方法 丁二酮肟分光光度法测定镍量
GB/T 223.24 钢铁及合金化学分析方法 萃取分离-丁二酮肟分光光度法测定镍量
GB/T 223.32 钢铁及合金化学分析方法 次磷酸钠还原-碘量法测定砷含量
GB/T 223.37 钢铁及合金化学分析方法 蒸馏分离-靛酚蓝光度法测定氮量
GB/T 223.40 钢铁及合金 铌含量的测定 氯磺酚S分光光度法
GB/T 223.53 钢铁及合金化学分析方法 火焰原子吸收分光光度法测定铜量
GB/T 223.54 钢铁及合金化学分析方法 火焰原子吸收分光光度法测定镍量
GB/T 223.58 钢铁及合金化学分析方法 亚砷酸钠-亚硝酸钠滴定法测定锰量
GB/T 223.59 钢铁及合金化学分析方法 锑磷钼蓝光度法测定磷量
GB/T 223.60 钢铁及合金化学分析方法 高氯酸脱水重量法测定硅含量
GB/T 223.61 钢铁及合金化学分析方法 磷钼酸铵容量法测定磷量
GB/T 223.62 钢铁及合金化学分析方法 乙酸丁酯萃取光度法测定磷量
GB/T 223.63 钢铁及合金化学分析方法 高碘酸钠(钾)光度法测定锰量
GB/T 223.64 钢铁及合金化学分析方法 火焰原子吸收分光光度法测定锰量
GB/T 223.67 钢铁及合金化学分析方法 还原蒸馏-次甲基蓝光度法测定硫量
GB/T 223.68 钢铁及合金化学分析方法 管式炉内燃烧后碘酸钾滴定法测定硫含量
GB/T 223.69 钢铁及合金化学分析方法 管式炉内燃烧后气体容量法测定碳含量
GB/T 223.71 钢铁及合金化学分析方法 管式炉内燃烧后重量法测定碳含量
GB/T 223.72 钢铁及合金化学分析方法 氧化铝色层分离-硫酸钡重量法测定硫量
GB/T 223.74 钢铁及合金化学分析方法 非化合碳含量的测定

GB/T 228 金属材料 室温拉伸试验方法(GB/T 228—2002,ISO 6892:1998,EQV)

GB/T 241 金属管 液压试验方法

GB/T 242 金属管 扩口试验方法(GB/T 242—2007,ISO 8493:1998,IDT)

GB/T 244 金属管 弯曲试验方法(GB/T 244—2008,ISO 8491:1998,IDT)

GB/T 246 金属管 压扁试验方法(GB/T 246—2007,ISO 8492:1998,IDT)

GB/T 699 优质碳素结构钢

GB/T 700 碳素结构钢(GB/T 700—2006,ISO 630:1995,NEQ)

GB/T 1591 低合金高强度结构钢

GB/T 2102 钢管的验收、包装、标志和质量证明书

GB/T 2975 钢及钢产品力学性能试验检验取样位置及试样准备(GB/T 2975—1998,eqv ISO 377:1997)

GB/T 4336 碳素钢和中低合金钢火花源原子发射光谱分析方法(常规法)

GB/T 7735 钢管涡流探伤检验方法(GB/T 7735—2004,ISO 9304:1989,MOD)

GB/T 12606 钢管漏磁探伤方法(GB/T 12606—1999,eqv ISO 9402:1989、ISO 9598:1989)

GB/T 18256 焊接钢管(埋弧焊除外)用于确认水压密实性的超声波检测方法

GB/T 20066 钢和铁 化学成分测定用试样的取样和制样方法(GB/T 20066—2006,ISO 14284:1996,IDT)

GB/T 20123 钢铁 总碳硫含量的测定 高频感应炉燃烧后红外吸收法(常规方法)(GB/T 20123—2006,ISO 15350:2000,IDT)

GB/T 21835 焊接钢管尺寸及单位长度重量(GB/T 21835—2008,ISO 1127:1992、ISO 4200:1991,NEQ)

3 分类及代号

钢管按制造精度分类及代号如下：

a) 外径普通精度的钢管,PD. A;

b) 外径较高精度的钢管,PD. B;

c) 外径高精度的钢管,PD. C;

d) 壁厚普通精度的钢管,PT. A;

e) 壁厚较高精度的钢管,PT. B;

f) 壁厚高精度的钢管,PT. C;

g) 弯曲度为普通精度的钢管,PS. A;

h) 弯曲度为较高精度的钢管,PS. B;

i) 弯曲度为高精度的钢管,PS. C。

4 订货内容

4.1 按本标准订购钢管的合同或订单应包括下列内容：

a) 标准编号；

b) 产品名称；

c) 钢的牌号(等级)；

d) 数量(总重量或总长度)；

e) 制造方法；

f) 尺寸规格；

g) 交货状态。

4.2 需方如选择下列要求,由供需双方协商确定,并在订购钢管的合同或订单注明：

a) 用途；

b) 液压试验种类；

c) 制造精度；

d) 管端状态；

e) 清除内毛刺；

f) 镀锌层厚度；

g) 其他要求。

5 尺寸、外形、重量及允许偏差

5.1 外径和壁厚

5.1.1 钢管的外径(D)和壁厚(t)应符合 GB/T 21835 的规定。根据需方要求，经供需双方协商，可供应 GB/T 21835 规定以外尺寸的钢管。

5.1.2 外径和壁厚的允许偏差

钢管外径和壁厚的允许偏差应分别符合表 1 和表 2 的规定。当合同未注明钢管尺寸允许偏差级别时，带式输送机托辊用钢管外径和壁厚的允许偏差按较高精度交货；其余钢管外径和壁厚的允许偏差按普通精度交货。

根据需方要求，经供需双方协商，并在合同中注明，可供应表 1 和表 2 规定以外尺寸允许偏差的钢管。

表 1 钢管的外径允许偏差

单位为毫米

外径(D)	普通精度(PD. A)[a]	较高精度(PD. B)	高精度(PD. C)
5～20	±0.30	±0.20	±0.10
>20～50	±0.50	±0.30	±0.15
>50～80	±1.0%D	±0.50	±0.30
>80～114.3	±1.0%D	±0.60	±0.40
>114.3～219.1	±1.0%D	±0.80	±0.60
>219.1	±1.0%D	±0.75%D	±0.5%D
[a] 不适用于带式输送机托辊用钢管。			

表 2 钢管壁厚允许偏差

单位为毫米

<table>
<tr><th>壁厚(t)</th><th>普通精度(PT. A)[a]</th><th>较高精度(PT. B)</th><th>高精度(PT. C)</th><th>同截面壁厚允许差[b]</th></tr>
<tr><td>0.50～0.60</td><td rowspan="2">±0.10</td><td>±0.06</td><td>+0.03
−0.05</td><td rowspan="12">≤7.5%t</td></tr>
<tr><td>>0.60～0.80</td><td>±0.07</td><td>+0.04
−0.07</td></tr>
<tr><td>>0.80～1.0</td><td>±0.10</td><td>±0.08</td><td>+0.04
−0.07</td></tr>
<tr><td>>1.0～1.2</td><td rowspan="9">±10%t</td><td>±0.09</td><td rowspan="2">+0.05
−0.09</td></tr>
<tr><td>>1.2～1.4</td><td>±0.11</td></tr>
<tr><td>>1.4～1.5</td><td>±0.12</td><td rowspan="2">+0.06
−0.11</td></tr>
<tr><td>>1.5～1.6</td><td>±0.13</td></tr>
<tr><td>>1.6～2.0</td><td>±0.14</td><td rowspan="3">+0.07
−0.13</td></tr>
<tr><td>>2.0～2.2</td><td>±0.15</td></tr>
<tr><td>>2.2～2.5</td><td>±0.16</td></tr>
<tr><td>>2.5～2.8</td><td>±0.17</td><td rowspan="2">+0.08
−0.16</td></tr>
<tr><td>>2.8～3.2</td><td>±0.18</td></tr>
</table>

表 2（续）

单位为毫米

<table>
<tr><th>壁厚(t)</th><th>普通精度(PT. A)[a]</th><th>较高精度(PT. B)</th><th>高精度(PT. C)</th><th>同截面壁厚允许差[b]</th></tr>
<tr><td>>3.2～3.8</td><td rowspan="3">±10%t</td><td>±0.20</td><td rowspan="2">+0.10
−0.20</td><td rowspan="4">≤7.5%t</td></tr>
<tr><td>>3.8～4.0</td><td>±0.22</td></tr>
<tr><td>>4.0～5.5</td><td>±7.5%t</td><td>±5%t</td></tr>
<tr><td>>5.5</td><td>±12.5%t</td><td>±10%t</td><td>±7.5%t</td></tr>
</table>

[a] 不适用于带式输送机托辊用钢管。

[b] 不适合普通精度的钢管。同截面壁厚差指同一横截面上实测壁厚的最大值与最小值之差。

5.2 长度

5.2.1 通常长度

钢管的通常长度应符合如下规定：

a) 外径≤30 mm，4 000 mm～6 000 mm；

b) 外径＞30 mm～70 mm，4 000 mm～8 000 mm；

c) 外径＞70 mm，4 000 mm～12 000 mm。

经供需双方协商，并在合同中注明，可提供通常长度以外长度的钢管。

按通常长度交货时，每批钢管可交付数量不超过该批钢管交货总数量5%的，长度不小于2 000 mm的短尺钢管。

5.2.2 定尺长度和倍尺长度

根据需方要求，经供需双方协商，并在合同中注明，钢管可按定尺长度或倍尺长度交货。定尺长度和倍尺总长度应在通常长度范围内。倍尺长度每个倍尺长度应留 5 mm～10 mm 的切口余量。定尺长度、倍尺总长度允许偏差应符合以下规定：

a) D≤30 mm，$^{+15}_{\ 0}$ mm；

b) D＞30 mm～219.1 mm，$^{+20}_{\ 0}$ mm；

c) D＞219.1 mm，$^{+50}_{\ 0}$ mm。

5.3 弯曲度

外径不大于 16 mm 的钢管应具有不影响使用的弯曲度。

外径大于 16 mm 的钢管，其弯曲度应符合表 3 的规定。

表 3 钢管的弯曲度

外径(D)/mm	弯曲度/(mm/m)，不大于		
	普通精度(PS. A)	较高精度(PS. B)	高精度(PS. C)
＞16	1.5	1.0	0.5

5.4 不圆度

钢管的不圆度应符合以下规定：

a) 带式输送机托辊用钢管，应不大于外径允许公差的 50%；

b) 其他钢管，外径不大于 152 mm 时，应不大于外径允许公差值的 75%；外径大于 152 mm 时，应不大于外径允许公差。

5.5 钢管端面

钢管应垂直轴线切割，并应清除切口毛刺。

外径大于 114.3 mm 的钢管，切口斜度(h)应不大于 3 mm。切口斜度见图 1。

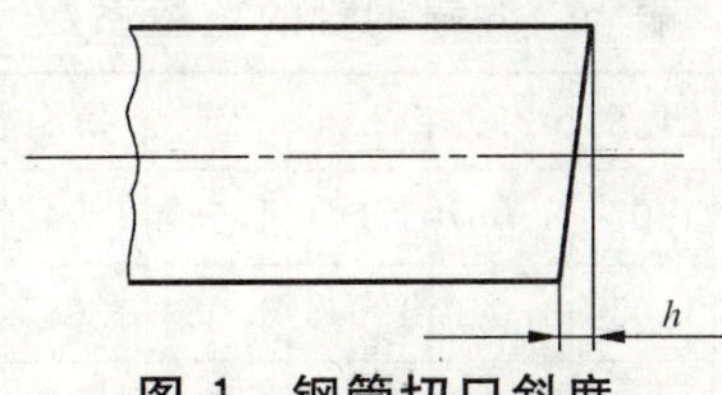

图1 钢管切口斜度

根据需方要求，经供需双方协商，并在合同中注明，壁厚大于 4 mm 的钢管管端可加工坡口，坡口角为 $30^{\circ}{}^{+5^{\circ}}_{0}$，管端余留的钝边宽度为 1.6 mm±0.8 mm。坡口和钝边见图 2。

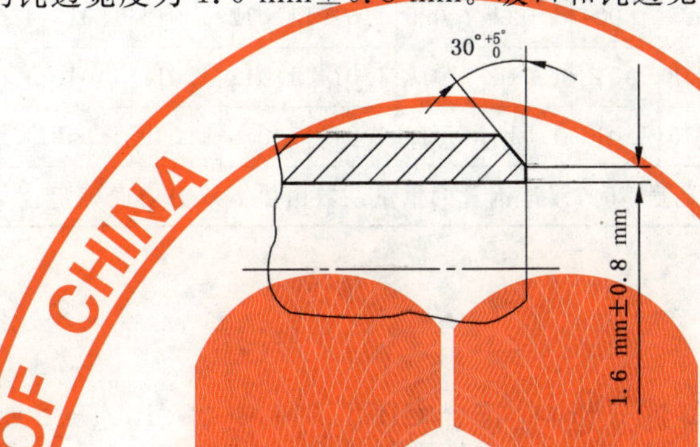

图2 管端坡口和钝边

5.6 钢管的焊缝高度

5.6.1 钢管外焊缝毛刺应修磨平整。

5.6.2 带式输送机托辊用钢管应清除内毛刺交货，其他钢管可不清除内毛刺交货。

根据需方要求，外径大于 25 mm 的钢管可清除内毛刺交货。

钢管清除内毛刺交货时，其内焊缝毛刺高度应符合表 4 的规定，且内毛刺清除后钢管剩余壁厚应不小于壁厚允许的最小值。

表4 内毛刺高度

单位为毫米

普通精度	较高精度	高精度
+0.50 −0.20	+0.50 −0.05	+0.20 −0.05

根据需方要求，经供需双方协商，并在合同中注明，可供应表 4 以外内毛刺高度的钢管。

5.7 重量

5.7.1 钢管按理论重量交货，也可按实际重量交货。

5.7.2 非镀锌钢管单位长度理论重量按公式(1)计算(钢的密度按 7.85 kg/dm³)。

$$W = 0.0246615(D-t)t \quad \cdots\cdots(1)$$

式中：

W——钢管的每米理论重量，单位为千克每米(kg/m)；

D——钢管的外径，单位为毫米(mm)；

t——钢管的壁厚，单位为毫米(mm)。

5.7.3 镀锌钢管单位长度理论重量按公式(2)计算。

$$W' = CW \quad \cdots\cdots(2)$$

式中：

W'——镀锌钢管的每米理论重量，单位为千克每米(kg/m)；

C——镀锌钢管比原管增加的重量系数，见表 5；

W——钢管镀锌前的每米理论重量，单位为千克每米(kg/m)。

表 5 镀锌钢管的重量系数

壁厚 t/mm		1.2	1.4	1.5	1.6	1.8	2.0	2.2	2.5	2.8	3.0	3.2	3.5	3.8	4.0	4.2
系数 C	A	1.111	1.096	1.089	1.084	1.074	1.067	1.061	1.054	1.048	1.044	1.042	1.038	1.035	1.033	1.032
	B	1.082	1.070	1.065	1.061	1.054	1.049	1.044	1.039	1.035	1.033	1.031	1.028	1.026	1.024	1.023
	C	1.067	1.057	1.054	1.050	1.044	1.040	1.036	1.032	1.029	1.027	1.025	1.023	1.021	1.020	1.019
壁厚 t/mm		4.5	4.8	5.0	5.4	5.6	6.0	6.5	7.0	8.0	9.0	10.0	11.0	12.0	12.7	13.0
系数 C	A	1.030	1.028	1.027	1.025	1.024	1.022	1.020	1.019	1.017	1.015	1.013	1.012	1.011	1.008	1.010
	B	1.022	1.020	1.020	1.018	1.018	1.016	1.015	1.014	1.012	1.011	1.010	1.009	1.008	1.006	1.008
	C	1.018	1.017	1.016	1.015	1.014	1.013	1.012	1.011	1.010	1.009	1.008	1.007	1.007	1.004	1.006
注：本表规定壁厚之外的钢管需要镀锌时，镀锌钢管的重量系数由供需双方协商确定。																

6 技术要求

6.1 钢的牌号和化学成分

6.1.1 钢的牌号和化学成分(熔炼分析)应符合 GB/T 699 中 08、10、15、20，GB/T 700 中 Q195、Q215A、Q215B、Q235A、Q235B、Q235C 和 GB/T 1591 中 Q295A、Q295B、Q345A、Q345B、Q345C 的规定。

根据需方要求，经供需双方协商，可供应其他易焊接牌号钢管。

根据需方要求，经供需双方协商，并在合同中注明，钢中可加入 V、Nb、Ti 细化晶粒元素。

6.1.2 钢管的化学成分按熔炼成分验收。当需方要求进行成品分析时，应在合同中注明。成品化学成分允许偏差应符合 GB/T 222 的规定。

6.2 制造方法

钢管应以热轧钢带或冷轧钢带采用电阻焊或焊后冷、热加工方法制造。需方指定某一种制造方法时，应在合同中注明。

6.3 交货状态

钢管以焊接状态(不热处理状态)交货。

根据需方要求，经供需双方协商，并在合同中注明，钢管也可经整体热处理或焊缝热处理状态交货。

6.4 力学性能

6.4.1 钢管的力学性能应符合表 6 的规定。

根据需方要求，经供需双方协商，并在合同中注明，钢管可按表 7 规定的力学性能交货。

拉伸试验时，外径不大于 219.1 mm 的钢管取纵向试样，外径大于 219.1 mm 的钢管取横向试样。

6.4.2 根据需方要求，经供需双方协商，并在合同中注明，外径不小于 219.1 mm 的钢管可进行焊缝横向拉伸试验。焊缝横向拉伸试验取样部位应垂直焊缝，焊缝位于试样的中心，抗拉强度值应符合表 8 的规定。

表 6 钢管的力学性能

牌 号	下屈服强度 R_{eL}/(N/mm²)	抗拉强度 R_m/(N/mm²)	断后伸长率 A/%
	不小于		
08、10	195	315	22
15	215	355	20
20	235	390	19
Q195	195	315	22

表 6（续）

牌　号	下屈服强度 R_{eL}/(N/mm²)	抗拉强度 R_m/(N/mm²)	断后伸长率 A/%
	不小于		
Q215A、Q215B	215	335	22
Q235A、Q235B、Q235C	235	375	20
Q295A、Q295B	295	390	18
Q345A、Q345B、Q345C	345	470	18

表 7　特殊要求的钢管力学性能

牌　号	下屈服强度 R_{eL}/(N/mm²)	抗拉强度 R_m/(N/mm²)	断后伸长率 A/%
	不小于		
08、10	205	375	13
15	225	400	11
20	245	440	9
Q195	205	335	14
Q215A、Q215B	225	355	13
Q235A、Q235B、Q235C	245	390	9
Q295A、Q295B	—	—	—
Q345A、Q345B、Q345C	—	—	—

表 8　焊缝抗拉强度

牌　号	焊缝抗拉强度 R_m/(N/mm²)
08、10	315
15	355
20	390
Q195	315
Q215A、Q215B	335
Q235A、Q235B、Q235C	375
Q295A、Q295B	390
Q345A、Q345B、Q345C	470

6.4.3　根据需方要求，经供需双方协商，并在合同中注明，B、C 级钢可作冲击试验，冲击吸收能量值由供需双方协商确定。

6.4.4　钢管力学性能试验的试样可从钢管上制取，也可从用于制管的同一钢带上取样。

扩径管、减径管的力学性能试样应在扩径或减径后取样。

6.5　工艺性能

6.5.1　压扁试验

6.5.1.1　钢管应进行压扁试验。对于外径大于 400 mm 或管壁厚度不小于外径 15% 的钢管，压扁试样长度为不小于 63.5 mm。试验时焊缝与施力方向成 90°。当钢管外径压至 2/3D(Q345 为 3/4D)时，钢管的任何部位不应出现裂纹。

6.5.1.2　根据需方要求，经供需双方协商，并在合同中注明，压扁试验可继续进行以下第二步延性试验和第三步完好性试验：

a) 第二步延性试验，当两平行压板之间的距离小于钢管公称外径1/3，但不小于钢管壁厚的5倍时，钢管的内、外表面焊缝以外部位不允许出现裂缝和破裂。当外径与壁厚之比小于10时，试样6点(底)和12点(顶)位置处内表面的裂缝或裂口可不作为判定依据。

b) 第三步完好性试验，压扁继续进行直到试样破裂或相对的管壁互相接触，在整个压扁过程中，不允许出现分层、不良材料或焊缝不完整。

6.5.2 弯曲试验

外径不大于60 mm的钢管，可用弯曲试验代替压扁试验。弯曲试验时不允许带填充物，弯曲半径为钢管外径的6倍，弯曲角度为90°，焊缝位于弯曲方向的外侧面。试验后，焊缝处不得出现裂纹和裂口。

6.5.3 扩口试验

根据需方要求，经供需双方协商，并在合同中注明，钢管可进行扩口试验。扩口试验的顶心锥度为30°、45°或60°中的一种，试样外径的扩口率应为6%，试样不允许出现裂缝或裂口。

6.6 液压试验

6.6.1 带式输送机托辊用钢管应进行液压试验。液压试验时，外径不大于108 mm的钢管，其试验压力为7 MPa，大于108 mm的钢管其试验压力为5 MPa。在试验压力下，稳压时间应不少于5 s，钢管不允许出现渗漏现象。

6.6.2 根据需方要求，经供需双方协商，并在合同中注明，其他用途钢管可进行液压试验。液压试验时，外径不大于219.1 mm的钢管其试验压力为5 MPa，大于219.1 mm的钢管其试验压力为3 MPa。在试验压力下，稳压时间应不少于5 s，钢管不允许出现渗漏现象。

6.6.3 供方可用超声波探伤、涡流探伤或漏磁探伤代替液压试验。超声波探伤时，对比样管人工缺陷应符合GB/T 18256的规定；涡流探伤时，对比样管人工缺陷应符合GB/T 7735中验收等级A的规定；漏磁探伤时，对比样管人工缺陷应符合GB/T 12606中验收等级L4的规定。供需双方有争议时，以液压试验为准。

6.7 表面质量

6.7.1 钢管内外表面不允许有裂缝、结疤、折叠、分层、搭焊、过烧缺陷存在。允许有不大于壁厚负偏差的划道、刮伤、焊缝错位、烧伤、薄的氧化铁皮以及外毛刺打磨痕迹存在。

6.7.2 对外径大于114.3 mm的钢管，可进行缺陷的修补。修补前应将缺陷彻底清除，使其符合补焊要求。每根钢管缺陷修补应不多于3处，每处补焊长度范围为50 mm～150 mm，补焊长度总和应不大于300 mm。补焊焊缝应修磨，修磨后应与钢管表面原始轮廓圆滑过渡。在距管端200 mm内不允许补焊。

如规定有液压试验，修补后的钢管应按6.6的规定进行液压试验。

6.8 涂层

6.8.1 镀锌

6.8.1.1 根据需方要求，经供需双方协商，并在合同中注明，钢管可采用热浸镀锌法在钢管内、外表面进行镀锌后交货。

6.8.1.2 镀锌钢管的内外表面应有完整的镀锌层，不应有未镀上锌的黑斑和气泡存在，局部允许有粗糙面和锌瘤存在；

6.8.1.3 镀锌钢管应进行镀锌层均匀性试验(见附录A)。试样在硫酸铜溶液中连续浸渍5次后不允许变红(镀铜色)；

6.8.1.4 镀锌钢管应进行镀锌层厚度检验(见附录B)，镀锌层的厚度由需方按表9选择。

表 9 热镀锌层厚度

选 择	要 求	镀锌层厚度(e)
A	内、外表面(焊缝处除外)	≥75 μm
B	内、外表面(焊缝处除外)	≥55 μm
C	内、外表面(焊缝处除外)	≥45 μm

6.8.1.5 外径不大于 60.3 mm 的钢管镀锌后应进行弯曲试验。弯曲试验时不允许带填充物,弯曲半径为钢管外径的 8 倍,弯曲角度为 90°,焊缝位于弯曲方向的外侧面。试验后,试样上不允许出现裂缝和锌层剥落现象。

根据需方要求,经供需双方协商,并在合同中注明,外径大于 60.3 mm 的钢管镀锌后可用压扁试验代替弯曲试验。压扁试样长度为不小于 63.5 mm。试验时焊缝与施力方向成 90°。当钢管外径压至 3/4D 时,试样上不允许出现锌层剥落现象。

6.8.1.6 钢管镀锌前应进行尺寸、外形、表面、力学性能和工艺性能检验。

6.8.2 其他涂层

根据需方要求,经供需双方协商,并在合同中注明,可选择临时性涂层、特殊涂层,并对涂层材料、部位和技术要求进行确定。

7 试验方法

7.1 钢管的尺寸和外形应采用符合精度要求的量具逐根测量。钢管外径测量应距管端至少 50 mm。

7.2 钢管的内外表面应在充分照明条件下逐根目视检查。

7.3 每一批钢管检验项目的取样方法及试验方法应符合表 10 的规定。

表 10 钢管检验项目的取样数量、取样方法及试验方法

序号	检验项目	取样数量	取样方法	试验方法	技术要求条款
1	化学成分	每炉取 1 个试样	GB/T 20066	GB/T 223 GB/T 4336	6.1
2	拉伸试验	每批取 1 个试样	GB/T 2975	GB/T 228	6.4.1
3	焊缝拉伸试验	每批取 1 个试样	GB/T 2975	GB/T 228	6.4.3
4	压扁试验	每批在两根钢管上各取 1 个试样	GB/T 246	GB/T 246	6.5.1
5	弯曲试验	每批在两根钢管上各取 1 个试样	GB/T 244	GB/T 244	6.5.2
6	扩口试验	每批在两根钢管上各取 1 个试样	GB/T 242	GB/T 242	6.5.3
7	液压试验	逐根	—	GB/T 241	6.6
8	涡流探伤	逐根	—	GB/T 7735	6.6
9	超声波探伤	逐根	—	GB/T 18256	6.6
10	漏磁探伤	逐根	—	GB/T 12606	6.6
11	镀锌层均匀性试验	附录 A	附录 A	附录 A	6.8.1.3
12	镀锌层厚度测定	附录 B	附录 B	附录 B	6.8.1.4
13	镀锌层弯曲试验	每批在两根钢管上各取 1 个试样	GB/T 244	GB/T 244	6.8.1.5

8 检验规则

8.1 检查和验收

钢管的检查和验收由供方质量技术监督部门进行。

8.2 组批规则

钢管应按批检查和验收。每批钢管应由同一牌号、同一规格、同一精度等级、同一交货状态和同一热处理制度(适用于热处理交货状态)的钢管组成。同一炉号且外径不大于 114.3 mm 组批时,每批钢管的重量应不超过 50 t;外径大于 114.3 mm 或不同炉号组批时,每批钢管的长度应不超过如下规定:

a) $D \leqslant 114.3$ mm,4 500 m;

b) $D > 114.3$ mm～219.1 mm,2 500 m;

c) $D > 219.1$ mm,1 250 m。

8.3 取样数量

钢管检验的取样数量应符合表 10 的规定。

8.4 复验与判定规则

钢管的复验与判定规则应符合 GB/T 2102 的规定。

9 包装、标志和质量证明书

钢管的包装、标志和质量证明书应符合 GB/T 2102 的规定。

附　录　A
（规范性附录）
镀锌层均匀性试验　硫酸铜浸渍法

A.1　试样的准备

从检验的每批镀锌钢管中，任取 2 根均不小于 150 mm 长的管段作为本试验的试样。试样应去除表面油污，并用清洁软布擦干净。

A.2　试验溶液的配制

试验溶液采用 33 g 结晶硫酸铜（$CuSO_4 \cdot 5H_2O$）或约 36 g 工业硫酸铜溶解在 100 mL 的蒸馏水中制成。再加入过量的粉状氢氧化铜［$Cu(OH)_2$］或碱性碳酸铜［$CuCO_3$-$Cu(OH)_2$］并搅拌，以中和游离酸。然后静置 24 h 后再过滤澄清。制成试验溶液的密度在 15℃时为 1.170 g/cm^3。

加入氢氧化铜的量为每 10 L 溶液加入 10 g，从其在容器底部的沉淀来判定其过量与否。

如加入碱性碳酸铜（化学纯），则每 10 L 溶液中约为 12 g。如以粉状氧化铜（CuO）代替氢氧化铜时，则每 10 L 溶液中约为 8 g，但需静置 48 h 后过滤。

A.3　试验用容器

A.3.1　试验用容器的材料对硫酸铜应是惰性的。

A.3.2　容器的内部尺寸应使试样浸入溶液后与容器的任何一壁至少保持有 25 mm 的间隙。

A.4　试验操作方法

A.4.1　试样应以切割端向下，在硫酸铜溶液中连续浸渍 5 次。浸渍在溶液中的试样长度应不小于 100 mm。在试验过程中，试样及溶液温度应保持在 15℃～21℃，并不允许搅动。试样每次浸渍时间需持续 1 min，而后取出立即在流动的清水中清洗，并用软刷将黑色沉淀物全部刷净，再用软布擦干。

A.4.2　除最后一次浸渍外，试样应立即重新浸入溶液。

A.4.3　同一试验溶液经 20 次浸渍试样后应予以废弃，不能再用。

A.5　结果的判定

试样经过规定的连续 5 次浸渍，并经最后的清洗和擦干，不允许试样母材上呈现红色（镀铜色）。但在距试样末端 25 mm 以内及离溶液液面 10 mm 的部位有金属铜的红色沉积者除外。

如经上述试验在试样上呈现金属铜的红色沉积，其附着性可用下列方法判定：在盐酸溶液体积比（1∶10）中浸入 15 s 后立即在流动的清水中用力擦洗。如果其底面重现锌层，试样判为合格。

对金属铜红色沉积下的底面是否存在锌层有争议时，可将金属铜红色沉积刮除，于该处滴一至数滴稀盐酸，若有锌层存在，则有活泼氢气产生。此外，也可用锌的定性试验来判定，即用小片滤纸或吸液管把滴下来的酸液收集起来，用氢氧化铵中和，使其呈弱酸性；若在溶液中通入硫化氢，看其是否生成白色沉淀（硫化锌）来加以判定。

附 录 B
（规范性附录）
镀锌层的厚度测定 氯化锑法

B.1 试样的准备

从检验的每批镀锌钢管中任取1根钢管，在其两端各截取约100 mm的管段做为试样。试样表面不允许有粗糙面和锌瘤存在。用纯净的溶剂如苯、石油苯、三氯乙烯或四氯化碳洗净表面。再用乙醇淋洗，清水洗净，并在试样两端的端面上涂上清漆（苯酚），充分干燥。

B.2 试验溶液的配制

将三氯化锑（$SbCl_3$）32 g或三氯化二锑（Sb_2O_3）20 g溶于1 000 mL密度高于1.18 g/cm³ 的盐酸中配制成原液。试验溶液为原液与密度高于1.18 g/cm³ 的盐酸体积比为1∶20。

B.3 试验操作方法

B.3.1 用天平称量去除油污的试样重量，精确到0.01 g。

B.3.2 将称量后的试样浸入试验溶液中，每次浸入一个试样，液面须高于试样。在测量过程中溶液温度应不大于38℃。

B.3.3 当试样于溶液中氢的发生变得很少，镀锌层已经消失时，取出试样。在清水中冲洗并用棉花或净布擦干。待干燥后再用天平称重，精确到0.01 g。

B.3.4 试样的外径和内径尺寸，应在锌层被剥离后在试样的一端两个互相垂直的方向各测一次，取其平均值作为钢管的实际外径和内径，精确到0.01 mm。

B.3.5 试验溶液只要在能容易地去除锌层的情况下，可以重复使用。

B.4 试验结果的计算

试样的表面积用式（B.1）计算：

$$A = \pi(D + d)h \qquad \text{(B.1)}$$

式中：

A——试样的剥离锌层后的表面积，单位为平方米（m^2）；

π——圆周率，取3.141 6；

D——试样剥离锌层后的实际外径，单位为米（m）；

d——试样剥离锌层后的实际内径，单位为米（m）；

h——试样的长度，单位为米（m）。

试样二次称重后减少的重量用式（B.2）计算：

$$\Delta m = m_1 - m_2 \qquad \text{(B.2)}$$

式中：

Δm——二次称重后试样减少的重量，单位为克（g）；

m_1——试样在剥离锌层前的重量，单位为克（g）；

m_2——试样在剥离锌层后的重量，单位为克（g）。

镀锌层重量用式（B.3）计算：

$$m_A = \Delta m / A \qquad \text{(B.3)}$$

式中：

m_A——镀锌层的重量，单位为克每平方米(g/m^2)；

Δm——二次称重后试样减少的重量，单位为克(g)；

A——试样剥离锌层后的表面积，单位为平方米(m^2)。

镀锌钢管镀锌层厚度用式(B.4)计算(近似值)：

$$e = m_A/7 \qquad \text{(B.4)}$$

式中：

e——镀锌层厚度的近似值，单位为微米(μm)；

m_A——镀锌层的重量，单位为克每平方米(g/m^2)。

ICS 81.080
Q 40

中华人民共和国国家标准

GB/T 13794—2008
代替 GB/T 13794—1992,GB/T 16547—1996

标准测温锥

Pyrometric reference cones

(ISO 1146:1988,Pyrometric reference cones for laboratory use—Specification,MOD)

2008-06-26 发布 2009-04-01 实施

中华人民共和国国家质量监督检验检疫总局
中国国家标准化管理委员会 发布

前言

本标准修改采用国际标准 ISO 1146:1988《实验用标准测温锥》(英文版)。有关技术性差异已在标准所涉及的条款的页边空白处用垂直单线标识。主要修改内容如下:

——增加了工业窑炉用测温锥(大号锥)的内容;

——将“ISO”标记改为“CN”;

——删去了标准的资料性附录。

本标准代替 GB/T 13794—1992《实验室用标准测温锥》、GB/T 16547—1996《工业窑炉用测温锥》。

本标准对原标准作了下列修改:

——标题名称统一为“标准测温锥”;

——对原标准中的测温锥的示意图作了统一调整。

本标准由全国耐火材料标准化技术委员会提出并归口。

本标准起草单位:东华大学、浙江长兴宇清炉料制造有限公司。

本标准主要起草人:宁伟、沈玉君、吴俊杰、陈维迪。

本标准所代替标准的历次版本发布情况为:

——GB/T 13794—1992;

——GB/T 16547—1996。

标准测温锥

1 范围

本标准规定了测温锥的定义、尺寸形状、标准温度、升温速率、弯倒温度校验和标记。

本标准适用于实验室用标准测温锥系列(小号锥,温度范围为1 500 ℃~1 800 ℃)和工业窑炉用测温锥系列(大号锥,温度范围为1 220 ℃~1 580 ℃),分别用于按规定程序测定与测温锥相当的耐火材料的耐火度和用于显示与控制工业窑炉的加热效果。

2 规范性引用文件

下列文件中的条款通过本标准的引用而成为本标准的条款。凡是注日期的引用文件,其随后所有的修改单(不包括勘误的内容)或修订版均不适用于本标准,然而,鼓励根据本标准达成协议的各方研究是否可使用这些文件的最新版本。凡是不注日期的引用文件,其最新版本适用于本标准。

GB/T 7322—2007 耐火材料 耐火度试验方法(ISO 528:1983,MOD)

3 术语和定义

下列术语和定义适用于本标准。

3.1

标准测温锥 pyrometric reference cone

具有规定的形状、尺寸和一定组成的截头三角锥。当其按规定条件安装和加热时,能按已知方式在规定的温度弯倒。

3.2

标准温度 reference temperature

弯倒温度 temperature of collapse

当安插在锥台的测温锥,在规定的条件下,按规定的升温速率加热时,其锥尖弯倒至锥台面时的温度。

4 锥的尺寸形状

4.1 锥的尺寸形状如图1所示。

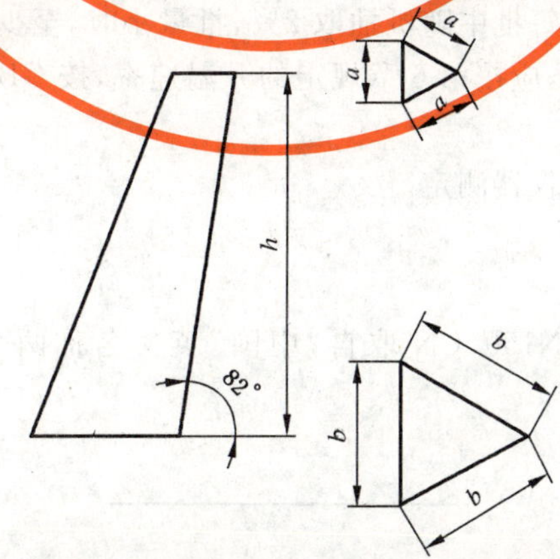

小号锥 h=30 mm b=8.5 mm

大号锥 h=60 mm b=17.5 mm a=7.0 mm

图 1

4.2 测温锥应沿一条棱(导向棱)的方向倾倒,见图1。当安插锥子时,导向棱与垂线的夹角应为8°±1°。

5 标准温度

5.1 规定的锥号及对应的标准温度见表1。

表 1

标记 CN	标准温度/℃		标记 CN	标准温度/℃	
	小号锥	大号锥		小号锥	大号锥
122	—	1 220	152	1 520	1 520
124	—	1 240	154	1 540	1 540
126	—	1 260	156	1 560	1 560
128	—	1 280	158	1 580	1 580
130	—	1 300	160	1 600	—
132	—	1 320	162	1 620	—
134	—	1 340	164	1 640	—
136	—	1 360	166	1 660	—
138	—	1 380	168	1 680	—
140	—	1 400	170	1 700	—
142	—	1 420	172	1 720	—
144	—	1 440	174	1 740	—
146	—	1 460	176	1 760	—
148	—	1 480	178	1 780	—
150	1 500	1 500	180	1 800	—

5.2 任一个测温锥的弯倒温度与其对应锥号的标准温度之间的允许误差为:

小号锥为±5 K;大号锥为±6 K。

6 升温速率

6.1 小号锥每支测温锥都应以2.5 ℃/min升温速率加热至它的弯倒温度。

6.2 大号锥每支测温锥在室温至低于其标准温度200 ℃的范围内,应按8 ℃/min~10 ℃/min升温速率加热,然后按2.5 ℃/min的升温速率继续加热至它的弯倒温度。

7 弯倒温度校验

7.1 提供校验的样品数量必须从每批中随机抽取2%,批量小时,至少取12支样品锥。

7.2 任何一批相同锥号的测温锥,应按第6章规定的升温速率,按GB/T 7322—2007的规定程序进行校验。

7.3 测温锥弯倒温度由经校验的仪器测定。

8 标记

每支测温锥都应标记。如:CN150,CN取自“中国”英文名称两个音节的第一个字母,数字表示锥号。

ICS 21.060.10
J 13

中华人民共和国国家标准

GB/T 13807.1—2008
代替 GB/T 13807.1—1992

腰状杆螺柱连接副 型式分类

Connections with waisted stud—Tape classification

(DIN 2510-1:1974,MOD)

2008-08-25 发布 2009-02-01 实施

中华人民共和国国家质量监督检验检疫总局
中国国家标准化管理委员会 发布

前　言

本部分是 GB/T 13807《腰状杆螺柱连接副》产品系列标准之一。该系列包括：

——GB/T 13807.1—2008　腰状杆螺柱连接副　型式分类；

——GB/T 13807.2—2008　腰状杆螺柱连接副　螺柱；

——GB/T 13807.3—2008　腰状杆螺柱连接副　螺母、受力套管。

本部分是 GB/T 13807 的第 1 部分。

本部分修改采用 DIN 2510-1:1974《腰状杆螺柱连接副　概要、应用范围和装配示例》(德文版)，主要修改如下：

——在引用文件中，用我国标准代替 DIN 标准(第 2 章)。

本部分代替 GB/T 13807.1—1992《腰状杆螺柱连接副　型式分类》。

本部分由中国机械工业联合会提出。

本部分由全国紧固件标准化技术委员会(SAC/TC 85)归口。

本部分负责起草单位：中机生产力促进中心。

本部分参加起草单位：浙江高强度紧固件厂、山东美陵化工设备股份有限公司、宁波中斌紧固件制造有限公司和浙江泽恩标准件有限公司。

本部分由全国紧固件标准化技术委员会秘书处负责解释。

本部分所代替标准的历次版本发布情况为：

——GB/T 13807.1—1992。

腰状杆螺柱连接副
型式分类

1 范围

本部分规定了腰状杆螺柱连接副的型式分类。

本部分适用于既能承受高温、交变载荷，又要在相当大的程度上保持预紧力和耐疲劳强度的工况条件下使用的紧固件。

2 规范性引用文件

下列文件中的条款通过本部分的引用而成为本部分的条款。凡是注日期的引用文件，其随后所有的修改单(不包括勘误的内容)或修订版均不适用于本部分，然而，鼓励根据本部分达成协议的各方研究是否可使用这些文件的最新版本。凡是不注日期的引用文件，其最新版本适用于本部分。

GB/T 3103.4 紧固件公差 耐热用螺纹连接副

GB/T 5277 紧固件 螺栓和螺钉通孔(GB/T 5277—1985，eqv ISO 273：1979)

3 型式分类

3.1 等长双头螺柱

3.1.1 配六角螺母的型式尺寸见表1和表2。

表1

序号	图示	型式代号			说明
		螺柱	受力套管	六角螺母	
1	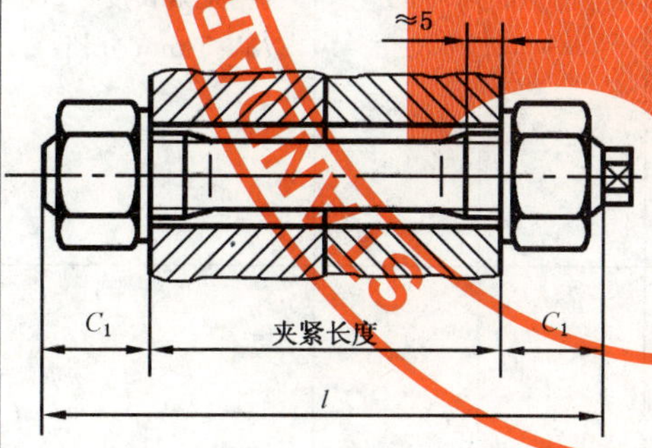 ≈5 C_1 夹紧长度 C_1 l	L	—	G	螺柱-通孔定位 l=夹紧长度+$2C_1$ l以1 mm分档
2	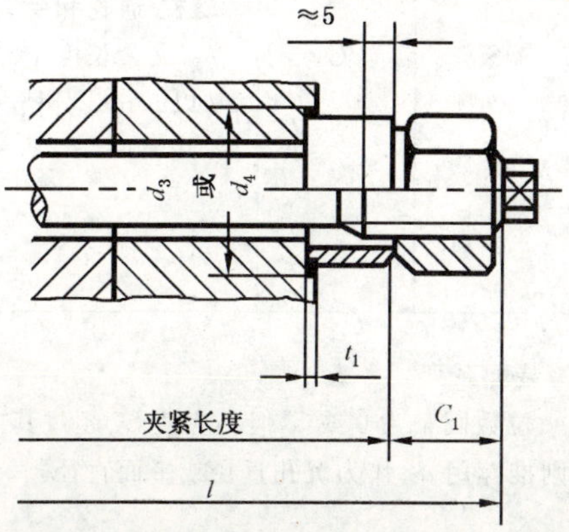 ≈5 d_3 或 d_4 t_1 夹紧长度 C_1 l	L	S	G	螺柱-通孔和受力套管定位 l=夹紧长度+$2C_1$ l以1 mm分档

表 1（续）

序号	图示	型式代号			说明
		螺柱	受力套管	六角螺母	
3	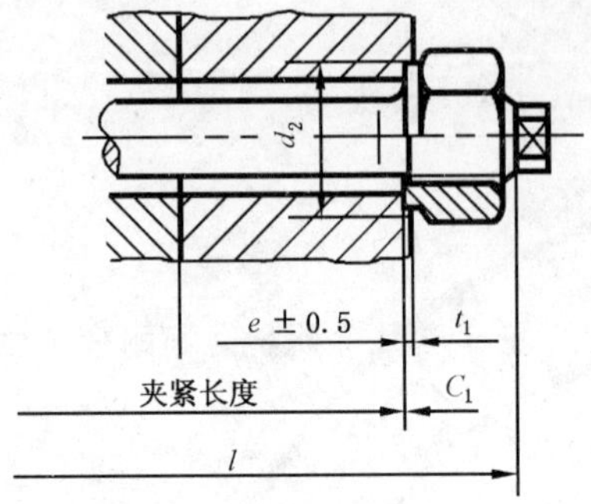 d_2；$e\pm0.5$；t_1；夹紧长度；C_1；l	S	—	G	六角螺母定位 l=夹紧长度$+2C_1$ l 以 1 mm 分档
4	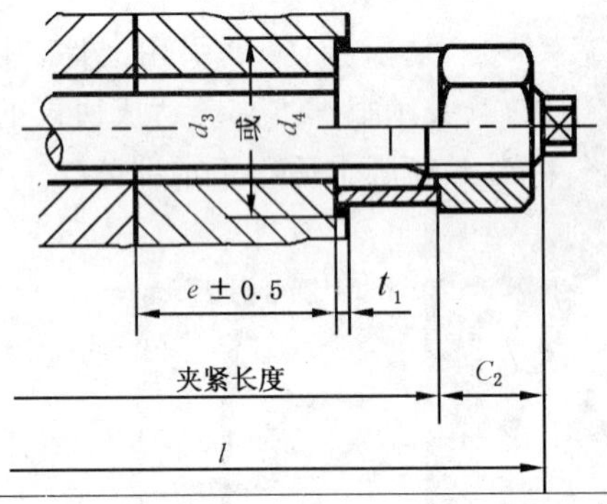 d_3 或 d_4；$e\pm0.5$；t_1；夹紧长度；C_2；l	S	N	P	六角螺母和受力套筒定位 l=夹紧长度$+2C_2$ l 以 1 mm 分档
5	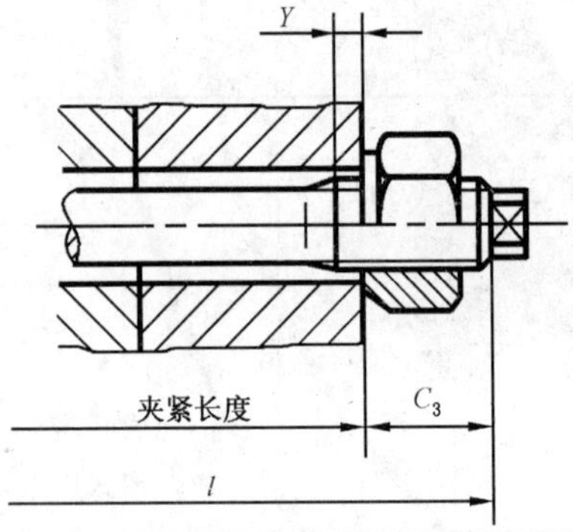 Y；夹紧长度；C_3；l	A	—	G	螺柱-通孔定位 l=夹紧长度$+2C_3$ l 以 5 mm 分档
6	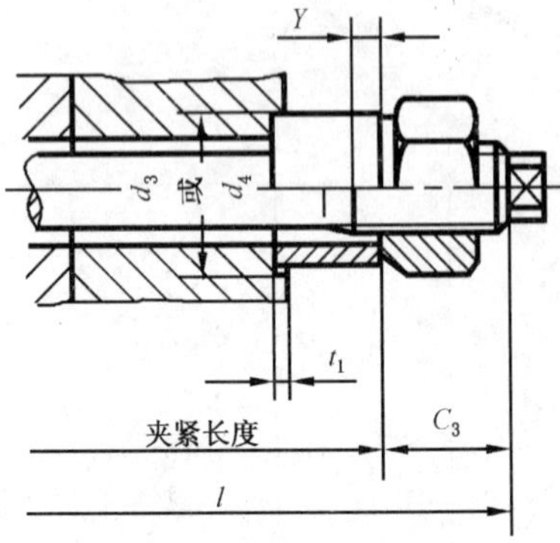 Y；d_3 或 d_4；t_1；夹紧长度；C_3；l	A	S	G	螺柱-通孔和受力套管定位 l=夹紧长度$+2C_3$ l 以 5 mm 分档

注 1：序号 1～序号 6 中的通孔，均按 GB/T 5277 规定的中等装配系列。

注 2：对序号 5 和序号 6 推荐将计算出的公称长度 l 的最后一位数圆整为 0 或 5，但不应使 C_3 超过其"max"值。

注 3：对序号 1 和序号 5，如果规定了法兰锪沉孔或锪平面，则推荐用 d_2 作为沉孔直径或平面直径。

表 2

单位为毫米

螺纹规格 d	C_1	C_2	C_3		d_2	d_3	d_4	l_t/d			t_1
								序号			
			min	max				1、2	3、4	5、6	
M12	14	12	16	18	23	23	23	0.88	0.84	0.92	1.5
M16	18	16	20	22	28	28	28	0.90	0.87	0.93	1.5
M20	22.5	20.5	24	26	33	33	33	0.92	0.89	0.93	1.5
M24	27	24	29	31	37	37	37	0.91	0.88	0.93	2
M27	30	27	32	34	43	43	43	0.92	0.89	0.94	2
M30	33.5	30.5	36	38	48	47	48	0.93	0.90	0.94	2
M33	36.5	33.5	39	41	53	52	53	0.94	0.91	0.94	2
M36	40	37	43	45	57	56	57	0.94	0.91	0.94	2
M39	43	40	46	48	63	61	63	0.94	0.92	0.94	2
M42	46.5	43.5	49	51	69	66	69	0.94	0.92	0.94	2
M45	49.5	46.5	52	54	73	71	73	0.95	0.92	0.95	2
M48	53	49	56	58	78	76	78	0.95	0.92	0.95	3
M52	57	53	60	62	84	81	84	0.95	0.93	0.95	3
M56	61.5	57.5	64	66	92	86	92	0.95	0.93	0.95	3
M64	70	66	73	75	100	96	100	0.95	0.94	0.95	3
M72×6	78	74	81	83	112	107	112	0.95	0.94	0.95	3
M80×6	86	82	89	91	120	117	122	0.96	0.95	0.96	3
M90×6	96	92	99	101	134	132	136	0.96	0.95	0.96	3
M100×6	106	101	109	111	150	148	153	0.97	0.96	0.97	4
M110×6	116	111	119	121	160	162	167	0.97	0.96	0.97	4
(M120×6)	126	121	129	131	175	178	183	0.97	0.96	0.97	4
M125×6	133	128	—	—	186	186	191	—	0.96	—	4
M140×6	148	143	—	—	206	206	211	—	0.97	—	4
(M150×6)	158	153	—	—	216	222	228	—	0.97	—	4
M160×6	168	163	—	—	226	240	246	—	0.97	—	4
(M170×6)	178	173	—	—	236	252	258	—	0.97	—	4
M180×6	188	183	—	—	261	272	278	—	0.97	—	4

注 1：尽可能不采用括号内的规格。

注 2：尺寸 C_3 考虑了如下因素：

——A 型螺柱用于定位的螺纹长度 Y($d \leqslant$M24,$Y=3$ mm;$d=$M27～M56,$Y=5$ mm;$d>$M56,$Y=6$ mm)；

——腰状杆的长度≤5 d 时，最大的永久伸长量为 1%；

——螺柱和螺母按 GB/T 3103.4 TB 级的公差，法兰按经机加工的标准公差。

注 3：承载螺纹长度 l_t(在中径处测量)与螺纹直径 d 的比值：如果螺柱和螺母的材料抗拉强度有很大差异时，除了螺母的壁厚以外，该参数确定了螺柱连接副的耐用性。

注 4：选用沉孔直径 d_3 可保证螺母或受力套管与通孔(GB/T 5277 中等装配系列)之间尽可能处于同轴位置，选用沉孔直径 d_4 则可充分利用螺纹直径与通孔(GB/T 5277 中等装配系列)之间的间隙。

3.1.2　配罩螺母的型式尺寸见表 3 和表 4。

表 3

序号	图　　示	型式代号			说　　明
		螺柱	受力套管	六角螺母	
1	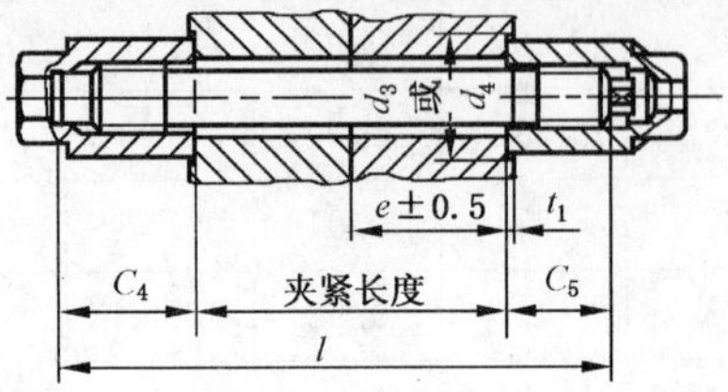 d_3 或 d_4；$e\pm0.5$；t_1；C_4；夹紧长度；C_5；l	SD	—	CG	罩螺母定位 l=夹紧长度$+C_4+C_5$ l 以 1 mm 分档
2	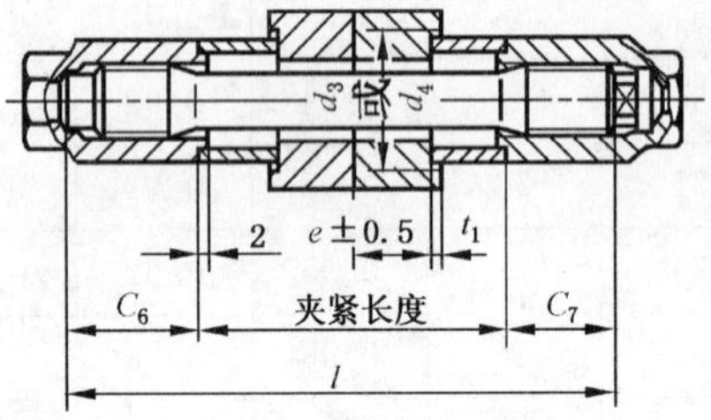 d_3 或 d_4；2；$e\pm0.5$；t_1；C_6；夹紧长度；C_7；l	SD	N	CP	罩螺母和受力套管定位 l=夹紧长度$+C_6+C_7$ l 以 1 mm 分档
3	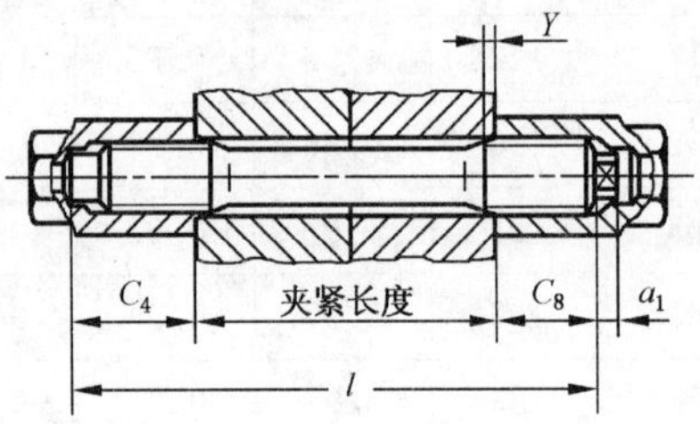 Y；C_4；夹紧长度；C_8；a_1；l	AD	—	CG	螺柱定位 l=夹紧长度$+C_4+C_8$ l 以 5 mm 分档
4	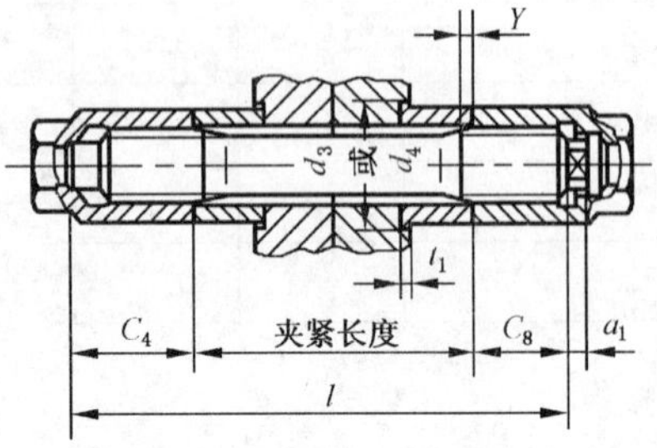 Y；d_3 或 d_4；t_1；C_4；夹紧长度；C_8；a_1；l	AD	S	CG	螺柱和受力套管定位 l=夹紧长度$+C_4+C_8$ l 以 5 mm 分档

注 1：对序号 3 和序号 4 推荐将计算出的公称长度 l 的最后一位数圆整为 0 或 5，但不应使 C_8 超过其“max”值。如果 $a_{1\min}$ 略小于表 4 中给出的尺寸是允许的，那么 $C_{8\max}$ 就要相应增大。

注 2：定位端必须支承到螺母的底部，这样才能保证承载螺纹长度与螺纹直径的比率 l_t/d 不低于表 4 中给出的数值。

注 3：对序号 3，如果规定了法兰锪沉孔或锪平面，则推荐用 d_4 作为沉孔直径或平面直径。

表 4

单位为毫米

螺纹规格 d	a_1 min	C_4	C_5	C_6	C_7	C_8		d_3	d_4	l_t/d 序号		t_1
						min	max			1、2	3、4	
M12	1.2	30	18	28	16	17	21	23	23	0.96	0.9	1.5
M16	1.3	35	21	33	19	21	25	28	28	0.87	0.9	1.5
M20	1.6	41	25	39	23	25	29	33	33	0.88	0.9	1.5
M24	1.6	46	29	44	27	30	34	37	37	0.85	0.9	2
(M27)	2.1	51	32	49	30	33	37	43	43	0.86	0.9	2
M30	3.9	56	36	54	34	36	40	47	48	0.9	0.9	2
(M33)	2.8	61	39	59	37	39	43	52	53	0.9	0.9	2
M36	3.8	65	42	63	40	43	47	56	57	0.9	0.9	2
M39	3.3	67	45	65	43	45	49	61	63	0.9	0.9	2
M42	4.6	72	48	70	46	49	53	66	69	0.91	0.9	2
(M45)	3.5	75	51	73	49	51	55	71	73	0.9	0.9	2
M48	7.2	82	56	80	54	55	59	76	78	0.91	0.9	3
(M52)	5.2	86	59	84	57	59	63	81	84	0.92	0.9	3
M56	5.9	91	64	89	62	63	67	86	92	0.91	0.9	3
M64	6.7	100	72	98	70	71	75	96	100	0.93	0.9	3
M72×6	4.7	108	80	106	78	78	82	107	112	0.93	0.9	3
M80×6	6.2	115	87	113	85	85	89	117	122	0.93	0.9	3
M90×6	9.1	124	97	122	95	94	98	132	136	0.92	0.9	3
M100×6	8.6	133	106	131	104	103	107	148	153	0.92	0.9	4
M110×6	8	142	115	140	113	112	116	162	167	0.93	0.9	4
(M120×6)	7.5	153	124	151	122	121	125	178	183	0.93	0.9	4

注 1：尽可能不采用括号内的规格。

注 2：尺寸 C_8 和 $a_{1\min}$ 考虑了如下因素：

——用于螺柱定位的螺纹长度 Y($d \leqslant$ M24，$Y=3$ mm；$d=$ M27～M56，$Y=5$ mm；$d>$ M56，$Y=6$ mm)；

——腰状杆的长度$\leqslant 5d$ 时，最大的永久伸长量为 1%；

——螺柱按 GB/T 3103.4 TA 级的公差，螺母按 GB/T 3103.4 TB 级的公差，法兰按经机加工的标准公差。

注 3：序号 3 和序号 4 的 $a_{1\min}$ 等于最小剩余间隙，序号 1 和序号 2 的最小剩余间隙较大。

注 4：承载螺纹长度 l_t(在中径处测量)与螺纹直径 d 的比值：如果螺柱和螺母的材料抗拉强度有很大差异时，除了螺母的壁厚以外，该参数确定了螺柱连接副的耐用性。

注 5：选用沉孔直径 d_3 可保证螺母或受力套管与通孔(GB/T 5277 中等装配系列)之间尽可能处于同轴位置，选用沉孔直径 d_4 则可充分利用螺纹直径与通孔(GB/T 5277 中等装配系列)之间的间隙。

3.2 双头螺柱

3.2.1 配六角螺母端的型式尺寸见表 5 和表 6。

表 5

序号	图示	型式代号			说明
		螺柱	受力套管	六角螺母	
1	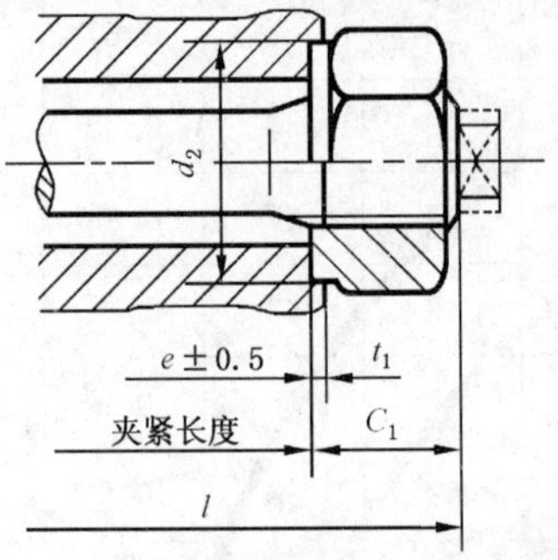	FS、CS、FSW 或 CSW	—	G	l=夹紧长度+C_1+t_2 或 l=夹紧长度+C_1+t_3 l 以 1 mm 分档
2	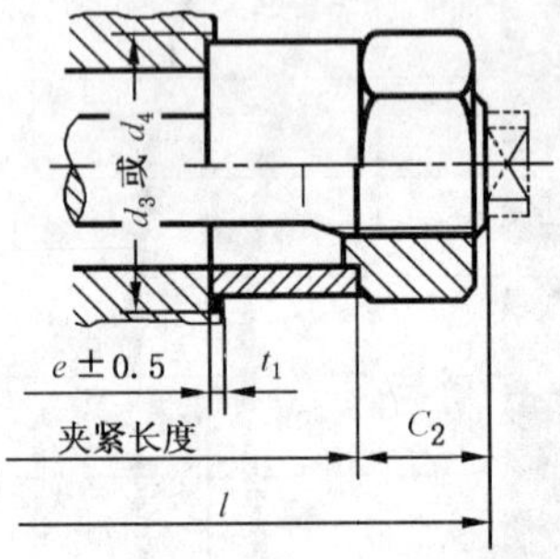	FS、CS、FSW 或 CSW	N	P	l=夹紧长度+C_2+t_2 或 l=夹紧长度+C_2+t_3 l 以 1 mm 分档
3	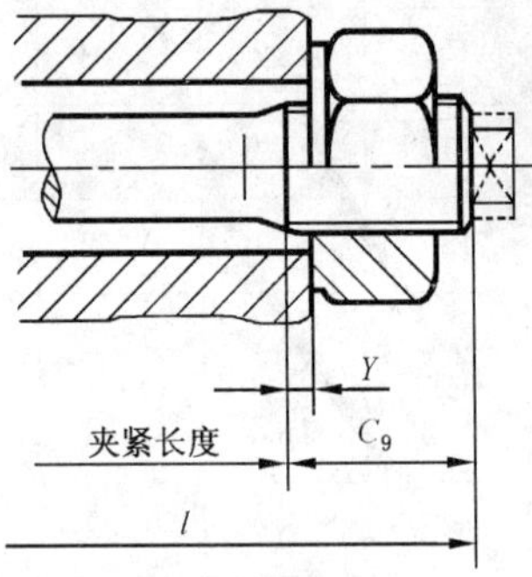	FL、CL、FLW 或 CLW	—	G	l=夹紧长度+C_9+t_2 或 l=夹紧长度+C_9+t_3 l 以 5 mm 分档
4	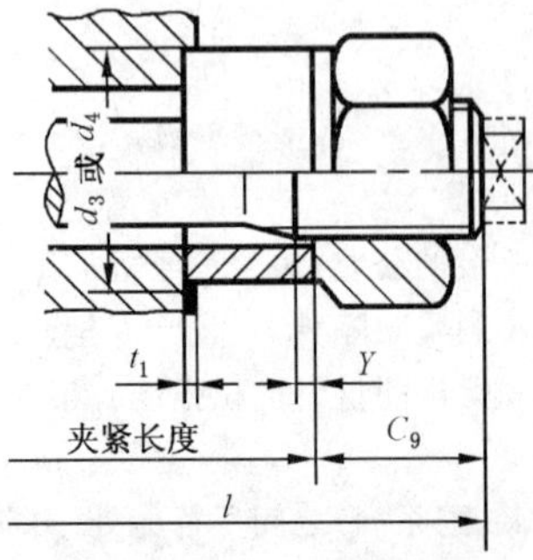	FL、CL、FLW 或 CLW	S	G	l=夹紧长度+C_9+t_2 或 l=夹紧长度+C_9+t_3 l 以 5 mm 分档

注：对序号 3 和序号 4 推荐将计算出的公称长度 l 的最后一位数圆整为 0 或 5，但不应使 C_9 超过其“max”值。

表 6

单位为毫米

螺纹规格 d	C_1	C_2	C_9		d_2	d_3	d_4	l_t/d		t_1
								序号		
			min	max				1、2	3、4	
M12	14	12	15	19	23	23	23	0.9	0.92	1.5
M16	18	16	19	23	28	28	28	0.86	0.93	1.5
M20	22.5	20.5	24	28	33	33	33	0.87	0.93	1.5
M24	27	24	29	33	37	37	37	0.9	0.93	2
(M27)	30	27	32	36	43	43	43	0.9	0.94	2
M30	33.5	30.5	35	39	48	47	48	0.91	0.94	2
(M33)	36.5	33.5	39	43	53	52	53	0.9	0.94	2
M36	40	37	42	46	57	56	57	0.9	0.94	2
M39	43	40	45	49	63	61	63	0.9	0.94	2
M42	46.5	43.5	49	53	69	66	69	0.9	0.94	2
(M45)	49.5	46.5	52	56	73	71	73	0.9	0.94	2
M48	53	49	55	59	78	76	78	0.9	0.95	3
(M52)	57	53	59	63	84	81	87	0.91	0.95	3
M56	61.5	57.5	64	68	92	86	92	0.91	0.95	3
M64	70	66	73	77	100	96	100	0.91	0.95	3
M72×6	78	74	81	85	112	107	112	0.91	0.95	3
M80×6	86	82	89	93	120	117	122	0.91	0.96	3
M90×6	96	92	99	103	134	132	136	0.92	0.96	3
M100×6	106	101	109	113	150	148	153	0.92	0.97	4
M110×6	116	111	119	123	160	162	167	0.92	0.97	4
(M120×6)	126	121	129	134	175	178	183	0.92	0.97	4

注 1：尽可能不采用括号内的规格。

注 2：尺寸 C_9 考虑了如下因素：

——旋入螺母端为 L 型和 LW 型的螺柱用于定位的螺纹长度 Y（$d \leqslant$M24，$Y=3$ mm；$d=$M27～M56，$Y=5$ mm；$d>$M56，$Y=6$ mm）；

——腰状杆的长度≤5d 时，最大的永久伸长量为 1%；

——螺柱按 GB/T 3103.4 TA 级的公差，螺母按 GB/T 3103.4 TB 级的公差，法兰按经机加工的标准公差。

注 3：承载螺纹长度 l_t（在中径处测量）与螺纹直径 d 的比值：如果螺柱和螺母的材料抗拉强度有很大差异时，除了螺母的壁厚以外，该参数确定了螺柱连接副的耐用性。

注 4：选用沉孔直径 d_3 可保证螺母或受力套管与通孔（GB/T 5277 中等装配系列）之间尽可能处于同轴位置，选用沉孔直径 d_4 则可充分利用螺纹直径与通孔（GB/T 5277 中等装配系列）之间的间隙。

3.2.2 配罩螺母端的型式尺寸见表 7 和表 8。

表 7

序号	图示	型式代号			说明
		螺柱	受力套管	六角螺母	
1	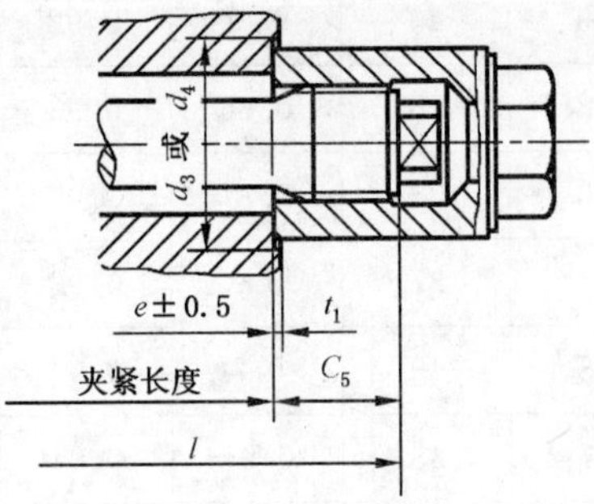	FS、CS、FSW 或 CSW	—	CG	l=夹紧长度$+C_5+t_2$ 或 l=夹紧长度$+C_5+t_3$ l 以 1 mm 分档
2	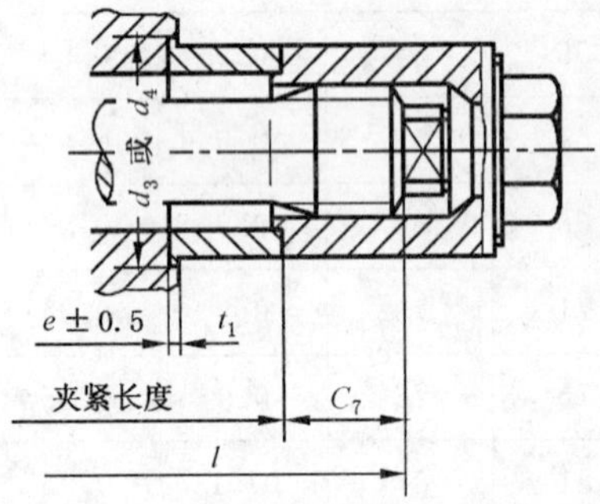	FS、CS、FSW 或 CSW	N	CP	l=夹紧长度$+C_7+t_2$ 或 l=夹紧长度$+C_7+t_3$ l 以 1 mm 分档
3	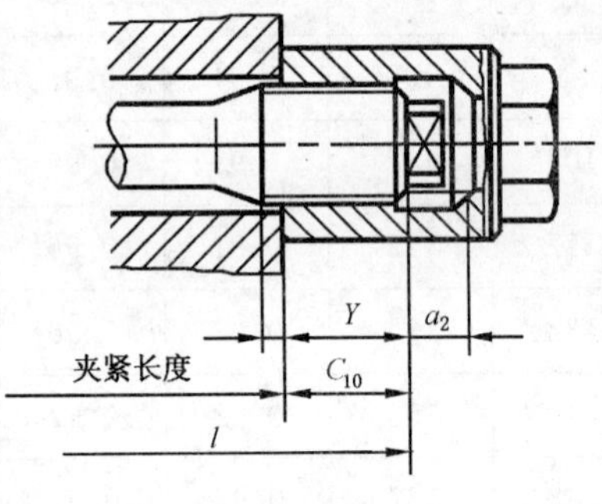	FL、CL、FLW 或 CLW	—	CG	l=夹紧长度$+C_{10}+t_2$ 或 l=夹紧长度$+C_{10}+t_3$ l 以 5 mm 分档
4	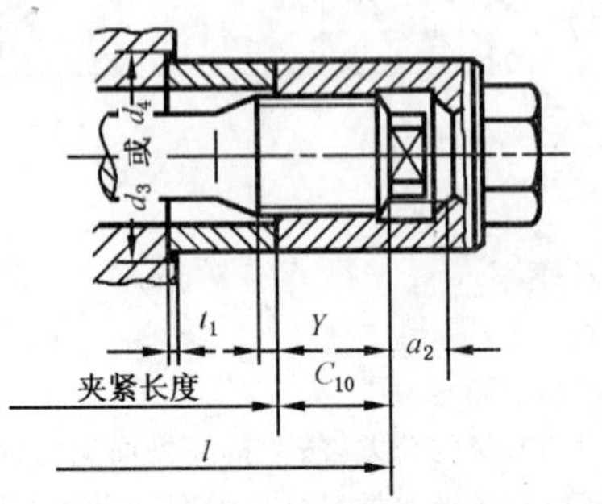	FL、CL、FLW 或 CLW	S	CG	l=夹紧长度$+C_{10}+t_2$ 或 l=夹紧长度$+C_{10}+t_3$ l 以 5 mm 分档

注 1：对序号 3，如果规定了法兰锪沉孔或锪平面，则推荐用 d_4 作为沉孔直径或平面直径。

注 2：对序号 3 和序号 4，推荐将计算出的公称长度 l 的最后一位数圆整为 0 或 5。如果 a_2 略小于表 8 中给出的尺寸是允许的，那么 C_{10} 就要相应增大。

表 8

单位为毫米

螺纹规格 d	a_2 min	C_5	C_7	C_{10}		d_3	d_4	l_t/d		t_1
								序号		
				min	max			1、2	3、4	
M12	6.1	18	16	14	18	23	23	0.96	0.9	1.5
M16	6.2	21	19	18	22	28	28	0.87	0.9	1.5
M20	6.5	25	23	22	26	33	33	0.88	0.9	1.5
M24	7.5	29	27	27	31	37	37	0.85	0.9	2
(M27)	7.8	32	30	30	34	43	43	0.96	0.9	2
M30	9.6	36	34	33	37	47	48	0.9	0.9	2
(M33)	8.6	39	37	36	40	52	53	0.9	0.9	2
M36	10.5	42	40	39	43	56	57	0.9	0.9	2
M39	9	45	43	42	46	61	63	0.9	0.9	2
M42	11.4	48	46	45	49	66	69	0.91	0.9	2
(M45)	9.3	51	49	48	52	71	73	0.9	0.9	2
M48	14	56	54	51	55	76	78	0.91	0.9	3
(M52)	11.9	59	57	55	59	81	84	0.92	0.9	3
M56	12.7	64	62	59	63	86	92	0.91	0.9	3
M64	13.2	72	70	67	71	96	100	0.93	0.9	3
M72×6	10.2	80	78	75	79	107	112	0.93	0.9	3
M80×6	11.7	87	85	82	86	117	122	0.93	0.9	3
M90×6	14.6	97	95	91	95	132	136	0.92	0.9	3
M100×6	14.1	106	104	100	104	148	153	0.92	0.9	4
M110×6	13.5	115	113	109	113	162	167	0.93	0.9	4
(M120×6)	13	124	122	118	122	178	183	0.93	0.9	4

注1：尽可能不采用括号内的规格。

注2：尺寸 C_{10} 和 $a_{2\min}$ 考虑了如下因素：

——旋入螺母端为 L 型和 LW 型的螺柱用于定位的螺纹长度 Y（$d \leqslant$ M24，$Y=3$ mm；$d=$ M27～M56，$Y=5$ mm；$d>$ M56，$Y=6$ mm）；

——腰状杆的长度≤5d 时，最大的永久伸长量为 1%；

——螺柱按 GB/T 3103.4 TA 级的公差，螺母按 GB/T 3103.4 TB 级的公差，法兰按经机加工的标准公差。

注3：序号 3 和序号 4 的 $a_{2\min}$ 等于最小剩余间隙，序号 1 和序号 2 的最小剩余间隙部分地大于 $a_{2\min}$。

注4：承载螺纹长度 l_t（在中径处测量）与螺纹直径 d 的比值：如果螺柱和螺母的材料抗拉强度有很大差异时，除了螺母的壁厚以外，该参数确定了螺柱连接副的耐用性。

注5：选用沉孔直径 d_3 可保证螺母或受力套管与通孔（GB/T 5277 中等装配系列）之间尽可能处于同轴位置，选用沉孔直径 d_4 则可充分利用螺纹直径与通孔（GB/T 5277 中等装配系列）之间的间隙。

3.2.3 拧入机体端的型式尺寸见图 1 和表 9。

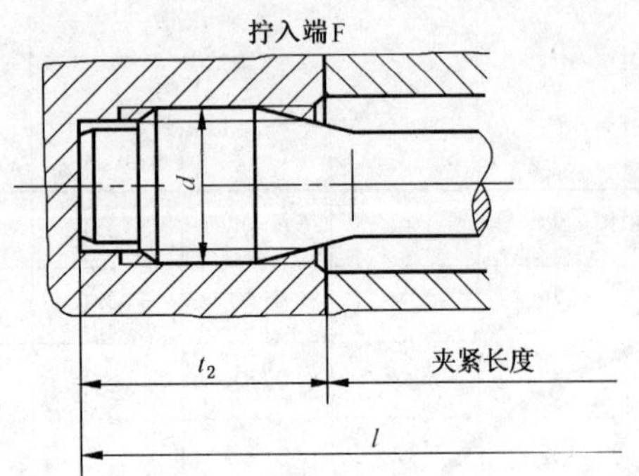

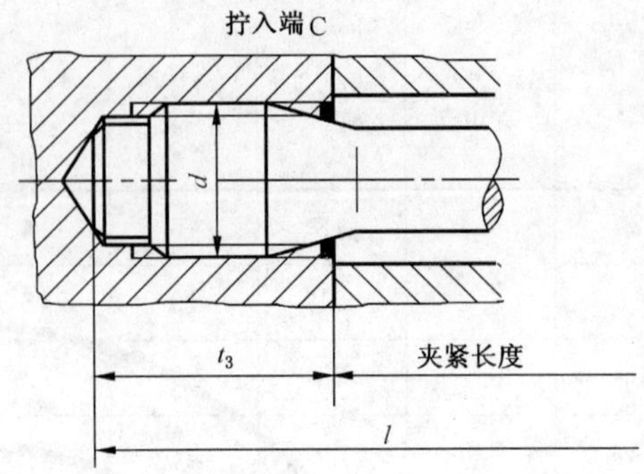

图 1

表 9

单位为毫米

螺纹规格 d	M12	M16	M20	M24	(M27)	M30	(M33)	M36	(M39)	M42	(M45)
t_2	21	25.5	32.5	38.5	41	46.5	49	54.5	57	62.5	65
t_3	23	28	35	41	44	50	53	59	61	67	70

螺纹规格 d	M48	(M52)	M56	M64	M72×6	M80×6	M90×6	M100×6	M110×6	(M120×6)
t_2	70	74	80	90	97	104	113	122	131	140
t_3	76	80	86	93	100	108	117	127	136	145

ICS 21.060.10
J 13

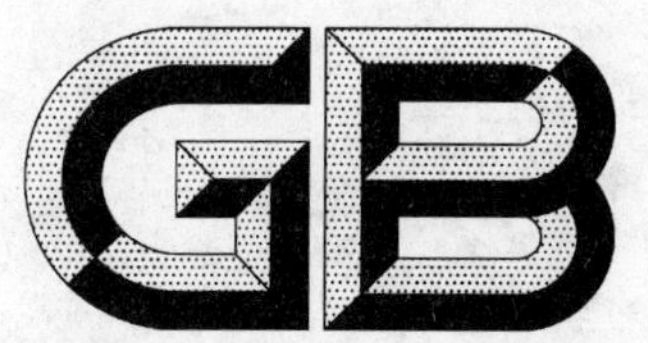

中华人民共和国国家标准

GB/T 13807.2—2008
代替 GB/T 13807.2—1992

腰状杆螺柱连接副 螺 柱

Connections with waisted stud—Studs

(DIN 2510-3/4/8:1971,MOD)

2008-08-25 发布 2009-02-01 实施

中华人民共和国国家质量监督检验检疫总局
中国国家标准化管理委员会 发布

前　言

本部分是GB/T 13807《腰状杆螺柱连接副》产品系列标准之一。该系列包括：

——GB/T 13807.1—2008　腰状杆螺柱连接副　型式分类；

——GB/T 13807.2—2008　腰状杆螺柱连接副　螺柱；

——GB/T 13807.3—2008　腰状杆螺柱连接副　螺母、受力套管。

本部分是GB/T 13807的第2部分。

本部分修改采用DIN 2510-3:1971《腰状杆螺柱连接副　螺柱》、DIN 2510-4:1971《腰状杆螺柱连接副　种入螺柱》和DIN 2510-8:1971《腰状杆螺柱连接副　适用于种入螺柱的旋入孔》(德文版)，主要修改如下：

——在引用文件中，用我国标准代替DIN标准(第2章)；

——DIN 2510未规定包装技术要求，本标准予以规定(见表3)；

——DIN 2510未规定简化标记，本标准按GB/T 1237给出简化的标记(见5.2)。

本部分代替GB/T 13807.2—1992《腰状杆螺柱连接副　螺柱》。

本部分的附录A是资料性附录。

本部分由中国机械工业联合会提出。

本部分由全国紧固件标准化技术委员会(SAC/TC 85)归口。

本部分负责起草单位：中机生产力促进中心。

本部分参加起草单位：浙江高强度紧固件厂、北京标准件工业集团公司、宁波中斌紧固件制造有限公司和山东美陵化工设备股份有限公司。

本部分由全国紧固件标准化技术委员会秘书处负责解释。

本部分所代替标准的历次版本发布情况为：

——GB/T 13807.2—1992。

腰状杆螺柱连接副
螺　柱

1　范围

本部分规定了螺纹规格为 M12～M180×6 的腰状杆等长双头螺柱；M12～M120×6 的腰状杆双头螺柱。

本部分适用于既能承受高温、交变载荷，又要在相当大的程度上保持预紧力和耐疲劳强度的工况条件下使用的紧固件。

2　规范性引用文件

下列文件中的条款通过本部分的引用而成为本部分的条款。凡是注日期的引用文件，其随后所有的修改单(不包括勘误的内容)或修订版均不适用于本部分，然而，鼓励根据本部分达成协议的各方研究是否可使用这些文件的最新版本。凡是不注日期的引用文件，其最新版本适用于本部分。

GB/T 3　外螺纹收尾、肩距、退刀槽、倒角(GB/T 3—1997,eqv ISO 3508:1976 和 ISO 4755:1983)

GB/T 90.1　紧固件　验收检查(GB/T 90.1—2002,ISO 3269:2000,IDT)

GB/T 90.2　紧固件　标志与包装

GB/T 145　中心孔

GB/T 196　普通螺纹　基本尺寸(GB/T 196—2003,ISO 724:1993,ISO general purpose metric screw threads—Basic dimensions,MOD)

GB/T 197　普通螺纹　公差(GB/T 197—2003,ISO 965-1:1998,ISO general purpose metric screw threads—Tolerances—Part 1:Principles and basic data,MOD)

GB/T 1237　紧固件标记方法(GB/T 1237—2000,eqv ISO 8991:1986)

GB/T 3098.8　紧固件机械性能　耐热用螺纹连接副

GB/T 3103.4　紧固件公差　耐热用螺纹连接副

GB/T 13807.1　腰状杆螺柱连接副　型式分类(GB/T 13807.1—2008,DIN 2510-1:1974,MOD)

3　尺寸

3.1　等长双头螺柱的型式尺寸

等长双头螺柱的型式尺寸见图 1、表 1 和表 2。

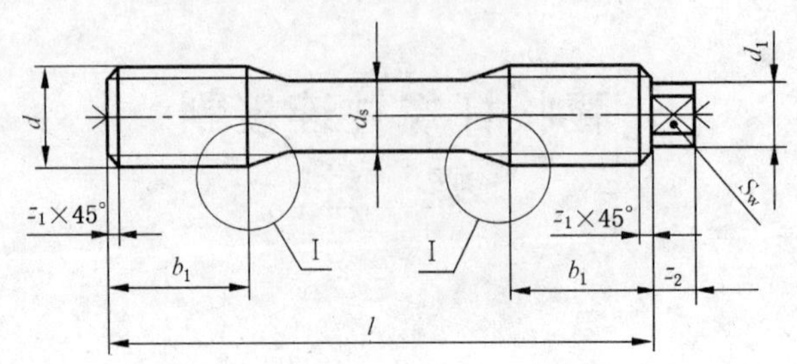

Ⅰ
5∶1

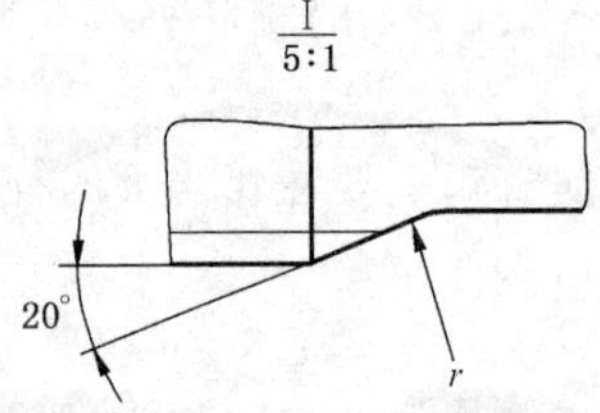

z_1 按 GB/T 3 规定。

a) L 型——标准螺纹(d≤52)

Ⅱ
5∶1

加热孔d_4的中心孔(仅用于TA级)

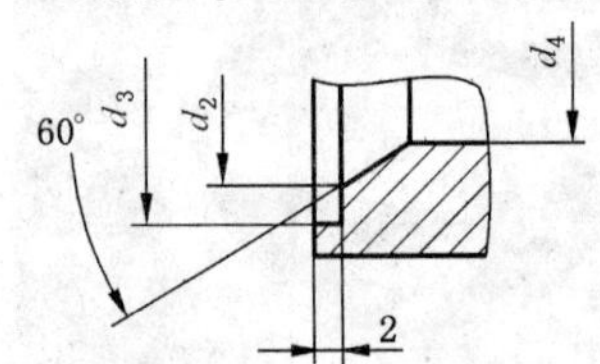

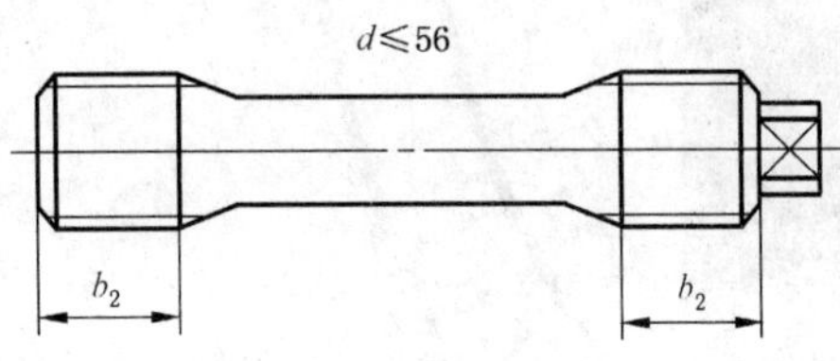

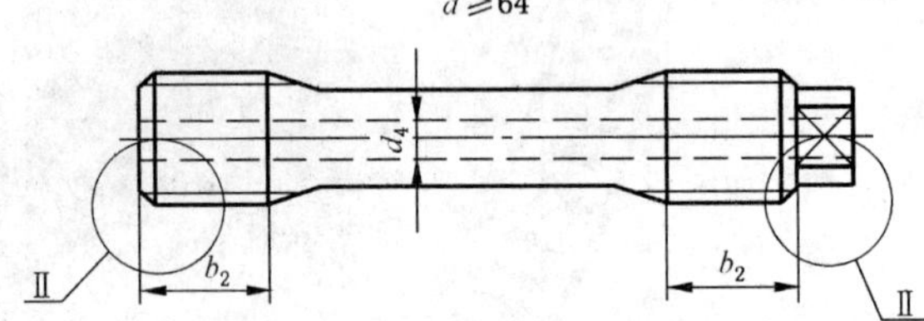

其余尺寸同L型

b) S 型——短螺纹

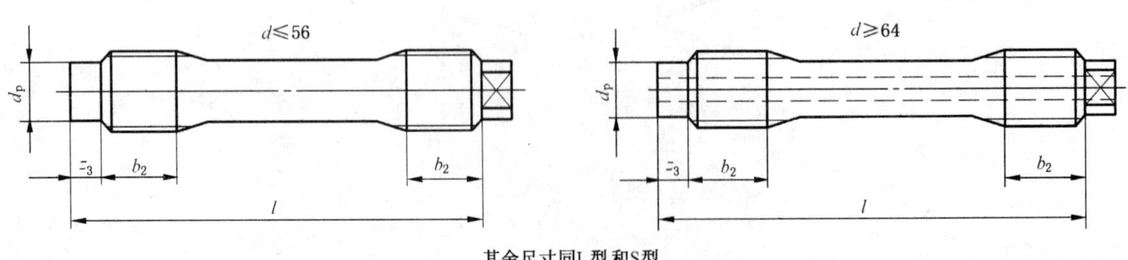

其余尺寸同L型和S型

c) SD 型——短螺纹和定位端(两端均配罩螺母)

图 1

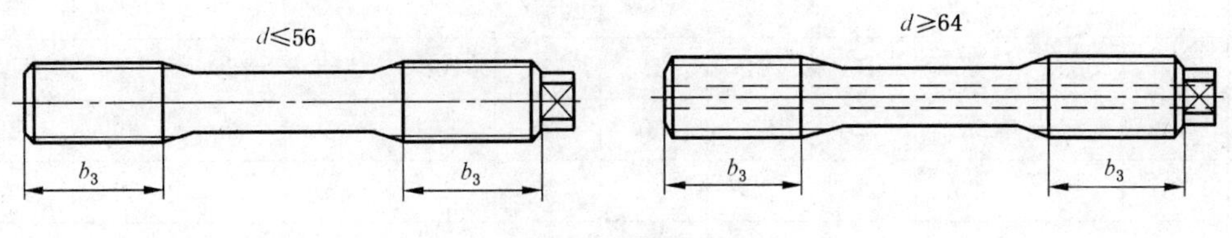

d) A 型——加长螺纹

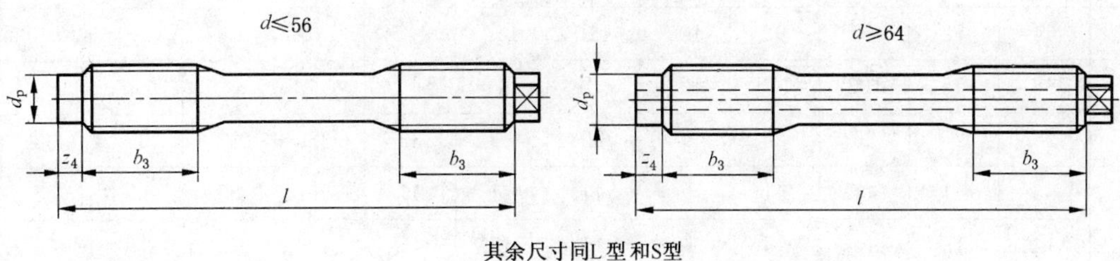

e) AD 型——加长螺纹和定位端(两端均配罩螺母)

图 1(续)

表 1

单位为毫米

螺纹规格 d	M12	M16	M20	M24	(M27)	M30	(M33)	M36	(M39)	M42	(M45)	M48	(M52)	M56
d_s	8.5	12	15	18	20.5	23	25.5	27.5	30.5	32.5	35.5	37.5	41	44
d_1	8	12	14	14	18	18	25	25	28	28	32	32	36	40
d_p	8	12	13	16	18	21	24	26	30	32	34	37	40	45
b_1	20	23	28	32	35	39	42	45	48	52	55	58	62	—
b_2	13	16	20	24	27	30	33	36	39	42	45	48	52	56
b_3	27	31	36	42	47	50	53	57	60	64	66	70	74	79
r	10	10	10	16	16	16	16	20	20	20	20	20	20	25
S_w	7	10	11	11	13	13	22	22	24	24	27	27	30	32
z_2	4	5	6	6	6	6	9	9	10	10	11	11	12	13
z_3	11	14	16	17	19	19	21	23	23	24	25	26	26	28
z_4	7	8	9	8	10	12	14	14	14	15	15	19	18	19
中心孔	A1.6					A2.5								

表 2

单位为毫米

螺纹规格 d	M64	M72 ×6	M80 ×6	M90 ×6	M100 ×6	M110 ×6	(M120 ×6)	M125 ×6	M140 ×6	M(150 ×6)	M160 ×6	(M170 ×6)	M180 ×6
d_s	51	58.5	66	75	84	92.5	102	106	118	127	136	145	154
d_1	42	50	50	50	50	50	50	50	65	65	65	65	65
d_4	18	25	25	25	25	25	25	25	36	36	36	36	36
d_2	25	32	32	3	32	32	32	32	43	43	43	43	43
d_3	30	37	37	37	37	37	37	37	48	48	48	48	48
d_p	52	56	63	74	86	97	105	—	—	—	—	—	—
b_1	—	—	—	—	—	—	—	—	—	—	—	—	—
b_2	64	72	80	90	100	110	120	125	140	150	160	170	180
b_3	88	95	103	112	122	132	142	—	—	—	—	—	—
r	25	25	25	25	25	25	32	32	32	32	32	32	32
S_w	36	41	41	41	41	41	41	41	55	55	55	55	55
z_2	14	15	15	15	15	15	15	15	18	18	18	18	18
z_3	28	28	28	28	28	28	30	—	—	—	—	—	—
z_4	20	20	19	20	19	19	20	—	—	—	—	—	—
中心孔	A4					A6.3							
注 1：尽可能不采用括号内的规格。 注 2：长度规格 l 的设计选用按 GB/T 13807.1 的规定。 注 3：中心孔的型式与尺寸按 GB/T 145 的规定。													

3.2 双头螺柱的型式尺寸

双头螺柱的型式尺寸见图 2、表 3 和表 4。

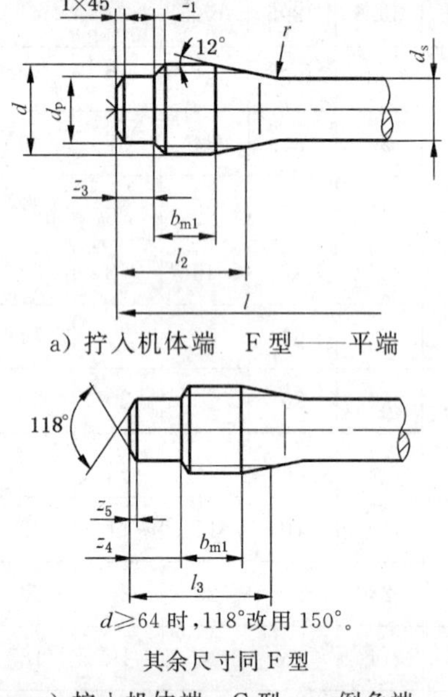

a）拧入机体端　F 型——平端

d≥64 时，118°改用 150°。

其余尺寸同 F 型

c）拧入机体端　C 型——倒角端

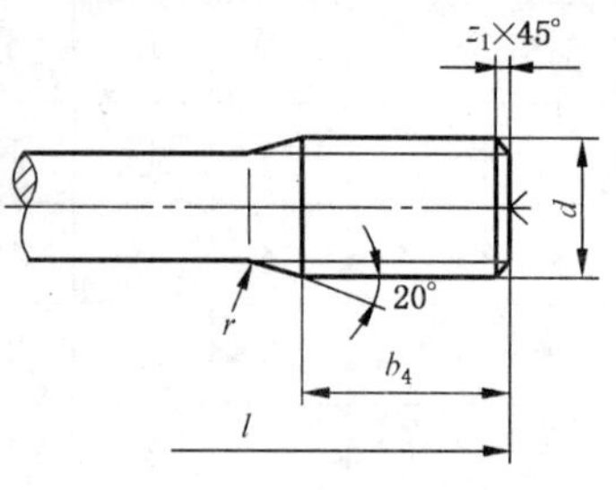

z_1 按 GB/T 3 规定。

b）旋入螺母端　L 型——长螺纹

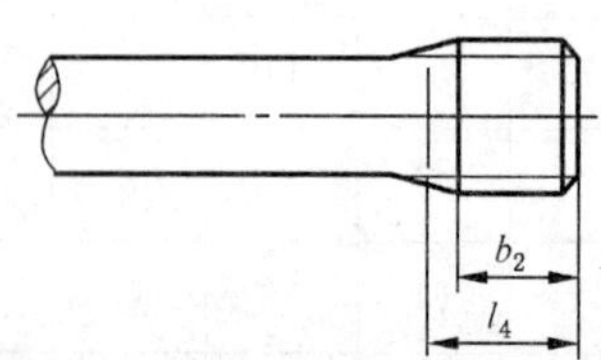

其余尺寸同 L 型

d）旋入螺母端　S 型——短螺纹

图 2

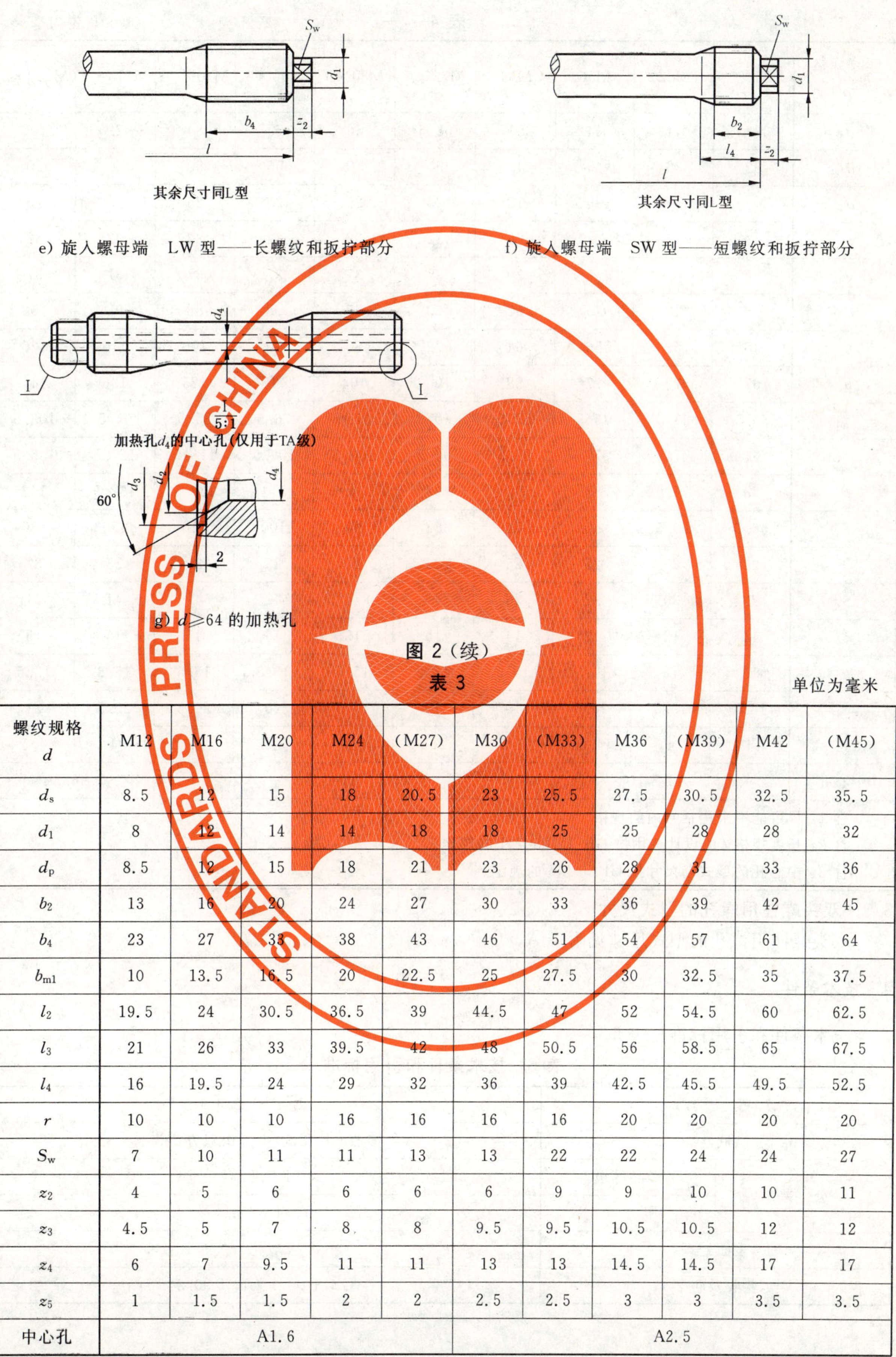

e) 旋入螺母端　LW 型——长螺纹和扳拧部分　　f) 旋入螺母端　SW 型——短螺纹和扳拧部分

g) $d \geqslant 64$ 的加热孔

图 2(续)

表 3

单位为毫米

螺纹规格 d	M12	M16	M20	M24	(M27)	M30	(M33)	M36	(M39)	M42	(M45)
d_s	8.5	12	15	18	20.5	23	25.5	27.5	30.5	32.5	35.5
d_1	8	12	14	14	18	18	25	25	28	28	32
d_p	8.5	12	15	18	21	23	26	28	31	33	36
b_2	13	16	20	24	27	30	33	36	39	42	45
b_4	23	27	33	38	43	46	51	54	57	61	64
b_{m1}	10	13.5	16.5	20	22.5	25	27.5	30	32.5	35	37.5
l_2	19.5	24	30.5	36.5	39	44.5	47	52	54.5	60	62.5
l_3	21	26	33	39.5	42	48	50.5	56	58.5	65	67.5
l_4	16	19.5	24	29	32	36	39	42.5	45.5	49.5	52.5
r	10	10	10	16	16	16	16	20	20	20	20
S_w	7	10	11	11	13	13	22	22	24	24	27
z_2	4	5	6	6	6	6	9	9	10	10	11
z_3	4.5	5	7	8	8	9.5	9.5	10.5	10.5	12	12
z_4	6	7	9.5	11	11	13	13	14.5	14.5	17	17
z_5	1	1.5	1.5	2	2	2.5	2.5	3	3	3.5	3.5
中心孔	A1.6					A2.5					

表 4

单位为毫米

螺纹规格 d	M48	(M52)	M56	M64	M72×6	M80×6	M90×6	M100×6	M110×6	(M120×6)
d_s	37.5	41	44	51	58.5	66	75	84	92.5	102
d_1	32	36	40	42	50	50	50	50	50	50
d_4	—	—	—	18	25	25	25	25	25	25
d_2	—	—	—	25	32	32	32	32	32	32
d_3	—	—	—	30	37	37	37	37	37	37
d_p	38	42	45	52	60	68	78	88	98	108
b_2	48	52	56	64	72	80	90	100	110	120
b_4	67	72	77	88	96	104	115	125	136	147
b_{m1}	39.5	43.5	46.5	53.5	60.5	67.5	76.5	85.5	94.5	103.5
l_2	67	71	77	86.5	93.5	100.5	109.5	118.5	127.5	136.5
l_3	73	76.5	83	90	97	104.5	114	123.5	132.5	142
l_4	56.5	60.5	65	74	82	90	100	110	120	130
r	20	20	25	25	25	25	25	25	25	32
S_w	27	30	32	36	41	41	41	41	41	41
z_2	11	12	13	14	15	15	15	15	15	15
z_3	13	13	14.5	15.5	15.5	15.5	15.5	15.5	15.5	15.5
z_4	18.5	18.5	20.5	19	19	19.5	20	20.5	20.5	21
z_5	4	4	4.5	2.5	2.5	3	3.5	4	4	4.5
中心孔	A2.5			A4					A6.3	

注 1：尽可能不采用括号内的规格。

注 2：长度规格 l 的设计选用按 GB/T 13807.1 的规定。

注 3：中心孔的型式与尺寸按 GB/T 145 的规定。

3.3 双头螺柱用螺孔的型式尺寸

双头螺柱用螺孔的型式尺寸见附录 A。

4 技术条件

技术条件和引用标准见表 5。

表 5 技术条件和引用标准

螺纹		GB/T 3103.4
机械性能		参照 GB/T 3098.8 由双方协议
公差	产品等级	TA、TB
	标准	GB/T 3103.4
表面处理		氧化
验收及包装		GB/T 90.1、GB/T 90.2

5 标记

5.1 标记方法

标记方法按 GB/T 1237 规定。

5.2 标记示例

螺纹规格 d=M30、公称长度 l=200 mm、L 型、材料为 35CrMoA、TB 级、表面氧化的等长双头螺柱的标记：

螺柱 GB/T 13807.2 L M30×200-TB-35CrMoA-氧化

螺纹规格 d=M30、公称长度 l=150 mm、拧入机体端为 F 型、旋入螺母端为 L 型、材料为 35CrMoA、TB 级、表面氧化的双头螺柱的标记：

螺柱 GB/T 13807.2 FL M30×150-TB-35CrMoA-氧化

注：上述示例中，仅允许省略“TB”、“35CrMoA”和“氧化”的标记。

附　录　A
（资料性附录）
双头螺柱用螺孔

双头螺柱用螺孔的型式尺寸见图 A.1、表 A.1 和表 A.2。

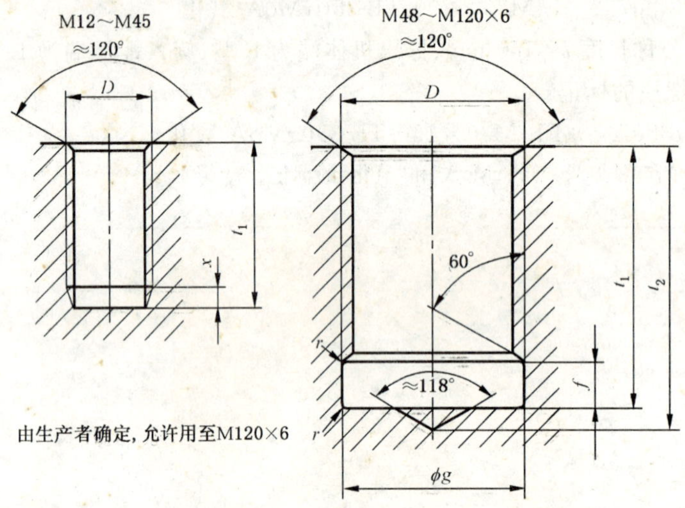

a）HF 型、适用于 F 型拧入机体端双头螺柱

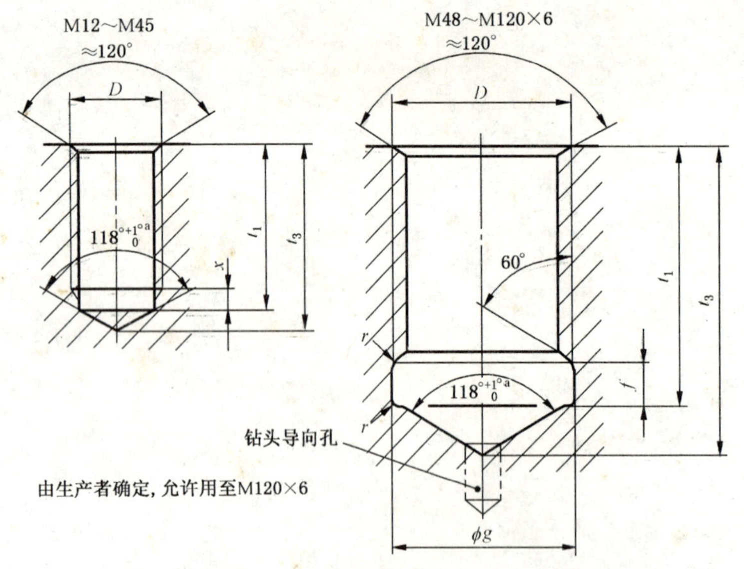

[a] $D \geqslant$ M64 时，$118^{\circ}{}^{+1^{\circ}}_{0}$ 改为 $150^{\circ}{}^{+1^{\circ}}_{0}$

b）HC 型、适用于 C 型拧入机体端双头螺柱

图 A.1

5 标记

5.1 标记方法

标记方法按 GB/T 1237 规定。

5.2 标记示例

螺纹规格 d=M30、公称长度 l=200 mm、L 型、材料为 35CrMoA、TB 级、表面氧化的等长双头螺柱的标记：

螺柱 GB/T 13807.2 L M30×200-TB-35CrMoA-氧化

螺纹规格 d=M30、公称长度 l=150 mm、拧入机体端为 F 型、旋入螺母端为 L 型、材料为 35CrMoA、TB 级、表面氧化的双头螺柱的标记：

螺柱 GB/T 13807.2 FL M30×150-TB-35CrMoA-氧化

注：上述示例中，仅允许省略“TB”、“35CrMoA”和“氧化”的标记。

附　录　A
（资料性附录）
双头螺柱用螺孔

双头螺柱用螺孔的型式尺寸见图 A.1、表 A.1 和表 A.2。

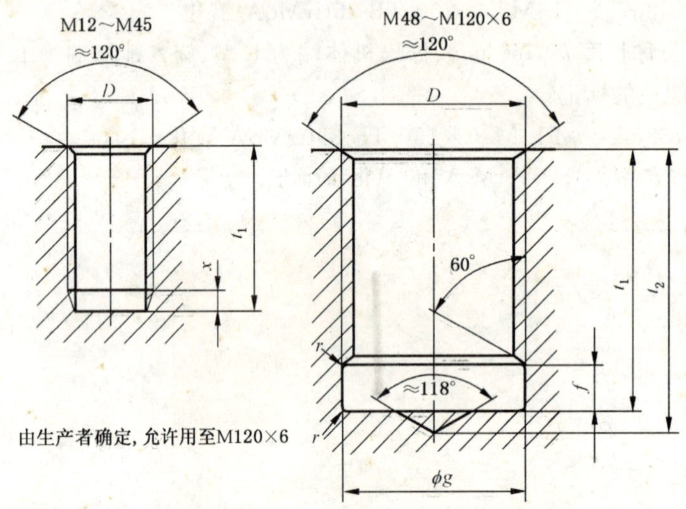

a) HF 型、适用于 F 型拧入机体端双头螺柱

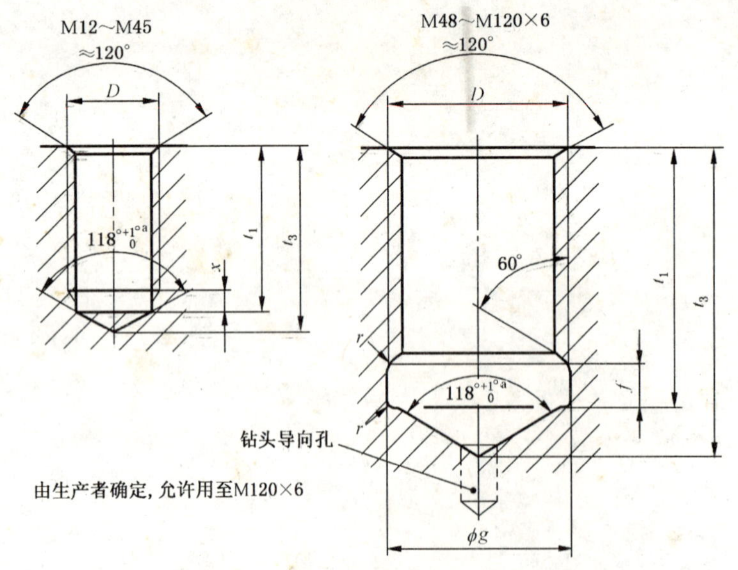

[a] $D \geqslant$ M64 时，$118^{\circ}{}^{+1^{\circ}}_{0}$ 改为 $150^{\circ}{}^{+1^{\circ}}_{0}$

b) HC 型、适用于 C 型拧入机体端双头螺柱

图 A.1

5 标记

5.1 标记方法

标记方法按 GB/T 1237 规定。

5.2 标记示例

螺纹规格 d=M30、公称长度 l=200 mm、L 型、材料为 35CrMoA、TB 级、表面氧化的等长双头螺柱的标记：

螺柱 GB/T 13807.2 L M30×200-TB-35CrMoA-氧化

螺纹规格 d=M30、公称长度 l=150 mm、拧入机体端为 F 型、旋入螺母端为 L 型、材料为 35CrMoA、TB 级、表面氧化的双头螺柱的标记：

螺柱 GB/T 13807.2 FL M30×150-TB-35CrMoA-氧化

注：上述示例中，仅允许省略“TB”、“35CrMoA”和“氧化”的标记。

附 录 A
（资料性附录）
双头螺柱用螺孔

双头螺柱用螺孔的型式尺寸见图 A.1、表 A.1 和表 A.2。

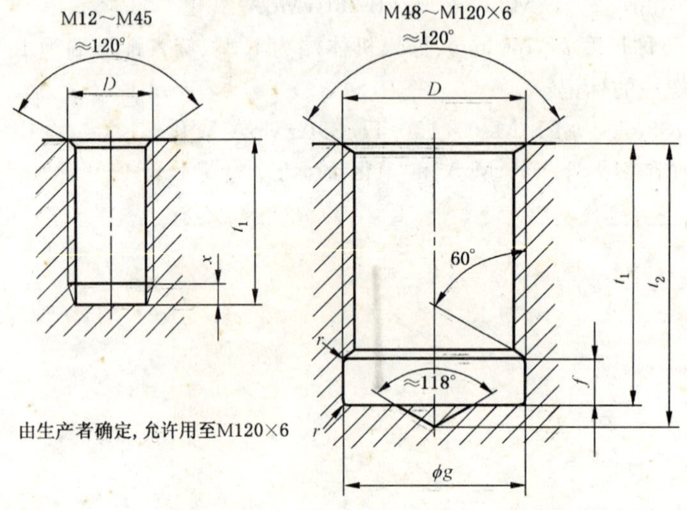

a) HF 型、适用于 F 型拧入机体端双头螺柱

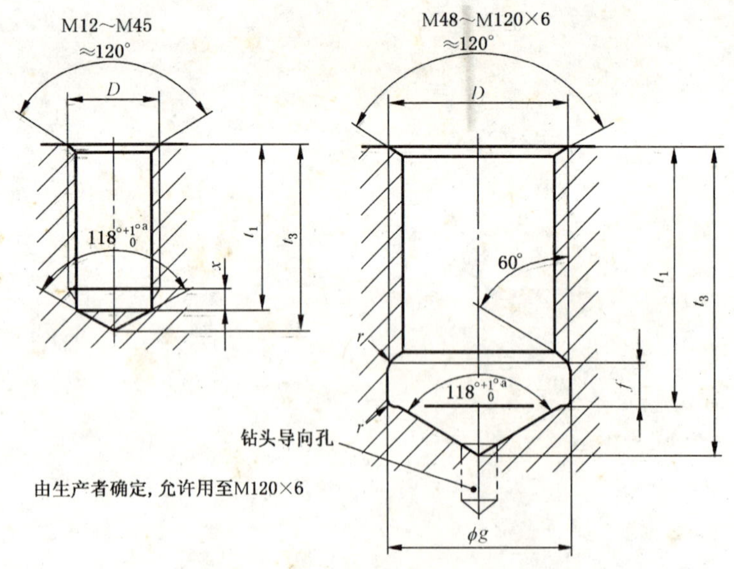

a $D \geqslant$ M64 时，$118°^{+1°}_{0}$ 改为 $150°^{+1°}_{0}$

b) HC 型、适用于 C 型拧入机体端双头螺柱

图 A.1

表 A.1

单位为毫米

螺纹规格 D		M12	M16	M20	M24	(M27)	M30	(M33)	M36	(M39)	M42	(M45)
t_1	公称	21	25.5	32.5	38.5	41	46.5	49	54.5	57	62.5	65
	极限偏差	$^{+0.4}_{0}$	$^{+0.4}_{0}$	$^{+0.6}_{0}$	$^{+0.6}_{0}$	$^{+0.6}_{0}$	$^{+0.6}_{0}$	$^{+0.6}_{0}$	$^{+0.6}_{0}$	$^{+0.6}_{0}$	$^{+0.6}_{0}$	$^{+0.6}_{0}$
t_3		24	29.5	38	45	48	54.5	58	64	67.5	74	77
x		4.5	5	6.5	7.5	7.5	9	9	10	10	11.5	11.5

注 1：尽可能不采用括号内的规格。

注 2：螺纹基本尺寸按 GB/T 196 的规定；公差带按 GB/T 197 规定的 6H。

表 A.2

单位为毫米

螺纹规格 D		M48	(M52)	M56	M64	M72×6	M80×6	M90×6	M100×6	M110×6	(M120×6)
f		12.5	12.5	14	15	15	15	15	15	15	15
g		48.5	52.5	56.5	64.5	72.5	80.5	90.5	100.5	110.5	120.5
r		2.5	2.5	3	3	3	3	3	3	3	3
t_1	公称	70	74	80	90	97	104	113	122	131	140
	极限偏差	$^{+0.6}_{0}$	$^{+0.6}_{0}$	$^{+0.6}_{0}$	$^{+0.6}_{0}$	$^{+0.6}_{0}$	$^{+1}_{0}$	$^{+1}_{0}$	$^{+1}_{0}$	$^{+1}_{0}$	$^{+1}_{0}$
$t_2\approx$		76	80	86	96	103	110	119	128	139	148
$t_3\approx$		83	88	95	98	106	114	124.5	134.5	145	155.5
x		12.5	12.5	14	15	15	15	15	15	15	15

注 1：尽可能不采用括号内的规格。

注 2：螺纹基本尺寸按 GB/T 196 的规定；公差带按 GB/T 197 规定的 6H。